内 容 简 介

　　本书根据我国不同区域主要作物布局和分布，以土壤类型、气候特征以及与之相适宜的作物生态类型为依据，并充分考虑各地栽培制度和施肥习惯，按照保持地市级行政区划完整性的原则，进行全国主要农作物生态区划，系统分析不同生态区土壤肥力特征、作物营养规律、施肥技术和肥效反应，根据作物专用复混肥料农艺配方制订的原理和方法，对不同生态区主要农作物（包括小麦、水稻、玉米、棉花、大豆、马铃薯、油菜、花生、甘蔗、蔬菜、南方果树、北方果树等作物）进行专用复混肥料农艺配方及区划研究，为全国主要农作物专用复混肥料配方制订的规范化、科学化提供理论依据和方法指导。

　　本书可供土壤、肥料、植物营养与施肥、作物、生态、环境等学科领域的科技工作者、管理人员、农技推广人员、肥料生产企业及相关专业高等院校师生参考阅读。

中国
作物专用复混肥料农艺配方区划

Agronomic Formula Division for Crop–Specialized
Compound and Mixed Fertilizers in China

赵秉强 沈 兵 林治安 李燕婷 等 编著

中国农业出版社

编著者名单

主　编　赵秉强　沈　兵　林治安　李燕婷

副主编　李絮花　纪雄辉　刘　骅　彭智平

　　　　　谭宏伟　樊明寿　余常兵　黄绍敏

　　　　　李春花　张喜林　沈　向

编　委（按姓氏笔画排序）

　　　　　于　静　于俊红　王　钢　王　洋

　　　　　王　斌　王玉峰　王西和　王更新

　　　　　王晓军　王家玉　王新勇　车　志

　　　　　车升国　车宗贤　乌　兰　计小江

　　　　　石孝均　石晓华　田发祥　白晓云

　　　　　包兴国　冯守疆　邢海峰　曲立文

　　　　　朱　末　朱　平　朱　坚　朱展望

　　　　　乔卫新　刘　芳　刘　骅　刘　鹏

　　　　　刘　颖　刘双全　刘冬碧　刘光荣

　　　　　刘旭凤　刘昭兵　刘媛媛　刘增兵

　　　　　安　康　许咏梅　孙　刚　孙　磊

　　　　　孙本华　孙松国　纪雄辉　李　伟

　　　　　李　艳　李　娟　李　斐　李　强

　　　　　李小坤　李伟群　李红梅　李实烨

　　　　　李春花　李祖章　李银水　李超英

李絮花　李燕婷　杨　谋　杨水芝

杨守祥　杨君林　杨学云　杨相东

束爱萍　吾斯曼·依马尔尼牙孜

吴永英　吴春艳　吴家梅　余常兵

汪　宏　沈　向　沈　兵　张　兰

张　林　张　翼　张久东　张子义

张水清　张文学　张玉红　张秀芝

张建君　张树兰　张喜林　张德才

陆若辉　陈　义　陈　杨　陈一昊

陈一定　陈庆瑞　陈红金　苟　曦

林治安　周宝库　周黎明　周鑫斌

宝德俊　赵秉强　赵欣楠　赵敬坤

郝小雨　胡小加　胡启锋　秦永林

袁　亮　聂胜委　贾立国　夏文建

原焱南　徐培智　高　娃　高　媛

高中超　高洪军　郭斗斗　唐　旭

唐先干　黄　娟　黄传辉　黄绍敏

黄继川　曹均成　曹克强　龚成文

常艳丽　彭　华　彭　畅　彭　强

彭智平　景建元　谢立华　谢运河

线春媚　廖　星　廖伯寿　廖祥生

谭宏伟　樊明寿

　　中国化肥产业像世界化肥一样，经历了由低浓度向高浓度、由单质肥料向复合（混）肥料发展的过程，进入 2000 年以后，我国复合（混）肥料产业开始从通用型向作物专用型方向发展。我国复合（混）肥料发展起步于 20 世纪 80 年代，目前全国已取得复合（混）肥料生产许可证的企业有 4 000 多家，生产工艺包括化成法、团粒法、高塔工艺、脱水干燥成粒、氢钾工艺、掺混（BB 肥）工艺、挤压工艺等，实际年产量达 6 000 余万 t（实物），化肥复合化率达到 32% 以上。中国复合（混）肥料在 2000 年以前，几乎以"15-15-15"配方为主导，2000 年之后虽然开始逐步生产不同配比的复合（混）肥料，但大部分企业主要还是根据工艺生产的方便性进行配方调整，比如高塔技术生产的高氮复合肥料、脱氯工艺生产的高磷复合肥料等，这些产品只能在一定程度上满足局部区域作物的施肥需要，很难满足大范围、大区域的作物推荐施肥要求。同时，由于缺乏相应的农化服务技术指导，农民施用方法的不合理造成增产效果不明显。最近几年，我国复合（混）肥料产业向作物专用化方向发展的速度明显加快，每个企业都拥有多个甚至数十个复合（混）肥料配方。据不完全统计，目前全国复合（混）肥料配方总数超过 2 万个，数量多、配方乱、品种杂，大部分配方缺少规范，科学性不强。

　　本套丛书是"十一五"和"十二五"国家科技支撑计划系列课题"复合（混）肥养分高效优化技术研究与工艺（2006BAD10B03）""高效系列专用复合（混）肥技术集成及产业化（2006BAD10B08）""配方肥料生产及配套施用技术体系研究（2008BADA4B04）"及"复合（混）肥农艺配方与生态工艺技术研究（2011BAD11B05）"近 10 年来的科研成果总结。《中国作物专用复混肥料农艺配方区划》一书，从全国范围内的气候生态、土壤类型、作物分布、土壤肥力特征、作物营养规律、施肥技术、肥效反应等方面入手，系统研究了我国小麦、玉米、水稻、棉花、花生、大豆、油菜、马铃薯、甘蔗、果树、蔬菜等主要作物专用复混肥料农艺配方研制的原理和方法，提出不同区域主要作物专用复混肥料的农艺配方，为我国作物专用复混肥配方制订的规范化、科学化提供了理论依据和方法。《复合肥料配方制订原理与实践》一书，则是从企业生产的角度出发，确定配方制订的方法。在配方制订时同时满足工业和农业共用的高效、实用要求，并兼顾环境友好的原则，以"15-15-15"延伸法为主，根据中国生态区域和土壤养分供应特征，分别制订了早稻、双季稻、玉米、小麦的区域配方；在区域配方的范围内，根据作物营养特征和施肥习惯等制订作物专用配方；经济作物（果树、果菜、叶菜）系列肥料是根据营养阶段配制的均衡性、高氮钾型、高钾型等不同专用肥料配方，按照"4＋X"试验设计进行配方的调整研究。以 15 个典型农业省（自治区、直辖市）为单元的各省（自治区、直辖市）作物专用复混肥料农艺配方，从不同省（自治区、直辖市）的气候特点、土壤类型、生态分区、土壤供肥、作物需肥规律、配方肥料制订依据等方面入手，提出了该省（自治区、直辖市）生态区域配方，按照养分归还法（养分平衡）、目标产量法或者大田试验结果，结合农户施肥习惯、土壤养分测定结果等，制订了该省的主要作物专用复混肥料配方，并编绘出配方区划图。

　　本套丛书所介绍的技术成果，在推动我国复混肥料生产向作物专用化方向发展，实现复混肥料配方规范化、科学化等方面，具有重要的理论价值和实践意义，为推动我国复混肥料产业技术升级提供了理论和技术支撑。

　　本套丛书的出版，得到了国家科技支撑计划系列复合（混）肥料项目的资助，谨此表示衷心感谢！限于作者水平，丛书中难免有错漏之处，敬请读者批评指正。

赵秉强

2013 年 7 月

　　我国是化肥生产和使用大国。据国家统计局数据，2013年我国化肥在农业中的使用量达到5 912万t，是世界化肥总用量的1/3左右。我国耕地基础地力偏低，化肥施用对粮食增产的贡献较大，在40%以上。我国化肥施用存在的施肥结构不平衡的问题一直比较严重，"三重三轻"（重化肥、轻有机肥，重大量元素肥料、轻中微量元素肥料，重氮肥、轻磷钾肥）问题突出。农业部《到2020年化肥使用量零增长行动方案》强调，解决这些问题的主要方式之一就是"调整化肥使用结构，优化氮、磷、钾配比，促进大量元素与中微量元素配合"。该项措施的落实，离不开复合肥的技术支撑，而复合肥的配方是生产、推广、应用的核心。

　　我国化肥的平均利用率只有30%～35%，而农业发达国家化肥利用率为60%左右，与之对应的是我国化肥的复合化率目前仅为35%左右，农业发达国家为70%左右，复合化率低是造成肥料利用率低的重要原因之一。过去农民使用尿素、碳酸氢铵、过磷酸钙、磷酸铵、氯化钾等单元素肥或者二元肥较多，现在大多使用复合肥，因为复合肥一次施肥相当于把氮、磷、钾3种肥全部施完，省时省力，同时复合肥利用率要高于单质肥。以15-15-15的均衡型复合肥为例，在各地的养分平均表观利用率为45%左右，远高于单质肥。近20年来，中国复合肥施用量增速也显著高于氮肥、磷肥和化肥总施用量。1980年中国化肥复合化率仅为2.1%，1990年提高到13.2%，2000年提高到22.1%，2014年进一步提高到35%，但仍远低于欧美的70%，而化肥复合化率是衡量一个国家化肥工业发展和农业施肥水平的重要标志。

　　《中国作物专用复混肥料农艺配方区划》以养分平衡（目标产量）法为理论基础，总结了15-15-15工业延伸法配方制订的原理和我国15个省（自治区、直辖市）农作物配方区划的成功经验，参考国内外其他复合肥配方制订的技术，按照中国主要作物区划，制订了中国主要农作物区域复合肥定量配方。综观本书，体现了以下几个特点：(1)理论和实践相结合，对复混肥企业生产的指导性较强。本书是各位作者多年从事复混（合）肥企业生产配方制订及施肥指导的工作经验总结，在中国多家复混（合）肥企业得到了实践检验。(2)在制订复混肥配方的同时，更多的是强调施肥的数量，所制订的配方属于定量大区域配方。养分平衡的核心在数量，而不是配方本身，作物不同时期的需求是灵活的，但是，产量确定的前提下，需求的总数量是固定的，养分平衡法重点强调施肥数量的平衡。(3)立足于"三大"，为大中型氮肥、磷肥和复混肥企业提供生产技术指导。三大是指"大产品、大配方、大作物"。"大产品"就是大中型企业生产的数量规模较大的配方复合肥；"大配方"是针对复混（合）肥的测土配方施肥需求，配方在大区域内的适应性要强，生产的产量规模要大，相对生产成本低；"大作物"是指大面积、大范围种植的作物，如玉米、水稻、小麦、棉花、蔬菜、果树等，这些作物种植区域广，用肥数量大，可以简化复混肥生产、流通、施用之中的矛盾。

本书是课题组所有成员通力合作的成果。各章具体的撰写分工分别是：第一章，林治安、沈兵等；第二章，林治安、赵秉强等；第三章，纪雄辉、石孝均等；第四章，黄绍敏、宝德俊、林治安、李伟、刘鹏等；第五章，刘骅等；第六章，张喜林等；第七章，樊明寿、车宗贤等；第八章，余常兵等；第九章，李絮花、黄绍敏等；第十章，谭宏伟等；第十一章，李春花、林治安等；第十二章，彭智平等；第十三章，沈向等。全书由赵秉强统稿、定稿。

十几年来，课题组致力于中国复混（合）肥配方的研究及应用推广，虽然兢兢业业，殚精竭虑，但因水平所限，仅有此微薄的成绩，希望对中国复混（合）肥产业的健康发展有所帮助。书中不足和错漏之处，恳请各位读者批评指正。

赵秉强

2015 年 7 月

目　录

第一章 作物专用复混肥料
发展概况

第一节 农业和化肥产业的形成与发展概述

一、农业的形成和发展历程概述

中国是世界农业发祥地之一。我国农业可以划分为原始农业、传统农业和现代农业等不同的历史形态，它们是依次演进的。木石农具、砍伐农具占重要地位，刀耕火种、撂荒耕作制，是原始农业生产工具和生产技术的主要特点，它基本上与考古学上的新石器时代相始终；传统农业以使用畜力牵引或人力操作的金属工具为标志，生产技术建立在直观经验基础上，而以铁犁牛耕为其典型形态。我国在公元前2 000多年的夏朝进入阶级社会，黄河流域也就逐步从原始农业过渡到传统农业，从那时起，逐步形成了延续几千年的精耕细作的传统农业。

根据现有考古证据，中国的农业有近万年的悠久历史（陈文华，2005；吴存浩等，1996）。最初的农业生产是完全模仿野生谷物的生长过程，将采集的野生谷物撒在地上，让其自然生长，到成熟时用手摘取。大约到8 000年前，原始农业进入了一个新阶段，突出的标志是出现了农业工具，反映了耕作方式有了明显的进步。随着人类文明的发展，谷物逐渐成为人们的主要食物，必然要扩大种植面积以承受日益增多的人口压力。但是天然的适宜种植谷物的土地毕竟有限，因此必须开辟新的耕地。人们除了用火焚烧地面上的野草之外，还要砍伐荒地上的树木和挖掘树根，平整地面，以便于播种，使庄稼顺利生长。而这些作业仅凭双手是无法完成的，必须依靠工具来进行。于是就出现了用来砍伐的石斧、石锛，用来修整土地的耒耜，以及用于收割的石刀、石镰，用于脱壳加工的石磨盘、石磨棒等农业工具。与此同时，经过长期的栽培驯化，野生的谷物逐步进化，品质得到改良，初步脱离了野生状态，产量相应提高。农业也就在当时的经济生活中日益占据了主导地位。但是，当时人们还不会对土地进行施肥，因此，种植几年之后，地力衰退，产量下降，就将土地抛荒，另辟新地种植。这时的农业种植制度称为抛荒制。

从距今6 000多年开始，原始农业进入了发展时期（郭文韬，1991）。随着生产经验的积累和农田的开辟，农作物的产量得到提高，有了更多的粮食可养活更多的人口，人们可以比较长久地在一个地方定居，村落规模逐渐扩大。而人口的增加又迫使人们去耕种更多的土地，生产更多的粮食和饲养更多家畜，导致原始农业得到较快的发展。此时，农具的种类增加，石质农具通体磨光，制作得更加精致、实用，提高了劳动效率。农田得到进一步整治，人们开始采用修整沟渠等排灌措施，对田里的庄稼加强保护管理。与此同时，由于狩猎工具的改进和狩猎经验的积累，人们捕捉野兽的能力有很大的提高，因此有可能将一些暂时不吃的活的野兽或小动物放在天然地洞内或以栅栏圈养起来，以备日后捕捉不到野兽时食用。随着生产力的提高，洞养或圈养的野兽也越来越多。天长日久，部分野兽的性情开始渐渐温顺起来，进而被驯化为家畜。这样就开始了原始的畜牧业。这一过程，大体上是与农作物的栽培同步的。

牲畜栏圈的出现标志着一种与农业生产关系比较密切的舍饲和放牧相结合的畜牧方式的产生。一则必须收割一些干草作为补饲牲畜之用，二则畜圈的设置很容易引导农田施肥的发生。畜牧业趋于为农业服务的两个标志是利用牛、马耕地和利用畜粪肥田，它们始于何时学术界尚有争论，但农田施肥的出现不会晚于周代，到春秋战国时代则获得较大规模的推广。在此基础上，逐步形成了我国精耕细作的传统农业（郭文韬，1991；林甘泉等，2002）。

二、化肥产业的形成和发展概况

我国农业生产中施用肥料已经有数千年的历史，但几千年的传统农业一直是施用有机肥料。人们开始施用人工化学合成的化学肥料，并把施肥真正建立在科学的基础上，使之有突飞猛进的发展，只有150多年的历史，这是以德国化学家李比希1840年提出植物矿质营养理论和1842年英国的劳斯成功地生产出首批过磷酸钙为标志的。

长期以来人们始终在努力探索植物生长发育到底从土壤中吸取了什么营养物质，也试图阐明肥料的本质作用。从17世纪中期的水营养理论到后来在欧洲盛行的腐殖质营养学说，人们一直争论不休。直到1840年德国化学家李比希发表了《化学在农业和生理学上的应用》，提出植物从土壤中吸取矿物质作为营养的论断，并被随后实验所证实，从此奠定了植物矿质营养学说的理论基础。自19世纪下半叶开始，欧洲一些国家相继设置了一些肥料长期试验，以进一步验证肥料的作用，其中首推英国的洛桑试验站，自1843年开始在冬小麦上的试验一直延续至今，170多年的结果，说明合理施用化肥确实能实现作物持续高产，并保持地力不衰退。因此，化学肥料的生产和施用成为20世纪现代农业发展的一项重大措施。

国外发展化肥是从磷肥开始的。用硫酸处理骨粉大约始于1830年。约在1840年发明了用硫酸处理磷矿石的方法，1842年劳斯在英国成功地生产出首批过磷酸钙。19世纪70年代在德国开发出高浓度的重过磷酸钙。20世纪50年代磷铵在美国研制成功，60年代得到普遍施用。钾肥主要是从钾盐矿中制取，1860年德国发现了钾盐矿并开采光卤石作为钾肥，以后精制出含K_2O 60%的高浓度氯化钾。1905年，挪威研制出电弧法生产硝酸，并与石灰石反应生产出硝酸钙，这是世界上最早的氮肥。1904年德国人哈伯发明生产合成氨的方法，1913年建成日产30t合成氨的工厂，从此推动了氮肥工业的发展。

在相当长的一个时期，世界磷、钾肥的产量高于氮肥，直到20世纪40年代末，氮肥产量超过钾肥，50年代后期超过磷肥。随着农业的发展和作物产量的提高，作物缺素趋向多元化，农业生产中需要同时施用氮、磷、钾等多种肥料，而分开施用几种单一营养元素肥料费时费工，因此各种配比的复混（合）肥料应运而生。

我国化肥生产与施用的发展与西方国家不同，首先是从氮肥开始，继而发展磷肥，然后是钾肥。这一发展过程符合我国耕地土壤普遍缺氮、大部分缺磷、部分缺钾的状况，也比较符合我国发展化肥工业的资源状况。新中国成立前我国只有3个小型氮肥厂和两个炼焦副产氮肥车间，产品只有硫酸铵一种；磷肥工业从1950年初开始发展，主要产品是过磷酸钙和钙镁磷肥；钾肥工业因资源所限，1958年在青海察尔汗开始建设钾肥厂，生产氯化钾。

自 19 世纪 40 年代化肥工业诞生以来，直到 20 世纪中期的 100 多年中，化肥的增长速度非常缓慢，1950 年全世界的化肥总产量仅为 1 413 万 t（纯养分，下同）。此后，化肥的生产量以每 10 年翻一番的速度增加。1950—1980 年是世界化肥迅速发展的时期，到 1988—1989 年化肥生产达到高峰，化肥的年产量达到 15 783 万 t，年消费量达到 14 564 万 t。此后全球化肥产量和消费量缓慢下降。20 世纪中期以后，由于中国及其他发展中国家化肥用量的快速上升，世界化肥总产量基本保持相对稳定。

第二节　化肥在农业生产中的作用与存在的问题

我国目前人口已超 13.6 亿，是世界上人口最多的国家。随着生活水平的进一步提高，粮食需求将日益增加。但目前我国后备耕地资源相对匮乏，而且受干旱、洪涝、盐碱、水土流失等多种不利因素影响，中低产田所占比例偏高，同时随着工业化、城镇化进程的加快，可用于耕种的土地极为有限。因此，仅仅依靠扩大播种面积以提高粮食总产量的潜力越来越小，解决未来粮食安全问题的主要途径是提高单产水平。

化肥在粮食增产中有举足轻重的作用，施用化肥是保证粮食高产稳产的一项重要措施。众所周知，中国以占世界不足 9% 的耕地养活了占全球近 21% 的人口，化肥发挥了举足轻重的作用（李家康等，1999）。如果停止施用化肥，全球作物产量将减产 50%。国家土壤肥力与肥料效益监测站网大量试验结果表明，化肥对我国粮食产量的贡献率达 40%～60%，1986—1990 年全国粮食总产中有 35% 左右是施用化肥形成的。化肥对我国粮食安全的重要作用不言而喻，正如诺贝尔奖获得者、绿色革命之父 Norman Borlaug 指出的那样，中国要实现粮食生产的目标，用好化肥是最重要的。

施用化肥不仅保证了粮食数量的增加，而且也保证了居民营养水平的大幅度提高。根据张卫峰等人的资料（张福锁等，2007；张福锁，2008），2005 年，我国人均肉、蛋、乳的占有量分别达到了 59.22kg、22.02kg、21.91kg，与 1980 年相比，分别增长了 3.74 倍、6.45 倍、14.07 倍。大量肉制品、乳制品以及水果、蔬菜的生产也必须依赖于肥料的科学施用。

与此同时，多年来我国始终存在化肥施用不合理、养分不均衡等问题，不仅造成养分利用率低、资源浪费，而且引起土壤性质恶化、生态环境污染。我国粮食作物养分当季利用率氮肥为 30%～35%，磷肥仅为 15%～20%，钾肥为 35%～50%，低于发达国家 15～20 个百分点，而且呈逐渐降低的趋势（闫湘，2008；张福锁等，2008）。我国作为肥料资源强度约束型国家，肥料矿产资源特别是磷、钾资源匮乏，形势不容乐观，人均磷、钾矿资源仅为世界平均水平的 39% 和 7%。据估计，按目前的开采速度，我国高品位磷矿仅供开采 10～15 年，而钾矿资源缺乏更为严重，15 年内钾矿资源将被耗竭，肥料资源危机迫在眉睫。据初步统计，2014 年我国化肥施用量接近 6 000 万 t，单位耕地面积化肥施用量超过世界平均水平的 3 倍。大量不合理施用化肥，不仅造成资源、能源和人力、物力的浪费，增加农业生产成本，更严重的是带来一系列环境问题，诸如水体富营养化、温室气体排放、土壤酸化、病虫害加重等，均与化肥不合理施用有直接或间接的关系。要克服化肥施用不合理、养分不均衡问题，最大限度提高化肥利用率，降低化肥施用量，减轻环境风险，化肥生产、施用必须走以质量替代数量的科学发展之路（赵秉强等，2004）。

第三节 作物专用肥料产业技术发展状况

一、复合肥料产业发展状况

化学肥料的施用和发展经历了从单质肥料到复合肥料，从低浓度向中、高浓度，从通用性普通肥料到作物专用肥料等不同阶段。

复合肥料的生产和施用最早始于西方发达国家，大体经历了 3 个阶段：首先是 20 世纪初期，以单质粉状肥料进行简单掺混阶段，以过磷酸钙、智利硝石、硫酸铵、氯化钾等粉状单质肥料经简单机械或人工掺混后施用；20 世纪 50～60 年代，随着基础化肥工业的发展，磷铵、重过磷酸钙、尿素等高浓度化肥大量生产，以这些基础肥料为原料进行二次加工，复合肥料的养分浓度也由 20％提高到 40％左右，进入复合肥料规模化生产阶段；60 年代以后，随着科学技术的进步，复合肥料生产研发形成了一批成熟的加工工艺，装备也趋向于现代化、大型化，促进了世界复合肥料产业的快速发展，进入复合肥料快速发展阶段（姚永法，2001）。

目前，复合肥料产业已走向技术成熟阶段的发达国家衍生出两种模式，化学法复合模式和物理法掺混模式（沈兵，2013）。化学法复合模式以西班牙、德国、挪威、法国等欧洲发达国家为主，化肥消费总量呈下降趋势，但其单位面积施肥量仍然较大，化肥复合化率较高，氮、磷、钾肥平均分别为 21.04％、87.49％和 67.38％。物理法掺混模式以美国为典型，主要是以散装高浓度掺混肥料为主，其成本低，养分浓度高，养分配比可依据土壤养分特征、作物需肥规律灵活调控，使肥效进一步提高，在发达国家得到迅速发展。

我国复合肥料的施用始于 20 世纪 50 年代，80 年代以后复合肥料施用进入快速增长阶段。1980 年全国复合肥料施用量仅为 27.2 万 t，占化肥施用总量的 2.14％；1990 年复合肥料施用量为 1980 年的 12.56 倍，达 341.6 万 t，占化肥施用总量的 13.19％；2000 年复合肥料施用量为 1980 年的 33.75 倍，达到 917.87 万 t，占化肥施用总量的 22.14％；2012 年全国复合肥料施用量达 1 895.1 万 t，占化肥施用量的 33.2％（图 1-3-1）。

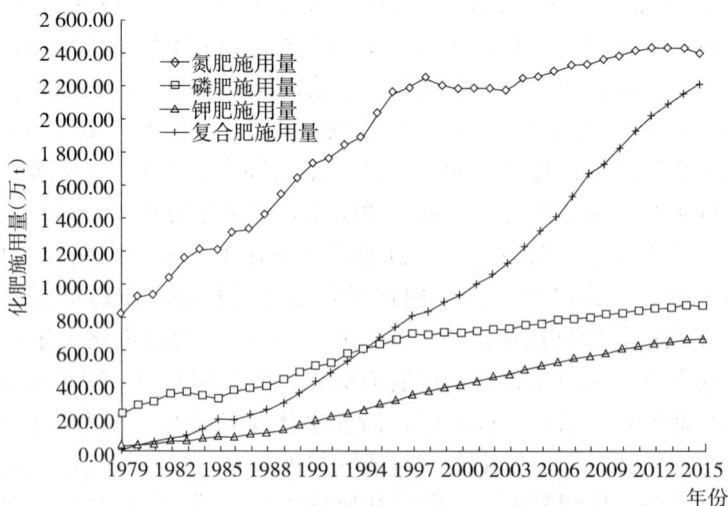

图 1-3-1 1979—2015 年我国农田化肥施用量

我国复合肥料产业发展较晚，始于 20 世纪 70 年代末至 80 年代初（林甘泉等，2002）。20 世纪 50 年代，湿法磷酸、热法磷酸、MAP（磷酸一铵）、DAP（磷酸二铵）、硝酸磷肥以及重过磷酸钙等复合肥料产品试验成功，并于 20 世纪 60 年代建成硝酸磷肥、湿法磷酸和 DAP 生产设备。1966 年第一个年产 3 万 t 的 DAP 工业化生产装置在中国石化南京化学工业有限公司建成。20 世纪 80 年代后，一方面，通过引进国外技术和自身优势建成了一批大、中型 DAP 装置；另一方面，依靠自主研发建设中、小型磷肥厂，1979 年起，氯化铵-磷铵系、氯化铵-过磷酸钙系、尿素-过磷酸钙系、尿素-磷铵系、硝酸铵-过磷酸钙系等多种复合肥料生产工艺陆续研发成功。20 世纪 90 年代后，国内复合肥料由于受到进口复合肥料的冲击，加之国家农资政策调整，大型化肥企业纷纷调整思路，大规模生产高浓度复合肥料，通过改良发展或独创发明的熔融法、氢钾工艺等复合肥料的新生产工艺也应运而生。我国化肥产品自 1980 年开始从单质肥料逐渐向复合肥料方向发展，复合肥料从低浓度、通用配方向高浓度、专用配方方向发展，工艺流程也由简单的团粒法向熔融造粒（高塔）、料浆法、氨酸法等多种工艺技术发展。

二、作物专用肥料发展状况

随着复合肥料生产工艺技术的进步和农业生产发展水平的提高，化肥产业逐渐改变通用型配方模型，研制更适合于区域作物、土壤、气候特点的专用肥料配方，生产更具针对性、专用化的复合肥料（崔英德，2001；姚永法，2001；赵秉强，2013）。与通用型复合肥料相比，作物专用肥料具有针对性、科学性和优越性等优点，因此，研制和使用作物专用肥料是农业生产需求和化肥生产技术发展的必然结果，也是施肥技术发展的新阶段。

20 世纪 70 年代以前，硫铵-磷铵系复合肥料是日本、印度及欧洲的一些国家的主要复合肥料品种。70 年代中期，美国国家肥料开发中心研制出管道反应器-回转鼓氨化粒化工艺。80 年代，团粒法工艺也逐渐成熟。目前，美国主要作物专用肥料以物理掺混为主，根据作物养分需求、土壤特点等，利用颗粒状基础原料进行灵活调控。欧洲主要是采用化学法复合肥料模式。

虽然我国大规模工业化生产作物专用肥料时间较晚，但很早已经从作物需求、农业发展的角度提出作物专用肥料研究的重要意义，并开展探索性研究，重视不同营养元素肥料的肥效、利用率，并开展全国性的肥效田间试验（林葆等，1995）。1936 年开始的地力测定，包括 14 个省（自治区、直辖市）水稻、玉米、小麦、油菜、棉花等不同作物 156 个试验；1958 年开始的第二次全国化肥试验，包括 25 个省（自治区、直辖市）351 个田间试验；1981 年开始的第三次全国化肥肥效试验，包括 29 个省（自治区、直辖市），完成氮、磷、钾肥肥效、用量与配比试验 5 000 多个，并根据不同区域土壤养分状况、作物布局特征、施肥水平和化肥肥效田间试验数据，提出不同地区氮、磷、钾肥适宜用量、比例和品种。20 世纪 90 年代后，随着国家农资政策的调整以及国外先进化肥工艺技术的引进和自主创新，我国部分大型化肥企业率先开始生产高浓度作物专用复合肥料。目前，我国作物专用复合肥料几乎涵盖全国主要土壤类型和作物，复合肥料配方总数超过 20 000 个。

第四节　作物专用肥料配方制订的原理与方法

一、农田施肥的基本原理

现代植物营养与施肥的基本依据是德国化学家李比希于 19 世纪创立并提出的矿质营养学说。1840 年，李比希出版《化学在农业和生理学上的应用》一书，他根据大量的科学实验结果论述了植物、土壤和肥料中营养物质的变化及其相互关系，认为作物是通过吸收溶解于水的无机物来进行生长发育的。以后，许多学者进一步证实、补充和完善这一学说，先后归纳为养分归还学说、最小养分律、报酬递减律、因子综合作用律等，成为支撑现代植物营养学的理论基础，也是现代农业施肥的基本理论依据。

1. 养分归还学说　由德国化学家李比希于 1840 年提出，其基本内容包括以下几点。a. 随着作物的每次收获，必然要从土壤中带走一定量的养分，随着收获次数的增加，土壤的养分含量会越来越少。b. 若不及时地归还作物从土壤中带出的养分，不仅土壤肥力逐渐下降，而且产量也会越来越低。c. 为了维持元素平衡和提高产量，应该向土壤施入肥料。养分归还的根本途径在于施肥。李比希主张施用化肥归还从土壤中带走的营养物质，特别是那些土壤中相对含量少而消耗量大的营养物质，这个观点已突破了依靠农业内部生物循环维持地力的范畴，给农业生产开拓了增加物资投入的广阔前景。李比希明确指出，土壤肥力是保证作物产量的基础，不恢复和提高土壤肥力，仅仅靠其他某一技术是不可能持续高产的。施用肥料使作物增产，这已被历史充分证明是正确的。

2. 最小养分律　养分归还学说的问世，特别是磷肥的成功生产，促使西方国家大量施用磷肥。但在长期、大量施用磷肥的过程中，出现了施用磷肥不增产的现象，于是李比希在试验的基础上提出了应该把土壤中所最缺乏的养分首先归还于土壤。这就是当时的"最低因子律"，也有人译成"最小养分律"。李比希表述这一定律的原意是："植物为了生长发育需要吸收各种养分，但是决定植物产量的，却是土壤中那个相对含量最小的有效植物生长因素，产量也在一定限度内随着这个因素的增减而相对地变化。因而无视这个限制因素的存在，即使继续增加其他营养成分也难以再提高植物的产量。"此学说几经修改，后又成为："农作物产量受土壤中最小养分制约。"直到 1855 年，他又这样描述："某种元素的完全缺少或含量不足可能阻碍其他养分的功效，甚至于减少其他养分的营养作用。"因此，最小养分律的产生表明了植物营养元素间的不可代替性。

3. 报酬递减律　报酬递减律是米采利希（E. A. Mitscherlich）1909 年作为最小养分律的补充提出来的。即其他养分充足时，由于增施某种养分，产量也随之增加，但增加并不完全是直线的，随着养分的不断增加，产量的增加率却逐渐下降，作物增产量呈递减的趋势，在达到最高产量后，产量则不再增加。

报酬递减律为我们合理施肥提供以下 3 点有益启示：一是施肥不是越多越好，要适量，不要盲目追求最高产量，高产量并不等同于高收益；二是那种"人有多大胆，地有多少产"的认识是违背客观规律的，过多施肥也会减产；三是有限的肥料应首先用到因养分投入不足导致的中、低产地区或田块，这样才能获得最大的总收益，粗放的施肥方式更易导致施肥效果的递减。

4. 因子综合作用律　作物的生长发育是受到各因子（水、肥、气、热、光及其他农业技术措施）影响的，只有在外界条件保证作物正常生长发育的前提下，才能充分发挥施肥的效果。因子综合作用律的中心意思就是：作物产量是影响作物生长发育的诸因子综合作用的结果，但其中必然有一个起主导作用的限制因子，作物产量在一定程度上受该限制因子的制约。例如，在肥力较低的土壤上，养分就是限制因子；在水分缺乏的干旱地区，水分则成为限制因子；在阴坡地种植作物，光照会成为限制因子。为了充分发挥肥料的增产作用和提高肥料的经济效益，不仅要重视各种养分之间的配合施用，而且要使施肥措施与环境因子和其他农业技术措施密切配合。

二、作物专用肥料农艺配方制订的基本原则

1. 协调营养平衡原则　作物的正常生长发育有赖于其体内各种养分有一个适宜含量范围。通过测定作物体内某种养分元素的含量可以确定该养分的供应充足与否。如果其含量低于某一临界值，就需要通过施肥来调节该养分在作物体内的含量水平，使其达到最适范围，以保证作物正常生长发育对该养分的要求。作物正常的生长发育不仅要求各种养分在量上能够满足其需求，而且要求各种养分之间保持适当的比例。如果作物体内某一营养元素过量，则可以通过施用其他元素肥料加以调节，使其在新水平下达到平衡。由于不同作物对各种养分的需求量不同，不同作物体内各种养分的含量也不同，而且同一作物在不同生育时期、不同组织和不同器官中，每种养分的含量也有变化，因而在诊断作物营养水平时要选择适当的测定时间、测定部位或器官，这样的测定结果才具有实际应用价值，才可作为利用施肥调节作物营养的依据。

2. 土壤培肥原则　土壤是农业生产最基本的生产资料和作物生长发育的场所，肥力是土壤能够生长植物的能力。肥力水平处于不断的发展变化之中，肥力的高低及变化趋势不仅取决于土壤本身的物质特性，还受到外部自然环境因素以及人类社会生产活动的影响，而且人类的农业生产活动对肥力的影响远远超过了土壤本身的物质特性。人类的农业生产活动，如施肥、灌溉、耕作、轮作等农田管理措施，不仅直接影响着肥力发展变化的方向和速度，而且决定着农业生产的水平和发展趋势，更决定着人类的生存状况与质量。只有树立培肥土壤的观点，才能实现农业生产的可持续发展。

3. 环境友好原则　不合理的施肥不仅起不到提高产量、改善品质及改良和培肥土壤的目的，反而会导致生态环境破坏和农业面源污染，不合理施肥还会导致土壤质量下降和肥力降低。

三、作物专用肥料配方制订的依据与方法

1. 作物专用肥料配方制订的方法　纵观国内外作物专用肥料配方的制订，通常采用以下3种方法。

（1）地力分区（级）配方法。将田块按土壤肥力划分成若干等级（如高、中、低）作为若干个配方区，再利用土壤普查资料和以往田间试验结果，结合群众经验，估算出配方区内比较适宜的化肥种类和用量。

（2）养分平衡法（目标产量配方法）。先确定作物产量目标，再按作物固定产量吸收的养分数量，计算出单位面积农田需化肥量及氮、磷、钾的比例。

（3）田间试验配方法。通过肥料单因子或多因子试验、多点田间试验后的结果，选择最

佳的配方，确定化肥的合理用量与氮、磷、钾的施用比例。

不同农业生态区作物施肥农艺配方依据不同气候条件、不同土壤类型、不同作物种类、不同产量水平等综合影响因子来选择制订。根据多年的研究及实践，目前一般采用养分平衡法。其核心内容是作物在生长过程中需要的养分是由土壤和肥料两个方面提供的。根据作物目标产量需肥量与土壤供肥量之差估算施肥量，通过施肥补足土壤供应不足的那部分养分。

$$施肥量=\frac{（目标产量-基础产量）\times 单位经济产量的作物需肥量}{肥料中养分含量\times 肥料利用率}$$

2. 有关参数的确定

（1）目标产量。目标产量是实际生产中预计达到的作物产量，即计划产量，是确定施肥量最基本的依据。目标产量应该是一个非常客观的重要参数，既不能以丰年为依据，也不能以歉年为基础，只能根据一定的气候、品种、栽培技术和土壤肥力来确定，而不是盲目地追求高产。若指标定得过高，势必造成肥料的过量投入，虽然产量有可能在一时保证，但会造成肥料浪费，经济效益低，甚至出现亏缺，而且造成环境污染。若定得太低，土地的增产潜力得不到充分发挥，会造成农业生产低水平运作。因此，确定合理的目标产量非常关键，常用平均单产法。

平均单产法是利用施肥区前3年平均单产和年递增率为基础确定目标产量，其计算公式是：

$$目标产量=（1+递增率）\times 前3年平均单产$$

为什么要用前3年的平均单产？因为在我国3年中很少年年丰收或歉收，而如果用前5年或7年的平均单产就会比前3年的平均单产低，这是由于农业生产不断发展，科学技术不断提高，优良品种不断更新，栽培技术不断变化，抗灾能力不断增强，作物产量也在不断提升。

（2）土壤供肥量。土壤供肥量可以通过测定基础产量而确定。

$$土壤供肥量=\frac{缺素区作物产量（kg）}{100}\times 100kg 产量所需养分量$$

在此举例说明如何确定缺素区作物的产量（表1-4-1）。

表 1-4-1　小麦氮、磷、钾 3 因素肥效反应试验产量（kg/hm^2）

项目	对照	+PK	+NK	+NP	+NPK
产量	6 000	6 500	6 900	7 000	7 500

表1-4-1中数据说明，该农田土壤养分状况是不均衡的，各处理间产量差异很大，从而表明该土壤最缺氮，其次缺磷，缺钾最轻。这样，无肥区产量就不能很好地表达缺乏某种养分时的基础产量，因为土壤中的三要素营养互相促进与制约，任何一种元素不足都会影响其他养分作用的发挥，限制作物生长。例如，要测不施氮肥时的基础产量，由于磷和钾因子的限制，土壤中的氮素不能完全得到充分利用，导致不施氮肥时的基础产量偏低，因此，必须消除可能存在的最小因子磷或钾的影响，故应以施足磷、钾处理即PK区（无氮区）产量作为不施氮时的基础产量，同样，以NK区产量作为不施磷的基础产量，以NP区产量作为不施钾时的基础产量。对于以上试验，不施氮时的基础产量为 6 500kg/hm^2，不施磷的基础产量为 6 900kg/hm^2，不施钾的基础产量为 7 000kg/hm^2。

（3）形成 100kg 经济产量的作物需肥量。通过对正常成熟的作物全株养分的化学分析，测定作物 100kg 经济产量所需养分量即可获得作物需肥量。

（4）肥料利用率。肥料利用率是指当季作物从所施肥料中吸收的养分占施入肥料养分总量的百分数。肥料利用率因作物种类、土壤肥力、气候条件和农艺措施而异，在很大程度上取决于产量水平、肥料种类及施用时期。

肥料利用率一般通过差减法计算：利用施肥区作物吸收的养分量减去无肥区作物吸收的养分量，其差值视为肥料供应的养分量，再除以所用肥料养分量就是肥料利用率。

$$肥料利用率 = \frac{施肥区作物吸收养分量 - 缺素区作物吸收养分量}{肥料用量 \times 肥料中养分含量}$$

（5）肥料中养分含量。供施肥料包括无机肥料、有机肥料、有机无机复合（混）肥料等。无机肥料、商品有机肥料含量按其标明量计，不明养分含量的有机肥料其养分含量可参照当地不同类型有机养分平均含量。

参 考 文 献

陈文华 . 2005. 中国原始农业的起源和发展 ［J］. 农业考古（1）：8-15.

崔英德 . 2001. 复合肥的生产与施用 ［M］. 北京：化学工业出版社 .

郭文韬 . 1991. 略论中国原始农业的耕作制度 ［J］. 中国农史（4）：. 32-36.

李家康，林葆 . 1999. 化肥在我国农业中的作用与展望 ［M］//中国植物营养与肥料学会，加拿大磷肥研究所 . 肥料与农业发展国际学术讨论会议文集 . 北京：中国农业科学技术出版社 .

李玉峰 . 2002. 复合肥生产工艺综述 ［J］. 攀枝花学院学报，19（5）：83.

林葆，李家康 . 1995. 必须重视提高化肥的利用率和肥效 ［J］. 农村实用工程技术（10）：7.

沈兵 . 2013. 复合肥料配方制订原理与实践 ［M］. 北京：中国农业出版社 .

吴存浩，王德顺 . 1996. 中国农业史 ［M］. 北京：警官教育出版社 .

闫湘 . 2008. 我国化肥利用现状与养分资源高效利用研究 ［D］. 北京：中国农业科学院 .

姚永法 . 2001. 我国复混肥的生产和发展 ［J］. 化肥工业，28（4）：3-6，47.

张福锁，张卫峰，马文奇，等 . 2007. 中国化肥产业技术与展望 ［M］. 北京：化学工业出版社 .

张福锁 . 2008. 我国肥料产业与科学施肥战略研究报告 ［M］. 北京：中国农业大学出版社 .

张福锁，王激情，张卫峰，等 . 2008. 中国主要粮食作物肥料利用率现状与提高途径 ［J］. 土壤学报，45（5）：915-924.

赵秉强，张福锁，廖宗文，等 . 2004. 我国新型肥料发展战略研究 ［J］. 植物营养与肥料学报，10（5）：536-545.

赵秉强 . 2013. 新型肥料 ［M］. 北京：科学出版社 .

第二章 小麦专用复混肥料
农艺配方

小麦是世上较古老且分布较广的栽培作物之一，播种面积为粮食作物之冠，总产量仅次于玉米（居第二位）。世界小麦分布极广，从极圈至赤道，从低地至高原，均有小麦栽培，但尤其喜冷凉和湿润气候，主要分布在北纬 67°（挪威和芬兰）和南纬 45°（阿根廷）之间，尤以北半球最多。栽培小麦起源于中亚（两伊）、西亚（土耳其、叙利亚、巴勒斯坦、格鲁吉亚等）。据考古学家对史前麦穗和谷粒遗迹的研究，早在 1 万多年前，人类就已开始种植一粒小麦并以其作为食物了。在古埃及的石刻中，已有栽培小麦的记载。

我国是世界上小麦总产最高、消费量最大的国家。小麦种植面积和总产分别占全国粮食作物的 22% 和 21% 左右，仅次于水稻和玉米而居第三位。考古发掘材料证明，早在 7 000 多年以前中国已经栽培小麦。在河南省陕县东关庙底沟原始社会遗址的红烧土台上有麦类印迹，距今约 7 000 年；在甘肃省东辉山原始社会遗址的文化灰土层中发现小麦炭化籽粒，^{14}C 测定并经树轮校正，该遗址年代确认为距今 5 000 年左右；殷墟出土的甲骨有"告麦"的文字记载，说明小麦很早已是河南北部的主要栽培作物，《诗经·周颂·思文》中已有小麦、大麦的记载，说明西周时黄河中下游已遍栽小麦。

小麦是我国分布最广的作物，从最北部寒冷的黑龙江省漠河，到最南部的海南省，从最西部的天山脚下，到最东部的沿海各省及台湾地区，都有小麦种植。从垂直分布看，低至低于海平面 154m 的新疆吐鲁番盆地，高至海拔 4 000m 以上的西藏江孜地区，小麦均可正常生长。

第一节 我国小麦的分布与全国种植分区

从生物学特性上讲，小麦适应冷凉气候。因此，在我国北方冷凉地区和亚热带、暖温带的低温季节广为种植，以暖温带和亚热带北部较为集中。中国主要种植冬小麦，约占小麦种植面积的 80% 以上，其余为春小麦。种植面积以河南最多，其次分别为山东、河北、安徽和江苏，位列前五位的 5 省栽培面积和总产分别占全国的 65% 和 75% 左右。

中国小麦分布地区极为广泛，由于各地气候条件悬殊、土壤类型各异、种植制度不同、品种类型有别、生产水平和管理技术存在差异，因而形成了明显的自然种植区域。我国不同时期的学者依据当时的情况多次对全国小麦的种植区域进行划分。早在 1936 年，沈宗瀚（1937）依照我国气候、土壤条件和小麦生产状况，将全国小麦种植区划分为 7 个区，包括6 个冬麦区（长江流域、淮河流域、陇海铁路东段、陕西中部、豫鲁北部及燕晋区）和 1 个春麦区（西北春麦区）；1961 年，金善宝在其主编的《中国小麦栽培学》一书中，根据自然条件特别是年平均气温、冬季气温、降水量及其分布、耕作栽培制度、小麦品种类型、适宜播期与成熟期等因素，将我国小麦的种植区域划分为 3 个主区、10 个亚区；1979 年，在中国农业科学院主编的《小麦栽培理论与技术》一书中，根据我国小麦生产发展变化情况，将全国小麦种植区分为 9 个主区、5 个副区；1983 年，在金善宝主编的《中国小麦品种及其系谱》中，进一步将全国小麦种植区划分为 10 个主区、21 个副区；1996 年，在金善宝主编的《中国小麦学》中，依据我国地理地域、品种特性、栽培环境等因素对小麦生长发育的综合影响进行区划，将全国小麦种植区域划分为 3 个主区、10 个亚区和 29 个副区。本区划以气候、土壤条件、品种特性为主线，主区以播性而定，划分为春（播）麦区、冬（秋播）麦区和冬春兼播麦区 3 个主区，主区内以土壤条件和气候（温度、降水量）为主要依据划分亚区。春（播）麦区包括东北春（播）麦区、北部春（播）麦区和西北春（播）麦区 3 个亚区；冬（秋播）麦区包括北部冬（秋播）麦区、黄淮冬（秋播）麦区、长江中下游冬（秋播）麦区、西南冬（秋播）麦区和华南冬（秋播）麦区 5 个亚区；冬春兼播麦区包括新疆冬春兼播麦区和青藏冬春兼播麦区两个亚区。

2010 年，赵广才以前人小麦种植区划研究为基础，综合分析所有区划的特点，研究总结人们对小麦种植区划的应用情况，结合近年来我国小麦生产的实际，吸收了现代小麦科研成果的精华，对全国已有的小麦种植区划进行了调整。根据人们对以前区划应用的情况，以及当前生产的发展需要，并充分考虑区划的简洁性和实用性，将全国小麦种植区域划分为 4 个主区、10 个亚区，即：北方冬（秋播）麦区，包括北部冬（秋播）麦区和黄淮冬（秋播）麦区两个亚区；南方冬（秋播）麦区，包括长江中下游冬（秋播）麦区、西南冬（秋播）麦区和华南冬（晚秋播）麦区 3 个亚区；春（播）麦区，包括东北春（播）麦区、北部春（播）麦区和西北春（播）麦区 3 个亚区；冬春兼播麦区，包括新疆冬春兼播麦区和青藏冬春兼播麦区两个亚区（图 2-1-1）。

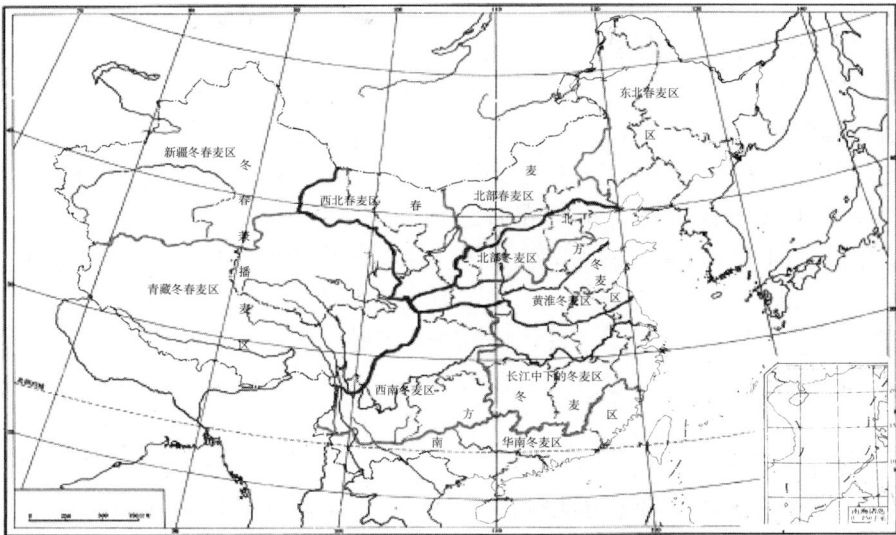

图 2-1-1　中国小麦种植区划（赵广才，2010b，2010c）

第二节　小麦专用肥料农艺配方区划

要做到小麦的科学施肥，针对不同区域、不同气候和不同土壤条件下的小麦养分需求特点研制科学合理的施肥配方和施肥技术，首先必须制订我国小麦施肥配方区划，在明确不同分区内气候特点、小麦需肥规律、土壤供肥特性、小麦栽培管理制度的基础上，因地制宜地提出氮、磷、钾、中微量元素的施肥配比及不同生育期施肥数量和施肥方法，为我国小麦生产的高产稳产提供技术支撑。

除了品种特性、种植传统习惯等因素外，影响区域小麦生产和肥料效益的关键因素是气候和土壤。在参考全国小麦种植区划的基础上，确定我国小麦施肥配方区划原则如下：小麦生产自然条件、生态环境和栽培制度的区内相似性；主要土壤条件和土壤类型的区内相似性；降水、气温等主要气候特征的区内相似性；保持一定行政区界的完整性。

按照上述原则，汇总和参考我国土壤普查资料、不同区域主要土壤类型长期肥料定位试验资料，以全国代表区域的土壤样品测定结果为基础，结合我国种植业区划、化肥区划和小麦分布特点，分别将全国划分为 10 个小麦配方施肥分区，为小麦区域配方制订、配方肥料生产和小麦科学施肥提供依据。10 个分区分别为：东北春小麦配方施肥区、西北冬春兼播小麦配方施肥区、黄土高原冬小麦配方施肥区、新疆冬春兼播小麦配方施肥区、黄淮海冬小麦配方施肥区、中南冬小麦配方施肥区、西南冬小麦配方施肥区、华东冬小麦配方施肥区、华南冬小麦配方施肥区、青藏高原冬春麦兼播配方施肥区。

在全国各区域小麦种植实际中，东北春麦区辽宁南部的大连、营口等地有部分冬小麦种植；在冬麦区中，河北长城以北的冀北地区、山西和陕西北部地区有部分春小麦种植。考虑到尽量保持行政区划的完整性原则，在我国小麦施肥分区中，整建制省（自治区、直辖市）小麦播种面积占全省农作物总面积 10％以下时，没有进行独立划分。

（一）东北春小麦配方施肥区

本区包括黑龙江、吉林、辽宁 3 省及内蒙古东北部，为我国春小麦主要产区。2011 年本区小麦播种面积约 59.2 万 hm^2，小麦播种面积和总产量分别占全国的 2.44％和 1.66％。本区地形地势复杂，境内东、西、北部地势较高，中、南部属东北平原，地势平缓，海拔一般为 50～400m，山地海拔可到 1 000m 左右。

全区为中温带向寒温带过渡的大陆性季风气候，冬季漫长而寒冷，夏季短促而温暖；日照充分，温度由北向南递增，差异较大；北部黑龙江省年均气温为 -5～5℃，吉林省为 3～5℃，辽宁省为 5～10℃，最冷月平均气温 -23～-10℃，绝对最低气温 -41～-27℃，是我国气温最低的一个麦区；全年≥10℃积温 2 730℃左右，变幅为 1 640～3 550℃，小麦生育期间≥0℃积温为 1 200～2 000℃，日照时数为 800～1 200h，太阳总辐射量为 192～242kJ/cm^2，无霜期 90～200d，其中黑龙江省为 90～120d，吉林省 120～160d，辽宁省 130～200d，无霜期短和热量不足是本区的最大特点；年降水量通常 600mm 以上，最多在辽宁省东部山地丘陵地区，年降水量可达 1 100mm，小麦生育期降水量 200～300mm，为我国春麦区降水最多的地区。

本区土壤类型主要为黑钙土、草甸土、沼泽土等，土壤肥沃，黑钙土分布面积最广，有机质含量高、腐殖层厚，矿质营养丰富，土壤结构良好，自然肥力较高。本区春小麦播种期为3月中旬至4月下旬，拔节期为4月下旬至6月初，抽穗期为6月初至7月中旬，成熟期从7月初至8月下旬，小麦生育期为90～120d，总变化趋势表现为从南向北、从东向西逐渐推迟。

（二）西北冬春兼播小麦配方施肥区

本区主要包括甘肃、宁夏和内蒙古中西部。2011年本区小麦播种面积约134.8万 hm²，小麦面积及总产量分别占全国的5.55％和4.10％，以春小麦为主，兼有部分冬小麦，主要分布在甘肃省。本区处于中温带内陆地区，属大陆性气候，冬季寒冷，夏季炎热，春、秋多风，气候干燥，日照充足，昼夜温差大。

全区≥10℃年积温为3 150℃左右，变幅为2 056～3 615℃，年均气温5～10℃，最冷月平均气温－17～－11℃，绝对最低气温－38～－27℃；小麦生育期太阳总辐射量276～309kJ/cm²，日照时数1 000～1 300h，无霜期110～140d；年均降水量200～400mm，一般年份不足300mm，最少地区年降水量在50mm以下，小麦播种至成熟期降水量50～160mm。自东向西温度渐增，降水量递减。

本区海拔1 000～1 400m，土壤类型以棕钙土、灰钙土及栗钙土为主，土地贫瘠，结构疏松，易风蚀沙化，水土流失严重，自然条件较差；本区种植制度主要为一年一熟，春小麦通常在3月中旬至4月上旬播种，5月中旬至6月初拔节，6月中旬至6月下旬抽穗，7月下旬至8月中旬成熟，生育期120～150d。

（三）黄土高原冬小麦配方施肥区

黄土高原位于我国中部偏北、北纬34°～40°、东经103°～114°，包括太行山以西、青海省日月山以东、秦岭以北、长城以南广大地区。包括山西、陕西两省和甘肃、青海、宁夏及内蒙古的部分地区，面积约40万 km²，海拔1 500～2 000m。考虑到保持行政区划的完整性，将黄土高原的主要区域山西和陕西两省划入本配方施肥区。

2011年本区小麦播种面积约184.7万 hm²，小麦播种面积及总产分别占全国的7.61％及5.55％，小麦播种面积占全区粮食作物总面积的30％左右。土壤为褐土、黄绵土等，质地适中、耕性良好、保墒耐旱，有较深厚的熟化层。

本区地处大陆性半干旱气候区，冬季严寒，春季干旱多风，降水不足，干旱、严寒是本区小麦生产中的主要问题。全年≥10℃积温3 500℃左右，变幅为2 750～4 350℃，最冷月平均气温－10.7～－4.1℃，绝对最低气温通常－24℃；小麦生育期太阳总辐射量276～293kJ/cm²，日照时数为2 000～2 200h，小麦生育期≥0℃积温为2 200℃左右，无霜期135～210d；全年降水量400～700mm，大部分降水集中在夏季，小麦生育期降水量100～200mm。

本区种植制度为两年三熟或一年一熟，肥水条件较好地区实行一年两熟，同时有逐年扩大的趋势。冬小麦播种期一般在9月中旬至10月上旬，从北向南逐渐推迟，翌年6月中下旬成熟，全生育期一般为250～280d。

（四）新疆冬春兼播小麦配方施肥区

本区位于我国西北边疆，处在亚欧大陆中心，涵盖新疆全区，小麦主要分布在盆地中部冲积平原、低山丘陵和山间谷地，2011年本区小麦播种面积107.8万 hm²，小麦种植面积及总产分别占全国的4.44％和4.91％。全区从沙漠边缘到高山农业区都有小麦种植，海拔－154m的吐鲁番盆地中心为我国小麦栽培的最低点。本区北疆土壤类型多为棕钙土、灰钙土、灰漠土，南疆则主要为棕色荒漠土、灰钙土和灌淤土；种植制度以一年一熟为主，南疆兼有一年两熟。南疆以冬小麦为主，北疆大部分种植春小麦。

本区四周高山环绕，属典型的温带大陆性气候。冬季严寒，夏季酷热，降水量少，日照充足。年日照时数达 2 500～3 600h，为我国日照最长的地区；全区≥10℃年积温为 3 550℃左右，变幅为 2 340～5 370℃。本区从南疆的暖温带向北疆的中温带过渡，南北疆各地的无霜期差异很大，南疆大部分地区无霜期可达 210～240d，北疆为 90～170d。全区气候干燥，降水量稀少，南疆尤少，平均年降水量 145mm，变幅为 15～500mm，但冰山雪水资源丰富，可保证麦田灌溉。北疆气温较低，≥10℃年积温为 3 500℃左右，最冷月平均气温 −14.6℃，绝对最低气温−36.0℃，常年降水量 195mm 左右，变幅为 150～500mm，历年各月降水分布比较均衡。南疆≥10℃年积温为 4 000℃以上，年平均气温在 10℃左右，绝对最低气温可达−28～−20℃，极端最高气温吐鲁番曾达 48.9℃，无霜期一般为 200～220d。

北疆以春小麦为主，播种期在 4 月上旬至中旬，拔节期为 5 月中旬初至下旬初，抽穗期为 6 月中旬初至下旬初，成熟期为 7 月下旬至 8 月中旬初，全生育期 90～100d。在海拔 1 000～1 200m 比较凉爽的地区，全生育期为 105～110d，在海拔 1 600m 以上的冷凉地区，全生育期可达 120～130d。春小麦生育期太阳总辐射量为 259～275kJ/cm^2，日照时数为 1 100～1 300h，≥0℃积温 1 600～2 400h，降水量 50～100mm；冬小麦在 9 月中下旬播种，翌年 4 月下旬至 5 月上旬拔节，5 月下旬抽穗，7 月上旬成熟，全生育期为 290d 左右。冬小麦生育期太阳总辐射量为 309～326kJ/cm^2，日照时数为 2 100h 左右，≥0℃积温约为 2 300℃，降水量 100～200mm。

（五）黄淮海冬小麦配方施肥区

本区包括河南、山东、河北、北京、天津 5 省（直辖市）及江苏北部（淮河流域徐州、连云港、宿迁、淮安、盐城 5 地市）和安徽北部（淮河流域淮北、宿州、阜阳、蚌埠、亳州、淮南 6 地市），2011 年本区小麦播种面积 1 435.7 万 hm^2，小麦播种面积及总产量分别占全国的 59.15% 及 68.31%，为我国最主要的小麦生产区。本区域河北省长城以北地区有少量春小麦分布。全区除山东省中部及胶东半岛、河南省西部有局部丘陵山地外，大部分地区属黄淮海平原，地势低平，海拔平均 200m 左右，西高东低，平原地区海拔一般在 100m 以下，东部沿海地区海拔不足 20m。本区气候适宜，是我国生态条件最适宜小麦生长的地区。

本区小麦播种面积一般占粮食作物种植总面积的 45% 以上，局部地区甚至超过 50%。土壤类型以褐土和潮土为主，质地良好，具有较高生产力。全区大部分地区地处暖温带，气候温和，沿淮河为亚热带北部边缘，属半湿润或半干旱季风气候。春季干旱多风，夏秋季高温多雨，冬季寒冷干燥，全年≥10℃积温 4 100℃左右，变幅为 3 350～4 900℃；年平均气温为 9～15℃；年日照时数为 1 829～2 770h；区内最冷月平均气温−4.6～−0.7℃，绝对最低气温−27.0～−13.0℃，无霜期 180～230d，从北向南逐渐增加；年降水量 520～980mm，季节分布不均，多集中在 6～8 月，占全年降水量的 60% 以上；小麦生育期降水量 150～300mm，一般可以满足小麦生育期需水，年际分布不均，常伴有春旱发生；小麦生育期太阳总辐射量 192～276kJ/cm^2，日照时数 1 400～2 000h，播种至成熟期≥0℃积温为 2 000～2 200℃。小麦灌浆、成熟期高温低湿，干热风时有发生，引起小麦"青枯逼熟"，造成减产。

本区种植制度以一年两熟为主，旱地及丘陵区两年三熟或一年一熟。本区地域辽阔，小麦播种期参差不齐，西部丘陵地区多在 9 月中下旬播种，华北平原地区则以 9 月下旬至 10

月上中旬播种，淮河流域一般在10月上中旬播种。成熟期由南向北逐渐推迟，自翌年5月底至6月中旬，个别地区可到6月下旬成熟，全生育期为220~250d。

（六）中南冬小麦配方施肥区

本区包括湖北、湖南两省，江汉平原为本区域冬小麦主要产区。2011年本区小麦播种面积105.4万hm²，小麦播种面积及总产分别占全国的4.34%和3.02%。本区域土壤类型有黄棕壤、潮土、水稻土等，表层质地黏重，通透性差。全区气候温暖，地势低洼，海拔一般在50m以下。本区域地处亚热带，由于季风环流强盛，降水充沛，年降水量一般在1 000~1 200mm，湖南大部降水量可达1 400mm。小麦生育期降水量可达450mm以上，常发生小麦湿害。年平均气温15~18℃，最冷月平均气温1.0~7.8℃，绝对最低气温可至−8.5~−5.5℃，大部分地区年太阳总辐射量为350~480kJ/cm²。多年平均实际日照时数为1 100~2 150h，≥10℃天数200~250d，≥10℃积温一般为4 900~5 300℃，无霜期230d以上，最高可超过300d。种植制度以一年两熟为主，小麦品种多弱冬性。10月中下旬播种，翌年5月中下旬成熟。

（七）西南冬小麦配方施肥区

本区包括贵州、四川、云南3省。本区小麦播种面积和总产分别占全国的8%和5%左右，其中以四川盆地面积最大、产量最高。全区地形复杂，有山地、高原、丘陵和盆地，以山地为主，约占总土地面积的70%；海拔由6 000m以上下降到100m以下，小麦主要分布在海拔200~2 500m。本区云南地势最高，小麦主要分布在海拔1 000~2 400m的地区，土壤类型多为红壤，质地黏重，酸性强，地力差；贵州小麦主产区主要分布在海拔800~1 400m的地区，土壤类型主要为黄壤；四川盆地地势最低，小麦主要分布在海拔300~700m的地区，土壤类型多为黄壤和紫色土，部分为红壤。

全区位于亚热带湿润季风气候区，气候温暖，水、热条件较好但光照不足。全年≥10℃积温4 850℃左右，变幅为3 100~6 500℃；最冷月平均气温为4.9℃，绝对最低气温−6.3℃；无霜期260d左右，有些地区可超过300d；年日照时数1 620h左右，日均只有4.4h，为全国日照最少地区；小麦播种至成熟期太阳总辐射量108~292kJ/cm²，日照时数多为400~1 000h，≥0℃积温为1 800~2 200℃；年降水量1 100mm左右，小麦生育期降水量100~300mm，基本可以满足生育期需水的要求。

本区小麦品种多为春性，适播期因地势复杂而很不一致。高寒山区为8月下旬至9月上旬，浅山区为9月下旬至10月上旬，丘陵区多为10月中旬至下旬，最晚可至11月中旬，全区播期前后延伸至近3个月。成熟期在平原、丘陵区可从翌年5月初至5月下旬，山区较晚，在6月20日至7月上中旬。小麦生育期一般175~250d，高寒山区可达300d左右。

（八）华东冬小麦配方施肥区

本区包括浙江、江西、上海和福建4省（直辖市）及江苏南部（长江流域扬州、泰州、南通、南京、无锡、常州、苏州、镇江8地市）、安徽南部（长江流域合肥、滁州、六安、巢湖、马鞍山、芜湖、宣城、铜陵、池州、安庆、黄山11地市）。2011年本区小麦播种面积176.8万hm²，小麦播种面积及总产分别占全国的7.29%和7.32%，除苏皖南部淮河以南长江流域外，其余大部分地区小麦种植比例非常低，为我国小麦最不适宜种植区。

本区位于北亚热带季风区，全年气候温暖湿润，热量资源丰富，年平均气温15.2~17.7℃，全年≥10℃积温5 300℃左右，变幅为4 800~6 900℃，年日照时数1 521~2 374h。

小麦生育期太阳总辐射量为 193～226kJ/cm^2，日照时数 600～1 200h，播种至成熟期≥0℃积温为 2 000～2 200℃，最低平均温度—3.0～3.9℃，无霜期 215～278d。冬小麦没有明显的越冬期和返青期。

本区水资源丰富，自然降水充沛。年降水量 830～1 870mm，小麦生育期间降水量 340～960mm，降水量充沛因而常受湿渍危害，近年麦田面积锐减。本区热量资源丰富，种植制度多为一年两熟或三熟。全区小麦适播期为 10 月下旬至 11 月中旬，成熟期北部为翌年 5 月中旬至 5 月底，生育期多为 200～225d。品种为弱冬性或春性。

（九）华南冬小麦配方施肥区

本区包括广东、广西、海南和台湾 4 省（自治区），2011 年本区小麦播种面积约 0.25 万 hm^2，小麦播种面积和总产均不到全国的 0.01%，且有逐年递减趋势。本区大部分地处亚热带，自广东和广西南部地区由亚热带过渡为热带，全区近 90% 的麦田为山地、丘陵，海拔约为 200m，土壤类型主要为红壤、黄壤。全区气候温暖，全年≥0℃积温 5 750℃左右，变幅为 3 150～9 300℃。最冷月平均气温 5℃左右，华南地区可达 10℃以上，年平均气温为 16～24℃，年降水量多为 1 280～1 820mm，小麦生育期降水量 320～450mm，水、热资源丰富，灌浆成熟阶段多受阴雨影响。种植制度多为水稻—水稻—小麦一年三熟或水稻—小麦一年两熟。

（十）青藏高原冬春兼播麦区配方施肥区

本区包括西藏和青海两省（自治区）。2011 年本区小麦播种面积约 13.2 万 hm^2，小麦播种面积及总产分别占全国的 0.54% 和 0.51%。以春小麦为主，占小麦播种总面积的 2/3，青海省全部种植春小麦，面积约 9.3 万 hm^2，西藏则以冬小麦为主，藏南河谷地带及昌都等地区地势低平、土壤肥沃、灌溉发达，是全区冬小麦的主产区。

本区小麦主要分布地区：青海省一般在海拔 2 600～3 200m，西藏大部分在 2 600～3 800m，少数在海拔 4 100m 处仍有小麦种植，是世界上种植小麦海拔最高地区。全区日照时数常年在 3 000h 以上，其中青海柴达木盆地和西藏日喀则地区最高可达 3 500h。最冷月平均气温—4.8～0.1℃，绝对最低气温—25.1～—13.4℃。小麦返青至拔节及抽穗至成熟均历经两个月之久，且日照时间长，昼夜温差大，有利于形成大穗大粒。年降水量 42.5～770mm，分布十分不均，以藏南地区较多，西部最少，青海柴达木盆地周围年降水量不足 20mm。

本区春小麦一般播种期在 3 月下旬至 4 月中旬，拔节期在 6 月上旬至中旬，抽穗期在 7 月上旬至中旬，成熟期在 9 月初至 9 月底，全生育期 130～190d。春小麦生育期间太阳总辐射量 276～460kJ/cm^2，日照时数 1 300～1 600h，≥0℃积温 1 600～1 800℃；冬小麦一般 9 月下旬至 10 月上旬播种，翌年 5 月上旬至中旬拔节，5 月下旬至 6 月中旬抽穗，8 月中旬至 9 月上旬成熟，生育期达 320～350d，为全国冬小麦生育期最长的地区。

第三节　小麦生产的气候特征分析

小麦是一种温带长日照植物，其气候适应性极广，从自北纬 18°～50°、从平原到海拔 4 000m 的高度均有栽培。主产区位于北纬 30°～55° 和南纬 25°～40°，年降水量在 200～700mm 的地带。

我国有冬小麦、春小麦和冬春兼有3种栽培类型。春小麦主要分布在北部较冷地区，冬小麦分布在辽东半岛、华北平原、黄土高原南部及以南的广大地区，冬春兼有类型主要分布在冬小麦与春小麦栽培的过渡地带，或者在越冬条件严酷的地区和高寒地区。

赵广才（2010a）对我国小麦种植区域的气候特点进行了全面分析。中国小麦种植区域气候条件差异很大，最北部黑龙江省的漠河地处寒温带，向南逐步过渡到温带、亚热带，直至广东、台湾省南部及海南省热带地区。气候特征表现为从东南沿海的海洋性季风气候逐步过渡到内陆地区大陆性干旱或半干旱气候。年平均气温从漠河的0℃左右，逐步过渡到海南省的23.8℃。由北向南从1月的平均气温−20℃以下，绝对最低气温−40℃以下，过渡到年平均气温20℃以上，1月平均气温16℃以上。冬小麦播种至成熟期≥0℃积温为1 800～2 600℃，以华南地区最少，新疆地区最多。春小麦播种至成熟期≥0℃积温为1 200～2 400℃，以辽宁地区最少，新疆地区最多。冬小麦播种到成熟期日照时数为400～2 300h，从南向北逐渐增加，以新疆地区最多。春小麦播种至成熟期日照时数为800～1 600h，以西藏地区最多。无霜期从青藏高原部分地区全年有霜过渡到海南省的终年无霜，其中东北地区平均初霜见于9月中旬，终霜见于4月下旬，无霜期不到150d；华北地区初霜见于10月中旬，终霜见于4月上旬，共约200d；长江流域从4月到11月，共约250d左右；华南地区无霜期300d以上，有的年份全年无霜。降水南北、东西差异均很大，年降水量从内陆地区的100mm左右（个别地区终年无降水）到东南沿海的2 500mm以上，且降水分布极为不均，多集中于6～8月，3个月降水量约占全年降水量的60%以上。在冬小麦生育期间降水最多的可达900mm，降水少的在20mm以下。春小麦生育期间降水量从20mm以下至300mm不等。

一、小麦不同生育期对气候的要求

温度、光照等条件是决定小麦生长的关键气候条件。不同生育期小麦对温度、光照等条件的要求各不相同。

1. 播种至出苗　小麦种子发芽要求的最低温度为2～4℃，最适温度12～20℃，最高温度30～32℃；一般冬小麦采用5d平均气温稳定在16～18℃、5cm地温19～21℃作为确定适宜播种期的指标，从播种到出苗约需≥0℃积温120℃，北方地区冬小麦要求冬前有效积温在650～750℃。

2. 分蘖　小麦最适宜的分蘖温度为13～18℃，高于18℃分蘖生长变缓，日平均气温低于4℃时不再分蘖。

3. 越冬至返青　气温在3℃以下时，小麦停止生长，日平均气温稳定在0℃以下时，为小麦越冬期；日平均气温在3℃以上时麦苗开始返青，4～6℃为返青适宜温度，≤0℃的积温在−400℃以内可保证安全越冬。≤0℃的积温−700～−400℃时小麦可能受到冻害，−700℃以下地区不宜种植冬小麦。平均温度−10℃以下，最低气温低于−30℃，日平均气温0℃以下天数超过100d时，冬小麦不能安全越冬。

4. 拔节至孕穗　拔节至孕穗期要求气温稳定在12～16℃，气温低于0℃时幼穗将受冻害。

5. 抽穗至开花　抽穗适宜温度13～20℃，开花适宜温度18～24℃；气温低于9℃延迟开花，影响授粉。最高气温30℃以上，天气干旱，相对湿度小于30%，会出现干热风危害，影响受精而降低结实率。

6. 灌浆至成熟 灌浆阶段最适宜的温度条件是 18~22℃，15~18℃时灌浆缓慢，低于 25℃则随温度升高灌浆强度增大。乳熟到蜡熟阶段，适宜温度为日平均 20~22℃。日平均气温超过 25℃时灌浆受阻，日最高气温达 30℃灌浆基本停止，大于 32℃时籽粒增重基本是负值。小麦灌浆成熟期，14 时气温≥30℃、相对湿度≤30%、风速≥3m/s 为干热风。

二、我国小麦气候生态区的划分

小麦在我国生长发育的适应性和产量形成的条件都有区域性特征。根据各气候区内小麦生育需要的光照、温度、水分、热量等条件，小麦气候的适应程度和不利气候条件的影响，小麦品种气候生态类型，小麦生育状况及其产量、品质水平以及多熟种植特点等指标，崔读昌等（1993）以小麦生态区、小麦生态带和小麦生态地区为 3 级划分标准，将我国小麦气候生态划分为 5 个生态区，即春麦生态区、北方冬麦生态区、南方冬麦生态区、西北冬春麦生态区和青藏高原小麦生态区。各生态区内根据温度条件、日照长短、生育期、成熟期、冬春性强弱等气候条件和特征，分别划分为 14 个小麦生态带。在小麦生态带基础上，又根据水分条件和小麦生育状况，划分为 28 个气候生态地区。

我们参照崔读昌的小麦气候生态划分方法，结合全国小麦种植区划，分别将全国小麦气候生态概括为东北春麦区、西北冬春兼播麦区、黄土高原冬麦区、新疆冬春兼播麦区、黄淮海平原冬麦区、中南冬麦区、西南冬麦区、华东冬麦区、华南冬麦区、青藏高原冬春兼播麦区 10 个生态区。

三、不同气候生态区气候特点分析

（一）东北春麦区

东北春麦区包括黑龙江、吉林、辽宁 3 省全部和内蒙古东北部地区，按照气候和降水量特点，可以划分为东北东部半湿润亚区和东北西部半干旱亚区。

1. 东北东部半湿润亚区 包括黑龙江、吉林两省中东部，辽宁省大部和内蒙古大兴安岭北部地区，主要气候生态特点包括：

（1）气候温凉，适宜春小麦栽培。本地区年平均气温 −6~4℃，春小麦生育期平均气温为 14~16℃，最冷月平均气温 −30~−17℃，最热月平均气温 16~22℃，≥0℃积温 2 100~3 000℃，小麦生育期≥0℃积温 1 600~1 800℃。

（2）水分较多，但供应不稳定。本地区年降水量 400~700mm，春小麦生育期降水量 300mm 左右，一般能满足需要，但春旱严重，春季降水量 40~85mm。收获期常发生雨害。

（3）光照充足。年太阳总辐射量 4 500~5 000MJ/m²，小麦生育期太阳总辐射量为 2 000~2 500MJ/m²。年日照时数 2 400~2 800h，小麦生育期日照时数 900~1 000h。

（4）土壤类型以暗棕壤、黑土为主，质地为沙土、壤土，有机质含量高，可达 40~100g/kg。

（5）本地区小麦 4 月中下旬播种，8 月上中旬成熟，全生育期 110~120d，生育前期干旱，后期有雨害。

2. 东北西部半干旱亚区 包括黑龙江、吉林两省西部和内蒙古东北部地区，主要气候生态特点包括：

（1）温度适宜，年平均气温－2～6℃，春小麦生育期平均气温 15～17℃，最冷月平均气温－24～－14℃，最热月平均气温 18～22℃，≥0℃积温 2 500～3 200℃，小麦生育期≥0℃积温 1 600～1 800℃。

（2）水分缺乏，年降水量 300～400mm，小麦生育期降水量 100～150mm，缺水 200～300mm。

（3）光照充足，年太阳总辐射量 5 000～6 000MJ/m²，小麦生育期太阳总辐射量 2 000～3 000MJ/m²；年日照时数 2 800～3 000h，小麦生育期日照时数 1 000～1 200h。

（4）土壤以棕壤、暗棕壤、栗钙土、黑钙土为主，质地为沙土、壤土，土壤有机质含量一般 20～100g/kg。

（5）春小麦 4 月中下旬播种，8 月中旬成熟，生育期 110～120d。

（二）西北冬春兼播麦区

本区包括甘肃、宁夏全部及内蒙古中西部。按照气候和降水量特点，可以划分为西北东部半干旱亚区和西北西部干旱亚区。

1. 西北东部半干旱亚区　包括内蒙古中部和宁夏大部，主要气候生态特点包括：

（1）温度适宜，年平均气温 2～8℃，春小麦生育期平均气温 15～17℃，最冷月平均气温－16～－10℃，最热月平均气温 18～24℃，≥0℃积温 2 500～3 500℃，小麦生育期≥0℃积温 1 800～2 000℃。

（2）干旱缺水，年降水量 200～300mm，小麦生育期降水量 100～200mm，小麦生育期缺水 200～300mm。

（3）光照充足，年太阳总辐射量 6 000～6 500MJ/m²，小麦生育期太阳总辐射量 2 500～3 000MJ/m²；年日照时数 3 000～3 200h，小麦生育期日照时数 1 000～1 200h。

（4）土壤以棕钙土、淤灌土为主，质地为沙土、壤土，土壤肥力差，有机质含量一般不足 20g/kg。

（5）春小麦 4 月上中旬播种，8 月中下旬成熟，生育期 100～110d。

2. 西北西部干旱亚区　包括内蒙古西部和甘肃大部，主要气候生态特点包括：

（1）温度适宜，年平均气温 0～14℃，春小麦生育期平均气温 15～17℃，最冷月平均气温－15～－10℃，最热月平均气温 20～25℃，≥0℃积温 3 000～4 000℃，小麦生育期≥0℃积温 1 800～2 000℃。

（2）严重干旱缺水，年降水量 50～150mm，小麦生育期降水量 50～100mm，小麦生育期缺水 300～400mm。

（3）光照充足，年太阳总辐射量 6 000～6 750MJ/m²，小麦生育期太阳总辐射量 2 600～3 100MJ/m²；年日照时数 3 100～3 300h，小麦生育期日照时数 1 000～1 300h。

（4）土壤以灰漠土和棕漠土为主，土壤肥力差，大部分地区有机质含量在 10g/kg 以下。

（5）本区域春小麦 3 月中下旬播种，7 月中下旬成熟，生育期 120～130d；冬小麦一般 9 月下旬播种，6 月中下旬成熟，生育期 250d 左右。

（三）黄土高原冬麦区

本区包括陕西和山西两省。由于黄土高原地势由东南向西北抬升，越深入内陆，东南季风的影响越小，形成明显的由东南半湿润温带气候向西北半干旱中温带气候的转变。

东部半湿润亚区年平均气温 12～15℃，降水量 600mm 以上。全年≥0℃积温为 4 500～5 600℃，年日照时数为 2 200～2 600h；西部半干旱区年平均气温 6～10℃，降水量 350～600mm，全年≥0℃积温为 2 500～3 000℃，年日照时数 2 200～2 800h。

季节分明、日温差大是本区两个主要气候特点，冬季干冷，夏季湿热，秋季降温快，春季升温快。1 月是最冷的月份，温度由东南部−1℃往西降至−7℃左右；7 月是最热月，平均温度为 18～28℃。由于本区海拔较高，晴天太阳辐射强，一般白天温度较高，夜间温度较低，日温差较大，区域南部日温差小于 12℃，北部和西部可达 14℃以上。

本区光能资源比较丰富，年太阳总辐射量东南部为 5 000MJ/m²，西北部则达 6 300MJ/m²；光合有效辐射为 2 250～2 750MJ/m²。温度日较差大是黄土高原热量资源突出的特点之一。除南部地区年平均日较差为 10～12℃外，其他大部分为 14℃，西部地区为 16℃。日较差大对作物光合作用产物的积累具有良好作用。

本区域为黄土高原冬小麦特晚熟特长光照带，冬小麦一般 10 月上中旬播种，翌年 5 月下旬至 6 月上旬成熟，生育期 240d 左右。

（四）新疆冬春兼播麦区

本区涵盖整个新疆，可以分为北疆春麦亚区和南疆冬麦亚区。

1. 北疆春麦亚区　包括新疆天山北部大部分地区，以春小麦种植为主，主要气候生态特点包括：

（1）温度适宜，年平均气温−2～6℃，春小麦生育期平均气温 13～16℃，最冷月平均气温−28～−20℃，最热月平均气温 18～24℃，≥0℃积温 2 500～4 000℃，小麦生育期≥0℃积温 1 800～2 400℃。

（2）严重干旱缺水，年降水量 100～200mm，小麦生育期降水量 50～100mm，小麦生育期缺水 300～400mm。

（3）光照充足，年太阳总辐射量 5 500～6 000MJ/m²，小麦生育期太阳总辐射量 2 500～3 000MJ/m²；年日照时数 2 800～3 200h，小麦生育期日照时数 1 000～1 300h。

（4）土壤以棕钙土、灰漠土和风沙土为主，土壤肥力低，大部分地区有机质含量在 10g/kg 以下。

（5）春小麦 4 月中下旬播种，8 月上中旬成熟，生育期 110～120d。

2. 南疆冬麦亚区　包括新疆天山南部以南的大部分地区，以冬小麦种植为主，主要气候生态特点包括：

（1）温度适宜，年平均气温 8～14℃，冬小麦生育期平均气温 10～12℃，最冷月平均气温−12～−8℃，最热月平均气温 24～28℃，≥0℃积温 4 000～5 000℃，小麦生育期≥0℃积温 2 200～2 600℃。

（2）严重干旱缺水，年降水量 25～150mm，小麦生育期降水量 25～150mm，小麦生育期缺水 400～500mm。

（3）光照充足，年太阳总辐射量 5 500～6 000MJ/m²，小麦生育期太阳总辐射量 3 000～4 000MJ/m²；年日照时数 2 800～3 200h，小麦生育期日照时数 2 100～2 300h。

（4）土壤以风沙土、棕漠土为主，土壤肥力低，大部分地区有机质含量为 5～10g/kg。

（5）冬小麦 9 月中下旬播种，翌年 6 月下旬至 7 月上旬成熟，生育期 270～290d，越冬期 80～110d。

（五）黄淮海平原冬麦区

本区涵盖长城以南，秦岭、淮河以北广大地区，包括河北、北京、天津、陕西、山西、山东以及河南、安徽和江苏淮河流域以北的大部分地区，为我国冬小麦主要产区。可以分为华北半干旱冬麦亚区和黄淮半湿润冬麦亚区。

1. 华北半干旱冬麦亚区 包括山东东部、河北中北部、北京、天津以及山西和陕西中部地区，主要气候生态特点包括：

（1）温度适宜，年平均气温 8～13℃，冬小麦生育期平均气温 8～9℃，最冷月平均气温 -8～-4℃，最热月平均气温 20～26℃，≥0℃积温 4 000～4 800℃，小麦生育期≥0℃积温 2 000～2 200℃，越冬期 75～110d，冬小麦生长后期常出现高温干热风危害。

（2）水分严重不足，年降水量 500～700mm，小麦生育期降水量 150～250mm，小麦生育期缺水 200～250mm，常出现严重春旱。

（3）光照充足，年太阳总辐射量 5 250～5 750MJ/m²，小麦生育期太阳总辐射量 3 500～4 000MJ/m²；年日照时数 2 500～2 800h，小麦生育期日照时数 1 800～2 200h。

（4）土壤类型以潮土和黄绵土为主，土壤肥力较低，大部分地区有机质含量为 10～20g/kg。

（5）冬小麦 9 月下旬至 10 月上旬播种，翌年 6 月中下旬成熟，生育期 270d 左右。

2. 黄淮半湿润冬麦亚区 包括山东、河南大部，江苏和安徽北部，河北南部以及山西、陕西中南部等区域，主要气候生态特点包括：

（1）温度适宜，年平均气温 12～15℃，冬小麦生育期平均气温 9～11℃，最冷月平均气温 -4～0℃，最热月平均气温 24～28℃，≥0℃积温 5 000～5 500℃，小麦生育期≥0℃积温 2 000～2 200℃，越冬期 50～80d，冬小麦生长后期常出现高温干热风危害。

（2）水分条件适宜，年降水量 600～900mm，小麦生育期降水量 200～300mm，小麦生育期缺水 100～200mm，常伴有春旱。

（3）光照充足，年太阳总辐射量 5 000～5 500MJ/m²，小麦生育期太阳总辐射量 2 750～3 500MJ/m²；年日照时数 2 000～2 600h，小麦生育期日照时数 1 400～1 800h。

（4）土壤类型以潮土、砂姜黑土为主，土壤肥力较低，大部分地区有机质含量在 10～20g/kg。

（5）冬小麦 10 月上中旬播种，翌年 5 月下旬至 6 月上中旬成熟，生育期 230～240d。

（六）中南冬麦区

本区主要包括湖南和湖北两省，属弱冬性中熟短光照带。小麦主要分布在湖北省，全省小麦播种面积 100 万 hm² 左右，占全国的 4.2%，总产占全国 3% 左右。湖南小麦播种面积很少，约为 4 万 hm²。

湖北小麦主要分布在北纬 31°以北，属中纬度亚热带气候，四季分明，年平均气温 15.1～16.0℃，年降水量 800～1 000mm，小麦全生育期降水量 500mm 左右，年平均日照时数 1 900～2 200h，气候资源优越，有利于小麦的生长发育。湖北小麦产区土层深厚，保水、保肥能力较强，春季光照充足，降水调和，幼穗分化时间长，易形成大穗；4～5 月降水一般不太多，光照充足，昼夜温差较大，有利于小麦开花灌浆，增加粒重，提高品质。北纬 31°以南麦区则由于降水相对较多（小麦总生育期降水量 700mm），大多为沿江冲积平原，土壤为沙壤，有利于生产弱筋小麦。

湖南地处东亚大陆的东南部，地理纬度偏低，且东南边境界离海岸不到400km，故受东亚季风环流影响明显，属于亚热带季风湿润气候，四季分明，春季温度多变，夏季暑热，秋季凉爽，冬季湿冷。热量资源丰富，光照充足，降水量充沛，无霜期长，但在季节、年际和地域上分布不均。湖南在冬季常因为西伯利亚干冷空气团控制，寒流频频南下，造成雨雪冰冻；夏季因为低纬度海洋暖湿气流团所盘踞，温高湿重；春夏之交，正处于冷暖气流交替的过渡地带，锋面和气旋活动频繁，造成阴湿多雨的天气；盛夏常受西太平洋副热带高压控制，全省大部分地区天气酷热。湖南多年平均气温为15～18℃，月平均气温以7月最高，为27～35℃，1月最低，平均4℃，无霜期270～310d。常年雨天140～180d，年降水量为1 200～1 700mm。大部分地区日平均气温稳定通过0℃的活动积温为5 600～6 800℃；10℃以上活动积温为5 000～5 840℃，可持续238～256d；15℃以上活动积温为4 100～5 100℃，可持续180～208d。湖南各地年太阳总辐射量平均值为3 726～4 605MJ/m²。

中南冬小麦主产区一般10月中下旬播种，翌年5月下旬成熟，生育期220d左右。

（七）西南冬麦区

本区主要包括四川、云南、贵州和重庆，为我国西南地区冬小麦主要产区，属弱冬性中熟短光照带。可分为川黔湿生态亚区和云南半干旱生态亚区。

1. 川黔湿生态亚区　本区主要包括四川中东部、贵州大部和重庆，本区气候生态特点包括：

（1）温度适宜，年平均气温14～16℃，冬小麦生育期平均气温10～13℃，最冷月平均气温4～6℃，最热月平均气温21～26℃，≥0℃积温5 200～6 500℃，小麦生育期≥0℃积温2 000～2 200℃。

（2）水分偏多，年降水量900～1300mm，小麦生育期降水量300～500mm，大部分年份超过小麦需水量50～100mm。

（3）光照不足，年太阳总辐射量3 750～4 250MJ/m²，小麦生育期太阳总辐射量1 500～2 000MJ/m²；年日照时数1 200～1 600h，小麦生育期日照时数仅400～600h。

（4）土壤类型以黄壤为主，土壤肥力中等偏下，大部分地区土壤有机质含量为15～30g/kg。

（5）冬小麦10月上旬至11月上中旬播种，翌年5月中下旬成熟，生育期180～220d。

2. 云南半干旱生态亚区　本区主要包括云南大部及四川西部，本区气候生态特点包括：

（1）温度适宜，年平均气温14～20℃，冬小麦生育期平均气温11～14℃，最冷月平均气温8～14℃，最热月平均气温20～22℃，≥0℃积温4 500～6 500℃，小麦生育期≥0℃积温2 000～2 200℃。

（2）水分不足，年降水量800～1 200mm，小麦生育期降水量200mm左右，冬小麦栽培季节在旱季，大部分年份缺水150～200mm。

（3）光照不足，年太阳总辐射量5 500～6 000MJ/m²，小麦生育期太阳总辐射量2 500～3 500MJ/m²；年日照时数2 200～2 400h，小麦生育期日照时数仅1 000～1 500h。

（4）土壤类型以红壤为主，土壤肥力中等偏下，大部分地区有机质含量为15～30g/kg。

（5）冬小麦10月下旬至11月上旬播种，翌年4月下旬至5月上旬成熟，生育期190d。

（八）华东冬麦区

本区包括上海、浙江、江西以及江苏和安徽南部，为我国南方冬小麦主要产区，本区主要气候生态特点包括：

（1）温度适宜，年平均气温 14～18℃，冬小麦生育期平均气温 10～13℃，最冷月平均气温 0～8℃，最热月平均气温 27～29℃，≥0℃积温 5 300～6 500℃，小麦生育期≥0℃积温 1 900～2 200℃。

（2）水分适宜或偏多，年降水量 900～1 600mm，小麦生育期降水量300～800mm，常发生小麦湿害。

（3）光照不足，年太阳总辐射量 4 000～5 000MJ/m²，小麦生育期太阳总辐射量 1 500～2 500MJ/m²；年日照时数 1 600～2 200h，小麦生育期日照时数 500～1 200h。

（4）土壤类型以水稻土、暗棕壤、黄壤和红壤为主，土壤肥力中等，大部分地区有机质含量为 10～40g/kg。

（5）冬小麦 10 月下旬至 11 月上旬播种，翌年 5 月上旬至 6 月上旬成熟，生育期 180～230d。

（九）华南冬麦区

本区主要包括广东、福建、广西和海南，可分为亚热带湿生态亚区和热带湿生态亚区。

1. 亚热带湿生态亚区　本区主要包括福建中北部、广东北部和广西北部等地，本区气候生态特点包括：

（1）温度偏高，年平均气温 18～20℃，冬小麦生育期平均气温 13～15℃，最冷月平均气温 8～12℃，最热月平均气温 26～28℃，≥0℃积温 6 500～7 500℃，小麦生育期≥0℃积温 1 800～2 200℃。

（2）水分较多，年降水量 1 500～1 800mm，小麦生育期降水量 300～500mm，大部分年份超过小麦需水量 100～200mm。

（3）光照少，年太阳总辐射量 4 200～4 800MJ/m²，小麦生育期太阳总辐射量 2 000～2 250MJ/m²；年日照时数 1 600～1 900h，小麦生育期日照时数仅 400～700h。

（4）土壤类型以红壤为主，土壤肥力中等偏下，大部分地区有机质含量为 10～30g/kg。

（5）冬小麦 11 月播种，翌年 4 月中旬至 5 月上旬成熟，生育期150～180d。

2. 热带湿生态亚区　本区主要包括福建南部、广东南部、广西南部以及海南等地，本区气候生态特点包括：

（1）温度偏高，年平均气温 20～24℃，冬小麦生育期平均气温 15～17℃，最冷月平均气温 13～20℃，最热月平均气温 26～28℃，≥0℃积温 7 500～9 000℃，小麦生育期≥0℃积温 2 000～2 200℃。

（2）小麦生育期降水量适中但平均日降水偏多，年降水量 1 600～1 800mm，小麦生育期降水量 200～300mm，多集中在小麦生长后期。

（3）光照偏少，年太阳总辐射量 4 500～5 000MJ/m²，小麦生育期太阳总辐射量 1 250～1 500MJ/m²；年日照时数 1 800～2 200h，小麦生育期日照时数 500～700h。

（4）土壤类型以赤红壤和砖红壤为主，土壤肥力中等偏下，大部分地区有机质含量为 15～30g/kg。

（5）冬小麦 11 月播种，翌年 3 月上旬至 4 月初成熟，生育期 125～150d。

（十）青藏高原冬春兼播麦区

本区主要包括青海和西藏，可分为藏北春小麦特干旱生态亚区和藏南冬小麦半湿润生态亚区。

1. 藏北春小麦特干旱生态亚区　本区主要包括西藏北部和青海大部，本区气候生态特点包括：

（1）温度低，年平均气温−4～4℃，小麦生育期平均气温 9～13℃，最冷月平均气温−18～−12℃，最热月平均气温 8～18℃，≥0℃积温 1 000～2 500℃，小麦生育期≥0℃积温 1 800℃左右。

（2）水分严重缺乏，年降水量 10～200mm，小麦生育期降水量 50～100mm，生育期缺水 400～500mm。

（3）光照充足，年太阳总辐射量 6 500～7 500MJ/m²，小麦生育期太阳总辐射量 3 000～3 500MJ/m²；年日照时数 2 800～3 200h，小麦生育期日照时数仅 1 300～1 500h。

（4）土壤类型以灰棕漠土为主，土壤肥力低下，大部分地区有机质含量不足 10g/kg。

（5）春小麦 3 月下旬至 4 月上旬播种，8 月下旬至 9 月上旬成熟，生育期 150～180d。

2. 藏南冬小麦半湿润生态亚区　本区主要包括西藏南部，本区气候生态特点包括：

（1）温度低，生长期长，年平均气温 0～12℃，冬小麦生育期平均气温 7～12℃，最冷月平均气温−12～4℃，最热月平均气温 10～20℃，≥0℃积温 1 500～3 000℃，小麦生育期≥0℃积温 1 700～1 900℃。

（2）水分适宜，年降水量 300～700mm，小麦生育期降水量 300～400mm，基本可满足小麦生长需要。

（3）光照充足，年太阳总辐射量 5 000～8 000MJ/m²，小麦生育期太阳总辐射量 4 500～5 500MJ/m²；年日照时数 1 600～3 000h，小麦生育期日照时数 1 400～2 000h。

（4）土壤类型以高山草甸土和亚高山草甸土为主，土壤肥力较高，有机质含量 40～100g/kg。

（5）冬小麦 9 月下旬至 10 月上旬播种，翌年 8～9 月成熟，生育期 320～350d。

第四节　全国麦田土壤养分状况分析

一、东北地区

本区域包括辽宁省、吉林省、黑龙江省和内蒙古自治区东部，基本涵盖东北春麦区和北部春麦区，黑土、棕壤、白浆土、草甸土为本区域主要土壤类型。本区域属大陆性季风型气候，自南而北跨暖温带、中温带与寒温带，热量显著不同，南部≥10℃积温可达 3 600℃，北部则仅有 1 000℃；降水量自 1 000mm 降至 300mm 以下，从湿润区、半湿润区过渡到半干旱区。

在东北地区黑土、白浆土、草甸土 3 种主要土壤类型中，黑土区北部、东部有机质含量较高，南部、西部有机质含量较低；钾含量较高，氮含量一般，地区之间差异不大，有效磷含量低，需要补充；有 75％的土壤 pH 低于 6.5，有酸化趋势；黑土总体供肥能力较强，但需增加磷肥投入和碱性肥料的施用。白浆土有机质含量低，在 25g/kg 左右；氮、磷含量不高，钾含量较高，土壤呈酸性，总体供肥能力弱，需要补充氮、磷和有机质。草甸土有机质含量高，一般大于 45g/kg，氮、钾含量丰富，磷含量地区间差异大，开垦较早地区磷缺乏，土壤 pH 小于 6，供肥能力强，但需要补充磷，并施用一些碱性肥料，调节土壤酸碱度。3

种不同类型土壤速效氮、速效钾释放强度高于有效磷，速效养分释放强度：草甸土＞黑土＞白浆土。

本区域主要养分状况分别列于表2-4-1和表2-4-2（笔者在承担"十一五"国家科技支撑计划课程中，于2009年组织课题组主要人员，对全国不同区域及主要土壤类型分别定点、定位采集耕层土壤样品3 000余个，开展土壤养分状况调查和监测。除特别注明外，本节土壤养分资料均来自本次土壤养分调查）。主要养分平均含量分别为：土壤有机质含量36.4g/kg，全氮含量1.6g/kg，碱解氮含量148.75mg/kg，有效磷含量26.6mg/kg，速效钾含量100.1 mg/kg。可见，本地区土壤氮、磷含量丰富，全氮、碱解氮和有效磷含量均处于中高水平，而土壤速效钾含量处于中低水平。

微量元素方面，土壤有效铜含量丰富，平均1.87mg/kg，处于中高水平；有效锌含量2.3mg/kg，属中等水平，在生产中可适当施用锌肥；有效锰含量42.8mg/kg，处于中高水平；有效硼含量0.63mg/kg，属中低水平，在作物生产中可以适当增加硼肥的使用。

从大区范围考虑，东北地区土壤属高氮、中磷、中钾类型，应选用中氮、中磷、中钾配方，生产中应注重硼肥和锌肥的施用。

表 2-4-1 东北地区土壤大量养分分布情况

全氮（N）		碱解氮（N）		有效磷（P_2O_5）		速效钾（K_2O）	
含量范围（mg/kg）	比例（％）	含量范围（mg/kg）	比例（％）	含量范围（mg/kg）	比例（％）	含量范围（mg/kg）	比例（％）
<0.05	0.6	<50	1.0	<5	7.8	<50	1.4
0.05～0.1	6.3	50～100	8.6	5～10	9.2	50～100	41.3
0.1～0.2	63.2	100～150	37.4	10～30	46.0	100～150	40.3
0.2～0.3	22.9	150～200	30.9	30～50	26.4	150～200	11.7
>0.3	7.0	>200	22.1	>50	10.6	>200	5.3
平均值	0.16		148.75		26.6		100.1
范围	0.03～0.81		29.2～487.1		0.06～162.8		34～555

表 2-4-2 东北地区土壤微量养分分布情况

有效铜		有效锌		有效锰		有效硼	
含量范围（mg/kg）	比例（％）	含量范围（mg/kg）	比例（％）	含量范围（mg/kg）	比例（％）	含量范围（mg/kg）	比例（％）
<0.1	0	<0.5	5.4	<5	12.4	<0.25	6.7
0.1～0.2	1.1	0.5～1	21.6	5～10	12.0	0.25～0.5	35.8
0.2～1	24.6	1～2	36.7	10～20	7.4	0.5～1	42.4
1～1.8	36.0	2～5	27.9	20～40	19.7	1～2	15.0
>1.8	38.4	>5	8.4	>40	48.4	>2	0.2
平均值	1.87		2.3		42.8		0.63
范围	0.26～9.18		0.31～12.3		1.3～128.3		0.13～2.0

二、西北地区

本区域位于大兴安岭以西、长城和昆仑山至阿尔金山以北，包括甘肃、宁夏和内蒙古西部地区。属温带季风气候，年降水量一般在400mm以下，自东向西、自南向北递减，地形以高原盆地为主。按照土壤、气候等特点，本区域又可划分为黄土高原地区和西北漠境地区两种类型。

1. 黄土高原地区 本区域地处黄土高原，包括陕西和山西两省。属温带季风气候，年降水量一般在400mm以下，自东向西、自南向北递减，地形以高原盆地为主。

以陕西为代表的西北黄土高原区土壤有机质含量为7～37g/kg，平均值为16g/kg。有机质含量在10～20g/kg的占88%，低于10g/kg和高于30g/kg的土壤仅分别占2%和1.2%，属中等水平；土壤全氮含量为0.7～1.5g/kg，平均含量为1.2g/kg，有83.5%的样品含量范围集中在1～2g/kg，16.5%的样品为0.5～1.0g/kg，全氮含量属中等水平；土壤碱解氮含量为38.6～198.6mg/kg，平均92.6mg/kg，含量范围在50～150mg/kg的占该区域的95.2%，高于150mg/kg的土壤仅占4%，处于中等偏低水平；土壤有效磷含量为3.37～90.5mg/kg，平均18.8mg/kg，含量为10～30mg/kg的土壤占71.9%，低于10mg/kg和高于50mg/kg的土壤分别占12.4%和15.6%，整体属中等水平；土壤速效钾含量为45～528mg/kg，平均值为146mg/kg，大于100mg/kg的地区占86.4%，属于中高水平区域（表2-4-3）。

表2-4-3 陕西地区土壤大量养分分布情况

全氮（N）		碱解氮（N）		有效磷（P_2O_5）		速效钾（K_2O）	
含量范围 (mg/kg)	比例 (%)	含量范围 (mg/kg)	比例 (%)	含量范围 (mg/kg)	比例 (%)	含量范围 (mg/kg)	比例 (%)
<0.05	0.0	<50	0.8	<5	2.0	<50	0.4
0.05～0.1	16.5	50～100	68.7	5～10	10.4	50～100	13.2
0.1～0.2	83.5	100～150	26.5	10～30	71.9	100～150	38.6
0.2～0.3	0.0	150～200	4.0	30～50	13.6	150～200	27.3
>0.3	0.0	>200	0.0	>50	2.0	>200	20.5
平均值	0.12		92.6		18.8		146
范围	0.07～0.15		38.6～198.6		3.37～90.5		45～528

黄土高原地区土壤有效锌含量为0.3～29.9mg/kg，平均1.85mg/kg，有效锌含量低于1mg/kg的土壤占29%，高于2mg/kg的土壤占37.7%，总体上处于中等水平，生产中可适当施用锌肥；土壤有效硼含量为0.25～0.60mg/kg，平均值为0.94mg/kg，处于中等含量水平；土壤有效铁含量在0.45～52.45mg/kg，平均值为3.53mg/kg，低于2.5mg/kg的土壤占85.7%，处于低水平。整个黄土高原地区土壤有效铜含量均高于0.2mg/kg，处于中高水平（表2-4-4）；土壤有效锰含量处于极低水平的土壤分别占89.6%，平均值为4.6mg/kg，属低水平，生产中应特别注重锰肥的施用。

表 2-4-4　陕西地区土壤微量养分分布情况

有效铜		有效锌		有效锰		有效硼	
含量范围 (mg/kg)	比例 (%)	含量范围 (mg/kg)	比例 (%)	含量范围 (mg/kg)	比例 (%)	含量范围 (mg/kg)	比例 (%)
<0.1	0	<0.5	12.9	<5	89.6	<0.25	0.4
0.1~0.2	0	0.5~1	16.1	5~10	4.0	0.25~0.5	10.0
0.2~1	41.4	1~2	33.3	10~20	1.6	0.5~1	50.2
1~1.8	39.0	2~5	36.9	20~40	2.8	1~2	35.9
>1.8	19.7	>5	0.8	>40	2.0	>2	2.8
平均值	1.35		1.85		4.6		0.94
范围	0.44~5.16		0.3~29.9		1.1~52.3		0.25~2.6

2. 西北漠境地区（新疆地区）　本区包括新疆全境，大部分处于干旱状态。2009 年土壤养分调查结果表明，土壤有机质含量为 4~58 g/kg，平均仅为 11 g/kg。有机质含量低于 20 g/kg 的土壤占 93.1%，其中低于 10 g/kg 的土壤占 38.7%，高于 30 g/kg 的土壤仅占 2.8%，属中低水平；土壤全氮含量为 0.2~2.8 g/kg，平均 0.6 g/kg，低于 10 g/kg 的土壤占 88.5%，高于 2 g/kg 的土壤仅占 0.9%；土壤碱解氮含量为 4.3~270 mg/kg，平均 59.4 mg/kg，小于 100 mg/kg 的土壤占 91.5%，其中，小于 50 mg/kg 的土壤占 33.8%，该区域土壤全氮和碱解氮含量均处于低水平；土壤有效磷含量为 0.51~137.3 mg/kg，平均 12.3 mg/kg，含量小于 30 mg/kg 的土壤占 91.1%，其中小于 5 mg/kg 的土壤占 19.5%，属中低水平；土壤速效钾含量在 30~1 020 mg/kg，平均 106 mg/kg，含量为 50~200 mg/kg 的地区占 87.3%，其中，处于 100~150 mg/kg 的土壤占 39.2%，属于中等水平（表 2-4-5）。

表 2-4-5　新疆地区土壤大量养分分布情况

全氮（N）		碱解氮（N）		有效磷（P_2O_5）		速效钾（K_2O）	
含量范围 (g/kg)	比例 (%)	含量范围 (mg/kg)	比例 (%)	含量范围 (mg/kg)	比例 (%)	含量范围 (mg/kg)	比例 (%)
<0.5	23.9	<50	33.8	<5	19.5	<50	1.4
0.5~1.0	64.6	50~100	57.7	5~10	19.2	50~100	27.5
1.0~2.0	10.6	100~150	4.5	10~30	52.4	100~150	39.2
2.3~3.0	0.9	150~200	3.8	30~50	7.3	150~200	20.7
>3.0	0.0	>200	0.5	>50	1.6	>200	11.3
平均值	0.6		59.4		12.3		106
范围	0.2~2.8		4.3~270		0.51~137.3		30~1 020

西北漠境地区土壤有效锌含量为 0.19~7.17 mg/kg，平均 1.32 mg/kg，其中，48.6% 的土壤处于低水平和极低水平，38% 的土壤处于中等水平，总体土壤有效锌含量属中低水平，在生产中应注重锌肥的施用；土壤有效硼含量为 0.23~5.8 mg/kg，平均 1.29 mg/kg，处于高含量水平；土壤有效铁含量为 0.21~16 mg/kg，平均 2.28 mg/kg，低于 2.5 mg/kg 的土壤占 71.3%，高于 4.5 mg/kg 的土壤仅占 8.2%，处于低水平（表 2-4-6）。

作物专用复混肥料农艺配方系列丛书

表 2-4-6　新疆地区土壤微量养分分布情况

有效铜		有效锌		有效锰		有效硼	
含量范围 (mg/kg)	比例 (%)	含量范围 (mg/kg)	比例 (%)	含量范围 (mg/kg)	比例 (%)	含量范围 (mg/kg)	比例 (%)
<0.1	0	<0.5	1.2	<5	95.1	<0.25	0.2
0.1~0.2	0.7	0.5~1	47.4	5~10	4.7	0.25~0.5	5.9
0.2~1	39.0	1~2	38.0	10~20	0.2	0.5~1	37.6
1~1.8	49.3	2~5	11.7	20~40	0	1~2	42.7
>1.8	11.0	>5	1.6	>40	0	>2	13.6
平均值	1.19		1.32		2.1		1.29
范围	0.14~3.94		0.19~7.17		0.3~19.6		0.23~5.8

新疆地区土壤属低氮、低磷、中钾类型，考虑到土壤供钾能力强的特点，施肥配方应选用高氮、高磷、低钾类型；黄土高原地区土壤属低氮、中磷、高钾类型，作物施肥应选用高氮、中磷、低钾配方。本区域土壤总体表现富硼、缺锰、缺铁、中锌，在生产中可适当施用锌肥，注重锰肥和铁肥的施用。

三、黄淮海平原区

本区域位于东经 113°至东海岸线、北纬 32°00′~40°30′，此区域耕地资源丰富，光、热条件适宜，是我国冬小麦的主要生产区，其中小麦播种面积和总产量分别占全国的 45.6% 和 56.4%，冬小麦—夏玉米一年两作是本区域占绝对优势的种植制度。

2009 年本区域以山东和河南为代表的土壤养分监测表明，土壤有机质含量为 4~37 g/kg，平均含量为 15.4 g/kg，73.8% 的土壤有机质含量为 10~20 g/kg，小于 10 g/kg 和大于 20 g/kg 的土壤分别占 11.4% 和 14.8，总体上看，黄淮海地区土壤有机质含量处于中等水平；土壤全氮含量为 0.1~2.1 g/kg，平均 1.0 g/kg，低于 2.0 g/kg 的土壤占 99.8%，其中，含量在 1.0~2.0 g/kg 的土壤占 44.3%，低于 1.0 g/kg 的土壤占 55.5%，处于极低水平的土壤占 6.7%；土壤碱解氮含量为 17.8~248.5 mg/kg，平均 91.8 mg/kg，含量低于 150 mg/kg 的土壤占 96.1%，低于 100 mg/kg 的土壤占 64%，高于 150 mg/kg 的土壤仅占 3.9%。因此，土壤全氮和碱解氮含量均处于中低水平。

土壤有效磷含量为 0.1~161.5 mg/kg，变幅较大，平均 22.5 mg/kg，大于 10 mg/kg 的土壤占 80.5%，其中，大于 50 mg/kg 的土壤占 11.6%，含量为 10~30 mg/kg 的土壤占 46.5%，低于 10 mg/kg 的土壤占 19.5%；土壤速效钾含量处于 28~591 mg/kg，平均 93.8 mg/kg。含量在 50~150 mg/kg 的土壤占 78.9%，低于 50 mg/kg 的土壤占 7.9%，高于 150 mg/kg 的土壤仅占 13.1%。因此，该区域土壤有效磷含量属于中等水平，而速效钾属中低水平（表 2-4-7）。

黄淮海地区土壤有效硼含量为 0.15~2.9 mg/kg，平均 0.62 mg/kg，76% 的土壤有效硼含量为 0.25~1.00 mg/kg，为中等水平，在施肥管理中应适当施用硼肥；土壤有效铜含量为 0.12~9.15 mg/kg，平均值为 1.43 mg/kg，属中高水平；土壤有效锌含量范围为 0.4~11.7 mg/kg，平均值为 2.2 mg/kg，从其含量范围的分布来看，48% 的土壤有效锌含量在中等水平，处于高水平和低水平的土壤数量相当（表 2-4-8）。

表 2-4-7 黄淮海地区土壤大量养分分布情况

全氮（N）		碱解氮（N）		有效磷（P₂O₅）		速效钾（K₂O）	
含量范围 (g/kg)	比例 (%)	含量范围 (mg/kg)	比例 (%)	含量范围 (mg/kg)	比例 (%)	含量范围 (mg/kg)	比例 (%)
<0.5	6.7	<50	6.5	<5	7.5	<50	7.9
0.5～1.0	48.8	50～100	57.5	5～10	12.0	50～100	48.4
1.0～2.0	44.3	100～150	32.1	10～30	46.5	100～150	30.5
2.0～3.0	0.2	150～200	3.7	30～50	22.4	150～200	9.4
>3.0	0.0	>200	0.2	>50	11.6	>200	3.7
平均值	1.0		91.8		22.5		93.8
范围	0.1～2.1		17.8～248.5		0.1～161.5		28～591

表 2-4-8 黄淮海地区土壤微量养分分布情况

有效铜		有效锌		有效锰		有效硼	
含量范围 (mg/kg)	比例 (%)	含量范围 (mg/kg)	比例 (%)	含量范围 (mg/kg)	比例 (%)	含量范围 (mg/kg)	比例 (%)
<0.1	0.6	<0.5	5.2	<5	34.6	<0.25	8.5
0.1～0.2	3.2	0.5～1	22.4	5～10	28.7	0.25～0.5	39.2
0.2～1	39.4	1～2	48.0	10～20	8.6	0.5～1	36.8
1～1.8	32.9	2～5	22.3	20～40	8.8	1～2	15.5
>1.8	23.9	>5	2.2	>40	19.3	>2	0.0
平均值	1.43		2.2		20.5		0.62
范围	0.12～9.15		0.4～11.7		2.4～97.2		0.15～2.9

四、华中及中南地区

本区域主要包括湖北、湖南以及江西和安徽南部地区，属亚热带季风性湿润气候，光照充足，热量丰富，无霜期长，降水量充沛，雨热同期。湖北地处我国中部，是我国粮食主产区之一。本区域在小麦种植区划中，位于长江中下游冬麦区西部，双季稻和油菜—水稻轮作是本区域主要的农作物种植方式。

以湖北、湖南为代表的华中及中南地区的土壤有机质含量为 11～67 g/kg，平均 34.6 g/kg，高于 20 g/kg 的土壤占 91.8%，其中高于 30 g/kg 的土壤占 61%，低于 20 g/kg 的土壤仅占 8.2%，该区域土壤有机质含量属高水平；土壤全氮含量为 0.7～3.8 g/kg，平均 2 g/kg，全氮含量高于 1.0 g/kg 的土壤占 97.9%，高于 2.0 g/kg 的土壤占 49.8%；土壤碱解氮含量为 46.7～295.2 mg/kg，平均 150.55 mg/kg，高于 100 mg/kg 的土壤占 92.5%，高于 150 mg/kg 的土壤占 53.5%，含量大于 200 mg/kg 的土壤占 13.3%，因此该区域土壤全氮和碱解氮含量均属于高水平；土壤有效磷含量为 2.1～116.3 mg/kg，平均 13.2 mg/kg，低于 30 mg/kg 的土壤占 87.3%，低于 10 mg/kg 的土壤占 37.1%，该区域土壤有效磷含量属中低水平；土壤速效钾含量为20～284 mg/kg，平均 69.45 mg/kg，含量低于150 mg/kg的土壤占94%，低于 100 mg/kg 的土壤占 82.2%，低于 50 mg/kg 的土壤占 23.6%，该区域土壤速效钾含量属低水平（表2-4-9）。

表 2-4-9　华中及中南地区土壤大量养分分布情况

全氮（N）		碱解氮（N）		有效磷（P_2O_5）		速效钾（K_2O）	
含量范围（g/kg）	比例（%）	含量范围（mg/kg）	比例（%）	含量范围（mg/kg）	比例（%）	含量范围（mg/kg）	比例（%）
<0.5	0.0	<50	0.3	<5	7.8	<50	23.6
0.5~1.0	2.1	50~100	7.2	5~10	29.3	50~100	58.6
1.0~2.0	48.0	100~150	39.0	10~30	50.2	100~150	11.8
2.0~3.0	44.7	150~200	40.2	30~50	7.2	150~200	5.1
>3.0	5.1	>200	13.3	>50	5.4	>200	0.9
平均值	2.0		150.55		13.2		69.45
范围	0.7~3.8		46.7~295.2		2.1~116.3		20~284

华中及中南地区的土壤有效硼含量为 0.16~1.50 mg/kg，平均 0.40 mg/kg，70.7%的土壤有效硼含量处于 0.25~0.50 mg/kg，11%的土壤有效硼含量小于 0.25 mg/kg，处于低水平，在施肥管理中应注重硼肥的施用；土壤有效铜含量为 0.62~8.59 mg/kg，平均 3.84 mg/kg，90.4%的土壤有效铜含量大于 2 mg/kg，其中大于 4 mg/kg 的土壤占 42.6%，可见，本区域属土壤有效铜高水平区；土壤有效锌含量为 1.94~12.10 mg/kg，平均 2.28 mg/kg，高于 1.50 mg/kg 的土壤占 80.9%，其中，高于 3.00 mg/kg 的土壤占 53.7%，属中高水平；土壤有效锰含量为 1.3~124.7 mg/kg，平均 27.9 mg/kg，低于 5.0 mg/kg 的土壤占 12.2%，高于 10 mg/kg 的土壤占 67.3%，属中高水平；土壤有效铁含量为 3.42~152.2 mg/kg，平均 696.9 mg/kg。有 99.1%的土壤有效铁含量高于 4.5 mg/kg，属高水平（表 2-4-10）。

表 2-4-10　华中及中南地区土壤微量养分分布情况

有效铜		有效锌		有效锰		有效硼	
含量范围（mg/kg）	比例（%）	含量范围（mg/kg）	比例（%）	含量范围（mg/kg）	比例（%）	含量范围（mg/kg）	比例（%）
<1	1.1	<1	10.3	<5	12.2	<0.25	11.0
1~2	8.5	1~1.5	8.7	5~10	20.5	0.25~0.5	70.7
2~4	47.8	1.5~3	27.2	10~20	25.2	0.5~1	16.7
4~6	34.6	3~5	29.8	20~40	19.4	1~2	1.6
>6	8.0	>5	23.9	>40	22.7	>2	0.0
平均值	3.84		2.28		27.9		0.40
范围	0.62~8.59		1.94~12.1		1.3~124.7		0.16~1.5

该区域土壤属高氮、低磷、低钾类型，肥料应选用中氮、高磷、高钾配方，该区域土壤有效硼含量属低水平，生产中应注重硼肥的施用。

五、西南地区

此区域地处我国西南边陲，主要包括四川、云南、贵州、重庆等省（直辖市），本区域地域辽阔，资源丰富，但又存在地形地貌复杂、交通不便等特点。气候类型包含了热带、亚热带、温带、寒温带 4 种气候带，适于各种气候类型的农作物生长。西南地区虽多山地，但冲积平原、盆地和山谷地较多，加之积极推广科学技术，农作物产量较高。水旱轮作是西南地区特别是四川、重庆地区的重要种植制度，其中以水稻—小麦水旱轮作为主，占 56%，其次为水稻—油菜轮作，占 23%。另外，玉米也是此区域的优势农作物，播种面积占全国播种总面积的 22%，总产占 18%。在小麦种植区划中，属于西南冬麦区。

2009 年土壤养分调查结果显示，西南地区的土壤有机质含量为 5～94 g/kg，平均值为 24.2 g/kg。有机质含量高于 20 g/kg 的土壤占 74.2%，处于 10～20 g/kg 的土壤占 24.4%，低于 10 g/kg 的土壤仅占 1.4%，土壤有机质含量处于中高水平；土壤全氮含量为 0.5～2.9g/kg，平均值为 1.4 g/kg。含量范围集中在 1～3g/kg，占整个西南区域的 87.8%，其中为 1～2 g/kg 的土壤占 72%，属于中等水平；土壤碱解氮含量为 53.4～264.5 mg/kg，平均 109.3 mg/kg，低于 150 mg/kg 的土壤占 78.9%，其中，低于 100 mg/kg 占 28.7%，属于中低水平；土壤有效磷含量为 0.61～93.8 mg/kg，平均值为 8.7 mg/kg，小于 10 mg/kg 的土壤占 64.1%，其中小于 5 mg/kg 的占 37.6%，属低水平区；土壤速效钾含量为 22～249 mg/kg，平均 63.6 mg/kg，低于 100 mg/kg 的土壤占 81.8%，其中，24.4% 的土壤速效钾含量处于极低水平，另有 15.4% 的土壤处于中等水平，可见，西南地区土壤速效钾含量属低水平（表 2-4-11）。

表 2-4-11 西南地区土壤大量养分分布情况

全氮（N）		碱解氮（N）		有效磷（P_2O_5）		速效钾（K_2O）	
含量范围（g/kg）	比例（%）	含量范围（mg/kg）	比例（%）	含量范围（mg/kg）	比例（%）	含量范围（mg/kg）	比例（%）
<0.5	0.0	<50	0.0	<5	37.6	<50	24.4
0.5～1.0	12.2	50～100	28.7	5～10	26.5	50～100	57.4
1.0～2.0	72.0	100～150	50.2	10～30	28.7	100～150	15.4
2.0～3.0	15.8	150～200	17.6	30～50	4.3	150～200	1.8
>3.0	0.0	>200	3.6	>50	2.9	>200	1.1
平均值	1.4		109.3		8.7		63.6
范围	0.5～2.9		53.4～264.5		0.61～93.8		22～249

西南地区土壤有效铜含量为 0.10～7.37 mg/kg，平均 2.51 mg/kg，其中 88.8% 的土壤有效铜含量低于 4 mg/kg，低于 2 mg/kg 的土壤占 37.2%，属中低水平，生产中可以适当增加铜肥的用量；土壤有效锌含量为 0.28～13.00 mg/kg，平均 1.96 mg/kg，有效锌含量极低的土壤占 33%，低于 3 mg/kg 的土壤占 80.3%，土壤的有效锌含量处于中低水平，在生产中可适当增加锌肥的用量；土壤有效锰含量为 1.9～71.5 mg/kg，分布不均匀，低于 10 mg/kg 的土壤占 36.5%，高于 20 mg/kg 的土壤占 54.8%，应根据实际情况适当施用锰肥；土壤有效硼含量为 0.08～2.59 mg/kg，平均 0.40 mg/kg，97.8% 的土壤有效硼含量低于 1 mg/kg，其中低于 0.5 mg/kg 的土壤占 77.5%，属低水平，在生产中应注重硼肥的施用；土壤有效铁含量为 0.29～175.7 mg/kg，平均 70.53 mg/kg，处于高水平（表 2-4-12）。

表 2-4-12　西南地区土壤微量养分分布情况

有效铜		有效锌		有效锰		有效硼	
含量范围 (mg/kg)	比例 (%)	含量范围 (mg/kg)	比例 (%)	含量范围 (mg/kg)	比例 (%)	含量范围 (mg/kg)	比例 (%)
<1	12.5	<1	33.0	<5	24.0	<0.25	21.8
1~2	24.7	1~1.5	22.6	5~10	12.5	0.25~0.50	55.7
2~4	51.6	1.5~3	24.7	10~20	8.6	0.5~1.0	20.0
4~6	7.2	3~5	13.3	20~40	19.0	1~2	1.8
>6	3.9	>5	6.5	>40	35.8	>2	0.4
平均值	2.51		1.96		28.4		0.40
范围	0.10~7.37		0.28~13.00		1.9~71.5		0.08~2.59

西南地区属低氮、低磷、低钾类型，肥料配方应选用高氮、高磷、高钾型，生产中应注重锌肥、硼肥的施用，可根据实际情况适当施用铜和锰。

六、华东地区

本区包括苏皖南部、江西、浙江、上海等省（直辖市）。气候特点是季风显著，四季分明，气温适中，光照较多，降水量丰沛，空气湿润，雨热季节变化同步，气候资源多样。水稻土为本区域的主要代表土壤类型，双季稻为主要农作物种植模式。

本区域土壤有机质含量范围为 11~60 g/kg，平均 30.1 g/kg，大于 20 g/kg 的土壤占该区域的 83.5%，没有低于 10 g/kg 的土壤，该区域有机质含量属于高水平；土壤全氮含量为 0.8~4.0 g/kg，平均 1.8 g/kg，处于 1~3 g/kg 范围的土壤占 90.7%，其中含量为 1~2 g/kg 的土壤占 64.2%；土壤碱解氮含量为 57.1~281.3 mg/kg，平均 146.9 mg/kg，碱解氮含量大于 100 mg/kg 的土壤占 91.5%，其中，大于 150 mg/kg 的土壤占 43.5%，该区域土壤全氮和碱解氮含量均属于中等偏高水平；土壤有效磷含量为 0.74~87.9 mg/kg，平均 12.8 mg/kg，其中处于 5~30 mg/kg 范围的土壤占 73.1%，小于 5 mg/kg 的土壤占 13.8%，土壤有效磷含量属中低水平；土壤速效钾含量在 19~161 mg/kg，平均 48.5 mg/kg，小于 100 mg/kg 的土壤占 93.8%，其中，小于 50 mg/kg 的土壤占 59.6%，高于 150 mg/kg 的土壤仅占 0.8%，因此，该区域土壤速效钾含量属低水平（表 2-4-13）。

表 2-4-13　华东地区土壤大量养分分布情况

全氮（N）		碱解氮（N）		有效磷（P_2O_5）		速效钾（K_2O）	
含量范围 (g/kg)	比例 (%)	含量范围 (mg/kg)	比例 (%)	含量范围 (mg/kg)	比例 (%)	含量范围 (mg/kg)	比例 (%)
<0.5	0.0	<50	0.0	<5	13.8	<50	59.6
0.5~1.0	3.8	50~100	8.5	5~10	30.4	50~100	34.2
1.0~2.0	64.2	100~150	48.1	10~30	42.7	100~150	5.4
2.0~3.0	26.5	150~200	33.5	30~50	11.5	150~200	0.8
>3.0	5.4	>200	10.0	>50	1.5	>200	0.0
平均值	1.8		146.9		12.8		48.5
范围	0.8~4.0		57.1~281.3		0.74~87.9		19~161

华东地区土壤有效铜含量为 0.4～14.6 mg/kg，平均 4.1 mg/kg，处于高水平；土壤有效锌含量为 0.7～14.6 mg/kg，平均 3.9 mg/kg，属中高水平，在生产中可减少锌肥施用；土壤有效锰含量为 2.9～87.0 mg/kg，平均 34.4 mg/kg，高于 10 mg/kg 的土壤占 82.7%，属中高水平，生产中一般不必施用锰肥；土壤有效硼含量为 0.12～1.20 mg/kg，平均 0.41 mg/kg，其中低于 0.5 mg/kg 的土壤占 73%，属低水平，生产中应注意施用硼肥；土壤有效铁含量为 9～203 mg/kg，平均 123.6 mg/kg，属高水平（表 2-4-14）。

表 2-4-14 华东地区土壤微量养分的分布情况

有效铜		有效锌		有效锰		有效硼	
含量范围 (mg/kg)	比例 (%)	含量范围 (mg/kg)	比例 (%)	含量范围 (mg/kg)	比例 (%)	含量范围 (mg/kg)	比例 (%)
<1	9.2	<1	5.8	<5	5.0	<0.25	26.5
1～2	14.2	1～1.5	12.3	5～10	12.3	0.25～0.5	46.5
2～4	33.8	1.5～3	36.5	10～20	20.8	0.5～1	25.0
4～6	21.9	3～5	16.2	20～40	23.8	1～2	1.9
>6	20.8	>5	29.2	>40	38.1	>2	0.0
平均值	4.1		3.9		34.4		0.41
范围	0.4～14.6		0.7～14.6		2.9～87		0.12～1.2

七、华南地区

华南地区位于我国最南部，主要包括广东、广西以及海南、福建东南部等地区。本区北界是南亚热带与中亚热带的分界线，最冷月平均气温≥10℃，极端最低气温-4℃，日平均气温≥10℃的天数在 300d 以上。多数地方年降水量为 1 400～2 000mm，为高温多雨、四季常绿的热带至南亚热带区域。在长期高温多雨的气候条件下，丘陵台地上发育有深厚的红色风化壳。在迅速的生物积累过程的同时，进行着强烈的脱硅富铝化过程，成为我国砖红壤、赤红壤集中分布区域。双季稻为本地区主要农作物种植制度。在全国小麦种植区划中，属南方冬麦区。

华南地区土壤有机质含量为 10～65 g/kg，平均 32.9 g/kg，小于 10 g/kg 的土壤仅占 0.4%，在 20 g/kg 以上的土壤占 86.4%，其中，高于 30 g/kg 的土壤占 50.8%，土壤有机质含量属高水平；土壤全氮含量为 0.5～4.0 g/kg，平均 1.8 g/kg，72% 的土壤全氮含量处于 1～2g/kg 范围，其中，含量超过 2 g/kg 的土壤占 33.9%，低于 1 g/kg 的土壤仅占 5.9%；土壤碱解氮含量为 53.3～272.6 mg/kg，平均 144.6 mg/kg，大于 100 mg/kg 的土壤占 85.9%，全氮和碱解氮含量均属中高水平；土壤有效磷含量为 5.1～144.1 mg/kg，平均 25 mg/kg，高于 10 mg/kg 的土壤占 90.6%，其中高于 30 mg/kg 的土壤占 36.7%，属于中高水平；土壤速效钾含量为 12～249 mg/kg，平均仅为 48 mg/kg，低于 100 mg/kg 的土壤占 89.4%，其中小于 50 mg/kg 的土壤占 57%，缺钾十分严重，该区域土壤速效钾含量属低水平（表 2-4-15）。

表 2-4-15　华南地区土壤大量养分分布情况

全氮（N）		碱解氮（N）		有效磷（P₂O₅）		速效钾（K₂O）	
含量范围 (g/kg)	比例 (%)	含量范围 (mg/kg)	比例 (%)	含量范围 (mg/kg)	比例 (%)	含量范围 (mg/kg)	比例 (%)
<0.5	0.4	<50	0.0	<5	0.0	<50	57.0
0.5～1.0	5.5	50～100	14.1	5～10	9.4	50～100	32.4
1.0～2.0	60.2	100～150	44.1	10～30	53.9	100～150	8.6
2.0～3.0	31.6	150～200	32.8	30～50	25.4	150～200	1.2
>3.0	2.3	>200	9.0	>50	11.3	>200	0.8
平均值	1.8	144.6		25.0		48	
范围	0.5～4.0	53.3～272.6		5.1～144.1		12～291	

华南地区土壤有效铜含量分布比较复杂，含量为 0.4～10.4 mg/kg，平均 3.3 mg/kg，处于中等水平，低于 4 mg/kg 的土壤占 69.5%，而高于 4 mg/kg 的土壤占 30.4%，生产过程中应适当施用铜肥；土壤有效锌含量为 0.6～15.6 mg/kg，平均值达 7.3 mg/kg，属高水平区；土壤有效锰含量为 0.9～53.9 mg/kg，平均 9.6 mg/kg，低于 20 mg/kg 的土壤占 90.3%，属中低水平，生产中应注重锰肥的施用；土壤有效硼含量为 0.11～1.4 mg/kg，平均 0.49 mg/kg，96.8% 的土壤有效硼含量低于 1 mg/kg，其中低于 0.5 mg/kg 的土壤占 60.1%，属低水平，生产中应根据情况增加硼肥用量；土壤有效铁含量为 7.4～151.3 mg/kg，平均 89.6 mg/kg，所有的土壤样品有效铁含量均高于 4.5 mg/kg，属高水平（表 2-4-16）。

表 2-4-16　华南地区土壤微量养分分布情况

有效铜		有效锌		有效锰		有效硼	
含量范围 (mg/kg)	比例 (%)	含量范围 (mg/kg)	比例 (%)	含量范围 (mg/kg)	比例 (%)	含量范围 (mg/kg)	比例 (%)
<1	8.6	<1	0.8	<5	33.6	<0.25	12.1
1～2	24.6	1～1.5	0.8	5～10	35.2	0.25～0.5	48.0
2～4	36.3	1.5～3	6.6	10～20	21.5	0.5～1	36.7
4～6	15.6	3～5	18	20～40	7.0	1～2	3.1
>6	14.8	>5	73.8	>40	2.7	>2	0.0
平均值	3.3	7.3		9.6		0.49	
范围	0.4～10.4	0.6～15.6		0.9～53.9		0.11～1.4	

华南地区土壤的养分状况为高氮、中磷、低钾，作物施肥应选用低氮、中磷、高钾配方。此外，该区土壤严重缺乏锰和硼元素，应注重锰肥和硼肥的施用。

八、青藏高原地区

青藏高原位于北纬 25°～40°、东经 74°～104°，是亚洲中部的一个高原地区，平均海拔高度在 4 000m 以上，是世界上最高的高原。青藏高原的典型土壤是草甸土，主要包括高山草甸土、亚高山草甸土、高山草原土、山地草甸土、亚高山草原土、草甸土等。

青藏高原小麦播种面积不足 13.3 万 hm²，大部分分布在青海农区，仅占全国小麦播种总面积的 0.5％左右，但却创造了我国乃至世界的小麦单产记录。从生产条件来看，青藏高原 CO_2 浓度低，会严重制约小麦的光合作用，但高原太阳辐射强、群体结构有利，这在一定程度上补偿了 CO_2 的不足，使得其日平均干物质累积速率仅略低于平原地区。高原年均温低导致小麦的生育期远长于平原地区，因此，单季小麦能够更长时间地利用各种生态条件。略低的干物质累积速率和长得多的生长期决定了青藏高原小麦的干物质单产高于平原地区，从而获得了创纪录的高产。

青海省耕种土壤以栗钙土为主，总面积约 120 万 hm^2，农业用地和林业用地各占 50％左右。据袁春光（2006）调查，青海省耕层土壤养分总体是"一高、一多、一少"。"一高"即有机质含量高，含量＞40 g/kg 的占全省土壤总面积的 37.56％，＞20 g/kg 者达 53.77％；"一多"，即钾素多，含 K_2O 达 2.23％左右；"一少"即磷素少，有效磷含量 ＜6～10 mg/kg 的土壤占全省总土壤的 95.48％。土壤微量元素表现稍缺钼、锌，硼、锰、铜、铁较为富足。

西藏全区耕地面积约 32 万 hm^2，主要分布在日喀则、拉萨、山南和林芝地区，约占全区耕地面积的 77％。西藏是青藏高原的主体，素有"世界屋脊"之称，整体海拔高，境内高山耸立，江河贯流其间，切割深度较大，地势多起伏且高低悬殊，气候类型多样，由藏东南河谷至藏西北部的高原地带，温度由高至低，气候带由湿润、半湿润向半干旱、干旱过渡，土壤水平分布类型各异，拉萨、山南、日喀则宽谷地带以耕种亚高山草原土、山地灌丛草原土和草甸土为最多，耕种棕壤、黄棕壤、淋溶褐土主要分布在林芝地区。土壤肥力受土壤质地、砾石含量、土体厚度、水分、养分、有机质和气候、植被、海拔高度等因素的影响，西藏耕地多数土层薄。钟国辉等（2005）调查表明，西藏 4 地（市）农田土壤酸碱性由弱酸性至弱碱性变化（pH 6.5～9.0）；养分的基本状况是有机质含量为 5～50g/kg，变幅较大；氮素少（全氮含量 0.2～2g/kg，速效氮含量 20～80mg/kg）；磷素缺（全磷含量0.22～1.42 g/kg，有效磷含量 1～133mg/kg）；钾素（全钾含量 1.9～12.2g/kg，速效钾含量 80～290mg/kg）和微量元素比较丰富（铜含量 10～443mg/kg，锌含量 47～266mg/kg，铁含量 1 880～7 550mg/kg,钼含量 0.2～6.6mg/kg，锰含量 196～736mg/kg，硼含量 0.5～138mg/kg）。

第五节　小麦营养规律

一、小麦生长必需营养元素

小麦在生长过程中，所吸收的化学元素可能多达 70 多种，但并不是每一种元素都是小麦生长所必需的。根据科学家多年的研究证明，作物生长发育必需的营养元素有 17 种，包括碳、氢、氧、氮、磷、钾、硫、钙、镁、铁、锰、锌、铜、硼、钼、氯。在小麦整个生命进程中，缺乏其中任何一种，小麦均不能完成其生命周期和维持正常的新陈代谢过程。在 17 种必需营养元素中，按照其在作物体中的含量，超过 0.1％的称为大量营养元素，含量为 0.1％～0.5％的称为中量营养元素，小于 0.1％的称为微量营养元素。17 种营养元素中，碳、氢、氧主要由空气和水供给，其他 13 种营养元素则主要由土壤供给，土壤中含量不足时，就需要通过施肥进行补充，以满足小麦生长需要。大量营养元素有碳、氢、氧、氮、磷、钾 6 种，中量营养元素包括钙、镁、硫 3 种，微量营养元素有铁、硼、锰、铜、锌、钼、氯 8 种。这些元素在作物体内不论数量多少都是同等重要的，任何一种营养元素供应不足，农作物的生长发育都会受到影响。其中，氮、磷、钾 3 种元素作物需要的数量比较多，而土壤中可提供的数量比较少，常常需通过施肥才能满足作物高产的要求，因此称为"作物营养三要素"。另外，除氮、磷、钾以外，在不同气候、不同土壤和不同小麦种植区，也不同程度地存在中微量元素缺乏的现象。

小麦不同的生长发育阶段对营养元素的种类、数量和比例都有不同的要求，其规律是：生长初期吸收的数量、强度都较低，随后逐渐增强，到成熟阶段又趋于减弱。

小麦对氮、磷、钾等养分的吸收量，随着品种特性、栽培技术、土壤、气候等而有所变化。一般产量要求越高，吸收养分的总量也随之越多。小麦在不同生育期，对养分的吸收数量和比例是不同的。要做到科学合理施肥，首先必须探明小麦营养特点及需肥规律。同时，小麦高产不仅要求某一营养元素有足够的含量，也要求各营养元素之间有一个合适的比例，特别在营养需求的关键时期更为重要。因此在小麦的施肥上，不仅要求各营养元素的量要适宜，更重要的是各营养元素之间的比例要适宜，配方平衡施肥是小麦高产高效的关键之一。

二、春小麦养分吸收特点与需肥规律

春小麦主要分布在我国长城以北的东北、西北、新疆等地区。春小麦的特点是早春播种，生长期短，从播种到成熟仅需 $100 \sim 120d$。在早春土壤刚解冻 $5 \sim 7cm$ 时，顶凌播种，地温很低，其养分吸收特点和对土壤养分的供应有其独特的要求。

甘肃省农业科学院土壤肥料研究所对春小麦需肥规律的研究认为（甘肃农业科技编辑部，1984），春小麦拔节前是氮素营养的关键时期，对磷的需要量也较多。这一阶段吸收的氮量为全生育期的 $25.1\% \sim 65.1\%$，吸磷量占全生育期的 $14.2\% \sim 43.8\%$，吸钾量占全生育期的 $26.0\% \sim 84.7\%$。虽然春小麦拔节期前吸钾的绝对量和占全生育期吸钾量的比例都大于氮和磷，但因春小麦种植地区的土壤含钾丰富，且植株中所含钾大部分通过各种途径归还土壤，所以相当时期内可不考虑补充钾肥；不同品种春小麦对氮的吸收几乎相同，在每 $667m^2$ 产量 $410kg$ 水平条件下，每生产 $100 kg$ 籽粒的耗氮量为 $2.70 \sim 2.72kg$，钾的消耗量则与不同品种小麦的高矮成正比，范围在 $2.34 \sim 3.58kg$，磷的消耗量在 $0.88 \sim 1.03kg$。在不同施肥水平下，施肥量越高，吸收越多，每单位干物质中各种养分的含量也越高，每生产 $100kg$ 籽粒所消耗的氮、钾量也增加。磷吸收量随施肥水平提高而增加，只在前期有所表现。氮、磷营养之间存在着相互制约和相互促进的关系，随着施肥水平提高，氮、磷在春小麦植株中的积累进程加快，生育前期茎叶中贮备足够的氮、磷养分，可以保证后期穗部发育的需要，这可能是形成高产的重要条件。刘克礼等（2003）经 [15]N 标记试验分析证明，春小麦吸收土壤中氮的比例大于吸收施入的肥料氮，不施肥对照的基础产量低肥力地块仅为最高施肥地块产量水平的 $50\% \sim 60\%$，高肥力地块则高达 $80\% \sim 90\%$ 甚至 100%。

高聚林、刘克礼等人对春小麦氮、磷、钾养分的吸收、积累和分配规律开展了系统研究（高聚林等，2003a，2003b）。在氮素吸收方面，春小麦植株在出苗至分蘖期吸收氮量较少，占全生育期吸收氮量的 13% 左右；分蘖末期至拔节盛期，小麦进入旺盛生长阶段，其植株氮素吸收量和吸收速度明显加快，本阶段吸收量占全生育期吸收总量的 $22\% \sim 26\%$，是春小麦吸收氮素的第一个高峰期；拔节至孕穗是春小麦需肥的第二个高峰期，氮素吸收量占总量的 32%～38%。春小麦各生育时期氮素的积累量与生育进程间呈 S 形曲线变化，符合 Logistic 函数模型。春小麦出苗至分蘖期氮素积累最少，为 12%左右；分蘖末至孕穗期，氮素积累量呈直线增长；乳熟期达到 98%左右，到完熟期为 100%。春小麦各器官氮素的分配中心随生长中心转移而变化，在孕穗之前，氮素主要分布在叶片和茎鞘中，而且氮素在叶片中分配量最多，分蘖始期氮素积累在叶片中，拔节期叶片占 55%左右，茎鞘占 45%左右；孕穗之后直到乳熟期氮素分配中心为茎鞘和籽粒，到完熟期，籽粒中的氮素占全株氮素总量的 60%以上。

春小麦植株磷素吸收进程为：出苗至分蘖期吸收量较少，速度慢，占总吸收量的 11%左右，但植株的含磷量却很高，故此时是春小麦需磷敏感期。苗期缺磷，不仅抑制营养器官的生长和分蘖的形成，而且影响幼穗的分化；分蘖末期至拔节盛期吸收量明显增加，占总吸收量的 22%左右；磷素吸收高峰在拔节盛期至孕穗期，平均日吸收磷素高达每 667m² 1.6kg 左右，约占全生育期磷素总吸收量的 35%；其后随着生育进程的推进，植株的吸磷量、吸磷速度、相对吸收量均开始降低，孕穗至开花相对吸收量为 18%和 9%；成熟期由于叶片枯落，磷素吸收量为全生育期最低值。随着春小麦生育进程的推进，植株体内磷素的积累量与出苗后天数之间符合 Logistic 方程，呈 S 形曲线变化；春小麦苗期至分蘖末期磷积累量最低，占总积累量的 11%左右，其后逐渐增加，拔节盛期占总积累量的 33%左右，到孕穗期已积累了总量的 67%左右，完熟期积累量达到最大，为总量的 100%。春小麦各器官磷素的分配：拔节以前，磷素全部积累在叶片中，拔节期则为茎鞘＞叶，孕穗期为茎鞘＞叶＞穗，进入开花期后，植株由营养生长为主转为生殖生长为主，磷素的分配为穗＞叶，但此时茎鞘的分配量最高，为 55%左右；乳熟期茎鞘的分配比例为 40%左右，其余器官表现为籽粒＞穗＞叶片。可见，磷素的 50%左右都用来建成穗和籽粒，完熟期春小麦各器官磷素的分配表现为籽粒＞穗＞茎鞘＞叶片，其中籽粒占 60.14%～77.65%，说明春小麦一生中所吸收的磷素绝大部分最终转移到籽粒中。春小麦除生殖器官外各器官的磷素随着生育进程的推进，有一部分向生殖器官转移。试验结果表明，春小麦叶片中磷素的转移在孕穗期，转移速率达到每 667m² 0.010～0.018 kg/d，到完熟期，转移率达 70%左右；茎鞘磷素的转移是在开花期，转移量占其总积累量的 65.93%～81.76%；穗的转移也在开花期，完熟时有 50%左右的磷素转移到其他器官。而春小麦各器官磷素的转移速率表现为茎鞘＞穗＞叶片，主要原因在于茎鞘的干物质积累量高，因而其磷素积累和转移量也最高。由此可见，春小麦籽粒中磷素的积累主要来源于其他器官磷素的转移，而其中贡献最大的是茎鞘。

春小麦植株不同生育时期钾素的吸收量在全生育期呈单峰曲线变化（高聚林等，2003b），峰值在分蘖末期至拔节盛期，达到每 667m² 4.5kg 左右，约占总吸收量的 50%，其平均吸收速率为每 667m² 0.31kg/d 左右。从乳熟期开始钾素出现外渗，一直持续到完熟期。春小麦植株钾素的积累在分蘖末期以前较少，此后逐渐增加，在开花期达到最高峰，积累量为每 667m² 12～13kg，乳熟期后表现为负积累，这可能与钾素外渗或叶片脱落有关。春小麦植株体内钾素的积累量与出苗后天数的关系符合二次函数方程，峰值出现在开花期，此后因钾素外渗而呈现负积累。春小麦各器官钾素的分配在整个生育期间主要在营养器官中，拔节到开花期为茎鞘中最多，叶片次之，再次为穗；乳熟期到完熟期，以茎鞘＞籽粒＞穗＞叶。从拔节到完熟期，茎鞘中钾素含量均居其他各器官之首，占钾素总量的 50%左右。春小麦叶片中钾素的转移发生在拔节至孕穗期，最终有 70%的钾素转移到其他器官，茎鞘中钾素的转移在开花期,穗中钾素的转移则在开花期之后,成熟时籽粒中钾素积累量为 $25\%\sim38\%$。

各春小麦产区的大量研究证明,每生产 100kg 春小麦籽粒需吸收氮 $2.5\sim3.0$kg、磷 $0.78\sim1.1$kg、钾 $1.9\sim4.2$kg,氮、磷、钾比例为 $2.8:1:3.15$。春小麦对氮、磷、钾吸收有两个高峰期,第一个为拔节至孕穗,第二个为开花至乳熟,前者吸收量略高于后者;春小麦对磷的吸收率从出苗至乳熟一直是上升的,拔节期剧增,到乳熟达到最高值。春小麦的最高产量和土壤的基础产量呈极显著的正相关,形成产量的氮素来源中,有 $60\%\sim93\%$ 靠土壤供给,磷素来源有 $55\%\sim98\%$ 靠土壤供给。因此,培育高肥力土壤是取得春小麦高产稳产的关键。根据春小麦生育规律和营养特点,在施肥上应重施基肥和早施追肥。

三、冬小麦养分吸收特点与需肥规律

冬小麦分布在我国长城以南的广大区域,播种面积和总产均占全国的 80% 左右,为我国的主要小麦栽培类型,其中华北和黄淮地区面积最大,河南、山东、河北、安徽和江苏 5 省播种面积和总产占全国 75% 以上。冬小麦的一生需经历出苗、分蘖、越冬、返青、拔节、孕穗、灌浆直至成熟。北方冬小麦一般 9 月底至 10 月中旬播种,翌年 5 月底至 6 月中旬成熟,生育期可达 $220\sim260$d,越冬阶段长达 $3\sim4$ 个月,所以全生育期长,是需肥较多的作物。冬小麦的吸肥规律是:越冬前对养分的需求不多,以氮素为主,占总养分吸收量的 $10\%\sim14\%$,磷、钾比例均不足 10%;越冬后吸收养分的数量猛增,直至抽穗、开花时才明显缓慢下来,尤其是钾,在开花以后就停止吸收了。冬小麦从拔节到开花期是吸收养分的高峰期,占全生育期总吸收量 55% 的氮、80% 的磷和 90% 的钾是在这一阶段吸收的。冬小麦开花以后直到成熟,还需要吸收 28% 的氮和极少量的磷,基本上不再吸收钾。

段敏(2010)在关中平原的试验结果表明,西北冬小麦在不同生育期的氮、磷、钾养分累积量大体为 S 形曲线(图 2-5-1)。苗期养分积累很少,从返青期开始,氮、钾累积迅速增加,到灌浆期达到最高,此后到成熟期氮素基本不再增加,钾则出现降低。磷的吸收累积规律和氮基本相似。李迎春(2006)认为,氮在返青至孕穗末,养分的吸收速率大,积累量高;越冬以前,养分积累总量少,在生育后期吸收总量减少,吸收速率下降,但仍保持一定的净吸收速率。

冬小麦对磷素的吸收,在进入返青期后,地上部磷累积量逐渐增加,在灌浆中期左右达到最大累积量,之后随生长期的后延逐渐减少。与不施磷相比,施磷明显可以增加小麦植株对磷素的吸收累积,且随施磷量增加,小麦植株磷素累积量显著增加。不施肥和不施磷时小麦植株磷素累积没有显著差异,都处在最低水平(张文伟,2008)。胡田田等(2001)在试验中发现,随施肥水平提高,各生育阶段吸磷强度均相应增大。可见,施肥提高了冬小麦各生育阶段尤其是生长发育后期的吸磷强度,从而显著加大了各阶段的绝对吸磷量。王荣辉等(2011)也发现小麦在进入返青期后,地上部磷素累积量逐渐增加,与不施磷相比,最大磷素累积量增加,且较早达到最大累积量和最大速率,与氮素情况一致。但同时表明,高量施磷虽然提高了作物对磷的累积,但也造成作物生长后期磷素的损失。

小麦吸钾过程与吸氮、吸磷不同,吸氮和吸磷几乎持续一生,一般高峰期延至灌浆,而

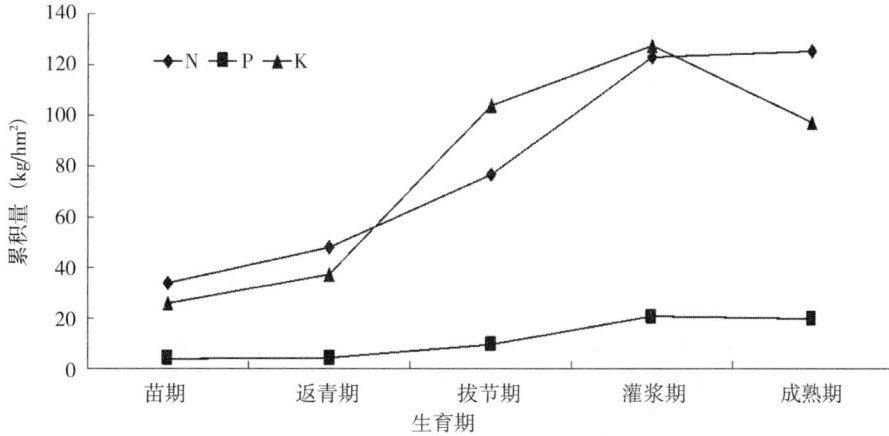

图 2-5-1 西北冬小麦生育期氮、磷、钾养分累积

吸钾期主要在前期，抽穗期已达顶峰，此后不再吸收，而是通过各种途径损失。施用氮肥促进了小麦对钾素的吸收，从整体来看，各个生育期的吸钾量大多随施氮量增加而增加，但不同施氮量之间的吸钾量增幅差别极大（赵新春，2010）。王兵（2004）研究表明，冬小麦吸钾量的高峰值出现在抽穗期，明显早于氮、磷。在返青、拔节和抽穗期，小麦体内钾素含量随施氮量增加而增长，增长幅度随氮肥用量增加而降低。灌浆期和收获期，含钾量明显降低，氮肥对含钾量的影响也趋于消失。小麦含钾量的降低与氮肥用量有一定关系（赵新春，2010）。

甘肃省试验表明，冬小麦从出苗到返青，植株生长量小，吸收氮、磷、钾也较少，分别占该元素吸收量的17.04%、11.1%和9.75%。这一时期虽然吸磷量少，但磷对小麦分生组织的生长分化影响很大，对生根、分蘖有显著效果。返青以后，随着植株的生长，吸收氮、磷、钾又逐渐增加；从拔节到开花吸收率增长最快，到了开花期，氮、磷、钾的吸收量达到最高，分别占吸收总量的71.97%、92.59%和100%；开花以后，对氮、磷仍有少量吸收，但不再吸收钾。

山东省农业大学李絮花等（2014）通过对山东省冬小麦的需肥规律研究得出如下结论：

超高产、高产和中产小麦的氮素吸收量分别比低产小麦提高59.7%、38.2%和19.0%，明显表现出随产量提高氮素吸收量和需要量提高的趋势；超高产、高产和中产小麦的磷素吸收量分别比低产小麦提高93.9%、61.3%和14.9%，也明显表现出随产量提高磷素吸收量和需要量提高的趋势；超高产、高产和中产小麦的钾素吸收量分别比低产小麦提高209.3%、137.4%和28.9%，同样表现出随产量提高钾素吸收量增加的趋势（表2-5-1）。从不同产量水平小麦的养分吸收特点看出（表2-5-2），随小麦产量水平的提高，氮、磷、钾的吸收比例发生明显变化，从低产水平到中产水平氮和钾的吸收比例明显增加，之后，随着小麦产量的提高，氮、磷、钾三养分中，氮的比例降低，磷、钾特别是磷的比例明显提高，吸收氮、磷、钾养分（$N : P_2O_5 : K_2O$）比例由中产水平的3.52:1:2.83到高产水平的2.91:1:3.71，再到超高产水平的2.80:1:4.03。

总体分析表明，与低产田比较，高产小麦对氮、磷、钾的需求量明显增加，并且对磷、钾的依赖程度更高。

表 2-5-1   华北及黄淮海平原区不同产量水平的小麦产量及其养分吸收量

项目	产量 （kg/hm²）	秸秆 （kg/hm²）	经济系数 （%）	N （kg/hm²）	P₂O₅ （kg/hm²）	K₂O （kg/hm²）
超高产	9 414	13 075	41.86	180.64	64.58	259.98
高产	7 470	11 149	40.12	156.32	53.72	199.56
中产	5 520	8 762	38.65	134.62	38.27	108.35
低产	2 970	6 712	30.68	113.08	33.30	84.04

表 2-5-2   华北平原区不同产量水平的小麦养分吸收特点

产量水平	产量（kg/hm²）	N : P₂O₅ : K₂O
超高产	9 414	2.80 : 1.00 : 4.03
高 产	7 470	2.91 : 1.00 : 3.71
中 产	5 520	3.52 : 1.00 : 2.83
低 产	2 970	3.40 : 1.00 : 2.52

四川省不同生态区共 701 个试验的小麦养分需求量统计结果表明（表 2-5-3），全省不施肥小麦 100kg 籽粒养分需求量平均为 N 2.38 kg、P_2O_5 1.02 kg、K_2O 2.47 kg；推荐施肥区小麦 100kg 籽粒养分需求量为 N 2.77 kg、P_2O_5 1.13 kg、K_2O 2.71 kg（陈庆瑞等，2014）。

表 2-5-3   四川省小麦 100 kg 籽粒养分需求量（kg）

区域	N		P_2O_5			K_2O	
	无氮区	施氮区	无磷区	施磷区		无钾区	施钾区
全省	2.38	2.77	1.02	1.13	2.47		2.71
成都平原	2.06	2.58	0.95	1.03	2.79		3.01
川中丘陵	2.52	2.85	1.06	1.18	2.34		2.63
盆周山地	2.12	2.64	0.93	1.06	2.65		2.74
川西南山地	2.15	2.74	0.97	1.16	2.75		2.84

据新疆灰漠土长期试验结果，小麦高、中、低产田 100kg 籽粒产量对氮、磷、钾主要养分的需求为：氮吸收量分别为 1.99 kg、1.82 kg、1.75 kg；P_2O_5 吸收量分别为 0.46 kg、0.44 kg、0.38 kg；K_2O 吸收量分别为 0.26 kg、0.23 kg、0.28 kg。

据河南省"国家潮土肥力与肥料效益"1990—2008 年的试验结果（黄绍敏等，2014），每生产 100 kg 中筋小麦籽粒需氮量平均为 2.06 kg，每生产 100 kg 强筋小麦籽粒则需要氮 2.61 kg。与中筋小麦相比，每生产 100 kg 籽粒，强筋小麦需氮量增加 0.55 kg，增加幅度 26.7%；无论中筋小麦还是强筋小麦，2000 年以前对磷的吸收量差异较小，每生产 100kg 籽粒需要 P_2O_5 0.4~0.5 kg，2001 年以后作物产量增加，强筋小麦品种每生产 100 kg 籽粒需 P_2O_5 平均为 0.59 kg，比中筋小麦高 0.07 kg；每生产 100 kg 籽粒，中筋小麦品种需要

K_2O 平均为 1.90 kg，而每生产 100kg 强筋小麦籽粒需要 K_2O 平均为 2.53kg，强筋小麦品种对钾素吸收差异较大，需钾量比中筋小麦平均高 43%。

浙江小麦试验结果（陈义等，2013）显示（表 2-5-4），在产量为 2 201 kg/hm² 时，生产 100kg 籽粒需要小麦吸收氮、磷（P_2O_5）和钾（K_2O）分别为 1.97kg、0.894kg 和 2.46kg。随着产量的提高，养分的利用效率降低，产量达到 3 687 kg/hm² 时，每生产 100kg 籽粒需要小麦额外多吸收氮、磷（P_2O_5）和钾（K_2O）分别为 0.59kg、0.176kg 和 0.95kg。

表 2-5-4　浙江省不同产量水平下生产 100kg 小麦籽粒养分需要量（kg）及氮、磷、钾比例

养分类型	低产水平 （2 201 kg/hm²）	中产水平 （3 056 kg/hm²）	高产水平 （3 687 kg/hm²）
N	1.97	2.29	2.56
P_2O_5	0.89	0.97	1.07
K_2O	2.46	2.71	3.41
$N：P_2O_5：K_2O$	1：0.45：1.25	1：0.43：1.18	1：0.42：1.25

从表 2-5-5 可以看出（陈义等，2013），浙江小麦植株对氮、磷的累积吸收特点相似，从出苗到成熟一直呈增加趋势，收获时达最高值，分别为 332.7 kg/hm² 和 42.3 kg/hm²。植株对钾的累积吸收特点与氮、磷不同，在整个生育期中呈单峰曲线变化，以扬花期积累量达最大，为 518.5 kg/hm²。可见植株全生育期对 3 种养分的吸收量的大小顺序是：钾＞氮＞磷。从不同生育阶段植株地上部对养分的吸收来看，越冬前氮、磷和钾 3 种养分的吸收量均较少；越冬期间阶段积累量更小，氮素吸收量不足总量的 10%，特别是磷和钾，不到 5%；返青至拔节期，各养分积累量增大，此期积累了占总量 31.4% 的氮、28.5% 的磷和 41.7% 的钾；拔节至扬花期仍是养分积累的重要时期，氮、磷和钾积累量分别占 28.9%、44.3% 和 41.9%；扬花到成熟期，植株对养分的吸收减少，氮和磷吸收量分别占总量的 13.8% 和 9.0%。钾没有净吸收，反而有外排现象。可见，小麦对养分的吸收主要集中在返青至扬花期，此阶段吸收的氮、磷、钾分别占全生育期总积累量的 60.3%、72.8% 和 83.6%，是养分供应的关键时期；在积累时期上看，植株对磷、钾的吸收较为集中，而对氮的吸收则较分散。

在整个生育期，小麦对氮、磷、钾养分的吸收强度均呈多峰曲线变化。从变化动态看，植株对 3 种养分的吸收速率均可分为 3 个阶段。第一阶段是从出苗至返青，3 种养分吸收速率的变化及持续时间是一致的，其吸收速率从出苗开始均缓慢上升；分蘖中期至越冬前达第一峰值；进入越冬期后，植株对养分的吸收速率都下降，并降至最低点。第二阶段 3 种养分吸收持续时间不一，氮和钾是从返青至孕穗末，而磷是从返青至扬花。这一阶段，随着气温的升高，植株开始出现快速吸收养分的特性，3 种养分吸收速率在此阶段均远超第一峰值。这一阶段植株对氮、磷和钾的吸收特点不同，氮、钾从返青开始吸收速率上升很快，并相继在起身至拔节和孕穗初至孕穗末出现两个吸收速率峰值；而磷的吸收速率从返青后缓慢上升，仅在孕穗初至孕穗末出现一个峰值。第三阶段，氮、钾是从孕穗末至收获，磷是从扬花至收获，最初 3 种养分的吸收速率均迅速下降，但氮、磷在灌浆期又有所回升，其中氮在扬

花至灌浆中期达到全生育期第四个吸收速率峰值，磷在收获前达到第三个吸收速率峰值；与氮、磷不同，钾的吸收量一直呈下降趋势直至收获。

表 2-5-5　浙江省小麦阶段吸肥强度

时期（日/月）	吸收量与吸收强度	N	P	K
三叶期（27/10）	吸收量（kg/hm²）	4.65	0.420	5.70
	每天吸收强度（kg/hm²）	0.39	0.035	0.48
分蘖初期（9/11）	吸收量（kg/hm²）	8.25	0.870	9.45
	每天吸收强度（kg/hm²）	0.63	0.067	0.73
分蘖中期（23/11）	吸收量（kg/hm²）	13.80	1.610	17.10
	每天吸收强度（kg/hm²）	0.99	0.115	1.22
越冬前（14/12）	吸收量（kg/hm²）	26.85	3.240	30.00
	每天吸收强度（kg/hm²）	1.28	0.154	1.43
越冬期（4/1）	吸收量（kg/hm²）	22.80	1.530	8.40
	每天吸收强度（kg/hm²）	1.09	0.073	0.40
返青期（17/2）	吸收量（kg/hm²）	9.60	0.030	14.10
	每天吸收强度（kg/hm²）	0.22	0.001	0.32
起身期（7/3）	吸收量（kg/hm²）	50.70	6.400	85.50
	每天吸收强度（kg/hm²）	2.82	0.356	4.75
拔节期（23/3）	吸收量（kg/hm²）	53.85	5.640	130.95
	每天吸收强度（kg/hm²）	3.37	0.353	8.18
孕穗初期（5/4）	吸收量（kg/hm²）	40.80	5.690	95.10
	每天吸收强度（kg/hm²）	3.14	0.437	7.32
孕穗末期（17/4）	吸收量（kg/hm²）	40.20	8.010	103.80
	每天吸收强度（kg/hm²）	3.35	0.668	8.65
扬花期（3/5）	吸收量（kg/hm²）	15.15	5.010	18.45
	每天吸收强度（kg/hm²）	0.95	0.313	1.15
灌浆中期（21/5）	吸收量（kg/hm²）	30.45	1.320	−72.15
	每天吸收强度（kg/hm²）	1.69	0.073	−4.01
收获期（5/6）	吸收量（kg/hm²）	15.60	2.510	−94.50
	每天吸收强度（kg/hm²）	1.04	0.167	−6.30
100kg 籽粒吸收量（kg）		3.65	0.460	3.86
$N : P_2O_5 : K_2O$			1 : 0.13 : 1.06	

综上所述，氮、钾在返青至孕穗末，磷在返青至扬花，对养分的吸收最为关键，养分的吸收速率大，积累量高，因此施肥上应着重考虑对该期养分的充足供应；越冬以前，尽管养分的吸收速率不高，积累总量也少，但吸收速率高于生长速率，生产上也应满足这一吸肥要求；氮、磷在生育后期吸收总量减少，吸收速率下降，但仍保持一定的净吸收速率，氮、磷的供应应能持续到这一阶段，以满足这一时期小麦对氮、磷养分的需要。

第六节　小麦施肥技术评价与分析

一、小麦施肥现状分析

杨学云等 2011—2012 年通过对陕西关中近 500 个自然村的调查表明，农民对小麦田施用的氮肥品种以碳酸氢铵、磷酸二铵及尿素为主，大多数农民习惯于一次施肥，即在小麦播种前氮、磷混合撒施地表，随着旋耕机翻入土壤。有灌溉条件的地方，农户通常采用地下水和河水灌溉农田，只有部分农户在小麦返青期结合春灌进行一次追肥（杨学云等，2015）。

表 2-6-1　2011—2012 年陕西关中小麦产量和施肥量调查

县（区）	农户数（户）	氮肥用量（kg/hm²）	磷肥用量（kg/hm²）	钾肥用量（kg/hm²）	小麦产量（t/hm²）
岐山	144	262±144	220±277	63±86	6.6±1.0
扶风	268	196±71	176±83	17±38	6.5±0.9
陈仓	120	152±73	148±85	30±32	6.5±0.8
泾阳	132	242±115	176±88	7±22	6.6±0.8
兴平	212	207±117	163±93	16±31	6.7±0.8
武功	201	200±98	174±77	24±41	6.8±0.7
临渭	199	233±141	219±115	19±43	7.0±4.0
蒲城	130	229±119	200±99	27±67	6.0±1.6
富平	232	213±94	188±103	45±53	6.2±1.0
杨凌	131	178±86	188±91	4±19	6.9±0.7
总数	1769	210±106	183±121	25±49	6.5±1.0

2011 年和 2012 年农户实地调查结果（表 2-6-1）显示，陕西小麦季氮肥施用量平均为（210±106）kg/hm²，小麦平均产量为（6.5±1.0）t/hm²。有些地区，如岐山县，氮肥用量达（262±144）kg/hm²，小麦产量却与平均产量持平，说明施肥过量。在小麦季，农户磷肥用量为（183±124）kg/hm²，接近 90％的农户种植小麦时使用磷肥但不施钾肥，而钾肥在中高产土壤上已表现出增产效果（王圣瑞等，2003）。

李絮花等 2009 年和 2011 年相继开展山东省小麦施肥调查，分别取得调查问卷 258 份和 512 份，对该 770 份农户肥料施用状况的调查资料进行整理分析，得到调查农户小麦全生育期氮、磷、钾和有机肥的平均用量及其施肥方式、品种的结构比例（李絮花等，2014）。

调查显示，山东省多数地区采取玉米秸秆还田、小麦高留茬，只有胶东地区玉米秸秆还田现象较少。玉米秸秆还田比例在 80％以上，小麦高留茬 85％以上，这对培肥土壤、归还土壤钾素具有积极作用。

由表 2-6-2 看出，山东省小麦平均每 667m² 施氮（N）量为 15.69 kg，施磷（P_2O_5）量为 8.04 kg，施钾（K_2O）量为 3.91 kg；追肥仍以氮肥为主，由于施用复合肥或配方肥，追肥中个别农户有施用磷、钾肥现象，但施用量很低；N：P_2O_5：K_2O=1.0：0.51：0.25。

表 2-6-2 山东省小麦每 667m² 肥料平均施用量及基肥和追肥比例

年度	样本数	平均施肥量（kg）			基肥（kg）			追肥（kg）		
		N	P_2O_5	K_2O	N	P_2O_5	K_2O	N	P_2O_5	K_2O
2009	258	15.90	8.06	3.90	8.28	7.56	3.50	7.62	0.50	0.40
2011	512	15.58	8.03	3.91	8.30	7.53	3.52	7.28	0.50	0.39
平均	780	15.69	8.04	3.91	8.29	7.54	3.51	7.39	0.50	0.39
$N:P_2O_5:K_2O$		1.00	0.51	0.25	1.00	0.91	0.42	1.00	0.07	0.05

山东省小麦基肥施用中主要的肥料种类有：配方肥、尿素、磷酸二铵、过磷酸钙、复混肥、硫酸钾、碳酸氢铵、氯化钾、有机无机复合肥、商品有机肥、农家肥等。小麦追肥施用的主要肥料种类有：配方肥、尿素、磷酸二铵、过磷酸钙、复混肥、硫酸钾、碳酸氢铵、氯化钾、有机无机复合肥、商品有机肥、农家肥等（表 2-6-3）。

表 2-6-3 山东省小麦基肥和追肥的肥料品种及比例

肥料品种	基肥		追肥	
	农户数（户）	比例（%）	农户数（户）	比例（%）
配方肥	162	21.04	100	12.99
尿素	50	6.49	524	68.05
磷酸二铵	91	11.82	25	3.25
过磷酸钙	10	1.30	0	0.00
复混肥	373	48.44	92	11.95
硫酸钾	3	0.39	1	0.13
碳酸氢铵	65	8.44	25	3.25
氯化钾	5	0.65	0	0.00
其他	162	21.04	4	0.52

四川省成都平原区小麦施肥调查表明，目前施肥存在的主要问题是有机肥施用量不足，用作基肥的氮肥用量偏大。建议增施有机肥料，在氮肥施用量偏低的地区，适当提高氮肥总用量，增加分蘖肥比例。氮肥50%～60%作为基肥，40%～50%作为分蘖肥；磷、钾肥全部作基肥。施用有机肥或种植绿肥翻压的田块，基肥用量可适当减少；在常年秸秆还田的地块，钾肥用量可适当减少。在土壤缺锰的地区，每 667m² 基施硫酸锰 1kg。提倡施用配方肥。不同产量水平，氮、磷、钾肥施用量分别为：a. 每 667m² 目标产量 300kg 以上，施氮肥（N）9～12kg、磷肥（P_2O_5）4～6kg、钾肥（K_2O）4～6kg；b. 每 667m² 目标产量 200～300kg，施氮肥（N）8～11kg、磷肥（P_2O_5）4～6kg、钾肥（K_2O）3～5kg。

根据任玉玲（2009）对河南商丘小麦种植区施用化肥现状调查结果，小麦施肥品种主要包括尿素、碳酸氢铵、过磷酸钙、氯化钾、磷酸一铵、磷酸二铵、复混肥料、配方肥料。底肥的施用方法一般为耕前撒施，其中复混肥料和配方肥料约占小麦化肥底施量的70%，其次为磷酸二铵和尿素，约占小麦化肥底施量的 20%，碳酸氢铵和过磷酸钙因其养分含量较低而施用量逐年减少，约占小麦化肥底施量的 10%。一般在小麦返青至拔节期耧条追肥，品种一般为尿素，用量 180~225 kg/hm²，占全生育期氮素施用量的 42.4%。

河南省氮肥施用情况：调查农户 5 613 户（黄绍敏等，2014），平均施用纯氮 211.50 kg/hm²，标准差 3.06，中值 196.50 kg/hm²，众数 208.50 kg/hm²，变异系数为 0.22。施用纯氮 150~225 kg/hm² 的占 65.8%，施肥品种主要为尿素，占氮肥用量的 82%，其次为碳酸氢铵，占氮肥用量的 18%。磷肥施用情况：调查农户 5 604 户，平均施用 P_2O_5 105.8kg/hm²，标准差 2.58，中值 105.0 kg/hm²，众数 90.00 kg/hm²，变异系数为 0.37，施用 P_2O_5 75 kg/hm² 以下的占 17.0%，75~150 kg/hm² 的占 73.3%。品种主要为普通过磷酸钙。钾肥施用情况：调查农户 5 499 户，平均施用 K_2O 71.7kg/hm²，标准差 2.57，中值 75.0 kg/hm²，众数 60.0 kg/hm²，变异系数 0.54。K_2O 施用量低于 75 kg/hm² 的占 62.3%，75~150 kg/hm² 的占 35.7%。复混肥料和配方肥料是小麦底肥的主要品种，约占小麦化肥底施用量的 70%。

对河南省小麦施肥中的氮、磷、钾比例及利用率情况进行调查（黄绍敏等，2014），共调查近 6 000 户农户，平均小麦施用纯 N 211.5 kg/hm²、P_2O_5 105.75 kg/hm²、K_2O 71.70 kg/hm²，N∶P_2O_5∶K_2O=2.95∶1.47∶1。通过对睢阳区 2005—2008 年田间肥效试验 22 个试验点试验结果的统计分析，氮肥的当季利用率一般为 30%~50%，磷肥为 10%~20%，高者可达到 25%~30%，钾肥多为 40%~70%，有机肥的利用率一般为 20%~25%。

2009 年和 2011 年在浙江省的小麦主要种植区调查了 95 户农民的小麦施肥状况（表 2-6-4），调查数据表明：纯氮施用量平均为 179 kg/hm²，其中基肥施用量为 120 kg/hm²，占施肥总量的 67.1%；P_2O_5 平均施用量为 48kg/hm²，一般磷肥主要以基肥的形式施入，很少作追肥；K_2O 平均施用量为 32.9 kg/hm²，与磷肥相似，钾肥也以基肥的形式为主（陈义等，2013）。

表 2-6-4　浙江省小麦的肥料平均施用量及基肥和追肥比例

年度	样本数（个）	平均施肥量（kg/hm²）			基肥（kg/hm²）			追肥（kg/hm²）		
		N	P_2O_5	K_2O	N	P_2O_5	K_2O	N	P_2O_5	K_2O
2009	23	154.2	33.0	28.2	150.1	33.0	28.2	97.5	0	0
2011	72	186.3	52.8	34.2	140.0	23.3	33.9	46.4	0.3	0.3
平均		178.5	48.0	32.9	120.0	47.7	32.6	58.8	0.3	0.3
N∶P_2O_5∶K_2O		1.00	0.27	0.18	1.00	0.40	0.27	1.00	0.01	0.01

从浙江省农户基肥种类的施用情况来看（表 2-6-5），绝大部分农户（约占被调查农户的 63%）采用复合肥作基肥。有 26% 的农户采用氮、磷、钾单质肥分别施用，其中，氮肥以尿素为主，磷肥主要是过磷酸钙，钾肥则主要是氯化钾。只有 12.6% 的农户用碳酸氢铵作基肥。在被调查的农户中，只有 3.16% 的农户施用单质钾肥。从农户追肥种类的施用情况来看，大部分农户采用尿素作追肥，占被调查农户的 57.9%。使用复合肥、碳酸氢铵和氯化钾作追肥的比例接近，分别占被调查农户的 2.11%、3.16% 和 1.05%（陈义等，2013）。

表 2-6-5　浙江省被调查农户小麦基肥和追肥的肥料品种及比例

肥料品种	基肥		追肥	
	农户数（户）	比例（%）	农户数（户）	比例（%）
过磷酸钙	25	26.3	0	0
复合肥	60	63.2	2	2.11
尿素	35	36.8	55	57.90
碳酸氢铵	12	12.6	3	3.16
氯化钾	3	3.2	1	1.05
其他	15	15.8	4	4.21

二、小麦施肥中存在的问题

总结各地小麦施肥中存在的共性问题，大致表现在以下几个方面：

（1）有机肥施用量不足。随着农村经济的发展，农民沤制有机肥的积极性降低，农区养殖业逐渐由农户分散饲养转为专业户规模化饲养，一方面造成农户畜禽粪肥数量减少，有机肥还田数量不足。另一方面，由于运输、管理、成本等方面的问题，规模化养殖又造成有机肥的大量浪费，并产生严重的环境问题。目前不少小麦产区秸秆资源浪费严重，还存在较为严重的焚烧现象。

（2）化肥施用结构不合理。不少农户确定麦田化肥施肥量时不考虑土壤养分含量和小麦产量水平，盲目施肥现象较为严重。尤其是随着小麦总产量的提高，化肥用量不断增加，其中氮、磷肥用量普遍出现过量现象，而钾肥施用不足，造成小麦无效分蘖增加，茎秆细弱，抗倒、抗寒、抗病能力下降，常常遭受冬季冻害和春季倒春寒危害，中后期病虫害加重，易倒伏，进而影响产量。大量施用氮、磷化肥，不仅增加了生产成本，而且造成面源污染，同时对冬小麦生长也产生不利的影响。据山东省农户施肥调查，全省麦田约 60% 氮肥过量，70% 磷肥过量，同时约 50% 施钾不足。

（3）秸秆还田不增施氮肥。秸秆还田是解决有机肥不足的有效措施，但多数农户对这项技术掌握得不好，秸秆还田后一般不增施氮肥。由于秸秆在腐烂过程中要吸收一定量的氮素，如施用氮肥不足，就会出现秸秆腐烂与麦苗生长争夺氮素而造成小麦"黄弱苗"。这样一来，秸秆还田不仅起不到增产的作用，反而会使小麦产量下降。

（4）施肥方式不合理。目前冬小麦产区部分低产田或土壤贫瘠区域普遍存在"一炮轰"的施肥方式，因灌溉条件限制，肥水不协调，影响肥效发挥；大部分地区返青期一次性追施氮肥，同时氮肥基肥和追肥比例不合理，小麦返青前需氮量不到 30%，而目前大部分麦区基施氮肥 40%～50%，甚至高达 70%；追肥时期过早，返青期一次性追肥，造成后期养分供应不足，引起早衰。

（5）追肥时期不当。大部分冬麦区春季追肥在返青期进行，早春正是小麦春季分蘖和基部节间伸长的关键时期，追肥期过早常常会造成无效分蘖过多，导致麦田群体过大，茎秆细弱，基部节间过长；还会造成小麦生长中后期田间郁闭，通风透光不良，白粉病等病害加重，导致后期易倒伏而影响小麦的产量和品质。

（6）忽略微量元素肥料的施用。微量元素也是冬小麦生长发育必需的营养元素，冬小麦缺少某种微量元素，会生长不良，造成减产。近年来随着冬小麦总产量的提高，土壤微量元素消耗大，不少地块出现了缺乏微量元素的现象，特别是不施有机肥或有机肥施用量不足的，表现较为明显。

（7）盲目施用新型肥料。目前市场上出现形形色色的所谓新型肥料，有相当一部分科技含量不高，质量参差不齐，且宣传过度，致使农民认识不清，在施肥方向不明、施用方法不掌握的情况下盲目施用，造成减产和经济损失。

三、小麦施肥对策与建议

（1）增施有机肥，提倡有机肥和化肥的配合施用。大力推广玉米秸秆还田和小麦高留茬，并研究和制订切实有效的秸秆还田操作规程。

（2）调减过高的氮、磷化肥用量，实行平衡施肥。根据土壤养分资源特征和小麦产量水平，确定合理的氮、磷肥施用量。根据土壤钾素的供应状况有针对性地增施钾肥。

（3）氮肥分期施用，适当进行氮肥的后移（冬小麦春季追肥后移至起身拔节期），中高产田适当增加追肥的比例。

（4）合理施用微量元素肥料。高产地块及有机肥料施用不足地区，根据土壤调查测定结果和肥效反应，适时合理补充锌肥、硼肥、锰肥等微量元素肥料。

（5）注重叶面肥料施用。大部分冬麦区存在后期干热风气候影响产量的现象，结合预防干热风"一喷三防"，注重后期喷施叶面肥料。

第七节　小麦施肥的肥效反应

一、我国不同区域、不同土壤的供肥能力分析

赵秉强等（2012）根据国家土壤肥力与肥料效益监测站网在吉林、陕西、新疆、北京、河南、重庆、浙江、湖南等地的大田长期肥料定位试验研究结果，对我国不同区域、不同土壤类型、不同气候和种植制度条件下土壤的自然供肥能力及其变化规律进行了系统总结。

1. 东北黑土　在氮、磷、钾三要素中，氮素是限制吉林黑土持续高产的第一要素，当年不施氮肥就会造成春玉米减产40%左右，连续10年以上不施氮肥，春玉米减产幅度60%～70%或70%以上；吉林黑土磷素的供应能力好于氮素，但若持续4～5年不施磷肥，土壤磷素的供应力下降，也会显著影响春玉米持续高产；吉林黑土钾素的持续供应能力相对好于氮素和磷素，但是若连续14～15年不施钾肥，也不能保障作物持续高产。

2. 陕西黄土　陕西黄土的氮、磷自然供应能力都很低，是限制作物持续高产的重要因素，尤其在冬小麦氮、磷供应以及夏玉米氮素供应上，陕西黄土表现出极低的水平，陕西黄土施肥尤其应注意补充氮、磷肥，以保障作物持续高产；陕西黄土的供钾能力较强，连续14年不施钾肥，作物仍能获得持续高产。

3. 新疆灰漠土　在新疆灰漠土中，氮、磷是限制作物高产的主要因素，连续3～4年不施氮肥或磷肥，土壤的供氮或供磷能力将显著下降，限制作物高产；新疆灰漠土土壤含钾丰富，持续15年不施钾肥，作物仍能保持高产。

4. 北京褐潮土　北京褐潮土中，氮、磷是限制作物持续高产的重要因素，尤其是生长在冬、春低温干旱季节的冬小麦，增施氮、磷具有特别重要的意义；北京褐潮土的供钾能

力相对好于氮、磷，但在冬小麦上如果持续 8～10 年不施钾肥，土壤的供钾能力明显下降，冬小麦减产严重。

5. 河南潮土 河南潮土中，氮素是第一产量限制因素，不施氮肥无论在冬小麦还是夏玉米上都会导致严重减产；河南潮土的磷素供应能力也不高，不施磷肥只能保持短期（冬小麦不超过 2 年，夏玉米不超过 3 年）作物高产，因此增施磷肥，尤其在冬小麦上增施磷肥具有重要意义；河南潮土供钾能力相对较高，冬小麦和夏玉米连续 10 年不施钾肥，作物仍能保持高产，但 10 年以后钾肥开始逐渐显效，应注意补充钾肥，尤其是在冬小麦上应注意及时补充钾肥，以保证作物的持续高产。

6. 湖南红壤 湖南红壤旱地氮、磷、钾的自然供应能力均不高，需要及时补充施肥才能保证作物高产。湖南红壤旱地施氮肥更容易导致土壤酸化发生，因此，湖南红壤旱地在土壤酸化和缺素双重作用下，不同施肥制度之间作物产量演变规律较单一缺素的影响更为复杂。湖南红壤旱地氮、磷、钾养分自然供应能力的演变过程与北方土壤（北京褐潮土、陕西黄土、河南潮土）均有所不同。

7. 重庆紫色土 重庆紫色土稻麦水旱轮作条件下，水田（水稻）土壤的氮、磷、钾供应能力相对好于旱田（冬小麦）。无论是冬小麦还是水稻，土壤供钾水平相对最高，其次是供磷水平，土壤供氮水平较低。重庆紫色土水旱轮作条件下，旱田（冬小麦）土壤氮、磷、钾养分的自然供应能力随时间延长呈现明显的下降趋势，而水田（水稻）土壤氮、磷、钾养分的自然供应能力并没有随时间延长呈现明显的下降趋势，土壤养分供应呈现出较高的缓冲能力。因此，重庆紫色土稻麦轮作在注重氮、磷、钾施肥的同时，需将施肥的重点放在小麦上。

8. 浙江水稻土 浙江水稻土 12 年不施用磷肥和钾肥，土壤磷和钾供应能力均较高，在大麦、早稻和晚稻上的供应能力几乎均在 90％以上；在大麦上磷素和钾素的平均供应能力分别为 95.9％和 98.4％，在早稻上分别为 95.8％和 97.4％，在晚稻上分别为 96.2％和 98.2％，基本能满足作物对磷、钾的需求，这可能是浙江水稻土特殊的地理位置和条件决定的，尤其是与其灌溉制度有关。

从我国不同类型土壤持续监测结果（13～15 年平均）看，土壤自然供氮、供磷和供钾能力分别为 45.5％、6.9％和 91.7％，以土壤供氮能力最低，供磷能力次之，供钾能力最好。因此，我国施肥制度应普遍重视氮、磷肥的施用，尤其在冬、春相对低温干旱季节栽培的作物上，应特别重视补充磷肥的施用。钾肥施用的原则应是根据不同类型土壤钾素的丰缺程度不同而分类指导。南方土壤低钾区尤其应注意补充钾肥；黄淮海平原土壤钾素肥力中等区也应注意钾肥的补充施用；东北高钾地区和西北富钾地区，应根据钾肥显效的时效性原则科学施用钾肥，钾肥不显效的情况下盲目施用钾肥，会造成资源浪费。另外，随着我国氮、磷、钾化肥大量施用取得作物持续高产，土壤中的中微量元素不断被作物吸收和移出农田，土壤一旦缺乏中微量元素，应注意及时补充。秸秆还田和施用有机肥料是改善土壤中微量元素供应的有效措施。

二、我国不同区域、不同土壤小麦施肥的肥效反应

1. 华北及黄淮海平原地区 山东农业大学"十一五"期间进行的冬小麦肥效反应试验结果显示（表 2-7-1），不施用氮肥（CK、PK）时小麦产量和生物量最低，其次为缺磷

（NK）处理、缺钾（NP）处理，氮、磷、钾均衡施用（NPK）时小麦产量最高。

从氮、磷、钾肥的农学效率看出，施用氮、磷、钾肥均有一定的增产效果。其中氮肥的农学效率最高，施用单位氮肥（每千克纯 N）的增产量为 11.7kg；其次是磷肥，单位磷肥（每千克 P_2O_5）的增产量为 8.1kg；钾肥的农学效率较低，单位钾肥（每千克 K_2O）小麦增产量为 2.3kg。

表 2-7-1　氮、磷、钾肥效反应共性试验的小麦产量结果 （kg/hm²）

处理	籽粒产量	秸秆产量	生物量
CK	5 024.5	5 053.7	10 078.2
NP	7 435.4	9 429.6	16 864.9
NK	6 289.4	5 664.8	11 953.8
PK	5 122.7	5 247.3	10 370.0
NPK	7 752.6	9 679.2	17 431.7

在其他条件相对一致时，产量来源于地力和肥料，肥料部分所占的比值即是肥料的贡献率，不施肥的对照处理占施肥处理产量的比值为土壤自然贡献率。从土壤和肥料的贡献率看出（表 2-7-2），本试验条件下，土壤对产量的贡献远高于肥料，肥料对作物产量的贡献大小首先决定于肥料的配合方式，小麦产量以 NPK 处理肥料的贡献率较高，其次是 NP 和 NK 处理，PK 处理较低，施用磷、钾肥的贡献率（小麦）仅为 1.9%。

表 2-7-2　氮、磷、钾肥效反应共性试验的土壤和肥料的贡献率

处理	肥料贡献率（%）		土壤贡献率（%）	
	小麦	玉米	小麦	玉米
NP	32.4	19.7	67.6	80.3
NK	20.1	17.7	79.9	82.3
PK	1.9	11.2	98.1	88.8
NPK	35.2	25.2	64.8	74.8

河南潮土连续 14 年定位试验结果表明（赵秉强等，2012），试验开始的 3 年内，缺磷处理（NK）小麦产量缓慢下降，但从第四年开始，小麦产量下降较快，基本接近缺氮处理（PK），缺钾（NP）处理小麦产量可维持 10 年时间，随后由于土壤钾库的亏缺，导致小麦产量下降。黄淮海地区小麦产量对养分的依赖程度为氮＞磷＞钾。

华北及黄淮海平原冬小麦区 942 个肥料试验调查结果表明（车升国，2015），本区域冬小麦氮肥肥效中等，氮肥农学利用效率最高为 35.27 kg/kg（河南），最低为－2.21 kg/kg（河北），平均约为 9.88 kg/kg。其中，苏皖北部区氮肥肥效偏高，约为 13.5 kg/kg，而河北省偏低，仅为 7.72 kg/kg，山东和河南省中等，约为 9 kg/kg。对本区域近年磷肥肥效试验 209 个、钾肥肥效试验 180 个进行汇总表明，本区域磷肥农学利用效率最低仅－11.13 kg/kg（河南），最高达 82.31 kg/kg（安徽），平均为 13.83 kg/kg。其中，安徽和江苏北部磷肥肥效最高，达 20.49 kg/kg，山东和河南省中等，约为 9.5 kg/kg，而河北地区最低，低于 6 kg/kg。最高钾肥肥效试验点出现在安徽北部，为 49.5 kg/kg，最低试验点在河北

省，施用钾肥不仅不增产反而减产，减产率达 13 kg/kg，本区平均钾肥农学利用效率为 10.5 kg/kg。整体来说，与 1993 年试验钾肥在多地粮食作物上未显效相比，本区的钾肥逐渐显效，其中苏皖北部的平均钾肥农学利用效率最高，山东次之，而河南和河北最低。

总之，华北及黄淮海地区小麦肥效反应中，以磷肥最高，钾肥次之，氮肥最低。在施肥过程中，要注意氮、磷、钾肥的合理配比，以保证小麦的养分充分协调供应。

2. 西北地区 2008 年开始，"十一五"国家科技支撑计划课题组在新疆"国家灰漠土肥力与肥料效益重点野外科学观测站"内布置的氮、磷、钾肥料效应试验设 5 个处理（CK、NP、NK、PK、NPK），施肥量为每 667m^2 纯氮 16.1kg、P_2O_5 9.2 kg、K_2O 3.9 kg，分别种植冬小麦和玉米。结果表明，化肥均衡配施（NPK）时，冬小麦和玉米均获得了较高的产量；长期不均衡施肥（缺某一元素），冬小麦和玉米产量均处于较低水平，并有继续下降的趋势；配方施肥冬小麦、玉米的产量分别比长期单施化肥增产 67％和 30％。同时，氮、磷、钾肥配施使农学效率逐年提高，每千克纯氮增产冬小麦 16.5kg；氮、磷、钾肥不均衡施用导致土壤中某一营养元素长期处于亏缺状态，农学效率明显下降，每千克纯氮增产冬小麦仅 5.52kg，每千克 P_2O_5 增产冬小麦 6.0kg，施钾的农学效率较低。

不同养分投入明显影响作物对养分的吸收利用。平衡施肥提高了小麦对养分的吸收，在整个生育期中小麦吸收养分量 N 为 131.2 kg/hm^2、P_2O_5 为 18.7 kg/hm^2、K_2O 为 70.5 kg/hm^2，分别比不均衡施肥平均增加吸收量 75％、47％、83％，作物每年平均吸氮量相当于氮肥施用量的 52％；不均衡施肥小麦在整个生育期养分平均吸收量 N 为 75.2 kg/hm^2，P_2O_5 为 12.8 kg/hm^2，K_2O 为 38.5 kg/hm^2。不施肥小麦吸收养分量很低，在整个生育期中吸收量 N 为 25.8 kg/hm^2，P_2O_5 为 6.5 kg/hm^2，K_2O 为 13.6 kg/hm^2，是平衡施肥养分吸收量的 20％～35％。根据定位试验结果，氮、磷、钾肥配施时，氮、磷、钾肥利用率分别为 41.6％、26.1％、172.9％，明显高于不均衡施肥的肥料利用率。长期不均衡施肥造成的肥料利用率偏低，势必导致没有被利用的氮素除了通过各种途径损失外，同时还造成部分氮素积累，以及磷素的大量积累；而氮、磷、钾肥配施时钾肥利用率为 172.9％，表明土壤钾素的过度利用并表现出亏缺。因此，配方施肥各元素的配比是高产、高效、保护环境的保证。

在陕西黄土上的长期定位试验结果与新疆灰漠土相似（赵秉强等，2012），小麦产量对氮和磷最敏感，由于土壤供钾能力强，在试验的 12 年中，作物产量没有下降，但从第十三年开始，缺钾（NP）处理的小麦产量较 NPK 处理有所下降，施用有机肥对提高作物产量有积极作用。

对近 5 年公开发表的西北及黄土高原地区 509 个肥料试验数据收集汇总可知，本地区冬小麦氮肥肥效中等，氮肥农学利用效率最高为 51.76 kg/kg（陕西），最低为 -3.47 kg/kg（甘肃），平均约为 9.01 kg/kg。其中，陕西地区氮肥肥效偏高，约为 10.76 kg/kg，而宁夏最低，仅为 4.15 kg/kg，新疆、甘肃等中等，为 6～9 kg/kg。

3. 东北地区 目前能够查阅到的东北地区春小麦化肥肥效试验的资料有限。从王凤书（1991）总结的黑龙江省 1990 年小麦"丰收计划"攻关田情况来看，克山农场 6 667hm^2 攻关田，平均每公顷施氮、磷肥（纯量，下同）151.8kg，氮、磷比为 1∶1，平均每公顷产量 4.6t；尾山农场攻关田，每公顷施肥 127.5kg，氮、磷比为 1∶1，平均每公顷产量 4.2t；海伦农场 5 333hm^2 小麦，每公顷施氮、磷肥 107.1kg，氮、磷比为 1∶1，平均每公顷产量 3.9t。在所有小麦高产田中，施肥上均采用底肥、种肥、追肥的"三肥"接力方法，使小麦整个生育期不脱肥。黑龙江省近年来小麦肥效试验施用的最高氮肥用量为 200 kg/hm²，不施氮肥小麦产量为 1 941～2 072 kg/hm²，氮肥的农学利用效率最低为 8.81 kg/kg，最高为 23.67 kg/kg，平均约为 14.34 kg/kg（车升国，2015）。本区域氮肥农学利用效率偏高，与 19 世纪 80 年代氮肥农学利用效率平均值 7.04 kg/kg（最低 1.05 kg/kg，最高 11.64 kg/kg）相比有所提高，因此东北春麦区要注意氮肥的施用量。

4. 西南地区　四川省多年试验表明（陈庆瑞等，2014），增施化肥在不同生态区可以每 667m² 增产小麦 31.9～608.6 kg，增产率达 63.72%～107.42%，化肥对产量贡献率达 38.92%～51.79%，小麦增施氮、磷、钾肥均有良好增产作用。截至 2011 年，四川省小麦 701 个"3414"田间试验统计结果可以看出：全省小麦不施肥情况下，每 667m² 产量平均仅 172.6kg，在每 667m² 平均增施氮、磷、钾化肥 19.0kg 时，可增产 147.4kg，增产率达 85.40%，每千克氮、磷、钾养分可增产小麦 7.8kg。全省平均每 667m² 施氮量为 9.35kg，增产小麦 112.0kg，增产率为 53.85%，每千克氮可增产小麦 12.0kg；平均每 667m² 施磷量为 4.75kg，增产小麦 43.0kg，增产率为 15.52%，每千克磷可增产小麦 9.1kg；平均每 667m² 施钾量为 4.61kg，增产小麦 29.0kg，增产率为 9.97%，每千克钾可增产小麦 6.3kg，全省化肥对小麦增产效应为氮＞磷＞钾。

"十一五"期间课题组在重庆紫色土开展的小麦肥效反应试验表明，氮、磷、钾（有效成分分别为 N、P_2O_5、K_2O）对小麦增产效应的年际变化趋势基本上是一致的，其平均每 667m² 增产小麦分别是 11.56kg、8.33kg 和 6.43kg。氮、磷、钾的增产效应均不高，但总体顺序是氮＞磷＞钾。所以在研究提高紫色土小麦肥料利用率时，除注重氮、磷、钾合理配施外，还应重视有机肥与氮、磷、钾肥配施等施肥方式对提高肥料利用率和增产效应的作用。随着氮肥施用量的增加，小麦产量也逐渐增加，氮肥的效应均呈一元二次抛物线形变化。最佳的施氮量为每 667m² 16.7kg 左右，最佳的施磷量为每 667m² 6.7kg 左右。紫色土全磷含量并不低，但有效磷含量低，加之施用磷肥利用率低，土壤缺磷常成为紫色土农作物增产的限制因素。随着氮、磷肥的大量施用，复种指数日益提高，紫色土钾素供应不足日益明显，已成为小麦高产的限制因子。

搜集西南地区近 5 年公开发表的化肥肥效试验数据，其中氮肥肥效试验 29 个，磷肥肥效试验 6 个，钾肥肥效试验 6 个。本区域小麦氮肥农学利用效率平均为 5.64 kg/kg，最高为 28.42 kg/kg，最低为 2.31 kg/kg；磷肥农学利用效率为 5.94～26.76 kg/kg，平均为 14.12 kg/kg；钾肥农学利用效率平均为 7.12 kg/kg，最低为 3.5 kg/kg，最高达 12.86 kg/kg。总之，西南地区小麦肥效反应以磷肥最高，氮、钾肥偏低。因此，在施肥过程中要注意磷肥的施用。

5. 长江中下游地区　汇总长江中下游地区近年来公开发表的冬小麦氮肥试验 158 个，结果表明（车升国，2015），本区域冬小麦氮肥肥效较高，氮肥农学利用效率最低为 1.92 kg/kg，最高为 29.93 kg/kg（浙江），平均约为 12.9 kg/kg，其中苏皖南部较浙江高。对本区域 45 个冬小麦磷肥肥效试验和 28 个钾肥肥效试验进行总结得知，磷肥农学利用效率最低仅－10.5 kg/kg，最高达 54.08 kg/kg，平均为 12.73 kg/kg；钾肥农学利用效率平均为 7.19 kg/kg，最低为 0.82 kg/kg，最高达 12.73 kg/kg。总之，本区域小麦肥效反应，以氮、磷较高，钾较低，在施肥过程中，要偏重于氮肥和磷肥施用。

6. 华中及中南地区　近年来华中及中南地区公开发表的小麦化肥肥效试验主要集中在湖北省，其中氮肥肥效试验 26 个，磷肥肥效试验 44 个，钾肥肥效试验 40 个。本区域氮肥农学利用效率平均为 5.64 kg/kg，最高为 17.09 kg/kg，最低为 2.31 kg/kg；磷肥农学利用效率为 2.13～23.97 kg/kg，平均为 12.03 kg/kg；钾肥农学利用效率平均为 7.44 kg/kg，最低为 1.00 kg/kg，最高达 20.50 kg/kg。

7. 华南地区 由于华南地区小麦播种面积很少，目前尚未查阅到关于华南冬小麦肥效试验资料。"十一五"期间，课题组承担国家科技支撑计划课题在广东开展的水稻化肥肥效试验，可以作为小麦施肥的参考。水稻试验各处理中以 NPK 处理的产量最高，不施肥产量为 NPK 处理的 71.5%～83.2%。各地每 667m² 水稻施氮增产量分别为 47～48kg（增城）、25～82kg（惠阳）和 109kg（湛江），平均 62kg；施磷增产量分别为 5～19kg（增城）、7～26kg（惠阳）和 39kg（湛江），平均 19.2kg；每 667m² 施钾增产量分别为 22～29kg（增城）、16～47kg（惠阳）和 74kg（湛江），平均 37.6kg，氮、磷、钾的增产顺序为氮＞钾＞磷。不施肥处理时每 667m² N 吸收量 3.53～5.01kg，为 NPK 处理的 47.0%～72.5%；每 667m² P_2O_5 吸收量 1.54～2.65kg，为 NPK 处理的 62.7%～83.2%；每 667m² K_2O 吸收量 3.45～10.09kg，为 NPK 处理的 62.6%～75.5%。

第八节　不同区域小麦专用复混肥料农艺配方制订

一、我国不同区域小麦专用复混肥料农艺配方

要长期维持麦田系统土壤养分（氮、磷、钾元素和其他矿质营养养分元素）平衡，降低土壤肥力因养分流失而越来越匮乏的可能性，保持土壤养分持续供应的容库和容强，以保证小麦获得高产、稳产，从养分平衡的观点出发，应做到从农田生态系统中输出的土壤养分量要归还农田土壤，即向农田系统输入的养分量需等于农田系统土壤养分的输出量。

根据全国不同区域的土壤、气候、施肥、肥效反应等特点，依据肥料农艺配方制订的原理、方法和全国小麦施肥配方区划，分别计算我国小麦不同区域内的氮、磷、钾推荐施用量，即可获得小麦不同区域的 $N：P_2O_5：K_2O$ 施用比例，再根据不同区域高、中、低产田目标产量水平，即可制订我国不同区域、不同产量水平条件下的小麦专用复混肥料农艺配方。根据氮、磷、钾施肥总量，得出氮、磷、钾比例，再根据复合肥的具体养分浓度要求，可以制订出不同区域小麦作物专用复混肥料一次性施肥配方。同理，根据氮、磷、钾基肥用量和追肥用量得出的氮、磷、钾比例，结合复混肥的具体浓度，可以制订出不同区域基肥用或追肥用的小麦专用复混肥料配方。另外，根据不同区域对微量元素的施用需求，可将其纳入区域专用复混肥配方中去（表 2-8-1）。

表 2-8-1　不同生态区小麦生产肥料配方

生态区划分与命名		每 667m² 施肥总量（N-P_2O_5-K_2O, kg）	每 667m² 基肥用量（N-P_2O_5-K_2O, kg）	每 667m² 追肥用量（N-P_2O_5-K_2O, kg）	中微量元素种类与每 667m² 用量（kg）		
					锌	硼	锰
东北春小麦配方施肥区	大配方	10-10-6	5-10-6	5-0-0	0.5		
	高产田	12-10-8	6-10-8	6-0-0	0.5		
	中产田	10-10-6	5-10-6	5-0-0	0.5		
	低产田	8-10-4	4-10-4	4-0-0	0.5		

（续）

生态区划分与命名		每667m² 施肥总量（N-P₂O₅-K₂O, kg）	每667m² 基肥用量（N-P₂O₅-K₂O, kg）	每667m² 追肥用量（N-P₂O₅-K₂O, kg）	中微量元素种类与每667m²用量（kg）		
					锌	硼	锰
西北春小麦配方施肥区	大配方	12-6-0	7-6-0	5-0-0	0	0	0.4
	高产田	14-6-0	8-6-0	6-0-0	0	0	0.5
	中产田	10-5-0	6-5-0	4-0-0	0	0	0.3
	低产田	6-4-0	4-4-0	2-0-0	0	0	0.2
黄土高原冬小麦配方施肥区	大配方	12-8-0	12-8-0	0-0-0	0.5	0	0.4
	高产田	14-10-2	14-10-2	0-0-0	0.5	0	0.5
	中产田	12-8-0	12-8-0	0-0-0	0.5	0	0.3
	低产田	10-8-0	10-8-0	0-0-0	0.5	0	0.2
新疆冬春兼播小麦配方施肥区	大配方	13-7-3	5-7-3	8-0-0			0.3
	高产田	15-7-3	5-7-3	9-0-0			0.3
	中产田	13-6-3	5-6-3	8-0-0			0.3
	低产田	11-6-2	4-6-2	7-0-0			
黄淮海冬小麦配方施肥区	大配方	14-7-6	8-7-6	6-0-0	0.5	0.3	
	高产田	14-7-6	8-7-6	6-0-0	0.5	0.4	
	中产田	13-6-5	7-6-5	6-0-0	0.5	0.3	
	低产田	12-5-4	6-5-4	6-0-0		0.2	
中南冬小麦配方施肥区	大配方	12-5-7	7-5-5	5-0-2	0.5	0.2	
	高产田	13-5-7	7-5-5	6-0-2	0.5	0.2	
	中产田	12-5-7	7-5-5	5-0-2	0.5	0.2	
	低产田	12-5-7	7-5-5	5-0-2	0.5	0.2	
西南冬小麦配方施肥区	大配方	10-5-5	6-5-5	4-0-0			0.5
	高产田	12-6-6	7-6-6	5-0-0			0.5
	中产田	10-6-5	6-6-5	4-0-0			0.5
	低产田	8-5-4	5-5-4	3-0-0			0.5
华东冬小麦配方施肥区	大配方	12-5-10	6-5-10	6-0-0	0.5	0.3	
	高产田	13-6-11	7-6-11	6-0-0	0.5	0.3	
	中产田	12-5-10	6-5-10	6-0-0	0.5	0.3	
	低产田	11-5-9	6-5-9	5-0-0	0.5	0.3	
华南冬小麦配方施肥区	大配方	12-4-10	6-4-5	6-0-5	0.5	0.2	0.5
	高产田	12-4-12	6-4-6	6-0-6	0.5	0.2	0.5
	中产田	12-4-10	6-4-5	6-0-5	0.5	0.2	0.5
	低产田	12-5-12	6-5-6	6-0-6	0.5	0.2	0.5

（续）

生态区划分与命名		每667m² 施肥总量（N-P₂O₅-K₂O，kg）	每667m² 基肥用量（N-P₂O₅-K₂O，kg）	每667m² 追肥用量（N-P₂O₅-K₂O，kg）	中微量元素种类与每667m² 用量（kg）		
					锌	硼	锰
青藏高原冬春麦兼播配方施肥区	大配方	14-7-3	7-7-3	7-0-0			
	高产田	16-8-5	8-8-5	8-0-0			
	中产田	14-7-3	7-7-3	7-0-0			
	低产田	12-6-3	6-6-3	6-0-0			

注：锌指七水硫酸锌，硼指硼砂或者硼酸，锰指一水硫酸锰。

二、全国小麦专用复混肥料农艺配方区划图

全国小麦专用复混肥料农艺配方区划图见图 2-8-1。

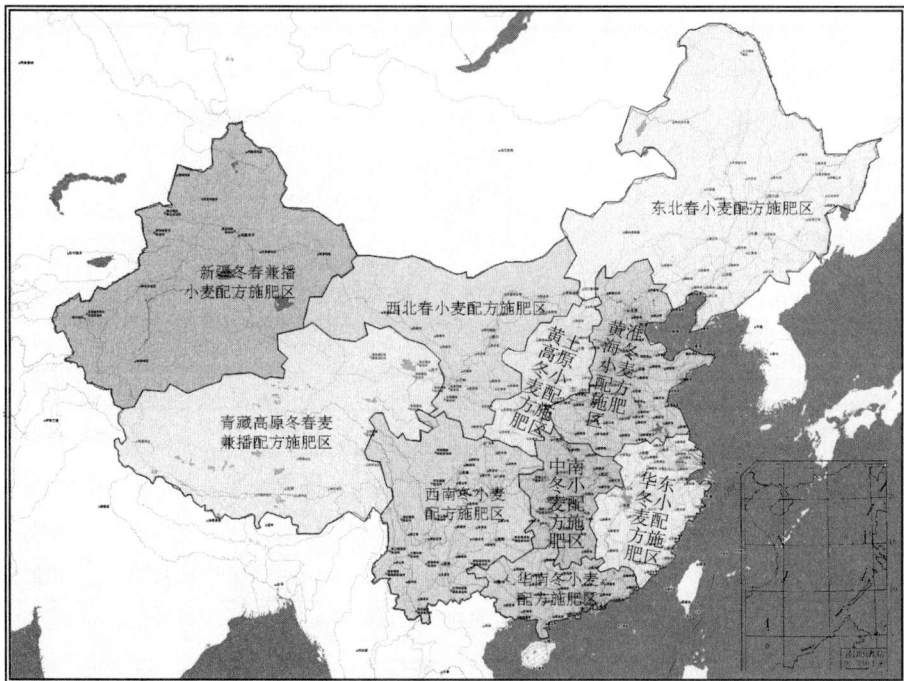

图 2-8-1　全国小麦专用复混肥料农艺配方区划

参 考 文 献

车升国．2015．区域作物专用复合（混）肥配方制定原理与应用［D］．北京：中国农业大学．

车宗贤，赵秉强，赵欣楠，等．2014.甘肃省作物专用复混肥料农艺配方［M］．北京：中国农业出版社.

陈庆瑞，赵秉强．2014．四川省作物专用复混肥料农艺配方［M］．北京：中国农业出版社.

陈义，陈红金，唐旭，等．2013.浙江省作物专用复混肥料农艺配方［M］．北京：中国农业出版社．

崔读昌，曹广才，张文，等．1993.中国小麦气候生态区划［M］//卢良恕．中国小麦栽培研究新进展．北京：中国农业出版社：12-28.

段敏．2010.陕西关中地区小麦玉米养分资源管理及其高产探索研究［D］．杨凌：西北农林科技大学.

甘肃农业科技编辑部. 1984. 春小麦需肥规律课题研究通过鉴定 [J]. 甘肃农业科技 (10)：19.

高聚林，刘克礼，张永平，等. 2003a. 春小麦磷素吸收、积累与分配规律的研究 [J]. 麦类作物学报，23 (3)：107-112.

高聚林，刘克礼，张永平，等. 2003b. 春小麦钾素吸收、积累与分配规律的研究 [J]. 麦类作物学报，23 (3)：113-118.

胡田田，刘翠英，李岗，等. 2001. 施肥对土壤供肥和冬小麦养分吸收及其产量的影响 [J]. 干旱地区农业研究，19 (3)：36-41.

黄绍敏，宝德俊，赵秉强，等. 2014. 河南省作物专用复混肥料农艺配方 [M]. 北京：中国农业出版社.

金善宝. 1961. 中国小麦栽培学 [M]. 北京：农业出版社.

金善宝. 1983. 中国小麦品种及其系谱 [M]. 北京：农业出版社.

金善宝. 1996. 中国小麦学 [M]. 北京：中国农业出版社.

李絮花，赵秉强，黄传辉，等. 2014. 山东省作物专用复混肥料农艺配方 [M]. 北京：中国农业出版社.

李迎春. 2006. 小麦高产施肥关键技术及养分运移规律研究 [D]. 保定：河北农业大学.

刘克礼，高聚林，刘瑞香，等. 2003. 春小麦氮素吸收、积累与分配规律的研究 [J]. 麦类作物学报，23 (3)：97-102.

任玉玲. 2009. 商丘市睢阳区施肥现状调查报告 [J]. 现代农业科技 (18)：240-241.

王兵. 2004. 氮肥用量和栽培模式对西北旱地冬小麦生长和养分利用的影响 [D]. 杨凌：西北农林科技大学.

王凤书. 1991. 黑龙江垦区小麦施肥技术 [J]. 现代农业 (4)：22.

王荣辉，王朝辉，李生秀，等. 2011. 施磷量对旱地小麦氮磷钾和干物质积累及产量的影响 [J]. 干旱地区农业研究，29 (1)：115-121.

王圣瑞，马文奇，徐文华，等. 2003. 陕西省小麦施肥现状与评价研究 [J]. 干旱地区农业研究，21 (1)：31-37.

杨学云，赵秉强，常艳丽，等. 2015. 陕西省作物专用复混肥料农艺配方 [M]. 北京：中国农业出版社.

袁春光. 2006. 青海土壤资源评析 [J]. 四川草原 (6)：24-26.

张文伟. 2008. 氮磷对旱地冬小麦/夏玉米产量及水氮利用的影响 [D]. 杨凌：西北农林科技大学.

赵秉强，李絮花，李秀英，等. 2012. 施肥制度与土壤可持续利用 [M]. 北京：科学出版社.

赵广才. 2010a. 中国小麦种植区域的生态特点 [J]. 麦类作物学报，30 (4)：684-686.

赵广才. 2010b. 中国小麦种植区划研究（一）[J]. 麦类作物学报，30 (5)：886-895.

赵广才. 2010c. 中国小麦种植区划研究（一）[J]. 麦类作物学报，30 (6)：1140-1147.

赵新春. 2010. 小麦的氮效率及施氮对小麦氮、磷、钾吸收与转运的影响 [D]. 杨凌：西北农林科技大学.

中国农业科学院. 1979. 小麦栽培理论与技术 [M]. 北京：农业出版社.

钟国辉，田发益，旺姆，等. 2005. 西藏主要农区农田土壤肥力状况研究 [J]. 土壤，37 (5)：523-529.

第三章 水稻专用复混肥料农艺配方

第一节 我国水稻的分布与区划

一、我国水稻生产概况

我国是世界上种植水稻历史最悠久的国家，稻作历史约有7 000年，是世界栽培稻起源地之一。在距今4 200余年时，水稻已从湖北向北推进到河南淅川；商周时期是北方种稻的早期阶段；战国时期，进入了精耕细作阶段；唐朝水稻品种已经形成了早、中、晚稻各种生育类型；到宋代，福建、广东的早、晚稻两熟（间作及连作）已较普遍，甚至出现水稻一年三种三收，江浙一带形成稻麦两熟；唐、宋600多年间，江南就一直是全国水稻生产的中心地区，太湖流域成了最大的稻谷生产基地；明清时期稻麦两熟制已遍及整个长江流域和华南沿海一带，除两季间作或连作稻外，明朝已出现小麦—水稻—水稻一年三熟的种植制度。我国水稻的类型和品种极其丰富，据不完全统计，全国地方品种多达4万余种，分布的地域广阔，南起海南岛的崖县（北纬18°9′），北到黑龙江漠河（北纬53°36′），东自台湾，西达新疆，横跨55个经度；低自东南沿海的湖田，高抵西南高原的山田，地势相差超过2 600m。水稻栽培地区的气候类型包括了热带、亚热带、温带和寒温带。

水稻是我国主要的粮食作物之一。据统计，2011年我国水稻播种面积为3 005.7万hm²（表3-1-1、表3-1-2），占全国粮食作物播种面积的27.2%；总产量为20 100.1万t，占全国粮食总产量的35.2%，占谷物总产量的38.7%，居粮食作物首位（表3-1-3）。除青海省外，全国其他各省份均有种植，面积较大的省份有湖南、江西、黑龙江、江苏、安徽、广西、四川、湖北、广东，其次为云南、浙江、福建、重庆、贵州、吉林、辽宁、河南，再次为海南、山东、山西、上海、内蒙古、宁夏、河北，新疆、天津、甘肃、山西、西藏、北京种植面积较小。

表 3-1-1　2008—2011 年全国各省（自治区、直辖市）水稻播种面积（万 hm²）

省（自治区、直辖市）	2008 年	2009 年	2010 年	2011 年	省（自治区、直辖市）	2008 年	2009 年	2010 年	2011 年
北京	0.04	0.04	0.03	0.02	湖北	197.89	204.51	203.82	203.62
天津	1.5	1.6	1.58	1.42	湖南	393.2	404.72	403.05	406.63
河北	8.15	8.51	7.97	8.3	广东	194.69	195.97	195.27	194.09
内蒙古	9.79	10.18	9.22	9	广西	211.92	212.5	209.44	207.85
山西	0.11	0.11	0.1	0.1	海南	31	31.77	32.43	31.86
辽宁	65.87	65.67	67.75	65.96	重庆	67.35	68.2	68.39	68.65
吉林	65.87	66.04	67.35	69.12	四川	203.59	202.71	200.45	200.79

（续）

省（自治区、直辖市）	2008 年	2009 年	2010 年	2011 年	省（自治区、直辖市）	2008 年	2009 年	2010 年	2011 年
黑龙江	239.07	246.08	276.88	294.56	贵州	69.11	69.82	69.58	68.15
上海	10.86	10.85	10.85	10.61	云南	101.75	103.98	102.1	107.35
江苏省	223.26	223.32	223.42	224.86	河南	60.47	61.13	62.8	63.8
浙江	93.75	93.87	92.32	89.48	陕西	12.46	12.53	12.16	12.09
安徽	221.89	224.69	224.54	223.08	甘肃	0.55	0.57	0.58	0
福建	86.12	86.46	85.48	84.53	青海	0	0	0	0
江西	325.55	328.21	331.84	331.77	山东	13.07	13.46	12.82	12.45
宁夏	8.03	7.82	8.32	8.39	新疆	7.08	7.25	6.69	7.06
西藏	0.1	0.1	0.1	0.1	全国	2 924.11	2 962.69	2 987.34	3 005.7

注：数据引自国家统计局网站（http：//www.stats.gov.cn/tjsj）。

表 3-1-2　2008—2011 年中国各省（自治区、直辖市）4 年平均粮食及稻谷播种面积

地区	粮食作物播种面积（万 hm²）	水稻播种面积（万 hm²）	水稻播种面积占粮食播种面积（%）	地区	粮食作物播种面积（万 hm²）	水稻播种面积（万 hm²）	水稻播种面积占粮食播种面积（%）
全国	10 905.69	2 969.96	27.23	河南	972.09	62.05	6.38
北京	22.14	0.03	0.15	湖北	402.74	202.46	50.27
天津	30.57	1.53	4.99	湖南	476.92	401.9	84.27
河北	623.57	8.23	1.32	广东	252.52	195.01	77.22
山西	319.63	0.11	0.03	广西	304.36	210.43	69.14
内蒙古	543.47	9.55	1.76	海南	42.99	31.77	73.89
辽宁	312.73	66.31	21.2	重庆	223.71	68.15	30.46
吉林	446.41	67.1	15.03	四川	642.32	201.89	31.43
黑龙江	1 133.44	264.15	23.3	贵州	299.99	69.17	23.06
上海	18.33	10.79	58.87	云南	422.43	103.8	24.57
江苏	528.52	223.72	42.33	西藏	17.01	0.1	0.59
浙江	127.29	92.36	72.55	陕西	313.87	12.31	3.92
安徽	660.12	223.55	33.87	甘肃	276.41	0.43	0.15
福建	122.51	85.65	69.91	青海	27.54	0	0
江西	361.8	329.34	91.03	宁夏	83.74	8.14	9.72
山东	705.41	12.95	1.84	新疆	191.15	7.02	3.67

注：数据引自国家统计局网址（http：//www.stats.gov.cn/tjsj）。

表 3-1-3　2000—2011 年我国主要农产品产量（万 t）

年份	粮食总产	谷物				豆类	薯类
		总产	稻谷	小麦	玉米		
2000	46 217.5	40 522.4	18 790.8	9 963.6	10 600.0	2 010.0	3 685.2
2001	45 263.7	39 648.2	17 758.0	9 387.3	11 408.8	2 052.8	3 563.1
2002	45 705.8	39 798.7	17 453.9	9 029.0	12 130.8	2 241.2	3 665.9
2003	43 069.5	37 428.7	16 065.6	8 648.8	11 583.0	2 127.5	3 513.3
2004	46 947.0	41 157.2	17 908.8	9 195.2	13 028.7	2 232.1	3 557.7
2005	48 402.2	42 776.0	18 058.8	9 744.5	13 936.5	2 157.7	3 468.5

（续）

年份	粮食总产	谷物				豆类	薯类
		总产	稻谷	小麦	玉米		
2006	49 747.9	44 237.3	18 257.2	10 446.7	14 548.2	2 104.5	3 406.1
2007	50 160.3	45 632.4	18 603.4	10 929.8	15 230.0	1 720.1	2 807.8
2008	52 870.9	47 847.4	19 189.6	11 246.4	16 591.4	2 043.3	2 980.2
2009	53 082.1	48 156.3	19 510.3	11 511.5	16 397.4	1 930.3	2 995.5
2010	54 647.7	49 637.1	19 576.1	11 518.1	17 724.5	1 896.5	3 114.1
2011	57 120.8	51 939.4	20 100.1	11 740.1	19 278.1	1 908.4	3 273.1

注：数据引自国家统计局网站（http://www.stats.gov.cn/tjsj）。

二、全国水稻区划

（一）水稻区划研究概况

为了因地制宜地进行水稻生产和科研工作，合理安排水稻布局和结构，需要对水稻种植区域进行科学的划分。20 世纪 40 年代，卜慕华曾对我国西南稻区进行过水稻区划研究。50 年代，在综合全国自然区划工作的基础上，丁颖根据全国水稻种植区域的自然条件、品种类型分布、栽培制度特点，划分为 6 个稻作带，分别为：华南双季稻作带，华中双单季稻作带，华北单季稻作带，东北早熟稻作带，西北干燥区稻作带和西南高原稻作带。实践表明，这种分区基本符合我国水稻种植实际情况，但由于当时缺乏有关农业气候资源和社会经济条件的分析资料，各稻作带的具体边界线（保持县界完整）未能划定。80～90 年代，高亮之、崔读昌等对水稻产区生态区划进行了研究，邹江石等对各稻作带补充了不少新的资料（梁光商，1983；中国农业科学院《中国农作物种植区划论文集》编写组，1987）。一些主要产稻省（自治区、直辖市）也在进行水稻区划研究。

目前大多数意见认为仍应保持 6 个稻作带的划分（中国水稻研究所，1989），也有少数意见认为华中稻作带范围太广，从东海之滨到成都平原，占全国稻作面积的 2/3，自然生态和社会经济条件、稻作特点都有明显的地域性差异，因此应做适当调整，这就需要进行大量深入细致的工作（农业部种植业管理司等，2002）。我们根据水稻种植区域的自然生态因素和社会、经济、技术条件、各省（自治区、直辖市）水稻种植面积，以及水稻播种面积占粮食作物播种面积的比例，在保证省（自治区、直辖市）域完整性的条件下，将中国稻区划分为 6 个稻作区，分别为：华南双季稻稻作区、华中双单季稻稻作区、西南高原单双季稻稻作区、华北单季稻稻作区、东北早熟单季稻稻作区、西北干燥区单季稻稻作区。由于华中双单季稻稻作区范围较大，将其划分为 3 个亚区。南方 3 个稻作区的水稻播种面积占我国水稻总播种面积的 82.5% 左右，稻作区内具有明显的地域性差异；北方 3 个稻作区的水稻播种面积虽占全国水稻播种面积的 17.5% 左右，但稻作区跨度很大。

稻作区分区的命名中，一级区首先应反映地理位置，个别区体现特殊气候和地貌特征，并重点反映稻作熟制的主次，亚区（二级区）则首先重点反映地理位置、稻区分布的地貌特征。

（二）中国水稻种植区划各分区简介

1. 华南双季稻稻作区　本区位于南岭以南，主要包括广东、广西、海南、台湾（资料暂缺）4 个省、自治区。耕地面积 777.6 万 hm^2，农作物播种面积 1 117.6 万 hm^2，粮食播种面积 599.9 万 hm^2。水稻播种面积 437.2 万 hm^2，占全国水稻播种面积的 14.7%，占本稻作区农作物播种面积的 39.1%，占本稻作区粮食播种面积的 72.9%。（以上数据由 2008—2011 年平均数据计算，其他稻作区及亚区皆同。）

本区稻田种植制度为以双季稻为主的一年多熟制，双季稻占稻田面积的 73.5%，实行水稻与甘蔗、花生、薯类、豆类、烟叶等夏秋季作物当年或隔年水旱轮作；部分热带气候特征明显的地方，实行双季稻与甘薯、大豆等旱作物轮作，稻田复种指数较高。

2. 华中双单季稻稻作区　本区东起东海之滨，西至成都平原西缘，南接南岭山脉，北毗秦岭、淮河，主要包括江苏、上海、浙江、福建、安徽、江西、湖南、湖北、四川、重庆 10 个省、直辖市。耕地 3 345.3 万 hm^2，农作物播种面积 5 573.2 万 hm^2，粮食播种面积 3 564.2 万 hm^2，水稻播种面积 1 839.8 万 hm^2，占全国水稻播种面积的 61.9%。本区内的太湖平原、里下河平原、皖中平原、鄱阳湖平原、洞庭湖平原、江汉平原等，历来都是我国著名的稻米产区。

本区双季稻三熟制和单季稻两熟制并存，种植双季稻和种植一季早、中、晚稻的比例约 4∶6，长江以南多为一年三熟（或两熟）制，浙江、江西、湖南 3 省双季稻面积占水稻播种面积的 80%～90%；长江以北多为一年两熟或两年五熟制，双季稻面积比例较小，且近年来趋下降。本区分为长江中下游平原双单季稻亚区、四川盆地单季稻两熟亚区、江南丘陵平原双季稻亚区 3 个亚区。

（1）长江中下游平原双单季稻亚区。本亚区主要包括江苏、安徽、湖北、上海 4 个省、直辖市。本亚区中南部属亚热带，气候适宜，水面广阔，土壤肥沃，人多地少，产业多样，物产丰富，城镇密集，商品经济十分活跃，是我国农业的精华地区之一。本亚区耕地面积 1 540.2 万 hm^2，农作物播种面积 2 471.5 万 hm^2，粮食播种面积 1 609.7 万 hm^2，水稻播种面积 660.5 万 hm^2，占本亚区耕地面积的 42.9%，占本亚区农作物播种面积的 26.7%，占本亚区粮食播种面积的 41.0%，占本稻作区水稻播种面积的 35.9%。

本亚区具有以下特点：一是春季气温回升时间晚、速度也较慢，且伴有较多降水，往往导致早稻烂秧死苗；二是发展双季稻的热量虽不足，但城镇多、工业发达，水利设施与肥料、机械等条件较好。因此，双季稻面积仍较大，产量较高；三是秋季降温较慢，且日照条件好，如江淮地区秋季少雨，有利于单季中稻和晚粳稻灌浆成熟；四是双季早稻稳产、高产，显著优于晚稻（连作晚稻扩种杂交稻后，差距有所缩小）；五是土壤多为黄泥土、乌山土、青泥土等长期灌溉耕作演变形成的鳝血型水稻土（占 60%），丘陵多为红壤土水稻土，次生潜育化较重。

本亚区发展双季稻的热量条件虽逊于江南丘陵亚区，但温度、光照、水分等因子配合较好，劳动力充裕，田间耕作集约精细，并依托大、中城市的支撑，化肥、农机、农药等农用物资供应充足和方便，使目前双季稻比例一般占稻田的 40%～60%，长江以南部分平原高达 80% 以上。亚区南部稻田复种，基本上以双季稻为主，多数实行冬季粮、油、肥作物轮作搭配夏秋季双季稻的复种轮作制，中北部多数实行冬作物—单季稻一年两熟制。

（2）四川盆地单季稻两熟亚区。本亚区以四川盆地、成都平原为主体，北靠秦岭，南及大娄山，西至成都平原西缘，东至鄂西山地。主要包括四川省和重庆市。本亚区耕地面积818.3万 hm²，农作物播种面积1 281.4万 hm²，粮食播种面积866万 hm²，水稻播种面积270万 hm²，占本亚区耕地面积的33.0%，占本亚区农作物播种面积的21.1%，占本亚区粮食播种面积的31.2%，占本稻作区水稻播种面积的14.7%。

由于盆地北缘有秦岭、大巴山（海拔1 500～2 200m）两道屏障阻隔，构成了本亚区特殊的农业气候：一是四川盆地的日照和辐射量明显少于长江中下游地区，是全国最低值地区。二是春季气温回升早，3月中下旬四川盆地日均温一般均已回升到12℃以上，水稻安全播种期比华中双单季稻稻作区其他两亚区早15～30d；夏季长，气温高，如重庆的日最高气温、炎热天数、持续时间都超过纬度相近的武汉、杭州；秋季气温下降时间早、速度快，水稻安全齐穗期要比其他两亚区早10～20d。三是四川盆地东南部春季干旱，夏季酷热干旱（伏旱），秋季低温阴雨、寡照，水稻生长季短，这些因素有碍双季稻的发展。四是稻田土壤多为丘陵紫色砂岩形成的紫色土和河谷紫棕色潮土，成都平原多为冲积性灰潮土，盆地内降水季节性强，水利条件差，有效灌溉面积小，因此，靠自然降水或简易设施灌溉的冬水田面积很大，形成了全国最多的冬水田地带，构成了本亚区独特的稻田类型。

本亚区南部的长江河谷坝地以及岷江、沱江、嘉陵江下游的河谷坝地，≥10℃积温可达5 500～6 000℃，因此，在水利条件有保障的地方，都能种植双季稻或双季稻三熟，其余地区稻田种植制度比较单一，以单季中稻为主。单季中稻和晚稻占水稻播种面积的93.1%，推行小麦—水稻、油菜—水稻等一年两熟或一年一熟制。

（3）江南丘陵平原双季稻亚区。本亚区位于本稻作区东南，南岭山脉以北，鄂西、湘西山地东坡至东海之滨，包括湖南、江西、浙江、福建4个省。本亚区耕地面积986.8万 hm²，农作物播种面积1 820.4万 hm²，粮食播种面积1 088.5万 hm²，水稻播种面积909.2万 hm²，占本亚区耕地面积的92.1%，占本亚区农作物播种面积的49.9%，占本亚区粮食播种面积的83.5%，占本稻作区水稻播种面积的49.4%。

境内的武夷山、罗霄山、南岭等山脉以及云贵高原向东南延伸的余脉，纵穿横贯，山峦耸立。海拔1 000m 以下的地段是谷川相隔、延绵起伏的低山丘陵，土壤分布由北至南是以红黄壤为主体的紫棕壤→红黄壤→赤红壤→砖红壤，稻田土壤是由此发育成的冲积潮土和水稻土。稻田间隔的旱地（丘陵）部分，土壤往往呈酸、瘠、干、黏、硬状态，流失严重，素有"红色不毛之地"之称。稻田分布在湖泊平原、川道坝地和数以千万计的丘陵谷地，还有部分山岭岗地、垄地、台地。多数水稻土具有"爽而不漏、深而不陷、肥而不腻"的特点，但不少丘陵低山区由于水源短缺、水利设施差、漫灌和串灌的坡田多、肥力流失、有机质贫乏、耕性差、耕作制不合理等原因，常发生旱害、渍害、瘠害、缺素、病害，阻碍稻谷产量进一步提高。

本亚区平原一般为冬作物—双季稻三熟，尤以绿肥—水稻—水稻、油菜—水稻—水稻复种方式为多，小麦—水稻—水稻次之。丘陵以冬闲田—水稻—水稻两熟居多，搭配部分三熟和冬作物—水稻两熟制。

3. 西南高原单双季稻稻作区　本区位于云贵高原和青藏高原，稻田分布在海拔2 400m 以下的河谷地带，主要包括贵州、云南、西藏、青海4个省（自治区）。其中青藏高原海拔较高，区内水稻仅有零星种植，本区水稻种植主要以云南、贵州两省为主。区内耕地面积

1146.2万 hm²，农作物播种面积1197.3万 hm²，粮食播种面积767万 hm²。水稻播种面积173.1万 hm²，占全国水稻播种面积的5.8%，占本稻作区农作物播种面积的14.5%，占本稻作区粮食播种面积的22.6%。

水稻种植制度以单季稻为主，陆稻有一定面积，稻种资源丰富是本区的特色。海拔1 800m 以上多种粳稻，1 000m 以下则为籼稻种植区。水稻病虫种类多、危害较重，构成了本稻作区不同于其他稻作区的生产特点。

4. 华北单季稻稻作区 本区位于秦岭、淮河以北，长城以南，关中平原以东。主要包括北京市、天津市、山东省、河北省、河南省和山西省。耕地面积2 648.8万 hm²，农作物播种面积3 826.2万 hm²，粮食播种面积2 673.4万 hm²。水稻播种面积84.9万 hm²，占全国水稻播种面积的2.9%，占本稻作区农作物播种面积的2.2%，占本稻作区粮食播种面积的3.2%。

本稻作区农业历史悠久，土地开垦程度高，拥有全国最大的冲积平原，平原占土地面积3/4以上，土地资源丰富，且地势平坦。然而，本区自然灾害较为频繁，水稻生育后期易受低温危害，且水源不足，盐碱地面积大，是发展水稻的不利因素。本区水稻在粮食生产中所占比例不大，稻田主要分布在平原的低洼地区、沿河滨海地带以及灌溉条件好的城镇郊区。改善生产条件特别是水利条件，从根本上解决水的供应问题，是本区发展水稻的首要保证。

本区种植制度由北向南有所变化。北部海河、北京、天津稻区一季稻多于稻麦两熟，黄淮区生长季长，麦稻两熟多于一季稻，水稻品种以中粳稻为主，生产上突出的矛盾是春旱，春季育秧特别是插秧用水往往严重紧缺，而且年际降水量变化较大，常因等水迟插而导致减产。

5. 东北早熟单季稻稻作区 本区位于辽东半岛和长城以北，大兴安岭以东，北部、东北部与俄罗斯接壤，东南部与朝鲜交界。主要包括黑龙江、吉林、辽宁3省，是我国纬度最高的稻作区域，我国种植水稻的北限漠河就在本稻作区的最北端。本区耕地面积2 145万 hm²，农作物播种面积2 124.3万 hm²，粮食播种面积1 892.6万 hm²。水稻播种面积397.6万 hm²，占全国水稻播种面积的13.4%，占本稻作区农作物播种面积的18.7%，占本稻作区粮食播种面积的21.0%。本区西、北、东三面环山，中西部和东北部为大平原，地势平坦开阔，水资源丰富，土层深厚，土壤肥沃，有利于机耕，是我国重要的商品粮生产基地。同南方各稻作区相比，本区稻作历史较短，水稻产区主要分布于：辽宁省的辽河三角洲、中部平原和东南沿海平原；吉林省的松花江平原，东部、南部地区和东辽河平原；黑龙江省的松花江中、下游平原，牡丹江半山区和铁延山边地区。

东北平原地势平坦，土壤肥沃，适于发展稻田机械化。种植制度均为一年一季栽培，品种为特早熟早粳稻。本区西部地区水分不足是限制水稻生产的主要因子。东部地区主要受低温冷害影响，延迟型冷害的概率为全国最高，因此要正确选用适宜品种，采取一切措施促进早熟。

6. 西北干燥区单季稻稻作区 本区位于大兴安岭以西，长城、祁连山与青藏高原以北，主要包括新疆、宁夏、甘肃、内蒙古、陕西省5省（自治区）。耕地面积2 108.8万 hm²，农作物播种面积2 108.1万 hm²，粮食播种面积1 408.6万 hm²，水稻播种面积37.4万 hm²，占全国水稻播种面积的1.3%，占本稻作区农作物播种面积的1.8%，占本稻作区粮食播种面积的2.7%。本区地域辽阔，地貌、地形复杂，地势较高，境内遍布山地、高原、丘陵和沙漠，山地之间分布着盆地和平原，这些盆地和平原是重要的粮食生产基地。

本区种植制度基本为一年一熟栽培制，品种为早熟或中熟耐旱粳稻，产量较高。不利的条件是开花灌浆期常有低温冷害。

第二节　不同水稻生态区气候特征

一、水稻生态区气候条件概述

我国是典型的季风气候，冬季盛行极地气团或冰洋气团，夏季盛行热带气团和赤道气团，春、秋则是冬季气候的转换季节，冬半年内蒙古高压产生的寒冷气候控制我国大部分地区，气温低冷是限制我国水稻生长季长短的主要因素。夏半年我国东南部广大地区为暖湿气团所控制，高温多湿，对水稻生产有利，但盛夏时节，在副热高压控制下，高温而降水偏少，高温下蒸发和蒸腾作用旺盛，常形成伏旱。

1. 光照、热量条件　在我国水稻生长季节内，南方地区太阳高度角大，光合有效辐射总量多，但因为多阴雨天气，因此，其强度并不太大；北方地区情况相反，太阳高度角虽较小，光合有效辐射总量亦较少，但阴雨天气少，日照时数长，光合有效辐射强度比南方地区明显偏高。南、北方稻区在光照条件上各有优劣，利用北方稻区的优势，可适当增加种植密度，表现为通过提高光能利用率以提高单产；南方稻区则提高水稻复种指数，充分利用光能资源以提高总产。

热量条件是发展水稻生产的基本条件之一。我国稻区热量资源丰富，可以说没有绝对的限制，即使在北纬53°的黑龙江漠河和海拔2 600m的云贵高原上，都可种植水稻。在我国南方稻区内有双季稻和三季稻的多熟稻种植制度，虽然南、北方热量条件差异大，生长季节悬殊（例如，东北地区生长季最短，仅有110d左右，而华南稻区可长达250d以上），但在水稻生长的季节内南、北各地平均温度差异不大，北方稻区最低，平均为18～22℃，华南稻区最高，平均为23～25℃。全国稻区内最热月平均温度都在20℃以上，完全能满足水稻生育期中生殖生长期对温度的要求。

由于南、北各地水稻生长季长短差异较大，所以各地稻作制度明显有别。总体来说，东北、西北稻区为一年一熟制；华北和西南云贵高原为一年一熟和稻麦两熟过渡带；长江流域以北地区以稻麦两熟为主；长江以南地区则多为双季稻两熟和双季稻-油菜三熟制；海南岛的南部地区，因为1月平均气温大于20℃，一年可种三季连作稻。

2. 水分条件　总的来说，我国水稻生长季节正是全年降水量集中的季节，对水稻生长发育极为有利。全国等雨量线大致是由东北向西南，降水量从东南向西北逐渐减少，南、北方之间以秦岭—淮河为界，其南部地区年降水量在1 000mm以上，以北地区则在1 000mm以下，东北地区年降水量只有300～700mm，西北地区则在350mm以下。东北地区虽然年降水量低，其某些地区由于生长季节短，相对湿度较大，稻田蒸腾量较小，所以并不显示水分缺乏。一个地区的降水量与稻田蒸腾量的差值，实际上反映出稻田水分供求的矛盾。当差值为正时，表明降水量丰沛，基本上能够满足栽培水稻的需要；当差值为负时，则必须有灌溉条件，补充降水的不足，才能满足水稻的生长要求。根据气候资料的分析，秦岭—淮河一线正好是其正、负值的转换分界线，该线以南地区为正值，以北地区为负值，这就是南、北方的分界线，也是我国南、北方稻区水分供应条件差异的分界线。

二、水稻区划气候指标

1. 热量指标　我国水稻栽培的历史实践经验及近代农业气象试验资料表明（龚绍先，1988）：10℃和12℃分别是粳稻和籼稻生长的下限温度；一般来说，20℃和22℃分别是粳稻和籼稻抽穗、扬花的下限温度，但在高原气候条件下，由于温度的日较差大，所以平均温度只要在18℃以上即可抽穗、扬花、安全齐穗。

对于任一个地区来说，如果同时满足安全播种期和安全齐穗期指标，该地区从热量条件上看，即为水稻的可能种植区。在我国的具体条件下，除青藏高原和一些高山地区由于低温持续时间长，水稻生长季节太短（生长季一般最短要求在100d），因而不能种植水稻外，单从热量条件分析，我国不存在限制种植水稻的北界。但在种植高度上有一个限制，一般水稻分布不超过2 600m的上界。

2. 水分指标　水稻区划中使用的水分指标，一般取生长季内降水量的大小。但是，它只表明水稻生长季内水分平衡项中主要吸入项，而不能反映出其中的支出项，因此不够全面。为了弥补这方面的不足，现在农业气象研究工作者都倾向用水稻生长季内稻田蒸腾量和同期降水量之比即干燥度来表示水分指标。根据 Stenz 的定义（龚绍先，1988），稻田干燥度（AIR）的计算公式如下：

$$AIR = \frac{ET}{P}$$

式中，ET 为水稻生长季内实际总蒸腾量（mm）；P 为同期降水量（mm）。

根据干燥度，全国稻区可分为3个不同湿润状况地带：长江中下游以南地区（包括云贵高原以东地区），年降水量1 000mm以下，水分条件基本上满足水稻生长的要求，栽插水稻的面积很大；东北松辽平原以及华北平原，年降水量500～800mm，没有水分的补给，靠天然降水，难以大量发展大面积的水稻种植，只能在局部有灌溉条件的地区发展水稻的种植；东北及华北西部以及西北广大地区年降水量在400mm以下，种植水稻完全受到水分条件的限制，稻田只在良好灌溉内零星散布。

3. 水稻生长季节与稻作布局指标　各地水稻生长季节的长短是由安全播种期和安全齐穗期以及抽穗至成熟累加的总天数所决定的。不同水稻熟制的布局指标，除了考虑不同茬口生长季的长短，还要计算第二季水稻秧龄和两季稻之间收获和栽插的农事操作（即收获前茬稻、栽插后茬稻的所谓"双抢"）天数。

不同稻作布局则有不同的安排方式，所有不同的安排都遵守一个原则，即复种的生长季节与当地气候条件的适应性，有些学者称之为稻作制度的气候保证率。实际上这种保证率和农业技术水平以及劳动力等社会因素密切相关。因此在研究水稻区划时必须破除区界不变的概念，而应研究其相对稳定性。但是应注意的是，任何界线的变动，都必须注意到该稻作布局下生长季的长短与当地气候的适应性。

三、不同水稻生态区气候特征

1. 华南双季稻稻作区　本区水、热资源最为丰富，≥10℃积温5 800～9 300℃；日较差小，为5.4～8.1℃；水稻生长季260～365d，为全国最长；生长季节日照时数1 000～1 800h，年太阳总辐射量376.6～502.1kJ/cm²；生长季降水量700～2 000mm。水稻安全播种期，籼稻在2月中旬至3月中旬，粳稻在2月上旬至3月上旬；水稻安全齐穗期，籼稻在9月下旬至10月中旬，粳稻在10月上旬至10月底，海南岛部分地区更迟。以上这些气候因素都因地域位置、海拔高度、地形地貌等因素而有较大差异，如海拔高的丘陵山地，水稻安全播种期推迟5～10d，齐穗期提早5～10d，水稻生长季缩短15～20d。

2. 华中双单季稻稻作区 本区属亚热带温暖湿润季风气候，水稻生长季210～260d，≥10℃积温4 500～6 500℃，丘陵山地垂直高度气温变化明显，海拔每升高100m，年积温减少100℃左右。水稻安全播种期，粳稻在3月中旬至4月上旬，籼稻在3月下旬至4月中旬；水稻安全齐穗期，籼稻在9月初至9月下旬，粳稻在9月中旬至10月上旬，年际变化在30d以上。水稻生长季中，降水量700～1 800 mm，日照时数700～1 500h，太阳总辐射量167.4～376.6kJ/cm²。温度、光照、水分等气候资源因地理、地形、地势等条件不同而千差万别，形成十分明显的农业气候地域差异。长江流域降水量丰沛，有利于水稻栽插，但阴雨天较多，常伴有低温，春季低温影响育秧，梅雨低温影响早稻孕穗。夏季多伏旱高温，易造成早稻高温逼熟，不利于中稻抽穗扬花和后季稻栽插返青。沿海地区夏季多台风，危害水稻等作物生产，但有利于解除伏旱。秋季低温影响后季稻抽穗开花，这就是秋季低温冷害，亦称为寒露风。

（1）长江中下游平原双单季稻亚区。本亚区≥10℃积温4 500～5 500℃，除长江以南部分的平原、盆地、丘陵河谷的积温偏高外，其余均为水稻一季有余、两季不足的地区，双季连作稻的季节矛盾较大。水稻安全生育期，籼稻159～170d，≥10℃积温3 600～4 000℃，粳稻170～185d，≥10℃积温3 900～4 500℃；水稻安全播种期，粳稻在3月底至4月上旬，籼稻在4月上中旬；水稻安全齐穗期，籼稻在9月上中旬，粳稻在9月中下旬。气温变化四季分明，夏季炎热，局部地区极端最高气温可达40℃以上，且持续时间长，如南京、武汉都以"长江火炉"著称；秋季多晴热天气，特别是在9月下旬至10月下旬，常有一段气温明显回升的过程，对晚稻生育有利。在水稻生长季中，降水量700～1 300mm，分布趋势南部多于北部，黄山、大别山、幕阜山和鄂西南山地，是本亚区的多雨区。春雨较多，常伴随低温，导致早稻烂秧死苗。春夏之交多锋面雨，俗称"梅雨"，降水面大、时间长、阴雨寡照。夏秋两季交接期，时有台风暴雨侵袭，降水量集中，有时造成平原低洼地区涝害。水稻生长季中，日照时数1 300～1 500h，年太阳总辐射量334.7～376.6kJ/cm²，这两项均高于四川盆地亚区50%至1倍。

（2）四川盆地单季稻两熟亚区。本亚区≥10℃积温4 500～6 000℃；水稻安全生育期，籼稻156～198d，≥10℃积温3 400～4 700℃，粳稻166～203d，≥10℃积温3 600～4 900℃；水稻安全播种期，粳稻在3月中旬至4月初，籼稻在3月下旬至4月上旬；水稻安全齐穗期，籼稻在9月上中旬，粳稻在9月中下旬。水稻生长季中，降水量为800～1 600mm，日照时数700～1 000h，年太阳总辐射量209.2～292.9kJ/cm²。

（3）江南丘陵平原双季稻亚区。本亚区≥10℃积温5 300～6 500℃；水稻安全生育期，粳稻176～212d，≥10℃积温4 300～5 300℃，粳稻206～220d，≥10℃积温4 700～5 400℃；水稻安全播种期，粳稻在3月中下旬，籼稻在3月下旬至4月上旬；水稻安全齐穗期，籼稻在9月中下旬，粳稻在9月下旬至10月上旬。由于热量条件好，水稻生长季长，光照、温度、水分配合协调，因此，除少数海拔较高的山区外，一般均宜于发展双季稻，其面积占水稻田的比例显著高于长江中下游亚区。水稻生长季内，降水量900～1 500mm，武夷山等山系的迎风坡降水量明显较多，日照时数1 200～1 400h，年太阳总辐射量334.7～376.6kJ/cm²。春夏季来自太平洋的季风较强盛，气候温和，具有优越的农业气候条件，对水稻生长有利。不利的是，本亚区在6月梅雨季后，常常自南至北先后出现伏旱，伏旱圈大至北纬25°以北、32°以南地区，伏旱强度一般在降水量与蒸发量差值−100mm以上，金华、南昌、长沙等地可达200mm以上。伏旱时间过长年份，常使水源枯竭，导致晚稻栽插困难，且往往出现多晴热天气，气温陡升，造成迟熟早稻高温逼熟，影响严重。更有甚者，伏旱有时还会接着秋旱，对晚稻也造成危害。

3. 西南高原单双季稻稻作区　本稻作区受印度洋季风和太平洋季风的影响，属亚热带高原型湿润季风气候。山体海拔高，江川深，短距离内地势高低悬殊，气候垂直差异明显，具有类型多样，雨季、旱季分明，昼夜温差大等高原农业气候特点。≥10℃积温2 900～8 000℃，农业立体性强，水稻垂直带差异明显，水稻安全生育期180～260d。安全播种期，籼稻在4月中下旬，粳稻在3月底至4月初；安全齐穗期，籼稻在8月下旬至9月上旬，粳稻在9月上旬至中旬。这两个"安全期"因海拔、地势、坡降等的不同而有较大的差异。水稻生长季降水量500～1 400mm，日照时数800～1 500h，年太阳总辐射量292.9～460.2kJ/cm²。稻田在山间盆地、坝地、梯地、垄脊都有分布，海拔差异很大，高至2 700m，低至160m。

4. 华北单季稻稻作区　本区属暖温带半湿润季风气候，年平均气温11～15℃，无霜期170～230d，≥10℃积温4 000～5 000℃，年日照时数2 000～3 000h，年太阳总辐射量460.2～564.8kJ/cm²，光照、热量条件好，有利于发展水稻生产。年降水量580～1 000mm，降水量年际间和季节间分配不匀，冬、春季干旱，夏、秋季降水多而集中，适宜发展小麦—水稻两熟。由于总降水量不足，要注意节水种稻，近几年水稻旱种发展很快。

5. 东北早熟单季稻稻作区　本区属寒温带—暖温带、湿润—半干旱季风气候，年平均气温2～10℃，无霜期90～200d，≥10℃积温2 000～3 700℃，年太阳总辐射量418.4～610.9kJ/cm²，年日照时数2 200～3 100h，年降水量350～1 100mm。夏季温热湿润，冬季酷寒漫长；光照充足，无霜期短，生长季节短促；昼夜温差较大；北部、中部每3～5年发生一次低温冷害，南部山地丘陵也时常遭冷害，致使秋季作物贪青晚熟；降水分配不匀，降水量集中在6～8月，10年中有9年春旱，夏秋季多雨年份又常发生内涝，使粮食大幅度减产；黑龙江、吉林西部，大兴安岭东麓部分地区风沙、干旱、盐碱较为严重。

6. 西北干燥区单季稻稻作区　本区东部属温带半湿润—半干旱季风气候，西部属温带—暖温带大陆性干旱气候，无霜期100～230d，≥10℃积温2 000～4 250℃，年日照时数2 500～3 400h，年太阳总辐射量543.9～627.6kJ/cm²，年降水量50～600mm。大部分地区气候干旱，晴天多，太阳辐射强，光能资源丰富，热量条件好，温度变化剧烈，气温日较差大，降水量少，蒸发量大，东部地区水土流失十分严重，土壤贫瘠，西部地区土壤盐碱化普遍，依靠高山雪水或黄河河水进行灌溉。本区水稻主要产区在新疆的天山北坡及伊犁河谷、天山南坡、喀什三角洲和昆仑山北坡，宁夏黄河两岸平原，以及山西晋中地区。在新疆生产建设兵团和宁夏的国有农场，水稻种植占有较大比例。

本区水稻生长季短，为130～180d，黄河灌区130～140d，黄土高原为140～160d，北疆120～160d，南疆可达160～180d。≥10℃积温2 200～4 000℃。由于水稻生长季在本区内差别较大，虽然都属单季稻区，但品种类型多种多样。区内光合辐射强度为全国稻区内最高，单季稻光合生产力也最高，水分和温度都是水稻生产的限制因子。生长季内降水量在全国最少，水稻主要靠高山雪水、泉水和河流（黄河）渠道灌溉。本区种植水稻要掌握气候规律，严格控制栽培季节，选用适宜品种，防御抽穗开花期低温冷害。

第三节　不同生态区稻田土壤肥力特征

中国土壤类型丰富，除极地苔原土、热带黑土、荒漠土外，世界上的主要土壤类型在我国都有分布，并且我国还有特色的紫色土、黑垆土等。尽管我国土壤类型多样，但土壤的形成发育从华南、东北至西北有着规律性的变化。土壤类型从低纬度向高纬度的变化，大致表现为砖红壤→赤红壤→红壤、黄壤→黄棕壤→棕壤、褐土→暗棕壤→漂灰土。在不同的水稻种植生态区内，包含了不同的土壤类型，不同的土壤类型也可以分布在多个生态区内，因此，不同的生态区都具有不同的土壤养分特征（沈善敏，1998）。本节在"配方肥料生产机配套施用技术体系研究（2008BAD10B08）"课题组"十一五"期间对全国15个省、自治区、直辖市的土壤养分调查基础上，总结各生态区的土壤肥力特征如下。

一、华南双季稻稻作区

本区稻田土壤多为冲积土和地带性的红壤、黄壤等及经长期耕作发育而成的各类水稻土，稻田的潜在生产力全国最高。本区土壤养分特征以广东省为例，根据广东省农业科学院土壤肥料研究所2009—2010年稻田土壤调查结果和该区域部分县土壤耕地质量评价结果（表3-3-1），全省水稻土有机质平均含量为26.5 g/kg，总体处于中等水平，较第二次土壤普查的24.5 g/kg提高了8.2%；土壤全氮含量平均为1.37 g/kg，较第二次土壤普查的1.30 g/kg提高了5.4%；土壤有效磷含量平均34.25 mg/kg，第二次土壤普查为15.3 mg/kg，相对提高123.86%，有效磷含量较第二次土壤普查有较大幅度提升，总体处于丰富水平；土壤速效钾含量平均为93.12 mg/kg，第二次土壤普查为73.9 mg/kg，相对提高26.01%；土壤交换性钙、镁含量平均为700.6 mg/kg、58.3 mg/kg，有效硫含量为18.3 mg/kg；有效铁、有效锰、有效铜、有效锌、有效硼、有效钼含量分别为139.4 mg/kg、28.8 mg/kg、3.41 mg/kg、2.18 mg/kg、0.26 mg/kg、0.12 mg/kg。

表3-3-1　广东省2009—2010年稻田土壤调查结果

项目	样本数（个）	平均值
有机质	16 411	26.5 g/kg
全氮	15 406	1.37 g/kg
有效磷	16 411	34.25 mg/kg
速效钾	16 411	93.12 mg/kg
交换钙	3 484	700.6 mg/kg
交换镁	3 484	58.3 mg/kg
有效硫	3 484	18.3 mg/kg
有效铁	14 772	139.4 mg/kg
有效锰	14 772	28.8 mg/kg

（续）

项目	样本数（个）	平均值
有效铜	14 772	3.41 mg/kg
有效锌	14 772	2.18 mg/kg
有效硼	11 658	0.26 mg/kg
有效钼	142	0.12 mg/kg
有效硅	3 229	22.90 mg/kg

在中微量元素方面，珠江三角洲稻作区与粤西稻作区分别有 19.36％和 49.13％的水稻土缺钙；各区域水稻土缺镁比例都超过 60％，粤西稻作区缺镁尤为严重，达到 97.25％；粤北稻作区和粤西稻作区缺硫比例分别为 11.90％和 35.17％，而粤东稻作区与珠江三角洲稻作区缺硫比例都在 10％以下；全省缺硼比例都超过 69％，粤东稻作区与粤西稻作区缺硼比例分别达到 97.13％和 80.68％；锰的缺乏比例以珠江三角洲稻作区最高，为 22.89％，粤北稻作区为 10.57％，粤西和粤东稻作区分别为 8.01％和 5.65％。此外，珠江三角洲稻作区钼缺乏比例达 32.4％，硅缺乏比例为 71.20％，粤西稻作区硅缺乏比例为 99.67％。

此外，据广东省农业厅土肥总站的检测结果，经过 20 年来耕作、施肥等因素的影响，广东省农田养分基本上解决了磷素不足的矛盾，1985 年土壤磷素仍出现亏缺，到 1991 年已出现了磷素的盈余，并且在部分地区的水稻田出现富磷现象；由于氮肥施用量的日益增加，广东省水稻土壤氮素养分出现一定的盈余，主要表现在珠江三角洲和利用水稻田种植蔬菜等地区（如大、中城市的市郊）；虽然自 19 世纪 80 年代以来钾肥施用量增加很大，广东省氮、磷、钾的施肥比例，从 1980 年的 1∶0.28∶0.12 到 1995 年的 1∶0.27∶0.34，再到 2000 年的 1∶0.19∶0.37，但土壤钾素仍表现为不足。监测发现，1985 年、1991 年和 1995 年全省土壤钾素分别出现亏缺达 12.23 kg/hm²、9.2 kg/hm²、7.2 kg/hm²，这个结果也说明由于钾肥施用量的增加，钾素亏缺程度已逐渐减少，但由于农作物从土壤中带走的钾素养分较多，仍必须增施钾肥来实现土壤钾素的平衡。此外，长期忽略中微量元素的补充，中微量元素缺乏已逐渐成为影响水稻生产的重要因子。

二、华中双单季稻稻作区

本区平原稻田土壤为冲积土、沉积土、潮土，丘陵山地多为由红壤、黄壤、棕壤、紫色土等发育而成的水稻土。平原水稻土中，熟化程度较高的鳝血土面积比例较大，有利于水稻高产。由于本区区域较大，我们以亚区为单元进行统计分析。

1. 长江中下游平原双单季稻亚区　本亚区稻田土壤主要是冲积土和地带性土类发育而来的各类水稻土，一般土层深厚、肥力较高、保水保肥能力强，因此高产稳产农田比例大。本亚区土壤养分特征以湖北省为例（表 3-3-2）。

湖北省水稻土 pH 平均为 6.3，变异系数仅为 13.9％。按土壤 pH 分级标准（共 6 级），土壤样本所占比例分别为 0（>8.5）、8.7％（7.5~8.5）、28.2％（6.5~7.5）、40.0％（5.5~6.5）、16.0％（5.5~5.0）和 7.0％（<5.0），整体 pH 低于第二次土壤普查结果。

湖北省水稻土有机质含量平均为 26.1 g/kg，变异系数为 35.4％，属中等变异，水稻土有机质含量呈自南向北、自东向西逐渐降低趋势，双季稻区高于单季稻区。全省土壤有机质含量均未出现低于 6 g/kg 的情况，在 6～10 g/kg 的也很少，基本分布于 10～40 g/kg。按土壤有机质分级标准（共 6 级），土壤样本所占比例分别为 6.4%（>40 g/kg）、25.3%（30～40 g/kg）、40.5%（20～30 g/kg）、25.6%（10～20 g/kg）、2.2%（6～10 g/kg）和 0（<6 g/kg），与第二次土壤普查相比，水稻土有机质含量有所提高。

湖北省水稻土碱解氮含量平均值 124.2 mg/kg，变异系数 28.8%，属中等变化。全省呈现西、南高，东、北低的分布特征，主要分布在 >90 mg/kg 区间，且除鄂东北外，其余生态区均有 20% 以上样本碱解氮含量 >150 mg/kg。按土壤碱解氮分级标准（共 6 级），土壤样本所占比例分别为 2.3%（>200 mg/kg）、20.3%（150～200 mg/kg）、28.3%（120～150 mg/kg）、33.9%（90～120 mg/kg）、12.1%（60～90 mg/kg）和 3.1%（<60 mg/kg），与第二次土壤普查相比，全省水稻土碱解氮含量也有所提高。土壤有效磷平均值 13.1 mg/kg，但变异系数高达 62.2%。除鄂东北有效磷含量主要分布于 10～40 mg/kg 范围，其余生态区均主要分布于 5～20 mg/kg 范围。按土壤有效磷分级标准（共 6 级），土壤样本所占比例分别为 1.6%（>40 mg/kg）、14.7%（20～40 mg/kg）、39.3%（10～20 mg/kg）、35.4%（5～10 mg/kg）、6.4%（3～5 mg/kg）和 2.7%（<3 mg/kg），与第二次土壤普查相比，湖北省水稻土供磷能力得到较大幅度提升。土壤速效钾平均值为 89.1 mg/kg，从全省看，具有西、北高，东、南低的分布特征，除鄂中和鄂西北外，全省水稻土速效钾并不丰富，按土壤速效钾分级标准（共 4 级），土壤样本所占比例分别为 9.0%（>150 mg/kg）、26.6%（100～150 mg/kg）、46.7%（50～100 mg/kg）和 17.7%（<50 mg/kg），低于第二次土壤普查结果。

表 3-3-2　湖北省土壤养分特征

项目	含量范围	平均值
pH	4.0～8.5	6.3
有机质（g/kg）	7.0～57.3	26.1
碱解氮（mg/kg）	21.0～233.0	124.2
有效磷（mg/kg）	1.0～46.3	13.1
速效钾（mg/kg）	17.0～243.0	89.1
有效钙（mg/kg）	604.6～2379.1	1 615.1
有效镁（mg/kg）	151.9～271.0	232.7
有效硫（mg/kg）	26.1～130.6	56.9
有效铁（mg/kg）	58.8～126.9	104.7
有效锰（mg/kg）	20.4～67.5	41.7
有效铜（mg/kg）	2.06～9.72	5.27
有效锌（mg/kg）	0.57～1.56	0.95
有效硼（mg/kg）	0.24～0.72	0.39
有效钼（mg/kg）	0.06～0.53	0.25

湖北省水稻土在所有生态区中，有效钙含量变幅为 604.6～2 379.1 mg/kg，平均为 1 615.1 mg/kg，变异系数为 32.7%，所有样本有效钙含量均超过 400 mg/kg 的临界值；有效镁含量变幅为 151.9～271.0 mg/kg，平均为 232.7 mg/kg，变异系数为 16.4%，在所有样本中，含量均远远超过 50 mg/kg 的临界值，其中 79.2% 的样品含量高于 200 mg/kg；所有区域中，有效硫含量变幅为 26.1～130.6 mg/kg，平均为 56.9 mg/kg，变异系数达 48.2%，有效硫含量均高于 23.8 mg/kg 的临界值，其中高于 50 mg/kg 的样本占 50%。总之，所有区域有效钙、有效镁和有效硫的含量均属丰富水平。

湖北省水稻土有效铁含量变幅为 58.8～126.9 mg/kg，平均为 104.7 mg/kg，变异系数为 15.3%，按分级指标，所有区域水稻土有效铁均极丰富；有效锰含量变幅为 20.4～67.5 mg/kg，平均为 41.7 mg/kg，变异系数为 34.0%，按分级指标，所有区域有效锰含量均极丰富；有效铜含量变幅为 2.06～9.72 mg/kg，平均为 5.27 mg/kg，变异系数达 40.8%，按分级指标，所有区域有效铜均属丰富水平；有效锌含量变幅为 0.57～1.56 mg/kg，平均为 0.95 mg/kg，变异系数为 28.4%，所有区域水稻土有效锌含量从总体上均属缺乏水平，其中 62.5% 的样品有效锌含量低于 1.0 mg/kg；有效硼含量变幅为 0.24～0.72 mg/kg，平均为 0.39 mg/kg，变异系数为 30.8%，所有区域水稻土有效硼含量均属缺乏水平，其中 87.5% 的样品有效硼含量低于 0.5 mg/kg；有效钼含量变幅为 0.06～0.53 mg/kg，平均为 0.25 mg/kg，变异系数达 56.0%，在所有样品中，有效钼含量低于 0.1 mg/kg 的占 29.2%，含量为 0.1～0.2 mg/kg 的占 16.7%，含量为 0.2～0.3 mg/kg 的占 16.7%，另有 20.8% 的样品有效钼高于 4.0 mg/kg，湖北省水稻土有效钼含量总体上差异性较大。

2. 四川盆地单季稻两熟亚区 本亚区盆地内浅山丘陵地带广阔，土类复杂，稻田土壤主要为冲积土（潮土）、紫色砂（页）岩、黄褐土、花岗岩母质等发育而来的各类水稻土，以紫色土为主，约占耕地面积的 60%，其次为水稻土、黄壤、石灰岩土，此外还有褐土、粗骨土、潮土、黄棕壤、棕壤、黄褐土、新积土，共计 11 个土类、29 个亚类。

本亚区的土壤肥力特征以四川、重庆两省（直辖市）为例。统计分析"十一五"期间的养分数据如下（表 3-3-3）。

重庆市稻田土壤有机质含量较为丰富，不同区域水稻土有机质含量变化趋势为：从渝西、渝东南、渝中到渝东北，其有机质均值分别为 33.0 g/kg、26.9 g/kg、19.3 g/kg 和 20.8 g/kg，平均为 25.0 g/kg，表现出有机质含量从渝西、渝东南到渝中再到渝东北逐渐减少的趋势。土壤 pH 变幅为 5.0～7.9，平均为 6.2，变异系数为 12.9%，89.4% 的样品 pH <7。土壤速效氮含量变幅为 77.9～255.0 mg/kg，平均为 123.9 mg/kg，其中 73.5% 的样品速效氮含量大于 100 mg/kg，属于适量范围。土壤有效磷含量变幅为 1.3～93.7 mg/kg，平均为 11.3 mg/kg，变异系数达 56.7%。在所有样品中，80% 有效磷含量低于 15 mg/kg，含量为 15～30 mg/kg 的占 12.1%，含量大于 30 mg/kg 的占 6.8%，总体上看，有效磷含量变异较大，处于缺乏水平的土壤占的比例最大，有效磷含量偏低。土壤速效钾含量变幅为 29.0～248.7 mg/kg，平均为 76.1 mg/kg，其中速效钾含量低于 100 mg/kg 的样本为 81.7%，含量为 100～150 mg/kg 的样本占 15%，大于 150 mg/kg 的样本占 3.3%，总体来看，土壤速效钾含量偏低。土壤有效钙含量变幅为 823.0～17 485.3 mg/kg，平均为 5 141.3 mg/kg，所有样本有效钙含量均超过 400 mg/kg 的临界值；有效镁含量变幅为 125.3～3 425.3 mg/kg，在所有样本中，含量均远远超过 50 mg/kg 的临界值；有效硫含量

变幅为 6.4～338.9 mg/kg，有 79.5％的样品硫含量超过 23.8 mg/kg 缺硫临界值，高于 50 mg/kg 的样本占 50％。总之，重庆市稻田土壤有效钙、有效镁和有效硫的含量均属丰富水平。土壤有效铁含量平均为 94.7 mg/kg，有效铁较为丰富；有效锰含量变幅为 21.3～64.9 mg/kg，平均为 38.5 mg/kg，变异系数为 34％，有效锰含量均较为丰富；有效铜含量为 2.06～10.2 mg/kg，平均值为 5.2 mg/kg，属丰富水平；有效锌含量变幅为 0.28～13.01 mg/kg，平均为 1.34 mg/kg，变异系数 34.5％，总体上属于缺乏水平，其中 65.4％的样品有效锌含量低于 1.0 mg/kg；有效硼含量变幅为 0.24～0.78 mg/kg，平均为 0.41 mg/kg，变异系数为 31.2％，属缺乏水平，其中 88.7％的样品有效硼含量低于 0.5 mg/kg；有效钼含量变幅为 0.05～0.64 mg/kg，平均为 0.26 mg/kg，在所有样品中，有效钼含量低于 0.1 mg/kg 的占 28.2％，含量为 0.1～0.2 mg/kg 的占 17.7％，含量为 0.2～0.3 mg/kg 的占 15.7％，另有 21.8％的样品有效钼含量高于 4.1 mg/kg，重庆市水稻土有效钼含量总体上差异较大。

四川省稻田土壤 pH 变化较大，其变化幅度为 3.3～8.5。有机质含量变幅为 1.9～87.1 kg/kg，平均为 29.2 g/kg，变异较大，整体属于较丰富水平。土壤全氮、全磷、全钾含量变幅分别为 0.1～29.6 kg/kg、0.04～1.67 kg/kg、1.2～32.4 kg/kg，平均分别为 1.78 kg/kg、0.7 kg/kg、13.7 kg/kg，其中全氮属于较丰富水平，全磷属于中等水平。土壤速效氮含量变幅为 1～871 mg/kg，平均为 148.3 mg/kg。土壤有效磷含量变幅为 0.1～210.0 mg/kg，平均为 18.2 mg/kg。土壤速效钾含量变幅为 8～360 mg/kg，平均为 87.4 mg/kg。总体来看，四川省稻田土壤速效氮、有效磷、速效钾养分差异较大。土壤有效钙含量变幅为 7.8～3 284.0 mg/kg，平均为 1 371.3 mg/kg；有效镁含量变幅为 0.9～344.0 mg/kg，平均为 164.9 mg/kg；有效硫含量变幅为 2.1～417.0 mg/kg，平均为 64.9 mg/kg。总之，四川省稻田土壤有效钙、有效镁和有效硫的含量变异较大，平均含量属丰富水平。土壤有效铁含量变幅为 13.6～661.0 mg/kg，平均为 164.7 mg/kg，土壤有效铁较为丰富；有效锰含量变幅为 0.2～118.0 mg/kg，平均为 22.8 mg/kg，变异较大；有效铜含量为 0.14～17.5 mg/kg，平均值为 3.7 mg/kg，属较丰富水平；有效锌含量变幅为 0.23～9.21 mg/kg，平均为 2.34 mg/kg，总体上属于中等水平；有效硼含量变幅为 0.04～1.29 mg/kg，平均为 0.38 mg/kg，属缺乏水平；有效钼含量变幅为 0.03～0.82 mg/kg，平均为 0.23 mg/kg，属缺乏水平。

表 3-3-3　四川盆地单季稻两熟亚区土壤养分特征

项目	重庆市		四川省	
	含量范围	平均值	含量范围	平均值
pH	5.0～7.9	6.2	3.3～8.5	
有机质（g/kg）		25.0	1.9～87.1	29.2
全氮（g/kg）			0.1～29.6	1.78
全磷（g/kg）			0.04～1.67	0.7
全钾（g/kg）			1.2～32.4	13.7
速效氮（mg/kg）	77.9～255.0	123.9	1～871	148.3
有效磷（mg/kg）	1.3～93.7	11.3	0.1～210.0	18.2

（续）

项目	重庆市		四川省	
	含量范围	平均值	含量范围	平均值
速效钾（mg/kg）	29.0～248.7	76.1	8～360	87.4
有效钙（mg/kg）	823.0～17 485.3	5 141.3	7.8～3 284.0	1 371.3
有效镁（mg/kg）	125.3～3 425.3		0.9～344.0	164.9
有效硫（mg/kg）	6.4～338.9		2.1～417.0	64.9
有效铁（mg/kg）		94.7	13.6～661.0	164.7
有效锰（mg/kg）	21.3～64.9	38.5	0.2～118.0	22.8
有效铜（mg/kg）	2.06～10.2	5.2	0.14～17.5	3.7
有效锌（mg/kg）	0.28～13.01	1.34	0.23～9.21	2.34
有效硼（mg/kg）	0.24～0.78	0.41	0.04～1.29	0.38
有效钼（mg/kg）	0.05～0.64	0.26	0.03～0.82	0.23
有效硅（mg/kg）			13.4～514.0	166.9

3. 江南丘陵平原双季稻亚区 本亚区土壤分布由北至南分别是以红黄壤为主体的紫棕壤、红黄壤、赤红壤、砖红壤，稻田土壤是由此发育而成的冲积潮土和水稻土。"十一五"期间本亚区的湖南、江西、浙江 3 省稻田土壤养分情况如下（表3-3-4）。

湖南省稻田有机质含量较丰富，变化幅度为 10.5～66.6 g/kg，平均为 35.4 g/kg；土壤全氮含量变幅为 0.7～3.8 g/kg，变幅较大，平均为 2.18 g/kg，整体较丰富；土壤碱解氮含量变幅为 46.7～259.0 mg/kg，平均为 158.5 mg/kg；土壤有效磷变异较大，变化幅度为 0.93～50.7 mg/kg，平均为 7.53 mg/kg，属缺乏水平；土壤速效钾含量变幅为 17.4～161.8 mg/kg，平均为 57.4 mg/kg，属缺乏水平。交换性钙、交换性镁的变异较大，其含量变幅分别为 822.6～13 566.1 mg/kg、49.0～577.2 mg/kg，平均为 3 427.5 mg/kg、160.1 mg/kg，较丰富；有效硫含量变幅为 26.3～319.6 mg/kg，平均为 81.2 mg/kg。土壤有效铁含量变幅为 3.08～140.8 mg/kg，平均为 73.5 mg/kg，有效铁变异较大；有效锰含量变幅为 1.72～79.7 mg/kg，平均为 23.2 mg/kg；有效铜含量为 1.12～9.95 mg/kg，平均值为 4.2 mg/kg，属较丰富水平；有效锌含量变幅为 0.31～14.57 mg/kg，平均为 3.89 mg/kg，总体上较丰富；有效硼含量变幅为 0.19～1.82 mg/kg，平均为 0.39 mg/kg，属缺乏水平。

江西省稻田有机质含量变化幅度为 13.1～38.6 g/kg，平均为 29.1 g/kg；土壤全氮、全磷、全钾含量变幅分别为 1.1～8.6 g/kg、1.5～3.6 g/kg、12.1～25.3 g/kg，平均分别为 3.1 g/kg、1.8 g/kg、13.4 g/kg，整体均较丰富；土壤碱解氮含量变幅为 112.3～276.3 mg/kg，平均为 171.3 mg/kg，属丰富水平；土壤有效磷变化幅度为 16.8～66.2 mg/kg，平均为 21.2 mg/kg，属较丰富水平；土壤速效钾含量变幅为 91.2～132.5 mg/kg，平均为 101 mg/kg，属中等水平。交换性钙、交换性镁的变异较大，其含量变幅分别为 55.9～1 566.3 mg/kg、8.13～215.8 mg/kg，平均为 206.4 mg/kg、41.0 mg/kg，较缺乏；有效硫含量变幅为 2.56～485.2 mg/kg，变异较大，平均为 36.5 mg/kg。土壤有效铁含量变幅为 3.74～182.9 mg/kg，平均为 54.9 mg/kg，有效铁变异较大，属中等水平；有效锰含量变幅为 0.75～128.91 mg/kg，变异较大，平均为 22.4 mg/kg；有效铜含量为 0.25～20.34

mg/kg，平均值为 3.54 mg/kg，属中等水平；有效锌含量变幅为 0.12～40.35 mg/kg，变异较大，平均为 4.22 mg/kg，总体上较丰富；有效硼含量变幅为 0.01～1.45 mg/kg，平均为 0.26 mg/kg，属缺乏水平；有效钼含量变幅为 0.10～1.50 mg/kg，平均为 0.25 mg/kg，属缺乏水平。

浙江省稻田有机质含量变化幅度为 10.5～60.4 g/kg，平均为 28.0 g/kg，属中等水平；土壤碱解氮含量变幅为 57.1～281.3 mg/kg，平均为 149.6 mg/kg，属较丰富水平；土壤有效磷变化幅度为 0.32～38.3 mg/kg，平均为 6.8 mg/kg，属缺乏水平；土壤速效钾含量变幅为 15.8～133.6 mg/kg，变异较大，平均为 43.4 mg/kg，属缺乏水平。交换性钙、交换性镁的变异较大，其含量变幅分别为 602.0～10 094.0 mg/kg、46.4～758.1 mg/kg，平均为 1 900.0 mg/kg、142.8 mg/kg，较丰富；有效硫含量变幅为 11.4～342.1 mg/kg，变异较大，平均为 49.0 mg/kg。土壤有效铁含量变幅为 8.9～203.3 mg/kg，变异较大，平均为 123.4 mg/kg，属较丰富水平；有效锰含量变幅为 2.91～87.0 mg/kg，变异较大，平均为 34.1 mg/kg；有效铜含量为 0.43～14.6 mg/kg，平均值为 4.1 mg/kg，属中等水平；有效锌含量变幅为 0.7～14.6 mg/kg，平均为 3.9 mg/kg，较丰富。

表 3-3-4　江南丘陵平原双季稻亚区土壤养分特征

项目	湖南		江西		浙江	
	含量范围	平均值	含量范围	平均值	含量范围	平均值
有机质（g/kg）	10.5～66.6	35.4	13.1～38.6	29.1	10.5～60.4	28.0
全氮（g/kg）	0.7～3.8	2.18	1.1～8.6	3.1	0.75～4.02	1.87
全磷（g/kg）			1.5～3.6	1.8		
全钾（g/kg）			12.1～25.3	13.4		
碱解氮（mg/kg）	46.7～259.0	158.5	112.3～276.3	171.3	57.1～281.3	149.6
有效磷（mg/kg）	0.93～50.7	7.53	16.8～66.2	21.2	0.32～38.3	6.8
速效钾（mg/kg）	17.4～161.8	57.4	91.2～132.5	101	15.8～133.6	43.4
交换钙（mg/kg）	822.6～13 566.1	3 427.5	55.9～1 566.3	206.4	602.0～10 094.0	1 900.0
交换镁（mg/kg）	49.0～577.2	160.1	8.13～215.8	41.0	46.4～758.1	142.8
有效硫（mg/kg）	26.3～319.6	81.2	2.56～485.2	36.5	11.4～342.1	49.0
有效铁（mg/kg）	3.08～140.8	73.5	3.74～182.9	54.9	8.9～203.3	123.4
有效锰（mg/kg）	1.72～79.7	23.2	0.75～128.91	22.4	2.91～87.0	34.1
有效铜（mg/kg）	1.12～9.95	4.20	0.25～20.34	3.54	0.43～14.6	4.1
有效锌（mg/kg）	0.31～14.57	3.89	0.12～40.35	4.22	0.7～14.6	3.9
有效硼（mg/kg）	0.19～1.82	0.39	0.01～1.45	0.26		
有效钼（mg/kg）			0.10～1.5	0.25		

注：江西省各元素的平均值以江西省高、中、低产田的平均值计算。

三、西南高原单双季稻稻作区

本区稻田土壤多为红壤、红棕壤和黄壤、黄棕壤等土类发育而来的水稻土。由于资料缺乏，本区稻田土壤养分状况以云南省为例（表 3-3-5），其养分状况如下：

云南省稻田土壤 pH 为 6.6；有机质含量较为丰富，平均为 37.6 g/kg；土壤全氮、全磷、全钾的含量分别为 1.8 g/kg、0.9 g/kg、16.2 g/kg，全氮较丰富，全磷较缺乏，全钾较丰富；土壤碱解氮含量为 127.2 mg/kg，属较丰富水平；土壤有效磷含量为 13.8 mg/kg，属较缺乏水平；土壤速效钾含量为 118.5 mg/kg，属中等水平。土壤有效锰含量为 105.4 mg/kg，属丰富水平；有效铜含量为 3.01 mg/kg，属中等水平；有效锌含量为 1.08 mg/kg，属缺乏水平；有效硼含量为 0.27 mg/kg，属缺乏水平；有效钼含量为 0.16 mg/kg，属缺乏水平。

表 3-3-5　云南省土壤养分特征

项目	平均值
pH	6.6
有机质（g/kg）	37.6
全氮（g/kg）	1.8
全磷（g/kg）	0.9
全钾（g/kg）	16.2
碱解氮（mg/kg）	127.2
有效磷（mg/kg）	13.8
速效钾（mg/kg）	118.5
有效锰（mg/kg）	105.4
有效铜（mg/kg）	3.01
有效锌（mg/kg）	1.08
有效硼（mg/kg）	0.27
有效钼（mg/kg）	0.16

注：数据摘自王文富（1996）。

四、华北单季稻稻作区

本区稻田土壤多为栗钙土、褐土、草甸土、盐碱土等发育成的水稻土。河南、山东是本区水稻种植大省，本区稻田土壤养分以这两省为例进行分析如下（表 3-3-6）。

山东省土壤 pH 变化范围为 3.7～9.3，平均为 7.1，变异较大；土壤有机质含量变化幅度为 6.9～36.8 g/kg，平均为 16.0 g/kg，属缺乏水平；土壤全氮含量变幅为 0.4～2.1 g/kg，平均为 1.0 g/kg，属中等水平；土壤碱解氮含量变幅为 36.0～248.5 mg/kg，平均为 96.9 mg/kg；土壤有效磷变异较大，其变化幅度为 1.6～70.4 mg/kg，平均为 15.6 mg/kg，属中等水平；土壤速效钾含量变幅为 23.2～490.6 mg/kg，变异较大，平均为 92.7 mg/kg，属中等水平。土壤交换性钙、交换性镁的变异较大，其含量变幅分别为 929.9～15 639.9 mg/kg、102.9～1 568.2 mg/kg，平均为 8 259.6 mg/kg、528.8 mg/kg，较丰富；土壤有效硫含量变幅为 10.0～407.7 mg/kg，平均为 67.4 mg/kg。土壤有效铁含量变幅为 3.0～201.6 mg/kg，变异较大，平均为 22.9 mg/kg，属缺乏水平；有效锰含量变幅为 3.1～67.6 mg/kg，平均为 18.4 mg/kg；有效铜含量为 0.18～6.5 mg/kg，平均为 1.37 mg/kg，属缺乏水平；有效锌含量变幅为 0.51～10.3 mg/kg，平均为 1.97 mg/kg，属缺乏水平；有效硼含量变幅为 0.13～1.82 mg/kg，平均为 0.75 mg/kg，属缺乏水平。

表 3-3-6　华北单季稻稻作区土壤养分特征

项目	山东		河南	
	含量范围	平均值	含量范围	平均值
pH	3.7～9.3	7.1		
有机质（g/kg）	6.9～36.8	16.0	6.1～31.1	14.7
全氮（g/kg）	0.4～2.1	1.0	0.35～2.00	0.92
碱解氮（mg/kg）	36.0～248.5	96.9		
有效磷（mg/kg）	1.6～70.4	15.6	1.2～151.5	15.3
速效钾（mg/kg）	23.2～490.6	92.7	12.5～212.7	98.8
交换钙（mg/kg）	929.9～15 639.9	8 259.6		
交换镁（mg/kg）	102.9～1 568.2	528.8		
有效硫（mg/kg）	10.0～407.7	67.4		
有效铁（mg/kg）	3.0～201.6	22.9		22.4
有效锰（mg/kg）	3.1～67.6	18.4		28.8
有效铜（mg/kg）	0.18～6.5	1.37		2.52
有效锌（mg/kg）	0.51～10.3	1.97		1.34
有效硼（mg/kg）	0.13～1.82	0.75		0.47

注：山东省的数据为全省土壤的养分数据；河南省的数据为河南省水稻土的数据。

河南省水稻土有机质含量范围为 6.1～31.1 g/kg，平均为 14.7 g/kg，含量较缺乏；土壤全氮含量范围为 0.35～2.00 g/kg，平均为 0.92 g/kg，处于中等水平；土壤有效磷含量范围为 1.2～151.5 mg/kg，平均为 15.3 mg/kg，属较缺乏水平；土壤速效钾含量范围为 12.5～212.7 mg/kg，平均为 98.8 mg/kg，属缺乏水平。土壤有效铁含量为 22.4 mg/kg，属缺乏水平；有效锰含量为 28.8 mg/kg，属较缺乏水平；有效铜含量为 2.52 mg/kg，属较缺乏水平；有效锌含量为 1.34 mg/kg，属缺乏水平；有效硼含量为 0.47 mg/kg，属缺乏水平。

五、东北早熟单季稻稻作区

本区水稻种植区土壤多为黑土、冲积草甸土、沼泽土、白浆土、盐碱土等形成的水稻土。水稻土土壤特点主要由起源土壤性质决定，具有明显的母土特征与属性。如形成发育于冲积土和草甸土的水稻土，一般土壤自然肥力水平较高，表现为养分供应能力均衡，土壤生产力较高，是高产水稻土；发育于黑土和黑钙土的水稻土，主要表现为耕层浅薄，土壤自然肥力水平相对较低，但通过合理培肥改良和水肥调控，亦可成为高产水稻土；泥炭冷浆型潜育水稻土和腐泥型潜育水稻土土壤 pH 相对较低，呈酸性，同时地温低，生产中多以施用石灰加以改良，同时适当增加磷、钾肥施用，调控氮肥施用，增产效果明显；苏打盐渍土型水稻土的形成是通过种稻改良苏打盐渍土过程中形成的，种稻可明显改良苏打盐渍土土壤性质，同时也改变了苏打盐渍土型水稻土的肥力特性，但苏打盐渍土型水稻土土壤肥力水平一般相对较低。该区土壤养分特征以黑龙江省、吉林省为例分析如下（表3-3-7）。

表 3-3-7 东北早熟单季稻稻作区土壤养分特征

项目	黑龙江		吉林	
	含量范围	平均值	含量范围	平均值
pH	4.82～7.34	5.8		
有机质（g/kg）	17.8～66.0	37.3		
全氮（g/kg）	1.2～4.7	2.6		
全磷（g/kg）	0.20～2.76	1.4		
全钾（g/kg）	17.1～26.3	22.3		
碱解氮（mg/kg）	96.1～318.9	203.4	110.5～175.0	130.8
有效磷（mg/kg）	22.0～185.0	58.1	13.0～18.9	14.9
速效钾（mg/kg）	110.3～314.6	217.9	110.0～168.0	140.6
有效硫（mg/kg）			18.0～38.0	27.3
有效铁（mg/kg）			21.3～221.0	104.1
有效锰（mg/kg）			4.6～80.4	39.9
有效铜（mg/kg）			0.03～1.98	1.40
有效锌（mg/kg）			0.44～1.58	1.23
有效硼（mg/kg）			0.02～0.54	0.27
有效钼（mg/kg）			0.20～0.43	0.31
有效硅（mg/kg）			120～210	157.0

注：数据均为该省不同土壤类型水稻土养分的平均值。

黑龙江省水稻土 pH 范围为 4.82～7.34，平均为 5.8；有机质含量范围为 17.8～66.0 g/kg，平均为 37.3 g/kg，含量丰富；全氮、全磷、全钾含量范围分别为 1.2～4.7 g/kg、0.20～2.76 g/kg、17.1～26.3 g/kg，平均分别为 2.6 g/kg、1.4 g/kg、22.3 g/kg，含量均较丰富；碱解氮含量范围为 96.1～318.9 mg/kg，平均为 203.4 mg/kg，处于丰富水平；有效磷含量范围为 22.0～185.0 mg/kg，平均为 58.1 mg/kg，处于丰富水平；速效钾含量范围为 110.3～314.6 mg/kg，平均为 217.9 mg/kg，含量丰富。

吉林省水稻土碱解氮含量为 130.8 mg/kg，属丰富水平；有效磷含量为 14.9 mg/kg，处于中等水平；速效钾含量为 140.6 mg/kg，属丰富水平。有效硫含量为 27.3 mg/kg，处于中等水平。土壤有效铁含量为 104.1 mg/kg；有效锰含量为 39.9 mg/kg；有效铜含量为 1.40 mg/kg；有效锌含量为 1.23 mg/kg；有效硼含量为 0.27 mg/kg；有效钼含量为 0.31 mg/kg；有效硅含量为 157.0 mg/kg。其中有效铁、有效锰、有效硅的含量较丰富，有效铜、有效锌、有效硼、有效钼较缺乏。

六、西北干燥区单季稻稻作区

本区水稻种植区土壤多为盐碱土、草甸土形成的水稻土，地形多为低洼地、河滩地、山间河川谷地。本区稻田养分以宁夏、陕西、新疆、甘肃为例进行统计分析如下（表 3-3-8）。

表 3-3-8　西北干燥区单季稻稻作区土壤养分特征

项目	宁夏 （水稻土）	陕西 （水稻土）	新疆 （全区）	甘肃 （全省）
pH				8.04
有机质（g/kg）	14.20	22.69	14.90	14.20
全氮（g/kg）	0.87	1.33	0.76	0.92
全磷（g/kg）		1.36		1.42
全钾（g/kg）		22.36		18.70
碱解氮（mg/kg）	55.49	96.10	54.18	73.46
有效磷（mg/kg）	26.42	9.10	15.23	20.54
速效钾（mg/kg）	161.60	106.90	208.00	178.30
有效铁（mg/kg）	37.88	21.06	9.20	10.32
有效锰（mg/kg）	9.71	15.33	8.71	17.46
有效铜（mg/kg）	2.95	3.26	2.35	1.43
有效锌（mg/kg）	1.25	0.96	1.13	0.75
有效硼（mg/kg）	1.28	0.24	2.28	0.77
有效钼（mg/kg）		0.64		0.22

注：宁夏水稻土养分数据来自马玉兰（2009）；陕西水稻土养分数据来自郭兆元等（1992）；甘肃、新疆土壤养分数据为全省（自治区）养分数据。

宁夏水稻土有机质含量为 14.2 g/kg，全氮含量为 0.87 g/kg，均处于中等水平；碱解氮含量为 55.49 mg/kg，属缺乏水平；有效磷含量为 26.42 mg/kg，较丰富；速效钾含量为 161.6 mg/kg，属丰富水平。土壤有效铁含量为 37.88 mg/kg；有效锰含量为 9.71 mg/kg；有效铜含量为 2.95 mg/kg；有效锌含量为 1.25 mg/kg；有效硼含量为 1.28 mg/kg。整体来看，微量元素均有所缺乏。

陕西省水稻土有机质含量为 22.69 g/kg，全氮含量为 1.33 g/kg，均属较丰富水平；全磷、全钾含量分别为 1.36 g/kg、22.36 g/kg；碱解氮含量为 96.1 mg/kg，属中等水平；有效磷含量为 9.1 mg/kg，为缺乏水平；速效钾含量为 106.9 mg/kg，属中等水平。土壤有效铁含量为 21.06 mg/kg；有效锰含量为 15.33 mg/kg；有效铜含量为 3.26 mg/kg；有效锌含量为 0.96 mg/kg；有效硼含量为 0.24 mg/kg；有效钼含量为 0.64 mg/kg。整体来看，微量元素均有所缺乏。

新疆全区土壤有机质含量为 14.90 g/kg，全氮含量为 0.76 g/kg，均处于中等水平；碱解氮含量为 54.18 mg/kg，属缺乏水平；有效磷含量为 15.23 mg/kg，属中等水平；速效钾含量为 208.0 mg/kg，属丰富水平。土壤有效铁含量为 9.20 mg/kg；有效锰含量为 8.71 mg/kg；有效铜含量为 2.35 mg/kg；有效锌含量为 1.13 mg/kg；有效硼含量为 2.28 mg/kg。整体来看，微量元素均有所缺乏。

甘肃省土壤 pH 平均为 8.04；土壤有机质含量为 14.20 g/kg，全氮含量为 0.92 g/kg，均属中等水平；土壤全磷、全钾含量分别为 1.42 g/kg、18.70 g/kg；碱解氮含量为 73.46 mg/kg，属中等水平；有效磷含量为 20.54 mg/kg，较丰富；速效钾含量为 178.3 mg/kg，属丰富水平。土壤有效铁含量为 10.32 mg/kg；有效锰含量为 17.46 mg/kg；有效铜含量为 1.43 mg/kg；有效锌含量为 0.75 mg/kg；有效硼含量为 0.77 mg/kg；有效钼含量为 0.22 mg/kg。整体来看，除有效锰外，其他微量元素均有所缺乏。

第四节　不同生态区水稻营养规律与施肥技术

水稻的正常生长发育需要吸收各种营养元素，除必需的 16 种营养元素之外，对硅元素吸收较多。各种元素有其特殊的功能，不能相互替代，但它们在水稻体内的作用并非孤立，而是通过有机物的形成与转化得到相互联系。水稻生长发育所需的各类营养元素，主要依赖其根系从土壤中吸收。一般来说，每生产 100kg 稻谷，需从土壤中吸收氮（N）1.6～2.5kg、磷（P_2O_5）0.6～1.3kg、钾（K_2O）1.4～3.8kg，氮、磷、钾的比例为 1∶0.5∶1.3。但由于栽培地区、品种类型、土壤肥力、施肥和产量水平等不同，水稻对氮、磷、钾的吸收量会发生一些变化。通常杂交稻对钾的需求量高于常规稻约 10%，粳稻较籼稻需氮多而需钾少。世界各国每生产 100kg 稻谷所需的氮量为 1.29～2.9kg，凌启鸿（2007）认为是 1.88～2.29kg。徐富贤等（2011）对杂交中稻的研究结果表明，每生产 100kg 稻谷所需的氮、钾量分别为 1.64～1.71kg 和 1.83～2.03kg。姜照伟等（2011）研究表明，在高产栽培条件下，每生产 100kg 稻谷最高施 N、K_2O 量分别为 2kg 和 2.72kg，经济施 N、K_2O 量分别为 1.75kg 和 1.25kg。

水稻的整个生育过程分为营养生长期和生殖生长期。营养生长期主要是营养体根、茎、叶的生长，并为生殖生长积累养分，此期以氮素旺盛吸收和同化作用为主导，即以扩大型代谢为主，施肥目标在于促进分蘖，形成壮苗，确保单位面积有足够的穗数。生殖生长期主要是生殖器官的形成、长大和开花结实。此期扩大型代谢逐渐减弱，贮藏型代谢逐渐增强至旺盛，即以碳素同化作用为主，施肥应以促穗大、粒多、粒饱为中心。这两个时期是相互联系的，只有在良好的营养生长基础上才能有良好的生殖生长。因此，只有掌握水稻各生育阶段的生长和营养特点及其与环境之间的相互关系，然后进行合理施肥，才能获得高产。水稻在不同生育期对氮、磷、钾各种养分的吸收速率有所差异。分蘖期由于苗小，稻株同化面积小，干物质积累较少，因而吸收养分数量也较少。这一时期，氮的吸收量约占全生育期吸氮量的 30% 左右，磷的吸收量为 16%～18%，钾的吸收量为 20% 左右。早稻的吸收量要比晚稻高，所以在早稻生产上强调重施基肥，早施分蘖肥，这是符合早稻吸肥规律的。幼穗分化至抽穗期，叶面积逐渐增大，干物质积累相应增多，是水稻一生中吸收养分数量最多和强度最大的时期。此期吸收氮、磷、钾养分的量几乎占水稻全生育期养分吸收总量的 50%。水稻抽穗以后直至成熟，由于根系吸收能力减弱，吸收养分数量显著减少，N 的吸收量为 16%～19%，P_2O_5 的吸收量为 24%～36%，K_2O 的吸收量为 16%～27%。一般晚稻在后期养分吸收量高于早稻，生产上常常采取合理施用穗肥和酌情施用粒肥，满足晚稻后期对养分的需要，这是符合晚稻需肥规律的。就水稻品种而言，晚稻由于其生育期短，对氮、磷、钾三元素的吸收量在移栽后 2～3 周形成一个高峰。而单季稻由于生育期较长，对氮、磷、钾三元素的吸收量一般分别在分蘖盛期和幼穗分化后期形成两个吸收高峰。因此，施肥必须根据水稻营养规律和吸肥特性，充分满足水稻吸肥高峰对各种营养元素的需要。下面就各生态区分别介绍。

一、华南双季稻稻作区

（一）水稻需肥规律

水稻需肥量根据产量水平不同、生长环境不同而有所差异，每 $667m^2$ 产 500kg 稻谷和 500kg 稻草时，从土壤中吸收纯氮 $8.5\sim12.5kg$、磷 $4.0\sim6.5kg$、钾 $10.5\sim16.5kg$。水稻形成 100kg 籽粒，吸收氮 $1.7\sim2.0kg$，高产田略低些，低产田高些；吸收磷 0.9kg 左右。杂交水稻形成 100kg 籽粒，氮、磷、钾养分吸收量分别为 2kg、0.9kg、3kg，氮、磷吸收量与常规稻基本一致，而钾的吸收量较常规稻高 0.9kg。

杨长明等（2004）的研究发现，水稻孕穗前，N 的吸收占全生育期的 68.55％，P_2O_5 的吸收占 46.25％，K_2O 的吸收占 87.15％，早稻吸收量要比晚稻高，所以在早稻生产上强调重施基肥，早施分蘖肥。孕穗期至齐穗，N 的吸收占 19.28％，P_2O_5 的吸收占 41.04％，K_2O 的吸收占 12.23％；齐穗至成熟，N 的吸收占全生育期的 12.19％，P_2O_5 的吸收占 12.71％，K_2O 的吸收占 0.62％。一般晚稻在后期养分吸收量高于早稻，生产上常常采取合理施用穗肥和酌情施用粒肥，满足晚稻后期对养分的需要。

张洪松等（1995）对杂交稻和常规稻的营养吸收特性进行比较研究发现，在氮的吸收方面，从整株来看杂交稻和常规稻均以分蘖期为最高，以后逐渐下降，呈下抛物线趋势，但杂交稻在各生育时段吸收量均高于常规稻。从各器官来看，叶片含氮率以抽穗期为最高，而茎秆和稻穗随生育期的推移，含氮率基本上一直下降，且叶片含氮量一直高于其他器官。在磷的吸收方面，稻株内磷素的含量与氮不同，全生育期间的变化相对较小，且全株、叶和茎秆均表现为随生育期推移呈直线下降，而稻穗的含磷量则表现为逐步上升，茎秆一直高于叶片，成熟期以穗为最高，在磷的吸收方面杂交稻和常规稻差异不大。在钾的吸收方面，叶片、穗及全株均表现为随生育期推移含钾量下降，茎秆在抽穗期出现低潮后又迅速上升，成熟期在各器官中含量为最高。全株的含钾量与氮大致相当，但在各器官间则有较大差异，其他时期与氮大致相当。从品种来看，无论整株还是各部器官，杂交稻的含钾量均高于常规稻。养分吸收强度方面，水稻的吸氮高峰期在幼穗形成至抽穗期，而磷从分蘖盛期到抽穗期，钾则从分蘖盛期一直到乳熟期，但钾在乳熟后则有流出，呈下降趋势。从品种来看，在抽穗以前，杂交稻对氮、磷、钾的吸收强度均高于常规稻，抽穗至乳熟期除钾大致相当外，对氮、磷的吸收强度均低于常规稻，但乳熟至成熟期，杂交稻对氮、磷的吸收强度和钾的流出又高于常规稻。对氮、磷、钾吸收的比例，杂交稻为 $1∶0.54∶0.92$，常规稻为 $1∶0.57∶0.97$，杂交稻对氮、钾的吸收比值高于常规稻。

早稻与晚稻相比，生育早期杂交早稻养分吸收量很少，分别仅占全生育期氮、磷、钾总吸收量的 16.8％、12.9％和 12％。生育中期养分吸收量迅速增加，占 75.9％、81.9％和 78.7％。生育晚期养分吸收量则分别占 7.3％、5.2％和 8.9％。与杂交早稻相比，杂交晚稻吸收养分明显在生育晚期，抽穗后还保持高氮、钾吸收量，约为杂交晚稻氮素总吸收量的 12％和钾素总吸收量的 11％。杂交稻植株含氮量在最大分蘖期最高，逐渐随着生育期的进行而降低。杂交早稻和杂交晚稻趋势相同，但杂交晚稻植株含氮量在各生育期都高于杂交早稻，尤其是抽穗后。杂交早稻植株含磷量在最大分蘖期最高，成熟期最低，杂交晚稻也有相同的规律，然而杂交晚稻在抽穗前各个生育期中植株含磷量都高于杂交早稻，成熟期杂交早稻和杂交晚稻秸秆含磷量很接近，但杂交早稻籽粒含磷量高于杂交晚稻。杂交稻植株含钾量在最大分蘖期最高，随着生育期进展而逐渐下降。几乎在整个生育期，特别是生育晚期，杂交晚稻植株含钾量要高于杂交早稻。例如，成熟期杂交晚稻秸秆含钾（K_2O）量 3.25%，而杂交早稻只有 3.08%。杂交早稻植株最大吸磷速率为每 $667m^2$ 143.3g/d，发生在最大分蘖期，杂交晚稻最大吸磷速率在孕穗期。杂交稻植株在生育中期大约吸收总磷的 80%，因此抽穗前合理施用磷肥对提高磷生产效率十分重要。

此外，水稻对中微量元素的吸收方面，广东省农业科学院土壤肥料研究所采用天优 998 研究表明，中微量元素的吸收以钙、镁为主，其次为锰，对锌和硼的吸收较少。对钙的吸收主要集中在孕穗期至乳熟期，对镁的吸收主要集中在孕穗期和抽穗期，对硼和锰的吸收很少，主要集中在分蘖盛期至乳熟期，而对锌的吸收随着生育期的推进逐渐增加，在籽粒成熟后期吸收较多。

（二）水稻施肥技术

1. 华南双季稻稻作区水稻施肥习惯及存在问题

（1）施肥品种。目前，广东省水稻生产施用的化肥品种主要有：碳酸氢铵、尿素、过磷酸钙、氯化钾、进口或国产复合（复混）肥料。从近 20 年的施用情况看，复合肥料有增加的趋势，复合肥料为水稻生长提供的养分占肥料总养分的比例为氮（N）26%、磷（P_2O_5）68%、钾（K_2O）30%。20 世纪 90 年代至 2000 年以国产低浓度复合（复混、混配）肥为主，目前进口复合肥料亦占不少份额，复合肥料品种主要有挪威 15-15-15、芭田、施可丰 20-8-14、住商 15-10-15、丰神 20-8-12、良田 20-5-10、绿田宝 15-0-10、撒可富 19-12-14。此外，广东省农业科学院土壤肥料研究所研制的水稻控释肥（26-6-18）在广东水稻种植上每年推广应用也有 1 万 t 左右。

（2）施肥时期。近十几年来，广东省水稻肥料施用时期没有发生很大的变化，早稻施 4 次肥，晚稻施 4～5 次。早稻施肥集中在插秧时至插秧后 20d，即基肥、回青肥、分蘖肥、中耕施肥集中施用，属于典型的早发"一头轰"，化肥施用都集中在插秧到分蘖中前期这几天时间内。其缺点是顾前不顾后，前期化肥（尤其是氮肥）过多，水稻分蘖过多，造成无效分蘖多，消耗养分，到成熟期容易出现早衰；而如果后期追施氮肥过多，导致贪青，病虫害较为严重，如遇到灾害天气容易倒伏，导致大幅减产。晚稻施肥时期除与早稻相似外，农民往往还在插秧后 35～40d（幼穗分化期）施用一定量的尿素、钾肥或者复合肥料。从晚稻吸肥规律来看，最后一次施肥似乎偏早。总体而言，广东省水稻施肥次数偏多，费工多，水稻生产仍属于精耕细作。

（3）施用方法。有机肥、碳酸氢铵和磷肥（过磷酸钙）是常见的基肥，一般施用时和土壤充分混匀，但近年来部分农民也将尿素和复合肥料用作基肥。而作追肥的主要是尿素、氯化钾和复合肥料。目前很多农民不进行中耕，肥料往往撒施在土表，对于磷肥来讲，表施有利于磷的吸收，提高磷肥肥效，但是对于氮肥（尤其是碳酸氢铵），表施容易造成氮素流失，肥效差。据研究，氮肥深施较氮肥面施增产 12%～17%，每千克氮素的稻谷增产量自 13.7kg 增加到 15.5～19.5kg，水稻对氮肥的当季吸收利用率提高 7%～14%。水稻基肥机械化深施和机械化前全层湿润施比耙面施肥增产 9%～14%，氮肥的稻谷增产量提高 55%～76%，水稻对肥料中氮素当季吸收利用率提高 4.4%～13.0%。当前，由于年轻劳动力大部分进城务工，农务以老、少为主，农业科学知识缺乏，施肥技术较为粗放，极少根据地力、目标产量进行施肥，更不用说测土配方施肥。

广东省测土配方施肥的有关调查表明，农户在水稻生产中多用氮、磷肥，少用钾肥。不按水稻生长需肥时间和需肥比例施肥，从而造成土壤营养元素比例失调，肥料利用率降低，尤其是大量施用氮肥，使氮素流失进入环境而成为重要的面源污染源，且过量施氮往往导致病虫害发生和植株倒伏。李瑞民等（2010）在雷州半岛的调查发现，农民在水稻栽培上习惯长期施用同一比例的氮、磷、钾复合肥料，在水稻上基本维持1∶0.45∶0.78，长期施用该比例的肥料容易导致土壤处于磷多、钾少的状态。根据沙海辉等（2004）测土配方施肥材料的总结，在龙川对农户施肥情况进行统计，化肥养分平均每年每 $667m^2$ 投入量为氮（N）20～30kg、磷（P_2O_5）10～20kg、钾（K_2O）5～15kg。但根据 2006—2008 年测土配方施肥小区肥效试验得出：化肥养分平均每年每 $667m^2$ 投入量氮（N）19～25kg、磷（P_2O_5）5.5～7.5kg、钾（K_2O）13～17.5kg 为最佳，N、P_2O_5、K_2O 的最佳施用比例为 1∶0.29∶0.69。不合理的施肥比例不仅不能够起到较好的肥效，同时容易造成磷的富余和钾的不足等问题。在施肥方法方面，农户一般在前期施肥较为集中，容易造成养分的流失，利用率降低，而且容易造成整体供肥能力差，致使水稻后期供肥不足造成早衰，产量降低。

2. 水稻氮、磷、钾肥的养分利用率 几十年来，农民往往采用大量投入化肥的途径来追求农产品的高产出，由于大量化肥的投入以及施用肥料配比的不均衡，忽视有机肥和中微量元素的投入，导致农田酸化、板结、养分缺乏以及流失等问题日益突出。董稳军等（2012）系统分析了 60 年来广东省在水稻肥料利用率上的研究文献，结果表明，广东省氮、磷、钾肥利用率的均值分别为 32.56%、23.17% 和 44.46%，随着施肥量的增加，氮、磷、钾的肥料利用率呈下降趋势。其中氮肥和磷肥利用率在 1949—1980 年、1980—2000 年和 2000—2010 年 3 个阶段均呈"高→低→高"趋势变化，但钾肥利用率 1980—2000 年为 47.69%，高于 2000—2010 年的 39.98%。不同施肥技术下氮肥利用率差异较大，控释肥技术为 47.20%，配方施肥技术为 36.65%，常规施肥技术为 26.18%，从产量和肥料利用率层面来考虑，控释肥技术是目前最优的施肥技术。此外，广东省土壤肥料总站 1987—1997 年 10 年定位试验研究表明，长期施用有机肥、农家肥能够显著提高氮、磷、钾的肥料利用率。研究发现，施用有机肥能够促进水稻对微量元素锌、硼和铜的利用率，因此，有机肥和无机肥配施，平衡施用氮、磷、钾有利于提高养分利用率。

3. 水稻大量元素及中微量元素施肥技术

（1）氮、磷、钾的用量和比例。陈建生等（1999）在广东多地开展的水稻试验表明：缺氮是广东省土壤极为普遍的营养障碍。在试验稻谷产量范围内，每 $667m^2$ 一季水稻施用氮素 8.0～9.0kg 即可满足水稻需氮量和维持土壤氮素养分的需要。为使施氮量达到水稻生长前期氮素营养要求而又不致使中后期氮素营养不足和造成磷、钾养分的浪费，在水稻幼穗分化期每 $667m^2$ 需补施尿素 3.0～5.0kg。广东省水稻土磷、钾养分丰缺类型以（极）富磷缺钾型分布面积为大，水稻施磷普遍肥效都差或不显效。但数季植稻不施磷又会导致氮、钾组合施肥的增产效果下降。因此，需要适时、适量补充土壤磷素。广东省农业科学院土壤肥料研究所通过长期试验得出水稻专用 BB 肥氮、磷、钾的营养配方为 1∶0.35∶（0.75～0.85），养分含量 54%。推荐施肥量为每 $667m^2$30.0～35.0kg，另在水稻幼穗分化期补施尿素 3.0~5.0kg。

此外，水稻的氮肥用量对水稻分蘖、病虫害以及产量具有重要影响。据广东省农业科学院水稻研究所"水稻三控施肥技术"研究成果，通过控制总施氮量及前期氮肥的比例（氮肥在前期的用量一般占总施氮量的 60% 左右，中后期的用量为 40% 左右，改变了以往传统前期 80%、中后期 20% 的习惯），较好地起到了保蘖壮蘖作用，提高氮肥利用率，同时，由于基蘖肥中的氮肥用量得到有效控制，提高了分蘖质量和成穗率，且保持了水稻群体的通风性，降低了病虫害发生的风险，从而实现水稻高产稳产。

（2）中微量元素的用量。水稻生长除了大量元素氮、磷、钾之外，还需要硅、钙、镁、硼、锌、铁、铜、锰、钼等中微量元素。柯玉诗等（1995）进行了相应土壤中微量元素限制因子大田定性效应试验和有效限制因子多因素水平定量化指标研究，结果表明，广东水稻土中微量元素的最佳施肥量为每 667m² 锌肥 0.83kg、镁肥 5.91kg、铜肥 0.18kg、硼肥 0.30kg，推荐氮磷钾肥用量及推荐氮磷钾肥加施锌、镁、铜、硼的稻谷产量比常规氮磷钾施肥分别增产 11.28%、15.24%、9.48%、13.19% 和 5.82%。在施用氮、磷、钾的基础上每 667m² 增施硅酸钠 7.5kg，可增产 56.2kg；增施硫酸镁 10kg，可增产 20.1kg；增施硫酸锌 1.0kg，可增产 48.0kg；增施硫酸铜 1.0kg，可增产 0.8kg；增施硫酸锰 2.0kg，可增产 39.3kg。除施用铜肥外，施用其他元素肥料均有较好的增产效果。

二、华中双单季稻稻作区

（一）长江中下游平原双单季稻亚区

1. 水稻需肥规律 水稻对养分的需求，主要受产量水平和品种的影响。随产量水平增加，其所需养分增加（表 3-4-1）。相比早稻，晚稻在低产水平下生产相同籽粒需氮增加，但高产时生产相同籽粒需氮减少；晚稻在不同产量水平下生产相同籽粒所需磷、钾量均高于早稻。

表 3-4-1　湖北省不同目标产量下每 667m² 水稻养分需求量（kg）

产量水平	氮		磷		钾	
	早稻	晚稻	早稻	晚稻	早稻	晚稻
300	5.0	5.2	1.0	1.1	5.7	6.0
400	7.0	7.0	1.3	1.5	7.3	8.3
500	9.3	9.0	1.8	1.9	9.7	10.3
600	12.3	12.0	2.3	2.5	13.0	13.7

邹长明等（2002）研究表明，早稻生育期较短，只有一个吸氮高峰，出现在分蘖至拔节期；而晚稻生育期较长，有两个吸氮高峰，出现在分蘖期和孕穗至抽穗期，吸氮量约占总量的 40% 和 24%。早稻从分蘖到抽穗一直高强度吸收磷、钾，而晚稻仅在分蘖期有吸收高峰，但晚稻对磷、钾的养分利用效率要高于早稻。水稻产量形成的关键因素是干物质积累量和氮素的转运率，籼稻和粳稻的转运率明显不同。江立庚等（2004）研究表明，水稻干物质积累量与水稻对氮、磷、钾、硅的积累量呈显著的正相关关系，干物质积累和氮素积累规律不同。干物质积累为生育前期弱，后期逐渐增强；而氮积累则在前期最强，后期减弱。成熟期

干物质、氮、磷均主要分配在稻谷，而钾则主要分配在稻草。

不同品种对氮、磷、钾、硅的吸收比例明显不同，施肥应考虑需肥差异，对各养分合理搭配。对于不同系别水稻，常规稻、两系杂交稻和三系杂交稻的干物质积累规律相似，无论是吸收规律还是吸收量均无显著差异。

2. 水稻施肥的主要问题及对策 韩宝吉等（2012）对湖北省水稻主产区 1 027 户农户水稻施肥状况的调查表明，化肥养分投入总体上呈增加趋势，所有种植水稻的田块均施用了氮肥，只有极少数农户施用有机肥和微量元素肥。绝大多数农户不再施用有机肥，秸秆直接焚烧。全省水稻氮、磷和钾肥平均每 667m² 施用量分别为 12.3kg、4.2kg 和 4.5kg。水稻氮肥施用量偏高；晚稻施磷不足与中稻施磷过量现象较为突出，施钾不足现象也很普遍。具体表现为：有机肥与无机肥比例严重失衡；氮肥施用量偏高，绝大多数农户将氮肥以基肥或追肥与分蘖肥追肥施入；钾肥施用量普遍不足，有相当多的农户不施用钾肥；氮、磷、钾比例及基肥和追肥比例不协调；同一地区农户之间肥料施用不平衡；施肥不合理以及施肥方法不当导致肥料利用率较低，水稻单产还有待进一步提高。王伟妮等（2010）调查表明，湖北省水稻生产中氮肥用量偏高，氮、磷、钾比例不合理，同时还有相当部分田块各种养分用量不足的问题存在。水稻平均每 667m² 用量为氮（N）12.1kg、磷（P_2O_5）3.9kg、钾（K_2O）3.3kg。肥料的不合理施用，以及近几年持续上涨的化肥价格，导致了水稻产量及经济效益徘徊不前甚至下降，挫伤了农民的种粮积极性。

水稻施肥对策：首先，要积极开展测土配方施肥，科学施用肥料，减少不必要的肥料投入。可以通过以下几项措施改变农民已有施肥习惯：一是提高基层土肥站工作人员的专业水平，加强地方部门对施肥技术的指导工作；二是重视测土配方施肥工作，真正做到既测土又配方，地方农技部门可与复混肥料生产厂家合作，由农技部门根据各种土壤肥力情况提供水稻肥料配方，肥料生产厂家根据配方生产配方肥料，实行"测土配方→配方肥生产→土肥站指导→农户施用"一条龙服务体系；三是加强配方肥料的础研究和示范推广工作，开展田间试验、现场观摩和技术培训工作，不断提升测土配方施肥技术水平；四是加强对各级技术人员、肥料生产企业和肥料经销商的系统培训，逐步建立技术人员和肥料经销人员持证上岗制度；五是整顿肥料市场，尤其是复混肥料市场秩序，加大市场上肥料质量的检查力度，杜绝劣质肥料。其次，要提倡水稻秸秆还田，促进有机物料归回田间，以增加钾和土壤有机质含量。作物秸秆粗纤维含量多，碳、氮比大，腐殖化系数高，有利于土壤有机质的积累，具有改善土壤理化性状和提高土壤肥力的作用。同时秸秆本身含有丰富的养分，因此，秸秆还田已成为目前提高土壤有机质含量的主要措施。再次，要减少氮肥基施比例，增加分蘖期和幼穗分化期的施用比例，可按 8：5：7 比例分配。最后，要控制肥料用量，改进施肥方法。在每 667m² 产量 400～550kg 条件下，坚持以有机肥为基础，每667m² 氮肥用量控制在 8～12kg，磷肥控制在 4～7kg，钾肥控制在 4～8kg；氮肥 40%～45% 作基肥，磷肥 100% 作基肥，钾肥 50%～60% 作基肥；缺乏情况下可每 667m² 用锌肥和硼砂各 1.0kg。

（二）四川盆地单季稻两熟亚区

1. 水稻的需肥规律 四川省不同生态区水稻养分需求量统计结果如表 3-4-2 所示，全省不施肥水稻生产 100kg 籽粒养分需求量平均为氮 1.76kg、磷 0.76kg、钾 2.79kg；推荐施肥区水稻生产 100kg 籽粒养分需求量为氮 1.96kg、磷 0.85kg、钾 2.90kg。

表 3-4-2　四川省水稻生产 100kg 籽粒养分需求量统计（kg）

区域	N		P$_2$O$_5$		K$_2$O	
	无氮区	施氮区	无磷区	施磷区	无钾区	施钾区
全省	1.76	1.96	0.76	0.85	2.79	2.90
成都平原	1.73	1.93	0.79	0.84	2.82	3.12
川中丘陵	1.76	1.95	0.75	0.85	2.72	2.78
盆周山地	1.81	2.02	0.80	0.85	3.11	3.23
川西南山地	1.78	1.95	0.73	0.82	2.42	2.54

2. 水稻施肥技术

（1）成都平原区。施肥存在的主要问题是：有机肥用量少，氮肥过量和不足并存，施肥方法不当。施肥上应增施有机肥，有机肥与无机肥相结合；控施氮肥，增施钾肥，增加追肥用量。氮肥 40%～50% 作基肥，50%～60% 作分蘖肥；有机肥与磷肥全部作基肥；钾肥 50% 作基肥，50% 作分蘖肥。在土壤缺锌区域，每 667m^2 施用硫酸锌 1kg。若基肥施用了有机肥，可酌情减少化肥用量。不同产量水平，氮、磷、钾肥施用量分别为：a. 每 667m^2 目标产量 600kg 以上，若前茬为油菜，施氮肥（N）11～13kg、磷肥（P$_2$O$_5$）3～4kg、钾肥（K$_2$O）4～5kg；若前茬为小麦，施氮肥（N）12～13kg、磷肥（P$_2$O$_5$）4～6kg、钾肥（K$_2$O）5～6kg。b. 每 667m^2 目标产量 500～600kg，若前茬为油菜，施氮肥（N）9～11kg、磷肥（P$_2$O$_5$）3～6kg、钾肥（K$_2$O）4～6kg；若前茬为小麦，施氮肥（N）10～12kg、磷肥（P$_2$O$_5$）4～5kg、钾肥（K$_2$O）4～5kg。c. 每 667m^2 目标产量 500kg，若前茬为油菜，施氮肥（N）7～5kg、磷肥（P$_2$O$_5$）2～5kg、钾肥（K$_2$O）3～6kg；若前茬为小麦，施氮肥（N）8～10kg、磷肥（P$_2$O$_5$）2～6kg、钾肥（K$_2$O）3～6kg。

（2）川中丘陵区。由于川中丘陵区土壤肥力较成都平原低，有机质含量也较低，但川中丘陵区土壤为由紫色砂页岩成土母质发育的水稻土，土壤有效钾含量较高，因此可在成都平原水稻推荐施肥量基础上，每 667m^2 氮肥增加 1kg，而钾肥减少 1kg，可基本满足水稻生长需求。在盆南浅丘河谷稻区，海拔 400m 以下的浅丘、平坝、河谷地区，选择高产、再生力强的杂交稻品种，如德香 4103、冈优 1577、川香 9838、Ⅱ优 498 等；在旱地保温育秧，3.4～5 叶中苗移栽；每 667m^2 栽 1.0 万～1.2 万窝基础上，推荐施纯氮 10kg，按底肥 60%、分蘖肥 20%、穗肥 20% 施用，并配合每 667m^2 施磷、钾肥各 5kg。齐穗后每 667m^2 施 10kg 尿素作粒芽肥，头季稻收获留桩高度 40cm，并注意扶正稻桩、除去杂草，防治稻纵卷叶螟和稻飞虱。

（3）盆周山区。稻田土壤肥力状况与川中丘陵区相近，但光、热资源较差，推荐施肥上可参照（2）川中丘陵区执行。

（4）川西南山区。施肥存在的主要问题是：有机肥施用量少，氮、磷、钾施用比例失衡。施肥建议：增施有机肥，有机肥与无机肥相结合；控制氮肥总量，氮肥与磷肥、钾肥配合施用。氮肥 40%～50% 作基肥，50%～60% 作分蘖肥；有机肥与磷肥全部作基肥；若基肥施用了有机肥，可酌情减少化肥用量。提倡施用配方肥。不同产量水平，氮、磷、钾肥施用量分别为：a. 每 667m^2 目标产量 600kg 以上，一般施氮肥（N）10～12kg、磷肥（P$_2$O$_5$）4～5kg、钾肥（K$_2$O）5～7kg；若前茬为蔬菜，施氮肥（N）6～8kg、磷肥（P$_2$O$_5$）1～

8kg、钾肥（K_2O）2～4kg。b. 每667m^2目标产量500～600kg、一般施氮肥（N）8～10kg、磷肥（P_2O_5）3～4kg、钾肥（K_2O）4～5kg；若前茬为蔬菜，施氮肥（N）5～7kg、磷肥（P_2O_5）0～2kg、钾肥（K_2O）2～3kg。c. 每667m^2目标产量500kg以下，施氮肥（N）6～8kg、磷肥（P_2O_5）2～3kg、钾肥（K_2O）3～4kg。

（三）江南丘陵平原双季稻亚区

1. 水稻需肥规律

（1）湖南省水稻需肥规律。关于湖南单季稻需肥规律，裴又良（2005）的研究表明，超级杂交稻两优培九在湖南每667m^2产量766.7kg时，平均每生产1000kg稻谷需吸收氮（纯N）16kg、磷（P_2O_5）3.92kg、钾（K_2O）20.9kg。两优培九在返青期氮、磷、钾的吸收量占总吸收量的比例大致为10%、5%、5%，分蘖至拔节期氮、磷、钾的吸收比例约为60%、65%、65%，从孕穗期至成熟期氮、磷、钾的吸收比例均为30%左右。根据这一营养特性和每生产1000kg稻谷需吸收的养分量，两优培九每667m^2产量700kg时，应施足氮11.2kg、磷6.4kg、钾17.0kg。敖和军等（2008）的研究表明，准两优527每生产1000kg稻谷的氮、磷、钾需要量分别为16.52～25.27kg、2.61～4.95kg和14.35～29.79kg，两优293分别为14.60～28.91kg、2.82～5.29kg和17.72～31.99kg。此外，众多的研究也表明，超级杂交晚稻每生产1000kg稻谷需吸收氮14.6～28.9kg、磷3.10～5.29kg、钾13.6～32.0kg。

根据湖南省2005—2009年田间试验结果（表3-4-3），一季中稻每生产100kg稻谷需吸收氮（N）2.04～2.36kg、磷（P_2O_5）0.92～1.22kg、钾（K_2O）2.50～3.16kg，氮、磷、钾的需求比例约为1∶0.49∶1.29。因栽培地区、品种类型、土壤肥力、施肥和产量水平等不同，中稻对氮、磷、钾的吸收量会发生一些变化。

表 3-4-3 湖南省不同产量水平下中稻氮、磷、钾的吸收量 （kg）

每667m^2 产量水平	生产100 kg 籽粒养分吸收量		
	N	P_2O_5	K_2O
<450	2.36	1.22	2.50
450～500	2.31	1.14	2.60
500～550	2.24	1.08	2.72
550～600	2.04	1.01	2.88
>600	2.16	0.92	3.16

注：数据引自湖南省土壤肥料工作站。

一季中稻吸肥有两个明显的高峰期，一个出现在分蘖期，另一个出现在幼穗分化期，且后期吸肥量比前期高。一季中稻一生中不同生育期吸收养分的比例不同。秧苗期吸收的养分占水稻全生育期的10%左右，需要的养分以氮最多，其次为磷、钾等。移栽返青期主要是恢复生机，需肥量很少。分蘖期是中稻吸肥高峰，氮的吸收约占全生育期吸氮量的30%，磷的吸收占16%～18%，钾的吸收约占20%。幼穗分化期是中稻一生中吸收养分数量最多和强度最大的时期，吸收氮、磷、钾养分几乎占水稻全生育期养分吸收总量的50%左右。灌浆成熟期，植株生理机能逐渐衰竭，根系吸收能力减弱，吸收养分的数量显著减少，氮的吸收率为16%～19%，磷的吸收率为24%～36%，钾的吸收率为16%～27%。

关于湖南双季稻需肥规律，邹应斌等（2008）在湖南省衡阳市、益阳市、岳阳市3地进行的 16 个品种（早稻 7 个，晚稻 9 个）大田试验结果表明，早稻每 667m² 氮素吸收量为 8.7～9.7kg，磷素吸收量为 1.7～1.8kg，钾素吸收量为 7.0～8.4kg。晚稻每 667m² 氮素吸收量为 7.1～8.0kg，磷素吸收量为 1.9～2.3kg，钾素吸收量为 6.9～7.8kg。每生产 1 000 kg 稻谷所需要吸收的氮素、磷素和钾素，早稻分别为 16.6～18.2kg、3.29～3.61kg、13.6～16.4kg；晚稻分别为 15.0～18.9kg、3.77～5.17kg、13.7～16.9kg。易国英等（2006）研究表明，在中等肥力水平下，两系杂交水稻的 N、P_2O_5、K_2O 每 667m² 经济施用量：早稻分别为 10.7～12.0kg、4.7～6.0kg、6.0～7.3kg；晚稻分别为 12.0～12.7kg、3.0～3.7kg、12.0～13.3kg。每 667m² 氮、磷、钾施肥量早稻分别为 12.0kg、6.0kg、12.0kg，晚稻分别为 16.0kg、6.0kg、18.0kg，获得了最高产量。随着氮、钾肥用量的增加，钾、磷、氮吸收量呈逐渐提高的趋势；早稻施中量磷肥，晚稻施低量磷肥，有助于对氮、钾的吸收。

根据湖南省 5 年来的田间试验结果（表 3-4-4），每生产 100kg 早稻稻谷平均需吸收氮（N）1.84kg、磷（P_2O_5）0.63kg、钾（K_2O）2.70kg。早稻吸氮高峰出现在分蘖至拔节期，吸收量约占总吸氮量的 60%，至孕穗期，早稻吸收的氮占全生育期吸氮量的 80% 以上，吸收磷、钾的高峰期可从分蘖期一直持续到抽穗期以后，至孕穗期，早稻吸收磷、钾量分别占全生育磷、钾吸收总量的 63% 和 78%。各生育期阶段的吸氮量与稻谷产量均呈显著正相关，而中后期的磷、钾吸收多为"奢侈"吸收，它与稻谷产量无相关性。

表 3-4-4　湖南省不同产量水平下双季稻氮、磷、钾的吸收量（kg）

稻季	每 667m² 产量水平	生产 100 kg 籽粒养分吸收量		
		N	P_2O_5	K_2O
早稻	<350	2.02	0.51	2.81
	350～400	1.90	0.68	2.49
	400～450	1.71	0.53	2.38
	450～500	1.90	0.79	2.85
	>500	1.66	0.63	2.97
晚稻	<400	1.81	0.69	2.68
	400～450	1.90	0.68	2.49
	450～500	1.71	0.53	2.38
	500～550	1.90	0.79	2.85
	>550	1.66	0.63	2.97

注：数据引自湖南省土壤肥料工作站。

晚稻每生产 100kg 稻谷，氮（N）、磷（P_2O_5）、钾（K_2O）的平均吸收量分别为 1.80kg、0.66kg、2.67kg，氮、磷、钾的吸收比例约为 1：0.37：1.48。晚稻在分蘖期和孕穗期至抽穗期出现两个吸氮高峰，吸收量分别占总吸氮量的 40% 和 24% 左右，晚稻吸磷、钾的高峰期仅在分蘖期，其吸收量占全生育期吸收量的 55% 以上。晚稻磷、钾养分（尤其是磷素）利用效率比早稻高，晚稻吸收较少的养分而产生较多稻谷。

喻光孟（2011）将湖南省 2007—2008 年两年 713 个试验点设置的"3414＋1"肥料效应田间试验进行总结，得出结论：

湖南省早稻最大施肥量为每 $667m^2$ $16.7 \sim 71.5kg$ N、$7.3 \sim 11.3kg$ P_2O_5、$10.2 \sim 12.5kg$ K_2O；经济施肥量为每 $667m^2$ $13.1 \sim 13.8kg$ N、$5.1 \sim 6.3kg$ P_2O_5、$4.5 \sim 5.6kg$ K_2O。

湖南省中稻最大施肥量为每 $667m^2$ $17.7 \sim 18.9kg$ N、$9.0 \sim 18.5kg$ P_2O_5、$9.9 \sim 16.6kg$ K_2O；经济施肥量为每 $667m^2$ $12.9 \sim 14.4kg$ N、$6.6 \sim 9.4kg$ P_2O_5、$4.5 \sim 8.5kg$ K_2O。

湖南省晚稻最大施肥量为每 $667m^2$ $14.6 \sim 16.2kg$ N、$4.7 \sim 5.1kg$ P_2O_5、$9.6 \sim 11.6kg$ K_2O；经济施肥量为每 $667m^2$ $11.7 \sim 13.0kg$ N、$3.7 \sim 4.3kg$ P_2O_5、$4.5 \sim 5.2kg$ K_2O。

（2）江西省水稻需肥规律。江西省不同产量水平下，水稻对氮、磷、钾的吸收量各不相同（表 3-4-5）。随产量水平的上升，生产 100kg 籽粒养分吸收量也逐渐增加。低产水平下，水稻生产 100kg 籽粒氮素吸收量为 $1.62 \sim 1.86kg$，磷素吸收量为 $0.69 \sim 0.99kg$，钾素吸收量为 $1.60 \sim 2.51kg$；中产水平下，水稻氮素吸收量为 $2.11 \sim 2.42kg$，磷素吸收量为 $0.93 \sim 1.32kg$，钾素吸收量为 $2.14 \sim 3.33kg$；高产水平下，水稻氮素吸收量为 $2.71 \sim 3.09kg$，磷素吸收量为 $1.44 \sim 2.07kg$，钾素吸收量为 $2.85 \sim 4.48kg$。

表 3-4-5　江西省不同产量水平下水稻生产 100kg 籽粒产量的养分吸收量（kg）

产量水平	生产 100 kg 籽粒养分吸收量		
	N	P_2O_5	K_2O
低产水平	$1.62 \sim 1.86$	$0.69 \sim 0.99$	$1.60 \sim 2.51$
中产水平	$2.11 \sim 2.42$	$0.93 \sim 1.32$	$2.14 \sim 3.33$
高产水平	$2.71 \sim 3.09$	$1.44 \sim 2.07$	$2.85 \sim 4.48$

不同产量水平下，水稻不同生育期对氮、磷、钾营养元素的吸收具有"两头小、中间大"的特点，即苗期吸收少，分蘖期后逐渐增加，幼穗分化期至抽穗期吸收最多，结实成熟期吸收量减少。生育前期和后期吸收氮、磷、钾量约占全生育期吸收总量的 1/2。同一生育期，不同营养元素吸收量不同，分蘖期吸氮量最多，钾次之，磷最少，结实成熟期则相反，磷吸收量最大，钾次之，氮最小。因此，水稻栽培上应根据生育期的吸肥特点进行施肥。

水稻生育期内，从移栽到穗分化的营养生长中钾的吸收量较大，占吸钾总量的 $31.0\% \sim 43.5\%$；氮次之，为 $26.9\% \sim 36.6\%$；磷较少，为 $15.8\% \sim 22.4\%$；从幼穗分化到抽穗的生殖生长期养分吸收量显著增加，氮为 $47.2\% \sim 53.6\%$，磷为 $44.4\% \sim 50.9\%$，钾的吸收已基本完成，为 $56.6\% \sim 69\%$，是一生中吸肥最多的时期。从抽穗到成熟，氮吸收量显著减少，为 $16.2\% \sim 33.3\%$，磷的吸收量比较平稳，为 33.0% 左右，生育后期水稻吸收的氮、磷为 $16\% \sim 33\%$，故氮、钾肥要前中期施用，同时要施好穗粒肥，以保证水稻后期对养分的需要。

（3）浙江省水稻需肥规律。浙江省水稻在每 $667m^2$ 产量 275.6kg 时，连作早稻每生产 100kg 籽粒需要吸收 N、P_2O_5、K_2O 分别为 2.56kg、1.10kg 和 2.49kg（表 3-4-6）；随着产量的提高，早稻生产 100kg 籽粒需要吸收的养分量也逐渐增加。连作晚稻和单季晚稻也有类似的趋势，连作早稻和晚稻生产单位产量所需养分量相似，都高于单季晚稻。

表 3-4-6　浙江省水稻不同产量水平氮、磷、钾的吸收量和吸收比例

作物	每 667m² 籽粒产量（kg）	生产 100 kg 籽粒养分吸收量（kg）			吸收比例		
		N	P₂O₅	K₂O	N	P₂O₅	K₂O
早稻	275.6	2.56	1.10	2.49	2.33	1	2.26
	321.8	2.70	1.13	2.54	2.39	1	2.25
	357.1	2.80	1.20	2.94	2.33	1	2.45
平均	318.2	2.69	1.14	2.66	2.35	1	2.32
晚稻	250.3	2.64	1.03	2.56	2.56	1	2.49
	286.7	2.75	1.16	2.91	2.37	1	2.51
	309.0	2.91	1.13	3.19	2.58	1	2.82
平均	282.0	2.77	1.11	2.89	2.50	1	2.61
单季晚稻	439.6	2.03	0.52	2.36	3.90	1	4.54
	465.4	2.33	0.55	2.68	4.25	1	4.89
	528.2	2.32	0.55	2.66	4.25	1	4.87
平均	477.7	2.23	0.54	2.57	4.13	1	4.77

　　早稻在分蘖期对氮素的吸收最强，每天每公顷吸收量可达 3 000g，其次是拔节期。而在苗期和灌浆成熟期吸收强度比较低，可能是由于时间比较长的缘故。晚稻也是在分蘖期对氮素的吸收强度最强，每天每公顷吸收量可达 3 000g。在拔节和孕穗期早稻对磷和钾的吸收最强，每天每公顷分别可达 1 275g 和 5 295g。而晚稻在分蘖期对磷的吸收每天每公顷高达 3 120g，在拔节期对钾的吸收强度最强，为每天每公顷吸收量为 3 735g。早、晚稻不同生育期氮、磷、钾养分吸收量与强度列于表 3-4-7 和表 3-4-8。

表 3-4-7　早稻不同生育期氮、磷、钾养分吸收量与强度

（每 667m² 产量 429.2kg）

生育时期	天数（d）	指标	养分		
			N	P₂O₅	K₂O
秧苗期	34	吸收量（kg/hm²）	0.89	0.37	1.11
（4 月 1 日至 5 月 4 日）		吸收强度 [g/（hm²·d）]	26.2	10.9	32.6
返青期	10	吸收量（kg/hm²）	12.2	2.68	13.9
（5 月 4～14 日）		吸收强度 [g/（hm²·d）]	1 223.0	268.0	1 394.0
分蘖期	10	吸收量（kg/hm²）	30.0	8.21	38.5
（5 月 14～24 日）		吸收强度 [g/（hm²·d）]	2 996.0	821.0	3 845.0
拔节期	10	吸收量（kg/hm²）	27.6	12.8	53.0
（5 月 24 日至 6 月 3 日）		吸收强度 [g/（hm²·d）]	2 756.0	1 279.0	5 300.0
孕穗期	10	吸收量（kg/hm²）	13.0	11.4	43.4
（6 月 3～13 日）		吸收强度 [g/（hm²·d）]	1 299.0	1 141.0	4 339.0
抽穗期	10	吸收量（kg/hm²）	8.31	10.5	25.9
（6 月 13～23 日）		吸收强度 [g/（hm²·d）]	831.0	1 054.0	2 586.0
灌浆成熟期	27	吸收量（kg/hm²）	7.25	9.95	17.6
（6 月 23 日至 7 月 20 日）		吸收强度 [g/（hm²·d）]	268.5	368.5	653.3

（续）

生育时期	天数（d）	指标	养分		
			N	P_2O_5	K_2O
总计	111	吸收量（kg/hm²）	99.18	55.95	193.39
生产 100 kg 籽粒养分吸收量		（kg）	1.54	0.87	3.00
N∶P_2O_5∶K_2O		比例	2.77	1.00	2.08

表 3-4-8　晚稻不同生育期氮、磷、钾养分吸收强度（每 667m² 产量 553.4kg）

生育时期（日/月）	天数（d）	指标	养分		
			N	P_2O_5	K_2O
秧苗期	35	吸收量（kg/hm²）	5.82	2.7	7.03
（6月20日至7月25日）		吸收强度［g/（hm²·d）］	166.3	77.1	200.9
返青期	10	吸收量（kg/hm²）	19.7	8.0	28.3
（7月25日至8月4日）		吸收强度［g/（hm²·d）］	1 970.0	800.0	2 830.0
分蘖期	10	吸收量（kg/hm²）	59.9	31.2	140.7
（8月4~14日）		吸收强度［g/（hm²·d）］	5 990.0	3 120.0	14 070.0
拔节期	10	吸收量（kg/hm²）	7.66	4.90	37.4
（8月14~24日）		吸收强度［g/（hm²·d）］	766.0	490.0	3 740.0
孕穗期	10	吸收量（kg/hm²）	20.2	3.60	21.3
（8月24日至9月3日）		吸收强度［g/（hm²·d）］	2 020.0	360.0	2 130.0
抽穗期	10	吸收量（kg/hm²）	16.1	2.15	14.8
（9月3~13日）		吸收强度［g/（hm²·d）］	1 610.0	215.0	1 480.0
灌浆成熟期	37	吸收量（kg/hm²）	19.2	1.31	5.35
（9月13日至10月20日）		吸收强度［g/（hm²·d）］	518.9	35.4	144.6
总计	122	吸收量（kg/hm²）	148.6	53.8	255.0
100kg 籽粒吸收量		（kg）	1.79	0.65	3.07
N∶P_2O_5∶K_2O		比例	2.76	1.00	4.74

2. 水稻施肥中存在的问题与施肥技术推荐

（1）水稻施肥中存在问题与对策。

①有机物料和有机肥投入不足。有机肥投入主要依靠秸秆还田，其中早稻的秸秆还田由于考虑茬口问题，不足 30%，焚烧现象相对普遍。因此，需通过使用秸秆还田技术、冬种绿肥、增施有机肥等办法来培肥地力。

②肥料种类、养分配比不科学。在调查过程中发现，农民采用的复合肥料和复混肥料品种多样，养分含量不一，养分配比不科学，综合考虑生态、水稻需肥规律、养分释放和利用等因素的专用肥料不多，导致肥料养分的实际生产效率下降。根据调查结果分析认为，随着施肥量的增加和劳动力的输出，肥料报酬率和实际产出效率降低，一方面与肥料本身有关，

另一方面与技术到位率、环境对肥料效果的影响、生态因素等存在联系。因此，应加强科技投入，优化复合肥料配方。

③施肥不能按照水稻需肥规律进行。水稻生产中大部分施肥主要为基肥加追肥，基肥施用量较大，在移栽前1～2d施用；追肥在分蘖期进行，施用量相对较少。而在孕穗以后的追肥较少，常导致后期缺肥。因此，可在保证肥料用量的基础上通过氮肥后移的方式来调整水稻施肥，可采用"前足、中控、后促"的方式进行，按氮、钾肥基肥∶分蘖肥∶穗肥＝5∶2∶3或4∶2∶4等方式施用，也可以依靠水稻专用肥的养分释放优化和加强施用穗肥效果宣传来实现。

④氮、磷、钾施用比例不合理。农民普遍重视氮肥，而磷、钾肥的用量不足。如浙江省50％以上的稻田土壤缺钾，尤其是最近几年杂交水稻的种植，造成土壤钾素严重亏缺。因此，应提高钾肥在施用肥料中的比例，减缓土壤钾素亏缺状态。

（2）施肥技术推荐。本亚区水稻生产的肥料种类除了农家肥、秸秆等有机肥以外，无机肥主要包括复混肥料、配方肥、尿素、碳酸氢铵、过磷酸钙和氯化钾。施肥技术为基肥、追肥两次施用，一般以农家肥加复合肥料、复混肥料和碳酸氢铵（或尿素）、过磷酸钙和碳酸氢铵（或尿素）、过磷酸钙加钾肥和碳酸氢铵（或尿素）4种组合方式为基肥，追肥主要为尿素（碳酸氢铵），部分地区追施钾肥。施肥时期是移栽期和分蘖期，有部分地区采用基肥、分蘖肥和穗肥3次施用的方式；复混肥料、配方肥和过磷酸钙基本不作追肥。由于复混肥料施用方便，因此施用比例越来越大。本亚区早稻每667m^{2}施纯N 8～10kg、P_2O_5 3～6kg、K_2O 4～10kg；晚稻每667m^{2}施纯N 9～14kg、P_2O_5 3～6kg、K_2O 6～10kg；一季稻每667m^{2}施纯N 10～14kg、P_2O_5 4～6kg、K_2O 6～10kg。氮肥利用率为15％～45％，磷肥利用率为10％～30％，钾肥利用率为30％～60％。

三、西南高原单双季稻稻作区

1. 水稻需肥规律　本区水稻需肥规律以云南省为例。刘润梅等（2012）在2008—2009年对云南省12个州（市）20个县（市）共360个农户进行的问卷调查结果表明，云南省在水稻生产中总养分平均投入量为每667m^2 32.6kg，其中氮（N）、磷（P_2O_5）和钾（K_2O）每667m^{2}投入量分别为21.8kg、5.2kg、5.6kg；化肥氮（N）、磷（P_2O_5）和钾（K_2O）每667m^{2}的投入量分别为18.2kg、3.8kg、2.2kg。水稻的肥料偏生产力为24.2 kg/kg，其中N、P_2O_5、K_2O肥偏生产力分别为36.5 kg/kg、152.3 kg/kg、97.1 kg/kg。

张业海等（1991）的研究表明，在云南的高原河谷地区，早稻植株的氮浓度以移栽至穗长1cm时为最高，此后则急剧下降，抽穗期降至最低，尽管在穗长1cm时施了30％的氮肥，但抽穗期的含氮量仍降至1.3％以下。晚稻氮浓度自盛穗后期即开始迅速下降；同时，各生育期氮浓度均低于早稻同期含量，而且随着生育期的进行，其差异越来越悬殊。该区水稻吸磷早、晚稻明显不同。早稻前期含磷量最低，随着生育期的推移，磷浓度逐渐增加，穗长1cm或抽穗期达到最高值，说明早稻需要较长时间维持较高的供磷水平，抽穗后则逐渐下降，至成熟期又略有回升。晚稻自始穗后期磷浓度一直处于下降趋势，而且晚稻生育中、后期的磷浓度远低于早稻。早、晚稻的吸钾规律亦迥然不同，早稻含钾量出现两个低谷，即始穗期与灌浆期，后者尤低，穗长1cm时达到吸收高峰，其吸钾规律近似"山"字形；晚稻在盛蘖期出现吸钾小高峰，此后一直呈下降趋势，同时，在生育中、后期的钾浓度一直远低于早稻。早稻成熟期地上部对氮（N）、磷（P$_2$O$_5$）和钾（K$_2$O）每 667m^2 吸收总量分别达 11.90kg、7.76kg、21.69kg；晚稻成熟期地上部对氮（N）、磷（P$_2$O$_5$）和钾（K$_2$O）每 667m^2 吸收总量分别为 10.42kg、5.39kg、10.05kg。植株对氮（N）、磷（P$_2$O$_5$）和钾（K$_2$O）的吸收占整个生育期的比例，早稻从移栽到分蘖盛期分别为 19.58%、7.60%、8.34%；分蘖盛期至抽穗期分别为 66.89%、57.86%、52.47%；抽穗期至成熟期分别为 13.53%、34.54%、39.19%。晚稻植株对氮（N）、磷（P$_2$O$_5$）和钾（K$_2$O）的吸收占整个生育期比例，从移栽到分蘖盛期分别为 31.48%、21.15%、25.27%；分蘖盛期至抽穗期分别为 33.40%、45.08%、48.86%；抽穗期至成熟期分别为 35.12%、33.77%、25.87%。

2. 水稻施肥中存在的问题与施肥技术推荐

（1）水稻施肥中存在的问题。总体上看，云南化肥使用量增长速度很快，但氮、磷、钾 3 种养分的增长速度差异很大，其中氮增长最快，磷次之，钾最慢。化肥施用量不合理，施肥没有与土壤养分状况及作物需求相结合，普遍存在重氮、轻磷、短钾的现象。虽然云南省磷肥、钾肥施用量有较大幅度的增长，但由于氮肥的大量偏施，导致三要素的比例一直徘徊在 1 :（0.28～0.31）:（0.13～0.16），养分结构很不平衡。同时，化肥结构不合理，多以单质肥料为主，复合肥料施用比例少；有机肥在肥料结构中的比例不断下降，1960 年为 95.22%，1970 年下降到 80.82%，1980 年下降到 63.92%，到 2000 年下降到 34.10%，从 1960 年到 2000 年，有机肥在总养分中的比例下降 61.12 个百分点（唐芳等，2004）。此外，肥料的施用方法不科学，目前云南省化肥施用过程中还存在氮肥表施和偏施现象。部分地方偏施氮肥使作物叶色浓绿，生育期延长，导致后期贪青晚熟。表施、撒施造成氮肥挥发损失，利用率低，平均约为 35%，主要粮食作物的氮肥利用率仅为 28%～41%。

（2）施肥技术推荐。本区水稻施肥建议增施有机肥，合理施用氮肥，增施磷、钾肥，可采取的对策有：有机肥与化肥配合施用和秸秆还田；减氮、稳磷、增钾，适当减少氮肥用量，增加钾肥施用量；注重后期追肥；增施微量元素肥料，如锌肥、硼肥、铁肥等。

四、华北单季稻稻作区

1. 水稻需肥规律

（1）山东省水稻需肥规律。在山东省自然条件下，因水稻品种和栽培季节不同，水稻生育天数不同。同一品种春栽生育期长，夏栽生育期短。早、中熟品种春栽从 4 月中下旬播种育秧，到 9 月上旬成熟，生育期为 135d 左右，夏栽从 5 月中旬育秧至 9 月中旬成熟，生育期为 125d 左右。中、晚熟品种春栽，从 4 月中下旬播种育秧至 9 月下旬成熟，生育期为 155～160d，夏栽从 5 月中旬播种育秧至 9 月下旬成熟，生育期为 130～135d。晚熟品种春栽从 4 月中下旬播种，9 月下旬至 10 月上旬成熟，生育期为 165d 左右。据山东省临沂市河东区农业局研究结果（表 3-4-9），在使用有机肥的情况下，每 100kg 稻谷大约从土壤中吸收 2.00kg 纯 N、1.00kg P$_2$O$_5$、2.50kg K$_2$O，比例为 2.0 : 1.0 : 2.5。杜建菊等（2008）对黄淮海区域的研究结果表明，水稻生产 100kg 籽粒吸收养分总量为 1.890kg N、0.846kg P$_2$O$_5$、2.706kg K$_2$O。根据临沂地区水稻试验站研究结果，稻谷每 667m^2 产量 1 000kg 左右，需从土壤中吸收 17～25kg 氮、9～13kg P$_2$O$_5$、21～32kg K$_2$O。吸收氮、磷、钾的比例大体是 2 : 1 : 2.5。总体来看，山东省每生产 100kg 水稻稻谷从土壤中吸收 1.7～2.5kg 纯 N、

$0.9\sim1.3$kg P_2O_5、$2.1\sim3.2$kg K_2O。

表 3-4-9　山东省不同产量水平每生产 100kg 籽粒的吸收养分量（kg）

养分	范围	中产水平	高产水平
N	$1.7\sim2.5$	1.890	2.00
P_2O_5	$0.9\sim1.3$	0.846	1.00
K_2O	$2.1\sim3.2$	2.706	2.50

（2）河南省水稻需肥规律。河南省粳稻在每 $667m^2$ 产量 $550\sim600$kg 的情况下，需氮肥（N）$14\sim16$kg、磷肥（P_2O_5）$3.5\sim5$kg、钾肥（K_2O）$4.5\sim6$kg。籼稻在每 $667m^2$ 产 500kg 稻谷水平下，需从土壤中吸收纯氮（N）$8.5\sim12.5$kg、磷（P_2O_5）$4\sim6.5$kg、钾（K_2O）$10.5\sim16.5$kg。形成 100kg 稻谷氮、磷、钾养吸收量：N 为 2kg 左右，高产田略低些，低产田高些；磷（P_2O_5）0.9kg 左右，随产量升高吸收量增大；钾（K_2O）为 $2.1\sim3.0$，低产田略低些。

据沈阿林等（2000）的研究，不同生育期水稻干物质积累速度和比例不同（表 3-4-10、表 3-4-11）。在秧苗期，干物质积累速度较慢，分蘖后开始迅速增加；水稻 5 个生育阶段中，以抽穗至成熟阶段干物质积累最多。3 个供试品种中，黄金晴和豫粳 6 号在抽穗前积累的干物质为全生育期的 70% 左右，而郑稻 6 号在同时期的干物质积累量明显较低，抽穗至成熟阶段干物质积累达 35.7%。黄金晴和豫粳 6 号在移栽至分蘖期对氮的吸收量分别占总吸收量的 40.9% 和 43.2%，明显高于郑稻 6 号在同时期对氮的吸收量（31.9%）。3 个品种在该生育阶段对磷、钾的吸收差别不大，郑稻 6 号吸收积累率略低。至抽穗期，黄金晴对氮、磷、钾的吸收已分别达到 87.9%、79.4% 和 94.8%，豫粳 6 号分别达到 82.6%、71.8% 和 89.0%，而郑稻 6 号则分别为 74.1%、72.7% 和 91.6%。相对而言，在抽穗前对氮的吸收比例，黄金晴＞豫粳 6 号＞郑稻 6 号。郑稻 6 号后期对氮的吸收量仍占总吸收量的 25.9%。本试验每生产 100kg 稻谷，需吸收 N $1.80\sim2.03$kg、P_2O_5 $0.82\sim0.86$kg、K_2O $2.17\sim2.36$kg。

表 3-4-10　河南省不同水稻品种不同生育期每 $667m^2$ 干物质及养分吸收累积状况

品种	生育期	干物质		N		P_2O_5		K_2O	
		积累量（kg）	积累率（%）	吸收量（kg）	积累率（%）	吸收量（kg）	积累率（%）	吸收量（kg）	积累率（%）
黄金晴	秧苗期	20.3	1.5	0.21	2.0	0.07	1.6	0.35	3.0
	分蘖期	298.2	22.5	4.48	42.9	0.98	22.2	4.06	34.4
	拔节期	635.6	48.0	7.14	68.4	1.75	39.7	8.33	70.5
	抽穗期	959.7	72.5	9.17	87.9	3.50	79.4	11.20	94.8
	成熟期	1 323.0	100.0	10.43	100.0	4.41	100.0	11.83	100.0
豫粳稻 6 号	秧苗期	20.6	1.6	0.21	1.9	0.07	1.4	0.36	2.8
	分蘖期	324.4	24.8	4.97	45.1	1.06	21.5	4.40	34.0
	拔节期	596.3	45.6	6.86	62.3	1.69	34.3	8.24	63.6
	抽穗期	901.3	48.9	9.10	82.6	3.54	71.8	11.59	89.00
	成熟期	1 308.0	100.0	11.01	100.0	4.93	100.0	12.96	100.0

（续）

品种	生育期	干物质		N		P₂O₅		K₂O	
		积累量（kg）	积累率（%）	吸收量（kg）	积累率（%）	吸收量（kg）	积累率（%）	吸收量（kg）	积累率（%）
郑稻6号	秧苗期	21.8	1.6	0.23	1.9	0.08	1.6	0.39	2.8
	分蘖期	278.3	20.5	4.11	33.8	1.01	19.8	4.66	32.9
	拔节期	497.9	36.3	5.93	48.8	1.60	31.3	9.34	65.9
	抽穗期	871.2	64.3	9.01	74.1	3.72	72.7	12.98	91.6
	成熟期	1 354.6	100.0	12.16	100.0	5.12	100.0	14.17	100.0

表 3-4-11　河南省不同水稻品种各生育期对养分的吸收比例（%）

生育期	黄金晴			豫粳稻6号			郑稻6号		
	N	P₂O₅	K₂O	N	P₂O₅	K₂O	N	P₂O₅	K₂O
播种至移栽期	2.0	1.6	3.0	1.9	1.4	2.8	1.9	1.6	2.8
移栽至分蘖期	40.9	20.6	31.4	43.2	20.1	31.2	31.9	18.2	30.1
分蘖至拔节期	25.5	17.5	36.1	17.2	12.8	29.6	15.0	11.5	33.0
拔节至抽穗期	19.5	39.7	24.3	20.3	37.5	25.8	25.3	41.4	25.7
抽穗至成熟期	12.1	20.6	5.3	17.3	28.2	10.6	25.9	27.3	8.4

2. 水稻施肥中存在的问题与施肥技术推荐

（1）水稻施肥中存在的问题与对策。本区水稻施肥存在的主要问题有：有机肥施用量少；施肥结构不合理，氮肥施用普遍过量，而钾肥总体相对不足，氮、磷、钾肥的施用比例不合理；施肥方式不合理，应合理分配基肥、追肥用量和比例；施用方法不当，追肥撒施使肥料暴露于地表，氮肥易伤叶和挥发损失；微量元素施用较少。可采取的对策有：有机肥与化肥配合施用和秸秆还田；减氮、稳磷、增钾，适当减少氮肥用量，增加钾肥施用量；分期追肥，注重后期追肥；增施微量元素肥料，如锌肥、硼肥、铁肥等。

（2）施肥技术推荐。本区水稻施肥分为基肥、追肥两次施用，施肥方式以撒施为主。基肥施用肥料品种主要有尿素、磷酸二铵、碳酸氢铵、复合肥料、水稻专用肥；追肥施用肥料品种为尿素、叶面肥等。施肥量：基肥每 667m² 施土杂肥 3.0～5.0t、碳酸氢铵 30.0kg、过磷酸钙 20.0kg、硫酸钾 20.0kg（或复混肥料 50.0kg、磷酸二氢钾 6.0kg），硫酸锌、硼砂、硫酸亚铁各 1.0kg；返青、分蘖期追肥以速效氮肥为主，每 667m² 施尿素 5～10kg；抽穗期根据地力酌情追肥，孕穗结实期适时进行叶面追肥，用磷酸二氢钾 500 倍液等在水稻抽穗后进行喷雾，每隔 7～10d 1 次，连喷 3～4 次。本区水稻化肥施用量中施氮量普遍较高，氮肥（N）每 667m² 投入量高于 20.0kg，磷肥 3.3～6.7kg，钾肥投入总体偏低，每 667m² 1.3～2.0kg。随着复混肥料的大量应用，磷肥施用相对稳定，钾肥施用仍不普及，水稻施肥的 P₂O₅/N 值低于 0.3，K₂O/N 值低于 0.1；但与大量施用氮肥相比，磷、钾比例仍然偏低。从山东省水稻施肥调查结果可知，每 667m² 施氮量超过 13.3kg 的农户比例在 60%～70%，每 667m² 施氮量为 10～13.3kg 的农户比例在 25% 左右，每 667m² 施氮量在 10kg 以下的农户所占比例较小，不到 1%。磷肥用量低于氮肥，每 667m² 投入量大于 10kg 的农户比例为

10%左右，小于 3.33kg 的农户比例在 15% 以下，每 $667m^2$ 施磷量为 3.33～10.0kg 的样本最多，占 75% 左右。钾肥用量更低，每 $667m^2$ 施钾量大于 6.67kg 的农户仅占 15% 左右，小于 3.33kg 的农户占 70% 左右。

五、东北早熟单季稻稻作区

1. 水稻需肥规律　在高产栽培条件下，每生产 100kg 稻谷需吸收氮（N）2.10～2.40kg、磷（P_2O_5）0.90～1.30kg、钾（K_2O）2.10～3.30kg。据统计，黑龙江省水稻每生产 100kg 稻谷，需要吸收氮（N）2.05kg、磷（P_2O_5）1.07kg、钾（K_2O）1.63kg，其比例为 1∶0.53∶0.79。黑龙江省水稻因生长期间环境条件不一样，吸收养分的特点也有差异（表 3-4-12）。水稻一般苗期生长缓慢，植株较小，吸收氮只占全生育期氮素总吸收量的 2.46%～9.96%；苗期至分蘖期生长明显加快，吸收氮的量也在增加，有 3.92%～14.2% 的氮是在这一阶段吸收的；分蘖至抽穗期氮的吸收量最大，有 30.57%～40.92% 的氮在这一阶段被水稻吸收；抽穗至灌浆期水稻吸氮量有所下降，有 23.22%～28.80% 的氮在这一阶段被吸收；灌浆至成熟期水稻吸氮量基本与上一时期相同，有 22.05%～23.90% 的氮在这一短时间内被吸收。水稻对磷的吸收少于氮和钾，总体吸收量不大，施肥能够促进水稻对磷的吸收，与不施肥相比，分蘖期后施肥处理磷的吸收量增加显著。苗期温度低，水稻生长缓慢，植株较小，吸磷量只占全生育期总吸收量的 2.15%～3.25%；苗期至分蘖期磷的吸收量也很低，有 4.56%～6.14% 的磷是在这一阶段吸收的；分蘖至抽穗期磷的吸收量与前一时期相比成倍增加，磷的吸收量占全生育期磷素总吸收量的 14.79%～22.45%；抽穗至灌浆期吸收磷的量与上一时期基本持平，有 18.81%～24.36% 的磷在这一阶段被吸收；灌浆至成熟期是水稻需磷大增的时期，吸磷量迅速上升，有 46.48%～57.00% 的磷在这一短时间内被吸收。水稻对磷的吸收有 90% 左右是在抽穗期以后完成的，这一阶段增加磷肥施用、保证磷肥供给对水稻增产极为重要。水稻苗期吸钾量很少，低于吸收的氮和磷，钾吸收量只占全生育期总吸收量的 0.56%～1.06%；苗期至分蘖期生长明显加快，吸收钾的量也开始增加，有 2.27%～4.24% 的钾是在这一阶段吸收的；分蘖至抽穗期钾的吸收量开始迅速上升，吸收量为 22.46%～39.60%；抽穗至灌浆期吸收钾的量有所下降，有 15.07%～21.99% 的钾在这一阶段被吸收；灌浆至成熟期水稻吸钾量最多，这与磷的吸收相似，有 35.58%～57.17% 的钾在这一短时间内被吸收。水稻钾的吸收有 70% 以上是在抽穗期后完成的，在水稻后期保持钾的供给十分关键。

表 3-4-12　水稻不同生育时期对氮、磷、钾的吸收量及比例

处理	生育期	N		P_2O_5		K_2O	
		100 株吸收量（g）	比例（%）	100 株吸收量（g）	比例（%）	100 株吸收量（g）	比例（%）
不施肥	苗期	2.21	9.96	1.15	3.25	0.79	1.06
	分蘖期	5.36	14.20	3.32	6.14	3.54	4.24
	抽穗期	12.14	30.57	8.55	14.79	20.64	22.46
	灌浆期	17.29	23.22	15.20	18.81	31.84	15.07
	成熟期	22.18	22.05	35.35	57.00	74.34	57.17

（续）

处理	生育期	N		P_2O_5		K_2O	
		100 株吸收量（g）	比例（%）	100 株吸收量（g）	比例（%）	100 株吸收量（g）	比例（%）
施氮、磷、钾	苗期	2.23	2.46	1.26	2.15	0.81	0.56
	分蘖期	5.79	3.92	3.93	4.56	4.08	2.27
	抽穗期	42.94	40.92	17.08	22.45	61.18	39.60
	灌浆期	69.09	28.80	31.35	24.36	92.88	21.99
	成熟期	90.79	23.90	58.58	46.48	144.18	35.58

2. 水稻施肥中存在的问题与施肥技术推荐

（1）水稻施肥中存在的问题与对策。近年来，本区水稻单产和总产都有了很大的提高，但农民施肥中还存在着许多误区，这使得水稻生产中存在单产波动大、稻瘟病和倒伏严重、结实率低等问题。产生这些问题的一个重要原因，就是氮肥用量过高，施氮时期不合理，蘖肥比例大，穗肥施用不足，氮、磷、钾比例失调。因此，本区的施肥原则是：合理调整氮肥的基肥与追肥比例，使基肥中的氮占总施氮量的 45% 左右，减少分蘖肥，提高穗肥的施用比例；钾肥可优先选择氯化钾，在秸秆还田的地块可适当减少钾肥用量；根据测土结果，注意补施中微量元素和含硅肥料；采用节水灌溉，追肥"以水带氮"。

（2）水稻施肥技术推荐。本区水稻施肥的肥料种类为：氮肥有尿素、碳酸氢铵，磷肥有过磷酸钙、磷酸二铵，钾肥多为氯化钾。以上述肥料为原料制成的复混肥料或 BB 肥（水稻专用肥）是目前常用于水稻的肥料，多作为基肥施用。本区主要施肥方法为前、后分期施肥法，该施肥法是以水稻对氮素营养的需要为依据提出的。所谓前期施肥，是指营养生长阶段的施肥，主要是底肥和分蘖肥；后期施肥是生殖生长阶段的施肥，主要是穗肥。前、后分期施肥法是一种省肥、稳产、高产的施肥方法。

六、西北干燥区单季稻稻作区

1. 水稻需肥规律　本区水稻种植面积较小，以宁夏种植面积比例较大，因此以宁夏为例进行简要介绍。有资料报道，宁夏水稻每生产 100kg 稻谷吸收氮（N）1.6～1.8kg、磷（P_2O_5）0.6～0.8kg、钾（K_2O）2.2～2.5kg。

2. 水稻施肥技术　宁夏水稻种植有插秧型、幼苗旱长轻型栽培和播后上水轻型栽培 3 种方式。3 种方式的施肥技术如下：

（1）插秧型水稻。宁夏引黄灌区土壤养分普遍缺氮，极少缺磷，农民施肥习惯为氮、磷过量，不施或少施钾肥。本区水稻施肥要坚持控氮、减磷、针对性补钾、增施农家肥的原则。在施农家肥的基础上，每 $667m^2$ 施纯 N 12～20kg，其中 50%～60% 作基肥，追施 40%～50%；施 P_2O_5 4～6kg、K_2O 0～4kg，磷、钾肥全部作基肥。土壤肥力高或农家肥使用多时以下限为准，土壤肥力低或农家肥使用少的以上限为宜。

①基肥：插秧前每 $667m^2$ 施农家肥 2 000～3 000kg，结合第一次深耕翻压入土，深耕后要压严。基施化肥应结合稻田最后一次浅耕，把全生育期纯氮的 60% 和全部磷、钾肥施入土壤。

②追肥：蘖肥要早施，穗肥要根据气候、生长期及时补施。分蘖肥一般插秧后 7～10d

每 $667m^2$ 追施尿素 6～8kg；穗肥一般在 7 月 5～15 日每 $667m^2$ 施尿素 4～5kg，早熟品种或生长量不够时，可提前 3～5d 追肥。

（2）幼苗旱长轻型栽培水稻。全生育期每 $667m^2$ 施纯 N 15～20kg、P_2O_5 4～7kg，其中氮肥基施 50%、追施 50%，磷肥全部基施。施肥量可根据地力、茬口、产量等因素上下浮动。

①基肥：结合最后一次耙地，将基施肥料全部拌匀，采用机条播或人工撒播的方法播入（或撒入）。

②追肥：分断奶肥、分蘖肥、穗肥 3 次追肥。断奶肥在水稻叶龄为 2.5～3 叶时，及时进行机播旱追肥，每 $667m^2$ 施尿素 4.5～7.5kg，或在头水灌满后撒施速效化肥碳酸氢铵或硫酸铵每 $667m^2$ 18～24kg，有利于培育壮苗，减少化学除草造成的死苗。分蘖肥在 4～4.5 叶时，每 $667m^2$ 追施尿素 10～14kg。穗肥在 7 叶期时，水稻进入拔节盛期，同时开始幼穗分化，每 $667m^2$ 追施尿素 6～8kg。

（3）播后上水轻型栽培水稻。全生育期每 $667m^2$ 施纯 N 11～16kg、P_2O_5 4～7kg，其中：氮肥基施 50%、追施 50%，磷肥全部基施。

①基肥：结合最后一次耙地，将基施肥料全部拌匀，采用机条播或人工撒播的方法播入（或撒入）。

②追肥：分断奶肥、分蘖肥、穗肥 3 次追肥。断奶肥在水稻满月前，即上水 25～30d，水稻叶龄为 2.5～3 叶时，及时每 $667m^2$ 追施速效化肥碳酸氢铵或硫酸铵 15～20kg，有利于培育壮苗，减少化学除草造成的死苗。分蘖肥在水稻 3.5～4 叶时，每 $667m^2$ 追施尿素 5～7kg。穗肥在 7 叶期时（水稻进入拔节盛期，同时开始幼穗分化），每 $667m^2$ 追施尿素 5～6kg。

第五节　不同生态区水稻施肥的肥效反应

一、华南双季稻稻作区

在 20 世纪 60～70 年代，广东省水稻的肥效反应表现为氮大于磷、钾，磷与钾的肥效几乎相等。近年氮、磷、钾化肥对水稻的增产效果为氮大于钾、钾大于磷，而且氮、磷的肥效有所下降，其中由于长期施用高磷含量的复合肥料导致土壤中磷的富集，是肥效下降的主要原因。而氮肥肥效下降的主要原因是近年来氮肥用量迅速增加，然而钾肥长期施用不足，加之许多土壤有效钾缺乏，出现偏施氮肥、轻钾肥的现象，导致养分三要素失衡，从而加剧了"报酬递减"的现象。据周修冲等（1994）连续 10 年的施肥研究结果，单施氮肥较无肥处理增产 33.1%，但由于磷、钾得不到补充，后 7 年较前 3 年的氮肥肥效下降 30% 左右；而氮、磷、钾平衡施肥处理较单施氮肥处理氮肥肥效相对提高 29.8%。每年每 $667m^2$ 配施磷肥 2.32kg，磷肥肥效逐年上升，其中 NP 处理较 N 处理每 $667m^2$ 增产 73kg，而 NPK 处理较 NK 处理每 $667m^2$ 增产 74kg，分别增产 12.0% 和 11.7%，肥效显著。钾的增产效应表现为 NK 处理较 N 处理和 NP 处理分别增产 4.3% 和 4.0%，肥效低于磷肥和氮肥。此外，连续 10 年不配施磷、钾肥时稻谷产量不稳定，土壤有效磷（P）含量平均每年下降 0.34～0.48 mg/kg，速效钾（K）含量下降 0.9～1.6 mg/kg，磷、钾含量的逐渐下降也导致了氮肥肥效降低。梁孝衍等（1995）通过连续 14 年的双季稻田磷肥试验研究表明，连续不施磷肥时，稻谷产量不断下降，与连续施磷相比平均减产 23.4%，土壤含磷下降；当施磷量低于收获物带走的磷量时，稻谷产量略有下降；施磷量为收获物带走磷量 1.5 倍时，产量较好且稳定，但施肥效益下降；施磷量为收获物带走磷量 2.5 倍以上的，稻谷产量下降 2% 左右。施磷的后效可持续 4~5 年，并仍未表现衰减，早稻较晚稻明显。

据广东省农业科学院土壤肥料研究所的试验研究结果，土壤有效磷、速效钾的供应状况对氮肥肥效有明显的影响，富磷缺钾土壤氮肥肥效偏低，富磷中钾土壤氮肥肥效较高。土壤有效磷、速效钾含量的丰缺，对磷、钾的肥效有显著影响。根据田间肥效与土壤有效磷、速效钾的丰缺，将土壤归纳为富磷缺钾型、富磷中钾型、中磷缺钾型、缺磷中钾型 4 种类型。富磷缺钾型：土壤有效磷含量达到 21~69 mg/kg，而速效钾含量为 26~56 mg/kg。有效磷属于丰富至极丰富水平，而速效钾处于缺乏水平。这类土壤单施氮肥肥效低，每千克氮使稻谷增产 5.9~6.0kg。磷肥仅与氮肥配合施用，磷肥肥效甚微，甚至出现负效应，在氮、钾配合下施用适量磷肥，才有增产效应。钾肥肥效与氮肥相等，甚至稍高，每千克 K_2O 增产 6.1~12.7kg。富磷中钾型：土壤经过多年的改良培肥，肥力较高，土壤有效磷丰富至极丰富（26~64 mg/kg），速效钾含量中上（67~90 mg/kg）。这些土壤的化肥效应以氮肥较高，每千克氮平均增产 8.9kg，磷、钾肥肥效较低。中磷缺钾型：土壤有效磷 15~27 mg/kg，速效钾 40~48 mg/kg，磷属中上水平，钾缺乏。这些土壤在氮肥基础上配施磷肥或钾肥都有较好的增产效果，其中钾的肥效大于磷，每千克 P_2O_5 平均增产 2.9kg，每千克 K_2O 平均增产 4.0kg。缺磷中钾型：属于紫色砂页岩发育的紫色砂泥田，远离居民点，产量低，养分含量受母质影响大，极少施用磷肥，土壤有效磷极缺，速效钾中上，在这类土壤上施用氮、磷、钾肥，肥效都较为显著。

根据广东省近年来测土配方项目的开展，在水稻上的"3414"试验结果表明，不同区域水稻对氮、磷、钾肥的肥效有所差异。全省氮、磷、钾的施肥效应平均为 13.7 kg/kg N、15.8 kg/kg P_2O_5、8.4 kg/kg K_2O（表 3-5-1）。

表 3-5-1　广东省水稻对养分的肥效反应

地点	每 667m² NPK 产量水平（kg）	施氮增产（%）	氮效益（kg/kg N）	施磷增产（%）	磷效益（kg/kg P_2O_5）	施钾增产（%）	钾效益（kg/kg K_2O）	材料来源
广东丰顺	543.9	51.1	15.4	12.2	19.2	8.8	5.2	王国运等（2009）
广东乳源	434.9	91.5	16.5	17.3	10.9	7.8	3.8	陈东松等（2010）
广东兴宁	583.4	31.1	13.2	6.0	16.5	4.0	4.5	叶良等（2009）
广东丰顺	399.6	27.9	7.6	5.6	6.8	0.4	0.3	叶贤荣等（2009）
广东揭东	480.0	36.0	11.9	19.7	24.7	23.4	11.4	陈少荣等（2009）
广东普宁	461.2	49.5	14.3	2.5	3.5	18.8	9.1	冯顺洪等（2009）
广东雷州	534.3	45.6	15.2	33.6	34.0	30.0	15.8	李瑞民等（2010）
广东信宜	493.4	27.6	10.2	18.4	25.6	25.4	12.5	梁栋等（2009）
广东阳东	432.8	36.9	12.9	18.4	21.9	34.5	11.5	麦荣骥等（2011）
广东增城	368.0	32.3	9.0	6.1	7.0	19.8	7.6	何健灵等（2009）
广东珠海	483.4	64.8	15.8	19.2	21.6	26.5	10.5	李伯欣等（2011）
广东龙门	496.0	75.3	19.4	18.1	13.8	43.8	16.8	曾春松等（2009）
平均	479.1	47.6	13.7	13.3	15.8	18.7	8.4	

二、华中双单季稻稻作区

1. 长江中下游平原双单季稻亚区　王伟妮等（2011a）的研究表明（表3-5-2），施用氮肥可以显著提高湖北省水稻产量，其中早、中、晚稻平均每667m² 增产量分别为109.4kg、114.5kg和113.0kg，增产率分别为37.6%、27.5%和35.0%。早、中、晚稻的农学利用率平均分别为10.7 kg/kg、10.0 kg/kg和10.4 kg/kg，偏生产力分别为46.2 kg/kg、50.1 kg/kg和45.3 kg/kg，吸收利用率分别为31.0%、33.2%和24.8%，生理利用率分别为31.8 kg/kg、31.8 kg/kg和41.1 kg/kg。3种类型水稻的土壤氮素依存率平均值都在60%以上，说明水稻吸收的氮主要来自于土壤而不是肥料，其中晚稻对土壤氮素的依赖程度要大于早稻和中稻。施用磷肥使湖北省早、中、晚稻产量平均每667m² 增加47.1kg、51.6kg和37.7kg，增产率分别为13.3%、11.3%和9.4%。早、中、晚稻的农学利用率平均分别为13.3 kg/kg、13.3 kg/kg和11.6 kg/kg，偏生产力分别为116.4 kg/kg、148.0 kg/kg和157.5 kg/kg，吸收利用率分别为14.2%、13.7%和11.3%，生理利用率分别为85.2 kg/kg、110.4 kg/kg和65.4 kg/kg。3种类型水稻对土壤磷素的依存率平均为87%~89%，说明水稻吸收的磷主要来自于土壤而不是肥料，其中晚稻对土壤磷素的依赖程度相对最大（王伟妮等，2011b）。施用钾肥使湖北省早、中、晚稻产量每667m² 分别增加47.7kg、45.3kg和46.1kg，增产率平均分别为12.6%、9.6%和12.0%，钾肥对早、中、晚稻产量的贡献率平均分别为10.8%、8.2%和10.3%。说明当前生产条件下，高产水稻生产必须施用钾肥。早、中、晚稻生产100kg 籽粒吸钾（K_2O）量平均分别为2.96kg、3.45kg和2.72kg，钾肥农学利用率分别为9.6 kg/kg、8.2 kg/kg和7.2 kg/kg，偏生产力分别为92.3 kg/kg、101.5 kg/kg和75.4 kg/kg，吸收利用率分别为47.1%、53.8%和46.3%，生理利用率分别为21.1kg/kg、24.1kg/kg和23.7kg/kg，土壤钾素依存率分别为78.0%、83.0%和70.4%。3种类型水稻对钾素的吸收和利用虽有不同，但其吸收的钾都主要来自于土壤，因此改善土壤供钾能力是提高水稻产量和节约钾肥资源的有效措施（王伟妮等，2011c）。

2. 四川盆地单季稻两熟亚区　施肥对水稻有良好增产作用。重庆市水稻肥效试验表明，每千克氮使水稻增产0.9~42.1kg，其平均值为11.5kg；每千克磷使水稻增产0.53~46.4kg，其平均值为11.8kg；每千克钾使水稻增产0.0~46.5kg，其平均值为9.9kg。

表 3-5-2　湖北省水稻对养分的肥效反应

水稻类型	处理	每 667m² 产量（kg）		每 667m² 增产量均值（kg）	增产率均值（%）	肥料贡献率均值（%）
		变幅	均值			
早稻	PK	190.0~536.7	323.0±69.6			
（n=37）	NPK	325.0~570.0	432.4±59.1	109.4	37.6	25.3
中稻	PK	241.7~623.3	444.7±74.4			
（n=135）	NPK	350.0~775.7	559.1±76.8	114.5	27.5	20.3
晚稻	PK	108.7~613.3	348.9±91.5			
（n=47）	NPK	193.3~770.0	461.9±103.5	113.0	35.0	24.7

（续）

水稻类型	处理	每667m² 产量（kg）		每667m² 增产量均值（kg）	增产率均值（%）	肥料贡献率均值（%）
		变幅	均值			
早稻	NK	288.0～541.7	385.5±65.7			
（n=38）	NPK	300.0～570.0	432.6±59.7	47.1	13.3	10.9
中稻	NK	283.3～720.0	507.8±86.9			
（n=138）	NPK	350.0～775.7	559.8±79.8	51.6	11.3	9.3
晚稻	NK	188.7～663.3	416.6±87.9			
（n=50）	NPK	197.0～693.3	454.3±94.3	37.7	9.4	8.1
早稻	NP	283.3～553.3	391.5±61.3			
（n=38）	NPK	312.0～585.0	439.3±63.1	47.7	12.6	10.8
中稻	NP	316.7～751.0	510.0±81.5			
（n=138）	NPK	350.0～775.7	555.3±77.5	45.3	9.6	8.2
晚稻	NP	163.0～642.0	406.5±91.7			
（n=49）	NPK	187.0～710.0	452.6±97.2	46.1	12.0	10.3

四川省水稻1 354个"3414"田间试验统计结果见表 3-5-3（其中，N 用量为每667m² 3.0～20.8kg，平均为 9.9kg；P_2O_5 用量为每 667m² 1.8～12.0kg，平均为 4.7kg；K_2O 用量为每 667m² 1.0～20.0kg，平均为 5.0kg；总养分用量为每667m² 12.4～31.0kg，平均为 20.2kg）。可以看出：全省水稻不施肥情况下，每 667m² 产量平均仅 388.1kg，在每 667m² 平均增施氮磷钾化肥 20.2kg 时，可增产 164.0kg，增产率达 42.26%，每千克氮磷钾养分可增产水稻 8.1kg。全省平均每 667m² 施氮量为 9.9kg，增产水稻 120.1kg，增产率为21.75%，每千克氮可增产水稻 12.1kg；平均每 667m² 施磷量为 4.7kg，增产水稻 53.6kg，增产率为 10.75%，每千克磷可增产水稻 11.4kg；平均每 667m² 施钾量为 5.0kg，增产水稻40.6kg，增产率为 7.9%，每千克钾可增产水稻 8.0kg。全省化肥对水稻增产的效应为氮＞磷＞钾。

表 3-5-3　四川省水稻对养分的肥效反应

处理	每667m² 产量（kg）		每667m² 增产量（kg）		增产率（%）		单位养分增产量（kg/kg）	
	变幅	均值	变幅	均值	变幅	均值	变幅	均值
无肥区	167.8～566.2	388.1						
施 NPK 区	230.5～723.8	552.1	0.5～318.3	164.0	1.09～211.9	42.3	0～23.9	8.1
无氮区	231.4～651.9	432.0						
施 NPK 区	230.5～723.8	552.1		120.1		21.8		12.1
无磷区	289.0～713.0	498.5						

（续）

处理	每 667m² 产量（kg）		每 667m² 增产量（kg）		增产率（%）		单位养分增产量（kg/kg）	
	变幅	均值	变幅	均值	变幅	均值	变幅	均值
施 NPK 区	230.5~723.8	552.1		53.6		10.8		11.4
无钾区	308.4~700.0	511.5						
施 NPK 区	230.5~723.8	552.1		40.6		7.9		8.0

3. 江南丘陵平原双季稻亚区　湖南地区水稻每 667m² 施氮量为 0~12.0kg 时，籽粒产量随着施氮量的增加而提高，施氮量高于 12.0kg 时，增加施氮量籽粒产量反而降低。同时，氮肥在水稻生产中增产效果显著，柴慧清等（2011）研究认为，与对照相比，早稻施氮比不施氮增产 41.1%~76.9%。管建新等（2009）2005—2008 年的研究表明，施氮处理与不施氮处理相比，每 667m² 早稻增产 98.1~225.0 kg，增幅为 49.4%~87.3%；每 667 m² 晚稻增产 68.7~182.7 kg，增幅为 32.7%~72.0%。研究表明（鲁艳红等，2010），每施入 1kg N 生产的稻谷，丘陵双季早稻为 17.9kg、晚稻为 13.3kg，洞庭湖双季早稻为 16.9kg、晚稻为 8.8kg；施氮处理较不施氮处理，丘陵双季稻区两季水稻平均增产 56.5%，洞庭湖双季稻区平均增产 44.8%。鲁艳红等（2011）、陈煦等（2011）试验表明，湘北平湖区早、晚稻施磷处理较不施磷处理平均每 667m² 增产 52.1kg、27.2kg，平均增产 15.1%、5.3%，每千克 P_2O_5 平均增产 10.73kg、5.34kg 稻谷；湘中丘陵盆地区早、晚稻施磷处理较不施磷处理平均每 667m² 增产 61.3kg、22.6kg，平均增产 16.6%、5.0%，每千克 P_2O_5 平均增产 13.88kg、8.14kg 稻谷；湘南低山丘陵区早、晚稻施磷处理较不施磷处理每 667m² 平均增产 48.5kg、29.1kg，平均增产 11.9%、7.1%，每千克 P_2O_5 平均增产 9.88kg、10.59kg 稻谷。湘北平湖区早、晚稻施钾处理较不施钾处理每 667m² 平均增产 56.3kg、53.5kg，平均增产 16.3%、13.1%，每千克 K_2O 平均增产 11.35kg、9.98kg 稻谷；湘中丘陵盆地区早、晚稻施钾处理较不施钾处理每 667m² 平均增产 53.5kg、58.1kg，平均增产 13.85%、13.4%，每千克 K_2O 平均增产 10.19kg、9.71kg 稻谷；湘南低山丘陵区早、晚稻施钾较不施钾处理每 667m² 平均增产 63.3kg、56.7kg，平均增产 16.16%、13.7%，每千克 K_2O 平均增产 12.16kg、8.36kg 稻谷。

根据湖南省 2006—2008 年多地的"3414"试验（表 3-5-4）可知：湖南省早稻的 N、P_2O_5、K_2O 效应分别为 11.94 kg/kg、7.50 kg/kg、6.33 kg/kg，中稻的 N、P_2O_5、K_2O 效应分别为 8.23 kg/kg、7.26 kg/kg、4.80 kg/kg，晚稻的 N、P_2O_5、K_2O 效应分别为 10.96kg/kg、11.81kg/kg、6.95kg/kg，肥料的增产效果明显。

表 3-5-4　湖南省水稻对养分的肥效反应

	早稻（$n=264$）		中稻（$n=196$）		晚稻（$n=231$）	
	范围	平均	范围	平均	范围	平均
每 667m² N 用量（kg）	8.0~12.0	9.7	8.0~14.4	11.5	8.0~13.0	10.3
每 667m² P_2O_5 用量（kg）	3.0~8.0	4.8	2.4~11.0	5.3	2.0~6.0	3.1

（续）

	早稻 （$n=264$）		中稻 （$n=196$）		晚稻 （$n=231$）	
	范围	平均	范围	平均	范围	平均
每 667m² K₂O 用量 （kg）	4.3～12.0	5.5	4.5～15.0	8.3	4.5～15.0	5.6
每 667m² PK 产量 （kg）	137.1～593.7	327.1	204.0～636.3	434.5	215.8～516.0	349.4
每 667m² NP 产量 （kg）	227.9～624.5	406.9	226.4～688.0	490.6	296.7～587.0	425.7
每 667m² NK 产量 （kg）	193.4～603.2	408.1	210.0～692.5	489.3	242.0～576.0	423.4
每 667m² NPK 产量 （kg）	260.0～647.2	442.9	268.0～739.6	529.1	332.0～644.0	462.3
N 肥效应 （kg/kg）		11.94		8.23		10.96
K₂O 肥效应 （kg/kg）		7.50		7.26		11.81
P₂O₅ 肥效应 （kg/kg）		6.33		4.80		6.95

江西省总体施肥水平处于全国双季稻生产中的中上水平。相关养分利用实验证明，在水稻生育进程中，不论是从生育性状方面，还是从产量效果方面来看，氮肥是第一要素，其次是磷肥和钾肥，氮、磷、钾的投入高低直接影响到水稻产量。目前中微量元素的研究结果和资料分析表明，中量元素 Ca、Mg、S 施用有效，主要原因是江西土壤酸性较强，中量元素表现不同程度的不足；水稻对微量元素中大部分表现并不敏感。

通过对江西省双季稻区养分肥效的调查和研究可知（表 3-5-5），目前，在一定施肥量范围内，每千克氮肥增产 3.5～8.0kg，每千克磷肥增产 2.5～6.0kg，每千克钾肥增产 3.0～10.0kg，钙、镁、锌肥每千克增产在 2.5～5.0kg 范围内。

表 3-5-5　江西省水稻对养分的肥效反应

养分类型	每千克肥料（养分）作物增产量（kg）	
	增产范围	平均值
N	3.5～8.0	5.75
P₂O₅	2.5～6.0	4.25
K₂O	3.0～10.0	6.50
S	1.5～3.0	2.25
Ca	2.5～4.0	3.25
Mg	2.5～3.5	3.00
Zn	2.5～5.0	3.75

浙江省的统计资料表明，每千克氮肥可以增产早稻 3.53kg，每千克磷和钾肥却可以分别增产 8.47kg 和 6.49kg，这说明磷、钾肥的增产潜力还是比较大的（表 3-5-6）。此外，有研究表明，448 个水稻土样品中，其有效锌平均含量为 1.35 mg/kg，含量变幅 0.16～10.3 mg/kg，有 11.4% 的土样有效锌含量小于或等于 0.5 mg/kg 的临界值，而有 41.7% 土样属潜在缺锌，只有 46.9% 土样有效锌含量大于 1.0 mg/kg。所以，早稻施锌增产潜力可能是很大的。每千克氮、磷和钾肥分别可以增产晚稻 4.46kg、3.48kg 和 4.06kg，分别可以增产单季晚稻 6.81kg、2.89kg 和 4.13kg。这说明氮肥仍然是单季晚稻产量的第一限制因子。

表 3-5-6 浙江省水稻对养分的肥效反应

养分类型		每千克肥料（养分）作物增产量（kg）			样本数（个）	资料来源
		最大值	最小值	平均值		
早稻	N	8.37	1.05	3.53	10	
	P_2O_5	12.10	2.20	8.47	10	
	K_2O	14.40	1.10	6.49	10	
	Zn_2SO_4	49.50	4.05	49.50	140	黄增奎，1985
晚稻	N	7.53	2.02	4.46	10	
	P_2O_5	11.60	1.10	3.48	10	
	K_2O	11.20	1.33	4.06	10	
单季晚稻	N	11.10	4.00	6.81	21	
	P_2O_5	4.00	1.12	2.89	10	Peng et al.，2006
	K_2O	10.80	1.18	4.13	10	

三、西南高原单双季稻稻作区

统计云南省多地的"3414"肥效试验（陈红明，2010；阮应刚等，2012；王维刚等，2011；李有仙等，2011；范素梅等，2011；张绍军等，2012；周淑英等，2010；文德华等，2010；李洪文等，2012）（表 3-5-7），云南省水稻的 N、P_2O_5、K_2O 平均效应分别为 10.0 kg/kg、4.9 kg/kg、0.8 kg/kg。施肥均有增产效果，其中以氮肥效应最明显，钾肥次之，磷肥效应最弱，部分地区的磷肥出现负效应。

表 3-5-7 云南省不同地区水稻对养分的肥效反应

项目	红塔区	罗平县	马龙县	西盟县	施甸县	禄劝县	通海县	永胜县	双柏县	平均
每 667m^2N 用量（kg）	17.0	9.0	7.0	8.0	11.6	12.0	10.0	16.1	18.0	
每 667$m^2$$P_2O_5$ 用量（kg）	5.1	8.0	4.0	4.0	8.0	6.0	3.0	8.0	6.0	
每 667$m^2$$K_2O$ 用量（kg）	4.3	6.0	5.0	3.0	8.6	5.0	5.0	5.0	9.0	
每 667m^2PK 产量（kg）	606.6	626.0	410.9	147.4	588.9	247.4	491.8	760.0	405.2	
每 667m^2NP 产量（kg）	700.1	649.8	478.5	271.8	661.2	339.7	528.8	896.7	599.3	
每 667m^2NK 产量（kg）		694.5	482.5	293.3	659.4	349.7	565.0	880.0	632.1	
每 667m^2NPK 产量（kg）	742.3	697.4	493.5	273.1	687.2	366.3	569.9	900.0	621.3	
N 肥效应 （kg/kg）	7.98	7.94	11.80	15.71	8.47	9.91	7.81	8.70	12.01	10.0
K_2O 肥效应 （kg/kg）	8.27	5.95	3.75	0.33	3.25	4.43	13.70	0.41	3.67	4.9
P_2O_5 肥效应 （kg/kg）		0.49	2.20	−6.73	3.25	3.32	0.98	4.00	−1.20	0.8

四、华北单季稻稻作区

以河南省为例，张麦生等（2010）在新乡市原阳县水稻高产田每 $667m^2$ 普施有机肥 3 000 kg 条件下，分别计算出产量对氮、磷、钾单因素肥力效应回归方程，得：y_N＝9 655.13＋1 375.88x－403.88x^2（R^2＝0.938 9），每 $667m^2$ 最高产量氮肥用量是 10.22kg，水稻最高产量达到 722.1kg；y_P＝9 694.50＋787.50x－157.5x^2（R^2＝0.999 9），每 $667m^2$ 最高产量磷肥用量是 10kg，这时最高产量达到 711.9kg。y_K＝11 460－633.90x＋150.0x^2（R^2＝0.833 6），钾肥的单因素效应模型为开口向下的抛物线，无极大值点和极大值产量，增施钾肥在一定范围内无增产效应。单因素效应分析表明，磷肥增产作用最大，且其瞬时增（减）产速率较小，超过极值的减产作用不明显；氮肥增产作用次之，但其瞬时增（减）速率较大，超过极值的减产作用非常明显，故应控制其合理用量范围；钾肥单施增产效果不明显。尽管如此，不能低估钾肥与氮、磷互作的增产效应。因此，在水稻生产中，应注意氮、磷、钾肥的配合使用，以充分发挥三要素的协同增产作用。两因素互作效应分析表明，氮、磷互作，以每 $667m^2$ 施纯 N 8.15kg、P_2O_5 1.44kg，互作产量 705.5kg，协同效应达峰值；氮、钾互作，以每 $667m^2$ 施纯 N 11.45kg、K_2O 9.50kg，互作产量以 729.9kg 为最高；磷、钾互作，以每 $667m^2$ K_2O 8.61kg、P_2O_5 8.40kg，互作产量达 715.4kg，协同效应达顶点。

统计了豫南杂交稻种植区不同水稻产量水平下的肥料效应方程可以得知，在水稻高产田水平下，氮肥效应方程：y＝604.538＋14.533N－0.177N^2，由该效应方程计算出每 $667m^2$ 最高氮肥用量为 42kg，这时对应的水稻最高产量为 902kg，也就是说，超高产杂交水稻对氮肥的需求量较大。磷肥效应方程：y＝642.295＋46.832P－3.408P^2；每 $667m^2$ 磷肥的最高产量用量 6.9kg，这时对应的水稻最高产量为 804kg。水稻高产田钾肥效应方程：y＝393.530＋19.745K－0.619K^2，每 $667m^2$ 产量达到最高时钾肥用量为 15.9kg，这时对应的水稻最高产量为 543kg。水稻中产田的氮肥效应方程：y＝493.525＋37.921N－1.392N^2，每 $667m^2$ 产量达到最高的氮肥用量为 13.6kg，这时对应的水稻最高产量为 751kg。磷肥效应方程：y＝457.205＋43.852P－5.197P^2，每 $667m^2$ 产量达到最高的磷肥用量为 4.22kg，这时对应的水稻最高产量为 549kg。钾肥效应方程：y＝450.150＋40.033K－4.122K^2，每 $667m^2$ 产量达到最高的磷肥用量为 4.88kg，这时对应的水稻最高产量为 547kg。水稻低产田的氮肥效应方程：y＝364.935＋25.222N－1.383N^2，每 $667m^2$ 产量达到最高的氮肥用量为 9.14kg，这时对应的水稻最高产量为 480kg。磷肥效应方程：y＝389.818＋32.499P－2.981P^2，每 $667m^2$ 最高产量磷肥用量为 8.2kg，这时对应的水稻最高产量为 451kg。钾肥效应方程：y＝343.615＋65.905K－8.664K^2，每 $667m^2$ 最高产量钾肥用量为 3.8kg，这时对应的水稻最高产量为 468kg。

五、东北早熟单季稻稻作区

总结了黑龙江省农业科学院在不同地区的肥效反应试验可知（表 3-5-8），黑龙江省不同地区的肥料效应差异较大，全省平均表现为每 1kgNPK 养分可增产 5.0kg 稻谷，N、P_2O_5、K_2O 平均效应分别为 7.3 kg/kg、5.3 kg/kg、3.8 kg/kg。氮肥对水稻产量增加贡献最大，其次为磷肥，钾肥贡献最小。

表 3-5-8　黑龙江省不同地区水稻对养分的肥效反应

地区	项目	CK	NP	NK	PK	NPK
哈尔滨	每 667m² 产量（kg）	412.5	492.0	483.4	414.6	526.0
	单位养分增加产量（kg）	4.7	5.7	7.1	9.3	—
方正县	每 667m² 产量（kg）	354.5	494.4	492.1	421.4	511.6
	单位养分增加产量（kg）	7.4	2.9	3.2	7.5	—
佳木斯市	每 667m² 产量（kg）	316.7	369.0	355.1	322.9	384.0
	单位养分增加产量（kg）	3.2	2.5	4.8	5.1	—
嫩江县	每 667m² 产量（kg）	214.0	287.5	275.2	225.2	312.7
	单位养分增加产量（kg）	4.6	4.2	6.2	7.3	—
平均	每 667m² 产量（kg）	324.4	410.7	401.4	346.0	433.6
	单位养分增加产量（kg）	5.0	3.8	5.3	7.3	—

　　张德军（2009）于 2006—2008 年在黑龙江省肇源县按土壤肥力极低、低、中、高 4 个水平选择有代表性的试验点 4 个，进行 36 个点次肥效试验，结果表明（表 3-5-9），在不同的土壤肥力条件下，N、P_2O_5、K_2O 的肥效差异较大，土壤养分越低，N、P_2O_5、K_2O 的肥效越好。在极低的养分条件下，N、P_2O_5、K_2O 平均效应分别为 28.3 kg/kg、40.0 kg/kg、48.4 kg/kg；低水平养分条件下，N、P_2O_5、K_2O 平均效应分别为 21.4 kg/kg、27.0 kg/kg、35.0 kg/kg；中水平养分条件下，N、P_2O_5、K_2O 平均效应分别为 10.9 kg/kg、8.3 kg/kg、13.2 kg/kg；高水平养分条件下，N、P_2O_5、K_2O 平均效应分别为 2.5 kg/kg、1.0 kg/kg、5.6 kg/kg。

表 3-5-9　黑龙江省不同肥力条件下水稻对养分的肥效反应

项目	极低	低等	中等	高等
每 667m² N 用量（kg）	8.8	8.8	8.8	8.8
每 667m² P_2O_5 用量（kg）	5.0	5.0	5.0	5.0
每 667m² K_2O 用量（kg）	6.0	6.0	6.0	6.0
每 667m² PK 产量（kg）	227.0	324.0	429.0	538.0
每 667m² NP 产量（kg）	234.0	337.0	459.0	532.0
每 667m² NK 产量（kg）	236.0	350.0	475.0	554.0
每 667m² NPK 产量（kg）	476.0	512.0	525.0	560.0
N 肥效应（kg/kg）	28.3	21.4	10.9	2.5
P_2O_5 肥效应（kg/kg）	40.0	27.0	8.3	1.0
K_2O 肥效应（kg/kg）	48.4	35.0	13.2	5.6

　　在吉林省梅河口市（孙艳，2008）、和龙市（李玉花等，2011）进行的"3414"试验表明（表 3-5-10），梅河口市 N、P_2O_5、K_2O 平均效应分别为 30.6 kg/kg、38.8 kg/kg、

36.6 kg/kg，和龙市 N、P_2O_5、K_2O 平均效应分别为 15.6 kg/kg、13.5 kg/kg、10.2 kg/kg，不同地区肥料效应差异较大。

表 3-5-10　吉林省不同地区水稻对养分的肥效反应

	梅河口市	和龙市
每 667m^2 N 用量（kg）	12.0	8.7
每 667m^2 P_2O_5用量（kg）	3.7	4.7
每 667m^2 K_2O 用量（kg）	6.0	6.0
每 667m^2 PK 产量（kg）	328.9	407.7
每 667m^2 NP 产量（kg）	560.5	495.7
每 667m^2 NK 产量（kg）	462.8	462.3
每 667m^2 NPK 产量（kg）	695.8	543.3
N 肥效应（kg/kg）	30.6	15.6
P_2O_5肥效应（kg/kg）	38.8	13.5
K_2O 肥效应（kg/kg）	36.6	10.2

六、西北干燥区单季稻稻作区

在宁夏回族自治区的青龙峡市（尹雪红等，2007）、南梁农场（杨建云，2012）、贺兰县（马广福等，2008）进行的"3414"试验表明（表 3-5-11），青龙峡市 N、P_2O_5、K_2O 平均效应分别为 28.4 kg/kg、29.0 kg/kg、13.8 kg/kg，南梁农场 N、P_2O_5、K_2O 平均效应分别为 25.5 kg/kg、34.0 kg/kg、6.6 kg/kg，贺兰县 N、P_2O_5、K_2O 平均效应分别为 14.5 kg/kg、18.2 kg/kg、7.1 kg/kg。

表 3-5-11　宁夏回族自治区不同地区水稻对养分的肥效反应

	青铜峡市	南梁农场	贺兰县
每 667m^2 N 用量（kg）	14.0	16.0	14.0
每 667m^2 P_2O_5用量（kg）	7.0	6.0	4.0
每 667m^2 K_2O 用量（kg）	5.0	4.0	4.0
每 667m^2 PK 产量（kg）	432.6	281.9	440.0
每 667m^2 NP 产量（kg）	733.8	650.3	614.3
每 667m^2 NK 产量（kg）	685.5	553.7	570.0
每 667m^2 NPK 产量（kg）	830.6	689.7	642.8
N 肥效应（kg/kg）	28.4	25.5	14.5
P_2O_5肥效应（kg/kg）	29.0	34.0	18.2
K_2O 肥效应（kg/kg）	13.8	6.6	7.1

第六节　不同生态区水稻专用复混肥料农艺配方制订

一、我国不同区域水稻专用肥料农艺配方

根据作物专用肥料配方制订的原理和方法，结合全国水稻施肥配方区划，分别计算我国不同区域内水稻氮、磷、钾推荐施用量，即可获得不同区域水稻 N、P_2O_5、K_2O 的施用比例，再根据各区域高、中、低产田目标产量水平，即可制订我国不同区域、不同产量水平条件下的水稻专用复混肥料农艺配方。根据氮、磷、钾施肥总量，得出氮、磷、钾比例，再根据复混肥料的具体养分浓度要求，可以制订出不同区域水稻专用复混肥料一次性施肥配方。同理，根据氮、磷、钾基肥用量和追肥用量得出的氮、磷、钾比例，结合复混肥料的具体浓度，可以制订出不同区域基肥用或追肥用的水稻专用复混肥料配方。另外，根据不同区域对微量元素的施用需求，可将其纳入到区域专用复混肥料配方中去（表 3-6-1）。

表 3-6-1　我国不同生态区水稻施肥肥料配方

生态区	稻季	每 667m² 施肥总量 (kg) N-P_2O_5-K_2O	每 667m² 基肥用量 (kg) N-P_2O_5-K_2O	每 667m² 追肥用量 (kg) N-P_2O_5-K_2O	中微量元素 种类与每 667m² 用量 (kg) 锌	硼	锰	备注
华南双季稻稻作区	早稻	11-5-7	6-5-5	5-0-2	0.5	0.2	0.2	
华南双季稻稻作区	晚稻	11-4-8	6-4-4	5-0-4	0.5	0.2	0.2	
华中双单季稻稻作区　长江中下游平原双单季稻亚区	早稻	12-7-6	7-7-4	5-0-2	0.5	0.2		
华中双单季稻稻作区　长江中下游平原双单季稻亚区	晚稻	12-5-8	7-5-5	5-0-3	0.5	0.2		
华中双单季稻稻作区　川陕盆地单季稻两熟亚区	一季稻	12-5-8	7-5-5	5-0-3	0.5	0.2		
华中双单季稻稻作区　川陕盆地单季稻两熟亚区	一季稻	10-4-6	6-4-4	4-0-2	0.5	0.2		
华中双单季稻稻作区　江南丘陵平原双季稻亚区	早稻	10-6-6	7-6-4	3-0-2	0.5	0.2		
华中双单季稻稻作区　江南丘陵平原双季稻亚区	晚稻	12-5-8	8-5-5	4-0-3	0.5	0.2		
华中双单季稻稻作区　江南丘陵平原双季稻亚区	一季稻	13-6-9	9-6-6	4-0-3	0.5	0.2		
西南高原单双季稻稻作区	一季稻	12-6-8	8-6-5	4-0-3	0.5	0.2	0.5	
华北单季稻稻作区	一季稻	16-9-7	10-9-7	6-0-0	0.5	0.2	0.5	
东北早熟单季稻稻作区	一季稻	14-12-14	7-12-14	7-0-0	0.5	0.2		
西北干燥区单季稻稻作区	一季稻	12-6-6	8-6-6	4-0-0	0.5	0.2		

二、水稻专用复混肥料农艺配方区划图

我国水稻专用复混肥料农艺配方区划图如图 3-6-1 所示。

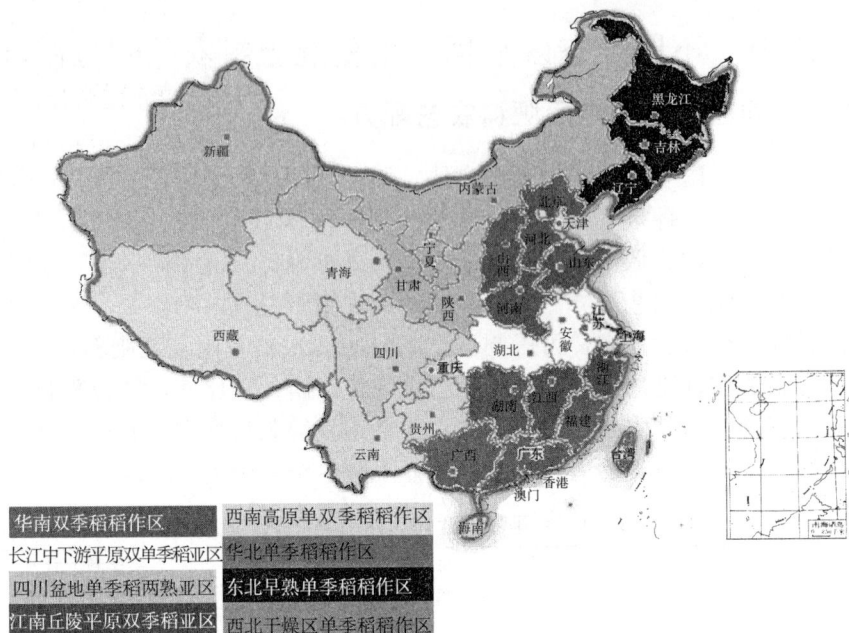

图 3-6-1　我国水稻专用复混肥料农艺配方区划图

参 考 文 献

敖和军，王淑红，邹应斌，等．2008.不同施肥水平下超级杂交稻对氮、磷、钾的吸收累积［J］.中国农业科学，41（10）：3123-3132.

柴慧清，彭建伟，刘强，等．2011.不同氮肥管理模式对早稻产量及氮肥利用率的影响［J］.中国农学通报，27（33）：114-120.

陈冬松，李江南，徐卫华．2010.水稻"3414"肥料效应田间试验［J］.广东农业科学（22）：49-52.

陈红明．2010.红塔区水稻测土配方施肥3414不完全试验肥效分析［J］.农业科技通讯（7）：95-98.

陈建生，刘国坚，徐培智，等．1999.水稻专用BB肥研究［J］.植物营养与肥料学报，5（3）：249-257.

陈少荣，郑有平，卢培昌，等．2009.揭东县砂质田水稻测土配方施肥试验初报［J］.广东农业科学（4）：72-73.

陈煦，鲁艳红，廖育林，等．2011.湖南晚稻施磷效应及土壤速效磷丰缺指标研究［J］.湖南农业科学（21）：38-41，44.

董稳军，黄旭，郑华平，等．2012.广东省60年水稻肥料利用率综述［J］.广东农业科学（7）：76-79.

杜建菊，倪伟，李在郯，等．2008.黄淮海地区水稻施肥技术参数与指标体系的研究［J］.北方水稻，38（3）：50-52.

范素梅，左必武．2011.施甸县姚关镇水稻"3414"肥料料效应田间试验［J］.云南农业科技（2）：25-27.

冯顺洪，方洪江，傅树豪，等．2009.配方施肥对水稻产量的影响试验初报［J］.广东农业科学（11）：77-78.

龚绍先．1988.粮食作物与气象［M］.北京：北京农业大学出版社.

管建新，王伯仁，李冬初．2009.化肥有机肥配合对水稻产量和氮素利用的影响［J］.中国农学通报，25（11）：88-92.

郭兆元，黄自立，冯立孝，等．1992.陕西土壤［M］.西安：科学出版社.

韩宝吉，石磊，徐芳森，等．2012.湖北省水稻施肥现状分析及评价［J］.湖北农业科学，51（12）：2430-2435.

何健灵，李茂禾，廖美敬，等．2009.增城市水稻测土配方施肥田间肥效试验应用效果［J］.广东农业科学（4）：54-56.

黄增奎．1985.浙江省水稻土有效锌丰缺状况及早稻施锌效果［J］.土壤肥料（5）：30-32.

江立庚，甘秀芹，韦善清，等．2004.水稻物质生产与氮、磷、钾、硅素积累特点及其相互关系［J］.应用生态学报，15（2）：226-230.

姜照伟，李小萍，赵雅静，等．2011.杂交水稻氮钾素吸收积累特性及氮素营养诊断［J］.福建农业学报，26（5）：852-859.

柯玉诗，江活逢．1995.中微量元素对广东主要水稻土的产量效应研究［J］.广东农业科学（4）：32-35.

李伯欣，冯道炼，周柏权，等．2011.珠海市水稻测土配方施肥田间肥效试验及应用效果［J］.广东农业科学（14）：66-68.

李洪文，李保华，李春莲，等．2012.紫砂泥田水稻"3414"肥料效应田间试验［J］.现代农业科技（19）：14-16.

李瑞民，庄德奥．2010.水稻测土配方施肥田间肥效试验初报［J］.广东农业科学（12）：73-74.

李有仙．2011.勐梭镇水稻测土配方施肥3414试验［J］.云南农业（2）：33-34.

李玉花，任贞姬，董海涛，等．2011.水稻"3414"田间肥料效应试验分析［J］.吉林农业（5）：116-117.

梁光商．1983.水稻生态学［M］.北京：农业出版社．

梁孝衍，黄振雄，陆顺满，等．1995.稻田归还施磷研究［J］.广东农业科学（2）：26-29.

梁栋，周岳品，罗绍喜，等．2009.信宜市水稻测土配方施肥肥效试验［J］.广东农业科学（4）：64-65.

凌启鸿．2007.水稻精确定量栽培理论与技术［M］.北京：中国农业出版社．

刘润梅，范茂攀，汤利，等．2012.云南省水稻生产中的肥料偏生产力分析［J］.云南农业大学学报，27（1）：117-122.

鲁艳红，廖育林，汤海涛，等．2010.不同施氮量对水稻产量、氮素吸收及利用效率的影响［J］.农业现代化研究，31（4）：479-484.

鲁艳红，廖育林，黄铁平，等．2011.湖南省不同区域早稻施磷效应及土壤速效磷丰缺指标研究［J］.中国农学通报，27（5）：94-99.

马广福，李广成，马维新，等．2008.贺兰县水稻中产田"3414"肥效试验［J］.宁夏农林科技（6）：64-65.

马玉兰．2009.测土配方施肥技术丛书宁夏测土配方施肥技术实用手册［M］.银川：宁夏人民出版社．

麦荣骥，谭艺超，谢绍佩．2011.阳东县水稻测土配方施肥氮磷钾施用效应研究［J］.广东农业科学（4）：66-75.

农业部种植业管理司，中国水稻研究所．2002.中国稻米品质区划及优质栽培［M］.北京：中国农业出版社．

裴又良．2005.超级杂交稻两优培九的营养特性研究［J］.杂交水稻，20（3）：68-70.

阮应刚，王建林．2012.罗平县水稻"3414"测土配方施肥试验［J］.现代农业科技（11）：21.

沙海辉，邹盛联，魏联捷．2004.龙川县耕地土壤养分现状与施肥对策［J］.广东农业科学（4）：100-102.

沈阿林，姚健，刘春增，等．2000.沿黄稻区主要水稻品种的需肥规律、叶色动态与施氮技术研究［J］.华北农学报，15（4）：131-136.

沈善敏．1998.中国土壤肥力［M］.北京：中国农业出版社．

孙艳．2008.2008年水稻3414完全试验［J］.农业与技术，28（6）：35-39.

唐芳，郑毅．2004.云南省化肥利用现状与提高化肥利用率的措施［J］．云南农业大学学报，19（2）：192-198.

王国运，欧国壮，何流李．2009.丰顺县晚造水稻测土配方施肥肥效试验［J］．广东农业科学（4）：42-44

王维刚，徐成露．2011.马龙县水稻"3414"肥料效应试验研究［J］．现代农业科技（24）：69-70.

王伟妮，鲁剑巍，陈防，等．2010.湖北省水稻施肥效果及肥料利用效率现状研究［J］．植物营养与肥料学报，16（2）：289-295.

王伟妮，鲁剑巍，鲁明星，等．2011a.湖北省早、中、晚稻施氮增产效应及氮肥利用率研究［J］．植物营养与肥料学报，17（3）：545-553.

王伟妮，鲁剑巍，鲁明星，等．2011b.湖北省早、中、晚稻施磷增产效应及磷肥利用率研究［J］．植物营养与肥料学报，17（4）：795-802.

王伟妮，鲁剑巍，鲁明星，等．2011c.湖北省早、中、晚稻施钾增产效应及钾肥利用率研究［J］．植物营养与肥料学报，17（5）：1058-1065.

王文富．1996.云南土壤［M］．昆明：云南科技出版社．

文德华，徐丽梅．2010.永胜县测土配方施肥3414试验初探［J］．现代农村科技（6）：43.

徐富贤，熊洪，张林，等．2011.西南稻区不同地域和施氮水平对杂交中稻氮、磷、钾吸收累积的影响［J］．作物学报，37（5）：882-894.

杨建云．2012.水稻旱直播3414田间肥效试验报告［J］．北方水稻，43（1）：30-32.

杨长明，杨林章，颜廷梅，等．2004.不同肥料结构对水稻群体干物质生产及养分吸收分配的影响［J］．土壤通报，35（2）：199-202.

叶良，曾志．2009.兴宁市水稻"3414"试验初报［J］．安徽农学通报，15（11）：134.

叶贤荣，邓赞莉，朱彩云．2009.南雄市水稻测土配方施肥田间肥效试验分析［J］．广东农业科学（4）：57-59.

易国英，戴平安，郑圣先，等．2006.氮磷钾不同施用量对两系杂交水稻产量和养分吸收利用的影响［J］．作物研究学（1）：40-43.

尹雪红，庄海，哈新芳，等．2007.水稻"3414"平衡施肥试验研究［J］．宁夏农林科技（4）：28-29.

喻光孟．2011.湖南省水稻施肥技术指标体系的建立［D］．长沙：湖南农业大学．

曾春松，黄铭华，梁观荣，等．2009.龙门县水稻测土配方施肥肥效试验［J］．广东农业科学（4）：62-63.

张德军．2009.利用"3414"试验设计进行水稻测土配方施肥研究［J］．中国土壤与肥料（6）：52-56.

张洪松，宕田忠寿，佐膝勉．1995.粳型杂交稻与常规稻的物质生产及营养特性的比较［J］．西南农业学报，8（4）：11-16.

张麦生，张静，王庆安，等．2010.新乡市高产水稻氮磷钾优化配方施肥研究［J］．河北农业科学，14（2）：45-47，85.

张绍军，唐绍国，李建全，等．2012.水稻3414肥效试验研究［J］．云南农业（7）：24-25.

张业海，白雄昌，杨林涛，等．1991.高原河谷水稻需肥规律研究［J］．土壤通报，22（1）：24-27.

中国农业科学院《中国农作物种植区划论文集》编写组．1987.中国农作物种植区划论文集［M］．北京：科学出版社．

中国水稻研究所．1989.中国水稻种植区划［M］．杭州：浙江科学技术出版社．

周淑英，普官发，杨正龙，等．2010.通海县河西镇水稻测土配方施肥"3414"试验分析［J］．中国农技推广，26（12）：35-37.

周修冲，徐培智，姚建武，等．1994.双季稻田不同肥料连续配施效应试验［J］．广东农业科学（5）：26-29.

邹应斌，陈玉枚，徐国生，等．2008.双季超级稻产量和氮磷钾吸收的基因型差异［J］．作物研究，22

（4）：225-229.

邹长明，秦道珠，徐明岗，等．2002. 水稻的氮磷钾养分吸收特性及其与产量的关系［J］. 南京农业大学学报，25（4）：6-10.

Peng Shao Bing，Roland J Buresh，Huang Jian Liang，et al. 2006. Strategies for overcoming low agronomic nitrogen use efficiency in irrigated rice systems in China ［J］. Field Crops Research，96（1）：37-47.

4

第四章 玉米专用复混肥料农艺配方

第一节 我国玉米生产概况

玉米作为世界上主要粮食作物之一，播种面积仅次于小麦、水稻而居第三位，也是世界上分布较广的作物之一，其中北美洲和中美洲的玉米种植面积最大。目前，玉米总产量已在世界粮食作物中居首位。2013 年，世界玉米总产量达到 10.18 亿 t。

我国是世界上玉米生产大国。玉米大约在 16 世纪中叶相继传入中国，在我国的种植历史虽然只有 400 多年，与水稻、小麦等相比，栽培历史较短，但由于玉米为 C_4 植物，光合效率高，丰产性强，食用品质良好，发展速度最快。据统计，2011 年我国玉米播种面积为 3 354.2 万 hm^2，占全国粮食播种面积的 30.33%（表 4-1-1），远超过稻谷的 27.18% 和小麦的 21.95%，居粮食作物之首。同期玉米产量达到 19 278.1 万 t（表 4-1-2），远超过小麦的 11 740.1 万 t。近年来我国玉米增产总量在粮食增产量中占 40%，在粮食生产中占有举足轻重的地位。

表 4-1-1　我国主要农作物的种植结构（%）

项目	1995 年	2000 年	2005 年	2009 年	2010 年	2011 年
农作物总播种面积	100	100	100	100	100	100
粮食作物	73.43	69.39	67.07	68.70	68.38	68.14
谷物	59.59	54.55	52.66	55.72	55.92	56.08
稻谷	20.51	19.17	18.55	18.68	18.59	18.52
小麦	19.26	17.05	14.66	15.31	15.10	14.96
玉米	15.20	14.75	16.95	19.66	20.23	20.67

注：数据引自国家统计局网站（http://www.stats.gov.cn/tjsj）。

我国玉米种植广泛，东自台湾和沿海各省，西至新疆及西藏高原，南自北纬 18°的海南岛，北至北纬 53°的黑龙江黑河地区都有栽培，但主要集中在黑龙江、吉林、辽宁、河北、山西、山东、河南、陕西、四川、云南、贵州、广西 12 省（自治区），形成了一条狭长的玉米带，栽培地区的气候包括了我国大部分气候区的气候。据 2011 年统计资料（国家统计局，2011），我国玉米种植面积较大的省份有黑龙江、吉林、河北、河南、山东、内蒙古，均超过 266.7 万 hm^2；其次为辽宁、山西、云南、四川，种植面积在 133.3 万 hm^2 以上；再次为陕西、甘肃、安徽、贵州、新疆，种植面积超过 66.7 万 hm^2；福建、浙江、海南、江西、青海、西藏、上海则面积较小，都不足 4.67 万 hm^2（表 4-1-3）。就玉米总产量而言，以黑龙江、吉林、山东、河南、河北、内蒙古、辽宁 7 省（自治区）最高，总产量都在 500 万 t 以上，是我国玉米的重要产区。其中玉米带种植面积占全国种植面积的 77%，总产量占

70%以上。

表 4-1-2 2008—2011 年我国各省（自治区、直辖市）玉米产量（万 t）

省份	2008 年	2009 年	2010 年	2011 年	省份	2008 年	2009 年	2010 年	2011 年
北京	88.0	89.8	84.2	90.3	湖北	226.4	244.1	261.0	276.2
天津	84.3	88.7	92.7	94.4	湖南	128.0	159.9	168.1	188.5
河北	1 442.2	1 465.2	1 508.7	1 639.6	广东	63.5	74.7	72.1	78.9
山西	682.8	654.3	766.0	854.6	广西	207.2	225.2	208.7	244.7
内蒙古	1 410.7	1 341.3	1 465.7	1 632.1	海南	7.0	8.0	9.1	10.3
辽宁	1 189.0	963.1	1 150.5	1 360.3	重庆	246.0	244.5	251.6	257.0
吉林	2 083.0	1 810.0	2 004.0	2 339.0	四川	637.0	643.0	669.0	701.6
黑龙江	1 822.0	1 920.2	2 324.4	2 675.8	贵州	391.2	405.2	415.4	243.7
上海	2.1	2.4	3.0	2.8	云南	529.6	542.7	613.0	598.2
江苏	203.0	216.2	218.5	226.2	西藏	2.2	2.6	2.8	2.8
浙江	11.1	11.7	12.2	14.6	陕西	483.6	526.1	532.2	550.7
安徽	286.6	304.7	312.7	362.6	甘肃	265.4	312.6	390.4	425.6
福建	13.6	14.6	15.2	16.6	青海	1.8	4.3	10.7	15.2
江西	6.6	7.3	8.4	10.5	宁夏	149.9	156.4	165.8	172.4
山东	1 887.4	1 921.5	1 932.1	1 978.7	新疆	425.3	403.4	421.6	517.7
河南	1 615.0	1 634.0	1 634.8	1 696.5	全国	16 591.4	16 397.4	17 724.5	19 278.1

注：数据引自国家统计局网站（http://www.stats.gov.cn/tjsj）。

我国有得天独厚的自然条件（刘明光，2010），四季皆能种植玉米，是"四季玉米之乡"。春玉米主要分布在东北地区、内蒙古地区、西北地区以及西南地区的高海拔丘陵山地和干旱地区，这些地区作物生产是一年一熟制；夏玉米则主要分布在黄淮海平原广大地区，为一年两熟制；秋玉米主要分布在我国南方沿海各省以及内陆地区的丘陵山地，如浙江、江西、广西、四川、福建等地区，属一年三熟制；冬玉米主要分布在北纬 24°以南的云南省、广西壮族自治区和海南省等地区，属一年四熟制。

表 4-1-3 2008—2011 年全国各省（自治区、直辖市）玉米播种面积（万 hm²）

省（自治区、直辖市）	2008 年	2009 年	2010 年	2011 年	省（自治区、直辖市）	2008 年	2009 年	2010 年	2011 年
北京	14.62	15.08	14.98	14.05	湖北	47.04	50.73	53.14	54.97
天津	15.98	16.59	16.89	16.9	湖南	24.13	28.2	29.3	32.71
河北	284.11	295.05	300.86	303.58	广东	14.34	16.67	16.23	17.31
山西	137.86	145.12	154.89	164.67	广西	48.97	53.46	53.86	56.59
内蒙古	234	245.12	248.56	266.96	海南	1.74	1.87	2.1	2.35
辽宁	188.49	196.41	209.3	213.46	重庆	45.56	45.91	46.19	46.69
吉林	292.25	295.72	304.67	313.42	四川	132.38	133.44	135.54	136.31
黑龙江	359.39	401.02	436.84	458.74	贵州	73.46	75.15	78.11	78.78
上海	0.36	0.42	0.44	0.42	云南	132.58	135.42	141.78	140.9

（续）

省（自治区、直辖市）	2008 年	2009 年	2010 年	2011 年	省（自治区、直辖市）	2008 年	2009 年	2010 年	2011 年
江苏	39.85	39.98	40.37	41.43	西藏	0.4	0.4	0.42	0.42
浙江	2.59	2.7	2.73	3.09	陕西	115.76	116.4	118.24	117.78
安徽	70.51	73.07	76.11	81.88	甘肃	55.72	65.78	83.55	83.87
福建	3.7	3.79	4.01	4.26	青海	0.21	0.53	1.23	2.05
江西	1.56	1.61	1.82	2.57	宁夏	20.85	21.51	22.34	23.11
山东	287.42	291.73	295.53	299.59	新疆	58.55	59.84	65.38	72.8
河南	282	289.54	294.6	302.5	全国	2 986.37	118.26	250.01	354.17

注：数据引自国家统计局网站（http://www.stats.gov.cn/tjsj）。

第二节　我国玉米的分布与全国种植分区

我国幅员辽阔，玉米的分布极广，但从区域分布格局的发展和变化趋势看，主要分布在从黑龙江经吉林、辽宁、河北、山东、河南、山西、陕西，至四川、贵州、云南和广西的12个省（自治区），形成的从东北到西南的一个弧形玉米带。东北和华北是在平原上种植玉米，其他约有65%的玉米分布在丘陵坡地上。

玉米栽培受气候条件、土壤类型、种植制度、品种类型和生产管理水平的影响，形成了明显的自然种植区域。我国学者曾多次对玉米种植区域进行划分。根据我国玉米产区地理位置及其形成和发展的历史，结合农业区划和各产区的温度、降水量、光照、土壤等农业自然资源状况，地貌差异和各地玉米间作、套作、复种等种植制度的特点，以及玉米在粮食作物中所占的地位、比例、发展前景等，中国农业科学院1984年主编的《中国种植业区划》将我国玉米种植区划分为6个产区。山东省农业科学院1986年主编的《中国玉米栽培学》将我国玉米种植区分为北方春播玉米区、黄淮海平原夏播玉米区和西南山地玉米区等6个主产区，以及南方丘陵玉米区、西北灌溉玉米区和青藏高原玉米区3个副产区。1992年，佟屏亚根据各地的气候、土壤、地理条件及耕作制度等因素也将我国玉米种植区划分为6个区：北方春播玉米区、黄淮海平原夏播玉米区、西南山地丘陵玉米区3个玉米主产区，以及南方丘陵玉米区、西北内陆玉米区、青藏高原玉米区3个副产区（图4-2-1）。2004年郭庆法等主编的《中国玉米栽培学》继续沿用1986年版的《中国玉米栽培学》划区依据与方法。张宝文在2008年主编的《中国农产品区域发展战略研究》一书中根据玉米生产水平与种植制度等，将我国玉米种植划分为六大产区：北方春玉米区、黄淮海夏玉米区、西南山地玉米区、西北灌溉玉米区、长江中下游玉米区、华南玉米区。2013年，农业部根据区域和生产布局，将我国玉米主产区分为4个大区，根据大区内的气候条件、栽培条件、地形和土壤条件进一步细分为12个亚区：东北春玉米区，包括东北冷凉春玉米区、东北半湿润春玉米区、东北半干旱春玉米区、东北温暖湿润春玉米区4个亚区；华北夏玉米区，包括华北中北部夏玉米区、华北南部夏玉米区2个亚区；西北春玉米区，包括西北雨养旱作春玉米区、北部灌溉春玉米区、西北绿洲灌溉春玉米区3个亚区；西南玉米区，包括四川盆地玉米区、西南山地丘陵玉米区、西南高原玉米区3个亚区。

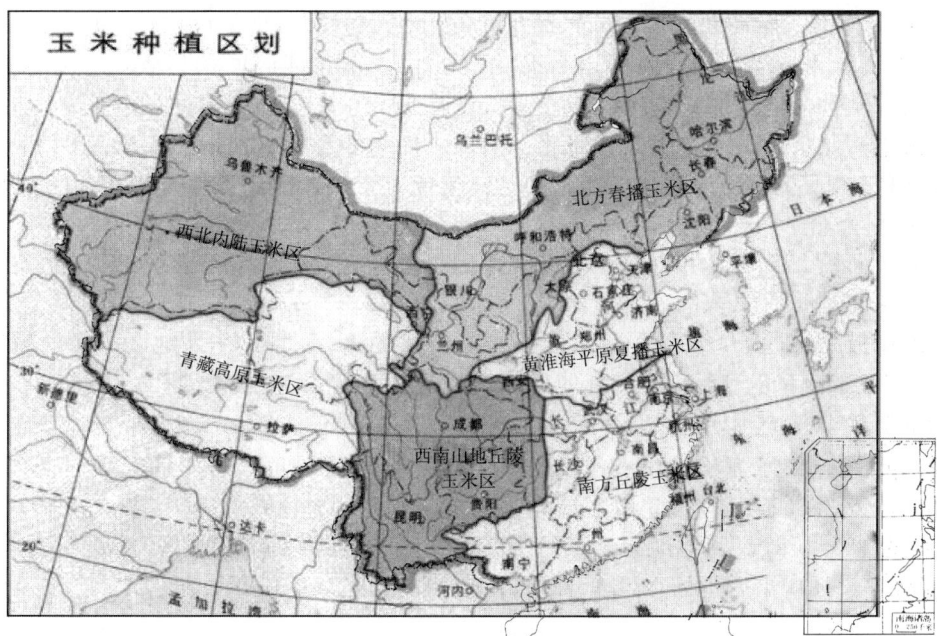

图 4-2-1 我国玉米种植区分布

(佟屏亚，1992)

表 4-2-1 我国 6 个玉米产区概况

分区区名	北方春播 玉米区	黄淮海平原 夏播玉米区	西南山地 玉米区	南方丘陵 玉米区	西北灌溉 玉米区	青藏高原 玉米区
省（自治区、 直辖市）	黑龙江、吉林、辽宁、宁夏和内蒙古的全部，河北、陕西的北部，山西的大部及甘肃的一部分	山东、河南的全部，河北、山西南部，陕西中部，江苏、安徽北部	四川、云南、贵州全部，广西西部，湖南、陕西南部	广东、福建、浙江、上海、江西、台湾全部，江苏、安徽南部，广西，湖南、湖北东部	新疆全部，甘肃的河西走廊	青海、西藏全部
面积（万 hm²）	533	867	400	100	87	20
主要种植 制度	玉米单作，玉米、大豆间作，春小麦玉米套种	小麦、玉米复种或套种，玉米、大豆间作，旱地多为春玉米	春玉米、马铃薯套种，小麦、玉米、甘薯、水稻套种	小麦、水稻、玉米间套种，双季玉米或多熟制复种玉米	春玉米单作，冬麦或春麦套种或复种玉米	春玉米单作
气候特征	寒温，半湿润	暖温，半干、半湿	温暖至亚热，湿	亚热，湿	温，极干	高寒，干
热量 （℃） ≥0℃积温	2 500~4 100	4 100~5 200	5 200~6 000	5 000~9 000	3 000~4 100	<3 000
≥10℃积温	2 000~3 600	3 600~4 700	4 700~5 500	4 500~9 000	2 500~2 600	<2 500
全年降水量 （mm）	400~800	400~800	800~1 200	1 000~2 500	200~400	300~650
无霜期（d）	130~170	170~240	240~330	250~365	130~180	110~130
水利条件	旱地为主	水浇地和旱地并重	水田与旱田交错	水田为主	水浇地为主	旱地

注：资料引自中国农业科学院（1984）。

2011 年全国玉米播种面积 3 354.2 万 hm²，总产 19 278.11 万 t，分别占全国粮食面积与产量的 30.33％和 33.75％。就玉米分布格局而言，东北地区面积最大，黑龙江、辽宁、吉林、内蒙古 4 省（自治区）玉米面积 1 252.6 万 hm²，占全国玉米面积的 37.34％；华北地区面积次之，北京、天津、山西、河北、山东、河南 6 省（直辖市）玉米面积 1 101.2 万 hm²，占全国玉米面积的 32.83％。西南地区（云南、贵州、四川）玉米面积 359.3 万 hm²，长江中下游地区（渝、苏、皖、湘、鄂、沪）玉米面积 257.7 万 hm²，西北地区（陕、甘、宁、新）玉米面积 225.3 万 hm²，东南沿海地区（浙、闽、桂、粤、琼）玉米面积 83.6 万 hm²，分别占全国玉米面积的 10.61％、7.68％、6.76％、2.49％。从玉米产量分布来看，东北地区产量最高，达 8 007.1 万 t，占全国玉米产量的 41.53％，华北地区玉米产量 6 354.1 万 t，占全国玉米产量的 32.96％，其他地区玉米产量依次为：西北地区 1 666.4 万 t，西南地区 1 543.5 万 t，长江中下游地区 1 310.5 万 t，东南沿海地区 365.1 万 t，占全国玉米产量分别为 8.64％、8.01％、6.72％、1.89％。从玉米产量与面积的关系来看，全国玉米平均每 667m² 产量 383.17kg；西北地区最高，每 667m² 产量达 493.10kg；东北地区次之，每 667m² 产量为 426.17kg。其他地区玉米每 667m² 产量分别为：华北地区 384.67kg，西南地区 286.37kg，长江中下游地区 329.05kg，东南沿海地区 291.15kg，西南地区产量最低。

第三节　我国玉米专用复混肥料农艺配方区划

要做到玉米的科学高效施肥，针对不同区域、气候及土壤条件下玉米养分需求特点制订科学合理的施肥配方与技术，首先必须制订我国玉米施肥配方区划，在明确不同分区内的气候特点、玉米需肥规律、土壤条件、种植制度以及区域作物发展规划的基础上，因地制宜地提出氮、磷、钾及中微量元素的施肥配比和不同生育期的施肥量与施肥方法，为我国玉米持续高产提供技术支撑。

玉米种植区的形成和发展与当地的自然资源特点、社会经济基础和生产技术水平密切相关。尤其是我国玉米带自北而南纵跨寒温带、暖温带、亚热带和热带生态区，从东到西分布经温暖湿润的东部沿海平原、丘陵至西北内陆日趋干旱的高原山区及盆地等不同自然区域。除品种特性与种植传统习惯外，影响区域玉米生产和肥料效益的关键因素还有气候（主要包括温度、降水量、光照等）、土壤与地形。在参照全国玉米种植区划的基础上，制订出我国玉米施肥配方区划原则：a. 玉米生产的资源特点、种植结构和栽培制度的区内相对一致性；b. 主要土壤条件和土壤类型的区内相对一致性；c. 光照、温度、降水量、无霜期等主要气候条件的区内相对一致性；d. 邻近与相对集中连片以及保持县域行政区划的完整性。

按照上述原则，汇总和参照我国土壤普查资料、不同区域主要土壤类型长期肥料定位试验资料，以全国代表区域的土壤样品测定结果为基础，结合我国种植业区划、化肥区划和玉米生产分布特点，将全国划分为 7 个玉米配方施肥区，为玉米区域施肥配方制订、配方肥料生产以及玉米科学施肥提供依据。7 个玉米配方施肥分区分别为：东北春播玉米区、黄淮海平原夏播玉米区、西南玉米区、北方春播玉米区、西北灌溉玉米区、南方丘陵玉米区、青藏高原玉米区。

一、东北春播玉米区

本区包括黑龙江、吉林、辽宁 3 省，内蒙古东北部（呼伦贝尔市、通辽市、赤峰市）和河北省北部（长城以北地区：承德市、张家口市）。本区位于我国玉米种植黄金地带，是我国春玉米主要产区，2011年本区玉米播种面积超过1 000万hm²，玉米播种面积和总产量分别约占全国的30％和40％，是全国最大的商品玉米基地。本区地形复杂，境内东、西、北部地势较高，中、南部属东北平原，地势平缓。海拔一般为50～400m，山地海拔可到1 000m左右。根据地形及气候要素可分为东北东部半湿润春玉米区和东北西部半干旱春玉米区。其中，东北东部半湿润春玉米区包括黑龙江中东部、吉林中东部、辽宁大部和内蒙古大兴安岭北部地区；东北西部半干旱春玉米区包括黑龙江、吉林西部和内蒙古东北部地区。

本区属寒温带湿润、半湿润气候，全年≥10℃积温2 000～3 600℃，无霜期130～170d。全年降水量400～800mm，其中60％集中于7～9月，降水总量能够满足玉米生长的需要。土壤比较肥沃，尤其是东北大平原，其土壤以黑土、黑钙土、草甸土为主，是我国农田土壤最为肥沃的地区之一，是玉米高产区，也是近几年玉米种植面积扩展最大的地区。然而，本区北部由于热量条件不够稳定，活动积温年际间变动大，个别年份低温冷害对玉米生产影响严重；区内玉米生产基本处于雨养状态，干旱少雨对玉米生产的威胁很大。

该区属一年一熟制，玉米播种一般为4月下旬至5月20日。玉米种植方式主要为单作。主要玉米杂交种有本玉9号、吉单159、四单19号、中单2号、掖单19号、丹玉13号、掖单13号和沈单7号等，近年来先玉335成为主流品种。该区域发展的目标是：稳定玉米种植面积，增加单产和总产；同时，结合区内畜牧业发展的需求，积极发展籽粒与青贮兼用型玉米生产，促进玉米生产结构的优化。

二、黄淮海平原夏播玉米区

本区位于我国东部，东濒渤海、黄海，西倚太行山，北以长城为界，南至淮河，包括河南省、山东省、北京市、天津市全部区域，河北省中南部，江苏省北部（淮河流域徐州、连云港、宿迁、淮安、盐城5地市）和安徽省北部（淮河流域淮北、宿州、阜阳、蚌埠、亳州、淮南6地市），山西省的晋中南地区（晋中、运城、临汾）以及陕西省的关中地区（西安、宝鸡、咸阳、铜川、渭南）。本区是我国耕地面积最广、复种指数最高的农业区，是全国第二大玉米生产基地。20世纪90年代年播种面积约660万hm²，占全国玉米种植面积的29.0％，总产量占全国的31.8％。2006—2008年统计结果表明，年均玉米播种面积1 011.8万hm²，占全国玉米种植面积的34.7％，总产量占全国的36.8％，平均单产5 715.2kg/hm²。

黄淮海夏玉米区涉及黄河流域、海河流域和淮河流域。全区除山东省中部及胶东半岛、河南省西部有局部丘陵山地外，大部分属平原地区，地势低平，海拔平均约200m，西高东低，平原地区海拔一般在100m以下，东部沿海地区海拔不足20m，是全国最大的冲积平原，地势平坦，土层深厚。本区气候适宜，是我国生态条件最适宜于玉米生长的地区。

全区大部分地区属暖温带半湿润或半干旱季风气候。春旱多风，夏秋季高温多雨，冬季寒冷干燥。全年≥10℃积温3 600～4 700℃，年平均气温为10～14℃；年日照时数为1 829～2 770h；区内最冷月平均气温−4.6～−0.7℃，绝对最低气温−27.0～−13.0℃，无霜期180～230d，从北向南逐步增加；年降水量500～800mm，季节分布不均，多集中于玉米生长季节（占全年降水量的60％以上）。该区气温较高，蒸发量大，经常发生春旱和夏涝。平原地区土壤类型以褐土和潮土为主，质地良好，具有较高生产力。山东丘陵土壤为棕壤，障碍性土壤有部分沙土、盐渍土（沿海）、砂姜黑土（皖北、豫东南）。

本区种植制度多为冬小麦—夏玉米一年两熟制，旱地及丘陵区两年三熟或一年一熟。本区地域辽阔，由春玉米演变为夏玉米，播期从 5 月下旬至 6 月下旬。种植的主要杂交种有掖单 2 号、掖单 13 号、丹玉 13 号、烟单 14 号、掖单 19 号、掖单 12 号、中单 2 号、郑单 14 号和农大 60 等，近年来郑单 958 号成为播种面积最大的主导品种。该区域玉米发展的重点是：稳定面积，增加单产和总产；优化品种结构，以籽粒玉米生产为主，积极发展籽粒与青贮兼用和青贮专用玉米，适度发展鲜食玉米。

三、西南玉米区

本区包括四川、云南、贵州、重庆及陕西南部（秦岭以南的安康市、汉中市）和湖南（怀化市、张家界市）、湖北（宜昌市、十堰市）、广西（百色市）的西部丘陵地区以及甘肃省（陇南市），是我国玉米的第三大产区。依据地形条件可分为川陕盆地玉米区和西南高原玉米区两个亚区。其中，川陕盆地亚区包括四川东北部、重庆、陕西南部、湖北西北、湖南西部、贵州中东部以及广西西部；西南高原亚区包括贵州西部、四川西南部和云南省全部。区内耕地面积 0.36 亿 hm^2，农作物播种总面积和粮食作物播种面积分别为 0.30 亿 hm^2 和 0.20 亿 hm^2，其中玉米面积 413.5 万 hm^2。20 世纪 90 年代年均玉米播种面积约 425 万 hm^2，占全国玉米面积的 18.6%，总产量约占全国的 13.4%。据 2006—2008 年统计结果，年均播种面积 413.6 万 hm^2，占全国玉米种植面积的 14.1%，总产量占全国的 11.4%，平均单产 4 509.8kg/hm^2。与 20 世纪 90 年代统计结果相比，种植面积略有减少，占全国的比例下降了 4.5 个百分点。

全区地形复杂，有山地、高原、丘陵和盆地，其中以山地为主，约占总土地面积的 70%；海拔由 6 000m 以上下降到 100m 以下。本区属温带和亚热带湿润、半湿润气候，全年降水量 800～1 200mm，水、热资源较好，但全年云雾阴天在 200d 以上，光照条件较差，全年≥10℃积温 4 850℃左右，变幅为 3 100～6 500℃；最冷月平均气温为 4.9℃，绝对最低气温－6.3℃；无霜期 260d 左右，有些地区可超过 300d；年日照时数 1 620h 左右，日均只有 4.4h，为全国日照最少地区。各地因海拔高度不同，气候差异较大。该区地势复杂，农业的立体性很强，垂直种植带十分明显。云南地势最高，土壤类型多为红壤，质地黏重，酸性强，地力差；贵州地区土壤类型主要为黄壤；四川盆地地势最低，土壤类型多为黄壤和紫色土，部分为红壤。

种植制度从一年一熟到一年多熟都有。从海拔 250m 直至 2 500m 的高山、丘陵、平坝均有玉米种植。间作套种是本区玉米种植的突出特点。由于地理环境的影响，耕种制度主要有 3 种：高山地区气候冷凉，以一年一熟的春玉米为主；丘陵地区气候温和，以两年五熟制春玉米或一年两熟制夏玉米为主；平原地区是以玉米为中心的三熟制，尤以小麦、玉米、甘薯三熟制发展面积最大。主栽品种有：成单 14 号、中单 2 号、川单 9 号、雅玉 2 号、掖单 13 号、沈单 7 号、成单 13 号、绵单 1 号等。此外，这里还种植一些改良的开放授粉品种和杂交种等。该区域玉米发展的目标是：提高复种指数，适度扩大种植面积，继续优化生产布局；积极发展青贮专用和籽粒与青贮兼用玉米等品种选育和生产，促进品种结构优化。

四、北方春播玉米区

本区主要包括甘肃（兰州、嘉峪关、金昌、白银、平凉、庆阳、天水、定西、临夏、甘南）、宁夏和内蒙古中西部（乌兰察布市及以西地市）、陕西省北部（延安市、榆林市）、山西省大部（太原、吕梁、忻州、朔州、大同、阳泉、长治）。

本区为中温带大陆性干燥气候，冬季寒冷，夏季炎热，春、秋季多风，日照充足，昼夜温差大。全区全年 $\geqslant 10℃$ 积温为 3 150℃ 左右，变幅为 2 056~3 615℃，年均气温 5~10℃，最冷月平均气温 -17~-11℃，绝对最低气温 -38~-27℃；日照时数 1 000~1 300h，无霜期 110~140d；年均降水量 200~400mm，一般年份不足 300mm，最少地区年降水量在 50mm 以下，自东向西温度渐增、降水量递减，可分为雨养旱作玉米区和灌溉玉米区。土壤类型以棕钙土、灰钙土及栗钙土、褐土、黄绵土为主，土地贫瘠，结构疏松，易风蚀沙化，水土流失严重，自然条件较差。

本区为我国的春播玉米区，基本上属一年一熟制。玉米播种一般为 4 月下旬至 5 月 20 日。主栽品种：中单 2 号、陇单 3 号、陇单 4 号、先玉 335、郑单 958、富农 1 号、沈单 10 号、四单 19 号、临单 230 号、临单 211 号、酒泉 283 号、迪卡 656 号、迪卡 743 号、糯 2 号、张糯 2 号、中科糯 2008 号及花香糯等。本区玉米生产秋霜早，气温低，玉米籽粒脱水困难，应采取"稳定面积，提高单产"的方针，更换玉米品种，增加土地物资投入，扩大玉米覆膜栽培面积。

五、西北灌溉玉米区

本区包括新疆维吾尔自治区全部和甘肃的河西走廊（酒泉、张掖、武威）。本区历史上基本不种植玉米，随着农田灌溉面积的增加，20 世纪 70 年代以来玉米种植面积逐渐扩大，达到 74.9 万 hm^2，占同期全国玉米种植面积的 4.1%；90 年代由于棉花、特色经济作物的发展，玉米面积缩减。近年来，随着畜牧业发展与产业结构的调整，玉米种植面积又有扩大的趋势。据 2006—2008 年统计结果，年均玉米播种面积 61.7 万 hm^2，占全国玉米种植面积的 2.2%，总产量占全国的 2.9%。

本区属大陆性干燥气候，年降水量仅为 200~400mm，在这里若没有灌溉就没有农业生产，无霜期一般为 130~180d，日照充足，年日照时数 2 600~3 200h，0℃ 以上积温 3 000~4 100℃，10℃ 以上有效积温 2 500~2 600℃。本区光、热资源非常丰富，昼夜温差大，极有利于玉米干物质积累，如果能够发展灌溉农业，玉米的增产潜力巨大。

本区的种植制度大多为一年一熟春播玉米，也有少量的小麦和玉米套种。不论哪一种种植方式，玉米的产量和质量都很高。玉米主栽品种为：中单 2 号、SC704、掖单 13 号、掖单 12 号、和单 1 号、京早 8 号等。本区干旱少雨，宜选用冬灌保墒，适期早播春玉米是获得高产的重要措施之一。

六、南方丘陵玉米区

南方丘陵玉米区北与黄淮海平原夏播玉米区相连，西接西南山地套种玉米区，东部和南部濒临东海和南海，包括广东、海南、福建、浙江、江西、上海、台湾及江苏南部、安徽南部，广西、湖南、湖北的东部，是我国水稻的主要产区，玉米种植面积不大。20 世纪 90 年代全区玉米种植面积约 168 万 hm^2，占全国玉米总面积的 7.4%，总产量约占全国的 4.7%。据 2006—2008 年统计结果，年均玉米播种面积 128.1 万 hm^2，占全国玉米种植面积的 3.9%，总产量占全国的 3.7%，平均单产 4 473.7kg/hm^2。与 20 世纪 90 年代统计结果相比，种植面积有所减少，占全国的比例降低了 3.5 个百分点。

本区属亚热带和热带湿润气候，气温较高，降水量丰沛，适宜农作物生长的时间长达 220～360d，适合玉米生长发育的有效积温时间在 250d 以上。年降水量 1 000～1 800mm，分布均匀，全年日照时数 1 600～2 500h，一年四季都可以种植玉米。本地区的气候条件更适合种植水稻，所以玉米种植面积较少，而且不够稳定。该地区发展秋、冬玉米生产的条件较好，潜力很大。

本地区历来实行多熟制，从一年两熟到三熟或四熟，常年都可种植玉米，但玉米主要在秋冬季栽培。本区秋玉米主要分布在浙江、江西和湖南、广西的部分地区，常作为三熟制的第三季作物，兼有水旱轮作的效果。冬玉米主要分布在海南、广东、广西和福建的南部地区，这些地区在 20 世纪 60 年代以后发展成为玉米、高粱等旱地作物的南繁育种基地，80 年代以后又逐渐成为我国反季节瓜菜生产基地。玉米在多熟制中成为固定作物，也是水旱轮作的重要成分。本地区种植的玉米品种主要有：桂顶 1 号、掖单 13 号、雅玉 2 号、掖单 12 号、郧单 1 号等。

七、青藏高原玉米区

本区包括青海省和西藏自治区。玉米是当地近年来的新兴作物之一，栽培历史短，玉米种植面积和总产量都不足全国的 1%，但单产水平较高。西藏地区玉米主要分布在藏南喜马拉雅山脉南坡和藏东南海拔 3 200m 以下的河谷地区。在这些地区种植早熟玉米，不但可以完全成熟，而且可以保证获得一定的产量。但对于海拔 3 200～3 700m 的拉萨河谷地区，从 20 世纪 50～80 年代曾断断续续引种试种过玉米，正常年景仅有极少部分籽粒黄熟，绝大部分不能成熟，只能收嫩玉米或作青贮饲料。西藏玉米以夏季复种为主，春播面积比较小，影响本区玉米发展的因素主要是海拔较高，早春少雨，热量条件不足，还有品种问题。青海省东部海拔 2 400m 以下的民和、循化、乐都、尖扎等河湟温暖灌溉农业区经济发达，水利设施齐全，无霜期长，光照资源丰富，热量条件好，$\geqslant$0℃积温 243～3 401℃，$\geqslant$10℃活动积温在 2 000℃以上，7～8 月平均气温$\geqslant$16.5℃，能够满足玉米生长发育需要，热量条件属于一季有余、两季不足地区，适宜间套复种。青海省适宜玉米带田生产的耕地面积达 2.3 万～2.7 万 hm^2，目前带田种植面积仅占可种面积的 28% 左右，还有较大发展潜力。随着生产条件的改善，增施有机肥和化肥，实行机械化栽培提高种植管理水平，采用地膜覆盖和育苗移栽等技术，玉米面积有望进一步扩大。

第四节　不同玉米生态区气候特征分析

玉米是喜温的短日照作物，有多种类型。由于品种的生态类型多，生育期幅度大（80～150d），所以可以适应不同气候条件，在我国南自北纬 18°的海南岛、北至北纬 53°的黑龙江黑河地区都有栽培。

我国有春玉米、夏玉米、秋玉米、冬玉米栽培类型，其中以春玉米和夏玉米栽培最为广泛。春玉米主要分布在东北地区、内蒙古地区、西北地区以及西南地区的高海拔丘陵山地和干旱地区，这些地区作物生产是一年一熟制；夏玉米则主要分布在黄淮海平原广大地区，为一年两熟制；秋玉米主要分布在我国南方沿海各省（自治区、直辖市）以及内陆地区的丘陵山地，如浙江、江西、广西、四川、福建等地区，属一年三熟制；冬玉米主要分布在北纬24°以南的云南省、广西壮族自治区和海南省等地区，属一年四熟制。

一、玉米不同生育期对气候的要求

温度和光照是决定玉米生产的关键气候要素，温度与玉米生长快慢、生育期长短关系密切，而光照主要决定玉米生育期的长短。玉米不同生育阶段对光照、温度的要求不同。

1. 温度　通常以 10℃ 作为玉米生物学零度，高于 10℃ 的积温才是有效积温。玉米生育期的有效积温与生育期关系密切。生育期间的温度较高，则达到品种所需有效积温的天数少，生育期缩短；反之，则延长。不同熟性玉米全生育期对积温的要求也不同（表 4-4-1）（郭庆法等，2004）。

表 4-4-1　不同熟性玉米的全生育期积温

熟性	≥10℃积温（℃）
特早熟	＜2 100
早熟	2 100～2 400
中熟	2 400～2 700
晚熟	2 700～3 000
特晚熟	＞3 000

2. 光照　根据玉米的光周期反应类型，一般把玉米归为短日照作物，大多数玉米品种要求 8～12h 光照才能通过光照阶段，最适光照为 12～15h。早熟品种一般对光照时间不敏感，晚熟品种一般更为敏感。南方培育的品种对光照反应较北方培育的品种敏感。种植实践表明，将偏南地区的品种稍北移，因日照加长，气温降低，可使生育期延长，玉米植株充分生长，获得较高产量。

（1）苗期（播种至拔节）。玉米种子在 6～7℃ 时开始发芽，最适温度为 28～35℃。春玉米遇 0.5～5℃ 低温，夏玉米遇高于 40℃ 高温，都对生长产生抑制作用，严重时使幼苗死亡。通常把土壤表层 5～10cm 温度稳定在 10℃ 以上的时期，作为春播玉米的适宜播种期。

（2）穗期（拔节至抽雄开花）。适宜平均日温为 36～27℃，温度高于 32～35℃、空气相对湿度接近 30%、土壤水分低于田间最大持水量的 70% 时，雄穗开花持续期短，花粉活力降低。

（3）花粒期（抽雄开花至籽粒成熟）。最适日温为 22～24℃，低于 16℃ 时，灌浆速度减慢，粒重降低，成熟期推迟。这期间温度高于 25℃ 且遇干旱时，会出现叶片过早枯黄、生理脱水过快等高温逼熟现象。

二、我国玉米气候生态区划分

农业气候区划是指在农业气候分析的基础上，以对农业地理分布和生物学产量具有决定意义的农业气候指标为依据，遵循农业气候相似原理和地域差异规律，将一个地区划分为农业气候条件有明显差异的区域（崔读昌，1998）。按以上定义可将我国玉米种植区划为以下几个气候生态区。

（一）东北春播玉米区

东北春播玉米区包括黑龙江、吉林、辽宁3省及内蒙古东北部和河北省的东北部，按照气候和降水量特点，可以划分为东北东部半湿润亚区和东北西部半干旱亚区。

1. 东北东部半湿润亚区　本区包括黑龙江、吉林中东部，辽宁大部和内蒙古大兴安岭北部地区，为东北春玉米特晚熟特长光照带，主要气候生态特点包括：

（1）气候温凉，适宜春玉米。本地区年平均气温 $-6\sim4℃$，最冷月平均气温 $-30\sim-17℃$，最热月平均气温 $16\sim22℃$，$\geqslant0℃$ 积温 $2\,100\sim3\,200℃$。

（2）水分较多，但供应不稳定。本地区年降水量 $400\sim700mm$，春季降水量 $40\sim85mm$。

（3）光照充足。年太阳总辐射量 $4\,500\sim5\,000MJ/m^2$，年日照时数 $2\,400\sim2\,800h$。

（4）土壤类型以暗棕壤、黑土为主，质地为沙土、壤土，有机质含量高，可达 $40\sim100g/kg$。

2. 东北西部半干旱亚区　本区包括黑龙江、吉林西部和内蒙古东北部地区，为东北春玉米特晚熟特长光照带，主要气候生态特点包括：

（1）温度适宜，年平均气温 $-2\sim6℃$，最冷月平均气温 $-24\sim-14℃$，最热月平均气温 $18\sim22℃$，$\geqslant10℃$ 积温 $2\,000\sim2\,900℃$。

（2）水分缺乏，年降水量 $300\sim400mm$，缺水 $200\sim300mm$。

（3）光照充足，年太阳总辐射量 $5\,000\sim6\,000MJ/m^2$，年日照时数 $2\,800\sim3\,000h$。

（4）土壤以棕壤、暗棕壤、栗钙土、黑钙土为主，质地为沙土、壤土，土壤有机质含量一般，为 $20\sim100g/kg$。

（二）黄淮海平原夏播玉米区

本区涵盖长城以南，秦岭、淮河以北广大地区，包括河北、北京、天津、陕西、山西、山东、河南、安徽和江苏淮河流域以北，山西省的晋中南地区以及陕西省的关中地区，为我国夏播玉米主要产区。可以分为华北半干旱夏玉米亚区和黄淮海半湿润夏玉米亚区。

1. 华北半干旱夏玉米亚区　本区包括山东东部、河北中北部、北京、天津以及山西和陕西中部地区，为北方夏玉米晚熟中光照带，主要气候生态特点包括：

（1）温度适宜，年平均气温 $8\sim13℃$，最冷月平均气温 $-8\sim-4℃$，最热月平均气温 $20\sim26℃$，$\geqslant10℃$ 积温 $3\,600\sim4\,200℃$。

（2）水分充足，年降水量 $500\sim700mm$。

（3）光照充足，年太阳总辐射量 $5\,250\sim5\,750MJ/m^2$，年日照时数 $2\,500\sim2\,800h$。

（4）土壤类型以潮土和黄绵土为主，土壤肥力较低，大部分地区有机质含量为 $10\sim20g/kg$。

2. 黄淮海半湿润夏玉米亚区　本区包括山东、河南大部，江苏和安徽北部，河北南部以及山西、陕西中南部等区域，为北方夏玉米半湿润晚熟中光照带，主要气候生态特点包括：

（1）温度适宜，年平均气温 $12\sim15℃$，最冷月平均气温 $-4\sim0℃$，最热月平均气温 $24\sim28℃$，$\geqslant10℃$ 积温 $3\,800\sim4\,700℃$，而夏播玉米中晚熟品种所需有效积温为 $1\,900\sim2\,900℃$。

（2）水分条件适宜，年降水量 $600\sim900mm$。

（3）光照充足，年太阳总辐射量 5 000～5 500MJ/m²。

（4）土壤类型以潮土、砂姜黑土为主，土壤肥力较低，大部分地区有机质含量为 10～20g/kg。

（三）西南玉米区

该区地形地貌十分复杂，90％以上的土地为丘陵山地和高原，河谷平原和山间平地仅占 5％左右，海拔 200～5 000m。农业立体性很强，气候条件垂直差异极为显著，种植业垂直分布十分明显，可谓"一山分四季，十里不同天"。该区由于生态条件复杂，坡耕地所占比例大，土壤瘠薄，农业气象灾害多，光能资源地区间差异大，玉米生产发展受资源环境严重约束，加之生产投入不足、耕作管理粗放、生产条件较差，玉米产量水平较低。本区可分为川黔湿润生态亚区和西南半干旱生态亚区。

1. 川黔湿润生态亚区 本区主要包括四川中东部、贵州大部、重庆、湖南（怀化市、张家界市）、湖北（宜昌市、十堰市）、广西（百色市）西部丘陵地区，本区气候生态特点包括：

（1）温度适宜，年平均气温 14～16℃，最冷月平均气温 4～6℃，最热月平均气温 21～26℃，≥10℃积温 4 900～5 700℃。

（2）水分偏多，年降水量 900～1 300mm。

（3）光照不足，年太阳总辐射量 3 750～4 250MJ/m²，年日照时数 1 200～1 600h。

（4）土壤类型以黄壤为主，土壤肥力中等偏下，大部分地区有机质含量为 15～30g/kg。

2. 西南半干旱生态亚区 本区主要包括云南大部、四川西部、甘肃省（陇南市）、陕西南部（秦岭以南的安康市、汉中市）。本区气候生态特点为：

（1）温度适宜，年平均气温 14～20℃，最冷月平均气温 8～14℃，最热月平均气温 20～22℃，≥10℃积温 4 700～5 500℃。

（2）水分偏多，年降水量 800～1 200mm。

（3）光照充足，年太阳总辐射量 5 500～6 000MJ/m²，年日照时数 2 200～2 400h。

（4）土壤类型以红壤为主，土壤肥力中等偏下，大部分地区有机质含量为 15～30g/kg。

（四）北方春播玉米区

本区主要包括甘肃（兰州、嘉峪关、金昌、白银、平凉、庆阳、天水、定西、临夏、甘南）、宁夏和内蒙古中西部（乌兰察布市及以西地区）、陕西省北部（延安市、榆林市）、山西省大部（太原、吕梁、忻州、朔州、大同、阳泉、长治）。按照气候和降水量特点，可以划分为北方东部半干旱亚区和北方西部干旱亚区。

1. 北方东部半干旱亚区 本区包括内蒙古中部、宁夏大部、山西省大部、陕西省北部，为北方春玉米特晚熟特长光照带，主要气候生态特点为：

（1）温度适宜，年平均气温 2～8℃，最冷月平均气温 −16～−10℃，最热月平均气温 18～24℃，≥10℃积温 2 100～3 000℃。

（2）干旱缺水，年降水量 200～300mm。

（3）光照充足，年太阳总辐射量 6 000～6 500MJ/m²，年日照时数 3 000～3 200h。

（4）土壤以棕钙土、淤灌土为主，质地为沙土、壤土，土壤肥力差，有机质含量一般不足 20g/kg。

2. 北方西部干旱亚区 本区包括内蒙古西部和甘肃大部，为北方春玉米特晚熟特长光照带，主要气候生态特点为：

（1）温度适宜，年平均气温 0～14℃，最冷月平均气温 −15～−10℃，最热月平均气温 20～25℃，≥10℃积温 2 000～2 800℃。

（2）严重干旱缺水，年降水量 50～150mm。

（3）光照充足，年太阳总辐射量 6 000～6 750MJ/m²，年日照时数 3 100～3 300h。

（4）土壤以灰漠土和棕漠土为主，土壤肥力差，大部分地区有机质含量在 10g/kg 以下。

（五）西北灌溉玉米区

本区主要包括新疆维吾尔自治区全部和甘肃省的河西走廊（祁连山以北，大沙河以南的酒泉、张掖、武威）。按照玉米播种期特点可划分为西北灌溉春玉米亚区和西北灌溉夏玉米亚区。

1. 西北灌溉春玉米亚区　本区主要包括新疆北疆，南疆的焉耆、拜城盆地以及甘肃的河西走廊地区。春播玉米主要集中在北疆沿天山一带平原区、伊犁地区、塔城地区和南疆的焉耆、拜城盆地以及甘肃的河西走廊地区，为春玉米中晚熟区，主要气候特点为：

（1）温度适宜，年平均气温 −2～6℃，最冷月平均气温 −28～−20℃，最热月平均气温 18～24℃，≥10℃积温 2 100～3 500℃。

（2）水分严重不足，年降水量 120～320mm，降水多集中在 4～7 月。

（3）光照充足，年太阳总辐射量 5 500～6 000MJ/m²，年日照时数 2 800～3 200h，无霜期 110～180d。

（4）土壤以棕钙土、灰漠土和风沙土为主，土壤肥力低，大部分地区有机质含量在 10g/kg 以下。

（5）玉米一般 5 月上旬播种，8 月下旬至 9 月上旬收获。生育期为 120d 左右。

2. 西北灌溉夏玉米亚区　本区主要包括新疆南疆和东疆地区，集中产区在塔里木盆地北部、西南部以及南部的平原绿洲，包括阿克苏、喀什、和田等地区，产量占全疆玉米的 43%，为夏玉米中早熟区，主要气候生态特点为：

（1）温度适宜，年平均气温 8～14℃，7 月平均气温 24～33℃，极端最高气温可达 48℃，≥10℃积温 4 500～5 300℃，夏播玉米早熟和早中熟品种生长期为 85～95d 和 95～105d，所需≥10℃积温为 2 050～2 250℃和 2 250～2 450℃。

（2）严重干旱缺水，年平均降水量仅为 9～37mm。

（3）光照充足，年太阳总辐射量 5 500～6 000MJ/m²，全年日照时数 2 500～3 000h，无霜期长达 210～220d。

（4）土壤以风沙土、棕漠土为主，土壤肥力低，土壤有机质含量在 10g/kg 左右。

（5）夏玉米一般为 6 月下旬播种，10 月上旬为成熟期。

（六）南方丘陵玉米区

该区地域宽广，北与黄淮海平原夏播玉米区相连，西接西南山地套种玉米区，东部和南部濒临东海和南海，包括广东、海南、福建、浙江、江西、上海、台湾及江苏南部、安徽南部，广西、湖南、湖北的东部，是我国水稻的主要产区，玉米种植面积不大。本区主要气候特点为：

（1）气候适宜，一年四季皆可种植玉米。≥10℃积温 4 500～9 000℃，一般 3～10 月平均气温 20℃左右，适于玉米生长发育的有效积温时间在 250d 以上。

（2）降水丰富，年降水量1 000～2 500mm，分布均匀，雨热同期。

（3）光照充足，年太阳总辐射量4 000～5 000MJ/m²，年日照时数1 600～2 500h，无霜期250～365d。

（4）土壤类型以水稻土、暗棕壤、红壤、砖红壤为主，土壤肥力一般，有机质含量为10～40g/kg。

（七）青藏高原玉米区

青藏高原海拔4 000m以上，气候总体特点为：辐射强，日照时间长，气温低，积温少，日较差大。大部分地区的最暖月平均气温在15℃以下，1月和7月平均气温都比同纬度东部平原低15～20℃；降水少，地域差异大，高原年降水量自藏东南4 000mm以上向柴达木盆地冷湖逐渐减少，冷湖降水量仅17.5mm。青海省东部的黄河谷地是青海省的主要粮油产区，平均海拔2 050m，平均气温3.5℃，年太阳总辐射量6 400～7 100 MJ/m²，年日照时数2 373.4～2 664.3h，年均降水量310～420mm，≥0℃积温2 531～2 778℃，≥5℃积温1 530～1 758℃，无霜期180d，昼夜温差大，日照充足，土地肥沃，灌溉便利，适于玉米的发展。按气候分类，除东南缘河谷地区外，整个西藏全年无夏；年太阳辐射总量高达5 850～7 950MJ/m²，比同纬度东部平原高50%至1倍。

第五节　不同生态区玉米田土壤养分状况分析

土壤养分状况取决于土壤类型和成土母质。我国土壤按其分布大致可分为地带性土壤和非地带性土壤两大类。地带性土壤主要由东部湿润海洋性地带与西部干旱内陆性地带两个地带构成。东部湿润海洋性地带自南向北分布有砖红壤、赤红壤、红壤与黄壤、黄棕壤、棕壤、暗棕壤、漂灰土，干旱内陆性地带则由东而西分布有栗钙土、棕钙土、灰钙土与漠土。除东、西两大地带外，自黄土高原向东北直到大兴安岭西麓还有褐土、黑垆土、黑钙土、灰褐土与黑土带构成的过渡性土壤地带。不同地区地带性差异经常会导致土壤养分含量存在较大差异：东北黑土与黑钙土氮含量较高，四川、贵州与福建等地的紫色土钾含量偏高，河南、山东、辽宁等地的棕壤、潮土、褐土等钾含量中等，而湖南、江西和广东等南方地区的红壤类土壤钾素含量则偏低。根据现有资料分析，我国农田土壤养分大体状况为：土壤普遍缺氮，大部缺磷，局部缺钾。

一、东北春播玉米区

本区域包括黑龙江、吉林、辽宁3省及内蒙古东北部（呼伦贝尔市、通辽市、赤峰）和河北省长城以北地区（承德市、张家口市）。黑土、棕壤、白浆土、草甸土为本区域主要土壤类型。在东北地区黑土、白浆土、草甸土3种主要土壤类型中，黑土区北部、东部有机质含量较高，南部、西部有机质含量较低；钾含量较高，氮含量一般，地区之间差异不大；有效磷含量低，需要补充；有75%的土壤pH低于6.5，有酸化趋势；黑土总体供肥能力较强，但需增加磷肥投入和碱性肥料的施用。白浆土有机质含量低，为25g/kg左右；氮、磷含量不高，钾含量较高，土壤呈酸性，总体供肥能力弱，需要补充氮、磷和有机质。草甸土有机质含量高，一般大于45g/kg，氮、钾含量丰富，磷含量地区间差异大，开垦较早地区磷缺乏，土壤pH小于6，供肥能力强，但需要补充磷，并施用一些碱性肥料，调节土壤酸碱度。3种不同类型土壤速效氮、速效钾释放强度高于有效磷，速效养分释放强度：草甸土＞黑土＞白浆土。

黑土成土母质是黏土、亚黏土，所以土壤质地比较黏细、均匀一致，并以粗粉沙和黏粒为主；黄土性黏土母质对黑土的理化性质和水分特点有很大影响，丰富了养分贮量，促进了土壤结构的形成，但不利于水分的渗透。黑土容重一般为 11.5g/cm³ 左右，耕层由于腐殖质多，土层疏松，容重较低，向下层逐渐增大。总孔隙度在 50％左右，持水能力强，田间持水量为25％～35％。

黑土有机质含量丰富，第二次土壤普查时，黑土耕层有机质含量为 25～65 g/kg，随着开垦年限的增加，黑土有机质及氮、磷、钾养分也发生了很大变化。据调查，黑土有机质含量为 17.8～66.0g/kg，呈由北向南、由东向西逐步降低的趋势，最大值是最小值的 4 倍。全氮含量为 1.2～3.8g/kg，南部地区土壤全氮含量较低，其他地区全氮含量较高，差异不大；速效氮含量为 96.1～316.6mg/kg。全磷含量为 0.25％～2.76g/kg，开垦较早的地区磷含量较低，尤其是有效磷含量更低，有 66.7％的土壤有效磷含量低于 50mg/kg。全钾含量为 17.1～25.5g/kg，差异不大，含量较为丰富；速效钾含量除个别地区略低外，均较高。pH 为 5.30～7.34，有 75％的土壤 pH 低于 6.5，说明黑土整体的 pH 不高，有酸化趋势。

黑土养分释放有着自身的特点，受温度、水分影响较大。一般来讲，夏季养分释放较快，冬季缓慢；在作物生长季节内研究黑土养分释放对于施肥有很大的帮助。例如，哈尔滨黑土全量养分在作物（玉米）整个生育期间变化幅度不大，尤其是磷、钾元素的释放强度几乎成为一条直线趋势（表 4-5-1）（张喜林等，2015）。

表 4-5-1　玉米不同生育期黑土养分释放特点

生育期	全氮 （g/kg）	速效氮 （mg/kg）	全磷 （g/kg）	有效磷 （mg/kg）	全钾 （g/kg）	速效钾 （mg/kg）
播种期	1.29	128.2	1.14	25.7	24.2	511.2
苗期	1.40	112.4	1.12	33.1	25.3	427.8
拔节期	1.47	158.9	1.06	35.7	24.4	478.6
抽穗期	1.31	234.7	1.14	40.5	25.3	588.7
灌浆期	1.38	185.3	1.08	42.6	23.9	500.1
成熟期	1.40	280.6	1.14	41.2	25.3	522.6

黑土速效氮的释放随着作物生育期的延长而呈增加趋势，由 128.2mg/kg 增加到 280.6mg/kg，释放强度最大的时期是在玉米灌浆期到成熟期，出苗期和灌浆期释放量均有下降趋势。这一时期土壤氮素供应不足，应当补充氮素供应。有效磷的释放整个生育期都比较平缓，变化不大且强度比氮、钾低得多。速效钾的释放从拔节期开始迅速增加，到玉米抽穗期达到最高峰，然后下降，播种后和抽穗后增加适量钾肥有利于玉米的生长。黑土总体上养分含量丰富，全量氮、磷、钾含量较高，除全氮外，全磷和全钾季节性变化不大；速效氮、速效钾释放强度在作物生育期内变化很大，有效磷释放强度弱。

白浆土母质呈黄褐色，有黏粒淀积特征。容重 1.0～1.6g/cm³，腐殖质层 1.0g/cm³ 左右，到淀积层增至 1.6g/cm³ 左右。孔隙度除腐殖质层之外，白浆层和淀积层均较差，通气孔隙都在 6％以下，水分下渗困难。白浆土有机质含量不高，土壤偏酸性。据调查，白浆土有机质含量为 18.2～26.7g/kg，整体上差异不大。全氮含量为 1.3～2.9g/kg，速效氮含量为 110.0～318.9mg/kg。不同地区全磷和有效磷含量差异不大，磷含量较低。全钾含量为 17.1～26.3g/kg，差异不大，含量较为丰富；速效钾含量除个别地区略低外，均较高。pH 为 4.82～6.40，土壤呈酸性。白浆土整体养分含量不高，养分释放强度也不高。

草甸土母质多为冲洪积物，质地黏重，容重为 $1.07\sim1.25g/cm^3$，土壤孔隙度大，通气透水性好，保水、保肥性差。土壤有机质含量较高，全氮、速效氮含量高，速效钾含量高，全磷、有效磷含量很低，而且各地差异很大。据调查，草甸土有机质含量为 $37.5\sim66.0g/kg$，全氮含量为 $2.5\sim4.7g/kg$，速效氮含量为 $220.2\sim318.mg/kg$，氮含量较高。全磷含量为 $0.6\sim2.6g/kg$，不同地区磷含量差异较大。钾差异不大，含量较为丰富，速效钾含量均在 $200mg/kg$ 以上。pH 为 $5.20\sim5.64$，为酸性土壤。草甸土全量养分释放强度同黑土、白浆土相似，变化幅度不大，全氮变化强度高于全磷、全钾。草甸土土壤速效氮的释放从玉米播种开始逐渐降低，抽穗期后开始迅速上升。

二、黄淮海平原夏播玉米区

本区域位于东经 $113°$ 至东海岸线、北纬 $32°00'\sim40°30'$，此区域耕地资源丰富，光、热条件适宜，是我国夏玉米的主要生产区，冬小麦—夏玉米一年两熟是本区域占绝对优势的种植制度。

2009 年本区域以山东和河南为代表的土壤养分监测结果表明，土壤有机质含量为 $4.0\sim37.0g/kg$，平均为 $15.4g/kg$，73.8% 的土壤有机质含量为 $10\sim20g/kg$，小于 $10g/kg$ 和大于 $20g/kg$ 的土壤分别占 11.4% 和 14.8，总体上看，黄淮海地区土壤的有机质含量处于中等水平；土壤全氮含量为 $0.1\sim2.1g/kg$，平均为 $1.0g/kg$，低于 $2g/kg$ 的土壤占 99.8%，其中，含量为 $1\sim2g/kg$ 的土壤占 44.3%，低于 $1g/kg$ 的土壤占 55.5%，处于极低水平的土壤占 6.7%。土壤碱解氮含量为 $17.8\sim248.5mg/kg$，平均为 $91.8mg/kg$，含量低于 $150mg/kg$ 的土壤占 96.1%，低于 $100mg/kg$ 的土壤占 64%，高于 $150mg/kg$ 的土壤仅占 3.9%。因此，土壤全氮和碱解氮含量均处于中低水平。土壤有效磷含量为 $0.1\sim161.5mg/kg$，变幅较大，平均为 $22.5mg/kg$，大于 $10mg/kg$ 的土壤占 80.5%，其中，大于 $50mg/kg$ 的土壤占 11.6%，$10\sim30mg/kg$ 的土壤占 46.5%，低于 $10mg/kg$ 的土壤占 19.5%；土壤速效钾含量为 $28\sim591mg/kg$，平均为 $93.8mg/kg$。含量为 $50\sim150mg/kg$ 的土壤占 78.9%，低于 $50mg/kg$ 的土壤占 7.9%，高于 $150mg/kg$ 的土壤仅占 13.1%。因此，该区域土壤有效磷含量属于中等水平，而速效钾属中低水平（表 4-5-2）。

表 4-5-2　黄淮海地区土壤大量养分分布情况[*]

全氮（N）		碱解氮（N）		有效磷（P_2O_5）		速效钾（K_2O）	
含量范围（g/kg）	比例（%）	含量范围（mg/kg）	比例（%）	含量范围（mg/kg）	比例（%）	含量范围（mg/kg）	比例（%）
<0.5	6.7	<50	6.5	<5	7.5	<50	7.9
0.5~1.0	48.8	50~100	57.5	5~10	12.0	50~100	48.4
1.0~2.0	44.3	100~150	32.1	10~30	46.5	100~150	30.5
2.0~3.0	0.2	150~200	3.7	30~50	22.4	150~200	9.4
>3.0	0.0	>200	0.2	>50	11.6	>200	3.7
平均值　1.0		91.8		22.5		93.8	
范围　0.1~2.1		17.8~248.5		0.1~161.5		28~591	

[*] 作者在承担"十一五"国家科技支撑计划课题研究过程中，于 2009 年对全国 15 个代表性省（自治区、直辖市）定点采集 3 000 余个土壤样品，对我国主要农区不同类型耕地土壤进行了系统的土壤肥力调查和测定。除特别注明外，本节土壤养分数据均来自本次土壤样品调查资料。

黄淮海地区土壤有效硼含量为 0.15~2.9mg/kg，平均为 0.62mg/kg，76％的土壤有效硼含量为 0.25~1mg/kg，为中等水平，在施肥管理中应适当施用硼肥；土壤有效铜含量为 0.12~9.15mg/kg，平均值为 1.43mg/kg，属中高水平；土壤有效锌含量范围为 0.4~11.7mg/kg，平均值为 2.2mg/kg，从其含量范围的分布来看，48％的土壤有效锌含量在中等水平，处于高水平和低水平的土壤数量相当（表 4-5-3）。

表 4-5-3 黄淮海地区土壤微量养分分布情况

有效铜		有效锌		有效锰		有效硼	
含量范围 (mg/kg)	比例 (%)	含量范围 (mg/kg)	比例 (%)	含量范围 (mg/kg)	比例 (%)	含量范围 (mg/kg)	比例 (%)
<0.1	0.6	<0.5	5.2	<5	34.6	<0.25	8.5
0.1~0.2	3.2	0.5~1	22.4	5~10	28.7	0.25~0.5	39.2
0.2~1	39.4	1~2	48.0	10~20	8.6	0.5~1	36.8
1~1.8	32.9	2~5	22.3	20~40	8.8	1~2	15.5
>1.8	23.9	>5	2.2	>40	19.3	>2	0.0
平均值	1.43		2.2		20.5		0.62
范围	0.12~9.15		0.4~11.7		2.4~97.2		0.15~2.9

三、西南玉米区

本区地域辽阔，土壤类型丰富，垂直分布明显。农业生态区耕地土壤类型按面积大小依次为紫色土、水稻土、黄壤、褐土、石灰岩土、粗骨土、潮土、黄棕壤、棕壤、黄褐土、新积土等。

平原土壤以水稻土为主，紫色土次之，再次为黄壤，还有少量潮土、黄褐土、新积土。土壤群体肥力较高，宜种范围广，复种指数高，受人为活动影响大。耕层土壤 pH 为 3.9~8.8，有机质含量为 3.0~59.0g/kg，平均为 30.1g/kg，属中等含量水平。全氮、全磷、全钾的含量分别为 0.42~3.14g/kg、0.02~1.70g/kg 和 7.2~26.0g/kg，平均值分别为 1.76g/kg、0.88g/kg 和 16.3g/kg，其中全氮和全磷属于较丰富含量水平，全钾属于中等含量水平。碱解氮、有效磷和速效钾的含量分别为 25~309mg/kg、0.17~6.1mg/kg 和 73~81mg/kg，平均值分别为 165mg/kg、21.8mg/kg 和 69mg/kg，碱解氮属于丰富含量水平，有效磷的含量变幅较大，属于中等含量水平，速效钾属于较缺乏含量水平。

丘陵地区紫色土广泛分布，其次为水稻土，再次为黄壤，还有少量新积土等，农业发达，垦殖指数高，受人为活动影响也非常显著。中、低山地区地质地貌及土壤类型具有多样性，呈垂直分布规律，土壤以黄壤为主，其次为紫色土，还有黄棕壤、暗棕壤、石灰（岩）土和水稻土等。低海拔地区农业较为发达，开垦程度较低，土地资源利用率不高。耕层土壤 pH 为 3.1~8.8。有机质含量为 1.9~45.0g/kg，平均为 19.5g/kg，属于较缺乏含量水平。全氮、全磷、全钾的含量分别 0.5~9.2g/kg、0.07~1.46g/kg 和 2.7~27.9g/kg，平均值分别为 1.4g/kg、0.72g/kg 和 18.7g/kg，均属于中等含量水平。碱解氮、有效磷和速效钾的含量分别为 10~260mg/kg、0.1~46.0mg/kg 和 13~188mg/kg，平均值分别为 120mg/kg、12.1mg/kg 和 85mg/kg，其中碱解氮属于较丰富含量水平，有效磷的变幅较大，属于中等含量水平，速效钾属于较缺乏含量水平。

高原山地土壤类型主要为紫色土、棕壤、黄棕壤、石灰岩、寒漠土等，耕层土壤 pH 为 3.7～8.9。有机质含量为 3.1～65.9g/kg，平均为 27.4g/kg，属于中等含量水平。全氮、全磷、全钾的含量分别为 0.20～3.61g/kg、0.09～1.29g/kg 和 3.2～27.5g/kg，平均值分别为 1.66g/kg、0.65g/kg 和 18.3g/kg，其中全氮属于较丰富含量水平，全磷和全钾均属于中等含量水平。碱解氮、有效磷和速效钾的含量分别为 15～320mg/kg、0.1～61.9mg/kg 和 15～230mg/kg，平均值分别为 153mg/kg、14.5mg/kg 和 92mg/kg，其中碱解氮属于丰富含量水平，有效磷的含量变幅较大，属于中等含量水平，速效钾属于较缺乏含量水平。

四、北方春播玉米区

本区主要包括甘肃（兰州、嘉峪关、金昌、白银、平凉、庆阳、天水、定西、临夏、甘南）、宁夏和内蒙古中西部（乌兰察布市及以西地市）、陕西省北部（延安市、榆林市）、山西省大部（太原、吕梁、忻州、朔州、大同、阳泉、长治）。

解文艳等（2011，2012）对陕西省玉米田土壤肥力进行调查，结果表明，本区域土壤有机质含量为 5.2～44.8g/kg，平均值为 18.0g/kg，属中等肥力水平；全氮含量为 0.3～1.4g/kg，平均为 0.9g/kg，属中等水平；碱解氮含量为 23.0～144.0mg/kg，平均为 63.29mg/kg，含量在 120mg/kg 以上的占 1.33%，含量为 120～60mg/kg 的占 56.00%，60mg/kg 以下的占 42.67%，属中等偏低水平；有效磷含量为 1.9～89.3mg/kg，平均为 14.15mg/kg，大于 20mg/kg 的占 16%，20～10mg/kg 的占 33%，小于 10mg/kg 的占 50.67%，整体属中等水平；速效钾含量为 54.0～338.0mg/kg，平均为 141.8mg/kg，大于 150mg/kg 的占 34.67%，含量为 150～100mg/kg 的占 36%，小于 100mg/kg 的占 29.33%，整体属中高等水平（表 4-5-4）。

表 4-5-4　陕西省土壤大量养分分布情况

全氮（N）		碱解氮（N）		有效磷（P$_2$O$_5$）		速效钾（K$_2$O）	
含量范围 （g/kg）	比例 （%）	含量范围 （mg/kg）	比例 （%）	含量范围 （mg/kg）	比例 （%）	含量范围 （mg/kg）	比例 （%）
—	—	<60	42.67	<5	12.0	<50	0.0
—	—	60～90	49.33	5～10	38.67	50～100	29.33
—	—	90～120	6.67	10～20	33.3	100～150	36.0
—	—	120～150	1.33	20～40	12.0	150～200	18.67
—	—	>150	0.0	>40	4.0	>200	16.0
平均值	0.9	63.29		14.15		141.8	
范围	0.3～1.4	23.0～144.0		1.9～89.3		54.0～338.0	

北部春播玉米区土壤有效锌含量为 0.04～2.87mg/kg，平均 0.51mg/kg，低于 0.5mg/kg 的土壤占 56%，0.5～1.0mg/kg 的土壤占 30.3%，总体上处于中等偏下水平，生产中应适当补充锌肥；土壤有效硼含量为 0.04～14.70mg/kg，平均值为 0.54mg/kg，低于 0.5mg/kg 的占 62.7%，生产中应补充硼肥；土壤有效铁含量为 1.1～32.0mg/kg，平均值为 5.6mg/kg，低于 2.5mg/kg 的土壤占 11.2%，主要集中在风沙土、灰钙土及黄绵土区，应适当补充铁肥；有效铜含量为 0.01～4.20mg/kg，平均 1.35mg/kg，低于 0.5mg/kg 的

土壤占 20.8%，主要集中在风沙土区，可适当增加铜肥；有效锰含量为 0.90～34.50mg/kg，平均 7.7mg/kg，有 48.3% 的土壤低于 7mg/kg，7～9mg/kg 的占 23.5%，属低水平，生产中应注重锰肥的施用（表 4-5-5）。

表 4-5-5　陕西省土壤微量养分分布情况 （mg/kg）

有效铜		有效锌		有效锰		有效硼	
平均值	1.35	平均值	0.51	平均值	7.7	平均值	0.54
范围	0.01～4.20	范围	0.04～2.87	范围	0.90～34.50	范围	0.04～14.70

五、西北灌溉玉米区

西北灌溉玉米区地形复杂，山脉纵横交错，海拔相差悬殊，高山、盆地、平川、沙漠和戈壁等兼而有之，是山地型高原地貌。受地形、气候和耕作的影响，土壤类型繁多，主要耕作土壤有草甸土、灌漠土、灌淤土、潮土、盐土、碱土、栗钙土、黑钙土、灰钙土、麻土、黄绵土、黑垆土、褐土、黑褐土等。土壤全氮含量平均为 0.91g/kg，较第二次土壤普查时的 0.80g/kg 增加 0.11g/kg，增幅 15%；土壤碱解氮含量平均 67.09mg/kg；土壤全磷含量平均为 0.74g/kg，低于土壤全磷含量在磷素供应上的 0.8～1.07g/kg 界限的下限，比第二次土壤普查时的 0.70g/kg 仅提高 0.04g/kg，变化不明显。但土壤有效磷含量平均为 11.19mg/kg，较第二次土壤普查时的 7.36mg/kg 提高 3.83mg/kg，增幅达 52.0%；土壤钾素中全钾和速效钾含量分别为 21.77g/kg、195.14mg/kg，较第二次土壤普查时的 19.55g/kg 和 189.50mg/kg 分别增加 2.22g/kg 和 5.64mg/kg。

河西走廊灌漠（淤）土区有机质含量平均为 14.59g/kg，属中等水平；碱解氮含量平均为 66.74mg/kg，属中等水平；全磷含量平均为 1.05g/kg，属高水平；有效磷含量为 18.35mg/kg，属中等水平；有效钾含量平均为 165.81mg/kg，属中等水平。

新疆地区南疆、北疆土壤有机质含量分别为 14.14g/kg 和 15.74g/kg，有机质含量较高；土壤全氮含量南疆、北疆分别为 0.72g/kg 和 0.79g/kg，略大于 0.6g/kg，属于中等偏上水平；碱解氮含量南疆、北疆分别为 49.26mg/kg 和 59.10mg/kg，低于 60mg/kg，属较低水平；有效磷含量南疆、北疆分别为 16.00mg/kg 和 14.45mg/kg，均大于 13mg/kg，属中低水平；速效钾含量南疆、北疆分别为 173.00mg/kg 和 243.00mg/kg，均大于 160mg/kg，含量丰富，属中等水平（表 4-5-6）。

表 4-5-6　新疆地区土壤大量养分分布情况

地区	有机质 （g/kg）	全氮 （g/kg）	碱解氮 （mg/kg）	有效磷 （mg/kg）	速效钾 （mg/kg）
南疆	14.14	0.72	49.26	16.00	173.00
北疆	15.74	0.79	59.10	14.45	243.00

在中微量元素方面，新疆地区南疆、北疆有效硼含量分别为 2.39mg/kg 和 2.18mg/kg，均大于 0.8mg/kg，属中高水平；有效锰南疆、北疆分别为 5.96g/kg 和 11.46g/kg，南疆地区低于临界值 7mg/kg，属低水平，生产中应补加锰肥，北疆地区则较丰富，可不加锰肥；有效锌含量南疆、北疆分别为 1.00mg/kg 和 1.26mg/kg，与临界值 1mg/kg 相近，属中等偏下水平；有效铜含量南疆、北疆分别为 2.29mg/kg 和 2.41mg/kg，在 1～3mg/kg 范围，

属中等水平;有效铁含量南疆为9.20mg/kg, 在5～10mg/kg 范围, 属中等水平(表 4-5-7)。

表 4-5-7　新疆地区土壤微量养分分布情况（mg/kg）

地区	有效硼	有效锰	有效锌	有效铜	有效铁
南疆	2.39	5.96	1.00	2.29	9.20
北疆	2.18	11.46	1.26	2.41	—

该地区土壤属低氮、低磷、中钾类型,考虑到土壤供钾能力强的特点,施肥配方应选用高氮、高磷、低钾类型;本区域土壤总体表现富硼、缺锰、缺铁、中锌,在生产中可适当施用锌肥,注重锰肥和铁肥的施用。

六、南方丘陵玉米区

本区包括广东、海南、福建、浙江、江西、上海、台湾及江苏南部、安徽南部,广西、湖南、湖北的东部。

本区土壤类型主要有红壤、黄壤、赤红壤、水稻土和砖红壤等。红壤是中亚热带地带性代表土壤,生产潜力仅次于赤红壤。土壤养分含量一般属中上水平。根据 693 个样本分析结果,土壤有机质含量平均为 （30.9±3.74） g/kg, 全氮含量平均为 （1.18±0.143） g/kg。据汕头市和韶关市土壤相关资料记载,微量元素含量为铁 36.1～65.0mg/kg、锰 15.9～19.9mg/kg、铜 0.123～0.736mg/kg、锌 0.174～0.500mg/kg、钼 0.0347～0.147mg/kg、硼 0.200～0.340mg/kg、镁 2.05～10.9mg/kg。红壤地区的热量不及赤红壤和砖红壤地区丰富,脱硅富铝化作用也不如赤红壤和砖红壤强烈,但硅酸及盐基受到淋失,铁铝氧化物相对聚积,红壤的硅铝率为 2.0～2.4, 铁铝化程度小于砖红壤和赤红壤,而大于黄壤。

赤红壤有机质含量平均为 （15.7±3.71） g/kg, 全氮含量为 （0.78±0.23） g/kg, 全磷含量为 （0.47±0.13） g/kg, 全钾含量为 （16.6±4.15） g/kg, 碱解氮含量为 （68.8±24.0） mg/kg, 有效磷含量为 （8.9±5.8） mg/kg, 速效钾含量为 （57.2±13.2） mg/kg, 磷、钾含量均较低。赤红壤富铝化作用明显,土体中盐基淋失,盐基总量低,为 3～49.1mg/kg, 交换量为 20～4 120mg/kg, 交换性铝成为土壤酸度的重要组成部分,占酸度的 60%～94.4%, 土壤酸性强,pH 多在 5.0 左右。

砖红壤的养分含量一般不高,有机质含量平均为 （17.8±6.7） g/kg, 在植被保护较好的地方有机质含量可达 30g/kg 左右;腐殖质组成以富里酸为主,胡敏酸/富里酸比值为 0.12～0.41, 氮、磷含量低,缺钾严重,有效磷、速效钾更缺乏。交换量为 97.0mg/kg, 但变幅大,为 22.21mg/kg, 盐基离子含量低,为 3.4～26.3mg/kg, 有些可达 104.4mg/kg。盐基饱和度一般为 2.11%～11.50%, 个别可高达 24%, 土壤呈酸性,pH 为 （5.4±0.499）, 砂页岩砖红壤 pH 可低至 3.4, 但基性岩发育的土壤 pH 可达 5.5 以上。

水稻土有机质含量为 26.5g/kg, 全氮含量为 1.36g/kg, 有效磷含量为 34.1mg/kg, 有效钾含量为 93mg/kg, 交换钙含量为 699mg/kg, 交换镁含量为 58.2mg/kg, 有效硫含量为 18.2mg/kg, 有效硼含量为 0.30mg/kg, 有效钼含量为 0.12mg/kg, 有效锌含量为 2.54mg/kg, 有效铁含量为 135mg/kg。有效锰含量为 42.1mg/kg, 有效铜含量为 3.44mg/kg, 有效硅含量为 22.8mg/kg。钾、钙、镁、硫、硼、硅为水稻土的主要养分限制因子。

七、青藏高原玉米区

玉米是青藏高原近年来的新兴作物之一，栽培历史短，玉米种植面积和总产量都不足全国的 1％，玉米田土壤养分资料有限，可参阅第二章青藏高原小麦区土壤养分状况。

第六节　玉米营养规律

一、玉米生长必需营养元素

玉米全生育期吸收的矿质元素有 20 多种，包括氮、磷、钾 3 种大量元素，钙、镁、硫 3 种中量元素，铁、锰、铜、锌、硼、钼、氯、镍等微量元素以及硅、钠、铝等辅助元素。在 3 种大量元素中，对氮素需求最大，其次为钾，对磷的需求量相对较少。因播种季节、土壤类型、肥料种类、品种特性以及施肥技术的不同，对各种营养元素的需求量存在较大差异。玉米不同生长发育阶段对营养元素的种类、数量和比例都有不同的要求，其基本规律为：苗期到拔节期需肥数量和强度都较低，其后进入快速生长期，对营养需求增大，至灌浆后期对营养需求又趋于减弱，呈 S 形变化趋势。另外，玉米对锌、锰比较敏感，适当增加锌、锰的供应可以显著增强玉米的净光合速率，提高玉米产量。

二、春玉米养分吸收特点与需肥规律

春玉米一般苗期生长缓慢，植株较小，吸收的氮只占全生育期总吸收量的 0.96％～1.48％。苗期至拔节期生长明显加快，迎来吸收氮的第一次高峰，29.00％～44.85％的氮是在这一阶段吸收的；拔节期至抽穗期氮的吸收为 16.03％～18.81％；抽穗期至灌浆期是春玉米吸收氮的第二次高峰，有 22.06％～35.85％的氮在这一阶段被吸收，这一时期是玉米旺盛生长因而需肥水大增的时期；灌浆至成熟期玉米吸氮量下降，有 12.79％～15.15％的氮在这一短时间内被吸收。不同生育时期春玉米氮素吸收情况见表 4-6-1。

表 4-6-1　不同生育时期 100 株春玉米氮素吸收量

处理	播种期	苗期	拔节期	抽穗期	灌浆期	成熟期
不施肥（g）	0	3.15	98.65	138.75	185.85	213.15
占吸收总量的百分比（％）	0	1.48	44.85	18.81	22.06	12.79
施氮、磷、钾肥（g）	0	3.18	99.28	162.40	281.10	331.30
占吸收总量的百分比（％）	0	0.96	29.00	16.03	35.83	15.15

春玉米苗期吸磷量只占全生育期磷素总吸收量的 0.95％～1.35％。苗期至拔节期生长明显加快，吸收磷的量也开始增加，11.82％～14.61％的磷是在这一阶段吸收的；拔节期至抽穗期磷的吸收量与前一时期大体上相同，为 11.17％～13.42％；抽穗期至灌浆期是春玉米吸收磷的高峰，有 37.92％～50.60％的磷在这一阶段被吸收，这一时期是玉米旺盛生长需磷肥大增的时期；灌浆期至成熟期玉米吸磷量下降，有 25.06％～33.11％的磷在这一短时间内被吸收。春玉米磷的吸收有 70％左右是在后期完成的，这一阶段增加磷肥的施用，提高磷的供给对玉米增产极为重要。不同生育时期春玉米磷素吸收情况见表 4-6-2。

表 4-6-2　不同生育时期 100 株春玉米磷素吸收量

处理	播种期	苗期	拔节期	抽穗期	灌浆期	成熟期
不施肥（g）	0	1.85	18.00	33.27	102.44	136.69
占吸收总量的百分比（%）	0	1.35	11.82	11.17	50.60	25.06
施氮、磷、钾肥（g）	0	1.87	30.59	56.97	131.53	196.63
占吸收总量的百分比（%）	0	0.95	14.61	13.42	37.92	33.11

春玉米苗期吸钾量只占全生育期总吸收量的 0.62%～1.11%；苗期至拔节期生长明显加快，吸收钾的量也开始迅速增加，出现吸收钾的第一个峰值，有 31.88%～33.60% 的钾是在这一阶段吸收的；拔节期至抽穗期钾的吸收量开始下降，吸收量为 13.51%～16.39%；抽穗期至灌浆期也是春玉米吸收钾的高峰，有 26.71%～29.44% 的钾在这一阶段被吸收；灌浆期至成熟期玉米吸钾量下降，但相对量还是很大的，有 21.67%～25.07% 的钾在这一短时间内被吸收。春玉米对钾的吸收 30% 以上是在苗期至拔节期完成的，50% 以上是在灌浆后期完成的，所以找准春玉米施钾的关键时期对于提高钾的供给和玉米增产极为重要。不同生育时期春玉米钾素吸收情况见表 4-6-3（张喜林等，2015）。

表 4-6-3　不同生育时期 100 株春玉米钾素吸收量

处理	播种期	苗期	拔节期	抽穗期	灌浆期	成熟期
不施肥（g）	0	2.17	113.37	170.54	273.24	348.84
占吸收总量的百分比（%）	0	0.62	31.88	16.39	29.44	21.67
施氮、磷、钾肥（g）	0	5.13	160.23	222.59	345.89	461.59
占吸收总量的百分比（%）	0	1.11	33.60	13.51	26.71	25.07

据高炳德等人的研究（高炳德等，2000a，2000b），春玉米对中量元素的吸收均有 2 个相对高峰期。春玉米对硫的最快吸收期是大喇叭口期到吐丝期，其次是拔节期至大喇叭口期。对钙的最快吸收期，高产田在拔节期至大喇叭口期，中产田在大喇叭口期至吐丝期；钙吸收次高峰期，高产田是在大喇叭口期至吐丝期，中产田在拔节期至大喇叭口期。春玉米对镁的最快吸收期是拔节期至大喇叭口期，其次是大喇叭口期至吐丝期。微量元素在玉米生育进程中的吸收与大量元素一样，吸收量表现为少、多、少，在吸收速率上表现为慢、快、慢。高、中产田玉米对铁的最快吸收期分别在拔节期至大喇叭口期和大喇叭口期至吐丝期；对锰的最快吸收期是拔节期至大喇叭口期，其次是大喇叭口期至吐丝期；对铜的最快吸收期是拔节期至大喇叭口期，其次是大喇叭口期至吐丝期；对锌的最快吸收期是大喇叭口期至吐丝期，其次是拔节期至大喇叭口期。

国内外研究表明，由于品种、环境和栽培管理措施不同，养分吸收结果差异很大，但总的趋势是随着单位面积产量水平的提高，吸收氮、磷、钾总的数量随之增加，但生产单位质量籽粒所需营养元素随之减少。以每千克养分生产籽粒量来讲，随产量水平的提高，氮和磷单位养分生产的籽粒增多，而钾却减少。也就是说每生产单位籽粒产量，钾的吸收量随产量提高而增加，表明产量水平越高，氮和磷肥效越高、越经济，而在高产条件下钾的肥效不高。随产量水平的提高，生产 100kg 籽粒吸收氮和钾的比例增大。

不同玉米品种对养分的吸收能力和反应敏感性是有差别的。张宽等（1999）研究指出，玉米品种间吸收土壤中氮、磷、钾的数量有一定的差异，吸收肥料中氮、磷、钾的数量及其利用率差别较大，相差1倍多；施用肥料的增产效果及其经济效益相差2～3倍。因此，在生产实践中应将吸收土壤养分能力强的品种种植在高肥力土壤上，充分发挥土壤肥力的增产潜力，减少化肥施用量。相应地，对化肥吸收能力强的品种则要施足肥料，以提高化肥的利用率。

玉米对氮、磷、钾的吸收数量，主要决定于不同产量水平，产量越高，吸收的养分数量越多。根据春玉米的大量田间试验结果，每生产100kg春玉米籽粒大约需要吸收氮（N）2.72kg、磷（P_2O_5）0.97kg、钾（K_2O）2.05kg，其比例为2.8∶1∶2.1。玉米整个生育期内吸氮量是逐渐增加的，拔节期和灌浆期吸氮量最大。玉米生育期内吸磷量同吸氮相似，也呈增加趋势，在灌浆期吸磷量达到最大值，之后略有下降。玉米生育期内吸钾量与吸收氮、磷相近，拔节期和灌浆期吸钾量最多，施肥能够促进玉米对钾的吸收。

三、夏玉米养分吸收特点与需肥规律

夏玉米出苗后，正处于高温多雨季节，生长速度快，干物质和养分积累强度大。授粉后正值夏末秋初，气温较高，光照充足，昼暖夜凉，有利于生长后期干物质积累。与春玉米类似，夏玉米干物质和养分累积也呈现前期慢、中期快、后期又变慢的规律。

夏玉米全生育期干物质积累与各种养分积累关系密切。从出苗到抽穗，叶片的干物质积累占总干物质质量的40%，从抽穗到成熟，时间约占全生育期的50%，而干物质的积累却占到成熟时总干重的60%，并且绝大部分用于籽粒的形成。

夏玉米苗期吸收氮较少，约占其一生吸收量的7.91%，穗期吸收较多，占51.79%，花粒期仍可吸收40.30%的氮。氮在拔节期至大喇叭口期吸收最多，占全生育期总吸收量的37.27%，其次在吐丝至吐丝后15d，吸收量占全生育期总吸收量的31.62%，这两个阶段氮吸收量占一生吸收总量的68.89%。夏玉米的氮吸收量随生育进程的推进一直递增，至吐丝期，氮累积吸收比例大约为59.76%，灌浆期仍需要较多氮素（表4-6-4）（董树亭，2006）。

表4-6-4　夏玉米植株氮素阶段吸收

生育时期	累积吸收量（kg/hm²）	累积百分率（%）	吸收强度[kg/（hm²·d）]	阶段吸收量（kg/hm²）	阶段吸收比例（%）
三展叶	2.25	0.98	0.28	2.25	0.98
拔节期	18.21	7.91	1.45	15.96	6.93
大喇叭口期	104.06	45.18	4.29	85.85	37.27
吐丝期	137.51	59.7	3.04	33.45	14.52
吐丝后15d	210.33	91.32	4.86	72.83	31.62
吐丝后30d	222.045	96.41	0.78	11.72	5.09
吐丝后45d	228.83	99.36	0.45	6.78	2.94
完熟期	230.31	100	0.21	1.49	0.64

玉米在苗期施磷可促进其发根、壮苗，低磷使玉米生物量显著降低，同化物转运到根的

比例增大，地上部同化物含量相对减少，因而地上部生长受到抑制，根冠比增大。玉米对磷的吸收随生育进程的推进而增加；苗期吸收磷较少，占其一生吸收总量的 3.95%，穗期吸收较多，占 33.02%，至吐丝期，磷累积吸收比例为 36.98%，灌浆期仍吸收较多的磷素，花粒期吸收磷则占 63.02%。磷在拔节期至大喇叭口期吸收量占 26.07%，吐丝后 15d 至吐丝后 30d（即灌浆末期）吸收量最多，是夏玉米磷素吸收的两个高峰期（表 4-6-5）（董树亭，2006）。

表 4-6-5　夏玉米植株磷素阶段吸收

生育时期	累积吸收量 (kg/hm²)	累积百分率 (%)	吸收强度 [kg/(hm²·d)]	阶段吸收量 (kg/hm²)	阶段吸收比例 (%)
三展叶	0.47	0.45	0.06	0.47	0.45
拔节期	4.13	3.96	0.33	3.66	3.51
大喇叭口期	31.29	30.03	1.36	27.17	36.07
吐丝期	38.54	36.96	0.66	7.4	6.95
吐丝后 15d	54.93	52.71	1.04	16.4	15.73
吐丝后 30d	92.31	88.59	2.49	37.39	35.87
吐丝后 45d	99.54	95.52	0.48	7.23	6.94
完熟期	104.21	100	0.67	4.67	4.48

钾在玉米植株中呈离子态，不是有机化合物的组成部分，但是玉米基本的生理过程都需要钾的参与活化。夏玉米对钾的吸收强度与氮、磷不一致，呈单峰变化趋势，苗期吸收钾较少，占其一生吸收总量的 9.79%；穗期吸收较多，占 76.75%；花粒期仅吸收 13.46%。拔节期至大喇叭口期是玉米一生吸收钾素最快的时期。夏玉米钾的积累在吐丝后 45d 即蜡熟期达到最大值，之后便出现损失，到吐丝期钾累积吸收比例为 86.54%，灌浆期吸收很少，甚至出现负积累。夏玉米植株钾素阶段吸收情况见表 4-6-6（董树亭，2006）。

表 4-6-6　夏玉米植株钾素阶段吸收

生育时期	累积吸收量 (kg/hm²)	累积百分率 (%)	吸收强度 [kg/(hm²·d)]	阶段吸收量 (kg/hm²)	阶段吸收比例 (%)
三展叶	2.31	1.09	0.29	2.31	1.09
拔节期	20.82	9.79	1.68	18.51	8.7
大喇叭口期	173.16	81.41	7.62	152.36	71.62
吐丝期	184.08	86.54	0.99	10.91	5.13
吐丝后 15d	196.98	92.6	0.86	12.91	6.06
吐丝后 30d	212.1	99.71	1.01	15.12	7.11
吐丝后 45d	212.72	100	0.04	0.62	0.289
完熟期	204.66	96.21	−1.15	−0.06	−3.79

玉米氮、磷、钾的吸收量受品种特性、环境条件及施肥技术等多方面的影响，但与玉米产量关系最为密切。综合国内外大量数据资料分析有如下趋势：氮、磷、钾的吸收数量，主

要决定于不同产量水平，产量越高，吸收的养分数量越多；随产量的提高，100kg 籽粒吸肥量随之下降，相应的每千克肥料生产的籽粒随之增加，表明在高产条件下肥效较高，用肥经济（表 4-6-7）。

表 4-6-7　玉米不同产量水平 100kg 籽粒吸肥量（kg）

籽粒产量	100kg 籽粒吸氮量	100kg 籽粒吸磷量	100kg 籽粒吸钾量	籽粒产量	100kg 籽粒吸氮量	100kg 籽粒吸磷量	100kg 籽粒吸钾量
118.00	3.85	1.30	2.99	416.70	2.46	0.88	1.76
200.00	3.20	1.80	3.05	418.00	2.66	0.81	1.61
200.25	3.32	1.21	2.24	428.00	2.52	1.21	2.07
236.20	2.87	1.67	2.79	476.50	2.90	1.35	2.52
293.34	2.54	1.01	2.95	477.00	2.82	1.07	1.78
297.60	3.25	1.73	2.39	493.30	3.14	1.07	3.66
328.70	3.24	1.56	2.50	511.00	2.76	0.89	2.41
333.30	2.50	1.00	1.52	514.60	2.22	0.77	3.06
333.34	2.30	0.81	2.25	526.10	2.14	1.10	2.57
336.50	4.23	1.59	3.41	533.30	2.19	0.94	1.88
338.70	3.53	1.48	2.10	611.50	2.76	1.03	2.08
345.00	2.96	1.70	2.67	613.30	2.17	0.90	1.42
350.00	2.29	1.01	2.29	633.30	1.97	0.90	2.42
352.00	4.43	1.51	3.78	640.00	2.34	0.63	3.00
360.00	3.11	1.64	2.56	723.70	2.10	0.70	3.55
373.30	1.79	0.78	1.38	726.70	2.06	0.78	3.70
389.70	2.82	1.50	2.69	766.70	2.10	0.78	2.80
400.00	2.25	0.92	1.52	780.00	2.26	0.72	3.83
400.00	2.53	1.02	2.25	893.30	1.70	0.99	2.32
414.10	2.58	1.32	2.98	975.00	1.87	0.50	1.75
414.90	3.24	1.24	2.68	1 264.40	2.03	0.85	2.35

注：引自胡昌浩（1995）。

综合多年研究资料，夏玉米对肥料的吸收随产量水平的提高而增加，不同产量水平下，100kg 籽粒吸收 N、P_2O_5、K_2O 的比例为（1.72～3.74）：1：（1.38～5.31），平均约为 2.50：1：2.45。夏玉米对氮和磷的吸收有两个高峰期，而对钾只有一个高峰期，因此在施肥过程中应注意肥料的搭配。另外，由于微量元素锌对玉米籽粒建成具有促进作用，适当施用锌肥有助于玉米产量的提高（魏孝荣等，2005）。

第七节　玉米施肥技术评价与分析

一、玉米施肥现状分析

通过对甘肃省100个玉米种植典型农户的调查发现（车宗贤等，2014），甘肃省农民对玉米有机肥的投入量少，施氮肥农户占调查农户的97.3%，施用氮肥品种主要有尿素，其中选用尿素为氮肥的占氮肥品种的92.3%，施用其他类型氮素肥料的农户不足1%。施用磷肥农户占调查农户的100%，施用的磷肥品种主要有过磷酸钙、磷酸二铵和重过磷酸钙，其中过磷酸钙和磷酸二铵为磷肥主要肥料。无施用钾肥农户。施用复混肥料的农户占调查农户的16.7%，施用的复混肥主要有N、P_2O_5、K_2O比例为15：15：15、15：8：7与14：9：2的国产复合肥，N、P_2O_5、K_2O比例为20：10：5的BB肥、复合肥等，其中低浓度＞BB肥浓度＞中浓度＞高浓度＞配方肥浓度（表4-7-1）。

表 4-7-1　甘肃省玉米种植区肥料施用类型调查

肥料种类		肥料名称	施用农户数（户）	比例（%）
化肥	氮肥	尿素	100	92.3
		碳酸氢铵	4	4.2
		硝酸铵	2	1.8
	磷肥	过磷酸钙	75	66.3
		磷酸二铵	44	34.5
		重过磷酸钙	10	8.3
	钾肥	硫酸钾	0	0
		硫酸钾镁	0	0
	复混肥	N：P_2O_5：K_2O为16：15：9	3	13.7
		N：P_2O_5：K_2O为12：8：5	8	48.4
		N：P_2O_5：K_2O为14：9：2	2	10.3
		N：P_2O_5：K_2O为9：8：8BB肥	5	32.2
有机肥		牛粪	14	
		人、畜粪便	28	
		不施	56	
秸秆还田			0	0	—

在承担国家科技支撑计划项目过程中，课题组分别于2009年和2011年开展了山东省玉米施肥调查，取得调查问卷258份和512份。对其770份农户肥料施用状况的调查资料进行整理分析，得到调查农户玉米全生育期氮、磷、钾及有机肥的平均用量、施肥方式、品种和结构比例。调查显示，山东省多数地区采取玉米秸秆还田、小麦高留茬，只有胶东地区玉米秸秆还田现象较少。玉米秸秆还田比例在80%以上，小麦高留茬85%以上，这对培肥土壤、

归还土壤钾素具有积极的作用。调查数据还显示（表 4-7-2），玉米施肥以氮肥为主，氮肥平均每 667m² 施用量 15.22kg N，磷肥平均每 667m² 施用量为 3.53kg P_2O_5，钾肥平均每 667m² 施用量 3.15kg K_2O。追肥以氮肥为主，由于有些农户施用复合肥或配方肥作追肥，因此有追施磷、钾肥的情况，但施用量比较低。氮、磷、钾肥的施用比例为 N：P_2O_5：K_2O=1.00：0.23：0.21。

表 4-7-2　山东省玉米肥料平均施用量及基肥（种肥）和追肥比例

年度	样本数（个）	每 667m² 平均施肥量（kg）			每 667m² 基肥（kg）			每 667m² 追肥（kg）		
		N	P_2O_5	K_2O	N	P_2O_5	K_2O	N	P_2O_5	K_2O
2009 年	258	15.35	3.48	2.78	3.9	1.46	0.97	11.45	2.02	1.81
2011 年	512	15.15	3.56	3.33	3.96	1.52	0.99	11.19	2.04	2.34
平均	780	15.22	3.53	3.15	3.94	1.50	0.98	11.28	2.03	2.16
N：P_2O_5：K_2O		1.00：0.23：0.21			1.00：0.38：0.25			1.00：0.18：0.19		

山东省多数区域玉米种植方式为小麦—玉米轮作制，且多数区域是小麦收获后播种夏玉米，因此玉米的施肥方式是种肥结合追肥施用。作玉米种肥或基肥的肥料品种主要是配方肥、尿素、磷酸二铵和复混肥料，分别占被调查农户的 27.40%、19.61%、26.62% 和 25.71%，其他肥料品种很少（表 4-7-3）。

表 4-7-3　山东省玉米基肥和追肥品种结构

品种	基肥或种肥		追肥	
	农户数（户）	比例（%）	农户数（户）	比例（%）
配方肥	211	27.40	219	28.44
尿素	151	19.61	209	27.14
磷酸二铵	205	26.62	35	4.55
过磷酸钙	0	0.00	1	0.13
复混肥	198	25.71	262	34.03
硫酸钾	0	0.00	1	0.13
碳酸氢铵	0	0.00	38	4.94
氯化钾	0	0.00	0	0.00
其他	5	0.65	5	0.65

2011—2012 年对陕西关中近 500 个自然村 1 769 户农户的调查表明（杨学云等，2015），该地玉米很少施底肥，追肥以尿素为主，进行撒施或穴施。玉米季氮肥施用量平均为（290±115）kg/hm²，玉米平均产量为（6.2±1.2）t/hm²。有些地区，如宝鸡的岐山县和扶风县，氮肥用量超过 300kg/hm²，甚至达到（333±164）kg/hm²，而玉米产量不足 6.0t/hm²，不到该地区平均产量水平，施肥过量相当严重（表 4-7-4）。

表 4-7-4 2011—2012 年陕西省关中地区调查农户玉米产量和施肥量情况

县（区）	农户数（户）	氮肥用量（kg/hm²）	磷肥用量（kg/hm²）	钾肥用量（kg/hm²）	产量（t/hm²）
岐山	144	333±164	86±172	27±56	5.5±1.0
扶风	268	303±95	8±34	1±10	5.9±1.0
陈仓	120	246±106	55±69	17±33	5.7±0.9
泾阳	132	332±81	104±115	17±24	6.5±0.8
兴平	212	287±97	48±87	10±29	7.0±1.0
武功	201	285±106	28±76	10±23	6.5±0.8
临渭	199	267±107	70±92	11±32	6.9±1.1
蒲城	130	268±126	44±63	13±24	6.2±1.5
富平	232	226±119	53±60	24±36	5.9±1.6
杨凌	131	274±84	3±17	0	6.2±1.2
合计	1 769	288±113	45±88	12±30	6.2±1.2

2010 年对陕西省榆林地区 216 户农户春玉米生产状况进行调查（王小英等，2012），结果显示春玉米氮肥（N）用量变化为 321.8～1 084.3kg/hm²，平均为 650.5kg/hm²，其中化肥提供的氮为 189.0～925.5kg/hm²，平均为 557.3kg/hm²，占总氮肥用量的 74.11%，有机肥提供的氮为 79.4～319.4kg/hm²，平均为 168.4kg/hm²；磷肥（P_2O_5）用量变化为 60.2～450.3kg/hm²，平均为 244.8kg/hm²，其中化肥提供的磷为 0～345.0kg/hm²，平均为 131.3kg/hm²，有机肥提供的磷为 51.0～180.5kg/hm²，平均为 113.5kg/hm²；钾肥（K_2O）用量变化为 47.3～222.8kg/hm²，平均为 134.5kg/hm²，其中钾肥均由有机肥提供。春玉米基肥中有机肥比例最大，占基肥施用总量的 38.03%，其次是磷酸二铵，占基肥的 33.27%，再次是碳酸氢铵，占 27.11%，比例最小的是过磷酸钙，仅占 1.58%。追肥以碳酸氢铵比例最大，占追肥的 82.65%；其次是尿素，占 17.35%，并且尿素仅在追肥中施用（表 4-7-5、表 4-7-6）。

表 4-7-5 陕西省榆林地区春玉米肥料平均施用状况 （kg/hm²）

指标	总用量			化肥			有机肥		
	N	P_2O_5	K_2O	N	P_2O_5	K_2O	N	P_2O_5	K_2O
最大值	1 084.3	450.3	222.8	925.5	345.0	0	319.4	180.5	222.8
最小值	321.8	60.2	47.3	189.0	0	0	79.4	51.0	47.3
平均值	650.5	244.8	134.5	482.1	131.3	0	168.4	113.5	134.5

表 4-7-6 陕西省榆林地区春玉米施用肥料情况

肥料品种	基肥		追肥	
	农户数（户）	所占比例（%）	农户数（户）	所占比例（%）
尿素	0	0	59	17.35
碳酸氢铵	154	27.11	281	82.65
磷酸二铵	189	33.27	0	0
过磷酸钙	9	1.58	0	0
有机肥	216	38.03	0	0

2008 年通过对河南省 291 户农户玉米施肥情况进行调查（黄玉芳等，2009），结果表明该地玉米施基肥以复合肥比例最大，占调查样本的 52.74％；其次是尿素，占调查样本的 18.84％；过磷酸钙、碳酸氢铵、磷酸二铵分别占调查样本的 6.51％、6.16％、5.82％；有机肥占调查样本的 9.59％。追肥以尿素比例最大，占调查样本的 52.09％；其次是复合肥，占调查样本的 32.46％；碳酸氢铵占调查样本的 13.87％（表 4-7-7）。

表 4-7-7　河南省玉米施用肥料品种

肥料品种	基肥		追肥	
	农户数（户）	所占比例（％）	农户数（户）	所占比例（％）
尿素	55	18.84	199	52.09
碳酸氢铵	18	6.16	53	13.87
磷酸二铵	17	5.82	0	0
过磷酸钙	19	6.51	0	0
氯化钙	1	0.34	0	0
复合肥	154	52.74	124	32.46
有机肥	28	9.59	6	1.57

2000 年通过对山西省 3 912 份主要农田施肥状况调查结果分析来看（陈明昌等，2005），全省不同农田平均化肥用量为 317.4kg/hm²，其中氮肥用量为 N 181.8kg/hm²，磷肥用量为 P_2O_5 93.7kg/hm²，钾肥用量为 K_2O 41.9kg/hm²，N：P：K 为 1：0.52：0.23。从化肥在水地和旱地的投入来看，全省水地化肥平均用量为 401kg/hm²，N：P：K 为 1：0.69：0.21，旱地平均用量为 233.6kg/hm²，N：P：K 为 1：0.51：0.12，水地氮、磷、钾化肥用量分别为旱地的 1.5 倍、1.6 倍和 3.73 倍。

新疆地区种植玉米一般习惯于犁地前将有机肥、磷肥（除种肥）、30％～40％的氮肥均匀撒施，进行深翻，深度一般为 20cm 以上，施基肥时间一般是秋施或开春整地前，也有在春耕整地前每 667m² 施复合肥 40～50kg 作为基肥。种植玉米，全程施肥量一般为每 667m² 施尿素 30～40kg、磷酸二铵 15～20kg、硫酸钾 3～5kg、硫酸锌 1.0kg 左右、磷酸二氢钾 0.2kg 左右。

二、玉米施肥中存在的问题

根据农户施肥调查资料，玉米施肥存在的主要问题有：

（1）有机肥施用农户很少，施用量很低。有机肥施用农户不足 10％，每 667m² 施用量不足 900kg。

（2）化肥施用结构不合理。氮肥用量普遍偏高，磷肥部分地区偏高，钾肥施用面积和用量总体偏低。

（3）施肥方式不合理。氮肥一次性施肥面积较大，造成前期烧苗，后期脱肥。

（4）磷、钾肥施用时期和方式不合理。50％以上农户以追施复混肥的形式追施磷、钾肥，影响磷、钾肥肥效的发挥。

（5）追肥品种不当。采用复合肥作追肥，且复合肥用量占总施肥量的 35％，致使肥料供应与玉米需肥不同步。

（6）部分地块出现钙、硼、钼等元素缺乏症状，但对配施中微量元素认识不够。

三、玉米施肥对策与建议

（1）有机肥和无机肥配合施用，推广秸秆还田，提高土壤肥力。有机肥含营养元素丰富，还可以改良土壤理化性状，减少土壤对磷的固定，改善玉米的根际条件，但是有机肥营养元素浓度低，且养分释放缓慢，不能充分满足玉米对养分的需求，因此应配合施用速效化肥。实践证明，有机肥、无机肥配施增产效果较单施好。另外，要大力推广小麦高留茬并研究和制订切实有效的小麦高留茬操作规程。

（2）大量元素与中微量元素配合施用，施好玉米"套餐"肥。各种营养元素之间存在一定的互作作用，若施肥配方合理，能更好地发挥营养元素的肥力作用。近年来，由于大量元素的应用，玉米产量有一定的提高，但同时也造成土壤中微量元素的缺乏，如大部分地区普遍缺锌，局部缺硼、硫等，可在玉米浸种、包衣及叶面肥中配施微量元素肥。

（3）根据玉米需肥规律与肥料特点合理施肥。如玉米大喇叭口期是氮肥敏感期，考虑氮肥的释放速度，一般要在此期间做好追肥工作；吐丝期是氮肥的最大效率期，同样应做好施肥工作，或选用合适的缓效氮肥用于基施，减少施肥工作量。春玉米要基肥充足，调整追肥用量，一般基肥占 1/5～1/3，东北地区可占 1/2。夏玉米要做好追肥工作，注重拔节肥、穗肥和粒肥。磷在土壤中移动较慢且易被固定，玉米苗期对磷缺乏敏感，因此，磷肥一般用于基施或种施，分层施用效果更佳；钾肥在土壤中移动较快，但也容易随土壤流失，且会被土壤固定一部分，应根据当地自然条件，一般北方地区可以只作基肥施用，南方土壤矿化率高，土壤钾素缺乏，应做好追肥工作。

（4）改变磷、钾肥施用方式。大力发展种肥一体化播种机，将复混肥或专用肥作种肥与播种同时施入。

（5）推广平衡施肥技术，施用玉米专用肥，提高肥料利用率。

第八节　不同生态区玉米施肥的肥效反应

一、东北春播玉米区

吴海燕等（2001）报道，在吉林省，玉米施用钾肥可增产 6.8%，每千克钾肥增产 9.8～17.3kg 籽粒，钾肥与氮、磷肥一样具有增产效果。2005 年吉林省谢佳贵（2005）进行低产、中产、高产玉米对 N、P、K 和中微量元素的肥效反应田间试验，结果表明，在每公顷施用 P_2O_5 50～92kg、K_2O 75～120kg 基础上，N 用量从 0 增加到 360kg/hm² 时，低肥土壤玉米产量的最高值出现在施 N 量为 240kg/hm²，中肥土壤出现在施 N 量为 180kg/hm²，高肥土壤也出现在施 N 量为 180kg/hm²；在每公顷施 N 195～263kg、K_2O 75～100kg 基础上，玉米产量最高值低肥土壤出现在施 P_2O_5 为 69～92kg/hm²，中肥土壤出现在施 P_2O_5 量为 92kg/hm²，高肥土壤出现在施 P_2O_5 量为 115kg/hm²；在每公顷施 N 195～263kg、P_2O_5 92kg 基础上，玉米产量最高值低肥土壤出现在施 K_2O 量为 100～120kg/hm²，中肥土壤出现在施 K_2O 量为 150kg/hm²，高肥土出现在施 K_2O 量为 150kg/hm²（表 4-8-1、表 4-8-2）。因此，合理的肥料配施能够增加玉米的产量。

表 4-8-1 吉林省不同肥力土壤玉米氮肥效应试验结果（kg/hm²）

肥力水平	P_2O_5 50～92kg/hm²、K_2O 75～120kg/hm²基础上 N 用量						
	0	60	120	180	240	300	360
低肥	3 837	4 392	4 994	5 499	5 994	5 980	—
	3 935	5 667	6 947	7 262	7 800	7 700	—
	4 650	4 579	5 810	7 430	8 645	7 736	6 782
低肥平均	4 140	4 879	5 917	6 730	7 479	7 138	6 782
中肥	8 165	9 675	10 985	10 185	10 005	9 995	—
	6 263	8 001	8 960	9 746	10 130	10 236	—
	7 645	8 468	9 534	1 0468	1 0334	9 566	—
	6 752	7 668	8 759	8 973	8 866	9 248	—
	6 010	—	8 878	9 429	8 852	9 263	8 601
中肥平均	6 967	8 453	9 423	9 760	9 637	9 661	8 601
高肥	6 752	7 977	8 759	8 973	8 866	9 244	—
	8 635	9 745	10 058	10 743	10 645	10 123	—
	9 087	—	9 857	10 241	10 032	—	—
	6 783	—	9 972	10 147	10 263	10 054	9 602
高肥平均	7 814	8 861	9 661	10 026	9 951	9 807	9 602

表 4-8-2 吉林省不同肥力土壤玉米磷肥效应试验结果（kg/hm²）

肥力水平	N 195～263kg/hm²、K_2O 75～100kg/hm² 基础上 P_2O_5用量						
	0	23	46	69	92	115	138
低肥	3 441	3 810	4 331	4 598	5 198	5 442	—
	3 554	3 864	3 992	4 396	4 083	3 475	3 480
	6 199	6 935	7 193	7 339	7 299	7 262	—
低肥平均	4 398	4 869	5 172	5 444	5 526	5 393	3 480
中肥	7 055	—	875	—	9 625	—	9 070
	7 824	—	8 948	—	9 375	—	9 476
	5 434	6 710	6 842	7 390	8 703	8 077	—
	7 581	8 301	9 281	9 886	9 490	9 210	—
中肥平均	6 973	7 505	6 486	8 638	9 298	8 643	9 273
高肥	7 145	—	8 069	—	7 801	—	7 578
	11 934	—	13 017	12 839	13 800	13 569	13 559
	12 440	—	13 480	12 920	12 730	13 540	13 260
高肥平均	10 506	—	11 522	12 879	11 443	13 554	11 465

东北春玉米区 75 个肥料试验（750 多个不同施肥处理）结果表明（佟玉欣等，2010；王玲莉等，2011；汪娟娟，2008），本区域春玉米产量为 1 646～16 285kg/hm²，变幅较大，平均为 8 863kg/hm²。氮肥农学效率最高为 52.76kg/kg（辽宁昌图），最低为 0.75kg/kg（黑龙江阿城），平均为 15.95kg/kg。其中，辽宁地区的氮肥效率较高，约为 35.97kg/kg；

黑龙江的最低，仅为 2.12kg/kg，可能是因为其公开发表的数据偏少所致；吉林居中，为 13.54kg/kg。搜集的磷肥试验较少，有 15 个，磷肥农学效率最高为 56.13kg/kg（辽宁），最低为 10.85kg/kg（吉林），平均为 28.23kg/kg。钾肥试验 13 个，钾肥农学效率为 $-3.79 \sim 87.5$kg/kg，平均为 13.31kg/kg。

二、黄淮海平原夏玉米区

中国科学院李晓欣等（2003）在河北栾城通过小麦—玉米轮作体系下的 4 年长期定位试验发现，单施磷肥（N_0P_{65}）和单施钾肥（N_0K_{150}）的产量比不施任何肥料的对照（$N_0P_0K_0$）分别高 119kg/hm^2 和 4 576kg/hm^2；而单施氮肥（N_{200}、N_{400}、N_{600}），粮食产量比不施肥（$N_0P_0K_0$）分别增加 9 950kg/hm^2、12 437kg/hm^2、16 351kg/hm^2。可以看出，氮肥是决定该区粮食产量的主要肥料因素，随着氮肥施入量的增加，产量明显增加。在施氮肥基础上每年增施磷肥 65kg/hm^2，具有明显的增产效果，最高可增产 9 190kg/hm^2；在相同氮、磷配比基础上增施钾肥也能提高粮食产量，最高增产 3 543kg/hm^2。因此，氮、磷、钾配施有利于提高作物产量。

河南 399 份玉米生产调查问卷显示（黄玉芳等，2009），河南省玉米产量水平为 4 500～7 500kg/hm^2，占调查样本的 81.84%，其中 6 000～7 500kg/hm^2 所占比例最高，占调查样本的 50.00%，其次为 4 500～6 000kg/hm^2，占调查样本的 31.84%，大于 7 500kg/hm^2 的占调查样本的 8.16%，低于 4 500kg/hm^2 的占调查样本的 10%。氮肥偏生产力以 10～20kg/kg 所占比例最大，磷肥、钾肥偏生产力高于氮肥，均以 45～75kg/kg 所占比例最大。

查阅有关玉米肥料利用率的论文 24 篇，其中控释肥 15 篇，普通肥料玉米试验 9 篇。其结果表明，氮肥平均利用率为 31.15%，变幅为 1.70%～77.60%；磷肥平均利用率为 15.85%，变幅为 11.00%～27.52%；钾肥平均利用率为 31.90%。每千克氮能生产玉米籽粒 22.6～58.8kg/kg，平均为 39.89kg/kg；每千克磷生产玉米籽粒 55.6～198.9kg/kg，平均为 96kg/kg；每千克钾生产玉米籽粒 26.1～109kg/kg，平均为 45.53kg/kg，增施磷肥效果最明显。

三、西南玉米区

戴茨华等（2002）于云南省曲靖市通过 23 年连续施肥长期定位试验的资料分析指出，缺磷是红壤上作物增产的主要障碍因子之一，适当补施磷肥，既能大幅度增加作物产量，又能促进作物对氮、钾的吸收；随着年限延长，只施用氮、磷肥将会导致地力下降，最后绝产。配合施用农家肥及适当补钾能保证红壤旱地的高产稳产（表 4-8-3、表 4-8-4）。

表 4-8-3　云南省 1978—2000 年不同施肥处理玉米产量（kg/hm^2）

年份	N	NP	NM	NMP	年份	N	NP	NM	NMP
1978	63	1 658	815	1 388	1981	305	2 167	1 045	3 128
1979	260	3 743	2 642	4 317	1982	296	2 669	1 581	3 963
1980	429	3 557	1 832	4 725	1983	413	3 070	2 930	4 388

（续）

年份	N	NP	NM	NMP	年份	N	NP	NM	NMP
1984	195	4 185	4 500	6 045	1993	0	1 800	3 345	8 025
1985	255	1 545	2 205	4 440	1994	0	2 250	4 350	9 150
1986	0	2 550	3 780	6 225	1995	0	2 040	4 380	7 860
1987	0	2 910	1 515	5 835	1996	0	1 815	3 555	7 515
1988	0	4 155	2 700	5 580	1997	0	102	5 100	7 890
1989	0	3 810	2 130	8 316	1998	0	1 515	5 025	7 770
1990	0	1 350	2 685	6 075	1999	0	1 305	4 920	8 085
1991	0	1 800	3 345	7 950	2000	0	720	4 620	6 227
1992	0	1 560	2 445	6 810	平均	96	2 313	3 106	6 227

表 4-8-4　云南红壤 NP 补 K 和 NM 补 P 处理产量结果

年度	NP	NP 补 K			NM	NM 补 P		
		产量 (kg/hm²)	比 NP 增产 (kg/hm²)	每千克 P_2O_5 增产（kg）		产量 (kg/hm²)	比 NM 增产 (kg/hm²)	每千克 P_2O_5 增产（kg）
1990	1 350	3 840	2 490	22.1	2 685	6 450	3 765	31.4
1991	1 800	5 835	4 035	35.8	3 345	6 705	3 360	28.0
1992	1 560	5 010	3 450	30.7	2 445	5 520	3 075	25.6
1993	1 800	7 245	5 445	48.4	3 345	8 025	4 680	39.0
1994	2 250	5 610	3 360	29.9	4 350	8 220	3 870	32.3
1995	2 040	6 300	4 260	37.9	4 380	6 930	2550	21.3
1996	1 815	5 520	3 705	32.9	3 555	6 885	3 330	27.8
1997	1 020	5 700	4 680	41.6	5 100	6 990	1 890	15.8
1998	1 515	6 525	5 010	44.5	5 025	7 980	2 955	4.6
1999	1 305	5 610	4 305	38.3	4 920	7 590	2 670	22.3
2000	7 20	6 500	5 780	51.4	4 620	8 025	3 405	28.4
平均	1 561	5 790	4 229	37.6	3 797	7 211	3 232	27.1

　　熊艳等（2013）通过总结云南省 384 组玉米试验结果，发现玉米氮肥利用率为 0.6%～45.2%，平均为 18.8%；磷肥利用率为 0.4%～115.3%，平均为 40.1%；钾肥利用率为 0.4%～114.9%，平均为 37.9%。生产 100kg 玉米籽粒吸收 N 0.11～3.92kg，平均为 2.02kg；吸收 P_2O_5 0.05～3.66kg，平均 1.24kg；吸收 K_2O 0.12～5.90kg，平均为 2.35kg；N、P_2O_5、K_2O 比例为1.63：1：1.90。玉米对氮肥的反应较磷、钾敏感，肥料对玉米产量的贡献大小依次为氮肥＞磷肥＞钾肥。

　　施肥作为玉米增产的主要手段，发挥着重要作用，增施化肥在不同生态区可以每 667m²

表 4-8-5 四川省不同生态区玉米施肥的肥效反应

项目	全省 (616)		成都平原区 (38)		川中丘陵区 (398)		盆周山区 (110)		川西南山地区 (70)	
	范围	平均值	范围	平均值	范围	平均值	范围	平均值	范围	平均值
无肥区每667m²产量 (kg)	125.40~532.00	280.0	134.4~364.3	283.5	125.4~521.3	263.5	151.9~347.0	270.4	239.7~532.0	386.9
施NPK区每667m²产量 (kg)	258.5~1 050.4	471.6	405.8~457.7	439.8	258.5~1 050.4	451.4	371.8~558.4	475.0	350.0~807.1	598.8
每667m²增产量 (kg)	4.1~481.1	191.6	41.5~308.8	156.3	4.1~481.1	187.9	83.6~318.8	204.6	109.2~275.2	211.9
增产率 (%)	1.56~252.97	68.43	11.35~252.97	55.13	1.56~238.8	71.31	34.97~201.98	75.67	31.16~113.78	54.77
化肥贡献率 (%)	1.59~70.48	40.56	7.38~67.09	35.31	1.59~70.48	41.54	23.81~66.50	43.01	20.61~43.55	35.39
单位 NPK 养分增产量 (kg/kg)	0.23~20.40	7.2	1.38~11.82	5.5	0.2~20.4	7.0	3.08~12.95	8.4	4.00~10.22	7.7
每667m²施 NPK 量 (kg)	14.0~40.5	26.5	26.1~31.0	28.1	14.0~40.5	26.7	18.8~31.1	24.3	18.5~38.3	27.7
无氮区每667m²产量 (kg)	159.4~607.0	335.6	178.2~516.0	354.9	159.4~606.9	320.2	162.0~507.5	329.4	274.1~607.0	431.4
每667m²施氮量 (kg)	4.8~27.0	15.2	7.0~18.5	13.8	7.7~27.0	15.9	9.0~20.1	13.7	4.8~20.0	14.2
每667m²增产量 (kg)		136.0		84.9		131.2		145.6		167.4
增产率 (%)		40.52		23.92		40.97		44.20		38.80
单位 N 养分增产量 (kg/kg)		8.95		6.15		8.25		10.63		11.79
无磷区每667m²产量 (kg)	194.0~693.4	405.6	231.4~565.3	405.6	204.9~693.4	386.8	194.0~685.0	418.2	261.1~663.2	507.7
每667m²施磷量 (kg)	2.4~18.0	6.0	5.0~10.0	6.8	3.0~18.0	6.1	2.5~8.0	5.3	2.4~10.0	6.7
每667m²增产量 (kg)		66.0		34.2		64.6		56.8		91.1
增产率 (%)		16.27		8.43		16.70		13.58		17.94
单位 P_2O_5 养分增产量 (kg/kg)		11.00		5.03		10.59		10.72		13.60
无钾区每667m²产量 (kg)	192.0~736.7	422.7	242.6~521.8	393.8	192.0~736.7	411.0	229.0~730.0	434.4	296.1~630.0	506.1
每667m²施钾量 (kg)	1.8~12.5	5.3	3.8~10.0	7.5	1.8~10.0	4.7	2.5~9.6	5.3	3.6~12.5	6.8
每667m²增产量 (kg)		48.9		46		40.4		40.6		92.7
增产率 (%)		11.57		11.68		9.83		9.35		18.32
单位 K_2O 养分增产量 (kg/kg)		9.23		6.13		8.60		7.66		13.63

注：表中括号内的数字表示样品数。

增产 204.6～211.9kg，增产率达 54.77%～75.67%，化肥对产量贡献率达 35.31%～43.01%。玉米增施氮、磷、钾肥均有良好增产作用。四川省截至 2011 年玉米 616 个"3414"田间试验统计结果见表 4-8-5（车升国，2015）。可以看出，玉米不施肥情况下每 667m² 产量平均仅 280.0kg，在每 667m² 平均增施氮、磷、钾化肥 26.5kg 时可增产 191.6kg，增产率达 68.43%；每千克氮、磷、钾养分可增产玉米 7.2kg。平均每 667m² 施氮量为 15.2kg，增产玉米 136.0kg，增产率为 40.52%，每千克氮可增产玉米 8.95kg；平均每 667m² 施磷量为 6.0kg，增产玉米 66.0kg，增产率为 16.27%，每千克磷可增产玉米 11.00kg；平均每 667m² 施钾量为 5.3kg，增产玉米 48.9kg，增产率为 11.57%，每千克钾可增产玉米 9.23kg。化肥对玉米增产效应仍为氮＞磷＞钾。

查阅本区域公开发表的玉米肥料试验相关论文 13 篇（车升国，2015），其结果表明，氮肥农学效率为 4.38～17.54kg/kg，平均为 11.16kg/kg；磷肥农学效率为 0.76～13.67kg/kg，平均为 8.65kg/kg；钾肥农学效率为 -0.14～47.36kg/kg，平均为 11.33kg/kg，增施氮、钾效果较为明显。

四、北方春播玉米区

根据甘肃省 14 个玉米多点肥效试验结果（车宗贤等，2014）得出（表 4-8-6）：在每 667m² 施 N 13～22kg、P_2O_5 5～7kg、K_2O 1～2kg 范围内，随着肥料施用量的增加，玉米产量明显提高。磷、钾同等施入条件下，平均每增施 1kg N 提高玉米产量 9.1～32.6kg；氮、钾同等施入条件下，平均每增施 1kg P_2O_5 提高玉米产量 4.1～12.0kg；在每 667m² 施 K_2O 0～4kg 范围内，氮、磷同等施入条件下，随着施钾量的增加，平均每千克 K_2O 提高玉米产量 1.5～7.0kg。

表 4-8-6　甘肃省玉米氮、磷、钾肥效反应（kg/kg）

营养元素	陇中春玉米区	陇东春玉米区	陇南春玉米区
N	4.3～24.3	8.5～33.8	11.3～26.7
P_2O_5	6.7～14.3	3.2～11.8	3.8～12.3
K_2O	1.2～5.6	0～5.0	2.1～7.8

查阅本区域公开发表的玉米肥料试验相关论文 19 篇（车宗贤等，2014），其结果表明，氮肥农学效率为 -3.58～36.23kg/kg，平均为 17.29kg/kg；磷肥农学效率为 -2.54～20.87kg/kg，平均为 7.73kg/kg；钾肥农学效率为 0.68～7.09kg/kg，平均为 7.73kg/kg，增施氮肥效果最为明显。

五、西北灌溉玉米区

闫治斌对河西地区制种玉米多功能复混肥料适宜用量与肥效的研究发现（闫治斌等，2010），随着制种玉米多功能复混肥料施用量的增加，玉米经济产量增加，但单位肥料增产量随着施用量的增加而递减，在氮、磷纯养分投入量相等的条件下，采用制种玉米多功能复混肥与传统化肥处理后，不同种类肥料的肥效是：制种玉米多功能复混肥＞尿素＞磷酸二铵。据国家土壤肥力与肥料效益监测站网长期定位试验及各县（市）"3414"试验结果，玉米氮肥利用率为 21.90%～67.20%；玉米—小麦—小麦轮作长期试验条件下，玉米磷肥当季利用率平均为 18.46%，一般农田磷肥利用率为 15.25%～50.90%；钾肥利用率一般为 40.40%～97.00%。

新疆博乐市玉米肥料试验结果表明（吐迪汗等，2012），在高、中、低不同肥力水平下，每千克纯 N 增加玉米产量分别为 25.1kg、19.5kg、11.0kg；每千克 P_2O_5 增加玉米产量分别为 10.8kg、19.52kg、16.98kg；每千克 K_2O 增加玉米产量分别为 17.1kg、19.5kg、17.5kg。

查阅本区域公开发表的科技文献（车宗贤等，2014；吐迪汗等，2012），结果显示，玉米氮肥农学效率为 2.83～11.83kg/kg，平均为 8.48kg/kg；磷肥农学效率为 16.54～24.89kg/kg，平均为 18.90kg/kg；钾肥农学效率为12～48.339kg/kg，平均为 32.16kg/kg。钾肥的增产效果最为明显，磷肥次之。

六、南方丘陵玉米区

南方地区玉米肥料试验资料较少，查阅的文献显示，玉米氮肥农学效率为 1.90～11.92kg/kg，平均为 8.44kg/kg；磷肥农学效率为 5.92～68.77kg/kg，平均为 24.50kg/kg；钾肥农学效率为 2.11～82.36kg/kg，平均为 20.70kg/kg。磷肥的增产效果最为明显，钾肥次之。

七、青藏高原玉米区

目前为止，暂未查阅到青藏高原玉米肥料试验资料。

第九节 不同分区玉米专用复混肥料农艺配方

根据作物专用肥料配方制订的原理和方法（沈兵，2013），结合我国不同玉米生态区气候条件、土壤养分状况、作物肥效反应等指标，分别计算我国不同区域内玉米氮、磷、钾推荐施用量，即可获得不同区域玉米 N、P_2O_5、K_2O 的施用比例，再根据不同区域高、中、低产田目标产量水平，即可制订我国不同区域、不同产量水平条件下的玉米专用复混肥料农艺配方。根据氮、磷、钾施肥总量，得出氮、磷、钾比例，再根据复合肥的具体养分浓度要求，可以制订出不同区域玉米专用复混肥料一次性施肥配方。同理，根据氮、磷、钾基肥用量和追肥用量得出的氮、磷、钾比例，结合复混肥的具体浓度，可以制订出不同区域基肥用或追肥用的玉米专用复混肥料配方。另外，根据不同区域对微量元素的施用需求，可将其纳入到区域专用复混肥配方中去（表 4-9-1）。

表 4-9-1 不同玉米生态区专用复混肥料配方

生态区划分与命名		每 667m² 施肥总量（N-P_2O_5-K_2O，kg）	每 667m² 基肥用量（N-P_2O_5-K_2O，kg）	每 667m² 追肥用量（N-P_2O_5-K_2O，kg）	中微量元素种类与每 667m² 用量（kg）		
					锌	硼	锰
东北春播玉米区	大配方	12-10-6	6-10-6	6-0-0	0.5		
	高产田	14-10-8	7-10-8	7-0-0	0.5		
	中产田	12-10-6	6-10-6	6-0-0	0.5		
	低产田	10-8-6	5-8-6	4-0-0	0.3		

（续）

生态区划分与命名		每667m²施肥总量（N-P₂O₅-K₂O，kg）	每667m²基肥用量（N-P₂O₅-K₂O，kg）	每667m²追肥用量（N-P₂O₅-K₂O，kg）	中微量元素种类与每667m²用量（kg）		
					锌	硼	锰
黄淮海平原夏玉米区	大配方	14-2-5	7-2-5	7-0-0	0.5		0.4
	高产田	14-2-5	7-2-5	7-0-0	0.5		0.5
	中产田	13-2-5	6-2-5	7-0-0	0.5		0.3
	低产田	12-2-4	5-2-4	7-0-0	0.3		0.3
西南山地丘陵玉米区	大配方	16-5-5	5-5-5	11-0-0	0.5		
	高产田	18-6-6	5-6-3	13-0-3	0.5		
	中产田	16-5-5	5-5-5	11-0-0	0.5		
	低产田	14-4-4	4-4-4	9-0-0	0.3		
北方春播玉米区	大配方	18-7-3	7-7-3	11-0-0	0.3	0.5	0.3
	高产田	20-7-4	7-7-4	13-0-0	0.4	0.5	0.4
	中产田	18-7-3	7-7-3	11-0-0	0.3	0.5	0.3
	低产田	15-6-2	6-6-2	9-0-0	0.2	0.2	0.2
西北灌溉玉米区	大配方	15-6-3	7-7-3	8-0-0	0.3	0	
	高产田	16-7-4	7-7-4	9-0-0	0.4	0	
	中产田	14-6-3	7-7-3	7-0-0	0.3	0	
	低产田	12-6-0	6-6-0	6-0-0	0.2	0	
南方丘陵玉米区	大配方	12-5-7	7-5-5	5-0-2	1	0.5	
	高产田	13-5-7	6-5-5	6-0-2	1	0.5	
	中产田	12-5-7	7-5-5	5-0-2	1	0.5	
	低产田	12-5-7	7-5-5	5-0-2	1	0.5	
青藏高原玉米区	大配方	10-4-1	10-4-1				

参 考 文 献

车升国 . 2015. 区域作物专用复合（混）肥配方制定原理与应用 [D]．北京：中国农业大学 .

车宗贤，赵秉强 . 2014. 甘肃省作物专用复混肥料农艺配方 [M]．北京：中国农业出版社 .

陈明昌，张强，程滨，等 . 2005. 山西省主要农田施肥状况及典型县域农田养分平衡研究 [J]．水土保持学报，19（4）：1-5，26.

仇焕广，徐志刚，吕开宇，等 . 2015. 中国玉米产业经济研究 [M]．北京：中国农业出版社 .

崔读昌 . 1998. 中国农业气候学 [M]．杭州：浙江科学技术出版社 .

戴茨华，王劲松 . 2002. 从长期定位试验论红壤施磷的效应 [J]．土壤肥料（2）：29-32.

董树亭 . 2006. 玉米生态生理与产量品质形成 [M]．北京：高等教育出版社 .

高炳德，赵利梅，王文玲，等 . 2000a. 公顷产量 12.75～15.67t 春玉米硫、钙、镁吸收动态模型及分布运转规律的研究 [J]．内蒙古农业大学学报，21（增刊）：72-78.

高炳德，赵利梅，王文玲，等 . 2000b. 公顷产量 12.75～15.67t 春玉米铁、锰、铜、锌吸收动态模型及分布运转规律的研究 [J]．内蒙古农业大学学报，21（增刊）：79-84.

郭庆法，王庆成，汪黎明 . 2004. 中国玉米栽培学 [M]．上海：上海科学技术出版社 .

国家统计局.2011.中国统计年鉴［M］.北京：中国统计出版社.

胡昌浩.1995.玉米栽培生理［M］.北京：中国农业出版社.

黄玉芳，李欢欢，王玲敏，等.2009.河南省玉米生产与肥料施用状况［J］.河南科学，27（8）：955-958.

李晓欣，胡春胜，程一松.2003.不同施肥处理对作物产量及土壤中硝态氮累积的影响［J］.干旱地区农业
  研究，21（3）：38-42.

刘明光.2010.中国自然地理图集［M］.北京：中国地图出版社.

山东省农业科学院.1986.中国玉米栽培学［M］.上海：上海科学技术出版社.

沈兵.2013.复合肥料配方制订原理与实践［M］.北京：中国农业出版社.

佟屏亚.1992.中国玉米种植区划［M］.北京：中国农业科学技术出版社.

佟玉欣，李玉影，刘双全，等.2010.平衡施肥对松嫩平原黑土玉米产量效益的影响［J］.黑龙江农业科
  学（9）：134-137.

吐迪汗，帕丽达木·艾塔洪.2012.博乐市玉米"3417"肥料效应试验研究［J］.现代农业科技（16）：
  20-21.

汪娟娟.2008.吉林省玉米施肥技术指标体系的建立［D］.长春：吉林农业大学.

王彩萍，杨秀英.2005.带田增施锌肥增产效应试验［J］.青海农林科技（2）：50-51.

王玲莉，古慧娟，石元亮，等.2011.氮磷钾配施对三江平原玉米产量的影响［J］.黑龙江农业科学
  （12）：42-46.

王小英，同延安，刘芬，等.2012.榆阳区农户春玉米施肥现状调查评估［J］.干旱地区农业研究，30
  （4）：92-96.

魏孝荣，郝明德，张春霞，等.2005.土壤干旱条件下外源锌、锰对夏玉米光合特性的影响［J］.作物学
  报，31（8）：1100-1104.

吴海燕，刘春光.2001.吉林省主要土壤钾素状况及钾素效益［J］.吉林农业科学，26（6）：44-49.

谢佳贵.2005.玉米喜肥等级及其氮磷钾平衡调控技术研究［D］.长春：吉林农业大学.

解文艳，周怀平，关春林，等.2011.山西省主要农田土壤速效养分状况与分布［J］.山西农业科学，39
  （10）：1083-1087.

解文艳，周怀平，关春林，等.2012.山西省主要农田土壤有机质和全氮的空间变异分析［J］.山西农业
  科学，40（5）：493-497.

熊艳，王平华，何晓滨，等.2013.云南省旱地玉米土壤养分丰缺指标及肥料利用率研究［J］.西南农业
  学报，26（1）：203-208.

闫治斌，秦嘉海，王爱勤，等.2010.制种玉米多功能复混肥最佳施用量的研究［J］.中国种业（增刊）：
  56-58.

杨学云，赵秉强.2015.陕西省作物专用复混肥料农艺配方［M］.北京：中国农业出版社.

张宝文.2008.中国农产品区域发展战略研究［M］.北京：中国农业出版社.

张宽，王秀芳，吴巍，等.1999.玉米吸肥能力与喜肥程度对化肥效应的影响及其分级［J］.玉米科学，7
  （1）：65-71.

张喜林，赵秉强.2015.黑龙江省作物专用复混肥料农艺配方［M］.北京：中国农业出版社.

中华人民共和国国家统计局.2011.中国统计年鉴［M］.北京：中国统计出版社.

中国农业科学院.1984.中国种植业区划［M］.北京：农业出版社.

第五章 棉花专用复混肥料 农艺配方

我国有 2 000 年的植棉历史，是全球植棉历史悠久的国家之一。自 1949 年新中国成立以来，我国棉花生产取得了长足进步，为国民经济发展和人民生活水平提高做出了很大贡献。在新中国成立以来的 60 多年间，我国棉花总产、面积和单产都呈上升趋势。早在 1983年，全国棉花每 $667m^2$ 产量达到 50.8kg，成为 20 世纪 80 年代世界先进植棉大国。2012 年全国棉花播种面积 507.3 万 hm^2，约占全球的 15%，仅次于印度位于第二；总产 716 万 t，约占全球棉花总产量的 27.2%，位于第一；全国棉花平均每 $667m^2$ 产量 94.1kg，高于全球平均水平 65%，我国是产棉大国中单产水平最高的国家。

第一节 我国棉花分布与区域划分

我国棉花种植带大致分布在北纬 18°～46°、东经 76°～124°。东起吉林省东南部和长江三角洲，西至新疆的喀什地区，南起海南岛，北至新疆玛纳斯流域。

从气候条件和自然资源来看，全国分为东部季风棉区和西部内陆干旱棉区。根据生态区域及地理位置，将全国棉区依次划分为 5 个区域，其中黄河流域棉区、长江流域棉区和西北内陆棉区为我国主要三大棉区，北部特早熟棉区已缩减，华南棉区只有零星种植。根据地理位置、灌溉水源、种植制度、品种熟性和促早栽培措施等因素，毛树春（2013）建议再划分12 个区，分别为长江上游棉区、长江中游棉区、南襄盆地棉区和长江下游棉区，淮北平原棉区、华北平原棉区、黄土高原棉区和特早熟棉区，河西走廊棉区、新疆东疆棉区、新疆北疆棉区、新疆南疆棉区。

在 20 世纪 50～70 年代，全国棉区布局呈现"南四北六"结构，南方棉田面积和总产占全国的 40%，北方棉田（包括西北内陆棉区）占 60%；1980—1989 年，全国棉区布局为"南三北七"结构；1990—1999 年，全国棉区布局为"南三北六西一"结构；2000—2008 年，全国棉区布局为"三足鼎立"的优化格局和新型结构。我国三大重要棉区在全国所占的种植比例如图 5-1-1 所示。

一、黄河流域棉区

黄河流域一直以来都是我国最大产棉区，种植面积占全国的 40% 以上，划分为 4 个亚区，即淮北平原亚区、华北平原亚区、京津唐早熟亚区和黄土高原亚区，主要产棉区域包括山东、北京、天津、山西、河北、河南（除南阳、信阳）、安徽淮河以北、江苏苏北。其重点产棉省（直辖市）有山东、河南、河北、天津，占本棉区棉花种植面积的 90% 以上。

山东省棉花种植区域主要分布在鲁西南的济宁、菏泽，鲁西北的聊城、德州、滨州、东

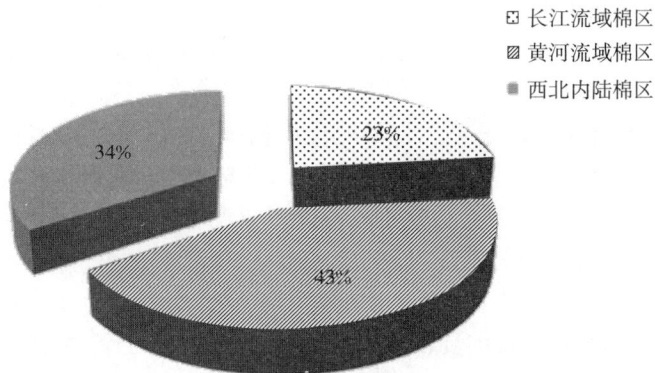

图 5-1-1 2010 年中国三大棉区种植比例 （毛树春，2013）

营等地（市），约占全国种植面积的 1/6（王克跃，2010）。

河南省地处中原，也是我国主要的棉花产区，棉花种植区集中在豫北、豫中东及南阳盆地等。当前农业生产中推广较多的棉花品种有豫杂 35、豫棉 19、中棉 46、中棉 50、中棉 45、鲁棉 15、鲁棉 21 等。

二、长江流域棉区

长江流域在进入 21 世纪前是我国第二大棉区，目前属我国第三大棉区，种植面积占全国的 23% 以上。划分为 4 个亚区：长江上游亚区、长江中游亚区、长江下游亚区和南襄盆地亚区。主要产棉区域包括江西、湖北、湖南、浙江、上海、安徽和江苏的淮河以南、四川盆地等。其重点产棉省有江西、湖北、湖南，3 省棉花面积和产量约占整个长江流域棉区的 82% 以上。

棉花是江西省重要经济作物之一，主要产区在赣北、赣中和赣东北、赣西北（王肖鲸，1991）。

湖北省是长江中游的典型棉区，产棉区域主要分布在江汉平原、鄂东沿江冲积平原和鄂北岗地，居长江流域棉区之首（方辉亚等，1993）。分麦后棉和油后棉两种种植模式（梅汉成等，2007）。

洞庭湖棉区是湖南省的主要棉区，位于长江中游南岸、湖南省东北部，主要包括常德、益阳、岳阳的 24 个县（区）和 15 个国有农场（吴碧波等，2009）。棉花栽培品种基本实现了杂交棉 F_1 代化，近几年重点推广湘杂棉 15 号、湘杂棉 13 号、湘杂棉 7 号和金农棉 1 号等优良品种（湖南省农村社会经济调查队，2010）。

三、西北内陆棉区

西北内陆棉区是全国三大产棉区之一，21 世纪以来发展成为我国棉花生产的主要区域，其产量占我国棉花产量的 34% 左右。产棉区主要分布在新疆、甘肃、陕西（部分地区）等区域。

1. 新疆棉花生产区域布局 新疆棉区是西北内陆的主要棉区，属中纬度地带，总体上相当于中温带棉区，由地方棉区和生产建设兵团棉区两部分组成。划分为 3 个棉区，即东疆棉区、南疆棉区和北疆棉区，依据地理位置及自然生态条件差异明显等特点，又将新疆棉区划分为 4 个亚区，即中熟棉亚区、早中熟棉亚区、早熟棉亚区和特早熟棉亚区。其中早中熟棉亚区又划分为两个次亚区，即：叶尔羌河、塔里木河流域次亚区，简称叶塔次亚区；塔里木盆地边缘北、东、南部，东疆的哈密次亚区，简称塔哈次亚区。

（1）北疆棉区。本区是新疆早熟、特早熟优质棉区，位于新疆北部阿尔泰山山脉和天山山脉之间，其涵盖行政范围包括昌吉回族自治州、塔城地区、博州以及新疆生产建设兵团农四师、农八师、农十师、农十二师。该棉区属典型的温带半干旱大陆性气候，具有干旱少雨、光照充足、热量丰富、无霜期较长的特点，≥10℃有效积温 1 850℃左右，无霜期150～170d。

（2）南疆棉区。本区是新疆重要的中早熟优质棉区，位于新疆南部天山与昆仑山、阿尔泰山山脉之间塔里木盆地，其行政范围主要包括巴州、阿克苏地区、克州、喀什地区、和田地区以及新疆生产建设兵团农一师、农二师、农三师和农十四师。南疆棉区热量充足，气候干燥少雨，病虫害发生率较低，≥10℃有效积温为 3 800～4 700℃，无霜期均在200d 左右。

（3）东疆棉区。本区是新疆重要的中熟优质棉区，位于新疆东部吐哈盆地，行政范围主要包括哈密地区、吐鲁番地区以及新疆生产建设兵团农十三师。该棉区热量充足，极端干燥，降水量极少，火焰山以北年平均≥10℃积温一般在 4 000～5 000℃，无霜期在 200d 左右；火焰山以南年平均≥10℃积温达 5 500℃，棉花生长期可达 220～240d，是中国长绒棉生产条件最优越的地区。

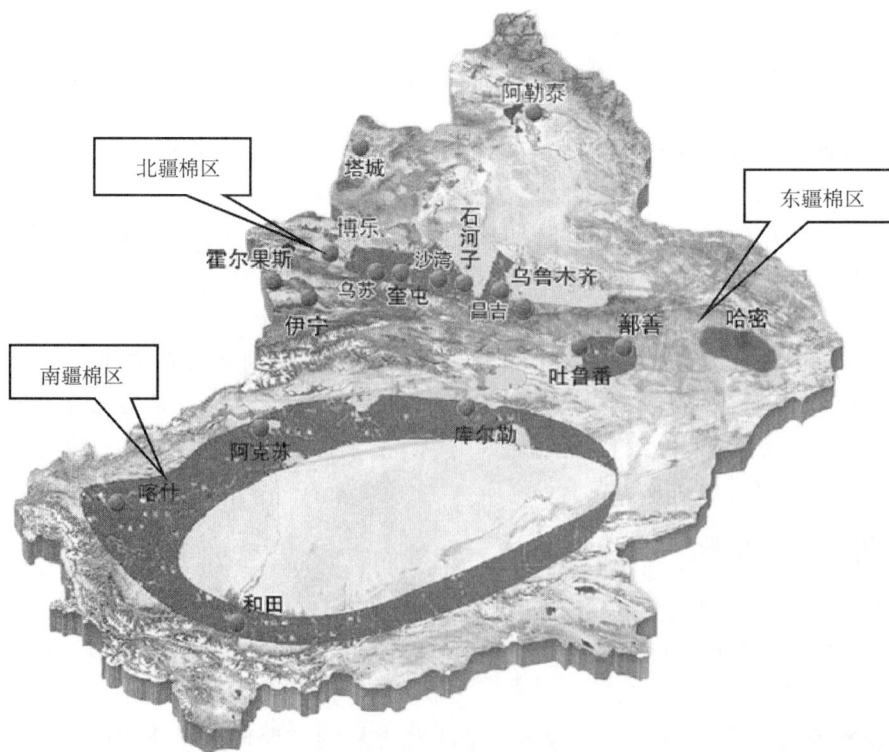

图 5-1-2　新疆棉花生态区分布

2010 年 3 个棉区棉花种植总面积 146.7 万 hm²，其中南疆棉区种植面积最大，北疆棉区次之，东疆棉区种植面积最小。其中东疆与南疆属光、热资源较好的地区，适宜种植长绒棉，在该地区形成了我国规模特大的优质陆地棉基地和唯一的长绒棉产区，其生产的棉花占西北内陆棉区总产的 80% 以上（新疆维吾尔自治区地方志编纂委员会，2007）。

2. 甘肃棉花生产区域布局　甘肃省棉花生产主要集中在河西走廊植棉区，包括酒泉、张掖、武威 3 市的敦煌、瓜州、金塔、玉门、高台、临泽、民勤等 7 县（市）。河西植棉区棉花栽培品种以特早熟、早熟为主，全生育期 140~170d。近年来，主产区各级政府把棉花生产作为调整农业结构和节水农业的重点产业来抓，在政策扶持、信息引导、科技带动和棉花高产创建活动的大力推动下，全省棉花生产保持良好的发展态势（雷晓春，2010）。

第二节　我国棉花种植面积、产量及特点

全国产棉省（自治区、直辖市）有 25 个（图 5-2-1），进入 21 世纪，棉田面积在 100 万 hm² 以上的有：新疆、山东、河北、河南，其中新疆为特大棉区，面积、总产最大，比例高达 35%~40%。棉田面积在 40 万~50 万 hm² 的有湖北、江苏、安徽。棉田面积在 7 万~10 万 hm² 的有湖南、江西、山西、甘肃等。棉田面积在 5 万 hm² 左右的有天津、陕西。棉田面积在 1 万~2 万 hm² 的有浙江、四川和辽宁。分散产区有贵州、云南、广西、重庆、上海、海南、内蒙古、吉林。

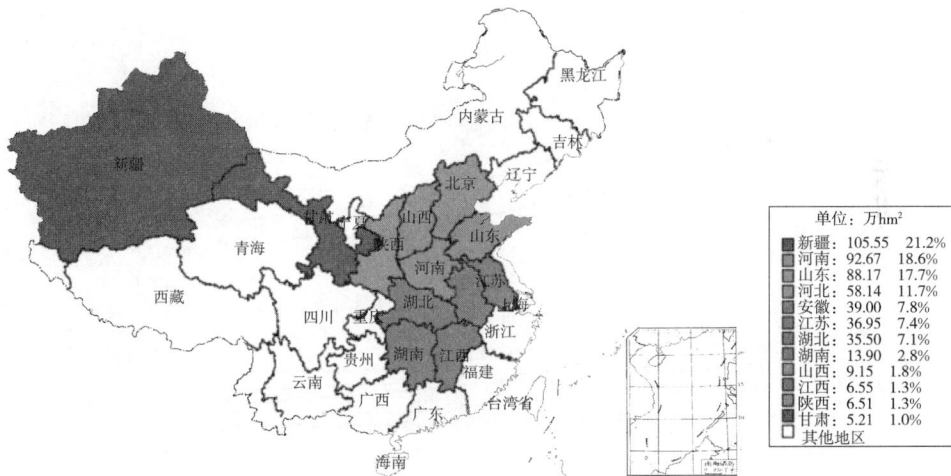

图 5-2-1　主要植棉省分布
（田长彦，2008）

一、我国棉花种植面积和产量

新中国成立以来，中国棉花生产经历了不同的发展阶段，在恢复性发展、停滞徘徊和波动发展中，登上了一个又一个新的台阶。60 多年来，我国棉花面积在 333.3 万~800 万 hm² 波动。期间全国棉田面积整体呈减少趋势，其中 20 世纪 50 年代面积为 543.6 万 hm²，60 年代为 467.8 万 hm²，1984 年种植面积创历史纪录，达 692.3 万 hm²。到 90 年代的前 3 年持续攀高，分别达到 560 万 hm²、654 万 hm²、683.5 万 hm²。21 世纪第一个 10 年，平均

种植面积 514.5 万 hm²，其中 2006—2008 年面积不断增加，最高的 2007 年达到 592.6 万 hm²。我国近 20 年棉花种植面积、总产和单产见图 5-2-2。

我国三大棉区中，棉花播种面积最大的是黄河流域棉区，西北内陆棉区次之；但总产水平在全国具有领先地位是西北内陆棉区，其次是黄河流域棉区；长江流域棉区棉花播种面积和总产均位居全国第三。而在西北内陆棉区中又以新疆为核心（新疆维吾尔自治区统计局，2010），播种面积为我国植棉省（自治区、直辖市）中最高，总产和单产都处在举足轻重的地位上，其单产水平是栽培技术的最佳表现形式（图 5-2-3、图 5-2-4）。

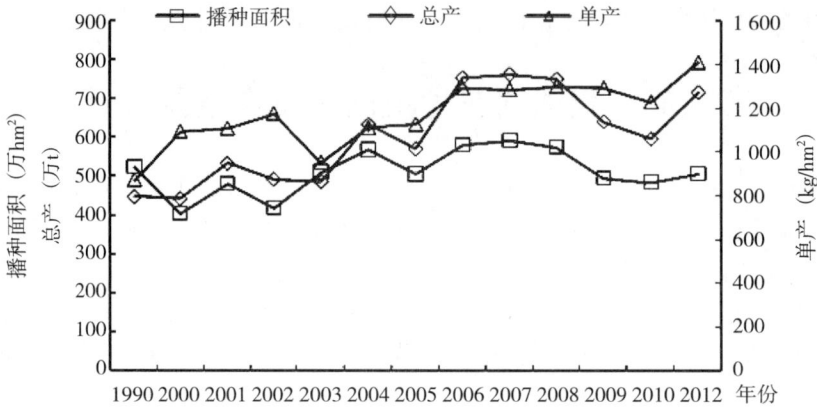

图 5-2-2　中国棉花种植面积、单产和总产年度变化

（田长彦，2008）

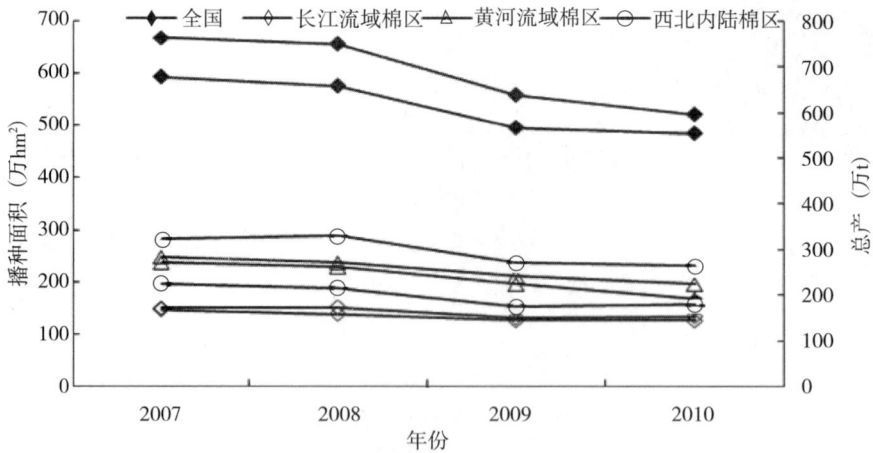

图 5-2-3　我国三大棉区种植面积和总产状况

（新疆维吾尔自治区统计局，2010）

新疆作为国内重要的优质棉产区，2010 年棉花种植总面积 146.7 万 hm²，位居全国之首，占全国棉花种植面积的 30%。其中，南疆棉区种植面积最大，为 86.7 万 hm²，北疆棉区次之，约有棉田 60 万 hm²。新疆棉花产量 300 万 t，占世界棉花产量的 8% 左右，占国内棉花产量的 40%，成为我国最大的产棉省和优质棉生产基地。

南疆棉区中又以阿克苏地区、喀什地区和巴音郭楞蒙古自治州为主要棉区，占全疆种植

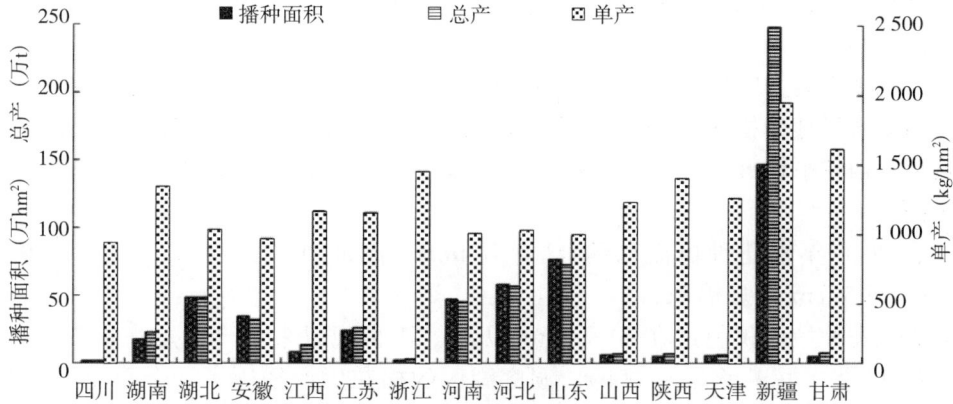

图 5-2-4 我国主要植棉省（自治区、直辖市）2010 年棉花种植面积和产量
（新疆维吾尔自治区统计局，2011）

面积的 60％以上；北疆棉区以伊犁地区、塔城地区和昌吉回族自治州为主要棉区，占全疆种植面积和 25％以上（图 5-2-5）。

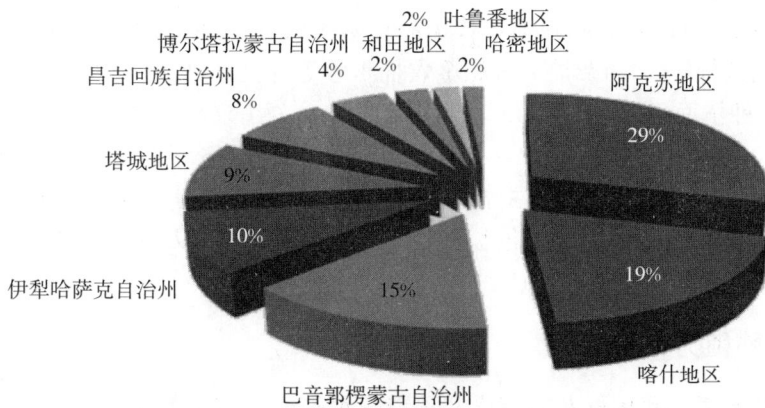

图 5-2-5 新疆各地区棉花种植面积比例

新疆在 20 世纪 80 年代初，每 667m² 单产皮棉 30kg，比全国皮棉单产水平低 8kg，到 2005 年新疆棉花单产水平已达到每 667m² 112kg，比全国平均单产每 667m² 75kg 高 49％，到 "十一五" 末新疆单产皮棉平均达到每 667m² 160kg，而且单产皮棉达到 200kg 以上的高产田占种植面积的 20％以上，在全国主产棉区中位居第一。通过 "九五" "十五" 优质棉基地建设，新疆棉花生产的优势凸显，生产规模基本稳定，综合生产能力显著提升，虽然也受到棉花种植结构调整、种植技术、自然灾害等因素的影响，但新疆棉花单产总体呈现出大幅上升趋势。

河南省棉花种植面积由新中国成立初期的 44.7 万 hm² 发展到 2000 年的 77.3 万 hm²；近年来，河南省棉花种植面积稳定在 66.7 万 hm² 左右。总产量也由 20 世纪 50～60 年代的 15 万 t 左右，发展到 "九五" 期间的 73 万 t、再到 "十五" 期间的 66 万 t，产量居全国第三位，"十一五" 期间，年均总产在 78 万 t 左右。2010 年总产量 45 万 t 左右，每 667m² 产皮棉 63.8kg。

山东省 2010 年棉花种植面积为 50.7 万 hm²，约占全国种植面积的 1/6，全省年平均总产 72.4 万 t，每 667m² 产皮棉 63.0kg。1950—1998 年全省年平均植棉 81.64 万 hm²，占全国的 15.79%；其中植棉面积最多的为 1984 年，达到 171.24 万 hm²，占全国的 24.6%（顾增义等，2011）。

江西全省植棉县（区）26 个，常年植棉面积在 6.7 万～13 万 hm²，近年棉花面积 7.22 万 hm²。占全省旱地面积的 27.1%，其中丘陵棉区占 65%～70%，平原洲地棉区占 30%～35%。近年江西省平均每 667m² 产皮棉 110kg，总产 10.9 万 t，以长江沿岸的彭泽、九江两县单产最高。

湖北省 2010 年棉花种植面积约 32.9 万 hm²（湖北省统计年鉴，2011），总产量为 36.08 万 t，每 667m² 产皮棉 86.5kg。

湖南省棉花种植面积稳定在 14 万 hm² 以上，21 世纪以来单产稳定在每 667m² 100kg，总产 19 万 t 以上（冯正锐等，2009）。洞庭湖区的棉花生产经历了 3 个重要的发展阶段：1949—1980 年，洞庭湖区的棉花生产经历了三个重要的发展阶段：① 新中国成立后（1949—1980），洞庭湖区棉花稳步发展，植棉 8 万～8.8 万 hm²，皮棉总产量 5 万～7 万 t，每 667m² 产量 40～50kg；②1981—2000 年，棉花种植面积 10 万 hm²，总产量 8 万～10 万 t，每 667m² 产量 55～70kg；③进入 21 世纪以来，洞庭湖棉花面积每年稳定在 14 万 hm² 以上，占全省棉花总播种面积的 90% 左右，总产 19 万 t 以上，占全省总产量的 96%，每 667m² 产量 100kg。目前，洞庭湖棉花栽培品种基本实现了杂交棉 F_1 代化。这几年重点推广湘杂棉 15、湘杂棉 13、湘杂棉 7 号和金农棉 1 号等优良品种。

河北省棉花种植面积 38.7 万 hm²，总产 57 万 t，每 667m² 产皮棉 65.3kg。

甘肃省 2010 年棉花种植面积为 4.8 万 hm²，总产由 1978 年的 0.34 万 t 提高到 2007 年的 12.94 万 t，平均单产由 77.4kg 提高到 108kg，2010 年达到 115kg（甘肃农村年鉴编委会，2011）。自 1978 年来甘肃省棉花播种面积稳定保持在 1.3 万 hm² 左右，到 2007 年棉花种植面积迅速扩大，创历史最高，达到 7.9 万 hm²。

二、棉花种植方式与特点

1. 棉花种植方式　我国棉花有直播和移栽两种种植方式。育苗移栽（含营养钵、基质、穴盘、水浮等）占整个播种面积的 30.6%，地膜覆盖占棉花播种面积的 66.9%，其中常规地膜覆盖占 38.0%，宽膜覆盖占 27.4%；大田直播占棉花播种面积的 27.7%。长江流域棉区以育苗移栽为主，占棉花总面积的 80.9%，常规地膜覆盖占 15.9%；黄河流域棉区育苗移栽占 25.4%，地膜覆盖占 68.6%；西北内陆棉区采用地膜覆盖直播种植，地膜覆盖率 100%，其中常规地膜覆盖占 27.8%，宽膜覆盖占 72.2%。

全国棉花平均每 667m² 收获密度 5 200 株，其中：长江流域棉区每 667m² 收获密度 1 500 株左右，黄河流域棉区 3 100 株左右，西北内陆棉区 13 000 株以上。

2. 棉花种植特点　据 2011 年统计结果，全国一熟制棉田占棉花播种面积的 59.0%，面积 319.5 万 hm²。两熟制棉田占棉花播种面积的 37.0%，面积 200.6 万 hm²；多熟（三熟、四熟以上）棉田占棉花播种面积的 4.0%，面积 21.5 万 hm²。

（1）棉田套种（栽）。麦套棉、油套棉、瓜套棉、蒜（葱）套栽棉模式占两熟棉田面积的 87.1%，面积 174.7 万 hm²。一是麦棉套种（栽），占两熟棉田面积的 18.2%，分布于长江流域棉区和黄河流域棉区，其中河南占 57.6%，江苏占 38.0%，湖北占 29.0%，山东西南占 19.1%。二是油棉套种，占两熟棉田面积的 7.6%，分布在长江流域棉区。三是多种瓜类与棉花套种，占两熟棉田面积的 8.2%，各棉区都有种植。四是蒜（葱）套栽棉，占两熟棉田面积的 11.1%，集中分布在黄河流域棉区的济宁、菏泽和徐州等地。

（2）棉田连作复种。该模式占棉田面积的 12.9%，面积 25.88 万 hm^2。主要模式包括：长江流域棉区油后棉占 33.6%，已成为主要模式；麦茬移栽棉花占两熟棉田面积的 3.4%，主要分布于南襄盆地以及黄淮平原南部。

（3）棉田间作。多以新疆的南疆果棉间作、瓜棉间作为主，占棉田面积的 10.5%，面积约 21.7 万 hm^2（王西和等，2008）。

3. 新疆棉花种植技术　新疆棉区棉花种植基本上是采用良种良法技术、精量播种技术、全程机械化技术、病虫害综合防治、水肥高效调控等综合技术，并在生产中大面积推广应用，基本构建了以因地制宜为指导，以"早"为中心的"早、密、矮、膜"以及病虫害综合防治等标准化综合生产技术配套体系，在大规模生产示范中逐步完善；同时也较深入地构建了新疆棉田节水灌溉技术体系，确保了 667.7 万 hm^2 以上棉田成功地应用了滴灌技术；有机棉标准化生产技术体系已在小面积范围内开展试验示范。逐步在新疆棉花生产中实现了资源持续高效利用与节本增效的目标，充分展示了新疆棉田栽培管理技术已达到全球较高水平，其中"早、密、矮、膜"以及病虫害综合防治是新疆棉花栽培核心技术（卢守文等，2006），其主要内容如下：

早：选择与当地相适应的早熟品种，适期早播，播种期一般为 4 月 20 日以前，播种后及时早中耕，出苗后早定苗、早化调；生育后期促早熟，即早打顶、整枝，及时喷施缩节胺调控营养生长与生殖生长，适时停水，早收获，确保霜前花率达 90% 以上。在棉花整个生育期，坚持"早检查、早防治"的病虫防治原则，甚至将一些防治措施安排在播种前落实完成。

密：选择适宜密植株型的品种，如植株营养器官不过于发达，棉花叶片中等偏小，叶片尽可能坚挺上举等。通常南疆（早中熟棉亚区）收获株数为每 $667m^2$ 1.2 万～1.8 万株，北疆（早熟棉亚区）收获株数为每 $667m^2$ 1.2 万～1.6 万株，平均行距控制在 35.0～42.5cm，株距控制在 9.0～11.5cm，棉田密度具体确定还必须遵循土壤沙性越重、光热资源以及肥水供应条件越差，密度越大的原则，反之，密度宜小些。

矮：为矮化植株，及时喷施缩节胺和打顶，促进营养生长向生殖生长过度。合理调控水肥，杜绝"大水大肥"猛攻，导致营养生长过旺以及"高、大、空"植株的形成。陆地棉株高一般控制在 75cm 以下，长绒棉一般控制在 100cm 以下。

膜：新疆棉田大部分采用地膜覆盖宽窄行栽培，有一膜四行、六行、八行等多种种植方式，以一膜四行为主。现生产中推广应用的地膜种类较多，其中以 120cm、145cm、180cm、205cm 宽膜使用较多。近年来考虑到减少白色污染，方便进行残膜回收，推广使用厚膜。

值得注意的是："早、密、矮、膜"栽培技术体系中，不是越早、越密、越矮、地膜覆盖率越大越好，而是必须因地制宜采取与当地土地条件、光热条件、栽培管理水平相适应的棉田管理技术。

4. 新疆棉花灌溉方式及特点　新疆独有的绿洲灌溉农业和稳定的水资源供给，为棉花生产提供了适时的灌溉条件和能力。新疆地表水资源年总径流量 882 亿 m^3，平原地下水可开采资源量为 152 亿 m^3，人均占有地表水资源量 4 312m^3。但因地处干旱，降水量少，不足全国的 1/5，为全国倒数第三位，水资源十分紧缺。因此，水是新疆干旱绿洲农业发展的最重要和最基本的条件，目前全疆灌溉面积 466.67 万 hm^2，灌溉用水约 257.6 亿 m^3，经多年的水利建设，毛灌溉定额已由以前的每 $667m^2$ 1 000 m^3 降至 700 m^3 左右，新疆具有大量的后备土地资源，因受到水资源的限制，大量可开垦的荒地无法得到开垦利用。因此，水是制约新疆农业发展的瓶颈。

新疆棉花灌溉方式很多，从过去的大水漫灌到小细流沟灌，发展到现在的喷灌、滴灌。"十五"新疆重点发展的节水灌溉技术主要包括：棉花膜下滴灌、喷灌、常压软管灌和地下滴灌。目前，棉花膜下滴灌技术已广泛使用，膜下滴灌种类较多，有一膜一管、一膜二管和一膜三管；膜下滴灌覆盖率占棉田总面积的 80%，兵团使用范围已达到了近 100%。经 2005 年调查统计：全疆棉花膜下滴灌平均田间灌溉定额为每 $667m^2$ 330 m^3，喷灌的田间灌溉定额为每 $667m^2$ 364.5 m^3，常压软管灌的平均田间灌溉定额为每 $667m^2$ 378 m^3，地面灌的田间灌溉定额为每 $667m^2$ 495 m^3，膜下滴灌较地面灌平均每 $667m^2$ 节水 150 m^3，节水率 34.1%。常压软管灌的投入成本第一年每 $667m^2$ 120 元，第二、第三年每 $667m^2$ 成本 40～50 元，膜下滴灌每 $667m^2$ 一次性投入 300～500 元，以后每年更新毛管每 $667m^2$ 成本 100～120 元，这是农民可以承受的支出。因此，高标准的节水灌溉工程是新疆优质棉基地建设的重要内容和标志性工程，对提高水资源利用率，带动全疆节水灌溉技术的推广具有重要意义。

膜下滴灌技术的大面积推广应用，提高了"矮、密、早"条件下棉花单株生产能力，进一步提高了棉花的单产水平，又一次实现了棉花生产技术飞跃。高密度栽培技术模式（一膜六行模式、一模四行缩株模式、一模四行缩行缩株模式）、高产栽培综合技术模式（膜下滴灌栽培技术、水肥一体化技术、病虫害防控技术）、高密度条件下株型调控及综合农艺技术模式，以及机械化轻简化高产栽培技术模式，是新疆棉花发展趋势和努力的方向。

第三节 我国三大棉区气候特征

一、黄河流域棉区

黄河流域棉区属暖（南）温带半湿润季风气候区，棉花生长期间（4～10 月）平均温度 19～22℃，≥10℃积温 4 000～4 600℃，≥15℃积温 3 500～4 000℃，无霜期 180～230d，年降水量 500～800mm，年日照时数 2 200～2 900h；本棉区西部≥10℃积温 2 600～3 300℃，≥15℃积温 2 600℃以上，无霜期 140～170d，年降水量 250～400mm。春、秋季光照充足，水、热条件适中，有利于棉花生长发育和吐絮。降水集中在 7～8 月，常有春季、初夏连旱，棉花播种前需重视储水灌溉。秋季降温较快，不利于秋桃成熟和纤维发育。土壤以壤质潮土为主，海河平原地势低，滨海地带盐碱地较多，大多数适于植棉。

二、长江流域棉区

长江流域棉区属亚热带湿润气候区，热量条件较好，4～10 月平均温度 21～24℃，≥10℃积温 4 600～5 900℃，≥15℃积温 4 000～5 500℃，无霜期 220～300d，年降水量 1 000～1 600mm，年日照时数 1 200～2 400h。春季和秋季多阴雨，常有伏旱。土壤在平原地区以潮土和水稻土为主，肥力水平较高；在丘陵棉区多为酸性红壤、黄棕壤，肥力水平较低；沿海棉区多为大片盐碱土。

三、西北内陆棉区

西北内陆棉区属南温带和中温带大陆性干旱气候区，春季气温回升不稳，秋季气温骤降。无霜期 170～230d，相差 60d 以上；年均温度 11～12℃，4～6 月平均温度 16～20℃；全年降水量不足 250mm，靠灌溉植棉；昼夜温差大，一般为 12～16℃；光照充足，年日照时数 2 700～3 300h，热量条件好，有利于棉花高产优质。土壤以灰漠土和棕漠土为主，均有不同程度盐渍化，肥力水平较低。热量条件差异大，吐鲁番盆地≥10℃积温 4 000～4 500℃，适于种植中熟海岛棉，南疆区域≥10℃积温在 4 000℃以上，适于种植中早熟陆地棉和发展中早熟海岛棉，北疆≥10℃积温 3 450～3 600℃，适于种植短季陆地棉。

第四节　我国主要产棉区土壤养分特征

棉花是耐旱、耐盐碱、对土壤适应性较广的植物，但不同土壤由于理化性质、肥力水平的差异，对棉花的生长影响很大。我国国土面积大，土壤类型多，三大棉花产区主要土壤类型有潮土、灌淤土、砂姜黑土、盐碱土、黄棕壤、黄褐土、棕壤、褐土、紫色土、水稻土、黄壤、红壤、灰漠土、棕漠土、灌漠土、灰钙土、黄绵土和黑垆土等 20 种之多。

棉花总产和单产与土壤肥力特征、化肥使用量之间的关联性较差，分析其原因可能有以下几种：一是农民对土壤养分特征的概念不十分清楚；二是农民科学合理施肥的意识淡薄，知识欠缺，导致不合理施肥，使得用肥量存在较大差异而导致产量与用肥量相关性较差；三是包括县级农技人员在内的农业人员对专用肥料的认识不够，不理解土壤养分特征与棉花专用肥的关系。以上说明棉花主产区在生产中化肥尤其是专用肥的使用上存在不合理现象，需要通过专业研究单位对土壤养分状况进行研究分析，提出棉花专用肥料农艺配方，以提高肥料的使用效率。

棉田土壤肥力状况主要是依据"十一五"国家科技支撑计划课题"配方肥料生产及配套施用技术体系研究（2008BADA4B04）"和"十二五"国家科技支撑计划课题"复合（混）肥农艺配方与生态工艺技术研究（2011BAD11B05）"的研究结果，并结合土壤养分调查、部分测土配方县的数据。

一、西北内陆棉区土壤养分特征

西北内陆棉区农业土壤或农业后备土壤按土类分有 15 种之多，主要包括灰漠土、灰钙土、棕漠土、风沙土等。土壤性质在人类各种措施影响下发生变化，而且某些变化是不可逆的，土壤次生盐渍化是干旱区最常见的现象（新疆维吾尔自治区农业厅等，1996）。

1. 新疆北疆棉区土壤养分特征　北疆棉田土壤大量元素养分整体属中等含量水平，但有机质含量较低，土壤速效钾含量较高，这与近年来在棉花生产中重视钾肥投入有关。而土壤有效磷含量变异较大也说明，棉花施肥中仍缺乏规范统一的模式，导致棉田中磷含量变幅较高。

土壤有机质含量范围为 7.13～19.24g/kg，平均值为 11.37g/kg，属较低水平；全氮含量为 0.62～1.26g/kg，平均值为 0.82g/kg，属中等水平；土壤碱解氮含量为 40.72～

99.89mg/kg，平均含量为 70.81mg/kg，属中等水平；有效磷含量为 7.92～109.25mg/kg，平均含量为 19.22mg/kg，属中等水平；速效钾含量为 88～934.99mg/kg，平均含量为 228.27mg/kg，属高水平。

土壤中微量元素养分不均衡，交换性钙、镁含量高，有效硫含量属较高水平。有效铜和有效硼属中等水平，有效锌含量属中等偏低水平，而有效锰、有效铁含量偏低。棉花是对锌、硼敏感的作物，因此棉花生产中应重视锌、锰、硼肥的施用。

北疆棉田土壤交换性钙含量平均为 12 564.49g/kg，属高等水平；交换性镁含量平均为 533.88g/kg，属较高水平；有效硫含量平均为 116.54mg/kg，属较高水平；有效硼含量平均为 1.12mg/kg，属中等水平；有效铜含量平均为 1.17mg/kg，属中等水平；有效锌含量平均为 1.12mg/kg，属中等偏低水平；有效铁含量平均为 1.57mg/kg，属极低水平；有效锰含量平均为 3.48mg/kg，属极低水平。为了保证新疆棉花稳产、高产，应重视有机肥的投入，制订统一规范的水、肥调控模式。

2. 新疆南疆棉区土壤养分特征　南疆棉田整体土壤肥力水平较低，各养分含量均在低水平。土壤有机质含量范围为 3.9～18.959g/kg，平均值为 9.133g/kg，属极低水平；全氮含量为 0.2～1.026g/kg，平均值为 0.519g/kg，属中等水平；土壤碱解氮含量为 15.44～189.57mg/kg，平均含量为 52.88mg/kg，属低水平；有效磷含量为 0.66～41.56mg/kg，平均含量为 17.12mg/kg，属低水平；速效钾含量为 54～357mg/kg，平均含量为 127.15mg/kg，属较低水平。

土壤中微量元素养分不均衡，交换性钙、镁含量高，有效硫含量属较高水平。而有效铜和有效硼属中等水平，有效锌含量属中等偏低水平，有效锰、有效铁含量偏低。棉花是对锌、硼敏感的作物，因此棉花生产中应重视锌、锰、硼肥的施用。

土壤交换性钙含量平均为 13841.42g/kg，属高水平；交换性镁含量平均为 699.02g/kg，也属较高水平；有效硫含量平均为 289mg/kg，属较高水平；有效硼含量平均为 1.435mg/kg，属中等水平；有效铜含量平均为 1.435mg/kg，属中等水平；有效锌含量平均为 1.609mg/kg，属中等偏低水平；有效铁含量平均为 4.014mg/kg，属低水平；有效锰含量平均为 1.591mg/kg，属极低水平。为了保证南疆棉花稳产、高产，应加强有机肥投入，根据土壤状况合理进行化肥的平衡施用，制订统一规范的水、肥调控模式。

3. 河西走廊棉区土壤养分特征　河西走廊植棉区地带性土壤是棕漠土和灌漠土，pH 平均为 8.5，土壤有机质含量较低，平均为 14.42g/kg；土壤全氮缺乏，平均为 0.77g/kg；全磷含量不高，平均为 0.84g/kg；大部分耕地土壤速效氮较缺乏，平均为 68.34mg/kg；土壤有效磷含量明显增加，平均为 24.93mg/kg，处于中等和较丰富水平；土壤全钾含量较丰富，平均为 14.4g/kg；土壤速效钾含量平均为 126.47mg/kg。

土壤中速效铁、速效锰、速效铜、速效锌、速效硼、速效钼平均含量分别为 7.83mg/kg、5.9mg/kg、2.41mg/kg、6.83mg/kg、5.66mg/kg、1.08mg/kg。棉花的生长除需氮、磷、钾等大量元素外，也需要铜、铁、锌、锰、硼等微量元素，其中对铜和硼的反应比较明显。甘肃各农业生态区土壤有效铜的含量相对丰富，都在 1mg/kg 以上，能满足棉花及其他作物生长的需要。

第二次土壤普查时普遍认为耕地"缺氮""少磷""富钾"，提出了"增氮、补磷"的施肥原则，并成为第二次土壤普查 30 年来指导施肥的主流思想。通过测土配方施肥项目得出全省耕地"氮缺乏、磷适中、钾有余"的结论，为此首次提出"增氮、稳磷、补钾、配微"的施肥原则，为今后一段时期科学合理施肥提供了依据。

二、黄河流域棉区土壤养分特征

1. 山东棉区土壤养分特征 山东省主要棉区多为历史上的贫困地区。近年来，由于棉花生产的发展，棉田肥料投入增加，土壤肥力也有很大提高。但由于过去土壤十分瘠薄，加之长期重用轻养，导致棉田土壤肥力较低，在国内不如南方棉田高，在省内不如粮食种植区土壤肥沃，在本地则不如粮田肥沃，形成"好地种粮食，孬地种棉花"的局面。中低产田面积仍占棉花种植总面积的60%以上，棉田土壤肥力远不能适应棉花高产、稳产的需要。山东省高、中、低产棉田土壤养分状况如表5-4-1所示。

表5-4-1 山东省高、中、低产棉田土壤养分状况

项 目	高产棉田		中产棉田		低产棉田	
	范围	平均值	范围	平均值	范围	平均值
有机质（mg/kg）	9.40～10.30		8.80～9.08		7.58～7.74	
全氮（mg/kg）	0.63～0.70		0.57～0.66		0.33～0.54	
碱解氮（mg/kg）	35.8～53.4		34.5～51.3		28.3～43.5	
全磷（P_2O_5，g/kg）	1.8～1.9		1.41～1.67		1.55～1.70	
有效磷（P_2O_5，mg/kg）	6.5～7.7		6.3～6.4		5.0～5.3	
全钾（K_2O，g/kg）	15～25	18.9	15～25	18.9		
速效钾（K_2O，mg/kg）	125～143		126～139		123～125	
有效铁（mg/kg）	4.10～21.32	13.1	4.76～19.2	8.68		
有效锰（mg/kg）	2.0～60.5	16.5	2.8～44.2	9.7		
有效铜（mg/kg）	0.93～2.56	1.4	0.92～1.92	1.24		
有效锌（mg/kg）	0.65～3.32	1.63	0.71～2.90	1.48		
有效硼（mg/kg）			0.22～1.60	0.86		

2. 河南棉区土壤养分特征 豫北棉区的地貌大部分是黄淮海三大水系冲积平原，一小部分是山前洪积、冲积倾斜平原，山前倾斜平原以潮褐土、褐土性土为主，沿河潮土区以两合土和淤土为主，普遍肥力较高。本区土壤类型以黄潮土为主，有小面积的砂姜黑土、潮褐土和褐土性土等。土壤肥力中等偏上，部分属于高肥水平。该区地下水资源比较丰富，大部分可以井灌，沿黄地区可用黄河水灌溉，一般能满足棉花对水分的需求。

豫中东棉区是指豫中东部平原区，位于河南省中东部，西起伏牛山东端山麓、丘陵的舞阳、叶县、平顶山、郏县、禹县东部的丘岗地与豫东平原交接地带，北起长葛至商丘一线，南至项城、上蔡、西平、舞阳的沿洪河一线。在商丘以南、周口以北、许昌以东是黄河冲积形成的黄潮土，由于离黄河较远，泛滥水流缓慢，形成的土壤以淤土和两合土为主。在许昌以南，周口以西，上蔡、西平以北，土壤以淮河水系的颍河、洪河等冲积形成的灰潮土为主，在许昌以西与丘陵交接地带有褐土性土，在低洼地带不规则地分布着一定面积的砂姜黑

土、黄褐土等。由黄河冲积形成的黄潮土，因为离黄河较近，泛滥水流速度较快，沉积物中的沙粒较多，形成沙土、沙壤土的面积较大，而淤土较少，虽然土体深厚，但因质地较粗，保水、保肥性能较差，土壤肥力水平相对较低。

南阳盆地棉区以黄棕壤、黄褐土和砂姜黑土为主，在沿河地带有小面积的灰潮土。由于前3类土壤的质地较黏，耕作困难，普遍肥力较低。

三、长江流域棉区土壤养分特征

1. 湖北棉区土壤养分特征　湖北省高产棉田土壤养分含量丰富，表土有机质含量≥15g/kg，全氮含量≥1.2g/kg，全磷含量≥0.7g/kg，全钾含量≥20g/kg，碱解氮含量≥90mg/kg，有效磷含量≥10mg/kg，速效钾含量≥100mg/kg，有效硼含量≥0.8mg/kg，有效锌含量≥1.0mg/kg。

江汉平原棉区棉田土壤类型为由长江、汉江冲积物形成的灰潮土，土壤肥沃，质地适中，保水、保肥性能好，水源条件较好，植棉历史较长，是全省高产稳产棉花主产区。荆州、荆门、天门、潜江、仙桃等地棉区为低产棉区，棉田土壤缺磷（有效磷含量<5mg/kg）面积占棉区面积的89.1%，其中严重缺钾（有效钾含量<100mg/kg）面积占42.0%，缺硼（有效硼含量<0.8mg/kg）、缺锌（速效锌含量<0.8mg/kg）面积占90%以上。鄂东棉区棉田多分布在沿江河地带、滨湖平原、山间盆地和部分丘陵岗地，如黄冈市棉区缺磷面积占棉田面积的64.4%，严重缺磷面积占29.1%；缺钾面积占73.1%，严重缺钾面积占29.1%。鄂北棉区棉田60%左右的面积分布在丘陵岗地，耕层浅，土质黏重，土壤肥力低，通透性差，而且降水量偏少，水利灌溉条件较差，常受干旱威胁，成为棉花产量不高的主要限制因子（周炎明，2004）。

2. 湖南棉区土壤养分特征　洞庭湖棉区成土母质单一，主要是河湖冲积物沉积而形成的紫潮土和紫潮沙泥土（湖南省农业厅，1989）。地力养分分布区域集中，地力等级差别不大。湖区土层深厚肥沃，属中性偏碱性土壤。根据测土配方统计数据，洞庭湖棉区土壤养分状况为：有机质含量平均为23.32g/kg，碱解氮含量平均为144.85mg/kg，有效磷含量平均为24.58mg/kg，速效钾含量平均为134.04mg/kg，土壤pH平均为7.5，土壤容重平均为14.3g/cm^3。

土壤有效锌含量为0.32~1.07mg/kg，平均为0.61mg/kg；棉区土壤有效锰含量低，变化幅度为3.3~45.7mg/kg，平均为12.9mg/kg；土壤有效硼含量平均为0.365mg/kg；有效钼含量为0.171mg/kg；交换性镁含量平均为1.66cmol（$\frac{1}{2}Mg^{2+}$）/kg。

总体看来，棉田氮素较为丰富，磷、钾含量较低，有效磷为轻度缺乏，缺磷面积为90%；速效钾为中度缺乏，缺钾面积为95%。大部分土壤呈碱性，pH一般在7以上，只有汨罗、澧县、津市等地土壤pH稍低（6.5左右）。

3. 江西棉区土壤养分特征　赣北棉区常年植棉面积为6万hm²左右，占江西省植棉面积的80%以上，也是江西省优势主产棉区。九江圩区棉田土壤多为河湖冲积土，质地较轻，偏碱性，土层深厚，自然肥力高，圩区pH平均为8.13，有机质含量为1.21%，碱解氮含量为115mg/kg，有效磷含量为18.7mg/kg，速效钾含量为172mg/kg，有效硼含量为0.38mg/kg。九江棉区土壤肥力中等，属缺磷、缺硼、少钾地区。丘陵地区棉田多为第四纪下蜀系黄土母质，质地黏重，属中性至微酸性，土层厚度为 10～30cm，土壤肥力相对较低，丘陵地区土壤 pH 平均为 6.9，碱解氮含量为 91.3mg/kg，有效磷含量为 15.5mg/kg，速效钾含量为 93.3mg/kg。

赣中红壤丘陵区植棉历史悠久，但产量水平、稳产程度相差悬殊。红壤比较贫瘠，有效养分含量低，土壤供肥能力差。

第五节　棉花的营养规律与三大棉区施肥技术

一、棉花的主要生育特征

1. 喜温、好光　棉花为喜温作物，其种子萌发最低温度为 10.5～12℃，出苗需 16℃ 以上，现蕾最低温度 19～20℃，蕾期和花铃期最适温度为 25～30℃。为满足出苗所需最低温度要求，确定 5cm 地温 5d 平均稳定通过 14℃ 并在短期内能上升到 16℃ 以上为适宜播种期。棉花对光照十分敏感，光照不足会抑制棉花的发育，造成大量蕾、铃脱落，不利于营养生长和生殖生长的协调进行，容易导致弱苗晚发、棉株徒长。可通过田间株行距合理配置和合理密植、化调等措施，塑造理想株形，协调营养生长与生殖生长、群体与个体的关系，控制较合理的光合面积，建立合理的动态群体结构，掌握好棉花封行时间，从而提高棉花群体光能利用率。

2. 无限生长习性　在棉花的生长发育过程中，只要温度、光照等条件适宜，棉花就像多年生植物一样，可以不断地生枝、长叶、现蕾、开花、结铃，持续生长发育。因此，应处理好无限生长习性与有限生长季节的矛盾，充分发挥无限生长习性对生产有利的一面。栽培上应采取育苗移栽、地膜覆盖、套种套栽、适期早播、促苗早发、防止后期早衰等措施，充分利用生长季节，延长有效结铃期，发挥增产潜力。也可通过化调、打顶等措施克服无限生长习性。

3. 营养生长与生殖生长并进　从 2～3 片真叶期一直到停止生长，都是棉花营养生长与生殖生长并进的阶段，且时间较长，占整个生长期的 4/5 以上。棉花苗期以根系生长为主，蕾期以根系和茎、叶生长为主，花铃期营养生长和生殖生长都旺盛，到盛花期营养生长达顶点，并逐步转向以生殖生长为主，吐絮期营养生长逐渐衰退直至停止。

二、棉花的生育进程

从播种至吐絮这段时间为棉花的生育期，一般可划分为 4 个生育时期，即苗期、蕾期、花铃期和吐絮期。

1. 苗期　棉花从播种到子叶出土展平称为出苗，棉田出苗株数达 50% 以上为出苗期；当棉株第一个幼蕾苞叶达 3mm 宽时为现蕾，棉田现蕾株数达 50% 以上时为现蕾期。棉花苗期指从出苗至现蕾期间，一般为 40～45d，北方棉区一般从 4 月中旬至 6 月上旬，南方棉区从 4 月下旬至 6 月上旬。

棉花苗期以营养生长为主，其中根的生长最快，是该期生长中心。主根伸长比地上部株高增长快 4～5 倍。

2. 蕾期　棉株第一朵花花瓣开放为开花，棉田开花株数达 50% 以上时为开花期，从现蕾至开花这一段时间称为蕾期，一熟棉田从 6 月上旬到 7 月上旬，为 25～30d。

棉株蕾期是营养生长和生殖生长并进时期，但仍然是营养生长占优势，以扩大营养体为主，根系迅速生长，养分吸收能力提高。同时，叶面积增大，光合作用能力提高，制造大量的糖类，用以增长营养体。

3. 花铃期　棉株第一个棉铃铃壳正常开裂见絮为吐絮，棉田吐絮株数达50％以上时为吐絮期，从开花至吐絮所经过的这个时期称为花铃期，一般从7月上旬到8月底或9月初，需45～60d。按生育特性，花铃期又可分为初花期和盛花结铃期。初花期是指棉株从开始开花到第四、第五果枝第一果节开花时，约15d。

花铃期是棉花生长发育最旺盛的时期，棉株逐渐由营养生长与生殖生长并进转向以生殖生长为主，是棉花一生中需肥、水最多的时期，需肥量占一生总需要量的50％以上，需水量占一生总需要量的45％～65％，营养物质分配以供应蕾、铃发育为主，该时期是决定棉花产量和品质的关键时期。

4. 吐絮期　吐絮期指棉花开始吐絮至枯霜来临、生育结束的一段较长时间，一般在8月下旬至9月初开始吐絮，持续50～70d。对水分、养分的需求显著减少。棉花在陆续成熟、吐絮的同时，伴随着陆续开花结铃，即在伏前桃开始吐絮时，伏桃正在逐渐成熟，秋桃正在形成、长大。此时的光照、温度满足，可以加速铃壳干燥，有利于棉铃的开裂、吐絮。

三、棉花的营养规律

棉花生长发育的特点之一是营养生长期和生殖生长期共存时间长，而且从出苗到吐絮成熟，每个生育期都有其不同的生长中心。在初花期以前，棉花生长主要以扩大营养体为主，生根、长茎、增叶成为生长中心；初花期以后，棉花营养体生长渐缓，以增蕾、开花、结铃为主，生长中心转向生殖器官。由于不同生育时期的生长中心不同，棉株的营养代谢特点也不同。

棉株对氮、磷、钾的吸收规律是：苗期对各养分吸收强度最大，虽然苗期对养分的需求量较小，但及时充足地供给养分很重要；到吐絮期棉株对养分的需求量减弱，但不能间断或不足量供给，以保证后期棉株叶片不衰老，促进光合产物向棉铃运输，以实现高产。

氮的含量棉叶高于棉茎，吐絮期后氮素在棉籽中的含量较高。现蕾期茎与叶中磷的含量差异较小，至开花期，茎中磷的含量明显下降，而叶中磷的含量却明显上升；随着生育期的推进，叶和茎中磷的含量逐渐下降。棉株各器官钾的含量在各生育阶段始终保持较高的水平，开花之前棉茎的钾含量始终高于叶中的含量，盛铃之后茎中的钾更多地向生殖器官转移，茎中的含钾量明显下降而低于叶中的含量。

1. 棉株各个生育期吸收氮、磷、钾养分的比例　棉花不同生育期吸收养分的数量是不同的。据研究（王斌等，2008），苗期吸收氮、磷、钾的数量分别占全生育期总量的5％、3％、3％左右，从现蕾到初花期分别为11％、7％、9％，从初花期到盛花期达到高峰，分别是56％、24％、36％，从盛花期到始絮期分别是23％、52％、42％，吐絮后显著下降，分别为5％、14％、10％。由此可看出，棉花一生中各生育期的需肥规律是：吸肥高峰期在花铃期，氮肥吸收高峰期在盛花期，磷、钾吸收高峰在盛花期至吐絮期。棉花不同产量水平各生育期养分吸收情况见表5-5-1。

表 5-5-1　棉花不同产量水平各生育期养分吸收情况

生育时期	项　　目	高产水平(每667m² 生产皮棉200kg)			中产水平(每667m² 生产皮棉160kg)			低产水平(每667m² 生产皮棉100kg)		
		N	P₂O₅	K₂O	N	P₂O₅	K₂O	N	P₂O₅	K₂O
出苗至蕾期	吸收量（kg/hm²）	20.18	8.81	21.8	16.77	4.29	19.19	7.14	1.23	7.01
	吸收强度（g/d）	30			40			40		
蕾期至花铃期	吸收量（kg/hm²）	43.95	17.95	45.55	41.93	15.75	37.53	26.78	7.76	30.30
	吸收强度（g/d）	40			30			30		
花铃期至吐絮期	吸收量（kg/hm²）	69.04	26.72	73.0	64.33	28.63	65.28	66.06	14.3	55.35
	吸收强度（g/d）	50			50			50		
吐絮期至收获期	吸收量（kg/hm²）	25.65	15.47	23.95	31.34	14.47	21.89	20.00	9.4	16.82
	吸收强度（g/d）	25			25			25		
总计吸收量（kg/hm²）		158.8	68.95	164.3	164.5	63.14	143.9	119.98	32.69	109.48
100kg皮棉吸收养分量（kg）		13.0	6.8	16.0	14.5	6.3	15.2	12.0	4.0	10.3
N:P₂O₅:K₂O吸收比例		1:0.43:1.02			1:0.38:0.87			1:0.27:0.91		

　　微量元素在棉株体内含量较少，但对棉株的生长发育具有特定的作用，是棉株生长中不可缺乏和不可代替的元素，如果缺少某种微量元素，就会出现某种缺素症状，影响棉花的产量和品质，最明显的是棉花缺硼，导致"蕾而不花"。

　　2. 滴灌棉花对氮、磷、钾养分的吸收　棉花对氮的需求较早，且量也较大；对磷的需求稍晚，但要求持续时间最长；对钾素的需求时间和强度则居于氮、磷之间。棉花阶段养分吸收强度为：苗期吸收养分占整个生育期的比例为 N 3.8%～11.3%、P₂O₅ 3.0%～8.5%、K₂O 4.0%～10.6%；蕾期棉株对养分的需求量迅速增加，此时期棉花由营养生长为中心逐渐转入营养生长与生殖生长并进阶段，以对氮、钾的需求为主，对磷的需求也逐渐增加，其吸收比例为 N 29.7%、P₂O₅ 18.6%～25.9%、K₂O 23%～29%；花铃期是棉株吸收养分最多的时期，此阶段棉株由营养生长与生殖生长并进逐渐转入以生殖生长为主，对氮的需求比例相对降低，对钾、磷的吸收相对增加，是棉花吸钾量最大的时期，其吸收比例为 N 37.6%～51.6%、P₂O₅ 35.7%～44.1%、K₂O 51%～57%；吐絮期棉株对养分的需求减少，棉铃的生长发育占绝对优势，吸收的养分除了满足根、茎、叶的正常生理代谢外，大都通过根、茎、叶转化输送以满足棉铃对养分的需求，此时期对钾、氮的需求下降，对磷仍保持较高的需求（池静波等，2009），其吸收比例为 N 11.2%～22.4%、P₂O₅ 23.2%～38.6%、K₂O 9.6%～17.3%。

四、棉花施肥原则与技术

　　1. 棉花施肥原则　要实现棉花高产优质高效，要求棉田具有较高的肥力，在棉花生长期间能持续供给棉株生长发育所需的各种养分，并且通过施肥来提高土壤肥力，改良土壤结构。棉花施肥应遵循如下原则：

　　（1）有机肥与无机肥配合施用的原则。在高产优质高效农业中，无机化肥特别是高浓度化肥的施用对棉花的生长贡献很大，但农业的发展还应具有可持续性，有机肥具有养分全、肥效稳定长久的特点，是无机肥所不能代替的。即使在无机肥供应比较充足的条件下，也不应忽视有机肥的作用，只有两者配合施用才能达到高产稳产。

（2）大量元素与微量元素平衡施用的原则。目前棉花施肥有大量元素和微量元素。大量元素是指氮、磷、钾元素，微量元素是指硼、锌等元素，两类元素配合施用有利于提高肥料的利用率。

（3）基施与追施相结合的原则。基施是指肥料在播种前施入土壤，先施肥或边施肥边翻地。基施肥料施入土壤较深，有机肥、磷肥和微量元素提倡全部基施。追施是指在棉花生长季节施入肥料，氮肥提倡基施和追施结合，基施可占 20%～40%，钾肥全部基施或部分追施，磷肥全部作基肥。

2. 棉花施肥技术 在棉花施肥原则的指导下，结合土壤养分和植物营养状况以及目标产量，制订施肥的适宜数量、时期和方法，同时还要根据不同生态条件、不同耕作制度，研究施肥技术，提高施肥的经济效益。

棉花在不同生育期对土壤和养分条件有不同的要求，同时各生育期的气候条件不同，土壤水、热和养分条件也随之发生变化，因此，棉花施肥一般不是一次就能满足整个生育期的要求，而是需要在施用基肥的基础上再分期追肥。基肥包括在棉花播种前结合土壤翻耕施入的肥料，也包括棉花在移栽前或移栽时施于移栽穴内的肥料，有人将种肥也归入基肥；追肥包括土壤追肥和根外追肥两种。

棉花生育期长，根系分布深而广，需肥量大。为了满足棉花全生育期在不同土层吸收养分的要求，除棉田浅层需有一定肥力外，土壤深层也应保持较高的肥力，因此，应重视基肥，基肥宜结合深耕施用，以提高肥料的利用率，并采用多种肥料混合施用的方法，使基肥肥效更平稳。对磷肥来说，最好与有机肥混合集中施用，以减少与土壤的接触面，防止被土壤大量固定。为了保证棉花在整个生育期内持续不断地得到所需要的各种养分，有机肥料与氮、磷、钾肥配合作基肥施用，可以互相促进，提高肥效。

要获得棉花高产，需要按照棉花各生育时期对养分的不同要求分期施用追肥，确保棉花有良好的养分条件。棉花追肥的要点是"前期轻、中期重、后期又轻"，即"轻施苗肥，稳施蕾肥，重施花铃肥，补施盖顶肥"。追肥要因地、因时、因苗施用。为了保证棉花及时吸收所需的养分，减少肥料损失，追肥应深施在根系附近，施后覆土（郝良光等，2011）。

（1）黄河流域棉区和长江流域棉区施肥技术。为满足棉花高产对各种养分的需要，根据棉花不同生育时期对养分的需求量，确定科学经济的施肥量和施肥方法，概括为"施足基肥，轻施苗肥，稳施蕾肥，重施花铃肥，补施盖顶肥"。

①施足基肥。基肥以农家肥为主，可在秋冬季结合深耕、深翻施入土壤，也可以在春天整地时施用。一般每 $667m^2$ 施优质农家肥 3 000～4 000kg、尿素 10kg、磷酸二铵 20kg、氯化钾 20～25kg，或每 $667m^2$ 施 45% 复合肥 30～50kg，同时每 $667m^2$ 底施锌、硼肥各 1～2kg。

②轻施苗肥。追施苗肥，可以促进根系发育，培育壮苗。黄河流域和长江流域一般每 $667m^2$ 追施尿素或高氮复合肥 5～10kg，开沟条施，施后覆土。

③稳施蕾肥。棉花现蕾后对养分的需求逐渐增加，蕾期合理追肥，能够满足棉株发棵的需要，协调营养生长与生殖生长的关系，促进植株稳健生长。一般在棉花现蕾初期每 $667m^2$ 追施 45% 复合肥 15～20kg，追肥方法以开沟深施为好，并与棉株保持适当距离，避免伤根，影响正常生长。

④重施花铃肥。花铃期是棉花需肥最多的时期，重施花铃肥对争取"三桃"有显著作用。一般每 $667m^2$ 施尿素 $10\sim15kg$ 或 45% 复合肥 $20\sim30kg$。

⑤补施盖顶肥。补施盖顶肥主要防止棉花后期缺肥而早衰，促进植株健壮生长，增强抗病、抗虫、抗早衰能力，争取多结秋桃和增加铃重。一般每 $667m^2$ 喷施 1% 尿素溶液 $50\sim75kg$，$5\sim7d$ 1 次，连喷 $2\sim3$ 次。对缺磷、钾或旺长贪青晚熟棉田，每隔 $7\sim10d$ 喷 1 次 0.2% 磷酸二氢钾溶液，连喷 $2\sim3$ 次，可以达到后期不黄叶、不落叶、不早衰、高产优质的目的。

（2）西北内陆棉区施肥技术。

①新疆膜下滴灌棉田施肥技术：每 $667m^2$ 施用 $1t$ 以上有机肥，适当叶面喷施微量元素肥料。磷、钾肥和 30% 氮肥作基肥，其余 70% 氮肥追施 6 次，比例为：蕾期 6%、初花期 8%、盛花期 18%、花铃期 20%、盛铃初期、盛铃后期总和为 18%。生育期分 12 次灌水，灌溉量分别是 2%、3%、5%、12%、13%、13%、16%、15%、10%、6%、3%、2%。在随水滴肥时，注意一定要在一次滴水的中间时段加入肥料。盐渍化危害明显的地块或盐斑，灌水前施用化学改良剂。

②新疆地面灌棉田施肥技术：以氮、磷、钾配施为基础，辅施微量元素。氮肥基施比例为 40%，其余 60% 分 3 次在各生育期追施，分别为初花期 15%、花铃期 25%、盛铃期 20%。

③甘肃棉田施肥技术：河西走廊植棉区总氮、总磷、总钾的平均施入量分别为每 $667m^2$ $26.5kg$、$9.9kg$ 和 $3.2kg$，氮肥的 $50\%\sim70\%$ 及全部磷、钾肥作基肥施入，在棉花蕾期和开花期分别追施氮肥 1 次，追肥量占总氮量的 $15\%\sim25\%$。

第六节　棉花施肥的肥效反应

肥料是棉花生长发育的重要物质基础，经济合理使用肥料，及时为棉花各生育阶段提供必要的营养元素，是夺取棉花高产、稳产、优质、高效的重要措施，也是保持和提高土壤肥力，改良土壤的有效手段。棉花生长发育所必需的营养元素有 17 种，即碳、氢、氧、氮、磷、钾、钙、镁、硫、铁、硼、锰、铜、锌、钼、氯以及镍。其中碳、氢、氧约占棉株干重的 93%，主要来自空气和水，其他各种元素共占棉株干重的 7% 左右，主要来自土壤的矿质盐类。

一、棉花对施肥的响应

氮、磷、钾等肥料的施用直接影响到单株铃数、单铃重，氮、磷对棉花单株铃数影响较大，而钾对单铃重、衣分和产量的影响达到极显著水平，每 $667m^2$ 施 K_2O $7.0kg$，可以使棉花产量达到最高（冯克云，2009）。在氮、磷每 $667m^2$ 施用量分别为 $12kg$ 和 $7kg$ 的基础上，每 $667m^2$ 施钾 $0\sim7kg$ 范围内，随着施钾量的增加，皮棉产量增加，平均增幅为 10.5%（冯克云等，2011）。另有研究表明，钾肥用量达一定程度时表现增产，当其每 $667m^2$ 用量超过 $7kg$，则增产幅度降低（王红燕，1997）。

在棉花的整个生育期中，施肥总量一定的情况下，分施次数和每次的数量不同，单位面积铃数也不同。蕾期施肥对蕾铃脱落没有影响或影响不明显，花铃前期施肥量要适中，过多或过少都使蕾铃脱落率提高，在花铃后期施氮量越多，蕾铃脱落率越高。新疆中等肥力棉田氮肥施用一般分为基肥 40%，蕾期追肥 15%，初花期追肥 23%，盛铃期或花铃后期追肥 22%，棉花蕾铃脱落率最低（陈亮等，2011）。也有学者在适宜的施氮水平下，采用相同的施氮量来研究不同基肥和追肥比例对棉花单株铃数及产量的影响。江淮丘陵地区基肥、蕾肥、花铃肥施用量比例为 5∶2∶3 时，能很好地协调棉花营养生长和生殖生长之间的关系，提高成铃率，增加单株铃数，增强抗逆性，降低脱落率，产量提高 11.5%，施肥效益提高 22.4%（郭勇等，2010）。每 667m² 施尿素 40kg 时，单株成铃以基肥、追肥比为 1∶9 时最多（42.2 个），基肥、追肥比为 5∶5 时最少（33.5 个）。表明在棉花生产中若氮肥基施比例过大，后期氮肥供应不足，易造成早衰，影响铃数增长，导致减产。

研究结果表明（陈源等，2009），吸氮量为每 667m² 13.3～16.2kg，高品质棉杂交种和常规种的基肥、花铃肥和桃肥的氮肥施用比例分别为 20∶60∶20 和 15∶70∶15，且促花肥为 30% 时，有利于大铃的形成和纤维品质的优化，桃肥施用量为 15%～20% 时有利于秋桃的形成。保铃肥的施用时间在主茎叶龄 19～20 叶时最有利于棉铃发育、纤维品质改善和产量提高。

1. 有机肥与无机肥配合施用的肥效反应　有机肥与无机肥配合施用对棉花生产有非常重要的作用。黄秀国（1985）利用 ^{15}N 连续 3 年进行示踪试验，结果得出，在适当条件下，棉田增施有机肥，氮肥利用率可提高 10.38%，残留量可提高 3.45%，损失率可减少 13.83%。毛树春等（2013）表明，在淮北平原黄泛冲积潮沙壤中等偏下地力水平上的麦棉两熟平衡施肥，作物对施肥的反应敏感，棉花施用有机肥增产最显著；施肥可增加小麦单位面积有效穗数和穗粒数，棉花可增加单株成铃数和铃重，但秋桃比例提高，熟性推迟。夏志明等（1995）对棉花纤维品质的分析结果表明，有机肥与化肥结合、氮肥与磷肥结合、基肥与追肥（花铃肥和盖顶肥）结合的配方施肥技术，可使棉花纤维强度增大，细度适中，有利于棉纤维品质的提高。简桂良等（1997）的田间及盆栽试验结果表明，土壤施入不同类型的有机肥后棉花对枯萎病菌的抑菌性发生了变化，施入马粪后，抑菌性被削弱，枯萎病菌增殖加快，棉花枯萎病发病率增加，而施入棉籽饼及豆饼之后，则抑菌性增强，抑菌效果增加，尖胞镰刀菌萎蔫专化型的增殖受到抑制，而非致病性镰刀菌及产荧光假单胞菌含量增加。

棉花不同比例有机肥、无机肥配施的定位试验（汤春纯等，2007）结果表明，有机肥和无机肥配施有利于提高棉花产量和肥料利用率，且较合适的有机肥与无机肥施用比例为 1∶9。处理间氮肥利用率范围为 16.9%～24.1%，磷肥利用率范围为 14.0%～20.7%，钾肥利用率范围为 17.9%～23.1%。

2. 氮肥肥效反应　施氮素可增大棉花叶面积，延长叶片的功能期，使叶片制造较多的光合产物，为生长发育提供充足的有机养料。充足的氮素营养可增加蕾、铃数，减少脱落，促进棉铃发育，增加铃重，提高皮棉产量。适量的氮素供应也可改善棉花纤维品质，增加纤维长度和韧度。增施氮肥还有利于提高棉籽蛋白质含量。但若供氮过多，营养生长过旺，碳氮比失调，也会导致蕾、铃大量脱落，生育期延迟，产量下降。氮不足与过量，纤维的品质均会下降。

（1）氮素对棉花生长形态的影响。作物生长三要素中的氮是棉花生长发育需要的基本物质，直接影响棉株的新陈代谢和生长发育。氮素不足时，棉株生长缓慢，叶片小且叶色淡，果枝数和总果节数少，脱落多，衰老早，铃少而轻，产量低。若氮素供应过多，棉株营养生长过旺，叶片大而薄，贪青晚熟，铃少而轻，对病虫害的抵抗能力减弱，产量降低。

研究表明，不同氮肥处理间的棉花在苗期和蕾期没有明显差异，盛蕾期后不同氮肥水平处理间的株高差异随生育进程的推进而逐渐增大，主要表现为：高氮＞中氮＞低氮。赵双印（2009）研究认为：在苗期，棉花主茎叶片数、倒4叶宽在不同氮素处理间无明显差异；蕾期棉花主茎叶片数、倒4叶宽都比苗期有所增加，且中等施氮比低氮或高氮更能促进棉花倒4叶的生长，主茎叶片数、果枝数较多；铃期棉花营养成分主要供给生殖器官，从而使棉铃迅速增大。

（2）氮素对棉花叶片形态及生理特性的影响。氮素是叶绿素的重要组成部分，施氮一般能促进叶绿素的合成。氮素营养对棉花的生理及生长发育效应首先表现在对"源"的影响上，在一定范围内，棉花叶面积的增加与氮素供给量成正比。孙红春等（2007）研究表明，低氮处理能够加速棉花果枝叶片叶绿素含量的下降；高氮处理则增加了叶片的叶绿素含量，为叶片合成更多的营养物质提供了基本条件。还有研究表明，在棉花衰老过程中叶绿素含量下降很快，供氮不足会导致叶绿素合成能力减弱，含量稳定期大大缩短；同时，氮素营养缺乏还会引起叶片可溶性蛋白质含量大幅下降，丙二醛含量升高，加速了叶片的衰老进程。但氮素过多会加速下部叶片的衰老，而上部果枝叶片则对氮素的缺乏最敏感；适量追施氮肥可提高植株生育后期叶绿素含量和中下部叶片光合速率，延缓叶片衰老，保证棉花生育后期光合产物的形成，从而使棉花达到高产的目的。

（3）氮素对棉花干物质累积的影响。干物质的积累量直接影响着棉花的产量和品质，是养分吸收的有力证据。吴云康等（1992）研究表明：适量增施氮肥可以增加棉花的干物质，1kg 氮素可以使棉花单株干物质增加 1.4kg。罗新宁等（2009）研究认为：棉花干物质的累积随生育期的推进而逐渐增强，苗期至蕾期积累缓慢，花期至铃期则增长迅速，盛铃期达到高峰，进入吐絮期后增长又趋于缓慢。棉花现蕾后，其总生物量的动态积累曲线亦符合 Logistic 生长曲线，气候、施肥等因子并不能改变作物的生长模型，但可以改变特征参数。也有学者指出，在棉花整个生育过程中，单株地上部总干物质增长速率变化趋势为"慢—快—慢"的特征，同样符合 Logistic 方程的作物生长 S 形曲线，且达到极显著水平，低氮处理的线性增长期持续时间最长，但其最大增长速率低，出现时间晚，导致线性增长期的干物质积累量和最大干物质积累量最低，高氮处理则相反，中氮处理居中。

（4）氮素对棉花产量及其构成的影响。棉花产量的高低主要受两方面的影响：一是养分供应持续期及强度，二是库强和库容。前者主要与叶片光合能力及根系活力有关，后者则与花、蕾、铃的发育及光合产物的运输分配有关。氮素与棉花的产量紧密相关，适宜的氮素水平可以对这两个方面进行合理的调节，使"叶-蕾-铃系统"关系协调，而不合理施氮则是导致棉花生长发育失调、形成早衰或徒长的主要原因，从而严重影响棉花产量和品质。不同地区皮棉产量对施氮量的反应不一致，有的地区随施氮量的增加而呈线性增长，并且存在年际间的变化。王洪江等（1996）进行了棉花产量与氮肥之间的量化试验，结果表明：棉花产量与氮肥之间的关系呈二次抛物线形。

周桃华等（1995）认为：氮营养不足时，单铃重较小，棉籽发育不良，增施氮素有利于棉铃种子和纤维的发育，使单铃重增加，单铃种子数增多，单株纤维重提高，从而增加棉花产量。在一定范围内，棉铃生物量随施氮量的增加而升高，但高出一定范围时，增加施氮量则会造成棉花贪青晚熟，并且叶片中可溶性糖含量降低，碳代谢迟缓，不利于光合产物向棉铃运输，导致铃重下降，从而影响棉花产量与品质。

胡明芳等（2005）研究表明，氮素营养对有效棉铃数和蕾、铃脱落有显著的影响。棉花现蕾总数与施氮量并没有相关关系，但有效铃数与施氮量呈显著正相关，蕾铃脱落率与施氮量呈显著负相关。表明施用氮肥能显著增加有效铃数的根本原因不是增加了现蕾的数量，而是减少了蕾铃的脱落。也就是说，充足的氮素营养是增加有效铃数和降低脱落率的必要条件。有研究表明，在不同的氮素处理中，低氮时棉花第一棉株层成铃较多，第二、第三棉株层成铃少；而高氮时，第二、第三棉株层成铃较多，第一棉株层成铃较少。此外，氮素营养对棉铃形成与脱落时期有一定影响，不施氮肥缩短了棉铃增长时期，而施用氮肥则延长了棉铃增长的时间，且有抑制棉铃脱落的趋势，从而保证了较高的有效铃数。氮素营养对棉铃分布有一定影响，施用氮肥增加了各部位的有效铃数，尤其提高了中下部果枝上有效铃所占的比例，明显降低中下部果枝蕾、铃的脱落。

3. 磷肥肥效反应 磷是光合作用的参加者，改善作物的磷营养，能加强糖类的合成；磷是氨基酸转移酶和硝酸还原酶的组成成分，能促进氮的代谢，有利于氮素吸收和利用。在棉花生育前期，磷促进根系的发育；在生育中期，磷能促进营养生长向生殖生长转变，使棉株早现蕾、早开花；在生育后期，磷能促进棉花成熟吐絮，提高棉籽含油量，增加铃重和霜前花产量。磷还能增强棉株抗旱、抗寒和抗盐碱的能力。

在棉花生育前期，适量的磷素供应可刺激棉花根系生长，有利于根系对营养的吸收。据研究（张炎等，2005；胡国智等，2010），施磷可使棉花根系变细、变长，根表面积和根密度增大。在生育中期，磷能促进棉花从营养生长向生殖生长的转变，有利于早现蕾、早开花。开花结铃期是棉花需磷最多的时期，充足的磷素供应有利于幼铃的发育和提高结铃数，降低蕾、铃脱落率，并提高伏前桃和伏桃的比例，降低秋桃的比例。磷素对棉花品质也有一定的影响，施磷可增加棉纤维的长度，因纤维的伸长对糖类需求较多，而缺乏磷素，将影响糖类的运转。据研究（范术丽等，1999），增施磷肥可使棉籽油分的快速积累期和积累高峰分别提早 22.6d 和 32.7d，最终提高棉籽的含油量。

吴梅菊等（2000）的研究表明，施磷增加棉株果枝个和果节数，果枝平均每株比对照多 0.57 个，果节平均每株比对照多 2.23 个；施磷降低了棉株蕾、铃脱落率，提高结铃数，脱落率比对照小 7.3%，单株棉铃数比对照多 1.30 个；施磷棉株"三桃"比例适宜，品质好，铃重增加，平均比对照增重 0.15g。

戴婷婷等（2010）的研究结果表明：增施磷肥可以增加棉花干物质量、产量和氮、磷、钾素的积累量，但过量施用磷肥增加效果并不明显。当每 $667m^2$ 磷肥（P_2O_5）用量为 5～10kg 时，对棉花干物质积累及产量和棉花各器官氮、磷、钾素的积累有明显的促进作用，棉花花铃期干物质积累和各器官氮、磷、钾的积累量分别比对照平均提高了 24.6%、30.7%、55.9%和 36.4%；吐絮期干物质积累、产量和棉花各器官氮、磷、钾的积累量分别比对照平均提高了 33.4%、39.9%、49.1%、47.7%和 53.0%。

4. 钾肥肥效反应 钾是棉株体内无机成分中含量最多的一种元素，它不参与植物体内有机化合物的组成，而主要以离子态（K^+）或可溶性盐类存在。钾在棉株体内多分布在代谢较旺盛的组织中，代谢旺盛的部位钾的含量多，而且移动性较大，可以从老叶转移到幼嫩的组织中。土壤缺钾时，棉花在苗期或蕾期主茎中部叶片首先出现叶肉失绿，进而转化为黄色，以后叶尖和边缘枯焦，向下卷曲，最后整个叶片变成棕红色，严重时，叶片干枯脱落。

棉花是纤维类作物，对钾的需要量较大。钾可增加棉花的叶面积，提高叶绿素含量，增强二氧化碳同化率，延长叶的功能期，推迟棉叶衰老。钾也有利于根系发育，施钾可增加主根长、侧根数和根体积。钾还能使棉花植株体内的糖类向聚合方向进行，有利于纤维素合成。

（1）钾肥对棉花的增产作用。湖南省土壤肥料研究所在 1970—1976 年进行的棉花施用钾肥试验结果表明，钾肥增产效应良好，平均每千克钾肥增产皮棉 0.52kg。1981—1984 年在益阳、宁乡、桃源、南县等地的试验结果表明，施进口氯化钾较对照平均每 $667m^2$ 增产皮棉 11.8kg，增产率为 19.6%，每千克钾肥增产皮棉 1.6kg；施青海盐湖钾肥平均每 $667m^2$ 增产皮棉 11.0kg，增产率为 18.3%，每千克钾肥增产皮棉 1.5kg。增施钾肥后，棉花秋桃数量大为增加，同时，施钾使棉花的纤维长度平均增加 1.95mm，衣分提高 2.27%，衣指也有明显增加。冯正锐（2010）的研究表明，施钾处理皮棉产量分别比对照增加 40.78%～47.09%，籽棉产量分别比对照增加 33.57%～41.16%。

（2）施钾能促进棉花早生快发，增加光能利用率。据湖南省土壤肥料研究所的试验，在棉花生长前期，施钾棉株较不施钾棉株高度增加 5cm 左右，单株果枝数增加 17 个，单株花蕾数增加 3 个，单株结铃数增加 1.7 个，花蕾脱落率减少 8% 左右。在棉花的成熟期，施钾处理果枝数、单株结铃数、铃重等经济性状均有明显改善，每株果枝数增加 2.3～2.6 个，每株结铃数增加 2.6～3.8 个，百铃重增加 18.8～22.9g，脱铃率降低 9.0%～9.2%。

（3）钾肥的其他效应。据冯正锐（2010）的研究，施钾对棉花品质影响较大，主要表现为提高了各部位棉铃的纤维长度、整齐度、马克隆值和比强度，降低了其伸长率。棉花增施钾肥对纤维整齐度、单纤维强力的提高有显著的作用。钾还可使细胞壁增厚，有利于棉株体内酚类化合物的合成，增强棉花的抗病力。棉花施用钾肥可提高气孔阻力，减少棉花在干旱时的失水，提高抗旱力。

5. 硼肥肥效反应　棉花是双子叶植物，对硼的需要量大，因此对缺硼很敏感。硼对棉花的生殖生长有重要影响，充足的硼素供应有利于棉花花粉发育、花粉管的形成和正常受精过程的进行。硼对棉花的品质也有一定的影响。据海江波等（1998）的研究，硼可延长铃壳质量和种子干物质含量达最大值的时间，有利于铃壳和种子干物质的增加，对棉纤维干物质的累积有明显的促进作用，有助于棉纤维、成熟率和马克隆值的提高。在缺硼的棉花地里施用硼肥，有助于棉花根系吸收水分和养分，也有助于糖类的运输和营养物质的积累，可减少棉花蕾、铃脱落，增加单株铃数，提高铃重和衣分率，从而提高棉花产量。土壤速效硼含量小于 0.5mg/kg 时，施硼增产率为 15.5%；土壤速效硼含量为 0.5～0.8mg/kg 时，施硼增产率为 5.9%～12.0%；土壤速效硼含量为 0.25mg/kg（严重缺硼）时，硼肥基施增产率高达 21.5%。

6. 锌肥肥效反应　棉花对锌很敏感，缺锌时，棉花植株偏小，叶脉间失绿，以致叶片组织坏死。充足的锌素营养有利于棉花早现蕾、开花和吐絮，提高霜前花率并增加棉花单铃重和单株成铃数。棉花施锌也有助于纤维细度的增加。

此外，还有许多中微量营养元素对棉花的生长也至关重要。硫是以硫氨基酸的成分存在于蛋白质中，是原生质的重要组成部分，对棉花体内氧化还原过程起重要作用；钙是构成细胞壁的重要部分，是细胞分裂所必需的，它能增加棉株对氮、磷的吸收，并能消除铵、氢、铝、钠等离子的毒害；镁是叶绿素的成分，是多种酶的活化剂；铁是某些氧化酶的成分，为叶绿素合成所必需；锌是几种酶的活化剂，参加吲哚乙酸的生物合成；氯是棉花必需的微量营养元素，已经知道氯可使纤维素的色泽变白。缺锰时，叶片呈杯状，叶脉间失绿，严重时节间变短，植株矮化。

二、棉花对灌溉的响应

随着膜下滴灌技术在新疆乃至国内不少干旱省（区）推广应用，滴灌作物尤其是滴灌棉田的面积迅速扩大。由于灌溉方式改变了常规的施肥模式，使在整个作物生育期内都完全有可能实现随水施肥，作物生长的水、肥、气、热等环境条件在时间和空间上都随之发生了根本性的改变，而且这些条件将变得更易被人们所操控。利用滴灌方式可以做到科学地调控棉花生育期内的养分摄入，准确掌握不同产量水平棉花各生育期氮、磷、钾的吸收量及比例，最大限度地提高肥料利用率，从而实现棉花优质高产。

灌溉量一定程度上影响棉花的单株结铃数、单铃重和衣分乃至棉花产量，其中主要影响棉花的单株结铃数。随着灌溉量的增加，棉花单株结铃数相应增多，但其生育期相对延长，因此降低了棉花的霜前花率。

三、棉花的肥料利用率

棉花对肥料的利用率因不同生态区气候、土壤类型以及耕作措施而不同。根据长期定位肥料试验结果，氮肥利用率平均为 30%～38.5%，磷肥利用率平均为 14.0%～20.0%，钾肥利用率平均为 40%～45%。

2005—2011 年山东省和华北区棉花肥料利用率的文献资料显示（邹平土肥站）：氮肥利用率平均为 25.75%，磷肥利用率平均为 14.03%，钾肥利用率较高，平均为 46.42%。

四、棉花的肥料效益

文献显示，棉花属需养分较多的作物，每生产 100kg 皮棉需要吸收氮（N）10～21kg、磷（P_2O_5）4～8kg、钾（K_2O）12～18kg。每千克纯氮增产 5.8～32.4kg，每千克 P_2O_5 增产 6.4～37.8kg，每千克 K_2O 增产 6.4～22.8kg。最佳氮、磷、钾配比（N：P_2O_5：K_2O）为 1：0.67：0.23（罗志桢，2006）。

根据棉花生育期对养分的需求规律，结合棉花各个生态区的气候、土壤类型以及农事特点，在高肥力棉田，每 667m^2 产皮棉 100～120kg 时，一般每 667m^2 施纯氮 20～23.8kg、P_2O_5 8.0～9.6kg、K_2O 5.2～6.5kg。

根据《新疆棉花养分资源综合管理》（田长彦，2008）一书，100kg 籽棉养分吸收量见表 5-6-1。

表 5-6-1　100kg 籽棉养分吸收量

地点	每 667m^2 籽棉产量（kg）	100kg 籽棉养分吸收量（kg）			文献出处
		N	P_2O_5	K_2O	
新疆	293.6	5.9	2.4	5.7	陈冰等，1999
新疆	342.8	5.0	1.4	5.3	张旺峰等，1998

（续）

地点	每 667m² 籽棉产量（kg）	100kg 籽棉养分吸收量（kg）			文献出处
		N	P_2O_5	K_2O	
新疆	400.0	7.3	2.5	14.6	周抑强等，1997
新疆	443.3	4.9	1.8	4.2	白灯莎等，2002
新疆	486.7	5.3	1.7	6.6	王克如等，2003
平均	393.3	5.7	2.0	7.3	

1. 不同产量水平棉田的肥料效益　高产棉株单位面积吸收 N、P_2O_5、K_2O 的量高于中低产量水平的棉株吸收量，并且对 K_2O 吸收的绝对量最大，对 N、P_2O_5、K_2O 养分吸收比例总体相近，但各生育期养分吸收比例有差异。

棉株吸收 N、P_2O_5、K_2O 的量随着产量的增加而增大，其中 N 与 K_2O 的吸收量相差最大，每 667m² 一般产量和中高产量棉株 N 吸收与高产量棉株分别相差 9.420kg 和 7.348kg，K_2O 分别相差 13.349kg 和 6.755kg，P_2O_5 分别相差 4.187kg 和 2.139kg（表 5-6-2）。

表 5-6-2　滴灌条件下不同产量水平每 667m² 棉花养分吸收量（kg）

养分	一般产量棉花	中高产量棉花	高产量棉花
N	11.903	13.975	21.323
P_2O_5	2.724	4.772	6.911
K_2O	11.680	18.274	25.029
总量	26.307	37.021	53.263

注：资料来源于池静波等（2009）。

表 5-6-3 显示不同产量棉株对 N、P_2O_5、K_2O 养分吸收比例。总的来看，苗期和蕾期都是以氮素和钾素吸收为主，到花铃期和吐絮期对磷的吸收增加，特别是吐絮期对磷的吸收比例是整个生育期中最高的，高产、中高产田吐絮期的钾素吸收有明显的增加。

表 5-6-3　滴灌条件下不同产量棉花生育期养分配比状况

时期	一般产量棉花	中高产量棉花	超高产量棉花
苗期	1：0.18：0.92	1：0.27：1.35	1：0.25：0.97
蕾期	1：0.13：0.79	1：0.31：1.31	1：0.24：0.98
花铃期	1：0.22：1.49	1：0.30：1.22	1：0.32：1.30
吐絮期	1：0.40：0.40	1：0.62：1.67	1：0.53：1.24
全期	1：0.23：0.98	1：0.34：1.31	1：0.32：1.17

注：资料来源于池静波等（2009）。

2. 不同肥料长期配施棉田的肥料效益　根据长期定位肥料试验结果（刘骅等，2003；刘骅等，2007；刘骅等，2008），不同肥料配施处理中氮、磷、钾均衡配施（平衡施肥）处理棉花各生育期内养分吸收量明显高于不均衡施肥处理，均衡施肥处理棉株吸收养分的总量比不均衡施肥处理高 2 倍以上。说明施肥是棉花养分供应的基础，而保证棉花在蕾期和花铃期养分供应充足是形成高产的关键因素。

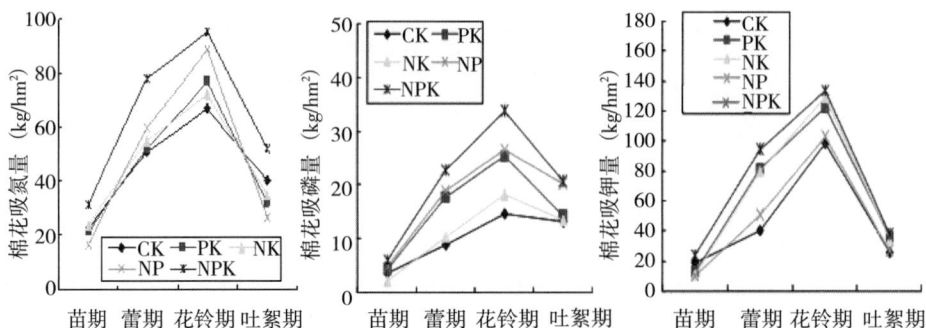

图 5-6-1　棉花生育期养分吸收量
（国家土壤肥力与肥料效益监测网站长期定位试验）

长期肥料定位试验结果显示：每生产100～120kg皮棉养分吸收量如表5-6-4所示。

表 5-6-4　每生产100～120kg皮棉养分吸收量

养分种类	N	P_2O_5	K_2O	Mg	Cu	Zn	Mn	B
养分吸收量（kg）	14.5	4.3	10.4	0.253	0.716	0.398	0.253	0.206

第七节　主要产棉区专用复混肥料农艺配方制订

一、棉花专用复混肥料农艺配方制订的依据、原理与方法

1. 棉花专用复混肥料农艺配方制订的依据与原理　不同生态区、不同类型土壤、不同产量水平的棉花种植所需的营养元素的数量和比例不同，而农民施肥习惯和施肥技术是确定棉花专用复混肥料农艺配方的基础。首先在主产区进行棉花习惯施肥与施肥技术实地调查，对不同作物现有施肥习惯和施肥技术进行评价和评估，然后根据棉田肥力高低和棉花各个生育阶段的吸肥规律、营养特性及测土配方（陆允甫等，1995）的相关理论和原理、肥料利用率等提出科学合理的氮、磷、钾和微量元素的配比和数量。

2. 棉花专用复混肥料农艺配方制订的方法

（1）分别计算不同产量水平下N、P_2O_5、K_2O养分需求量。

（2）根据各农业生态区土壤养分特征（徐明岗，2006），选取与配方制订有关的速效氮、有效磷、速效钾等指标，计算土壤当季供给氮、磷、钾量。

（3）确定肥料利用率。基于长期定位肥料试验结果和测土配方数据，分析确定不同产量水平、不同施肥水平肥料利用率，得出：棉花氮肥利用率为35%～40%，平均为38%；磷肥的利用率为12%～20%，平均为16%；钾肥利用率相对较高，为40%～45%，平均为42%（表5-7-1）。

表 5-7-1　棉花氮、磷、钾肥的养分利用率

养分类型	高（%）	低（%）	平均（%）
N	40.2	35.0	38.0
P_2O_5	20.0	12.1	16.0
K_2O	45.0	40.0	42.0

（4）确定复混肥农艺配方

综合以上数据，计算得出棉花所需 N、P_2O_5、K_2O 养分投入量，确定复混肥料农艺配方。

$$施纯养分施肥量 = \frac{计划产量所需养分 - 土壤当季供给养分量}{肥料利用率}$$

二、施肥习惯和施肥技术评价

1. 施肥习惯与施肥技术调查　根据棉花生产调查结果（毛树春，2008—2010）、我国棉花栽培技术监测报告（毛树春等，2008—2011），结合棉花施肥现状得知：农户在选择基肥种类时，基本上是以尿素、过磷酸钙和硫酸钾单质肥分别施用，有部分选择磷酸二铵（约占被调查农户的 6%），选择复合肥作基肥的农户较少（约占被调查农户的 3%）。大部分农户在追肥时选择尿素，占被调查农户的 85%，使用滴灌复合肥和磷酸二氢钾作追肥的不多，分别占被调查农户的 5%、3.5%。施用的复混肥料主要类型有 N、P_2O_5、K_2O 比例为 15、15、15、15、16、9、15、8、7、14、9、2 的国产复合肥，N、P_2O_5、K_2O 比例为 20、10、5 的 BB 肥，有机质 $\geq 20\%$、N、P_2O_5、$K_2O \geq 18\%$ 的有机无机复合肥等。其中，选择复合肥时以中浓度配方为主，选择的顺序为中浓度＞BB 肥＞高浓度＞低浓度，原因可能是考虑到价格问题。

甘肃省测土配方资料表明，若按照单质氮肥、单质磷肥、单质钾肥、复混肥、中微量元素肥料、生物肥料、不施肥进行统计分析，不同种类肥料施用频率为：氮肥（51.2%）＞磷肥（22.59%）＞复合（混）肥（15.8%）＞单质钾肥（5.3%）＞不施肥（5.1%）＞中微量元素肥料（0.08%），氮、磷混施占 26.63%，氮肥与复混肥混施占 16.71%，磷肥与复混肥混施占 8.3%，氮、磷、钾混施占 4.2%，其他方式不足 1%。

2. 肥料施用中存在的问题

（1）重苗期肥，轻铃期肥。由于部分棉农盲目施肥，导致苗期用肥量过大，在蕾期徒长，后期的花铃肥不敢重施，盖顶肥用量不足，造成棉花生长失调、后期早衰。

（2）肥料搭配不合理，不同时期氮、磷、钾配比不当。一是酸性肥料与碱性肥料混合施用。目前肥料多种多样，有些肥料呈酸性，如过磷酸钙；有些肥料呈碱性，如碳酸氢铵、火土灰等。酸性肥料与碱性肥料混合会发生反应，使肥效降低。二是偏施氮、磷、钾肥，很少搭配或不搭配微量元素肥。微量元素如锌、硼等虽然棉株需要量少，但作用却很大，棉花缺硼可引起顶端生长受阻，侧枝较多呈簇生，蕾、花、铃发育均不正常，棉桃畸形，茎和叶柄的维管束受损，出现绿色环带，导致蕾而不花、花而不铃。三是棉田基本不施或少施有机肥。棉田偏施化肥，造成土壤板结、酸化，土壤质地差，养分不全，保肥、保水能力差，加之连年实行板田移栽，中耕少，化学除草面积大，使棉田团粒结构被破坏，棉花根系生长不良，植株抗逆性下降。总之，棉田施肥应有机肥与无机肥搭配，氮、磷、钾肥搭配，大量元素肥料与微量元素肥料搭配，科学合理施用。

（3）有机物料施用量不足。农民使用有机肥的观念在改变，有机肥集中施用在瓜果、蔬菜等附加值高的作物上。农村秸秆资源使用参差不齐，小麦、玉米和叶类秸秆等大部分作为饲料使用，棉花等木质素含量高的秸秆经过田间直接粉碎还田，但由于粉碎的程度不够细，在机械整地时又被带了出来，没有达到真正意义上的秸秆还田。

（4）复混肥使用技术欠缺。专用复混肥料虽然根据棉花的需肥特点、土壤的供肥特性确定了适宜的养分配比，但也很难完全符合不同肥力水平土壤上棉花实际生长的要求，因此有必要根据实际的田间土壤质地和营养状况以及棉花的实际生长情况，再配合使用一些单质肥料。

农民在选用复混肥料时，须掌握复混肥料的特点和建议施用量（张志明，2000），并且注重追肥的最佳时期和施用量。在滴灌棉花上，多数农户在滴灌追肥时采用平均追施，没有突出花铃期施肥，而花铃期是棉花需肥量最大的时期。

3. 解决的方法

（1）农业技术部门应掌握农田土壤肥力状况，合理确定氮、磷、钾肥的施用量，指导农民科学施用肥料。磷肥作基肥使用，施肥时期应根据棉花需肥动态和肥效时期来确定，增加花铃期追肥，追肥量应达到总施肥量的20%。

（2）应用合理科学的施肥方法。高产高效种植模式要求有充足的肥料供应，并能做到有机无机结合、氮磷钾配合，较大幅度地提高肥料利用率。比较合理的方法是每季作物每 $667m^2$ 施用有机肥 $1.5 \sim 2.0t$，或每 $667m^2$ 施用商品有机肥 $100kg$，以维持土壤有机质含量在较高水平。

三、不同生态区棉花专用复混肥料农艺配方

不同区域棉花专用复混肥料农艺配方如表5-7-2、表 5-7-3、表 5-7-4、表 5-7-5 所示。棉花区域大配方的使用范围针对沟灌、滴灌棉田，以单作棉为主。高产棉田配方以每 $667m^2$ 目标产量 $350 \sim 450kg$ 籽棉制订，目标产量在 $500kg$ 籽棉以上的可上调氮肥（纯氮）至每 $667m^2$ $20 \sim 22kg$，该情况下可通过增加追肥量进行。

表 5-7-2　西北内陆棉区滴灌棉田大配方

配方分类	面积（万 hm^2）	每 $667m^2$ 施肥总量（$N\text{-}P_2O_5\text{-}K_2O$, kg）	每 $667m^2$ 基肥用量（$N\text{-}P_2O_5\text{-}K_2O$, kg）	每 $667m^2$ 追肥用量（$N\text{-}P_2O_5\text{-}K_2O$, kg）	中微量元素种类与每 $667m^2$ 用量 锌
区域大配方	140	15-7-5	5-7-5	10-0-0	0.4
高产田配方	33	16-9-6	6-9-6	10-0-0	0.5
中产田配方	49	15-7-5	5-7-5	10-0-0	0.4
低产田配方	58	12-7-4	4-7-4	8-0-0	0.3

表 5-7-3　西北内陆棉区沟灌棉田大配方

配方分类	面积（万 hm^2）	每 $667m^2$ 施肥总量（$N\text{-}P_2O_5\text{-}K_2O$, kg）	每 $667m^2$ 基肥用量（$N\text{-}P_2O_5\text{-}K_2O$, kg）	每 $667m^2$ 追肥用量（$N\text{-}P_2O_5\text{-}K_2O$, kg）	中微量元素种类与每 $667m^2$ 用量 锌
区域大配方	6.67	16-7-4	10-8-4	6-0-0	0.4
高产田配方	1.67	18-8-5	11-10-5	7-0-0	0.4
中产田配方	2.67	16-7-4	10-8-4	6-0-0	0.4
低产田配方	2.33	14-6-3	8-7-3	6-0-0	0.3

表 5-7-4　黄河流域棉区大配方

配方分类	面积 （万 hm²）	每 667m² 施肥总量 （N-P₂O₅-K₂O， kg）	每 667m² 基肥用量 （N-P₂O₅-K₂O， kg）	每 667m² 追肥用量 （N-P₂O₅-K₂O， kg）	中微量元素种类 与每 667m² 用量 硼
区域大配方	76.6	15-7-8	8-7-8	7-0-0	0.3
高产田配方	24.2	15-7-8	8-7-8	7-0-0	0.3
中产田配方	19.1	14-7-7	7-7-7	7-0-0	0.2
低产田配方	10.1	14-6-7	7-6-7	7-0-0	0.2

表 5-7-5　长江流域棉区大配方

配方分类	面积 （万 hm²）	每 667m² 施肥总量 （N-P₂O₅-K₂O， kg）	每 667m² 基肥用量 （N-P₂O₅-K₂O， kg）	每 667m² 追肥用量 （N-P₂O₅-K₂O， kg）	中微量元素种类 与每 667m² 用量 硼
区域大配方	57.3	16-8-10	8-8-6	8-0-4	0.3
高产田配方	8.4	18-8-11	9-8-7	9-0-4	0.2
中产田配方	30.1	15-7-10	8-7-6	7-0-4	0.2
低产田配方	18.7	14-7-9	7-7-6	7-0-3	0.2

四、我国棉花专用复混肥料农艺配方区划图

我国棉花专用复混肥料农艺配方区划图如图 5-7-1 所示。

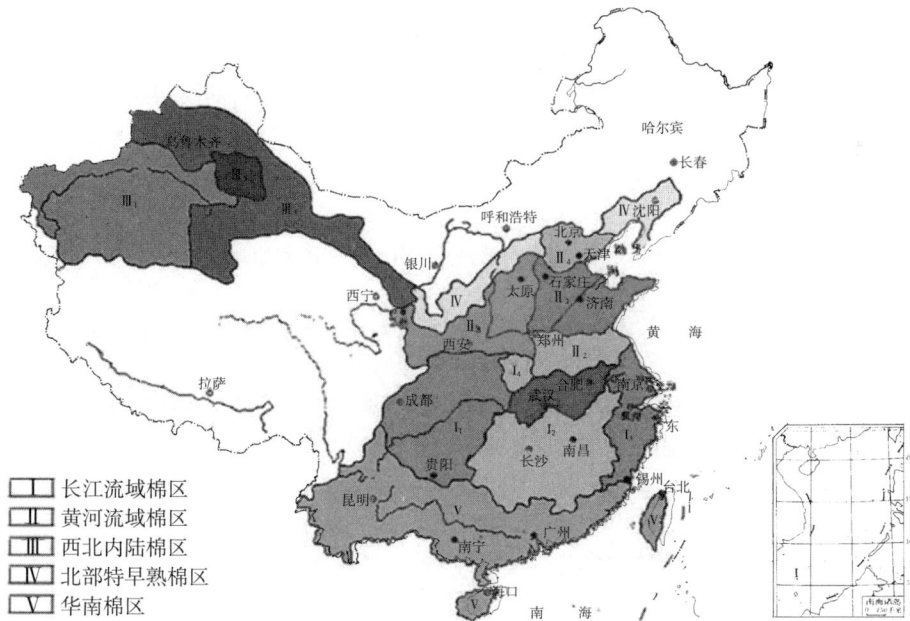

图 5-7-1　中国棉区复混肥料农艺配方区划图
（田长彦，2008）

参 考 文 献

白灯莎，冯固，黄全生，等．2002．南疆高产棉花营养特征及施肥方式的研究［J］．中国棉花，59（11）：15-18.

陈冰，张巨松，周抑强.1999.DPC化调对棉花养分流向和流量的影响［J］.新疆农业大学学报，22（1）：24-28.

陈亮，杨国正.2011.氮素用量对棉花产量和品质的影响［J］.中国棉花，38（4）：15-18.

陈源，王永慧，杨朝华.2009.氮肥运筹对高品质棉铃形成及纤维品质的影响［J］.作物学报，35（12）：2266-2272.

池静波，黄子蔚.2009.滴灌条件下不同产量水平棉花各生育期需肥规律的研究［J］.新疆农业科学，46（2）：327-331.

戴婷婷，盛建东，陈波浪.2010.磷肥不同用量对棉花干物质及氮磷钾吸收分配的影响［J］.棉花学报，22（5）：466-470.

范术丽，许玉璋，张朝军.1999.氮磷钾对棉花伏桃发育的影响［J］.棉花学报，11（1）：24-30.

方辉亚，张元俊.1993.湖北省农业资源与综合农业区划［M］.武汉：湖北科学技术出版社.

冯克云.2009.不同灌水量和施钾水平对棉花产量及其构成因素的影响［J］.干旱地区农业研究，27（6）：44-48.

冯克云，张秉贤，南宏宇.2011.河西内陆灌区不同灌水施氮水平对棉花产量构成的影响［J］.干旱地区农业研究，29（6）：24-28.

冯正锐，易九红，刘爱玉.2009.洞庭湖棉区棉花生产面临的问题与对策［J］.江西农业学报，21（2）：185-187.

冯正锐.2010.施钾对不同基因型棉花生长发育及钾素吸收利用的影响［D］.长沙：湖南农业大学：3-6.

甘肃农村年鉴编委会.2011.甘肃农村年鉴［M］.北京：中国统计出版社.

顾增义，郝卫民，李岩.2011.山东省金乡县棉花生产现状与创高产对策［J］.中国棉花，38（3）：42.

郭勇，马兴旺，杨涛，等.2010.氮肥追施策略对棉花蕾铃脱落的影响［J］.新疆农业科学，47（1）：180-183.

海江波，王方成，范术丽，等.1998.氮磷钾对棉铃干物质累积及纤维品质的影响［J］.西北农业学报，7（4）：49-52.

郝良光，张允，杨绍群，等.2011.全国棉花氮肥施用技术联试江西点2010年报告［J］.江西棉花，33（2）：26-32.

胡国智，张炎，胡伟，等.2010.施磷对棉花磷素吸收、利用和产量的影响［J］.中国土壤与肥料（4）：25-28.

胡明芳，田长彦，马英杰，等.2005.氮素营养对棉铃形成与脱落的影响［J］.干旱地区农业研究，23（1）：95-98.

湖北省统计局，国家统计局湖北调查总队.2011.湖北统计年鉴［M］.北京：中国统计出版社.

湖南农村调查大队.1995—2011.湖南农村统计年鉴［M］.长沙：湖南省统计局.

湖南省农村社会经济调查队.2010.湖南农村统计年鉴2010［M］.长沙：湖南省统计局.

湖南省农业厅.1989.湖南土壤［M］.北京：农业出版社.

黄秀国.1985.棉花因土施用氮肥技术研究［J］.棉花学报（试刊1）：98-104.

简桂良，宋建军.1997.几种有机肥对棉花枯萎病菌抑制菌土的影响［J］.棉花学报（1）：30-35.

雷晓春.2010.河西走廊棉区棉花经济效益分析和接本增效对策［J］.甘肃农业（11）：54-55.

刘骅，王讲利.2003.长期定位施肥对灰漠土磷肥肥效与形态的影响［J］.新疆农业科学，40（2）：111-115.

刘骅，王西和，张云舒，等.2007.冬小麦—玉米轮作体系中钾肥利用率与钾肥资源优化管理［J］.新疆农业科学，44（5）：604-607.

刘骅，王西和，张云舒，等.2008.长期定位施肥对灰漠土钾素形态的影响［J］.新疆农业科学，45（3）：423-427.

卢守文，孟谦文．2006．新疆棉花高密度栽培技术及其应用［J］．棉花发展战略研究（11）：414-421.

陆允甫，吕晓男．1995．中国测土施肥工作的进展和展望［J］．土壤学报，32（3）：241-252.

罗新宁，陈冰，张巨松，等．2009．氮肥对不同质地土壤棉花生物量与氮素积累的影响［J］．西北农业学报，18（4）：160-166.

罗志桢．2006．河西走廊地区不同氮磷钾最佳配比对棉花产量影响［J］．中国农学通报，22（1）：191-193.

毛树春．2008—2010．中国棉花景气报告［M］．北京：中国农业出版社．

毛树春，冯璐．2008—2011．全国棉花栽培技术监测报告［M］．安阳：中国农业科学院棉花研究所．

毛树春．2013．中国棉花栽培学［M］．上海：上海科学技术出版社．

毛树春，谭砚文．2013．WTO与中国棉花十年［M］．北京：中国农业出版社．

梅汉成，陈善杰，周建元．2007．湖北棉花产业的现状及发展建议［J］．中国种业（2）：11-12.

孙红春，冯丽肖，谢志霞，等．2007．不同氮素水平对棉花不同部位-铃叶系统生理特性及铃重空间分布的影响［J］．中国农业科学，40（8）：1638-1645.

汤春纯，李海平，夏照明．2007．配施有机肥对提高棉花产量和肥料利用率的影响［J］．湖南农业科学（6）：123-124.

田长彦．2008．新疆棉花养分资源综合管理［M］．北京：科学出版社．

王斌，马兴旺，杨涛，等．2008．干旱区水肥耦合对棉花植株养分吸收的影响［J］．新疆农业科学，45（增刊2）：81-86.

王红燕．1997．钾肥对棉花生产的影响［J］．甘肃农村科技（2）：21-23.

王洪江，张存岭，陈桂前，等．1996．密度与氮肥对棉花产量的影响［J］．安徽农业科学，24（3）：28-29.

王克如，李少昆，曹连莆，等．2003．新疆高产棉田氮、磷、钾吸收动态及模式初步研究［J］．中国农业科学，36（7）：775-780.

王克跃．2010．山东棉花生产现状与发展趋势［J］．中国棉麻流通经济（3）：15-17.

王西和，刘骅，马兴旺，等．2008．种植制度在农田土壤培肥中的作用［J］．新疆农业科学，45（增刊3）134-137.

王肖鲸．1991．江西红壤丘陵棉区的现状及发展探讨［J］．江西棉花（4）：6-7，24.

吴碧波，吴若云，彭克勤．2009．洞庭湖区棉花生产优势及发展对策［J］．中国棉花，36（6）：7-9.

吴梅菊，刘荣根．2000．不同施磷量对棉花生长发育及产量的影响［J］．土壤肥料（3）：44-45.

吴云康，戴敬，陈德华．1992．氮肥对棉花根系载铃量的效应研究［J］．棉花学报，4（2）：52-58.

夏志明，王景财．1995．棉花配方施肥对棉纤维品质的影响［J］．江西棉花（1）：24-26.

新疆维吾尔自治区地方志编纂委员会．2007．新疆维吾尔自治区地方志［M］．乌鲁木齐：新疆年鉴社．

新疆维吾尔自治区农业厅，新疆维吾尔自治区土壤普查办公室．1996．新疆土壤［M］．北京：科学出版社．

新疆维吾尔自治区统计局．2010．新疆统计年鉴（2010）［M］．北京：中国统计出版社．

新疆维吾尔自治区统计局．2011．新疆统计年鉴（2011）［M］．北京：中国统计出版社．

徐明岗．2006．中国土壤肥力演变［M］．北京：中国农业科学技术出版社．

张旺锋，李蒙春，勾玲，等．1998．北疆高产棉花养分吸收特性的研究［J］．棉花学报，10（2）：88-95.

张炎，王讲利．2005．新疆棉田土壤养分限制因子的系统研究［J］．水土保持学报，19（6）：57-60.

张志明．2000．复混肥料生产与利用指南［M］．北京：中国农业出版社．

赵双印．2009．施氮对棉花养分吸收规律及产量品质影响的研究［D］．乌鲁木齐：新疆农业大学：11-15.

周桃华，蔡以纯．1995．密度和氮营养对棉花种子若干性状的影响［J］．安徽农业科学，23（3）221-223.

周炎明．2004．湖北棉花［M］．北京：中国农业出版社．

周抑强，文启凯．1997．棉花平衡施肥参数的初步研究［J］．新疆农业大学学报（增刊）：75-77.

6

第六章　大豆专用复混肥料农艺配方

第一节　我国大豆主产区的分布与区划

大豆为一年生豆科草本植物，属于蝶形花科大豆属，别名黄豆，我国许多古书上曾称大豆菽，在我国至今有 4 000～5 000 年的种植历史。我国不仅种植大豆历史悠久，而且是栽培大豆的起源地。世界其他国家现今种植的大豆，大都是直接或间接从我国传播出去的。2 500年前，从我国传入朝鲜；2 000 年前，从我国或朝鲜传入日本；公元 7 世纪，从我国直接传入印度；300 年前，传入菲律宾、印度尼西亚、马来西亚。1739 年，从我国传入法国，随后在欧洲各国开始种植；1804 年以前，美国开始种植大豆，1924 年已相当普及。19 世纪末，大豆相继传入美洲各国；20 世纪，大豆扩展到非洲。目前世界上大豆已遍及 50 多个国家和地区，但主产国主要有中国、美国、巴西和阿根廷等。

大豆分布很广，凡是有农作物生长的地方都有大豆生长，全国栽培大豆品种资源拥有7 000多份材料。其分布为东至台湾和沿海各省，西到西北的新疆，南至亚热带的广东和广西，北达黑龙江省。按播种季节的不同，可分为春大豆、夏大豆、秋大豆和冬大豆 4 类，但以春大豆占多数。春大豆一般在春天播种，10 月收获，在我国主要分布于东北三省，河北、山西中北部、陕西北部及西北各省（自治区）。夏大豆大多在小麦等冬季作物收获后再播种，耕作制度为麦豆轮作的一年两熟制或两年三熟制（王连铮，2002）。

大豆区域划分的主要依据：一是各地农业耕作制度；二是大豆的品种生态类型；三是各地区的气象条件，如热量、降水量和光周期等（农业部种植业管理司，2003）。本节主要介绍我国大豆主产区大豆区划。

一、黑龙江省大豆生态区划

黑龙江省地域辽阔，南北跨越 10 余个纬度，东西跨越 10 余个经度。总体地貌特点是：北、西北和东南部为山丘高地，东北部和西南部为平原和平原低地。光照、温度、水分和土壤条件如前述，气候、土壤、地理等自然条件差异较大。根据各地区农业自然资源特点和大豆生长发育对环境条件的要求，以及大豆在各区农作物中所占的地位、比例及其发展前景，参考前人所作的农业区划和大豆区划工作，综合各方面因素，将大豆生产区域划分为如下 4 个生态区。

1. 松嫩平原中部温凉区　本区包括青冈县、望奎县、明水县、海伦市、庆安县、绥化市、巴彦县等。该区土壤以黑土为主，土壤肥力综合系数高，地势平坦，大豆产量较高。降水较多，年降水量为 450mm 左右；该区热量较充足，≥10℃积温为 2 400～2 600℃，≥20℃高温天数为 26～47d，大豆种植面积占全省大豆种植面积的 30%，单产为 2 500～

3 500kg/hm²，稳产率高，但本区温度稍低，应注意采取抗御低温冷害的措施，种植中熟、晚熟抗低温品种。

2. 松嫩平原北部冷凉区　本区包括北安市、讷河市、嫩江县、黑河市等。该区土壤以黑土、草甸土为主，土壤肥沃，地势平坦，水资源丰富，适宜种植大豆。年降水量为400mm左右，≥10℃积温为2 200～2 400℃，≥20℃高温天数22～37d。大豆种植面积占全省大豆种植面积的40％以上，单产为2 000～2 500kg/hm²，稳产率高，该区热量不足，宜种植中早熟大豆品种。

3. 三江平原低湿区　本区包括勃利县、桦川县、集贤县、穆棱县、富锦市、佳木斯市、牡丹江市。该区土壤以白浆土、黑土、草甸土为主，该区主要特点是降水充足，地势较低，易遭受涝灾，年降水量为500～600mm，≥10℃积温2 400～2 700℃，≥20℃高温天数27～35d，大豆产量主要限制因素为易发生内涝、水渍，单产达到2 500kg/hm²左右，该区适宜种植中晚熟品种。

4. 丘陵半山间冷凉区　本区主要包括完达山西段低山丘陵区、张广才岭、老爷岭山间沟谷区以及大兴安岭和小兴安岭过渡地段的山前地。该区土壤为黑土、草甸土、白浆土、暗棕壤。该区降水量较充沛，年降水量为500～650mm，≥10℃积温多数地方在2 200℃以下，大豆单产低于2 000kg/hm²，种植品种为早熟、极早熟品种。

二、吉林省大豆生态区划

1. 集安岭南晚熟区　本区≥10℃积温大于3 100℃，霜前≥10℃积温大于3 000℃，80％～90％保证率为2 850～2 900℃，日照偏少，大豆生育期降水量700mm，无霜期150d左右，大豆安全成熟期为9月25日。本区坡耕地所占比例大，土壤自然肥力水平低，在品种推广上主要是一些晚熟耐密高产品种如集1005、吉育72等。

2. 中晚熟区　中晚熟区分为中部中晚熟亚区和东部中晚熟亚区。中部中晚熟亚区主要包括长春以南的市（县）。≥10℃积温为2 950～3 100℃，霜前≥10℃积温为2 850～3 000℃，80％～90％保证率为2 700～2 850℃，日照较充足，大豆生育期内降水量450～550mm，无霜期145～150d，大豆安全成熟期为9月20日。区内耕地平坦肥沃，适宜种植中晚熟耐密高产品种如吉林45、吉林30、九农26等。东部中晚熟亚区包括珲春中部和南部近海区，区内≥10℃积温为2 600～2 850℃，霜前≥10℃积温为2 400～2 600℃，80％～90％保证率为2 400～2 550℃，光照较充足，生育期内降水量500mm左右，无霜期145d左右，干燥度0.8。区内地势平坦，土壤肥沃，大豆病虫害较少，是吉林省大豆高产区。

3. 中熟区　本区包括长春中熟亚区及吉林、通化中熟亚区和延边中熟亚区3个亚区。长春中熟亚区包括长春市、九台、榆树、德惠、农安大部和扶余南部地区。本区霜前≥10℃积温为2 600～2 850℃，80％～90％保证率为2 500～2 700℃，大豆生育期内降水量450～500mm，无霜期135～150d，大豆安全成熟期为9月15～18日。区内地势平坦辽阔，土壤肥沃，适宜种植中熟品种如吉林47、吉育71等。吉林、通化中熟亚区包括通化、梅河口、柳河、辉南、东丰县的大部分地区及伊通、双阳、永吉、桦甸、磐石、舒兰等市（县）的部分地区。本区霜前≥10℃积温为2 600～2 850℃，80％～90％保证率为2 400～2 600℃，光照较少，大豆生育期内降水量500～700mm，无霜期130～140d，区内多沿江河的宽阔平原及低山丘陵坡耕地，区内大豆安全成熟期为9月15日左右。延边中熟亚区包括延吉市、图们市、龙井市、和龙市的部分地区及安图东部、汪清南部。本区霜前≥10℃积温为2 400～2 750℃，80%～90%保证率为2 250～2 650℃，大豆生育期内降水量400～450mm，无霜期130～140d，大豆安全成熟期为9月15～20日。本区大豆多分布在丘陵地带上，土壤自然肥力水平较低，适宜种植中熟品种如吉林20、长农5号等。

4. 中早熟区 本区分为白城、松原中早熟亚区和吉林、通化中早熟亚区。白城、松原中早熟亚区包括整个白城和松原地区，也包括农安和双辽的部分地区。本区霜前≥10℃积温为2 800～3 000℃，持续时间145～150d，保证率80%～90%的活动积温为2 600～2 850℃，大豆生育期内降水量300～400mm，光照充足，无霜期145～150d，大豆安全成熟期为9月20日左右。区内地势平坦辽阔，但土壤贫瘠，加之春季降水较少，播种时间往往延后，因此这一地区只好种植中早熟品种，如吉林32，吉科豆1号等。吉林、通化中早熟亚区包括靖宇北部、磐石、桦甸、舒兰的大部，榆树和东丰的部分地区。多处于半山区的丘陵漫岗地及沿江河平川地，海拔一般在300～400m。霜前≥10℃积温为2 400～2 600℃，持续时间135～140d，保证率80%～90%的活动积温为2 250～2 450℃，无霜期125～135d。本区光照较少，大豆生育期降水量为500～600mm，大豆安全成熟期为9月12～15日。

5. 长白山两麓早熟区 本区包括靖宇、抚松、蛟河、舒兰部分地区，图们、龙井、安图、汪清、敦化、珲春等地的山间盆谷地带。霜前≥10℃积温为2 200～2 400℃，持续时间130～145d，保证率80%～90%的活动积温为2 100～2 300℃，生育期内降水量450～550mm，无霜期120～125d，大豆安全成熟期为9月10～15日。

6. 长白山高寒山区极早熟区 本区包括长白、安图、敦化和蛟河的部分地区。霜前≥10℃积温为2 100～2 250℃，保证率80%～90%的活动积温为1 900～2 100℃，大豆生育期内降水量500～600mm，无霜期少于120d，大豆安全成熟期为9月5～10日。种植的品种多数引自于黑龙江省和内蒙古自治区。

三、内蒙古自治区大豆生态区划

内蒙古自治区是我国大豆主要生产地区之一，2010年大豆种植面积81.2万hm²，总产量为133.4万t，分别居全国14个大豆主产省（自治区、直辖市）的第二位和第六位。内蒙古自治区大豆产区主要集中在东部的呼伦贝尔市、兴安盟、通辽市和赤峰市4个盟（市）。4盟（市）的大豆种植面积和总产量均占全区的95%以上，其中又以呼伦贝尔市和兴安盟的岭南为主产区。呼伦贝尔市岭南的扎兰屯市、阿荣旗、莫力达瓦达斡尔族自治旗、鄂伦春旗4旗（市）大豆种植面积和总产量分别占全区的65%和75%以上；兴安盟居第二位，种植面积和总产量分别占全区的15%和12%左右；其次是通辽市和赤峰市。内蒙古西部大豆主要在乌兰察布市和呼和浩特、包头零星种植，面积和总产量不到全区的5%。

四、陕西省大豆生态区划

由于自然条件和栽培条件的影响，陕西省大豆由北向南划分为3个栽培区，分别是陕北春大豆种植区，关中冬小麦—夏大豆轮作区，陕南春大豆、夏大豆区（杜天庆等，1993）。陕西省大豆在近5年来播种面积徘徊在18万hm²（图6-1-1）（陕西省统计局，2011）。

陕北属于西北黄土高原地区，多种植一熟制春大豆品种。关中地区属于黄河中下游流域平原，有春大豆、夏大豆两种类型，多种植一年两熟制夏大豆品种，陕南地区又分为汉中盆

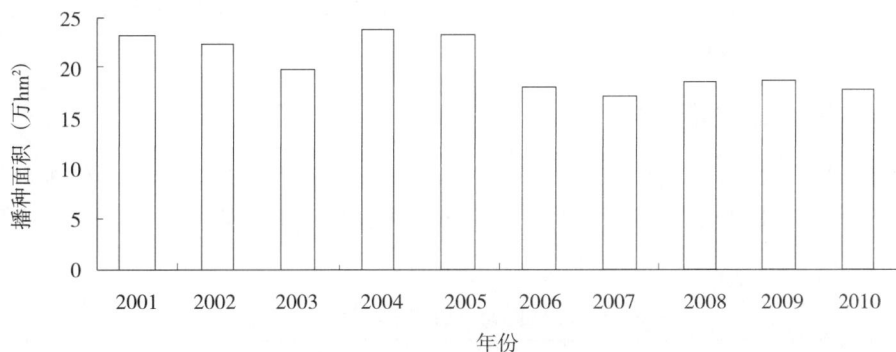

图 6-1-1　2001—2010 年陕西省大豆播种面积

地和秦巴山地，耕作栽培制度差异大，一年两熟以夏大豆为主，但也有春大豆和秋大豆。陕北大豆播种面积占全省总播种面积的 45.79%，大豆总产量占全省的 45.09%，单产水平高于陕南地区但低于关中地区。关中地区播种面积比例最小，单产最高。陕南大豆播种面积占总播种面积的将近 1/3，单产最低，只有 1 515.67kg/hm²（表 6-1-1）。

表 6-1-1　陕西三大生态区大豆播种面积、总产和单产

生态区	播种面积（hm²）	不同地区播种比例（%）	总产量（万 t）	不同地区大豆产量占总产量比例（%）	单产（kg/hm²）
陕北	83 490	45.79	13.64	45.09	1 736.50
关中	41 920	22.99	7.68	25.39	1 881.83
陕南	56 910	31.21	8.93	29.52	1 515.67
全省	182 320	—	30.25	—	1 659.17

注：根据陕西统计年鉴（2011）整理计算。

五、河南省大豆生态区划

大豆在河南省具有悠久的种植历史。河南省处于北亚热带与暖温带过渡区，属黄淮大平原，气候温和，无霜期长。河南省大豆播种期间（6 月上中旬），平均气温达到 25.5～26.5℃；进入苗期（6 月下旬至 7 月中旬），气温上升到 26～28℃；花荚期是大豆需热量相对较高阶段，此期全省正处于盛夏季节，平均气温 26～28℃；大豆进入生长后期要求日较差大、气温稍低，而河南省 9 月气温已下降到 19～23℃，降水量少，有利于大豆蛋白质含量的提高，所以河南省是我国大豆形成高蛋白质的较佳生态区之一。

生态类型方面，河南省属平原灌溉区，地势平坦、土层深厚，土壤多为两合土和黏壤土，人多地少，长期精耕细作，土壤肥力较高，大量元素氮、磷、钾及微量元素硼、钼、锌等齐全。河南省良好的土壤条件、充足的光热资源、适宜的温度为大豆生产奠定了丰产优质的基础。

目前河南省大豆种植区域主要集中于豫东南的周口、南阳、商丘、驻马店 4 市，这些地区的播种面积和总产量优势十分明显。2007 年 4 市（地）大豆种植面积占全省大豆播种面积的 53.6%，产量占全省总产量的 61.53%。豫中、豫北地区大豆种植面积和总产量所占比例进一步减少。

河南省夏大豆分为 5 个生态区：豫北平原夏大豆区、豫中东平原夏大豆区、淮北平原夏大豆区、南阳盆地夏大豆区、其他零星种植区。

六、山东省大豆生态区划

山东省是黄淮海地区夏大豆产区之一。山东省大豆生产从 20 世纪 80 年代末开始，播种面积稳中有降，单产稳步上升（表 6-1-2）。山东省大豆播种面积常年居全国大豆播种面积的第四位。

表 6-1-2　山东省大豆历年播种面积和产量

年份	面积（万 hm²）	单产（kg/hm²）	总产（t）	年份	面积（万 hm²）	单产（kg/hm²）	总产（t）
1949	20.07	555.0	1 105 000	1980	69.47	1 210.5	840 000
1950	205.33	732.8	1 504 600	1981	71.93	1 155.0	830 000
1951	204.53	655.5	1 340 700	1982	60.53	1 215.0	735 000
1952	231.07	701.3	1 620 500	1983	51.60	1 267.0	650 000
1953	222.90	625.0	1 394 400	1984	48.34	1 645.0	795 000
1954	230.00	715.5	1 645 650	1985	51.12	1 545.4	790 000
1955	191.00	801.0	1 529 910	1986	62.09	1 530.0	950 000
1956	188.53	486.3	1 859 471	1987	58.20	1 770.0	1 030 020
1957	203.80	573.8	1 169 400	1988	78.09	1 740.0	909 033
1958	132.00	647.3	851 900	1989	73.12	1 605.0	783 739
1959	143.33	725.3	1 039 600	1990	67.25	1 725.0	771 789
1960	142.00	547.5	770 000	1991	60.43	1 995.0	802 277
1961	156.20	532.5	835 000	1992	41.38	1 809.0	748 495
1962	153.13	525.0	805 000	1993	60.02	2 192.0	1 315 540
1963	154.27	547.5	840 000	1994	57.15	2 470.0	1 412 270
1964	151.93	465.0	710 000	1995	51.45	2 390.0	1 229 969
1965	124.53	667.5	830 000	1996	48.31	2 366.0	1 095 481
1966	108.13	930.0	1 005 000	1997	52.92	1 551.0	820 709
1967	114.16	907.5	1 035 000	1998	53.09	2 080.0	1 104 346
1968	106.60	757.5	805 000	1999	49.22	1 969.0	969 144
1969	107.67	757.5	810 000	2000	45.82	2 282.0	1 045 565
1970	99.73	817.5	810 000	2001	39.54	2 301.0	910 025
1971	100.27	975.0	980 000	2002	32.20	2 293.0	738 364
1972	86.47	660.0	575 000	2003	28.57	2 420.0	691 453
1973	75.53	975.0	735 000	2004	24.12	2 972.0	716 674
1974	86.33	697.5	630 000	2005	23.87	2 727.0	650 932
1975	74.20	870.0	645 000	2006	22.40	2 773.0	621 198
1976	52.67	1 042.5	550 000	2007	16.86	2 413.0	406 679
1977	54.47	1 110.0	605 000	2008	16.70	2 401.0	401 043
1978	55.93	1 027.0	570 000	2009	16.11	2 454.0	395 505
1979	63.40	1 125.0	715 000	2010	15.69	2 459.0	385 912

注：数据来源于山东省统计年鉴。

山东省大豆单产，1949—1975 年平均为 715.2kg/hm²，每年增产 0.94%；1975 年以

来，单产增加较快，1975—1990 年每年平均增加 5.1%。1990—1994 年平均增加 5.5%，2000 年山东省大豆单产达到 2 282.0kg/hm²，2010 年山东省大豆单产为 2 459.0kg/hm²，目前仍保持缓慢增长。

山东省大豆总产 1949—1965 年直线下降，1965—1980 年趋于稳定，但仍呈下降趋势，1980 年以后稳步上升，平均每年增加 3.1%。1981—1993 年平均年总产 83.57 万 t，1993 年后山东省大豆总产量也处于下降的趋势。

山东省大豆种植区域可划分为鲁东低山丘陵区、鲁中南山地丘陵区、鲁西北黄泛平原区和鲁西南黄泛平原区 4 个生态类型区。

七、湖南省大豆生态区划

1949 年以来，湖南省大豆生产逐步得到恢复和发展，根据播种面积、单产与总产的变化情况，可分为 5 个时期：20 世纪 50 年代扩大面积及增产时期；60 年代大豆生产徘徊时期；70 年代面积减少、单产提高、总产增加时期；80 年代至 2006 年左右持续稳步发展时期；2008 年至今振荡调整期。湖南省主要年份大豆种植面积、单产及总产见表 6-1-3。

表 6-1-3　湖南省大豆主要年份种植面积及产量

年份	播种面积（万 hm²）	单产（kg/hm²）	总产（万 t）
1980	13.05	1 035.0	13.5
1990	18.17	1 320.0	24.0
1995	21.54	1 543.5	33.2
2000	20.58	1 888.5	38.8
2006	18.95	2 251.5	42.6
2007	19.30	2 269.5	43.9
2008	11.33	2 302.5	26.1
2009	8.93	2 430.0	21.7
2010	13.82	2 335.5	32.3

注：数据来源于湖南省统计年鉴。

湖南省大豆种植区域分为以下 4 个生态区。

1. 湘北春、夏大豆区　本区包括澧县、临澧、安乡、常德、汉寿、桃江、南县、沅江、益阳市、华容、湘阴、汨罗、临湘、常德市、津市、岳阳市 16 个县（市）。2011 年全区种植大豆 1.82 万 hm²，占全省大豆面积的 13.2%，单产 2 295kg/hm²，略低于全省平均水平。大豆种植面积 1 333hm² 以上的县只有临湘、华容、澧县、石门 4 县（市），占全区大豆面积的 37.1%。

2. 湘中春大豆区　本区包括平江、长沙、宁乡、浏阳、株洲、醴陵、攸县、茶陵、湘潭、湘乡、涟源、双峰、娄底等县（市、区），邵阳地区的全部、益阳地区的安化县等。全区 2011 年种植大豆 3.53 万 hm²，占全省大豆面积的 25.58%，单产 2 445kg/hm²。大豆种植面积在 1 333hm² 以上的主要县（市）有涟源、邵东、新邵、洞口、双峰、武冈、安化、邵阳、新化，共计 2.32 万 hm²，占全区大豆面积的 65.74%。其栽培大豆主要是春大豆类型品种，夏大豆、秋大豆极少。

3. 湘南春、秋大豆区 本区包括衡阳、郴州、零陵 3 地区及炎陵县等 31 个县（市）。大豆类型以春大豆为主，秋大豆次之。2011 年全区种植大豆 5.52 万 hm²，占全省大豆面积的 40.0%，单产 2 671.5kg/hm²，为全省最高。大豆种植面积 1 333hm² 以上的主产县有道县、祁阳、桂阳、冷水滩区、新田、耒阳、江华、东安、宁远、常宁、衡阳、芝山、祁东、衡南、衡东、嘉禾 16 县，共计 4.87 万 hm²，占该区种植面积的 88.32%。

4. 湘西春、夏大豆区 本区位于湖南省西部，多为山地丘陵，海拔较高，包括湘西土家族苗族自治州、大庸市、怀化地区的石门、桃源县等共计 25 个县（市）。2011 年大豆种植面积 2.95 万 hm²，占全省大豆面积的 21.3%，单产 1 600.5kg/hm²，低于全省平均水平31.5%，为本省大豆产量最低的地区，增产潜力大。本区是全省旱土面积最多地区，多为梯田坡地旱土，约占耕地面积的 40% 左右，土壤以黄壤为主，耕地分散，土质较差，劳动力负担重。气候冬暖夏凉，秋寒早，日照时数少，日温差较大，气温垂直变化显著。南部气温较高，北部气温偏低，且光照少，潮湿多雾，山地气候明显，大豆生产县集中在北部。

第二节 不同生态区大豆的气候特征

一、黑龙江省大豆生态区气候特征

1. 松嫩平原中部温凉区 本区包括青冈县、望奎县、明水县、海伦市、庆安县、绥化市、巴彦县等松嫩平原中部地区。该区土壤以黑土为主，土壤肥力综合系数高，地势平坦，大豆产量较高。本区降水较多，年降水量为 450mm 左右；该区热量较充足，≥10℃积温为2 400～2 600℃，≥20℃高温天数为 26～47d，大豆种植面积占全省大豆种植面积的 30%，单产为 2 500～3 500kg/hm²，稳产率高。本区温度稍低，应注意采取抗御低温冷害的措施，种植中晚熟抗低温品种。

2. 松嫩平原北部冷凉区 本区包括北安市、讷河市、嫩江县、黑河市等松嫩平原北部地区。该区土壤以黑土、草甸土为主，土壤肥沃，地势平坦，水资源丰富，适宜种植大豆。年降水量在 400mm 左右，≥10℃积温为 2 200～2 400℃，≥20℃高温天数 22～37d。大豆种植面积占全省大豆种植面积的 40% 以上，单产为2 000～2 500kg/hm²，稳产率高。该区热量不足，适宜种植中早熟大豆品种。

3. 三江平原低湿区 本区包括勃利县、桦川县、集贤县、穆棱县、富锦市、佳木斯市、牡丹江市。该区土壤以白浆土、黑土、草甸土为主，该区主要气候特点是降水充足，地势较低，易遭受涝害，年降水量为 500～600mm，≥10℃积温为 2 400～2 700℃，≥20℃高温天数 27～35d，大豆产量主要限制因素是易发生内涝、水渍，单产达到 2 500kg/hm² 左右，该区适宜种植中晚熟品种。

4. 丘陵半山间冷凉区 本区主要包括完达山西段低山丘陵区，张广才岭、老爷岭山间沟谷区以及大兴安岭和小兴安岭过渡地段的山前地。该区土壤为黑土、草甸土、白浆土、暗棕壤。该区降水量较充沛，年降水量为 500～650mm，多数地方≥10℃积温在 2 200℃ 以下，大豆单产低于 2 000kg/hm²，种植品种为早熟、极早熟品种。

二、吉林省大豆生态区气候特征

吉林省大豆栽培区主要是按气候资源进行区划，在吉林省 3 个主要生态类型区（西部半干旱农业生态区、中部半湿润农业生态区和东部湿润农业生态区），其气候特征基本明确，不同农业生态区土壤特征如前所述。不同农业生态区的大豆布局主要依据是气候条件和土壤肥力水平。

在吉林省中部平原区，属温带半湿润半干旱气候，土壤有机质含量高，地势平坦辽阔，主要适宜种植玉米，玉米年播种面积占该区粮豆作物播种面积的 70% 以上，本区大豆播种面积历史最高水平达到 26.67 万 hm^2 左右，但进入 21 世纪以来大豆播种面积连年萎缩，目前年播种面积仅 3.33 万 hm^2 左右；在吉林省西部平原农业区，属温带半干旱气候，积温高，无霜期长，热量资源优势明显，但本区气候特点是降水不足，加之土壤贫瘠，不适宜大豆种植；在吉林省东部半山农业区，其气候特点是降水充沛，≥10℃积温在 2 700～2 900℃，无霜期120～130d，加之土壤肥沃，适宜大豆生产，是吉林省目前大豆的主要种植区。

三、内蒙古自治区大豆生态区气候特征

本区属温带向寒温带过渡地区，是东南季风的北界。年平均气温 1～1.5℃，1 月平均气温－20℃，最低气温－31℃，7 月平均气温 21℃左右，最高气温 33℃，无霜期 100～130d，初霜日在 9 月中旬，终霜日在 5 月中旬。≥10℃的年平均积温 2 000～2 400℃，年日照时数 2 800h，太阳辐射较强，光能资源丰富。该区属于半湿润地区，由于大兴安岭形成天然屏障，阻碍西伯利亚寒流侵袭，同时又抬高湿热的海洋气团，产生较丰沛的降水，年平均降水量 400～480mm，但降水量在年际内变化较大。

四、陕西省大豆生态区气候特征

本区位于暖温带半干旱气候区，海拔 800～1 500m。气温和降水量从东南向西北递减，具有明显的地域性差异。东南部年平均气温 8.5～12℃，年平均降水量 500～650mm。西北部气候干燥，年平均气温 7～9℃，年平均降水量 350～500mm，≥10℃积温 2 880～4 000℃，日照时数 2 500～2 800h。夏季降水量占年降水量的 47%～63%，刚好满足大豆开花到结荚鼓粒需水迫切时期的需求，若此时期降水较少甚至干旱，将导致大豆植株矮小甚至落花、落荚，籽粒质量下降。大豆一般 4 月下旬至 5 月上旬播种，多在 9 月成熟。目前适合陕北地区种植的大豆品种有辽豆 15 号、冀豆 12 号、铁丰 31 号、晋豆 29 号等（刘素洁，2010）。

关中平原年均气温 9～13℃，全年无霜期 215d 左右，年均降水量 585mm，极端最高气温 42℃。极端最低气温－19.4℃，≥10℃积温 2 410.3～3 325.8℃，东西差异很小，沿渭河河谷地区气温接近，只有北部由于海拔高度和纬度的影响气温较低。年降水量 550～800mm，多为短时暴雨，其中 6～9 月占 60%。大豆一般在 6 月上中旬播种，最晚不得超过 6 月 25 日，种植品种有秦豆 8 号、秦优 5 号、陕豆 125 号等。

汉中盆地年均气温 14～15℃，最冷月平均气温在 0℃以上，最热月平均气温 26～27℃，10℃以上活动积温 4 500～4 800℃，≥10℃持续天数长达 220～240d。年降水量 800mm 左右。秦巴山地一般海拔 1 200～2 800m，降水量为 700～900mm，6～8 月降水量占全年的 50% 左右。≥10℃积温持续天数达 240d，无霜期平均 210～250d。大豆种植品种有丹豆 4 号、秦豆 4 号、秦豆 8 号等。

五、河南省大豆生态区气候特征

1. 豫北平原夏大豆区　本区位于京广铁路以东，黄河以北，包括卫辉、原阳、延津、封丘、长垣、滑县、濮阳、范县、台前、浚县、清丰、南乐、内黄 13 个县。近年大豆种植面积近 10 万 hm²。占耕地的 10%。本生态区大豆生育期热量低于该省中南部，但与我国东北大豆产区相比热量仍高得多，利于蛋白质的形成。本区光照多于河南省中南部，利于大豆脂肪形成。高蛋白质、高油兼有是本区大豆的特点。

这一生态区≥10℃积温 4 400～4 600℃，年降水量 600mm，6～9 月积温为 3 000℃以上，光照充足，可以满足大豆生长需要。伏暑高温对大豆开花结荚期影响较小，延津、原阳等地年降水量虽不足 600mm，但降水量集中，6～9 月为 400mm，基本上可以满足大豆生长需要，伏旱、夏涝较轻，影响较小。大豆生育期 95～100d。

2. 豫中东平原夏大豆区　本区大部分分布在京广铁路以东（许昌、漯河部分产区位于京广铁路以西）、黄河以南，南部到沙颍河两岸，包括商丘、周口、许昌、漯河 4 地区的全部，郑州市的中牟县和开封市的开封、尉氏、通许、杞县、兰考等地。近年大豆面积约 24 万 hm²，占耕地面积的 8%。本生态区大豆生育期热量高于该省北部，低于南部，利于蛋白质的形成。本区光照多于该省南部，利于大豆脂肪形成。高蛋白质、高油兼有是本区大豆的特点。

这一区≥10℃积温 4 500～4 600℃，年降水量 600～800mm，6～9 月积温为 3 025～3 120℃，降水量 454～470mm，大豆生长期降水量很多，但由于气温较高，降水量分布不均，伏旱发生频率较大。夏涝较重，常影响大豆的产量。6 月降水量 303～352mm，平均为 60.6mm。少于 80mm 降水会造成大豆大幅度减产，减产概率达 60%。9 月高温干旱也是大豆高产的限制因子，7～8 月主要是干旱，7 月光照有时不足对大豆产量也有一定影响。大豆生育期 100～105d。

3. 淮北平原夏大豆区　本区包括驻马店地区和信阳地区的信阳、淮滨、息县 3 个县的淮河以北部分地区，近年大豆播种面积约为 10 万 hm²，占耕地面积的 8%。本生态区大豆生育期热量高于该省中北部，利于蛋白质的形成。本区光照少于该省北中部，不利于脂肪形成。大豆高蛋白质是本区的特点。

本区属于暖温带的南沿，具有暖温带向北亚热带过渡的气候特点，年降水量 800～1 000mm，主要要集中在 7～9 月。≥10℃积温 4 700～4 800℃，大豆生长期有效积温、降水量都较上两区多，对大豆生长非常有利。特别是花荚期，降水与热量丰沛，能获得高产。但伏旱涝也较重，对大豆生长很不利。本区海拔 40～50m，地貌主要有河间微斜平地、低平地和浅平洼地、二坡地及局部岗地。大豆生育期 105d 左右。

4. 南阳盆地夏大豆区　本区包括方城、南阳、镇平、社旗、唐河、邓县、新野、桐柏 8 县，大豆播种面积约 9 万 hm²，占耕地面积的 10%。本生态区大豆生育期热量高于该省中北部，利于蛋白质的形成，大豆高蛋白质是本区的特点。

本区光、热资源丰富，≥10℃积温 4 800℃左右，年降水量 800mm 以上，主要集中在 7～8 月。旱、涝灾害频繁，6 月干旱，7～8 月干旱雨涝是大豆高产的主要限制因子，7 月有些年份光照不足对产量也有一定影响。大豆生育期 100～105d。

六、山东省大豆生态区气候特征

1. 鲁东低山丘陵区　本区属湿润、半湿润气候，年平均气温为11.1～12.6℃，≥0℃积温为3 924～4 132℃，≥15℃积温为3 287℃左右，年平均降水量650～900mm。由于本区地处沿海，受海洋的影响，春季蒸发量较小，湿度稍大，春旱相对较轻，秋季受台风影响，降水量较多，但北部莱州湾沿岸为全省降水最少的地域。

2. 鲁中南山地丘陵区　本区气候除日照、莒南、临沂3个县（市）为湿润气候外，其余均属半湿润气候，全区年平均气温为11.8～13.3℃，≥0℃积温为4 200～4 400℃，年降水量为746.7～979.2mm，山区气候特征明显，气温低，日照时间短，由地形造成的小气候差异较大。山麓间的平原地海拔40～70m，土层深厚，蕴水丰富，土壤肥沃，如泰莱肥宁平原区是省内旱涝保收的农作物高产区。该区的日照、莒县、莒南等县（市）东临黄海，属海洋性气候，其余大部分地区为内陆气候，无霜期190～220d，年降水量600～950mm，多集中于6～10月，占全年降水量的80%。夏季炎热，昼夜温差较大，有利于大豆生长。

3. 鲁西北黄泛平原区　本区地势平坦，坡度较小，微地貌以浅平洼地、河滩高地、缓平地为主，本区属于半干燥气候，年平均气温为11.9～14℃，≥0℃积温为4 260～4 700℃，年降水量575～795mm。气候条件有冬来早、春来晚的特点，无霜期185d左右，光照充足，降水量分布不均，常有旱涝现象。该地区大豆以中熟或中晚熟黑豆为主要类型，其次是黄豆。

4. 鲁西南黄泛平原区　全区属半湿润气候，年平均气温为12.9～14.2℃，≥0℃积温为4 100～4 700℃，≥15℃积温为3 700～4 100℃，年降水量589～950mm，自西部向东部逐渐增多。本区土壤类型多样，泰安市、枣庄市及济宁市的东部地区以褐土和棕壤为主，济宁市的中部有部分水稻土和砂姜黑土，济宁市西部的金乡、嘉祥两县及菏泽地区的全部县（市）均以潮土为主。大豆品种多为生育天数101～120d的中晚熟品种。

七、湖南省大豆生态区气候特征

1. 湘北春、夏大豆区气候特征　湘北平湖区全年降水量为1 180～2 015mm，日照时数为1 477～1 701h，是全省日照最多的地区。≥10℃积温5 631～6 031℃，全年太阳总辐射量为3 132～4 634MJ/m²；全年最低气温在1月下旬，多地平均为−1.3℃，1月平均气温4.7℃，最高气温在7月中下旬，多地平均为31.9℃，7月平均气温为29.4℃；降水集中在3～8月，占全年降水量的65%左右，平均每10d降水量40～90mm，降水较少的月份为1月、12月，平均每10d降水10～20mm。太阳总辐射量在4～10月较多，每10d太阳总辐射量平均90～200MJ/m²。本区主要特点是春暖晚，秋寒早，干热期短，干热风轻，水源条件好，土层深厚，耕地面积大和劳动力负担重。棉田间作春大豆，以早熟品种较好。土壤多为湖区冲积土，水源丰富，土层深厚，旱土宜种植中熟春大豆或安排适于大豆—油菜、大豆—小麦两熟或豆、薯间作栽培的中熟夏大豆品种。

2. 湘中、湘东春大豆区气候特征　湘中丘岗盆地双季稻区全年降水量为1 135～1 950mm，日照时数1 373～1 651h，≥10℃积温5 734～6 021℃，全年太阳总辐射量2 078～5 461MJ/m²；全年最低气温在1月下旬，多地平均为−2.3℃，1月平均气温4.6℃，最高气温在7月下旬，多地平均为28.4℃；降水集中在3～8月，平均每10d降水量35～

90mm，降水较少的月份为 9 月至翌年 2 月，平均每 10d 降水 20～30mm；太阳总辐射量在 4～11 月较多，每 10d 太阳总辐射量平均 90～300MJ/m²。本区域大豆多在丘陵旱土上间作套种，种植制度为一年两熟或三熟；夏秋干旱严重，土壤瘠薄，保水、保肥力差。因此，宜在旱土发展大豆，大豆品种类型应以生育期短、植株繁茂性好的中熟春大豆为主，适当搭配早熟春大豆品种，并兼顾发展一部分黑豆，以便恢复和发展传统名特产品"豆豉"。

3. 湘南春、秋大豆区气候特征 湘南低山丘陵区全年降水量 1 141～2 163mm，日照时数 1 266～1 621h，≥10℃积温 6 265～6 608℃，为全省积温最多的区域。全年最低气温在 1 月下旬，多地平均为 −0.7℃，1 月平均气温为 6.7℃；全年最高气温在 7 月下旬，多地平均为 31.9℃，7 月平均气温为 29.5℃；降水集中在 3～8 月，平均每 10d 降水 40～80mm，降水较少的月份为 9 月至翌年 2 月，平均每 10d 降水量 20～30mm。本区域位于湖南省南端，具有全省最温暖的气候特点，光、热条件较好，降水充足，区域土壤多以红壤为主。本区主要特点是春暖早、气温高、干旱严重、秋寒晚。本区域以发展春大豆为主，稻田一般采用中熟品种，旱地以中早熟品种为宜，伏旱的地方则以早熟品种为好，力争大豆壮荚鼓粒期渡过旱期。

4. 湘西春、夏大豆区气候特征 湘西山区全年降水量 1 085～1 808mm，为全省降水最少的区域；日照时数 1 225～1 440h，少于其他区域；≥10℃积温 5 489～5 810℃，全年太阳总辐射量 3 323～4 354MJ/m²。全年最低气温在 1 月下旬，多地平均为 −1.3℃，1 月平均气温为 5.0℃；最高气温在 7 月中旬，多地平均为 29.9℃，7 月平均气温为 27.6℃；降水集中在 4～8 月，平均每 10d 降水量 40～80mm，其他月份降水较少，平均每 10d 降水量 10～30mm；太阳辐射总量在 4～9 月较多，每 10d 太阳总辐射量平均 90～200MJ/m²。本区域属山地暖湿气候，光照偏少，冬暖夏凉，降水量充沛，夏秋干旱一般较轻，有利于夏大豆和春大豆生长发育，但有的年份亦出现夏秋干旱，对夏大豆产量有较大影响。

第三节　大豆对土壤条件的要求及不同生态区大豆田的土壤肥力特征

一、大豆对土壤条件的要求

1. 土壤有机质和酸碱度 大豆对土壤条件的要求不是很严格，土层深厚、有机质含量丰富的土壤，最适于大豆的生长，因此黑龙江省的黑钙土带种植大豆能获得很高的产量。大豆比较耐瘠薄。大豆对土壤质地的适应性较强，沙质土、沙壤土、壤土、黏壤土乃至黏土上均可种植大豆，但以壤土最为适宜。

大豆对土壤酸碱度是比较敏感的，要求中性土壤（pH 为 6.5～7.5）。pH 低于 6.0 的酸性土往往缺钼，也不利于根瘤菌的繁殖和发育。pH 高于 7.5 的土壤往往缺铁、锰。大豆不耐盐碱，总盐量 <1.8g/kg、NaCl <0.3g/kg 时，植株生育正常；总盐量 >6.0g/kg、NaCl >0.6g/kg 时，植株死亡。从土壤酸碱度对大豆根系的影响来看，pH 在 3～9 的范围内，偏酸、偏碱对根系的长度影响并不明显，但对单株根瘤数有明显影响，如以 pH 为 7 的单株根瘤数为 100%，pH 等于 5 时的单株根瘤数为 49.3%，pH 等于 9 时的单株根瘤数为

46.6％，而 pH≤3、pH≥11 时，则根瘤数相应地明显减少。整个根系在中性土壤发育最好，酸性土壤次之，碱性土壤最差。如以 pH 为 7 的土壤大豆单株根系质量为 100％，pH 等于 5 时为 77.7％，则 pH 等于 9 时为 61.1％。大豆在中性及弱酸、弱碱性土壤（pH 6.5～7.5）生长发育良好，超过这个范围，就应当采取补救措施加以调节。

2. 土壤的矿质营养 大豆需要矿质营养的种类全，且数量多。大豆根系从土壤中吸收 N、P、K、Ca、Mg、S、Cl、Fe、Zn、Cu、B、Mo、Co 等 10 余种营养元素。

（1）氮。大豆富含蛋白质，氮素是蛋白质的主要组成元素。成熟大豆植株的平均含氮量为 2％左右。豆科植物与根瘤菌共生，能够利用其所固定的大气中的氮素，所以在栽培中一般不施氮肥也是可以的。Mattews 1982 年指出，大豆在 10℃左右根温下根系很难结瘤，在 15～25℃时根瘤形成及固氮作用均有很大提高。并指出在冷凉土壤下播种大豆，播种时施用氮肥是必要的，但如果施用过多又会影响根瘤的形成及其固氮作用。研究表明，大豆氮肥以硫酸铵为好，其次是硝酸铵，两种氮肥对大豆的根瘤以及防止落花及落荚都有好处。大豆鼓粒期间，根瘤菌的固氮能力已经衰弱，也会出现缺氮现象，进行花期追施或叶面喷施氮肥，可满足植株对氮素的需求（赵秀芬等，2005）。

（2）磷。磷素被植株用来形成核蛋白和其他含磷化合物。成熟植株地上部分的平均含磷量为 0.25％～0.45％。大豆吸磷的动态与干物质积累动态基本相符，吸磷高峰期正值开花结荚期。磷肥一般在播种前或播种时施入土壤。只要大豆植株前期吸收了较充足的磷，即使盛花期之后不再供应，也不会严重影响产量，因为磷在大豆植株内能够移动或再度被利用。有关试验证明，在土壤肥力水平不高的条件下，氮肥的增产效果比磷肥更显著。在同一磷肥供应条件下，随着氮肥水平的提高，产量也随之提高；但在同一氮肥水平下，随着磷肥水平的提高，产量无显著的提高。

（3）钾。钾在大豆活跃生长的芽、幼叶、根尖中居多，钾和磷配合可加速物质转化，促进糖、蛋白质、脂肪的合成和贮存。成熟大豆植株全钾含量为 1.0％～4.0％。大豆生育前期吸收钾的速度比氮、磷快，也比钙、镁快。结荚期之后，钾的吸收速度减慢。

（4）钙。大豆有"石灰植物"之称，成熟植株的含钙量为 2.23％。从大豆生长发育的早期开始，对钙的吸收量不断增加，大约在生育中期达到最高值，后又逐渐下降。

（5）微量元素。大豆植株对微量元素的需要量极少，各种微量元素在大豆植株中的含量为：镁 0.97％、硫 0.69％、氯 0.28％、铁 0.05％、锰 0.02％、锌 0.006％、铜 0.003％、硼 0.003％、钼 0.000 3％、钴 0.001 4％。由于多数微量元素的需要量极少，加之多数土壤微量元素尚可满足大豆生长的需要，微量元素施肥常被忽视。近几年来，有关试验已证明，为大豆补充微量元素收到了良好的增产效果。

3. 土壤水分 大豆需水较多。据许多学者的研究，形成 1g 大豆干物质需水 580～744g。大豆不同生育时期对土壤水分的要求是不同的，发芽时，要求水分充足，土壤含水量在 20％～24％时较适宜；幼苗期比较耐旱，此时土壤水分略少一些，有利于根系深扎；开花期植株生长旺盛，需水量大，要求土壤相当湿润；结荚鼓粒期干物质积累加快，此时要求充足的土壤水分，如果墒情不好，会造成幼荚脱落，或导致荚粒干瘪。土壤水分过多对大豆的生长发育也是不利的。不同大豆品种的耐旱、耐涝程度是不一样的，譬如，秣食豆、小粒黑豆、棕毛小粒黄豆等类型具有较强的耐旱性，农家品种水里站则比较耐涝（祁继军等，2010）。

二、不同生态区大豆田土壤肥力特征

（一）黑龙江省大豆田土壤肥力特征

黑龙江省大豆种植区土壤类型主要为黑土、白浆土、草甸土，不同土壤类型肥力状况有很大差异。大豆的 4 个生态区中，第一、第二农业生态区土壤类型以黑土为主；第三农业生态区土壤类型以白浆土为主，第四生态区土壤类型以草甸土为主。下面针对不同生态区土壤肥力特征分别加以介绍。

1. 黑土土壤肥力特征 黑龙江省大豆种植的第一、第二农业生态区集中在松嫩平原中部和北部的黑土带上，包括海伦、绥化、巴彦、黑河、嫩江、北安等。黑龙江省黑土耕地面积 360 万 hm²，占全省耕地面积的 31.3%。

黑土成土母质是黏土、亚黏土，所以机械组成也比较黏细、均匀一致，并以粗粉沙和黏粒为主，黄土性黏土母质对黑土的理化性质和水分特点有很大影响，丰富了养分贮量，促进了土壤结构的形成，但也不利于水分的渗透。黑土容重一般为 $1\sim1.5\ g/cm^3$，耕层由于腐殖质多，土层疏松，容重较低，向下层逐渐增大。总孔隙度为 50% 左右，持水能力强，田间持水量为 25%～35%。

黑土有机质含量为 17.8～66.0 g/kg，呈由北向南、由东向西逐步降低的趋势，最大值是最小值的 4 倍。全氮含量为 1.2%～3.8g/kg，南部地区土壤全氮含量较低，其他地区全氮含量较高，差异不大；速效氮含量为 96.1～316.6mg/kg，不缺乏。全磷含量为 0.25～2.76g/kg，开垦较早的地区磷含量较低，尤其是有效磷含量更低，有 66.7% 的土壤有效磷含量低于 50mg/kg。全钾含量为 17.1～25.5g/kg，差异不大，含量较为丰富，速效钾含量除个别地区略低外，均较高。pH 为 5.30～7.34，有 75% 的土壤 pH 低于 6.5，说明黑土整体 pH 不高，有酸化趋势（表 6-3-1）。

表 6-3-1 黑龙江省黑土养分情况

调查地点	有机质 (g/kg)	全氮 (g/kg)	全磷 (g/kg)	全钾 (g/kg)	速效氮 (mg/kg)	有效磷 (mg/kg)	速效钾 (mg/kg)	pH
哈尔滨	28.9	1.7	1.61	24.0	164.9	119.0	156.2	6.19
讷河县	49.4	2.5	1.96	23.4	206.9	74.0	169.3	6.15
嫩江县	37.5	2.5	0.64	18.0	196.0	40.0	211.1	5.66
黑河市	66.0	3.4	2.76	24.2	316.6	185.0	248.0	5.30
北安市	56.4	2.9	2.68	17.1	245.7	45.0	189.0	5.99
海伦市	49.1	2.4	1.50	23.3	213.5	69.5	168.9	6.09
巴彦县	26.7	2.3	1.23	25.4	160.7	31.4	185.2	5.90
双城市	24.8	1.6	1.22	22.4	138.3	38.3	225.4	6.16
五常市	43.1	3.8	0.80	24.7	190.2	28.8	314.3	6.70
延寿县	21.3	1.4	1.56	25.5	117.4	34.3	110.3	6.73
尚志市	17.8	1.2	0.25	2.3.1	96.1	23.1	224.3	7.34

注：数据引自黑龙江省农业科学院土壤肥料与环境资源研究所试验。

2. 白浆土肥力特征 黑龙江省大豆种植的第三农业生态区（三江平原低湿区）耕地土

壤主要是白浆土，整个三江平原白浆土面积占全省白浆土面积的 67.3%，占全省该土壤耕地面积的 70.6%。

白浆土母质呈黄褐色，有黏粒淀积特征。容重 $1.0\sim1.6g/cm^3$，腐殖质层 $1.0g/cm^3$ 左右，到淀积层增至 $1.6g/cm^3$ 左右。孔隙度除腐殖质层之外，白浆层和淀积层均较差，通气孔隙都在 6% 以下，水分下渗困难。白浆土有机质含量不高，土壤偏酸性，据调查，白浆土有机质含量为 $18.2\sim26.7g/kg$，整体上差异不大。全氮含量为 $1.3\sim2.9g/kg$，速效氮含量为 $110.0\sim318.9mg/kg$。不同地区全磷和有效磷含量差异也不大，磷含量较低。全钾含量为 $17.1\sim26.3g/kg$，差异不大，含量较为丰富，速效钾含量除个别地区略低外，均较高。pH 为 $4.82\sim6.40$，pH 不高，土壤呈酸性（表 6-3-2）。

表 6-3-2　黑龙江省白浆土养分情况

调查地点	有机质 (g/kg)	全氮 (g/kg)	全磷 (g/kg)	全钾 (g/kg)	速效氮 (mg/kg)	有效磷 (mg/kg)	速效钾 (mg/kg)	pH
佳木斯市	21.3	1.2	0.2	23.1	196.1	23.1	224.3	5.34
勃利县	22.4	2.1	0.8	20.1	110.0	28.6	189.1	5.60
依兰县	20.4	2.1	0.9	21.1	135.0	22.0	158.8	6.40
抚远县	23.4	1.3	1.8	17.1	201.9	25.0	189.0	4.82
绥化市	26.7	2.4	1.1	20.8	145.6	30.1	221.0	5.36
桦川县	26.4	2.7	1.8	22.2	318.9	31.3	223.7	5.14
穆棱县	26.4	2.9	2.6	20.5	245.7	38.0	275.1	5.20
饶河县	18.2	2.4	0.7	26.3	220.2	33.4	314.6	5.64

注：数据引自黑龙江省农业科学院土壤肥料与环境资源研究所试验。

3. 草甸土肥力特征　黑龙江省大豆种植的第四农业生态区（丘陵半山间冷凉区）位于黑龙江省大兴安岭和小兴安岭、完达山山脉等丘陵、山间平地。本区地势较高，土壤类型以草甸土为主，黑龙江省耕地土壤中草甸土面积也很大，占全省耕地总面积的 26.2%。

草甸土母质多为冲洪积物，质地黏重，容重在 $1.07\sim1.25g/cm^3$，土壤孔隙度大，通气透水性好，保水、保肥性差。土壤有机质含量较高，全氮、速效氮含量高，速效钾含量高，全磷、有效磷含量很低，而且各地差异很大。据调查，草甸土有机质含量为 $37.5\sim66.0g/kg$，含量较高。全氮含量为 $2.5\sim4.7g/kg$，速效氮含量为 $220.2\sim318.9mg/kg$，氮含量较高。全磷含量为 $0.6\sim2.6g/kg$，不同地区磷含量差异较大。钾含量差异不大，含量较为丰富，速效钾含量均在 $200mg/kg$ 以上。pH 为 $5.20\sim5.64$，土壤呈酸性（表 6-3-3）。

表 6-3-3　黑龙江省草甸土养分情况

调查地点	有机质 (g/kg)	全氮 (g/kg)	全磷 (g/kg)	全钾 (g/kg)	速效氮 (mg/kg)	有效磷 (mg/kg)	速效钾 (mg/kg)	pH
林甸县	48.9	3.7	1.0	24.0	164.9	119.0	256.2	6.19
泰康县	39.4	2.5	0.9	23.4	206.9	74.0	269.3	6.15
双鸭山市	37.5	2.5	0.6	18.0	196.0	40.0	211.1	5.66
黑河市	66.0	3.4	2.7	24.2	316.6	185.0	248.0	5.30
鹤岗市	56.4	4.7	1.8	22.2	318.9	41.3	223.7	5.14
伊春市	58.4	2.9	2.6	20.5	245.7	98.0	245.1	5.20
加格达奇市	55.8	4.4	0.7	26.3	220.2	33.4	214.6	5.64

注：数据引自黑龙江省农业科学院土壤肥料与环境资源研究所试验。

（二）吉林省大豆田土壤肥力特征

吉林省中部半湿润气候区大豆田土壤主要以黑土和冲积土为主，面积约为 6.67 万 hm²。这两种土壤有机质含量较高，是高产农田，大豆单产水平可达2 200～3 000kg/hm²。

吉林省西部半干旱气候区地处松嫩平原中心地带，本区大豆田土壤以淡黑钙土、盐碱土和黑钙土为主，其土壤有机质含量低，养分贫瘠，并多具沙、碱等障碍因素，豆类作物年种植面积在 10 万 hm² 左右，单产水平在 1 000～2 000kg/hm²，是大豆中、低产田的主要分布区。

吉林省东部半湿润冷凉气候区是目前吉林省大豆栽培面积较大、较集中的区域，大豆田土壤类型较多，主要有暗棕壤、棕壤、棕色针叶林土、白浆土和冲积土等，大豆年栽培面积在 26.67 万～30 万 hm²，其中高产田面积约占 1/3，产量水平在 2 000～2 400kg/hm²，中、低产田面积占 2/3，产量水平在1 000～2 200kg/hm²。

（三）内蒙古自治区大豆田土壤肥力特征

内蒙古自治区大豆主产区的主要土壤类型有暗棕壤、草甸土、黑土、栗钙土、黑钙土，所有土壤类型平均有机质含量为 49.8g/kg。主要土壤类型暗棕壤、草甸土、黑土、栗钙土、黑钙土的有机质含量分别为 48.7g/kg、48.7g/kg、56.6g/kg、33.2g/kg、36.9g/kg，变幅为 13.5～134.8g/kg、12.9～110.6g/kg、12.3～130.7g/kg、12.9～92.8g/kg、10.5～71.0g/kg。暗棕壤有机质含量主要集中在 36.9～68.7g/kg，占全部面积的 65.45%，其次集中在 21.5～36.9g/kg，占全部面积的 20.16%；草甸土有机质含量主要集中在 21.5～68.7g/kg，占土类面积的 90.01%；黑土有机质含量主要集中在 36.9～68.7g/kg，占全部面积的 69.61%，其次集中在 68.7～85.6g/kg，占全部面积的 15.79%；栗钙土有机质含量主要集中在 21.5～36.9g/kg，占全部面积的 61.69%，其次集中在 36.9～68.7g/kg，占全部面积的 31.49%；黑钙土有机质含量主要集中在 36.9～68.7g/kg，占全部面积的 51.03%，其次集中在 21.5～36.9g/kg，占全部面积的 47.91%（张胜等，2012）（表 6-3-4）。

表 6-3-4　内蒙古自治区不同土壤类型有机质养分含量

土壤类型	样本数（个）	平均值（g/kg）	最大值（g/kg）	最小值（g/kg）	变幅（g/kg）	标准差
暗棕壤	65 598	48.7	134.8	13.5	13.5～134.8	15.446
草甸土	22 047	48.7	110.6	12.9	12.9～110.6	14.811
粗骨土	1 527	34.9	78.1	12.9	12.9～78.1	13.149
风沙土	2 830	21.1	94.3	9.7	9.7～94.3	12.100
黑钙土	4 334	36.9	71.0	10.5	10.5～71.0	8.202
黑土	26 097	56.6	130.7	12.3	12.3～130.7	15.803
灰色森林土	54	49.8	61.7	36.7	36.7～61.7	7.548
栗钙土	5 193	33.2	92.8	12.9	12.9～92.8	9.050
盐土	12	45.5	53.9	33.8	33.8～53.9	5.839
沼泽土	6 811	61.0	132.5	12.2	12.2～132.5	17.952
棕壤	352	30.4	48.0	15.9	15.9～48.0	6.195
合计	134 855	49.8	134.8	9.7	9.7～134.8	16.916

注：数据引自内蒙古自治区统计局（2009）。

土壤平均全氮含量为 2.51g/kg，但变幅较大，从 0.32g/kg 到 6.70g/kg，主要集中在 1.94～4.01g/kg，占土类面积的 60.05%，其次集中在 0.94～1.94g/kg，占土类面积的 33.32%，全氮含量大于 5.11g/kg 的土壤所占比例很小。主要土壤类型暗棕壤、草甸土、黑土、栗钙土、黑钙土的全氮含量为 2.50g/kg、2.42g/kg、2.83g/kg、1.93g/kg、2.06g/kg，变幅为 0.4～6.18g/kg、0.41～6.12g/kg、0.35～6.35g/kg、0.54～4.40g/kg、0.83～4.20g/kg。

土壤平均有效磷含量为 22.9mg/kg，但变幅较大，从 2.2mg/kg 到 79.8mg/kg，主要集中在 11.8～30.9mg/kg，占土类面积的 60.70%，其次集中在 6.2～11.8mg/kg，占土类面积的 22.12%，有效磷含量大于 42.5mg/kg 的土壤所占比例很小。主要土壤类型暗棕壤、草甸土、黑土、栗钙土、黑钙土的有效磷含量分别为 23.9mg/kg、20.8mg/kg、25.8mg/kg、17.0mg/kg、18.1mg/kg，变幅分别为 2.3～79.8mg/kg、2.5～69.5mg/kg、2.5～71.8mg/kg、2.4～75.5mg/kg、3～75.7mg/kg。

土壤平均速效钾含量为 169mg/kg，但变幅较大，从 34mg/kg 到 495mg/kg，主要集中在 101～158mg/kg，占土类面积的 47.27%，其次集中在大于 182mg/kg，占土类面积的 23.34%，所以大兴安岭南麓地区土壤速效钾含量相对较高（索全义，1998）。

（四）陕西省大豆田土壤肥力特征

1. 陕北农业生态区土壤养分特征　陕西北部地区土壤有机质含量普遍较低，其中有机质含量小于 10g/kg 的占大多数，约 60%，含量为 10～20g/kg 的占 38%，含量大于或等于 20g/kg 的仅有 2%。有效磷含量整体较低，含量范围在 3～45mg/kg，其中小于 10mg/kg 的约占 75%，10～20mg/kg 的占 20%，有效磷含量大于或等于 20mg/kg 的不足 5%。速效钾含量小于 80mg/kg 的约占 11.5%，80～115mg/kg 的占 65%，115～150mg/kg 的占 33%，2% 的速效钾含量在 150mg/kg 之上。碱解氮含量小于 30mg/kg 的约占 50%，30～50mg/kg 的占 45%，大于或等于 50mg/kg 的不足 5%。总的来说，陕北地区土壤有机质含量低，处于中、高水平的土壤占 40%；有效磷含量较低，处于中、高水平的占不到 30%；速效钾含量处于中、高水平的约占 35%。

2. 关中农业生态区土壤养分特征　2009 年在关中的宝鸡、咸阳、西安、渭南 4 个地区 14 个县（区）采集 230 份农田耕层（0～20cm）土壤，通过测定有机质、有效磷、交换性钾及其他养分含量看出，该生态区农田耕层土壤有机质含量低于 10g/kg 的仅为 2%，10～15g/kg 的约占 23%，15～20g/kg 范围的分布最广，约占 65%，含量大于 20g/kg 的约占 10%，其中最低含量为 7.5g/kg，最高可达 37g/kg。

土壤有效磷含量低于 10mg/kg 的样品约占 10%，10～20mg/kg 范围内最多，约占 55%，20～30mg/kg 的约占 30%，含量高于 30mg/kg 的约占 15%，其中最低含量为 3mg/kg，最高可达 80mg/kg。

关中地区土壤速效钾含量小于 115mg/kg 的约占 38%，115～150mg/kg 的约为 30%；另外 32% 高于 150mg/kg，其中含量大于 200mg/kg 的约占 20%。最低含量约为 50mg/kg，最高可达 500mg/kg 以上。关中农业生态区土壤全氮含量平均值为 11.3g/kg，其中最低含量为 6.8g/kg，最高含量为 14.7g/kg；碱解氮含量平均为 95.77mg/kg，最低含量为 38.55mg/kg，最高含量为 198.63mg/kg（李英，1994）。

3. 陕南农业生态区土壤养分特征　陕南农田耕层土壤一般呈中性偏酸性，最低 pH 达到 5.0。土壤有机质含量相对较关中地区高，含量小于 10g/kg 的约占 1%，10～20g/kg 的约占 50%，大于或等于 20g/kg 的占将近 50%。其中最低含量约为 0.3g/kg，最高可达 52.8g/kg。有效磷含量相对较关中低，小于 10mg/kg 的约占 10%，10～20mg/kg 的约占 65%，大于或等于 20mg/kg 的占 25%。速效钾含量小于 80mg/kg 的约占 6%，80～115mg/kg 的约占 18%，115～180mg/kg 的占 46%，大于或等于 180mg/kg 的占 30%。总体来说，陕南地区有机质含量属中高水平，有效磷含量中等水平占大多数，速效钾含量中等水平约占 50%，速效钾缺乏的约占 24%。该区农田土壤碱解氮含量平均为 126mg/kg，变幅为 15.5～400mg/kg，含量小于 60mg/kg 的不到 2%，60～150mg/kg 约占 84%，大概有 15% 的含量在 150mg/kg 以上（陕西省统计局，2012）。

（五）河南省大豆田土壤肥力特征

1. 豫北平原土壤养分特征　本区土壤条件较好，山前倾斜平原以潮褐土、褐土性土为主，沿河潮土区以两合土和淤土为主。处于山前（丘陵前）倾斜平原的潮褐土（黄土、潮垆土）水分条件较好，质地适中，多是高产土壤，肥力一般较高，有机质含量平均为 12～13g/kg，全氮含量 0.8g/kg 左右，在全省居上等水平，有效养分含量也较高。受土壤有机质含量较高的影响，土壤有效磷、速效钾含量也较高。据统计，安阳市土壤速效钾含量多大于 120mg/kg，豫北区缓效钾含量主要为 750～1 150mg/kg，供钾水平高，其中有呈斑块状分布的 330～750mg/kg 和大于 1 150mg/kg 的土壤，但面积不大，总体普遍肥力较高。

2. 豫中东平原土壤养分特征　本区以黄潮土占面积最大。在商丘以南、周口以北、许昌以东是黄河冲积形成的黄潮土，由于离黄河较远，泛滥水流缓慢，形成的土壤以淤土和两合土为主。在许昌以南，周口以西，上蔡、西平以北，是淮河水系的颍河、洪河等冲积形成的灰潮土为主，在许昌以西与丘陵交接地带有褐土性土，在低洼地带不规则地分布着一定面积的砂姜黑土、黄褐土等。

黄潮土有机质和氮素含量普遍较低，而且与土壤质地有密切关系。质地较黏的淤土有机质含量平均为 10.3g/kg，两合土有机质含量平均为 8.6g/kg，沙土有机质含量平均为 6g/kg 左右，沙壤土有机质含量平均在 6g/kg 以上。从统计数字可以看出，该区土壤有机质含量仅稍高于最低值。由此，要改善黄潮土的供肥能力，首先必须提高土壤有机质含量。几种黄潮土的氮素含量与有机质的变化趋势相一致，质地黏重的淤土含氮较丰富（全氮含量 0.74g/kg），沙质土含氮量很低（0.47g/kg 以下），两合土介于二者之间。土壤有效磷含量普遍较低，尤其是沙土、砂姜黑土、黄胶土区的有效磷含量很低，低于 10mg/kg 的土壤面积占耕地的 60%～70%。该地区土壤速效钾含量为 30～120mg/kg，但 37.8% 的土壤为 30～100mg/kg。缓效钾变化在 500～1 150mg/kg 范围内，大于 1 150mg/kg 的土壤集中在永城和夏邑，少数分布于沈丘和太康，供钾水平较高。该区土壤肥力较高（张清旺等，2009）。

3. 淮北平原土壤养分特征　本区土壤以黄棕壤、黄褐土和砂姜黑土为主，在沿河地带有小面积的灰潮土。由于前三类土壤的质地较黏，耕作困难，普遍肥力较低，成为限制大豆产量的重要因子。中南部的黄胶土（黄褐土亚类）有机质缺乏，氮素不足，有机质平均含量为 9.95g/kg，已接近最低平衡值，氮素含量亦较低。土壤有效磷含量普遍较低，尤其是黄胶土区，含量低于 10mg/kg 的土壤面积占耕地的 60%～70%。速效钾含量为 60～120mg/kg，供钾水平较高。该区土壤肥力最低。

4. 南阳盆地土壤养分特征　本区以黄褐土为主，有小部分灰潮土和砂姜黑土，土壤质地黏重，肥力普遍偏低。南阳盆地砂姜黑土有机质含量多在13g/kg以下。砂姜黑土的有机质与土壤矿物结合紧密，矿化率较低，对大豆提供有效营养元素的能力较差，因而，砂姜黑土的有机质含量虽不算低，但有效氮和有效磷并不丰富，加上土壤质地黏重，物理性不育，大豆产量一般不高。土壤有效磷含量普遍较低，尤其是砂姜黑土有效磷含量低于10mg/kg的面积占耕地的60%～70%，速效钾含量为60～120mg/kg，缓效钾水平极高，均在750mg/kg以上。该区土壤肥力水平较低。

河南全省土壤有效钼含量平均是0.101mg/kg，其中只有少数试验点高于临界值（0.15mg/kg），与第二次土壤普查时相比，土壤有效钼平均含量虽然有所上升，但从全省来看土壤缺钼面积还是比较大，要保证大豆的高产优质，需要施用钼肥（沈阿林等，2002）。

（六）山东省大豆田土壤肥力特征

山东省土壤养分含量基本满足低产大豆（1 100～2 000kg/hm²）生长发育的需求。要使山东省夏大豆达到高产（3 750kg/hm²），必须重施磷肥和有机肥，尤其是严重缺磷的地区。在山东省土壤含氮量情况下要达到高产，结荚期前后还必须追施氮肥。严重缺钾土壤，必须增施钾肥。在严重缺锌、缺硼区，还必须施锌、硼肥才能高产。另外，山东省有些地区还缺微量元素钼，而钼对大豆根瘤菌的形成和发育及其固氮都有重要作用。因此，缺钼地区增施钼肥，对夏大豆产量提高也有显著作用。

1. 鲁东低山丘陵区 本区土壤类型以棕壤为主，褐土面积很少，青岛市部分县、区有零星砂姜黑土分布。土壤有机质含量低，部分区域严重缺钾，土壤酸化逐渐加重，出现钙的缺乏。

2. 鲁中南山地丘陵区 本区是山东全省山丘面积最大的区域。本区棕壤、褐土、潮土混杂分布，土层深厚，蕴水丰富，土质肥沃，有机质含量较高，土壤也有酸化趋势。

3. 鲁西北黄泛平原区 本区土壤类型以潮土为主，土层深厚，土壤有机质含量适中，属于富钾贫磷区。部分区域土壤含盐量高，土壤盐渍化严重。土壤中微量元素易于发生缺乏。

4. 鲁西南黄泛平原区 本区土壤类型多样，泰安市、枣庄市及济宁市的东部地区以褐土和棕壤为主，济宁市的中部有部分水稻土和砂姜黑土，济宁市西部的金乡、嘉祥两县及菏泽地区的全部县（市）均以潮土为主。本区的潮土易发生中微量元素缺乏。

（七）湖南省大豆田土壤肥力特征

湖南省土壤分布属于红壤和黄壤地带，但由于地形是马蹄形，地形地貌的差异导致水、热条件的变化而形成了许多小气候区（地方性气候区），致使水、热状况的变化不是呈纬向的地带性分布，因而南北温差只有2℃，而垂直温差可达8℃，并产生东南和西北以及中部与东西两侧的明显差异。全省共有10种土类，即红壤、黄壤、山地黄棕壤、山地草甸土、紫色土、黑色石灰土、红色石灰土、潮土、水稻土和菜园土（李卫东等，2006）。

1. 湘北春、夏大豆区 本区土壤以长江沉积物为主要成土母质，土壤以紫潮泥、紫潮土为主，西侧和东侧分别混合有澧水、沅水、资水和湘水冲积物，土壤以湖潮土为主。本区有大面积的潜育型稻田，次生潜育现象比较严重，应积极建立田间排水系统，改善土壤排水能力（李永孝等，1992）。

本区土壤有机质含量平均为28.8g/kg，变化幅度为10.5～48.8g/kg，以耕地土壤有机质平均水平20.0g/kg比较，84.7%的土壤超过该标准，表明本区有机质含量较为丰富，但就湖南省 4 个生态区稻田土壤有机质含量比较，该区土壤有机质含量低于其他 3 个生态区；土壤全氮含量平均为 1.8g/kg，变化幅度为 0.7～3.0g/kg，其中 80.6% 的土壤全氮含量超过 1.5g/kg，全氮含量较丰富。该区全氮含量与有机质含量的相关系数达 0.940 9，极显著相关；该区土壤碱解氮含量平均为 142.6mg/kg，变化幅度为 46.7～295.2mg/kg，其中只有 42.9% 的土壤碱解氮含量超过 150mg/kg，可见其速效氮供应略有不足，4 个生态区比较，以该区土壤全氮和碱解氮含量最低；土壤有效磷（P_2O_5）含量平均为 22.7mg/kg，变化幅度为 2.1～116.3mg/kg，变异系数较大，平均水平为 4 个生态区中最高，然而仅有 29.6% 的土壤有效磷含量超过 20mg/kg，有 32.7% 的土壤有效磷含量低于 10mg/kg，可见其有效磷含量相当缺乏；土壤速效钾（K_2O）含量平均为 91.1mg/kg，变化幅度为 21.0～283.5mg/kg，平均值为 4 个生态区最高，但只有 28.6% 的土壤速效钾含量超过 100mg/kg，速效钾素养分相当不足。

土壤中量元素中，钙、镁、硫比较丰富，含量平均分别为 3 720.0mg/kg、203.6mg/kg、67.9mg/kg，但其变化幅度大；本区有效态微量元素铁、锰、铜、锌、硼含量分别为 65.2mg/kg、28.2mg/kg、3.2mg/kg、2.7mg/kg、0.4mg/kg，主要表现为锌、硼较为缺乏。

2. 湘中、湘东春大豆区 本区的成土母岩或母质，山地以花岗岩、板岩、页岩、千枚岩、石灰岩风化物为主，丘陵区为紫色砂岩、石灰岩、白云岩、板、页岩、砂砾岩风化物、第四纪红土及近代河流冲积物等。本区土壤红壤面积最大，其次为紫色土、石灰土；山区以黄壤为主，其次为暗黄棕壤、山地草甸土等；水稻土为本地区的主要耕作土壤，潮土亦有少量分布。

本区土壤有机质含量平均为 43.5g/kg，变化幅度为 24.5～66.6g/kg，该区土壤的有机质含量均超过 20.0g/kg，有机质含量非常丰富，在湖南省 4 个生态区中土壤有机质含量最高；土壤全氮含量平均为 2.5g/kg，变化幅度为 1.5～3.8g/kg，土壤全氮含量均超过 1.5g/kg，土壤氮库相当丰富，该区全氮含量与有机质含量的相关系数达 0.833 6，极显著相关；该区碱解氮含量平均为 178.3mg/kg，变化幅度为 115.8～259.0mg/kg，其中有 76.5% 的土壤碱解氮含量超过 150mg/kg，其速效氮养分供应充足；土壤有效磷（P_2O_5）含量平均为 14.5mg/kg，变化幅度为 4.1～66.9mg/kg，变异系数较大，平均水平为 4 个生态区最低，不同样点中，仅有 20.6% 的土壤有效磷含量超过 20mg/kg，有 41.2% 的土壤有效磷含量低于 10mg/kg，可见，其有效磷整体上严重缺乏；土壤速效钾（K_2O）含量平均为 62.1mg/kg，变化幅度为 30.0～149.0mg/kg，平均水平低于湘北和湘南区，仅略高于湘西地区，有 95.6% 的土壤速效钾含量低于 100mg/kg，可见其速效钾养分严重不足（王连铮等，1980）。

土壤中微量元素中，钙、镁、硫比较丰富，含量平均分别为 4 117.3mg/kg、130.5mg/kg、104.9mg/kg，但其变化幅度大；土壤有效态微量元素铁、锰、铜、锌、硼含量分别为 72.5mg/kg、25.4mg/kg、4.7mg/kg、5.6mg/kg、0.5mg/kg，主要表现为有效硼较缺乏。

3. 湘南春、秋大豆区 本区土壤以红壤为主，其次为石灰土、紫色土、水稻土、潮土、黄壤、暗黄棕壤、山地草甸土。区内地形复杂，气候差异较大，亚热带气候特征明显，光、热资源丰富，湘南边界几县为本省多雨区，但由于下垫面熔岩广布，水利蓄积力差，常遇夏、秋旱，稻田受旱面积大，少数地方人、畜饮水都有困难。

土壤有机质含量平均为 40.5 g/kg，变化幅度为 28.0～47.8g/kg，该区土壤有机质含量均超过 20.0g/kg，有机质含量非常丰富；土壤全氮含量平均为 2.4g/kg，变化幅度为 1.8～2.9g/kg，土壤全氮含量均超过 1.5g/kg，土壤氮库相当丰富，该区全氮含量与有机质含量的相关系数达 0.896 5，极显著相关；该区土壤碱解氮含量平均为 198.7mg/kg，变化幅度为 157.5～246.5mg/kg，土壤碱解氮含量均超过 150mg/kg，速效氮养分供应充足；土壤有效磷(P_2O_5)含量平均为 19.5mg/kg，变化幅度为 5.7～76.8mg/kg，变异系数较大，其中只有 20.0％的土壤有效磷含量超过 20mg/kg，有 50.0％的土壤有效磷含量低于 10mg/kg，可见其有效磷含量非常缺乏；土壤速效钾（K_2O）含量平均为 74.0mg/kg，变化幅度为 38.0～142.0mg/kg，其中有 90.0％的土壤速效钾含量低于 100mg/kg，速效钾养分严重不足。

土壤中微量元素中，钙、镁、硫含量比前两个区低，平均分别为 1 485.0 mg/kg、81.5mg/kg、62.0mg/kg，但变异系数较小；有效态铁、锰、铜、锌、硼含量分别为 115.9mg/kg、17.4mg/kg、4.6mg/kg、6.6mg/kg、0.3mg/kg，硼显著缺乏。

4. 湘西春、夏大豆区 本区内成土母质为石灰岩、砂岩、板岩、页岩、花岗岩及河流冲积物。区内土壤以黄壤为主，其次为红壤、黄红壤、暗黄棕壤、石灰土、紫色土及水稻土，潮土在全区分布很少。区内武陵山盘踞，山高坡陡，谷川幽深，稻田分散，呈层次状立体格局。

土壤有机质含量平均为 30.3g/kg，变化幅度为 13.5～57.4g/kg，92.5％的土壤有机质含量超过 20.0g/kg，有机质相当丰富，但平均值仅略高于湘北平湖区，相比湖南省各生态区稻田土壤，其有机质含量水平较低；该区土壤全氮含量平均为 2.0g/kg，变化幅度为 0.9～3.1g/kg，85.0％的土壤全氮含量超过 1.5g/kg，土壤氮库相当丰富，全氮含量与有机质含量的相关系数达 0.897 5，极显著相关；该区土壤碱解氮含量平均为 142.8mg/kg，变化幅度为 72.0～220.5mg/kg，仅有 40.0％的土壤碱解氮含量超过 150mg/kg，速效氮养分供应不足；土壤有效磷（P_2O_5）含量平均为 19.6mg/kg，变化幅度为 2.2～60.8mg/kg，变异系数较大，只有 32.5％的土壤有效磷含量超过 20mg/kg，有 27.5％的土壤有效磷含量低于 10mg/kg，有效磷含量缺乏；土壤速效钾（K_2O）含量平均为 60.3mg/kg，变化幅度为 26.0～126.0mg/kg，有 92.5％的土壤速效钾含量低于 100mg/kg，可见其速效钾养分严重不足（刘素霞等，2004）。

土壤中微量元素中，钙、镁、硫较丰富，含量平均分别为 1 856.5mg/kg、124.1mg/kg、65.5mg/kg，变异系数较大；有效态铁、锰、铜、锌、硼含量分别为 84.3mg/kg、13.0mg/kg、4.7mg/kg、2.4mg/kg、0.3mg/kg，锌、硼缺乏。

第四节　不同生态区大豆营养规律与施肥技术

一、大豆吸收养分的特点

大豆是需肥较多的作物，它对氮、磷、钾三要素的吸收一直持续到成熟期，形成相同产量的大豆所需的三要素比禾谷类作物多。大豆所需营养元素种类全，大豆从土壤中除吸收氮、磷、钾三要素外，还吸收钙、镁、硫、氯、铁、锰、锌、铜、硼、钼、钴等 10 余种营养元素（Salvagiotti F. 等，2008）。

根据内蒙古农业大学的研究,在田间条件下,当大豆产量水平在 3 000～3 180kg/km^2 时,每生产 100kg 籽粒需吸收氮 7.32kg、磷 2.2kg、钾 3.2kg,与国内外研究的结果基本吻合,本结果可作为东北地区指导大豆施肥的依据。此外,大豆需肥量与产量水平、品种特性、施肥量、土壤肥力等密切相关。

1. 大豆不同生育时期对氮的吸收特点 大豆是能够通过根瘤菌固氮的作物,所以大豆生育期对氮肥的需求没有玉米、水稻多,不同生育时期吸收氮素养分的特点也有差异。大豆生育早期,幼苗对土壤中的氮素吸收较少,根瘤菌固氮量低,此期若施用化肥过多,易造成氮素浪费和抑制根瘤菌固氮。开花结荚期大豆对氮的吸收达到高峰,根瘤菌也开始大量固氮。大豆种子发育期也需要吸收大量氮素,但根瘤菌固氮能力减弱,需从土壤中吸收氮素来补充(蒋跃林等,2006)。

大豆不同生育阶段营养物质的积累因品种和栽培条件不同而有差异。据吉林省农业科学院土壤肥料研究所在公主岭黑土上的试验结果(表 6-4-1),试验地土壤的基本肥力为:有机质含量 26.8g/kg、全氮含量 1.4g/kg、全磷(P$_2$O$_5$)含量 0.6g/kg,供试大豆品种为小金黄 1 号,产量 2 460kg/hm^2,共吸收氮 177kg、磷 322.6kg,不同生育阶段吸收的数量有着明显的差异。

表 6-4-1 大豆不同生育阶段干物质和氮、磷养分的积累

生育阶段 (月.日)	干物质 (kg/hm^2)		N (kg/hm^2)		P$_2$O$_5$ (kg/hm^2)		各生育阶段积累 (%)			生育天数		产量 (kg/hm^2)
	阶段 积累	日均 积累	阶段 积累	日均 积累	阶段 积累	日均 积累	干物质	N	P$_2$O$_5$	天数 (d)	占全期 (%)	
出苗至分枝 (5.12 至 6.9)	140.3	4.8	4.9	0.17	0.86	0.03	2.1	2.8	2.6	29	23	
分枝至盛花 (6.10 至 7.13)	1 651.5	68.2	47.3	1.72	9.84	0.34	25.0	26.7	32.2	34	27	
盛花至结荚 (7.14 至 8.3)	1 981.5	100.3	50.0	2.84	10.34	0.61	28.3	31.7	21.0	17	17	
鼓粒期 (8.4 至 8.29)	2 388.8	91.7	70.9	2.73	5.83	0.28	36.2	40.1	17.9	26	20	2 460.0
鼓粒后至成熟 (8.30 至 9.15)	432.7	22.5	3.7	0.23	5.77	0.36	6.6	2.1	17.6	16	13	
出苗至成熟 (5.12 至 9.15)	6 594.8	52.3	176.9	1.43	32.62	0.26	100.0	100.0	100.0	126	100	

大豆氮素营养的积累速度与干物质积累速度有密切关系。虽然大豆植株含氮百分率在盛花期以前高一些,盛花后低一些,但总的来看,它的积累速度与干物质的积累速度大体一致,干物质积累最快的时期也是氮素养分积累最快的时期。幼苗期的 29d 中,所吸收的氮仅占全生育期的 2.8%,平均日积累 0.17kg/hm^2。分枝期至盛花期生育天数占全生育期的 27%,氮的积累占全生育期的 26.7%,日积累量增加到 1.72kg/hm^2。盛花期至鼓粒期也是氮素积累的高峰期,盛花至结荚的生育天数为 21d,占总生育期的 17%,氮的积累量占 28.3%,日积累 2.8kg/hm^2(表 6-4-2)。

表 6-4-2　不同生育时期每 100 株大豆（黑龙江春大豆）对氮的吸收量（g）

生育时期处理	播种期	苗期	开花期	结荚期	鼓粒期	成熟期
不施肥	0	2.13	8.50	13.63	27.33	37.08
占吸收总量的百分比（%）	0	5.74	17.18	13.83	36.95	26.29
施氮、磷、钾肥	0	3.13	11.41	17.64	42.24	57.02
占吸收总量的百分比（%）	0	5.50	14.52	10.93	43.14	25.92

2. 大豆不同生育时期对磷的吸收特点　磷肥是限制大豆高产的第一要素，对大豆产量和脂肪含量的影响达极显著水平。研究发现，磷肥（P_2O_5）适宜用量为 90kg/hm²，平均增产 775kg/hm²，平均增产率为 36.2%，在施磷（P_2O_5）量分别为 45kg/hm²、90kg/hm²、135kg/hm²、180kg/hm² 条件下，磷肥利用率分别为 19.33%、18.85%、13.46% 和 9.58%；磷肥农学效率分别为 8.90kg/kg、8.61kg/kg、5.72kg/kg 和 3.57kg/kg，适量施用磷肥是大豆高产、高效的重要措施。施磷肥既可降低大豆粗脂肪含量，同时也降低棕榈酸和亚油酸的含量，但对于高蛋白质品种则有利于油酸的积累。在有效磷含量很低的土壤中，施磷能够显著增加大豆产量，并且施磷能够增加大豆蛋白质含量 1.0～1.5 个百分点（韩燕来等，2008）。

大豆从出苗至初花期，吸磷量占磷素总吸收量的 15%；开花至结荚期占 60%，为大豆吸收磷的高峰期；结荚至鼓粒期占 20%；鼓粒至成熟对磷的吸收量很少。生育前期大豆对磷吸收量不多，但对磷最为敏感。苗期和花期施氮配合施磷，能达到以磷促氮的作用。

3. 大豆不同生育时期对钾的吸收特点　大豆施用钾肥具有普遍的增产作用，尤其是随着大豆轮作年限的缩短，施用钾肥对提高重、迎茬大豆产量具有实际意义。大豆施用钾肥比不施肥对照平均增产 11.8%，比单施氮、磷肥平均增产 10.6%，大豆施钾肥量以 112.5～150.0kg/hm² 为宜。钾肥不仅能使大豆明显增产，而且增强了大豆的抗逆性，使根腐病发病率明显降低，根瘤量增加，且提早成熟 10～15d。施钾肥的大豆均比对照增产，且抗病、抗倒伏能力增强，以重茬大豆施钾肥增产最显著；以 30kg/hm² 钾肥用量最佳，增产最显著。研究发现，在黑土上种植大豆的最高施钾量应控制在 140kg/hm²，在白浆土上施钾量不宜超过 150kg/hm²。钾影响大豆叶片中硝酸还原酶和谷氨酰胺合成酶活性，有促进氮代谢的作用；钾肥有提高大豆脂肪含量、降低蛋白质含量的作用，粗蛋白质含量平均降低 1.1 个百分点，脂肪含量平均增加 1.4 个百分点；钾肥能促进大豆产量的形成，以施纯钾 90kg/hm² 和 120kg/hm² 处理产量最高，比不施钾肥处理分别增产 14.7% 和 14.0%。在施等量钾肥情况下，施硫酸钾效果好于氯化钾。钾肥以基施为好，如果大豆基肥中没有钾肥或施用数量不足，可以在生育中期和后期全株喷施含钾液肥，也有明显的增产作用。在速效钾含量属于中等偏低水平的土壤上施用化学钾肥，能明显改善大豆钾素营养，提高植株含钾量。

二、大豆施肥技术

施肥技术是将肥料施入各种栽培基质或直接施于作物的一种手段，其组成要素包括施肥量及其养分配比、施肥时期、施肥方式和采用的机具等。

1. 底肥　东北春大豆区多用农家肥作底肥。农家肥属完全肥料，矿物质和有机质含量丰富，对培养地力非常有利。在农家肥中，以猪粪为最好，其次为马粪、灰土粪等，再次为土杂肥。一般质量好的猪粪、马粪等，施用量为 15 000～22 500kg/hm²；质量差的土杂肥等，施用量为 30 000～45 000kg/hm²。磷肥可随农家肥作底肥一起施用，一般每 1 000kg 农家肥中可加入磷矿粉 40～50kg（杨秀章等，1995）。

底肥的施用方法因翻地和整地技术及播种方式不同而异。对于机翻地，可将底肥均匀撒在地表，然后翻到 18～20cm 的土层中。秋翻时来不及施有机肥的，可以在春天耙地前，将粪肥均匀撒施于地表，后耙入 10cm 土层中。在采用扣种的没有耕翻地块，在扣种前将粪肥均匀施在地里，或把粪肥均匀施在垄沟内（李金荣，2005）。

2. 种肥 施用种肥可以促进大豆根系发育和根瘤生长，有利于早发壮苗。种肥施用量为磷酸二铵 75～150kg/hm²。在氮、磷化肥配合施用时，每公顷施用过磷酸钙 150～300kg 加尿素 37.5kg 或硝酸铵 45～75kg。施用时避免种子与化肥接触，可采取种下深施、双侧深施和单侧深施等方法。种下深施 10～15cm，侧深施距种子 6～8cm。尿素易烧苗，不宜采用种下深施。拌种肥的施用是每 100kg 种子，用钼酸铵 30～50g，兑水 1kg 拌匀，或用大豆硼钼肥种衣剂拌种，在播种前 1～2d，将粉剂倒入小容器内，用少量水溶解，拌种量为 20～25kg，混拌均匀，阴干后播种。风沙土、盐碱土的重、迎茬豆田慎用微量元素肥拌种（郭庆元等，2003）。

3. 追肥 追肥可分为根部追肥和根外追肥两种。根部追肥是在大豆开花后，进入营养生长和生殖生长并进期，此期所需养分数量最大，可适量进行根部追肥。可施尿素 60～75kg/hm²（或硝酸铵 75～150kg/hm² 或硫酸铵 75～112kg/hm²），过磷酸钙 112～150kg/hm²。缺钾土壤适量补充钾肥。

根外追肥一般在盛花期或终花期进行，多用尿素和钼酸铵。尿素施用量为 15～30kg/hm²，钼酸铵施用量为 105～150g/hm²，磷酸二氢钾施用量为 1 125～2 250g/hm²，加水 600～750kg，进行叶面喷施。

4. 微肥的施用

（1）钼肥。当土壤有效钼含量低于 0.1mg/kg 时，可施用钼肥，对大豆的增产作用以白浆土最显著，其次为黑土、风沙土和棕壤土。一般采用拌种和叶面喷肥两种方法。

（2）锌肥。当土壤中有效锌含量低于 1～1.5mg/kg 时，大豆表现缺锌症状。施锌多采用拌种和叶面喷肥。100kg 种子用 300～400g 硫酸锌加水 2～3kg，用喷雾器喷洒在种子上，边喷边拌，阴干后播种。叶面喷肥在大豆花期进行，浓度为 0.2%～0.3%，若超过 0.4%会烧苗。

（3）锰肥。当植株内含锰量低于 20mg/kg，或碳酸盐黑钙土、碳酸盐草甸土的有效锰含量低于 10mg/kg 时，施用锰肥效果好。可用硫酸锰 48g、尿素 645g、过磷酸钙 160g、硫酸钾 645g，加水 48kg，混喷于大豆初花期或成荚期。

（4）硼肥。当土壤中有效硼含量低于 0.5mg/kg 时，施用硼肥效果好。可每公顷用硼砂 7.5kg 拌种或叶面喷施 0.1%硼砂溶液。

第五节 不同生态区大豆施肥的肥效反应

一、大豆的营养特性

1. 大豆的根瘤固氮特性 大豆属豆科作物，与禾本科作物相比营养特性最显著的区别在于大豆具有根瘤固氮的特性。大豆的根上着生许多根瘤，根瘤中有大量的根瘤菌，这些细菌能把空气中的游离态氮分子（N_2）合成为氨分子（NH_3），这就是大豆的根瘤固氮特性。吉林省农业科学院土壤肥料研究所的沙培试验表明，在不施用氮肥但接种根瘤菌的条件下，大豆生长健壮，在 0.05 米^2 的盆中，获得了 77.5g 的较高产量。研究结果证明，大豆整个生育过程中，由于根瘤菌的固氮活动，每公顷土地上的大豆植株一般可以从空气中固定 75～150kg 氮素，相当于大豆生育所需氮素的 1/3～1/2（张兴梅等，2004）。

大豆根瘤形成和发育的状况与大豆植株发育的好坏有着直接关系。因为根瘤菌活动、繁殖所需要的养分，除氮素外，均来自大豆植株同化作用的产物。大豆植株生长的好坏及其体内所提供固氮酶活动的各种营养物质的充足与否，直接影响共生根瘤菌的活动（Sawchik J.等，2008）。而土壤肥力状况和施肥情况是影响大豆植株生育好坏及其体内各种营养物质多少和比例关系的重要因素。生产实践中，常常出现大豆施用氮素化肥后，增产效果远不如禾谷类作物显著，甚至没有增产效果的情况。研究结果还表明，氮、磷、钾配合施用得当更有利于促进大豆的生长发育，使根瘤总质量增加（表 6-5-1），固氮量相应增加，大豆产量提高。

表 6-5-1　施肥与大豆根瘤量和固氮量的关系

处理	丰收 11			黑农 11		
	单株根瘤总质量（g）	单株固氮量总和（mg）	每盆产量（g）	单株根瘤总质量（g）	单株固氮量总和（mg）	每盆产量（g）
磷、钾＋N1	19.98	587	55.9	67.43	2 755.93	131
磷、钾＋N2	27.15	547	84.8	54.12	1 814.72	129.5
磷、钾	14.3	350	37.6	71.65	2 155.9	109
对照	13.91	389	42.7	45.03	2 059.67	83

注：数据引自黑龙江省农业科学院土壤肥料与环境资源研究所资料。

2. 大豆的矿质营养特性　大豆生长发育需要大量的矿物质营养。据研究，每生产 100kg 大豆籽实，需要氮 5.3～10.1kg、磷 1.0～3.6kg、钾 1.3～9.8kg，与生产同等质量的玉米或水稻相比，大豆需氮量要高 2～3 倍，需磷、钾高 50% 至 1 倍。此外，还需要较多的微量元素。据研究，每生产 100kg 大豆籽实，需要钙 2.3kg、镁 1.0kg、硫 0.67kg、铁 40g、铜 3g、硼 3g、锰 0.17g、钼 0.3g、锌 6g 等，其中氧化钙和硼的含量均为小麦的 10 倍。各种矿质营养元素对大豆生长发育的作用，构成了大豆的矿质营养特性（王希武等，2007）。

二、大豆施肥的效应

1. 大豆施用有机肥的效应　有机肥能培肥土壤。合理施用有机肥，可以充分提供大豆生长发育所需的氮、磷、钾及各种中微量元素。有机肥还能改善土壤物理结构，为大豆根系生长发育创造良好的通气、水分、温度环境，为大豆高产奠定良好的生育基础。吉林省东部桦甸市一项调查结果表明，大豆产量 1 875kg/hm^2 以上的土壤其有机质含量在 28.7g/kg 以上，随着有机质含量的增高产量相应提高，有机质含量达 32.5g/kg 时，大豆产量超过 3 000kg/hm^2。各地调查结果表明，有机质含量与产量的关系是一致的，即土壤中有机质含量高的地块，大豆产量相应也高（刘志明等，2011）。

生产实践证明，施用农家肥可以显著提高大豆产量。据吉林省农业科学院大豆研究所1991—1993年多点试验结果，每公顷施用30t农家肥，植株结荚数、百粒重均有增加（表6-5-2），平均增产14.8%。据多数单位试验结果，一般情况下，大豆施用有机肥增产幅度在15%～30%，而且越是瘠薄的土壤，施用有机肥增产效果越明显。

表6-5-2 吉林省各地有机肥作基肥的增产效果

年份	实验地点	处理	土壤肥力	每平方米粒数	百粒重（g）	产量（kg/hm²）	增产（%）
1991	东丰县黄泥河乡	施有机肥	中	1 647	19.1	3 202.5	23.1
		对照（CK）		1 473	18.8	2 601	
1992	东丰县黄泥河乡	施有机肥	中	1 638	20.4	2 751	1.41
		对照（CK）		1 458	19.3	2 410.5	
	东辽县白泉镇	施有机肥	中	1 664	20.3	2 934	8.5
		对照（CK）		1 648	199.9	2 704.5	
	九台县龙家堡镇	施有机肥	中	946	17.7	1 684.5	32.9
		对照（CK）		670	16.8	1 267.5	
1993	东丰县黄泥河乡	施有机肥	上	1 328	20.1	2 851.5	17.8
		对照（CK）		1 128	19.8	2 421	
	东辽县白泉镇	施有机肥	中	2 022	20.8	3 111	7.6
		对照（CK）		1 985	22.5	2 892	
	九台县龙家堡镇	施有机肥	中	846	21.9	1 900.5	3.6
		对照（CK）		674	21.2	1 834.5	
	榆树市五棵树乡	施有机肥	下	1 016	18.8	1 911	11
		对照（CK）		956	18	1 722	
各点平均		施有机肥		1 388.4	20.1	2 543.3	14.8
		对照（CK）		1 249	19.5	2 231.6	

2. 大豆施用化肥的效应 与有机肥料相比，化肥的养分高、肥效快，如施用得当，增产效果显著。化肥的种类很多，对大豆生育产生的效应因种类而异。

（1）氮肥。合理施用氮肥对大豆的营养生长和生殖生长都具有一定的促进作用。据研究，大豆合理施用氮肥后叶面积增大，枝叶繁茂，光合强度增加。但如果施用不当，大豆株行间荫蔽严重，反而会使光合生产率有所下降。

氮肥的施用效果与土壤肥力有密切关系。土壤肥力水平高则施氮肥效果差，土壤肥力水平低则施氮效果好。吉林农业大学在吉林省中部淋溶黑土和草甸黑土的试验结果表明，水解氮含量50mg/kg时，施氮肥增产不显著；水解氮含量30mg/kg时，施氮肥增产效果明显（Nandini Devi K. 等，2012）。

结合态氮肥影响大豆根瘤形成和降低根瘤菌的活性，但不同结合态氮，对大豆的增产效果不同。前公主岭农事试验场在施用磷、钾肥的基础上，每公顷分别施 20kg 不同形态氮素，试验结果以硝态氮为最好，尿素次之，再次为铵态氮，石灰氮最次（表 6-5-3）。

表 6-5-3　不同形态氮素的增产效果

肥料种类	产量（kg/hm²）	增产量（kg/hm²）	增产率（%）
无氮肥（CK）	1 251.8	—	—
石灰氮	1 787.3	535.5	30.0
硫酸铵	1 922.3	670.5	34.9
氯化铵	2 084.3	832.3	40.0
硝酸铵	2 097.0	845.3	40.3
硝酸钠	2 240.3	988.5	44.1
尿素	2 190.8	939.0	42.9

（2）磷肥。磷对大豆生长发育的作用往往比氮更为明显。一般情况下，施用磷肥比施用氮肥有更加明显的增产效果，施用磷肥的增产效应同样与土壤肥力有关。据吉林农业大学在吉林省中部的淋溶黑土和草甸黑土上进行的试验结果，有效磷含量为 60mg/kg（用 0.2mol/L 盐酸提取）时施磷效果小，只增产 5%；土壤有效磷含量为 10~15mg/kg 时，施磷肥有显著效果（表 6-5-4）。

表 6-5-4　不同土壤肥力水平施用磷肥对产量的影响

土壤肥力	试验次数（次）	过磷酸钙（kg/hm²）	产量（kg/hm²）		增产（%）	每千克磷酸钙增产大豆（kg）
			施磷	不施磷		
中上肥力	10	260	2 097.8	1 794.8	16.9	1.17
低肥力	20	260	1 401.8	894.3	48.4	1.76

据研究，在同样土壤条件下，大豆施用难溶性磷肥，比其他作物增产效果明显。施磷肥不仅可以提高大豆产量，同时也可以提高大豆脂肪的含量。试验表明，施磷的大豆籽实脂肪含量为 24%，未施磷的为 23%（郭志利，2000）。

（3）钾肥。大豆对钾素营养反应敏感，施用钾肥可促进其生长发育，但增产效果依不同土壤条件有明显的差别。据研究，吉林省中部黑土地区土壤速效钾含量高于 80mg/kg 时，施钾增产不明显，而在缺钾的地区，如湖北省孝感市，施钾增产效果则非常明显。秋大豆每公顷施 K_2O 75kg，增产 18.7%，在施用氮、磷肥基础上，施用等量钾肥，增产 23.4%。一般当速效钾含量低于 50mg/kg 时，常出现缺钾症状，适时施钾增产效果明显。

近年来，由于连年种植高产作物，土壤肥力消耗增加，钾的含量有所下降，因此，有的大豆产区施用钾肥比前些年的增产效果显著。

（4）微量元素肥料。各种微量元素肥料都有促进大豆生长发育的作用。某种微量元素肥料是否有增产作用和增产效果大小，与土壤中相应的微量元素含量有直接关系。

据中国科学院林业土壤研究所报道，在黑土地大豆上施钼增产 20.7%，施锌增产20.9%，施铜增产 14.0%，施锰增产 9.9%，施硼增产 6.6%。在白浆土上施钼效果最好，其次为施硼，施锌、铜、锰则无效。一些科研单位的试验表明，施钼增产 4.3%~4.7%。

作物专用复混肥料农艺配方系列丛书

在吉林省中部黑土区、东部白浆土区和西部草甸盐碱土区为大豆钼肥有效区，增产幅度为 4.8%～12.6%。土壤含钼量 0.15mg/kg 为缺钼临界值，低于 0.15mg/kg 施钼有效，高于 0.15mg/kg 则施钼无效。如果土壤缺钼，施钼不仅能提高产量，还能提高大豆籽实中的含钼量，同时有增加籽实蛋白质含量的作用。据中国农业科学院油料作物研究所报道，施钼比不施钼大豆籽实中蛋白质含量提高 2.0%～4.2%。在吉林省东部河谷冲积土上施用硼肥比不施每公顷增产 198.8kg，增产 12.4%；硼肥对大豆生育期及植株生育前期生长影响不大，主要是对后期单株结荚数和粒重有明显的促进作用，平均每株增加 0.4～0.7 个荚。据中国科学院南京土壤研究所研究，不同质地土壤中有效硼含量的丰缺指标如表 6-5-5 所示。

表 6-5-5　不同质地土壤中有效硼含量的丰缺指标（mg/kg）

指标	轻质土	黏重土
充足	0.5	＞0.8
适宜	0.5～0.25	0.8～0.4
不足	0～0.25	0～0.4

吉林省农业科学院试验结果表明，在西部地区黑钙土和淡黑钙土上每公顷施硫酸锰 45kg，平均增产 8.2%，在中部黑土上平均增产 5.8%。在土壤含锌量低于 0.5mg/kg 的情况下，施锌增产显著。

第六节　不同生态区大豆专用复混肥料农艺配方制订

一、黑龙江省大豆复混肥料农艺配方

根据黑龙江省土壤养分特点、肥料利用率以及目标产量，可以推算出黑龙江省不同生态区大豆专用复混肥料农艺配方，以此指导农民施肥（表 6-6-1、表 6-6-2）。

表 6-6-1　黑龙江省大豆专用复混肥料配方参数

相关参数		松嫩平原中部温凉区	松嫩平原北部冷凉区	三江平原低湿区	丘陵半山间冷凉区
基础产量（kg/hm²）		2 500～3 000	2 250～2 750	2 250～2 500	1 500～2 000
目标产量（kg/hm²）		3 000～4 000	3 000～3 750	3 000～3 500	2 250～2 750
100kg 经济产量需氮、磷、钾量(kg)	氮	6.71	6.71	6.71	6.71
	磷	1.98	1.98	1.98	1.98
	钾	3.42	3.42	3.42	3.42
肥料利用率（%）	氮	34.5	34.5	34.5	34.5
	磷	10.8	10.8	10.8	10.8
	钾	27.5	27.5	27.5	27.5
肥料用量（kg/hm²）	氮	97.2～194.4	145.9～194.4	145.9～194.4	145.9
	磷	91.7～183.4	137.5～183.4	137.5～183.4	137.5
	钾	62.1～124.3	93.3～124.3	93.3～124.3	93.3

表 6-6-2　黑龙江省大豆专用复混肥料农艺配方

生态区划分与命名		面积（万 hm²）	每 667m² 施肥总量（N-P₂O₅-K₂O, kg）	每 667m² 基肥用量（N-P₂O₅-K₂O, kg）	每 667m² 追肥用量（N-P₂O₅-K₂O, kg）	中微量元素种类与每 667m² 用量（kg）		
						锌	硼	锰
松嫩平原中部温凉区	大配方	33.3	6-6-4	6-6-4				0.3
	高产田	13.3	8-8-5	8-8-5				0.3
	中产田	13.3	6-6-4	6-6-4				0.3
	低产田	6.7	6-6-3	6-6-3				0.3
松嫩平原北部冷凉区	大配方	40.0	6-6-5	6-6-5				0.3
	高产田	13.3	8-8-6	8-8-6				0.3
	中产田	20.0	6-6-4	6-6-4				0.3
	低产田	6.7	5-5-3	5-5-3				0.3
三江平原低湿区	大配方	33.3	6-6-5	6-6-5				0.3
	高产田	13.3	8-8-6	8-8-6				0.3
	中产田	13.3	6-6-5	6-6-5				0.3
	低产田	6.7	5-5-4	5-5-4				0.3
丘陵半山间冷凉区	大配方	53.3	5-5-4	5-5-4				0.3
	高产田	6.7	6-6-5	6-6-5				0.3
	中产田	13.3	5-5-4	5-5-4				0.3
	低产田	33.3	4-4-3	4-4-3				0.3

二、吉林省大豆复混肥料农艺配方

根据目标产量法，吉林省大豆高、中、低产田各制订一个复混肥料专用配方。根据吉林省气候区划，在 3 个不同大豆生态区，每个生态区制订一个大豆配方；每一个生态区内的高、中、低产田制订一个大豆配方（表 6-6-3、表 6-6-4）。

表 6-6-3　吉林省大豆专用复混肥料农艺大配方

生态区划分与命名	面积（万 hm²）	每 667m² 施肥总量（N-P₂O₅-K₂O, kg）	每 667m² 基肥用量（N-P₂O₅-K₂O, kg）	每 667m² 追肥用量（N-P₂O₅-K₂O, kg）	中微量元素种类与每 667m² 用量（kg）			备注
					锌	硼	锰	
区域大配方	45.0	6-6-6	6-6-6	—	0.5			
高产田配方	14.7	6-6-6	6-6-6	—	0.5			底肥配方
中产田配方	18.3	4-6-5	4-6-5	—	0.5			
低产田配方	12.0	4-6-5	4-6-5	—	0.5			

作物专用复混肥料农艺配方系列丛书

表 6-6-4　吉林省大豆专用复混肥料农艺亚配方

生态区划分与命名		面积（万 hm²）	每 667m² 施肥总量（N-P₂O₅-K₂O，kg）	每 667m² 基肥用量（N-P₂O₅-K₂O，kg）	每 667m² 追肥用量（N-P₂O₅-K₂O，kg）	中微量元素种类与每 667m² 用量（kg）			备注
						锌	硼	锰	
东部半湿润冷凉气候区	大配方	28.0	6-6-6	6-6-6		0.5			
	高产田	8.7	6-6-6	6-6-6		0.5			
	中产田	12.7	4-6-5	4-6-5		0.5			
	低产田	6.7	4-6-5	4-6-5		0.5			
中部半湿润气候区	大配方	7.0	6-6-5	6-6-5		0.5			底肥配方
	高产田	6.0	6-6-5	6-6-5		0.5			
	中产田	1.0	6-6-5	6-6-5		0.5			
	低产田	—	—	—					
西部半干旱气候区	大配方	10.0	4-6-5	4-6-5		0.5			以绿豆、红小豆等为主
	高产田	—	—	—					
	中产田	4.7	4-6-5	4-6-5		0.5			
	低产田	5.3	4-6-5	4-6-5		0.5			

三、内蒙古自治区大豆复混肥料农艺配方

根据资料、文献和部分"3414"试验结果，确定内蒙古大兴安岭南麓大豆高产田的目标产量是 >3 500kg/hm²，中产田的目标产量是 1 500～3 500kg/hm²，低产田的目标产量是 <1 500kg/hm²。

生产 100kg 大豆需要吸收的氮、磷、钾养分因不同产量水平和不同施肥量水平及不同养分配比而不同。通过大量的试验和文献的查阅可知，大兴安岭南麓地区生产 100kg 大豆籽粒需要的氮、磷、钾分别为 6.8kg、1.8kg、3.6kg，大兴安岭南麓旱地生产大豆的肥料利用率分别为氮肥 18.8％、磷肥 14.9％、钾肥 26.6％。根据上述产量、肥料利用率等数据，可以确定大豆施肥量。

在高产田中，需要投入的氮、磷、钾量分别为大于 102.7kg/hm²、大于 85.8kg/hm²、大于 104.6kg/hm²，中产田需要投入的氮、磷、钾量分别为 70.8～102.7kg/hm²、62.8～85.8kg/hm²、72.1～104.6kg/hm²，低产田分别为小于 70.8kg/hm²、小于 62.8kg/hm²、小于 72.1kg/hm²（表 6-6-5）。

表 6-6-5　内蒙古自治区大豆每公顷需要投入的养分量

养分	目标产量（kg/hm²）	无肥区产量（kg/hm²）	100kg 籽粒需养分量（kg）	肥料利用率	推荐施肥量（kg/hm²）
N	高产田（>3 500）	>3216.0	6.8	18.8	>102.7
	中产田（1 500～3 500）	1 304.1～3 216.0			70.8～102.7
	低产田（<1 500）	<1 304.1			<70.8
P₂O₅	高产田（>3 500）	>2 789.9	1.8	14.9	>85.8
	中产田（1 500～3 500）	980.0～2 789.9			62.8～85.8
	低产田（<1 500）	<980.0			<62.8

（续）

养分	目标产量（kg/hm²）	无肥区产量（kg/hm²）	100kg 籽粒需养分量（kg）	肥料利用率	推荐施肥量（kg/hm²）
	高产田（>3 500）	>2 726.9			>104.6
K₂O	中产田(1 500～3 500)	967.6～2 726.9	3.6	26.6	72.1～104.6
	低产田（<1 500）	<967.6			<72.1

内蒙古自治区大豆高产田需要投入的总养分量为大于 293.1kg/hm²，中产田需要投入的总养分量为 205.7～293.1kg/hm²，低产田需要投入的总养分量为小于 205.7kg/hm²。如果配方肥的总养分含量按 45% 计算，那么制订的肥料配方是：高产田复合肥料配方为 16-13-16，建议每公顷投入量大于 660kg；中产田复合肥料配方为 15-14-16，建议每公顷投入量 450～660kg/hm²；低产田复合肥料配方为 15-15-16，建议每公顷投入量低于 450kg（表 6-6-6）。

表 6-6-6　内蒙古自治区大豆专用复混肥料农艺大配方

生态区划分与命名	每667m²施肥总量（N-P₂O₅-K₂O，kg）	每667m²基肥用量（N-P₂O₅-K₂O，kg）	每667m²追肥用量（N-P₂O₅-K₂O，kg）	中微量元素种类与每667m²用量（kg）		
				锌	硼	锰
区域大配方	7-6-7	7-6-7	0-0-0	0.5		
高产田配方	7-6-7	7-6-7	0-0-0	0.5		
中产田配方	6-6-6	6-6-6	0-0-0	0.5		
低产田配方	5-7-5	5-7-5	0-0-0	0.5		

四、陕西省大豆复混肥料农艺配方

在现有养分测定数据的基础上，根据土壤特性、大豆需肥规律、生产水平和气候条件等，制订陕西省大豆专用复混肥料配方。由于大豆生物固氮能提供大约 50% 的氮源（张兴梅等，2004；赵秀芬等，2005），大豆目标产量需氮量的 50% 为氮肥施用量。考虑到培肥地力等因素，需磷、钾肥量按照高、中、低肥力分别乘以系数 1.2、1.5 和 2.0。对于有效磷（Olsen-P）含量超过 65mg/kg 或 75mg/kg 环境阈值的土壤，可暂不施磷肥。考虑到钾素资源短缺，高钾肥力土壤不推荐施用钾肥，中等钾素肥力的高产田可适量补充钾素，一般情况下增产 10% 以内仍不做推荐（表 6-6-7、表 6-6-8）。

表 6-6-7　陕西省大豆专用复混肥料农艺大配方

生态区划分与命名	面积（万 hm²）	每667m²施肥总量（N-P₂O₅-K₂O，kg）	每667m²基肥用量（N-P₂O₅-K₂O，kg）	每667m²追肥用量（N-P₂O₅-K₂O，kg）
区域大配方	17.86	6-6-0	6-6-0	0-0-0
高产田配方	5.36	11-7-0	11-7-0	0-0-0
中产田配方	5.36	6-6-0	6-6-0	0-0-0
低产田配方	7.15	6-6-0	6-6-0	0-0-0

表 6-6-8　陕西省大豆专用复混肥料农艺亚配方

生态区划分与命名		面积（万 hm²）	每 667m² 施肥总量（N-P₂O₅-K₂O，kg）	每 667m² 基肥用量（N-P₂O₅-K₂O，kg）	每 667m² 追肥用量（N-P₂O₅-K₂O，kg）
关中平原	大配方	3.65	6-6-0	6-6-0	0-0-0
	高产田	1.09	11-7-0	11-7-0	0-0-0
	中产田	1.09	6-6-0	6-6-0	0-0-0
	低产田	1.46	6-6-0	6-6-0	0-0-0
陕西北部	大配方	8.89	6-6-0	6-6-0	0-0-0
	高产田	2.67	11-7-0	11-7-0	0-0-0
	中产田	2.67	6-6-0	6-6-0	0-0-0
	低产田	3.56	6-6-0	6-6-0	0-0-0
陕西南部	大配方	5.69	6-6-10	6-6-10	0-0-0
	高产田	1.71	11-7-5	11-7-5	0-0-0
	中产田	1.71	6-6-10	6-6-10	0-0-0
	低产田	2.28	6-6-0	6-6-0	0-0-0

五、河南省大豆复混肥料农艺配方

每生产 100kg 大豆籽粒，需要吸收氮（N）6.5kg、磷（P₂O₅）1.5kg、钾（K₂O）3.2kg；大豆对氮、磷、钾化肥的当季吸收利用率分别为 41.8%～50.4%、15.0%～25.0%、45.0%～60.0%。大豆植株体内的氮素来源有根瘤固氮、土壤供氮和肥料供氮 3 个方面。在中等肥力沙壤土，不施肥时根瘤菌的供氮率为 80.76%；每公顷施 37.5～225kg 纯氮时，根瘤菌供氮率为 22.44%～70.54%，肥料供氮率为 6.37%～26.52%，土壤供氮率为 23.09%～49.04%。

河南省全省制订一个大豆总配方；全省高、中、低产田各制订一个大豆配方（表 6-6-9、表 6-6-10）。

表 6-6-9　河南省大豆专用复混肥料农艺大配方

生态区划分与命名	面积（万 hm²）	每 667m² 施肥总量（N-P₂O₅-K₂O，kg）	每 667m² 基肥用量（N-P₂O₅-K₂O，kg）	每 667m² 追肥用量（N-P₂O₅-K₂O，kg）
区域大配方	53.99	7-8-6	7-8-6	0-0-0
高产田配方	7.32	7-8-6	7-8-6	0-0-0
中产田配方	20.00	8-8-6	8-8-6	0-0-0
低产田配方	26.67	8-8-6	8-8-6	0-0-0

表 6-6-10 河南省大豆专用复混肥料农艺亚配方

生态区划分与命名		面积（万 hm²）	每 667m² 施肥总量（N-P₂O₅-K₂O, kg）	每 667m² 基肥用量（N-P₂O₅-K₂O, kg）	每 667m² 追肥用量（N-P₂O₅-K₂O, kg）
豫北平原夏大豆区	大配方	20.65	6-7-6	6-7-6	0-0-0
	高产田	3.99	5-7-6	5-7-6	0-0-0
	中产田	6.67	6-7-6	6-7-6	0-0-0
	低产田	10.00	6-7-6	6-7-6	0-0-0
豫中东平原夏大豆区	大配方	13.33	7-8-7	7-8-7	0-0-0
	高产田	2.00	6-8-6	6-8-6	0-0-0
	中产田	3.33	7-8-7	7-8-7	0-0-0
	低产田	8.00	7-8-7	7-8-7	0-0-0
淮北平原夏大豆区	大配方	6.67	8-8-6	8-8-6	0-0-0
	高产田	0.67	7-8-6	7-8-6	0-0-0
	中产田	3.33	8-8-6	8-8-6	0-0-0
	低产田	2.67	8-8-6	8-8-6	0-0-0
南阳盆地夏大豆区	大配方	13.33	6-7-6	6-7-6	0-0-0
	高产田	0.67	5-7-6	5-7-6	0-0-0
	中产田	6.67	6-7-6	6-7-6	0-0-0
	低产田	6.00	6-7-6	6-7-6	0-0-0

六、山东省大豆复混肥料农艺配方

依据山东省多点试验和调查分析春大豆和夏大豆的生产现状、产量水平，特别是夏大豆的发展潜力及自然资源状况，依据夏大豆的生长发育规律及其对生态环境条件的要求，参照大豆生态类型区的划分，并考虑本省地形、地貌及其物候区、施肥习惯、土壤类型特别是成土母质的相似性，按照保持县级行政区划完整的原则，将地貌类型、土壤类型、气候条件、作物布局、生产管理措施和产量水平等因素相近的县（市）划为一个区域，将全省划分为鲁西北平原区、鲁东低山丘陵区、鲁中南山地丘陵区、鲁西南平原区 4 个大豆生态类型区。制订不同生态区肥料配方时，综合考虑大豆对养分需求规律、不同区域的土壤养分供应状况及肥效反应，特别是测土配方施肥以及配方肥料施用效应（来自于本区各县、市试验结果）进行肥料配方的设计（表 6-6-11、表 6-6-12）。

表 6-6-11 山东省大豆专用复混肥料农艺大配方

生态区划分与命名	面积（万 hm²）	每 667m² 施肥总量（N-P₂O₅-K₂O, kg）	每 667m² 基肥用量（N-P₂O₅-K₂O, kg）	每 667m² 追肥用量（N-P₂O₅-K₂O, kg）	中微量元素种类与每 667m² 用量（kg）			备注
					锌	硼	钼	
区域大配方	15.67	6-6-8	4-6-8	2-0-0	05	0.2		高钙配方
高产田配方		6-6-8	4-6-8	2-0-0	0.5	0.2		高钙配方
中产田配方		5-5-7	3-5-7	2-0-0	0.5	0.2		高钙配方
低产田配方		5-5-6	3-5-6	2-0-0	0.5	0.2		高钙配方

表 6-6-12　山东省大豆专用复混肥料农艺亚配方

生态区划分与命名		面积（万 hm²）	每 667m² 施肥总量（N-P₂O₅-K₂O，kg）	每 667m² 基肥用量（N-P₂O₅-K₂O，kg）	每 667m² 追肥用量（N-P₂O₅-K₂O，kg）	中微量元素种类与每 667m² 用量(kg)			备注
						锌	硼	钼	
鲁东低山丘陵区	大配方	3.2	6-6-9	4-6-9	2-0-0	0.5	0.2		高钙配方
	高产田		6-6-9	4-6-9	2-0-0	0.5	0.25		高钙配方
	中产田		5-5-8	3-5-8	2-0-0	0.5	0.2		高钙配方
	低产田		5-5-7	3-5-7	2-0-0	0.5	0.2		高钙配方
鲁中南山地丘陵区	大配方	48	6-6-9	4-6-9	2-0-0	0.5	0.2		高钙配方
	高产田		6-6-9	4-6-9	2-0-0	0.5	0.2		高钙配方
	中产田		5-5-8	3-5-8	2-0-0	0.5	0.2		高钙配方
	低产田		5-5-7	3-5-7	2-0-0	0.5	0.2		高钙配方
鲁西北平原区	大配方	85	6-7-8	4-7-8	2-0-0	0.5	0.2		
	高产田		6-7-8	4-7-8	2-0-0	0.5	0.2		
	中产田		5-6-7	3-6-7	2-0-0	0.5	0.2		
	低产田		5-5-6	3-5-6	2-0-0	0.5	0.2		
鲁西南平原区	大配方	74	6-6-8	4-6-8	2-0-0	0.5	0.2		
	高产田		6-6-8	4-6-8	2-0-0	0.5	0.2		
	中产田		5-6-7	3-5-7	2-0-0	0.5	0.2		
	低产田		5-5-6	3-5-6	2-0-0	0.5	0.2		

七、湖南省大豆复混肥料农艺配方

湖南省许多研究结果证明，大豆整个生育过程中，由于根瘤菌的活动，每公顷大豆植株一般可以从空气中固定 75～150kg 氮素，可满足大豆所需氮素的大部分。大豆施肥总量可以根据目标产量来确定：

大豆目标产量 1 950～2 250kg/hm² 时，高、低肥力田块氮、磷、钾纯养分总用量分别为 60～90kg/hm² 和 90～120kg/hm²。

目标产量 2 250～2 625kg/hm² 时，高、低肥力田块纯养分总用量分别为 105～135kg/hm² 和 120～150kg/hm²。

目标产量 2 625～3 000kg/hm² 时，氮、磷、钾施用比例在高肥力土壤为 1∶1.2∶(0.4～0.6)；在低肥力土壤里可适当增加氮、钾用量，氮、磷、钾施用比例为 1∶1∶(0.4～0.6)。高、低肥力田块纯养分总用量为 135～180kg/hm² 和 165～210kg/hm²（表 6-6-13）。

表 6-6-13　湖南省大豆专用复混肥料农艺大配方

生态区划分与命名	每 667m² 施肥总量（N-P₂O₅-K₂O，kg）	每 667m² 基肥用量（N-P₂O₅-K₂O，kg）	每 667m² 追肥用量（N-P₂O₅-K₂O，kg）
区域大配方	7-8-6	7-8-6	0-0-0
高产田配方	7-8-6	7-8-6	0-0-0
中产田配方	7-7-6	7-7-6	0-0-0
低产田配方	6-7-5	6-7-5	0-0-0

参 考 文 献

董钻. 2000. 大豆产量生理［M］. 北京：中国农业出版社.

董钻，沈秀瑛. 2003. 作物栽培学总论［M］. 北京：中国农业出版社.

杜天庆，赵惠青，袁公选. 1993. 陕西省大豆生产的现状及发展途径［J］. 陕西农业科学（2）：38-42.

郭庆元，李志玉，涂学文. 2003. 大豆高产优质施肥研究与应用［J］. 中国农学通报（3）：89-96，104.

郭志利. 2000. 不同覆膜方式对旱地大豆生长发育及产量效应的影响［J］. 辽宁农业科学（1）：26-28.

韩燕来，李青松，王宜伦，等. 2008. 河南省大豆品种磷素营养特性的差异研究［J］. 干旱地区农业研究，26（1），175-180.

蒋跃林，张庆国，张仕定，等. 2006. 大气 CO_2 浓度升高对大豆根瘤量及其固氮活性的影响［J］. 大豆科学，25（1）：53-56.

李金荣. 2005. 大豆的科学施肥技术［J］. 吉林农业科技学院学报，14（3）：21-23.

李卫东，张梦臣. 2006. 黄淮海夏大豆及品种参数［M］. 北京：中国农业科学技术出版社.

李英. 1994. 改变汉中地区大豆低产的技术措施［J］. 陕西农业科学（5）：38-39.

李永孝，崔如，丁发武，等. 1992. 夏大豆植株氮、磷、钾含量与水肥的关系［J］. 作物学报（12）：463-474.

刘素洁. 2010. 春大豆高产稳产栽培技术［J］. 安徽农学通报（上半月刊15）：150，250.

刘素霞，高岭巍. 2004. 浅析河南夏大豆高产配套栽培的几项技术［J］. 大豆通报（5）：15-17.

刘志明，王培秋，筒自强，等. 2011. 大豆推荐施肥技术［J］. 吉林农业（4）：140-142.

鲁剑巍. 2010. 测土配方与作物配方施肥技术［M］. 北京：金盾出版社.

内蒙古自治区统计局. 2009. 内蒙古统计年鉴［M］. 北京：中国统计出版社.

农业部种植业管理司. 2003. 中国大豆品质区划总论［M］. 北京：中国农业出版社.

祁继军，叶巧宁. 2010. 提高陕北大豆产量的关键措施［J］. 山西农业科学（12）：121-122.

陕西省统计局. 2012. 陕西统计年鉴2011［M］. 北京：中国统计出版社.

沈阿林，张翔，吕爱英. 2002. 豫豆25号的营养吸收特点与施肥效果［J］. 河南农业科学（4）：9-12.

孙祖东，陈怀株，杨守臻，等. 2001. 大豆抗旱性研究进展［J］. 大豆科学，20（3）：221-225.

索全义，王文玲，索凤兰. 1998. 内蒙古东北旱作春大豆氮磷钾营养特性的研究［J］. 内蒙古农业科技（增刊1）：209-211.

王连铮，商绍刚，饶湖生，等. 1980. 大豆的氮磷营养试验报告［J］. 中国农业科学（1）：61-69.

王连铮. 2002. 关于大豆优质高产问题的研讨［J］. 大豆通报（1）：21-24.

王希武，韩文梅. 2007. 高油大豆高产施肥技术［J］. 黑龙江农业科（5）：123.

杨秀章，陈若礼. 1995. 夏大豆需肥规律及施肥技术［J］. 安徽农学通报（2）：57.

张清旺，李莲娜. 2009. 夏大豆规范化施肥技术［J］. 科学种养（8）：14.

张胜，辛亚军，孙福岭，等. 2012. 内蒙古主要农作物测土配方施肥及综合配套栽培技术［M］. 北京：中国农业出版社.

张兴梅，蔡德利，王法清，等. 2004. 不同大豆品种在养分吸收及产量上的比较［J］. 土壤肥料（3）：41-42.

赵秀芬，房增国. 2005. 大豆、花生固氮与施氮关系的研究进展［J］. 安徽农学通报，11（3）：48-49.

Nandini Devi K，Nongdren Khomba Singh L，Sunanda Devi T，et al. 2012. Response of Soybean［*Glycine max*（L.）Merrill］to Sources and Levels of Phosphorus［J］. Journal of Agricultural Science，4（6）：44-57.

Salvagiotti F，Cassman K G，Specht J E，et al. 2008. Nitrogen Uptake，Fixation and Response to Fertilizer N in Soybeans：A Review［J］. Field Crops Research，108（1）：1-13.

Sawchik J，Mallarino A P. 2008. Variability of Soil Properties，Early Phosphorus and Potassium Uptake，and Incidence of Pests and Weeds in Relation to Soybean Grain Yield ［J］. Agronomy Journal，100（5）：1450-1462.

第七章 马铃薯专用复混肥料 农艺配方

第一节 我国马铃薯的分布与区划

中国是全球最大的马铃薯生产国，马铃薯种植面积和总产约占世界的 1/4，而且马铃薯的种植面积呈稳步增长趋势。到 2010 年末，我国马铃薯种植面积增加到 667 万 hm²。马铃薯栽培遍及全国，在千差万别的自然条件下，各地通过长期的生产实践，形成了与当地气候特点和生产条件相适应的栽培类型，从而构成了不同的栽培区，即北方一作区（Ⅰ）、中原二作区（Ⅱ）、南方冬作区（Ⅲ）及西南混作区（Ⅳ）（刘克礼，2008）（图 7-1-1）。

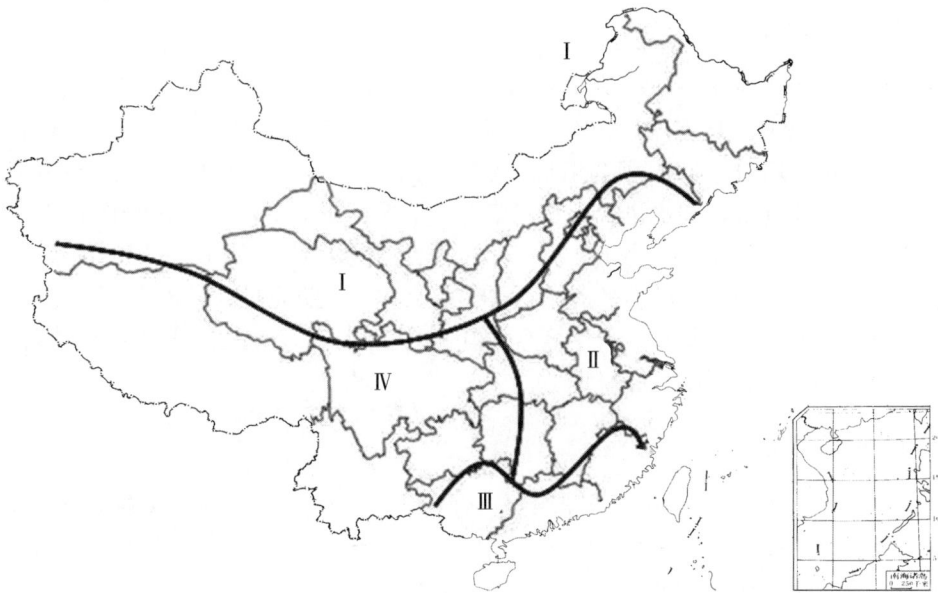

图 7-1-1 中国马铃薯种植区域划分
Ⅰ. 北方一作区　Ⅱ. 中原二作区　Ⅲ. 南方冬作区　Ⅳ. 西南混作区

一、北方一作区

从昆仑山脉向东，经唐古拉山、巴颜喀拉山脉，沿黄土高原海拔 700～800m 一线到古长城，为本区南界。包括东北地区的黑龙江省、吉林省及除辽东半岛以外的辽宁省大部地区，华北地区的河北北部、山西北部、内蒙古全部以及西北地区北部、宁夏全部、甘肃全部、青海东部和新疆天山以北地区。该区为中国最大的马铃薯产区。

二、中原二作区

中原二作区位于北方一作区以南，大巴山、苗岭以东，南岭、武夷山以北各省，包括辽宁、河北、山西、陕西 4 省的南部，湖北、湖南两省东部，河南、山东、江苏、浙江、安徽、江西诸省。

三、南方冬作区

南方冬作区为南岭、武夷山以南的各省（自治区、直辖市），包括广西、广东、海南、福建、台湾等省（自治区、直辖市）。广东、福建是重要传统产区，广西、海南是新兴马铃薯产区，海南省马铃薯播种面积很小，台湾省马铃薯播种面积更小。

四、西南混作区

西南混作区是中国第二大马铃薯产区，包括云南、贵州、四川、重庆、西藏全部，湖北、湖南西部。

第二节　不同生态区马铃薯气候特征

一、北方一作区

本区气候特点是无霜期短，一般多为 110～170d，年平均温度为－4～10℃，最热月平均温度在 24℃以内，最冷月平均温度为－28～－8℃，≥10℃积温为 2 000～4 700℃。年降水量 50～1 000mm，分布很不均匀。东北地区西部、内蒙古东南部及中部狭长地带、宁夏中南部、黄土高原西北部为半干旱地带，降水量少而蒸发量大，干燥度在 1.5 以上；东北中部和黄土高原东南部则为半湿润地区，干燥度多为 1.0～1.5；黑龙江省的大兴安岭和小兴安岭山地干燥度只有 0.5～1.0，可见本区的降水量极不平衡。本区气候凉爽、光照充足、昼夜温差大，适于马铃薯的生育，栽培面积较大。有些省（自治区），如内蒙古、甘肃、宁夏等因所产马铃薯块茎的种用品质好，已成为我国著名的种薯基地。

二、中原二作区

该区由大陆性气候和亚热带季风湿润气候控制，冬季湿冷，夏季炎热，年平均气温为 12～18℃，无霜期长，为 180～280d，年降水量 500～1 400mm，多集中于 7～8 月，光照充足，年日照时数为 1 400～2 900h，≥10℃活动积温 4 000～5 759℃。该区北部山东省和南部湖北省的气候条件差异较大。山东省年平均温度 12～14℃，无霜期从东北沿海往南由 180d 递增为 200d 以上，年降水量 500～900mm，年日照时数为 2 300～2 900h，≥0℃积温为 4 000～4 400℃。湖南年平均气温为 15～18℃，无霜期为 270～310d，年降水量为 1 200～1 700mm，≥10℃积温为 5 000～5 840℃。

三、南方冬作区

该区属于东亚季风区，大部分属亚热带季风气候，部分属热带季风气候，夏长冬暖，降水量丰沛，雨季长，干湿季节明显，夏秋季多台风和暴雨，冬、春季有冷空气侵袭，偶有奇寒。春季的低温阴雨、秋季的寒露风及秋末至翌年春初的寒潮和霜冻是影响马铃薯生产的主要气象因素。该区水分资源充足，年降水量为1 300～2 000mm，年平均气温为18.9～22.9℃，≥10℃积温为6 500～8 400℃。

四、西南混作区

该区属于亚热带暖湿东南季风气候，具有冬暖、春早、夏热、秋凉、四季分明、无霜期长、光照适宜、降水量充沛的特点。一年中春季气温回升早而不稳定，北方冷空气南下入侵造成的寒潮低温冷害频繁发生。夏季受副热带高压和大陆高压影响，连晴高温，多伏旱、雷阵雨；秋季冷空气影响频繁，气温下降快，多秋绵雨；冬季温暖多雾，低海拔地区霜雪较少。该区年平均气温11.0～19.0℃，无霜期210～290d，年降水量500～1 200mm，常年日照时数为1 130～2 292h，≥10℃积温为3 170～5 514℃。

第三节　不同生态区马铃薯田土壤肥力特征

一、北方一作区

1. 内蒙古地区土壤肥力特征

（1）土壤有机质。阴山丘陵地区是内蒙古马铃薯主产区。测土配方项目旱地50 548个土壤样点土壤有机质分级结果（表7-3-1）表明，该地区有机质含量主要分布在<33.2 g/kg的中等、低等、极低3个丰缺范围内，各占土壤样点数的31.34%、29.68%、29.84%，高等、极高等丰缺范围内的土壤所占比例少，共占总样点数的9.14%。

表 7-3-1　内蒙古地区马铃薯主产区土壤有机质分级统计

测样地区	指标	丰缺程度				
		极低	低	中	高	极高
阴山丘陵地区旱地	分级指标（g/kg）	<13.3	13.3～19.0	19.0～33.2	33.2～40.2	>40.2
（n=50 548）	各级样品百分比（%）	29.84	29.68	31.34	4.58	4.56
阴山丘陵地区水浇地	分级指标（g/kg）	<11.4	11.4～15.8	15.8～26.0	26.0～30.7	>30.7
（n=40 142）	各级样品百分比（%）	19.06	25.06	36.79	7.34	11.75

注：资料引自樊明寿等（2012）。

40 142个水浇地土壤样点有机质含量与旱地相似，有机质含量在15.8～26.0 g/kg的中等水平丰缺范围内所占比例为36.79%，<15.8 g/kg的土壤占44.12%，而高等、极高等丰缺范围的样点数分别占总取样点数的7.34%、11.75%。综上所述，内蒙古马铃薯主产区土壤有机质含量属于中等偏低水平。

（2）土壤全氮。阴山丘陵地区旱地50 548个土壤样点全氮含量与有机质含量状况基本一致，<1.19 g/kg的低等及极低等的土壤占64.62%。>2.16 g/kg的高等和极高等丰缺范围内土样占总取样点的4.60%。

阴山丘陵地区水浇地40 142个土壤样点全氮含量<1.59 g/kg的占84.48%，>1.59 g/

kg 的高等和极高等丰缺范围内的土样比例仅为 15.52%。可见在内蒙古马铃薯的主产区，土壤全氮含量也属于中等偏低的水平（表 7-3-2）。

表 7-3-2　内蒙古地区马铃薯主产区土壤全氮分级统计

测样地区	指标	丰缺程度				
		极低	低	中	高	极高
阴山丘陵地区旱地	分级指标（g/kg）	<0.80	0.80~1.19	1.19~2.16	2.16~2.64	>2.64
（n=50 548）	各级样品百分比（%）	28.60	36.02	30.78	2.85	1.75
阴山丘陵地区水浇地	分级指标（g/kg）	<0.67	0.67~0.95	0.95~1.59	1.59~1.89	>1.89
（n=40 142）	各级样品百分比（%）	16.22	27.52	40.74	7.37	8.15

注：数据来源同表 7-3-1。

（3）土壤有效磷。阴山丘陵地区旱地土壤有效磷含量在 8.4~20.7 mg/kg 中等丰缺范围内的样点比例为 41.42%，而<8.4 mg/kg 的土样占总样点数的 50.64%，>20.7 mg/kg 的高等、极高等丰缺范围内的样点比例最少，为 7.94%。

该地区水浇地近 50%样点土壤有效磷含量在<8.2 mg/kg 的极低等丰缺范围内，其次是在 8.2~22.7 mg/kg 的中、低水平丰缺范围内，占总土壤样本点的比例为 44.16%，高等和极高等丰缺范围内的土壤样点最少，共占土壤总样点数的 6.36%。综上所述，内蒙古马铃薯主产区土壤有效磷含量也处于中等偏低水平（表 7-3-3）。

表 7-3-3　内蒙古地区马铃薯主产区土壤有效磷分级统计

测样地区	指标	丰缺程度				
		极低	低	中	高	极高
阴山丘陵地区旱地	分级指标（mg/kg）	<4.6	4.6~8.4	8.4~20.7	20.7~28.0	>28.0
（n=50 548）	各级样品百分比（%）	19.51	31.13	41.42	4.29	3.65
阴山丘陵地区水浇地	分级指标（g/kg）	<8.2	8.2~12.3	12.3~22.7	22.7~27.8	>27.8
（n=40 142）	各级样品百分比（%）	49.48	20.59	23.57	2.68	3.68

注：数据来源同表 7-3-1。

（4）土壤速效钾。阴山丘陵地区旱地土壤有效钾含量集中在 108~192 mg/kg 的中等丰缺范围内，占总样本点数的 48.09%，其次是在 73~108 mg/kg 的低等范围内，占总样本点数的 26.51%。而极低等、高等、极高等丰缺范围内的土壤样本点数比例小，各占总样点数的 8.0%左右。

该区水浇地土壤有效钾主要分布在 100~174mg/kg 的中等丰缺范围内，占总样点数的 49.78%，其次为 69~100 mg/kg 的低等丰缺范围内，占总样点数的 21.66%。<69mg/kg 的极低等丰缺范围内的样本点最少，占总样点数的 5.09%。所以，在内蒙古马铃薯主产区，土壤有效钾的含量属于中等水平（表 7-3-4）。

表 7-3-4　内蒙古地区马铃薯主产区土壤有效钾分级统计

测样地区	指标	丰缺程度				
		极低	低	中	高	极高
阴山丘陵 地区旱地 ($n=50\ 548$)	分级指标（mg/kg）	<73	73～108	108～192	192～234	>234
	各级样品百分比（%）	8.09	26.51	48.09	8.08	9.23
阴山丘陵 地区水浇地 ($n=40\ 142$)	分级指标（g/kg）	<69	69～100	100～174	174～209	>209
	各级样品百分比（%）	5.09	21.66	49.78	9.57	13.90

注：数据来源同表 7-3-1。

2. 甘肃省土壤肥力特征

（1）土壤有机质。甘肃省马铃薯高产田主要分布于河西地区山丹县、民乐县，以及陇中地区渭源县、岷县、临洮、平凉地区庄浪、华亭等地，种植面积 13.3 万 hm^2 左右；中产田主要分布于河西武威、酒泉、陇中白银市、陇西、通渭等地；低产田主要分布于陇东庆阳地区及陇南冬马铃薯种植区。土壤耕层为碱性，养分含量整体表现为有机质缺乏，氮不足，磷中等或缺乏，钾中等或丰富，铁、锰、锌、铜基本能满足作物生长，部分地区缺锌和锰。

甘肃省土壤有机质含量总的趋势是：东南部高于西北部，灌溉地高于旱地，城镇郊区高于非城郊区。

甘肃河西绿洲灌区，马铃薯种植区地带性土壤是灌漠土和栗钙土，耕层有机质含量平均为 18.3g/kg，旱地覆膜马铃薯每 $667m^2$ 产量达 2 500～3 000kg。陇东黄土高原区土壤主要是黑沪土和黄绵土，耕层有机质含量平均为 12.9g/kg，马铃薯每 $667m^2$ 产量 1 000～1 500kg。陇中以干旱和半干旱区的旱作农业为特征，在定西、通渭、临洮等地，主要土壤是黑麻土和黄绵土，耕层有机质含量平均为 12.8g/kg，利用地膜种植的马铃薯每 $667m^2$ 产量可达到 2 500～3 500kg（陈凡玲，2011）。处于南部的甘南藏族自治州、临夏回族自治州和陇南地区，土壤有机质含量居全省最高水平，但马铃薯产量水平较低，主要是因为气候条件差、旱地面积大、投入少、耕作粗放等原因。

（2）土壤氮素、磷素、钾素。土壤耕层含氮量以暗棕壤、棕壤、灰褐土、黑土及黑钙土为最高，多在 2g/kg 以上，其次为黄棕壤、褐土、栗钙土（1～2g/kg），漠境土最低（<0.5g/kg）。以地区比较，甘南最高，达到 6g/kg，其次为陇南、临夏、定西、张掖、武威等。土壤耕层含氮量对马铃薯产量的影响与土壤有机质有很大的一致性，即除气候和氮、磷、钾比例失调等原因使含氮量与产量关系反常外，河西、临夏、陇东、陇中各地区及试点的马铃薯平均产量与耕层含氮量的变化趋势基本一致。土壤有效磷含量以河西最高（10 mg/kg 以上），属三级水平，临夏、甘南、陇东、陇中属四级水平（8 mg/kg 左右），陇南最低，其含量排序与马铃薯产量呈非常好的一致性，是限制马铃薯高产的主要因素。土壤速效钾含量基本在 130 mg/kg 以上，属二、三级水平，对一般作物生长已基本满足要求，但马铃薯吸收钾素的比例相对较高，且陇东、陇中两区土壤表层速效钾大多数属三级水平（低于 150 mg/kg），虽然不呈明显的限制作用，但对产量亦产生一定的影响（温随良等，1996）。因此，应该注意补施含钾较高的草木灰、厩肥等，尤其在生长后期更应该重视钾肥的追施。

（3）土壤微量元素。马铃薯的生长除需氮、磷、钾等大量元素外，也需要铜、铁、锌、锰、硼等微量元素，其中对硼的反应比较明显。甘肃各农业生态区除河西、临夏、甘南外，陇中及陇东、陇南均属缺硼地区（有效硼含量 0.4 mg/kg 以下），白银市农技站的试验表明，在马铃薯现蕾期和盛花期各喷施硼肥一次，可增产 15％ 左右。

二、中原二作区

1. 山东省土壤肥力特性　该区土壤有机质含量为 11.1～16.9g/kg，均在 10g/kg 以上。土壤全氮含量为 0.72～1.08g/kg，土壤碱解氮含量为 79～106 mg/kg，氮素肥力居中等偏上水平。土壤有效磷含量为 26.6～41.2 mg/kg，均大于 20 mg/kg，磷素供应水平较高。土壤有效钾含量均在 100 mg/kg 以上，为 100～151 mg/kg，钾素肥力较高，适宜种植需钾量较多的马铃薯（邢晓飞，2010）。总体上看，该区马铃薯地块土壤肥力较高（表 7-3-5）。

表 7-3-5　山东省种植马铃薯的田块土壤养分状况

地（市）	有机质 (g/kg)	全氮 (g/kg)	碱解氮 (mg/kg)	有效磷 (mg/kg)	缓效钾 (mg/kg)	速效钾 (mg/kg)
枣庄市	16.9	1.08	106	27.9	736	127
青岛市	11.1	0.72	81	37.0	384	100
泰安市	14.5	0.81	79	29.6	793	109
潍坊市	13.7	0.97	95	41.2	705	151
临沂市	14.4	0.92	98	38.5	647	106
济宁市	13.8	0.91	84	26.6	696	116

注：数据引自邢晓飞（2010）。

2. 湖南省东部土壤肥力特性

（1）土壤有机质含量平均为 43.5g/kg，变化幅度为 24.5～66.6g/kg，该区土壤有机质含量均超过 20.0g/kg，有机质含量非常丰富，在湖南省 4 个生态区中土壤有机质含量最高。

（2）土壤全氮含量平均为 2.5g/kg，变化幅度为 1.5～3.8g/kg，土壤全氮含量均超过 1.5g/kg，土壤氮库相当丰富，该区全氮含量与有机质含量的相关系数达 0.833 6，极显著相关；该区碱解氮含量平均为 178.3 mg/kg，变化幅度为 115.8～259.0 mg/kg，其中有 76.5％ 的土壤碱解氮含量超过 150 mg/kg，其速效氮养分供应充足。

（3）土壤有效磷（P_2O_5）含量平均为 14.5 mg/kg，变化幅度为 4.1～66.9 mg/kg，变异系数较大。平均水平为 4 个生态区最低，不同样点中，仅有 20.6％ 的土壤有效磷含量超过 20 mg/kg，有 41.2％ 的土壤有效磷含量低于 10 mg/kg，可见，其有效磷水平整体上严重缺乏。

（4）土壤速效钾（K_2O）含量平均为 62.1 mg/kg，变化幅度为 30.0～149.0 mg/kg，平均水平低于湘北和湘南区，仅略高于湘西地区。其中，有 95.6％ 的土壤速效钾含量低于 100 mg/kg，可见其速效钾养分严重不足（朱杰辉等，2009）（表 7-3-6）。

表 7-3-6　湖南省东部马铃薯产区土壤养分状况

项目	有机质（g/kg）	全氮（g/kg）	有效磷（mg/kg）	速效钾（mg/kg）
平均含量	43.5	2.5	14.5	62.1
变化幅度	24.5～66.6	1.5～3.8	4.1～66.9	30.0～149.0

（5）土壤中微量元素中，钙、镁、硫比较丰富，含量平均分别为4 117.3 mg/kg、130.5 mg/kg、104.9 mg/kg，但其变化幅度大；土壤有效铁、有效锰、有效铜、有效锌、有效硼含量分别为72.5 mg/kg、25.4 mg/kg、4.7 mg/kg、5.6 mg/kg、0.5 mg/kg，主要表现为有效硼较缺乏。

三、南方冬作区

南方冬作区由于缺乏福建、广西等地资料，因此只介绍广东省的情况。

惠东是广东省马铃薯主产区，根据当地调查分析的2 186份土壤样品，土壤有机质含量在2.6～66.2g/kg范围内，平均为23.39g/kg。全氮含量为0.13～3.26g/kg，平均为1.12g/kg。土壤有效磷含量在0.2～210.9 mg/kg范围内，平均含量为35.6 mg/kg，磷含量处于中高水平。速效钾含量变幅为1～278 mg/kg，平均含量为58.96 mg/kg，多数田块需要加强钾肥的施用（刘文区等，2011）。

四、西南混作区

1. 重庆市土壤肥力特征　重庆市马铃薯主产区土壤pH为4.7～8.4，平均值为6.3，整体适宜马铃薯生长。土壤有机质含量较为丰富，其中高于20g/kg的土壤占80.1%，高于40g/kg的土壤占17.9%。全氮、全磷含量丰富。有近50%土壤全钾含量属适量范围，丰富和缺乏范围内的比例分别是24.2%和30.6%。巫溪县马铃薯种植区土壤全磷、全钾含量缺乏较严重，比例分别为35.3%和50.0%。三峡库区马铃薯种植区土壤有效氮、有效磷、有效钾、有效硫含量均较丰富，交换性钙、镁含量十分丰富。而城口县土壤有效硫含量整体偏低，土壤有效铁、有效锰、有效硼均缺乏，比例分别为48.4%、56.4%和98.4%。土壤有效铜、有效锌含量则十分丰富，各种微量元素的含量城口高于巫溪。同一产区不同部位土壤养分存在很大差异，不同产区马铃薯土壤养分丰缺范围明显不同。

2. 四川省土壤肥力特征　四川省不同农业生态区马铃薯田土壤养分状况见表7-3-7。川中丘陵地区马铃薯田耕层土壤pH为5.10～7.90。有机质含量为1.5～30.1g/kg，平均为12.5g/kg，属于较缺乏含量水平。全氮含量为0.10～1.33g/kg，平均为0.68g/kg，属于中等含量水平。碱解氮、有效磷和速效钾的含量分别为78～116 mg/kg、4.90～32.90 mg/kg和41～129 mg/kg，平均值分别为102 mg/kg、18.68 mg/kg和83 mg/kg，其中碱解氮、有效磷属于较丰富含量水平，速效钾属于较缺乏含量水平。

表7-3-7　四川省马铃薯种植区土壤养分状况

项　目	川中丘陵区		盆周山地区		川西南山地区	
	含量范围	平均值	含量范围	平均值	含量范围	平均值
pH	5.10～7.90	5.76 (5)	4.70～6.80	5.20 (6)	4.9～7.4	5.6 (16)
有机质（g/kg）	1.5～30.1	12.5 (5)	2.40～27.00	10.72 (6)	10.90～85.90	33.65 (16)
全氮（g/kg）	0.10～1.33	0.68 (5)	0.16～1.30	0.67 (6)	0.62～5.22	2.01 (16)
碱解氮（mg/kg）	78～116	102 (5)	71～168	139 (6)	1.4～317.0	159.0 (16)
全磷（g/kg）				0.09 (1)	0.65～6.90	1.70 (11)
有效磷（mg/kg）	4.90～32.90	18.68 (5)	5.7～74.2	24.5 (6)	1.50～39.40	14.85 (16)
全钾（g/kg）				2.1 (1)	0.30～51.40	16.00 (11)
速效钾（mg/kg）	41～129	83 (5)	84～135	104 (6)	22～363	129 (16)

注：括号中的数字表示样本数。

盆周山区马铃薯田耕层土壤 pH 为 4.7～6.8。有机质含量为 2.4～27.0g/kg，平均为 10.72g/kg，属于中等含量水平。全氮含量为 0.16～1.30g/kg，平均值为 0.67g/kg，属于较丰富含量水平。碱解氮、有效磷和速效钾含量分别为 71～168 mg/kg、5.7～74.2 mg/kg 和 84～135 mg/kg，平均值分别为 139 mg/kg、24.5 mg/kg 和 104 mg/kg，其中碱解氮属于丰富含量水平，有效磷含量的变幅较大，属于丰富含量水平，速效钾属于丰富含量水平。

川西南山地区马铃薯田耕层土壤的 pH 为 4.9～7.4。有机质含量为 10.9～85.9g/kg，平均为 33.65g/kg，属于丰富含量水平。全氮、全磷、全钾含量分别为 0.62～5.22g/kg、0.65～6.90g/kg 和 0.3～51.4g/kg，平均值分别为 2.01g/kg、1.70g/kg 和 16.0g/kg，其中全氮和全磷属于较丰富含量水平，全钾属于中等含量水平。碱解氮、有效磷和速效钾含量分别为 1.4～317 mg/kg、1.5～39.4 mg/kg 和 22～363 mg/kg，平均值分别为 159 mg/kg、14.9 mg/kg 和 129 mg/kg，其中碱解氮属于较丰富含量水平，有效磷和速效钾属于中等含量水平。土壤交换性钙、镁、硫含量分别为 3.24～4.48g/kg、0.19～0.50g/kg 和 1.40～5.33g/kg，平均值为 3.76g/kg、0.32g/kg 和 3.61g/kg，可满足马铃薯生长的需求。本区土壤有效铁含量为 13.3～358.6 mg/kg，平均为 109.5 mg/kg，为丰富或极丰富水平；土壤有效锰含量为 14.5～81.9 mg/kg，平均为 49.18 mg/kg，处于丰富水平；土壤有效铜含量为 0.47～3.20 mg/kg，平均为 1.77 mg/kg，处于丰富水平；土壤有效锌含量为 0.73～23.62 mg/kg，平均为 6.13 mg/kg；土壤有效硼含量为 0.15～0.27 mg/kg，平均为 0.21 mg/kg，仍处于极缺乏或缺乏范围之内，但马铃薯对硼不敏感，尚未发现缺硼症状；土壤有效钼含量为 0.03～0.37 mg/kg，平均为 0.23 mg/kg，处于适中水平（表 7-3-8）。

表 7-3-8　川西南山地区土壤有效中微量元素含量

项目	中量元素 （g/kg）			微量元素 （mg/kg）					
	交换性钙	交换性镁	有效硫	有效铁	有效锰	有效铜	有效锌	有效硼	有效钼
含量范围	3.24～4.48	0.19～0.50	1.40～5.33	13.3～358.6	14.5～81.9	0.47～3.20	0.73～23.62	0.15～0.27	0.03～0.37
平均值	3.76(5)	0.32(5)	3.61(5)	109.5(5)	49.18(5)	1.77(6)	6.13(6)	0.21(6)	0.23(6)

注：括号中的数字表示样本数。

3. 湖南省西部地区土壤肥力特征　本区土壤有机质含量平均为 30.3g/kg，变化幅度为 13.5～57.4g/kg，92.5% 的土壤有机质含量超过 20.0g/kg，有机质含量相当丰富，但平均值仅略高于湘北平湖区，相比湖南省各生态区稻田土壤，其有机质含量水平较低。土壤全氮含量平均为 2.0g/kg，变化幅度为 0.9～3.1g/kg，85.0% 的土壤全氮含量均超过 1.5g/kg，土壤氮库相当丰富，该区全氮含量与有机质含量的相关系数达 0.897 5，极显著相关。土壤碱解氮含量平均为 142.8 mg/kg，变化幅度为 72.0～220.5 mg/kg，仅有 40.0% 的土壤碱解氮含量超过 150 mg/kg，其速效氮养分供应不充足。土壤有效磷（P_2O_5）含量平均为 19.6 mg/kg，变化幅度为 2.2～60.8 mg/kg，变异系数较大，其中只有 32.5% 的土壤有效磷含量超过 20 mg/kg，有 27.5% 的土壤有效磷含量低于 10 mg/kg，可见其有效磷含量缺乏。土壤速效钾（K_2O）含量平均为 60.3 mg/kg，变化幅度为 26.0～126.0 mg/kg，有 92.5% 的土壤速效钾含量低于 100 mg/kg，可见其速效钾养分严重不足（表 7-3-9）。

土壤中微量元素中，钙、镁、硫较丰富，含量平均分别为 1 856.5 mg/kg、124.1 mg/

kg、65.5 mg/kg，但其变异系数较大。土壤有效铁、有效锰、有效铜、有效锌、有效硼含量分别为84.3 mg/kg、13.0 mg/kg、4.7 mg/kg、2.4 mg/kg、0.3 mg/kg，锌、硼缺乏。

表 7-3-9　湖南省西部马铃薯种植区土壤养分状况

项目	有机质 (g/kg)	全氮 (g/kg)	碱解氮 (mg/kg)	有效磷 (mg/kg)	速效钾 (mg/kg)
平均含量	30.3	2.0	142.8	19.6	60.3
变化幅度	13.5~57.4	0.9~3.1	72.0~220.5	2.2~60.8	26.0~126.0

4. 贵州省土壤肥力特性　贵州省马铃薯种植区土壤有机质含量为0.39~222.25g/kg，平均值为27.09g/kg；pH为3.80~8.75，平均为5.81；土壤全氮含量为0.09~5.6g/kg，平均为1.64g/kg；土壤有效磷含量为0.21~166.01 mg/kg，平均为15.29 mg/kg；土壤速效钾含量为0~642 mg/kg，平均为130.25 mg/kg；土壤交换性钙含量为1 347.88~5 854.67 mg/kg，平均为3 016.08 mg/kg；土壤交换性镁含量为46.66~708.17 mg/kg，平均为175.87 mg/kg；土壤有效钼含量为0~0.59 mg/kg，平均为0.2 mg/kg；土壤有效锌含量为0.57~5.55 mg/kg，平均为1.83 mg/kg（表 7-3-10）。

表 7-3-10　贵州省马铃薯种植区土壤肥力特性

项目	有机质 (g/kg)	pH	全氮 (g/kg)	速效磷 (mg/kg)	速效钾 (mg/kg)	交换性钙 (mg/kg)	交换性镁 (mg/kg)	有效钼 (mg/kg)	有效锌 (mg/kg)
范围	0.39~222.25	3.80~8.75	0.09~5.6	0.21~166.01	0~642	1 347.88~5 854.67	46.66~708.17	0~0.59	0.57~5.55
平均值	27.09	5.81	1.64	15.29	130.25	3 016.08	175.87	0.2	1.83

5. 云南省土壤肥力特性　云南省马铃薯种植区土壤有机质含量为1.97~95.99g/kg，平均值为36.34g/kg；pH为3.33~8.37，平均值为5.86；土壤全氮含量为0.04~7.5g/kg，平均值为0.98g/kg；土壤有效磷含量为0.13~97.24 mg/kg，平均值为25.05 mg/kg；土壤速效钾含量为20~726.8 mg/kg，平均值为148.07 mg/kg；土壤有效钙含量为179.63~7 908.42 mg/kg，平均值为2 579.17 mg/kg；土壤有效镁含量为0~1 256.98 mg/kg，平均值为323.02 mg/kg（表 7-3-11）。

表 7-3-11　云南省马铃薯种植区土壤肥力特性

项目	有机质 (g/kg)	pH	全氮 (g/kg)	有效磷 (mg/kg)	速效钾 (mg/kg)	有效钙 (mg/kg)	有效镁 (mg/kg)
范围	1.97~95.99	3.33~8.37	0.04~7.5	0.13~97.24	20~726.8	179.63~7 908.42	0~1 256.98
平均值	36.34	5.86	0.98	25.05	148.07	2 579.17	323.02

土壤有效硫含量为1.97~228.37 mg/kg，平均值为37.62 mg/kg；土壤有效铜含量为0.23~18.95 mg/kg，平均值为3.91 mg/kg；土壤有效锌含量为0.1~24.95 mg/kg，平均值为3.95 mg/kg；土壤有效铁含量为2.45~224.62 mg/kg，平均值57.36 mg/kg；土壤有效锰含量为0.32~247 mg/kg，平均值为57.82 mg/kg；土壤有效锌含量为0~1.23 mg/kg，平均值为0.23 mg/kg；土壤有效铁含量为0.02~1.34 mg/kg，平均值为0.43 mg/kg（表 7-3-12）。

表 7-3-12　云南省马铃薯种植区土壤微量元素状况 （mg/kg）

项目	有效硫	有效铜	有效锌	有效铁	有效锰	有效钼	有效硼
范围	1.97～228.37	0.23～18.95	0.1～24.95	2.45～224.62	0.32～247	0～1.23	0.02～1.34
平均值	37.62	3.91	3.95	57.36	57.82	0.23	0.43

第四节　不同生态区马铃薯营养规律与施肥技术

一、北方一作区

（一）内蒙古地区马铃薯营养规律与施肥技术

1. 内蒙古地区马铃薯营养规律　马铃薯从播种到成熟，分为 5 个生育时期，即条芽生长期、幼苗期、块茎形成期、块茎增长期、块茎淀粉积累期。在内蒙古阴山地区，马铃薯 5 月初播种，9 月收获，生育期 90～120d。马铃薯整个生育期间，因生育阶段不同，其所需营养物质的种类和数量也不同。幼苗期养分吸收量很少，到块茎形成期迅速增加，之后保持较大养分吸收量，到淀粉积累期养分吸收量显著减少。各生育期吸收氮（N）、磷（P_2O_5）、钾（K_2O）三要素，按占总吸肥量的百分数计算，发芽到出苗期分别为 6%、8% 和 9%，块茎形成期分别为 38%、34% 和 36%，块茎膨大期为 56%、58% 和 55%。三要素中马铃薯对钾的吸收量最多，其次是氮，磷最少。平均而言，生产 1 000kg 马铃薯块茎，植株需从土壤中吸收约 5kg N、2kg P_2O_5、9kg K_2O（高媛等，2011）。

2. 内蒙古地区马铃薯施肥技术　内蒙古地区马铃薯的施肥模式因种植方式而异，旱作马铃薯一般只施 1 次基肥或种肥，而灌溉马铃薯除基肥或种肥外，还追肥 2～5 次，追肥种类包括氮肥和钾肥。在喷灌模式下，伴随起垄，施氮钾复合肥 1 次，之后根据需要喷施单质氮肥和钾肥数次。若采用滴灌模式，追肥完全采用随水滴施，主要为单质氮肥和钾肥。

根据近年来的调查，旱地马铃薯每 667m^2 平均施肥量为：14kg N、6kg P_2O_5、8kg K_2O。水浇地马铃薯每 667m^2 平均施肥量为：22kg N、11kg P_2O_5、13kg K_2O。目前使用复合肥的农户占 63%，较之前有较大幅度的提升，但复合肥配方种类繁多且极其复杂，农民选择时具有较大的盲目性。

不同种植县氮肥基施和追施比例见表 7-4-1。由于滴灌和喷灌的推广极大地方便了氮肥的追施，因此氮肥管理策略应该是减少基肥氮所占比例，实施前氮后移以充分满足生育后期的需要。

表 7-4-1　内蒙古不同调查区域马铃薯氮肥基肥与追肥比例调查

年份	武川	固阳	达茂	四子王旗	卓资	集宁	后旗	中旗
2013	0.97∶1	2.95∶1	1.69∶1	1.53∶1	1.04∶1	1.69∶1	1.32∶1	1.78∶1
2014	1.30∶1	3.63∶1	1.58∶1	1.35∶1	1.68∶1	0.69∶1	1∶1	1.29∶1

（二）甘肃省马铃薯营养规律与施肥技术

1. 甘肃省马铃薯需肥规律　甘肃省马铃薯 5 月上旬左右播种，9 月下旬或 10 月上旬收获，生育期为 120d 左右（表 7-4-2）。

表 7-4-2　甘肃省马铃薯生育期

生育期	播种期	关键生长发育时期					
		条芽伸长期	幼苗期	块茎形成期	块茎增长期	块茎淀粉积累期	成熟期
时间	5月上旬	5月中旬	6月上旬	7月上旬	8月上旬	9月上旬	9月下旬

罗爱花等（2011）的研究结果表明，出苗后 45d、65～75d 分别是陇薯 5 号对氮、磷、钾的需求关键期。马铃薯的各个生育时期，所需营养物质种类和数量不同。从发芽到幼苗期，由于块茎中含有丰富的营养，所以吸收养分较少，约占全生育期的 25% 左右。块茎形成期到块茎膨大期，由于茎叶大量生长、块茎迅速形成和膨大，所以吸收养分最多，约占全生育期的 50% 以上。淀粉积累期吸收养分减少，约占全生育期的 25% 左右。各生育期吸收氮、磷、钾的情况是：苗期需氮较多，中期需钾较多，整个生长期需磷较少。

2. 甘肃省马铃薯施肥技术　农民施肥习惯和施肥技术是确定马铃薯专用肥农艺配方的基础，通过对 100 个典型农户的调查，总结出甘肃省马铃薯施肥特点如下：

（1）马铃薯施肥的肥料种类、施肥量、肥料施用方法。甘肃省在马铃薯种植中施用的肥料种类主要有尿素、磷酸二铵和硫酸钾镁。同种肥料的分布面比较广，复混肥料的种类多而杂，并且在肥料的投入量上几乎没有区别。

以户为单位，按照氮肥、磷肥、钾肥、微肥、专用肥、BB 肥进行分类得出农户施肥情况：施氮肥农户占调查农户的 90% 以上，施用的氮肥品种主要有尿素、硫酸铵、碳酸氢铵、硝酸铵、硝酸钙 5 种，其中选用尿素的占氮肥品种的 90% 以上，施用碳酸氢铵的只有 9%，施用硫酸铵、硝酸铵和硝酸钙的农户最少，不足 1%。施用磷肥农户占调查农户的 83%，磷肥品种主要有过磷酸钙、磷酸二铵、钙镁磷肥、重过磷酸钙，其中过磷酸钙和磷酸二铵为磷肥主要施用类型。施用钾肥的农户不足调查农户的 10%，钾肥主要有硫酸钾、磷酸二氢钾和硝酸钾 3 个品种，其中施用量大小为硫酸钾＞磷酸二氢钾＞硝酸钾。施用复混肥料的农户占调查农户的 12%，复混肥料主要有 N、P、K 比例为 18：12：5、15：8：7、14：9：2 的国产复合肥，N、P、K 比例为 20：10：5 的 BB 肥，有机质≥20%、N＋P＋K≥18% 的有机无机复合肥等，其中，中浓度＞BB 肥浓度＞高浓度＞低浓度＞配方肥浓度。甘肃省测土配方资料表明：按照单质氮肥、单质磷肥、单质钾肥、复混肥、中微量元素肥料、生物肥料、不施肥进行统计分析得出，马铃薯不同种类肥料施用频率为单质氮肥（51.2%）＞单质磷肥（22.59%）＞复合（混）肥（15.82%）＞单质钾肥（5.26%）＞不施肥（5.03%）＞中微量元素肥料（0.08%）。

从肥料投入上来讲，由于自然条件、经济发展的差异性，不同地区存在着差异，其中河西地区＞陇中地区＞陇南地区＞陇东地区。施肥量和施肥方式由于区域的差异性而不同，主要表现为：河西地区马铃薯施肥，基肥一般是翻施，追肥一般是冲施，基肥每 667m² 施尿素 30kg、过磷酸钙 40kg，追肥每 667m² 施尿素 10kg；陇东地区马铃薯施肥，基肥一般是条施，追肥一般是撒施，基肥每 667m² 施尿素 20kg、过磷酸钙 30kg，追肥每 667m² 施尿素 10kg；陇南地区马铃薯施肥，基肥一般是翻施，追肥一般是撒施，基肥每 667m² 施尿素 23kg、过磷酸钙 33kg，追肥每 667m² 施尿素 10kg；陇中地区马铃薯施肥，基肥一般是翻施，追肥一般是撒施，基肥每 667m² 施尿素 25kg、过磷酸钙 30kg，追肥每 667m² 施尿素 10kg。

（2）甘肃省马铃薯氮、磷、钾肥的养分利用率。甘肃省测土配方施肥技术研究表明，不同地区不同作物肥料利用率不同，河西地区马铃薯氮肥利用率为 $16.5\%\sim29.1\%$，磷肥利用率为 $8.7\%\sim13.2\%$，钾肥利用率为 $17.3\%\sim22.8\%$；陇中地区氮肥利用率为 $17.3\%\sim24.3\%$，磷肥利用率为 $8.9\%\sim14.5\%$，钾肥利用率为 $17.2\%\sim23.5\%$；陇南地区氮肥利用率为 $15.7\%\sim31.4\%$，磷肥利用率为 $6\%\sim9.5\%$，钾肥利用率为 $14.9\%\sim23.5\%$（索东让，2008）。

肥料利用率因肥料种类、施肥水平、施肥方法、栽培措施、土壤性质等条件而有很大差异。从肥料种类来讲，一般氮肥的利用率为：长效碳酸氢铵＞尿素＞碳酸氢铵＞硝酸铵。从施肥方法来讲，氮、磷、钾配合施用，氮肥利用率高。单施氮肥，氮肥利用率为 27.8%；氮、磷肥配施，氮肥利用率提高到 38.7%；氮、磷、钾肥配施，氮肥利用率提高到 45.2%，并且在施肥水平相同的情况下，氮肥追施比基施利用率高，分两次追肥比一次追肥氮利用率更高，深施氮肥利用率大于浅施。从施肥水平来讲，虽然氮肥在作物增产方面起着非常显著的作用，但是过量或者不合理施用都会造成氮肥利用率降低，使施肥经济效益下降。随着施氮量的增加马铃薯吸氮量增加，而氮肥利用率递减。且土壤基础肥力越高，土壤对作物的贡献率越高，施用化肥的肥料利用率越低。

（3）分析甘肃省马铃薯施肥现状，发现存在的主要问题是：

①肥料投入不足，轻视农家肥，重施化肥，重氮肥轻磷、钾肥，重用地轻养地。一方面，由于全省家禽养殖量较 20 世纪 80 年代降低 50%，农家肥的积累量减少 40% 以上，从而引发大部分农民偏施化肥，特别是山旱地，基本上不施农家肥，不但使土壤有机质及微量元素含量相对减少，而且增加了旱地粮食成本，增产不增收的现象时有发生；另一方面，由于农民收入水平低，市场化肥价格偏高，使得化肥投入量不足，经济发达区化肥投入量大于经济落后区。据调查，全省 50% 以上农户每 $667m^2$ 化肥施用量不足 $50kg$，约 20% 农户每 $667m^2$ 化肥施用量不足 $30kg$。

②化肥种类的选择上比较盲目，不会根据土壤条件和作物需肥特性确定最恰当的肥料种类、基肥和追肥比例，不同种类肥料间简单配合。主要表现在以下几个方面：一是获得肥源比较盲目，经销商推荐什么肥就买什么肥，哪种肥料便宜就买哪种肥料；二是不分作物、不分肥料种类，有什么肥施什么肥，肥料多施，无肥不施；三是从众心理比较严重，看别人施什么肥料，自己就施什么肥料。

③施肥方法不科学。一是混施，相当一部分农民将全部肥料混拌在一起施入，改变了肥料性能，降低肥料利用率；二是乱施，一种作物的专用肥随意施给另外一种作物，造成肥料的不必要浪费；三是肥料浅施或一边施肥一边播种，使肥料和种子混在一块影响发芽率。

（4）结合马铃薯地上部、地下部生长特点和需肥特性，马铃薯施肥技术应遵循以下原则：

①重施基肥。

②及早追肥。

③在有条件的地方，积极推广测土配方施肥，通过取样及土样分析，针对性地提出合理的氮、磷、钾配比，同时配施适量的中微量元素，生产或配制成马铃薯专用配方肥。

④早熟品种生长时间短，茎、叶枯死早，供给氮肥的数量应适当增加，以免叶片和整个

植株过早衰老。晚熟品种茎、叶生长时间长，容易徒长，应适当增施磷、钾肥，以促进块茎的形成膨大。

二、中原二作区

（一）山东省马铃薯营养规律与施肥技术

1. 山东省马铃薯需肥规律

（1）山东省马铃薯的生长发育规律与营养特征分析。在马铃薯不同生育期其生长中心不同，氮、磷、钾在体内的分布不同。苗期，茎、叶是生长中心，氮、磷、钾分布于茎和叶，其中，氮、磷以叶为中心，钾以茎为中心；块茎形成期，氮、磷的营养中心仍然是叶，钾的营养中心是茎，块茎中分布较少；块茎增长期，磷、钾在块茎和茎、叶的含量近于1∶1，是营养中心转移的时期，氮的营养中心仍然是茎、叶；块茎淀粉累积期，氮的营养中心也转移到块茎，茎和叶中氮、磷、钾向块茎中迅速转移；成熟期，氮的运转率达67%，磷的运转率达77%，钾的运转率为74%。如果将马铃薯茎、叶中氮、磷、钾含量达到最大量时算起，到成熟茎、叶枯死为止，流出量的百分率称为转移率，则氮的转移率为51%～54%，磷的转移率为54%～59%，钾的转移率为42%～44%。一般叶片的转移率高于茎秆，尤其是氮素表现更明显。

（2）山东省马铃薯不同产量水平养分吸收量。研究资料表明，山东省马铃薯对氮、磷、钾的需求比例为2∶1∶4。马铃薯一生对三要素的需求以钾最多，氮次之，磷较少，现蕾开花期为吸肥高峰。每生产1 000kg块茎，需吸收5～6kg氮、1～3kg五氧化二磷、12～13kg氧化钾。

（3）山东省马铃薯不同生育期养分吸收比例（表7-4-3）。

表7-4-3　山东省马铃薯不同生育期养分吸收比例

项目		幼苗期	块茎形成期	块茎增长初期	块茎增长末期	块茎淀粉积累期
出苗后天数（d）		11	28	46	67	86
阶段吸收百分数（%）	N	6.77	34.1	34.93	11.42	12.78
	P_2O_5	4.09	19.05	27.02	25.6	24.24
	K_2O	4.62	31.3	46.63	0.82	16.62

2. 山东省马铃薯施肥技术

（1）山东省马铃薯施肥习惯与施肥技术调查。山东省平邑县农业局对50户种薯大户进行的定点调查以及3年平衡施肥试验表明：马铃薯施肥 N∶P_2O_5∶K_2O 为1∶0.4∶1.2，每667m^2施用氮肥16kg，马铃薯每667m^2产量可达2 000～2 200kg。

马铃薯基肥肥料品种有尿素、过磷酸钙、硫酸钾、磷酸二铵、氯化钾、复合肥、专用肥；追肥品种包括尿素、复合肥、碳酸氢铵、过磷酸钙、硫酸钾、氯化钾等。

（2）山东省马铃薯施肥技术存在的主要问题包括：有机肥施用量明显偏少，甚至不施；施肥比例不协调，氮多、磷少，基本不施钾；施用方法不当，以冲施肥方式施用追肥。

山东省马铃薯施肥对策：有机肥与无机肥配施，施足基肥；平衡施肥，控制氮肥用量，总体控制 N∶P_2O_5∶K_2O 约为1∶0.4∶1.2；分期追肥，追肥品种以氮肥（尿素）为主；合理施用中微量元素肥，高产地块及鲁西北平原区重点施用锌肥、硼肥，鲁东和鲁中南区域注意钙肥的补充。

（二）湖南省东部马铃薯营养规律与施肥技术

1. 湖南省东部马铃薯营养特点 马铃薯各生育时期，因生长发育阶段不同，所需养分也不同。出苗到块茎生长初期吸收养分较少，对氮、磷、钾的吸收约占全生育期总量的25％；到生育中期，特别是块茎迅速膨大期是需肥高峰期，约占全生育期吸收量的50％；在淀粉积累期即生育后期，养分的吸收量占全生育期的25％左右。马铃薯现蕾开花期为吸肥高峰期。有研究表明，马铃薯各生长时期对氮、磷、钾的分配量不同，幼苗期很少，分别占全生育期总量的19％、17.5％、17％，几乎全部分配到茎、叶中；发棵期分配量骤增，分别占总量的56％、48.5％和49％，主要分配到茎、叶，占67％，其次是块茎，占33％；结薯期分配量分别占总量的25％、34％和34％，以块茎为主，占72％，茎、叶只占28％。马铃薯对钙、镁、硫的吸收动态和分配状况与氮、磷、钾的趋势基本相同，不同的是分配方向主要是茎、叶、根，块茎的分配比例较少。每生产1 000kg块茎，吸收氧化钙和氧化镁分别为6.8kg和3.2kg。马铃薯对微量元素的吸收很少，每生产20 000kg块茎，吸收铜44g、锰42g、钼0.74g、锌99g。在块茎增长期，马铃薯新鲜叶子中各种微量元素的含量是：铁70～150 mg/kg，硼30～40 mg/kg，锌20～40 mg/kg，锰30～50 mg/kg。

马铃薯在生育期对氮、磷、钾的吸收特点各不相同。氮的最快吸收期是块茎形成期，平均每天每株吸收45mg，是苗期的2.5倍，是块茎淀粉累积期的5倍；其次是块茎增长期。磷的最快吸收期也是块茎形成期，平均每天每株吸收7.5mg，是块茎苗期的2.8倍，是块茎淀粉累积期的2.9倍。钾的最快吸收期是块茎增长期，平均每天每株吸收54mg，是苗期的6倍，是块茎淀粉累积期的5倍；其次是块茎形成期。

不同生育期氮、磷、钾绝对吸收量比例为：苗期1：0.15：1.11，块茎形成期1：0.17：1.14，块茎增长期1：0.18：1.58，淀粉累积期1：0.30：1.45。随着成熟度的推进，需磷、钾的比例逐步提高，需氮的比例减少。从相对需要量上来看，苗期氮＞磷＝钾，块茎形成期氮＞磷＞钾，磷、钾需要量较以前有所增加，块茎增长期钾＞氮＝磷，块茎淀粉累积期磷＞钾＞氮。

随着植株营养中心由茎、叶向块茎的转移，氮、磷、钾在体内的分布也相应地发生转移。苗期，茎、叶是生长中心，氮、磷、钾分布于茎和叶，氮、磷以叶为中心，钾以茎为中心。块茎形成期，氮、磷的营养中心仍然是叶，钾的营养中心是茎，块茎中分布较少。块茎增长期，磷、钾在块茎和茎、叶的含量近于1：1，此期是营养中心转移的时期，氮的营养中心仍然是茎、叶。块茎淀粉累积期，氮的营养中心也转移到块茎，茎和叶中氮、磷、钾向块茎中迅速转移。成熟期，氮的运转率达67％，磷的运转率达77％，钾的运转率为74％。

2. 湖南省东部马铃薯施肥技术 通过对2007年在益阳资阳区、岳阳平江县的"3414＋1"肥效试验进行总结，得出马铃薯的施肥规律为：在益阳资阳地区最高产量为27 150kg/hm^2，此时的施氮（N）量为72kg/hm^2，施磷（P_2O_5）量为0kg/hm^2，平均施钾（K_2O）量为225kg/hm^2；在岳阳平江地区最高产量为45 555 kg/hm^2，此时的施氮（N）量为332.85kg/hm^2，施磷（P_2O_5）量为180kg/hm^2，平均施钾（K_2O）量为51.6kg/hm^2。可见不同地区的产量和施肥量差异较大，在制订肥料配方时必须根据实际情况来综合制订。

三、南方冬作区

1. 华南马铃薯营养特点 马铃薯一般生育期为90～110d，每生产1 000kg马铃薯，需吸收氮 3.5～5.5kg、磷（P_2O_5）2.0～2.2kg、钾（K_2O）10.6～12.0kg，$N：P_2O_5：K_2O$ 为1：0.5：2。在氮、磷、钾三要素中马铃薯需钾肥最多，氮肥次之，磷肥最少。

多年来，华南地区开展了冬种马铃薯测土配方施肥技术研究，取得了可喜进展。章明清等（2005）在福建通过多个"3414"试验统计，每千克养分增产量 N 为4 116kg，P_2O_5 为 2 512kg，K_2O 为1 518kg，施用氮、磷、钾的平均增产率分别为 34.48％、9.01％ 和 15.90％，氮、磷、钾肥效反应顺序为：氮＞钾＞磷。根据田间试验结果，碱解氮、Olsen-P 和速效钾的临界指标分别为 207 mg/kg、35 mg/kg、97 mg/kg，马铃薯平均最高施氮量是 233kg/hm^2，氮、磷、钾比例为1：0.38：1.01。

陈洪等（2010）在广东省惠东县研究表明，在供试条件下以 195kg/hm^2 施氮水平，$N：P_2O_5：K_2O＝1：0.56：1.95$ 是适宜的氮、磷、钾配比。

2. 华南马铃薯施肥技术　根据华南马铃薯产区施肥经验汇总（农业部《2012 年秋冬季主要作物科学施肥指导意见》），一般每 667m^2 产量3 000kg 以上水平的马铃薯需施用氮（N）11～13kg、磷（P_2O_5）5～6kg、钾（K_2O）14～17kg；每 667m^2 产量2 000～3 000kg 水平，需施用氮（N）9～11kg、磷（P_2O_5）4～5kg、钾（K_2O）12～14kg；每 667m^2 产量 1 500～2 000kg，需施用氮（N）7～9kg、磷（P_2O_5）3～4kg、钾（K_2O）9～12kg；每 667m^2 产量 1 500 kg 以下，需施用氮（N）6～7kg、磷（P_2O_5）3～4kg、钾（K_2O）7～8kg。

（1）重施基肥。马铃薯是块茎作物，喜欢疏松的沙性土壤，要求气候凉爽。基肥用量一般占总施肥量的 2/3 以上，基肥以充分腐熟的农家肥为主，增施一定量的化肥，特别是磷、钾化肥。基肥中氮肥用量约占 50％。基肥的施用方法是在种植前沟施或穴施，深 15cm 左右。每 667m^2 施有机肥1 500～2 500kg，钾肥 70％作基肥，磷肥全部作为基肥。

（2）适时追肥。追肥要结合马铃薯生长时期进行。幼苗期至结薯期追施氮肥占整个生育期追肥用量的 50％，苗期追肥可结合中耕培土兑水浇施，有利于保苗。马铃薯开花后一般不进行根际追肥，特别是不能追施氮肥。块茎膨大期间，追施剩余 30％的钾肥。马铃薯对硼、锌比较敏感，如果土壤缺硼或缺锌，可以用 0.1％～0.3％硼砂或硫酸锌根外喷施，一般每隔 7d 喷 1 次，连喷两次，每 667m^2 用溶液 50～70kg 即可。

四、西南混作区

（一）重庆市马铃薯营养规律与施肥技术

1. 重庆市马铃薯营养特点　马铃薯不同生育时期，对肥料三要素的吸收量和吸收速率不相同。一般幼苗期吸肥较少，现蕾开花期吸肥最多，吸收速率也最快，生育后期吸肥数量和速率又逐渐下降。块茎形成期和块茎增重期对氮、磷、钾的吸收量占全生育期吸收总量的 70％左右。其中，块茎增重期吸肥最多，吸收氮、磷、钾的数量分别占全生育期氮、磷、钾吸收总量的 37％、35％和 43％。植株吸收钾的速率以块茎增重期最高，每天每株达 54mg，氮、磷的吸收速率则以块茎形成期最高，分别为每天每株 45mg 和 7.5mg。马铃薯一生对氮、磷、钾的吸收量随着植株生长而变化，幼苗期吸收较慢，发棵期吸收量猛增，进入结薯期又缓慢下降。各生育阶段吸收氮、磷、钾三要素总和占总吸肥量的比例，按百分比计算，从发芽期到出苗期分别为 6％、8％和 9％，团棵期分别为

13％、9.5％和8％，发棵期分别为56％、48.5％和49％，结薯期分别为25％、34％和31％。团棵期及其以前的矿物质养分几乎全部分配给茎、叶；发棵期分配给茎、叶占67％，根系和块茎占33％；结薯期以块茎为主，占72％，而茎、叶只占28％。三要素中对钾的吸收量最多，其次是氮，磷最少。

在西南地区，每生产1 000kg块茎，需N 4.02～5.48kg，平均5.07kg；需P_2O_5 0.71～1.76kg，平均1.09kg；需K_2O 3.7～10.1kg，平均6.23kg（表7-4-4）。

表7-4-4　西南地区生产1 000kg马铃薯块茎需N、P_2O_5、K_2O量（kg）

项目	N	P_2O_5	K_2O
均值	5.07	1.09	6.23
变异	4.02～5.48	0.71～1.76	3.7～10.1
数据量	30	12	12

2. 重庆市马铃薯施肥技术　马铃薯施肥中，肥料的用量主要根据肥料种类、成分、土壤肥力、气候条件、马铃薯对肥料三要素的需求特性以及当地施肥习惯等多方面因素来确定。施肥的种类应以有机肥为主。由于马铃薯为块根、块茎类作物，疏松的土壤环境对获得高产是十分重要的。耕田时结合施用有机肥，有利于保持整个生育期土壤的水、肥、气处于一个良好的协调状况，使有益微生物活动旺盛，不断分解有机肥中的营养元素，以满足马铃薯生长发育的需要。有机肥还由于其较高的纤维素含量而能较长时间内保持土壤疏松，从而有利于结薯生长。一般高产栽培要求每平方米土地施用2.5～3.0kg栏肥，没有条件时可用秸秆还田等措施来弥补。

马铃薯的总施肥量依产量目标而定，每生产500kg薯块需要从土壤中吸收纯氮2.5kg、磷1kg、纯钾5.5kg，如每667m^2目标产量2 000kg，则应补充10kg N、4kg P_2O_5和22kg K_2O。考虑到肥料的当季利用率一般只有60％～70％、有机肥中含有较丰富的营养元素等因素，上述需要量可视为化肥的使用量。马铃薯施肥以基肥为主，占总施肥量的70％或更多。磷肥可全部与有机肥作基肥，氮肥与钾肥的70％也应作基肥。追肥种类以速效氮、钾肥为主，追肥时期以马铃薯第一叶序生长完成（即7～9叶期）为佳。

从调查结果可知，各农户施氮量有明显的差异，农户施氮量主要集中在75～150kg/hm^2，占所有农户的65.6％，施氮量小于75kg/hm^2的农户占26.6％，施氮量高于150kg/hm^2的农户比例比较小，占所有农户的7.8％。对于磷肥而言，马铃薯磷肥投入量主要集中在0～75kg/hm^2，占调查农户的86.3％，施磷量高于75kg/hm^2的农户所占比例较小，占13.7％。钾肥的投入量都比较小，主要集中在45～90kg/hm^2，占调查农户的76.7％，不施钾肥的农户也占有一定比例。磷、钾肥基本以基肥的形式施入，对于氮肥而言，基肥占80.2％，追肥占19.8％（表7-4-5、表7-4-6）。

表7-4-5　农户投入氮、磷、钾肥分级比例

项目	氮肥			磷肥		钾肥	
施肥量（kg/hm^2）	≤75	75～150	>150	≤75	>75	≤45	45～90
比例（％）	26.6	65.6	7.8	86.3	13.7	23.3	76.7

表 7-4-6　马铃薯氮、磷、钾肥基肥和追肥比例（％）

氮肥（N）		磷肥（P_2O_5）		钾肥（K_2O）	
基肥	80.2	基肥	98.1	基肥	100
追肥	19.8	追肥	1.9	追肥	0

施入马铃薯的氮、磷、钾肥比例为 1 ∶ 0.44 ∶ （0.04～0.13），生产 1t 马铃薯需要氮、磷、钾肥分别为 3～4kg、1.0～1.5kg、4～6kg。可见，氮、磷比例基本符合马铃薯的需求，而氮、钾肥的比例与马铃薯需肥规律差异很大。

由于有机肥投入量单位、有机肥水分含量难以标准化，所以这里只做粗略的计算分析。重庆市丘陵区马铃薯单位面积有机肥施用量如表 7-4-7 所示，有机肥为马铃薯提供的氮、磷、钾养分占总养分的比例为 23.4％，提供的氮、磷、钾比例分别为 17％、19.3％、72.2％。可见，有机肥是马铃薯氮、磷肥的次要来源，是钾肥的主要来源，有机肥对于改善土壤理化性质、培肥地力、缓解马铃薯钾素供需矛盾发挥着非常重要的作用。

表 7-4-7　农户化肥和有机肥施用比例

肥料	总养分		氮肥		磷肥		钾肥	
	施用量（kg/hm²）	比例（％）	施用量（kg/hm²）	比例（％）	施用量（kg/hm²）	比例（％）	施用量（kg/hm²）	比例（％）
化肥	205.1	76.6	138.5	83	60.6	80.7	6.05	27.8
有机肥	57.4	23.4	28.2	17	13.5	19.3	15.7	72.2
化肥＋有机肥	261.9	100	166.7	100	74.1	100	21.75	100

（二）四川地区马铃薯营养规律与施肥技术

1. 成都平原及川中丘陵区　成都平原马铃薯施肥目前存在的主要问题是：有机肥用量少，磷、钾肥施用量不足。为此，施肥上应增施有机肥，有机肥与无机肥相结合；控施氮肥，增施磷、钾肥。宜选择低氯复混肥料，不宜施用氯化铵。氮肥 60％～70％作基肥，30％～40％作团棵期追肥；有机肥与磷肥全部基施；钾肥 50％作基肥，50％作现蕾期追肥。在钙质紫色土区域，适当增加磷肥用量，减少钾肥用量。若基肥施用有机肥，可酌情减少化肥用量。提倡施用配方肥。不同产量水平，氮、磷、钾肥施用量分别为：

（1）目标产量每 667m² 产鲜薯 1 500kg 以上，每 667m² 施氮肥（N）12～14kg、磷肥（P_2O_5）6～7kg、钾肥（K_2O）8～10kg。

（2）目标产量每 667m² 产鲜薯 1 000～1 500kg，每 667m² 施氮肥（N）10～12kg、磷肥（P_2O_5）6～7kg、钾肥（K_2O）6～8kg。

（3）目标产量每 667m² 产鲜薯 1 000 kg 以下，每 667m² 施氮肥（N）10kg、磷肥（P_2O_5）4～6kg、钾肥（K_2O）5～7kg。

2. 盆周山区　盆周山区马铃薯种植目前存在的主要问题是：氮肥施用较多，磷、钾肥施用量不足。为此，施肥上应增施有机肥，有机肥与无机肥相结合；控施氮肥，增施磷、钾肥。宜选择低氯复混肥料，不宜施用氯化铵。氮肥 60％～70％作基肥，30％～40％作团棵期追肥；有机肥与磷肥全部基施；钾肥 50％作基肥，50％作现蕾期追肥。在钙质紫色土区域，适当增加磷肥用量，减少钾肥用量。若基肥施用有机肥，可酌情减少化肥用量。提倡施用配方肥。不同产量水平，氮、磷、钾肥施用量分别为：

（1）目标产量每 667m² 产鲜薯 1 500kg 以上，每 667m² 施氮肥（N）12～14kg、磷肥（P₂O₅）6～7kg、钾肥（K₂O）8～10kg。

（2）目标产量每 667m² 产鲜薯 1 000～1 500kg，每 667m² 施氮肥（N）10～12kg、磷肥（P₂O₅）6～7kg、钾肥（K₂O）6～8kg。

（3）目标产量每 667m² 产鲜薯 1 000kg 以下，每 667m² 施氮肥（N）10kg、磷肥（P₂O₅）4～6kg、钾肥（K₂O）5～7kg。

3. 川西南山地区　川西南山地区马铃薯施肥存在的主要问题为：有机肥施用量少，施肥水平偏低，施肥结构不合理。施肥上应增施有机肥，有机肥与无机肥结合；控施氮肥，增施钾肥。氮肥 60%～70% 作基肥，30%～40% 作团棵期追肥；有机肥与磷肥全部作基肥；钾肥 50% 作基肥，50% 作现蕾期追肥。若基肥施用有机肥，可酌情减少化肥用量。提倡施用配方肥。冬马铃薯可在此基础上每 667m² 增施磷、钾肥 1～2kg。不同产量水平，氮、磷、钾肥施用量分别为：

（1）目标产量每 667m² 产鲜薯 2 500kg 以上，每 667m² 施氮肥（N）11～13kg、磷肥（P₂O₅）6～7kg、钾肥（K₂O）10～12kg。

（2）目标产量每 667m² 产鲜薯 1 500～2 500kg，每 667m² 施氮肥（N）9～11kg、磷肥（P₂O₅）5～6kg、钾肥（K₂O）8～10kg。

（3）目标产量每 667m² 产鲜薯 1 500kg 以下，每 667m² 施氮肥（N）7～9kg、磷肥（P₂O₅）4～5kg、钾肥（K₂O）6～8kg。

第五节　不同生态区马铃薯施肥的肥效反应

一、北方一作区

1. 内蒙古地区马铃薯施肥的肥效反应

（1）阴山北麓旱地施肥的肥效。根据测土配方施肥项目在内蒙古阴山北麓生态区不同年度旱地马铃薯的试验结果，通过计算得出氮、磷、钾肥的增产率、肥料贡献率和土壤贡献率（表 7-5-1）。

表 7-5-1　阴山丘陵生态区旱地马铃薯不同产量、施肥量养分肥效

产量水平 (kg/hm²)	试验数量	增产率（%）				单位养分增产量 (kg/kg)				化肥贡献率 (%)	土壤贡献率（%）
		N	P₂O₅	K₂O	N+P₂O₅+K₂O	N	P₂O₅	K₂O	N+P₂O₅+K₂O	N+P₂O₅+K₂O	
高（>16 500）	72	33.3	10.6	6.5	40.7	34.8	25.9	19.9	20.2	29.2	70.8
中（7 500～16 500）	73	43.8	17.8	6.9	58.2	22.7	21.3	13.0	15.6	37.2	62.8
低（<7 500）	34	53.2	18.4	7.2	66.4	13.4	13.3	6.0	8.2	39.9	60.1
平均		43.4	15.6	6.9	55.1	26.6	20.2	13.0	14.7	34.3	65.7

注：资料引自樊明寿等（2014）。

从表 7-5-1 可以看出，在高产量水平土壤中，旱地马铃薯氮、磷、钾肥的综合增产率平均为 40.7%，氮肥增产率平均为 33.3%，磷肥增产率平均为 10.6%，钾肥增产率平均为 6.5%；在中产量水平土壤中，旱地马铃薯氮、磷、钾肥的增产率平均为 58.2%，氮肥增产

率平均为43.8%，磷肥增产率平均为17.8%，钾肥增产率平均为6.9%；在低产量水平的土壤中，旱地马铃薯氮、磷、钾肥的增产率平均为66.4%，氮肥增产率平均为53.2%，磷肥增产率平均为18.4%，钾肥增产率平均为7.2%。

阴山北麓生态区旱地马铃薯氮、磷、钾肥的单位养分增产量为8.2~20.2kg/kg，平均为14.7kg/kg。增产作用最大的是氮肥，单位养分增产量为13.4~34.8kg/kg，平均为26.6kg/kg；其次是磷肥，单位养分增产量为13.3~25.9kg/kg，平均为20.2kg/kg；最小的是钾肥，单位养分增产量为6.0~19.9kg/kg，平均为14.7kg/kg。随着产量水平的提高，氮、磷、钾的增产率有下降趋势，单位养分增产量有上升趋势，土壤贡献率呈升高趋势，化肥贡献率呈降低趋势。

（2）阴山北麓水浇地施肥的肥效。阴山北麓不同年度水浇地马铃薯氮、磷、钾肥的增产率、单位养分增产量、肥料贡献率和土壤贡献率见表7-5-2。

表7-5-2　阴山丘陵生态区水浇地马铃薯不同产量、施肥量养分肥效

产量水平（kg/hm²）	增产率（%）				单位养分增产量（kg/kg）				化肥贡献率（%）	土壤贡献率（%）
	N	P_2O_5	K_2O	$N+P_2O_5+K_2O$	N	P_2O_5	K_2O	$N+P_2O_5+K_2O$	$N+P_2O_5+K_2O$	
高（>30 000）	25.2	9.0	4.6	38.3	44.2	36.3	22.8	31.7	27.7	72.3
中（15 000~30 000）	25.5	9.9	6.3	43.3	27.0	24.2	18.6	20.9	30.2	69.8
低（<15 000）	34.2	13.9	11.2	47.5	19.3	18.6	18.2	12.8	32.2	67.8
平均	27.3	10.5	6.9	42.7	30.6	26.7	19.8	22.4	29.9	70.1

注：资料引自樊明寿等（2014）。

在高产量水平土壤中，水浇地马铃薯氮、磷、钾肥的综合增产率平均为38.3%，氮肥增产率平均为25.2%，磷肥增产率平均为9.0%，钾肥增产率平均为4.6%。在中产量水平土壤中，水浇地马铃薯氮、磷、钾肥的增产率平均为43.3%，氮肥增产率平均为25.5%，磷肥增产率平均为9.9%，钾肥增产率平均为6.3%。在低产量水平的土壤中，水浇地马铃薯氮、磷、钾肥的增产率平均为47.5%，其中氮肥增产率平均为34.2%，磷肥增产率平均为13.9%，钾肥增产率平均为11.2%。阴山北麓生态区水浇地马铃薯氮、磷、钾肥单位养分增产量平均值分别为30.6kg/kg、26.7kg/kg、19.8kg/kg。增产作用最大的是氮肥，单位养分增产量为19.3~44.2kg/kg；其次是磷肥，单位养分增产量为18.6~36.3kg/kg；最小的是钾肥，单位养分增产量为18.2~22.8kg/kg。从表7-5-2中还可以看出，随着产量水平的提高，氮、磷、钾的增产率和化肥贡献率呈降低趋势，而单位养分增产量和土壤贡献率呈升高趋势。

2. 甘肃省马铃薯施肥的肥效反应　在古浪县提黄灌区施钾肥有显著的增产效果，随着钾肥施用量的增加，马铃薯产量呈上升趋势，以每667m² 施12kg氧化钾处理区平均产量最高，较不施肥区平均每667m² 增产526kg，并且在提黄灌区马铃薯施钾肥每667m² 推广氧化钾12kg最佳（袁爱玲，2005）。

甘肃省甘谷县研究氮、磷、钾肥施用量对庄薯3号的影响发现，三因素对商品薯率影响的大小顺序是氮肥>磷肥>钾肥。庄薯3号商品薯率大于78%的栽培方案：每667m² 施纯氮10.7~13.6kg、磷7.4~10.9kg、钾4~6kg（谢奎忠等，2010）。

通渭县马铃薯"3414"肥料效应试验表明，在施相同磷、钾条件下，每667m² 施0~

12kg 氮范围内，氮的增产效应更加明显，1kg 氮肥使马铃薯平均增产 55kg；在施相同氮、钾条件下，每 667m² 施 0～8kg 磷范围内，1kg 磷使马铃薯平均增产 29.6kg；在施相同氮、磷条件下，每 667m² 施 0～8kg 钾范围内，1kg 钾平均提高马铃薯产量 19.4kg（陈凡玲，2011）。

在河西走廊盐化潮土上，增施钾肥可以显著提高马铃薯的产量；氮、磷、钾配合施用比氮、磷配合施用增产 17.1％，与不施肥比较，增产 57.6％；马铃薯的产量随钾肥用量的增加而增加，但单位钾肥的增产效果则随钾肥用量的增加而递减。钾肥（K_2O）经济效益最佳施肥量为每 667m² 15.9kg，钾肥最佳施肥量时的每 667m² 理论产量为 4 200kg。马铃薯增产效果因土壤供钾水平不同而存在差异，钾肥对马铃薯的肥效与土壤速效钾含量呈负相关。在速效钾含量低的耕种风沙土上，每增施 1kg 钾，马铃薯产量提高 56.04kg，比盐化潮土和灌漠土分别增加 12.5kg 和 23.6kg（陈修斌等，2005）。

在定西地区研究了氮、磷配施低、中、高水平下施钾肥与不施钾肥对马铃薯不同器官氮、磷、钾养分吸收动态以及产量和品质的影响。结果表明，不同施肥处理各生育期马铃薯全株中元素含量均表现为钾＞氮＞磷；整个生育期叶片中的氮含量均高于茎和块茎，叶片中磷含量除块茎淀粉积累期外一直高于地上茎和块茎，而整个生育期各器官中钾含量均表现为地上茎＞叶＞块茎。与对照相比，氮、磷配施及氮、磷、钾配施均能促进马铃薯产量的增加，增产幅度为 32.6％～12.5％，以每 667m² 施氮（N）18kg、磷（P_2O_5）7.5kg、钾（K_2O）5kg 马铃薯的增产效果最明显，比不施肥每 667m² 增产 780kg。相同氮、磷水平下，增施 1kg 钾肥提高马铃薯产量 1.1％～1.6％（苏小娟等，2010）。

渭源县马铃薯"3414"肥料效应试验表明，在每 667m² 施磷（P_2O_5）8kg、钾（K_2O）6kg 时，平均增加 1kg 氮提高马铃薯产量 40.7kg；每 667m² 施氮（N）9kg、钾（K_2O）6kg 时，平均增加 1kg 磷（P_2O_5）提高马铃薯产量 11.6kg；每 667m² 施氮（N）9kg、磷（P_2O_5）8kg 时，平均增加 1kg 钾（K_2O）提高马铃薯产量 20.9kg。获得最高产量的施肥量为：每 667m² 施氮（N）8.8kg、磷（P_2O_5）3.8kg、钾（K_2O）9.4kg，在此条件下每 667m² 产量可达 3 435kg。获得最大效益的施肥量为每 667m² 施氮（N）8.4kg、磷（P_2O_5）4kg、钾（K_2O）8.4kg（李华宪等，2009）。

通过总结甘肃省 18 个马铃薯肥效试验结果得出：在一定范围内，随着肥料施用量的增加，产量明显提高，并存在显著正相关关系，但肥料施用量增加到一定程度则产量的增加速度减慢，肥料的报酬效应降低速度加快。施肥量同等条件下，在一定范围内，平均每增施 1kg 氮提高马铃薯产量 14.4～38.3kg；氮、钾同等条件下，在一定施氮范围内，平均每增施 1kg 磷提高马铃薯产量 3.8～13.4kg；在每 667m² 施钾量为 0～4kg 范围内，氮、磷同等条件下，随着施钾量的增加，平均每千克钾提高马铃薯产量 2.3～55.7kg（表 7-5-3）。

表 7-5-3　甘肃省马铃薯肥效反应统计

养分类型	每千克肥料（养分）马铃薯增产量（kg）	
	增产范围	平均值（样本数）
N	14.4～38.3	32.3（8）
P_2O_5	3.8～13.4	7.4（4）
K_2O	2.3～55.7	35.7（6）

二、中原二作区

通过对 2007 年在益阳资阳区、岳阳平江县的"3414＋1"肥效试验进行总结得出：在益阳资阳区马铃薯施氮量为 112.5kg/hm² 时，氮肥的增产效应为 93.9kg/kg；施氮量为 225kg/hm² 时，氮肥的增产效应为 66.2kg/kg；施氮量为 337.5kg/hm² 时，氮肥的增产效应为 21.5kg/kg；施磷量为 60kg/hm² 时，磷肥的增产效应为 65.5kg/kg；施磷量为 120kg/hm² 时，磷肥的增产效应为 73.1kg/kg；施磷量为 180kg/hm² 时，磷肥的增产效应为 20.5kg/kg。施钾量为 75kg/hm² 时，钾肥的增产效应为 44.4kg/kg；施钾量为 150kg/hm² 时，钾肥的增产效应为 57.2kg/kg；施钾量为 225kg/hm² 时，钾肥的增产效应为 18.1kg/kg。

在岳阳平江县马铃薯施氮量为 112.5kg/hm² 时，氮肥的增产效应为 51.9kg/kg；施氮量为 225kg/hm² 时，氮肥的增产效应为 65.1kg/kg；施氮量为 337.5kg/hm² 时，氮肥的增产效应为 40.2kg/kg。施磷量为 60kg/hm² 时，磷肥的增产效应为 30.5kg/kg；施磷量为 120kg/hm² 时，磷肥的增产效应为 41.1kg/kg；施磷量为 180kg/hm² 时，磷肥的增产效应为 30.0kg/kg。施钾量为 75kg/hm² 时，钾肥的增产效应为 21.4kg/kg；施钾量为 150kg/hm² 时，钾肥的增产效应为 28.9kg/kg；施钾量为 225kg/hm² 时，钾肥的增产效应为 17.7kg/kg。

三、南方冬作区

陈洪等（2010）在广东惠东的试验结果表明，不同氮、磷、钾配比的施肥措施可增产 27%～51%。以每 667m²13kg 施氮水平，N：P_2O_5：K_2O＝1：0.56：1.95 是适宜的氮、磷、钾配比，可以获得较高的产量效益和氮、磷、钾肥料养分当季利用率。总体是钾肥用量高于氮、磷肥的用量，这一点与冬种马铃薯另外两个主产区（广西和福建）的部分研究结果相似。

四、西南混作区

1. 重庆市马铃薯施肥的肥效反应

（1）重庆市马铃薯氮、磷、钾肥的养分利用率。对近年来文献资料及小组试验资料进行总结得知，马铃薯氮肥利用率在中等肥力土壤上为 37.65%，平均利用率为 35.8%，磷肥利用率平均为 14.0%，钾肥利用率平均为 46.4%（表 7-5-4、表 7-5-5）。

表 7-5-4 重庆市马铃薯肥料利用率统计

发表年份	试验结果	氮肥		磷肥		钾肥	
		用量（kg/hm²）	利用率（%）	用量（kg/hm²）	利用率（%）	用量（kg/hm²）	利用率（%）
	平均值	180	37.2	60	11.2	70	31.9
1990—2010	最大值	250	58.8	120	58.6	120	48.7
	最小值	150	10.5	70	9.1	70	11.6

表 7-5-5　重庆市不同肥力水平下马铃薯氮、磷、钾肥料利用率（％）

肥力等级	氮肥	磷肥	钾肥
高	36.03	13.28	49.35
中	37.65	18.39	54.35
低	33.67	10.43	35.55
平均	35.8	14.0	46.4

（2）重庆市马铃薯施肥的肥效反应。氮肥水平显著影响马铃薯的产量，马铃薯的产量随施氮水平的增加而先增加后减少，马铃薯产量（y）与氮肥施用量（x）呈二次抛物线方程 $y=895.55+161.02x-8.7112x^2$，以中氮处理（每 667$m^2$ 施氮 10kg）产量最高，分别较对照和低氮处理增产 73.7％和 5.8％，高氮处理（每 667m^2 施氮 15kg）较中氮处理减产 15.4％，表明马铃薯高产栽培的氮肥水平要适宜。淀粉及还原糖含量是马铃薯块茎品质的主要评判依据，施氮量与淀粉含量呈抛物线变化趋势，适量的氮肥施用量可提高马铃薯块茎的淀粉含量，过量施氮则不利于淀粉积累。研究结果表明，氮肥施用量在每 667$m^2$7～10kg 时，重庆市马铃薯淀粉含量最高。综合以上分析，重庆市马铃薯氮肥适宜用量为每 667$m^2$7～10kg。氮、磷化肥适量配合均衡供应能提高马铃薯产量，获得较理想的施肥效果。氮、磷配比以 1：0.5 产量最高。

随着钾肥施用量的增加，马铃薯经济产量逐渐升高，当钾肥的施用量达到一定的限度时，产量则表现下降趋势。最大产量时的施钾量为每 667$m^2$12kg，从产量分析结果可以求出马铃薯产量（y）与钾肥施用量（x）之间的一元二次方程 $y=821.16+76.823x-2.7413x^2$。品质分析结果也说明，适量施钾有提高马铃薯淀粉含量的作用，但随着钾肥用量的增加，淀粉含量呈下降趋势，其中在每 667m^2 施氧化钾 9～12kg 达到淀粉含量的最高值，所以重庆市马铃薯最高产量的钾肥（K_2O）适宜用量在每 667$m^2$9～12kg。

2. 四川省马铃薯施肥的肥效反应　施肥作为马铃薯增产的主要手段，在马铃薯生产中发挥着重要作用，增施化肥在不同生态区平均每 667m^2 增产 275.1～658.7kg，增产率达38.30％～72.24％，化肥对产量贡献率达 26.55％～37.10％，马铃薯增施氮、磷、钾肥均有良好增产作用。四川省截至 2011 年马铃薯 28 个"3414"田间试验统计结果见表 7-5-6。可以看出：全省马铃薯不施肥情况下，每 667m^2 产量平均仅 1 003.6kg，在每 667m^2 平均增施氮、磷、钾化肥 22.7kg 时，平均每 667m^2 可增产 536.3kg，增产率达 64.20％，每千克氮、磷、钾养分增产马铃薯 26.1kg。全省平均每 667m^2 施氮量为 9.1kg，每 667m^2 增产马铃薯258.8kg，增产率为 20.1％，每千克氮可增产马铃薯 35.9kg；平均每 667m^2 施磷量为5.1kg，每 667m^2 增产马铃薯 217.2kg，增产率为 14.4％，每千克磷可增产马铃薯 50.0kg；平均每 667m^2 施钾量为 8.4kg，每 667m^2 增产马铃薯 212.1kg，增产率为 13.30％，每千克钾可增产马铃薯 30.9kg。全省化肥对马铃薯增产效应为氮＞磷＞钾。

川中丘陵区马铃薯不施肥情况下，每 667m^2 产量平均为 1 168.2kg，在每 667m^2 平均增施氮、磷、钾化肥 24.4kg 时，每 667m^2 可增产 433.9kg，增产率达 38.30％，每千克氮、磷、钾养分可增产马铃薯 19.9kg。平均每 667m^2 施氮量为 8.6kg，每 667m^2 增产马铃薯 565.3kg，增产率为 25.98％，每千克氮可增产马铃薯 81.9kg；平均每 667m^2 施磷

表7-5-6 不同生态区马铃薯施肥的肥效反应

项　目	全省（28）范围	平均值	川中丘陵区（5）范围	平均值	盆周山区（6）范围	平均值	川西南山地区（17）范围	平均值
无肥区每667m²产量（kg）	132.0~2390.0	1003.6	883.0~1417.4	1168.2	132.0~1133.9	460.9	512.0~2390.0	1146.7
NPK区每667m²产量（kg）	178.0~3365.0	1539.9	1334.0~1995.4	1602.1	178.0~1300.7	736	944.0~3365.0	1805.3
每667m²增产量（kg）	24.0~1334.0	536.3	152.8~585.0	433.92	24.0~678.5	275.1	159.1~1334.0	658.7
增产率（%）	6.69~242.41	64.2	12.94~66.25	38.3	6.69~150.91	63.03	16.62~242.41	72.24
化肥贡献率（%）	6.27~70.80	34.01	11.45~39.85	26.55	6.27~60.14	31.46	14.25~70.80	37.1
单位NPK增产（kg/kg）	1.5~73.4	26.1	15.0~34.0	19.9	14.0~29.5	19.6	11.7~41.7	24.5
每667m²NPK量（kg）	11.7~41.7	22.7	9.6~39.0	24.4	1.5~48.5	14.4	8.5~73.4	30.8
无氮区每667m²产量（kg）	162.0~3066.7	1328.6	1098.9~1461.8	1296	162.0~2184.4	813.8	875.0~3066.7	1517.9
每667m²施氮量（kg）	3.5~16.7	9.1	5.0~16.0	8.6	5.0~11.5	8.4	3.5~16.7	9.6
每667m²增产量（kg）	-883.7~1468.0	258.8	27.8~1468.0	565.3	-883.7~444.0	-77.8	23.4~850.5	287.4
增产率（%）	-40.5~82.3	20.1	2.13~36.50	25.98	-40.46~67.27	7.46	1.40~82.27	23.1
单位N增产（kg/kg）	-88.4~183.5	35.9	3.2~183.5	81.9	-88.4~38.6	-9.8	4.2~153.2	38.6
无磷区每667m²产量（kg）	214.0~3019.0	1371.7	1248.8~1734.2	1490.7	214.0~1158.6	666.9	680.0~3019.0	1592.4
每667m²施磷量（kg）	2.4~10.0	5.1	2.5~6.0	3.5	3.0~6.0	4.2	2.4~10.0	5.9
每667m²增产量（kg）	-333.5~1468.0	217.2	-83.4~1468.0	409.5	-48.0~214.0	69.1	-333.5~975.6	212.9
增产率（%）	-21.2~107.4	14.4	-5.88~15.07	9.39	-21.24~27.10	7.1	-15.27~107.36	18.11
单位P₂O₅增产（kg/kg）	-69.5~489.3	50	-26.1~489.3	134.4	-12.0~47.6	14.2	-69.5~203.3	37.8
无钾区每667m²产量（kg）	228.0~3223.3	1376.9	1222.8~1878.7	1506.5	228.0~1027.6	613	813.9~3223.3	1616
每667m²施钾量（kg）	4.0~15.0	8.4	4.0~12.0	7.8	4.0~12.1	7	4.8~15.0	9.1
每667m²增产量（kg）	-150.1~1468.0	212.1	105.2~1468.0	396.9	-85.6~550.3	122.9	-150.1~511.6	189.3
增产率（%）	-21.9~73.3	13.3	6.21~14.87	9.1	-21.93~73.33	11.38	-7.50~44.04	15
单位K₂O增产（kg/kg）	-21.4~367.0	30.9	10.5~367.0	86.7	-21.4~45.5	8.7	-19.2~67.0	22.3

注：括号中的数字表示样本数。

量为 3.5kg，每 $667m^2$ 增产马铃薯 409.5kg，增产率为 9.39%，每千克磷可增产马铃薯 134.4kg；平均每 $667m^2$ 施钾量为 7.8kg，每 $667m^2$ 增产马铃薯 396.9kg，增产率为 9.10%，每千克钾可增产马铃薯 86.7kg。本区化肥对马铃薯增产效应为氮＞磷＞钾。

盆周山区马铃薯不施肥情况下，每 $667m^2$ 产量平均仅 460.9kg，在每 $667m^2$ 平均增施氮、磷、钾化肥 14.4kg 时，每 $667m^2$ 可增产 275.1kg，增产率达 63.03%，每千克氮、磷、钾养分可增产马铃薯 19.6kg。平均每 $667m^2$ 施氮量为 8.4kg，每 $667m^2$ 增产马铃薯 −77.8kg，增产率为 −40.46% ～ 67.27%，平均为 7.46%，每千克氮可增产马铃薯 −9.8kg，说明盆周山地单纯施用氮肥会造成减产；平均每 $667m^2$ 施磷量为 4.2kg，每 $667m^2$ 增产马铃薯 69.1kg，增产率为 7.10%，每千克磷可增产马铃薯 14.2kg；平均每 $667m^2$ 施钾量为 7.0kg，每 $667m^2$ 增产马铃薯 122.9kg，增产率为 11.38%，每千克钾可增产马铃薯 8.7kg。本区化肥对马铃薯增产效应为磷＞钾＞氮。

川西南山地区马铃薯不施肥情况下，每 $667m^2$ 产量平均为 1 146.7kg，在每 $667m^2$ 平均增施氮、磷、钾化肥 30.8kg 时，每 $667m^2$ 可增产 658.7kg，增产率达 72.24%，每千克氮、磷、钾养分可增产马铃薯 24.5kg。平均每 $667m^2$ 施氮量为 9.6kg，每 $667m^2$ 增产马铃薯 287.4kg，增产率为 23.10%，每千克氮可增产马铃薯 38.6kg；平均每 $667m^2$ 施磷量为 5.9kg，每 $667m^2$ 增产马铃薯 212.9kg，增产率为 18.11%，每千克磷可增产马铃薯 37.8kg；平均每 $667m^2$ 施钾量为 9.1kg，每 $667m^2$ 增产马铃薯 189.3kg，增产率为 15.00%，每千克钾可增产马铃薯 22.3kg。本区化肥对马铃薯增产效应为氮＞磷＞钾。

3. 贵州省马铃薯施肥的肥效反应 苟久兰等（2011）研究发现，在贵州地区，每 $667m^2$ 施用复合肥（16-8-18）50kg、有机肥 1 250kg，马铃薯增产效果最明显。刘藜等（2012）研究发现，在氮、钾肥为中量不变时，随着磷肥用量增加，马铃薯产量增加；在氮、磷肥为中量不变时，随着钾肥用量增加，马铃薯产量也呈递增趋势。肖桂云等（2008）研究表明，在贵州威宁地区，每 $667m^2$ 化肥施用量纯 N 为 9.0kg、P_2O_5 为 22.5kg、K_2O 为 30.0kg 时，产量最高为 2 801.3 kg。陆引罡（2003）对贵州省高海拔地区马铃薯进行研究发现，钾肥配施 $667m^2$ 可增产马铃薯 66.7～166.7 kg，增幅 8.06%～20.63%，施钾后马铃薯薯块质量增加 19.2%，增产以增加薯块质量为主，高产高效施肥的 N：K_2O 以 100：（95～140）为宜，即施氮（N）7.0kg、施钾（K_2O）6.7～10.0kg 为宜。施磷量应根据土壤中缺磷情况进行调整。

第六节　不同生态区马铃薯专用
复混肥料农艺配方制订

一、北方一作区

1. 内蒙古地区马铃薯专用复混肥料农艺配方制订　在内蒙古地区，马铃薯的栽培方式根据是否灌溉分为水浇地马铃薯和旱地马铃薯，因此，在制订马铃薯配方时，分别对水浇地马铃薯和旱地马铃薯进行配方的制订。

（1）阴山丘陵旱地生态区马铃薯专用复混肥料农艺配方。

①马铃薯目标产量的确定。根据资料、文献和部分"3414"试验结果，确定阴山丘陵旱地马铃薯高产田的目标产量是每 $667m^2$ 产量大于 1 250kg，中产田的目标产量是每 $667m^2$ 产

量 500～1 250kg，低产田的目标产量是每 667m² 产量小于 500kg。

②土壤供肥量的确定。土壤供肥量是在不施用肥料的基础上，土壤能为作物提供的养分数量。根据资料、文献和部分"3414"试验结果，确定阴山地区旱地马铃薯土壤供肥量（无肥区产量）与目标产量的关系，在此基础上计算出土壤供肥量。无氮区旱地马铃薯高产田每667m² 产量大于 852.9kg，中产田每 667m² 产量为 229.1～852.9kg，低产田每 667m² 产量小于229.1kg。无磷区旱地马铃薯高产田每 667m² 产量大于 891.4kg，中产田每 667m² 产量为228.6～891.4kg，低产田每 667m² 产量小于 228.6kg。无钾区旱地马铃薯高产田每 667m² 产量大于 996.0kg，中产田每 667m² 产量为258.7～996.0kg，低产田每 667m² 产量小于 258.7kg。

③马铃薯需肥量的确定。生产 1 000kg 块茎需要吸收的氮、磷、钾养分因不同产量水平、不同施肥量水平及不同养分配比而异。通过大量试验和文献查阅，确定阴山北麓地区旱地生产 1 000kg 马铃薯块茎需要的氮、磷、钾量分别为 4.08kg、1.49kg、7.05kg。

④马铃薯肥料利用率。通过大量试验和文献查阅，确定阴山北麓地区旱地生产马铃薯肥料利用率分别为：氮肥 21.5%、磷肥 13.85%、钾肥 25.1%。

⑤马铃薯施肥量的确定。根据目标产量、土壤肥力以及肥料利用率计算出不同田块的推荐施肥量，如表 7-6-1 所示。

⑥马铃薯复混肥料配方的制订。根据表 7-6-1 推荐施肥量，计算出旱地马铃薯高产田每667m² 需要投入的养分量（表 7-6-2）。根据施肥习惯，将肥料全部基施，即追肥比例为 0。

表 7-6-1　旱地马铃薯需要投入的养分量

养分	每 667m² 目标产量（kg）	无肥区每 667m² 产量（kg）	1 000kg 块茎需养分量(kg)	肥料利用率（%）	每 667m² 推荐施肥量(kg)
N	高产田（>1 250）	>852.9			>10
	中产田（500～1 250）	229.1～852.9	4.08	21.5	5～10
	低产田（<500）	<229.1			<5
P₂O₅	高产田（>1 250）	>891.4			>5
	中产田（500～1 250）	228.6～891.4	1.49	13.85	3～5
	低产田（<500）	<228.6			<3
K₂O	高产田（>1 250）	>996.0			>7
	中产田（500～1 250）	258.7～996.0	7.05	25.1	6～7
	低产田（<500）	<258.7			<6

注：资料引自樊明寿等（2014）。

表 7-6-2　旱地马铃薯复混肥料配方

每 667m² 目标产量（kg）	面积（万 hm²）	每 667m² 施肥总量（kg）N-P₂O₅-K₂O	每 667m² 基肥用量（kg）N-P₂O₅-K₂O	每 667m² 追肥用量（N-P₂O₅-K₂O，kg）
区域大配方	43.3	10-5-7	10-5-7	0-0-0
高产田（>1 250）	3.3	10-5-7	10-5-7	0-0-0
中产田（500～1 250）	13.3	8-4-7	8-4-7	0-0-0
低产田（<500）	26.7	5-3-7	5-3-7	0-0-0

（2）阴山丘陵水浇地生态区马铃薯专用复混肥料农艺配方。阴山丘陵水浇地马铃薯生产区存在3种主要的灌溉形式：漫灌、喷灌和滴灌。因此，在制订水浇地马铃薯专用复混肥料农艺配方时，需要把3种灌溉形式分别加以考虑。按照上述方法，计算出不同肥力条件、不同目标产量下推荐施肥数量。

根据不同灌溉方式下马铃薯不同生育期养分投入的比例不同（表7-6-3），分别制订漫灌、喷灌、滴灌马铃薯施肥配方（表7-6-4）。

表7-6-3　不同灌溉方式下马铃薯各时期投入养分占总施肥量的百分比（％）

灌溉形式	N					K_2O		
	苗期	块茎形成前期	块茎形成后期	块茎膨大前期	块茎膨大后期	苗期	块茎形成前期	块茎膨大前期
漫灌	30	—	—	70	60	—		40
喷灌	10	30	—	60	15	50		35
滴管	10	20	20	20	30	15	50	35

表7-6-4　马铃薯复混肥料区域大配方

灌溉方式与肥力水平		面积（万 hm^2）	每 $667m^2$ 施肥总量（$N-P_2O_5-K_2O$, kg）	每 $667m^2$ 基肥用量（$N-P_2O_5-K_2O$, kg）	每 $667m^2$ 追肥用量（$N-P_2O_5-K_2O$, kg）
漫灌	大配方	6.67	22-8-17	5-5-7	12-0-5
	高产田	2.00	22-8-17	8-8-10	16-0-7
	中产田	2.67	17-5-12	5-5-7	12-0-5
	低产田	2.00	8-3-8	3-3-6	5-0-2
喷灌	大配方	13.33	20-10-19	8-10-12	12-0-7
	高产田	2.67	20-10-19	8-10-12	12-0-7
	中产田	2.67	13-8-14	5-8-9	8-0-5
	低产田	8.00	7-5-10	3-5-6	4-0-4
滴灌	大配方	6.67	19-10-18	6-10-12	13-0-6
	高产田	1.33	19-10-18	6-10-12	13-0-6
	中产田	2.67	14-8-16	4-8-10	10-0-6
	低产田	2.67	10-5-13	3-5-8	7-0-5

2. 甘肃省马铃薯专用复混肥料农艺配方制订　甘肃省不同生态区马铃薯不同产量水平、不同区域条件下，专用复混肥料农艺配方制订以区域配肥为原则，全面搜集全省13个马铃薯主产县（市）近10年气象资料，系统总结甘肃省农田土壤肥力状况、马铃薯需肥规律、当地农民施肥习惯和施肥技术，根据区域气候条件、马铃薯需肥规律、土壤供肥性能和马铃薯肥效反应，确定马铃薯最佳施肥量和施肥时期，并且在合理施用有机肥料的基础上，提出氮、磷、钾及中微量元素等的适宜施用数量、施肥时期和施用方法。各生态区域配方的制订是集土壤测试、肥料试验、专用肥料配制、施肥技术指导为一体的技术体系，也是一项来自实践的科学施肥技术。

依据各农业生态区马铃薯不同产量水平、养分需求量与各马铃薯种植区土壤养分供给量、马铃薯养分利用率等数据（表7-6-5、表7-6-6、表7-6-7、表7-6-8），对各生态区马铃薯氮、磷、钾肥施用量进行计算，从而制订出不同农业生态区马铃薯专用复混肥料农艺配方。

表 7-6-5　甘肃省马铃薯种植区养分利用率（%）

各生态区	N 利用率		P_2O_5 利用率		K_2O 利用率	
	范围	平均	范围	平均	范围	平均
陇东马铃薯种植区	11.4~21.8	17.8	7.12~7.35	7.2	10.3~16.7	14.21
陇南马铃薯种植区	13.3~20.5	17.4	6.8~11.8	9.7	8.3~15.5	13.45
陇中马铃薯种植区	10.3~20.2	16.2	9.1~14.35	11.55	10.2~18.1	16.3
河西马铃薯种植区	13.2~24.6	19.1	9.55~15.13	12.1	9.6~17.7	13.8

表 7-6-6　甘肃省马铃薯种植区每 $667m^2$ 氮、磷、钾施入量及配比

各生态区	产量水平	N (kg)	P_2O_5 (kg)	K_2O (kg)	$N：P_2O_5：K_2O$
陇东马铃薯种植区	高产田	13.90	6.67	3.88	1：0.48：0.28
	中产田	11.30	5.97	3.23	1：0.53：0.29
	低产田	8.51	6.74	2.96	1：0.79：0.35
陇南马铃薯种植区	高产田	10.68	7.20	5.97	1：0.67：0.56
	中产田	7.55	6.32	3.96	1：0.83：0.52
	低产田	5.94	5.15	2.74	1：0.87：0.46
陇中马铃薯种植区	高产田	12.52	6.90	6.45	1：0.55：0.52
	中产田	10.66	7.32	4.02	1：0.69：0.38
	低产田	8.06	5.38	3.57	1：0.67：0.44
河西马铃薯种植区	高产田	16.95	8.20	5.97	1：0.48：0.35
	中产田	13.94	6.53	5.33	1：0.47：0.38
	低产田	10.08	5.97	4.52	1：0.59：0.45

表 7-6-7　甘肃省马铃薯种植区不同产量水平养分需求

各生态区	产量水平	面积（万 hm^2）	每 $667m^2$ 产量 (kg)		占该区马铃薯面积(%)	100kg 块茎养分需求量 (kg)			每 $667m^2$ 养分需求量 (kg)		
			范围	平均		N	P_2O_5	K_2O	N	P_2O_5	K_2O
陇东马铃薯种植区	高产田	1.33	≥2 000	2 000	14.6	0.5	0.2	1.06	10.0	4.0	21.2
	中产田	3.80	1 000~2 000	1 500	41.6	0.5	0.2	1.06	7.5	3.0	15.9
	低产田	4.00	≤1 000	1 000	43.8	0.5	0.2	1.06	5.0	2.0	10.6
陇南马铃薯种植区	高产田	1.33	≥2 000	2 000	15.4	0.5	0.2	1.06	10.0	4.0	21.2
	中产田	4.00	1 000~2 000	1 500	46.2	0.5	0.2	1.06	7.5	3.0	15.9
	低产田	3.33	≤1 000	1 000	38.5	0.5	0.2	1.06	5.0	2.0	10.6
陇中马铃薯种植区	高产田	11.33	≥2 500	2 500	27.6	0.5	0.2	1.06	12.5	5.0	26.5
	中产田	16.00	1 500~2 500	2 000	37.3	0.5	0.2	1.06	10.0	4.0	21.2
	低产田	14.40	≤1 500	1 500	35.1	0.5	0.2	1.06	7.5	3.0	15.9
河西马铃薯种植区	高产田	3.33	≥3 000	3 000	62.5	0.5	0.2	1.06	15.0	6.0	31.8
	中产田	1.33	2 000~3 000	2 500	25.0	0.5	0.2	1.06	12.5	5.0	26.5
	低产田	0.67	≤2 000	2 000	12.5	0.5	0.2	1.06	10.0	4.0	21.2

注：主栽作物需肥量＝作物平均产量×作物 100kg 养分需求量。

　　以甘肃省马铃薯种植区马铃薯产量水平为第一考虑因素，即根据马铃薯产量水平和施肥量计算公式得出施肥量，并且根据马铃薯肥效试验和种植区土壤养分特征进行科学调整。结合马铃薯需肥规律和当地实际施肥习惯，确定马铃薯专用复混肥料基肥、追肥配方（表 7-6-9、表 7-6-10）。

表7-6-8 甘肃省马铃薯种植区土壤养分供给量

各生态区	碱解氮 (N, mg/kg)		有效磷 (P_2O_5, mg/kg)		速效钾 (K_2O, mg/kg)		当季每667m^2供给N (kg)		当季每667m^2供给P_2O_5 (kg)		当季每667m^2供给K_2O (kg)	
	范围	平均	范围	平均	范围	平均	范围	平均	范围	平均	范围	平均
陇东马铃薯种植区	6.8~63	47.1	2.5~19.3	13.2	70.1~196	184	1.1~9.45	5.4	0.38~2.9	2.53	17.3~25.6	22.6
陇南马铃薯种植区	4.7~72	50.5	9.6~24.5	17.6	58.2~146	113	0.7~10.8	6.1	1.44~3.7	2.38	13.5~23.7	19.5
陇中马铃薯种植区	18.5~66	52.3	7.8~23.4	22.1	53.2~192	172	2.78~9.9	8.2	1.17~3.51	3.23	15.5~28.8	24.4
河西马铃薯种植区	10.6~71	55.7	10~29.5	25.4	66.4~174	135	1.6~10.7	9.8	1.50~4.4	4.15	14.5~29.1	23.25

表 7-6-9　甘肃省马铃薯种植区复混肥料区域大配方

生态区划分与命名	面积（万 hm²）	每 667m² 施肥总量（N-P₂O₅-K₂O，kg）	每 667m² 基肥用量（N-P₂O₅-K₂O，kg）	每 667m² 追肥用量（N-P₂O₅-K₂O，kg）	中微量元素种类与每 667m² 用量（kg）		
					锌	硼	锰
区域大配方	65.80	15-7-4	11-7-4	4-0-0	0	0.2	0.4
高产田配方	17.33	17-8-5	12-8-5	5-0-0	0	0.3	0.5
中产田配方	26.47	11-7-4	8-7-4	3-0-0	0	0.2	0.4
低产田配方	22.00	9-6-3	7-6-3	2-0-0	0	0.1	0

表 7-6-10　甘肃省马铃薯种植区复混肥料区域亚配方

生态区划分与命名	面积（万 hm²）	每 667m² 施肥总量（N-P₂O₅-K₂O，kg）	每 667m² 基肥用量（N-P₂O₅-K₂O，kg）	每 667m² 追肥用量（N-P₂O₅-K₂O，kg）	中微量元素种类与每 667m² 用量（kg）		
					锌	硼	锰
河西马铃薯种植区	11.60	17-7-6	13-7-6	4-0-0	0	0.2	0.4
	3.33	17-8-6	13-8-6	4-0-0	0	0.2	0.5
	4.93	14-7-5	10-7-5	4-0-0	0	0.1	0.4
	3.33	10-6-4	7-6-4	3-0-0	0	0	0
陇中马铃薯种植区	29.73	11-7-5	7-7-5	4-0-0	0	0.2	0.4
	7.33	12-7-6	9-7-6	3-0-0	0	0.2	0.5
	12.00	10-7-4	7-7-4	3-0-0	0	0.1	0.4
	10.40	8-5-3	5-5-3	3-0-0	0	0	0
陇南马铃薯种植区	15.33	9-6-5	7-6-5	2-0-0	0	0.2	0.4
	2.67	10-7-6	7-7-6	3-0-0	0	0.2	0.5
	8.00	8-6-4	6-6-4	2-0-0	0	0.1	0.4
	4.67	6-5-3	4-5-3	2-0-0	0	0	0
陇东马铃薯种植区	9.13	11-6-3	8-6-3	3-0-0	0	0.2	0.4
	1.33	13-7-4	9-7-4	4-0-0	0	0.2	0.5
	3.80	11-6-3	8-6-3	3-0-0	0	0.1	0.4
	4.00	9-6-2	7-6-2	2-0-0	0	0	0

二、中原二作区

1. 山东省马铃薯专用复混肥料农艺配方制订

（1）马铃薯专用复混肥料农艺配方制订的依据、原理与方法。马铃薯专用复混肥料配方生态区的划分，参照马铃薯生态类型区的划分，以当地的气候条件及与之相适宜的马铃薯生态类型为主要依据，并考虑本省地形、地貌及其物候区、施肥习惯。按照保持县级行政区划完整的原则，将地貌类型、土壤类型、气候条件、作物布局、生产管理措施和产量水平等因素相近的县（市）划为一个区域，将全省划分为鲁东低山丘陵区、鲁中南山地丘陵区、鲁西北平原区和鲁西南平原区 4 个生态类型区。

制订不同生态区马铃薯专用复混肥料配方时，综合考虑马铃薯对养分需求的规律和不同区域的土壤养分供应状况及肥效反应，特别是测土配方施肥以来配方肥施用效应（来自于本区各县、市试验结果），来进行肥料配方的设计。设计的基本思路如下：

①马铃薯施用 N、P₂O₅、K₂O 的比例为 1∶0.4∶1.2 左右，氮肥基施比例不能过大，

约 1/3 氮肥作基肥。

②每 $667m^2$ 用量控制在 $12\sim15kg\ N$、$6kg\ P_2O_5$、$18\sim20kg\ K_2O$。

③肥料配方中添加中微量元素钙、锌、硼，因此马铃薯专用复混肥料配方在鲁东和鲁中南区域采用高钙配方。

④氮肥追肥可采用两次追施的方法，避免一次追肥氮肥用量过大。

⑤采用不含氯配方。

（2）山东省马铃薯专用复混肥料农艺配方。

①区域大配方（表7-6-11）。

表 7-6-11　山东地区马铃薯种植区专用复混肥料区域大配方

生态区划分与命名	面积（万 hm^2）	每 $667m^2$ 施肥总量（N-P_2O_5-K_2O，kg）	每 $667m^2$ 基肥用量（N-P_2O_5-K_2O，kg）	每 $667m^2$ 追肥用量（N-P_2O_5-K_2O，kg）
区域大配方	11.3	14-6-15	5-6-15	9-0-0
高产田配方		14-6-15	5-6-15	9-0-0
中产田配方		13-6-14	5-6-14	8-0-0
低产田配方		12-6-13	5-6-13	7-0-0

②区域亚配方（表7-6-12）。

表 7-6-12　山东地区马铃薯种植区专用复混肥料区域亚配方

生态区划分与命名		面积（万 hm^2）	每 $667m^2$ 施肥总量（N-P_2O_5-K_2O，kg）	每 $667m^2$ 基肥用量（N-P_2O_5-K_2O，kg）	每 $667m^2$ 追肥用量（N-P_2O_5-K_2O，kg）
鲁东低山丘陵区	大配方	2.33	14-6-15	5-6-15	9-0-0
	高产田		14-6-15	5-6-15	9-0-0
	中产田		13-6-14	5-6-14	8-0-0
	低产田		12-6-13	5-6-13	7-0-0
鲁中南山地丘陵区	大配方	3.40	14-6-15	5-6-15	9-0-0
	高产田		14-6-15	5-6-15	9-0-0
	中产田		13-6-14	5-6-14	8-0-0
	低产田		12-6-13	5-6-13	7-0-0
鲁西北平原区	大配方	1.73	15-7-14	5-7-14	10-0-0
	高产田		15-7-14	5-7-14	10-0-0
	中产田		14-6-13	5-6-13	9-0-0
	低产田		13-6-12	5-6-12	8-0-0
鲁西南平原区	大配方	3.87	15-7-14	5-7-14	10-0-0
	高产田		15-7-14	5-7-14	10-0-0
	中产田		14-6-13	5-6-13	9-0-0
	低产田		13-6-12	5-6-12	8-0-0

2. 湖南省东部马铃薯专用复混肥料农艺配方制订　根据复混肥料农艺配方制订的基本原理，采用地力分区及目标产量法，结合马铃薯的需肥规律及湖南省马铃薯施肥情况调查结

果，对不同生态区马铃薯专用复混肥料农艺配方进行设计。设计依据见表 7-6-13。其中地力产量、目标产量根据湖南省 2005—2008 年的肥效试验确定，马铃薯的氮、磷、钾肥肥料利用率分别按 30%、20%、50% 计算。然后根据当地有机肥施用情况（15 000kg/hm² 左右，折合养分 N、P_2O_5、K_2O 分别为 30～60kg/hm²、15～30kg/hm²、15～30kg/hm²）、气候条件、养分状况、施肥技术与水平、经济条件等因素做适当的调整，得出河南省不同马铃薯生态区专用复混肥料农艺配方（表 7-6-14）。

表 7-6-13　湖南省不同马铃薯生态区专用复混肥料农艺配方设计依据

生态区		地力产量（kg/hm²）	目标产量（kg/hm²）	1 000kg 产量养分吸收量（kg/hm²）			肥料利用率（%）		
				N	P_2O_5	K_2O	N	P_2O_5	K_2O
湘北平湖区	大配方	18 000	30 000	75	30	120	30	20	50
	高产田	24 000	37 500	75	30	120	30	20	50
	中产田	18 000	30 000	75	30	120	30	20	50
	低产田	12 000	22 500	75	30	120	30	20	50
湘中、湘东丘陵区	大配方	15 000	27 000	75	30	120	30	20	50
	高产田	22 500	36 000	75	30	120	30	20	50
	中产田	15 000	27 000	75	30	120	30	20	50
	低产田	12 000	18 000	75	30	120	30	20	50
湘南丘陵山地区	大配方	15 000	27 000	75	30	120	30	20	50
	高产田	22 500	36 000	75	30	120	30	20	50
	中产田	15 000	27 000	75	30	120	30	20	50
	低产田	12 000	18 000	75	30	120	30	20	50
湘西山区	大配方	18 000	30 000	75	30	120	30	20	50
	高产田	24 000	37 500	75	30	120	30	20	50
	中产田	18 000	30 000	75	30	120	30	20	50
	低产田	12 000	22 500	75	30	120	30	20	50

表 7-6-14　湖南省不同马铃薯生态区专用复混肥料农艺配方

生态区划分与命名		面积（万 hm²）	每 667m² 施肥总量（N-P_2O_5-K_2O，kg）	每 667m² 基肥用量（N-P_2O_5-K_2O，kg）	每 667m² 追肥用量（N-P_2O_5-K_2O，kg）	中微量元素种类与每 667m² 用量（kg）		
						锌	硼	锰
	大配方	9.80	11-4-9	7-4-6	4-0-3			
	高产田	2.67	12-5-10	8-5-7	4-0-3			
	中产田	4.20	11-4-9	7-4-6	4-0-3			
	低产田	2.93	10-4-9	6-4-6	4-0-3			
湘北平湖区	大配方	2.07	10-3-8	6-3-5	4-0-3			
	高产田	0.53	11-4-9	7-4-6	4-0-3			
	中产田	0.87	10-3-8	6-3-5	4-0-3			
	低产田	0.60	9-3-8	6-5-5	3-0-3			

（续）

生态区划分与命名		面积（万 hm²）	每 667m² 施肥总量(N-P₂O₅-K₂O, kg)	每 667m² 基肥用量(N-P₂O₅-K₂O, kg)	每 667m² 追肥用量(N-P₂O₅-K₂O, kg)	中微量元素种类与每 667m² 用量(kg)		
						锌	硼	锰
湘中、湘东丘陵区	大配方	2.80	9-4-9	6-4-6	3-0-3			
	高产田	0.73	10-4-9	6-4-6	4-0-3			
	中产田	1.20	9-4-9	6-4-6	3-0-3			
	低产田	0.80	8-3-8	5-3-5	3-0-3			
湘南丘陵山地区	大配方	1.33	10-5-9	6-5-6	4-0-3			2
	高产田	0.33	11-5-10	7-5-7	4-0-3			2
	中产田	0.60	10-4-9	6-4-6	4-0-3			2
	低产田	0.40	9-4-8	6-4-5	3-0-3			2
湘西山区	大配方	3.60	11-5-10	7-5-7	4-0-3			
	高产田	1.00	12-5-11	8-5-8	4-0-3			
	中产田	1.53	11-4-9	7-4-6	4-0-3			
	低产田	1.07	10-4-8	6-4-5	4-0-3			

三、南方冬作区

该生态区马铃薯专用复混肥料大配方为 $N : P_2O_5 : K_2O = 1 : 0.4 : 1.1$，每 667m² 产 3 000～4 000kg 块茎时纯氮用量为 12.0～16.0kJ。

四、西南混作区

（一）重庆市马铃薯专用复混肥料农艺配方制订

1. 马铃薯专用复混肥料农艺配方制订的依据、原理与方法

（1）区域氮总量控制。根据目标产量计算施氮总量，计算公式如下：

$$施氮量 = \frac{（目标产量 - 前期试验空白产量）\times 单位产量吸氮量}{氮肥利用率}$$

①空白产量的确定：根据 15 个"3414"试验，马铃薯无肥区平均每 667m² 产量为 800kg。

②目标产量：目前马铃薯平均每 667m² 产量1 400kg 左右，在现有基础上提高 20% 作为目标产量，按每 667m² 产量1 700kg 计。

③单位产量吸氮量：本地区生产1 000kg 马铃薯块茎需氮 5.0kg。

$$区域每 667m² 施氮量 = \frac{（目标产量 - 前期试验空白产量）\times 单位产量吸氮量}{氮肥利用率}$$

$$= \frac{（1700 - 800）\times 5.0}{1000 \times 35\%} = 12.8 \text{（kg）}$$

（2）磷肥用量的确定。采用恒量监控技术。前人研究结果表明，生产 1t 马铃薯需要氮、磷、钾肥分别为 3.0～4.0kg、1.0～1.5kg、4.0～6.0kg。重庆市平均每生产1 000kg 马铃薯需要吸收 3.0kg P_2O_5。根据目标产量计算需磷量：当每 667m² 目标产量分别为 1 400kg、1 500 kg、1 600 kg、1 700 kg 时，马铃薯需磷量（P_2O_5）分别为 4.2kg、4.5kg、

4.8kg、5.1kg。

重庆市马铃薯田土壤有效磷含量主要为$10\sim20$ mg/kg，因此每$667m^2$磷肥的推荐用量为$4.2\sim5.1$kg P_2O_5（表7-6-15）。

表7-6-15　根据土壤有效磷含量确定磷肥用量

土壤有效磷水平（mg/kg）	磷肥施用量
<10	作物带走量的1.5倍
$10\sim20$	补充作物带走量
>20	补充少量磷肥作种肥用

（3）钾肥用量的确定。该地区平均每生产1 000kg马铃薯需要吸收9.0kg K_2O，根据目标产量计算需钾量，当每$667m^2$目标产量分别为1 400kg、1 500kg、1 600kg、1 700kg时，马铃薯每$667m^2$需钾量（K_2O）分别为12.6kg、13.5kg、14.4kg、15.3kg。

该地区土壤以紫色土母岩发育为主，有效钾含量主要为$50\sim100$ mg/kg，钾肥的推荐用量为每$667m^2$ $12.6\sim15.3$kg K_2O（表7-6-16）。

表7-6-16　根据土壤有效钾含量及秸秆还田情况确定钾肥用量

土壤钾水平（mg/kg）	钾肥施用量
<50	作物带走量的1.5倍
$50\sim100$	补充作物带走量
>100	施钾肥增产潜力不大

（4）微量元素肥的施用。马铃薯对微量元素硼、锌较敏感，如果土壤中有效锌含量低于0.5 mg/kg，则需要施用锌肥。土壤中锌的有效性在酸性条件下比碱性条件下要高，所以碱性土壤易缺锌。长期施磷肥的地区，由于磷与锌的拮抗作用，易诱发缺锌，应给予补充，一般按每$667m^2$施用硫酸锌2kg计算。

2. 重庆市马铃薯专用复混肥料农艺配方　重庆地区马铃薯专用复混肥料区域大配方见表7-6-17。

表7-6-17　重庆地区马铃薯专用复混肥料区域大配方

生态区划分与命名	面积（万 hm^2）	每$667m^2$施肥总量（N-P_2O_5-K_2O，kg）	每$667m^2$基肥用量（N-P_2O_5-K_2O，kg）	每$667m^2$追肥用量（N-P_2O_5-K_2O，kg）
大配方	33.60	8-5-10	5-5-7	3-0-3
高产田	3.47	10-5-12	6-5-8	4-0-4
中产田	24.80	8-5-10	5-5-7	3-0-3
低产田	5.33	7-4-6	4-4-4	3-0-2

（二）四川省马铃薯专用复混肥料农艺配方制订

四川省马铃薯种植区划分为5个生态区，在以上各节分析的基础上，针对各区域马铃薯目标产量水平，制订一个马铃薯施肥方案，再根据其分布面积综合成一个区域施肥方案（表7-6-18）。在综合各区域配方的基础上，依据其面积及产量水平高低，综合得到四川全省马铃薯施肥区域大配方（表7-6-19）。据此方案，复混肥料生产企业可选用适当的原料和相应的工艺，根据科学性、可行性及经济性，组成不同生态区马铃薯专用复混肥料配方。

表 7-6-18　四川省不同产量水平马铃薯施肥配方

马铃薯配方	面积（万 hm^2）	每 $667m^2$ 施肥总量（N-P_2O_5-K_2O,kg）	每 $667m^2$ 基肥用量（N-P_2O_5-K_2O,kg）	每 $667m^2$ 追肥用量（N-P_2O_5-K_2O,kg）	中微量元素种类与每 $667m^2$ 用量（kg）		
					锌	硼	锰
配方	69.77	10-7-8	5-7-8	5-0-0			
高产田	4.63	14-7-5	8-7-5	6-0-0			
中产田	37.57	14-7-5	8-7-5	6-0-0			
低产田	27.56	13-6-6	7-6-6	6-0-0			

表 7-6-19　四川省不同生态区马铃薯施肥配方

生态区划分与命名		面积（万 hm^2）	每 $667m^2$ 施肥总量（N-P_2O_5-K_2O,kg）	每 $667m^2$ 基肥用量（N-P_2O_5-K_2O,kg）	每 $667m^2$ 追肥用量（N-P_2O_5-K_2O,kg）
成都平原区	大配方	3.73	14-6-10	8-6-5	6-0-5
	中产田	2.23	14-6-10	8-6-5	6-0-5
	低产田	1.49	12-6-8	7-6-4	5-0-4
川中丘陵区	大配方	36.71	14-6-10	8-6-5	6-0-5
	中产田	18.35	14-6-10	8-6-5	6-0-5
	低产田	18.35	12-6-8	7-6-4	5-0-4
川西南山地区	大配方	15.45	11-6-10	6-6-5	5-0-5
	高产田	4.63	13-7-12	7-7-6	6-0-6
	中产田	9.27	11-6-10	6-6-5	5-0-5
	低产田	1.55	9-5-8	5-6-4	4-0-4
盆周山区	大配方	11.02	14-6-10	8-6-5	6-0-5
	中产田	7.71	14-6-10	8-6-5	6-0-5
	低产田	3.31	12-6-8	7-6-4	5-0-4
川西北高原山地区	大配方	2.87	12-6-0	6-6-0	6-0-0
	低产田	2.87	12-6-0	6-6-0	6-0-0

（三）贵州省马铃薯专用复混肥料农艺配方制订

贵州省马铃薯专用复混肥料农艺配方见表7-6-20。

表 7-6-20　贵州省马铃薯专用复混肥料农艺配方

生态区划分与命名	每 667m² 肥料施用量（N-P₂O₅-K₂O，kg）		
	总量	基肥	追肥
大配方	13-9-16	9-9-16	4-0-0
高产田	16-9-18	11-9-18	5-0-0
中产田	13-9-16	9-9-16	4-0-0
低产田	10-8-10	7-8-10	3-0-0

第七节　马铃薯专用复混肥料农艺配方

一、马铃薯专用复混肥料农艺配方及区划

马铃薯专用复混肥料农艺配方见表 7-7-1。马铃薯专用复混肥料农艺配方区划图见图 7-7-1。

表 7-7-1　马铃薯专用复混肥料农艺配方

生态区划分与命名		每 667m² 施肥总量(N-P₂O₅-K₂O,kg)	每 667m² 基肥用量(N-P₂O₅-K₂O,kg)	每 667m² 追肥用量(N-P₂O₅-K₂O,kg)	中微量元素种类与每 667m² 用量（kg）		
					锌	硼	锰
北方一作区	大配方	16-8-10	7-8-6	9-0-4			
	高产田	16-8-10	7-8-6	9-0-4			
	中产田	14-8-8	6-8-4	8-0-4			
	低产田	12-6-6	5-6-3	7-0-3			
中原二作区	大配方	13-6-13	6-6-10	7-0-3			
	高产田	14-6-15	6-6-12	8-0-3			
	中产田	12-5-13	5-5-11	7-0-2			
	低产田	11-4-11	5-4-9	6-0-2			
南方冬作区	大配方	13-9-16	9-9-16	4-0-0			
	高产田	16-9-18	11-9-18	5-0-0			
	中产田	13-9-16	9-9-16	4-0-0			
	低产田	10-8-10	7-8-10	3-0-0			
西南混作区	大配方	10-6-9	5-6-7	5-0-2			
	高产田	11-7-10	6-7-8	5-0-2			
	中产田	10-6-9	5-6-7	5-0-2			
	低产田	9-5-8	5-5-7	4-0-1			

二、马铃薯区域配方肥料的施用方法及调整策略

我国马铃薯种植在千差万别的自然条件下，各地通过长期的生产实践，形成了与当地气候特点和生产条件相适应的栽培类型。把我国马铃薯的种植分为 4 个区域，区域与区域之间

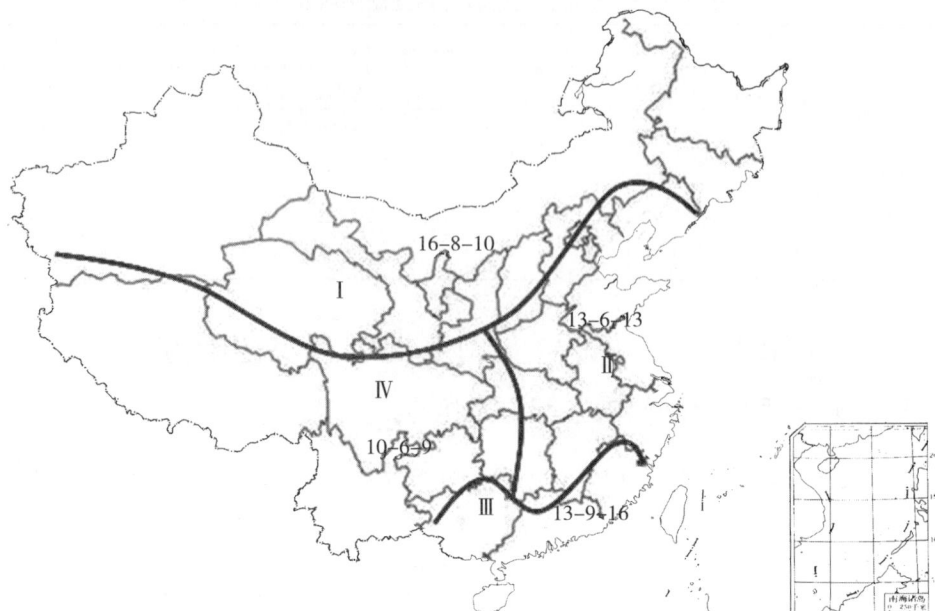

图 7-7-1　马铃薯专用复混肥料农艺配方区划图
Ⅰ. 北方一作区　Ⅱ. 中原二作区　Ⅲ. 南方冬作区　Ⅳ. 西南混作区

差异较大，所以每个区域制订了一个配方。但是区域内部由于各地的土壤类型、马铃薯产量和品种、农民施肥习惯都有差异，所以在区域配方的基础上需要做一些调整。

1. 北方一作区配方肥料的施用方法及调整策略

（1）内蒙古地区马铃薯配方肥料的施用方法及调整策略。对于内蒙古阴山丘陵地区旱地马铃薯而言，复合肥只作基肥施入，不进行追肥，因此该区域的旱地马铃薯基肥配方即为大配方的全部养分。

对于内蒙古阴山丘陵地区水浇地马铃薯而言，有不同的灌溉方式。对于漫灌来说，可以直接按北方一作区配方进行施用，在块茎形成期追一次肥。对于有喷灌和滴灌条件的地区，因为可以分多个时期进行追肥，所以在投入肥料的时候需要进行调整。对于喷灌而言，基肥氮、钾用量可以采用施肥配方总量的 1/3，追肥可以直接采用追肥的配方，追施 3～5 次，分别在块茎形成期和块茎膨大期进行。对于滴灌而言，基肥氮、钾用量可以采用施肥配方总量的 1/3 或更少，追肥可用单质氮肥和钾肥，分多次滴施。微量元素肥料应根据测土情况有针对性地补充。

（2）甘肃省马铃薯配方肥料的施用方法及调整策略。甘肃省马铃薯主要种植在 4 个区域，而且甘肃省马铃薯的生产过程中需要补充硼肥和锰肥。对于高产田而言，每 667m² 需施 0.2kg 硼肥和 0.5kg 锰肥；对于中产田而言，每 667m² 需施 0.1kg 硼肥和 0.4kg 锰肥。

在甘肃省河西地区，马铃薯产量较高，需肥量较大，所以基肥施用按北方一作区施肥配方总量的 1.5 倍投入，追肥按追肥配方投入。甘肃陇中地区和陇东地区需肥量相对也较大，基肥投入按北方一作区施肥配方总量投入，追肥按追肥配方投入。甘肃省陇南地区马铃薯肥料投入直接按配方投入即可。

2. 中原二作区马铃薯配方肥料的施用方法及调整策略

（1）山东省马铃薯配方肥料的施用方法及调整策略。山东省马铃薯主要种植在 4 个区域，鲁东低山丘陵区和鲁中南山地丘陵区可直接按配方进行施肥，在追肥时可适量增加钾肥投入。鲁西北平原区和鲁西南平原区由于马铃薯需肥量较大，可以按配方量的 1.1～1.2 倍投入。

（2）湖南省马铃薯配方肥料的施用方法及调整策略。湖南省马铃薯主要种植在 4 个区域，马铃薯需肥量相对山东低一些。湘北平湖区和湘南丘陵山地区，在肥料施用时按配方量的 4/5 投入即可。湘中、湘东丘陵区，在肥料施用时按配方量的 2/3 投入。湘西山区肥料施用可按中原二作区低产田配方投入，在该区域又有高产田、中产田、低产田的差异，可以在此基础上稍做调整。

3. 南方冬作区马铃薯配方肥料的施用方法及调整策略　南方冬作区马铃薯主要种植区域是贵州省，直接按配方进行施肥即可，在其他一些种植小区域内，根据具体情况可做调整。

4. 西南混作区马铃薯配方肥料的施用方法及调整策略　西南混作区马铃薯主要种植在重庆和四川。总体来说，重庆马铃薯田块肥料施用按西南混作区配方投入即可；四川马铃薯需肥量较大，主要分布在 5 个区域，川西南山地区可以直接按西南混作区配方投入肥料，成都平原区、川中丘陵区、盆周山区、川西北高原山地区可按配方量的 1.5 倍投入。

参 考 文 献

陈凡玲 . 2011. 氮磷钾化学肥料对马铃薯产量影响效应试验浅析［J］. 土壤肥料（5）：34-35.

陈洪，张新明，全锋，等 . 2010. 氮磷钾不同配比对冬作马铃薯产量、效益和肥料利用率的影响［J］. 中国马铃薯，24（4）：224-229.

陈修斌，秦嘉海，陈广泉，等 . 2005. 河西走廊盐化潮土钾肥对马铃薯增产效应的研究［J］. 土壤（4）：451-454.

樊明寿，王贵平，李志平，等 . 2012. 内蒙古主要农作物测土配方施肥及综合配套栽培技术-马铃薯［M］. 北京：中国农业出版社 .

樊明寿，赵炳强，陈杨，等 . 2014. 内蒙古作物专用复混肥料农艺配方［M］. 北京：中国农业出版社 .

高媛，韦艳萍，樊明寿 . 2011. 马铃薯的养分需求［J］. 中国马铃薯，25（3）：182-187.

苟久兰，何佳芳，周瑞荣，等 . 2011. 缓释肥与有机肥配施对马铃薯产量及养分吸收的影响［J］. 贵州农业科学，39（12）：151-153.

李华宪，辛小慧，张生钰，等 . 2009. 施氮对马铃薯产量及效益的影响［J］. 甘肃农业科技（2）：31-32.

刘克礼 . 2008. 作物栽培学［M］. 北京：中国农业出版社 .

刘藜，孙锐锋，肖厚军，等 . 2012. 马铃薯施含氯化肥及不同磷、钾肥效应研究［J］. 贵州科学，30（5）：64-67.

刘文区，黄文苏，刘伟锋，等 . 2011. 惠东县马铃薯耕地土壤肥力现状及改良对策［J］. 广东农业科学（16）：51-54.

陆引罡 . 2003. 马铃薯平衡施肥中的钾素效应研究［J］. 中国农学通报，19（5）：143-145.

罗爱花，陆立银，王一航，等，2011. 大中微量元素配施对陇薯 5 号养分吸收及品质的影响［J］. 长江蔬菜：学术版（6）：52-56.

苏小娟，王平，刘淑英，等 . 2010. 施肥对定西地区马铃薯养分吸收动态、产量和品质的影响［J］. 西北农业学报（1）：86-91.

索东让.2008.河西走廊绿洲灌区灌漠土肥料利用率研究［J］.干旱地区农业研究（2）：18-27.

温随良，黄鹏，晋小军.1996.甘肃马铃薯分布特征及土壤理化性质对产量的影响评价［J］.甘肃科学学报（3）：5-8.

肖桂云，王荣芳，赵庆洪，等.2008.不同种植密度及氮磷钾施用量对马铃薯产量的影响［J］.现代农业科技（2）：18-20.

谢奎忠，杨梭，张民.2010.氮磷钾肥施用量对庄薯3号商品薯率的影响［J］.长江蔬菜（10）：52-55.

邢晓飞.2010.山东耕地养分状况与区域配方施肥技术［D］.泰安：山东农业大学.

袁爱玲.2005.河西灌区马铃薯钾肥施用量试验研究［J］.农业科技与信息（6）：9-10.

章明清，姚宝全，李娟，等.2005.福建冬种马铃薯氮磷钾施肥指标研究［J］.福建农业学报（9）：982-988.

郑顺彬，袁继超，马均，等.2009.春、秋马铃薯氮肥运筹的对比研究［J］.西南农业学报（3）：702-706.

朱杰辉，何长征，宋勇，等.2009.不同类型土壤中施肥量对马铃薯产量与品质的影响［J］.湖南农业大学学报：自然科学版，35（4）：423-428.

第八章 油菜专用复混肥料 农艺配方

第一节 我国油菜的分布与区划

一、我国油菜分布与生态区划

中国是传统油菜生产大国，2011 年冬播面积 734.73 万 hm^2，油菜籽总产量 1 342 万 t（国家统计局，2012），面积和总产分别占世界的 1/5 以上。菜籽油占国产食用植物油的近 40%，其不饱和脂肪酸含量可达 80% 左右（品质与橄榄油、山茶油相近），是人类的健康食用植物油之一；油菜饼粕中的氨基酸组成合理，接近世界卫生组织（WHO）和联合国粮食与农业组织（FAO）推荐比例（营养价值优于大豆蛋白质），每年可为畜牧业提供超过 700 万 t 优质蛋白质饲料，是我国饲料蛋白质的重要来源。因此，发展油菜生产，对保障食用油供给、满足人民生活需要具有十分重要的意义。

按农业区划和油菜生产特点，我国油菜产区可分为冬油菜区和春油菜区两大产区。六盘山以东和延河以南、太岳山以东为冬油菜区，一般 9 月底种植，翌年 5 月底收获；六盘山以西和延河以北、太岳山以西为春油菜区，一般 4 月底种植，9 月底收获。冬油菜区主要集中于长江流域，分为 6 个亚区；春油菜区集中于东北和西北，以内蒙古海拉尔地区最为集中，分为 3 个亚区（图 8-1-1）。

上述油菜分区是早期我国科技工作者根据不同种植区域气候条件和油菜对生长环境的要求而制订的，在生产实践中应用较烦琐，同时随着我国气候条件和农业种植模式的改变，油菜生态区划也相应发生了改变。国家区域试验将全国油菜产区划分为春油菜区（青海、甘肃等低海拔区及内蒙古、新疆等高海拔、高纬度春油菜区）和冬油菜区，其中冬油菜区又分为长江上游区（四川、重庆、云南、贵州、陕西汉中及安康）、长江中游区（湖北、湖南、江西）、长江下游区（上海、浙江、安徽和江苏两省淮河以南）、黄淮区（安徽和江苏两省淮河以北、河南、陕西关中、山西运城和甘肃陇南）和早熟区（江西南部、湖南南部、广西北部、福建北部、贵州西部和云南东部）等（张芳等，2012）。殷艳等（2009）按油菜生产布局将我国油菜划分为长江流域冬油菜区（上海、浙江、江苏、安徽、湖北、江西、湖南、四川、贵州、云南、重庆、河南信阳和陕西汉中等），北方春油菜区（青海、甘肃、内蒙古、新疆等），黄淮流域冬油菜区（陕西、河南，不包括汉中和信阳）和其他地区等。笔者根据不同省份油菜产区和上述油菜生态区划，将我国油菜种植生态区划分为春油菜区（青海、甘肃河西和陇中、内蒙古、新疆、黑龙江、宁夏、辽宁、西藏和四川川西北高原等），长江上游冬油菜区（四川除川西北高原、重庆、云南、贵州、陕西南部、甘肃陇东和陇南），长江中游冬油菜区（湖北、湖南、江西、河南信阳），长江下游冬油菜区（上海、浙江、安徽、江苏），黄淮冬油菜区（河南南阳、陕西关中和渭北、山西、山东、河北）和华南冬油菜区

图 8-1-1　中国油菜产区的划分

注：图 8-1-1 中虚线为冬、春油菜区分界线。春油菜区包括：①青藏高原亚区，②蒙新内陆亚区，③东北平原亚区。冬油菜区包括：①华北关中亚区，②云贵高原亚区，③四川盆地亚区，④长江中游亚区，⑤长江下游亚区，⑥华南沿海亚区。

（福建、广东、广西）等。统计分析（国家统计局，2012）表明，我国油菜以冬油菜为主，主要分布在长江流域，各区油菜播种面积和产量分别占全国油菜总播种面积和总产量比例为：春油菜区为 7.31% 和 6.76%，长江上游区为 29.21% 和 30.11%，长江中游区为 39.46% 和 35.23%，长江下游区为 17.10% 和 19.28%，黄淮区为 6.46% 和 8.33%，华南区为 0.46% 和 0.29%。以省（自治区、直辖市）为单位，播种面积排前 5 位的分别是湖北、湖南、四川、安徽和江西，占全国总播种面积的 60% 以上。鉴于本书以省（自治区、直辖市）为单位进行复混肥料农艺配方研制，故以下各节主要以省（自治区、直辖市）为单位进行不同生态区域气候、土壤、施肥和农艺配方研制等方面的介绍。

二、主要省（自治区、直辖市）油菜生态区划

1. 重庆市油菜生态区划

（1）重庆市沿长江流域油菜主产区。包括垫江、梁平、忠县、开县、丰都、万州、云阳、奉节、巫山等区（县）。本区油菜播种面积 4.59 万 hm²，每 667m² 产量 145.8kg，总产量 10.04 万 t，播种面积和总产量分别占全市的 33.2% 和 35.3%。

（2）沿乌江流域油菜主产区。包括秀山、酉阳、黔江、彭水、南川等区（县）。本区油菜播种面积 4.7 万 hm²，每 667m² 产量 134.2kg，总产量 10.04 万 t，播种面积和总产量分别占全市的 34.0% 和 33.3%。

（3）沿嘉陵江流域及渝西油菜产区。包括渝西北浅丘平坝的江津、潼南、大足、合川、永川、荣昌等区（县）。本区油菜播种面积 4.54 万 hm²，每 667m² 产量 131.3kg，总产量

10.04 万 t，播种面积和总产量分别占全市的 32.8% 和 31.4%。

2. 四川省油菜生态区划

（1）成都平原油菜产区。包括成都、德阳（中江、罗江除外）、夹江、东坡、彭山、安县、江油、名山等 23 个县（市、区）。本区是全省油菜的集中产地，尤以广大的冲积平原、山间盆地及低山丘陵最为集中，2010 年油菜种植面积 19.18 万 hm^2，每 $667m^2$ 产量 149.2kg，总产量 40.70 万 t，播种面积和总产量分别占全省的 19.13% 和 19.72%。移栽面积占 85% 以上，一般 9 月下旬播种，翌年 5 月上旬成熟收获。

（2）川中丘陵油菜产区。包括中江、罗江、绵阳、资阳、内江、乐山、南充、遂宁、雅安、宜宾、巴中、达州等 68 个县（市、区）。本区油菜种植面积大，产量也较高，在全省油菜生产发展中居重要地位。2010 年油菜种植面积 58.93 万 hm^2，每 $667m^2$ 产量 151.4kg，总产量 133.8 万 t，播种面积和总产量分别占全省的 61.97% 和 64.81%。一般 9 月下旬播种，翌年 4 月底成熟收获。

（3）盆周山地油菜产区。位于四川盆地周围，包括达州、广元、泸州、眉山、宜宾等 31 个县（市、区）。本区地域辽阔，地多田少，冬水田仍占有一定比例，旱地基本上是坡地，且坡陡土薄。本区油菜种植技术较为落后，产量低而不稳，是全省油菜低产区。本区 2010 年油菜种植面积 14.95 万 hm^2，每 $667m^2$ 产量 119.1kg，总产量 26.7 万 t，播种面积和总产量分别占全省的 15.73% 和 12.94%。一般 9 月中旬播种，翌年 5 月中旬成熟收获。

（4）川西南山地油菜产区。包括攀枝花市和凉山彝族自治州部分县（区）及雅安市所属汉源、石棉等 20 个县（市、区）。本区 2010 年油菜种植面积 2.36 万 hm^2，每 $667m^2$ 产量 117.7kg，总产量 4.17 万 t，播种面积和总产量分别占全省的 2.49% 和 2.02%。直播面积较大，一般 10 月上旬播种，翌年 4 月底成熟收获。

（5）川西北高原油菜产区。包括阿坝藏族羌族自治州全部，甘孜藏族自治州除泸定以外的各县及凉山州的本里等 31 个县（市、区）。本区 2010 年油菜种植面积 0.65 万 hm^2，每 $667m^2$ 产量 108.1kg，总产量 1.06 万 t，播种面积和总产量分别占全省的 0.69% 和 0.51%。一年一熟，一般 5 月中旬播种，9 月上旬成熟收获，属春油菜区。

3. 湖北省油菜生态区划

（1）鄂东南低山丘陵油菜产区。包括武汉市辖区、蔡甸（含汉南）、江夏、黄陂、新洲、鄂州、黄石市辖区、黄梅、武穴、浠水、嘉鱼、咸安、通城、崇阳、通山、赤壁、大冶和阳新等县（市、区）。本区 2010 年油菜种植面积 28.61 万 hm^2，每 $667m^2$ 产量 112.6kg，总产量 48.3 万 t，播种面积和总产量分别占全省的 26.7% 和 23.2%，居四大油菜产区之二（湖北省统计局等，2011）。本区田少人多，劳动力资源比较充裕。油菜前茬多为水稻，与麦类、绿肥、豆类轮作，形成一年两熟或三熟制，以三熟为主。油菜品种以甘蓝型居多，一般在白露至寒露前后播种，第二年 5 月上中旬成熟收获。

（2）鄂中平原油菜产区。包括汉川、仙桃、天门、潜江、洪湖、孝感市辖区、应城、云梦、沙洋、荆州市辖区、江陵、松滋、公安、石首、监利和枝江等县（市、区）。本区 2010 年油菜种植面积 47.05 万 hm^2，每 $667m^2$ 产量 141.8kg，总产量 100.1 万 t，播种面积和总产量分别占全省的 44.0% 和 48.2%，居四大油菜产区之首（湖北省统计局等，2011）。本区油菜种植品种主要为甘蓝型油菜，也有一部分本地白菜型油菜。主要与麦类、豆类、绿肥进行换茬，实行油—稻、油—棉一年两熟制。在南部地区，有一部分生产条件适宜、劳动力充裕的地方，也有实行油—稻—稻三熟制的。本区自然条件优越，发展油菜生产潜力很大。

（3）鄂北低山丘岗油菜产区。包括麻城、罗田、英山、红安、大悟、广水、宜城、钟祥、京山、安陆、孝昌、曾都、荆门市辖区和襄阳、十堰等县（市、区）。本区 2010 年油菜种植面积 20.21 万 hm^2，每 $667m^2$ 产量 133.3kg，总产量 40.4 万 t，播种面积和总产量分别占全省的 18.9％和 19.4％（湖北省统计局等，2011）。本区油菜以水田种植居多，油菜与绿肥、麦类、豆类作物进行换茬，以一年两熟为主。旱地油菜与芝麻、豆类连作，和蚕豆、麦类换茬，实行一年两熟制。油菜种植面积仅占全区耕地面积的 5.6％，随着水利条件的改善，稻田面积增加，油菜的种植面积和每 $667m^2$ 产量都有增加趋势。

（4）鄂西南山地油菜产区。包括宜昌市辖区、夷陵、宜都、远安、神农架、当阳、长阳、五峰、恩施、建始、巴东、鹤峰、兴山和秭归县（市、区）。本区 2010 年油菜播种面积 11.14 万 hm^2，每 $667m^2$ 产量 114.3kg，总产量 19.1 万 t，播种面积和总产量分别占全省的 10.4％和 9.2％（湖北省统计局等，2011）。本区旱地油菜约占油菜面积的 50％左右，主要与蚕豆、麦类进行换茬，实行油菜—玉米（甘薯）一年两熟，水田油菜主要与绿肥、麦类、蚕豆、豌豆进行换茬，实行油稻一年两熟，宜昌地区有部分实行油—稻—稻三熟制，栽培品种主要为甘蓝型油菜。本区气候条件适宜油菜生长，冬季无严寒，能保证油菜安全越冬，且开花结角期降水量适中，病害轻，有利于油菜高产。

4. 湖南省油菜生态区划

（1）湘北平湖油菜产区。包括常德、益阳市、浏阳及岳阳所辖共 25 个县（区）。2010 年油菜种植面积为 56.2 万 hm^2，每 $667m^2$ 产量 109.3kg，总产量 92.14 万 t，播种面积和总产量分别占全省的 55.7％和 59.7％。

（2）湘中丘岗盆地油菜产区。包括衡阳、娄底和邵阳所辖 29 个县（区）。2010 年油菜种植面积为 26.13 万 hm^2，每 $667m^2$ 产量 98.0kg，总产量 38.42 万 t，播种面积和总产量分别占全省的 25.9％和 24.9％。

（3）湘西山地油菜产区。包括张家界、湘西土家族苗族自治州和怀化所辖 24 县（区）。2010 年油菜种植面积为 18.53 万 hm^2，每 $667m^2$ 产量 85.3kg，总产量 23.71 万 t，播种面积和总产量分别占全省的 18.4％和 15.4％。

5. 江西省油菜生态区划

（1）赣中北环鄱阳湖平原油菜产区。位于江西北部、鄱阳湖平原。全区油菜种植面积 25.47 万 hm^2，每 $667m^2$ 产量 79.5kg，总产量 30.37 万 t，播种面积和总产量分别占全省的 50.93％和 50.4％。

（2）赣东北油菜产区。位于江西东北部，属黄山余脉及怀玉山、武夷山等山脉地带。全区油菜种植面积为 10.8 万 hm^2，每 $667m^2$ 产量 86.1kg，总产量 13.95 万 t，播种面积和总产量分别占全省的 21.6％和 23.2％。

（3）赣中南油菜产区。位于江西中南部，属罗霄山主支脉及红岩盆地地带。全区油菜种植面积为 13.73 万 hm^2，每 $667m^2$ 产量 77.2kg，总产量 15.90 万 t，播种面积和总产量分别占全省的 27.47％和 26.4％。

6. 浙江省油菜生态区划

（1）杭嘉湖平原油菜产区。包括杭州、嘉兴和湖州。本区 2011 年油菜播种面积 11.24 万 hm^2，总产量 20.06 万 t，播种面积和总产量分别占全省的 44.8％和 48.6％，是浙江省油菜主产区。平均每 667m² 产量超过 133kg，尤其嘉兴市平均每 667m² 产量达到约 167kg，属于油菜高产区。

（2）宁绍平原油菜产区。包括宁波、舟山和绍兴。本区 2011 年油菜播种面积 3.66 万 hm²，总产量 6.96 万 t，播种面积和总产量分别占全省的 14.6% 和 16.9%。其中宁波市平均每 667m² 产量达到 150.6kg，也属于油菜高产区。

（3）温台沿海平原油菜产区。包括温州和台州。本区 2011 年油菜播种面积 2.18 万 hm²，总产量 3.26 万 t，播种面积和总产量分别占全省的 8.7% 和 7.9%。温州地区的油菜平均每 667m² 产量为 103.7kg，属于低产区。

（4）金衢盆地油菜产区。包括金华和衢州。本区 2011 年油菜播种面积 7.10 万 hm²，总产量 9.57 万 t，播种面积和总产量分别占全省的 28.3% 和 21.2%，也是浙江省油菜主产区。但衢州油菜单产不高，平均每 667m² 产量只有 100.3kg，属于低产区。

（5）浙西南丘陵油菜产区。主要包括丽水市。本区 2011 年油菜的播种面积 0.90 万 hm²，总产量 1.41 万 t，播种面积和总产量分别占全省的 3.6% 和 3.4%。平均每 667m² 产量为 109.3kg，属于中产区。

7. 河南省油菜生态区划

（1）信阳油菜产区。本区油菜种植面积为 5.85 万 hm²，每 667m² 产量 136.9kg，总产量 12.01 万 t，播种面积和总产量分别占全省的 12.48% 和 10.4%。

（2）南阳油菜产区。本区油菜种植面积为 41.02 万 hm²，每 667m² 产量 167.1kg，总产量 102.82 万 t，播种面积和总产量分别占全省的 81.52% 和 89.6%。

8. 陕西省油菜生态区划

（1）渭北旱塬油菜产区。本区油菜种植面积为 0.996 万 hm²，每 667m² 产量 115.5kg，总产量 1.72 万 t，播种面积和总产量分别占全省的 6.19% 和 6.0%。

（2）关中灌区油菜产区。本区油菜种植面积为 2.02 万 hm²，每 667m² 产量 111.4kg，总产量 3.38 万 t，播种面积和总产量分别占全省的 12.57% 和 11.8%。

（3）陕南油菜产区。分为安康油菜区和汉中油菜区。本区油菜种植面积为 13.07 万 hm²，每 667m² 产量 120.5kg，总产量 23.62 万 t，播种面积和总产量分别占全省的 81.24% 和 82.2%。

9. 内蒙古自治区油菜生态区划

（1）阴山北麓油菜产区。本区油菜种植面积 7.45 万 hm²，总产量 4.96 万 t，播种面积和总产量分别占全自治区的 32.9% 和 21.6%，年均每 667m² 产量 44.4kg，低于自治区油菜平均单产水平，商品率也较低，种植品种主要为芥菜型大黄油菜。

（2）大兴安岭北麓油菜产区。本区是内蒙古自治区油菜生产最集中、机械化程度最高的双低优质油菜生产区，年均油菜种植面积 15.19 万 hm²，总产量 18 万 t，播种面积和总产量分别占全自治区的 67.1% 和 78.4%，年均每 667m² 产量 79kg，高于自治区平均单产约 20.8%。

10. 甘肃省油菜生态区划

（1）河西灌区春油菜产区。本区油菜种植面积为 4.49 万 hm²，每 667m² 产量 140kg，总产量 9.436 万 t，播种面积和总产量分别占全省的 26.7% 和 34.38%。

（2）陇中春油菜产区。本区油菜种植面积为 2.27 万 hm²，每 667m² 产量 130kg，总产量 4.42 万 t，播种面积和总产量分别占全省的 13.47% 和 16.1%。

（3）陇东冬油菜产区。本区油菜种植面积为 5.11 万 hm²，每 667m² 产量 90kg，总产量 6.894 万 t，播种面积和总产量分别占全省的 30.35% 和 25.12%。

（4）陇南山地冬油菜产区。本区油菜种植面积为 4.96 万 hm²，每 667m² 产量 90kg，总产量 6.696 万 t，播种面积和总产量分别占全省的 29.48% 和 24.4%。

三、全国油菜种植优势区域布局

根据资源状况、生产水平和耕作制度，农业部将长江流域油菜优势区划分为上游、中游、下游 3 个区，并在其中选择优先发展地区或县（市）。其主要条件是：油菜种植集中度高，播种面积占冬种作物的比例分别为上游区占 30% 以上，中游区占 40% 以上，下游区占 35% 以上；区内和周边地区有带动能力较强的加工龙头企业。

1. 长江上游优势区 该区包括四川、重庆、云南和贵州。本区气候温和湿润，相对湿度大，云雾和阴雨日多，冬季无严寒，利于秋播油菜生长。加之温、光、水、热条件优越，油菜生长较好，耕作制度以两熟制为主。本区 2011/2012 年度种植油菜 128.15 万 hm²，菜籽产量 373.2 万 t，播种面积和产量分别占长江流域油菜总播种面积和总产量的 30.5% 和 32.8%。优先发展地区分布于四川成都平原、川中盆地丘陵，贵州遵义、安顺地区，重庆和云南部分重点县，共计 36 个县（市）。

2. 长江中游优势区 该区包括湖北、湖南、江西、安徽和河南信阳地区。本区属亚热带季风气候，光照充足，热量丰富，降水充沛，适宜油菜生长。北部以两熟制为主，南部以三熟制为主。本区 2011/2012 年度种植油菜 250.87 万 hm²，菜籽产量 624.1 万 t，播种面积和产量分别占长江流域油菜总播种面积和总产量的 59.7% 和 54.9%，是长江流域油菜面积最大、分布最集中的产区。优先发展地区分布于湖北的江汉平原、鄂东地区，湖南的洞庭湖平原，江西的鄱阳湖地区，安徽的江淮丘陵和沿江地区，河南信阳地区，共计 92 个县。

3. 长江下游优势区 该区包括江苏、浙江和上海。本区属亚热带气候，降水充沛，日照充足，光、温、水资源非常适合油菜生长。不利因素是地下水位较高，易造成渍害。土地和劳动力资源紧张，生产成本高。以两熟制为主。本区 2011/2012 年种植油菜 41.37 万 hm²，菜籽产量 140.5 万 t，播种面积和产量分别占长江流域油菜总播种面积和总产量的 9.8% 和 12.3%，是长江流域菜籽单产水平最高的产区。优先发展地区分布于江苏沿江地区和浙江杭嘉湖地区，共计 22 个县（市）。

第二节 不同油菜生态区气候特征

一、重庆市油菜产区气候特征

1. 沿长江流域油菜产区 本区属亚热带暖湿季风气候，油菜生长期间常年平均气温 14.8℃，年均降水量 1 239.3mm，雨天 108d，日照时数 764h。本区油菜生长过快，易导致冬前或冬季早薹、早花，由于此时气温较低，多不能正常结实，反而增加植株体内营养物质的无效消耗，导致抗寒能力减弱，一旦出现较强冷空气，易造成损害。

2. 沿乌江流域油菜产区 本区属中亚热带湿润季风气候，境内垂直梯度大，立体气候明显，有利于各种不同层次生物的繁衍。年平均气温从海拔 263m 的 17.1℃ 递减到海拔 1 895m 的 8.1℃。高山区无霜期满 300d 左右，低山区 250～270d，中山区 220～250d，常年降水量 1 150～1 550mm。本区油菜多高山种植，冬季气温较低，油菜生长过慢，低温连阴雨是油菜大田生长缓慢的主要原因，特别是花期和角果发育期对渍害比较敏感，容易诱发病害，直接影响结荚与产量。

3. 沿嘉陵江流域及渝西油菜产区　本区以浅丘为主，地势起伏平缓，平均海拔 380m，属亚热带季风性湿润气候，年平均降水量 1 099mm，年平均气温 17.8℃，年≥0℃总积温 6 482℃，平均气温稳定通过 10℃ 的总积温 5 633℃，无霜期 327d。本区应预防油菜花角期湿害，利用冬闲开挖三沟（厢沟、腰沟和围沟），遇连阴雨渍害时，要及时清沟排水，并注意防治病害。

二、四川省油菜产区气候特征

1. 成都平原油菜产区　本区油菜生育期间最冷月（1～2 月）平均气温 4.9～6.8℃，极端最低温度为 −6.8～−3.8℃，日平均气温≤0℃ 天数为 4～21d，日照时数 619～702h，霜期 52～89d，降水量 192～401mm，极利于油菜生长。

2. 川中丘陵油菜产区　本区光、热条件基本接近油菜生长需要，油菜生育期间，最冷月平均气温 4.1～7.9℃，最低温度为 −1.3～6.8℃，日平均气温≤0℃ 天数为 0.4～18.9d，日照时数为 519～702h，霜期 18～90d，降水量 192～401mm，适宜秋播油菜生长。

3. 盆周山地油菜产区　本区油菜生育期间最冷月平均气温 3.5～7.7℃，极端最低温度为 −9.4～−1.2℃，日平均气温≤0℃ 天数为 0.4～36d，日照时数为 563～803h，霜期 15～104d，降水量 340～664mm。

4. 川西南山地油菜产区　本区地处四川盆地和青藏、云贵高原之间的过渡地带，地形复杂，海拔 1 000～3 000m，气温垂直分布和水平分布差异大。油菜生育期间，最冷月平均温度 1.4～11.1℃，极端最低温度为 −20.6～−2.4℃，日平均温度≤0℃ 天数为 1～78d，日照时数 828～1 708h，霜期 49～157d，降水量 101～211mm。本区冬、春旱季明显，冬油菜整个生育期均处在旱季，抽薹开花时受干热风影响，产量低而不稳，种植面积较小。

5. 川西北高原油菜产区　本区气候寒冷，热量不足，多数地方年均温度 0～6℃，大部分地方一年一熟，油菜生育期间，≥0℃ 积温 1 089～2 323℃，降水量 314～430mm，日照时数 573～1 795h，霜期 148～345d，属春油菜区。

三、湖北省油菜产区气候特征

湖北省秋冬季干旱比较普遍，油菜播种后出苗和幼苗生长受到严重影响。大水漫灌易造成土表结壳和板结，土壤空气减少，油菜出苗困难，移栽油菜易长期处于"假死"状态。开春后，湖北省降水明显增多，时有阴雨绵绵，造成土壤含水量过高，通气不良，不利于油菜根系的发育，同时，田间湿度过大，有利于核菌病的发生。

湖北省油菜一般会受到高温逼熟和冻害的影响。大约在旬平均温度接近 10℃ 时始花，4 月中旬至 5 月上旬常有大于 30℃ 的高温出现，会使养分来不及转运而造成逼熟现象，不仅籽粒灌浆不足，千粒重下降，也会大大降低含油量。在这类地区应注意选择适宜成熟期的品种，尽量避免高温天气，或选用抗逆性较强的品种。在有条件的地方，可在高温期间进行喷灌，改善田间小气候。

油菜冻害分为冬冻和春冻两种，冬冻是越冬期低温引起的幼苗叶、根受冻，春冻是春季寒潮来临引起的叶、茎和蕾薹、幼果受冻，一般冬冻发生比较严重。在栽培管理上应做到适时灌水防冻，合理配合使用氮、磷、钾肥，在腊月于行间壅施有机肥，或降温前撒施草木灰、谷壳灰于叶面。一旦冻害发生应立即摘除受害叶片及薹部，同时施少量速效肥，若产生"根拔"现象应及时培土压苑，减少冻害损失。

油菜苗期降水量和蕾薹期平均气温对产量的影响最大，闵程程等（2010）将其作为区划指标，苗期总降水量≤275mm并且蕾薹期平均气温≥6.83℃的地区适宜种植油菜，苗期总降水量大于275mm并且蕾薹期平均气温小于6.83℃的地区不适宜种植油菜，其余地区一般适宜种植油菜。按上述标准，将湖北油菜产区划分为油菜种植最适宜区、一般适宜区和不适宜区。不适宜区多在鄂西山地海拔较高地区，这一区域热量和降水条件都不适宜油菜生长，除巴东县2～3月平均气温达9.5℃外，其他地区油菜蕾薹期平均气温均在5.78℃以下，热量不足，不利于油菜通过春化阶段，并且，本区油菜苗期多为阴雨天气，降水量达580mm以上，不利于幼苗生长。最适宜区在江汉平原和鄂东丘陵地区，本区年平均气温16.6℃，多年平均降水量1 339mm，2～3月（油菜蕾薹期）平均气温7.8℃，9月下旬至翌年2月中旬（油菜苗期）总降水量265mm，气候条件适宜油菜生长，地貌类型多为平原，海拔低，地势平坦，土壤肥沃，农业生产条件优越，具有多个优质油菜生产基地。一般适宜区处在最适宜区和不适宜区的过渡地带，主要为鄂西山地地势较低处、鄂北较干旱地区和鄂东南降水较多地区，本区气候条件的差异性较大，年平均气温16～17℃，多年平均降水量784～1 733mm，2～3月平均气温最低5.5℃、最高10.1℃，9月下旬至翌年2月中旬总降水量最低239mm、最高491mm，雨、热组合不均衡，降水和温度两个气候因素中有一个不适宜油菜生长，且本区位于山地向平原的过渡带，多低山和丘陵，受地形限制，油菜的生产规模不大。

四、湖南省油菜产区气候特征

湖南省热量条件能满足油菜的生长需要，但热量差异对油菜生长发育有明显影响。油菜一般在3℃以上保持活跃生长，当气温在3℃以下时处于越冬期。湖南省9月下旬播种到稳定通过3℃的终日为油菜的冬前生长期，冬前生长期的长短和冬前积温多少直接影响油菜冬前生长的状况，进而影响越冬，甚至影响翌年的春发和产量形成。另外，越冬期的低温冰冻对油菜也有一定影响，当遇到最低气温在-3℃以下的低温冰冻时，油菜越冬会受到冻害。

油菜生长进入越冬期即稳定通过3℃的终日（80%保证率）集中在12月下旬前后。大部分地区从播种到油菜越冬前生长期有90～100d，活动积温（80%保证率）为1 200～1 500℃。冬前积温占全生育期50%左右，能充分满足油菜营养生长期内热量需要。湖南省冬季最低气温≤-3℃的冰冻天数很少，多年平均在1～11d。除桂东（11d）、临湘（7d）、平江（6d）、城步（5d）、临澧（4d）等在4d以上外，其他都在0.5～4.0d。其中永州中南部、衡阳中部等最少，在1.0d以下；湘中以南及湘西部分河谷盆地在1.0～2.0d，湘中以北及湘西中低海拔山区多在2.0～3.0d，湘北北部、湘东东部山区丘陵、湘西较高海拔山区等在 3.0～4.0d。因此，越冬期内湖南省大多数地区油菜受冻时间较短，受冻害频率较低。湖南省历年通过 3℃终日最早为 12 月 4 日（1987 年），最迟日期为 12 月 31 日或翌年 1 月初，平均为 12 月 30 日，80％年份在 12 月 24 日之后。油菜从播种到越冬期的冬前≥10℃积温在 1 190℃（1971 年）至 1 578℃（1992 年）之间变化，平均为 1 400℃，80％年份积温在 1 315℃以上。

总的来看，湖南省的气候条件有利于油菜的生长，而影响本省油菜生产的主要气象灾害是播种育苗期的秋旱、早春低温冻害、春季低温阴雨等，某些天气状况还易引发病虫害。

五、江西省油菜产区气候特征

1. 赣中北环鄱阳湖平原油菜产区　本区处于鄱阳湖盆地，以冲积平原为主，地势周围高、中间低，南部高、北部低，热量较多，全年日照时数为 1 890～2 090h，日照百分率为 43％～47％。全年太阳总辐射量为 4 605～4 773MJ/m²，年平均气温 18.0℃，日平均气温 ≥10℃（80％保证率）积温为 4 300～4 600℃，日平均气温≥10℃初日是 3 月末，无霜期 265～275d，年平均降水量 1 500～1 600mm。本区春季冷空气活动频繁，常造成长时间阴雨低温天气。夏季酷热，日温差较小。年日最高气温≥35℃天数平均为 28～37d。秋季低温平均出现日期在 10 月初，年最低气温≤0℃天数为 20～25d。雨季平均降水量为 800～900mm，最多可达 1 400～1 900mm，伏旱、秋旱持续时间长，汛期（4～6 月）降水量约占全年降水量的 50％。受季风进退的影响，一般上半年各月降水量呈逐月增加，下半年各月降水量呈递减趋势。本区气象条件非常有利于油菜生长，且在油菜生长期降水较少，有利于进行施肥以及油菜对肥料的吸收利用和转化，但也可能秋季干旱持续时间较长，影响油菜的苗期生长。

2. 赣东北油菜产区　本区全年日照时数为 1 860～1 945h，年日照百分率为 42％左右，全年太阳总辐射量为 4 501～4 618MJ/m²，年平均气温为 17℃左右。日平均气温≥10℃（80％保证率）积温小于 4 300℃，日平均气温≥10℃初日是 3 月 27 日至 4 月 4 日，无霜期 250d 左右。年平均降水量 1 700～1 800mm，是全省多雨中心之一。年日最低气温≤0℃的天数有 30～45d，冬季时有冻害发生。4～6 月梅雨明显，降水集中，雨季平均降水量可达 1 000mm 左右，时有洪涝发生。伏旱、秋旱不严重。春季回暖较早，但天气易变，乍暖乍寒；从初夏到 6～7 月的梅雨期间，降水集中，大雨、暴雨频繁，5～6 月平均降水量有 200mm 左右，极易导致洪涝灾害的发生；秋季气温较为温和且降水少；冬季阴冷但霜冻期短，尤其是近些年，暖冬现象明显。本区气象条件对油菜生长也十分有利，秋季旱情不严重，有利于肥料的吸收利用和转化。但冬季出现的低温冷害在一定程度上影响油菜在该时期的生长发育，从而降低了对肥料的吸收利用率。

3. 赣中南油菜产区　本区全年太阳总辐射量为 4 396～4 522MJ/m²，年日照时数为 1 700～1 800h，年日照百分率为 39％～41％。全年平均气温 17.1～18.5℃。日平均气温≥ 10℃（80％保证率）积温为 4 600～4 900℃。无霜期 280～290d。本区春季回暖早，夏季酷热，年平均降水量为 1 350～1 500mm，是全省少雨地区之一。4～6 月为雨季，降水集中，易造成洪涝灾害；7～9 月高气温、强光照，干旱灾害常有发生；11 至翌年 3 月降水量虽不多，但雨天较多，常阴雨绵绵，寡照。伏旱、秋旱严重。该地区气象条件会对油菜生产造成一定的影响，由于秋季光照较少，油菜出苗缓慢，虽然对肥料的转化和施肥影响不大，但却降低了油菜对肥料的吸收利用率，春季温度提升较快，有利于这个时期肥料的转化利用。

六、浙江省油菜产区气候特征

1. 杭嘉湖平原油菜产区　本区油菜生长期平均气温 10.69℃，不利于油菜的越冬。最高气温为 33℃ 左右，一般出现在 4～5 月，最低气温出现在 1 月，为 −7.7℃，累计降水量为 497.0mm，在 12 月降水偏多，不利于油菜幼苗移栽成活，每天日照时数 4.68h，光照充足，利于旱作油菜生长。

2. 宁绍平原油菜产区　本区油菜生长期平均气温 11.46℃，最高气温为 36.6℃ 左右，一般出现在 5 月，最低气温出现在 1 月，为 −6.8℃，累计降水量为 523.9mm，12 月降水偏多，不利于油菜移栽成活，每天日照时数 4.11h，光照充足，利于旱作油菜生长。

3. 温台沿海平原油菜产区　本区油菜生长期平均气温 12.74℃，最高气温为 37.0℃ 左右，一般出现在 5 月，最低气温出现在 1 月，为 −5.8℃，累计降水量为 527mm，且在 5 月最高降水量达到 312.8mm，不利于油菜籽粒的成熟，每天日照时数 3.89h，光照偏少，不利于旱作油菜生长。

4. 金衢盆地油菜产区　本区油菜生长期平均气温 12.15℃，最高气温为 36.8℃ 左右，一般出现在 5 月，最低气温出现在 1 月，为 −7.0℃，累计降水量为 527mm，12 月降水偏多，不利于油菜移栽成活，4 月最高降水量达到 386.3mm，不利于油菜籽粒的成熟，每天日照时数 4.15h，光照充足，利于旱作油菜生长。

5. 浙西南丘陵油菜产区　本区油菜生长期平均气温 12.1℃，最高气温为 38.9℃ 左右，一般出现在 5 月，最低气温出现在 1 月，为 −5.3℃，累计降水量为 587.2mm，4 月最高降水量达到 337.8mm，不利于油菜籽粒的成熟，每天日照时数 3.53h，光照偏少，不利于旱作油菜生长。

七、河南省油菜产区气候特征

1. 信阳油菜产区　本区位于东经 114°06′、北纬 32°125′，属亚热带向暖温带过渡区，光照充足，年均日照时数 1 900～2 100h；年平均气温 15.1～15.3℃，无霜期长，平均 220～230d；降水丰沛，年均降水量 900～1 400mm，空气湿润，年均相对湿度 77%。信阳四季分明，春季天气多变，阴雨连绵，降水天数多于夏季，降水量达 250～380mm，占全年降水量的 26%～30%；夏季高温高湿气候明显，光照充足，降水量多，暴雨常现，降水量 400～600mm，占全年的 42%～46%；秋季凉爽，天气多晴，降水顿减，季均降水量 170～270mm，占全年的 18%～20%；冬季气候干冷，降水量少（80～110mm），占全年的 10%。冬季在四季中历时最长（130d 左右），但寒冷期短，日平均气温低于 0℃ 的天数年平均 30d 左右。

2. 南阳油菜产区　本区地处北纬 32°17′～33°48′、东经 110°58′～113°49′，处于亚热带向暖温带的过渡地带，属典型的季风大陆半湿润气候，冬季干冷，雨雪少；春季回暖快，降水逐渐增多；夏季炎热，降水量充沛；秋季凉爽，降水量逐渐减少。冬季时间较长，可达 110～135d，其次是夏季（110～120d），春、秋季时间较短（55～70d）。南阳常年平均气温为 15℃，最热月（7 月）的月平均气温 27℃，最冷月（1 月）平均气温在 1.0℃ 左右。常年降水量 800mm，无霜期 220～245d。

八、陕西省油菜产区气候特征

1. 渭北旱塬油菜产区　本区海拔高度 800m 以上，年均气温为 9.1～12.2℃，1 月平均气温 1～3℃，全年≥0℃ 积温为 3 100～4 000℃，无霜期 150～226d。本区全年日照时数 2 100～2 300h，年太阳总辐射量为 459.8～543.4kJ/cm²，属于次优光照区，同时 5 月昼夜温差较大，有利于油菜籽粒灌浆。年降水量 400～850mm，平均 600mm，理论上完全可以满足冬油菜每 667m² 产量 200～250kg 的要求（张耀文等，2001）。

2. 关中灌区油菜产区　可分为关中东部油菜区和关中西部油菜区。海拔一般在 800m 以下，一般年份降水量在 600～800mm，可基本满足优质油菜生长发育期间需水要求。关中东部油菜区冬季不严寒，春季温度回升早而快，油菜生育期降水量比西部油菜区少 20mm。关中西部油菜区地势平坦，降水量虽然不能满足优质油菜高产需要，但本区灌溉条件好，水浇地面积大，弥补了自然降水不足的缺陷。冬季不严寒，有利于油菜安全越冬。

3. 陕南油菜产区　分为安康油菜区和汉中油菜区。本区年平均气温 12℃ 以上，最冷月（1 月）平均气温 −3～2℃，≥10℃ 积温 3 300～4 900℃，无霜期 190～240d，年降水量 540～1 050mm，年日照时数为 2 100～2 600h（周济铭等，2007）。光照充足，热量资源丰富，适宜优质油菜生长。

九、内蒙古自治区油菜产区气候特征

1. 阴山北麓油菜产区　本区光、热丰富，晴天多，云雾稀少，大气透明度好，太阳辐射强，年日照时数 2 900～3 200h，年太阳总辐射量 140～160kJ/cm²。该地区无霜期短，大部分地区只有 95～120d，年平均温度 2.3～5.3℃，≥10℃ 年积温 1 800～2 200℃，最高气温 34℃，最低 −32℃，1 月平均气温 −19℃，7 月平均气温 21℃ 左右，冬季漫长，夏季短促，但可以满足油菜等耐寒、耐旱、生育期短的作物生长。年降水量 250～350mm，自东向西递减，在商都至化德一线以东地区，年降水量 250～350mm，以西地区少于 300mm，4～5 月降水量为 30～50mm，占全年的 10%～13%，6～8 月降水量为 200～270mm，占全年降水量的 65%～70%。

2. 大兴安岭北麓油菜产区　本区属寒温带大陆性气候，冬季严寒、漫长，夏季短促、凉爽。年平均气温 −2.3～0℃，无霜期 80～100d，≥10℃ 年积温 1 600～1 900℃，1 月平均气温 −23℃，最低温度 −37.1℃，7 月平均气温 22℃ 左右，最高温度 34℃，年日照时数 2 500～2 800h。年平均降水量 300～400mm，虽然春季降水量少，但由于气温低、蒸发量小、冬季雪多，一般无春旱现象。

十、甘肃省油菜产区气候特征

1. 河西灌区油菜产区　本区月温差较大，1～7 月月平均气温 −8～21.5℃，12 月气温降到 −6.2℃，年平均气温 6.4℃，3 月、4 月、10 月会出现零下低温天气，≥10℃ 积温 2 314℃。河西灌区光照充足，月日照时数 1 月最小，为 211.0h，6 月最大，为 276h，年日照时数 2 859h。降水量变化较大，1～3 月每月降水量不足 10mm，7～9 月每月降水量最大为 60mm 左右，年平均降水量 321mm，年平均蒸发量 2 467mm，无霜期 142d。耕地海拔一一般为 1 340～2 185m，平均 1 664m，地面坡度 0.37°～10.07°，耕作制度大部分为一年一熟。

2. 陇中油菜产区 本区月温差较大，1～7 月月平均气温为－7.2～18.1℃，到 12 月气温降到－5℃，年平均气温 6.3℃，≥10℃积温 2 224℃。月日照时数 1 月最小，为 180h，6 月最大，为 267h，年日照时数为 2 419h。降水量少，1 月、2 月、11 月、12 月不足 10mm，6 月、7 月、8 月、9 月为 50mm 左右，年均降水量 425mm，年平均蒸发量 1 254mm，无霜期 131d，耕作制度为一年一熟。

3. 陇东油菜产区 本区月温差较大，1～7 月月平均气温为－4.8～20.2℃，到 12 月气温降到－3.0℃，年均气温 8.6℃，3 月、4 月、10 月会出现低温天气，≥10℃积温 2 772℃。陇东旱区光照充足，月日照时数 1 月和 12 月最小，为 183h，6 月最大，为 238h，年日照时数为 2 364h。降水量变化较大，1 月不足 10mm，7～9 月最高 90mm，年均降水量 455.6mm，年均蒸发量 1 344mm。雨热同季，降水变率大，气象灾害频繁。形成高温多雨、水热同季、日温周期适宜的气候生态环境，有利于农作物特别是喜温作物的生长发育（仇化民等，2000）。无霜期 173d。耕作制度为一年一熟或两年三熟。

4. 陇南山地油菜产区 本区地处青藏高原边坡地带，境内群山纵横、地形破碎、梁峁起伏、高低悬殊，各类天气复杂，南北气候差异大，月温差较大，1～7 月月平均气温为－1.2～21.9℃，到 12 月气温又降到 0℃ 左右，年平均气温 12.4℃，≥10℃积温 3 803℃。月日照时数 1 月为 160h，5 月最大为 214h，12 月最小为 152h，年日照时数为 2 169h。年降水量较大且变化大，1 月、2 月不足 20mm，6～9 月最大且比较集中，月平均降水量在 90mm 左右，10～12 月月平均降水量不足 10mm，本区年均降水量 455.6mm，年平均蒸发量 1 439mm，无霜期 131d。耕作制度为一年一熟，干旱、冰雹、霜冻等气象灾害连年发生。

在油菜生育期内，甘肃省主要气象灾害有干旱、大风、沙尘暴、暴雨、冰雹、霜冻和干热风等。干旱是甘肃省最主要的气象灾害，出现频率高，给工业、农业生产和国民经济带来很大影响。按出现时间划分，影响甘肃省的干旱有春旱、春末夏初旱、伏旱和秋旱。大风和沙尘暴灾害也较重，大风天数每年有 3～69d，沙尘暴天数为 1～37d，大风和沙尘暴主要危害河西和陇中、陇东北部区。此外，暴雨、冰雹、霜冻和干热风也是不可忽视的气象灾害，各地区每年均有发生。

第三节 不同生态区油菜田土壤肥力特征

一、重庆市油菜田土壤肥力特征

重庆市农业土壤类型多样，资源分布不平衡，山丘地面积大，平原面积小。土壤分布面积最大的是紫色土，其次是水稻土、黄壤、黄棕壤、石灰（岩）土等。

1. 沿长江流域油菜产区 本区中性紫色土土层较厚，质地良好，保水、保肥能力强；土壤有效磷含量低，钾素含量较高。存在部分酸性紫色土，黏、瘦、冷、酸，氮、磷、钾都比较缺乏，耕作时应推广秸秆还田，增施有机肥，深耕炕土，深沟排水，防止土壤侵蚀，增施氮、磷、钾肥，提高土壤供肥能力。

2. 沿乌江流域油菜产区 本区耕地土壤母质多样，主要为黄壤，少部分为紫色土。土壤质地较轻，对养分的吸附性较差；土壤有机质含量相对较低，土壤中有效养分含量均较低，多种养分缺乏。养分淋失现象普遍并严重，土壤保肥能力较差，后期容易脱肥。

3. 沿嘉陵江流域及渝西油菜产区　本区耕地多为水稻土或紫色土，土壤较黏重，对养分的吸附性较强；有机质含量较高，土壤有效氮及钾的含量相对较高，而磷的缺乏程度高于钾。在微量元素中，硼中等缺乏，锌较缺乏。本区油菜产量较高，高产油菜面积占总面积的87%。

二、四川省油菜田土壤肥力特征

1. 成都平原油菜产区　本区耕层土壤 pH 为 4.8～8.2，有机质含量为 4.7～76.4g/kg（平均 30.5g/kg）；土壤全氮、全磷和全钾含量分别为 0.09～8.90g/kg（平均 1.86g/kg）、0.09～1.19g/kg（平均 0.55g/kg）和 0.4～24.3g/kg（平均 14.2g/kg），全氮和全磷含量较丰富，全钾含量中等；土壤碱解氮、有效磷和速效钾的含量分别为 17～306 mg/kg（平均 150 mg/kg）、2.6～157.1 mg/kg（平均 20.4 mg/kg）和 20～199 mg/kg（平均 67 mg/kg），碱解氮含量丰富，有效磷含量变幅较大，含量中等，速效钾含量缺乏；土壤交换性钙含量为 8.8～3 450 mg/kg（平均 1 520.2 mg/kg），交换性镁含量为 1.2～424 mg/kg（平均 181.4 mg/kg），有效硫含量为 17.5～93.6 mg/kg（平均 37.3 mg/kg）；土壤有效铁含量为 26.4～529 mg/kg（平均 170.3 mg/kg），有效锰含量为 1.0～96.9 mg/kg（平均 25.2 mg/kg），有效铜含量为 1.04～15.20 mg/kg（平均 4.58 mg/kg），有效锌含量为 0.48～14.3 mg/kg（平均 2.68 mg/kg），有效硼含量为 0.03～2.53 mg/kg（平均 0.49 mg/kg，低于油菜缺硼临界值 0.50 mg/kg），有效钼含量为 0.09～0.67 mg/kg（平均 0.22 mg/kg）。除硼外，土壤微量元素含量基本处于较丰富水平。

2. 川中丘陵油菜产区　本区耕层土壤 pH 为 4.4～8.5，有机质含量为 1.0～83.9g/kg（平均 18.65g/kg），属于较缺乏水平；全氮、全磷、全钾含量分别为 0.07～3.00g/kg（平均 1.12g/kg）、0.05～43.00g/kg（平均 1.25g/kg）和 1.3～21.9%（平均 10.0g/kg），均属于中等水平；土壤碱解氮、有效磷和速效钾含量分别为 7～322 mg/kg（平均 109 mg/kg）、0.3～92 mg/kg（平均 15.0 mg/kg）和 22～758g/kg（平均 92 mg/kg），碱解氮含量较丰富，有效磷含量变幅较大，含量中等，速效钾含量较缺乏；土壤有效钙、有效镁和有效硫含量分别为 3.9～3 957 mg/kg（平均 453.9 mg/kg）、0.7～630 mg/kg（平均 73.1 mg/kg）和 12.6～407 mg/kg（平均 82.5 mg/kg），一般不存在钙、镁、硫缺乏问题；土壤有效铁含量为 3.7～278 mg/kg（平均 102.9 mg/kg），有效锰含量为 4.5～165 mg/kg（平均 34.1 mg/kg），有效铜含量为 0.30～9.80 mg/kg（平均 3.53 mg/kg），有效锌含量为 0.28～8.10 mg/kg（平均 2.05 mg/kg）。有效硼含量为 0.09～0.64 mg/kg（平均 0.26 mg/kg）。处于极缺乏或缺乏范围之内。有效钼含量为 0.03～0.40 mg/kg（平均 0.14 mg/kg）。除硼外，土壤微量元素含量基本处于较丰富水平。

3. 盆周山区油菜产区　本区耕层土壤 pH 为 4.0～8.6，有机质含量为 2.5～78.2g/kg（平均 25.3g/kg），属于中等水平；全氮、全磷和全钾含量分别为 0.16～4.07%（平均 1.39g/kg）、0.05～1.36g/kg（平均 0.48g/kg）和 1.7～35.1g/kg（平均 14.7g/kg），全氮含量较丰富，全磷和全钾含量均属于中等水平；土壤碱解氮、有效磷和速效钾含量分别为 0.1～322 mg/kg（平均 127 mg/kg）、2.0～78.2 mg/kg（平均 15.5 mg/kg）和 23～250 mg/kg（平均 85 mg/kg），碱解氮含量属于丰富水平，有效磷含量变幅较大，属中等水平，速效钾含量属较缺乏水平；土壤有效钙、有效镁和有效硫含量分别为 970.3～2 150 mg/kg

（平均 1 762 mg/kg）、106～348 mg/kg（平均 277.64 mg/kg）和18.7～72.1 mg/kg（平均 28.5 mg/kg），属于丰富水平；土壤有效铁含量为 15.7～344 mg/kg（平均 135.1 mg/kg），有效锰含量为 1.7～113 mg/kg（平均 17.8 mg/kg），有效铜含量为 0.72～8.01 mg/kg（平均 2.74 mg/kg），有效锌含量为 0.38～6.80 mg/kg（平均 1.93 mg/kg）。有效硼含量为 0.10～1.32 mg/kg（平均 0.27 mg/kg），处于极缺乏或缺乏范围之内。有效钼含量为 0.06～0.30 mg/kg（平均 0.17 mg/kg）。除硼外，土壤微量元素含量基本处于较丰富水平。

4. 川西南山地油菜产区 本区耕层土壤 pH 为 4.3～5.7，有机质含量为 30.3～89.4g/kg（平均 43.0g/kg），属于丰富水平；全氮含量为 1.72～2.95g/kg（平均 2.08g/kg），较丰富；碱解氮、有效磷和速效钾含量分别为 132～327 mg/kg（平均 189 mg/kg）、2.6～195.5 mg/kg（平均 44.5 mg/kg）和43～310 mg/kg（平均 113 mg/kg），含量丰富。

三、湖北省油菜田土壤肥力特征

湖北省土壤类型以黄棕壤为主（占全省土壤的 47.93%），主要分布于鄂北和鄂中丘陵、岗地及低山地区，肥力高但质地黏重，不透水。其次为水稻土（占全省土壤的 15.76%），在平原和丘岗地区广泛分布。黄壤和红壤面积占全省土壤的 12.52%，其中黄壤主要分布于鄂西山地 500～1 200m 和鄂东南幕阜山地 500～900m，偏酸，有机质含量高，质地黏重；红壤主要分布于江南海边 500m 以下低山、丘陵、岗地，土壤瘦、酸、黏、板。石灰土占全省土壤的 9.89%，主要分布于鄂西南、鄂东南、鄂西北山地丘陵区。潮土占全省土壤的 5.61%，主要分布于江汉平原及长江汉水支流河谷冲击区，中性偏碱性，土层厚，磷、钾含量丰富，肥力高，是粮、棉、油主产区。另外还有少量山地棕壤等。在所有耕地中，水稻土约占 52%，其余为西北的黄棕壤（主要种植小麦、油菜、玉米和花生）、中部的潮土（主要种植棉花和蔬菜）和东南部的黄壤及红壤（主要种植油菜）。四周山地多种植果树、茶树和山地蔬菜。

从湖北省测土配方施肥和本省土壤养分调查数据看，鄂东南低山丘陵油菜产区耕层土壤 pH 为 4.1～8.2，有机质含量为 3.3～66.1g/kg（平均 27.1g/kg），碱解氮、有效磷和速效钾含量分别为 30.4～264.4 mg/kg（平均 124.9 mg/kg）、2.5～99.7 mg/kg（平均 13.9 mg/kg）和20.0～310.0 mg/kg（平均 89.6 mg/kg）；鄂中平原油菜产区耕层土壤 pH 为 5.0～8.2，有机质含量为 2.6～53.3g/kg（平均 28.2g/kg），碱解氮、有效磷和速效钾含量分别为9.8～236.4 mg/kg（平均 123.4 mg/kg）、1.6～105.0 mg/kg（平均 13.3 mg/kg）和11.3～246.2 mg/kg（平均 111.8 mg/kg）；鄂北低山丘岗油菜产区耕层土壤 pH 为 4.7～8.3，有机质含量为 8～50g/kg（平均 22.2g/kg），碱解氮、有效磷和速效钾含量分别为 20.3～175.0 mg/kg（平均 99.6 mg/kg）、0.2～76.6 mg/kg（平均 14.4 mg/kg）和20.0～322.0 mg/kg（平均 105.9 mg/kg）；鄂西南山地油菜产区耕层土壤 pH 为 6.2～6.3，有机质含量为18.4～60.9g/kg（平均 33.9g/kg），碱解氮、有效磷和速效钾含量分别为 73.7～278.6 mg/kg（平均 172.9 mg/kg）、5.0～51.8 mg/kg（平均 17.9 mg/kg）和36.0～115.0 mg/kg（平均 65.7 mg/kg）。

湖北省油菜田土壤 pH 平均为 6.3，变异系数仅为 13.77%，整体居中性偏酸性，不同油菜产区表现为鄂中平原高于鄂北，鄂北约等于鄂西南，鄂西南高于鄂东南；全省油菜田土壤有机质含量平均为 26.8g/kg，变异系数为 35.1%，属中等变异，4 个油菜产区中鄂西南土壤有机质含量最高，鄂北最低，表现出由西向东、由南向北逐渐降低的趋势，但整体变异较小；全省油菜田土壤碱解氮含量平均值 121.4 mg/kg，变异系数 34.1％，属中等变异，不同油菜产区表现为鄂北最低，鄂西南最高，呈现西、南高，东、北低的分布特征；全省油菜田土壤有效磷含量平均值 13.9 mg/kg，但变异系数高达 63.1％，除鄂西南略高外，其他区域均处于临界值附近，呈缺磷或潜在缺磷状态；全省油菜田土壤速效钾含量平均值为 101.6 mg/kg，变异系数为 49.3％，具有西、北高，东、南低的分布特征，除鄂中和鄂北略高于临界值外，其他产区土壤速效钾含量并不丰富。

四、湖南省油菜田土壤肥力特征

1. 湘北平湖油菜产区　本区土壤有机质含量为 10.5～48.8g/kg（平均 28.1g/kg），83.5％的土壤超过 20.0g/kg，有机质含量非常丰富；全氮含量 0.7～3.0g/kg（平均 1.8g/kg），78.8％的土壤含量超过 1.5g/kg，含量丰富，与有机质含量的相关系数达 0.940 7，极显著；碱解氮含量为 46.7～295.2 mg/kg（平均 141.5 mg/kg），只有 40.0％的土壤碱解氮含量超过 150 mg/kg，供应略有不足；有效磷含量为 2.1～116.3 mg/kg（平均 23.8 mg/kg），只有 31.8％的土壤有效磷含量超过 20 mg/kg，有 34.1％的土壤有效磷含量低于 10 mg/kg，可见有效磷非常缺乏；速效钾含量为 21.0～283.5 mg/kg（平均 93.4 mg/kg），只有 31.8％的土壤速效钾含量超过 100 mg/kg，速效钾养分严重不足；有效钙、有效镁和有效硫比较丰富，平均含量分别为 4 004.8 mg/kg、217.0 mg/kg 和 70.0 mg/kg，但变化幅度大；有效铁、有效锰、有效铜、有效锌和有效硼含量分别为 65.5 mg/kg、26.2 mg/kg、3.2 mg/kg、2.5 mg/kg 和 0.34 mg/kg，锌、硼缺乏。

2. 湘中丘岗盆地油菜产区　本区土壤有机质含量为 24.5～66.6g/kg（平均 43.6g/kg），含量非常丰富；全氮含量为 1.5～3.8g/kg（平均 2.6g/kg），土壤氮库相当丰富，全氮含量与有机质含量的相关系数达 0.862 2，极显著相关；碱解氮含量为 113.8～259.0 mg/kg（平均 182.3 mg/kg），有 76.4％的土壤碱解氮含量超过 150 mg/kg，速效氮供应充足；有效磷含量 4.1～66.9 mg/kg（平均 13.9 mg/kg），只有 16.4％的土壤有效磷含量超过 20 mg/kg，有 45.4％的土壤有效磷含量低于 10 mg/kg，非常缺乏；速效钾含量为 30.0～144.0 mg/kg（平均 59.0 mg/kg），有 96.4％的土壤速效钾含量低于 100 mg/kg，速效钾严重不足；速效钙、速效镁和速效硫比较丰富，平均含量分别为 4 432.8 mg/kg、123.4 mg/kg 和 101.8 mg/kg，但变化幅度大；有效铁、有效锰、有效铜、有效锌和有效硼含量分别为 73.5 mg/kg、17.7 mg/kg、4.5 mg/kg、4.3 mg/kg 和 0.4 mg/kg，硼缺乏。

3. 湘西山地油菜产区　本区土壤有机质含量为 13.5～57.4g/kg（平均 30.3g/kg），92.5％的土壤有机质含量超过 20.0g/kg，非常丰富；全氮含量为 0.9～3.1g/kg（平均 2.0g/kg），85.0％的土壤全氮含量超过 1.5g/kg，土壤氮库相当丰富，全氮含量与有机质含量的相关系数达 0.897 5，极显著相关；碱解氮含量为 72.0～220.5 mg/kg（平均 142.8 mg/kg），仅有 40.0％的土壤碱解氮含量超过 150 mg/kg，速效氮供应充不足；有效磷含量为 2.2～60.8 mg/kg（平均 19.6 mg/kg），只有 32.5％的土壤有效磷含量超过 20 mg/kg，有 27.5％的土壤有效磷含量低于 10 mg/kg，有效磷含量缺乏；速效钾含量为 26.0～126.0 mg/kg（平均 60.3 mg/kg），有 92.5％的土壤速效钾含量低于 100 mg/kg，速效钾严重不足；速效钙、速效镁和速效硫较丰富，平均含量分别为 1 856.5 mg/kg、124.1 mg/kg 和

65.5 mg/kg，但变异系数较大；有效铁、有效锰、有效铜、有效锌和有效硼含量分别为84.3 mg/kg、13.0 mg/kg、4.7 mg/kg、2.4 mg/kg 和 0.3 mg/kg，锌、硼缺乏。

五、江西省油菜田土壤肥力特征

1. 赣中北环鄱阳湖平原油菜产区 本区域面积占江西省面积的23.2%，全区平原占68.8%，丘陵占25.3%，山地占5.9%，耕地和人口分别占全省的34.9%和35.7%。土壤多为冲积土、沉积土，地势平坦，土壤肥沃，水域辽阔。本区高产田约有27.9万 hm²，占耕地总面积的22.47%；中产田约有59.29万 hm²，占耕地总面积的47.76%；低产田约有36.96万 hm²，占耕地总面积的29.77%。土壤中的大部分营养元素含量较高，硼含量较低，部分地区有效钾和有效磷含量较低。

2. 赣东北油菜产区 本区域面积占江西省面积的12.6%，全区平原占12.3%，丘陵占45.5%，山地占42.2%，耕地和人口分别占全省的8.3%和12.9%，土壤大部分为红壤。本区高产田约有14.01万 hm²，占耕地总面积的24.61%；中产田约有34.01万 hm²，占耕地总面积的59.73%；低产田约有0.91万 hm²，占耕地总面积的15.66%。土壤肥力一般，有效钾和有效磷含量偏低，硼含量偏低。

3. 赣中南油菜产区 本区域面积占江西省面积的15.8%，全区平原占19.6%，丘陵占49.4%，山地占31.0%，耕地和人口分别占全省的15.8%和11.7%，自然条件和农业生产特点是降水量比同纬度地区小，可开垦荒坡地较多。本区高产田约有11.17万 hm²，占耕地总面积的22.46%；中产田约有19万 hm²，占耕地总面积的38.16%；低产田约有12.93万 hm²，占耕地总面积的39.38%。土壤一般黏性较重，肥力很低，有机质含量较少，土壤有效钾含量偏低，磷素缺乏，硼、锌含量低。

六、浙江省油菜田土壤肥力特征

1. 杭嘉湖平原油菜产区 本区土壤有机质含量为10.5～60.4g/kg（平均27.8g/kg），全氮含量为0.75～4.02g/kg（平均1.80g/kg），碱解氮含量为57.9～269.6 mg/kg（平均140.7 mg/kg），土壤供氮能力较强。有效磷含量为2.5～51.1 mg/kg（平均17.6 mg/kg），属中等水平，有58.9%的土壤有效磷含量低于15 mg/kg。土壤有效钾含量为21.0～119.0 mg/kg（平均仅为56.9 mg/kg），93%的土壤有效钾含量低于100 mg/kg。土壤有效铜含量为0.44～7.94 mg/kg（平均3.32 mg/kg），达到了适宜水平。有效锌含量为0.8～10.6 mg/kg（平均2.69 mg/kg），可以满足油菜生长需要。有效铁含量为67.5～116.7 mg/kg（平均98.8 mg/kg），有效锰含量为3.20～87.0 mg/kg（平均35.5 mg/kg），二者对油菜根系的生长可能会造成一定的伤害。土壤有效钙含量为74～10 094 mg/kg，有效镁含量为50.6～758.1 mg/kg，平均含量分别为2 357 mg/kg和212.9 mg/kg，达到极丰富水平，但土壤有盐渍化趋势，对油菜生长不利。有效硫含量为12.5～286.1 mg/kg，平均为48.1 mg/kg，超过了30.0 mg/kg的极丰富水平。

2. 宁绍平原油菜产区 本区土壤有机质含量为17.8～60.0g/kg（平均33.7g/kg），全氮含量为1.16～3.98g/kg（平均2.33g/kg）。碱解氮含量为96.2～250.9 mg/kg（平均174.7 mg/kg），表明本区土壤供氮能力较强，应考虑减少氮素投入。土壤有效磷含量为2.8～87.9 mg/kg，处于中等水平，有65.9%的土壤有效磷含量低于15 mg/kg，应加强磷素管理。土壤速效钾含量为25.0～161.0 mg/kg（平均仅为 51.3 mg/kg），93％的土壤有效钾含量低于 100 mg/kg，应增加钾肥的施用。土壤有效铜含量为 0.60～8.83 mg/kg，已达到适宜水平。有效锌含量为 1.18～10.94 mg/kg（平均 4.52 mg/kg），可满足油菜生长的需要。有效铁含量为 158.4～203.3 mg/kg（平均 173.0 mg/kg），有效锰含量为 5.71～83.4 mg/kg（平均 36.2 mg/kg），对油菜根系的生长可能会造成一定的伤害。土壤有效钙（732～5 489 mg/kg）和有效镁（46.4～330.4 mg/kg）平均含量分别为 1 508 mg/kg 和 124.8 mg/kg，可满足油菜对钙、镁元素的需要。有效硫含量为 11.4～342.1 mg/kg（平均 53.0 mg/kg），超过了 30.0 mg/kg 的极丰富水平。

3. 温台沿海平原油菜产区　本区土壤有机质含量为12.4～420g/kg（平均26.0g/kg），全氮含量为0.90～3.01g/kg（平均 1.82g/kg）。碱解氮含量为98.7～212.1 mg/kg（平均 150.2 mg/kg），表明本区土壤供氮能力较强，应减少氮肥用量。土壤有效磷含量为2.21～42.2 mg/kg，处于中等水平，有 66.7％的土壤有效磷含量低于 15 mg/kg，应加强磷素管理。土壤速效钾含量为 19.0～136.0 mg/kg（平均仅为 62.2 mg/kg），83％的土壤速效钾含量低于 100 mg/kg，应加强钾素管理。土壤有效铜含量为 0.69～14.57 mg/kg，已达到适宜水平。有效锌含量为 0.80～14.62 mg/kg（平均 5.76 mg/kg），可满足油菜生长需要。有效铁含量为 38.3～180.7 mg/kg（平均 113.1 mg/kg），对油菜根系的生长可能会造成一定伤害。有效锰含量为 2.91～85.36 mg/kg（平均 32.36 mg/kg），供应充足。土壤有效钙（624～5 959 mg/kg）和有效镁（6.6～825.8 mg/kg)平均含量分别为 1 821 mg/kg 和227.8 mg/kg，可满足油菜对钙、镁元素的需要。有效硫含量为 11.4～92.7 mg/kg（平均 30.9 mg/kg），超过了 30.0 mg/kg 的极丰富水平。

4. 金衢盆地油菜产区　本区土壤有机质含量为12.6～47.7g/kg（平均26.7g/kg），全氮含量为 0.89～3.24g/kg（平均 1.74g/kg）。碱解氮含量为 57.1～281.3 mg/kg（平均 145.1 mg/kg），这说明本区土壤供氮能力较强。土壤有效磷含量为 57.1～281.3 mg/kg（平均 14.1 mg/kg），处于中等水平，有60.8％的土壤有效磷含量低于 15 mg/kg，应加强磷素管理。土壤速效钾含量（21.0～114.0 mg/kg）较低，平均仅为 49.8 mg/kg，近 98％的土壤速效钾含量低于 100 mg/kg。土壤有效铜含量为 0.58～12.48 mg/kg（平均 3.92 mg/kg），达到了适宜水平。有效锌含量为 0.88～10.11 mg/kg（平均 3.88 mg/kg），可满足油菜生长需要。土壤有效铁含量为 117.3～158.2 mg/kg（平均 139.6 mg/kg），对油菜根系生长可能会造成一定的伤害。土壤有效锰含量为 3.5～85.4 mg/kg（平均 34.2 mg/kg），含量较高。土壤有效钙（602～7 447 mg/kg）和有效镁（46.8～406.7 mg/kg）平均含量分别为 1 849 mg/kg 和 98.6 mg/kg，可满足油菜对钙、镁元素的需要，但有盐渍化的趋势。有效硫含量为 13.3～247.3 mg/kg（平均为 58.8 mg/kg），超过了 30.0 mg/kg 的极丰富水平。

5. 浙西南丘陵山区油菜产区　本区土壤有机质含量为18.2～31.1g/kg（平均23.5g/kg），全氮含量为 1.05～2.16g/kg（平均 1.51g/kg）。碱解氮含量为 96.8～185.2 mg/kg（平均 141.3 mg/kg），表明本区土壤供氮能力较强。土壤有效磷含量为 2.2～48.7 mg/kg，处于中等水平，有 70.6％的土壤有效磷含量低于 15 mg/kg。土壤有效钾含量为 22.0～79.0 mg/kg（平均仅为 41.4 mg/kg）。土壤有效铜含量为 1.8～13.0 mg/kg（平均 5.31 mg/kg），达到了适宜水平。有效锌含量为 0.7～11.8 mg/kg（平均 4.02 mg/kg），可满足油菜生长需要。土壤有效铁含量为 8.98～38.0 mg/kg（平均 26.7 mg/kg），有效锰含量为

10.5～78.4 mg/kg（平均 30.5 mg/kg），二者均满足油菜生长对铁和锰元素的需求。土壤有效钙（1 382～2 573 mg/kg）和有效镁（48.6～151.5 mg/kg）平均含量分别为 1 849.2 mg/kg 和 98.6 mg/kg，可满足油菜对钙、镁元素的需要，但土壤有盐渍化趋势。有效硫含量为 14.4～61.4 mg/kg（平均 19.3 mg/kg），超过了 16.0 mg/kg 的丰富水平。

七、河南省油菜田土壤肥力特征

1. 信阳市油菜产区　本区土壤以水稻土为主，占全市耕地面积的 95% 以上，成土母质是下蜀黄土，该母质土层深厚，质地黏重，土层中有大量铁质黏粒胶膜，通气、透水性差，但保水、保肥性能较好，一般有机质含量在 20g/kg 左右，磷、钾相对缺乏。种植模式主要为水稻—油菜轮作。河南省农业科学院 2007 年对信阳市潢川县的调查结果表明，该县土壤 pH 5.89，有机质和全氮含量分别为 20.02g/kg 和 1.19g/kg，属于中高水平；有效磷和速效钾含量分别为 9.29 mg/kg 和 66.08 mg/kg，属于中低水平。由于长年进行水稻—油菜轮作，渍害成为影响土壤肥力及油菜生产的一个重要因素。2008 年对信阳市光山、罗山、固始等 3 个油菜主产县的土壤微量元素调查表明，土壤有效硼含量（平均为 0.24 mg/kg）低于临界值，有效铜（平均为 4.54 mg/kg）、有效锰（平均为 140.28 mg/kg）、有效铁（平均为 198.20 mg/kg）和有效锌（平均为 2.49 mg/kg）含量均高于临界值，其中不同地点和不同油菜生育时期有效铜含量均达到中等标准，锰、铁含量达到中等或上等标准，锌含量总体属于中等水平，但部分试点严重缺乏。与第二次土壤普查数据相比，除有效硼含量下降外，其他有效养分含量均有不同程度提高。

2. 南阳市油菜产区　2012 年对唐河县的土壤调查表明，本区域土壤类型以黄褐土为主，种植方式以油菜—玉米轮作为主。土壤由下蜀黄土发育成，壤质黏土至黏土，小于 0.002mm 黏粒含量 25%～45%，粉沙粒（0.002～0.02mm）含量 30%～40%。黏粒在土壤的土层淀积，含量明显增高，一般均超过 30%，高者可达 40% 以上。表土层和底土层质地稍轻，尤其是受耕作影响较深的土壤和白浆化（漂洗）黄褐土，表土质地更轻，多为黏壤土，甚至壤土。黄褐土全剖面无游离碳酸钙，含少量氧化钙。土壤盐基交换量 17～27cmol/kg。黏粒交换量 ≥40cmol/kg，其中以交换性钙和镁为主，占盐基总量的 80% 以上，含微量甚至不含交换性氯和铝。土壤呈中性，pH 为 6.5～7.5，盐基饱和度 ≥80%。土壤有机质含量平均为 16.66g/kg，全氮含量 1.09g/kg，碱解氮、有效磷和速效钾含量分别为 159.50 mg/kg、29.56 mg/kg 和 107.38 mg/kg。

八、陕西省油菜田土壤肥力特征

1. 渭北旱原油菜产区　本区土壤有机质含量为 10.4～19.7g/kg（平均 11.4g/kg），土壤全氮含量为 0.67～0.91g/kg（平均 0.78g/kg），土壤速效氮含量为 43～63.6 mg/kg（平均 50 mg/kg），有效磷含量为 11～18 mg/kg（平均 15.7 mg/kg），速效钾含量为 134～173 mg/kg（平均 158 mg/kg）（孟新房等，1997）。

2. 陕南油菜产区　本区土壤有机质含量为 10.8～24.4g/kg（平均 18.2g/kg），全氮含量为 0.8～1.9g/kg（平均 1.2g/kg），碱解氮含量为 74～110 mg/kg（平均 86 mg/kg），有效磷含量为 8～20.1 mg/kg（平均 11.3 mg/kg），速效钾含量为 74～141 mg/kg（平均 110 mg/kg）（宁光辉等，1997）。

九、内蒙古自治区油菜田土壤肥力特征

1. 阴山北麓油菜产区　本区土壤类型主要是栗钙土和灰褐土。土壤有机质含量为4.33~61.02g/kg（平均17.34g/kg），属中等偏低水平，主要集中在9.31~17.38g/kg，占土类面积的51.03%，其次集中在17.38~36.97g/kg，占土类面积的36.89%；栗钙土有机质含量主要集中在9.31~17.38g/kg，占土类面积的54.54%，其次集中在17.38~36.97g/kg，占土类面积的33.67%；灰褐土有机质含量主要集中在17.38~36.97g/kg，占土类面积的56.82%，其次集中在9.31~17.38g/kg，占土类面积的30.0%。土壤全氮含量为0.09~4.85g/kg（平均为1.07g/kg），处于中等偏低水平，但变幅较大，主要集中在0.77~1.12g/kg的低等水平，占土类面积的41.47%，其次集中在1.12~1.97g/kg的中等水平，占土类面积的28.67%，全氮含量大于2.38g/kg的土壤所占比例很小；栗钙土和灰褐土全氮含量分别为1.03g/kg和1.13g/kg，变幅为0.13~4.85g/kg、0.21~2.19g/kg；栗钙土全氮含量主要集中在0.77~1.12g/kg，占土类面积的42.85%，其次集中在小于0.77g/kg，占土类面积的30.04%，处于低等水平；灰褐土全氮含量主要集中在1.12~1.97g/kg，占土类面积的48.61%，其次集中在0.77~1.12g/kg，占土类面积的32.66%。土壤有效磷含量为1.05~72.74 mg/kg（平均13.23 mg/kg），处于中等偏低水平，但变幅较大，主要集中在9.11~21.23 mg/kg的范围，占土类面积的46.33%，其次集中在5.21~9.11 mg/kg的水平，占土类面积的32.15%，大于28.12 mg/kg的土壤所占比例很小；栗钙土和灰褐土有效磷含量分别为11.71 mg/kg和10.91 mg/kg，变幅为1.04~59.83 mg/kg和1.11~65.93 mg/kg；栗钙土有效磷含量主要集中在9.11~21.23 mg/kg，占土类面积的46.31%，其次集中在5.21~9.11 mg/kg，占土类面积的31.16%；灰褐土有效磷含量主要集中在9.11~21.23 mg/kg，占土类面积的50.82%，其次集中在5.21~9.11 mg/kg，占土类面积的34.30%。土壤速效钾含量为32~360 mg/kg（平均140 mg/kg），处于中等偏低水平，但变幅较大，主要集中在139~171 mg/kg的范围，占土类面积的68.61%，其次集中在121~139 mg/kg的水平，占土类面积的14.67%。栗钙土和灰褐土有效钾含量分别为125 mg/kg和162 mg/kg，变幅为40~325 mg/kg、53~345 mg/kg；栗钙土有效钾含量主要集中在139~171 mg/kg，占土类面积的70.29%；灰褐土有效钾含量主要集中在139~171 mg/kg，占土类面积的51.10%。

2. 大兴安岭北麓油菜产区　本区土壤类型主要是灰色森林土。土壤有机质含量为35.41~94.83g/kg（平均66.64g/kg），处于中等水平，主要集中在34.81~82.12g/kg，占土类面积的99.08%，其次集中在82.12~106.61g/kg，占土类面积的0.92%；灰色森林土有机质含量为67.02g/kg，变幅为43.51~94.85g/kg，主要集中在34.81~82.12g/kg，占土类面积的98.75%，其次集中在82.12~106.61g/kg，占土类面积的1.25%。土壤全氮含量为2.29~4.97g/kg（平均3.39g/kg），处于中等偏高水平，但变幅较大，主要集中在3.19~4.00g/kg，占土类面积的74.49%；灰色森林土全氮含量为3.41g/kg，变幅为2.33~4.97g/kg，主要集中在3.19~4.00g/kg，占土类面积的76.55%，其次集中在1.61~3.19g/kg，占土类面积的21.91%。土壤有效磷含量为8.97~43.42 mg/kg（平均20.81 mg/kg），处于中等偏高水平，但变幅较大，主要集中在11.62~25.11 mg/kg，占土类面积的82.89%；灰色森林土有效磷含量平均为20.92 mg/kg，变幅为8.94~43.26 mg/

kg，主要集中在 11.62～25.11 mg/kg，占土类面积的 82.35％，其次集中在 25.11～32.44 mg/kg，占土类面积的 15.77％。土壤有效钾含量为84～451 mg/kg（平均 230 mg/kg），处于中等偏高水平，但变幅较大，主要集中在 139～249 mg/kg，占土类面积的 73.58％；灰色森林土速效钾含量平均为 235 mg/kg，变幅为 84～450 mg/kg，主要集中在139～249 mg/kg，占土类面积的 72.90％，其次集中在 249～302 mg/kg，占土类面积的 20.18％。

十、甘肃省油菜田土壤肥力特征

1. 河西油菜产区 本区以灌漠土、栗钙土为主。土壤 pH 为 7.9～8.8，平均 8.2；有机质含量为 9.73～18.07g/kg（平均 13.4g/kg）；全氮含量为 0.6～1.0g/kg（平均 0.8g/kg），碱解氮含量为 36.1～77.1 mg/kg（平均 65.9 mg/kg）；全磷含量为 0.12～1.57g/kg（平均 0.8g/kg），有效磷含量为 12.5～25.2 mg/kg（平均 23.8 mg/kg）；全钾含量为 16.1～35.1g/kg（平均 16.3g/kg），速效钾含量为 126.5～219.6 mg/kg（平均 148.5 mg/kg）；速效铁、速效锰、速效铜、速效锌、速效硼和速效镁含量平均分别为 10.5 mg/kg、7.8 mg/kg、1.3 mg/kg、1.4 mg/kg、3.3 mg/kg 和 3.9 mg/kg。土壤有机质、全氮、碱解氮含量处于缺乏或较缺乏水平，有效磷含量处于中等水平，速效钾含量处于中等或较缺乏水平，速效铜、速效锌、速效铁含量处于中等水平，速效锰含量处于缺乏水平。

2. 陇中油菜产区 本区以黑钙土、灰钙土与黑麻土为主，耕层厚度 17.3～32.4cm。土壤 pH 为 7.5～8.3（平均 7.9）；有机质含量为 10.3～27.1g/kg（平均 18.50 g/kg）；全氮含量为 0.72～1.47g/kg（平均 0.83g/kg），碱解氮含量为 41.03～100.30 mg/kg（平均 61.7 mg/kg）；全磷含量为 0.43～1.72g/kg（平均 0.75g/kg），有效磷含量为 9.39～32.94 mg/kg（平均 19.3 mg/kg）；全钾含量为 6.43～65.5g/kg（平均 21.6g/kg），速效钾含量为 135.0～279.34 mg/kg（平均 205.8 mg/kg）；速效铁、速效锰、速效铜、速效锌、速效硼和速效镁的含量平均分别为 9.6 mg/kg、15.8m g/kg、2.6 mg/kg、1.2 mg/kg、0.64 mg/kg 和 6.05 mg/kg。土壤有机质含量处于中等或较缺乏水平，全氮、碱解氮含量处于缺乏或较缺乏水平，有效磷含量处于中等水平，速效钾含量处于较丰富水平，速效锌、速效铁含量处于中等水平，速效锰含量处于缺乏水平，速效铜、速效锌含量中等。

3. 陇东油菜产区 本区以黑垆土、黄绵土为主，耕层厚度 17.42～24.97cm。土壤 pH 为 8.04～8.59（平均 8.2）；有机质含量为 8.67～16.44g/kg（平均 12.91g/kg）；全氮含量为 0.47～0.90g/kg（平均 0.77g/kg），碱解氮含量为 38.58～69.80 mg/kg（平均 59.84 mg/kg）；全磷含量为 0.09～1.22g/kg（平均 0.64g/kg），有效磷含量为 6.4～21.34 mg/kg（平均 9.3 mg/kg）；全钾含量为 12.23～75.4g/kg（平均 31.3g/kg），速效钾含量为 155.4～282.42 mg/kg（平均 195.2 mg/kg）；速效铁、速效锰、速效铜、速效锌、速效硼和速效镁含量平均分别为 9.54 mg/kg、6.48 mg/kg、0.56 mg/kg、0.83 mg/kg、0.76 mg/kg 和 6.60 mg/kg。土壤有机质、全氮、碱解氮、有效磷含量处于缺乏水平，速效钾含量处于丰富水平，速效铜、速效锌、速效铁、速效锰含量均处于缺乏水平。

4. 陇南油菜产区 本区土壤以褐土为主，耕层厚度 23.5～30.0cm。土壤 pH 为 6.56～7.36（平均 6.9）；有机质含量为 13.27～14.59g/kg（平均 14.55g/kg）；全氮含量为 0.75～0.86g/kg（平均 0.80g/kg），碱解氮含量为 49.71～56.08 mg/kg（平均 52.89 mg/kg）；全磷含量为 0.46～0.92g/kg（平均 0.69g/kg），有效磷含量为 12.34～19.24 mg/kg（平均 15.79m g/

kg）；全钾含量为 2.3～28.9g/kg，速效钾含量为 121.57～149.99 mg/kg（平均 135.78 mg/kg）；速效铁、速效锰、速效铜、速效锌、速效硼和速效镁的含量平均分别为 8.65 mg/kg、9.28 mg/kg、0.93m g/kg、0.46 mg/kg、0.53 mg/kg 和 5.90 mg/kg。有机质较缺乏，全氮、碱解氮、有效磷、速效钾含量均缺乏，速效铁、速效锰、速效铜和速效锌含量也不高。

第四节　油菜营养规律与不同生态区施肥技术

一、冬油菜营养规律

按油菜形态和生理特性，其生育期可划分为苗期、蕾薹期、开花期和角果发育成熟期。甘蓝型油菜全生育期一般 180～230d，干物质积累量呈 S 形曲线，0～130d（苗期）积累量较小，仅占整个生育期的 26.7%；130～215d（薹期至角果期）积累的干物质较多，大约占整个生育期的 70.3%，积累率高达每 $667m^2$ 10.47kg/d；215～230d（成熟期）积累量稍有下降，大约占整个生育期的 3.0%。不同时期积累量表现为花期＞苗期＞蕾薹期＞角果期。苗期根系的干物质积累量占根总干物质积累量的 82.6%。叶片的干物质积累量在 125d 左右达最大值。

油菜是一种对养分需求量较高的作物。综合国内外研究结果，油菜全生育期每 $667m^2$ 需要 N 11～200kg、P_2O_5 3.4～8kg、K_2O 13.3～26.7kg。刘晓伟等（2011）分析了冬油菜各生育阶段干物质及养分积累量（表 8-4-1），油菜氮、钾的积累规律相似，出苗后持续增加，花期达最大值，而后略有下降，两者积累量均表现为苗期＞蕾薹期＞花期；整个生育期磷积累量持续上升，表现为角果期＞苗期＞薹花期。高产直播栽培条件下，冬油菜氮和钾的积累主要在开花之前，而且苗期需求量最高，分别占最大积累量的 80.9% 和 55.9%，所以氮、钾肥应该集中在油菜生长前期施用。苗期磷的积累量较小，仅占最大积累量的 39.3%，籽粒充实期对磷的需求量最大。所以，为了保证养分充足供应且减少施肥用工成本，在轮作周期中将磷肥多分配到油菜上且集中施于根层以解决后期养分不足的问题。硼在冬油菜苗期、蕾薹期、花期、角果期和成熟期各营养阶段每 $667m^2$ 分别累积 7.7g、8.9g、6.8g、5.7g 和－3.5g，以蕾薹期累积量最大。冬油菜吸收 N、P_2O_5、K_2O 和 B 的比例为 1：0.46：1.24：0.002。

表 8-4-1　冬油菜各生育阶段每 $667m^2$ 干物质及养分积累量

项目	苗期	蕾薹期	花期	角果期	成熟期	总量
天数（d）	125	40	25	30	10	230
干物质（kg）	276.3	211.7	314.7	298.9	－16.5	1 085.1
N（kg）	7.7	4.6	2.1	－0.4	－0.6	13.3
P_2O_5（kg）	2.3	0.7	0.4	1.8	0.9	6.1
K_2O（kg）	8.4	6.3	2.7	0.6	－0.2	16.5
B（g）	7.7	8.9	6.8	5.7	－3.5	25.6

冬油菜各生育阶段干物质及养分积累比例如表 8-4-2 所示。可以看出，油菜干物质积累比例花期最高，达到 29.0%，角果期和苗期基本相当，成熟期干物质含量不增加，反而由于落叶等造成干物质积累比例为 -1.5%。磷在油菜苗期和角果期累积较多，其他各个时期积累量相差不大；氮、钾和硼在苗期和蕾薹期积累量占整个生育期的 80%，到了成熟期则有回流现象发生。

表 8-4-2　冬油菜各生育阶段干物质及养分积累比例（%）

项目	苗期（125d）	蕾薹期（40d）	花期（25d）	角果期（30d）	成熟期（10d）
干物质	25.5	19.5	29.0	27.5	-1.5
N	57.3	34.4	15.8	-3.2	-4.3
P_2O_5	37.2	11.6	6.5	29.5	15.1
K_2O	50.9	38.0	16.2	-3.8	-1.3
B	30.1	35.0	26.5	22.3	-13.7

邹娟等（2008b）对 4 个不同油菜品种养分吸收动态的研究表明，播种后 140d（苗期）、140~170d（蕾薹期）、170~199d（花期）和 199~212d（角果期），油菜的干物质积累比例分别为 12.7%~20.9%、15.3%~20.0%、60.3%~71.7% 和 -27.4%~-9.1%，氮积累比例分别为 33.3%~47.8%、11.9%~14.7%、15.5%~28.1% 和 17.7%~28.8%，磷积累比例分别为 23.4%~37.9%、22.5%~29.4%、32.7%~54.1% 和 -17.2%~-3.0%，钾积累比例分别为 24.7%~33.9%、16.2%~35.9%、31.0%~53.3% 和 -43.0%~-23.5%（表 8-4-3）。油菜干物质累积与养分吸收量的变化趋势基本相同，氮积累量最大时期为苗期，干物质、磷、钾积累量最大时期为花期，干物质及氮、磷、钾养分积累速率最大时期均为花期。

表 8-4-3　冬油菜不同阶段每 667m² 养分积累量及占最大累积量的比例

养分		苗期	蕾薹期	花期	角果成熟期	总计
N	积累量(kg)	2.89~4.45	1.00~1.27	1.53~2.44	1.30~2.93	7.36~10.17
	比例（%）	33.3~47.8	11.9~14.7	15.5~28.1	17.7~28.8	100
P_2O_5	积累量(kg)	1.53~2.65	1.29~2.06	2.29-3.55	-1.20~-0.17	5.03~5.79
	比例（%）	23.4~37.9	22.5~29.4	32.7~54.1	-17.2~-3.0	82.8~97.0
K_2O	积累量(kg)	6.69~9.02	4.31~9.74	8.40~14.47	-11.44~-6.12	15.16~20.75
	比例（%）	24.7~33.9	16.2~35.9	31.0~53.3	-43.0~-23.5	57.0~76.5

油菜养分吸收量除受品种影响外，也受产量水平的影响。一般随单产增加，油菜养分吸收量和每生产 100kg 籽粒所需的养分量增加，养分效率降低（表 8-4-4）。每 667m² 产量从 66.7kg 增加到 260.0kg，每生产 100kg 籽粒，需氮量从 5.0kg 增加到 6.2kg，需磷量从 2.1kg 增加到 2.6kg，需钾量从 6.7kg 增加到 8.2kg（张福锁等，2009）。

表 8-4-4　不同产量水平油菜养分吸收量及养分效率

每 667m² 产量（kg）	每 667m² 养分吸收量（kg）			养分效率（g/kg）			每生产 100kg 籽粒所需养分量（kg）		
	N	P₂O₅	K₂O	N	P₂O₅	K₂O	N	P₂O₅	K₂O
66.7	3.33	1.39	4.47	20.0	48.o	14.9	5.0	2.1	6.7
100.0	5.00	2.08	6.69	20.0	48.o	14.9	5.0	2.1	6.7
133.3	6.67	2.77	8.93	20.0	48.0	14.9	5.0	2.1	6.7
166.7	8.34	3.48	11.17	20.0	47.9	14.9	5.0	2.1	6.7
200.0	10.23	4.26	13.71	19.5	46.9	14.6	5.1	2.1	6.9
233.3	12.71	5.30	17.01	18.4	44.0	13.7	5.4	2.3	7.3
240.0	13.33	5.56	17.85	18.0	43.2	13.4	5.6	2.3	7.4
246.7	14.05	5.86	18.81	17.6	42.1	13.1	5.7	2.4	7.6
253.3	14.89	6.20	19.94	17.0	40.9	12.7	5.9	2.4	7.9
260.0	16.00	6.66	21.42	16.3	39.1	12.1	6.2	2.6	8.2

　　不同生态区油菜营养规律有所差别。重庆市主推的油菜品种在高产条件下养分需求量如表 8-4-5 所示。可以看出，不同油菜品种对氮、磷、钾养分的需求量不尽相同，N：P₂O₅：K₂O 平均为 1：0.44：1.21。

表 8-4-5　重庆市主推油菜品种养分需求量

（每 667m² 产量水平 166.7～200.0kg）

品种	样本数（个）	100kg 籽粒养分需求量（kg）			N：P₂O₅：K₂O
		N	P₂O₅	K₂O	
湘杂油	33	5.77	2.34	6.44	1：0.40：1.11
德油	24	5.21	2.34	7.05	1：0.44：1.36
华油杂	22	4.46	2.16	5.86	1：0.46：1.30
绵油	24	5.21	2.24	6.16	1：0.42：1.16
黔油	28	5.25	2.53	4.87	1：0.51：0.93
中油杂	15	4.82	2.19	6.35	1：0.42：1.29
中双	26	4.27	2.04	6.25	1：0.47：1.43
秦油	28	5.63	2.43	6.48	1：0.44：1.13
平均	200	5.08	2.28	6.18	1：0.44：1.21

　　随着产量的增加（表 8-4-6），冬油菜每生产 100kg 籽粒需氮、磷、钾的量均减少。以上情况说明，高产条件下肥料利用率提高。因此，在确定氮、磷、钾需要量时，应当考虑到产量水平的差异。不同施肥处理下，氮、磷、钾三元素缺少某一元素，其他两种元素 100kg 籽粒养分需求量都增加，说明缺少某一种元素后，其他两种元素的肥料利用率下降，所以在配方施肥时，要综合考虑三元素的配合，如果微量元素缺乏，还需要添加足够量的微量元素。

表 8-4-6　不同产量水平冬油菜对养分的需求量

每 667m² 产量水平（kg）	100kg 油菜籽粒对养分的需求量（kg，$n=68$）		
	N	P_2O_5	K_2O
<50	6.65	2.75	8.10
50～100	5.55	2.62	6.34
100～150	4.74	2.34	5.82
150～200	4.82	2.33	5.78
200～250	5.12	2.25	6.45

四川省不同生态区油菜养分需求量统计结果见表 8-4-7。全省不施肥区油菜 100kg 籽粒养分需求量平均为 N 1.76kg、P_2O_5 0.76kg、K_2O 2.79kg；推荐施肥区油菜 100kg 籽粒养分需求量为 N 1.96kg、P_2O_5 0.85kg、K_2O 2.90kg。

表 8-4-7　四川省油菜 100kg 籽粒养分需求量（kg）

区域	N		P_2O_5		K_2O	
	无氮区	施氮区	无磷区	施磷区	无钾区	施钾区
全省	4.78	5.73	1.95	2.16	7.43	7.86
成都平原	4.73	5.37	2.22	2.30	7.89	7.70
川中丘陵	4.73	5.66	1.94	2.15	7.59	7.87
盆周山地	5.01	6.22	1.81	2.09	6.49	7.96

湖南省不同油菜品种生长期为：甘蓝型油菜 170～230d，白菜型油菜 150～200d，芥菜型油菜 160～210d。有资料表明，每 667m² 生产 100～150kg 的甘蓝型油菜，需从土壤中吸收 N 9.5～17.0kg、P_2O_5 1.8～2.4kg、K_2O 8.6～16.6kg，相当于每 100kg 菜籽需吸收 N 8.8～11.4kg、P_2O_5 1.0～1.9kg、K_2O 7.2～10.6kg，N：P：K 大约为 1：0.4：1。油菜在不同生育阶段吸收养分的强度有很大差异，苗期阶段以营养生长为主，吸收的氮约占总吸收量的 45%，磷和钾各占约 20%，由于这阶段的时间长达 150d，并有 2 个月处于低温期，因此越冬前的苗期生长必需吸收较多营养，以备越冬需要，此阶段是油菜需肥的重要时期；薹期阶段营养生长和生殖生长均很旺盛，这一阶段需要形成大量的糖类及蛋白质，构成各种器官，因此薹期阶段虽然只有 30d 左右，但单位时间所吸收的养分却比前期多，尤其氮与钾的日积累量达最高峰，是油菜需肥最多的时期；花期至成熟期是油菜生殖生长最旺盛的阶段，对氮、钾的吸收减少，但对磷的吸收要占全生育期的 50% 以上。总的表现为：N，苗期 42%～44%，蕾薹期 33%～46%，开花成熟期 10%～25%；P_2O_5，苗期 20%～31%，蕾薹期 22%～65%，开花成熟期 4%～58%；K_2O，苗期 24%～25%，蕾薹期 54%～66%，开花成熟期 9%～22%。氮、磷、钾在植株体内的分布不同，约 50% 的氮、60%～70% 的磷分布在籽粒中；钾则相反，籽粒中只占 20%～25%，而绝大部分均分布在茎和叶中。油菜在整个生育过程中吸收养分的比例均有一致的趋势。苗期对氮、磷非常敏感，氮、磷有利于基部叶片和根系的生长；中期以氮、磷、钾并重，促进生殖器官的发育；后期磷肥有利于籽粒充实和油分积累，钾能提高油菜抗逆能力，对促进成熟具有明显作用。

江西省油菜每生产 100kg 籽粒需要吸收 N 8.8～11.3kg、P_2O_5 3.0～3.9kg、K_2O 8.5～10.1kg，N：P：K 为 1：0.3：1。品种不同，对氮、磷、钾的吸收量也不相同，甘蓝型油

菜比白菜型油菜需肥量多。油菜在整个生育过程中，吸收养分的比例氮多于钾、钾多于磷。

　　对两个生态区杂双 5 号油菜的分析表明，河南省南阳地区移栽冬油菜养分吸收与干物质积累变化趋势基本相同，氮、磷、钾积累量在生长后期均呈现不同程度的下降。2012 年潢川县 28 个油菜样品籽粒中 N 含量为 2.76%～5.02%（平均 3.47%），P_2O_5 含量为 0.54%～0.99%（平均 0.80%），K_2O 含量为 0.25%～0.43%（平均 0.34%）。南阳 14 个油菜样品籽粒中 N 含量为 3.61%～4.80%（平均 3.94%），P_2O_5 含量为 0.90%～1.06%（平均 0.97%），K_2O 含量产为 0.34%～0.51%（平均 0.43%）。油菜荚和秸秆中的氮、磷含量均远低于籽粒，但钾含量较高。南阳油菜荚和茎秆中养分含量均较潢川县高。潢川油菜荚 N 含量平均为 0.48%，P_2O_5 含量平均为 0.17%，K_2O 含量平均为 1.42%；油菜茎秆 N 含量平均为 0.43%，P_2O_5 含量平均为 0.13%，K_2O 含量平均为 0.61%。南阳油菜荚 N 含量平均为 0.92%，P_2O_5 含量平均为 0.28%，K_2O 含量平均为 1.65%；油菜茎秆 N 含量平均为 0.82%，P_2O_5 含量平均为 0.16%，K_2O 含量平均为 0.94%。潢川县杂双 5 号籽粒吸氮量为每 $667m^2$ 5.33kg，占地上部总吸氮量的 75%，吸磷量占地上部总吸磷量的 69%，吸钾量占地上部总吸钾量的 13%。南阳油菜氮、磷、钾养分吸收总量分别为每 $667m^2$ 10.01kg、2.48kg 和 5.18kg，分别比潢川县每 $667m^2$ 高 2.89kg、0.59kg 和 0.92kg。双低油菜的氮素与磷素主要集中于籽粒中，分别占地上部总吸收量的 72% 和 72%。

　　陕西省陕南地区双低油菜品种高产适宜播种期：平坝为 9 月 1～8 日，丘陵、山区为 8 月 26 日到 9 月 2 日。翌年 4 月下旬到 5 月上旬成熟，生长期 240d 左右。苗期（1～130d）氮肥需要量大，约占整个生育期的 1/2；蕾薹期（135～165d）是油菜需肥较多的时期，钾素吸收率超过整个生育期的 1/2；开花至成熟期（165～240d）磷肥需要量大，磷素吸收率超过整个生育期的 1/2。史楠（2011）指出，油菜蕾薹期由营养生长向生殖生长转变，85% 以上干物质都是在春季后期形成的；蕾薹期氮、磷和钾的吸收率分别达到 45%、22% 和 54%；开花至角果发育成熟期，磷的吸收率达到 58%，但对氮和钾的吸收较少，尤其是氮的吸收率仅占 10%。油菜干物质的积累量随着生育期的推移逐渐增大且加快，苗期积累量缓慢，盛花期后达到高峰，干物质积累速度高峰亦在盛花期后。苗期以营养生长为主，主要是增加叶片及根系，花芽从苗后期开始分化，干物质积累量为每 $667m^2$ 151kg，占全生育期干物质总量的 20.4%；蕾薹期是营养生长和生殖生长两旺时期，干物质积累量（每 $667m^2$ 341kg）占全生育期干物质总量的 25.6%；开花至成熟期干物质积累量占全生育期干物质总量的 54%。每生产 100kg 油菜籽粒需吸收 N、P_2O_5 和 K_2O 分别为 8.55kg、3.25kg 和 8.1kg。

　　甘肃省冬油菜最佳播期在 8 月 15～20 日；河东水田冬油菜 8 月底至 9 月上旬播种，生育期约 240d。陇东、陇南和部分陇中冬油菜种植区冬油菜从出苗到枯萎期虽然吸收养分较少，但施用充足的基肥对油菜的生长发育有明显效果。冬油菜返青后，增加了对氮、磷、钾的吸收，从返青到抽薹开花，对各种养分的吸收率增长最快，是追肥的最重要时期，加强氮素营养，有利于花芽分化。因此，首先保证有充足的基肥，有机肥、磷肥在播种时作基肥一次性施入，氮肥 80% 作底肥、返青后 20% 作追肥，追肥也可根据油菜长势来决定。

二、春油菜营养规律

　　春油菜生育期可分为春播发芽期、苗期、蕾薹期、开花期和角果成熟期，一般 4 月底播种，5 月中旬进入苗期，6 月中旬进入蕾薹期，6 月下旬进入始花期，7 月上旬终花，7 月下旬收获，生育期 90d 左右。不同类型油菜在各个生育期的营养需求有着明显差异，各生育期的长短及各生育期内的气候条件均极大地影响着油菜对养分的吸收与利用。油菜生育期的长短因油菜种类、品种、种植区气候条件、播种期等因素相差甚大。研究表明：在海拔 1 700m 以下地方，最佳播种期为 3 月上中旬；在海拔 1 900～2 500m 种植区，最佳播种期为 3 月中旬至 4 月中旬，生育期 120d 左右（孙玉莲等，2011）；甘蓝型油菜 N：P_2O_5：K_2O 为 1：0.42：1.4，白菜型油菜 N：P_2O_5：K_2O 为 1：0.44：1.1，甘蓝型油菜吸肥量一般比白菜型油菜高 30％以上，产量高 50％以上，且甘蓝型油菜需钾量明显比白菜型高。无论何种类型油菜，吸肥力一般都很强，优质油菜在营养生理上具有对氮、钾需要量大和对磷、硼反应敏感的特点。据测定，每生产 100kg 油菜籽需吸收 N 5.8kg、P_2O_5 2.5kg，K_2O 4.3kg，N：P_2O_5：K_2O 为 1：0.43：0.74（王文昌等，2008）。甘蓝型油菜不同生育时期对氮、磷、钾的吸收有较大的差异，播种至苗期对氮、磷和钾的吸收分别占总吸收量的 13.4％、6.4％和 12.3％，苗期至抽薹期对氮、磷和钾的吸收分别占总吸收量的 34.4％、28％和 37.6％，抽薹期至初荚期对氮、磷和钾的吸收分别占总吸收量的 27.2％、24.8％和 28.9％，初荚期至成熟期对氮、磷和钾的吸收分别占总吸收量的 25％、40.8％和 21.2％（郭新勇，2006）。

河西和陇中部分春油菜区由于播种时气温偏低，土壤养分释放缓慢，追肥宜早，对于生育期较短的早熟品种，也可不追肥。从春油菜本身生育情况来看，出苗后几天就进入三叶期，从生长点长到雌、雄蕊分化这段时间的营养供应充足与否，直接影响到春油菜结实器官发育的好坏和产量高低。春油菜整个生长发育阶段，有 80％以上的营养元素都是在开花期前吸收的，因此，河西春油菜应该施足底肥，有机肥、磷肥播种时作基肥一次施入，总氮的 80％作底肥，在抽薹期追施氮 10％～20％，根据长势追肥。

三、不同生态区油菜施肥技术

（一）重庆市油菜施肥技术

1. 沿长江流域油菜产区　本区施肥存在的主要问题是：有机肥施用不足，磷、钾肥施用量低，氮、磷、钾养分比例不协调。建议增施有机肥，有机肥与无机肥相结合。适当降低氮肥基施用量，增加薹肥比例，氮肥 50％作基肥，20％～30％作提苗肥，20％～30％作薹肥。钾肥 60％作基肥，40％作薹肥。磷肥和硼肥作基肥施用。缺硼区域每 667m² 施用硼砂 0.5～1.0kg。若基肥施用有机肥，则可酌情减少化肥用量。不同产量水平，氮、磷、钾施用量分别为：每 667m² 目标量 150kg 以上，施 N 9～11kg、P_2O_5 4～6kg、K_2O 4～6kg；每 667m² 目标产量 100～150kg，施 N 8～10kg、P_2O_5 4～5kg、K_2O 4～5kg；每 667m² 目标产量 100kg 以下，施 N 7～9kg、P_2O_5 3～5kg、K_2O 3～5kg。

2. 沿乌江流域油菜产区　本区施肥存在的主要问题是：有机肥和磷、钾肥施用量较少，追肥只追施速效氮肥，且用量和施用次数少，硼肥用量不足。建议增施有机肥，有机肥和无机肥相结合；提高磷、钾肥用量，特别是追肥施用钾肥；氮肥 20％～30％作基肥，30％～40％作提苗肥，30％～40％作薹肥；有机肥与磷肥全部作基肥；钾肥总量的 60％～70％作基肥，30％～40％作提苗肥。土壤缺硼区域每 667m² 施用硼砂 0.5～1.0kg。若基肥施用有机肥，可酌情减少化肥用量。不同产量水平，氮、磷、钾肥施用量分别为：每 667m² 目标产量 150～200kg，施 N 12～14kg、P_2O_5 5～6kg、K_2O 4～6kg；每 667m² 目标产量 100～

150kg，施 N 10～12kg、P_2O_5 4～5kg、K_2O 3～4kg；每 667m^2 目标产量 100kg 以下，施 N 9～10kg、P_2O_5 4～5kg、K_2O 2～3kg。

3. 沿嘉陵江流域及渝西油菜产区 本区施肥存在的主要问题是：有机肥施用不足，磷、钾肥用量较低，忽视钾肥施用，氮、磷、钾肥养分施用比例不协调。建议在增施有机肥的基础上，调氮、稳磷、增钾；依据土壤有效硼丰缺状况补充硼肥；适当降低氮肥基施用量，增加薹肥比例；肥料施用与高产优质栽培技术相结合。氮肥 20％～30％作基肥，30％～40％作提苗肥，30％～40％作薹肥；有机肥与磷肥全部作基肥；钾肥 60％～70％作基肥，30％～40％作提苗肥。硼肥作基肥或在薹期喷施浓度为 0.2％的硼肥。不同产量水平，氮、磷、钾肥施用量分别为：每 667m^2 目标产量 150kg 以上，施 N 12～14kg、P_2O_5 5～6kg、K_2O 4～6kg；每 667m^2 目标产量 100～150kg，施 N 10～12kg、P_2O_5 4～5kg、K_2O 4～5kg；每 667m^2 目标产量 100kg 以下，施 N 9～11kg、P_2O_5 4～5kg、K_2O 3～4kg。

(二)四川省油菜施肥技术

1. 成都平原和川中丘陵油菜产区 本区域施肥存在的主要问题包括：有机肥用量偏少，磷、钾和硼肥用量不足，基肥比例偏大。建议增施有机肥，有机肥和无机肥相结合；增加磷、钾肥用量，提高氮肥追肥比例。氮肥 20％～30％作基肥，30％～40％作提苗肥，30％～40％作薹肥；有机肥与磷肥全部作基肥；钾肥总量的 60％～70％作基肥，30％～40％作提苗肥。土壤缺硼区域，每 667m^2 施用硼砂 0.5～1.0kg。若基肥施用有机肥，可酌情减少化肥用量。不同产量水平，氮、磷、钾肥施用量分别为：每 667m^2 目标产量 150～200kg，施 N 12～14kg、P_2O_5 5～6kg、K_2O 4～6kg；每 667m^2 目标产量100～150kg，施 N 10～12kg、P_2O_5 4～5kg、K_2O 3～4kg；每 667m^2 目标产量 100kg 以下，施 N 9～10kg、P_2O_5 4～5kg、K_2O 2～3kg。

2. 盆周山区油菜产区 本区施肥存在的主要问题：有机肥施用不足；氮、磷肥用量较低，忽视钾肥施用，氮、磷、钾肥养分施用比例不协调。建议在增施有机肥的基础上，调氮、稳磷、增钾；依据土壤有效硼丰缺状况补充硼肥；适当降低氮肥基施用量，增加薹肥比例；肥料施用与高产优质栽培技术相结合。氮肥 20％～30％作基肥，30％～40％作提苗肥，30％～40％作薹肥；有机肥与磷肥全部作基肥；钾肥 60％～70％作基肥，30％～40％作提苗肥。硼肥作基肥或在薹期喷施浓度为 0.2％的硼肥。不同产量水平，氮、磷、钾肥施用量分别为：每 667m^2 目标产量 150kg 以上，施 N 11～13kg、P_2O_5 5～6kg、K_2O 5～6kg；每 667m^2 目标产量 100～150kg，施 N 10～12kg、P_2O_5 4～5kg、K_2O 4～5kg；每 667m^2 目标产量 100kg 以下，施 N 9～11kg、P_2O_5 4～5kg、K_2O 3～4kg。

3. 川西南油菜产区 本区施肥存在的主要问题：有机肥施用不足；化肥施用水平低，氮、磷、钾养分比例不协调。建议增施有机肥，有机肥与无机肥相结合；适当降低氮肥基施用量，增加薹肥比例。氮肥 50％作基肥，20％～30％作提苗肥，20％～30％作薹肥；钾肥 60％作基肥，40％作薹肥；磷肥和硼肥作基肥施用。土壤缺硼区域每 667m^2 施用硼砂 0.5～1.0kg。若基肥施用有机肥，可酌情减少化肥用量。不同产量水平，氮、磷、钾肥施用量分别为：每 667m^2 目标产量 150kg 以上，施 N 9～11kg、P_2O_5 4～6kg、K_2O 4～6kg；每 667m^2 目标产量100～150kg，施 N 8～10kg、P_2O_5 4～5kg、K_2O 4～5kg；每 667m^2 目标产量 100kg 以下，施 N 7～9kg、P_2O_5 3～5kg、K_2O 3～5kg。

（三）湖北省油菜施肥技术

1. 湖北省油菜施肥情况调查　李银水等（2012）调查表明，湖北省油菜生产中农户不重视有机肥，油菜当季施用有机肥的农户仅占 20.2%，其中直播的农户占 2.2%，移栽的农户占 18.0%；农户对硼肥的施用较重视，施用硼肥的农户占 69.3%，其中直播的农户占 29.1%，移栽的农户占 40.2%。每 $667m^2$ N、P_2O_5 和 K_2O 用量平均为 13.58kg、4.75kg 和 3.35kg。氮用量偏高，磷略低，钾明显不足，尤其是直播油菜农户多不重视钾肥的施用。移栽油菜氮肥用量农户间差异较大，每 $667m^2$ 用量高于 20kg 和低于 8kg 的农户分别占 14.0% 和 18.0%；磷、钾肥用量分布规律与直播油菜基本相似；不施氮、磷和钾肥的农户分别占 0.5%、5.9% 和 8.8%。可见油菜种植农户肥料投入差异较大。徐华丽等（2010）调查表明，湖北全省油菜施用单质氮肥比例较高，而施用单质磷、钾肥比例偏低，当前油菜施用硼肥比例为 58.4%。施用有机肥比例仅为 19.8%，有机肥品种主要包括人粪尿、猪粪、牛粪、饼肥及水稻秸秆还田，其中猪粪、牛粪最为普遍，秸秆还田比例仅占 6.2%。油菜施肥次数以两次（基肥＋1 次追肥）比例最高，占 56.0%，只施 1 次（基肥）比例为 14.4%，施 3 次（基肥＋2 次追肥）比例为 19.5%，施 4 次（基肥＋3 次追肥）比例为 10.1%。氮肥用作基肥的施用量及比例高，全省油菜基施氮肥平均每 $667m^2$ 用量是 8.86kg，有 1/5 的地区氮肥基施比例高达 100%。油菜施肥次数偏少，施肥次数与油菜生长及养分吸收规律不匹配。

2. 湖北省油菜施肥对策　依据土壤肥力条件和产量水平，平衡施用氮、磷、钾和硼肥，主要是调整、稳定氮肥用量，增施磷、钾肥；积极推广测土配方施肥技术；加大有机肥推广力度，充分利用当地有机肥源，加大秸秆还田力度；开发和应用油菜专用控释（缓释）肥料，为节省劳动力进行一次性施肥提供必要的技术保证和物质保证；推荐氮、钾肥分期施用技术。在实际生产中，应根据不同生育时期油菜对氮、钾的需求实行氮、钾肥分期施用技术，适当降低基肥用量，增加生育期中追肥的施用比例，提高肥料利用率；继续推广普及科学施用硼肥技术，硼肥施用量为每 $667m^2$ 0.5～1kg，以基肥为主，结合叶面喷肥进行。

根据中国主要作物施肥指南（张福锁等，2009），油菜每 $667m^2$ 产量 200kg 以上，每 $667m^2$ 施 N 11～13kg、P_2O_5 4～6kg、K_2O 7～9kg、硼砂 1kg；每 $667m^2$ 产量 100～200kg，每 $667m^2$ 施 N 8～10kg、P_2O_5 3～5kg、K_2O 5～7kg、硼砂 0.75kg；每 $667m^2$ 产量 100kg 以下，每 $667m^2$ 施 N 4～7kg、P_2O_5 2～3kg、K_2O 2～4kg、硼砂 0.5kg。

（四）湖南省油菜施肥技术

1. 湖南省油菜施肥现状　徐华丽等（2011）调查发现，湖南省油菜施肥中存在的主要问题是：肥料用量不足，养分比例不协调；忽视硼肥的施用；氮肥基肥和追肥比例不合理；养分利用率低，施肥技术及方法有待进一步提高。具体表现为：油菜施肥总次数为 1～5 次，其中施 3 次的比例最高，占 40.6%；追肥次数为 0～3 次，其中追肥 1 次比例最高，占 55.6%。移栽油菜种植约 70% 农户在油菜整个生育期中施肥 3 次，其中追肥 1 次；而直播油菜种植约 40% 的农户施肥 2 次，其中追肥 1 次，35% 的农户仅施 1 次基肥，不追肥。直播油菜农户中，有 1/3 不追肥。在肥料使用上，湖南省油菜种植中 89.5% 的农户使用化肥，有机肥的施用比例为 87.7%，有机肥品种包括人粪尿、猪粪尿、火土灰、牛圈肥、鸡粪、秸秆、草木灰、煤灰及饼肥等。其中，施用最普遍的是人粪尿和猪粪尿，分别占被调查农户的 49.1% 和 45.6%；其次是火土灰，占 25.4%；秸秆还田比例较低，仅为 8.8%。化肥品种，主要是尿素、复合肥、碳酸氢铵、过磷酸钙和硼肥。其中，施用比例较高的是尿素和复合肥，分别占被调查农户的53.5%和51.8%；其次是碳酸氢铵，占42.1%；过磷酸钙的施用仅为11.4%，无单质钾肥施用。硼肥施用比例不高，仅为18.4%。此结果说明，虽然农户清楚施用化肥的重要性，但却重氮肥，轻磷、钾肥和硼肥。全省油菜 N、P_2O_5、K_2O 平均总投入量分别为每 $667m^2$ 8.8kg、3.1kg 和 5kg，其中来自化肥的 N、P_2O_5、K_2O 投入量分别为每 $667m^2$ 7.4kg、1.3kg 和 0.8kg，占养分总投入量的比例分别为 84.1%、42.6%、16.0%。湖南省油菜种植中氮素的来源以化肥为主，而钾素的来源以有机肥为主。

调查结果表明，湖南省现有的油菜施肥习惯具有粗犷性、随机性、盲目性等特点。全省油菜氮肥施用水平不高，各县（市、区）N 总投入量为每 $667m^2$ 4.7～14.5kg，地区之间差异较大。施肥水平相对较高的地方，每 $667m^2$ 纯氮用量达 13.3kg 以上；施肥水平较低的地方每 $667m^2$ 纯氮用量不足 6.7kg；每 $667m^2$ 纯氮用量 10kg 左右为中等水平。全省油菜磷、钾化肥投入量均较低，除某些地方由于施用较多有机肥使磷、钾总投入量较为充足外，其余地方磷、钾肥总投入量均严重不足。湖南省油菜氮、磷、钾肥养分总投入量中，N、P_2O_5、K_2O 的平均比例为 1:0.35:0.57；化肥投入量中，N、P_2O_5、K_2O 的平均比例为 1:0.18:0.11。说明氮、磷、钾肥养分比例不协调，磷、钾肥所占比例偏低，尤其是钾肥。化肥及总养分中的 N 投入量均以每 $667m^2$ 小于 6.7kg 的比例最高，分别为 50.0%、41.2%，每 $667m^2$ N 投入量大于 10kg 的比例分别为 26.3%、29.8%。整体来看，湖南省油菜氮肥用量不足。但也有约 10% 的农户每 $667m^2$ 施 N 大于 13.7kg，可能出现氮肥的过量施用。化肥及总养分中的 P_2O_5 每 $667m^2$ 投入量均以小于 1.3kg 的农户比例最高，分别为 61.4%、33.3%，P_2O_5 每 $667m^2$ 投入量大于 4kg 的比例分别为 10.5%、30.7%。由此可以看出，湖南省油菜磷肥施用水平较低，绝大部分农户施磷量不能满足油菜对磷素的需求。90% 以上的农户 K_2O 化肥每 $667m^2$ 投入量小于 2.7kg，而总养分中 K_2O 每 $667m^2$ 投入量大于 2.7kg 的比例为 48.3%。由此可以看出，湖南省油菜 K_2O 化肥的投入量极低，虽然有机肥的施用在一定程度上补充了钾素，然而总养分中的施钾量依然不足。湖南省油菜种植中，基肥氮每 $667m^2$ 施用量为 0～6.2kg，平均为 3.7kg；比例为 0%～100%，平均为 48.9%。仅 15.8% 的农户基肥比例较为合理，处于 40%～60% 范围，比例为 0 和 100% 的农户分别占 19.8% 和 26.7%。

2. 湖南省油菜施肥对策

（1）加强科研服务，提高施肥水平。加强农化服务工作，指导农民合理施肥，提高农民科学施肥水平，将行之有效的测土施肥、平衡施肥、生态施肥以及其他施肥新技术通过试验、示范进行推广。推广氮肥深施、以水带氮技术，提高氮肥利用率；推广行之有效的科学施肥实用技术，如坐水施肥技术，喷灌、滴灌施氮肥和微量元素肥技术。有针对性地提高有机肥施用比例的同时，应加大磷、钾肥投入比例，适当控制或降低氮用量。要结合不同种植制度，建立相应的科学施肥体系。要重视有机肥和无机肥料的配合施用。

（2）加强田间管理，提高肥料利用率。适当控制氮肥的总用量，相应增加磷、钾肥用量，并做到有机肥与无机肥搭配；适当调整基肥与追肥的比例；同时，肥料投入总量应根据产量水平和地力高低确定。

（3）加强土肥监测，提高肥料统配统供的覆盖率。土壤肥力是影响作物养分吸收及肥料投入的最根本因素，通过"测土"，分区划片，并根据土壤养分、目标产量及肥效，确定施肥配方及用量。强化乡村级农技服务组织建设，逐步组建"测、配、产、供、施"一条龙技术服务实体，开展村级肥料统配统供，大力改进化肥销售供应方法，推进土肥技术服务产业化，提高平衡施肥的到位率，促进增产增收。

（4）加快新型缓控释肥料的研制与示范推广。缓控释肥料具有养分释放与作物吸收规律同步的功能，因此其肥效有很大提高，代表了化学肥料发展的必然方向。因此，应加快研制低成本、高性能包膜材料和高效缓控释环境友好型专用肥料，制订缓控释肥料环境评价和质量标准；同时，在肥料浪费比较严重的地区推广新型缓控释肥料生产和使用技术，实现节本增效，为无公害农业的可持续发展、提高中国肥料和农产品的国际竞争力提供技术支撑。

（五）江西省油菜施肥技术

根据江西省油菜营养规律，推荐的肥料运筹方式为：每 $667m^2$ 基施有机肥 1 500kg、过磷酸钙 25kg 和硼肥 1kg；栽后 3～4d 每 $667m^2$ 用人粪尿 20kg 或尿素 7.5kg、氯化钾 5kg 兑水浇施作提苗肥；12 月底每 $667m^2$ 施有机肥 1 500kg 作蜡肥；始薹期喷施硼砂水溶液 1～2 次，每 $667m^2$ 施尿素 2.5kg 或人粪 250kg；花期每 $667m^2$ 喷施磷酸二氢钾 0.1kg。由于每个生态区土壤肥力和气候特点略有差异，在不同区域内肥料运筹情况略有不同。

1. 赣中北环鄱阳湖平原油菜产区　本区域土壤以红壤为主，潮土和水稻土次之，土壤肥沃，加之本区域农民的栽培模式常采用油菜—棉花轮作方式，棉花栽培过程中施肥水平高，而且施肥量较大，因此，在油菜栽培过程中应减少大量养分的投入和增加微量元素的投入，特别是增加硼等养分的投入。该地区推荐施肥技术为：大田生育期间每 $667m^2$ 施 N 12kg、P_2O_5 3.6kg、K_2O 5.4kg、硼砂 1kg，氮肥用尿素，分基肥和 2 次追肥按 3∶1∶1 比例施用，第一次追肥在翌年的元旦前，第二次在翌年油菜抽薹前。磷肥用钙镁磷肥作基肥一次性施用，钾肥用氯化钾分基肥和追肥按比例 1∶1 分 2 次施用，追肥安排在翌年油菜抽薹前（和尿素混合追施），硼砂一次性作基肥施用。

2. 赣东北油菜产区　本区域土壤大部分为红壤，水、热条件优越。本区域低产田所占比例明显少于赣中北区域，而低产田土壤肥力一般，有效钾和有效磷含量偏低，土壤中的硼素含量偏低。该地区常采用水稻—水稻—油菜种植模式，水稻施肥相对较少，油菜生长期应加大养分投入。该地区油菜推荐施肥技术为：生育期间每 $667m^2$ 施 N 13.4kg、P_2O_5 4.3kg、K_2O 6kg、硼砂 1kg、硫酸锌 1kg，氮肥用尿素，分基肥和 2 次追肥按 3∶1∶1 比例施用，第一次追肥在翌年的元旦前，第二次追肥在翌年油菜抽薹前，磷肥用钙镁磷肥作基肥一次性施用，钾肥用氯化钾分基肥和追肥按比例 1∶1 分 2 次施用，追肥安排在翌年油菜抽薹前（和尿素混合追施），硼砂和硫酸锌一次性作基肥施用。

3. 赣中南油菜产区　本区土壤一般黏性较重，肥力很低，有机质含量较少，土壤中有效钾含量偏低，磷素缺乏，土壤中的硼素、锌素含量低。该地区常采用水稻—水稻—油菜种植模式，油菜推荐施肥技术为：生育期间每 $667m^2$ 施牛粪 130kg、N 10kg、P_2O_5 3kg、K_2O 4.7kg、硼砂 1kg、硫酸锌 1kg，牛粪作为基肥在油菜移栽前一次性施入，氮肥用尿素，分基肥和 2 次追肥按 3∶1∶1 比例施用，第一次追肥在翌年的元旦前，第二次追肥在翌年油菜抽薹前，磷肥用钙镁磷肥作基肥一次性施用，钾肥用氯化钾分基肥和追肥按比例 1∶1 分 2 次施用，追肥安排在翌年油菜抽薹前（和尿素混合追施），硼砂和硫酸锌一次性作基肥施用。

（六）浙江省油菜施肥技术

1. 浙江省油菜施肥现状　2009 年和 2011 年对浙江省油菜主要种植区 134 户农民油菜施

肥状况进行调查，结果表明，农户每 $667m^2$ N 施用量为 8.95kg，其中基肥为 3.64kg，占施肥总量的 40.7%；P_2O_5 每 $667m^2$ 施用量平均为 2.69kg，基肥施用比例占 94.5%；K_2O 每 $667m^2$ 施用量 1.5kg，以基肥形式为主，追肥不到 4%；N、P_2O_5 和 K_2O 施用比例为 1.00：0.30：0.17。从基肥种类看，52% 的农户采用复合肥作基肥，34% 的农户采用氮、磷、钾单质肥分别施用；氮肥以碳酸氢铵为主，磷肥主要是过磷酸钙，钾肥主要是氯化钾；有 5.52% 的农户用尿素作基肥，2.76% 的农户施用单质钾肥。82.5% 的农户采用尿素作追肥，使用复合肥、过磷酸钙、碳酸氢铵和氯化钾作追肥的比例分别占被调查农户的 4.39%、3.51%、3.51% 和 1.75%。氮肥利用率为 0.14%~85.3%，平均为 47.3%，磷肥和钾肥的利用率平均分别为 21.5% 和 5.4%。

2. 油菜施肥存在的问题

（1）有机肥未得到充分利用，施用量偏低（应用比例不足 8%）。由于有机肥体积较大，获取比较困难，市面上出售的有机肥较少，所以，对有机肥的施用需引起足够重视。秸秆约占作物生物量的 50%，是一类极其丰富的有机肥源。大量研究表明，秸秆还田能够有效增加土壤有机质含量，改良土壤，培肥地力，对缓解氮、磷、钾肥比例失调的矛盾，弥补磷、钾化肥不足有十分重要的意义（杨文钰等，1999；劳秀荣等，2002；李孝勇等，2003；申源源等，2009）。因此，推广秸秆还田技术是提高有机肥施用量的一项重要措施。

（2）施氮不多，施钾也不足。N 平均每 $667m^2$ 用量 8.95kg，施用量并不大。K_2O 平均每 $667m^2$ 用量不足 4kg，施用不足。尽管少数农户施用的复合肥中含有钾素，但由于部分田块不施用复合肥，同时也未施用单质钾肥及有机肥，导致此地区施钾水平较低。因此，建议增施氮肥，同时适当增施钾肥。考虑到经济效益，可通过增施有机肥、推广秸秆还田等措施补充土壤钾素。

（3）肥料投入不平衡，主要是地区间、农户间及养分间的不平衡。区域间单位面积化肥施用量差别较大。农户间的肥料投入不平衡主要表现在有些农户施肥量不足，而有些农户为了追求高产盲目增加氮、磷肥的投入。养分间的不平衡主要表现在钾肥施用不足，K_2O/N 值偏低。对于这种不平衡现象，一方面需要向农户推荐、推广优化施肥措施，另一方面要靠政府在大区域上的宏观调控，使肥料资源的分配合理化。

3. 油菜施肥对策 油菜施肥要注重氮、磷、钾配合，大量元素与微量元素配合，有机肥与化肥配合。肥料运筹上采取前攻施肥法，即底肥足、苗肥早、薹肥稳，促进冬、春双发，提高产量和肥料利用率，改善品质。施足基肥：要求每 $667m^2$ 施碳酸氢铵 25kg、过磷酸钙 25kg、硫酸钾 5kg、硼砂 0.5kg，拌匀施入。早施苗肥：在施足基肥的基础上，追肥应年前为主、年后为辅，促进早发壮苗。移栽油菜返青后每 $667m^2$ 施尿素 8~10kg。直播油菜在 3 片真叶时结合间苗施肥，每 $667m^2$ 施尿素 5kg、氯化钾 3kg。稳施蕾薹肥：在 1 月中旬左右，薹肥每 $667m^2$ 施尿素 5~7kg、氯化钾 3kg，或每 $667m^2$ 施 15-15-15 三元复合肥 7.5kg。巧施花肥，补施粒肥：花肥应根据植株生长情况合理施用，结合根外施肥，确保油菜高产稳产，每 $667m^2$ 施尿素 3kg 或稀人、畜尿 500kg；掌握苗旺不施，苗弱补施的原则。初花期用 0.3% 磷酸二氢钾、0.2% 硼砂溶液喷施，提高结实率。

不施硼肥会影响油菜的产量，严重时会造成油菜花而不实甚至绝收（邹娟等，2009）。因此，杂交油菜一定要施用硼肥，硼肥施用量为每 $667m^2$ 12.0~15.0kg，以作基肥为主；在后期如果仍有缺硼症状，需要采用叶面施肥技术，即在油菜现蕾期，最晚不能超过抽薹期，每 667m² 用硼砂 1.0～1.5kg，兑水 60～70kg，选晴天均匀喷在叶面上。

（七）河南省油菜施肥技术

目前双低杂交油菜营养体较大，吸肥能力强，对氮、钾肥的需求量大，此外，对磷、硼肥反应敏感，一旦缺硼容易造成花而不实，导致菜籽产量明显降低。一般每 667m² 产量为 150kg 的油菜施肥，淮河流域每 667m² 施 N 13～15kg、P_2O_5 8～10kg、K_2O 9～11kg；长江流域每 667m² 施 N 14～16kg、P_2O_5 6～8kg、K_2O 10～12kg。磷、钾肥 1 次底施，氮按底肥 50%、苗肥 30%、薹肥 20% 的比例施用，或按底肥 70%、苗肥 30% 施入。硼肥每 667m² 底施 0.5～1kg，或在抽薹期喷施 0.2% 的硼砂溶液 50～60kg。

（八）陕西省油菜施肥技术

李厚华等（2010）对陕西汉中盆地油菜高产创建技术集成后认为，高产油菜每 667m² 施腐熟有机肥 1 500～2 000kg、N 12～14kg、P_2O_5 5～7kg、K_2O 8～10kg、硼肥 1kg。移栽时将总氮的 50% 和全部磷、钾、硼肥作底肥穴施。氮肥底肥、苗肥、蜡肥按总氮的 50%、20%、30% 施入。11 月上旬每 667m² 追施 N 2～3kg 促进冬前生长，翌年 1 月上旬结合冬灌每 667m² 追施 N 4kg。蕾期每 667m² 用磷酸二氢钾和硼砂各 100g 加多菌灵 100g，兑水 40kg 均匀喷雾，可起到增角、增粒、增重的作用。周济铭等（2007）推荐的高产油菜每 667m² N、P_2O_5、K_2O 和硼肥用量分别为 12.5～15kg、7.5～10.0kg、10kg、1～2kg，张久成等（2008）推荐的高产油菜每 667m² N、P_2O_5、K_2O 和硼肥用量分别为 8.5～11kg、4.0～7.3kg、3.0～4.8kg、1～3kg，黄斌等（2009）推荐的高产油菜每 667m² N、P_2O_5、K_2O 和硼肥用量分别为 12～13kg、6.0～6.5kg、8.4～9.1kg、0～0.5kg。

（九）内蒙古自治区油菜施肥技术

1. 油菜施肥现状　内蒙古油菜生产中氮肥主要包括尿素、碳酸氢铵、磷酸二铵和含氮复混肥料，以基肥和种肥为主，追肥极少。磷肥主要有磷酸二铵、复混肥料及少量三料过磷酸钙，主要以种肥为主。钾肥主要有复混肥料，还有部分氯化钾和硫酸钾，作为种肥一次性施入。

大兴安岭北麓区 4 314 户农户调查结果表明，该区农户全部不施有机肥，均施用氮肥，平均每 667m² 施 N 3.6kg，全部作种肥，95.4% 的农户每 667m² 施 N 1.1～5.0kg，平均每 667m² 施 3.2kg，其余 4.6% 的农户每 667m² 施 N 5.1～10.0kg，平均每 667m² 施 8.0kg；全部农户均施用磷肥，平均每 667m² 施 P_2O_5 3.6kg，农户间施磷量差异较小，几乎全部集中在每 667m² 1.1～5.0kg；98.7% 的农户施用钾肥，平均每 667m² K_2O 用量 1.2kg，施用量在每 667m² 0.2～3.0kg 的农户占 98.7%，每 667m² 小于 0.2kg 的仅占 1.3%。

阴山北麓区被调查的 7 501 户农户中 98.8% 不施有机肥，施用有机肥的农户每 667m² 平均施用量仅有 1 039kg，其中 67.0% 的用量为每 667m² 500～1 000kg。95.9% 农户施用氮肥，平均每 667m² 施 N 2.0kg，每 667m² 施 N 量在 1.1～5.0kg 的农户高达 90.1%，另有 4.1% 的农户施 N 量在每 667m² 1.0kg 以下，几乎不施氮肥，尚有 5.4% 的农户施 N 水平在每 667m² 5.1～10.0kg，平均施 N 量为每 667m² 8.4kg，而施 N 水平超过每 667m² 10.1kg 的农户仅占 0.4%。施用磷肥的农户占 94.8%，平均施 P_2O_5 为每 667m² 2.7kg，92.4% 的农户 P_2O_5 施用量在每 667m² 1.1～5.0kg，另有 1.6% 的农户 P_2O_5 施用量在每 667m² 5.1～10.0kg，0.8% 的农户施 P_2O_5 超过每 667m² 15.0kg；只有 2.9% 的农户施用钾肥，2.7% 的农户每 667m² 施 K_2O 为 0.2～3.0kg，而每 667m² 施 K_2O 为 3.1～6.0kg 的农户只有

0.2%，平均每 667m² 施 K₂O 1.5kg。

2. 施肥对策 油菜施肥应遵循重视基肥、酌施种肥、巧追薹花肥的原则。

（1）重视基肥。"油菜长得好，全靠基肥保"。生产实践证明，重视基肥有显著的增产效果，尤其在内蒙古土壤有机质含量普遍偏低的情况下，效果更为明显。基肥应占总施肥量的60%，要做到土肥融合、快慢相济、元素齐全、长效肥足，应以有机肥为主，配合一定量的速效氮和化学磷、钾肥及硼肥，磷肥最好与有机肥混合堆沤 10～15d 后施用。直播油菜基肥施用以有机肥为主，以占总施肥量的 40%～60% 为宜。一般基肥用量为每 667m² 碳酸氢铵15～20kg、过磷酸钙 7.5～15kg、硫酸钾 5～8kg、硼砂 0.5kg、厩肥或土杂肥1.5～2.5 t。

（2）酌施种肥。油菜生长初期对缺磷反应敏感，故磷肥宜作基肥或种肥。内蒙古高寒春油菜区春季气温低，肥料分解迟缓，应特别重视种肥施用。在土壤瘠薄或基肥少的情况下，可在播种时施入适量的种肥。种肥应以磷肥为主，氮、磷配合施用效果较好。一般种肥用量为每 667m² 尿素 2kg、磷酸二铵 4～5kg。应注意种肥不能和种子混合，以防烧苗或因混合不均造成缺苗断垄。

（3）巧追薹花肥。现蕾抽薹后到开花期，是油菜植株各器官生长发育最旺盛时期，也是油菜需肥量最大的时期。此期增施一定数量以氮素为主的速效性肥料具有明显的增花、增角作用。薹肥要在抽薹前早施，施肥量宜大，应占总追肥量的 40% 左右，一般在苗高 8～12cm 时结合灌水每 667m² 追施尿素 5～7.5kg 或硫酸铵 80～10kg。如有条件，可在进入盛花期时每 667m² 再追施速效性氮肥 4～5kg 作为花肥，可减少角果脱落，减少秕角、秕粒，增加粒重。蕾薹期或初花期喷施 0.2%～0.3% 的硼砂溶液对缺硼油菜效果良好，有防止油菜花而不实、提高产量和含油率的效果。追肥以叶面喷施为主，苗期、蕾薹期、花期结合化学灭草、灭虫进行。每 667m² 可选用尿素 0.5kg、增产菌浓缩液 10mL、高效速溶硼肥0.1kg、磷酸二氢钾 0.1kg 兑水混合喷施。

（十）甘肃省油菜施肥技术

1. 施肥现状 甘肃省油菜有机肥投入量少，绝大部分地区缺少有机肥的投入。肥料种类主要有尿素、磷酸二铵、过磷酸钙，以及 N、P₂O₅、K₂O 比例为 16∶15∶9、12∶8∶5、9∶8∶8、14∶9∶2、13∶5∶7 的国产复合肥料。施氮肥农户占调查农户的 97.3%，施用的氮肥品种主要是尿素，占 92.3%。所有农户均施用磷肥，主要品种是过磷酸钙和磷酸二铵，少量用重过磷酸钙。无施用钾肥农户。施用复混肥料的农户占 16.7%，复混肥料主要有 15-15-15、15-8-7 与 14-9-2 的国产复合肥，20-10-5 的 BB 肥和复合肥等。不同种类肥料施用频率依次为：单质氮肥（51.2%）＞单质磷肥（22.59%）＞复合（混）肥（15.82%）＞单质钾肥（5.26%）＞不施肥（5.03%）＞中微量元素（0.08%）。

陇南油菜产区基肥每 667m² 用农家肥（一般为人、畜粪便）1 000～2 500kg、尿素 10～15kg、过磷酸钙 25～45kg，一般播种前撒施；在冬油菜返青起身到抽薹开花期追施尿素 1次，每 667m² 施用量为 5～10kg。陇中油菜产区基肥每 667m² 用农家肥（一般为人、畜粪便）1 000～2 000kg、尿素 10～20kg、过磷酸钙 20～30kg，一般播种前撒施；少数农户在苗期到蕾薹期每 667m² 追施尿素 5～10kg。陇东油菜产区基肥每 667m² 施农家肥（一般为人、畜粪便）1 000～2 000kg、尿素 15～20kg、过磷酸钙 20～30kg，一般播种前撒施；少数农户在苗期到蕾薹期每 667m² 追施尿素 10～15kg。河西油菜产区基肥每 667m² 用农家肥（一般为人、畜粪便）1 000～3 000kg、尿素 25～30kg、过磷酸钙40～60kg 或磷二铵 15～

20kg，一般为播种前翻施；少数农户在苗期到蕾薹期每 $667m^2$ 追施尿素 $15\sim20kg$。

从肥料种类投入量来讲，尿素＞磷肥＞复混肥料。从肥料投入区域差异来讲，由于区域自然条件、经济发展的差异性，不同地区存在着差异：河西＞陇东＞陇南＞陇中。施肥方式上也由于区域的差异性而不同，主要表现为：河西油菜产区基肥一般翻施，追肥一般冲施；陇东油菜产区基肥一般是撒施，追肥也是撒施；陇南油菜产区基肥一般是翻施，追肥一般是撒施；陇中油菜产区基肥一般是撒施，一般而言农户都不进行追肥。

2. 存在问题

总体来讲，甘肃省油菜施肥技术中存在的问题是：因受传统农业的影响，在冬油菜种植中忽视有机肥（农家肥）的施用，基肥主要施用氮肥和磷肥，在施肥上严重存在"量大就可高产"的错误观念。对于钾肥，个别农户进行少量的施用，大部分农户不施钾肥。虽然大部分农户都施硼肥，但硼肥的施用量和使用时期大都不恰当。

3. 施肥对策

（1）示范和推广测土配方施肥技术。通过试验、示范不断探索适合县域特点的冬油菜施肥技术，并进行宣传与引导，实现冬油菜科学施肥，进一步挖掘生产潜力。

（2）定期组织专家进行技术培训，通过宣传、培训、现场指导等手段开展施肥指导服务，提高种植农户的自身素质。

（3）增加有机肥投入，培肥地力，积极倡导城粪下乡、秸秆还田，并结合畜牧业的发展，种植绿肥和牧草，通过秸秆过腹还田、收集堆肥和沤肥，利用一切可以利用的有机肥源培肥地力，增加土壤有机肥投入量。

（4）大力示范推广双低冬油菜的科学施肥技术与方法，改变传统的施肥方法，大力提倡施用有机肥，进行配方施肥。

第五节　不同生态区油菜施肥的肥效反应

一、重庆市油菜施肥的肥效反应

重庆市油菜肥料平均用量为每 $667m^2$ N 12kg（范围 $8\sim16.7kg$）、P_2O_5 6kg（范围 $4.7\sim8kg$）、K_2O 8kg（范围 $4.7\sim13.3kg$），其利用率平均为 37.4%（范围 10.1%$\sim$58.2%）、11.2%（范围 9.1%$\sim$58.3%）和 31.3%（范围 11.5%$\sim$48.4%）。

对近年来的文献的资料及课题组试验资料进行总结可知，在中等肥力土壤上油菜氮肥利用率平均为 35.8%，磷肥利用率平均为 14.0%，钾肥利用率平均为 46.4%。总结现有试验数据，得到油菜肥料表观利用率分别为 N 34.0%、P_2O_5 17.6% 和 K_2O 36.7%，此结果与 20 世纪我国主要粮食作物的肥料利用率相近，略高于水稻、玉米和小麦，但与国外相比还存在较大差距。

油菜的施肥量需要多个指标，包括品种类型、吸肥量、土壤肥力及要求的产量指标等来确定。以甘蓝型油菜为例，综合折算 N：P_2O_5：K_2O 为 1：（0.4$\sim$0.5）：（0.9$\sim$1.4），即以前每 $667m^2$ 生产 $100\sim150kg$ 菜籽时，需要施 N $10\sim15kg$、P_2O_5 $8\sim10kg$、K_2O $10\sim17kg$。

二、四川省油菜施肥的肥效反应

四川省 2011 年前 648 个"3414"田间试验统计结果表明，全省油菜不施肥平均每

$667m^2$ 产量 84.4kg，每 $667m^2$ 平均施 N、P_2O_5 和 K_2O 2 1.9kg 时，平均增产 95.9kg，增产率 113.63%，每千克 N、P_2O_5 和 K_2O 可增产油菜 4.4kg。全省平均每 $667m^2$ 施 N 11.4kg，每 $667m^2$ 增产油菜 77.7kg，增产率 75.73%，每千克 N 可增产油菜 6.8kg；平均每 $667m^2$ 施 P_2O_5 5.4kg，每 $667m^2$ 增产油菜 41.6kg，增产率为 29.99%，每千克 P_2O_5 可增产油菜 7.8kg；平均每 $667m^2$ 施 K_2O 5.5kg，每 $667m^2$ 增产油菜 26.3kg，增产率 17.08%，每千克 K_2O 可增产油菜 4.8kg。施肥对油菜增产效应为氮＞磷＞钾。

成都平原油菜产区：无肥区油菜平均每 $667m^2$ 产量 79.4kg，每 $667m^2$ 平均增施 N、P_2O_5 和 K_2O 22.4kg 时，每 $667m^2$ 可增产 81.1kg，增产率 102.14%，每千克 N、P_2O_5 和 K_2O 可增产油菜 3.6kg。本区平均每 $667m^2$ 施 N 11.9kg，每 $667m^2$ 增产油菜 55.6kg，增产率 53.00%，每千克 N 可增产油菜 4.7kg；平均每 $667m^2$ 施 P_2O_5 5.9kg，每 $667m^2$ 增产油菜 6.2kg，增产率 4.02%，每千克 P_2O_5 可增产油菜 1.1kg；平均每 $667m^2$ 施 K_2O 7.8kg，每 $667m^2$ 增产油菜 0.2kg，增产率 0.12%，增施钾肥无显著效果。施肥对油菜增产效应为氮＞磷＞钾。

川中丘陵油菜产区：无肥区油菜平均每 $667m^2$ 产量 81.1kg，每 $667m^2$ 平均增施 N、P_2O_5 和 K_2O 20.6kg 时，每 $667m^2$ 可增产 95.5kg，增产率 117.76%，每千克 N、P_2O_5 和 K_2O 可增产油菜 4.6kg。本区平均每 $667m^2$ 施 N 11.2kg，每 $667m^2$ 增产油菜 76.6kg，增产率 76.60%，每千克 N 可增产油菜 6.9kg；平均每 $667m^2$ 施 P_2O_5 5.1kg，每 $667m^2$ 增产油菜 39.9kg，增产率 29.19%，每千克 P_2O_5 可增产油菜 7.8kg；平均每 $667m^2$ 施 K_2O 4.5kg，每 $667m^2$ 增产油菜 22.5kg，增产率 14.60%，每千克 K_2O 可增产油菜 5.0kg。施肥对油菜的增产效应为氮＞磷＞钾。

盆周山区油菜产区：无肥区油菜平均每 $667m^2$ 产量 87.0kg，每 $667m^2$ 平均增施 N、P_2O_5 和 K_2O 21.9kg 时，每 $667m^2$ 可增产 103.5kg，增产率 118.97%，每千克 N、P_2O_5 和 K_2O 可增产油菜 4.7kg。本区平均每 $667m^2$ 施 N 11.4kg，每 $667m^2$ 增产油菜 84.1kg，增产率 79.04%，每千克 N 可增产油菜 7.4kg；平均每 $667m^2$ 施 P_2O_5 5.4kg，每 $667m^2$ 增产油菜 67.1kg，增产率 54.38%，每千克 P_2O_5 可增产油菜 12.3kg；平均每 $667m^2$ 施 K_2O 5.4kg，每 $667m^2$ 增产油菜 49.0kg，增产率 34.63%，每千克 K_2O 可增产油菜 9.1kg。施肥对油菜的增产效应为氮＞磷＞钾。

川西南山地区油菜产区：无肥区油菜平均每 $667m^2$ 产量 106.0kg，每 $667m^2$ 平均增施 N、P_2O_5 和 K_2O 26.0kg 时，每 $667m^2$ 增产油菜 118.6kg，增产率 111.89%，每千克 N、P_2O_5 和 K_2O 可增产油菜 4.6kg。本区平均每 $667m^2$ 施 N 14.0kg，每 $667m^2$ 增产油菜 91.4kg，增产率 68.62%，每千克 N 可增产油菜 6.5kg；平均每 $667m^2$ 施 P_2O_5 6.0kg，每 $667m^2$ 增产油菜 55.8kg，增产率 33.06%，每千克 P_2O_5 可增产油菜 9.3kg；平均每 $667m^2$ 施 K_2O 5.1kg，每 $667m^2$ 增产油菜 68.1kg，增产率 43.51%，每千克 K_2O 可增产油菜 13.4kg。施肥对油菜的增产效应为氮＞钾＞磷。

三、湖北省油菜施肥的肥效反应

李银水等（2011c）的研究表明，增施氮肥，湖北省油菜平均每 $667m^2$ 增产 81.2kg，每 $667m^2$ 增产量为 33.3～66.7kg 和 66.7～100kg 的各占 29.2% 和 31.3%，高于 133.3kg 的占

12.5%；增产率平均为 122.0%，增产率为 80%～120% 的占 22.9%，高于 120% 的占 35.4%。氮肥农学利用率为 4.48～9.00kg/kg（平均 6.35kg/kg），偏生产力 9.94～25.45kg/kg（平均 17.33kg/kg），表观利用率 22.98%～36.05%（平均 32.64%），生理利用率 13.97～22.49kg/kg（平均 19.10kg/kg），施氮对油菜产量的贡献率为 41.9%。

李银水等（2011a）的研究表明，增施磷肥，湖北省油菜平均每 $667m^2$ 增产 41.7kg，每 $667m^2$ 增产量为 20～40kg 和 40～66.7kg 的各占 35.4% 和 33.3%，高于 66.7kg 的占 12.5%；增产率平均为 45.3%，增产率为 10%～30% 的占 47.9%，高于 100% 的占 10.4%。磷肥农学利用率为 3.91～10.36kg/kg（平均 7.95kg/kg），偏生产力 17.96～58.09kg/kg（平均 35.9kg/kg），表观利用率 13.41%～24.69%（平均 22.06%），生理利用率 22.51～54.28kg/kg（平均 38.57kg/kg），施磷对油菜产量的贡献率为 21.4%。

李银水等（2011b）的研究表明，增施钾肥，湖北省油菜平均每 $667m^2$ 增产 24.1kg，每 $667m^2$ 增产量为 0～13.3kg 和 13.3～33.3kg 的各占 33.3% 和 39.6%，高于 33.3kg 的占 8.3%；增产率平均为 20.0%，增产率为 5%～10% 的占 29.2%，高于 30% 的占 20.8%。钾肥农学利用率为 1.56kg/kg（平均 3.2kg/kg），偏生产力 13.24～39.08kg/kg（平均 24.16kg/kg），表观利用率 23.67%～72.77%（平均 57.74%），生理利用率 1.12～9.40kg/kg（平均 6.24kg/kg），施钾对油菜产量的贡献率为 11.5%。

徐维明等（2009）的研究表明，氮主要影响油菜株高、单株角果数和千粒重，磷主要影响单株角果数，钾主要影响油菜的千粒重。施氮每 $667m^2$ 油菜最高增产 145.7kg，增加纯收入 466.6 元；施磷每 $667m^2$ 油菜最高增产 51.7kg，增加纯收入 168.5 元；施钾每 $667m^2$ 油菜最高增产 17kg，增加纯收入 38.6 元。施氮效果最好，施磷次之，施钾有一定的增产增收效果。

邹娟等（2008a）的研究表明，增施硼肥，油菜平均每 $667m^2$ 增产 28.5kg，平均增产率 19.2%，70% 增产效果显著，每 $667m^2$ 增产量超过 33.3kg 的试验点占 26.7%，在土壤有效硼临界值为 0.58 mg/kg 时 80% 的地块种植油菜需要施硼。

四、湖南省油菜施肥的肥效反应

邹娟等（2011）总结 2004—2006 年湖南省 73 个油菜田间试验数据后认为，在施用磷、钾和硼肥的基础上每 $667m^2$ 增施 N 12kg，油菜增产效果明显。施氮后油菜籽每 $667m^2$ 增产量为 13.3～190kg，增产率 8.1%～316.6%，平均每 $667m^2$ 增产 73.9kg，折合每千克 N 增收菜籽 6.2kg，增产率为 71.7%。与对照相比，增施氮肥后油菜地上部 N、P_2O_5 和 K_2O 的养分吸收量分别增加 90.0%、55.4% 和 59.8%。鲁艳红等（2011a）对 2005—2008 年 51 个磷肥田间试验分析表明，油菜施磷具有明显的增产增收效果，施磷较不施磷每 $667m^2$ 增产油菜 3.4～84.3kg，平均每 $667m^2$ 增产 28.6kg，平均增产率为 45.9%，每千克 P_2O_5 平均增产 5.40kg 油菜籽。鲁艳红等（2011b）对 2005—2008 年在湖南省油菜产区 67 个钾肥田间试验分析表明，油菜施钾有明显的增产增收效果，每 $667m^2$ 增产 2.2～10.5kg，平均每 $667m^2$ 增产 22.1kg，增产率为 19.1%，每千克 K_2O 平均增产 2.5kg 油菜籽，平均产投比 1.4，产投比大于 1.5 的试验占 35.8%。刘丽君等（2011）研究认为，施用硼肥能显著促进油菜生长，对于克服油菜花而不实，提高油菜结荚数、结实率和千粒重有显著作用。施硼比对照每 $667m^2$ 增产 13～33kg，增产率 9.2%～23.4%，增收 26～66 元，产投比 3.4～11.0。

邬桂花等（2006）的研究表明，施用硅、锰肥能显著增加油菜产量，每 $667m^2$ 分别增产 33kg 和 48kg，增产率分别为 30.6% 和 44.4%；其中，施锰肥每 $667m^2$ 产值 312 元，比对照增加产值 96 元，产投比为 3.7；施硅肥每 $667m^2$ 产值 282 元，比对照增加产值 66 元，产投比为 2.2。施用硅、锰肥后油菜茎粗、分枝数、角果数、产量均有增加，茎粗平均增加 28.9%，分枝数平均增加 106.25%，角果数平均增加 49.15%，产量平均增加 37.5%。

对湖南省不同生态区油菜氮、磷、钾的肥效反应总结如下：

湘北平湖油菜产区：每施 1kg N 增产油菜籽 $0.82\sim11.93$kg，平均增产 4.84kg；每施 1kg P_2O_5 增产 $1.08\sim13.33$kg，平均增产 5.32kg；每施 1kg K_2O 增产 $0.24\sim4.58$kg，平均增产 1.91kg。

湘中丘岗盆地油菜产区：每施 1kg N 增产 $4.03\sim12.97$kg，平均增产 8.47kg；每施 1kg P_2O_5 增产 $3.07\sim10.63$kg，平均增产 6.13kg；每施 1kg K_2O 增产 $-2.40\sim2.61$kg，平均增产 0.59kg。

湘西山地油菜产区：每施 1kg N 增产 $-1.48\sim7.03$kg，平均增产 2.95kg；每施 1kg P_2O_5 增产 $-0.73\sim22.04$kg，平均增产 8.22kg；每施 1kg K_2O 增产 $0.63\sim8.28$kg，平均增产 2.94kg。

五、江西省油菜施肥的肥效反应

江西省不同生态区油菜施肥的肥效反应受地力的显著影响，而受生态区气象条件差异的影响并不很明显。研究发现，江西省高、中、低地力田块基础地力油菜每 $667m^2$ 产量（不施肥处理产量）平均分别为 82.0kg、48.1kg 和 12.7kg。施肥不同程度促进了直播油菜的生长发育、养分吸收与累积，提高了籽粒产量并影响收获指数，各地力田块均以氮、磷、钾、硼配施处理最好，其高、中、低地力田块平均每 $667m^2$ 产量分别为 168.6kg、112.1kg 和 71kg，产量水平随地力上升而大幅提高，但增产率则呈下降趋势。增施不同肥料的增产增收效果为氮＞磷＞硼＞钾，表明红壤直播油菜的养分限制因子依次为氮、磷、硼和钾，但受土壤养分状况差异的影响，不同地力条件下施肥的效果也存在差异，低地力田块施肥相对增产效果好，绝对增产量及施肥收益仍以高地力田块较好。红壤区直播油菜氮、磷、钾肥吸收利用率平均分别为 34.5%、26.7% 和 65.4%，且各肥料利用率随地力上升而提高。

六、浙江省油菜施肥的肥效反应

姜丽娜等（2012）、吕晓男等（2000）研究表明，每施入 1kg N，浙江省油菜可增加产量 $4.6\sim9.6$kg，平均增产 4.68kg。每千克 P_2O_5 增产 $1.3\sim23.2$kg，平均增产 6.96kg；而每千克 K_2O 增产 $-0.1\sim10.3$kg，平均只有 1.74kg；硼对油菜的产量影响很大，每千克硼砂可增产 $5.0\sim254.3$kg，平均增产 89.7kg。

七、河南省油菜施肥的肥效反应

河南省两个油菜产区 3 组 "3414" 田间试验结果表明，施肥处理油菜每 $667m^2$ 产量均在 $202\sim214$kg，显著高于对照处理（每 $667m^2$ 产量 169.85kg）。南阳 1 个试验点、信阳潢川 2 个试验点的平均产量依次降低，与土壤肥力水平一致。每 $667m^2$ 施 N 在 0kg、6kg、12kg 时效果比较明显，每 $667m^2$ 施 N 18kg 时的产量与每 $667m^2$ 施 N 12kg 差异较小，效果不明显，3 个试验点最佳的 N 用量分别为每 $667m^2$ 15.0kg、14.46kg 和 15.8kg。潢川两个试验点每 $667m^2$ 施 P_2O_5 为 4kg 时比不施每 $667m^2$ 增产均达到 100kg 以上，效果较为显著，3 个试验点 P_2O_5 每 $667m^2$ 最佳施用量分别为 0kg、9.17kg 和 8.72kg。3 个试验点不施钾肥处理每 $667m^2$ 产量均达到 158kg 以上，钾肥效果不显著。

八、陕西省油菜施肥的肥效反应

张久成等（2008）在陕西省的油菜试验表明，在施一定量磷、钾的基础上，施氮可以增产 35.74%～77.46%；在施一定量氮、钾的基础上，施磷可以增产 2.62%～16.39%；在施一定量氮、磷的基础上，施钾可以增产 1.21%～19.13%。高鹏等（2011）在汉中勉县通过"3414"试验认为，在一定范围内增施氮、磷、钾都能带来油菜产量的增加，但当超过最大施肥量时，油菜产量会相应降低。与无肥区比较，产量水平为 1、2、3 的 N-P_2O_5-K_2O 每 $667m^2$ 施肥量依次为 12-5-2、12-5-4、12-7.5-4（kg）。油菜产量对氮肥的施入量最敏感，磷肥次之，再次为钾肥。张万春（2011）也有类似结果，不施氮肥只施磷、钾肥的油菜产量只比不施肥的产量高。试验每 $667m^2$ 最高产量的 N、P_2O_5 和 K_2O 组合为 16-12-8（kg）。氮肥可以增产 16.5%～24.4%，磷肥可以增产 21.4%～29.0%，钾肥可以增产 3.8%～4.3%。在关中塿土富钾土壤上，施钾效果不显著或无效果（张文学等，2000）。张万春（2011）在陕西汉中的试验结果表明，4 个处理中以 N＋P＋B 三元素配合处理效果最好，比对照增产 62.22%，N＋B 处理比对照增产 20.96%，N＋P 处理比对照增产 37.40%。硼肥在本区域施肥效果明显，一般土壤状况下（土壤有效硼含量 0.50～0.70 mg/kg），施硼使油菜增产 10%～20%；在严重缺硼的土壤上（土壤有效硼含量 0.25～0.50 mg/kg），施硼可使油菜增产 30%～50%（周学军，2008）。

九、内蒙古自治区油菜施肥的肥效反应

李得宙（2005）的研究表明，内蒙古春油菜单株角果数、千粒重均随施氮量的增加而呈先增后减趋势，而种子含油率却随施氮量的增加而下降；春油菜籽粒含油率与施磷量呈正效应；施钾有利于春油菜千粒重和含油率的提高，对产量影响呈先增后减变化。杜艳峰（2006）的研究表明，在相同施磷量下，随着施氮量增加，春油菜种子含油量下降，而产量和产油量则呈先增后减趋势；在同一施氮量下，随着施磷量的增加，含油量呈增高趋势，而产量、产油量则呈先增后减趋势，施磷对春油菜产油量影响显著。

阴山北麓油菜产区：每千克 N、P_2O_5 和 K_2O 分别增产油菜 1.6～2.0kg、1.8～1.9kg 和 1.4～1.6kg。在高产水平土壤上，氮、磷、钾肥配合施用增产 32.1%，其中氮、磷和钾肥的增产率分别为 14.5%、8.0% 和 7.2%，肥料贡献率为 24.3%，土壤贡献率为 75.7%；在中产水平土壤上，氮、磷、钾肥配合施用增产 35.3%，其中氮、磷和钾肥增产率分别为 19.5%、12.2% 和 9.5%，肥料贡献率为 26.1%，土壤贡献率为 73.9%；在低产水平土壤上，氮、磷、钾肥配合施用增产 44.4%，其中氮、磷和钾肥增产率分别为 27.5%、18.9% 和 14.0%，肥料贡献率为 30.8%，土壤贡献率为 69.2%；不同产量水平氮、磷、钾肥平均增产 37.3%，其中氮肥增产 20.5%，磷肥增产 13.0%，钾肥增产 10.2%，氮、磷、钾肥贡献率 27.1%，土壤贡献率 72.9%。

大兴安岭北麓油菜产区：每千克 N、P_2O_5 和 K_2O 分别增产油菜籽 3.3～4.7kg、2.1～

2.4kg 和 2.6～3.6kg。在高产水平土壤上，氮、磷、钾肥增产率为 37.9％，其中氮、磷和钾肥增产率分别为 21.2％、13.5％ 和 12.7％，肥料贡献率为 27.5％，土壤贡献率为 72.5％；在中产水平土壤上，氮、磷、钾肥增产率为 48.8％，其中氮、磷和钾肥增产率分别为 22.7％、17.8％ 和 14.4％，肥料贡献率为 32.8％，土壤贡献率为 67.2％；在低产水平土壤上，氮、磷、钾肥增产率为 54.0％，其中氮、磷和钾肥增产率分别为 26.0％、18.3％ 和 15.5％，肥料贡献率为 35.1％，土壤贡献率为 64.9％；不同产量水平氮、磷、钾肥平均增产率为 46.9％，其中氮肥增产 22.5％，磷肥增产 16.5％，钾肥增产 14.2％，氮、磷、钾肥贡献率 31.8％，土壤贡献率为 68.2％。两个生态区氮、磷、钾肥的增产效应表现为氮＞磷＞钾，随着产量水平的提高，化肥的增产率和化肥贡献率均呈下降趋势，而每千克养分增产量和土壤贡献率均呈上升趋势。

十、甘肃省油菜施肥的肥效反应

甘肃省 14 个油菜田间试验结果表明，1kg N 提高油菜产量4.3～16.2kg，比不施氮平均增产 12.4kg；1kg P_2O_5 增产油菜 2.8～13.4kg，平均增产 6.8kg；1kgK_2O 增产油菜 2.6～18.4kg，平均增产 8.4kg；1kg S 增产油菜 4.3～7.5kg，平均增产 6.4kg。稀土磷肥试验表明，每 667m² 施 N 5kg 基础上，1kg P_2O_5 平均增产 1.9～4.6kg，且施磷与不施磷差异显著（李元寿，2002）。在施用氮、硫肥和喷施微量元素肥的基础上，配合施用磷、钾肥可以大幅度提高油菜的产量，磷、钾单施或配施油菜较对照每 667m² 增产 1～50.9kg，增幅 0.6％～28.3％。1kg P_2O_5 增产油菜 1.9kg，增产率 10.3％；1kg K_2O 增产油菜 0.2kg，增产率 0.6％；在每 667m² 施 N 10kg、K_2O 6kg 和 S 7kg 基础上，随着 P_2O_5 用量的增加油菜产量表现为先增加后降低趋势，P_2O_5 用量为每 667m²5～15kg 时，油菜产量较不施 P_2O_5 处理每 667m² 增产 22.7～47.6kg，1kg P_2O_5 增产油菜2.4～4.8kg；在每 667m² 施 N 10kg、$P_2O_5$10kg 和 S 7kg 基础上，随着 K_2O 用量的增加油菜产量虽有所增加但不明显，K_2O 用量为每 667m²3～9kg 时，油菜产量较不施 K_2O 处理增产10.8～16.3％，即1kg K_2O 增产油菜3.6～7.2kg。在每 667m² 施 N、$P_2O_5$12kg 时，油菜 N 和 P_2O_5 配施的最佳比例为 2：1，油菜最高产量施肥量为每 667m²13.2kg，最佳经济施肥量为每 667m²11.3kg，即每 667m² 施 N 7.6kg，P_2O_5 3.8kg。平均每千克 N 提高油菜产量 31.32～62.6kg，平均每千克 P_2O_5 提高油菜产量 26.2～42.2kg（胥建萍等，2005）。陇中高寒阴湿区红黏土油菜肥料推荐施用量为每 667m²N 10kg、$P_2O_5$10kg、K_2O 3kg、S 7kg，N：P_2O_5：K_2O：S＝1：1：0.3：0.7（王成宝等，2007）。在每 667m² 施 N 7kg、$P_2O_5$5kg 基础上，配合施用2g 硼砂和6g 硫酸锌拌种 1kg 时，冬油菜经济性状最优，产量最高，1999 年和 2000 年平均每 667m² 产量为 202.4kg，较不施肥增产 41.8％，较不施硼锌、只施氮磷肥增产 21.6％（马生发，2002）。

在一定范围内，随着肥料施用量的增加，产量明显提高，并存在显著正相关关系，但肥料施用量增加到一定程度则产量的增加速度减慢，肥料的报酬效应降低速度加快。河西油菜产区每 667m² 氮、磷、钾肥适宜施用量分别为 N 13kg 左右、$P_2O_5$7kg 左右、K_2O 2kg 左右；陇东油菜产区每 667m² 氮、磷、钾肥适宜施用量分别为 N 8kg 左右；$P_2O_5$4kg 左右；陇中油菜产区每 667m² 氮、磷、钾肥适宜施用量分别为 N 10kg 左右、$P_2O_5$5kg 左右、陇南油菜产区每 667m² 氮、磷、钾肥适宜施用量分别为 N 8kg 左右，$P_2O_5$4kg 左右、K_2O 3kg 左右。由于陇东、陇中地区土壤速效钾含量比较丰富（一般为 200 mg/kg 左右），而河西和陇南地区土壤速效钾含量相对较低（一般为 140 mg/kg），另外，油菜需钾量相对较少，因此，陇东和陇中地区油菜专用复混肥料配方不施钾肥，而河西和陇南地区油菜专用复混肥料配方少量施钾肥。

第六节　不同生态区油菜专用复混肥料农艺配方制订

一、重庆市油菜专用复混肥料农艺配方

1. 配方制订的依据、原理与方法

（1）地力差减法。地力差减法是根据目标产量和空白田产量差值与肥料的当季利用率来计算肥料的施用量。空白田产量是指作物在不施任何肥料的情况下所得到的产量，它所吸收的养分全部来自于土壤。目标产量等于土壤生产的产量加上肥料生产的产量。从目标产量中减去空白田产量，就是施肥后所增加的产量。地力差减法的优点是不需要进行土壤测试，避免了养分平衡法每季都要测定土壤养分含量的麻烦，计算也比较简单。但在实际应用中要注意，空白田产量是决定产量诸因子的综合结果，它不能反映土壤中若干营养元素的丰缺状况，只能根据作物吸收量来计算需要量。

首先，估计油菜生长所需要的养分量，算出每生产 100kg 菜籽所需要的养分量。其次，根据土壤、气候、栽培季节、品种或组合的产量特性以及栽培方式确定油菜生产可实现的目标产量。通常采用的是根据过去 3～5 年的平均产量加上 10％～20％的增产幅度得出目标产量，或者以最高产量（产量潜力）的 80％作为目标产量，较为经济合理，生产上较为稳妥。再次，测定地力产量（表 8-6-1），采用肥料养分空白区域试验的产量。可以根据斯坦福方程计算氮肥施用量的估算值。计算方法如下：根据施氮小区实现目标产量植株的需氮量，减去不施氮空白区植株吸氮量，将差值除以氮肥吸收利用率，所得结果即为氮肥用量。

表 8-6-1　重庆市油菜基础地力产量和氮、磷、钾供应能力

地　　区	无肥区		全肥区
	每 667m² 产量（kg）	相对产量	每 667m² 产量（kg）
沿长江流域区	64.3	35.3％	182.1
沿乌江流域区	92.4	51.5％	179.4
沿嘉陵江流域及渝西区	69.7	43.2％	161.5

（2）肥料效应函数法。对重庆市多个"3414"肥效试验的油菜籽产量与肥料用量结果用肥料效应方程进行拟合，利用方程求解各试验田块的经济肥料推荐用量，并依据肥料推荐用量与各试验点基础养分间的关系，计算不同土壤养分条件下，肥料的推荐用量。根据肥料效应函数法计算的氮、磷、钾肥经济施用量，与土壤养分丰缺指标法在每 667m² 产量 150～200kg 水平下施肥的推荐用量基本一致，为每 667m² 11～15kg。

油菜需肥量大，一般要求根据油菜不同生长时期对氮素的需求分次施用，一般基肥与追肥比例以 6∶4 为宜，氮肥总量的 60％作基肥、20％作苗肥、20％作薹肥。

（3）磷、钾恒量监控技术。根据土壤有效磷、钾含量水平，以保障磷、钾养分不成为获

得目标产量的限制因子为前提，通过土壤测试和养分平衡监控，使土壤有效磷、钾含量保持在一定范围内。

对于磷肥，基本思路是根据土壤有效磷测试结果和养分丰缺指标进行分级，当有效磷水平处于中等偏上时，可以将目标产量需要量（只包括带出田块的收获物）的100%～110%作为当季磷用量；随着有效磷含量的增加，需要减少磷用量，直至不施；而随着有效磷含量的降低，需要适当增加磷用量；在极缺磷的土壤上，可以施需要量的150%～200%。

对于钾肥，首先需要确定施用钾肥是否有效，再参照上面方法确定钾肥用量，但需要考虑秸秆和有机肥带入的钾量。如果实施秸秆还田，秸秆可提供70%～80%的钾养分，施钾量即可减少70%～80%。

一般油菜生产中磷肥全部作基肥，钾肥则以基肥和追肥结合，一般基肥占70%，追肥占30%。

2. 配方制订举例

（1）区域氮总量控制（目标产量法）。采用地力差减法计算施氮量，即利用目标产量和土壤生产的产量差值与肥料生产的产量相等的关系来计算肥料的需要量。

$$施氮量＝\frac{（目标产量－前期试验空白产量）\times 单位产量吸氮量}{氮肥利用率}$$

空白产量的确定：根据90个"3414"试验，油菜无肥区每$667m^2$产量平均为73.6kg，$N_2P_2K_2$处理平均每$667m^2$油菜产量173.4kg。

目标产量：目前平均每$667m^2$产菜籽140kg左右，在现有基础上提高20%作为目标产量。

单位产量吸氮量：本地区生产100kg油菜籽需N 4.93kg。

$$区域每667m^2施氮量＝\frac{（目标产量－前期试验空白产量）\times 单位产量吸氮量}{氮肥利用率}$$

$$＝\frac{（168－73.6）\times 4.93/100}{35\%}＝13.0（kg）$$

（2）磷肥用量的确定（恒量监控技术）。重庆市平均每生产100kg油菜籽需要吸收P_2O_5 2.0kg，根据目标产量计算需磷量，当目标产量分别为每$667m^2$ 100kg、150kg、200kg、250kg时，每$667m^2$油菜需P_2O_5分别为2.0kg、3.0kg、4.0kg和5.0kg。重庆油菜田土壤有效磷含量主要为<10 mg/kg（施磷量为作物带走量的1.5倍）和10～20 mg/kg（施磷量等于作物带走量），因此推荐每$667m^2$用P_2O_5 4.1～7.0kg。

（3）钾肥用量的确定（恒量监控技术）。重庆市平均每生产100kg油菜需要吸收6.9kg K_2O，根据目标产量计算需钾量，当目标产量分别为每$667m^2$ 100kg、150kg、200kg、250kg时，每$667m^2$油菜需K_2O分别为6.9kg、10.35kg、13.8kg、17.25kg。该地区稻田土壤主要由紫色土母岩发育成，含钾量主要为50～100 mg/kg（施钾量等于作物带走量），因此重庆市推荐每$667m^2$用K_2O 6.9～17.25kg。

3. 重庆市油菜专用复混肥料农艺配方　重庆市高、中、低产田标准为：高产田每$667m^2$产量≥150kg，中产田每$667m^2$产量100～150kg，低产田每$667m^2$产量<100kg。制订油菜区域大配方及高、中、低产田配方（表8-6-2），油菜不同生态区大配方及高、中、低产田配方（表8-6-3）各一个。

表 8-6-2　重庆市油菜区域大配方及高、中、低产田配方

区划	面积（万 hm²）	每 667m² 施肥总量（N-P₂O₅-K₂O,kg）	每 667m² 基肥用量（N-P₂O₅-K₂O,kg）	每 667m² 追肥用量（N-P₂O₅-K₂O,kg）	中微量元素种类与每 667m² 用量(kg)		
					锌	硼	锰
全区域	13.83	12-5-4	6-5-4	6-0-0		0.5	
高产田	1.69	14-7-5	8-7-5	6-0-0		0.5	
中产田	8.37	14-7-5	8-7-5	6-0-0		0.5	
低产田	3.78	13-6-6	7-6-6	6-0-0		0.5	

表 8-6-3　重庆市油菜不同生态区大配方及高、中、低产田配方

生态区		面积（万 hm²）	每 667m² 施肥总量（N-P₂O₅-K₂O,kg）	每 667m² 基肥用量（N-P₂O₅-K₂O,kg）	每 667m² 追肥用量（N-P₂O₅-K₂O,kg）	中微量元素种类与每 667m² 用量（kg）		
						锌	硼	锰
沿长江流域产区	大配方	4.59	9-5-5	5-5-3	4-0-2		0.5	
	高产田	1.15	11-6-6	5-6-4	6-0-2		0.5	
	中产田	2.75	9-5-5	5-5-3	4-0-2		0.5	
	低产田	0.69	8-5-4	5-5-3	4-0-1		0.5	
沿乌江流域产区	大配方	4.70	12-5-4	4-5-3	8-0-1		0.5	
	高产田	1.17	14-6-6	4-6-3	10-0-2		0.5	
	中产田	2.82	12-5-4	4-5-3	8-0-1		0.5	
	低产田	0.72	10-5-3	3-5-3	7-0-0		0.5	
沿嘉陵江流域及渝西产区	大配方	4.54	12-5-4	4-5-3	8-0-1		0.5	
	高产田	1.13	14-6-6	4-6-3	10-0-2		0.5	
	中产田	2.73	12-5-4	4-5-3	8-0-1		0.5	
	低产田	0.68	10-5-3	3-5-3	7-0-0		0.5	

二、四川省油菜专用复混肥料农艺配方

1. 配方制订的依据、原理与方法　根据油菜"3414"试验产量和土壤速效养分测试值建立土壤养分丰缺指标体系，将缺素区产量与全肥区相比较以计算相对产量。获得相对产量与对应土壤养分测试值之间的数学关系式（对数函数方程式），以相对产量为 50％、75％、90％和 95％计算对应的土壤养分含量，根据这些值划分土壤养分丰缺指标。定义油菜缺素区相对产量低于 50％的养分值为极低、50％～75％范围内为低、75％～90％范围内为中、90％～95％为高、大于 95％为极高。对油菜试验数据分别用三元二次、一元二次和线性加平台模型模拟，根据散点图趋势和不同方程拟合的决定系数选择最适模型。用一元二次模型通过边际效应分析确定每个试验点的最佳氮、磷、钾肥施用量，用线性加平台模型计算最佳施肥量。当试验结果表明施肥增产效果不显著时，则推荐施肥量为 0，如果推荐施肥量高于试验的最高施肥量，则以试验的最高施肥量为推荐施肥量。计算时，氮、磷和钾肥以 N、

P_2O_5 和 K_2O 计，每千克价格分别为 4.80 元、5.00 元和 5.90 元，油菜价格为每千克 2.40 元。最后将每个试验点土壤速效养分含量与对应的最佳施肥量建立对数函数模型，从而确定在不同养分分级水平下适宜的推荐施肥量。

根据缺磷处理的相对产量与土壤有效磷（Olsen-P）含量作散点图，得到对数回归方程 $y=12.854\ln x+51.739$（$R^2=0.2191^{**}$），土壤有效磷含量与缺磷处理油菜相对产量的相关性达到极显著性水平，将相对产量 50%、75%、90% 和 95% 代入对数方程，求出对应的土壤有效磷含量数值分别为 0.9 mg/kg、6.1 mg/kg、19.6 mg/kg 和 28.9 mg/kg，即为土壤有效磷的丰缺指标值。根据缺钾处理相对产量与土壤速效钾含量作散点图，得到对数回归方程 $y=6.919\ln x+54.432$（$R^2=0.121\,8^{**}$），土壤速效钾含量与缺钾处理油菜相对产量的相关性达到显著性水平，将相对产量 50%、75%、90% 和 95% 代入对数方程，求出对应的土壤速效钾含量数值分别为 0.5 mg/kg、19.5 mg/kg、170 mg/kg 和 351 mg/kg，即为土壤速效钾的丰缺指标值。

将目标产量法与地力分区配方法结合起来，将 394 个试验点中氮肥推荐施肥量不合理的点数剔除后，建立不同目标产量范围氮肥推荐施肥量。考虑到实际操作的方便性，对推荐施肥量的值域划分进行了适当调整，从而确定了在不同目标产量指标范围内氮肥推荐施肥量：每 667m² 目标产量＞150kg，推荐施 N 13～15kg；每 667m² 目标产量 100～150kg，推荐施 N 11～13kg；每 667m² 目标产量＜100kg，推荐施 N 9～11kg。

根据"3414"试验中拟合成功的推荐施磷量与土壤有效磷相关对数模型分析，得到对数回归方程 $y=-0.898\,3\ln x+4.921\,9$（$R^2=0.172\,7^{**}$），得到土壤有效磷含量分别为 6 mg/kg、20 mg/kg、30 mg/kg、40 mg/kg 时，相应的推荐每 667m² 施 P_2O_5 3.3kg、2.2kg、1.9kg 和 1.6kg。计算得到试验点土壤有效磷含量＜6 mg/kg 时平均 P_2O_5 推荐用量为每 667m²（3.6±1.3）kg，土壤有效磷含量为 10～20 mg/kg 时平均 P_2O_5 推荐用量为每 667m²（2.3±1.0）kg，土壤有效磷含量为 20～30 mg/kg 时平均 P_2O_5 推荐用量为每 667m² 2.0kg。综合考虑养分收支平衡对土壤磷含量的长期影响，按照"磷肥恒量监控技术"的施肥原则，提出土壤有效磷含量为＜6 mg/kg、6～20 mg/kg、20～30 mg/kg、30～40 mg/kg 和＞40 mg/kg 时的推荐 P_2O_5 用量分别为每 667m² 4.5～5.5kg、3～4.5kg、2.0kg、1.0kg 和 0kg。

根据"3414"试验中拟合成功的推荐施钾量与土壤速效钾相关对数模型分析，得到对数回归方程 $y=-1.401\,5\ln x+8.654\,6$（$R^2=0.257\,4^{*}$），得到土壤速效钾含量分别为 20 mg/kg、90 mg/kg 和 170 mg/kg 时，相应的推荐施 K_2O 为每 667m² 4.5kg、2.3kg 和 1.5kg。计算得到试验点土壤速效钾含量＜20 mg/kg 时平均 K_2O 推荐用量为每 667m² 5.0kg，土壤速效钾含量为 20～90 mg/kg 时平均 K_2O 推荐用量为每 667m²（2.6±1.7）kg，土壤速效钾含量为 90～170 mg/kg 时 K_2O 推荐用量为每 667m²（2.1±1.0）kg，土壤速效钾含量＞170 mg/kg 时平均 K_2O 推荐用量为每 667m² 1.6kg。根据"磷钾肥恒量监控"的施肥原则，提出土壤速效钾含量为＜20 mg/kg、20～90 mg/kg、90～150 mg/kg 和＞150 mg/kg 时的 K_2O 推荐用量分别为每 667m² 5.0kg、3.5kg、1.5kg 和 0kg。

2. 四川省油菜专用复混肥料农艺配方　四川省油菜高、中、低产田标准为：高产田每 667m² 产量≥150kg，中产田每 667m² 产量 100～150kg，低产田每 667m² 产量＜100kg。依据专用肥料配方制订原理、依据和方法，分别制订四川省油菜区域大配方及高、中、低产田配方（表 8-6-4），油菜不同生态区大配方及高、中、低产田配方（表 8-6-5）。

表 8-6-4 四川省油菜区域大配方及高、中、低产田配方

区划	面积（万 hm²）	每667m² 施肥总量(N-P₂O₅-K₂O,kg)	每667m² 基肥用量(N-P₂O₅-K₂O,kg)	每667m² 追肥用量(N-P₂O₅-K₂O,kg)	中微量元素种类与每667m² 用量(kg)		
					锌	硼	锰
全区域	95.09	12-5-4	6-5-4	6-0-0		0.5	
高产田	6.30	14-7-5	8-7-5	6-0-0		0.5	
中产田	61.70	14-7-5	8-7-5	6-0-0		0.5	
低产田	27.09	13-6-6	7-6-6	6-0-0		0.5	

表 8-6-5 四川省油菜不同生态区大配方及高、中、低产田配方

生态区		面积（万 hm²）	每667m² 施肥总量(N-P₂O₅-K₂O,kg)	每667m² 基肥用量(N-P₂O₅-K₂O,kg)	每667m² 追肥用量(N-P₂O₅-K₂O,kg)	中微量元素种类与每667m² 用量(kg)		
						锌	硼	锰
成都平原产区	大配方	18.19	12-5-4	4-5-3	8-0-1		0.5	
	高产田	4.71	14-6-6	4-6-3	10-0-2		0.5	
	中产田	9.44	12-5-4	4-5-3	8-0-1		0.5	
	低产田	4.05	10-5-3	3-5-3	7-0-0		0.5	
川中丘陵产区	大配方	58.93	12-5-4	4-5-3	8-0-1		0.5	
	高产田	1.09	14-6-6	4-6-3	10-0-2		0.5	
	中产田	40.49	12-5-4	4-5-3	8-0-1		0.5	
	低产田	17.35	10-5-3	3-5-3	7-0-0		0.5	
川西南山地产区	大配方	2.37	9-5-5	5-5-3	4-0-2		0.5	
	高产田	0.42	11-6-6	5-6-4	6-0-2		0.5	
	中产田	1.36	9-5-5	5-5-3	4-0-2		0.5	
	低产田	0.58	8-5-4	5-5-3	4-0-1		0.5	
盆周山区产区	大配方	14.95	12-5-4	4-5-3	8-0-1		0.5	
	高产田	0.08	13-6-6	4-6-4	9-0-2		0.5	
	中产田	10.41	11-5-5	4-5-3	7-0-2		0.5	
	低产田	4.46	10-5-4	3-5-3	7-0-1		0.5	
川西北高原山地区产区	大配方	0.65	10-5-0	3-5-0	7-0-0		—	
	高产田	—	—	—	—		—	
	中产田	—	—	—	—		—	
	低产田	0.65	10-5-0	3-5-0	7-0-0		—	

三、湖北省油菜专用复混肥料农艺配方

1. 配方制订的依据、原理与方法 湖北省油菜施肥指南（张福锁等，2009）是前人依据目标产量法，结合多年多点肥料用量、土壤养分状况等田间试验提出的（表8-6-6），可作为湖北省不同生态区油菜农艺配方制订的基础。

表 8-6-6　湖北省每 667m² 油菜产量、土壤肥力与施肥推荐用量（kg）

产量水平	肥力等级	N	P₂O₅		K₂O	
		用量	速效含量	用量	速效含量	用量
100	极低	7.5	<6	3.1	<26	—
	低	6	6～12	2.5	26～60	6.7
	中	5	12～25	2.1	60～135	4
	高	4	25～30	1.7	135～180	2.7
	极高	3	>30	1.3	>180	1.3
150	极低	11.3	<6	4.7	<26	—
	低	9	6～12	3.7	26～60	10.1
	中	7.5	12～25	3.1	60～135	6
	高	6	25-30	2.5	135～180	4
	极高	4.5	>30	1.9	>180	2
200	极低	15.3	<6	6.4	<26	—
	低	12.3	6～12	5.1	26～60	13.7
	中	10.3	12～25	4.3	60～135	8.2
	高	8.2	25～30	3.4	135～180	5.5
	极高	6.1	>30	2.5	>180	2.7
250	极低	21.1	<6	8.8	<26	—
	低	16.9	6～12	7	26～60	18.8
	中	14.1	12～25	5.9	60～135	11.3
	高	11.3	25～30	4.7	135～180	7.5
	极高	8.4	>30	3.5	>180	3.7

注：钾极低级别的土壤很少，施肥可用养分吸收量的 1.5 倍。有效硼含量低于 0.6 mg/kg 时每 667m² 施 0.5～1kg 硼砂，高于该值时一般不施。

通过收集湖北省各生态区的油菜单产资料，可为确定各区的目标产量提供依据。资料表明（湖北省统计局等，2010），鄂东南低山丘陵产区每 667m² 产量 112.6kg，鄂中平原产区每 667m² 产量 141.8kg，鄂北低山丘岗产区每 667m² 产量 133.3kg，鄂西南山地产区每 667m² 产量 114.3kg。采用 SPSS 软件对湖北省各县（市）油菜单产进行聚类分析，发现高产田主要集中在鄂中平原和部分鄂北低山丘岗产区，中产田主要在鄂北低山丘岗产区，低产田主要在鄂东南低山丘陵产区和鄂西南山地产区。

利用湖北省农户油菜施肥习惯调查数据，为油菜农艺配方调整及施肥技术改进提供支持；利用湖北省油菜土壤养分状况和施肥效应资料，为不同生态区油菜肥料用量调整提供依据。

2. 湖北省油菜专用复混肥料农艺配方　湖北省油菜高、中、低产田标准为：高产田每 667m² 产量≥150kg，中产田每 667m² 产量 100～150kg，低产田每 667m² 产量<100kg。依据专用肥料配方制订原理、依据和方法，分别制订湖北省油菜区域大配方及高、中、低产田配方（表 8-6-7），油菜不同生态区大配方及高、中、低产田配方（表 8-6-8）。与农户习惯施肥相比，全省油菜大配方的肥料用量每 667m² 氮肥减少 2.58kg，磷肥减少 0.75kg，钾肥增

加 2.65kg，主要是考虑到湖北省农户油菜施肥氮过量而钾不足的问题。由于油菜营养体主要在春节前积累，特别是在播种后温度相对较高的 10 月和 11 月，因此，氮肥尽量用于基肥或冬前追肥。对于前茬有作物秸秆还田的地块，如水稻机械收获等，氮肥用量应该稍增加，而钾肥用量可以减少约 50%。不同种植模式下，达到相同的产量，直播油菜的氮、钾用量都要略高于移栽油菜；分次施肥的氮肥用量可以稍低于一次性施肥的氮肥用量。硼肥是油菜生产所必需的，每 667m² 应该基施硼砂 0.5kg 或颗粒硼肥 0.2kg 以上，蕾薹期结合菌核病防治，喷施磷酸二氢钾、速溶硼溶液 1～2 次。

表 8-6-7　湖北省油菜区域大配方及高、中、低产田配方

区划	面积（万 hm²）	每 667m² 施肥总量(N-P₂O₅-K₂O,kg)	每 667m² 基肥用量(N-P₂O₅-K₂O,kg)	每 667m² 追肥用量(N-P₂O₅-K₂O,kg)	中微量元素种类与每 667m² 用量（kg）		
					锌	硼	锰
全区域	114.06	11-4-6	8-4-6	3-0-0	0.5	0.5	
高产田	35.88	12-4-6	8-4-6	4-0-0	0.5	0.5	
中产田	55.89	11-4-6	8-4-6	3-0-0	0.5	0.5	
低产田	22.29	10-4-6	8-4-6	2-0-0	0.5	0.5	

表 8-6-8　湖北省油菜不同生态区大配方及高、中、低产田配方

生态区		面积（万 hm²）	每 667m² 施肥总量(N-P₂O₅-K₂O,kg)	每 667m² 基肥用量(N-P₂O₅-K₂O,kg)	每 667m² 追肥用量(N-P₂O₅-K₂O,kg)	中微量元素种类与每 667m² 用量（kg）		
						锌	硼	锰
鄂东南低山丘陵产区	大配方	28.61	10-3.6-6	7-3.6-6	3-0-0		0.5	
	高产田	2.44	11-3.6-6	7-3.6-6	4-0-0		0.5	
	中产田	19.59	10-3.6-6	7-3.6-6	3-0-0		0.5	
	低产田	6.58	9-3.6-6	7-3.6-6	2-0-0		0.5	
鄂中平原产区	大配方	47.05	11-4-6	8-4-6	3-0-0		0.5	
	高产田	25.84	12-4-6	8-4-6	4-0-0		0.5	
	中产田	18.44	11-4-6	8-4-6	3-0-0		0.5	
	低产田	3.16	10-4-6	8-4-6	2-0-0		0.5	
鄂北低山丘岗产区	大配方	27.30	11-3.2-5.2	8-3.2-5.2	3-0-0		0.5	
	高产田	5.51	12-3.2-5.2	8-3.2-5.2	4-0-0		0.5	
	中产田	13.44	11-3.2-5.2	8-3.2-5.2	3-0-0		0.5	
	低产田	8.35	10-3.2-5.2	8-3.2-5.2	2-0-0		0.5	
鄂西南山地产区	大配方	11.14	10-5-7	7-5-7	3-0-0		0.5	
	高产田	2.48	11-5-7	7-5-7	4-0-0		0.5	
	中产田	4.46	10-5-7	7-5-7	3-0-0		0.5	
	低产田	4.20	9-5-7	7-5-7	2-0-0		0.5	

四、湖南省油菜专用复混肥料农艺配方

1. 配方制订的依据、原理与方法　以平衡施肥、测土配方施肥的研究成果为基础，结合不同生态区的气候特征、土壤养分状况、当地的经济条件、施肥习惯与技术等来综合制订湖南省油菜专用复混肥料农艺配方。

$$施肥量 = \frac{目标产量 \times 作物单位产量养分吸收量 - 土壤养分测定值 \times 0.15 \times 校正系数}{肥料中养分含量 \times 肥料当季利用率}$$

$$校正系数 = \frac{空白产量 \times 作物单位产量养分吸收量}{土壤测定值 \times 0.15}$$

两式结合可得：

$$施肥量 = \frac{(目标产量 - 空白产量) \times 作物单位产量养分吸收量}{肥料中养分含量 \times 肥料当季利用率}$$

采用地力分区及目标产量法，结合不同生态区肥料效应试验研究结果，根据施肥量计算公式，对不同生态区油菜专用复混肥料进行农艺配方设计（表8-6-9）。其中地力产量、目标产量根据湖南省2005—2008年的肥效试验确定，养分吸收量按第四节所述，油菜的氮、磷、钾肥肥料利用率分别按35%，27%、65%计算。然后根据当地的有机肥的施用情况、气候条件、养分状况、施肥技术与水平、经济条件等因素做适当的调整。

表8-6-9　湖南省不同生态区油菜专用复混肥料农艺配方设计依据

生态区		每667m² 地力产量（kg）	每667m² 目标产量（kg）	100kg产量养分吸收量（kg）			肥料利用率（%）		
				N	P₂O₅	K₂O	N	P₂O₅	K₂O
湘北平湖产区	大配方	70	150	5.8	2.5	4.3	35	27	65
	高产田	90	180	5.8	2.5	4.3	35	27	65
	中产田	70	150	5.8	2.5	4.3	35	27	65
	低产田	50	120	5.8	2.5	4.3	35	27	65
湘中丘岗盆地产区	大配方	50	120	5.8	2.5	4.3	35	27	65
	高产田	70	150	5.8	2.5	4.3	35	27	65
	中产田	50	120	5.8	2.5	4.3	35	27	65
	低产田	30	100	5.8	2.5	4.3	35	27	65
湘西山地产区	大配方	50	120	5.8	2.5	4.3	35	27	65
	高产田	70	150	5.8	2.5	4.3	35	27	65
	中产田	50	120	5.8	2.5	4.3	35	27	65
	低产田	30	100	5.8	2.5	4.3	35	27	65

2. 湖南省油菜专用复混肥料农艺配方　湖南省油菜高、中、低产田标准为：高产田每667m² 产量≥150kg，中产田每667m² 产量100～150kg，低产田每667m² 产量<100kg。依据专用肥料配方制订原理、依据和方法，分别制订湖南省油菜区域大配方及高、中、低产田配方（表8-6-10），油菜不同生态区大配方及高、中、低产田配方（表8-6-11）。

表8-6-10　湖南省油菜区域大配方及高、中、低产田配方

区划	面积（万 hm²）	每667m² 施肥总量(N-P₂O₅-K₂O,kg)	每667m² 基肥用量(N-P₂O₅-K₂O,kg)	每667m² 追肥用量(N-P₂O₅-K₂O,kg)	中微量元素种类与每667m² 用量(kg)		
					锌	硼	锰
全区域	100.87	10-5-8	5-5-5	5-0-3		0.4	
高产田	27.27	11-6-9	6-6-6	5-0-3		0.4	
中产田	43.33	10-5-8	5-5-5	5-0-3		0.4	
低产田	30.27	9-5-7	5-5-5	4-0-2		0.4	

表 8-6-11　湖南省油菜不同生态区大配方及高、中、低产田配方

生态区		面积（万 hm²）	每 667m² 施肥总量(N-P₂O₅-K₂O,kg)	每 667m² 基肥用量(N-P₂O₅-K₂O,kg)	每 667m² 追肥用量(N-P₂O₅-K₂O,kg)	中微量元素种类与每 667m² 用量（kg）		
						锌	硼	锰
湘北平湖产区	大配方	56.20	11-5-7	6-5-4	5-0-3		0.4	
	高产田	15.20	12-6-8	6-6-5	6-0-3		0.4	
	中产田	24.13	11-5-7	6-5-4	5-0-3		0.4	
	低产田	16.87	10-4-7	5-4-4	5-0-3		0.4	
湘中丘岗盆地产区	大配方	26.13	11-5-8	6-5-5	5-0-3		0.4	
	高产田	7.07	12-6-9	6-6-5	6-0-4		0.4	
	中产田	11.20	11-5-8	6-5-5	5-0-3		0.4	
	低产田	7.8	10-5-7	5-5-4	5-0-3		0.4	
湘西山地产区	大配方	18.53	10-5-6	5-5-4	5-0-2		0.4	
	高产田	5.00	11-6-7	6-6-4	5-0-3		0.4	
	中产田	8.00	10-5-7	5-5-4	5-0-3		0.4	
	低产田	5.53	9-5-6	5-5-4	4-0-2		0.4	

五、江西省油菜专用复混肥料农艺配方

1. 配方制订的依据、原理与方法　首先根据油菜的需肥规律、品种差别确定不同生长时期油菜养分需求量和肥料特点，并尽可能使养分释放符合作物的营养需求曲线。根据前人研究结果，油菜形成 100kg 主产品吸收的 N、P_2O_5 和 K_2O 分别为 6.80～7.80kg、2.40～2.60kg 和 5.50～7.00kg。由于不同土地自然条件、耕作历史、施肥状况等综合因素影响，土地之间土壤肥力状况差异较大，土壤的保肥、供肥特征不同，对肥料的吸附和释放能力差异很大，科学配方要符合土壤的保肥、供肥特征，在确定配方时需要考虑不同肥力状况、养分供应能力和持续性。温度、降水量、光照等主要气候因素可影响作物对养分的吸收和肥料在土壤中的转化、流失，科学配方要考虑环境气候条件的影响。配方的确定要考虑肥料自身特点，如复混肥料的养分含量、质量等重要因素，以便于与生产的对接，有利于降低成本和推广普及；肥料施用过程中的流失特征和可能对环境带来的伤害也是生态配方肥的考虑重点之一；了解肥料的释放、吸收特征有利于调整肥料施用技术，实现养分高效利用。

2. 江西省油菜专用复混肥料农艺配方　江西省油菜高、中、低产田标准为：高产田每 667m² 产量≥120kg，中产田每 667m² 产量 80～120kg，低产田每 667m² 产量＜80kg。依据专用肥料配方制订原理、依据和方法，分别制订江西省油菜区域大配方及高、中、低产田配方（表 8-6-12），油菜不同生态区大配方及高、中、低产田配方（表 8-6-13）。

表 8-6-12　江西省油菜区域大配方及高、中、低产田配方

区划	面积 （万 hm²）	每 667m² 施肥 总量（N-P₂O₅- K₂O,kg）	每 667m² 基肥 用量（N-P₂O₅- K₂O,kg）	每 667m² 追肥 用量（N-P₂O₅- K₂O,kg）	中微量元素种类与 每 667m² 用量（kg）		
					锌	硼砂	锰
全区域	50.00	10-5-7	5-5-4	5-0-3		0.5	
赣中北环鄱阳湖平原产区	25.47	11-5-7	6-5-4	5-0-3		0.5	
赣东北产区	10.80	10-5-7	5-5-4	5-0-3		0.5	
赣中南产区	13.73	10-5-8	5-5-4	5-0-4		0.5	

表 8-6-13　江西省油菜不同生态区大配方及高中低产田配方

生态区		面积 （万 hm²）	每 667m² 施肥 总量（N-P₂O₅- K₂O,kg）	每 667m² 基肥 用量（N-P₂O₅- K₂O,kg）	每 667m² 追肥 用量（N-P₂O₅- K₂O,kg）	中微量元素种类与 每 667m² 用量（kg）		
						锌	硼砂	锰
赣中北环鄱阳湖平原产区	大配方	26.0	13-6-10	7-6-5	6-0-5	—	0.5	—
	高产田	7.8	14-6-10	7-6-5	7-0-5	—	0.5	—
	中产田	13.0	13-6-10	7-6-5	6-0-5	—	0.5	—
	低产田	5.2	12-6-10	6-6-5	6-0-5	—	0.5	—
赣东北产区	大配方	10.0	12-6-10	6-6-5	6-0-5	—	0.5	—
	高产田	3.0	13-6-10	6-6-5	7-0-5	—	0.5	—
	中产田	5.0	12-6-10	6-6-5	6-0-5	—	0.5	—
	低产田	2.0	11-6-11	5-6-5	6-0-6	—	0.5	—
赣中南产区	大配方	14.0	12-6-11	6-6-5	6-0-6	—	0.5	—
	高产田	4.2	13-6-11	6-6-5	7-0-6	—	0.5	—
	中产田	7.0	12-6-11	6-6-5	6-0-6	—	0.5	—
	低产田	2.8	11-6-12	5-6-5	6-0-7	—	0.5	—

六、浙江省油菜专用复混肥料农艺配方

1. 配方制订的依据、原理与方法　在众多影响配方制订的因素中，农民施肥习惯（包括肥料类型、施肥时期、施肥方式和有机肥投入量等）对复合肥配方影响最大。过去施肥推荐或配方施肥中往往忽视农民的施肥习惯。通过目标产量、土壤分析和作物试验等方面求得的养分投入量，仅仅是某一地区某种作物一个生育期内的总养分投入量，而较少考虑基肥和追肥比例；并且农民用肥时往往使用多种不同类型肥料，复合肥用量与理论计算值难以吻合，需要根据农民施肥习惯确定复合肥在总养分投入量中所占比例来推算复合肥的养分投入量。一般情况下，大田作物复合肥多作基肥施用，且配施其他肥料，追肥则多为单质氮肥。在配方制订过程中，首先根据施肥习惯调查确定追肥、基肥单质肥（主要是氮肥）和基肥复合肥习惯用量，再根据理论总养分投入量求得复合肥养分含量。

2. 浙江省油菜专用复混肥料农艺配方　浙江省油菜高、中、低产田标准为：高产田每 667m² 产量≥150kg，中产田每 667m² 产量 100～150kg，低产田每 667m² 产量＜100kg。依据专用肥料配方制订原理、依据和方法，分别制订浙江省油菜区域大配方及高、中、低产田

配方（表8-6-14），油菜不同生态区大配方及高、中、低产田配方（表8-6-15）。

表8-6-14　浙江省油菜区域大配方及高、中、低产田配方

区划	面积（万 hm²）	每667m²施肥总量(N-P₂O₅-K₂O,kg)	每667m²基肥用量(N-P₂O₅-K₂O,kg)	每667m²追肥用量(N-P₂O₅-K₂O,kg)	中微量元素种类与每667m²用量(kg)		
					锌	硼	锰
全区域	25.09	12-6-7	7-6-5	5-0-2		0.25	
高产田	7.47	13-6-8	7-6-5	6-0-3		0.25	
中产田	14.12	12-6-7	7-6-5	5-0-2		0.25	
低产田	3.51	11-6-6	7-6-5	4-0-1		0.25	

表8-6-15　浙江省油菜不同生态区大配方及高中低产田配方

生态区		面积（万 hm²）	每667m²施肥总量(N-P₂O₅-K₂O,kg)	每667m²基肥用量(N-P₂O₅-K₂O,kg)	每667m²追肥用量(N-P₂O₅-K₂O,kg)	中微量元素种类与每667m²习惯用量（kg）		
						锌	硼	锰
杭嘉湖平原产区	大配方	11.24	12-5-7	7-5-7	5-0-0		0.25	
	高产田	6.60	13-5-7	8-5-7	5-0-0		0.25	
	中产田	4.64	12-5-7	7-5-7	5-0-0		0.25	
	低产田		11-5-7	7-5-7	4-0-0		0.25	
宁绍平原产区	大配方	3.66	11-4-7	7-4-7	4-0-0		0.25	
	高产田	0.87	12-4-7	8-4-7	4-0-0		0.25	
	中产田	2.78	11-4-7	7-4-7	4-0-0		0.25	
	低产田	0.02	10-4-7	6-4-7	4-0-0		0.25	
温台沿海平原产区	大配方	2.18	10-4-6	7-4-6	3-0-0		0.25	
	高产田		11-4-6	7-4-6	4-0-0		0.25	
	中产田	1.51	10-4-6	7-4-6	3-0-0		0.25	
	低产田	0.67	9-4-6	6-4-6	3-0-0		0.25	
金衢盆地产区	大配方	7.10	11-5-7	7-5-7	3-0-0		0.25	
	高产田		12-5-7	8-5-7	4-0-0		0.25	
	中产田	4.64	11-5-7	7-5-7	3-0-0		0.25	
	低产田	2.46	10-5-7	6-5-7	2-0-0		0.25	
浙西南丘陵山地产区	大配方	0.90	10-4-6	7-4-6	3-0-0		0.25	
	高产田		11-4-6	7-4-6	4-0-0		0.25	
	中产田	0.54	10-4-6	7-4-6	3-0-0		0.25	
	低产田	0.36	9-4-6	6-4-6	3-0-0		0.25	

七、河南省油菜专用复混肥料农艺配方

1. 配方制订的依据、原理与方法　依据不同气候因子、不同土壤类型及肥力特征、不同油菜养分吸收利用分配规律以及肥料利用效率，确定复混肥料农艺配方。

首先根据降水量、日照时数、气温等气候因子对不同油菜产区进行区域划分；针对不同

生态区的土壤进行调查分析，研究不同肥力状态；在一定的油菜产区对其主推油菜品种进行肥效试验，确定油菜养分吸收利用规律和本区域油菜田的肥料利用效率；结合以上几点制订不同生态区油菜专用复混肥料农艺配方。

采用养分平衡法，以实现目标产量所需养分量与土壤提供养分量的差额作为计算施肥量的依据，可用如下公式表示：

$$施肥量 = \frac{目标产量 \times 单位产量养分吸收量 - 土壤养分测定值 \times 0.15 \times 土壤养分利用系数}{肥料养分含量（\%）\times 肥料当季利用率（\%）}$$

目标产量一般是在当地前 3 年作物平均产量的基础上再增加 $10\% \sim 15\%$，河南省 2008 年油菜每 $667m^2$ 产量为 171kg，100kg 油菜养分吸收量分别为 N 5.9kg、P_2O_5 3.9kg、K_2O 4.0kg。土壤养分利用系数，贫瘠的土壤取 >1，肥沃的土壤取 <1；0.15 是每 $667m^2$ 土壤养分换算系数，表示 1 mg/kg 土壤养分在每 $667m^2$ 土壤中所含有的养分量。河南省淮河流域氮、磷和钾肥的利用率分别为 $27\% \sim 53\%$、$29\% \sim 36\%$ 和 $30\% \sim 53\%$。确定施肥量时应扣除施用有机肥所带入的量。

2. 河南省油菜专用复混肥料农艺配方 河南省油菜高、中、低产田标准为：高产田每 $667m^2$ 产量 $\geqslant 170kg$，中产田每 $667m^2$ 产量 $120 \sim 170kg$，低产田每 $667m^2$ 产量 $<120kg$。依据专用肥料配方制订原理、依据和方法，分别制订河南省油菜区域大配方及高、中、低产田配方（表 8-6-16），油菜不同生态区大配方及高、中、低产田配方（表 8-6-17）。

表 8-6-16 河南省油菜区域大配方及高、中、低产田配方

区划	面积（万 hm^2）	每 $667m^2$ 施肥总量（$N-P_2O_5-K_2O$，kg）	每 $667m^2$ 基肥用量（$N-P_2O_5-K_2O$，kg）	每 $667m^2$ 追肥用量（$N-P_2O_5-K_2O$，kg）	中微量元素种类与每 $667m^2$ 用量（kg）		
					锌	硼	锰
全区域	46.87	15-9-8	10-9-8	5-0-0		0.5	
高产田	9.49	15-9-8	10-9-8	5-0-0		0.5	
中产田	26.17	14-9-7	8-9-7	6-0-0		0.5	
低产田	11.21	13-8-6	8-8-6	5-0-0		0.5	

表 8-6-17 河南省油菜不同生态区大配方及高、中、低产田配方

生态区		面积（万 hm^2）	每 $667m^2$ 施肥总量（$N-P_2O_5-K_2O$，kg）	每 $667m^2$ 基肥用量（$N-P_2O_5-K_2O$，kg）	每 $667m^2$ 追肥用量（$N-P_2O_5-K_2O$，kg）	中微量元素种类与每 $667m^2$ 用量（kg）		
						锌	硼	锰
淮河流域产区	大配方	41.02	15-9-9	10-9-9	5-0-0		0.5	
	高产田	8.31	15-10-10	10-10-10	5-0-0		0.5	
	中产田	22.90	14-9-9	10-9-9	4-0-0		0.5	
	低产田	9.81	14-8-8	10-8-8	4-0-0		0.5	
长江流域产区	大配方	5.85	15-10-6	10-10-6	5-0-0		0.5	
	高产田	2.36	15-10-6	10-10-6	5-0-0		0.5	
	中产田	2.12	14-9-6	10-9-6	4-0-0		0.5	

八、陕西省油菜专用复混肥料农艺配方

1. 配方制订的依据、原理与方法 在结合现有的养分测定数据基础上，根据土壤特性、

油菜需肥规律、生产水平和气候等条件，结合文献中肥料的效应，提出氮、磷和钾的最适用量和最佳比例，制订本省配方。考虑到培肥地力等因素，油菜目标产量需肥量按照高、中、低肥力分别乘以系数 1.0、1.5 和 2。对于有效磷（Olsen-P）含量超过 65 mg/kg 或 75 mg/kg 环境阈值的土壤，暂不施磷肥。考虑到钾素资源短缺，高钾肥力土壤不推荐施用钾肥，中等钾素肥力高产田可适量补充钾素，一般情况增产在 10% 以内仍不做推荐。

2. 陕西省油菜专用复混肥料农艺配方 陕西省油菜高、中、低产田标准为：高产田每 667m² 产量≥150kg，中产田每 667m² 产量 100～150kg，低产田每 667m² 产量＜100kg。依据专用肥料配方制订原理、依据和方法，分别制订陕西省油菜区域大配方及高、中、低产田配方（表 8-6-18），油菜不同生态区大配方及高、中、低产田配方（表 8-6-19）。

表 8-6-18　陕西省油菜区域大配方及高、中、低产田配方

区划	面积（万 hm²）	每 667m² 施肥总量(N-P₂O₅-K₂O, kg)	每 667m² 基肥用量(N-P₂O₅-K₂O, kg)	每 667m² 追肥用量(N-P₂O₅-K₂O, kg)	中微量元素种类与每 667m² 用量(kg)		
					锌	硼	锰
全区域	20.18	12-8-2	12-8-2	0-0-0		0.3	
高产田	6.05	13-9-2	13-9-2	0-0-0		0.3	
中产田	6.07	12-8-2	12-8-2	0-0-0		0.2	
低产田	8.06	10-6-2	10-6-2	0-0-0		0.2	

表 8-6-19　陕西省油菜不同生态区大配方及高、中、低产田配方

生态区		面积（万 hm²）	每 667m² 施肥总量(N-P₂O₅-K₂O, kg)	每 667m² 基肥用量(N-P₂O₅-K₂O, kg)	每 667m² 追肥用量(N-P₂O₅-K₂O, kg)	中微量元素种类与每 667m² 用量(kg)		
						锌	硼	锰
关中平原产区	大配方	2.02	12-8-0	12-8-0	0-0-0		0.3	
	高产田	0.61	13-10-2	13-10-2	0-0-0		0.5	
	中产田	0.61	12-8-0	12-8-0	0-0-0		0.2	
	低产田	0.81	10-6-0	10-6-0	0-0-0		0.2	
陕北产区	大配方	0.996	12-8-0	12-8-0	0-0-0		0.3	
	高产田	0.299	13-10-2	13-10-2	0-0-0		0.2	
	中产田	0.299	12-8-0	12-8-0	0-0-0		0.2	
	低产田	0.399	10-6-0	10-6-0	0-0-0		0.2	
陕南产区	大配方	13.066	12-8-8	12-8-8	0-0-0		0.3	
	高产田	3.920	13-10-10	13-10-10	0-0-0		0.5	
	中产田	3.920	12-8-8	12-8-8	0-0-0		0.3	
	低产田	5.227	10-8-0	10-8-0	0-0-0		0.3	

九、内蒙古自治区油菜专用复混肥料农艺配方

1. 配方制订的依据、原理与方法 油菜施肥量计算公式如下：

$$施肥量 = \frac{（目标产量-基础产量）\times 单位经济产量养分吸收量}{肥料中养分含量\times肥料利用率}$$

$$目标产量＝（1＋递增率）×前 3 年平均单产$$

根据资料、文献的查阅和部分"3414"试验结果，确定阴山北麓区油菜高产田每 667m^2 目标产量大于 153.3kg，中产田每 667m^2 目标产量 80～153.3kg，低产田每 667m^2 目标产量小于 80kg；大兴安岭北麓区油菜高产田每 667m^2 的目标产量大于 183.3kg，中产田每 667m^2 目标产量 100～183.3kg，低产田每 667m^2 目标产量小于 100kg。

$$土壤供肥量＝缺素区作物产量（kg）×缺素区作物养分含量$$

根据资料、文献的查阅和部分"3414"试验结果，确定阴山北麓区和大兴安岭北麓区油菜土壤供肥量（无肥区产量）与目标产量的关系（表 8-6-20）。在确定目标产量后，根据方程可以计算出土壤供肥量。

表 8-6-20 内蒙古自治区油菜无肥区产量与目标产量的函数关系

生态区	无肥区	函数关系	R^2	P
阴山 北麓区	无氮区（$n=189$）	$y=1.1265x+269.63$	0.702	<0.01
	无磷区（$n=189$）	$y=1.0374x+283.89$	0.819	<0.01
	无钾区（$n=189$）	$y=1.0409x+294.67$	0.634	<0.01
大兴安岭 北麓区	无氮区（$n=189$）	$y=1.1424x+362.27$	0.663	<0.01
	无磷区（$n=189$）	$y=1.1124x+301.64$	0.820	<0.01
	无钾区（$n=189$）	$y=1.1022x+321.67$	0.723	<0.01

注：x 代表基础产量，y 代表目标产量。

根据前文所确定的目标产量和表 8-6-20 中方程，可以计算出阴山北麓区和大兴安岭北麓区土壤供肥情况（表 8-6-21）。

表 8-6-21 内蒙古自治区油菜田每 667m^2 供肥情况（kg）

生态区	产量	肥力水平	N	P_2O_5	K_2O
阴山北麓区	目标产量	高产田	＞153.3	＞153.3	＞153.3
		中产田	80～153.3	80～153.3	80～153.3
		低产田	＜80	＜80	＜80
	无肥区产量	高产田	＞120.2	＞129.6	＞128.4
		中产田	55.1～120.2	58.9～129.6	58.0～128.4
		低产田	＜55.1	＜58.9	＜58.0
大兴安岭 北麓区	目标产量	高产田	＞183.3	＞183.3	＞183.3
		中产田	100～183.3	100～183.3	100～183.3
		低产田	＜100	＜100	＜100
	无肥区产量	高产田	＞139.3	＞146.7	＞146.9
		中产田	66.4～139.3	71.8～146.7	71.3～146.9
		低产田	＜66.4	＜71.8	＜71.3

$$100kg 籽粒养分吸收量＝\frac{籽粒质量×籽粒元素含量＋根茎叶质量×根茎叶元素含量}{籽粒产量×100}$$

阴山北麓区生产 100kg 油菜籽粒需要的 N、P_2O_5 和 K_2O 分别为 5.0kg、2.28kg 和 4.38kg，大兴安岭北麓区生产 100kg 油菜籽粒需要的 N、P_2O_5 和 K_2O 分别为 5.12kg、2.31kg 和 4.44kg。

$$肥料利用率=\frac{施肥区作物吸收养分量-缺素区作物吸收养分量}{肥料用量\times肥料中养分含量}\times100\%$$

阴山北麓区油菜肥料利用率分别为氮 19.9%、磷 12.6%和钾 22%，大兴安岭北麓区油菜肥料利用率分别为氮 25%、磷 13.8%和钾 27.8%。

2. 内蒙古自治区油菜专用复混肥料农艺配方 内蒙古自治区油菜高、中、低产田标准为：高产田每 $667m^2$ 产量≥153.3kg，中产田每 $667m^2$ 产量 80.0~153.3kg，低产田每 $667m^2$ 产量<80kg。依据专用肥料配方制订原理、依据和方法，分别制订内蒙古自治区油菜区域大配方及高、中、低产田配方（表 8-6-22），油菜不同生态区大配方及高、中、低产田配方（表 8-6-23）。

表 8-6-22　内蒙古自治区油菜区域大配方及高、中、低产田配方

区划	面积 （万 hm^2）	每 $667m^2$ 施肥 总量(N-P_2O_5- K_2O,kg)	每 $667m^2$ 基肥 用量(N-P_2O_5- K_2O,kg)	每 $667m^2$ 追肥 用量(N-P_2O_5- K_2O,kg)
全区域	21.20	17-14-14	17-14-14	0-0-0
高产田	8.40	18-14-13	18-14-13	0-0-0
中产田	6.33	17-14-14	17-14-14	0-0-0
低产田	6.47	17-14-14	17-14-14	0-0-0

表 8-6-23　内蒙古油菜不同生态区大配方及高、中、低产田配方

生态区		面积 （万 hm^2）	每 $667m^2$ 施肥 总量(N-P_2O_5- K_2O,kg)	每 $667m^2$ 基肥 用量(N-P_2O_5- K_2O,kg)	每 $667m^2$ 追肥 用量(N-P_2O_5- K_2O,kg)
阴山 北麓产区	大配方	6.00	20-11-14	20-11-14	0-0-0
	高产田	0.73	21-11-13	21-11-13	0-0-0
	中产田	1.73	20-11-14	20-11-14	0-0-0
	低产田	3.53	19-12-14	19-12-14	0-0-0
大兴安岭 北麓产区	大配方	15.20	17-14-14	17-14-14	0-0-0
	高产田	7.67	17-14-14	17-14-14	0-0-0
	中产田	4.60	17-14-14	17-14-14	0-0-0
	低产田	2.93	17-14-14	17-14-14	0-0-0

十、甘肃省油菜专用复混肥料农艺配方

1. 配方制订的依据、原理与方法 以甘肃省农业生态分布与区域划分为基础，按照自然条件和社会经济条件的区内相似性、油菜的类型和产量水平的区内相似性、土壤与气候条件的区内相似性，保持一定行政区界完整性的原则，进行油菜种植区划。利用土壤普查和长期肥料试验数据资料，结合国家测土配方施肥试验与监测数据，依据土壤养分供应特征、油菜养分需求规律及肥效反应，开展甘肃省油菜复合（混）肥农艺配方区划研究，并根据施肥量公式计算各农业生态区油菜施肥量，提出初步配方，紧密结合甘肃省的气候特征、各生态区农田土壤肥力特征、不同类型油菜氮磷钾和微量元素肥料的肥效反应，进行科学调整，优化确定油菜复合（混）肥农艺配方。

按以下公式对各生态区油菜氮、磷、钾肥施用量进行计算（表 8-6-24、表 8-6-25、表 8-6-26、表 8-6-27），制订出甘肃省不同农业生态区油菜复混肥料初步农艺配方。

$$施肥量＝\frac{计划产量所需养分量－土壤当季供给养分量}{肥料利用率（\%）}$$

表 8-6-24　甘肃省各生态区油菜不同产量水平养分需求

生态区	每 667m² 产量 (kg)	占本区面积 比例（%）	100kg 籽粒养分 需求量（kg）			每 667m² 养分需求量（kg）		
			N	P_2O_5	K_2	N	P_2O_5	K_2O
河西油菜 产区	≥160	29.9	5.8	2.5	4.3	9.3	4.0	6.9
	120～160	55.2	5.8	2.5	4.3	8.1	3.5	6.0
	≤120	14.9	5.8	2.5	4.3	7.0	3.0	5.2
陇中油菜 产区	≥140	23.8	5.8	2.5	4.3	8.1	3.5	6.0
	100～140	42.9	5.8	2.5	4.3	7.0	3.0	5.2
	≤100	33.3	5.8	2.5	4.3	5.8	2.5	4.3
陇东油菜 产区	≥100	19.5	5.8	2.5	4.3	5.8	2.5	4.3
	80～100	39.0	5.8	2.5	4.3	5.2	2.3	3.9
	≤80	41.6	5.8	2.5	4.3	4.6	2.0	3.4
陇南油菜 产区	≥100	20.0	5.8	2.5	4.3	5.8	2.5	4.3
	80～100	40.0	5.8	2.5	4.3	5.2	2.3	3.9
	≤80	40.0	5.8	2.5	4.3	4.6	2.0	3.4

注：主栽作物需肥量（kg/hm²）＝作物平均产量（kg/hm²）×作物 100kg 养分需求量［每 100kg 需求量（kg）］÷100。

表 8-6-25　甘肃省各生态区油菜种植区土壤养分供给量

各生态区	速效氮 (mg/kg)	有效磷 (mg/kg)	速效钾 (mg/kg)	每 667m² 当季供给 N (kg)	每 667m² 当季供给 P_2O_5 (kg)	每 667m² 当季供给 K_2O (kg)
河西油 菜产区	12.6～73 (46)	7.1～31.5 (18.3)	46.4～184 (139)	1.9～10.1 (5.95)	1.12～4.7 (2.74)	6.9～25.6 (19.4)
陇中油 菜产区	13.2～59 (41)	6.4～27.4 (20.2)	33.2～217 (203)	2.1～9.56 (5.26)	0.96～4.1 (2.43)	5.1～36.3 (29.1)
陇东油 菜产区	11.3～51 (33)	4.3～21.3 (12)	53.3～196 (169)	1.7～7.65 (3.94)	0.64～3.2 (1.93)	7.9～31.2 (25.3)
陇南油 菜产区	9.4～55 (37)	7.3～22.5 (13)	68.4～176 (143)	2.4～8.25 (3.88)	1.1～3.5 (1.95)	10.2～29.4 (21.2)

注：土壤当季供给养分量（kg/hm²）＝速效养分含量（mg/kg）×10^{-6}×1.5×10^5 kg/hm²。括号内为平均值。

表 8-6-26　甘肃省各生态区油菜肥料利用率

生态区	N 利用率（%）	P_2O_5 利用率（%）	K_2O 利用率（%）
河西油菜产区	9.6～23.4 (19.1)	9.01～15.2 (11.4)	7.6～16.8 (14.6)
陇中油菜产区	10.2～21.3 (15.9)	9.4～14.3 (11.5)	4.7～15.2 (9.3)
陇东油菜产区	9.3～20.4 (16.1)	6.4～11.2 (8.9)	6.3～13.2 (12.4)
陇南油菜产区	8.7～19.6 (15.3)	6.7～10.4 (8.4)	7.4～14.1 (11.1)

注：括号内为平均值。

表 8-6-27　甘肃省各生态区油菜氮、磷、钾配比

各生态区	产量水平	每 667m² 施入 N（kg）	每 667m² 施入 P₂O₅（kg）	每 667m² 施入 K₂O（kg）	N：P₂O₅：K₂O
河西油菜产区	高产田	13.59	7.02	2.56	1：0.52：0.19
	中产田	10.67	7.05	2.21	1：0.66：0.21
	低产田	9.01	5.66	1.34	1：0.63：0.15
陇中油菜产区	高产田	12.41	5.38	3.63	1：0.43：0.29
	中产田	10.30	5.28	2.12	1：0.51：0.21
	低产田	7.75	3.94	1.45	1：0.51：0.19
陇东油菜产区	高产田	8.73	3.84	2.98	1：0.44：0.34
	中产田	7.58	3.55	2.13	1：0.47：0.28
	低产田	6.70	4.06	1.36	1：0.61：0.2
陇南油菜产区	高产田	9.80	3.75	3.84	1：0.38：0.39
	中产田	8.41	3.58	3.31	1：0.43：0.39
	低产田	5.98	3.88	1.87	1：0.65：0.31

2. 甘肃省油菜专用复混肥料农艺配方　甘肃省油菜高、中、低产田标准为：高产田每 667m² 产量 ≥130kg，中产田每 667m² 产量 110～130kg，低产田每 667m² 产量 <10kg。不同区域有所不同，其中河西地区油菜高、中、低产田标准分别为每 667m² 产量 ≥160kg、120～160kg 和 <120kg，陇中地区油菜高、中、低产田标准分别为每 667m² 产量 ≥140kg、100～140kg 和 <100kg，陇东地区和陇南地区油菜高、中、低产田标准分别为每 667m² 产量 ≥100kg、80～100kg 和 <80kg。依据专用肥料配方制订原理、依据和方法，分别制订甘肃省油菜区域大配方及高、中、低产田配方（表 8-6-28），油菜不同生态区大配方及高、中、低产田配方（表 8-6-29）。

表 8-6-28　甘肃省油菜区域大配方及高、中、低产田配方

区划	面积（万 hm²）	每 667m² 施肥总量(N-P₂O₅-K₂O,kg)	每 667m² 基肥用量(N-P₂O₅-K₂O,kg)	每 667m² 追肥用量(N-P₂O₅-K₂O,kg)	中微量元素种类与每 667m² 用量（kg）		
					锌	硼	锰
全区域	18.20	12-5-2	9-5-2	3-0-0	0.25	0.5	0
高产田	4.47	13-7-3	10-7-3	3-0-0	0.3	0.6	0
中产田	7.07	10-5-2	7-5-2	3-0-0	0.25	0.5	0
低产田	6.67	8-4-1	5-4-1	3-0-0	0.2	0.4	0

表 8-6-29　甘肃省油菜不同生态区大配方及高、中、低产田配方

生态区		面积（万 hm²）	每 667m² 施肥总量（N-P₂O₅-K₂O,kg）	每 667m² 基肥用量（N-P₂O₅-K₂O,kg）	每 667m² 追肥用量（N-P₂O₅-K₂O,kg）	中微量元素种类与每 667m² 用量（kg）		
						锌	硼	锰
河西产区	大配方	4.47	13-7-2	10-7-2	3-0-0	0.2	0.5	0
	高产田	1.33	13-7-3	10-7-3	3-0-0	0.3	0.6	0
	中产田	2.47	11-7-2	8-7-2	3-0-0	0.2	0.5	0
	低产田	0.67	9-6-1	7-6-1	2-0-0	0.1	0.4	0
陇中产区	大配方	2.27	10-5-2	7-5-2	3-0-0	0.4	0.5	0
	高产田	0.67	12-5-3	9-5-3	3-0-0	0.5	0.6	0
	中产田	0.80	10-5-2	7-5-2	3-0-0	0.4	0.5	0
	低产田	0.80	8-4-1	6-4-1	2-0-0	0.3	0.4	0
陇东产区	大配方	5.13	8-4-2	5-4-2	3-0-0	0.4	0.5	0
	高产田	1.00	9-4-3	6-4-3	3-0-0	0.5	0.6	0
	中产田	0.20	8-4-2	5-4-2	3-0-0	0.4	0.5	0
	低产田	2.13	7-4-1	5-4-1	2-0-0	0.4	0.4	0
陇南产区	大配方	4.93	8-4-3	5-4-3	3-0-0	0.4	0.5	0
	高产田	0.67	10-4-4	7-4-4	3-0-0	0.4	0.5	0
	中产田	2.67	8-4-3	5-4-3	3-0-0	0.4	0.5	0
	低产田	1.60	6-4-2	4-4-2	2-0-0	0.3	0.4	0

参 考 文 献

杜艳峰.2006.双低春油菜高产优化栽培生理基础研究［D］.呼和浩特：内蒙古农业大学.

高鹏，魏样，何文，等.2011.汉中地区油菜"3414"肥效试验［J］.现代农业科技（12）：58-62.

郭新勇.2006.油菜测土配方施肥技术［J］.农业科技与信息（5）：25.

国家统计局.2012.中国统计年鉴（2012）［M］.北京：中国统计出版社.

湖北省统计局，国家统计局湖北调查总队.2010.湖北统计年鉴（2010）［M］.北京：中国统计出版社.

湖北省统计局，国家统计局湖北调查总队.2011.湖北统计年鉴（2011）［M］.北京：中国统计出版社.

黄斌，刘铂，王胜宝，等.2009."双低"杂交油菜中油杂 11 号在陕西汉中种植表现［J］.中国农技推广
　　（1）：27-28.

姜丽娜，王强，单英杰，等.2012.用土壤全氮与有机质建立油菜测土施氮指标体系的研究［J］.植物营
　　养与肥料学报，8（1）：203-209.

劳秀荣，吴子一，高燕春.2002.长期秸秆还田改土培肥效应的研究［J］.农业工程学报，18（2）：49-52.

李得宙.2005.双低油菜高产栽培生理基础的研究［D］.呼和浩特：内蒙古农业大学.

李厚华，张万春，葛红心，等.2010.汉中盆地万亩油菜示范片超高产集成配套栽培技术［J］.陕西农业
　　科学（2）：215-216.

李孝勇，武际，朱宏斌，等.2003.秸秆还田对作物产量及土壤养分的影响［J］.安徽农业科学，31（5）：
　　870-871.

李银水，鲁剑巍，廖星，等.2011a.磷肥用量对油菜产量及磷素利用效率的影响［J］.中国油料作物学报，
　　33（1）：52-56.

李银水，鲁剑巍，廖星，等.2011b. 钾肥用量对油菜产量及钾素利用效率的影响 [J]. 中国油料作物学报，33（2）：152-156.

李银水，鲁剑巍，廖星，等.2011c. 氮肥用量对油菜产量及氮素利用效率的影响 [J]. 中国油料作物学报，33（4）：379-383.

李银水，余常兵，廖星，等.2012. 湖北省两种油菜栽培模式下的施肥现状 [J]. 湖北农业科学，51（8）：1541-1543，1547.

李元寿.2002. 稀土磷肥对油菜肥效试验研究 [J]. 甘肃科技，91（7）：23.

刘丽君，崔国清，李学初，等.2011. 硼肥不同施用方法对油菜生长及产量的影响 [J]. 作物研究，25（1）：32-34.

刘晓伟，鲁剑巍，李小坤，等.2011. 直播冬油菜干物质积累及氮磷钾养分的吸收利用 [J]. 中国农业科学，44（23）：4823-4832.

鲁艳红，廖育林，黄凤球，等.2011a. 湖南省油菜施磷效应及土壤速效磷丰缺指标研究 [J]. 中国土壤与肥料（3）：49-53，67.

鲁艳红，廖育林，罗尊长，等.2011b. 湖南省油菜施钾效应及土壤速效钾临界值研究 [J]. 作物研究，25（1）：26-29.

吕晓男，陆允甫.2000. 浙中红壤油菜田供钾特性和钾肥用量研究 [J]. 土壤通报，31（5）：228-232.

马生发.2002. 冬油菜氮磷肥与硼锌微肥配合施用的效果 [J]. 甘肃农业科技（1）：33-35.

孟新房，秦正林，赵晓进.1997. 渭北塬区农田土壤肥力变化及对策 [J]. 陕西农业科学（4）：37-38.

闵程程，马海龙，王新生，等.2010. 基于 GIS 的湖北省油菜种植气候适宜性区划 [J]. 中国农业气象，31（4）：570-574.

宁光辉，李新生，闵锁田，等.1997. 陕西汉中水稻土种类及其理化性状 [J]. 汉中师范学院学报：自然科学（3）：62-66.

仇化民，邓振镛，李怀德.2000. 陇东气候与农业开发 [M]. 北京：气象出版社.

申源源，陈宏.2009. 秸秆还田对土壤改良的研究进展 [J]. 中国农学通报，25（19）：291-294.

史楠.2011. 结合油菜发展推广史总结陕南油菜春季田管技术要点 [J]. 商业文化：下半月（10）：285.

孙玉莲，尹宪志，边学军，等.2011. 甘肃临夏地区油菜生态气候适应性分析与适生种植区划 [J]. 干旱气象，29（4）：492-496.

王成宝，郭天文，崔云玲.2007. 油菜高产平衡施肥及磷钾效应研究 [J]. 甘肃农业科技（3）：10-12.

王文昌，郝玉红.2008. 高寒阴湿区双低杂交春油菜需肥规律及高产施肥技术 [J]. 现代农业科技（15）：264.

邬桂花，贺华，彭凤英，等.2006. 硅锰肥在油菜生产上应用初报 [J]. 作物研究（1）：64-65.

胥建萍，王平生，唐黎葵.2005. 油菜施肥效应研究初报 [J]. 甘肃农业科技（4）：42-44.

徐华丽，鲁剑巍，李小坤，等.2010. 湖北省油菜施肥现状调查 [J]. 中国油料作物学报，32（3）：418-423.

徐华丽，鲁剑巍，李小坤，等.2011. 湖南省油菜施肥状况调查 [J]. 湖南农业科学（17）：55-59.

徐维明，潘琴，王亚艺.2009. 鄂中地区氮磷钾用量对油菜产量及经济效益的影响 [J]. 河北农业科学，13（9）：40-43.

杨文钰，王兰英.1999. 作物秸秆还田的现状与展望 [J]. 四川农业大学学报，17（2）：211-216.

姚祥坦，张敏，张月华，等.2009. 浙北稻田直播油菜播种期和密度优化的研究 [J]. 浙江农业科学（4）：729-731.

叶海龙，吴海镇.2009. 油菜生育期的气象灾害分析 [J]. 浙江农业科学（3）：558-561.

殷艳，王汉中，廖星.2009. 年我国油菜产业发展形势分析及对策建议 [J]. 中国油料作物学报，31（2）：259-262.

张芳，郭瑞星，丁必华，等 . 2012. 中国冬油菜新品种动态 2010—2011 年度国家冬油菜品种区域试验汇总报告 ［M］. 北京：中国农业科学技术出版社 .

张福锁，陈新平，陈清，等 . 2009. 中国主要作物施肥指南 ［M］. 北京：中国农业大学出版社 .

张久成，沙永秀，曹文元 . 2008. 陕南双低油菜节本增效肥料运筹技术研究 ［J］. 陕西农业科学（6）：12-14.

张万春 . 2011. 汉中优质水稻油菜增产关键技术研究 ［D］. 杨凌：西北农林科技大学 .

张文学，李殿荣 . 2000. 高产田油菜氮磷钾施肥模式初探 ［J］. 土壤肥料（5）：36-38.

张耀文，李殿荣，穆建新 . 2001. 渭北塬区油菜生产现状和发展对策 ［J］. 陕西农业科学：自然科学版（11）：32-34，38.

周济铭，党占平，杨建利，等 . 2007. 陕西双低杂交油菜配套栽培技术探讨 ［J］. 中国农学通报（6）：270-274.

周学军 . 2008. 油菜优质高效测土配方施肥技术研究与应用 ［J］. 安徽农业科学，36（18）：7764-7766.

邹娟，鲁剑巍，廖志文，等 . 2008a. 湖北省油菜施硼效果及土壤有效硼临界值研究 ［J］. 中国农业科学，41（3）：752-759.

邹娟，鲁剑巍，刘锐林，等 . 2008b. 4 个双低甘蓝型油菜品种干物质积累及养分吸收动态 ［J］. 华中农业大学学报，27（2）：229-234.

邹娟，鲁剑巍，陈防，等 . 2009. 氮磷钾硼肥施用对长江流域油菜产量及经济效益的影响 ［J］. 作物学报，35（1）：87-92.

邹娟，鲁剑巍，陈防，等 . 2011. 长江流域油菜氮磷钾肥料利用率现状研究 ［J］. 作物学报，37（4）：729-734.

9

第九章　花生专用复混肥料
农艺配方

　　花生，又名"长生果"，富含蛋白质和油脂。属半干旱植物，耐干旱、贫瘠和酸性土壤，适应性强，世界各地种植广泛，是全世界公认的四大油料作物之一。花生主产区主要在亚洲。目前，位居世界前列的花生主产国主要有中国、印度、美国等。墨西哥、意大利、印度尼西亚、英国、德国是世界花生的主要进口国，其他许多国家花生为自给或不足，需要从国外进口。

第一节　我国花生的种植面积与分布

一、我国花生种植面积变化情况

　　我国是世界上最大的花生生产、消费和出口创汇国，花生单产、总产、出口量及产值均居世界首位，花生种植面积仅次于印度，位居世界第二位。花生是我国重要的油料作物、经济作物和出口创汇作物，是我国第二大食用植物油源和蛋白质资源，栽培面积仅次于油菜，常年种植面积 500 万 hm^2 左右，列油料作物的第二位，占油料作物栽培总面积的 1/4 强；花生总产量近 1 500 万 t，位居全国油料作物之首，占油料作物总产量的 50% 以上。我国花生出口量占世界花生贸易总量的 40% 以上。

　　新中国成立以来，我国花生产业发展迅速，产量和需求量都有大幅提升（万书波，2003）。1949 年我国花生种植面积仅为 125.40 万 hm^2，1978 年为 176.81 万 hm^2，2011 年达到 458.14 万 hm^2，比 1949 年增加了 332.74 万 hm^2，是 1949 年的 3.6 倍、1978 年的 2.6 倍；2011 年我国花生总产量为 1 604.64 万 t（国家统计局，1978—2011），比 1949 年的 126.8 万 t 和 1978 年的 237.70 万 t 分别增加 1 477.84 万 t 和 1 366.94 万 t，是 1949 年的 12.7 倍、1978 年的 6.8 倍；2011 年，我国花生单产为 3 502.47kg/hm^2，比 1949 年的 1 020.00 kg/hm^2 和 1978 年的 1 344.36kg/hm^2，分别增加了 2 482.47kg/hm^2 和 2 158.12kg/hm^2，是 1949 年的 3.4 倍、1978 年的 2.6 倍（表 9-1-1）（国家统计局，1978—2011）。目前，花生已成为我国少有的几种优势作物之一，花生生产不仅担负着确保国家食用油安全的重任，并肩负着实现企业增效、农民增收和全面推进新农村建设的重大使命，大力发展花生生产有利于农业种植结构的调整，对增加农民收入，发展创汇农业，促进国民经济发展，提高人民生活等均具有重要作用。

表 9-1-1　1978 年以来全国花生播种面积、产量及单产

（国家统计局，1978—2011）

年份	播种面积（万 hm^2）	产量（万 t）	单产（kg/hm^2）
1978	176.81	237.70	1 344.36

（续）

年份	播种面积（万 hm^2）	产量（万 t）	单产（kg/hm^2）
1980	233.91	360.03	1 539.20
1985	331.83	666.36	2 008.10
1990	290.71	636.85	2 190.69
1991	287.99	630.33	2 188.68
1992	297.59	595.33	2 000.49
1993	337.94	842.11	2 491.89
1994	377.57	968.22	2 564.34
1995	380.94	1 023.46	2 686.68
1996	361.57	1 013.85	2 804.05
1997	372.16	964.79	2 592.42
1998	403.91	1 188.62	2 942.78
1999	426.82	1 263.85	2 961.09
2000	485.55	1 443.66	2 973.25
2001	499.13	1 441.57	2 888.18
2002	492.06	1 481.76	3 011.35
2003	505.68	1 341.99	2 653.82
2004	474.51	1 434.18	3 022.44
2005	466.23	1 434.15	3 076.10
2006	396.01	1 288.69	3 254.22
2007	394.48	1 302.75	3 302.40
2008	424.58	1 428.61	3 364.77
2009	437.65	1 470.79	3 360.64
2010	452.73	1 564.39	3 455.45
2011	458.14	1 604.64	3 502.47

注：数据来源《中国统计年鉴》。

二、我国花生的分布

花生在世界五大洲的温暖地区均有种植。我国花生分布甚广，从炎热的南方到寒冷的北方，各个地区均有花生种植（山东省花生研究所，1990；万书波，2003）。目前我国花生种植的范围西自东经6°的新疆喀什，东至东经132°的黑龙江密山，南起北纬18°的海南榆林，北达北纬50°的黑龙江爱辉，整个分布地区地理、气候因素非常复杂。地势方面，自低至海平面150m的新疆维吾尔自治区吐鲁番盆地，到高达海拔1 800m以上的云南玉溪；温度方面，全年平均气温自黑龙江省的-5～4℃至广东省的19～25℃；无霜期方面，自仅有130d的黑龙江佳木斯至全年无霜的海南岛；年平均降水量更是相差悬殊，新疆吐鲁番盆地仅90多mm，而海南省东南部和漠阳江流域等地多达2 000mm以上。我国花生栽培地区由于受自然条件（气候、土质）、品种类型、栽培制度等的影响，形成了很多明显的自然区域。

（一）自然条件与花生的分布

我国花生栽培的北界虽然可达北纬 50°左右，但是由于花生生长发育需要一定的温度、积温和生育期，这些地方的自然条件往往不能完全满足花生生长发育的需要，因而仅在适宜的地方少量种植。我国北纬 40°以南，凡是年平均温度在 11℃以上、生育期积温超过 2 800℃、年降水量高于 500mm 的地区都适宜花生生长，因此，这个区域是我国花生栽培比较集中的地区。花生对土壤的适应性很强，除了碱性较重的土壤外，几乎所有土壤都可生长。正因如此，生产上多将花生种在比较瘠薄、栽培谷类作物产量相对较低的土壤上，例如沿江河两岸泛滥的冲积沙土或丘陵沙砾土等。因此，豫东、冀南、鲁西北黄泛区的沙荒、沙土地带，冀东、辽西北的风沙地带，辽东、胶东及东南沿海丘陵地区，分别形成了我国花生的主要产区。

（二）品种类型与花生分布的关系

我国花生品种类型的分布随着地理、气候因素以及栽培制度的不同而有一定差别。北纬 40°以北地区气温较低，生育期较短，栽培的花生为多粒型和珍珠豆型早熟品种。华北地区花生多分布在丘陵和沙土地带，过去多栽培一年一熟的普通型晚熟大花生，近年来，珍珠豆型早熟花生和普通型早、中熟大花生栽培面积逐年扩大。南方广东、广西、福建等省（自治区）的丘陵地及河流冲积沙土地，过去广泛栽培普通型蔓生中粒花生及龙生型花生，仅在部分松散肥沃的土地上栽培珍珠豆型花生，随着土壤的改良、灌溉面积的扩大、栽培制度的逐步改革和复种指数的提高，近年来这些地区珍珠豆型花生品种的栽培面积已增加到 90％左右。此外，不同品种类型的花生对于土质的适应性有一定的差异。侧枝匍匐的普通型蔓生花生或龙生型花生，种植在飞沙土上有利于防止土壤冲刷、保持水土，因而这些品种在几个主要飞沙土区迄今仍占一定的比例。珍珠豆型花生品种在缺乏钙质的酸性土壤上栽培时，荚果较饱满，产量较普通型花生稳定，因而广东、广西、江西、湖南等省（自治区）的酸性红壤、黄壤多栽培珍珠豆型品种。

（三）栽培制度与花生分布的关系

我国花生产区的栽培制度在华北平原及其以北地区过去多为一年一熟；长江流域地区过去以两年三熟或一年两熟为主；南方各省则以一年两熟为主。随着生产条件的改变、良种的选育和耕作机具的改革，耕作制度也发生了重大变化。过去的一年一熟地区已逐步走向两年三熟；两年三熟地区已逐步走向一年两熟；一年两熟地区已逐步走向两年五熟，在北纬 26°以南地区甚至一年三熟。栽培制度的改变及自然条件的充分利用，对整个农作物及花生生产的发展产生了重大影响，使花生的分布从过去局限于较瘠薄的丘陵及河流冲积沙土地区扩大到了肥沃的沙壤土地区和灌溉地区。这一重大变化不仅使整个农作物的轮作安排更加合理，有利于提高土壤肥力和降低病虫的危害，而且对粮、棉、油的全面增产起到了一定的促进作用。

第二节　我国花生产区与种植区划

一、花生生长发育对生态条件的要求

（一）温度

花生原产于热带，属于喜温作物，对热量条件要求较高，在整个生长发育过程中，均要

求较高的温度条件。

1. 种子发芽与出苗 已经通过休眠期的花生种子在一定的温度条件下才能发芽。据孙忠瑞等试验（万书波，2003），在恒温条件下，不同温度不同类型品种的花生发芽所需时间不同，但每一类型的品种达到既定发芽率所需的积温却均近乎于恒值（表9-2-1）。在田间栽培条件下，花生发芽出苗的最低温度不同品种类型间存在一定差异，同一类型不同品种间亦存在差异。据山东省花生研究所试验，在山东莱西地区，应于地表5cm土层日平均温度18.5℃，最低温度7.9℃，低于12℃的累计时间达114h的4月上旬播种，各类型品种的出苗率和出苗所需时间均受影响，以珍珠豆型和中间型品种出苗率较高，多粒型和珍珠豆型品种出苗所需时间较短（表9-2-2）。试验发现，发芽出苗生理零度最低的品种为10.46℃，多数品种为11.95～13.40℃，这一结果与多年来将12℃作为珍珠豆型和多粒型品种发芽出苗的下限温度，15℃作为普通型和龙生型品种发芽出苗的下限温度是基本一致的，但各类型中均有耐受一定低温的品种。

表9-2-1 不同类型品种种子萌发与积温的关系

（万书波，2003）

温度（℃）	白沙1016		徐州68-4		蓬莱一窝猴	
	发芽时间（h）	有效积温（℃）	发芽时间（h）	有效积温（℃）	发芽时间（h）	有效积温（℃）
30	16	288	20	360	32.0	576.0
25	22	286	28	364	43.5	565.5
20	36	288	45	360	72.0	576.0
15	96	288	120	360	192.0	576.0

注：发芽时间为发芽率达到95%时所需时间；有效积温为>12℃所需时间（h）的累积温度。

表9-2-2 不同类型品种对低温的反应

（王晶珊，封海胜，栾文琪，1985）

类型	参试品种数	出苗率（%）				播种-出苗时间（天）				播种-出苗总积温（℃）			
		<90		≥90		<34		≥34		<550		≥550	
		品种数	%	品种数	%	品种数	%	品种数	%	品种数	%	品种数	%
多粒型	41	15.3	37.3	25.9	62.7	21.6	83.4	4.4	16.6	16.0	62.3	9.7	37.7
珍珠豆型	81	21.3	26.3	59.7	73.7	48.0	80.4	11.7	19.5	32.0	53.3	28.0	46.7
龙生型	42	16.6	39.5	25.4	60.5	15.4	60.6	10.0	39.4	6.3	25.0	19.0	75.0
普通型	325	110.0	33.8	215.0	66.2	58.4	27.2	156.9	72.9	22.0	10.2	193.0	89.8
中间型	30	8.0	26.7	22.0	73.3	15.0	68.2	7.0	31.8	11.3	15.4	10.7	48.6

2. 营养生长 多数研究认为，花生营养生长的最适温度为白天25～35℃，夜间20～30℃。据试验，在人工控制条件下，弗州蔓生花生在白天30℃、夜间26℃下生长61d的植株干物质积累量最高，而昼夜均比该温度高4℃或低4℃的处理，干物重均减少，减少幅度相似。白天22℃、夜间18℃的处理，干物重仅为最佳温度处理的36%；白天18℃、夜间14℃处理，干物质仅为最佳温度处理的2%。由此可见，花生在15℃的温度条件下生长几乎停止，要正常生长必须20℃以上的温度。大量的气象资料及花生长相分析表明，我国北方花生产区花生生长期间温度越高，生长越好。幼苗期日平均气温达到20℃左右。

3. 开花下针　花生的开花数量与温度高低关系极为密切。一般认为，花生开花的适宜温度为日均 23～28℃，在这一温度范围内，温度越高，开花量越大。当日平均温度降到 21℃时，开花数量显著减少；低于 19℃时，受精过程受阻；若超过 30℃，开花数量也减少，受精过程受到严重影响，成针率显著降低。研究发现，在田间条件下，日平均温度在 23.2℃时形成的果针最多，而在 17.9℃时形成果针数最少。据报道，广东省湛江地区春花生温度在 21～26℃范围内，开花量随气温的升高而迅速增长。秋花生开花期间日平均气温在 24.2～28.2℃，开花数与日平均气温呈直线关系（$y=0.883\,69x-20.824\,9$），即开花数随气温的升高呈直线递增。

4. 荚果发育　花生荚果发育所需时间的长短以及荚果发育的好坏，与温度高低有密切关系。一般认为，荚果发育的最适温度为 25～33℃，最低温度为 15～17℃，最高温度为 37～39℃。据试验测定，结荚期地温保持在 30.6℃时，荚果发育最快，体积最大，质量也最重，达 38.6℃时，荚果发育缓慢；低于 15℃时，荚果则停止发育。F. R. 考克斯在人工控制条件下的研究认为：花生荚果发育的最适温度比地上部植株生长的最适温度（约 24℃）低，所有荚果不论成熟度如何，其干重的积累在白天 30℃、夜间 26℃和白天 22℃、夜间 18℃的处理均低于白天 26℃、夜间 22℃处理，白天 34℃、夜间 30℃处理则显著减少，其荚果发育速度为 0.026g/d，仅为白天 26℃，夜间 22℃处理(0.047g/d)的 55％。祖延林、董又青、段绍咸（1985）研究分析了河北省秦皇岛市 1959—1983 年花生生育期间总积温与花生产量的关系，结果表明，两者之间呈显著正相关（$r=0.403\,8$）。生育期总积温低于 3 200℃（日平均低于 22.2℃）的 13 年，全市花生单产只有 739.5kg/hm²，生育期总积温多于 3 200℃（日平均高于 22.2℃的 12 年，全市花生单产达到 858.5kg/hm²，较低温年增 17.4％。特别是 1977 年，全生育期总积温 3 160.7℃，花针期日平均气温 23℃，结荚期日平均气温 18℃，结果花生大幅度减产，全市平均单产仅 375kg/hm²。而高温年的 1976 年，全生育期总积温 3 460℃，花针期日平均气温 24℃，结果花生产量大幅度提高，全市平均单产 1 065kg/hm²。

（二）水分

花生是比较耐旱的作物，但整个生育期的各个阶段，都需要有适量的水分才能满足其生长发育的要求。总的需水趋势是幼苗期少，开花下针和结荚期较多，生育后期荚果成熟阶段又少，形成"两头少、中间多"的需水规律。据山东省蓬莱市气象站对该市 1963—1977 年花生生育期间降水对花生产量的影响研究认为，单产 2 250kg/hm² 的产量水平，全生育期要求降水 500mm 以上，并应合理分布。

1. 发芽出苗　花生种子发芽出苗时需要吸收足够的水分，水分不足种子不能萌发。发芽出苗时土壤水分以土壤最大持水量的 60％～70％为宜，低于 40％种子容易落干而造成缺苗；高于 80％则会造成土壤中的空气减少，也会降低发芽出苗率，水分过多甚至会造成烂种。出苗之后开花之前为幼苗阶段，这一阶段根系生长快，地上部营养体较小，耗水量不多，土壤水分以最大持水量的 50％～60％为宜，若低于 40％，根系生长受阻，幼苗生长缓慢，还会影响花芽分化；若高于 70％也会造成根系发育不良，地上部生长瘦弱，节间伸长，影响开花结果。山东省蓬莱市气象站依据 15 年来花生生育期间降水与花生产量的关系分析认为，花生播种至出苗期间，总降水量应达到 20～30mm，且以分两次最好。

2. 开花下针　花生开花下针阶段，既是植株营养体迅速生长的盛期，也是大量开花、下针、形成幼果的时期，以土壤最大持水量的 $60\%\sim70\%$ 为宜，低于 50% 时，开花数量显著减少，土壤水分过低时，甚至会造成开花中断；若土壤水分过多，排水不良，土壤通透性差，会影响根系和荚果的发育，甚至造成植株徒长倒伏。据山东省蓬莱市气象站分析，该期降水量以 $200\sim250\mathrm{mm}$ 为宜，排水良好的地块即使降水 $300\sim400\mathrm{mm}$ 也利多害少。而降水过多会影响开花，花量减少。

3. 荚果发育 花生结荚至成熟阶段，植株地上部营养体的生长逐渐缓慢以至停止，需水量逐渐减少。荚果发育需要有适量的水分，土壤水分以最大持水量的 $50\%\sim60\%$ 为宜，若低于 40% 会影响荚果的饱满度，若高于 70% 会不利于荚果发育，甚至会造成烂果。据祖延林、董又青、段绍咸（1985）对河北省秦皇岛市 25 年来花生生育期间降水与花生产量间的关系分析发现，结荚至成熟期降水在 $200\mathrm{mm}$ 以下的 15 年，全市花生平均单产 $788.25\mathrm{kg/hm^2}$，$200\mathrm{mm}$ 以上的 10 年，全市花生平均单产 $632.25\mathrm{kg/hm^2}$，认为该期适宜降水量应少于 $200\mathrm{mm}$。山东省蓬莱市气象站对本市 15 年来的降水与花生产量关系进行分析认为，该期的降水量以 $200\mathrm{mm}$ 为宜，少于 $100\mathrm{mm}$，如不灌溉补充水分则严重减产。

（三）光照

花生属于短日照作物，一般来说，花生对光照时间的要求不太严格。据中山大学傅家瑞（1994）试验研究，日照时间的长短对花生开花过程有一定影响，长日照有利于营养体生长，短日照能使盛花期提前，但呈总开花数量略有减少的趋势。由于短日照可以促进早开花，而营养体生长受到一定的抑制，因而造成开花量的减少。另据试验，不同类型花生品种对日照的敏感性有一定的差异，北方品种对日照的反应不敏感。

据山东省蓬莱市气象站统计分析，花生幼苗期、结荚成熟期的日照时数对植株生育影响不大，而开花下针期的日照时数对植株生育有一定的影响，增产年份日照 $8\sim9\mathrm{h}$，减产年份多为 $7\mathrm{h}$ 或 $10\mathrm{h}$，莱阳农学院杨国枝对 63 个早、中熟品种进行试验、观察（杨国枝，1985），发现早熟品种生育期与日照时数呈极显著正相关，中熟品种生育期与日照时数呈显著正相关（表 9-2-3）。

表 9-2-3 花生早、中熟品种各生育阶段与日照的关系

（杨国枝，1985）

生育阶段	品种熟性	生育天数（d）	日照				生育天数与日照的相关性（r）
			平均（h）	极差（h）	标准差	变异系数（%）	
播种—出苗	早熟	16.17	145.91	18.85	4.85	3.33	—
	中熟	16.18	146.16	19.02	4.99	3.42	—
出苗—盛花	早熟	25.24	234.51	28.02	8.37	3.57	0.90**
	中熟	27.50	249.33	47.72	16.49	6.61	0.96**
盛花—成熟	早熟	88.70	695.75	79.31	31.13	4.47	0.98**
	中熟	92.71	745.85	62.75	17.66	2.37	0.50
播种—成熟	早熟	130.11	1 076.17	75.72	25.82	2.40	0.93**
	中熟	136.40	1 140.99	57.35	20.05	1.76	0.73*

注：* 为显著；** 为极显著。

花生整个生育期间均要求较强的光照，如光照不足，易引起地上部徒长，干物质积累减少，产量降低。据江苏省徐州市气象台张开林、唐庆文、孙厚振（1984）试验，分别于花生苗期、花针期和结荚期每天 10：00～16：00 进行遮光处理，每个生育期遮光处理 10d，使光照强度仅为自然光照的 1/3。结果表明，无论哪一生育期遮光，其饱果数、百仁重、荚果产量均受影响（表 9-2-4）。

表 9-2-4　花生不同生育期遮光对产量的影响

（张开林，唐庆文，孙厚振，1984）

遮光时期	光照强度（自然光照%）	饱果数（个/米²）	秕果数（个/米²）	百仁重（g）	产量（kg/hm²） 1982 年	产量（kg/hm²） 1983 年
苗期	30.9	47.6	5.3	74.3		3 381.0
花针期	29.8	46.2	6.2	72.7	2 434.5	3 161.2
结荚期	29.9	45.7	9.0	70.2	1 719.0	3 018.0
对照	自然光照	48.8	4.7	77.9	2 794.5	3 540.7

（四）土壤

花生对土壤的要求不太严格，除特别黏重的土壤和盐碱外，均可种植花生。但由于花生是地上开花、地下结实的作物，要获得优质、高产，对土壤物理性状的要求以耕作层疏松、活土层深厚的沙壤土最为适宜。据山东省花生研究所研究测定，每公顷荚果产量7 500kg 以上的高产地块，其土体结构全土层厚度在 50cm 以上，熟化的耕作层在 30cm 左右，结荚层是松软的沙壤土。土壤质地 0～10cm 应为沙壤土至砾沙壤土；10～30cm 为粉沙壤土至沙黏壤土；30～50cm 为粉沙壤土至沙黏壤土。这样的土体，其毛管孔隙上小下大，非毛管孔隙上大下小，上层土壤的通气透水性良好，昼夜温差大，下层土壤的蓄水保肥能力强，热容量高，使土壤中的水、肥、气、热得到协调统一，有利于花生生长和荚果发育。对土壤化学性质的要求，以较肥沃的土壤为好。据山东省花生研究所测定分析，在荚果产量4 000～7 500 kg/hm² 的水平下，花生苗期0～30cm 土层的速效氮含量在 13～75 mg/kg，有效磷含量在 20～55 mg/kg，有效钾含量在 37.5～55 mg/kg 范围内，有效氮、磷和钾养分含量与荚果产量分别呈显著、极显著和显著正相关。

二、我国花生生产布局现状及主要产地

（一）布局现状

我国花生生产布局既很分散，又相对集中。其种植范围西自新疆的喀什，东至黑龙江的密山，南起海南省的榆林，北到黑龙江的爱辉，从寒温带到热带，从低于海平面以下 154m 的吐鲁番盆地，到海拔 1 800m 以上的云南玉溪，从平原到丘陵，从水稻田到旱坡地，均有花生种植。据统计，全国种植花生的县（市、区、旗）中，种植面积不到 667hm² 的占 60% 以上，而这些县（市、区、旗）的播种面积之和及总产还不到全国种植面积和总产的 10%，可见，我国花生生产布局相当分散。而占全国种植花生县（市、区、旗）总数不到 40% 的种植面积 667hm² 以上的县（市、区、旗），其种植面积之和及总产又分别占全国的 90% 以上，说明花生产区的相对集中。

我国花生分布范围虽然广泛，但是由于其生长发育需要一定的温度、水分和适宜的生育期，一般在年平均气温 11℃以上，生育期积温超过 2 800℃、年降水量高于 500mm 的地区，才适宜花生生长。花生对土壤的适应性特别是耐瘠性很强，除了碱性较重的土壤外，几乎都

可以种植花生。一般情况下，在较贫瘠的江河冲积沙土和丘陵沙砾土壤上种植花生，能获得比其他作物较高的产量和收益。这样的土壤全国各地分布很广，在豫东、冀南、鲁西、苏北、皖北等黄河冲积平原及黄河故道沙土地带，冀东、辽西北的风沙土地带，辽东、鲁东以及东南沿海丘陵沙砾土壤地区，由于气候、土质适宜花生生长，从而分别形成了我国花生的主要产区。

（二）我国花生主要产地

我国花生既有较多零星种植地区，也有较大的集中种植产区（表 9-2-5）。2012 年我国花生种植面积超过 10 万 hm^2 的主要产地有河南、山东、辽宁、河北、广东、四川、湖北、安徽、广西、江西、湖南、吉林、江苏等 13 个省（自治区）。

我国花生种植总面积和总产量分别达 419.40 万 hm^2 和 1 516.70 万 t，占全国花生种植总面积的 91.54% 和总产量的 94.52%，成为我国花生的主要产地。其中，种植面积超过 15 万 hm^2 的有河南、山东、辽宁、河北、广东、四川、湖北、安徽、广西、江西 10 个省（自治区），这些省（自治区）花生种植面积占全国的 84.18%、总产量占全国的 87.98%。河南和山东是我国花生种植面积最大的两个省，均超过 66 万 hm^2，2012 年分别为 101.06 万 hm^2 和 79.71 万 hm^2。

表 9-2-5　2012 年我国各省份花生播种面积、产量及单产

（中国统计局，2012）

序号	省份	播种面积（10^4 hm^2）	产量（10^4 t）	单产（kg/hm^2）
1	河南	101.06	429.79	4 252.93
2	山东	79.71	338.59	4 247.71
3	辽宁	37.71	116.54	3 090.53
4	河北	36.02	128.92	3 578.93
5	广东	33.44	90.85	2 716.37
6	四川	25.86	62.75	2 426.37
7	湖北	19.22	68.74	3 577.16
8	安徽	18.89	84.34	4 464.92
9	广西	17.95	47.46	2 644.30
10	江西	15.79	43.75	2 771.25
11	湖南	11.89	31.97	2 688.72
12	吉林	11.85	36.02	3 040.60
13	江苏	10.02	37.00	3 692.00
14	福建	9.96	25.70	2 581.16
主产地区合计		419.40	1516.70	3 322.44

1. 山东省　山东是花生生产和贸易大省，也是我国花生的主要产区，花生在山东有着重要的地位，目前山东省花生常年种植面积 80 万 hm^2 左右，位于小麦、玉米之后，是山东省的第三大农作物。"山东大花生"在国内外享有盛誉，山东花生常年种植面积、产量及出口量均居全国首位。面积、产量分别占全国的 1/4 和 1/3，出口量占全国的 60% 以上，是全省主要出口创汇农产品之一。20 世纪 80 年代以来，全国花生平均单产逐年提高，实际上是

山东省花生单产、总产持续增长起到了主导作用。

山东花生种植遍及全省各地，但主要分布于鲁东丘陵和鲁中南山区，土壤多为花岗岩和片麻岩风化而成的粗砂和沙砾土，以及河流冲积的沙土。根据山东省农业厅《山东省优势农产品区域布局规划（2004—2009）》，山东省花生规划为两大优势区域，一是以种植春花生为主的鲁东半岛、鲁中和鲁东南地区的 29 个县；二是以种植夏花生为主的鲁西和鲁西南地区黄河故道的 5 个县。

山东省自 18 世纪末引种花生，但发展十分缓慢，基本没有形成规模化生产，直到 19 世纪末才不断壮大。20 世纪 20 年代山东省花生种植面积达到 20 万 hm^2，占全国种植面积的 50% 以上，40 年代接近 33.3 万 hm^2，到 1949 年山东省花生种植面积增至 44.2 万 hm^2。此时期之所以发展较快，主要是由于榨油业的兴起和花生生产商品化的发展。1949 年后山东花生种植处于逐步上升态势，但也有不同程度的起伏。1979 年以来，山东省农民种植花生的积极性极大地提高，1980 年种植面积为 66.8 万 hm^2，到 1985 年由于地膜覆盖技术的推广和高产栽培技术的应用（孙彦浩，陶寿祥，王才斌，1992），种植面积达到 91.7 万 hm^2，总产量为 261.3 万 t，单产水平达到 2 850kg/hm^2，面积和总产均达到最高水平，同时出现了 6 个种植面积 1 333hm^2 以上、平均产量 4 500kg/hm^2 的县市，其中平度市播种面积 2.95 万 hm^2，平均单产 5 025kg/hm^2。1995 年，山东花生种植面积为 85.0 万 hm^2，单产 3 635 kg/hm^2，总产量 309.0 万 t 以上，处于花生生产水平较高的时期。1996—1999 年出现小幅度回调后种植面积又达到 1985 年的水平，随后连续种植面积超过 90 万 hm^2，2004 年后花生种植面积有降低的趋势，但是单产水平逐年增加，已经突破 4 000kg/hm^2，总产量在 32.5 万～36.5 万 t（图 9-2-1）。

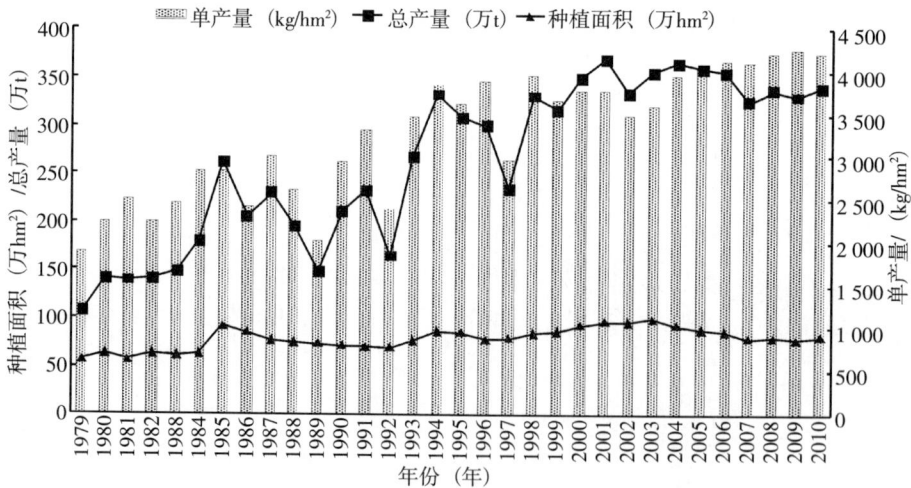

图 9-2-1　山东省历年花生种植面积、单产和总产量（2010）
（山东省统计局，2010；李絮花，赵秉强，2014）

山东全省花生生产很不平衡。从种植面积看，2010 年临沂市花生种植面积为 17.41 万 hm^2，烟台市和青岛市分别为 11.08 万 hm^2 和 9.72 万 hm^2，泰安、日照、菏泽、潍坊和威海均在 5 万 hm^2 以上，而东营、德州和滨州三市分别为 0.15 万 hm^2、0.28 万 hm^2 和 0.33 万 hm^2，没有形成规模，不利于花生生产的发展。从单产水平看不同地市的差异也比较大，2010 年青岛市平均单产为 4 541kg/hm^2，临沂市为 4 643kg/hm^2，潍坊市最高为 4 956kg/

hm²，而莱芜、滨州和东营市分别为 2 564kg/hm²、2 900kg/hm² 和 3 120kg/hm²。总的来看，种植面积大而集中的地市，花生规模化生产和商品化程度较高，单产水平也相应较高。全省花生田土壤养分状况大体是有机质含量偏低，氮素不足，严重缺磷，微量元素缺乏。

表 9-2-6　山东省各地市花生种植面积、总产量和单产水平（2010）

（山东省统计局，2010；李絮花，赵秉强，2014）

地市	播种面积（万 hm²）	总产量（万 t）	单产（kg/hm²）
济南市	1.44	5.59	3 872
青岛市	9.72	44.14	4 541
淄博市	0.63	2.18	3 458
枣庄市	2.30	9.79	4 257
东营市	0.15	0.47	3 120
烟台市	11.08	45.79	4 132
潍坊市	5.45	27.02	4 956
济宁市	4.88	22.85	4 682
泰安市	5.04	21.54	4 279
威海市	6.53	24.71	3 786
日照市	5.49	23.77	4 326
莱芜市	0.73	1.87	2 564
临沂市	17.41	80.84	4 643
德州市	0.28	1.25	4 397
聊城市	3.48	13.68	3 927
滨州市	0.33	0.97	2 900
菏泽市	5.51	22.16	4 023
全省总计	80.49	339.04	4 212

山东省年平均气温 12～14℃，≥15℃日数为 150d 左右，无霜期 180～220d，≥0℃的平均积温 4 200～5 100℃，全省最热月份一般在 7 月，日平均温度多在 24～26℃，胶东半岛东部最热月份出现在 8 月。全省年平均降水量在 550～950mm，相对变率在 15%～20%，绝对变率全省各地均在 100mm 以上，主要花生产区县（市）花生生育期间年平均降水量多在500～700mm，但分布很不均匀，季、月相对变率很大，旱涝现象时有发生。一般春季（3～5 月）降水偏少，多在 50～120mm，夏季（6～8 月）偏多，多在 300～600mm，9 月时多时少，平均 80mm 以上。

山东省光照充足，适合花生生产，年日照时数为 2 400～2 800h，年日照百分率为50%～65%，日照率较高，由东南向西北逐步增加。高值区年日照时数为 2 700～2 800h，日照百分率为 60%～65%；低值区年日照时数为 2 300～2 500h，日照百分率为 50%～55%，其他地区年日照时数为 2 500～2 700h，日照百分率为 55%～60%。山东省年太阳辐射总量为 481～544kJ/cm²，其分布与年日照时数分布规律一致。花生生长季太阳总辐射量以 5～6 月最高，月总辐射为 54～67kJ/cm²，7～8 月的盛夏是雨季高峰期，云量多、日照少、太阳辐射量减少，月总辐射仅为 42.0～58.6kJ/cm²，9 月大部分地区为 42kJ/cm²左右。

山东省月平均气温≥10℃期间的生理辐射为 150～184kJ/cm²，占年生理辐射总量的30%～35%；≥15℃ 期间的生理辐射为 117～150kJ/cm²，占年生理辐射总量的 20%～30%；≥20℃ 期间的生理辐射为 75～125.5kJ/cm²，占年生理辐射总量的 15%～25%。≥10℃与≥15℃期间的生理辐射分布趋势基本一致，也是从东南沿海向西北内陆地区逐渐增加，以济南、宁阳为最高；≥20℃期间的生理辐射从东部向西部地区增加，最高值在济南和泗水，且西南部大于西北部。

山东全省栽培的花生品种 20 世纪 50 年代以普通型大花生为主，60～70 年代以珍珠豆型品种为主，80 年代以来以中间型大花生为主，部分为普通型品种和珍珠豆型品种。栽培制度 60% 为两年三熟制，40% 为一年两熟制。

2. 河南省　1999 年开始，河南省已成为我国花生种植面积最大的省份，2000 年种植面积达 98.48 万 hm²，1996—2000 年，年均种植面积 82.33 万 hm²，单产 3 217.611kg/hm²，总产 264.92 万 t。面积和总产分别占全国的 20.87% 和 22.54%。2012 年花生种植面积101.06 万 hm²，单产 4 252.93kg/hm²，总产 429.79 万 t。

河南省花生主要分布于黄河冲积平原区、豫南浅山丘陵盆地区、淮北豫中平原区、豫西北山地丘陵区。种植花生的土壤主要为河流冲积沙土及丘陵沙砾土。该省地处暖温带向亚热带的过渡区，气候温和，光热条件充足。年平均气温 13～15℃，平均气温≥10℃的积温4 200～5 300℃，无霜期 190～230d，年降水量 600～1 200mm，4～10 月花生生育期间降水量占年降水量的80%～90%。年生理辐射总量为 230～260kJ/cm²。

河南省花生栽培制度多为一年两熟制，部分两年三熟制。麦套和夏直播花生占花生总面积的 80% 以上。种植品种主要为中间型大花生，部分珍珠豆型小花生。

3. 河北省　自 20 世纪 80 年代以来，河北省花生种植面积一直居全国前三位，2012 年花生种植面积居全国第四位，单产和总产量仍居全国第三位。1996—2000 年，年均花生种植面积 41.68 万 hm²，单产 2 765.92kg/hm²，总产 115.27 万 t，面积和总产分别占全国的10.57% 和 9.81%。2012 年花生种植面积 36.02 万 hm²，单产 3 578.93 kg/hm²，总产128.92 万 t。

河北省花生主要集中在冀东、冀中和冀南一带，其他地区只有零星种植。河北省花生产区年平均气温 11～14℃，无霜期 200d 左右。年降水量 400～800mm，东部沿海较多，西北部较少，雨量多集中在 7～8 月，约占全部降水量的 50%。种植花生的土壤以河流冲积沙土和沙壤土为主，少量丘陵沙砾土。栽培制度多为二年三熟制，部分一年二熟制，少量一年一熟制。花生以春播为主，部分麦田套作。

4. 广东省　广东是历年来我国南方花生种植面积最大的省份。自 20 世纪 60 年代以来，花生种植面积基本稳定在 30 万 hm² 以上，1996—2000 年，年均种植面积 32.97 万 hm²，单产 2 281.86kg/hm²，总产 75.24 万 t，面积和总产量分别占全国的 8.36% 和 6.40%；2012年广东省花生种植面积 33.44 万 hm²，单产 2 716.37kg/hm²，总产 90.85 万 t。

该省各地均有花生种植，主要分布在雷州半岛各地、鉴江平原、韩江平原、沿海丘陵、珠江三角洲等地。全省气候温暖，年平均气温 19℃ 以上，无霜期 300d 以上。雨量充沛，年降水量 1 500～2 000mm，个别地区为 2 000mm 以上。种植花生的土壤主要为红壤、黄壤和稻田土。栽培制度较复杂，有一年二熟、三熟和二年五熟制，花生多为春播，部分秋花生，少量冬花生。种植品种主要为珍珠豆型小粒品种。

5. 安徽省 自 20 世纪 80 年代以来，安徽省是花生种植面积增加最大的省份之一，1979 年全省花生种植面积仅 5 666.67hm²，1980 年增加到 14.63 万 hm²。1996—2000 年，年均种植面积 23.98hm²，单产 3 325.96kg/hm²，总产 79.77 万 t，面积和总产分别占全国的 6.08% 和 6.79%。2012 年花生种植面积 18.89 万 hm²，单产 4 464.92kg/hm²，总产 84.34 万 t。

安徽省花生主要分布于长江、淮河及其支流两岸和黄河故道及沙荒地上。全省气候温暖，年平均气温 14～16℃，由北向南逐步提高，无霜期 210～250d。年降水量 700～900mm，南多北少，秋季雨水偏少，花生易受秋旱。种植花生的土壤主要为冲积沙土和沙姜黑土。栽培制度多为二年三熟和一年二熟制，以春花生和麦田套作花生为主，部分夏直播花生，前茬多为大麦茬，部分油菜茬。种植品种以珍珠豆型中粒品种为主，部分为普通型和中间型大花生。

6. 广西壮族自治区 广西种植花生的历史悠久，自 20 世纪 50 年代以来，多数年份种植面积在 10 万 hm² 以上。1996—2000 年，年均种植面积 22.37 万 hm²，单产 1 963.80kg/hm²，总产 43.94 万 t，面积和总产分别占全国的 5.67% 和 3.74%。2012 年花生种植面积 17.95 万 hm²，单产 2 644.30kg/hm²，总产 47.46 万 t。

广西花生分布较广，自治区各县均有种植，以南宁、柳州、贵港等地（市）种植面积较大，其次为梧州、北海、钦州等地（市）。全区气候温和，属亚热带气候。年平均气温由北向南为 16～23℃，无霜期 300d 以上。年降水量 1 100～2 800mm，多集中在 5～9 月，占全年总降水量的 60%～70%。广西壮族自治区种植花生的土壤多为瘠薄的红壤，部分为水稻土。栽培制度多为一年二熟、三熟和二年五熟制。以春花生为主，部分秋花生。种植品种多为珍珠豆型中、小粒品种。

7. 四川省 2012 年四川省花生种植面积达到 25.86 万 hm²，居全国第六位。1996—2000 年，年均种植面积 18.35 万 hm²，单产 1 928.08kg/hm²，总产 35.37 万 t，面积和总产分别占全国的 4.65% 和 3.01%。

四川省花生布局比较分散，分布在 19 个市（地、州）的 137 个县（市、区），以内江、绵阳、宜宾、南充等市（区）种植面积较大。全省气候暖和，年平均气温 17～19℃，无霜期 300～320d。年降水量 900～1 200mm，降水较为集中，常出现伏旱和秋涝。日照时数较少，盆地内 4 月中旬至 9 月上旬总日照时数仅为 780～950h。花生多种植于二台以上的坡台地上，土质多为紫色土、红壤和黄壤，肥力较低。栽培制度多为一年二熟制，以麦田套种花生为主。种植品种多为中间型和珍珠豆型品种。

8. 江苏省 自 1981 年以来，江苏省花生种植面积基本稳定在 10 万 hm² 左右，2000 年达到 22.79 万 hm²。1996—2000 年，年均种植面积 15.75 万 hm²，单产 3 330.09kg/hm²，总产 52.44 万 t，面积和总产分别占全国的 3.99% 和 4.46%。2012 年江苏省花生种植面积 10.02 万 hm²，单产 3 692.00kg/hm²，总产 37.00 万 t。

江苏省花生主要分布于徐州、淮阴、扬州、南通等市。全省气候温和，年平均气温 13～16℃，无霜期 200～250d。年降水量 800～1 200mm。江苏省种植花生的土壤多为潮土、棕壤土和沙姜黑土。栽培制度多为二年三熟和一年二熟制。北部赣榆、东海、新沂等县（市）

多种植春花生，南部泰兴、江都等市（县）多为麦田套种或夏直播花生。种植品种多为中间型或普通型中、早熟大花生，部分珍珠豆型花生。

9. 江西省　自 20 世纪 80 年代后期，江西省花生种植面积增加较快，2000 年达到 17.99 万 hm²。1996—2000 年，年均花生种植面积 15.56 万 hm²，单产 2 271.99kg/hm²，总产 35.34 万 t，面积和总产分别占全国的 3.94% 和 3.01%。2012 年花生种植面积 15.79 万 hm²，单产 2 711.25kg/hm²，总产 43.75 万 t。

江西省花生主要分布于赣州、井冈山、九江等地（市）。全省气候温和，年平均气温 16～20℃，无霜期 250～300d。年降水量 1 300～2 000mm，多集中在 3～6 月，秋季雨水较少。种植花生的土壤多为红壤，部分为稻田土。栽培制度多为一年二熟、三熟制，以春花生为主，少量秋花生。种植品种多为珍珠豆型中、小粒品种。

10. 湖南省　湖南省花生种植面积进入 20 世纪 90 年代发展较快，2000 年达到 14.17 万 hm²。1996—2000 年，年均种植面积 13.91 万 hm²，单产 1 846.97kg/hm²，总产 25.70 万 t，面积和总产分别占全国的 3.53% 和 2.19%。2012 年花生种植面积 11.89 万 hm²，单产 2 688.72kg/hm²，总产 31.97 万 t。

湖南省花生主要分布在湘中、湘南丘陵地带及洞庭湖周围和河流冲积沙土地带。全省气候暖和，年平均气温 15～18℃，无霜期 240～300d，年降水量 1 300～1 700mm，多集中在 4～6 月，不少地区常出现伏旱和秋旱现象。种植花生的土壤多为红壤和黄壤，部分为沙壤土和稻田土。栽培制度多为一年二熟制，以麦田套作花生为主，部分油茶幼林间作和水旱轮作。种植品种多为珍珠豆型品种。

11. 湖北省　湖北省花生种植面积自 20 世纪 90 年代后期增加较快，2000 年达到 19.34 万 hm²。1996—2000 年，年均种植面积 12.90 万 hm²，单产 3 392.55kg/hm²，总产 43.75 万 t，面积和总产分别占全国的 33.27% 和 3.72%。2012 年花生种植面积 19.22 万 hm²，列全国花生种植面积的第七位，单产 3 577.16kg/hm²，总产 68.74 万 t。

湖北省花生主要分布在鄂东及江汉平原一带，以麻城、红安、大悟、天门、钟祥、荆门、汉川等县（市）种植面积较大。全省气候暖和，年平均气温 15～17℃，无霜期 210～280d。年降水量 800～1 500mm。种植花生的土壤北部多为由片麻岩风化而成的粗沙壤土或沙壤土，南部多为江河冲积沙土及稻田土。栽培制度多为一年二熟制，部分二年三熟制。以麦田套作和夏直播花生为主，部分水旱轮作。种植品种多为珍珠豆型。

12. 福建省　福建省花生种植面积 1996 年达到 9.94 万 hm²，2000 年达到 10.60 万 hm²。1996—2000 年，年均种植面积为 10.12 万 hm²，单产 2 239.38kg/hm²，总产 22.66 万 t，面积和总产分别占全国的 2.57% 和 1.93%。2012 年花生种植面积 9.96 万 hm²，单产 2 581.16kg/hm²，总产 25.70 万 t。

福建省花生主要分布在沿海的福清、惠安、晋江、漳莆、同安、莆田等县（市、区）。全省气候温暖，年平均气温 17～21℃，无霜期 250～300d。年降水量 1 200～2 200mm，月份间和地区间分布不匀。种植花生的土壤多为丘陵旱地红壤土，土质黏重，肥力偏低，酸性较强，还有部分稻田土。栽培制度多为一年二熟和三熟制。花生多与甘薯和麦田套作，部分与水稻轮作。种植品种多为珍珠豆型。

13. 辽宁省　辽宁省在 20 世纪 80 年代后期花生种植面积下滑，产量降低，2000 年种植面积得到恢复和发展，达到 14.28 万 hm²。1996—2000 年，年均种植面积 9.18 万 hm²，单产 1 937.34kg/hm²，总产 11.79 万 t，面积和总产分别占全国的 2.32％和 1.00％。2000 年以后花生产量得到全面提高，2012 年花生种植面积 37.71 万 hm²，居全国第三位，单产 3 090.53kg/hm²，总产 116.54 万 t。

辽宁省花生主要分布在辽南和辽西丘陵区，沈阳、抚顺、鞍山等平原区亦有一定的面积，辽西风沙区及辽东亦有少量种植。辽宁省花生产区气候温和，全省年平均气温 5～10℃，无霜期 150～180d。年降水量 450～1 200mm。种植花生的土壤主要为沙土、沙砾土、风沙土和部分壤土。栽培制度多为一年一熟和二年三熟制，部分一年二熟制，以春花生为主，部分麦田套作或与马铃薯轮作。种植品种多为中间型中、早熟品种和珍珠豆型品种。

（三）我国花生种植区划与各分区概况

我国的地形、地貌复杂，气候条件和土壤条件存在较大差异，花生品种、种植习惯和种植制度多样。因此，制订花生专用肥料农艺配方，必须首先针对不同区域、不同气候和不同土壤条件，进行花生专用肥配方区划，在明确不同区域内气候特点、花生需肥规律、土壤供肥特性和栽培管理制度的基础上，因地制宜地提出氮磷钾及中微量元素施肥配比、不同生育期施肥数量和施肥方法，为我国花生高产稳产提供技术支撑。

根据我国花生发展的变化，依据纬度高低和热量条件、地理位置、地貌类型、气候条件、不同生态类型品种适宜的气候区指标，参照前人对花生产区的区划，结合我国种植业区划、化肥区划和花生的分布特点，我国花生复混肥料农艺配方的区划分为 7 个生态类型区（图 9-2-2）：黄河流域花生区、长江流域花生区、东南沿海花生区、云贵高原花生区、黄土高原花生区、东北花生区、西北花生区。

1. 黄河流域花生区 本区包括山东、天津的全部，北京、河北、河南大部，山西南部，陕西中部及苏北、皖北地区，是全国最大的花生产区。本区花生种植面积最大、总产量最高，面积和总产均占全国的 50％以上。

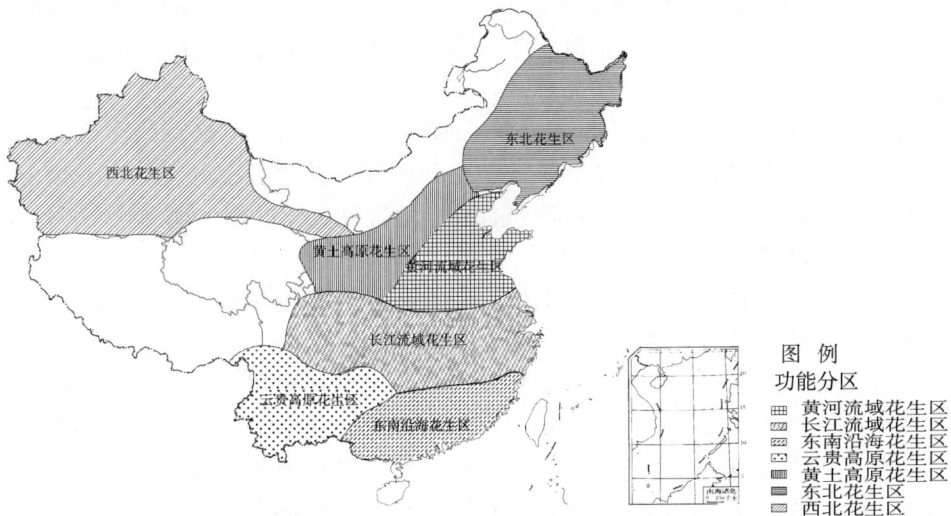

图 9-2-2 中国花生产区划分图
(万书波，2003)

本区的气候条件和土壤条件比较优越，花生生育期间的积温在 3 500℃以上，日照时数一般 1 300～1 550h，降水量 450～800mm，种植花生的土壤多为丘陵沙土和河流洪积冲积平原沙土。栽培制度过去多为一年一熟和二年三熟制，近年来一年二熟制发展迅速，特别是河南省大部地区和山东省的部分地区一年二熟制麦田套种花生和夏直播花生面积已达到花生总面积的80％以上。本区适宜种植普通型、中间型和珍珠豆型品种。

2. 长江流域花生区　此区是我国春、夏花生交作，以麦套、油菜茬花生为主的产区，包括湖北、浙江、上海的全部，四川、湖南、江西、安徽、江苏的大部，重庆西部、河南南部，福建西北部、陕西西部以及甘肃东南部。花生主要分布在四川嘉陵江以西的绵阳—成都—宜宾地区一线，湖南的涟源—邵阳—道县一带，江西的赣江流域地区，淮南冲积土地区和湖北的鄂东北低山丘陵地区。种植面积和总产各占全国花生种植面积和总产的15％左右。

本区自然资源条件好，有利于花生生长发育，花生生育期积温3 500～5 000℃；日照时数一般为1 000～1 400h，最低800h，最高达1 600h，降水量一般在1 000mm左右，最低700mm，最高可达1 400mm。种植花生的土壤多为酸性土壤、黄壤、紫色土、沙土和沙砾土。栽培制度：丘陵地和冲积沙土多为一年一熟和二年三熟制，以春花生为主；南部地区及肥沃地多为二年三熟和一年二熟，以套种或夏直播花生为主，南部地区有少量秋植花生。适宜种植普通型、中间型和珍珠豆型品种。

3. 东南沿海花生区　此区是我国种植花生历史最早，又能春、秋两作的主产区。位于南岭以南的东南沿海地区，包括广东、海南、台湾的全部，广西、福建的大部和江西南部。花生种植面积和总产分别占全国花生种植面积和总产的20％左右。花生主要种植在海拔50m左右的地区，主要分布在东南沿海丘陵地区和沿海、河流冲积地区一带。广西的西北部和福建的戴云山等地分布较少。

本区高温多雨，水热资源丰富，居全国之冠。从北向南，花生生育期间的积温逐渐升高，由6 000℃左右到海南岛的南部可达9 000℃；年日照时数1 300～2 500h；年降水量1 200～1 800mm；种植花生的土壤多为丘陵红、黄壤和海、河流域冲积沙土。栽培制度因气候、土壤、劳力等因素比较复杂，以一年两熟、三熟和两年五熟的春、秋花生为主，海南省可种植冬花生。适宜种植珍珠豆型品种。

4. 云贵高原花生区　本区位于云贵高原和横断山脉范围，包括贵州全部，云南大部，湘西、川西南部，西藏的察隅以及桂北乐业至全州一线，花生种植分散，以云南的红河州、文山壮族苗族自治州、西双版纳傣族自治州、恩茅地区和贵州的同仁地区较多。花生种植面积和总产分别占全国种植面积和总产的2％左右。

本区为高原山地，地势西北高，东南低，高差悬殊。山高谷深，江河纵横，气候垂直差异明显，花生多种植于海拔1 500m以下的丘陵、平坝与半坡地带，土壤以红、黄壤为主，土质多为沙质土壤，酸性强。气候条件差异较大，花生生育期积温3 000～8 250℃；日照时数1 100～2 200h；降水量500～1 400mm。有干季、湿季之分，以云南较为明显，降水多集中在5～10月。栽培制度以一年一熟为主，部分二年三熟或一年二熟，元江、元谋、芒市、河口和西双版纳等地可春、秋两作花生。适宜种植珍珠豆型品种。

5. 黄土高原花生区　本区以黄土高原为主体，包括北京市北部，冀北、晋中北、陕北、甘肃东南部以及宁夏的部分地区，以昌平、怀柔、曲阳等地种植面积较大。花生种植面积和总产分别占全国花生种植面积和总产的0.5％以下。

本区地势西北高东南低，海拔高度1 000～1 600m，散布在山麓地带和高原上的沟谷密集区的黄土丘陵，花生多分布于地势较低地区。土质多为粉沙，疏松多孔，水土流失严重。花生生育期间积温2 300～3 100℃；日照时数1 100～1 300h；降水量250～550mm，多集中在6～8月。栽培制度为一年一熟。适宜种植珍珠豆型、多粒型品种。

6. 东北花生区　本区包括辽宁、吉林，黑龙江的大部以及河北燕山东段以北地区，花生主要分布在辽东、辽西丘陵以及辽西北等地。花生种植面积和总产分别占全国花生种植面积和总产的4％左右。种植花生的地区多为海拔200m以下的丘陵沙地和风沙地。

本区花生生育期积温2 300～3 300℃；日照时数900～1 450h；降水量330～600mm，东南多西北少。栽培制度多为一年一熟或二年三熟制。种植品种由南向北，为中间型、珍珠豆型、多粒型。

7. 西北花生区　本区地处我国大陆西北部，北、西为国界，南至昆仑、祁连山麓，东至贺兰山。包括新疆全部，甘肃的景泰、山丹以北地区，宁夏的中北部以及内蒙古的西北部。花生主要分布在盆地边缘和河流沿岸较低地区。花生种植面积和总产分别占全国花生种植面积和总产的1％以下。

本区地处内陆，绝大部分地区属于干旱荒漠气候，温、水、光、土资源配合有较大缺陷。种植花生的土壤多为沙土。区内气候差异较大，南疆、东疆南部和甘肃西北部花生生育期间积温为3 400～4 200℃，日照时数1 300～1 900h，降水量仅10～73mm。而甘肃东北部、宁夏中北部、新疆的北疆南部等地区，花生生育期间积温为2 800～3 100℃，日照时数1 400～1 500h；降水量90～108mm。甘肃河西走廊北部，新疆的北疆北部部分地区，花生生育期间积温2 300～2 650℃，日照时数1 150～1 350h，降水量61～123mm。此区温、光条件对花生生育有利，但雨量稀少，不能满足花生生长发育的需要，必须有灌溉条件才能种植花生。栽培制度为一年一熟的春花生。

第三节　不同生态区花生营养规律与施肥技术

花生为豆科植物，共生的根瘤菌能固定空气和土壤中的游离氮素，供给花生部分氮素营养。花生需要平衡吸收多种营养物质才能正常生长发育，不仅根系能够吸收营养物质，叶片、果针与幼果也有较强的吸收能力。因此，根据其营养吸收特点合理施用肥料，是提高花生产量、优化品质、增加效益、维持生态平衡的重要措施。

一、花生营养规律

(一)大量元素吸收运转规律

1. 氮素

①氮素的吸收运转规律。花生吸收氮素的主要形态是铵态氮（NH_4^+）和硝态氮（NO_3^-）。铵态氮被吸收后可直接利用，与有机酸作用合成氨基酸和蛋白质；硝态氮被吸收后经硝酸还原酶还原成铵态氮。花生由根系吸收的氮素，首先运转到茎叶，然后再输送到果针、幼果和荚果。

花生对氮素的吸收总量，不论早熟品种还是晚热品种均表现为随生育期的推进和生物产量的增加而增多，而各生育期吸氮量占全生育期吸氮总量的比率，早熟种以花针期最多，晚熟种以结荚期最多，幼苗期和饱果期较少（表9-3-1）。

花生所吸收的氮素在各器官的分配比率，不同生育期也不相同。幼苗期和开花下针期，氮的运转中心在叶部，叶部干物质中氮的含量分别为 3.94％和 3.86％。结荚期氮的运转中心转向果针和幼果，其干物质中氮的含量为 3.15％～3.82％。饱果期的运转中心转向荚果，其干物质中氮的含量为 3.53％～3.88％。

表 9-3-1　花生各生育期对氮素的吸收动态（占全生育期总量％）

（山东省花生研究所，1990；王在序，盖树人，1999）

品种类型	幼苗期	开花下针期	结荚期	饱果期
早熟品种（白沙 1016）	7.0	58.4	23.7	10.8
晚熟品种（蓬莱一窝猴）	4.7	53.5	53.8	8.0

花生对肥料氮的吸收利用率因气候、土壤条件（地力、质地、水分等）、肥料（种类、用量、施用期等）、花生品种类型的不同而有差异。年度、不同土壤质地、不同肥力水平间略有差异，但其总趋势是一致的。张思苏、余美炎、王在序等（1988）采用 ^{15}N 示踪研究表明，在中等肥力沙壤土上施用 N 37.5～225kg/hm^2 时，花生对硫铵中氮素的当季吸收利用率随着施氮量的增加而降低，介于 31.80％～42.15％，但吸收总量则随施氮量的增加而相应增加。不同部位对氮素的利用率营养体包括根、茎、叶为 10.05％～12.23％，生殖体包括荚果、幼果为 21.65％～32.09％。随着施氮量的增加，营养体对氮肥的利用率差异不大，而生殖体则逐步降低。氮素在土壤中的残留率为 18.43％～26.81％，损失率为 31.04％～49.71％，残留率随施氮量的增加而降低，损失率随施氮量的增加而增加。

在施用氮肥的同时配合施用磷肥，可显著提高花生对氮素的吸收利用率。山东省花生研究所（1990）在土壤含氮量偏低（0.436～0.553g/kg），有效磷含量中等偏上（29.8～45.2mg/kg）的沙壤土上施用氮素 75kg/hm^2，配施磷肥后花生对氮素的吸收利用率平均提高 7.33％，而氮素在土壤中的残留率增加 4.65％，损失率减少 12.06％。

不同类型花生品种对施入土壤中的肥料氮吸收利用率差异比较明显。总的趋势是丰产品种对氮素的吸收利用率高，低产类型品种吸收利用率低。山东省花生研究所（1990）在中等肥力的沙壤土上（全氮 0.49g/kg）施用氮（N）75kg/hm^2 时，珍珠豆型品种鲁花 3 号对氮素的吸收利用率最高，比中间类型品种花 37 高 16.8％；其次为龙生型品种西洋生，较花 37 高 7.5％；多粒型品种四粒红最低。各类型品种整株对氮素的吸收利用率依次为鲁花 3 号＞西洋生＞花 17＞花 37＞四粒红，生殖体（包括荚果和幼果）对氮素的吸收利用率依次为鲁花 3 号＞花 17＞花 37＞西洋生＞四粒红。

②花生植株体内的氮素来源。花生植株体内总氮中，土壤、肥料、根瘤菌 3 种氮源的供氮率受土壤质地、土壤肥力、氮肥用量、氮肥种类、花生品种等因素影响。随氮肥用量的增加，肥料和土壤的供氮率增加，而根瘤菌的供氮率则显著减少。中等肥力的沙壤土，不施氮肥时土壤供氮率为 19.24％，根瘤菌供氮率为 80.76％；在氮素用量 112.5kg/hm^2 以下时，根瘤菌供氮＞土壤供氮＞肥料供氮；氮肥用量在 150kg/hm^2 时，土壤供氮＞根瘤菌供氮＞肥料供氮；氮肥用量在 225kg/hm^2 时，土壤供氮＞肥料供氮＞根瘤菌供氮（表 9-3-2）。氮肥用量与肥料供氮、土壤供氮均呈极显著正相关（$r=0.9896$ 和 $r=0.9932$），与根瘤菌供

氮呈极显著负相关（$r=-0.992\ 6$）。

表 9-3-2　氮肥不同用量对花生三种氮源的供氮率

（山东省花生研究所，1990）

施氮量 （kg/hm²）	植株总氮量 （mg/盆）	各种氮源供氮率（%）		
		肥料	土壤	根瘤菌
0	1 715.5	0	19.24	80.76
37.5	1 875.5	6.37	23.09	70.54
75.0	1 969.0	11.71	29.10	59.19
112.5	2 050.5	16.65	36.31	47.04
150.0	1 965.0	20.71	41.03	37.66
225.0	2 040.0	26.52	49.04	24.44

不同种类氮肥对花生 3 种氮源的供氮率也有影响，山东省花生研究所（1990）在中等肥力土壤（全氮 0.55g/kg），施用等量 N（75kg/hm²）和 P_2O_5（112.5kg/hm²）条件下，以 ^{15}N 示踪的研究结果表明：不同氮肥种类（硫酸铵、尿素、碳酸氢铵、氯化铵）对花生吸收总氮量没有显著影响，对肥料供氮也没有显著影响，而对土壤和根瘤菌供氮影响显著，氯化铵的施用使土壤供氮率提高，根瘤菌供氮率显著降低，表明氯化铵的施用对根瘤菌供氮有一定的抑制作用。

施用钾肥对花生植株体内氮素的来源影响较大。山东省花生研究所（1990）在中等肥力的沙壤土（全氮 0.49g/kg）施用纯氮 75kg/hm²、磷（P_2O_5）112.5kg/hm² 的基础上，配施钾肥可显著增加花生植株体内的总氮量，且所增加氮量主要来自根瘤菌固氮，与不施用钾肥的对照相比，施钾处理来自根瘤菌的氮素平均高出 62.64%。

不同类型花生品种由于其遗传特性的不同，植株体内的氮素来源也显著不同。山东省花生研究所（1990）分析了鲁花 3 号、花 17、花 37、四粒红、西洋生分属于 5 个类型的代表品种花生体内的氮素来源，结果表明，肥料供氮率以多粒型四粒红最高，龙生型西洋生最低；土壤供氮率也以多粒型四粒红最高，龙生型西洋生最低；根瘤菌供氮率以龙生型西洋生最高，多粒型四粒红最低。

2. 磷素　花生吸收磷素进入植株体后，大部分转化为有机物，一部分仍保持无机物形态。花生植株体中磷的分布不均匀，根、茎生长点较多，嫩叶比老叶多，荚果和子仁中含量丰富。花生整个生育期对磷素的吸收是苗期和饱果期少，开花下针期和结荚期多，珍珠豆型早熟品种开花下针期多于结荚期，普通型晚熟品种开花下针期少于结荚期（表 9-3-3）。

表 9-3-3　花生各生育期对磷（P_2O_5）的吸收动态

（孙彦浩，梁裕元，余美炎等，1979）

品种类型	吸收量［占全生育期总量（%）］			
	幼苗期	开花下针期	结荚期	饱果期
早熟品种（白沙 1016）	8.2	58.0	15.5	18.3
晚熟品种（蓬莱一窝猴）	6.3	20.8	64.7	8.2

花生吸收的磷素，幼苗期的运转中心在茎部，含磷 0.44％；开花下针期运转中心由茎部转向果针和幼果，果针和幼果含磷 0.53％；结荚期运转中心仍集中于果针和幼果，含磷 0.44％～0.64％；饱果期的运转中心为荚果，含磷 0.54％～0.73％。另外，花生入土后的果针、幼果、初成型的荚果均可直接从土壤中吸收磷素，主要供其自身需要。其吸收能力的强弱与荚果的发育状况有关，越是幼龄吸收能力越强。据山东省花生研究所测定，入土果针、幼果、初成型荚果，吸收 ^{32}P 的脉冲百分数分别为 67.7％、20.2％和 12.1％。

花生根系吸收的磷素，首先运转到茎叶，然后再输送到果针、幼果和荚果。同列侧根吸收的磷，优先供应同列侧枝。据莱阳农学院和山东省花生研究所采用的 ^{32}P 示踪试验，根部施用 ^{32}P 后 48h，地上部各部位均能测到 ^{32}P，但以施 ^{32}P 侧根的同列侧枝 ^{32}P 最多，为全株总量的 28％～33.4％，而与其对生的另一侧枝仅为 5.3％～6.8％。花生根系吸收的磷素有相当数量供给根瘤菌的需要，因而有"以磷增氮"之说。

3. 钾素　钾素以离子态被花生吸收。花生生育期植株含钾量可高达 4％，主要集中在植株最活跃的部位，如生长点、幼针、形成层等。钾在花生植株内很易移动，随着花生的生长发育从老组织向新生部位移动，幼芽、嫩叶、根尖中均富含钾，而成熟的老组织和子仁中含量较低。花生对钾的吸收以开花下针期最多，结荚期次之，饱果期较少（表 9-3-4）。花生吸收的钾素，幼苗期的运转中心在叶部，开花下针期的运转中心由叶部转入茎部，结荚期和饱果期的运转中心仍在茎部。

表 9-3-4　花生各生育期对钾（K_2O）的吸收动态

（孙彦浩，梁裕元，余美炎等，1979）

品种类型	吸收量［占全生育期总量（％）］			
	幼苗期	开花下针期	结荚期	饱果期
早熟品种（白沙 1016）	12.3	74.7	12.4	0.6
晚熟品种（蓬莱一窝猴）	7.4	49.8	36.9	5.9

（二）花生对中量元素的吸收运转规律

1. 钙　花生是喜钙作物，需钙量大，仅次于氮、钾，居第三位。与同等产量水平的其他作物相比，需钙量约为大豆的 2 倍，玉米的 3 倍，水稻的 5 倍，小麦的 7 倍。钙在花生体内的流动性差，在花生植株一侧施钙，并不能改善另一侧的果实质量。

花生根系吸收的钙，除供应根系自身生长需要外，主要输送到茎叶，运转到荚果的很少。山东省花生研究所以普通型晚熟大花生品种宫家庄半蔓为供试材料，采用 ^{45}Ca 示踪试验的研究结果表明（孙彦浩，陶寿祥，1991），根系吸收的钙在各生育期均以运往叶片最多，苗期 73.2％，花针期高达 81.1％；运往茎部的占第二位，且随生育期的推进逐步增加，到收获期茎部含钙量达 32.1％。输送到生长点和荚果的数量很少，至收获期生长点、荚果的含钙量仅为 4.6％和 13.3％（表 9-3-5）。

花生除根系吸收钙外，叶片、果针、幼果均能吸收钙。叶片吸收的钙主要运往茎枝，很少运至荚果。荚果发育所需要的钙素营养主要依靠荚果本身自土壤和肥料中吸收。研究报道，将 ^{45}Ca 标记石膏施入花生结实区时，果针、幼果吸收的钙素有 88.3％积累在荚果中，运送到茎叶的部分只有痕量。据山东省花生研究所（1990）采用 ^{45}Ca 示踪研究，荚果吸收钙的能力随荚果的发育进程而减弱，其对钙的吸收分布入土果针为 15.5％，幼果果皮为 59.5％，幼果果仁为 7.5％，初成型荚果果皮为 16％，初成型荚果子仁为 1.5％。

表 9-3-5　不同生育期 ^{45}Ca 在花生各部位的分布

（孙彦浩，陶寿祥，1991）

植株部位	苗期		花针期		结荚期		收获期	
	脉冲	%	脉冲	%	脉冲	%	脉冲	%
生长点	80	3.0	2 646	1.4	16 888	1.2	5 835	4.6
茎	284	10.7	25 098	13.0	216 449	15.2	40 874	32.1
叶	1 940	73.2	156 977	81.1	1 031 415	72.2	51 800	40.7
根	348	13.1	8 513	4.3	33 942	2.4	11 848	9.3
荚果	—	—	365	0.2	128 693	9.0	16 991	13.3
合计	2 652	100.0	193 599	100.0	1 427 387	100.0	127 348	100.0

　　花生不同生育期对钙的吸收量以结荚期最多，开花下针期次之，幼苗期和饱果期较少（表 9-3-6）。花生吸收的钙素在植株体内运转缓慢，幼苗期的运转中心在根和茎部，开花下针期果针和幼果开始直接从土壤中吸收钙素，结荚期根系吸收的钙素主要随蒸腾流在木质部中自下向上运输，果针和幼果对钙的吸收量明显增加，饱果期吸收钙量减少。

表 9-3-6　花生各生育期对钙的吸收与分配（占全株总量，%）

（山东省花生研究所，1990；孙彦浩，陶寿祥，1991；左利，王勇，洪桂花，2010）

生育期	全株总量		营养体		生殖体	
	累积量	绝对量	累积量	绝对量	累积量	绝对量
幼苗期	10.0	10.0	10.0	10.0	—	—
开花下针期	46.2	36.2	43.9	33.9	2.3	2.3
结荚期	85.5	40.3	76.9	33.0	9.6	7.3
饱果期	100.0	13.5	83.5	6.6	16.5	6.9

　　2. 镁　镁以离子状态被花生根系吸收。花生体内移动性较强，可向新生部位转移。花生生育初期镁多存在于叶片，到结实期又转入子仁，并以核酸的形式贮藏于子仁中。

　　3. 硫　硫以硫酸根离子形态被吸收，进入花生植株体后，大部分被还原成硫，进一步同化为含硫氨基酸。硫也能被花生荚果吸收，且荚果吸收更快。硫的吸收高峰在开花盛期，此前硫主要集中在茎叶里，根部较少，成熟期荚果中占 50% 左右。花生植株体内的含硫量与含磷量大致相当，一般占干物质重的 0.1%～0.8%。据报道，开花盛期花生叶片含硫量迅速增加，峰值达 0.4%，其余时期叶片含硫量均在 0.2% 左右。

　　（三）花生对微量元素的吸收规律

　　花生对微量元素的需要量极小，吸收利用量也很少。花生对硼、钼、铁、锰比较敏感，施用效果较好。

　　花生是中等需硼的作物，硼在花生植株体内的含量一般为干物质重的 0.01%～0.03%。硼比较集中地分布在花生茎尖、根尖、叶片和花器官中。花生一生中对硼的吸收以苗期最多，占 46.9%，花期占 31.2%，收获期占 21.9%。

　　花生对钼的需要量极少，是微量营养元素中"最微量"的元素。花生所吸收的钼，用于固氮作用的量大于用于植株其他代谢反应的量。花生对钼的吸收量与土壤有效钼有关，土壤有效钼随着土壤 pH 的升高而显著增加，如 pH 增加 1 个单位，花生子仁中的钼含量增加 1

倍。花生根、茎、叶的含钼量以初花期＞结荚盛期＞收获期，钼主要积累在花生子粒中。

花生吸收的铁进入植株后，流动性很小，老叶中的铁不能向新叶转移。锌、锰、铜对铁有拮抗作用。花生对锰的吸收随土壤 pH 的升高而降低，在酸性土壤中，锰很易被利用，可能导致花生锰中毒；而在 pH 较高的土壤中，锰的可利用率可降低到缺素临界点。

二、花生需肥规律

花生对主要营养元素的需要量随生物产量和荚果产量的增加而增多。从山东省花生不同产量水平来看，花生荚果在 2 250～3 750kg/hm² 的中产水平，100kg 荚果养分吸收系数分别为 5.14kg 纯 N、0.80kg P_2O_5 和 2.22kg K_2O。≥3 7501kg/hm² 的高产水平下，100kg 荚果养分吸收系数平均分别为 5.63kg 纯 N、1.02kg P_2O_5 和 2.71kg K_2O（表 9-3-7）。表明随花生产量水平的提高，氮、磷、钾的需求量均增加。

表 9-3-7　山东省花生不同产量水平养分吸收量

（孙德胜，姚红燕，孙治民等，2010；孙彦浩，梁裕元，余美炎等，1979；

吴正锋，王才斌，杜连涛等，2008；张福锁，2011）

产量水平（kg/hm²）		每生产 100kg 荚果吸收养分量（kg）			
		N	P_2O_5	K_2O	Ca
中产水平	2 250～3 750	5.14	0.80	2.22	—
	≥3 750	5.25	0.81	2.32	—
高产水平	夏花生 6 000	6.40	1.30	3.20	—
	春花生 3 970.5～4 945.5	5.25	0.95	2.60	—
	平均	5.63	1.02	2.71	2.50

不同种植制度，花生的养分需求量也有一定的差异。山东省花生研究所（1990）研究表明（表 9-3-8），春播花生产量 3 970.5～4 945.5kg/hm² 范围时吸收氮（N）201～249kg/hm²、P_2O_5 37.5～49.5kg/hm²、K_2O 76.7～144.0kg/hm²；折合后每生产 100kg 荚果需要吸收 5.0～5.5kg 氮（N）、0.9～1.0kg P_2O_5、1.9～3.3kg K_2O；N：P_2O_5：K_2O 为（5.0～5.6）：1：（2.1～3.3）。据研究测定（表 9-3-9），花生荚果产量 6 000kg/hm² 的夏花生，需要吸收氮（N）383.5kg/hm²、P_2O_5 79.5kg/hm²、K_2O 138kg/hm²，折合每生产 100kg 荚果需要 6.4kg 氮，1.3kg P_2O_5，3.2kg K_2O；N：P_2O_5：K_2O 约为 4.8：1：1.7（万勇善，张高英，李向东等，1998）。

荚果产量在 3 477.0～5 740.5kg/hm² 范围内，花生对钙的需要量为 CaO 54.0～129.0kg/hm²，折合每生产 100kg 荚果需要 CaO 1.5～3.5kg，每 100kg 荚果需要 2.0～2.5kg CaO。

文献资料获得的各地花生 100kg 荚果产量养分需求量统计结果表明，不同地区也存在明显差异。2005—2010 年文献资料报道：山东省花生每 100kg 荚果氮（N）需求量为 4.86～6.80kg，平均为 6.01kg，磷（P_2O_5）需求量为 0.82～1.30kg，平均为 1.25kg，钾（K_2O）需求量为 2.10～3.80kg，平均为 3.15kg（表 9-3-8）。河南省花生每 100kg 荚果氮（N）需求量为 4.00～7.00kg，平均为 5.50kg，磷（P_2O_5）需求量为 1.00～2.00kg，平均为 1.50kg，钾（K_2O）需求量为 1.50～3.50kg，平均为 2.50kg。广东省花生每 100kg 荚果氮（N）的需求量为 4.50～6.00kg，平均为 5.25kg，磷（P_2O_5）需求量为 0.60～1.30kg，平均为 0.95kg，钾（K_2O）需求量为 3.00～4.50kg，平均为 3.75kg。河北省花生 100kg 荚果氮（N）需求量为 6.00～6.40kg，平均为 6.20kg，磷（P_2O_5）需求量为 1.00～1.10kg，平均为 1.05kg，钾（K_2O）需求量为 3.00～3.40kg，平均为 3.20kg。辽宁省花生 100kg 荚果氮（N）的需求量为 3.15～6.83kg，平均为 4.84kg，磷（P_2O_5）需求量为 0.53～1.59kg，平均为 1.03kg，钾（K_2O）需求量为 1.03～4.00kg，平均为 2.40kg（表 9-3-9）。

表 9-3-8　山东省花生的需肥规律

（万勇善，张高英，李向东等，1998）

花生类型		产量水平（kg/hm²）	
		春花生 3 970.5～4 945.5	夏花生 6 000.0
吸收量（kg/hm²）	N	201～249	383.5
	P_2O_5	37.5～49.5	79.5
	K_2O	76.7～144.0	138
100kg 荚果吸收量（kg）	N	5.0～5.5	6.4
	P_2O_5	0.9～1.0	1.3
	K_2O	1.9～3.3	3.2
N：P_2O_5：K_2O		5.0～5.6：1：2.1～3.3	4.8：1：1.7

表 9-3-9　各省花生每 100kg 荚果养分需求量统计表

（王在序，盖树人，1999；张福锁，2011；谭金芳，2011；彭智平，赵秉强，2014；
刘晓芹，2007；娄春荣，董环，王秀娟等，2008；熊海忠，2012）

省（市）	每 100kg 荚果籽粒养分吸收量（kg）								
	N			P_2O_5			K_2O		
	最小值	最大值	平均值	最小值	最大值	平均值	最小值	最大值	平均值
山东	4.86	6.80	6.01	0.82	1.30	1.25	2.10	3.80	3.15
河南	4.00	7.00	5.50	1.00	2.00	1.50	1.50	3.50	2.50
广东	4.50	6.00	5.25	0.60	1.30	0.95	3.00	4.50	3.75
河北	6.00	6.40	6.20	1.00	1.10	1.05	3.00	3.40	3.20
辽宁	3.15	6.83	4.84	0.53	1.59	1.03	1.03	4.00	2.40

据报道，广西壮族自治区花生以每公顷种植 30 万株计算，需吸收纯氮 235.5kg/hm²、磷（P_2O_5）51.5kg/hm²、钾（K_2O）61.2kg/hm²。此外，花生还需要钙 96.0kg/hm²、镁 96.0kg/hm²、铁 6.0kg/hm²，对钼、硼等元素也要求迫切，反应敏感。

余常兵、李志玉、廖伯寿等（2012）和余常兵，廖星（2014）研究表明（表 9-3-10），湖北省每生产 100kg 花生荚果所带走的养分量，氮为 3.63～4.98kg、平均为 4.34kg，磷为 0.47～0.61kg、平均为 0.52kg，钾为 1.29～2.36kg、平均为 1.70kg，钙为 0.90～2.23kg、平均为 1.54kg，镁为 0.85～1.00kg、平均为 0.94kg。且不同品种间差异较大，可能与品种自身遗传特性和收获时的成熟度有关。

表 9-3-10　湖北省每生产 100kg 荚果花生带走的养分量（kg）

（余常兵，李志玉，廖伯寿等，2012；余常兵，廖星，2014）

品种	N	P	K	Ca	Mg	Fe	Cu	Zn	B
中花 6 号	3.63	0.47	1.45	0.90	1.00	1.38	0.02	0.26	0.05
海花 8 号	4.98	0.61	2.36	2.23	0.96	1.67	0.01	0.06	0.05
小白沙	4.41	0.48	1.29	1.50	0.85	0.69	0.01	0.03	0.03
平均	4.34	0.52	1.70	1.54	0.94	1.25	0.01	0.12	0.04

三、花生施肥技术与评价

（一）花生的施肥习惯和施肥技术

花生生产在不同的地区施肥习惯差异较大。从肥料类型看，山东省花生种植中，有机肥施用量很少，80％以上农户施用复合肥料作基肥，基肥施用尿素、碳酸氢铵和过磷酸钙的农户仅占被调查农户的 7.7％、10.4％和 0.5％，没有农户选用单质化学钾肥作为基肥（赵秀芬，房增国，李俊良，2009a）（表 9-3-11）；绝大多数种植户不追肥，追肥的农户中，尿素和复合肥料的施用比例稍大，其次是碳酸氢铵，极少追施单质磷钾肥，且第二次追肥量及施用农户远低于第一次追肥，这可能与花生广泛采用覆膜栽培导致追肥困难有关。湖北省花生种植中主要施用复合肥料、碳酸氢铵、过磷酸钙、尿素和农家肥等。在调查的 377 个复合肥料施用样品中，共有 39 个肥料配方，养分含量从 15％至 48％变化，主要配方有 16-16-16（57 个）、15-15-15（57 个）、12-7-6（48 个）和 10-7-6（25 个）等。农家肥主要为畜禽粪便、人粪尿、草木灰和饼肥等。基肥以复合肥料、碳酸氢铵、过磷酸钙和农家肥为主，分别有 311、257、210 和 154 个调查样次；追肥以尿素和复合肥料为主，分别有 174 和 73 个调查样品（表 9-3-12）。

表 9-3-11　山东省花生施肥中施用的化肥品种

（赵秀芬，房增国，李俊良，2009a）

区域	样本数（个）	化肥品种	基肥		第一次追肥		第二次追肥	
			施用量（kg/hm²）	施用农户（%）	施用量（kg/hm²）	施用农户（%）	施用量（kg/hm²）	施用农户（%）
全省	442	尿素（N）	225	7.7	153	12.7	100	1.4
		碳酸氢铵（N）	85	10.4	113	5.4	0	0
		过磷酸钙（P_2O_5）	90	0.5	249	0.9	0	0
		氯化钾（K_2O）	0	0	119	0.9	90	0.5
		硫酸钾（K_2O）	112	0.9	0	0	15	0.5
		复合肥（N）	119	84.6	80	10	62	2.3
		复合肥（P_2O_5）	117	81.9	78	10	62	2.3
		复合肥（K_2O）	119	84.2	82	10	62	2.3

表 9-3-12　湖北省花生施用肥料类型调查样次

(余常兵，廖星，2014)

肥料类型	作基肥用（个）	作追肥用（个）	备　注
农家肥	154	16	
秸秆	26	9	
尿素	76	174	农家肥：以鸡粪、猪粪、牛粪、人粪尿和草木灰为主。
碳酸氢铵	257	29	秸秆：以水稻或油菜秸秆为主
磷酸一铵	1		复合肥：在 377 个施用样次中，共有 39 个肥料配方，养分含
过磷酸钙	210	13	量从 15% 至 48%，主要配方中，16-16-16 有 57 个，
磷酸二氢钾	4		57 个，12-7-6 有 48 个，10-7-6 有 25 个，12-6-7 有 20 个，14-
氯化钾	21		16-15 有 16 个
硫酸钾	4	5	
硝酸钾	4		
硼肥	13	14	
复合肥	311	73	

从花生肥料养分的用量看，山东省花生的 N、P_2O_5、K_2O 平均施用量分别为 181 kg/hm²、131kg/hm²、134kg/hm²，比例为 1：0.72：0.74（赵秀芬，房增国，李俊良，2009a），这说明山东省花生种植户比较重视氮素的投入。湖北省花生氮肥平均用量为 114.75kg/hm²，磷肥平均用量为 60.75kg/hm²，钾肥平均用量为 25.20kg/hm²；从肥料用量分布看，农户氮肥用量多在 45～90kg/hm² 和 90～145kg/hm²，呈明显的正态分布；磷肥用量（P_2O_5）最多为 30～60kg/hm²，但不同用量范围分布较均衡；多达 43.63% 的农户不施钾肥，各约 15% 的农户钾肥（K_2O）用量在 0～30kg/hm² 和 30～60kg/hm²，高钾用量很少。总体看，花生氮肥用量偏高，磷肥较适宜，钾肥明显不足。

从施肥方式看，山东省花生种植生产中，基肥养分（N-P_2O_5-K_2O）施用量在 400 kg/hm² 左右，其中大部分农户在花生生育期内不再追肥，而进行追肥的农户中基肥养分施用量在不同区域差异较大；从山东省花生施用追肥的肥料用量和比例看（表 9-3-13），被调查农户 N、P_2O_5、K_2O 作为基肥的施用量分别为 148kg/hm²、125kg/hm² 和 130kg/hm²，95% 以上的磷钾、约 82% 的氮素作为基肥施用，追肥用量较少，且施用比例也较小。湖北省花生施肥以一次基施为主（占总的 57.48%），一次基肥一次追肥次之（占总量的 29.92%），其他施肥方式所占比例较小（表 9-3-14）；按不同肥料进行分析，氮肥的 58.78% 只用于基肥，10.81% 只用于追肥，30.41% 既作基肥也作追肥；磷钾肥主要做基肥（大于 80%），做追肥或基追两用的较少。

表 9-3-13　山东省花生种植生产中肥料三要素的施用量及基追比例

(赵秀芬，房增国，李俊良，2009a)

项　目	N	P_2O_5	K_2O
施用比例	99.5	92.3	92.8
调查农户基肥施用量（kg/hm²）	148	125	130
追肥农户基肥施用量（kg/hm²）	133	105	109
追肥施用量（kg/hm²）	147	100	86
基肥：追肥	1：1.10	1：0.96	1：0.79

表 9-3-14　湖北省花生施肥方式分析

(余常兵，廖星，2014)

施肥次数	样本数	比例（%）	施肥方式	样本数			比例（%）		
				氮	磷	钾	氮	磷	钾
不施肥	16	2.52	基肥	348	468	308	58.78	86.19	83.02
一次基施	365	57.48	追肥	64	65	55	10.81	11.97	14.82
一次追施	42	6.61	基追肥	180	10	8	30.41	1.84	2.16
一基一追	190	29.92	—	—	—	—	—	—	—
一基两追	22	3.46	—	—	—	—	—	—	—

（二）花生施肥技术与对策分析

1. 花生施肥中存在的问题　花生是豆科作物，自身具有固氮能力，但其自身固氮作用不能满足高产对氮素营养的需求，必须施用氮肥。过多的施用氮肥和在不适宜的阶段施用氮肥均会抑制花生结瘤和根瘤固氮活性，从而降低共生固氮作用，故花生生长初期应适当控制氮素的施用。由于受传统习惯的影响，农民大多凭经验施肥，造成土壤有效养分的极度不平衡，主要表现在氮、磷、钾比例失调，氮、磷肥超量；从施肥时期上看，磷肥和钾肥更多地被农户用作基肥，作基肥要比作追肥效果好（赵秀芬，房增国，李俊良，2009b）。而对于氮肥，基施比例过大会造成生育后期脱肥，抑制根瘤固氮作用。因此，氮肥应减少基肥用量，加大追肥比例。追肥还应注意在花生下针前进行，因为下针以后难以追肥。从提高氮肥利用率、减少氮素损失和充分发挥根瘤共生固氮的角度，在花生实际生产中应避免氮肥作基肥"一炮轰"，而应将氮肥施用时期后移，并适当提高后期追肥比例，这有利于提高氮肥吸收利用率和降低土壤氮素表观盈余量，从而减轻氮肥对根瘤共生固氮的抑制作用，减轻氮肥施用对环境的污染及资源的浪费。花生施肥存在的主要问题如下。

①有机肥施用农户少，施用量很低。

②施肥结构不合理。氮、磷肥，特别是氮肥施用普遍过量，而钾肥施用相对不足，氮磷钾肥施用比例不合理。

③施用方法不当。追肥撒施，肥料暴露于地表，氮肥易伤叶且挥发损失，磷钾因移动性差不能进入耕层而无法被吸收。

④在山地丘陵低产田地块采用"一炮轰"的方式施肥。

2. 花生施肥技术的对策分析　增施有机肥，提倡有机肥和化肥配合施用。施足基肥，适当追肥。普遍调减氮磷化肥用量。根据花生需肥规律和产量水平，确定合理的调减幅度、氮磷肥施用比例和用量。花生 $N：P_2O_5：K_2O$ 的施用比例控制在 $1：1.5：2$ 左右。氮肥分期施用，适当进行氮肥后移，根据花生生长状况适时适量进行追肥，掌握"壮苗轻施、弱苗重施，肥地少施、瘦地多施"的原则。

第四节 不同生态区花生施肥的肥效反应

一、花生施肥的肥料利用率

不同省份花生的肥料利用率差异较大（表 9-4-1），根据山东省花生研究所多年的研究结果，在花生荚果产量 3 750～5 250 kg/hm² 的范围内，每生产 100 kg 荚果需要吸收的氮（N）、磷（P_2O_5）、钾（K_2O）分别为 5 kg、1 kg、2 kg，花生的当季肥料利用率分别为：氮肥 41.8%～50.4%，磷肥 15%～25%，钾肥 45%～60%。

根据相关文献报道，辽宁省花生的氮肥利用率为 15.18%～57.6%、平均 35.76%；磷肥利用率为 3.48%～22.04%、平均 10.68%；钾肥利用率为 11.23%～53.73%、平均 25.78%。福建省花生的氮、磷、钾肥料利用率很高，均在 87% 以上，具体原因有待于进一步研究。

表 9-4-1 不同地区花生的肥料利用率（%）

（山东省花生研究所，1990；娄春荣，董环，王秀娟等，2008；徐志平，姚宝全，章明清等，2008）

省（市）	N			P_2O_5			K_2O		
	最小值	最大值	平均值	最小值	最大值	平均值	最小值	最大值	平均值
山东	41.8	50.4	46.1	15	25	20	45	60	52.5
福建	90	101	95.5	90	100	95	87	98	92.5
辽宁	15.18	57.6	35.76	3.48	22.04	10.68	11.23	53.75	25.78

二、花生施肥的肥效反应

综合查阅近几年相关文献资料表明，全国各地花生施肥的肥效反应存在较大差异。山东省 2005—2010 年花生肥效的文献资料结果表明（表 9-4-2），每千克氮肥（N）花生荚果增产 0.17～10.04 kg，平均为 5.82 kg；每千克磷肥（P_2O_5）花生荚果增产 1.90～25.30 kg，平均为 4.89 kg；每千克钾肥（K_2O）增产花生荚果 1.15～10.00 kg，平均 4.49 kg（张福锁，2011；赵秀芬，房增国，李俊良，2009b；吴正锋，王才斌，杜连涛等，2008；王在序，盖树人，1999；房增国，赵秀芬，李俊良，2009）。

河北省和陕西省每千克氮肥（N）花生荚果增产平均为 6.66 kg；每千克磷肥（P_2O_5）花生荚果增产平均为 4.31 kg。河南省每千克氮肥（N）花生荚果增产 10.00～15.00 kg，平均为 12.50 kg；每千克磷肥（P_2O_5）花生荚果增产 5.00～15.00 kg，平均为 10.00 kg；每千克钾肥（K_2O）增产花生荚果 1.15～10.00 kg，平均 4.49 kg（张福锁，2011；吴正锋，王才斌，杜连涛等，2008；王在序，盖树人，1999）。

福建省每千克氮肥（N）花生荚果增产平均为 7.53 kg；每千克磷肥（P_2O_5）花生荚果增产平均为 7.76 kg，每千克钾肥（K_2O）增产花生荚果平均 5.29 kg。根据余常兵，廖星（2012）的研究结果，湖北省每千克氮肥（N）花生荚果增产 2.20～46.10 kg，平均为 14.86 kg；每千克磷肥（P_2O_5）花生荚果增产 0.40～30.40 kg，平均为 13.97 kg；每千克钾肥（K_2O）增产花生荚果 3.10～20.40 kg，平均为 13.37 kg。如表 9-4-2 所示。

表 9-4-2 不同省份花生的肥效反应

（张福锁，2011；赵秀芬，房增国，李俊良，2009b；吴正锋，王才斌，杜连涛等，2008；
王在序，盖树人，1999；房增国，赵秀芬，李俊良，2009；余常兵，廖星，2012）

省（市）	1kg 养分增产花生荚果的量（kg）								
	N			P_2O_5			K_2O		
	最小值	最大值	平均值	最小值	最大值	平均值	最小值	最大值	平均值
山东	0.17	10.04	5.82	1.90	25.30	4.89	1.15	10.00	4.49
河北、陕西	—	—	6.66	—	—	4.31	—	—	
河南	10.00	15.00	12.50	5.00	15.00	10.00			
广东	−0.74	50.41	—	−0.43	35.08	—	−1.34	32.94	
福建	—	—	7.53	—	—	7.67	—	—	5.29
湖北	2.20	46.10	14.86	0.40	30.40	13.97	3.10	20.40	13.37

第五节　花生专用复混肥料农艺配方

一、花生专用复混肥料农艺配方制订的依据

　　我国农业分布地域广阔，自然条件复杂，种植制度多样，影响农业生产的因素众多。花生种植区域广泛，且多种植于薄地丘陵区。不同农业生态区花生专用复合（混）肥料农艺配方制订以农业生态分布与区域划分为基础，依据土壤养分供应特征、作物养分需求规律及肥效反应，结合区域气候特征，优化确定配方。

　　制订花生专用复混肥料农艺配方，需要考虑以下几个方面：一是花生需肥量和氮、磷、钾素化肥的需肥比例。二是花生对肥料的当季吸收利用率和肥效反应。三是花生植株体内的氮素来源：花生植株体内的氮素来源有根瘤固氮、土壤和肥料供氮 3 个方面，根瘤菌供氮率与施氮量呈极显著负相关，肥料、土壤供氮量与施氮量呈极显著正相关。四是花生的施肥习惯，

二、不同生态区花生专用复混肥料农艺配方

　　将我国的花生划分为 7 个生态类型区。依据本书第二章农田养分综合平衡法制订区域作物专用复混肥料农艺配方的方法（贾可，沈兵，张天山等，2008；李絮花，赵秉强，2014），每个生态区制订一个花生区域专用复混肥料配方。此配方在花生高产区使用区域大配方时可适当增加施肥量，以满足花生高产的需求，对于中产花生区可根据花生生长状况和株型进行适当的特征肥料用量。每个生态区内的高、中、低产花生田各制订一个花生专用复混肥料配方（表 9-5-1）。

表 9-5-1 不同花生生态区专用复混肥料农艺配方

生态区划分与命名	类型	每 667m² 施肥量（kg）N-P_2O_5-K_2O		
		施肥总量	基肥用量	追肥用量
黄河流域花生区	大配方	8-8-12	6-8-12	2-0-0
	高产田	8-9-12	6-9-12	2-0-0
	中产田	7-8-10	5-8-10	2-0-0
	低产田	6-8-9	4-8-9	2-0-0

（续）

生态区划分与命名	类型	每 667m² 施肥量（kg）N-P₂O₅-K₂O		
		施肥总量	基肥用量	追肥用量
长江流域花生区	大配方	7-5-6	5-5-6	2-0-0
	高产田	8-6-6	6-6-6	2-0-0
	中产田	7-5-6	5-5-6	2-0-0
	低产田	6-5-6	4-5-6	2-0-0
东南沿海花生区	大配方	9-5-9	5-5-9	4-0-0
	高产田	10-5-9	6-5-9	4-0-0
	中产田	9-5-9	5-5-9	4-0-0
	低产田	8-4-8	4-4-8	4-0-0
云贵高原花生区	大配方	7-7-9	5-7-11	2-0-0
	高产田	8-7-10	5-7-10	3-0-0
	中产田	7-7-9	4-7-10	3-0-0
	低产田	6-6-8	3-6-8	3-0-0
黄土高原花生区	大配方	7-6-7	5-6-7	2-0-0
	高产田	8-6-7	6-6-7	2-0-0
	中产田	7-6-7	5-6-7	2-0-0
	低产田	6-6-7	4-6-7	2-0-0
东北花生区	大配方	7-7-9	5-7-9	2-0-0
	高产田	8-7-9	6-7-9	2-0-0
	中产田	7-7-9	5-7-9	2-0-0
	低产田	6-7-9	4-7-9	2-0-0
西北花生区	大配方	7-6-7	5-6-7	2-0-0
	高产田	8-6-7	6-6-7	2-0-0
	中产田	7-6-7	5-6-7	2-0-0
	低产田	6-6-7	4-6-7	2-0-0

三、花生专用复混肥料农艺配方区划图

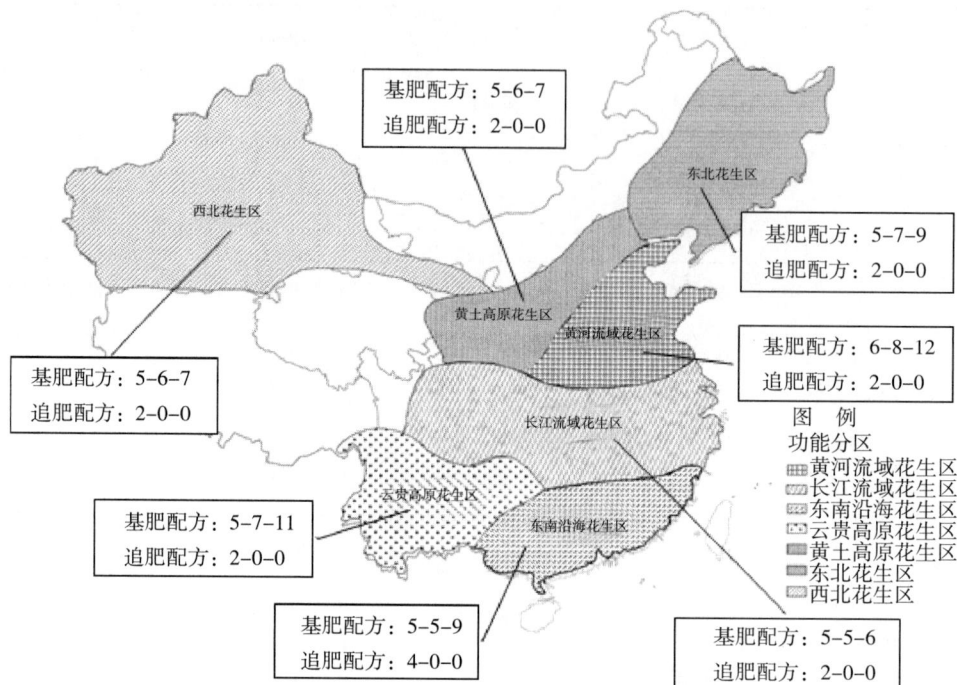

基肥配方：5-6-7
追肥配方：2-0-0

东北花生区

西北花生区

基肥配方：5-7-9
追肥配方：2-0-0

黄土高原花生区

黄河流域花生区

基肥配方：5-6-7
追肥配方：2-0-0

基肥配方：6-8-12
追肥配方：2-0-0

长江流域花生区

图　例
功能分区
黄河流域花生区
长江流域花生区
东南沿海花生区
云贵高原花生区
黄土高原花生区
东北花生区
西北花生区

云贵高原花生区

基肥配方：5-7-11
追肥配方：2-0-0

东南沿海花生区

基肥配方：5-5-9
追肥配方：4-0-0

基肥配方：5-5-6
追肥配方：2-0-0

图 9-3　花生专用复混肥料农艺配方区划图

参 考 文 献

房增国，赵秀芬，李俊良 .2009. 山东省不同区域花生施肥现状分析［J］. 中国农学通报，25（13）：129-133.

傅家瑞 .1994. 花生种子萌发前期生理与提高种质的途径［J］. 中山大学学报：自然科学版（2）：115-120

贾可，沈兵，张天山 .2008. 复合肥配方制订方法及存在问题初探［J］. 河北农业科学，12（5）：60-73.

李絮花，赵秉强 .2014. 山东省作物专用复混肥农艺配方［M］. 北京：中国农业出版社 .

刘晓芹 .2007. 花生测土配方施肥技术［J］. 河北农业（7）：23-24.

娄春荣，董环，王秀娟，等 .2008. 辽宁省花生 "3414" 肥料试验施肥模型探讨［J］. 土壤通报（8）：892-895.

彭智平，赵秉强，等 .2014. 广东省作物专用复混肥农艺配方［M］. 北京：中国农业出版社 .

山东省花生研究所 .1990. 花生栽培生理［M］. 上海：上海科学技术出版社 .

山东省统计局 .1978—2010. 山东省统计年鉴［M］. 北京：中国统计出版社 .

山东省统计局 .2010. 山东省统计年鉴［M］. 北京：中国统计出版社 .

孙德胜，姚红燕，孙治民，等 .2010. 鲁东南瘠薄低产花生田配方施肥模式试验［J］. 现代农业科技（14），265-266.

孙彦浩，梁裕元，余美炎，等 .1979. 花生对氮磷钾三要素吸收运转规律的研究［J］. 土壤肥（05）：40-43.

孙彦浩，陶寿祥 .1991. 花生的钙素营养特点和钙肥施用的研究概况［J］. 中国油料（3）：81-83.

孙彦浩，陶寿祥，王才斌 .1992. 我国花生地膜覆盖栽培的应用现状和发展前景［J］. 中国油料（2）：1-4.

余常兵，李志玉，廖伯寿，等．2012．湖北省花生平衡施肥技术研究Ⅴ．花生养分积累分配规律［J］．湖北农业科学，51（2）：236-237，242.

余常兵，廖星．2014．湖北省作物专用复混肥农艺配方［M］．北京：中国农业出版社．

谭金芳．2011．作物施肥原理与技术［M］．北京：中国农业大学出版社．

万书波．2003．中国花生栽培学［M］．上海：上海科学技术出版社．

万勇善，张高英，李向东，等．1998．高产夏直播花生干物质积累动态与产量形成规律［J］．中国油料作物学报，20（2）：43-47.

王晶珊，封海胜，栾文琪．1985．低温对花生出苗的影响及耐低温种质的筛选［J］．中国油料（3）：28-32.

王在序，盖树人．1999．山东花生［M］．上海：上海科学技术出版社．

吴正锋，王才斌，杜连涛，等．2008．山东省不同生态区花生产量及产量性状稳定性分析［J］．中国生态农业学报，16（6）：1439-1443.

熊海忠．2012．花生测土配方施肥技术［J］．农业科技通讯（2）：135-136.

徐志平，姚宝全，章明清，等．2008．福建主要粮油作物测土配方施肥指标体系研究Ⅰ·土壤基础肥力对作物产量的贡献率及其施肥效应［J］．福建农业学报，23（4）：396-402.

杨国枝．1985．谈谈早中熟花生与气候生态条件的关系［J］．花生科技（4）：13-18.

张福锁．2011．测土配方施肥技术［M］．北京：中国农业大学出版社．

张开林，唐庆文，孙厚振．1984．花生遮光对其生育及产量影响初探［J］．花生科技（2）：6-7.

张思苏，余美炎，王在序，等．1988．应用^{15}N示踪法研究花生对氮素的吸收利用［J］．中国油料（2）：52-55.

赵秀芬，房增国，李俊良．2009a．山东省不同区域花生基肥和追肥用量及比例分析［J］．中国农学通报，24（18）：231-235.

赵秀芬，房增国，李俊良．2009b．山东省不同区域花生种植生产中的管理措施分析［J］．中国农学通报，24（14）：113-117.

中国统计局．1978—2011．中国统计年鉴［M］．北京：中国统计出版社．

中国统计局．2012．中国统计年鉴［M］．北京：中国统计出版社．

祖延林，董又青，段绍咸．1985．气象因素与花生产量的关系［J］．花生科技（4）：23-24.

左利，王勇，洪桂花．2010．花生的需肥特性及施肥技术［J］．现代农业科技（13）：78-79.

第十章　甘蔗专用复混肥料农艺配方

甘蔗是我国重要的经济作物之一，全世界的糖70%～80%产自甘蔗。世界甘蔗主要生产国有巴西、古巴、印度、中国、澳大利亚和美国等15个国家。我国甘蔗主产省（自治区）有广西、云南、广东、海南和福建（其中广西为第一大种植区，占全国甘蔗总面积的60%～70%）。江西、湖南、贵州、四川、湖北、浙江等地也有少量种植。

甘蔗在植物学上属于种子植物门、单子叶植物纲、禾本科、甘蔗属，学名：*Saccharum officinarum* L.，英文名：sugarcane。是一年生宿根的热带亚热带作物，因此，世界甘蔗经济栽培区位于35°S～35°N，在此区域内都可种植，以10°S～23°S、10°N～23°N为最适宜生长区，在23°S或23°N以上及10°S～10°N，甘蔗产量和糖分都较低。甘蔗与玉米、高粱、木薯等均属C_4作物，不仅抗逆性强，而且光合作用率高。甘蔗是可有效利用太阳能的一种多年生禾本科植物，它能把太阳能转化成糖和纤维。栽培甘蔗的目的是从蔗茎中提取糖分。

一般认为甘蔗有三大起源中心，一是印度（印度种）；二是中国（芦蔗）；三是南太平洋诸岛（热带种）。甘蔗最早生长在东南亚和印度西部，是印度次大陆的一种重要作物。大约于公元647年被埃及引种，约1个世纪后被西班牙引种（公元755年），从此，甘蔗的种植延伸到热带和亚热带各地区。目前，甘蔗在人们的定向培育中形成了两大种类，一类主要用于制糖，其纤维较为发达，利于压榨，糖分较高，一般为12%以上，出糖率高，称其为糖料蔗，或称为原料蔗；另一类主要作为水果食用，其纤维较少，水分充足，糖分较低，一般为8%左右，又称果蔗，或肉蔗。

甘蔗作为主要的糖料作物，其种植面积约占世界糖料作物的57%，产糖量占70%以上（FAO，1992）。中国是世界上种蔗制糖最早的国家之一，世界上有90多个国家或地区种蔗制糖。如今生长的甘蔗大部分是热带种（Sofficinarum）和其他品种的杂种，并具有野生的特性。按Bacchi（1983）的意见，甘蔗的栽培种与培育国和地区有相应的编号，如阿根廷培育的甘蔗名以NA开头，南非用N，澳大利亚用Q，巴西用CB、IAC、PB、RB和SP，哥伦比亚用ICA，古巴用C，美国用CP，印度用Co，菲律宾用Phil，印度尼西亚用POJ，埃及用E，编号后面有3个或3个以上的数字。

据国际有关糖业机构统计，2002年世界甘蔗收获面积为1 933万hm^2，世界食糖产量为1.319亿t，消费量为1.325亿t。其中世界上甘蔗种植面积最大的国家是巴西，年种植面积487万hm^2；其次是印度，植蔗面积413万hm^2；中国居第三，植蔗面积128万hm^2（FAO，1992）。

中国蔗区主要分布在广东、台湾、广西、福建、四川、云南、江西、贵州、湖南、浙江、湖北等省（自治区）。2001年，我国糖料播种面积165.4万hm^2，糖料蔗总产8 656万t；2001/2002榨季食糖总产量820万t。食糖总产居巴西、印度之后，位列世界第三。

甘蔗植株在一定条件下其生长锥可分化为有性生殖器官，出现孕穗、抽穗、开花乃至结实，一般株高 3m 左右，抽穗后可达 4m 以上。甘蔗为须根系植物，生产上用蔗茎做种，由节上的根点产生种根，一般较纤细，寿命较短，也称临时根。苗根或次生根较粗壮，寿命长，也叫永久根。通常在幼苗长出 3 片真叶时发生。同一植株上，从下部节产生的苗根比上部节产生的粗，节位越高的越细。苗根多分布在表土层 30cm 左右处，分为表根、支持根和深根群。

甘蔗茎分主茎和分蘖茎，叶由叶片和叶鞘组成。甘蔗花穗为复总状花序，由主轴、支轴、小支轴及小穗梗和小穗组成，每一小支轴节上着生两个小穗，上部小穗较小，有柄；下部小穗大，无柄；小穗基部有丝状毛。每个小穗由外护颖、内护颖、不孕外颖、孕内颖及小颖组成，通常缺小颖。花具三雄蕊、一雌蕊及二鳞片；子房单室，花药深紫色者多。子实为颖果，成熟时呈棕色，长卵形。播种到收获，可分为发芽期、成苗期、分蘖期、伸长期和成熟期（分工艺成熟期和生理成熟期）。

甘蔗萌发生长以 30℃ 左右为最适宜，种子发芽所需的最低温度为 18℃，适宜温度为 26～30℃。蔗节上根点在 10℃ 即可萌动，20～27℃ 为最适宜温度（Cabrera A.，1994）；蔗茎伸长的最适温度为 32℃ 左右。甘蔗为喜光作物，光饱和点高，光补偿点低，光呼吸强度为（CO_2）0.07 mg/（$dm^2 \cdot h$），光呼吸消耗只占总光合产物的 0.5% 以下，光合效率一般可达 50g/（$m^2 \cdot d$）以上。甘蔗植株高大，叶面积指数高，生长期长，需水比较多，但根系发达，可吸收深层水分，故较为抗旱。一般生产 1kg 蔗茎，耗水 85.7～210.9kg。平均 133kg。在生长盛期以前，一般要求土壤最大持水量达 70% 为宜，低于 65% 或高于 80% 均不利于甘蔗生长；伸长期是甘蔗需水最旺盛时期，耗水量占全生育期的 50%～60%，土壤最大持水量须经常保持在 80%～90%；工艺成熟期，通常保持土壤最大持水量的 60%～70% 为宜。

甘蔗光合作用强，所需 CO_2 较多，当 CO_2 浓度由 0.03% 提高到 0.06% 时，其光合强度可提高 50% 左右。由土壤释放的 CO_2，也能增加蔗田的 CO_2 浓度，其参与光合作用所产生的产物约占植株总光合产物的 9%～10%。蔗株含碳、氧、氢、氮、磷、钾、钙、镁、硅、铜、铁、硫、锰、锌、硼、钼、氯等化学元素，其中碳、氢、氧占植株总鲜重的 99%；蔗茎干物质约占总生物量的 50%～60%。甘蔗根系对养分的吸收以氮、磷、钾最多，钙、镁、硅其次。一般每吨原料蔗需吸收 N 1.32～3.20kg，P_2O_5 0.27～0.70kg，K_2O 1.01～3.34kg，CaO 0.95～1.10kg，MgO 0.50～0.75kg。甘蔗对氮（N）的吸收量以分蘖期、伸长初期和伸长末期为最多时期，甘蔗在各生育阶段吸收氮的比例（以 $N_2P_2K_2$ 处理为例），苗期占 7.9%，分蘖期占 16.1%，伸长初期占 31.0%，伸长末期占 35.3%，成熟期占 9.7%；对磷（P_2O_5）的吸收量以分蘖期、伸长初期和伸长末期为最多的时期，甘蔗在各生育阶段吸收磷的比例（以 $N_2P_2K_2$ 处理为例），苗期占 7.1%，分蘖期占 18.5%，伸长初期占 31.6%，伸长末期占 36.7%，成熟期占 6.1%；对钾（K_2O）的吸收量以分蘖期、伸长初期和伸长末期为最多的时期，甘蔗在各生育阶段吸收钾的比例（以 $N_2P_2K_2$ 处理为例），苗期占 4.2%，分蘖期占 13.7%，伸长初期占 32.8%，伸长末期占 41.2%，成熟期占 8.1%（谭宏伟，周柳强，谢如林等，2009）。

甘蔗对土壤的适应性比较广泛，其中黏壤土、壤土、沙壤土较好。当土壤含盐量在 0.15%～0.30% 时，甘蔗生长受到抑制，达到 0.35% 以上即难以生长（Quintero D. R.，

1994）。土壤 pH 在 4.5～8.0 时甘蔗都能生长，但以 pH5.5～7.5 最为适宜（张肇元，谭宏伟，周清湘，等，1998）。

第一节　我国甘蔗的分布与分区

从我国甘蔗生产发展现状和国内蔗糖生产与贸易情况等方面了解我国甘蔗的分布与分区。

一、国内蔗糖生产与贸易情况

（一）甘蔗生产情况

我国有 18 个省、自治区产糖，主要分布在广西、云南、广东、海南及邻近的省、自治区。从 2006/2007 榨季的情况看，按种植面积及产量大小依次如下。

①广西是我国最大的产糖区，近年来，广西糖业得到迅猛发展，在 2006/2007 榨季，全区甘蔗种植面积 81.4 万 hm^2，平均每公顷产量达 68.7t，甘蔗总产 5 591 万 t，产糖 708.6 万 t，占全国总产糖量 1 199.41 万 t 的 59%。

②云南是我国第二大产糖区，在 2006/2007 榨季，全省甘蔗种植面积 26.156 万 hm^2，平均每公顷产量 57.0t，甘蔗总产量 1491.44 万 t，产糖 183.14 万 t，占全国总产糖量的 15.27%。

③广东在 2006/2007 榨季，全省甘蔗种植面积 13.8 万 hm^2，平均每公顷产量 93.0t，甘蔗总产量 1 285 万 t，产糖 127.86 万 t，占全国总产糖量的 10.66%。

④海南在 2006/2007 榨季，全省甘蔗种植面积约 6.07 万 hm^2，平均每公顷产量 50.7t，甘蔗总产量 307.92 万 t，产糖 37.51 万 t，占全国总产糖量的 3.13%。

2006/2007 榨季，我国甘蔗播种面积合计 131.77 万 hm^2，同比增长 8.5%；甘蔗产量合计 1 074.52 万 t，同比增长 34.18%，首次突破 1 000 万 t 大关；甘蔗平均每公顷产量 66.75t，最高单产 292.5t。

（二）甘蔗贸易情况

2006/2007 榨季，国内甘蔗消费 1 250 万 t，比上一制糖期增加 180 万 t，同比增长 16.8%；出口糖 9.54 万 t，以白砂糖为主，出口国家有俄罗斯、加拿大、北欧和西亚等；进口糖 82.68 万 t，以白砂糖和粗糖（原糖）为主，进口国家有古巴、泰国等。

二、我国甘蔗生产发展现状与分区

我国与印度、新几内亚是世界三大甘蔗起源中心。蔗糖业已成为我国部分地区经济发展的重要支柱和农民脱贫致富的主要经济渠道。2001 年全国制糖行业总产值约 250 亿元，其中糖料产值 170 亿元，广西农民种植甘蔗年收入 60 亿～80 亿元，涉及农村人口 2 000 万～2 600 万人，其中有 28 个国家级贫困县的 450 万人通过种蔗脱贫；云南农民种植甘蔗年收入 25 亿元，涉及农村人口 1 200 多万人，"八五"以来，云南省 73 个贫困县中有 24 个县的 200 万贫困人口靠发展甘蔗生产脱贫致富。主产区甘蔗生产的发展，对增加农民收入、发展地方经济起着重要作用。

（一）基本情况

1. 生产快速发展　2001 年，全国糖料播种面积 165.4 万 hm^2，总产 8 656 万 t，面积比 1991 年减少 29 万 hm^2，产量增加 238 万 t。2001/2002 榨季食糖总产量 820 万 t，比 1991/1992 榨季增加 28 万 t，其中甘蔗糖占全国食糖总产量的比重由 1991 年的 79% 提高到 2001 年的 90%。目前我国已成为继巴西、印度之后的世界第三大食糖生产国，2001 年我国甘蔗平均每公顷产量 60.6t，比 1991 年提高 2.1t，略低于世界平均水平；地区间单产差异大，福建、广东每公顷产量超过 67.5t，广西 63t，云南 60t，而海南只有 45t。

2. 布局逐步集中　20 世纪 90 年代以来，由于东南沿海地区产业结构升级和农业结构调整，我国甘蔗生产逐渐向西转移，区域布局得到优化。2001 年广西、云南、广东雷州半岛甘蔗面积占全国糖料面积的比例由 1991 年的 43.9% 提高到 60.9%，蔗糖产量占全国食糖产量的比例由 63.4% 上升至 81.7%；我国最大的甘蔗基地广西年种植面积稳定在 52 万 hm^2 左右，蔗糖产量占全国的 40% 以上。目前，全国有 359 家糖厂，制糖能力为 780 万 t，其中甘蔗糖厂 340 家、制糖能力 695 万 t，主要分布在广西、云南、广东、海南等省（自治区）。

3. 科技水平提高　新中国成立后，我国甘蔗科研工作有了一定发展。新中国成立初期在海南崖城设立了甘蔗育种场，粤、桂、闽、滇、赣相继成立了省级甘蔗研究所，并在云南建立了国家级甘蔗资源圃；"六五"以来，国家先后组织了 4 次育种攻关，审定通过了 110 个甘蔗优良品种，其中桂糖 11、粤糖 63237 等 20 多个品种成为不同时期的当家品种。

（二）甘蔗生产分区

1. 滨海种植区　主要分布在广东、广西及海南等省（自治区），占甘蔗总面积的 12%。以滨海沉积物发育的砖红壤为主。

2. 丘陵种植区　主要分布在广东、广西及海南等省（自治区），占甘蔗总面积的 72%。以红壤、赤红壤及砖红壤为主。

3. 山地种植区　主要分布在云南、广西等省（自治区），占甘蔗总面积的 16%。海拔在 500～900m 的地段，土壤类型以山地红壤和山地红黄壤为主。

（三）甘蔗生产的主要问题

1. 生产规模小　我国户均甘蔗种植面积 0.4hm^2，澳大利亚家庭农场户均 80hm^2，巴西户均 60hm^2，泰国户均 24.7hm^2；我国 340 家甘蔗糖厂日处理甘蔗一般为 2 000～3 000t，超过 4 000t 以上的不足 30 家，而国外糖厂日处理甘蔗一般为 3 000～6 000t，澳大利亚糖厂日处理甘蔗为 8 000～10 000t，美国佛罗里达州糖厂达 24 000t 左右。

2. 立地条件差　我国甘蔗多种植在干旱、瘠薄的"望天田"，甚至是 30° 的坡地，生产基础设施差，抗旱能力弱。广西蔗区有效灌溉面积 4 万 hm^2，不足甘蔗面积的 8%；云南有水浇条件的高产蔗区约 3.3 万 hm^2，仅占总面积的 14.4%。而泰国有灌溉条件的蔗田占 45%，巴西占 50%，澳大利亚昆士兰州为 55%。甘蔗立地条件差等原因，造成了我国甘蔗单产水平偏低。

3. 技术水平低　我国甘蔗平均蔗糖分 13.12%，产糖率 10.5%，而澳大利亚平均蔗糖分 15.43%，产糖率 13.58%。澳大利亚从 1979 年就实现了收获机械化，巴西、古巴的机械化收获率也分别达到 50% 和 72%，而我国仍处于手工收获阶段，每吨甘蔗收获费用达 30～40 元，占甘蔗售价的 1/4；我国日榨甘蔗 3 000t 的糖厂平均有职工 600 人以上，是国外同规模糖厂职工数的 3～10 倍；制糖煤耗是发达国家的 2 倍以上，制糖耗水量是发达国家的 5～10 倍。

4. 科技投入严重不足　"九五"期间，全国甘蔗育种攻关总经费仅为 140 万元，共育成 13 个品种，平均每个品种仅投入 10 万元，为国外甘蔗品种投入的 1/100。

第二节　甘蔗专用肥料农艺配方区划

甘蔗专用肥料配方区划要以了解制订甘蔗专用肥料农艺配方的基本原则为基础从而制订甘蔗专用肥料配方区划。

一、甘蔗专用肥料农艺配方制订的基本原则

（一）协调营养平衡原则

作物的正常生长发育有赖于其体内各种养分的适宜含量范围。因而通过测定作物体内某种养分元素的含量可以确定该养分的供应是否充足，如果其含量低于某一临界值（criticalvalue）时，就需要通过施肥来调节该养分在作物体内的含量水平，使其达到最适范围（optimumranges），以保证作物正常生长发育时对该养分的要求；如果作物体内某一营养元素过量，则可以通过施用其他元素肥料加以调节，使其在新水平下达到平衡。由于不同作物对各种养分的需求量不同，不同作物体内各种养分的含量也不同，而且同一作物在不同生育时期、不同组织和不同器官中，每种养分的含量也有变化，因而在诊断作物营养水平时要选择适当的测定时间、测定部位或器官，这样的测定结果才具有实际应用价值，才可作为利用施肥调节作物营养的依据。作物正常的生长发育不仅要求各种养分在量上能够满足其需求，而且要求各种养分之间保持适当的比例。

（二）土壤培肥原则

土壤是农业生产最基本的生产资料和作物生长发育的场所，肥力指土壤能够生长植物的能力。肥力水平处于不断的发展变化之中，肥力的高低及变化趋势不仅取决于土壤本身的物质特性，更受到外部自然环境因素以及人类社会生产活动的影响。对于农田土壤，人类的农业生产活动对肥力的影响远远超过了土地本身的物质特性。人类的农业生产活动，如施肥、灌溉、耕作、轮作等农田管理措施，不仅直接影响着肥力发展变化的方向和速度，而且决定着农业生产的水平和发展趋势，更决定着人类的生存状况与质量，只有树立培肥土壤的观点，才能实现农业生产的可持续发展。

（三）环境友好原则

不合理的施肥不仅起不到提高产量、改善品质和改良培肥土壤的目的，反而会导致生态环境的破坏和农业面源污染。不合理施肥还会导致土壤质量下降和肥力降低。

二、甘蔗专用肥料配方区划

甘蔗的科学施肥是指针对不同区域、不同气候和不同土壤条件下的甘蔗养分需求特点研制科学合理的施肥配方和施肥技术，首先必须制订我国甘蔗施肥配方区划，在明确不同分区内气候特点、甘蔗需肥规律、土壤供肥特性、甘蔗栽培管理制度的基础上，因地制宜地提出氮磷钾及中微量元素施肥配比、不同生育期施肥数量和施肥方法，从而为我国甘蔗生产的高糖高产稳产提供技术支撑。

除了品种特性、种植传统习惯等因素外，影响区域甘蔗生产和肥料效益的关键因素是气候和土壤（Barber S. A.，1971）。在参考甘蔗全国种植区划的基础上，确定我国甘蔗施肥配方区划原则如下。

一是甘蔗生产自然条件、生态环境和栽培制度的区内相似性。

二是主要土壤条件和土壤类型的区内相似性。

三是降水、气温等主要气候特征的区内相似性。

四是保持一定行政区界的完整性。

按照上述原则，通过汇总和参考我国土壤普查资料和不同区域主要土壤类型长期肥料定位试验资料，以全国代表区域的土壤样品测定结果为基础，结合我国种植业区划、化肥区划和甘蔗分布的特点，分别将全国划分为3个甘蔗配方施肥分区，为甘蔗区域配方制订、配方肥料生产和甘蔗科学施肥提供依据。3个分区分别为滨海种植区、丘陵种植区、山地种植区。

第三节　不同甘蔗生态区的气候特征

甘蔗是栽培在热带亚热带的作物，其整个生长发育过程需要较高的温度和充沛的水分。在我国，甘蔗生长期长达 9～17 个月，一般要求全年大于 10℃ 的活动积温为 5 500～6 500℃，年日照时数 1 400h 以上，年降水量 1 200mm 以上。我国的甘蔗生产区是亚热带季风气候区，其气候特点是全年光照充足，无霜期长或全年无霜，春季、夏季降水多，这有利于甘蔗的萌芽、分蘖和拔节伸长。秋冬季干燥、昼夜温差大，有利于甘蔗糖分的转化和积累。由此可见，我国甘蔗生产区的气候和甘蔗生长需求基本同步，能满足甘蔗生长发育对光、温、水的要求。甘蔗的生育期一般分为 5 个时期，即萌芽期、幼苗期、分蘖期、伸长期和成熟期。各个生长期对环境条件的要求各有不同，因此栽培施肥管理也应有所不同。甘蔗生产所要求的气候特点如下。

①有时间较长并温暖的夏季和充足的降水量。甘蔗生产 1g 干物质需要 130～300g 水，可见甘蔗生长发育要求水分充足，总降水量 1 100～1 500mm；甘蔗生长与温度关系密切，低于 25℃ 生长慢，30～35℃ 生长迅速，超过 35℃ 生长速度下降，超过 38℃ 基本停止生长，0℃ 以下会使甘蔗保护能力差的部分如嫩叶和侧芽受冻。

②要求有充足的阳光，成熟和收割季节凉爽而无霜。甘蔗是 C_4 植物，光合作用效率高，光合作用过程显示出对光的饱和范围大，白昼 10～14h 有利于主茎生长。

在云南中低山区属南亚热带季风气候和中亚热带及北亚热带气候类型的甘蔗种植区，气候总的特点是雨量充沛，温暖湿润，干湿分明；冬无严寒，夏无酷暑；水热同季，干凉同时；有四季之分，但不明显，是一个得天独厚的低纬度高原季风气候。平均年总辐射量503 785.1J/cm²。在大春作物成长的 3～9 月，辐射量均在 4 186J/cm² 以上，并能满足小春作物成长的需要。区内夏长冬短、春来得早、秋结束迟、年温差小、日温差大，光热条件较好。年均气温在 15～22℃，最冷月均温（1 月）8.5～13.9℃，最热月均温（7 月）24.1～26.6℃，极端最低温 5.6℃；≥10℃ 活动积温 5 971℃，无霜期平均为 327d。海拔 142～550m 范围内年平均温度 20.1～21.8℃；海拔 560～890m 范围内年平均温度 18.3～19.9℃；海拔 1 000～1 500m 范围内年平均温度 15.4～17.1℃；海拔＞1 500m 范围内，年平均温度小于 15℃。

第四节　不同生态区甘蔗田土壤肥力特征

甘蔗主要分布于 35°N～35°S 海拔 1 000m 以下的地域，甘蔗生长的土壤类型多种多样。

一、甘蔗区主要土壤类型

（一）砖红壤

主要分布在广西、广东和海南等海拔 100m 以下的台地、低丘陵及冲积平原等，是两广南部和海南的主要土壤类型之一。主要成土母质有：花岗岩、砂页岩、第四纪红土、河流冲积物及浅海沉积物等。砖红壤的成土过程受高温多雨、干湿季节明显的影响，属高度风化的土壤，其土体深厚，呈赤红色，盐基被强烈淋溶，土壤呈酸性至强酸性，阳离子交换量低，约为 5cmol（＋）/kg，盐基饱和度在 35％以下，土壤保肥能力较差，养分易流失。土壤有机质及氮素含量随植被状况及耕作施肥而异，磷、钾、钙、镁、锰含量均很低，而且其有效性与土壤水分状况有关。

（二）赤红壤

主要分布在广西、广东、云南、福建等地，是两广南亚热带地区的代表性土壤。主要成土母质有花岗岩、砂页岩及第四纪红土，分布地区的气候具有高热性及常湿润的特点。赤红壤的风化淋溶程度低于砖红壤，土壤矿物风化较强烈，次生矿物以高岭石及三水铝石为主，土壤呈酸性至强酸性，交换性阳离子以氢、铝为主，其中交换性铝占交换酸的 77％～95％，盐基高度不饱和，一般在 40％以下。土壤有机质及全氮含量中等偏低，磷、钾养分含量也不丰富，有效锌、硼、钼的含量也不高，土壤肥力状况与植被及水土保持工作密切相关。

（三）红壤

广西、广东、福建、云南和江西均有分布，大致分布于北纬 24°30′以北的平原、丘陵和低山以及南部赤红壤区的山地海拔在 350～800m 的地段，是中亚热带的代表土壤，分布区受季风气候控制，具有高温多雨、湿热同季、干湿季节交替的特点，土壤中黏土矿物以高岭石为主，其次为蒙脱石、石英、赤铁矿及水云母，土壤呈酸性至强酸性，盐基饱和度低于 30％，交换性阳离子以氢、铝为主，土壤有机质含量随植被情况有较大差异，磷、钾等矿质养分也有较大差异。

（四）黄壤

主要分布于海拔 800～1 400m 的中山地带，是在亚热带温暖湿润的生物气候条件下形成的，土壤呈酸性，pH4.5～5.5，交换性盐基以铝为主，盐基饱和度 30％左右，土壤中的黏土矿物以三水铝石为主，由于所处日照少、湿度大、云雾多，空气常年湿度为 80％～90％，生物产量高而分解较慢，有机质的累积过程明显，一般土壤中有机质含量 50～100g/kg，自然肥力较高。植被以马尾松、杉木、竹、栎类等为主。

（五）石灰岩土

是发育于碳酸盐岩（主要是石灰岩）的风化物，或受碳酸盐岩风化物加成的土壤。受碳酸盐母岩的强烈影响，是石灰岩土的基本特点，土壤呈中性到微碱性反应，盐基饱和，土壤中黏土矿物以 2∶1 型的蒙脱石、伊利石或蛭石为主。土壤矿质养分与该石灰岩形成时期有关，如宜州市的石灰岩土含有较高的锰，凤山县的石灰岩土含有较高的磷，而都安县的石灰岩土含有较高的石英。植被状况与生物气候及人类活动有密切相关。

（六）紫色土

其成土特点如下。

①物理风化作用强烈。

②化学风化相对较弱，其脱硅富铝化程度不如地带性土壤明显，土体中富含原生矿物如长石、云母等。

③侵蚀和堆积作用强烈。紫色土肥力特征为土层较薄，土壤质地及酸碱性与母岩密切相关，土壤有机质缺乏，矿质养分比较丰富，3～10mm 的泥岩碎块，经4～5 个月风化即可种植甘蔗、花生、玉米等，且能获得较好的收成。但抗水蚀能力差，容易造成水土流失。

（七）硅质白粉土

主要成土母岩为硅质岩类，化学风化不明显，物理崩解也不完全，含有较多的碎石粒，土壤颜色浅，有机质在剖面的移动积累不明显，上下土层的有机质含量相差很大，矿质养分普遍缺乏，土壤酸碱性受地带性气候影响。主要原生植被是禾本科的矮生草类。

（八）水稻土

是在长期种植水稻的条件下形成的，成土特点如下。

1. 水耕熟化作用 土壤在雨水和灌溉水的浸渍下，黏粒下移明显，表现为上层黏粒含量明显低于下层；有机质进行嫌气分解，合成新的腐殖质，矿化作用减弱；Fe-P 被还原，P 的有效性提高。

2. 淋溶淀积作用 淹水后，土壤处于还原状态，耕层以淋溶为主，心土层以淀积为主。铁、锰的淋溶淀积是水稻土形成的一个重要过程。

3. 盐基淋溶和复盐基作用 盐基饱和的土壤盐基淋溶，而非饱和的土壤则产生复盐基作用。

甘蔗种植区除上述土壤类型外，还有黄棕壤、火山灰土、砂姜黑土、山地草甸土、潮土、滨海盐土、新积土、红黏土等。

二、甘蔗种植区的肥力养分特征

（一）土壤酸碱度

土壤酸碱度与气候、地形、土壤母质及耕作种植等关系密切。甘蔗种植区多属于亚热带季风气候，降雨充沛，因此土壤多数呈酸性；但有些土壤由石灰岩母质或硅质石灰岩母质发育而成，由于受成土母质的影响，土壤呈中性或碱性；有些土壤受岩溶地下水的影响也呈中性或碱性。

典型蔗区种植甘蔗土壤 pH≤5.0 的特强酸性土壤占 13.5%，pH 5.0～5.5 的强酸性土壤占 21.2%，pH 5.5～6.0 的酸性土壤占 23.1%，pH 6.0～6.5 的微酸性土壤占 25%，pH 6.5～7.5的中性土壤占 17.3%，没有 pH 大于 7.5 的碱性土壤。

甘蔗生长和发育适宜的土壤 pH 为 5.5～7.5，pH 低于 5.0 的土壤应施用石灰将 pH 提高到 6.0 左右。兴宾蔗区绝大多数土壤的酸碱度都适宜甘蔗的生长发育，但 pH 低于 5.0 的特强酸性土壤占 13.5%，这类土壤在甘蔗生产上应适量施用石灰。

（二）土壤有机质

由于各地水热条件及社会环境不同，每年进入土壤的动植物残体的数量多少不一，而且动植物残体的化学组成和在土壤中分解的强度各异，因而各种土壤中有机质的含量和性质有一定差异。蔗区各主要土壤类型有机质含量列于表 10-4-1。

表 10-4-1　蔗区主要土壤有机质含量统计表

土壤类型	A		B		V		样本数
	有机质（%）	C/N	有机质（%）	C/N	有机质（%）	C/N	n
砖红壤	1.20±0.76	12.1±3.1	1.10±0.84	10.6±3.1	0.76±0.59	10.3±3.8	8
赤红壤	2.12±1.11	11.8±2.7	1.31±0.81	9.8±2.8	0.86±0.51	8.4±3.2	130
红　壤	2.46±1.13	11.9±5.7	1.23±0.77	9.0±5.8	0.80±0.44	7.1±2.9	138
黄红壤	4.33±1.74	12.6±3.9	2.23±1.36	11.2±9.0	0.97±0.65	8.7±6.6	47
黄　壤	6.88±3.38	14.4±3.6	2.11±0.95	11.0±4.9	1.25±0.73	8.8±3.7	32
黑色石灰土	8.58±5.14	11.3±1.8	6.72±5.18	10.5±1.9	3.73±1.87	8.3±0.1	7
棕色石灰土	3.77±2.40	9.9±2.2	2.23±1.70	8.1±2.2	1.86±1.54	7.8±4.8	46
紫色土	2.21±1.57	11.4±4.9	1.20±0.79	8.7±3.6	0.78±0.51	7.2±2.7	72
硅质白粉土	2.12±1.08	11.1±3.2	1.24±1.26	10.1±4.2	0.69±0.31	8.0±2.5	21
潮　土	1.62±0.74	9.9±2.0	1.06±0.60	8.4±2.2	0.84±0.48	7.5±2.4	73

表 10-4-1 反映出水热条件既有利于有机物质的合成，也能促进有机物质的矿化分解，温度低、湿度大有利于土壤有机质的积累。所以从大的规律看，红壤表层的有机质含量高于赤红壤，赤红壤又高于砖红壤；从垂直分布状况看，黄壤高于黄红壤，黄红壤又高于红壤及赤红壤。含钙质多的土壤如黑色石灰土及棕色石灰土，有机质含量均高于同一地带的地带性土和其他初育土。

部分蔗区用水稻土种植甘蔗，由于耕作栽培和水湿条件的差异，不同亚类之间有机质含量表现出显著的差异，一般是潜育水稻土高于潴育水稻土，潴育水稻土又高于淹育水稻土，漂洗水稻土则和淹育水稻土相近，如表 10-4-2。

表 10-4-2　水稻土耕作层土壤有机质含量统计

土壤名称	变幅	平均值	S	变异系数（%）	n	C/N
淹育水稻土	0.38～7.70	2.75	1.13	41.1	313	10.9±5.1
潴育水稻土	0.72～6.43	3.12	1.05	33.6	340	10.7±3.2
潜育水稻土	1.56～11.13	4.03	1.42	35.2	129	11.1±2.2
漂洗水稻土	0.74±6.36	2.93	1.38	47.1	25	11.0±1.9

蔗区土壤有机质含量大于 40g/kg 的土壤占 17.65%，30～40g/kg 的占 20.72%，20～30g/kg 的占 30.4%，10～20g/kg 的占 21.55%，小于 10g/kg 的占 9.59%，即约 70% 的土壤有机质含量都在 20g/kg 以上。总的来说，有机质含量不算很低，在 30g/kg 以上的分别占该地区普查面积的 66.31%、61.47% 及 46.34%；其他地区大部分土壤的有机质含量多在 10～30g/kg（表 10-4-3）。

表 10-4-3 蔗区各级土壤有机质含量占普查面积的百分数

有机质含量（g/kg）	>40	30～40	20～30	10～20	6～10	<6
占普查面积（%）	17.65	20.72	30.47	21.55	5.29	4.30

耕作土壤、旱作土及水稻土的有机质含量按地区分级统计于表 10-4-4。表中表明，水田土壤有机质含量比旱地土壤要高，如水稻土含量高于 20g/kg 的面积占 82.5%，其中高于 30g/kg 的占 40.38%，而旱作土只分别占 55.49% 及 20.25%，低于 10g/kg 的旱作土占 11.31%，而水田只占 1.33%，其原因是旱作土和水稻土的土壤生态环境不相同，水稻土 1 年中的淹水时间长，微生物活动以嫌气为主，有利于有机质积累，旱作土 1 年经多次犁耙，土壤通诱性较高，有利于好气微生物活动，故有机质含量相对较低。8 个种植甘蔗地区比较，也是以钦州地区的有机质含量水平较低，有机质含量低的面积大，水稻土小于 20g/kg 的占 27.13%，旱地占 59%。

土壤有机质中的碳氮比（C/N）对其分解速度影响很大。碳氮比值的高低，可反映有机质在矿化过程中所释放出有效氮量的多少，一般 C/N 比值越小，释放出的有效氮量越多。根据调查统计，水稻土的 C/N 比变幅较大，低的为 6.3：1，高的可达 23.8：1，一般多在 8～13：1，旱土低的为 6.6：1，高的为 21.9：1，一般在 7～14：1。蔗区土壤有机质含量分级如表 10-4-5。

表 10-4-4 蔗区土壤有机质含量分级统计

各级有机质占水田面积（%）						各级有机质占旱地面积（%）					
<6	6～10	10～20	20～30	30～40	≥40	<6	6～10	10～20	20～30	30～40	≥40
0.14	1.19	16.18	42.12	26.74	13.64	0.76	10.55	33.20	35.24	14.63	5.62

表 10-4-5 蔗区土壤的有机质含量分级统计（占总面积%）

有机质含量（g/kg）	<11	11～20	21～30	31～40	>41
水田	1.33	16.18	42.12	26.74	13.64
旱地	11.31	33.20	35.24	14.63	5.62

（三）土壤全氮

土壤中的氮素绝大部分以有机态存在于腐殖质以及植物和微生物的残体中，因此土壤氮素含量与土壤有机质之间呈直线相关关系。5 719 个剖面资料统计表明，土壤有机质和全氮的相关系数 $r=0.7553^{**}$，达到极显著水平，其线性回归方程如下：

$$y（有机质）=0.3677+14.2712x（全氮）$$

所以土壤中凡有机质含量高的，全氮量也高，有机质含量低的，全氮量也低。

广西甘蔗种植区全氮量分级统计，含量在 2.0g/kg 以上的占统计总面积的 20.75%，即含量在中等级及其以上的面积接近 40%。按地区比较，以河池、百色地区含量高的面积大，高于 1.5g/kg 的面积达到 60% 以上；含量在 1.0g/kg 以下面积大的为钦州、玉林两个种植甘蔗地区，分别为 64% 及 65%（表 10-4-6）。

表 10-4-6　土壤全氮含量分级统计

全氮含量（g/kg）	>2.00	2.00～1.50	1.50～1.00	1.00～0.75	0.75～0.50	<0.50
占总面积（%）	20.75	18.85	24.15	13.93	12.02	10.28

耕作土壤全氮含量多数在 1.0～2.0g/kg，其中水田占 62.49%，旱地占 50.05%，低于 1.0g/kg 的水田占 16.24%，旱地占 39.64%（表 10-4-7）。

表 10-4-7　耕地土壤全氮含量分级统计

全氮含量（g/kg）		<0.5	0.5～0.75	0.75～1.0	1.0～1.5	1.5～2.0	>2.0
占总面积比例（%）	水田	0.68	3.75	11.81	36.52	26.42	20.81
	旱地	5.29	16.62	16.73	30.34	19.71	11.31

从土壤类型看：红壤＞赤红壤＞砖红壤；山地草甸土＞黄棕壤＞黄壤＞黄红壤。黑色石灰土含量较高，紫色土、硅质白粉土、冲积土含量较低。

（四）土壤磷素

1. 土壤全磷含量　蔗区土壤全磷含量均普遍较低，含量在 0.6g/kg 以下的面积占 85%，其中不足 0.4g/kg 的占 54.35%，如表 10-4-8。磷在土壤中的移动是很小的，但由于成土物质的地域差异和长期的成土、利用过程，土壤磷素不仅有较大的地域性差异，而且在一个局部范围内，由于人们耕作施肥的影响，差异也会显著存在。根据对 1 700 多个剖面的统计，蔗区土壤全磷含量在 0.07～1.49g/kg 之间，几种主要土壤的全磷含量统计结果如表 10-4-9。

表 10-4-8　土壤全磷含量分级统计

全磷含量（g/kg）	>0.10	0.08～0.10	0.06～0.08	0.04～0.06	0.02～0.04	<0.02
占普查面积（%）	4.08	3.94	6.93	30.69	41.12	13.23

表 10-4-9　不同土壤类型耕层全磷含量统计

土壤类型	全磷（g/kg）		样本数（n）
	变幅	平均值	
砖红壤	0.11～0.30	0.22	6
赤红壤	0.07～1.40	0.42	121
红壤	0.08～1.38	0.50	149
黄红壤	0.19～1.47	0.54	51
黄壤	0.31～0.94	0.57	43
硅质白粉土	0.07～7.10	0.37	21
紫色土	0.14～1.25	0.41	74
黑色石灰土	0.35～1.37	0.82	8
棕色石灰土	0.19～1.41	0.79	50
潮土	0.15～1.36	0.59	83
水稻土	0.07～1.49	0.57	1100

表 10-4-9 说明不同土壤类型其全磷含量的差异很大，以地带性土壤为例，土壤全磷含量从南到北，从低海拔到高海拔均有规律地呈递增变化，如砖红壤、赤红壤、红壤分别为

0.22g/kg、0.42g/kg、0.50g/kg，红壤、黄红壤及黄壤则分别为 0.50g/kg、0.54g/kg、0.57g/kg；从岩成土看，以硅质白粉土最贫瘠，土壤的平均全磷含量为 0.37g/kg，其次为紫色土，全磷含量平均为 0.41g/kg，石灰岩土全磷含量最高，其风化物形成的黑色石灰土和棕色石灰土全磷含量分别为 0.82g/kg 及 0.79g/kg；潮土一般受河流上游成土母质岩性的影响，全磷含量处在石灰岩土及紫色土、硅质白粉土之间，平均为 0.59g/kg；水稻土是一种人工熟化程度较高的耕作土壤，多数全磷含量也较高，平均为 0.57g/kg，这些都充分体现出土壤全磷含量深受成土母质、成土过程及人为耕作等因素的影响。

2. 土壤速效磷含量及分布状况 各地耕作土壤按地块取样，用 Olsen 方法分析土壤有效磷含量，依高（>10 mg/kg）、中（5～10 mg/kg）、低（<5 mg/kg）分级统计面积如表 10-4-10。从中看出耕地土壤缺磷较为普遍，水田中缺磷地块面积占总面积的 51.16%，旱地占 60.00%。

表 10-4-10 蔗区耕地速效磷分级面积统计

水田占普查面积（%）			旱地占普查面积（%）		
高 （>5 mg/kg）	中 （5～10 mg/kg）	低 （<5 mg/kg）	高 （>5 mg/kg）	中 （5～10 mg/kg）	低 （<5 mg/kg）
16.73	32.11	51.16	16.30	23.70	60.00

按不同土类依成土母质类型、利用状况分别统计各土属的有效磷含量，并计算有效磷和全磷的比值得表 10-4-11、表 10-4-12 和表 10-4-13，从中可以看出以下几个问题。

（1）土壤有效磷和全磷的比值，可以大体看出土壤的供磷强度，从各土属看，0.5%～2%的范围内，其中潮土普遍较高，部分可达 2%，水稻土绝大部分都在 1%～2%以内，林草荒地土多在 1%以下，旱地土则高低差异较大，说明了人为耕作管理的影响。

（2）按土壤类型比较，以潮土、棕色石灰土及水稻土的供磷能力较高，其有效磷平均含量达到中、高等级水平。

表 10-4-11 林草荒地土各主要土属磷素含量及供磷能力比较

土壤名称	全磷平均值 （g/kg）	有效磷变幅 （mg/kg）	有效磷平均值 （mg/kg）	速效磷/全磷	样本数 （n）	供磷能力
红土红壤	0.43	1.0～4.0	2.1	0.48	7	低
沙泥红壤	0.48	1.0～16.0	4.2	0.87	18	低
杂沙红壤	0.58	1.0～9.0	3.5	0.60	6	低
白粉土	0.36	1.0～6.0	3.5	0.97	2	低
红土赤红壤	0.38	1.0～6.0	2.9	0.76	8	低
沙泥赤红壤	0.35	1.0～8.0	3.5	1.00	8	低
杂沙赤红壤	0.40	1.0～7.0	3.7	0.93	3	低
沙泥黄红壤	0.54	2.0～11.0	4.2	0.78	13	低
杂沙黄红壤	0.62	1.0～4.0	3.2	0.52	6	低
沙泥黄红壤	0.55	1.0～7.0	3.1	0.56	7	低
沙泥黄壤	0.59	2.0～43.0	22.5	3.81	2	高
杂沙黄壤	0.82	4.0～6.0	5.3	0.64	3	中
黑色石灰土	0.73	1.0～19.0	5.6	0.76	9	中

（续）

土壤名称	全磷平均值 （g/kg）	有效磷变幅 （mg/kg）	有效磷平均值 （mg/kg）	速效磷/全磷	样本数 （n）	供磷能力
棕色石灰土	0.32	0.3～10.0	3.3	1.03	12	低
酸性紫色土	0.20	1.0	1.0	0.50	1	低
紫色土	0.71	1.0	1.0	0.14	1	低
石灰性紫色土	0.45	2.0～17.0	5.7	1.27	6	中
潮沙土	0.56	3.0～33.0	11.2	2.0	7	高
石灰性潮沙土	0.77	14.0	14.0	1.81	1	高
石灰性潮泥土	0.85	3.4～12.0	7.4	0.87	4	中

（3）按不同成土母质比较，以砂页岩风化物、石灰岩风化物以及河流冲积物母质形成的土壤，有效磷含量相对较高，土壤供磷能力比较好。

（4）同土类相比较，多数土属耕作土比非耕作土有效磷含量较高。

（5）水稻土的供磷状况普遍比其起源母土高，说明了施肥以及淹水灌溉有利于土壤磷的再利用，其中面积最大的淹育水稻土和潜育水稻土相比，又以后者磷含量普遍较高。

表 10-4-12　旱作土各主要土属磷素含量及供磷能力比较

土壤名称	全磷平均值 （g/kg）	有效磷变幅 （mg/kg）	有效磷平均值 （mg/kg）	有效磷/全磷	样本数 （n）	供磷能力
红泥土	0.51	1.0～33.0	5.9	1.04	24	中
红土沙泥	0.44	1.0～9.0	3.9	0.88	9	低
杂沙沁土	0.7	3.0～8.0	5.3	0.76	3	中
白粉泥	0.41	2.0～13.0	5.5	1.34	8	中
赤红土	0.60	2.0～15.8	8.0	1.33	9	中
沙沁赤红土	0.43	2.0～16.0	6.9	0.60	7	中
杂沙赤红土	0.50	4.0	4.0	0.80	1	低
沙泥黄红土	0.50	1.0～13.9	5.2	1.04	11	中
杂沙黄红土	0.44	1.0～7.0	4.0	0.90	3	低
沙泥黄泥土	0.69	2.0～32.0	8.2	1.19	15	中
杂沙黄泥土	0.59	3.0～6.0	4.3	0.72	4	低
棕泥土	0.81	1.0～20.0	7.6	0.94	12	中
酸紫泥	0.47	1.0～13.0	5.0	1.06	10	中
紫色泥	0.60	2.0～15.0	7.0	1.17	5	中
石灰性紫色泥	0.45	1.0～5.0	2.6	0.58	5	低
潮沙土	0.39	2.9～14.0	9.1	2.33	8	高
潮泥	0.65	2.0～63.9	11.7	1.80	10	高
石灰性潮沙泥	0.59	2.0～9.0	5.3	0.09	3	中
石灰性潮泥	0.87	5.0～24.0	17.8	2.40	5	高

甘蔗种植区耕作土壤普遍缺磷，土壤全磷小于 0.6g/kg 的面积有 85％，其中不足 0.4g/kg 的占 54.35％。

从土壤类型看，土壤含磷量黄壤＞黄红壤＞红壤＞赤红壤＞砖红壤。从成土母岩看，以硅质岩、紫色岩发育的土壤含磷最低，石灰岩含磷最高。

土壤中的磷可分为水溶性磷、弱酸溶性磷及难溶性磷，其中前二者能被植物吸收利用，称有效磷。但土壤全磷含量与土壤有效磷含量没有一定的相关性，现通常用 Olsen 法来确定土壤的供磷能力，即有效磷含量。土壤有效磷占全磷的比值称为土壤供磷强度，一般在 0.5％～2％，以潮土普遍较高，林荒地普遍较低。人为耕作管理对土壤供磷强度具有直接的影响。

从土壤类型看，潮土、棕色石灰土及水稻土的供磷能力较高，硅质白粉土、紫色土的供磷能力较弱。从成土母质看，以砂页岩、石灰岩及河流冲积物母质发育的土壤有效磷含量相对较高。硅质岩、紫色岩、滨海沉积物发育的土壤有效磷含量较低。经过耕作熟化的土壤比自然土壤的有效磷含量相对较高。

表 10-4-13　水稻土各主要土属磷素含量及供磷能力比较

母质	土壤名称	全磷平均值（g/kg）	有效磷变幅（mg/kg）	有效磷平均值（mg/kg）	有效磷/全磷	样本数（n）	供磷能力
			淹育水稻土				
红土	浅红泥田	0.60	10～22.0	6.8	1.13	26	中
砂页岩	浅沙泥田	0.51	1.0～23.0	7.6	1..41	30	中
冲积物	浅潮泥田	0.51	1.0～16.0	7.1	1.39	32	中
洪积物	浅石砾田	0.54	1.0～36.0	6.4	1.18	29	中
花岗岩	浅杂沙田	0.57	2.0～11.0	6.8	1.19	5	中
石灰岩	浅棕泥田	0.66	5.0～25.0	9.3	1.41	11	中
紫色岩	浅紫泥田	0.39	3.0～9.0	5.7	1.46	3	中
硅质岩	浅白粉泥田	0.37	2.0～9.5	6.2	1.67	3	中
			潴育水稻土				
红土	黄泥田	0.52	3.1～9.0	6.6	1.26	13	中
砂页岩	沙泥田	0.52	2.0～58.1	11.1	2.13	28	主
冲积物	潮泥田	0.54	1.0～27.8	8.7	1.61	64	中
洪积物	石砾田	0.53	1.0～21.0	8.1	1.52	32	中
花岗岩	杂沙田	0.62	2.0～20.0	10.0	1.63	10	高
石灰岩	棕泥田	0.81	2.0～37.3	1.29	1.29	8	高
紫色岩	紫泥田	0.49	2.0～16.0	1.04	1.04	10	中
硅质岩	白粉泥田	0.41	2.6～20.0	9.2	2.24	8	中

（五）土壤钾素

1. 土壤钾素一般状况　土壤全钾含量为 0.7g/kg（硅质白粉土）至 30g/kg（花岗岩发育的土壤），多数在 9～15g/kg。总的来说，此结果反映了地壳中的钾大部分在风化成土过程中淋失较多，土壤全钾含量分级统计见表10-4-14。

表 10-4-14 土壤全钾含量分级统计

全钾含量（g/kg）	＞25	20～25	15～20	10～15	5～10	＜5
占普查面积（%）	10.37	9.19	20.87	23.89	20.12	15.55

全钾含量一方面与各地区的成土母岩类型有关，另一方面与成土过程的风化淋溶有关。

2. 耕地土壤速效钾含量 各地区地块速测结果按高、中、低面积统计如表10-4-15，统计结果也同样说明，绝大部分土壤速效钾含量在中、低级范围，速效钾含量比较丰富的占12%左右，含量在 50 mg/kg 以下的缺钾土壤约占 50% 以上（Hongwei Tan，Liuqiang Zhou，Rulin Xie and Meifu Huang，2003，2004，2005）而且具有普遍性，这与近年来大面积推广施用钾肥且普遍获得明显效益的实际情况是相一致的，耕地土壤速效钾含量分级统计见表10-4-15。

表 10-4-15 耕地土壤速效钾含量分级统计

水田			旱地		
各级占普查面积（%）			各级占普查面积（%）		
高 （＞100 mg/kg）	中 （50～100 mg/kg）	低 （＜50 mg/kg）	高 （＞100 mg/kg）	中 （50～100 mg/kg）	低 （＜50 mg/kg）
8.60	34.88	56.52	19.13	38.54	42.33

土壤全钾含量与成土母岩类型及成土过程的风化淋溶有关，大多数土壤含钾量为 9～15g/kg。从成土母质看，花岗岩、紫色岩发育的土壤全钾含量较高，硅质岩、石灰岩、红土母质发育的土壤全钾含量较低。从土壤类型看：砖红壤＜赤红壤＜红壤；黄壤＞黄红壤＞红壤。耕作土壤＜自然土壤（谭宏伟，周柳强，谢如林，黄美福，等，2003）。这反映出人类的耕作活动加速了土壤矿物的风化及钾素释放淋失，年复一年的频繁耕作，使土壤全钾含量有逐渐减少的趋势。

土壤中的钾包括水溶性钾、交换性钾、固定态钾及原生矿物中的钾等几种形态；若按植物可利用状况可分为速效钾、缓效钾及迟效钾。速效钾是指水溶性钾和可交换钾，是土壤能直接提供给甘蔗吸收利用的钾；缓效钾是固定态钾，在一定条件下会转为速效钾供甘蔗吸收利用，是速效钾的重要给钾源（Barrett，W. B.，C. F. Engle and R. M. Smith，1973）。甘蔗产量与速效钾含量及缓效钾含量均有显著相关性。

蔗区土壤的供钾能力普遍很低，土壤速效钾小于50 mg/kg 的耕作土壤，水田有 56.52%，旱地有 42.33%，蔗区大部分土壤施用钾肥均获得较好的增产效果。

土壤的供钾能力与土壤母质及人类耕作管理密切相关，花岗岩发育的土壤供钾能力高，硅质岩、石灰岩、第四纪红土发育的土壤供钾能力低；土壤熟化程度高，土壤有机质含量高的土壤供钾能力也高。土壤经常深耕、冬翻晒垄等耕作措施能提高土壤的供钾能力。

（六）土壤中的钙、镁和硫

土壤中的钙和镁主要来自钙、镁的矿物，如白云石、方解石、钙长石、石膏等，含钙、镁碳酸盐和硫酸盐是土壤中最容易溶解的钙、镁矿物。在我国蔗区，由于高热多雨、矿物风化强烈，分解彻底，淋洗也大，因此，酸性土壤可能有缺钙和缺镁的问题，宜施用石灰或含钙镁肥来补充。

1. 土壤有效硫含量 土壤有效硫含量是土壤供硫能力的相对指标，与土壤类型和作物类型密切相关。土壤中的硫大部分来自含硫矿物，如黄铁矿氧化后会形成硫酸亚铁和硫酸。一部分来自含硫的蛋白质。一般情况下，含硫矿物质与蛋白质经过风化作用和矿化作用都可释放出足够植物生长所需的硫量。除有机质含量很少，化学风化和淋溶作用强烈的地区外，一般土壤中不缺硫，而广西钦州湾海岸带的咸酸田土壤中含硫量却往往偏高，土壤 pH 可达 2.7～3.4。所以酸害特别严重。

土壤中硫的含量与含磷量相似，变化在 0.1～2.0g/kg，土壤中的硫分为有机硫（含硫的蛋白质）和元素硫（矿物中的硫、交换态 SO_4^{2-}、游离硫 SO_4^{2-} 及硫化物）。土壤中含硫化合物或元素硫会发生氧化，其结果产生硫酸，导致土壤酸化。

典型蔗区多数土壤的有效硫含量处于 12～36 mg/kg 的中等偏下水平（谭宏伟，周柳强，谢如林等，2008a，b）。其中土壤有效硫≤6 mg/kg 的土壤占 7.7%，有效硫介于 6～12 mg/kg 的土壤占 19.2%，有效硫含量介于 12～24 mg/kg 的土壤占 38.5%，有效硫含量介于 24～36 mg/kg 的土壤占 28.8%，有效硫含量介于 36～48 mg/kg 的土壤占 5.8%，没有有效硫含量大于 48 mg/kg 的土壤（Hongwei Tan, Liuqiang Zhou, Rulin Xie and Meifu Huang，2003，2004，2005）。

2. 土壤交换性钙含量 土壤有效钙含量是土壤供钙能力的相对指标，与土壤类型和作物类型密切相关。典型蔗区多数土壤的交换性钙含量水平较高，其中有超过 2/3 的土壤交换性钙含量处于大于 4.5cmol 的丰富水平。

3. 土壤交换性镁含量 土壤有效镁含量是土壤供镁能力的相对指标，与土壤类型和作物类型密切相关。典型蔗区多数土壤的交换性镁含量处于中下水平，总体含量偏低。其中有超过一半的土壤交换性镁含量为 0.4～0.8cmol（Hongwei Tan, Liuqiang Zhou, Rulin Xie and Meifu Huang，2003，2004，2005）。

（七）土壤微量元素营养

甘蔗种植区土壤微量元素含量分布列于表 10-4-16。从中可看出蔗区土壤普遍缺硼和钼，锌、锰缺乏面积达 30% 以上，而铜、铁基本不缺乏。从地域上看，北部的有效锌含量（平均 1.58 mg/kg）高于东南（平均 1.07 mg/kg）。西北部蔗区有效硼较高，东南部蔗区有效硼含量较低。

从土壤类型看，黄壤、石灰岩土、水稻土、潮土、洪积土的有效锌含量较高，而紫色土、砖红壤、赤红壤、硅质白粉土的有效锌含量较低。有效硼含量各土类的排列顺序为：黄壤>红壤>赤红壤>石灰土>水稻土>紫色土>冲积土；有效钼含量各土类的排列顺序为红壤>赤红壤>黄红壤>黄壤；水稻土类：淹育>潴育>潜育>石灰性水稻土。地表耕层微量元素养分含量高于下层，并有随耕层深度增加而降低的趋势。从成土母质看，以石灰岩及硅质岩发育的土壤有效锌含量较高，紫色岩及第四纪红土发育的土壤有效锌含量较低；有效锰含量以石灰岩发育的土壤较高，花岗岩最低；有效硼及有效钼含量均以石灰岩发育的土壤较高，紫色岩及硅质岩最低。此外，土壤的酸碱性也影响微量元素养分的有效性。在土壤 pH 一般变幅范围内锌、铜、铁、锰的有效性随 pH 降低其有效性提高，蔗区耕地土壤有效微量元素含量等级见表 10-4-16。

表 10-4-16　蔗区耕作土壤有效微量元素含量等级统计

元素等级		极缺	缺乏	适中	丰富	很丰富
Zn	含量（mg/kg）	<0.3	0.3~0.5	0.5~1.0	1.0~3.0	>3.0
	占普查面积%	10.41	23.31	22.91	39.56	3.1
Cu	含量（mg/kg）	<0.1	0.1~0.2	0.2~1.0	1.0~1.8	>1.8
	占普查面积%	0.16	0.04	46.31	30.43	23.06
Fe	含量（mg/kg）	<2.5	2.5~4.5	4.5~10.0	10.0~20.0	>20
	占普查面积%	0.96	1.67	4.74	12.86	79.77
Mn	含量（mg/kg）	<1.0	1.0~5.0	5.0~15.0	15.0~30.0	>30
	占普查面积%	3.5	26.91	23.37	21.62	24.6
B	含量（mg/kg）	<0.2	0.2~0.5	0.5~1.0	1.0~2.0	>2.0
	占普查面积%	36.53	62.77	0.67	0.02	0
Mo	含量（mg/kg）	<0.10	0.10~0.15	0.15~0.20	0.20~0.30	>0.30
	占普查面积%	75.71	13.08	4.51	5.65	1.05

　　土壤中微量元素能供给植物吸收利用的主要是水溶态和交换态。土壤中微量元素的有效性主要受土壤 pH 的影响。如铁、锰、硼、铜在酸性条件下可溶性大而提高有效性。而在石灰性土壤中容易产生沉淀而降低其有效性。钼在酸性土壤中，因同活性铁、铝生成不溶性钼酸铁、铝而降低有效性。根据研究，土壤缺钼的临界值为 0.15~0.2 mg/kg（草酸-草酸盐溶液提取）。土壤缺硼的临界值一般为 0.5 mg/kg。我国土壤有效硼含量较高，一般大于 10 mg/kg，最高为西藏珠峰上的土壤，其次是黄土，而长江下游的下蜀黄土，以及长江以南的红壤、砖红壤含硼量特别低。锌在酸性土壤中以 Zn^{2+} 存在，在碱性土壤中，可以沉淀为氢氧化锌、磷酸锌、碳酸锌等，有效性降低，所以在石灰性土壤中施用锌肥有增产作用。铁、锰与锌相同，也是在土壤 pH 高时引起缺锰、缺铁的现象。我国各地土壤含铜量一般表现较适中。

　　1. 土壤有效硼含量　土壤有效硼含量是土壤供硼能力的相对指标，与土壤类型和作物类型密切相关。典型蔗区绝大多数土壤中的硼十分缺乏。其中土壤有效硼含量≤0.3 mg/kg 的缺硼土壤占 96.2%。

　　2. 土壤有效锌含量　土壤有效锌含量是土壤供锌能力的相对指标，与土壤类型和作物类型密切相关。典型蔗区多数土壤有效锌含量处于 0.5~2.0 mg/kg 的中等水平。其中没有土壤有效锌含量≤0.3 mg/kg 的土壤，有效锌含量在 0.3~0.5 mg/kg 的土壤占 3.8%，有效锌含量在 0.5~1.0 mg/kg 的土壤占 26.9%，有效锌含量在 1.0~2.0 mg/kg 的土壤占 61.5%，有效锌含量在 2.0~3.0 mg/kg 的土壤占 5.8%，有效锌含量大于 3 mg/kg 的土壤占 1.9%。

　　3. 土壤有效铜含量　土壤有效铜含量是土壤供铜能力的相对指标，与土壤类型和作物类型密切相关。典型蔗区多数土壤有效铜含量较高，土壤有效铜含量>0.6 mg/kg 的土壤占 2/3 以上，没有土壤有效铜含量≤0.1 mg/kg 的土壤。

　　4. 土壤有效铁含量　土壤有效铁含量是土壤供铁能力的相对指标，与土壤类型和作物类型密切相关。典型蔗区土壤有效铁含量非常丰富，其中有效铁含量>20 mg/kg 的土壤占

90％以上。

5. 土壤有效锰含量　土壤有效锰含量是土壤供锰能力的相对指标，与土壤类型和作物类型密切相关。典型蔗区土壤有效锰含量处于中上水平，其中有效锰含量＞30 mg/kg 的土壤约占 1/3，有效锰含量为 20～30 mg/kg 的土壤占 13.5％，有效锰含量为 10～20 mg/kg 的土壤占 25％，有效锰含量为 5～10 mg/kg 的土壤占 19.2％，有效锰含量为 2.5～5 mg/kg 的土壤占 9.6％，没有有效锰含量≤2.5 mg/kg 的土壤。

这些结果表明，典型蔗区土壤有效氮、磷、钾含量已处于中等或中下水平，与 20 世纪 80 年代相比已有较大提高，特别是磷和钾，但土壤的氮、磷、钾水平与高产土壤条件相比仍有较大差距，因此在甘蔗生产上仍应该十分重视氮、磷、钾肥的施用。

第五节　不同生态区甘蔗营养规律

甘蔗的一生分为发芽期、幼苗期、分叶期、伸长期、工艺成熟期和抽穗开花结实期，所以，我们在甘蔗栽培上施用氮磷钾肥料、钙镁硫及微量元素等其他肥料，使甘蔗各种营养元素的供应平衡且协调，以满足其生长发育的需要，使甘蔗获得优质高产，并且提高肥料的利用效率。

一、甘蔗各个生育阶段植株体内养分含量

不施肥处理（CK），甘蔗的含氮量为 0.55％～1.75％，苗期最高为 1.75％，随甘蔗生长量的增加，养分在植株体内的稀释效应明显，甘蔗成熟期含氮量仅为 0.55％；甘蔗含磷和含钾的变化也有同样的规律，苗期含磷和含钾为最高，分别是 0.42％和 1.00％，成熟期含磷和含钾量分别降至 0.18％和 0.50％。

施肥处理（$N_2P_2K_2$），甘蔗的含氮量为 0.53％～1.80％，苗期最高为 1.80％，随甘蔗生长量的增加，养分在植株体内的稀释效应明显，成熟期含氮量仅为 0.53％；甘蔗的含磷和含钾变化也有同样的规律，苗期含磷和含钾为最高，分别是 0.41％和 1.50％，成熟期含磷和含钾量分别降至 0.17％和 0.75％。甘蔗各生育阶段植株养分含量变化见图 10-5-1。

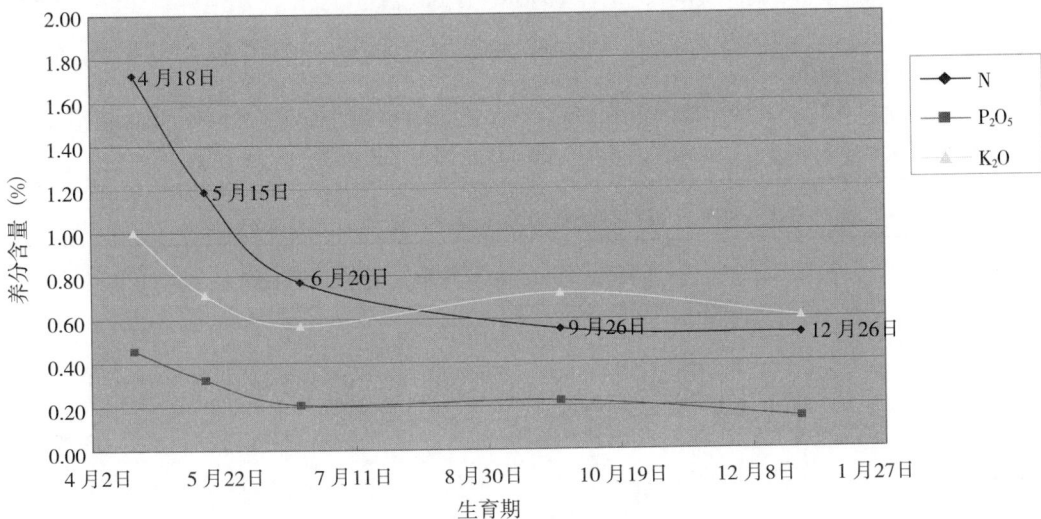

图 10-5-1　甘蔗各生育阶段植株养分含量变化

二、甘蔗不同部位各生长阶段对营养元素的需要及含量

甘蔗氮、磷、钾的吸收量因养分不同的配合而有一定差异。一般每吨原料蔗吸收 N 1.32～3.20kg，P_2O_5 0.27～0.70kg，K_2O 1.01～3.34kg。

甘蔗营养的最大特点的满足蔗茎生长与糖分积累为主要目的，有别于所有收获籽实、块茎和块根等的作物；甘蔗对养分的吸收受土壤供肥能力、品种特性、施肥等诸多因素影响。甘蔗叶和茎养分含量，根据 124 个田间试验结果的统计，苗期、分蘖期、拔节期和成熟期叶片含氮量在 0.95%～2.30%；甘蔗的苗期、分蘖期、拔节期和成熟期茎含氮量在 0.40%～2.10%。

1. 甘蔗叶和茎磷的养分含量 甘蔗的苗期、分蘖期、拔节期和成熟期叶片含磷量在 0.12%～0.21%；甘蔗茎在苗期、分蘖期、拔节期和成熟期含磷量 0.05%～0.28%。不同情况下甘蔗对养分的吸收量及含量见表 10-5-1 至表 10-5-7。

表 10-5-1 不同施肥处理甘蔗对养分的吸收量

处理	甘蔗产量（kg/km²）	养分吸收量（g/t）		
		N	P_2O_5	K_2O
不施肥	47077.5	1.89±0.57	0.51±0.19	2.18±0.67
施磷钾	63916.5	1.50±0.42	0.47±0.11	2.71±0.63
施氮钾	74569.5	1.79±0.47	0.40±0.13	2.55±0.64
施氮磷	42948.0	2.16±1.04	0.50±0.20	1.98±0.97
施氮磷钾	89019.0	1.89±0.14	0.48±0.03	2.68±0.16

表 10-5-2 甘蔗生长各时期叶的含氮量（N g/kg，数据量：113）

生育期	苗期	分蘖期	拔节期	伸长期	成熟期	收获期
最大	20.69	13.19	22.98	25.21	15.57	15.36
最小	11.53	9.29	10.87	6.17	13.92	1.89
平均	17.81	11.41	16.58	13.19	14.68	9.48
标准差	1.85	1.21	3.75	3.70	0.61	2.88
变异系数	10.41	10.63	22.60	28.08	4.16	30.42

表 10-5-3 甘蔗生长各时期茎的含氮量（N g/kg，数据量：124）

生育期	苗期	分蘖期	拔节期	伸长期	收获期
最大	20.69	11.98	7.56	7.76	29.90
最小	11.53	1.75	4.01	2.75	1.45
平均	17.81	8.05	5.23	4.75	6.77
标准差	1.85	2.59	0.60	1.03	6.11
变异系数	10.41	32.13	11.44	21.72	90.30

表 10-5-4 甘蔗各生长时期叶的含磷量 （P_2O_5 g/kg，数据量：124）

生育期	苗期	分蘖期	拔节期	伸长期	成熟期	收获期
最大	2.72	1.72	3.84	2.89	1.59	2.06
最小	1.41	1.24	1.12	1.03	1.42	0.48
平均	2.10	1.44	1.98	1.70	1.51	1.22
标准差	0.35	0.13	0.85	0.54	0.07	0.35
变异系数	16.42	9.19	43.11	31.76	4.37	28.42

表 10-5-5 甘蔗生长各时期茎的含磷量 （P_2O_5 g/kg，数据量：124）

生育期	苗期	分蘖期	拔节期	伸长期	收获期
最大	2.72	2.44	0.96	0.83	4.94
最小	1.41	0.95	0.50	0.25	0.20
平均	2.10	1.32	0.59	0.52	0.76
标准差	0.35	0.36	0.05	0.09	0.83
变异系数	16.42	27.28	8.53	17.72	108.22

2. 甘蔗叶和茎的钾养分含量 甘蔗的苗期、分蘖期、拔节期和成熟期叶片含钾量在 $0.55\%\sim3.60\%$；甘蔗的苗期、分蘖期、拔节期和成熟期茎含钾量在 $0.40\%\sim2.30\%$。

表 10-5-6 甘蔗生长各时期叶的含钾量 （K_2O g/kg，数据量：124）

生育期	苗期	分蘖期	拔节期	伸长期	成熟期	收获期
最大	20.65	19.51	22.66	36.67	18.05	19.34
最小	6.53	3.55	5.04	3.02	15.96	3.23
平均	12.25	13.24	15.09	16.08	17.00	11.84
标准差	4.31	3.67	4.72	8.41	0.79	3.57
变异系数	35.17	27.74	31.30	52.31	4.63	30.11

表 10-5-7 甘蔗生长各时期茎的含钾量 （K_2O g/kg，数据量：124）

生育期	苗期	分蘖期	拔节期	伸长期	收获期
数据量	31	30	16	38	135
最大	20.65	26.94	15.33	11.74	44.03
最小	6.53	5.36	4.30	1.23	0.41
平均	12.25	14.16	10.96	5.55	9.23
标准差	4.31	5.67	2.98	2.69	10.63
变异系数	35.17	40.08	27.16	48.55	115.11

3. 其他中微量元素 甘蔗的拔节期和成熟期叶片含硫量在 $0.10\%\sim0.25\%$，收获期茎的含硫量在 $0.07\%\sim0.17\%$；甘蔗拔节期和成熟期叶片含钙量在 $0.13\%\sim0.19\%$，收获期茎含钙量在 $0.04\%\sim0.31\%$；甘蔗拔节期和成熟期叶片含镁量在 $0.14\%\sim0.50\%$，收获期茎含镁量在 $0.02\%\sim0.47\%$；甘蔗拔节期和成熟期叶片含锌量在 $5.4\sim21.7$ mg/kg，收获期茎含锌量在 $3.33\sim262.0$ mg/kg；甘蔗拔节期和成熟期叶片含铜量在 $4.1\sim8.4$ mg/kg，

收获期茎含铜量在 6.89～132.34 mg/kg；甘蔗拔节期和成熟期叶片含锰量在36.0～135.0 mg/kg，收获期茎含锰量在 5.60～187.0 mg/kg；甘蔗拔节期和成熟期叶片含硼量在 3.5～6.7 mg/kg，收获期茎含硼量在 0.02～8.4 mg/kg。甘蔗叶和茎中微量元素的含量见表 10-5-8 至表 10-5-14。

表 10-5-8　甘蔗叶和茎硫养分含量（S g/kg，数据量：124）

生育期	茎	叶			
	收获期	拔节期	伸长期	成熟期	收获期
最大	1.67	2.49	2.51	1.24	2.73
最小	0.72	1.42	1.17	1.01	0.87
平均	1.20	1.96	1.69	1.15	1.64
标准差	0.22	0.31	0.35	0.08	0.45
变异系数	18.49	15.90	20.72	6.60	27.38

表 10-5-9　甘蔗叶和茎钙养分含量（Ca g/kg，数据量：124）

生育期	茎	叶		
	收获期	伸长期	成熟期	收获期
最大	3.10	13.12	4.67	11.84
最小	0.39	1.95	3.63	3.02
平均	1.12	7.08	4.18	5.23
标准差	0.47	3.66	0.42	1.71
变异系数	42.20	51.62	9.94	32.69

表 10-5-10　甘蔗叶和茎镁养分含量（Mg g/kg，数据量：124）

生育期	茎	叶			
	收获期	拔节期	伸长期	成熟期	收获期
最大	4.65	2.06	4.98	1.30	4.55
最小	0.17	1.38	1.02	0.78	0.62
平均	1.09	1.71	2.25	1.00	1.45
标准差	1.09	0.22	0.83	0.19	0.68
变异系数	100.12	13.06	36.85	18.83	46.80

表 10-5-11　甘蔗叶和茎锌养分含量（Zn mg/kg，数据量：124）

生育期	茎	叶		
	收获期	拔节期	伸长期	收获期
最大	262.00	20.00	21.70	19.60
最小	3.33	5.40	7.20	13.00
平均	44.57	10.95	13.19	16.77
标准差	68.16	5.32	3.88	1.96
变异系数	152.94	48.57	29.40	11.68

表 10-5-12　甘蔗叶和茎铜养分含量（Cu mg/kg，数据量：124）

生育期	茎	叶		
	收获期	拔节期	伸长期	收获期
最大	132.34	6.30	8.00	8.40
最小	6.89	4.20	4.10	3.00
平均	15.50	5.18	5.51	5.75
标准差	20.82	0.82	1.07	1.92
变异系数	134.32	15.79	19.51	33.32

表 10-5-13　甘蔗叶和茎锰养分含量（Mn mg/kg，数据量：124）

生育期	茎	叶		
	收获期	拔节期	伸长期	收获期
最大	187.00	135.00	46.80	67.00
最小	5.58	104.00	38.50	36.00
平均	38.69	118.80	42.46	50.60
标准差	47.02	12.60	3.02	13.58
变异系数	121.52	10.60	7.11	26.83

表 10-5-14　甘蔗叶和茎硼养分含量（B mg/kg，数据量：124）

生育期	茎	叶		
	收获期	拔节期	伸长期	收获期
最大	8.40	5.70	6.70	6.60
最小	0.02	4.00	3.50	4.20
平均	1.94	4.50	4.71	5.34
标准差	2.83	0.73	1.04	0.87
变异系数	145.59	16.25	22.06	16.28

三、甘蔗生长过程对主要营养元素的需求

甘蔗在各生长阶段对氮、磷、钾养分的吸收量各不相同，自苗期至伸长初期，氮、磷、钾吸收率分别占总吸收量的 54.99%、57.24%、50.70%；伸长初期至伸长末期分别为 35.27%、36.72%、41.19%；伸长末期至成熟期则吸收不多，分别为 9.74%、6.04%、8.11%。

甘蔗自出苗至伸长初期，经过 4～5 个月时间累计养分吸收量过半，说明生长前期要有足够的养分供应；而伸长初期至伸长末期约 2～3 个月时间内，大量养分在此阶段所吸收，即为明显的吸肥高峰期，且时值高温多雨，蔗茎生长迅速，是影响蔗茎生长的关键时刻。

至于氮、磷、钾元素间的吸收量比较，如在苗期至分蘖期，以吸收氮素最多，钾素次之，磷素最少；分蘖期后吸钾量超过吸氮量，直至成熟期。而不施钾的甘蔗则不同，由于土壤供钾不足，吸钾量推迟到伸长初期以后才逐渐超过吸氮量，使总吸钾量减少而影响蔗茎生长。

甘蔗对磷素的吸收量虽比钾、氮要少，但从各生长阶段看，分蘖期养分累计吸收率以磷素最高，为 25.60％，其次是氮，为 23.99％，吸钾 17.85％，说明甘蔗分蘖期需要吸收较多的磷素，见图 10-5-2。

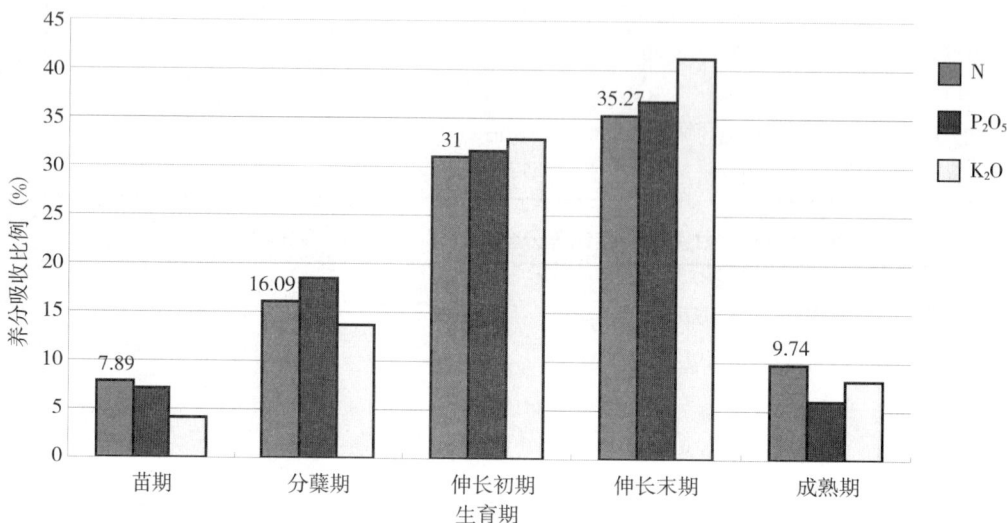

图 10-5-2　甘蔗不同生育期的养分吸收比例

（一）甘蔗对氮的需要

1. 甘蔗各个生育阶段对氮的吸收强度　苗期初甘蔗对氮（N）的吸收强度为 160～230g/（hm² · d），从苗期到伸长初期，随着甘蔗生长量的增加，甘蔗对氮的吸收强度有吸收高峰，吸收强度以伸长初期（6 月中旬）为最高，达到 790～1 425g/（hm² · d）。同时，甘蔗对氮的吸收强度也随施肥处理的不同有较大的差异，$N_2P_2K_2$ 处理伸长初期甘蔗对氮的吸收强度为 1 425g/（hm² · d），而对照（CK）处理在伸长初期甘蔗对氮的吸收强度仅为 800g/（hm² · d）；从伸长中期到成熟期，甘蔗对氮的吸收强度逐渐降低至 195～320g（hm² · d）。

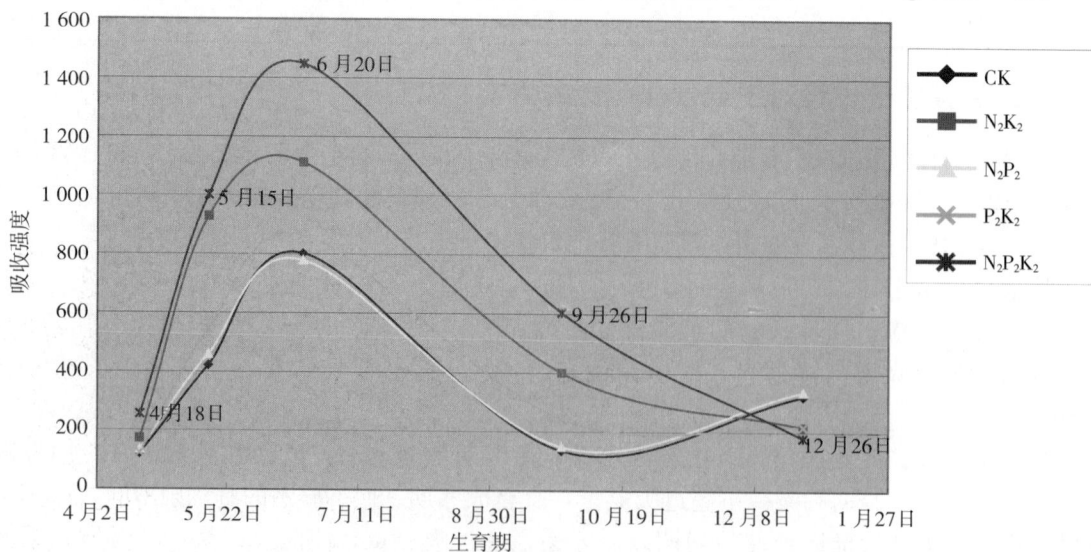

图 10-5-3　甘蔗各生育阶段对氮的吸收强度变化

2. 甘蔗各生育阶段对氮的吸收量 甘蔗对氮（N）的吸收量，以分蘖期、伸长初期和伸长末期为最多，甘蔗在各生育阶段吸收氮的比例（以 $N_2P_2K_2$ 处理为例），苗期占 7.9%，分蘖期占 16.1%，伸长初期占 31.0%，伸长末期占 35.3%，成熟期占 9.7%。

（二）甘蔗对磷的需要

1. 甘蔗各个生育阶段对磷的吸收强度 苗期初甘蔗对磷（P_2O_5）的吸收强度为 30～60g/（$hm^2 \cdot d$），从苗期到伸长初期，随着生长量的增加，甘蔗对磷的吸收强度有吸收高峰，N_2K_2 处理（缺磷处理）则提前 15～20d，此时甘蔗对磷的吸收强度为 260g/（$hm^2 \cdot d$）；其他施肥处理甘蔗对磷的吸收强度以伸长初期（6月中旬）为最高，达到 200～375g/（$hm^2 \cdot d$），同时甘蔗对磷的吸收强度也随施肥处理的不同有较大的差异，$N_2P_2K_2$ 处理伸长初期甘蔗对磷的吸收强度为 375g/（$hm^2 \cdot d$），而对照（CK）处理在伸长初期甘蔗对磷的吸收强度为 220g/（$hm^2 \cdot d$），N_2P_2 处理在伸长初期甘蔗对磷的吸收强度最低，仅为 200g/（$hm^2 \cdot d$）；从伸长中期到成熟期，甘蔗对磷的吸收强度逐渐降低至 5～70g/（$hm^2 \cdot d$）甘蔗各生育期对氮、磷的吸收情况如图 10-5-4，图 10-5-5。

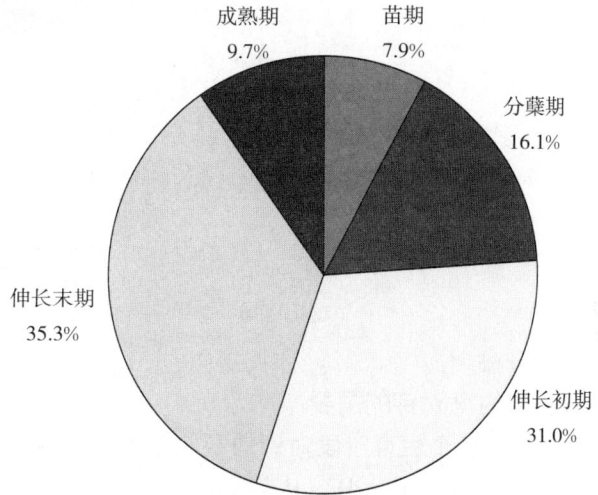

图 10-5-4 甘蔗各生育期吸收氮的比例（$N_2P_2K_2$）

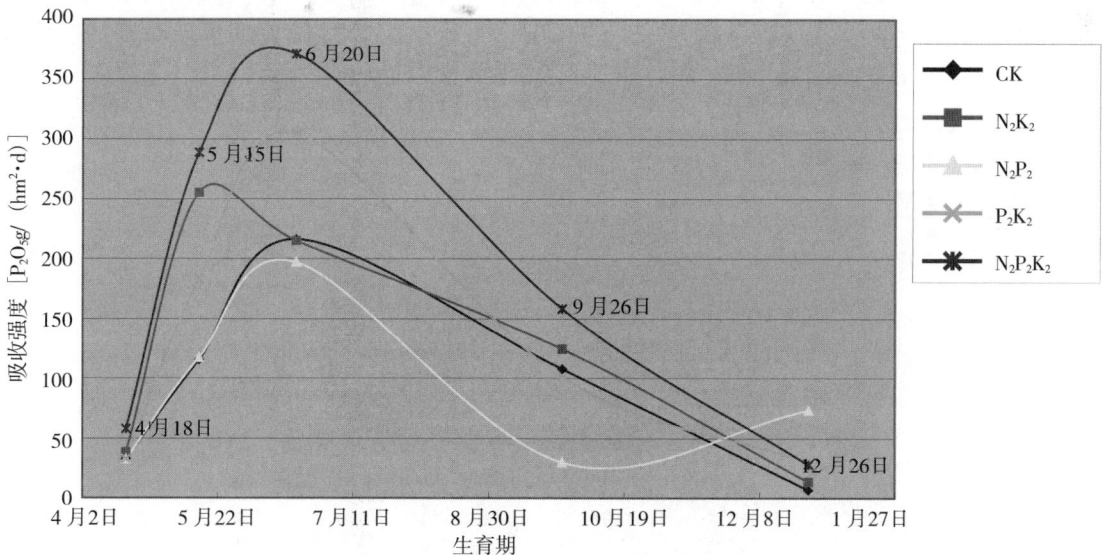

图 10-5-5 甘蔗各生育期对磷的吸收强度变化

2. 甘蔗各个生育阶段对磷的吸收磷量 甘蔗对磷（P_2O_5）的吸收量以分蘖期、伸长初期和伸长末期为最多，甘蔗在各生育阶段吸收磷的比例（以 $N_2P_2K_2$ 处理为例），苗期占

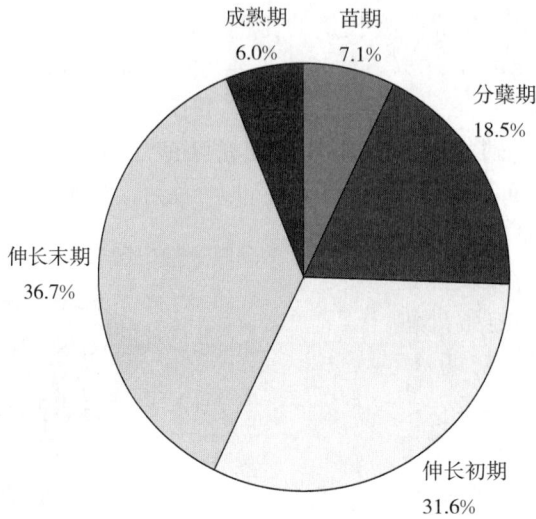

图 10-5-6　甘蔗各生育期吸收磷的比例（$N_2P_2K_2$）

7.1％，分蘖期占 18.5％，伸长初期占 31.6％，伸长末期占 36.7％，成熟期占 6.0％。

（三）甘蔗对钾的需要

1. 甘蔗各个生育阶段对钾的吸收强度及吸钾量　苗期初甘蔗对钾（K_2O）的吸收强度为 80～160g/（$hm^2 \cdot d$）从苗期到伸长初期，随着生长量的增加，甘蔗对钾的吸收强度有明显的吸收高峰，以伸长初期（6 月中旬）为最高，达到 610～2180g/（$hm^2 \cdot d$），同时，随施肥处理的不同甘蔗对钾的吸收强度有较大的差异，$N_2P_2K_2$ 处理伸长初期甘蔗对钾的吸收强度为 2 180g/（$hm^2 \cdot d$），而对照（CK）处理在伸长初期对钾的吸收强度为 750g/（$hm^2 \cdot d$），最低的是缺钾处理（N_2P_2），吸收强度仅 610g/（$hm^2 \cdot d$）；从伸长中期到成熟期，甘蔗对钾的吸收强度逐渐降低至 200～250g/（$hm^2 \cdot d$），甘蔗各生育期对钾的吸收强度变化如图 10-5-7。

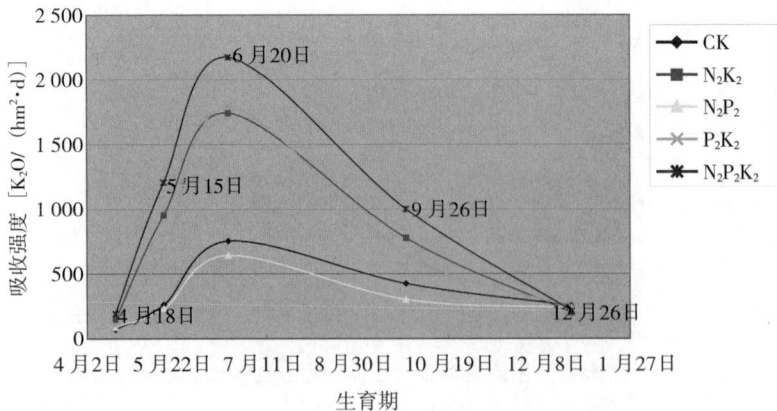

图 10-5-7　甘蔗各生育期对钾的吸收强度变化

2. 甘蔗各个生育阶段对钾的吸收强度及吸钾量　甘蔗对钾（K_2O）的吸收量，以分蘖期、伸长初期和伸长末期吸收钾最多，甘蔗在各生育阶段吸收钾的比例（以 $N_2P_2K_2$ 处理为例），苗期占 4.2%，分蘖期占 13.7%，伸长初期占 32.8%，伸长末期占 41.2%，成熟期占 8.1%如图 10-5-8 所示。

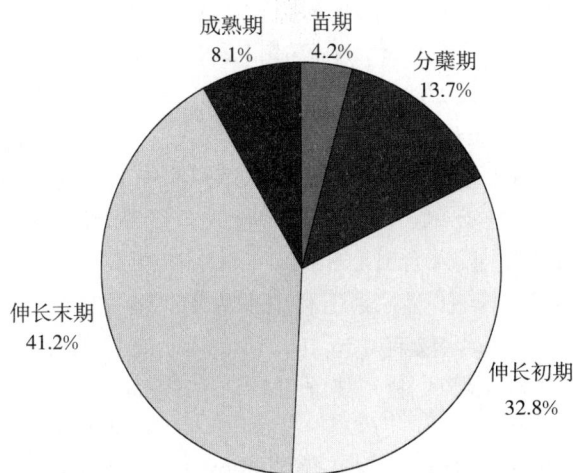

图10-5-8　甘蔗各生育期吸收钾的比例

（四）对其他元素的需要

甘蔗对中微量元素 S、Ca、Mg、Zn、Cu、Mn 和 B 的吸收量分别为 143.1～396.0kg/hm²、306.9～1 344.6kg/hm²、72.9～828.0kg/hm²、1.47～25.3kg/hm²、0.89～12.6kg/hm²、3.7～22.9kg/hm² 和 0.38～1.35kg/hm²；平均吸收量分别为 269.6kg/hm²、825.7kg/hm²、450.5kg/hm²、13.4kg/hm²、6.8kg/hm²、13.3kg/hm² 和 0.86kg/hm²（表 10-5-15）。

表 10-5-15　甘蔗对中微量元素的吸收量

元素	S	Ca	Mg	Zn	Cu	Mn	B
吸收量（kg/hm²）	143.1～396.0	306.9～1344.6	72.9～828.0	1.47～25.3	0.89～12.6	3.7～22.9	0.38～1.35
平均值（kg/hm²）	269.6	825.7	450.5	13.4	6.8	13.3	0.86

第六节　甘蔗施肥技术评价与分析

本节分析甘蔗施肥现状并根据甘蔗施肥中存在的问题对甘蔗施肥提出对策与建议。

一、甘蔗施肥现状

甘蔗施肥是甘蔗生产的较大生产投入之一，多数甘蔗种植区推广施肥量：即施尿素 900～1 200kg/hm²，钙镁磷 1 500～1 800kg/hm²，氯化钾 450～600kg/hm²，高浓度复合肥（15-15-15）1 200～1 500kg/hm²。

甘蔗施用的肥料利用率低，如氮肥的平均利用率为 21.2%，磷肥平均利用率为 11.6%，钾肥的平均利用率为 21.1%。

二、甘蔗施肥中存在的主要问题

概括起来现甘蔗施肥的主要问题有：一是施肥量大，多数甘蔗种植区施肥量为有机肥 1 500元/hm²，尿素 900～1 200kg/hm²，钙镁磷 1 500～1 800kg/hm²，氯化钾 450～600kg/hm²，高浓度复合肥（15-15-15）1 200～1 500kg/hm²；甘蔗施肥折合纯氮 594.0～777.0kg/hm²，磷（P_2O_5）465～513kg/hm²，钾（K_2O）495～585kg/hm²（不包含有机肥的养分）。二是施肥成本高，施氮肥费用 2 554.2～3 341.1 元，施磷肥费用 2 325.0～2 565.0元；施钾费用2 475.0～2 925.0 元；化肥投入合计 7 354.2～8 831.1 元/hm²；加上有机肥 100 元/667m²，施肥总投入合计：8 854.2～10 331.1 元/hm²。三是肥料利用率低，据近五年的田间试验结果表明，甘蔗对氮肥利用率为 14.5～24.7%，平均利用率为 21.2%，即每公顷用的氮为 594～777kg，仅有 126.0～164.7kg 被甘蔗吸收；大部分氮（468.0～612.3kg）被挥发、淋溶并被土壤吸附。甘蔗对磷肥利用率为 6.7%～13.4%，平均利用率为 11.6%，即公顷施用的磷（P_2O_5）为 465～513kg，仅有 54.0～59.6kg 磷（P_2O_5）被甘蔗吸收；还有 411.0～453.5kg 磷（P_2O_5）被土壤吸附并转化为难溶磷。甘蔗对钾肥的利用率为 15.6%～26.9%，平均利用率为 21.1%，即每公顷用钾（K_2O）495～585kg，有 104.4～123.5kg 钾（K_2O）被甘蔗吸收；还有 390.6～401.7kg 钾（K_2O）被淋溶并被土壤吸附。

由此可见，甘蔗施肥量大和施肥成本高，这与甘蔗种植区土壤提供养分的能力低和使用化肥的肥料利用率低有关；除地租外，甘蔗施肥占甘蔗生产成本的 40%～50%。

三、甘蔗施肥对策与建议

甘蔗施肥及适用肥料的研究得到了广泛的重视，肥料新技术、新成果不断涌现，甘蔗是生长期较长的作物，选择适合的肥料类型、采用正确的施肥位置、施用时间和施肥量等是当今甘蔗节本生产需考虑的因素。

1. 选择适合的肥料类型　近几年来，随着肥料研发的创新，有机无机肥、长效肥、缓控施肥、生物肥和复合微生物肥等先后推出，尤其是当今肥料产业采用了增效和长效技术等，这也为不同区域甘蔗产业的发展提供了可以选择肥料的机会。

近年来对甘蔗减量施肥的研究结果表明，采用富含腐殖酸的肥料有机—无机复合肥能显著提高甘蔗对肥料的利用率，如 2011—2013 年 3 年的田间试验结果显示，空白对照（不施肥）甘蔗产量 47 745kg/hm²；常规施肥（施用化肥）甘蔗产量 91 590kg/hm²；施有机—无机复合肥甘蔗产量 120 705kg/hm²。空白对照（不施肥）蔗糖分含量 14.9%；常规施肥（施用化肥）蔗糖分含量 14.5%；施有机—无机复合肥蔗糖分含量 15.1%。施用有机—无机复合肥处理甘蔗对氮素平均利用率为 55.22%，磷素平均利用率为 39.45%，钾素利用率为 59.24%；对肥料的利用率起主要作用是因为复合肥富含腐殖酸，甘蔗产量与蔗糖分含量均高于施用化肥处理。施用长效氮肥处理的甘蔗对氮素平均利用率为 50.09%；磷素平均利用率为 34.57%；钾素利用率为 52.41%。

总结和分析国外甘蔗生产施肥量低的主要原因是甘蔗种植区土壤肥沃，土壤有机质含量高达 3%～9%；重视含有机肥及长效肥料的施用，有灌溉设施，施入的肥料利用率高等。根据甘蔗种植区的土壤及甘蔗对养分的吸收特征，田间试验结果指出选择适合的肥料类型尤其是含有机质的肥料是实现甘蔗减量施肥、优质高产的主要施肥措施之一，同时还能减少施肥次数，节本增效。

2. 采用正确的施肥位置、施用时间和施肥量　正确的施肥位置：基肥施于蔗种下并盖薄土；追肥施于甘蔗苗旁 5～10cm。据甘蔗不同施肥位置的田间试验结果表明，将追肥施于甘蔗苗旁 5～10cm，甘蔗对肥料的吸收量均高于其他施肥位置 20%～35%。

施用时间：基肥施于甘蔗种植前 1d；追肥施于甘蔗苗齐后。

施肥量：据目标产量确定。

24 个甘蔗施肥试验结果统计，每公顷施纯 N 270～300kg，P_2O_5 90～105kg，K_2O 240～270kg（折有机—无机复合肥 2 250～2 400kg/hm^2）；其中基肥在开行沟后，基肥占 10%，施用有机—无机复合肥 2 250～2 400kg/hm^2；追肥在苗齐后，占 90%，施用有机—无机复合肥 1 025～2 160kg/hm^2，甘蔗单产分别 124.5t/hm^2、121.5t/hm^2 和 120.75t/hm^2。每公顷施 N 270～300kg，P_2O_5 90～105kg，K_2O 240～270kg 的施肥量，可为每公顷产原料蔗 90～120t 的目标设计，确定为甘蔗种植区推荐施肥量。

为有灌溉条件的甘蔗获更高产量提供施肥技术支持，在南宁和来宾等 7 个甘蔗施肥试验结果，每公顷施 N 345～420kg，P_2O_5 120～135kg，K_2O 315～375kg（折有机—无机复合肥 2 700～3 750kg/hm^2）；其中基肥在开行沟后施，基肥占 10%，施用有机—无机复合肥 270～375kg/hm^2；追肥在苗齐后占 90%，施用有机—无机复合肥 2 430～3 375kg/hm^2，甘蔗每公顷产量分别为 205.5t/hm^2 和 192.75t/hm^2。每公顷施 N 345～420kg，P_2O_5 120～135kg，K_2O 315～375kg 可为每公顷产原料蔗 180～240t 确定为甘蔗种植区推荐施肥量。

第七节　不同生态区甘蔗施肥的肥效反应

甘蔗的收获产量是土壤肥力的综合表现。多数蔗区甘蔗单产较低，在综合技术措施配合下，通过合理施肥，可大幅度提高甘蔗产量；而同一施肥措施在不同土壤肥力条件下，其肥效反应差异很大。按无肥处理的土壤肥力分为产蔗茎 45 000kg/hm^2 以下、45 000～60 000 kg/hm^2、60 000kg/hm^2 以上 3 级，最佳施肥处理（$N_2P_2K_2$）处理的肥效统计可清楚看出，同样的肥料处理在不同肥力土壤上，其增产效益差异很大，即低肥力土壤投肥效益比高肥力土壤大；同时也说明低肥力土壤种蔗产量有 52% 来自肥料投入，而多数蔗区土壤肥力较低，特别是新垦蔗区，土壤肥水条件更差，因此当前合理增施肥料是提高甘蔗单产最有效的措施。

一、平衡施肥对甘蔗产量的影响

1. 平衡施肥对甘蔗农艺性状的影响　田间试验结果得出，施磷肥（P_2O_5）112.5kg/hm^2、225kg/hm^2、337.5kg/hm^2 时，株高最高为 P_3 处理，347.1cm 时，P_3 比 P_0 提高 37.5cm，增加 12.11%；施钾肥（K_2O）225kg/hm^2、450kg/hm^2、675kg/hm^2 时，随施钾量增加，甘蔗株高提高，K_3 比 K_0 提高 22.3cm，增 7.16%。说明增施磷、钾肥能促进甘蔗的节间伸长。而增施硫、锌、硼肥对甘蔗节间伸长影响不大。

茎周最大为 K_2、K_3 处理，达 2.72cm，比 K_0 处理大 0.10cm，增加 3.82%，随施钾量增加，甘蔗茎周增大；茎周最小为 P_0 处理，2.56cm，P_2 比 P_0 增大 0.16cm，增 6.25%。增施

磷、钾肥也能促进蔗茎增粗。

有效茎最多的为 K_3 处理，每公顷 91 950 株，随施钾量增加，甘蔗有效茎增多，K_3 比 K_0 增多 12 525 株/hm^2，增 15.77%；P_0 的有效茎最低，随施磷量增加，甘蔗有效茎亦增多，这可能是施磷、钾肥获得增产的主要原因。增施硫、锌、硼肥也可提高甘蔗的有效茎数。

单茎重最重的是 K_3 处理，为 1 927g/株，最低的是 K_0 处理，1 517g/株，随施钾量增加，甘蔗单茎重提高，K_3 比 K_0 重 410g/株，增 27.04%；随施磷量增加，甘蔗单茎重亦提高，P_3 比 P_0 重 229g/株，增 14.90%；这也是施磷、钾肥获得增产的一个因素。增施硫、锌、硼肥也可提高甘蔗的单茎重，甘蔗农艺性状考察结果见表 10-7-1。

2. 氮肥的增产效果　田间试验结果表明，施氮量 138~414kg/hm^2，不同氮肥用量之间，以 N_2 产量最高，比无氮处理增产 36.2%，每千克氮素增产 83.3kg；比 N_1 处理增产 9.2%，比 N_3 处理增产 8.9%。从整个 15 个试验点结果来看，N_3 比 N_1 减产的有 11 个点，平产的有两个点，略增产的有两个点，这说明在甘蔗产量为 75 000~90 000kg/hm^2 时，施 N 量 414.0kg/hm^2 是不必要的，施 N 276.0kg/hm^2 就可以了，氮肥增产效果如表 10-7-2。

表 10-7-1　甘蔗农艺性状考察结果

项目	P_2K_0	P_2K_1	P_2K_2	P_2K_3	P_0K_2	P_1K_2	P_3K_2	P_2K_2+S	P_2K_2+Zn	P_2K_2+B
株高（cm）	311.3	326.9	327.5	333.6	309.6	327.7	347.1	328.3	332.3	332.0
茎周（cm）	2.62	2.70	2.72	2.72	2.56	2.60	2.66	2.66	2.68	2.70
有效茎（株/hm^2）	79 425	86 325	89 340	91 950	72 300	78 300	90 675	84 300	86 100	87 390
单茎重（g）	1 517	1 699	1 729	1 927	1 534	1 559	1 762	1 659	1 708	1 717

表 10-7-2　氮肥的增产效果

氮肥用量（kg/hm^2）	N_0 0.0	N_1 138	N_2 276	N_3 414
每公顷产量（kg）	63 555	79 260	86 550	79 440
比 N_0 增产（kg）	—	15 705	22 995	15 885
比 N_1 增产（kg）	—	—	7 290	180
比 N_2 增产（kg）	—	—	—	−7 110

3. 不同磷肥用量对甘蔗产量的影响　甘蔗施用磷肥的田间试验结果指出，缺磷处理（NP_0K_2）产量最低，平均产量为 110 872.5kg/hm^2，当分别增施磷肥（P_2O_5）112.5kg/hm^2、225kg/hm^2、337.5kg/hm^2 时，产量分别为 122 070kg/hm^2、154 455kg/hm^2、159 772.5kg/hm^2，比缺磷处理分别增产 11 197.5kg/hm^2、43 582.5kg/hm^2、48 900kg/hm^2，增 10.10%、39.31%、44.10%，其中 P_1 处理比缺磷处理产量差异达到显著水平，P_2、P_3 处理比 P_0 处理产量差异达到极显著水平。与 P_0 相比，每增施 1kg P_2O_5 可增产甘蔗 99.5kg，P_1、P_2、P_3 处理分别为 99.53kg、193.7kg、144.89kg，以 P_2 处理的施肥效益最高，不同磷用量配比田间试验结果统计如表 10-7-3、表 10-7-4。

表 10-7-3　甘蔗不同磷用量配比田间试验结果统计

处　　理	NP_0K_2	NP_1K_2	NP_3K_2
产量（kg/hm²）增加比例（%）	110 872.5	122 070.0	159 772.5
施磷增产		11 197.5* 10.10	48 900.0** 44.10
比 P_1 增产			37 702.5** 30.89
比 P_2 增产			5 317.50 3.44

在严重的缺磷地区，不同磷肥用量之间以 P_2 产量最高，比无磷处理增产 17.7%，每千克 P_2O_5 增产 173.2kg 甘蔗；比 P_1 处理增产 10.2%，比 P_3 处理增产 5.6%。

从整个 15 个试验点的结果来看，土壤磷较丰富的地区，P_3 比 P_2 减产的有 10 个点，增产的有 5 个点。这说明在甘蔗产量为 75 000～90 000kg/hm² 时，土壤供磷水平较高时，施 P_2O_5 量 75kg/hm² 是适宜的，但严重缺磷的土壤需要施 P_2O_5 112.5kg/hm²，富磷土壤磷肥增产效果如表 10-7-4。

表 10-7-4　富磷土壤磷肥的增产效果

磷肥用量（kg/hm²）	P_0 0.0	P_1 37.5	P_2 75.0	P_3 112.5
甘蔗产量（kg/hm²）	73 560	78 570	86 550	81 990
比 P_0 增产（kg/hm²）	—	5 160	12 990	8 430
比 P_1 增产（kg/hm²）	—	—	7 830	1 770
比 P_2 增产（kg/hm²）	—	—	—	−4 560

4. 不同钾肥用量对甘蔗产量的影响　缺钾处理（NP_2K_0）平均产量为 120 480kg/hm²，当分别增施钾肥（K_2O）225kg/hm²、450kg/hm²、675kg/hm² 时，产量分别为 146 655kg/hm²、154 455kg/hm²、177 195kg/hm²，比缺钾处理分别增产 26 175kg/hm²、33 975kg/hm²、56 715kg/hm²，增 21.73%、28.20%、47.07%，产量差异均达到极显著水平。与 K_0 相比，每增施 1kg K_2O 可增产甘蔗 116.3kg，K_1、K_2、K_3 处理分别为 116.33kg、75.5kg、84.02kg，K_1 处理施肥效益最高。

表 10-7-5　甘蔗不同钾用量配比田间试验结果统计

处　　理		NP_2K_0	NP_2K_1	NP_2K_2	NP_2K_3
产量（kg/hm²）	平均	120 480.0	146 655.0	154 455.0	177 195.0
施钾增产	kg/hm²		26 175.0**	33 975.0**	56 715.0**
	%		21.73	28.20	47.07
比 K_1 增产	kg/hm²			7 800.0	30 540.0**
	%			5.32	20.82
比 K_2 增产	kg/hm²				22 740.0**
	%				14.72

在严重的缺钾地区，不同钾肥用量之间，以 K_2 处理产量最高，比无钾处理增产 44.4%，每千克 K_2O 增产 118.3kg 甘蔗。

土壤含钾较丰富的地区，K_2 比 K_1 处理增产 15.1%，比 K_3 处理增产 3.3%。从 15 个试验点的结果来看，K_3 比 K_2 减产的有 9 个点，增产的有 6 个点。这说明在甘蔗产量为 75 000～90 000kg/hm² 时，土壤供钾水平较高时，施 K_2O 量 225kg/hm² 是适宜的，但缺钾的土壤需要施 K_2O 337.5kg/hm²（表 10-7-6）。

表 10-7-6　含钾较高的土壤施钾肥的增产效果

钾肥用量（kg/hm²）	K_0 0.0	K_1 112.5	K_2 225.0	K_3 337.5
甘蔗产量（kg/hm²）	59 925	72 225	86 550	83 790
比 K_0 增产（kg/hm²）	—	12 300	26 625	23 865
比 K_1 增产（kg/hm²）	—	—	14 325	11 565
比 K_2 增产（kg/hm²）	—	—	—	-2 760

在不同施氮水平下，氮肥施用量为 241.5kg/hm² 和 310.5kg/hm² 的水平下，甘蔗产量都随钾肥施用量的增加而增加，且随着钾肥施用量的增加，增产的幅度逐渐减小。当氮肥施用量为 241.5kg/hm² 时，施 K_2O 135kg/hm² 增产甘蔗 18 270kg，平均每千克 K_2O 增产 135.3kg 甘蔗；在施 K_2O 135kg/hm² 的基础上增施 K_2O 135kg/hm² 增产甘蔗 6 870kg，平均每千克 K_2O 增产甘蔗 50.9kg；在施 K_2O 270kg/hm² 基础上增施施 K_2O 135kg/hm² 增产甘蔗 1 215kg，平均每千克 K_2O 增产甘蔗仅 9kg。当氮肥施用量为 310.5kg/hm² 时，施 K_2O 135kg/hm² 增产甘蔗 17 340kg，平均每千克 K_2O 增产 128.4kg 甘蔗表 10-7-7。

表 10-7-7　不同钾肥施用量的甘蔗产量（22 个试验平均值）

处　　理		N_1P	N_1PK_1	N_1PK_2	N_1PK_3	N_2P	N_2PK_1	N_2PK_2	N_2PK_3
平均产量（kg/hm²）		70 425	88 695	95 565	96 780	71 955	89 295	95 400	97 545
施钾增产	（kg/hm²）	—	18 270	25 140	26 355	—	17 340	23 445	25 590
	增产率（%）	—	25.9	35.7	37.4	—	24.1	32.6	35.6
比 K_1 增产	（kg/hm²）	—	—	6 870	8 085	—	—	6 105	8 250
	增产率（%）	—	—	7.75	9.12	—	—	6.83	9.24
比 K_2 增产	（kg/hm²）	—	—	—	1 215	—	—	—	2 145
	增产率（%）	—	—	—	1.27	—	—	—	2.25

注：土壤平均含量全 N 1.01g/kg，有效 P 10.7 mg/kg，速效 K 54.5 mg/kg）；

施肥量（kg/hm²）：N_1=N 241.5，N_2=N 310.5，P=P_2O_5 90；K_1=K_2O 135，K_2=K_2O 270，K_3=K_2O 405。

5. 甘蔗施硫肥效反应　根据田间试验结果，缺硫处理的甘蔗产量为 79 254kg/hm²，比平衡施肥处理（NP_2K_2＋微肥）减产 7 453.5kg/hm²，减少 9.4%，产量差异达到极显著水平，每增施 1kg 硫可增产甘蔗 106.4～190.8kg，可见增施硫肥增产效益很高（表 10-7-8）。

表 10-7-8　硫对甘蔗的增产效应

土壤母质	产　量		CK 不施硫	S_1 过磷酸钙	S_1 硫黄	S_2 过磷酸钙
第四纪红土 （4 个试验点）	平均产量（kg/hm²）		76 104	80 116.5	78 162	81 433.5
	比 CK 增产	（kg/hm²）		4 012.5**	2 058.0	5 329.5**
		（%）		5.27	2.70	7.00
	S_2 比 S_1 增产	（kg/hm²）				1 318.5
		（%）				1.65
	每千克硫可增产蔗茎（kg²）			89.2	45.7	59.2
硅质岩 （5 个试验点）	平均产量（kg/hm²）		82 404	90 988.5	87 474	91 980
	比 CK 增产	（kg/hm²）		8 584.5**	5 070*	9 576**
		（%）		10.42	6.15	11.62
	S_2 比 S_1 增产	（kg/hm²）				992
		（%）				1.09
	每千克硫可增产蔗茎（kg）			190.8	112.7	106.4
平均	平均产量（kg/hm²）		79 254	85 552.5	82 818	86 707.5
	比 CK 增产	（kg/hm²）		6 298.5**	3 564	7 453.5**
		（%）		7.95	4.50	9.40
	S_2 比 S_1 增产	（kg/hm²）				1 155
		（%）				1.35
	每千克硫可增产蔗茎（kg）			140.0	79.2	82.8

注：**表示处理间差异极显著。

硫对甘蔗农艺性状的影响表现为，甘蔗增施硫肥可提高平均有效茎数、茎粗、株高和平均单茎重见表 10-7-9。

表 10-7-9　施硫对甘蔗农艺性状影响

土壤母质	项　目	CK 不施硫	S_1 过磷酸钙	S_1 硫黄	S_2 过磷酸钙
第四纪红土	平均每 667m² 有效茎数（条）	3 975	4 080	4 015	4 090
	株高（cm）	267.6	270.8	269.2	272.5
	茎粗（cm）	2.46	2.50	2.49	2.45
	单茎重（g）	1 315	1 350	1 360	1 348
硅质岩	平均每 667m² 有效茎数（条）	4 396	4 578	4 446	4 718
	株高（cm）	276.0	278.0	276.8	280.3
	茎粗（cm）	2.43	2.51	2.46	2.48
	单茎重（g）	1 250	1 315	1 300	1 290

施硫肥的经济效益分析可看出，甘蔗增施硫肥可增收 411.00～1 915.05 元/hm²，净收益为 231.00～1 838.55 元/hm²，产投比为 2.28～44.89，每千克硫可增收 9.13～38.16 元，施硫肥的经济效益非常可观，以硅质岩发育的赤红壤施硫肥效益较高（表 10-7-10）。

表 10-7-10　施硫肥的经济效益分析

土壤母质	项　目	CK 不施硫	S_1过磷酸钙	S_1硫磺	S_2过磷酸钙
第四纪红土	平均产量（kg/hm²）	76 104	80 116.5	78 162	81 433.5
	产值（元/hm²）	15 220.95	16 023	15 631.95	16 287
	硫肥投入（元/hm²）		38.25	180.00	76.50
	比 CK 增产值（元/hm²）		802.05	411.00	1 066.05
	净收入（元/hm²）		763.80	231.00	989.55
	产投比		20.97	2.28	13.93
	每千克硫增产值（元）		17.82	9.13	11.84
硅质岩	平均产量（kg/hm²）	82 404	90 988.5	87 474	91 980
	产值（元/hm²）	16 480.95	18 198	17 494.95	18 396
	硫肥投入（元/hm²）		38.25	180.00	76.50
	比 CK 增产值（元/hm²）		1 717.05	1 014	1 915.05
	净收入（元/hm²）		1 678.8	834	1 838.55
	产投比		44.89	5.63	25.03
	每千克硫增产值（元）		38.16	22.53	21.28

6. 钾、硫、镁配合施用对甘蔗产量及品质的影响

（1）钾、硫、镁配合施用对甘蔗农艺性状的影响。田间试验结果表明，OPT 处理甘蔗的有效茎数、单茎重均属最高，这是甘蔗获得高产的基础。

（2）钾、硫、镁配合施用对甘蔗产量的影响。从表 10-7-12 可看出，产量最高为 OPT 处理，为 76 537.5kg/hm²，最低为缺镁处理，73 785kg/hm²，OPT 比缺镁处理增产 2 752.5kg/hm²；施用钾肥可增产 607.5kg/hm²，增 0.80%；施用硫肥可增产 240.0kg/hm²，增 0.31%，但均未达到显著水平（表 10-7-11，表 10-7-12）。

表 10-7-11　各处理的农艺性状考察结果

项　目	OPT	K_1	—Mg	—S	习惯
有效茎数（株/hm²）	80 700	76 500	74 400	72 000	77 400
株高（cm）	291.0	272.0	280.0	293.0	297.0
茎径（cm）	2.6	2.4	2.6	2.7	2.5
单茎重（g）	1 250	1 010	1 000	1 130	1 100

表 10-7-12　钾、硫、镁对甘蔗肥效影响的试验结果统计

项　目		N_2PK_2MgS	N_2PK_1MgS	N_2PK_2S	N_2PK_2Mg	N_1PK_1
		OPT	K_1	—Mg	—S	习惯
原料蔗产量（kg/hm²）		76 537.50	75 930.00	73 785.00	76 297.50	75 330.00
施钾增产	kg/hm²		607.50			
	%		0.80			
	kg/kg		5.40			

（续）

项　目		N_2PK_2MgS OPT	N_2PK_1MgS K_1	N_2PK_2S —Mg	N_2PK_2Mg —S	N_1PK_1 习惯
施镁增产	kg/hm²			2 752.50		
	%			3.73		
	kg/kg			91.75		
施硫增产	kg/hm²				240.00	
	%				0.31	
	kg/kg				5.33	
比习惯增产	kg/hm²					1 207.50
	%					1.60

（3）钾、硫、镁配合施用对甘蔗养分含量的影响。收获时，每个处理取甘蔗植株作养分分析，结果见表10-7-13。增施钾、镁、硫肥，原料蔗和残叶的钾、镁、硫含量亦提高。

表 10-7-13　各处理的各部分养分含量

养分含量（%）		OPT	K_1	—Mg	—S	习惯
原料蔗	N	0.510	0.561	0.462	0.488	0.392
	P	0.071	0.081	0.059	0.060	0.059
	K	0.822	0.715	0.804	0.817	0.708
	Ca	0.137	0.143	0.112	0.139	0.139
	Mg	0.092	0.064	0.070	0.072	0.074
	S	0.073	0.068	0.075	0.052	0.063
残叶	N	1.045	1.078	0.914	0.962	0.748
	P	0.169	0.149	0.153	0.154	0.141
	K	1.741	1.524	1.834	1.742	1.518
	Ca	0.642	0.413	0.511	0.412	0.473
	Mg	0.120	0.075	0.077	0.062	0.070
	S	0.520	0.043	0.061	0.025	0.048

（4）钾、硫、镁配合施用处理的养分盈亏状况。原料蔗带走的 N、P_2O_5、K_2O、MgO、S 比残叶多，而 CaO 则残叶更多；合理利用残叶养分是甘蔗施肥的重要措施。从养分平衡分析，OPT 处理氮、磷养分有所盈余，其他养分均有所亏损。

综上所述，不同施肥处理甘蔗种植体系施肥肥效与养分平衡有如下特征。

①增施钾、硫、镁肥虽有一定的增产效果，但差异不大。

②OPT 处理的甘蔗有效茎数、单茎重均属最高，因而产量亦较高。

③各施肥处理对甘蔗品质无明显影响。

④增施钾、镁、硫肥，原料蔗和残叶的钾、镁、硫含量亦提高。

⑤原料蔗带走的 N、P_2O_5、K_2O、MgO、S 比残叶多，而 CaO 则以残叶为多；OPT 处理的氮、磷养分有所盈余，其他养分均有所亏损（表10-7-14）。

表 10-7-14　不同施肥各处理甘蔗养分吸收量及养分盈亏

养分类型		OPT	K_1	—Mg	—S	习惯
甘蔗带走的养分 (kg/hm²)	N	113.511	118.206	105.266	112.444	90.419
	P_2O_5	36.208	39.106	30.802	31.677	31.182
	K_2O	220.386	181.479	220.671	226.768	196.720
	CaO	42.670	42.165	35.711	44.820	44.867
	MgO	33.958	22.363	26.450	27.513	28.307
	S	22.925	20.649	23.924	18.894	19.145
残叶带走的养分 (kg/hm²)	N	87.396	83.882	65.713	76.940	61.610
	P_2O_5	32.385	26.566	25.205	28.221	26.610
	K_2O	175.395	142.850	158.835	167.829	150.613
	CaO	75.136	44.972	51.412	46.112	54.519
	MgO	16.643	9.678	9.181	8.223	9.562
	S	12.712	11.127	11.647	9.997	9.719
各处理施肥状况 (kg/hm²)	N	337.5	337.5	337.5	337.5	225.0
	P_2O_5	150.0	150.0	150.0	150.0	150.0
	K_2O	337.5	225.0	337.5	337.5	225.0
	CaO	87.5	87.5		87.5	
	MgO	30.0	30.0		30.0	
	S	45.0	45.0	45.0		
各处理养分盈亏 (kg/hm²)	N	136.59	135.41	166.52	148.12	72.97
	P_2O_5	81.41	84.33	93.99	90.10	92.21
	K_2O	−58.28	−99.33	−42.01	−57.10	−122.33
	CaO	−30.31	0.36	−87.12	−3.43	−99.39
	MgO	−20.60	−2.04	−35.63	−5.74	−37.87
	S	9.36	13.22	9.43	−28.89	−28.86

7. 施硫、锌、硼肥对甘蔗产量的影响　在赤红壤蔗区，缺硫处理甘蔗产量为 139 882.5 kg/hm²，比平衡施肥处理（NP_2K_2＋微肥）减产 14 572.5kg/hm²，减 9.43%，产量差异达到极显著水平，每增施 1kg 硫肥可增产甘蔗 242.88kg，可见增施硫肥增产效益很高；缺锌处理甘蔗产量为 147 052.5kg/hm²，比平衡施肥处理（NP_2K_2＋微肥）减产 7 402.5kg/hm²，减 4.79%，产量差异未达到显著水平，每增施 1kg 硫酸锌可增产甘蔗 705kg，增施锌肥的增产效益亦很高；缺硼处理的甘蔗产量为 150 022.5kg/hm²，比平衡施肥处理（NP_2K_2＋微肥）减产 4 432.5kg/hm²，减少 2.87%，产量差异未达到显著水平，每增施 1kg 硼砂可增产甘蔗 98.5kg，硼肥也有一定的增产效益（表 10-7-15）。

表 10-7-15　甘蔗不同微肥配比田间试验结果统计

项　目		NP_2K_2+S	NP_2K_2+Zn	NP_2K_2+B
平均产量（kg/hm²）		139 882.5	147 052.5	150 022.5
施硫增产	kg/hm²	14 572.5**		
	%	9.43		
施锌增产	kg/hm²		7 402.5	
	%		4.79	
施硼增产	kg/hm²			4 432.5
	%			2.87

8. 氮硫的交互作用　硫肥与氮肥的交互作用试验结果表明，施用硫肥与氮肥对甘蔗产量有良好的正交互作用。每公顷单施 150kg 氮肥增产 8 355kg 甘蔗，单施 30kg/hm² 硫肥增产 5 655kg 甘蔗，单施 60kg/hm² 硫肥增产 8 670kg 甘蔗，但同时施氮和施硫的增产效果大于单施氮和单施硫的增产效果之和（表 10-7-16）。

表 10-7-16　甘蔗硫肥与氮肥的交互作用

处　理	N_1PK	N_1PKS_1	N_1PKS_2	N_2PK	N_2PKS_1	N_2PKS_2
肥料施用量 （kg/hm²）	N300 P_2O_5120 K_2O450 S0	N300 P_2O_5120 K_2O450 S30	N300 P_2O_5120 K_2O450 S60	N450 P_2O_5120 K_2O450 S0	N450 P_2O_5120 K_2O450 S30	N450 P_2O_5120 K_2O450 S60
产量（kg/hm²）	103 290	108 945	111 960	111 645	119 085	122 535
施硫增产（kg/hm²）	—	5 655*	8 670**		7 440**	10 890**
施硫增产幅度（%）	—	5.47	8.39		6.67	9.75
不施硫施氮增产（%）	—			8.09		
施硫 30kg/hm² 施氮增产（%）		—			9.31	
施硫 60kg/hm² 施氮增产（%）			—			9.44
单施氮肥增产（kg/hm²）				8 355		
单施硫肥增产（kg/hm²）		5 655	8 670			
氮硫配施增产（kg/hm²）					15 840	19 245
氮硫交互作用（kg/hm²）					1 830	2 220

注："*"表示增产幅度达到 0.20 的显著水平。"**"表示增产幅度达到 0.05 的显著水平。

9. 钾镁的交互作用　13 个田间试验统计结果表明表 10-7-17，甘蔗施镁增产 6.46%～20.35%，在施氮磷钾基础上，甘蔗的 K_2O/MgO 比为 3.29，镁肥的增产较佳，随施钾量增加，K_2O/MgO 比提高，镁的增产效果降低，利用钾、镁之间的交互与拮抗作用，充分发挥钾、镁肥的经济效益，是镁肥合理施用的关键（表 10-7-17）。

表 10-7-17　镁肥对甘蔗产量的影响

处理	产量 (kg/hm^2)	施镁肥增产	
		kg/hm^2	%
NP	60 937.5		
NPMg	64 875.0	3 937.5	6.46
NPK$_1$	82 611.0		
NPK$_1$Mg	99 426.0	16 815.0	20.35
NPK$_2$	85 483.5		
NPK$_2$Mg	93 177.0	7 693.5	9.00

镁是作物必需的中量营养元素之一，它在植物体中除对叶绿素的合成起重要作用外，还是某些酶的活化剂。因此，镁素营养是否充足，将对作物的生长发育产生重要影响。田间调查结果表明，镁肥可使构成甘蔗产量的主要因子（如株高、茎粗、有效茎和单茎重等）显著增加（表 10-7-18）。

表 10-7-18　镁对甘蔗农艺性状的影响

项目	NPK$_1$	NPK$_1$Mg	NPK$_2$	NPK$_2$Mg
株高（cm）	260	301	284	297
茎粗（cm）	2.45	3.00	2.66	2.92
有效茎数（株/hm^2）	82 500	84 975	86 175	87 225
单茎重（kg/株）	1.16	1.20	1.28	1.32

10. 锌、硼肥对甘蔗产量的影响　在红壤蔗区，缺硼处理甘蔗产量为 131 175kg/hm^2，比平衡施肥处理（NPK＋微肥）减产 3 960kg/hm^2，减少 2.93%，产量差异未达到显著水平，每增施 1kg 硼砂可增产甘蔗 88kg，硼肥也有一定的增产效益，增施锌、硼肥可提高甘蔗的有效茎数、株高和单茎重（表 10-7-19，表 10-7-20）。

表 10-7-19　施锌、硼肥对甘蔗产量的影响

项　目		NPKSZnB 最佳处理	NPKZnB 缺硫	NPKSB 缺锌	NPKSZn 缺硼
平均产量（kg/hm^2）		135 135	126 120	129 900	131 175
相对产量（%）		100.0	93.3		
施硫增产	kg/hm^2		9 015*		
	%		6.7		
	S 肥效（kg/kg）		150		
施锌增产	kg/hm^2			5 235	
	%			3.87	
	ZnO 肥效（kg/kg）			499	
施硼增产	kg/hm^2				3 960
	%				2.93
	硼砂肥效（kg/kg）				88

表 10-7-20　锌、硼肥对甘蔗农艺性状的影响

项目	NPKSZnB 最佳处理	NPKZnB 缺硫	NPKSB 缺锌	NPKSZn 缺硼
株高（cm）	332.5	328.3	331.3	332.0
茎周（cm）	2.72	2.66	2.68	2.70
有效茎（株/hm²）	89 340	84 300	86 100	87 390
单茎重（g）	1 729	1 659	1 708	1 717

11. 氮磷钾配合施用对甘蔗产量的影响　氮磷钾配合施用对甘蔗产量的影响，经试验结果表明，$N_2N_2K_2$ 处理平均每公顷产量最高，为 86 550kg，比 CK（不施肥）处理增产 35 580 kg/hm^2，增产幅度为 69.8%，氮磷钾配合施用对甘蔗产量的贡献非常大。缺氮处理（P_2K_2）的产量相当于 $N_2N_2K_2$ 处理的 73.4%；缺磷处理（N_2K_2）的产量相当于 $N_2N_2K_2$ 处理的 85.0%；缺钾处理（N_2P_2）的产量相当于 $N_2N_2K_2$ 处理的 69.2%。氮、磷、钾 3 种肥料对甘蔗都有较大的增产效果，其中以钾肥的增产效果最大，氮肥次之，磷肥的增产效果稍小（表 10-7-21）。

表 10-7-21　氮磷钾配合施用对甘蔗产量的影响（15 个试验平均值）

处理	CK	P_2K_2	N_2K_2	N_2P_2	$N_2P_2K_2$	$N_1P_2K_2$	$N_3P_2K_2$	$N_2P_1K_2$	$N_2P_3K_2$	$N_2P_2K_1$	$N_2P_2K_3$
产量（kg/hm²）	50 970	63 555	73 560	59 925	86 550	79 260	79 440	78 570	81 990	72 225	83 790
相对产量（%）	58.9	73.4	85.0	69.2	100	91.6	91.8	90.8	94.7	83.5	96.8

氮磷钾配合施用能促进甘蔗生长发育和改善甘蔗经济性状。$N_2P_2K_2$ 处理有效茎数、株高、茎粗和单茎重都是最高的，不施肥处理最低。甘蔗经济性状的表现与甘蔗原料蔗的产量表现是一致的。

为了进一步了解施用钾肥对甘蔗组织发育的影响，于甘蔗伸长期取植株样本作组织切片观察。施钾处理根、茎和叶的组织都发育较好，储糖细胞饱满（表 10-7-22）。

表 10-7-22　氮磷钾配合施用改善甘蔗的经济性状

处理	CK	P_2K_2	N_2K_2	N_2P_2	$N_2P_2K_2$	$N_1P_2K_2$	$N_3P_2K_2$	$N_2P_1K_2$	$N_2P_3K_2$	$N_2P_2K_1$	$N_2P_2K_3$
有效茎（株/hm²）	62 265	68 925	74 340	71 340	77 670	74 655	75 090	74 010	75 300	73 665	77 070
株高（cm）	283	256	256	252	274	268	266	265	256	258	259
茎粗（cm）	2.23	2.35	2.41	2.40	2.55	2.45	2.50	2.43	2.43	2.44	2.52
单茎重（kg）	0.98	1.11	1.20	1.22	1.34	1.28	1.28	1.26	1.26	1.28	1.27

12. 长期种植甘蔗对土壤养分的影响　旱地甘蔗种植体系中，从四年四造次定点地块养分测定结果看，旱地土壤有机质、有机酸和 pH 有增加的趋势，其他矿质养分无明显的规律性见表 10-7-23。

2000 年旱坡地土壤养分分析结果指出，轮作作物如甘蔗—木薯（花生）—香蕉旱坡地，土壤 pH 4.1～4.9，平均值 4.4；有机质 14.8～21.6g/kg，平均值 19.3g/kg；Ca237.9～782.2 mg/kg，平均值 340.2 mg/kg；Mg 50.7～127.1 mg/kg，平均值 77.8 mg/kg；K

59.6～203.7 mg/kg，平均值 116.1 mg/kg；N 6.6～27.6 mg/kg，平均值 13.7 mg/kg；P 7.9～22.5 mg/kg，平均值 15.5 mg/kg；S 16.4～62.7 mg/kg，平均值 44.1 mg/kg。甘蔗平均产量 75 000kg/hm²，木薯平均产量 22 500kg/hm²，香蕉平均产量 34 500kg/hm²；2003 年的监测结果表示土壤有机质、Ca、Mg、K 和 P 等含量明显降低，土壤 pH、N 和 S 等有所增加。

表 10-7-23　旱地养分的变化（9 个定点地块的测定结果平均值）

采样日期 （年-月-日）	作物	pH	N (mg/kg)	P₂O₅ (mg/kg)	K₂O (mg/kg)	S (mg/kg)	MgO (mg/kg)
2001-4-16	基础	4.92	17.53	13.08	69.22	13.08	68.31
2002-1-24	甘蔗	5.23	10.07	21.12	69.84	21.12	52.82
2003-2-21	甘蔗	5.53	55.03	14.14	81.32	14.14	49.21
2004-1-12	甘蔗	5.51	21.62	24.47	77.76	24.47	57.51
2005-1-12	甘蔗	5.22	11.22	17.56	61.25	17.56	38.61

采样日期 （年-月-日）	作物	CaO (mg/kg)	B (mg/kg)	Zn (mg/kg)	Cu (mg/kg)	Fe (mg/kg)	Mn (mg/kg)
2001-4-16	基础	585.73	0.11	1.71	1.01	94.81	21.70
2002-1-24	甘蔗	598.94	2.19	2.50	0.85	123.40	11.19
2003-2-21	甘蔗	591.50	0.26	2.12	0.64	115.97	4.13
2004-1-12	甘蔗	849.26	4.81	1.81	1.17	126.68	18.96
2005-1-12	甘蔗	606.76	1.10	1.72	0.87	156.43	17.96

表 10-7-24　2000—2003 年旱坡地土壤养分变化

年份		pH	有机质 （%）	Ca (mg/kg)	Mg (mg/kg)	K (mg/kg)	N (mg/kg)	P (mg/kg)	S (mg/kg)
2000	变幅	4.1～ 4.9	1.48～ 2.16	237.9～ 782.2	50.7～ 127.1	59.6～ 203.7	6.6～ 27.6	7.9～ 22.5	16.4～ 62.7
	平均值	4.4	1.93	340.2	77.8	116.1	13.7	15.5	44.1
2003	变幅	3.9～ 5.1	0.55～ 1.65	142.1～ 618.2	19.5～ 83.4	62～ 116.2			45.8～ 84.8
	平均值	4.5	1.14	276.9	40.3	88.6	54.3	8.3	67.8

　　旱地连作三年的甘蔗 2000 年采样土壤养分监测分析结果，土壤 pH4.6～5.4，平均值 4.9；有机质 11.3～20.7g/kg，平均值 14.6g/kg；Ca 347.8～749.5 mg/kg，平均值 587.7 mg/kg；Mg 34.4～90.4 mg/kg，平均值 68.3 mg/kg；K 21.8～186 mg/kg，平均值 69.2 mg/kg；N 6.9～76.3 mg/kg，平均值 17.5 mg/kg；P 5.2～31.6 mg/kg，平均值 13.1 mg/kg；S 8～11.3 mg/kg，平均值 9.4 mg/kg。连作三年甘蔗的旱地甘蔗产量 75 000kg/hm²，土壤 pH，Ca、K、N、P、S 含量增加，土壤有机质和 Mg 降低（表 10-7-25）。

表 10-7-25　连作三年甘蔗旱地土壤养分情况

项目		pH	有机质 （g/kg）	Ca （mg/kg）	Mg （mg/kg）	K （mg/kg）	N （mg/kg）	P （mg/kg）	S （mg/kg）
2000	变幅	4.6～ 5.4	1.13～ 2.07	347.8～ 749.5	34.4～ 90.4	21.8～ 186	6.9～ 76.3	5.2～ 31.6	8～ 11.3
	平均	4.9	1.46	587.7	68.3	69.2	17.5	13.1	9.4
2003	变幅	5.1～ 6.3	0.7～ 1.9	251.5～ 1 128.1	26.1～ 67.6	33.4～ 165	44.4～ 70.6	4.1～ 25.5	9.5～ 34.9
	平均	5.5	1.0	591.5	49.2	81.3	55.1	14.2	20.0

13. 不同耕作体系中甘蔗施肥的肥料利用率　甘蔗种植区农民习惯施肥量 $N_1 = N$ 270kg/hm²，$P_1 = P_2O_5$ 120kg/hm²，$K_1 = K_2O$ 300kg/hm²；田间试验结果表明，农民习惯施肥氮肥和钾肥的利用率分别是 12.4% 和 33.9%，明显低于推荐施肥的肥料利用率。

农民习惯施肥情况下的甘蔗产量为 94 305.0kg/hm²，比缺钾、缺氮处理分别增产 14 370kg/hm²、5 062.5kg/hm²（表 10-7-26，表 10-7-27）。

表 10-7-26　农民习惯用肥甘蔗田间试验产量统计

处理	NP（缺钾）	PK（缺氮）	NPK（农民习惯）
平均产量（kg/hm²）	79 935.0	89 242.5	94 305.0
相对产量（%）	84.8	94.6	100

表 10-7-27　农民习惯施肥试验各处理养分吸收量及养分盈亏

养分种类		缺钾	缺氮	农民习惯
甘蔗带走的养分 （kg/hm²）	N	91.0	103.8	130.5
	P_2O_5	24.5	30.3	28.2
	K_2O	320.2	405.6	378.1
残叶带走的养分 （kg/hm²）	N	43.2	44.7	51.5
	P_2O_5	16.6	18.6	21.2
	K_2O	112.8	156.2	156.6
各处理的施肥状况 （kg/hm²）	N	270.0	0.0	270.0
	P_2O_5	120.0	120.0	120.0
	K_2O	0.0	300.0	300.0
各处理的养分盈亏 （kg/hm²）	N	203.2	−148.5	88.0
	P_2O_5	138.9	131.1	70.6
	K_2O	−433.0	−111.7	−234.6
肥料利用率（%）	N			12.4
	K_2O			33.9

14. 不同施肥处理甘蔗 N、K 吸收量及肥料利用率　第一年增施钾肥，甘蔗对钾肥的利用率为 34.3%～40.6%，以 NPK_2 处理对钾肥的利用率最高，随施钾量的提高，NPK_3 处理

钾肥的利用率降低。在 PK_2 的基础上增施氮肥，氮肥的利用率为 11.8%。

第二年宿根甘蔗增施钾肥，甘蔗对钾肥的利用率为 30.5%～33.3%，NPK_1、NPK_2、NPK_3 处理对钾肥的利用率分别为 33.3%、30.5%、32.8%，NPK_2 处理钾肥的利用率降低；在 PK_2 基础上，增施氮肥，氮肥的利用率为 16.3%；而在上年度 NPK_2 处理基础上，裂区中 NPK_2 处理钾肥的利用率为 29.4%，施氮肥的利用率为 13.6%（表 10-7-28）。

表 10-7-28　甘蔗两年轮作周期中氮、钾肥吸收量及肥料利用率

处　　理		K		N	
		吸收量（kg/hm²）	利用率（%）	吸收量（kg/hm²）	利用率（%）
第一季	NPK_2	709.3	40.6	188.2	11.8
	NPK_1	640.0	38.7	175.1	
	NPK_3	723.0	34.3	203.5	
	NP	466.0		134.3	
	PK_2	561.7		148.3	
第二季	NPK_2	536.6	29.4	142.4	13.6
	NP	360.4		103.8	
	PK_2	365.7		96.6	
	NPK_1	503.0	31.7	137.6	
	NPK_3	594.1	31.2	167.2	
	NP	353.5		100.1	
	PK_2	331.2		87.5	

15. 氮、磷、钾合理配施能提高化肥利用率　氮、磷、钾养分间有相互促进作用，合理配施能提高化肥利用率。据试验结果统计，配合施用的利用率：氮素（尿素）为 28.65%（22.53%～35.22%），比单施处理的 26.15%（21.79%～31.20%）提高 9.56%（相对值，下同）；磷素（钙镁磷肥）为 16.38%（11.66%～19.45%），比单施处理的 10.81%（7.84%～16.57%）提高 51.53%；钾素（氯化钾）为 56.08%（47.00%～65.16%），比单施处理的 49.86%（40.58%～59.14%）提高 12.47%。

16. 甘蔗灌溉施用不同用量钾肥的产量效应　加肥灌溉是提高甘蔗对肥料利用率的有效措施之一。从表 10-7-29 可看出，在氮、磷施用量相同的情况下（习惯施肥方式），随加肥灌溉施用 3kg 氯化钾的甘蔗产量相当于习惯施肥（土施氯化钾 24kg，但不灌溉）的 87.45%，而钾肥的施用量只相当于习惯施肥的 12.50%。钾肥的利用率显著的提高。另一方面，在灌溉条件下，随施钾量的提高，甘蔗产量亦显著提高，但在施钾量达到 112.5kg/hm² 时，进一步提高钾肥灌溉，施钾量对甘蔗产量提高的影响不明显，因而，甘蔗随灌溉施用钾肥的用量不宜超过正常施钾量的 30%（表 10-7-29）。

表 10-7-29　加肥灌溉施用不同用量钾肥对甘蔗产量的影响

处　　理	土施钾肥 360 kg/hm², 不灌溉（习惯施肥）	加肥灌溉不施钾肥	加肥灌溉施钾肥 45kg/hm²	加肥灌溉施钾肥 112.5kg/hm²	加肥灌溉施钾肥 225kg/hm²
平均产量（kg/hm²）	76 675.5	63 525	67 050	70 020	71 850
比②增产　　kg/hm²			3 525*	6 495**	8 325**
%			5.55	10.22	13.11
比③增产　　kg/hm²				2 970*	4 800**
%				4.43	7.16
比④增产　　kg/hm²					1 830
%					2.61
相当于习惯施肥施钾量（%）		0	12.50	31.25	62.50
相当于习惯施肥产量（%）	100	82.85	87.45	91.32	93.71

甘蔗灌溉施钾肥对其农艺性状及品质的影响表现为随加肥灌溉施钾量提高，甘蔗的株高、茎粗、有效茎数、单茎重及蔗糖分均有所提高，与习惯施肥方式增施钾肥表现出相同的规律，同时提高了甘蔗对钾肥的利用率（表 10-7-30）。

表 10-7-30　加肥灌溉施用钾肥对甘蔗农艺性状及品质的影响

处　　理	灌溉不施钾肥	加肥灌溉施钾肥 45kg/hm²	加肥灌溉施钾肥 112.5kg/hm²	加肥灌溉施钾肥 225kg/hm²
株高（cm）	263	280	286	290
茎粗（cm）	2.47	2.52	2.55	2.56
有效茎数（株/hm²）	61 500	62 100	63 600	62 700
单茎重（g）	1.03	1.08	1.10	1.15
蔗糖分（%）	14.1	14.5	14.7	14.8

二、施肥对甘蔗质量的影响

1. 施氮对甘蔗质量的影响　不同氮肥用量之间以 N_2 的产糖量最高，比无氮处理糖量增产 47.4%，每千克氮素增产蔗糖 12.9kg；比 N_1 处理增产蔗糖 12.3%，比 N_3 处理增产 13.4%（表 10-7-31）。

表 10-7-31　氮肥对甘蔗的增糖效果

氮肥用量（kg/hm²）	N_0 0.0	N_1 138.0	N_2 276.0	N_3 414.0
产糖量（kg/hm²）	7 500	9 840	11 055	9 750
比 N_0 增糖（kg）	—	2 340	3 555	2 250
比 N_1 增糖（kg）	—	—	1 215	−90
比 N_2 增糖（kg）	—	—	—	−1 305

注：产糖量按总蔗糖分 85% 回收率折算。

2. 施磷对甘蔗质量的影响 不同磷肥用量之间以 P_2 处理的产糖量最高，比无磷处理增产 28.0%，每千克 P_2O_5 增产蔗糖 32.2kg；比 P_1 处理增产蔗糖 17.5%，比 P_3 处理增产蔗糖 9.7%（表 10-7-32）。

表 10-7-32 磷肥对甘蔗的增糖效果

磷肥用量（kg/hm²）	P_0 0.0	P_1 37.5	P_2 75.0	P_3 112.5
产糖量（kg/hm²）	8 505	9 405	11 055	10 080
比 P_0 增糖（kg）	—	765	2 415	1 440
比 P_1 增糖（kg）		—	1 650	675
比 P_2 增糖（kg）			—	−975

3. 施钾对甘蔗质量的影响 不同钾肥用量之间，以 K_2 的产量最高，比无钾处理增产蔗糖 57.1%，每千克 K_2O 增产蔗糖 17.9kg；比 K_1 处理增产蔗糖 18.9%，比 K_3 处理增产蔗糖 8.4%（表 10-7-33）。

表 10-7-33 钾肥对甘蔗的增糖效果

钾肥用量（kg/hm²）	K_0 0.0	K_1 112.5	K_2 225.0	K_3 337.5
产糖量（kg/hm²）	7 035	9 300	11 055	10 335
比 K_0 增糖（kg）	—	2 265	4 020	3 300
比 K_1 增糖（kg）		—	1 755	1 035
比 K_2 增糖（kg）			—	−870

4. 不同施氮水平下钾肥对甘蔗品质的影响 表 10-7-34 结果表明，在 N_1 条件下，以 N_1PK_2 处理的蔗糖分含量最高，为 14.44%，比 N_1P 增加 0.34%（绝对值）；在 N_2 条件下，以 N_2PK_3 处理的蔗糖分含量最高，为 14.65%，比 N_2P 增加 0.65%（绝对值）。施用钾肥还能降低还原糖含量，提高蔗汁的重力纯度（表 10-7-34）。

表 10-7-34 不同钾肥施用量对甘蔗品质的影响（22 个试验平均值）

处理	N_1P	N_1PK_1	N_1PK_2	N_1PK_3	N_2P	N_2PK_1	N_2PK_2	N_2PK_3
蔗糖分（%）	14.10	14.24	14.44	14.29	14.00	14.49	14.61	14.65
还原糖（%）	0.76	0.65	0.51	0.48	0.74	0.57	0.60	0.52
纤维分（%）	13.82	13.15	12.70	12.73	13.91	12.85	12.90	12.70
蔗汁锤度（BX）	19.52	19.82	20.11	19.89	19.35	19.90	19.89	19.63
重力纯度（%）	88.12	88.78	89.23	88.72	86.99	88.53	88.38	88.45

当氮肥施用量为 241.5kg/hm² 时，施 K_2O 135kg/hm² 增产蔗糖 2 295kg，平均每千克 K_2O 增产 17kg 蔗糖；在施 K_2O 135kg/hm² 的基础上增施 K_2O 135kg/hm² 增产蔗糖 990kg，平均每千克 K_2O 增产蔗糖 7.3kg；在施 K_2O 270kg/hm² 基础上增施 K_2O 135kg/hm² 增产蔗糖 30kg，平均每千克 K_2O 增产蔗糖仅 0.22kg。当氮肥施用量为 310.5kg/hm² 时，施 135kg/hm² K_2O 增产蔗糖 2 445kg，平均每增施 K_2O 增产 18.1kg 蔗糖；在施 K_2O 135kg/

hm^2 基础上增施 K_2O 135kg/hm^2 增产蔗糖 855kg，平均每增施 1kg 克 K_2O 增产蔗糖 6.33kg；在施 K_2O 270kg/hm^2 基础上增施 K_2O 135kg/hm^2 增产蔗糖 300kg，平均每千克 K_2O 增产蔗糖仅 2.22kg。总之，施用钾肥的增产增糖效果十分显著，但随着钾肥施用量的增加，增产增糖效果有所下降（表 10-7-35）。

表 10-7-35　钾肥对甘蔗的增糖效果

钾肥用量 (kg/hm^2)	在 N_1 水平下				在 N_2 水平下			
	K_0 0	K_1 135	K_2 270	K_3 405	K_0 0	K_1 135	K_2 270	K_3 405
每公顷产糖（kg）	8 445	10 740	11 730	11 760	8 550	10 995	11 850	12 150
比 K_0 增糖（kg）	—	2 295	3 285	3 315	—	2 445	3 300	3 600
比 K_1 增糖（kg）	—	—	990	1 020	—	—	855	1 155
比 K_2 增糖（kg）	—	—	—	30	—	—	—	300

5. 氮磷钾配施对甘蔗质量的影响　营养元素的合理配施，不仅可以提高甘蔗的产量，同时也能增加甘蔗的糖分含量；无肥（CK）缺氮（PK）缺磷（NK）缺钾（NP）处理下产量分别相当于平衡施肥处理（NPK）产量的 60.1%、73.4%、85.0%、69.2%；且蔗汁重力纯度亦提高 2.16%～4.02%（绝对值，下同），还原糖降低 0.13%～0.65%，蔗糖分提高 0.88%～1.21%。按原料蔗计算施肥效益的产投比为 5.9，按每公顷产糖量计算施肥效益的产投比则为 11.4。

以 $N_2P_2K_2$ 处理的蔗糖分含量最高，为 15.03%；缺素处理的蔗糖分含量较低，均在 13.8% 左右。氮、磷、钾合理配施的还能明显地改善蔗汁的品质，主要是提高蔗汁纯度，降低还原糖含量（表 10-7-36）。

表 10-7-36　氮、磷、钾配施对甘蔗糖分含量及质量的影响

项目	不施肥（CK）	施磷钾 (P_2K_2)	施氮钾 (N_2K_2)	施氮磷 (N_2P_2)	施氮磷钾 ($N_2P_2K_2$)
相对产量（%）	60.1	73.4	85.0	69.2	100.0
蔗糖分（%）	14.15	13.89	13.83	13.82	15.03
还原糖（%）	1.11	0.70	0.82	1.22	0.57
纤维分（%）	14.99	14.94	14.46	15.00	12.93
蔗汁锤度（BX）	19.48	19.18	19.01	19.36	20.04
重力纯度（%）	85.06	85.95	85.77	84.09	88.11

6. 硫对甘蔗品质的影响　以过磷酸钙作为硫肥施用可提高甘蔗的糖分和纤维含量，见表 10-7-37。

表 10-7-37　施硫对甘蔗品质影响

土壤母质	项目	CK（不施硫）	S_1（过磷酸钙）	S_1（硫黄）	S_2（过磷酸钙）
第四纪红土	蔗糖（%）	14.85	15.03	15.33	14.88
	纤维（%）	13.37	14.57	13.76	14.40
硅质岩	蔗糖（%）	18.42	20.10	19.10	20.08
	纤维（%）	11.42	11.90	11.63	11.90

7. 氮硫配合改善甘蔗品质 氮硫配合施用能提高甘蔗的蔗糖分含量，见表10-7-38。

表 10-7-38 氮硫配合施用对甘蔗品质的影响

处理	N$_1$PK	N$_1$PKS$_1$	N$_1$PKS$_2$	N$_2$PK	N$_2$PKS$_1$	N$_2$PKS$_2$
肥料施用量 （kg/hm^2）	N300 P$_2$O$_5$ 120 K$_2$O 450 S 0	N300 P$_2$O$_5$ 120 K$_2$O 450 S30	N300 P$_2$O$_5$ 120 K$_2$O 450 S60	N450 P$_2$O$_5$ 120 K$_2$O 450 S 0	N450 P$_2$O$_5$ 120 K$_2$O 450 S30	N450 P$_2$O$_5$ 120 K$_2$O 450 S60
蔗糖分（%）	14.40	14.44	14.63	14.26	14.42	14.61
施硫蔗糖分增加（%）	/	0.04	0.23	/	0.16	0.35
纤维分（%）	11.26	11.74	12.22	12.01	11.44	11.45
还原糖含量（%）	0.95	1.07	0.90	0.06	0.86	1.02

8. 镁肥对甘蔗品质的影响 施镁后，甘蔗主要表现为糖分和纤维分分别提高0.90%和1.4%，见表10-7-39。

表 10-7-39 施镁对甘蔗品质的影响

处理	NPK	NPKMg
蔗糖分（%）	14.2	15.1
纤维分（%）	11.1	12.5

9. 锌、硼肥对甘蔗品质的影响 蔗糖分最高为最佳处理，14.65%，最低为缺硫处理，14.35%。增施硫、硼和锌肥有一定的增糖效应，见表10-7-40。

表 10-7-40 锌、硼肥对甘蔗农艺性状的影响

项目	NPKSZnB （最佳处理）	NPKZnB （缺硫）	NPKSB （缺锌）	NPKSZn （缺硼）
蔗糖分（%）	14.65	14.39	14.48	14.60
纤维分（%）	11.86	12.41	12.10	12.22
还原糖（%）	1.58	1.56	1.56	1.57

10. 钾、硫、镁配合施用对甘蔗品质的影响 钾、硫、镁肥配合施用，各施肥处理的甘蔗品质分析结果差异不明显，见表10-7-41。

表 10-7-41 各处理的甘蔗品质分析结果

项目	OPT	K$_1$	—Mg	—S	习惯
蔗糖分（%）	14.64	14.83	14.74	14.58	14.63
纤维分（%）	12.44	12.26	12.28	12.27	12.70
还原糖（%）	2.15	2.16	2.04	2.20	2.06

第八节　不同生态区甘蔗专用复混肥料农艺配方

根据甘蔗专用复混肥料农艺配方制订的依据、原理与方法，提出不同生态区甘蔗专用复

混肥料农艺配方。

一、甘蔗专用复混肥料农艺配方制订的依据、原理与方法

(一)常见的甘蔗营养元素缺素症状及中毒症状

1. 缺氮　甘蔗下部叶片黄色，上部叶片叶色变淡。

2. 缺磷　甘蔗从下部叶片开始出现症状，有时下部叶片和茎基部变为紫红色，有时下部叶片叶尖黄色枯死。

3. 缺钾　甘蔗从下部叶片开始出现症状，中下部叶片叶尖和叶缘出现黄褐色坏死，叶片的叶尖和叶缘部位常出现褐色斑点。

4. 缺钙　甘蔗心叶和生长点坏死。

5. 缺镁　甘蔗从下部叶片开始出现症状，中下部叶片脉间组织黄色，叶脉附近仍保持绿色，呈清晰的"鱼骨状"。

6. 缺硫　甘蔗心叶和上部叶片叶色变淡、黄化，下部叶片叶色变淡。

7. 缺硼　甘蔗新长出的叶子出现畸形变小，上部叶片出现脉间组织条状黄化、坏死。

8. 缺锰　甘蔗新长出的叶子失绿黄花，有时中上部叶片出现黄色或褐色斑点。

9. 缺铜　甘蔗新长出的叶子叶尖和叶缘出现黄白色坏死。

10. 缺铁　甘蔗新长出的叶子失绿呈黄色，但叶脉附近仍保持绿色。

11. 缺锌　甘蔗新长出的叶子变小，植株生长缓慢，呈丛生状。有时中上部叶片出现斑块状黄色、坏死。

12. 缺钼　甘蔗新长出的叶子失绿黄色。缺钼很少出现。

13. 氮中毒　甘蔗氮肥过多时植株疯长，叶色浓绿，叶柄和茎节细长。

14. 锰中毒　甘蔗上部叶片生长正常，中下部叶片叶脉附近出现褐斑。

15. 铝中毒　甘蔗植株生长矮小瘦弱，通常引起缺磷。

16. 盐中毒　甘蔗下部叶片叶缘和叶尖枯死，主要发生在沿海地区。

17. 肥害　甘蔗的施肥使土壤局部浓度过高，根、苗和种子腐烂甚至死亡。

(二)作物缺素症与病理性病害的区别

在生产中作物因缺少营养元素引起的缺素症，常与致病微生物引起的病理性病害相混淆，特别是与由病毒和线虫引起的症状很难区分，因为这类病状也是花叶、黄化和生长不良等。作物缺素症与病理性病害可按下面的方法和步骤来区分。

1. 病部位有无异状物　如菌丝、粉状物、分泌物等。如果有则为病理性病害。

2. 均匀性　如果发病植株只是零星分布，或由一株一株逐渐蔓延，则为病理性病害，如果是整个田块或地块均匀分布则极有可能是作物缺素症。

3. 天气状况　病理性病害常于高温、多雨、空气湿度大的天气出现，而作物缺素症则各种天气均可出现。

(三)几种科学施肥理论

1. 配方施肥　配方施肥亦称平衡施肥，是指将各种肥料按一种合理的比例施用。配方施肥是根据甘蔗达到一定产量所需要吸收的氮磷钾养分数量和种植甘蔗的土壤中所含有的氮、磷、钾养分可供数量两者综合平衡之后，提出的氮、磷、钾肥料需要量及养分最佳比例的技术，在条件许可的情况下，还应该考虑钙镁硫及微量元素等其他肥料，使

各种营养元素的供应平衡且协调，以满足甘蔗生长发育的需要，使甘蔗获得优质高产，并且提高肥料的利用效率。偏施某一种化肥都会造成养分供应的不平衡，不仅会造成肥料的浪费，还会使甘蔗减产。目前流行的做法是依据某一地区土壤肥力的平均水平和甘蔗的产量平均水平为甘蔗制订一个特定的配方，生产出甘蔗专用肥料，在该地区推荐给农民施用。

2. 测土施肥 测土施肥的全称是"土壤测定与推荐施肥"，即通过测定土壤中的有效养分含量，把有关数据输入计算机，计算机中的专家会提供 1 个1～3 年种植甘蔗的完整栽培和施肥方案，内容包括有甘蔗可能达到的产量及种植方法，选择何种肥料品种，各种肥料的施用量、施用时期和详细的施用方法等。即使是 1 个对种植和施肥一窍不通的农民新手，只要按照要求采集 1 份土壤送到或邮寄到提供测土施肥技术服务的部门，部门通过测试土壤样品后，就会提供 1 个完整的栽培和施肥方案，然后按照该方案种植和施肥，就可获得较好的产量和经济效益，同时还可达到维护和提高土壤肥力的目的。

3. 植株营养诊断施肥 甘蔗只有在养分严重缺乏，不能正常生长发育时才表现出缺素症状。大多数情况下，甘蔗养分供应不足，但植株并无缺素表现，这时可运用植株营养诊断指导施肥。植株营养诊断施肥是通过测定植株体内的养分含量，并与正常值比较，可找出缺乏的营养元素，依此制订施肥方案，指导施肥。

4. 灌溉施肥 指在抗旱浇水时将肥料溶于水中施用的施肥方式。滴灌施肥、喷灌施肥、兑水淋施等都属于灌溉施肥，但目前农村使用最普遍的方式是兑水淋施，即在浇水时将肥料溶于水中，然后将肥水淋于甘蔗植株旁或通过滴灌系统。常见的用于灌溉施肥的肥料品种主要有尿素、硝酸铵、碳酸氢铵、磷酸二氢钾、硝酸钾、硫酸钾、氯化钾、复合肥、各种微量元素肥料、人粪尿等，其中硝酸钾和硝酸铵是最好的、最适宜用于灌溉施肥的肥料。

灌溉施肥比土壤施肥见效快、肥料利用率高。甘蔗苗期根系浅，这时进行灌溉施肥效果最好。进行灌溉施肥时要注意控制肥料浓度，一般不宜高于 0.5%，以防止烧根烧苗。

5. 叶面施肥 叶面施肥亦叫根外追肥，是将肥料溶于水中，然后喷施于叶片上，肥料养分通过叶片而被甘蔗吸收。叶面施肥于下午 4 时后或阴天喷施效果较好，如果喷施后叶面水分干得太快，肥液容易灼伤叶片。

（1）叶面施肥的优点。

①肥料养分被甘蔗吸收快，作物见效快，施用后 6h，甘蔗对肥料养分的吸收率可达 50%。

②肥料的利用率高，可达 80% 以上。

③当甘蔗出现微量元素缺乏时，叶面喷施微量元素肥料 1～2 次即可获得良好效果。

（2）叶面施肥的缺点。

①费工费时。

②叶面施肥喷施 1 次只能向甘蔗提供每公顷 1.5～2.5kg 的养分，氮、磷、钾等作物需要量大的营养元素要连续多次喷施才能取得较好的效果。

（四）甘蔗经济施肥模式

为了追求甘蔗生产的最高经济效益而采用的施肥模式。甘蔗产量随施肥量的增加而递增至转向点达到最大值，此时边际产量等于平均产量。甘蔗平均产量不断提高直至此阶段的终点时达到最大值。这种施肥模式经济效益高。

（五）甘蔗最高产施肥模式

为了追求甘蔗生产的最高产量而采用的施肥模式。自平均产量的最高点到最高产量的最高点，在此阶段内，甘蔗平均产量与边际产量均随施肥量的增加而递减，但边际产量的递减率较大，甘蔗平均产量大于边际产量。总产量依报酬递减率增加，直至边际产量等于零，即总产量达到最高点。这种施肥模式经济效益不高。

（六）甘蔗测土配方施肥

测土配方施肥是以土壤测试和肥料田间试验为基础，根据甘蔗需肥规律、土壤供肥性能和肥料效应，在合理施用有机肥料的基础上，提出氮、磷、钾及中、微量元素等肥料的施用数量、施肥时期和施用方法。通俗地讲，就是在农业科技人员指导下科学施用配方肥料。测土配方施肥技术的核心是调节和解决甘蔗需肥与土壤供肥之间的矛盾，同时有针对性地补充甘蔗所需的营养元素，缺什么元素就补充什么元素，需要多少补多少，实现各种养分平衡供应，满足甘蔗的需要，达到提高肥料利用率和减少用量，提高甘蔗产量，改善甘蔗产品品质，节省劳力，节支增收的目的。

实施甘蔗测工配方施肥的步骤，包括测土、配方、配肥、供应、施肥指导5个核心环节、9项重点内容。

1. 田间试验　田间试验是获得甘蔗最佳施肥量、施肥时期、施肥方法的根本途径，也是筛选、验证土壤养分测试技术、建立施肥指标体系的基本环节。通过田间试验，掌握各个施肥单元甘蔗优化施肥量，基、追肥分配比例，施肥时期和施肥方法；摸清土壤养分校正系数、土壤供肥量、甘蔗需肥量和肥料利用率等基本参数；构建甘蔗施肥模型，为施肥分区和肥料配方提供依据。

2. 土壤测试　土壤测试是制订肥料配方的重要依据之一，随着甘蔗种植业结构的不断调整，高产甘蔗品种不断涌现，施肥结构和数量发生了很大变化，土壤养分库也发生了明显改变。通过开展土壤氮、磷、钾及中、微量元素养分测试，了解土壤供肥能力状况。

3. 配方设计　肥料配方设计是测土配方施肥工作的核心。通过总结田间试验、土壤养分数据等，划分不同区域施肥分区，同时，根据气候、地貌、土壤、耕作制度等的相似性和差异性，结合专家经验，提出甘蔗的施肥配方。

4. 校正试验　为保证肥料配方的准确性，最大限度地减少配方肥料批量生产和大面积应用的风险，在每个施肥分区单元设置配方施肥、农户习惯施肥、空白施肥3个处理，以当地甘蔗及其主栽品种为研究对象，对比配方施肥的增产效果，校验施肥参数，验证并完善肥料配方，改进测土配方施肥技术参数。

5. 配方加工　配方落实到农户田间是提高和普及测土配方施肥技术的最关键环节。目前不同地区有不同的模式，其中最主要的也是最具有市场前景的运作模式就是市场化运作、工厂化加工、网络化经营。这种模式适应我国农村农民科技素质不高、土地经营规模小、技物分离的现状。

6. 示范推广　为促进测土配方施肥技术能够落实到田间，既要解决测土配方施肥技术市场化运作的难题，又要让广大农民亲眼看到实际效果。建立测土配方施肥示范区，为农民创建窗口，树立样板，全面展示测土配方施肥技术效果，是推广前要做的工作。

7. 宣传培训 甘蔗测土配方施肥技术宣传培训是提高农民科学施肥意识，普及技术的重要手段。农民是甘蔗测土配方施肥技术的最终使用者，迫切需要向农民传授科学施肥方法和模式，同时还要加强对各级技术人员、肥料生产企业、肥料经销商的系统培训，逐步建立技术人员和肥料商持证上岗制度。

8. 效果评价 农民是甘蔗测土配方施肥技术的最终执行者和落实者，也是最终受益者。检验甘蔗测土配方施肥的实际效果，及时获得农民的反馈信息，不断完善管理体系、技术体系和服务体系。同时，为科学地评价甘蔗测土配方施肥的实际效果，必须对一定的区域进行动态调查。

9. 技术创新 技术创新是保证甘蔗测土配方施肥工作长效性的科技支撑。重点开展田间试验方法、土壤养分测试技术、肥料配制方法、数据处理方法等方面的创新研究工作，不断提升甘蔗测土配方施肥技术水平。

二、不同生态区甘蔗专用复混肥料农艺配方

（一）砖红壤区甘蔗专用复混肥料农艺配方（滨海种植区、丘陵种植区）

砖红壤甘蔗种植区主要分布在广西、广东和海南等海拔 100m 以下的台地、低丘陵及冲积平原等，是两广南部和海南的主要土壤类型之一。主要成土母质有：花岗岩、砂页岩、第四纪红土、河流冲积物及浅海沉积物等。砖红壤的成土过程受高温多雨、干湿季节明显的影响，属高度风化的土壤，其土体深厚，呈赤红色，盐基被强烈淋溶，土壤呈酸性至强酸性，阳离子交换量低，约为 5mg 当量/100g 土，盐基饱和度在 35％以下，土壤保肥能力较差，养分易流失。土壤有机质及氮素含量随植被状况及耕作施肥而异，磷、钾、钙、镁、锰含量均很低，而且其有效性与土壤水分状况有关。

1. 砖红壤区设计甘蔗专用复混肥料农艺配方依据 根据砖红壤区的土壤、气候特征、耕作利用方式、施肥水平、甘蔗产量水平等进行甘蔗专用复混肥料农艺配方设计，采用复混肥料增效、长效技术。

2. 砖红壤区甘蔗专用复混肥料农艺配方 根据砖红壤区生态特点，甘蔗专用复混肥料农艺配方依复混肥料养分含量高低设有 20-6-15、15-5-12、12-5-8 3 个配方。

（1）生产工艺。转鼓造粒、硫基氨化造粒、高塔喷浆造粒等。

（2）产品肥效要求。

①田间应用效果判断。在苗期主要观察其叶色的变化，分蘖和叶片的生长速度；甘蔗伸长期主要观察其生长速度。

②期待效果的最短时间。在甘蔗使用 5～6d 可见明显的施肥效果，其他作物也均表现出比其他复肥显著的效果。

（3）产品使用说明。

①施肥量是中等肥力土壤在中等产量水平下的施肥建议，各地可根据实际情况调整追肥次数和用量，追肥也可以用尿素等。

②缺钾土壤注意补施钾肥，以达到更好的效果。

③施用复肥时离作物根茎 10cm 处施入 10cm 土中，或溶解入人畜粪水灌施，不宜撒施。

表 10-8-1　砖红壤区甘蔗施肥技术

作物	施肥方式	施肥时间	施肥次数	施肥数量（kg/hm²）
甘蔗	基肥	移栽前 1～3d 撒施	1	225～300
	追肥	根据甘蔗不同生长期确定追肥时间和次数，兑水（或清粪水）淋失或撒施	2～3	1 350～1 650

（二）赤红壤区甘蔗专用复混肥料农艺配方（滨海种植区、丘陵种植区）

赤红壤甘蔗种植区主要分布在广西、广东、云南、福建等地，是两广南亚热带地区的代表性土壤。主要成土母质有：花岗岩、砂页岩及第四纪红土，分布地区的气候特点是高热性及常湿润的特点。赤红壤的风化淋溶程度低于砖红壤，土壤矿物风化较强烈，次生矿物以高岭石及三水铝石为主，土壤呈酸性至强酸性，交换性阳离子以氢、铝为主，其中交换性铝占交换性酸的 77%～95%，盐基高度不饱和，一般在 40% 以下。土壤有机质及全氮含量中等偏低，磷、钾养分含量也不丰富，有效锌、硼、钼的含量也不高，土壤肥力状况与植被及水土保持工作密切相关。

1. 赤红壤区设计甘蔗专用复混肥料农艺配方依据　土壤、气候特征、耕作利用方式、施肥水平、甘蔗产量水平等。

2. 赤红壤区甘蔗专用复混肥料农艺配方　根据赤红壤区生态特点，甘蔗专用复混肥料农艺配方依复混肥料养分含量高低设有 20-6-15、15-5-12、12-5-8 等 3 个配方。

（1）生产工艺。转鼓造粒、硫基氨化造粒、高塔喷浆造粒等。

（2）产品肥效要求。

①田间应用效果判断。在苗期主要观察其叶色的变化，分蘖和叶片的生长速度；甘蔗伸长期主要观察其生长速度。

②期待效果的最短时间。在使用 5～6d 可见明显的施肥效果，其他作物也均表现出比其他复合肥显著的效果。

（3）产品使用说明。

①施肥量是中等肥力土壤在中等产量水平下的施肥建议，各地可根据实际情况调整追肥次数和用量，追肥也可以用尿素等。

②缺钾土壤注意补施钾肥，以达到更好的效果。

③施用复肥时离作物根茎 10cm 处施入 10cm 土中，或溶解入人蓄粪水灌施，不宜撒施。

表 10-8-2　赤红壤区甘蔗施肥技术

作物	施肥方式	施肥时间	施肥次数	施肥数量（kg/hm²）
甘蔗	基肥	移栽前 1～3d 撒施	1	225～300
	追肥	根据甘蔗不同生长期确定追肥时间和次数，兑水（或清粪水）淋失或撒施	2～3	1350～1650

（三）红壤区甘蔗专用复混肥料农艺配方（丘陵种植区）

红壤在广西、广东、福建、云南和江西均有分布，大致分布于北纬 24°30′ 以北的平原、丘陵和低山以及南部赤红壤区的山地海拔在 350～800m 的地段，是中亚热带的代表土壤，分布区受季风气候控制，具有高温多雨、湿热同季、干湿季节交替的特点，土壤中黏土矿物以高岭石为主，其次为蒙脱石、石英、赤铁矿及水云母，土壤呈酸性至强酸性，盐基饱和度低于 30%，交换性阳离子以氢、铝为主，土壤有机质含量随植被情况有较大差异，磷、钾等矿质养分也有较大差异。

1. 红壤区设计甘蔗专用复混肥料农艺配方依据 根据红壤区的土壤、气候特征、耕作利用方式、施肥水平、甘蔗产量水平等进行甘蔗专用复混肥料农艺配方设计，采用复混肥料增效、长效技术。

2. 红壤区甘蔗专用复混肥料农艺配方 根据红壤区生态特点，甘蔗专用复混肥料农艺配方依复混肥料养分含量高低设有 24-6-15、15-5-12、12-5-8 等 3 个配方。

（1）生产工艺。转鼓造粒、硫基氨化造粒、高塔喷浆造粒等。

（2）产品肥效要求。

①田间应用效果判断。在苗期主要观察其叶色的变化，分蘖和叶片的生长速度；甘蔗伸长期主要观察其生长速度。

②期待效果的最短时间。在使用 5～6d 可见明显的施肥效果。

（3）产品使用说明。

①施肥量是中等肥力土壤在中等产量水平下的施肥建议，各地可根据实际情况调整追肥次数和用量，追肥也可以用尿素等。

②缺钾土壤注意补施钾肥，以达到更好的效果。

③施用复肥时离作物根茎 10cm 处施入 10cm 土中，或溶解入人畜粪水灌施，不宜撒施。

表 10-8-3 红壤区甘蔗施肥技术

作物	施肥方式	施肥时间	施肥次数	施肥数量（kg/hm²）
甘蔗	基肥	移栽前 1～3d 撒施。	1	225～300
	追肥	根据甘蔗不同生长期确定追肥时间和次数，兑水（或清粪水）淋失或撒施。	2～3	1 350～1 650

（四）黄红壤区甘蔗专用复混肥料农艺配方（山地种植区）

黄壤主要分布于海拔 800～1 400m 的中山地带，是在亚热带温暖湿润的生物气候条件下形成的，土壤呈酸性，pH 4.5～5.5，交换性盐基以铝为主，盐基饱和度 30%左右，土壤中的黏土矿物以三水铝石为主，由于所处日照少、湿度大、云雾多，空气常年湿度为80%～90%，生物产量高而分解较慢，有机质的累积过程明显，一般土壤中有机质含量为 50～100g/kg，自然肥力较高。植被以马尾松、杉木、竹、栎类等为主。

1. 黄红壤区设计甘蔗专用复混肥料农艺配方依据 根据黄壤区的土壤、气候特征、耕作利用方式、施肥水平、甘蔗产量水平等进行甘蔗专用复混肥料农艺配方设计，采用复混肥料增效、长效技术。

2. 黄红壤区甘蔗专用复混肥料农艺配方 根据黄壤区生态特点，甘蔗专用复混肥料农艺配方依复混肥料养分含量高低设有 24-6-15、15-5-12、12-5-8 等 3 个配方。

（1）生产工艺。转鼓造粒、硫基氨化造粒、高塔喷浆造粒等。

（2）产品肥效要求。

①田间应用效果判断。在苗期主要观察其叶色的变化，分蘖和叶片的生长速度；甘蔗伸长期主要观察其生长速度。

②期待效果的最短时间。在使用5～6d可见明显的施肥效果。

（3）产品使用说明。

①施肥量是中等肥力土壤在中等产量水平下的施肥建议，各地可根据实际情况调整追肥次数和用量，追肥也可以用尿素等。

②缺钾土壤注意补施钾肥，以达到更好的效果。

③施用复肥时离作物根茎10cm处施入10cm土中，或溶解入人畜粪水灌施，不宜撒施。

表 10-8-4　黄红壤区甘蔗施肥技术

作物	施肥方式	施肥时间	施肥次数	施肥数量（kg/hm²）
甘蔗	基肥	移栽前1～3d撒施。	1	225～300
	追肥	根据甘蔗不同生长期确定追肥时间和次数，兑水（或清粪水）淋失或撒施。	2～3	1 350～1 650

（五）石灰岩土区甘蔗专用复混肥料农艺配方（丘陵种植区）

石灰岩土是发育于碳酸盐岩（主要是石灰岩）的风化物，或受碳酸盐岩风化物加成的土壤。受碳酸盐母岩的影响强烈，是石灰岩土的基本特点，土壤呈中性到微碱反应，盐基饱和，土壤中黏土矿物以2：1型的蒙脱石、伊利石或蛭石为主。土壤矿质养分与该石灰岩形成时期有关，如宜州市的石灰岩土含有较高的锰，凤山县的石灰岩土含有较高的磷，而都安县的石灰土含有较高的石英。植被状况与生物气候及人类活动有密切相关。

1. 石灰岩土区设计甘蔗专用复混肥料农艺配方依据　根据石灰岩土区的土壤、气候特征、耕作利用方式、施肥水平、甘蔗产量水平等进行甘蔗专用复混肥料农艺配方设计，采用复混肥料增效、长效技术。

2. 石灰岩土区甘蔗专用复混肥料农艺配方　根据石灰岩土区生态特点，甘蔗专用复混肥料农艺配方依复混肥料养分含量高低设有24-6-15、15-5-12、12-5-8等3个配方，考虑到石灰岩土区土壤含锌不足，每吨应添加3～5kg硫酸锌。

（1）生产工艺。转鼓造粒、硫基氨化造粒、高塔喷浆造粒等。

（2）产品肥效要求。

①田间应用效果判断。在苗期主要观察其叶色的变化，分蘖和叶片的生长速度；甘蔗伸长期主要观察其生长速度。

②期待效果的最短时间。在甘蔗使用5～6d可见明显的施肥效果。

（3）产品使用说明。

①施肥量是中等肥力土壤在中等产量水平下的施肥建议，各地可根据实际情况调整追肥次数和用量，追肥也可以用尿素等。

②缺钾土壤应注意补施钾肥，以达到更好的效果。

③施用复合肥料时离作物根茎10cm处施入10cm土中，或溶解入人蓄粪水灌施，不宜撒施。

表 10-8-5　石灰岩土区甘蔗施肥技术

作物	施肥方式	施肥时间	施肥次数	施肥数量（kg/hm²）
甘蔗	基肥	移栽前 1～3d 撒施。	1	225～300
	追肥	根据甘蔗不同生长期确定追肥时间和次数，兑水（或清粪水）淋失或撒施。	2～3	1350～1650

（六）紫色土区甘蔗专用复混肥料农艺配方（丘陵种植区）

紫色土成土特有三，一是物理风化作用强烈；二是化学风化相对较弱，其脱硅富铝化程度不如地带性土壤明显，土体中富含原生矿物如：长石、云母等；三是侵蚀和堆积作用强烈。

紫色土肥力特征为土层较薄，土壤质地及酸碱性与母岩密切相关，土壤有机质缺乏，矿质养分比较丰富，3～10mm 的泥岩碎块经 4～5 个月风化即可种植甘蔗、花生、玉米等，且能获得较好的收成。但抗水蚀能力差，容易造成水土流失。

1. 紫色土区设计甘蔗专用复混肥料农艺配方依据　根据紫色土区的土壤、气候特征、耕作利用方式、施肥水平、甘蔗产量水平等进行甘蔗专用复混肥料农艺配方设计，采用复混肥料增效、长效技术。

2. 紫色土区甘蔗专用复混肥料农艺配方　根据石灰岩土区生态特点，紫色土甘蔗专用复混肥料农艺配方依复混肥料养分含量高低设有 24-6-15、15-5-12、12-5-8 等 3 个配方，考虑到紫色土区土壤硼不足，每吨应添加 2～3kg 硼砂。

（1）生产工艺。转鼓造粒、硫基氨化造粒、高塔喷浆造粒等。

（2）产品肥效要求。

①田间应用效果判断。在苗期主要观察其叶色的变化，分蘖和叶片的生长速度；甘蔗伸长期主要观察其生长速度。

②期待效果的最短时间。使用 5～6d 可见明显的施肥效果，其他作物也均表现出比其他复混肥显著的效果。

（3）产品使用说明。

①施肥量是中等肥力土壤在中等产量水平下的施肥建议，各地可根据实际情况调整追肥次数和用量，追肥也可以用尿素等。

②缺钾土壤注意补施钾肥，以达到更好的效果。

③施用复肥时离作物根茎 10cm 处施入 10cm 土中，或溶解入人畜粪水灌施，不宜撒施。

表 10-8-6　紫色土区甘蔗施肥技术

作物	施肥方式	施肥时间	施肥次数	施肥数量（kg/hm²）
甘蔗	基肥	移栽前 1～3d 撒施。	1	225～300
	追肥	根据甘蔗不同生长期确定追肥时间和次数，兑水（或清粪水）淋失或撒施。	2～3	1 350～1 650

第九节　甘蔗专用复混肥料施用

甘蔗的整个生育期可以分 4～6 个阶段，不同生育阶段对土壤和养分条件有不同的要求。

因此，施肥方式也有所区别，甘蔗生长期较长，土壤稳肥性较差时，应当采用施足基肥和分期追肥相结合的方法，而追肥的时期和次数应根据甘蔗生育期要求和土壤供肥特点而定。甘蔗施肥的确定必须在摸清甘蔗营养特性及当地土壤、气候和栽培技术等条件的基础上，总结出合理的施肥方式，逐步形成一定条件下合理的施肥体系。

一、甘蔗专用复混肥料施肥方法

具体施用还应根据土壤条件、耕作方式、基肥用量和肥料性质，采用不同的施用方法。

1. 撒施法　即在甘蔗播种前，将肥料均匀地撒施于地表，然后翻耕入土。该法施肥量大，对全面改善土壤肥力状况非常有益。

2. 条施和穴施法　指在甘蔗播种前结合整地作畦、开沟或开穴，将肥料施入其中后覆土播种。这属于集中施肥，肥效较高。但应注意肥料的浓度不宜过高，所用的有机肥以充分腐熟为宜。

3. 分层施肥法　根据所用基肥的性质结合深耕，把迟效性肥料施入下层，上层施速效性肥料，各层肥料应分布均匀，这种施肥方式可以满足甘蔗根系伸长时对养分的需要，对生长期长的甘蔗效果更明显。

二、甘蔗专用复混肥料施肥时期及位置

1. 基肥　是在甘蔗播种前施入的肥料，又叫底肥。施用基肥的作用主要有两方面，一是培肥地力，改良土壤；二是为甘蔗生长不断地提供养分。用作基肥的肥料以有机肥和缓效肥为宜，如厩肥、堆肥、磷矿粉等。磷、钾肥一般作基肥，与有机肥料一起施入。速效性氮肥不宜过多施用，以免造成养分流失，同时也会使甘蔗初期生长过旺，易染病虫危害。基肥用量一般占总用肥量的绝大部分。

2. 追肥　在甘蔗生长过程中，根据甘蔗各生育阶段对养分需求的特点进行施肥的措施。通常情况下，以速效性无机肥为主，生长周期长而基肥又不足的可补施缓效性肥如饼肥、腐熟的优质圈粪，如果需要磷肥，应选择水溶性磷肥。追肥方法有以下几种。

（1）撒施法。一般适用于甘蔗植株密度较大，根系遍布于整个耕层，追肥用量又多的情况下采用，要求撒施均匀，并与中耕、除草和灌排水相结合。撒施法简便易行，但肥料利用率不高，经济效益差。

（2）条施法。甘蔗追肥时可先中耕除草，然后在行间开沟，将肥料施入其中覆土。施肥深度应与甘蔗根系入土深度相适应。

（3）穴施法。在株行距较大的大田作物的株间或行间开穴施入肥料。此法肥料用量少，又可减少损失，但费工。

三、甘蔗专用复混肥料施肥量

（一）新植甘蔗施肥

1. 基肥　施用总用量 10%～15%的甘蔗专用复混肥料，有机肥一般施用 22 500～37 500kg/hm²。增施有机肥料作基肥，对提高产量和改良土壤的效果良好。

基肥的施用方法，肥多时一半用于播种前施在种植沟内与土壤拌匀后下种，一半覆盖蔗种。肥少的则应在下种后作盖种用。为了更好地发挥基肥的作用，有机肥在施用前应与甘蔗

专用复混肥料拌匀施。

2. 苗肥 当蔗茎长出 3～4 片叶时，施用甘蔗专用复混肥料总量的 20％～30％以加速苗期健壮生长。

3. 分蘖肥 当蔗茎长出 7～8 片叶时，施用甘蔗专用复混肥料总量 25％～30％，促进分蘖。

分蘖期是以分蘖为中心，根、叶、蘖营养生长较旺盛的时期，是决定有效茎数的重要时期。

分蘖期管理的主攻方向：促进分蘖早、分蘖壮，抑制后期无效分蘖，为达到预期的有效茎数打好基础。

分蘖期壮株的长势长相：生长旺盛，叶色浓绿，不徒长，分蘖粗壮，每公顷有壮苗 90 000～105 000 株。分蘖期的主要田间管理措施为追施攻蘖肥，如基肥和攻苗肥比较充足，幼苗生长比较旺盛的，可在分蘖盛期施一次，称为壮蘖肥，然后覆土盖过肥料。

4. 伸长肥 当蔗茎伸长时，配合吸肥高峰期，重施余下甘蔗专用复混肥料的 25％～45％，并结合大培土。一般在七月底至立秋前终止施肥。

伸长期是以长茎为中心的营养生长旺盛期，是决定有效茎数和茎重的关键时期。

伸长期管理的主攻方向为在保证有效茎数的基础上促进蔗茎迅速长高增粗，提高单茎重，争取高产。

伸长期壮株的长势长相为蔗株生长旺盛，开大叶、拔大节、长大茎，叶片宽长略下垂，叶色深绿至浓绿色，蔗茎长高快，节间粗而长，病虫害少。伸长期是甘蔗一生中需肥最多的时期，占全生育期肥料吸收量的 60％～70％，伸长期管理措施应重施攻茎肥。然后培土 10cm 左右，以抑制后期无效分蘖和防止肥料流失。

（二）宿根甘蔗施肥

1. 苗肥 当蔗茎长出 3～4 片叶时，施用甘蔗专用复混肥料总量的 20％～30％，加速苗期健壮生长。苗肥应以堆肥、灰粪肥和土杂肥等有机肥为主，配合磷肥和适量速效氮、钾肥。苗肥有机肥的施用量，一般占有机肥总施肥量的 70％～90％，有机肥一般施用 22 500～37 500kg/hm^2。增施有机肥料作基肥，对提高产量和改良土壤的效果良好。

苗肥施用于破垄沟内。为了更好地发挥苗肥的作用，有机肥在施用前与甘蔗专用复混肥料拌匀施用。

2. 分蘖肥 当蔗茎长出 7～8 叶时，施用甘蔗专用复混肥料总量的 35％～35％，促进分蘖。

分蘖期是以分蘖为中心，根、叶、蘖营养生长较旺盛的时期，是决定有效茎数的重要时期。

分蘖期管理的主攻方向为促进分蘖早、分蘖壮，抑制后期无效分蘖，为达到预期的有效茎数打好基础。

分蘖期壮株的长势长相为生长旺盛，一叶比一叶长大，叶色浓绿，不徒长，分蘖粗壮，每公顷有壮苗 90 000～105 000 株。分蘖期田间管理应追施攻蘖肥，如基肥和攻苗肥比较充足，幼苗生长比较旺盛的，可在分蘖盛期施 1 次，称为壮蘖肥。然后覆土盖过肥料。

3. 伸长肥 当蔗茎伸长时，配合吸肥高峰期，重施余下甘蔗专用复混肥料的 35％～45％，并结合大培土。一般在 7 月底至立秋前终止施肥。

伸长期是以长茎为中心的营养生长旺盛期，是决定有效茎数和茎重的关键时期。

伸长期管理的主攻方向为在保证有效茎数的基础上，促进蔗茎迅速长高增粗，提高单茎重，争取高产。

伸长期壮株的长势长相为蔗株生长旺盛，开大叶，拔大节、长大茎，叶片宽长略下垂，叶色深绿至浓绿色，蔗茎长高快，节间粗而长，病虫害少。伸长期是甘蔗一生中需肥最多的时期，占全生育期吸收量的 $60\%\sim70\%$，管理措施应重施攻茎肥，然后中培土 10cm 左右，以抑制后期无效分蘖和防止肥料流失。

参 考 文 献

谭宏伟，周柳强，谢如林，等 . 2003. 广西甘蔗种植区土壤钾素肥力分级研究 ［J］. 广西农业科学 .

谭宏伟，周柳强，谢如林，等 . 2009. 甘蔗施肥管理 ［M］. 北京：中国农业出版社 .

谭宏伟，周柳强，谢如林，等 . 2008a. 蔗区降雨分布与甘蔗需水及加肥灌溉效应 ［J］. 西南农业学报，21（5）：1381-1384。

谭宏伟，周柳强，谢如林，等 . 2008b. 甘蔗的硫素营养与土壤硫素平衡研究 ［J］. 西南农业学报，21（6）：1617-1621。

张肇元，谭宏伟，周清湘，等 . 1998. 广西土壤钾素状况与平衡施肥研究 ［M］. 北京：中国农业出版社 .

Hongwei Tan，Liuqiang Zhou，Rulin Xie，et al. 2005. Better crops with plant food ［J］. Better sugarcane production for acidic red soils，89（3）：24-26.

Hongwei Tan，Liuqiang Zhou，Rulin Xie，et al. 2004. Economic balance of crops and fruits production by K，Mg and S fertilizers application in subtropical red acid soil of Guangxi province ［J］. TROPICS，13（4）：287-291.

Hongwei Tan，Liuqiang Zhou，Rulin Xie，et al. 2005. Better sugarcane production acidic red soils ［J］. Better Crops with Plant Food，3：24-26.

Hongwei Tan，Liuqiang Zhou，Rulin Xie，et al. 2005. Effect of fertilizer application and the main nutrient limiting factors for yield and quality of sugarcane production in Guangxi red soil ［J］. TROPICS，14（4）：383-392.

Cabrera A. 1994. Sugarcane intensive cropping，productivity and environment ［J］. 15th World Congress of soil Science（Acapulco）. Trans（7）：342-352.

Quintero D R 1994. Sugarcane fertilization management with special reference to Colombian experimental results ［J］. 15th World Congress of Soil Science（Acapulco）Vol. 7a：382-394.

第十一章　蔬菜阶段营养规律与配方施肥

第一节　蔬菜的种类与分布

一、我国蔬菜的种类

我国有着 5 000 多年的农业栽培历史，在漫长的农业文明中驯化、引进了近百种蔬菜作物，演变成数千个品种。目前主要栽培的蔬菜按照食用部位划分，可分为叶菜、茄果、瓜、豆、根茎类和葱蒜类 5 大类。

叶菜类指以叶片和幼嫩叶柄为主要食用部位的蔬菜。叶菜又包括白菜类、芥菜类、甘蓝类、绿叶菜类。白菜类有普通大白菜、乌塌菜、菜心、紫菜薹和薹菜（蒜薹、韭薹等）。芥菜类主要包括叶用芥菜、茎用芥菜和根用芥菜；甘蓝类有结球甘蓝、球茎甘蓝、花椰菜和青花菜、芥蓝；绿叶菜种类更多，包括菠菜、莴苣、芹菜、蕹菜、苋菜、落葵、茼蒿、芫荽、茴香、菊花脑、荠菜、番杏、韭菜等。大白菜有散叶型、花心型、结球型和半结球型。

茄果类包括辣椒、茄子和番茄。辣椒按照形状和风味又可分为以下几种。

1. 长椒类　果多长角形，先端尖锐，常稍弯曲，辣味强。按果形之长短，又可分为 3 个品种群，一是长羊角椒，果实细长，坐果数较多，味辣；二是短羊角椒，果实短角形，肉较厚，味辣；三是线辣椒，果实线形，较长大，辣味很强。

2. 甜柿椒类　果实肥大，果肉肥厚，呈长卵圆形或椭圆形。按果实之形状又可分为 3 个品种群，一是大柿子椒，果实扁圆形，味甜，稍有辣味；二是大甜椒，果实圆筒形或钝圆锥形，味甜，辣味极少；三是小圆椒，果形较小，果皮深绿而有光泽，微辣。

3. 樱桃椒类　圆形或椭圆形，先端较尖；果实朝上或斜生，呈樱桃形，果色有红、黄、紫，极辣，可以制干椒或者观赏。

4. 圆锥椒类　植株与樱桃椒相似，果实为圆锥形或圆筒形，多向上生长，也有下垂的，果肉较厚，辣味中等。

5. 簇生椒类　枝条密生，叶狭长，分枝性强；晚熟，耐热，抗病毒；果实簇生而向上直立，细长红色，果色深红，果肉薄，辣味甚强，油分含量高。

北方主要种植圆茄子，在南方为长茄子，还有全国种植的矮茄子。番茄目前栽培面积大，市场常见的有最常栽培的普通番茄、樱桃番茄、直立番茄和梨形番茄。果实从扁圆到球形，颜色有粉红、深红、淡黄、深黄等。

瓜类蔬菜主要指葫芦科的草本植物，包括：黄瓜、冬瓜、节瓜、南瓜、西瓜、甜瓜、丝瓜、西葫芦、蛇瓜、佛手瓜等。这些蔬菜有的兼作水果，如甜瓜、水果黄瓜，还有的可兼作粮食，如南瓜。

豆类包括：菜豆、豇豆、豌豆、蚕豆、扁豆、刀豆、多花菜豆、架豆、四棱豆等。

根茎类包括根菜类和薯芋类蔬菜。根菜类指收获肥大的肉质根作为食用器官的作物，常见的有十字花科的萝卜、根用芥菜、胡萝卜、芜菁、芜菁甘蓝。薯芋类是指以块茎、根茎、球茎和块根为产品的蔬菜，包括马铃薯、生姜、芋头、豆薯、魔芋、菊芋、草石蚕等。种植最多的有马铃薯、生姜、芋头、豆薯、魔芋。

葱蒜类常见的蔬菜有韭菜、洋葱、大葱、蒜、薤头、韭葱、火葱等。这些蔬菜基本属于百合科多年生草本植物。

此外，还有多种水生蔬菜，如莲藕、茭白、慈姑、水芹、荸荠、菱、芡实、蒲菜，以及多年生蔬菜，如竹笋、金针菜、芦笋、百合、香椿、枸杞、草莓、朝鲜蓟，还有品种繁多的人工栽培和野生真菌类，像木耳、香菇等，对丰富我国人民的膳食起到了独特的作用。

二、我国蔬菜种植分区

根据自然地理和气候条件，《中国蔬菜》将全国蔬菜生产分为东北、华北、长江中下游、华南、西南、西北、青藏和蒙新共 8 个一级栽培区。这 8 个一级区内，有的东西、南北跨度大，单主作区与双主作区、双主作区与三主作区以及三主作区与多主作区之间相互交叉、互相渗透，因此，在蔬菜的分布和施肥上存在个性和共性。

（一）东北单主作区

东北单主作区包括辽宁、吉林和黑龙江 3 省。该区气候寒冷，属于温带、暖温带夏雨气候。夏秋作物生长季节，气候温暖湿润，有效年生长积温为 1 600～3 300℃，无霜期 90～170d，年降水量为 400～600mm，年日照为 2 300～3 100h。主要蔬菜为大白菜、甘蓝、萝卜、胡萝卜、根芥菜、茄子、番茄、青椒、黄瓜、角瓜、菜豆、豇豆、豌豆，大葱、大蒜、韭菜、菠菜、小白菜、芹菜、莴苣、茴香、马铃薯。

（二）华北双主作区

包括北京、天津、河北、山东、河南以及江苏和安徽北部地区。本区跨越河北中、南及山东大部分地区，为华北最大的冲积平原，地势平旷，土层深厚，灌溉方便。本区少部属于暖温带半干旱区，绝大部分属于暖温带半湿润气候，≥10℃以上活动积温 2 600～4 700℃，无霜期 150～220d，年降水量 400～800mm，年日照 2 600～2 900h。除河北张家口坝上地区因气候高寒，生长期短，为一年一季蔬菜外大部分地区可一年两茬。春季主要蔬菜有番茄、茄子、黄瓜、甘蓝、菜花、西葫芦、洋葱、莴笋、马铃薯等，秋季可种植大白菜、秋甘蓝、萝卜、胡萝卜以及荠菜等。如与菠菜、小白菜、黄瓜、大蒜等实行轮间套作，一年可种植5 茬。

（三）长江中下游三主作区

包括湖北、湖南、浙江、江西、上海以及安徽、江苏南部、福建北部地区。本区位于长江中下游，长江三角洲平原，兼有平原和丘陵山地。全区气候温暖，属于亚热带北缘，东亚季风区，全区一年四季分明，年降水量 1 000～1 500mm，≥10℃以上的日数长江 230～250d，活动积温 4 000～4 500℃，湘赣南部 270～300d，积温 5 000～6 000℃。该区年平均温度较高，均在 15℃以上，有利于喜温蔬菜的生长。本区雨量充沛、河流纵横、湖泊众多，我国五大湖均在本区，水域面积大，水生蔬菜极为发达。

本区栽培制度分为两种，一种是"春、秋、冬三大茬"：番茄、马铃薯、黄瓜、菜豆，一年春秋两季可栽培；大白菜、甘蓝、花椰菜、萝卜、胡萝卜等在秋季栽培；白菜、菠菜可以越冬生长。还有一种是"春、夏、秋三大茬"：莴苣、豌豆、蚕豆、春甘蓝等秋种越冬，第二年4～5月收获；冬瓜、丝瓜、豇豆等春播套种，夏秋收获；秋季种一茬白菜、菠菜、芹菜等。

（四）华南多主作区

包括广西、广东、台湾以及福建、云南南部地区。本区以丘陵为主，占总面积的90%。各种土壤类型交错分布，大部分地区河网稠密，地表径流量大，是全国流量深度最深的地区。华南地区受热带海洋气团影响，热量资源丰富，终年温暖，长夏无冬。除部分山区外，大部分地区全年无霜，≥10℃以上积温达6 500～9 000℃。年降水量一般超过1 000mm，背山面海迎风坡可达2 000～4 000mm。4～10月为雨季，雨季多台风，强台风常带来强降雨，有时1天降水可超过1 000mm，对蔬菜种植带来很大损失。

由于没有霜冻，可周年露地栽培蔬菜。大白菜、萝卜、甘蓝、花椰菜喜冷凉，可在秋冬季两季种植；番茄、黄瓜等喜温蔬菜可在春、秋、冬三季种植；冬瓜、南瓜、豇豆等耐热蔬菜，除在炎热多雨的夏季栽培，春、秋两季栽培更适宜。生长期短的叶菜如白菜、茼蒿、菜薹、苋菜、叶用莴苣、菠菜等适当安排，一年内可栽培8～10茬。

（五）西北双主作区

包括山西省、陕西秦岭以北、甘肃中部、宁夏南部、青海靠西宁的部分地区。本区大部分位于黄土高原，多为双主作区。虽然同分为一个大产区，该区不同省份甚至一个省份不同地域之间气候差异较大，种植的主要蔬菜种类也不同。陕西省分为陕北、关中、陕南3个不同类型地区。陕北属于暖温带半干旱气候，年降水量400～600mm，无霜期180d，≥10℃以上积温3 000℃。由于气候干冷，属单主作蔬菜栽培区，有灌溉条件的主要种植番茄、青椒、茄子、黄瓜、菜豆、芹菜、菠菜等，无灌溉条件的一般可种植大白菜、甘蓝、萝卜、胡萝卜、马铃薯、豇豆、南瓜等。陕西关中平原年降水量一般超过500～750mm，无霜期210d，年日照2 000～2 500h，≥10℃以上积温4 313℃，适于蔬菜种植，一年两茬，属主双作区，可种植番茄、青椒、黄瓜、茄子、莲藕、慈姑、茭白、荸荠、生姜等。

宁夏银川地区可以一年两熟或三熟，春季种植小白菜、小萝卜、菠菜、大蒜等，秋季种植大白菜、萝卜、胡萝卜、芥菜等。分在同一区的甘肃，分为陇东、陇南和陇西地区，气候差异也是相当明显，年降水量30～500mm，集中在7、8、9这3个月，年日照2 000～3 200h，≥0℃以上积温2 800～3 600℃，无霜期150～187d，昼夜温差大，十分适合瓜果类蔬菜的种植。陇中、陇南一年可以两作，基本属于双主作区，陇西大部分地区一年只能种植一茬，属单主作区，可以种植白菜、萝卜、胡萝卜、马铃薯，尤其是有利于块茎作物的种植。该地区尤其适应生产瓜类蔬菜，特别是有了保护设施后，蔬菜种植类型多，质量好。

（六）西南三主作区

包括四川、云南、贵州三省、陕西秦岭以南的南半部和甘肃陇南地区。本区地形复杂，以山地、丘陵居多，土层薄、肥力低。本区地处亚热带，雨水、云雾多，湿度大，日照少。由于海拔高、山地多，气候成垂直分布。该区种植的蔬菜种类多、无明显的种植限制。可以种植的蔬菜包括适宜夏季生长的茄子、辣椒、苦瓜、冬瓜，也有适宜秋冬生长的菠菜、白菜、萝卜，喜温蔬菜可春秋两季播种、喜凉蔬菜可秋季播种，耐寒蔬菜可越冬种植。因此，本区除了我国大部分地区种植的蔬菜，还可种植有地方特色的辣椒、涪陵榨菜、重庆紫背天葵、云南大头菜等。

（七）青藏高原单主作区

包括青海、西藏、四川阿坝藏族自治州以及新疆阿尔泰山南部高原。本区因海拔高，气候寒冷、作物生长期短，≥0℃以上积温1 500～2 000℃，年降水量500mm左右，无霜期90～140d，在7、8月还经常有冰雹，大部分地区不适合种植蔬菜。青海西宁可种植白菜、甘蓝、萝卜、胡萝卜、马铃薯、大葱等。青藏高原也主要栽培马铃薯、萝卜、大葱、散叶白菜等。

（八）蒙新单主作区

包括内蒙古、新疆以及宁夏固原以北、甘肃河西走廊等部分地区。本区地势较高、海拔1 000m以上，绝大部分属于旱漠荒地，水土资源差、光热资源丰富。夏秋植物生长季节雨水稀少、气候冷热无常、需要灌溉。主要蔬菜作物为洋葱、辣椒和芜菁，番茄、白菜和瓜类水果也有大面积种植。

上述8个大区的主要区别是气候，除少数对光照和积温特别敏感的地方蔬菜品种，大部分蔬菜，特别是大宗茄果类蔬菜，番茄、黄瓜、甘蓝、辣椒，叶菜类蔬菜如白菜、芹菜、菠菜，根块类蔬菜如萝卜、胡萝卜等在全国都有种植，只是根据不同气候条件，种植的季节有所差异，并且各地根据当地的具体生长条件，选择不同的品种。此外，蔬菜是喜肥作物，养分的供应主要由肥料特别是有机肥供应。我国各地蔬菜生产历来有大肥大水的传统，因此，土壤对蔬菜种植的限制不如大田作物明显，除马铃薯外，没有明显的种植带区划。

第二节　不同类型蔬菜营养规律与施肥技术

蔬菜施肥技术的制订无外乎以需定给、平衡定量、养分量比、综合效应最大原则。蔬菜作物经过长期选育，即使是根类蔬菜，其根系较粮食作物来讲分布浅、体积小，对土壤的养分供应强度依赖大，在土壤肥力高的土壤上依然需要通过施肥、人为地增加改善蔬菜生长的土壤养分供应环境和供应能力，来满足蔬菜快速生长和品质最优对养分的需要。同时，较小的根系又导致了蔬菜作物耐盐能力差，总的施肥原则是重视基肥，特别是有机肥的使用，追肥根据作物需肥规律提供平衡足够的氮磷钾养分。

不同类型的蔬菜由于食用部位和功能不同，对养分的需求特征和养分吸收规律不同，施肥技术也有差异。叶菜类蔬菜由于主要收获生物产量，需要氮肥促进营养生长、抑制生殖生长；茄果类和瓜类的主要经济部位是果实，而果实的高产离不开营养生长，又不能影响生殖生长，在作物生长前期需要充足的氮素供应以促进营养生长，后期控制氮素供应防止过分营养生长、利于养分从植株茎、叶向果实的转移。下面分别介绍几种重要类型蔬菜的养分吸收规律和施肥方法。

一、白菜类蔬菜

白菜类有普通大白菜、乌塌菜、菜心、紫菜薹和薹菜等。白菜类蔬菜全生育期均需供应充足的氮肥，后期要供应充足的磷、钾肥。对铁敏感，钙、锌、硼、锰次之，铜最少。

1. 大白菜 大白菜对氮磷钾的要求极为敏感，充足的氮素供应可促进叶球的生长而提高产量。大白菜的吸磷量在整个生育期都不是很高，但充足的磷可以促进叶原基分化，促使外叶快发、增加球叶分化。钾可促使白菜叶球充实，产量增加。氮素过多磷钾供应不足，会造成白菜植株徒长，叶大而薄，结球不紧且含水量多，品质下降，抗病力减弱。因此大白菜施肥的原则是在保证氮素供应的前提下，注重氮、磷、钾的平衡供给。每生产1 000kg 大白菜，大约吸收纯氮 0.8～2.6kg、磷（P_2O_5）0.8～1.2kg、钾（K_2O）3.2～3.7kg，不同生育期吸收氮、磷、钾的比例和吸收强度不尽相同（陈茂春，2012）。发芽期至莲座期对氮素的吸收只有总吸收量的 10%，但十分敏感。莲座期开始对氮钾肥的吸收迅速增加，结球期后仍吸收占总量 53.7% 的氮、58.8% 的磷和 51.4% 的钾，中后期仍需要较多的氮、磷、钾（王文军，张辛未，刘枫等，1996）。具体施肥方法为：每 667m² 5 000kg 优质有机肥、4kg 硝酸铵或 5～8kg 硫酸铵、50～75kg 过磷酸钙或相当养分含量的复合肥料做基施。在田间有少数植株开始团棵时第一次追肥，一般每 667m² 施尿素 8～10kg、或追施硝酸铵 150～450kg、过磷酸钙和硫酸钾各 7～10kg。在包心前 5～6d 施结球肥，特别是要增施钾肥。一般每 667m² 施 20kg 硝酸铵、过磷酸钙及硫酸钾各 10～15kg。同时叶面喷施 0.25%～0.5% 硝酸钙溶液以降低大白菜因缺钙而引起的干烧心发病率（张丁娜，2004）。目标产量和品种特性也是施肥需要考虑的因素。中上等土壤肥力，目标产量为 12 t/hm² 的中晚熟品种施肥量为农家肥 37t，氮 345kg/hm²、磷 157kg/hm²、钾 225kg/hm²；中等肥力土壤，目标产量为 9t/hm² 的中早熟品种，每公顷施优质农家肥 97t，氮 300kg、磷 135kg、钾 195kg；低肥力土壤，目标产量为 75t/hm² 早熟、中早熟品种，每公顷施农家肥 75t、氮 240kg、磷 90kg、钾 135kg（优丽吐孜·阿布都热合曼，2009.）。

2. 紫菜薹、菜心、乌塌菜 与大白菜一样，紫菜薹和菜心对氮钾的吸收很敏感，氮、磷、钾比例为 3.5∶1∶3.4，每 1 000kg 产量需纯氮 2.2～3.6kg、磷（P_2O_5）0.6～1.0kg、钾（K_2O）1.1～3.8kg。紫菜薹是速生菜，根系浅、生长周期短、栽培密度大，底肥每公顷使用 45 t 以上有机肥、氮（N）172～207kg、磷（P_2O_5）180～240kg、钾（K_2O）240～330kg，结合耕翻地与有机肥一起基施；移栽种植的定植缓苗后进行一次少量追肥，每公顷施氮（N）100～140kg 和钾（K_2O）124～165kg，结合中耕进行；现蕾抽薹期第二次追肥，追肥量与第一次相同；主薹采收后侧薹开始抽时进行第三次追肥，施肥量适当减少。直播的当第一片真叶和第三片真叶时进行两次追肥，每次每 667m² 追施氮磷钾复合肥 3～5kg。由于白菜类蔬菜对钙、镁和硼的吸收量大，磷肥最好施用过磷酸钙。

乌塌菜也是速生、浅根、生长周期短的蔬菜，而且没有明显的采收期。对养分的需求以氮最多，钾次之，磷最少。乌塌菜的整个生长周期对氮的供应都十分敏感，因此施肥不仅要施足底肥，还要勤追氮肥。在栽培田，每 667m² 1t 有机肥作底肥，缓苗后，每 667m² 追施 15～22.5kg 氮，每 15d 追施 1 次，共追施 2～3 次，采收前 15～20d 停止追肥。

二、绿叶菜类

除芹菜外，多数绿叶菜植株矮小，生长期短，没有明显的采收标准，其种植多用于插空抢种、提高土地利用率和蔬菜周年供应。按照生长环境可分为喜冷凉湿润类，如菠菜、芹菜、莴苣、茼蒿、荠菜等，在冷凉湿润气候下种植。另一类为喜温不耐寒类，如苋菜、蕹菜等。绿叶菜类蔬菜的共同生物学特点是根系浅，生长迅速，因而对肥料的依赖性强，需求量大。

1. 芹菜　芹菜对氮、磷、钾的需求量较大，生产1 000kg芹菜分别吸收纯氮、磷（P_2O_5）、钾（K_2O）2.0kg、0.9kg和3.9kg。芹菜的根系吸肥力弱，但耐肥力强，一般施肥都大大超过其吸收量的2～3倍，其根系只有在土壤养分高浓度状态下才能够大量吸收肥料。芹菜从发芽到长出3～4片真叶，需70～80d，此时，需肥量不大，但缺氮易使细胞产生老化现象，最终导致叶柄空心；缺磷幼苗瘦弱，叶柄干老，叶片无光泽。当芹菜长出25片真叶后开始进入生长盛期，对养分的需求也迅速增加。芹菜生育初期和后期对氮的需要量均很大，初期需磷较多，后期需钾较多。芹菜是喜钾蔬菜，钾可促进叶柄的粗壮而充实，光泽性好，有利于提高产量及改善品质。芹菜对硼的需要较强，缺硼时植株易发心腐病。芹菜施肥应重视有机肥，在定植前每667m^2施优质农家肥5t、过磷酸钙30～45kg、硫酸钾15～20kg。由于芹菜根系浅，而且栽培密度大，除在定植前施足基肥外，需多次少量追施化肥。芹菜株高10cm时开始第一次追肥，随水每667m^2追施尿素4～5kg、氯化钾10～12kg。进入旺盛生长期，每隔7～10d随水追一次肥，共追3～4次，每次每667m^2追施氮肥3～4kg，收获前20d停止追肥。

2. 菠菜　菠菜耐盐碱能力较强，不耐酸，适宜pH为7.3～8.2。菠菜生长过程中需要较多氮肥，生产1 000kg商品菠菜需氮2.1～3.5kg、磷（P_2O_5）0.6～1.1kg、钾（K_2O）3.0～5.3kg，根据播种季节有所差异。一般基肥需3 000～4 000kg有机肥、过磷酸钙30～35kg，硫酸铵20～25kg，硫酸钾10～15kg，在整地时均匀施入土壤。菠菜主要在营养生长期收获，春菠菜在生育中后期吸肥水量加大，每667m^2可随水追施尿素15～20kg，延迟抽薹；夏菠菜在出现2～3片真叶后，追1～2次氮肥，每次每667m^2施尿素10～15kg，促进叶片加厚生长，提高产量；秋菠菜长到4～5片真叶时开始分2～3次追施氮肥20～25kg；越冬菠菜在越冬前追施氮、磷、钾各2～3kg，第二年进入旺盛生长期后，追施5～10kg尿素。菠菜是喜硝态氮作物，追肥应慎用铵态氮，特别是越冬菠菜，其生长季节在春夏交接之际，土壤温度低，土壤硝化作用弱，土壤中以硝态氮为主。此外，菠菜对缺铜、缺铁、缺锌敏感，在旺盛生长期应喷施2～3次微量元素肥料。

3. 莴苣　莴苣为直根系，入土较浅，根群主要分布在20～30cm的耕层中，叶用莴苣适宜在pH 6.0左右的酸性土壤中生长，茎用莴苣在pH 6.0～7.5的范围内均可良好生长。莴苣是需肥较多的作物，其一生中对钾需求量最大，氮居中，磷最少，每形成1 000kg莴苣需要从土壤中吸收纯氮2.08kg、磷（P_2O_5）0.71kg、钾（K_2O）3.18kg。氮素在莴苣特别是茎用莴苣的营养中占有特殊的地位，任何时期缺氮都会抑制莴苣叶片的分化，减少叶数，降低同化作用，降低食用部分收获量。莴苣幼苗期对氮磷钾的吸收量虽然不多却很关键，缺氮缺磷，植株矮小叶数少，产量降低，缺钾会影响莴苣长粗。随生长量的增加，莴苣对氮磷钾的吸收量也逐渐增大，到结球期吸肥量呈"直线"猛增趋势，莲座期和结球期氮对其产量影响最大，结球期1个月内吸收的氮素占全生育期吸氮量的84%。莴苣施肥应重视基肥，每667m^2基施4 000～5 000kg腐熟有机肥、过磷酸钙50kg和硫酸钾25kg。叶用莴苣在缓苗15d后进行第一次追肥，每667m^2施尿素6kg；第二、三次追肥在结球初期和中期进行，氮肥施用量与第一次相同；茎用莴苣在定植缓苗后，可每667m^2追施氮素2～2.5kg，翌年返青后和开始抽茎时，分别每667m^2追施氮素2.5～3kg。莴苣对钙、镁、硫、铁等中量和微量元素锌、铜、钼缺乏较为敏感。在肉质茎开始膨大时，可以叶面喷施磷酸二氢钾和微量元素，以满足笋茎肥大的需要，防止茎部裂口（王小波，2010）。

三、茄果类蔬菜

我国农业生产上主要栽培的茄果类蔬菜有茄子、辣椒和番茄。茄果类蔬菜需肥量高，耐肥力强。番茄、辣椒和茄子是典型的营养生长与生殖生长并进的作物，因此对养分的需求在整个生育期内不存在明显的差异，在施肥技术上要始终重视磷、钾肥的施用，并保证氮、磷、钾养分的平衡供应，同时注意钙、铁、锰、锌等微量元素的施用。在定植期，氮的吸收强度已经进入1个较高水平，花芽分化后，直到初花期逐渐达到氮的吸收高峰，一直延续到始果期。从对磷的吸收情况看，番茄在整个生长期，体内磷的吸收量相对辣椒和茄子来说，一直保持着较高水平，但吸收高峰与辣椒和茄子一致，均出现在盛果期。从钾的吸收力来看，番茄和茄子钾的吸收高峰均出现在初花期以前，辣椒吸钾高峰在始果期出现，不同品种蔬菜氮磷钾吸收情况稍不同。番茄、辣椒和茄子对硫酸钾和氯化钾的反应不一，番茄以施用硫酸钾为好，辣椒和茄子以用氯化钾为宜。

1. 番茄 番茄属于高氮、高钾和低磷型作物，其氮、磷、钾吸收比例为$1:0.2:1.5$，生产1 000kg番茄，需纯氮$1.4\sim3.0$kg，磷（P_2O_5）$0.3\sim0.5$kg，钾（K_2O）$2.4\sim5.4$kg（姜黛珠，2003；林岚，胡国学，姜雪峰等，2015）。形成每667m^2生产$4\sim5$t产量，需施纯氮$15.6\sim18.9$kg，磷（P_2O_5）$4.6\sim5.8$kg，钾（K_2O）$17.8\sim22.2$kg，氮磷钾配施的增产效应依次为NPK＞NP＞NK。氮对番茄的整个生育期都很重要，在定植期，氮的吸收强度已经进入一个较高水平，花芽分化到初花期逐渐达到氮的吸收高峰，并一直延续到始果期，吸收的氮占50%，结果盛期和开始收获期，吸收的氮占36%。对磷的吸收在整个生长期内相对辣椒和茄子来说，一直保持着较高水平，但吸收高峰与辣椒和茄子一致，均出现在盛果期，结果期磷的吸收量只占15%。对钾的吸收高峰出现在初花期以前，吸收的钾占32%，结果盛期和开始收获期，吸收的钾占50%。

番茄具体的施肥方法是：定植前每667m^2施腐熟有机肥$3\sim5$t、过磷酸钙$30\sim50$kg，硫酸钾$10\sim20$kg，有机肥和化肥混合后均匀撒施于地表，并结合深耕翻入土中。追肥一般进行3次，第1次在第1穗果长到核桃大小时，每667m^2施纯氮$5\sim6$kg，钾（K_2O）$6\sim7$kg；第2次在第2穗果长到核桃大小时，每667m^2施纯氮$5\sim7$kg；第3次在第3穗果长到核桃大小时，每667m^2施纯N$5\sim6$kg。此外，在坐果期喷施0.5%氧化钙溶液可防治番茄脐腐病，提高果实硬实度，喷施含铁、锰和锌的多元微肥，防治黄化症、花斑叶和小叶病等生理病害（郭冬花，2007）。

2. 茄子和辣椒 茄子和辣椒需钾量较高，氮次之，磷最少，茄子的氮磷钾吸收比例为$1:0.22:0.77$（刘枫，叶舒娅，王文军等，1997）。甜椒属高氮、中磷、高钾型蔬菜，其吸收的比例为$1:0.2:1.2$。辣椒和茄子对养分的吸收一般随生育期的延长而增加。在幼苗期以氮为主，在第1穗果开始结果时，对氮、磷、钾的吸收量迅速增加，氮的吸收比例达到50%，钾达到32%。到结果盛期和开始收获期，氮的吸收比例占36%，而钾的比例占50%，结果期磷的吸收量约占总吸收量的15%。生产1 000kg辣椒，需纯氮5.2kg，磷（P_2O_5）1.1kg，钾（K_2O）6.5kg，每667m^2生产$4\sim5$t辣椒，需纯氮$1.5\sim1.7$kg，磷（P_2O_5）$0.2\sim0.26$kg，钾（K_2O）$1.7\sim2.1$kg（姜黛珠，2003）。茄子的基肥施用方式和施用量同番茄，追肥需进行三次，在蹲苗结束门茄长到3cm长时，进行第1次追肥，每

$667m^2$ 施纯氮 5～6kg，钾（K_2O）6～8kg；第 3 层果落花坐果时，进行第 2 次追肥，每 $667m^2$ 追施纯氮 7～8kg，钾（K_2O）5～7kg。此后每 15d 左右进行 1 次追肥，施用量同第 2 次。辣椒的追肥在定植后 15～20d 即门椒坐果后开始，每开一次花追肥 1 次，共 6～7 次（郭冬花，2007）。

四、瓜类蔬菜

瓜类蔬菜的生长期可分为发芽期、幼苗期、开花期和结瓜期，是典型的营养生长和生殖生长并进的作物。瓜类蔬菜除黄瓜外，叶面积大、蒸腾系数高、根系发达，能耐一定的瘠薄，但是合理的施肥仍然是高产优质所必需的。黄瓜、苦瓜、丝瓜、冬瓜、南瓜、西葫芦等瓜类蔬菜，大多适于肥沃、深厚的沙壤或沙壤土上生长，同时各生育阶段对各种养分的需求均十分迫切。瓜类对营养元素的吸收规律以发芽期、幼苗期最少，抽蔓期开始增加，开花初期明显加大，果实生长期间吸收量达到最大。例如冬瓜发芽期对氮的吸收量占总吸收量的 0.01%，幼苗期占 0.07%，抽蔓期占 1.98%，开花初期占 7.97%，结果初期占 17.5%，结果中期占 21.6%，结果末期占 50.8%。也就是说，从开花初期至收获时要占全量的 98% 左右。南瓜在蔬菜中属需肥量大的作物，它的根系比黄瓜发达，对三要素的吸收量比黄瓜约高 1 倍。因此，根据它们不同的需肥特点，保证各时期的肥料供给，是实现瓜类蔬菜高产的关键。

1. 黄瓜　黄瓜对氮、磷、钾等营养元素的需求量大，生产 1 000kg 黄瓜，需纯氮 1.9～2.6kg，磷（P_2O_5）0.8～0.9kg，钾（K_2O）3.5～4.0kg（姜黛珠，2003；林岚，胡国学，姜雪峰等，2015）。每 $667m^2$ 产量为 4～5 t 黄瓜时，需纯氮 10.4～13kg，磷（P_2O_5）6～13.1kg，钾（K_2O）14～15kg。黄瓜根系体积较小、主要分布在 15～25 cm 的耕层内，属喜肥、耐肥、不耐盐作物，因此，不宜一次性施用大量化肥，应少吃多餐。黄瓜对氮的需肥规律是定植后 30d 内吸氮量呈直线上升趋势，结果始期达到吸肥高峰，占总吸收量的 61.9% 的氮、67.5% 的磷和 78.1% 的钾是在进入生殖生长期后吸收的（王文军，张辛未，刘枫等，1996）。可以说黄瓜的全生育期都吸收氮磷钾，在施肥上既要施足底肥，在结果期开始又要补足氮和钾。一般在每 $667m^2$ 施用腐熟有机肥料 3 000～5 000kg、过磷酸钙 30～40kg、硫酸钾 20～25kg 的基础上，在结瓜初期进行第一次追肥，盛瓜初期进行第二次追肥，每次每 $667m^2$ 施氮 3～4kg，钾（K_2O）4～6kg。在盛瓜期每次采收之后可结合灌水进行追肥。前三次追肥量相同，以后各次减半。在结瓜盛期还可以用 0.5% 尿素、0.3% 磷酸二氢钾、微量元素水溶液叶面喷施。

2. 苦瓜、丝瓜　苦瓜为一年生攀缘草本植物，根系发达，侧根多，耐肥而不耐瘠。丝瓜也是一年生攀缘草本植物，但根系分布浅，吸肥、耐肥力弱。每生产 1 000kg 丝瓜需从土壤中吸取氮 1.9～2.7kg、磷（P_2O_5）0.8～0.9kg、钾（K_2O）3.5～4.0kg。苦瓜和丝瓜都是典型的营养生长和生殖生长同步的作物，养分吸收与丝瓜生长速度关系密切。丝瓜定植后 30d 内吸氮量呈直线上升趋势，到生长中期吸氮最多。进入生殖生长期，对磷的需要量剧增，而对氮的需要量略减。结瓜期前植株各器官增重缓慢，营养物质的流向以根、叶为主，并给抽蔓和花芽分化发育提供养分。进入结瓜期后，植株的生长量显著增加，到结瓜盛期达到最大值。结瓜盛期内，丝瓜吸收的氮、磷、钾量分别占吸收总量的 50%、47% 和 48% 左右。到结瓜后期，生长速度减慢，养分吸收量减少，其中以氮、钾减少较为明显。所以要求施足基肥、早施苗肥、重施果肥。一般基肥为每 $667m^2$ 施3 000～5 000kg 腐熟优质有机肥，定植后每 $667m^2$ 追施优质腐熟粪尿肥 100～150kg 加水浇施，追施两次。结果盛期每次采摘后追肥 1 次，共追施 5～6 次，每次每 $667m^2$ 追施腐熟人粪尿 200～300kg，或 N、P_2O_5、K_2O 各 2～3kg。

3. 冬瓜 冬瓜喜肥沃和耕层深厚的土壤，需肥量大而耐肥性强，特别是在冬瓜生长盛期雨水多而不进行追肥的地区，施足底肥尤为重要，一般每 $667m^2$ 施腐熟有机肥3 000～4 000kg。当抽蔓结束，摘心定瓜之后，果实进入旺盛生长期，到果实收获前，可追肥 3～4 次，每次每 $667m^2$ 施氮素 4.0～6.0kg。肥料应在结瓜前期和中期施完，在冬瓜采收前 7～10d 停止浇水追肥，以利于提高果实的耐藏和运输性能。小果形冬瓜果实增大速度较快，在果柄弯曲下垂果实迅速膨大时，及时追肥灌水，施肥次数较大型果实品种减少 1～2 次。

4. 西葫芦 西葫芦根系发达，吸肥能力强，抗旱耐肥，每生产1 000kg 西葫芦，需吸收氮 3.9～4.8kg、磷（P_2O_5）2.1～2.3kg、钾（K_2O）4.8～5.5kg，三者比例约为 2∶1∶2，属于典型的喜钾作物。西葫芦前期植株生长缓慢，对养分吸收量较少；中期幼瓜生长旺盛，吸肥量开始增大，在生长后期，生长量和养分吸收量增加更为显著。因此，西葫芦生产应重施基肥，在每 $667m^2$ 施 4 000～5 000kg 有机肥的基础上，每 $667m^2$ 配施 10～12kgN、5～6kgP_2O_5、10～12kg K_2O。当第一根瓜坐住后，植株进入旺盛生长期，幼瓜开始迅速膨大，结合浇水每隔 10～15d 追肥 1 次，共 2～3 次，每次每 $667m^2$ 追氮 3kg、磷（P_2O_5）1kg、钾（K_2O）3kg，拉秧前 20d 停止追肥。

五、甘蓝类蔬菜

甘蓝类有结球甘蓝、球茎甘蓝、花椰菜和青花菜、芥蓝。甘蓝是喜肥耐肥作物，对土壤养分的吸收大于一般蔬菜。甘蓝类蔬菜一般吸收氮、钾、钙较多，磷较少，生产 1 000kg 结球甘蓝约需氮 3.0kg、磷（P_2O_5）1.0kg、钾（K_2O）4.0kg，比例为 3∶1∶4。甘蓝养分吸收在生长前半期，定植后 35d 前后（莲座期），对氮、磷、钙的吸收达到高峰，50d 前后（叶球形成期），对钾的吸收达高峰。结球期是养分吸收最大时期，此期吸收氮、磷、钾、钙可占全生育吸收总量的 80%（尹孝萍，2005）。因此，在每 $667m^2$ 施3 000～4 000kg 有机肥的基础上，每 $667m^2$ 配施尿素 10～15kg、过磷酸钙 30kg、硫酸钾或氯化钾 10～15kg，酸性、沙性土壤还应配施硼砂 1～1.5kg、硫酸镁 10～15kg，使其结球紧实，提高净菜率。甘蓝进入莲座期进行第 1 次追肥，每 $667m^2$ 施纯 N36kg，K_2O 3.3～5.5kg。进入结球期进行第 2 次追肥，每 $667m^2$ 施纯氮 3～6kg、钾（K_2O）3.3～5.5kg。

此外，甘蓝类蔬菜是典型的喜钙作物，往往因缺钙引起叶缘干枯的生理病害。甘蓝类蔬菜对缺硼缺钼敏感，缺硼时花椰菜叶柄溃裂或产生小叶，花茎中心开裂，花球出现褐色斑点并略带苦味，影响品质；缺钼会诱发鞭尾病。因此，在莲座期和叶球形成期应注意喷施氧化钙和复合微量元素肥料，起到防病、增产效果。

每生产1 000kg 甘蓝，需氮 2.0kg、磷（P_2O_5）0.7kg、钾（K_2O）2.2kg。每 $667m^2$ 产量为 3～5t 的甘蓝，需每 $667m^2$ 施氮 90～150kg，磷（P_2O_5）33～54kg，钾（K_2O）99～165kg。具体的施肥方法是：定植前每 $667m^2$ 施优质有机肥3 500～4 000kg，过磷酸钙40～60kg，硫酸钾 15～25kg。甘蓝进入莲座期进行第 1 次追肥，每 $667m^2$ 施纯氮 3～6kg，钾（K_2O）3.3～5.5kg。进入结球期进行第 2 次追肥，每 $667m^2$ 施纯氮5～6kg（郭冬花，2007）。

六、豆类蔬菜

栽培面积较大的豆类蔬菜有菜豆、豇豆、毛豆、豌豆、蚕豆、扁豆、刀豆、多花菜豆、架豆、四棱豆等。豆类蔬菜共同生物学特征是有发达的直根系，可深入土壤 $80\sim100$ cm，但虚根系不很发达，主要集中在 $15\sim2$ cm 土层内。因此，豆类蔬菜对土壤养分不很敏感，但需肥较高，尤其是对磷钾的吸收较多，每生产1 000 kg 豆角，需要纯氮 10.2kg，P_2O_5 4.4kg，K_2O 9.7kg。豆类蔬菜在播种后不久就开始花芽分化，进入发育时期，因此，养分供应既要满足营养生长，又要控制徒长影响花芽分化。豆类蔬菜生长初期以子叶中储存的营养为主，真叶展开后叶面积迅速扩大，光合能力增强，加上这类蔬菜的根瘤菌能固氮，所以在生长初期可以少施含氮多的肥料，以施有机肥为主，一般每 $667m^2$ 施用1 500kg 腐熟有机肥。结荚后结合浇水开始进行追肥，第 1 次每 $667m^2$ 追施氮 $3\sim5$kg、P_2O_5 $2\sim3$kg、K_2O $5\sim7$kg，以后每采收两次豆荚追肥一次，每 $667m^2$ 追施尿素 $5\sim10$kg、硫酸钾 $5\sim8$kg。豆类蔬菜对硼、铝、锌等微量元素的缺乏很敏感，可以在结荚初期喷施含硼、锰、锌的复合微量元素肥 $2\sim3$ 次，以提高结荚率、促进籽粒饱满和提高产量。

七、葱蒜类蔬菜

葱蒜类蔬菜种类较多，养分需求差异大，总的来讲，这类蔬菜施肥应以氮肥为主，配合磷、钾肥。

1. 大葱　大葱是需氮和需钾较高的喜肥作物，每生产1 000kg 大葱，约需吸收纯氮 $2.7\sim3.4$kg，磷（P_2O_5）$0.5\sim1.8$kg，钾（K_2O）$3.3\sim6.0$kg，吸收总量以钾最多，氮次之，磷最少，氮、磷、钾的吸收比例为 2.5：1：3.3。大葱生长期长，从发芽到第一片真叶出现为幼苗期，一般在 $40\sim50$d，这期间需肥量少，养分供应过多会导致幼苗徒长，过早抽薹。从第二年返青到幼苗结束，大约 $80\sim100$d 的时间也需要控制养分供给。到天气转凉，昼夜温差加大，葱白开始生长，进入大葱快速生长期，此时也是施肥的关键时期。因此，大葱苗床施肥以基肥为主，每 $667m^2$ 2 000kg 有机肥和 20kg 过磷酸钙一起翻入土中。移栽田每 $667m^2$ 施3 000~4 000kg 有机肥，结合耙地，施入磷（P_2O_5）$9\sim13.5$kg，钾（K_2O）$10\sim15$kg。8 月上旬缓苗结束后，追施尿素 10kg，8 月下旬进入发叶盛期，追施尿素 15kg、硫酸钾 15kg。9 月上旬至 10 月上旬，每 $667m^2$ 随培土追施 $10\sim15$kg 尿素和 15kg 硫酸钾。

2. 洋葱　洋葱为喜肥作物，但洋葱根系浅，吸肥能力弱，对土壤溶液浓度要求较高，适于种植在肥沃、疏松、保水保肥力强的中性土壤上。一般每生产1 000kg 洋葱，需要吸收氮 $1.9\sim2.2$kg，磷（P_2O_5）$0.6\sim0.9$kg，钾（K_2O）$3.2\sim3.6$kg。洋葱在幼苗期生长缓慢，吸收养分不多，特别是越冬幼苗，必须严格控制肥水，以防生长过旺造成未熟抽薹。在定植田，应施足底肥，每 $667m^2$ 施有机肥1 500~2 500kg，氮 $4\sim5$kg，并配合适量钾肥。越冬前定植的洋葱在 3 月返青后，结合浇返青水，每 $667m^2$ 菜田施腐熟粪水1 000kg 左右，或 N2kg 左右。鳞茎开始膨大期是追肥的关键时期，对养分的吸收以钾最多，其次是氮、钙、磷。每 $667m^2$ 可追施硫酸铵 $10\sim15$kg、硫酸钾 $5.0\sim7.5$kg，或腐熟粪尿1 000~2 000kg，追施 $1\sim2$ 次。此后根据田间生长情况酌情追肥，以满足鳞茎持续膨大的需要。洋葱对缺锰和缺硼敏感，缺锰易引起洋葱植株倒伏，缺硼易引起洋葱鳞茎不紧实而发生心腐病。因此，在鳞茎膨大期，应喷施微量元素肥料，防止倒伏和心腐病。

3. 韭菜　生产1 000kg韭菜需纯氮3.7kg，P_2O_5 0.8kg，K_2O 3.1kg，每667m² 产量5 t，每667m² 需纯氮18.5kg，P_2O_5 4kg，K_2O 15.5kg。具体的施肥方法是：定植前每667m² 施腐熟有机肥4～5 t，过磷酸钙30kg，硫酸钾20kg。定植后10d，新根已发生，可结合浇水进行第1次施肥，每667m² 施N和K_2O各3kg。以后在每次收获后新芽长至3 cm高时，都要进行追肥，每次每667m² 追施氮和K_2O各3kg（郭冬花，2007）。

4. 大蒜　大蒜根系分布浅、根毛少，养分吸收能力弱，大蒜又是喜肥作物，每生产1 000kg大蒜需吸收纯氮4.5～5.0kg，P_2O_5 1.1～1.3kg、K_2O 4.4～4.7kg，吸收比例为5.3～8.9∶1∶2.6～5.0，大蒜对硫的吸收量几乎与钾相同。在施肥上应注意硫肥施用，防止叶片因缺硫而发黄、缺少辛辣味。大蒜对N、P、K、S的绝对吸收量和在整个生育期中占的比例均以花茎伸长期最大，72.1％的N，56.8％的P，68.3％的K和58.3％的S均在此生育期内吸收，其对干物质形成的影响也最大，幼苗期次之，鳞茎膨大期最小（樊治成，郭洪芸，张曙东等，2005）。在每667m² 经济产量水平为1 000～1 500kg时，每667m² 需施用4 500～5 000kg厩肥、30kg硫酸铵、30～45kg过磷酸钙和15～20kg硫酸钾做基肥。越冬大蒜在第二年返青后进行第一次追肥，每667m² 追施硫酸铵10～15kg。进入抽薹期进行第二次追施，每667m² 可追施硫酸铵15kg、硫酸钾10kg。蒜薹采收后结合灌水，再追施一次硫酸铵，每667m² 15kg，促进蒜头的增重。

八、根菜类蔬菜

萝卜、胡萝卜、芜菁是最常见的根菜类蔬菜，它们的经济部位是肥大的肉质根。萝卜是喜钾作物，每生产1 000kg萝卜，需从土壤中吸收氮2.1～3.1kg，P_2O_5 0.8～1.9kg、K_2O 3.8～5.6kg，三者比例为1∶0.5∶1.8（张丁娜.2004）。萝卜在不同生育期对氮磷钾吸收量的差别很大，一般幼苗期吸氮量较多，磷钾的吸收量较少，进入肉质根膨大前期，植株对钾的吸收量显著增加，其次为氮和磷。到了肉质根膨大盛期（露肩期）是养分吸收高峰期，也是形成有效产量的时期。此期吸收的氮、磷、钾占全生育期吸收总量的80％，且吸收的养分有3/4都是用于肉质根的生长，特别是钾的吸收量继续显著增长，主要贮存于根中，一直持续到收获之时。此外，根类蔬菜对钙和镁的吸收量也很大，因此，磷肥以过磷酸钙为好。

施足基肥是萝卜丰产的主要措施。每667m² 施用腐熟有机肥2 000～3 000kg（商品有机肥350kg），配施30～40kg过磷酸钙和适量的氮、钾化肥。追肥分3次，第一次在幼苗长出2～3片真叶时轻施，每667m² 施氮1.5kg，开沟条施或穴施。15d后（莲座期）进行第二次追施，每667m² 追氮素2.5kg，K_2O 2～2.5kg。第二次追肥后15d（肉质根生长盛期）进行第三次追施，以钾肥为主，配施少量氮肥，每667m² 施K_2O 5kg，氮2.5kg（张贵生，张小康，熊秋芳等，2011）。

胡萝卜对氮、磷、钾的吸收比例与萝卜相似，但需要量大于萝卜，每生产1 000kg胡萝卜，需氮2.4～4.3kg，P_2O_5 0.7～1.7kg，K_2O 5.7～11.7kg。胡萝卜对氮的要求以前期为主，对磷的吸收较少，约为吸氮量的1/3。由于单产低于萝卜，因此，总的施肥量低于萝卜。一般基肥每667m² 施腐熟厩肥2 000～2 500kg，过磷酸钙15～20kg，草木灰100～150kg。如果仅用化肥，每667m² 可用硫酸铵20kg，过磷酸钙30～40kg，硫酸钾30～35kg。

九、薯芋类蔬菜

这类蔬菜有生姜、芋头、马铃薯、山药等。薯芋类蔬菜也是典型的喜钾作物,每生产1 000kg 马铃薯,需吸收氮 4.66kg、P_2O_5 1.15kg、K_2O 6.71kg,吸收比例为 $1:0.3:1.3$。不同薯芋类蔬菜养分需求及比例以及吸收特点差异很大,以下分别叙述。

1. 生姜　生姜植株大但根系体积小,因此喜肥耐肥。由于生长期长,养分在茎叶中的分布多,对养分的吸收量大且吸收时期长。每生产1 000kg 鲜姜需要吸收 N6.34kg、P_2O_5 0.75kg、K_2O 9.27kg,氮磷钾养分吸收比例为 $3.5:1:5.5$。生姜苗期对氮磷钾的需求都不高,对养分的需求主要在中后期,即立秋后植株生长加快,白露到秋分是生长的旺盛时期,也是养分吸收的关键期和最大期。生姜施肥要特别重视追肥,来满足后期生长养分需求。基肥以有机肥为主,可每 $667m^2$ 施用饼肥 $80\sim100kg$,配合尿素 7kg、过磷酸钙 25kg 和硫酸钾 25kg。追肥分 3 次进行,第一次在植株出现两个分叉时,每 $667m^2$ 追施尿素 7kg,以促进幼苗生长。第二次在立秋后生姜进入旺盛生长期时进行,可每 $667m^2$ 施 80kg 饼肥和尿素 7kg。当生姜出现 $6\sim8$ 个分枝时进入根茎膨大期,可根据叶色判断生长状况,酌情决定是否进行第三次追肥,以防止营养生长过旺,影响经济产量。

2. 芋头　芋头生长期长、产量高,对养分的需求大,氮、磷、钾比例为 $1.2:1:2$,每生产1 000kg 芋头需要氮 4.25kg、P_2O_5 1.44kg、K_2O 7.63kg。芋头的根系在生长初期体积小、吸肥能力差,随着生物量的增加,根系体积加大,对养分的吸收也明显增加。一般基肥每 $667m^2$ 施用 $3\,000\sim4\,000kg$ 有机肥,或者 $1\,000\sim1\,500kg$ 有机肥,配合过磷酸钙 20kg、硫酸钾 20kg 或草木灰 100kg。芋头生长期长,一般需追肥 $4\sim5$ 次。第一次追施在 4 叶期进行,随灌溉每 $667m^2$ 施用 $5\sim10kg$ 尿素;第二次和第三次分别在种芋开始分蘖和新球茎开始膨大时进行,每次每 $667m^2$ 用尿素 $3\sim4kg$ 兑水成 200 倍液,开沟施于根旁。子芋生长初期和生长盛期应结合培土进行第 4、5 次追施,每次每 $667m^2$ 追施氮 $7\sim8kg$(陈永兴,2011)。

第三节　蔬菜专用复混肥料配方制订

合理施肥是蔬菜作物高产高效的重要保证,配方施肥、使用专用肥是达到这一目的的有效手段。与禾谷类作物相比较,蔬菜作物吸收养分的特点有 3 个:一是 N、P、K 以及 Ca、Fe、S、Na 的含量均较高,N、P、K、Ca、Mg 平均吸收量比小麦高 4.4、0.2、1.9、4.3 和 0.5 倍,因此,单位面积施肥水平比粮食作物高;二是蔬菜生育期较短,特别是绿叶菜,需肥强度大,但大多数蔬菜作物根系入土浅、须根少,又不耐盐,因此依赖有机肥,一般每 $667m^2$ 施用有机肥 $3\,000\sim4\,000kg$,甚至更高。三是蔬菜作物是喜硝态氮的植物,在栽培介质中存在硝态氮和铵态氮时,蔬菜倾向于吸收硝态氮,而铵态氮过多时,对各种蔬菜生长有一定的抑制作用。蔬菜施肥必须考虑土壤养分、有机肥和化肥 3 个养分供应来源,既充分发挥土壤和有机肥的养分,也要按照蔬菜生长时间段、养分吸收速度和强度大的特点,提供速效的养分供给。蔬菜专用肥的生产也要从种植蔬菜的土壤肥力状况、蔬菜需肥特点以及产量水平,经综合考虑而提出。蔬菜营养配方就是在通过土壤测试,了解土壤供肥性能,根据不同作物品种目标产量所需养分量、不同肥料的养分效率,制订合理的肥料施用量和施用方案,实行无机与有机、氮肥与磷、钾肥平衡施用的一种科学施肥方法。

一、蔬菜肥料配方的原理和依据

自 19 世纪发现了作物必需的 16 种营养元素后，养分归还学说、最小养分率、报酬递减率和因子综合作用率成为指导作物施肥的理论依据。16 种营养元素中，除了 C、H 和 O 作物可以从空气、水和土壤中得到充分供给外，其他 13 种养分都不同程度地需要人为添加才能满足生长需要。N、P、K 不仅是作物的结构性物质组成成分，还是许多生理过程的活性物质，作物对 N、P、K 不仅必需而且需要量大，在作物体内的含量超过 1%，因此被称为作物营养的三要素。N、P、K 养分的充分有效供给依赖于施肥和通过施肥对土壤的培肥。19 世纪德国化学家李比希提出了养分归还学说和最小养分率，即作物从土壤中带走养分，使土壤中的养分越来越少，需要人为地归还作物带走的养分才能保证土壤肥力。植物的生长发育需要各种养分，决定植物产量的是土壤中那个相对含量最小的养分。以木制水桶加以图解，贮水桶是由多个木板组成，每一个木板代表着作物生长发育所需的一种养分，当由一个木板（养分）比较低时，那么其贮水量（产量）也只有贮到最低木板的刻度。

工业革命特别是大规模氮肥的工业化生产带来氮素的投入。随着肥料投入量的增加，农学家发现，肥料的投入产出也符合经济学的报酬递减率，既在其他技术条件（如灌溉、品种、耕作等）相对稳定的前提下，随着施肥量的逐渐增加，作物产量也随之增加。当施肥量超过一定限度后，再增加施肥量，不但不会继续增产，相反还会造成农作物减产。因此，养分的投入是有一定限制的，超出最大养分回报的施肥量，不仅不会继续增加作物产量，反而会抑制作物生长、降低施肥效益。作物对各种养分的供应有一个最佳比例，也就是吸收比例，在各种养分供应比例平衡时，养分对作物的增产增收有加合效应。相反，不平衡的养分供应会降低单个养分的效益，甚至产生拮抗作用，例如磷与锌、钙与铁的拮抗是经常观察到的。在制订作物养分配方时，要依据这四个原理进行，既通过施肥补充作物带走的养分，特别要根据作物随养分的吸收比例，补足土壤中限制作物生长的营养元素的量。施肥数量要根据作物的目标产量来确定，该产量一般受制于蔬菜种植地区土壤特性和气候条件，不能无节制地增加肥料的投入量。

二、蔬菜施肥量计算方法

蔬菜专用肥配方设计与大田作物配方施肥的原理是一致的，基础施肥量可用下式计算。

$$施肥量 = \frac{作物携出养分量 - 土壤可提供养分量}{肥料中养分含量 \times 所施肥料养分利用率}$$

在我国 20 世纪 80 年代的测土施肥实践中，对作物养分的确定方法有多种，如地力分区（级）配方法，目标产量配方法，养分平衡法，地力差减法，肥料效应函数法，多因子、多水平田间试验法，养分丰缺指标法，氮、磷、钾比例法等。这些方法为了解作物在不同土壤供肥能力下化肥的投入量提供了宝贵的资料。化肥施用量涉及目标产量、作物需肥量、土壤供肥量、肥料利用率和肥料中有效含量 5 大参数。

1. 目标产量　目标产量要根据过去连续 3 年当地该蔬菜的平均产量，陆地栽培按年增产 10%、大棚栽培按年增产 15% 来确定。

2. 作物氮磷钾素需要量　作物对氮磷钾养分的需要当量一般表述为生产 1 000kg 蔬菜需

要吸收的营养元素数量，这些数据在教科书和互联网上都可以查到，表 11-3-1 为一些蔬菜的测定结果。

表 11-3-1 生产 1 000kg 不同蔬菜需肥量（kg）

地点	蔬菜类型	氮磷钾比例	氮	磷	钾
湖北	白菜类	1∶0.5∶1.7	0.8～2.6	0.8～1.2	3.2～3.7
天津	白菜类	1∶0.35∶2.13	2.48	0.86	5.29
天津	白菜	1∶0.51∶1.25	—	—	—
北京	大白菜	1∶0.46∶1.80	1.90	0.87	3.42
北京	小白菜	1∶0.58∶2.42	1.61	0.94	3.91
北京	油菜	1∶0.12∶0.75	2.76	0.33	2.06
北京	甘蓝	1∶0.33∶0.75	2.99	0.99	2.23
天津	甘蓝	1∶0.36∶1.09	—	—	—
湖北	甘蓝类	1∶0.3∶0.7	13.4	3.39	9.59
河南	花椰菜	1∶0.3∶0.7	13.4	3.39	9.59
北京	菜花	1∶0.19∶0.45	10.87	2.09	4.91
北京	莴笋	1∶0.34∶1.53	2.08	0.71	3.18
北京	香菜	1∶0.38∶1.05	3.64	1.39	3.84
湖北	绿叶菜类	1∶0.5∶1.4	2.55	1.36	3.67
河北	芹菜	1∶0.45∶1.45	2.0	0.93	3.88
陕西	芹菜	1∶0.2∶1.7	—	—	—
北京	芹菜	1∶0.47∶1.94	2.00	0.93	3.88
陕西	菠菜	1∶0.2∶1.6	—	—	—
陕西	菠菜	1∶0.29∶1.51	2.1～3.5	0.6～1.1	3.0～5.3
上海	菠菜	1∶0.5∶1.25	—	—	—
北京	菠菜	1∶0.35∶2.20	2.48	0.86	5.29
上海	结球叶菜	1∶0.3∶1.2	—	—	—
湖北	茄果类	1∶0.5∶1.5	3.18	0.74	4.38
河北	番茄	1∶0.3∶1.13	3.9	1.2	4.4
河北	番茄	1∶0.22∶1.61	3.1	0.7	5.0
辽宁	番茄	1∶0.2∶1.7	1.4～3.0	0.3～0.5	2.4～5.4
北京	番茄	1∶0.27∶1.10	3.54	0.95	3.89
河南	番茄	1∶0.5∶1.5	3.18	0.74	4.38
安徽	番茄	1∶0.37∶0.82	1.77	0.65	1.46
天津	番茄	1∶0.30∶1.15	—	—	—
河北	辣椒	1∶0.21∶1.25	5.2	1.1	6.5
安徽	辣椒	1∶0.31∶1.27	4.55	1.42	5.77
北京	甜椒	1∶0.21∶1.24	5.19	1.07	6.46

（续）

地点	蔬菜类型	氮磷钾比例	氮	磷	钾
陕西	茄子	1∶0.22∶1.58	3.1	0.7	4.9
安徽	茄子	1∶0.24∶0.64	4.77	1.14	3.05
北京	茄子	1∶0.29∶1.39	3.24	0.94	4.49
湖北	瓜类	1∶0.56∶1.34	4.1	2.3	5.5
河北	黄瓜	1∶0.58∶1.35	2.6	1.5	3.5
吉林	黄瓜	1∶0.22∶1.65	2~4	0.3~0.9	3.3~5.5
辽宁	黄瓜	1∶0.5∶1.25	1.9~2.7	0.8~0.9	3.5~4.0
河南	黄瓜	1∶0.6∶1.3	4.1	2.3	5.5
北京	黄瓜	1∶0.48∶1.27	2.73	1.30	3.47
北京	冬瓜	1∶0.37∶1.59	1.36	0.50	2.16
北京	丝瓜	1∶0.32∶1.10	4.1	1.3	4.5
北京	甜瓜	1∶0.54∶1.34	4.1	2.2	5.5
北京	苦瓜	1∶0.33∶1.21	5.28	1.76	6.39
北京	西葫芦	1∶0.41∶0.75	5.47	2.22	4.09
湖北	西葫芦	1∶0.54∶1.87	3.9	2.1	7.3
湖北	葱蒜类	1∶0.3∶0.9	4.5~5.0	1.1~1.3	4.4~4.7
北京	洋葱	1∶0.30∶1.73	2.37	0.70	4.10
北京	大葱	1∶0.35∶0.58	1.84	0.64	1.06
北京	蒜	1∶0.26∶0.35	5.06	1.34	1.79
河北	韭菜	1∶0.27∶1.03	3.7	0.8	3.1
北京	韭菜	1∶0.23∶0.85	3.69	0.85	3.13
湖北	根菜类	1∶0.5∶1.8	2.1~3.1	0.8~1.9	3.8~5.6
天津	萝卜	1∶0.33∶1.43	—	—	—
北京	水萝卜	1∶0.62∶1.88	3.09	1.91	5.80
北京	小萝卜	1∶0.12∶1.37	2.16	0.26	2.95
北京	胡萝卜	1∶0.31∶2.34	2.43	0.75	5.68
湖北	马铃薯	1∶0.3∶1.3	4.66	1.15	6.71
湖北	油豆	1∶0.24∶0.78	9.0	2.2	7.0
湖北	豆角	1∶0.24∶0.78	9.0	2.2	7.0
北京	菜架豆	1∶0.67∶1.76	3.37	2.26	5.93
北京	豇豆	1∶0.54∶1.88	4.65	2.53	8.75

实际上，不同蔬菜品种和不同土壤养分状况、不同施肥水平下每生产1 000kg经济产量所吸收的氮、磷、钾数量和比例不是一成不变的。从蔬菜作物的植物学特征来讲，营养生长期对氮的需要量大且敏感，花芽分化和果实、种子的形成对磷的供应敏感，果实糖分的积累和茎秆的粗壮有赖于钾的充足供应，作物对土壤养分的选择性主动吸收，决定着蔬菜中氮、

磷、钾的吸收比例是基本稳定的。肥料特别是化学肥料一般为水溶性速效养分，肥料的使用会在短期内增加土壤溶液中的离子强度，被动地促进作物吸收更多的养分。近年来连续的高施肥量也影响着作物"千公斤"产量吸收的氮、磷、钾量。比如近期报道的每 1 000kg 经济产量，白菜类蔬菜对氮、磷、钾的吸收量为氮 0.8～2.6kg、P_2O_5 0.8～1.2kg、K_2O 3.2～3.7kg，吸收比例为 1：0.5：1.7，绿叶菜类为氮 2.55kg、P_2O_5 1.36kg、K_2O 3.67kg，吸收比例为 1：0.5：1.4，茄果类蔬菜为氮 3.18kg、P_2O_5 0.74kg、K_2O4.38kg，吸收比例为 1：0.5：1.5，黄瓜为氮 4.1kg、$P_2O_5$2.3kg、K_2O5.5kg，吸收比例为 1：0.6：1.3，甘蓝类蔬菜中菜花对氮、磷、钾的吸收量是蔬菜中最高的，1 000kg 产量吸收量为氮 13.4kg、P_2O_5 3.39kg、K_2O9.59kg，吸收比例为 1：0.3：0.7；大蒜为氮 4.5～5.0kg、P_2O_5 1.1～1.3kg、K_2O 4.4～4.7kg，吸收比例为 1：0.3：0.9；萝卜为氮 2.1～3.1kg、P_2O_5 0.8～1.9kg、K_2O3.8～5.6kg，吸收比例为 1：0.5：1.8。因此，确定蔬菜形成"千公斤"经济产量所需要吸收的氮磷钾养分数量和比例，还应该对当地的蔬菜进行分析，不可盲目地使用文献报道的数据。

3. 目标产量需肥量 一般以前 3 年平均产量、年递增 5%～10% 定为目标产量。某种商品菜的目标产量需要氮、磷、钾量可根据该蔬菜形成 1 000kg 产量所需的氮、磷、钾养分当量，换算成目标产量的纯养分需要量。肥料生产厂家可根据全国平均产量进行产量估算，比平均产量低 20% 为低产量，高 20% 为高产量。我国 2010 年主要蔬菜平均产量见表 11-3-2。

表 11-3-2　我国主要蔬菜 2010 年播种面积和产量

资料来源：《中国农业年鉴 2011》，304 页

蔬菜	播种面积（万 hm^2）	产量（kg/hm^2）	蔬菜	播种面积（万 hm^2）	产量（kg/hm^2）
菠菜	66.20	28 005	茄子	74.93	36 132
芹菜	59.71	37 090	番茄	95.68	50 059
大白菜	245.17	42 412	大葱	54.39	38 018
油菜	58.74	25 318	蒜	77.86	23 173
黄瓜	106.44	44 038	四季豆	59.83	26 148
白萝卜	118.78	34 140	菜豇豆	39.95	25 507
胡萝卜	44.10	35 958	莲藕	25.40	30 205

4. 土壤养分供应量 土壤养分供应量是指不施某种养分时，作物从土壤中吸收该养分的量。土壤养分供应量可以通过不施某种养分条件下形成的生物产量乘以该处理作物的养分含量获得，也可以采用土壤有效养分校正系数进行估算。通过空白试验中作物的吸收量来计算土壤养分供应量，避免了每季测定土壤养分的麻烦，但空白田产量是产量诸因素的综合反映，不能准确反映土壤中不同营养元素的丰缺情况对产量的影响，特别是在土壤缺乏某种养分时，按照产量计算的施肥量不一定是作物的最大要求量。土壤肥力愈高，作物从土壤中吸收的养分越多，按目标产量计算的肥料用量也就越少，有可能得到的施肥量不足以弥补作物从土壤带走的养分，从而影响作物的生产效率。进行空白试验耗时较长，需要提前进行实验，少量空白试验不能满足大面积区域配肥的需要。目前肥料配方多采用土壤养分校正系数法来校正不同土壤养分水平下的化肥养分供应量。

土壤养分对作物的有效性与土壤有效养分和有机质的含量密切相关。土壤有效养分的丰

缺一般以作物收获后土壤中碱解氮、0.5mol NaHCO₃浸提的有效磷和0.1mol NH₄AC浸提的有效钾的测定结果来判别。但是速效养分只是代表土壤可供养分的高低，不代表所有的速效养分都可以供给作物吸收。因此，土壤养分的供应能力还要考虑其丰缺状况，校正土壤养分的"真实供肥量"。土壤养分校正系数估算方法如下。

$$校正系数=\frac{缺素区作物地上部分吸收该元素量[每667m^2吸收量(kg)]}{该元素土壤测定值(mg/kg)\times 0.15}\times 100\%$$

由于土壤的缓冲作用，土壤养分的供应也处在一个动态平衡中，即离子态速效养分含量丰富时，离子态养分趋于向分子状态既缓效化转移，离子态速效养分缺乏时，呈非溶解状态或吸附态的缓效养分趋向于向离子态转化。因此，在实际应用中，一般以土壤养分中量水平的校正系数作为1，丰富和缺乏水平适当减少或增加化肥养分的供应量。土壤养分丰缺指标和供肥量校正系数见表11-3-3。例如贵州在进行蔬菜配方时，根据土壤碱解氮、有效磷和有效钾的水平由丰富到缺乏，化肥养分的供应量分别乘以0.3、0.8和1.0来校正实际养分配比数量（赵泽英，彭志良，李莉婕，2008）。

表 11-3-3　土壤养分丰缺指标与土壤养分校正系数

养分等级	丰缺状况	碱解氮 (mg/kg)	有效磷 (mg/kg)	速效钾 (mg/kg)	养分施用量 调整系数
一	极丰富	>200	>120	>200	0.8
二	丰富	150~200	90~120	120~200	0.9
三	中量	100~150	60~90	80~120	1.0
四	缺乏	50~100	30~60	40~80	1.1
五	严重缺乏	<50	<30	<40	1.2

此外，蔬菜作物的生长季节多样，既有绿叶菜这样生长期短、生长迅速、没有明显收获期的，以穿插利用茬口为目的的种植，也有两年生需要越冬的蔬菜。同一种蔬菜，有早春播种的品种也有秋播品种。

由于蔬菜生长的季节不同，土壤养分供给量也有所变化。一般早茬蔬菜处于气温由低到高的生长季节，前期土壤微生物活性低，土壤和肥料中养分的有效性受到限制，需适当增肥促长；秋茬处于气温由高到低的生长季节，前期生长快，应适当减肥控旺。因此，在施肥时还要根据养分的有效性对施肥量进行校正。比如早春栽培计算的氮磷钾施肥量应除以0.7、秋茬栽培的应除以1.2（唐国昌，1997）。

肥料养分含量，化肥、商品有机肥料含量按其标明的有效含量计，不明养分含量的有机肥料，可参照当地同类型有机肥料养分平均值获取。蔬菜施肥不同于大田作物施肥，因为有机肥的施用不可或缺，对有机肥的腐熟程度要求也很高，因此，有机肥所含的养分一般有效性较高，含量也很大，在设计实际施肥量时必须加以考虑。一般有机肥的养分含量见表11-3-4。

有机肥不仅种类多，有机肥料养分利用率也比较复杂，一般腐熟人粪尿及鸡粪的氮磷钾利用率为20%~40%，腐熟猪粪氮磷钾利用率为15%~30%。在计算化肥施肥量时，一般根据有机肥的养分含量和利用率来计算有机肥提供的养分量，在化肥使用量中扣除有机肥的养分量，作为化肥的实际需要量。

表 11-3-4　常见有机肥的氮磷钾养分含量和当季利用率

有机肥	养分含量（%）			当季利用率（%）		
	N	P_2O_5	K_2O	N	P_2O_5	K_2O
人粪尿	0.5～0.8	0.2～0.4	0.2～0.3	55	25～30	60
牛粪	0.32	0.25	0.16	25	20～30	50～60
牛厩肥	0.34	0.16	0.40	15～25	15～25	60
猪粪	0.56	0.4	0.44	10～14	5～10	50～60
猪厩肥	0.56	0.19	0.60	20～30	20～40	55～70
羊粪	0.56	0.47	0.23	20～25	15～20	50～60
羊圈肥	0.83	0.23	0.67	15～25	15～20	60
马厩肥	0.58	0.28	0.53	20～30	20	55
肉鸡粪	3.64	2.14	2.41	20	30～40	50～70
蛋鸡粪	2.34	0.93	1.61	20	30～40	50～70
鸭粪	1.66	0.88	1.37	20	30～40	50～70
沤肥	0.32	0.06	0.29	8～10	10～15	40～50
一般堆肥	0.35	0.18	0.96	10～20	10～20	50～55
高温堆肥	0.66	0.24	1.21	10～20		
玉米秸秆堆肥	1.16	0.36	0.72			
饼肥类	4.52	0.77	1.08			
紫云英	0.38	0.11	0.35	25～30	15～20	50～60

资料来源：《中国有机肥料养分数据集》，全国农业推广服务中心编著，中国农业科学技术出版社。

5. 当季肥料利用率　当季肥料利用率是指肥料施入土壤后，作物当季吸收利用的养分量占所施养分总量的百分数。它是一个变数，因土壤肥力状况、气象条件、耕作方式、施肥量等变化而变化。肥料利用率一般通过差减法来计算，利用施肥区农作物吸收的养分量减去不施肥区农作物吸收的养分量，其差值视为肥料供应的养分量，再除以所用肥料养分量就是肥料利用率，计算公式如下。

$$肥料利用率 = \frac{施肥区作物吸收养分量 - 空白区作物吸收养分量}{肥料施用量 \times 肥料中的养分含量} \times 100\%$$

经过多年多点测定，当季作物肥料利用率大致为氮肥 30%～45%，磷肥 5%～30%，钾肥 50%～60%。

计算出以上 5 大参数的大小，便可以按照以下公式计算出目标产量下氮、磷、钾肥料的养分需求量：

$$养分需求量（kg）= \frac{\dfrac{作物单位产量}{养分吸收量} \times 目标产量 - \dfrac{土壤测试值 \times 0.15 \times}{有效养分校下系数}}{肥料养分含量 \times 肥料利用率}$$

蔬菜养分吸收量的多少与其吸收土壤和肥料中的养分数量直接相关，反过来，土壤和肥料对蔬菜的养分供应强度也影响着蔬菜养分吸收和形成 1 000kg 经济产量吸收养分的数量。蔬菜的养分吸收存在奢侈吸收的现象，既养分供应强度高，作物会被动地吸收超过需要量的养分。近年来，由于蔬菜生产中施肥量越来越高，蔬菜中的养分浓度测定结果也远高于早期的结果。比如，番茄形成 1 000kg 经济产量，20 世纪 80 年代北京的测定结果是吸收 N：P_2O_5：K_2O 分别为 3.18：0.74：4.38kg，90 年代吉林的结果是 3.1：0.7：5.0kg，2005 年的报道是 3.9：1.2：4.4kg，氮和钾的吸收量变化不大，磷的吸收增加了近 60%，这与土壤中有效磷水平的迅速提高密不可分。1 000kg 经济产量吸收氮、磷、钾数量和比例差异的原因与品种、种植季节有关，更与土壤速效养分含量和施肥量有关。在利用 1 000kg 经济产量的养分吸收量计算目标产量所需的养分数量时，最好取在有效磷含量丰富的土壤上种植的植株样品，以免因缺磷土壤供磷不足导致作物磷吸收量过低，不能充分利用肥料中的氮和钾，或者土壤有效磷含量很丰富，作物因奢侈吸收而导致磷含量高，设计的肥料中高磷供给影响蔬菜对钙、镁、硼、锌等中微量元素的吸收。

第四节　主要蔬菜营养配方

蔬菜属于喜肥作物，但由于根系分布浅、根毛少，养分既要满足稳定供应，又要保证在快速生长期和养分吸收最大效应期供应强度，因此，施肥有不同于大田作物的特点，有机肥施用量大且不可替代；养分供应必需"少量多次"，需通过追肥次数来满足；蔬菜大多对中、微量元素需求量大，比如甘蓝类蔬菜对钙的吸收、葱姜类蔬菜对硫的需求均与钾的吸收相当。这几个特点都需在蔬菜专用肥料配方中有所体现。由于许多肥料中既含有大量元素，又含有中量元素，如硫酸铵、硫酸钾中既含有氮、钾，也含有硫，过磷酸钙中既有磷，又含有比磷更高的钙、镁和硅，因此，在蔬菜实际生产中，应经常采用这些含有中微量元素的肥料，而较少采用浓度高的纯氮磷钾肥料，这一特点在第二节中已有体现。本章主要介绍蔬菜在不同肥力土壤、不同有机肥施用水平以及不同产量水平下氮磷钾的供应比例，并按照蔬菜的养分需求特征将这些养分分为基肥和追肥两类，为蔬菜专用基肥和追肥的生产提供一些基础。表中养分需求量为空白时，代表在该土壤、有机肥和产量水平下，不需要额外提供该养分，几种常见蔬菜专用肥配方见表 11-4-1 至表 11-4-18。

表 11-4-1　花椰菜专用肥配方

土壤养分分级	产量（kg/hm²）	有机肥（t/hm²）	总养分需求量（kg/hm²）			基肥用量（kg/hm²）			追肥用量（kg/hm²）		
			N	P_2O_5	K_2O	N	P_2O_5	K_2O	N	P_2O_5	K_2O
缺乏	35 000	75	427.8	88.6	63.1	85.6	88.6	12.6	342.3		50.5
		45	443.6	95.4	149.5	88.7	95.4	29.9	354.9		119.6
	64 800	75	825.6	178.4	300.8	165.1	178.4	60.2	660.5		240.6
		45	841.4	185.2	387.2	168.3	185.2	77.4	673.1		309.7
	72 000	75	921.7	200.1	358.2	184.3	200.1	71.6	737.4		286.6
		45	937.5	206.9	444.6	87.5	206.9	88.9	750.0		355.7
中等	35 000	75	385.4	79.0	37.8	77.1	79.0	7.6	308.3		30.2
		45	401.1	85.8	124.2	80.2	85.8	24.8	320.9		99.3
	64 800	75	784.5	160.7	253.8	156.9	160.7	50.8	627.6		203.0
		45	762.7	167.4	340.2	152.5	167.4	68.0	610.2		272.2
	72 000	75	834.3	180.4	306.0	166.9	180.4	61.2	667.5		244.8
		45	850.1	187.2	392.4	170.0	187.2	78.5	680.1		313.9

（续）

土壤养分分级	产量（kg/hm²）	有机肥（t/hm²）	总养分需求量（kg/hm²）			基肥用量（kg/hm²）			追肥用量（kg/hm²）		
			N	P₂O₅	K₂O	N	P₂O₅	K₂O	N	P₂O₅	K₂O
丰富	35 000	75	342.9	69.4	12.4	68.6	69.4	2.5	274.3		9.9
		45	358.6	76.2	98.8	71.7	76.2	19.8	286.9		79.0
	64 800	75	668.3	142.9	206.8	133.7	142.9	41.4	534.7		165.5
		45	684.1	149.7	293.2	136.8	149.7	58.6	547.3		234.6
	72 000	75	747.0	160.7	253.8	149.4	160.7	50.8	597.6		203.0
		45	762.7	167.4	340.2	152.5	167.4	68.0	610.2		272.2
很丰富	35 000	75	300.4	59.8		60.1	59.8		240.3		
		45	316.2	66.6	73.4	63.2	66.6	14.7	252.9		58.7
	64 800	75	589.7	125.2	159.8	117.9	125.2	32.0	471.8		127.9
		45	605.5	131.9	246.2	121.1	131.9	49.2	484.4		197.0
	72 000	75	659.6	140.9	201.6	131.9	140.9	40.3	527.7		161.3
		45	675.4	147.7	288.0	135.1	147.7	57.6	540.3		230.4

追肥分三次，30％、30％和20％。本配方适合白菜类蔬菜，表11-4-2。

表11-4-2　大白菜专用肥配方

土壤养分分级	产量（kg/hm²）	有机肥（t/hm²）	总养分需求量（kg/hm²）			基肥用量（kg/hm²）			追肥用量（kg/hm²）		
			N	P₂O₅	K₂O	N	P₂O₅	K₂O	N	P₂O₅	K₂O
缺乏	40 000	75	60.5	20.1		18.2	20.1		42.4		
		45	76.3	26.8	32.3	22.9	26.8	9.7	53.4		22.6
	88 000	75	180.4	64.4	140.2	54.1	64.4	42.1	126.3		98.2
		45	196.1	71.2	226.6	58.8	71.2	68.0	137.3		158.6
	150 000	75	335.2	121.7	391.2	100.6	121.7	117.4	234.6		273.8
		45	350.9	128.5	477.6	105.3	128.5	143.3	245.6		334.3
中等	40 000	75	51.4	16.7		15.4	16.7		36.0		
		45	67.2	23.5	17.6	20.2	23.5	5.3	47.0		12.3
	88 000	75	160.4	57.0	107.8	48.1	57.0	32.4	112.3		75.5
		45	176.1	63.8	194.2	52.8	63.8	58.3	123.3		136.0
	150 000	75	301.1	109.1	336.0	90.3	109.1	100.8	210.8		235.2
		45	316.9	115.9	422.4	95.1	115.9	126.7	221.8		295.7
丰富	40 000	75	42.3	13.4		12.7	13.4		29.6		
		45	58.1	20.1	2.9	17.4	20.1	0.9	40.7		2.0
	88 000	75	140.4	49.7	75.5	42.1	49.7	22.6	98.3		52.8
		45	156.2	56.4	161.9	46.8	56.4	48.6	109.3		113.3
	150 000	75	267.1	96.5	280.8	80.1	96.5	84.2	187.0		196.6
		45	282.8	103.3	367.2	84.8	103.3	110.2	198.0		257.0

（续）

土壤养分分级	产量(kg/hm²)	有机肥(t/hm²)	总养分需求量(kg/hm²)			基肥用量(kg/hm²)			追肥用量(kg/hm²)		
			N	P_2O_5	K_2O	N	P_2O_5	K_2O	N	P_2O_5	K_2O
极丰富	40 000	75	33.3	10.0		10.0	10.0		23.3		
		45	49.0	16.8		14.7	16.8		34.3		
	88 000	75	120.4	42.3	43.1	36.1	42.3	12.9	84.3		30.2
		45	136.2	49.0	129.5	40.9	49.0	38.8	95.3		90.6
	150 000	75	233.0	83.9	225.6	69.9	83.9	67.7	163.1		157.9
		45	248.8	90.7	312.0	74.6	90.7	93.6	174.1		218.4

追肥分两次进行，分别在开始团棵时、包心前进行。另本配方适用于其他白菜类蔬菜，施肥水平可根据产量酌情增减。

表 11-4-3　番茄专用配方

土壤养分分级	产量(kg/hm²)	有机肥(t/hm²)	总养分需求量(kg/hm²)			基肥用量(kg/hm²)			追肥用量(kg/hm²)		
			N	P_2O_5	K_2O	N	P_2O_5	K_2O	N	P_2O_5	K_2O
缺乏	35 000	75	83.8	15.5		25.1	15.5		58.7		
		45	99.6	22.2	30.6	29.9	22.2	9.2	69.7		21.4
	50 059	75	136.8	29.4	13.1	41.0	29.4	3.9	95.8		9.1
		45	152.6	36.1	99.5	45.8	36.1	29.8	106.8		69.6
	65 800	75	192.2	43.9	85.1	57.7	43.9	25.5	134.6		59.6
		45	208.0	50.7	171.5	62.4	50.7	51.5	145.6		120.1
中等	35 000	75	72.6	12.5		21.8	12.5		50.8		
		45	88.4	19.3	16.0	26.5	19.3	4.8	61.9		11.2
	50 059	75	157.3	25.2		47.2	25.2		110.1		
		45	136.6	31.9	78.6	41.0	31.9	23.6	95.6		55.1
	65 800	75	171.2	38.4	57.7	51.4	38.4	17.3	119.8		40.4
		45	186.9	45.1	144.1	56.1	45.1	43.2	130.9		100.9
丰富	35 000	75	61.4	9.6		18.4	9.6		43.0		
		45	77.2	16.3	1.4	23.2	16.3	0.4	54.0		1.0
	50 059	75	104.8	21.0		31.4	21.0	−8.6	73.4		
		45	120.5	27.7	57.8	36.2	27.7	17.3	84.4		40.5
	65 800	75	150.1	32.9	30.4	45.0	32.9	9.1	105.1		21.2
		45	165.9	39.6	116.8	49.8	39.6	35.0	116.1		81.7

（续）

土壤养分分级	产量（kg/hm²）	有机肥（t/hm²）	总养分需求量（kg/hm²）			基肥用量（kg/hm²）			追肥用量（kg/hm²）		
			N	P₂O₅	K₂O	N	P₂O₅	K₂O	N	P₂O₅	K₂O
极丰富	35 000	75	50.2	6.6		15.1	6.6		35.2		
		45	66.0	13.4		19.8	13.4		46.2		
	50 059	75	88.8	16.8		26.6	16.8		62.1		
		45	104.5	23.5	37.0	31.4	23.5	11.1	73.2		25.9
	65 800	75	129.1	27.3	3.0	38.7	27.3	0.9	90.4		2.1
		45	144.8	34.1	89.4	43.4	34.1	26.8	101.4		62.6

追施方法：对于鲜食番茄，将追肥用氮肥分成3份，分别于第一穗果、第二穗果、第三穗果在核桃大小时追施，追施用钾肥在第二穗果核桃大小时1次追施。对于加工用番茄，氮肥和钾肥在第一穗果核桃大小时1次追施，如表11-4-4。

表 11-4-4　甜椒专用肥配方

土壤养分分级	产量（kg/hm²）	有机肥（t/hm²）	总养分需求量（kg/hm²）			基肥用量（kg/hm²）			追肥用量（kg/hm²）		
			N	P₂O₅	K₂O	N	P₂O₅	K₂O	N	P₂O₅	K₂O
缺乏	20 000	60	82.7	12.2		24.8	12.2	−14.6	57.9		
		30	98.4	19.0	57.3	29.5	19.0	28.6	68.9		28.6
	35 000	60	168.3	31.5	78.6	50.5	31.5	39.3	117.8		39.3
		30	184.1	38.3	165.0	55.2	38.3	82.5	128.8		82.5
	45 000	60	225.4	44.4	150.4	67.6	44.4	75.2	157.8		75.2
		30	241.2	51.2	236.8	72.3	51.2	118.4	168.8		118.4
中等	20 000	60	72.3	9.9		21.7	9.9	−21.1	50.6		
		30	88.1	16.7	44.2	26.4	16.7	22.1	61.6		22.1
	35 000	60	179.1	27.5	55.8	53.7	27.5	27.9	125.4		27.9
		30	165.9	34.2	142.2	49.8	34.2	71.1	116.1		71.1
	45 000	60	202.1	39.2	121.1	60.6	39.2	60.5	141.4		60.5
		30	217.8	45.9	207.5	65.3	45.9	103.7	152.5		103.7
丰富	20 000	60	61.9	7.6	−55.3	18.6	7.6	−27.6	43.3		−27.6
		30	77.7	14.3	31.1	23.3	14.3	15.6	54.4		15.6
	35 000	60	132.0	23.4	32.9	39.6	23.4	16.4	92.4		16.4
		30	147.7	30.1	119.3	44.3	30.1	59.6	103.4		59.6
	45 000	60	178.7	33.9	91.7	53.6	33.9	45.8	125.1		45.8
		30	194.4	40.6	178.1	58.3	40.6	89.0	136.1		89.0

（续）

土壤养分分级	产量 (kg/hm²)	有机肥 (t/hm²)	总养分需求量 (kg/hm²) N	P₂O₅	K₂O	基肥用量 (kg/hm²) N	P₂O₅	K₂O	追肥用量 (kg/hm²) N	P₂O₅	K₂O
极丰富	20 000	60	51.5	5.2		15.5	5.2		36.1		
		30	67.3	12.0	18.1	20.2	12.0	9.0	47.1		9.0
	35 000	60	113.8	19.3	10.0	34.1	19.3	5.0	79.7		5.0
		30	129.6	26.0	96.4	38.9	26.0	48.2	90.7		48.2
	45 000	60	155.3	28.6	62.3	46.6	28.6	31.1	108.7		31.1
		30	171.1	35.4	148.7	51.3	35.4	74.3	119.8		74.3

本配方适合于产量水平相当的不同品种辣椒。追肥中氮肥、钾肥在定植后15～20d（即门椒坐果后）开始，每开一次花追施1次，共6～7次。

表 11-4-5　茄子专用肥配方

土壤养分分级	产量 (kg/hm²)	有机肥 (t/hm²)	总养分需求量 (kg/hm²) N	P₂O₅	K₂O	基肥用量 (kg/hm²) N	P₂O₅	K₂O	追肥用量 (kg/hm²) N	P₂O₅	K₂O
缺乏	30 000	60	90.6	17.2	−35.9		17.2	−35.9	90.6		
		30	106.4	23.9	50.6		23.9	50.6	106.4		
	50 000	60	172.0	37.7	55.5		37.7	55.5	172.0		
		30	187.8	44.4	141.9		44.4	141.9	187.8		
	75 000	60	273.8	63.2	169.6		63.2	169.6	273.8		
		30	289.5	70.0	256.0		70.0	256.0	289.5		
中等	30 000	60	79.5	14.4	−48.3		14.4	−48.3	79.5		
		30	95.3	21.2	38.1		21.2	38.1	95.3		
	50 000	60	182.3	33.0	34.7		33.0	34.7	182.3		
		30	169.3	39.8	121.1		39.8	121.1	169.3		
	75 000	60	246.0	56.3	138.5		56.3	138.5	246.0		
		30	261.8	63.0	224.9		63.0	224.9	261.8		
丰富	30 000	60	68.4	11.6	−60.8		11.6	−60.8	68.4		
		30	84.2	18.4	25.7		18.4	25.7	84.2		
	50 000	60	135.0	28.4	14.0		28.4	14.0	135.0		
		30	150.8	35.1	100.4		35.1	100.4	150.8		
	75 000	60	218.3	49.3	107.3		49.3	107.3	218.3		
		30	234.0	56.0	193.7		56.0	193.7	234.0		
极丰富	30 000	60	57.3	8.8	−73.2		8.8	−73.2	57.3		
		30	73.1	15.6	13.2		15.6	13.2	73.1		
	50 000	60	116.5	23.7	−6.8		23.7	−6.8	116.5		
		30	132.3	30.5	79.6		30.5	79.6	132.3		
	75 000	60	190.5	42.3	76.2		42.3	76.2	190.5		
		30	206.3	49.1	162.6		49.1	162.6	206.3		

有机肥和 100% 磷钾肥作基肥，追施方法为门茄后开始，氮肥分 8～9 次追施，追肥需进行 3 次，在蹲苗结束门茄长到 3 cm 长时，进行第一次追肥，每 $667m^2$ 施纯氮 5～6kg，钾（K_2O）6～8kg；第三层果落花坐果时，进行第二次追肥，追施纯氮 7～8kg，钾（K_2O）5～7kg。

表 11-4-6　芹菜专用肥配方

土壤养分分级	产量（kg/hm²）	有机肥（t/hm²）	总养分需求量（kg/hm²）			基肥用量（kg/hm²）			追肥用量（kg/hm²）		
			N	P_2O_5	K_2O	N	P_2O_5	K_2O	N	P_2O_5	K_2O
缺乏	75 000	75	183.4	73.9	138.8	55.0	73.9	41.6	128.4		97.1
		45	199.1	80.6	225.2	59.7	80.6	67.5	139.4		157.6
	100 000	75	257.6	104.1	257.0	77.3	104.1	77.1	180.3		179.9
		45	273.4	110.9	343.4	82.0	110.9	103.0	191.4		240.4
	125 000	75	331.9	134.4	375.3	99.6	134.4	112.6	232.3		262.7
		45	347.6	141.1	461.7	104.3	141.1	138.5	243.3		323.2
中等	75 000	75	163.1	65.6	106.5	48.9	65.6	32.0	114.2		74.6
		45	178.9	72.4	192.9	53.7	72.4	57.9	125.2		135.0
	100 000	75	266.1	93.1	214.0	79.8	93.1	64.2	186.3		149.8
		45	246.4	99.9	300.4	73.9	99.9	90.1	172.5		210.3
	125 000	75	298.1	120.6	321.5	89.4	120.6	96.5	208.7		225.1
		45	313.9	127.4	407.9	94.2	127.4	122.4	219.7		285.5
丰富	75 000	75	142.9	57.4	74.3	42.9	57.4	22.3	100.0		52.0
		45	158.6	64.1	160.7	47.6	64.1	48.2	111.0		112.5
	100 000	75	203.6	82.1	171.0	61.1	82.1	51.3	142.5		119.7
		45	219.4	88.9	257.4	65.8	88.9	77.2	153.6		180.2
	125 000	75	264.4	106.9	267.8	79.3	106.9	80.3	185.1		187.4
		45	280.1	113.6	354.2	84.0	113.6	106.2	196.1		247.9
极丰富	75 000	75	122.6	49.1	42.0	36.8	49.1	12.6	85.8		29.4
		45	138.4	55.9	128.4	41.5	55.9	38.5	96.9		89.9
	100 000	75	176.6	71.1	128.0	53.0	71.1	38.4	123.6		89.6
		45	192.4	77.9	214.4	57.7	77.9	64.3	134.7		150.1
	125 000	75	230.6	93.1	214.0	69.2	93.1	64.2	161.4		149.8
		45	246.4	99.9	300.4	73.9	99.9	90.1	172.5		210.3

追施：发芽后 40d 和 70d 分两次追施。

表 11-4-7 黄瓜专用肥配方

土壤养分分级	产量 (kg/hm²)	有机肥 (t/hm²)	总养分需求量 (kg/hm²)			基肥用量 (kg/hm²)			追肥用量 (kg/hm²)		
			N	P₂O₅	K₂O	N	P₂O₅	K₂O	N	P₂O₅	K₂O
缺乏	35 000	75	33.8	51.7	−42.8	3.4	31.0	−8.6	30.4	20.7	−34.2
		45	49.5	58.4	43.7	5.0	35.0	8.7	44.6	23.4	34.9
	60 000	75	86.0	100.6	81.0	8.6	60.4	16.2	77.4	40.2	64.8
		45	101.8	107.4	167.4	10.2	64.4	33.5	91.6	42.9	133.9
	80 000	75	127.8	139.8	180.0	12.8	83.9	36.0	115.0	55.9	144.0
		45	143.6	146.5	266.4	14.4	87.9	53.3	129.2	58.6	213.1
中等	35 000	75	27.1	45.4	−58.5	2.7	27.3	−11.7	24.4	18.2	−46.8
		45	42.9	52.2	27.9	4.3	31.3	5.6	38.6	20.9	22.3
	60 000	75	109.2	89.9	54.0	10.9	54.0	10.8	98.3	36.0	43.2
		45	90.4	96.7	140.4	9.0	58.0	28.1	81.3	38.7	112.3
	80 000	75	112.6	125.5	144.0	11.3	75.3	28.8	101.4	50.2	115.2
		45	128.4	132.3	230.4	12.8	79.4	46.1	115.5	52.9	184.3
丰富	35 000	75	20.5	39.2	−74.3	2.0	23.5	−14.9	18.4	15.7	−59.4
		45	36.2	45.9	12.2	3.6	27.6	2.4	32.6	18.4	9.7
	60 000	75	63.2	79.2	27.0	6.3	47.5	5.4	56.9	31.7	21.6
		45	79.0	86.0	113.4	7.9	51.6	22.7	71.1	34.4	90.7
	80 000	75	97.4	111.3	108.0	9.7	66.8	21.6	87.7	44.5	86.4
		45	113.2	118.0	194.4	11.3	70.8	38.9	101.9	47.2	155.5
极丰富	35 000	75	13.8	33.0	−90.0	1.4	19.8	−18.0	12.4	13.2	−72.0
		45	29.6	39.7	−3.6	3.0	23.8	−0.7	26.6	15.9	−2.9
	60 000	75	51.8	68.6	0.0	5.2	41.1	0.0	46.6	27.4	0.0
		45	67.6	75.3	86.4	6.8	45.2	17.3	60.8	30.1	69.1
	80 000	75	82.2	97.0	72.0	8.2	58.2	14.4	74.0	38.8	57.6
		45	98.0	103.8	158.4	9.8	62.3	31.7	88.2	41.5	126.7

表 11-4-8 苦瓜专用肥配方

土壤养分分级	产量 (kg/hm²)	有机肥 (t/hm²)	总养分需求量 (kg/hm²)			基肥用量 (kg/hm²)			追肥用量 (kg/hm²)		
			N	P₂O₅	K₂O	N	P₂O₅	K₂O	N	P₂O₅	K₂O
缺乏	60 000	75	309.1	99.3	205.7	30.9	59.6	41.1	278.2	39.7	164.6
		45	324.9	106.0	292.1	32.5	63.6	58.4	292.4	42.4	233.7
	75 000	75	396.2	128.3	311.2	39.6	77.0	62.2	356.6	51.3	248.9
		45	412.0	135.1	397.6	41.2	81.0	79.5	370.8	54.0	318.1
	90 000	75	483.3	157.4	416.6	48.3	94.4	83.3	435.0	62.9	333.3
		45	499.1	164.1	503.0	49.9	98.5	100.6	449.2	65.6	402.4

（续）

土壤养分分级	产量 (kg/hm²)	有机肥 (t/hm²)	总养分需求量 (kg/hm²)			基肥用量 (kg/hm²)			追肥用量 (kg/hm²)		
			N	P_2O_5	K_2O	N	P_2O_5	K_2O	N	P_2O_5	K_2O
中等	60 000	75	277.4	88.7	167.4	55.5	71.0	133.9	55.5	17.7	33.5
		45	293.2	95.5	253.8	58.6	76.4	203.0	58.6	19.1	50.8
	75 000	75	392.1	115.1	263.3	78.4	92.1	210.6	78.4	23.0	52.7
		45	372.4	121.9	349.7	74.5	97.5	279.7	74.5	24.4	69.9
	90 000	75	435.8	141.5	359.1	87.2	113.2	287.3	87.2	28.3	71.8
		45	451.6	148.3	445.5	90.3	118.6	356.4	90.3	29.7	89.1
丰富	60 000	75	245.7	78.2	129.1	49.1	62.5	103.2	49.1	15.6	25.8
		45	261.5	84.9	215.5	52.3	67.9	172.4	52.3	17.0	43.1
	75 000	75	317.0	101.9	215.3	63.4	81.5	172.2	63.4	20.4	43.1
		45	332.8	108.7	301.7	66.6	86.9	241.4	66.6	21.7	60.3
	90 000	75	388.3	125.7	301.6	77.7	100.5	241.3	77.7	25.1	60.3
		45	404.1	132.4	388.0	80.8	105.9	310.4	80.8	26.5	77.6
极丰富	60 000	75	214.1	67.6	90.7	42.8	54.1	72.6	42.8	13.5	18.1
		45	229.8	74.4	177.1	46.0	59.5	141.7	46.0	14.9	35.4
	75 000	75	277.4	88.7	167.4	55.5	71.0	133.9	55.5	17.7	33.5
		45	293.2	95.5	253.8	58.6	76.4	203.0	58.6	19.1	50.8
	90 000	75	340.8	109.8	244.1	68.2	87.9	195.3	68.2	22.0	48.8
		45	356.5	116.6	330.5	71.3	93.3	264.4	71.3	23.3	66.1

氮肥分 7～8 次追施，磷、钾在第三次、第四次追施时分两次平均追施。

表 11-4-9　韭菜专用肥配方

土壤养分分级	产量 (kg/hm²)	有机肥 (t/hm²)	总养分需求量 (kg/hm²)			基肥用量 (kg/hm²)			追肥用量 (kg/hm²)		
			N	P_2O_5	K_2O	N	P_2O_5	K_2O	N	P_2O_5	K_2O
缺乏	45 000	75	406.1	92.0	130.5	203.1	92.0	65.3	203.1		65.3
		45	421.9	98.8	216.9	210.9	98.8	108.5	210.9		108.5
	50 000	75	455.6	104.1	169.0	227.8	104.1	84.5	227.8		84.5
		45	471.4	110.9	255.4	235.7	110.9	127.7	235.7		127.7
	72 000	75	673.4	157.4	338.4	336.7	157.4	169.2	336.7		169.2
		45	689.2	164.1	424.8	344.6	164.1	212.4	344.6		212.4
中等	45 000	75	365.6	82.1	99.0	182.8	82.1	49.5	182.8		49.5
		45	381.4	88.9	185.4	190.7	88.9	92.7	190.7		92.7
	50 000	75	450.0	93.1	134.0	225.0	93.1	67.0	225.0		67.0
		45	426.4	99.9	220.4	213.2	99.9	110.2	213.2		110.2
	72 000	75	608.6	141.5	288.0	304.3	141.5	144.0	304.3		144.0
		45	624.4	148.3	374.4	312.2	148.3	187.2	312.2		187.2

（续）

土壤养分分级	产量（kg/hm²）	有机肥（t/hm²）	总养分需求量（kg/hm²）			基肥用量（kg/hm²）			追肥用量（kg/hm²）		
			N	P₂O₅	K₂O	N	P₂O₅	K₂O	N	P₂O₅	K₂O
丰富	45 000	75	325.1	72.2	67.5	162.6	72.2	33.8	162.6		33.8
		45	340.9	79.0	153.9	170.4	79.0	77.0	170.4		77.0
	50 000	75	365.6	82.1	99.0	182.8	82.1	49.5	182.8		49.5
		45	381.4	88.9	185.4	190.7	88.9	92.7	190.7		92.7
	72 000	75	543.8	125.7	237.6	271.9	125.7	118.8	271.9		118.8
		45	559.6	132.4	324.0	279.8	132.4	162.0	279.8		162.0
极丰富	45 000	75	284.6	62.3	36.0	142.3	62.3	18.0	142.3		18.0
		45	300.4	69.1	122.4	150.2	69.1	61.2	150.2		61.2
	50 000	75	320.6	71.1	64.0	160.3	71.1	32.0	160.3		32.0
		45	336.4	77.9	150.4	168.2	77.9	75.2	168.2		75.2
	72 000	75	479.0	109.8	187.2	239.5	109.8	93.6	239.5		93.6
		45	494.8	116.6	273.6	247.4	116.6	136.8	247.4		136.8

N、K 分两次追施。

表 11-4-10 洋葱专用肥配方

土壤养分分级	产量（kg/hm²）	有机肥（t/hm²）	总养分需求量（kg/hm²）			基肥用量（kg/hm²）			追肥用量（kg/hm²）		
			N	P₂O₅	K₂O	N	P₂O₅	K₂O	N	P₂O₅	K₂O
缺乏	40 000	37.5	137.4	31.6	−8.1	68.7	22.1	−4.1	68.7	9.5	−4.1
		15	149.2	36.7	56.7	74.6	25.7	28.3	74.6	11.0	28.3
	50 000	37.5	176.7	41.6	16.9	88.3	29.1	8.4	88.3	12.5	8.4
		15	188.5	46.7	81.7	94.2	32.7	40.8	94.2	14.0	40.8
	75 000	37.5	274.8	66.6	79.3	137.4	46.6	39.6	137.4	20.0	39.6
		15	286.7	71.7	144.1	143.3	50.2	72.0	143.3	21.5	72.0
中等	40 000	37.5	123.1	28.0	−17.2	61.6	19.6	−8.6	61.6	8.4	−8.6
		15	134.9	33.0	47.6	67.5	23.1	23.8	67.5	9.9	23.8
	50 000	37.5	178.5	37.1	5.5	89.3	25.9	2.8	89.3	11.1	2.8
		15	170.6	42.1	70.4	85.3	29.5	35.2	85.3	12.6	35.2
	75 000	37.5	248.1	59.8	62.3	124.0	41.9	31.1	124.0	17.9	31.1
		15	259.9	64.9	127.1	129.9	45.4	63.5	129.9	19.5	63.5
丰富	40 000	37.5	108.8	24.3	−26.3	54.4	17.0	−13.1	54.4	7.3	−13.1
		15	120.6	29.4	38.5	60.3	20.6	19.3	60.3	8.8	19.3
	50 000	37.5	141.0	32.5	−5.8	70.5	22.8	−2.9	70.5	9.8	−2.9
		15	152.8	37.6	59.0	76.4	26.3	29.5	76.4	11.3	29.5
	75 000	37.5	221.3	53.0	45.2	110.6	37.1	22.6	110.6	15.9	22.6
		15	233.1	58.1	110.0	116.6	40.6	55.0	116.6	17.4	55.0

（续）

土壤养分分级	产量（kg/hm²）	有机肥（t/hm²）	总养分需求量（kg/hm²）			基肥用量（kg/hm²）			追肥用量（kg/hm²）		
			N	P₂O₅	K₂O	N	P₂O₅	K₂O	N	P₂O₅	K₂O
极丰富	40 000	37.5	94.6	20.7	−35.4	47.3	14.5	−17.7	47.3	6.2	−17.7
		15	106.4	25.7	29.4	53.2	18.0	14.7	53.2	7.7	14.7
	50 000	37.5	123.1	28.0	−17.2	61.6	19.6	−8.6	61.6	8.4	−8.6
		15	134.9	33.0	47.6	67.5	23.1	23.8	67.5	9.9	23.8
	75 000	37.5	194.5	46.2	28.2	97.3	32.3	14.1	97.3	13.8	14.1
		15	206.3	51.2	93.0	103.2	35.9	46.5	103.2	15.4	46.5

定植后 2、4、6 周施 20%N、20%K、30%P，20%NK，10%NK。

表 11-4-11 白萝卜专用肥配方

土壤养分分级	产量（kg/hm²）	有机肥（t/hm²）	总养分需求量（kg/hm²）			基肥用量（kg/hm²）			追肥用量（kg/hm²）		
			N	P₂O₅	K₂O	N	P₂O₅	K₂O	N	P₂O₅	K₂O
缺乏	30 000	37.5	86.9	32.0	50.4	34.8	32.0	30.2	52.1		20.2
		15	98.7	37.1	115.2	39.5	37.1	69.1	59.2		46.1
	50 000	37.5	1 756.8	665.3	2 532.0	702.7	665.3	1 519.2	1 054.1		1 012.8
		15	1 768.6	670.4	2 596.8	707.5	670.4	1 558.1	1 061.2		1 038.7
	70 000	37.5	229.0	85.9	261.6	91.6	85.9	157.0	137.4		104.6
		15	240.8	91.0	326.4	96.3	91.0	195.8	144.5		130.6
中等	30 000	37.5	77.2	28.3	36.0	30.9	28.3	21.6	46.3		14.4
		15	89.0	33.4	100.8	35.6	33.4	60.5	53.4		40.3
	50 000	37.5	1 615.0	604.1	2 292.0	646.0	604.1	1 375.2	969.0		916.8
		15	1 607.1	609.1	2 356.8	642.9	609.1	1 414.1	964.3		942.7
	70 000	37.5	206.4	77.3	228.0	82.6	77.3	136.8	123.8		91.2
		15	218.2	82.4	292.8	87.3	82.4	175.7	130.9		117.2
丰富	30 000	37.5	67.5	24.6	21.6	27.0	24.6	13.0	40.5		8.6
		15	79.3	29.7	86.4	31.7	29.7	51.8	47.6		34.6
	50 000	37.5	1 433.8	542.8	2 052.0	573.5	542.8	1 231.2	860.3		820.8
		15	1 445.6	547.9	2 116.8	578.3	547.9	1 270.1	867.4		846.7
	70 000	37.5	183.8	68.7	194.4	73.5	68.7	116.6	110.3		77.8
		15	195.6	73.8	259.2	78.2	73.8	155.5	117.4		103.7
极丰富	30 000	37.5	57.8	21.0	7.2	23.1	21.0	4.3	34.7		2.9
		15	69.6	26.0	72.0	27.9	26.0	43.2	41.8		28.8
	50 000	37.5	1 272.3	481.6	1 812.0	508.9	481.6	1 087.2	763.4		724.8
		15	1 284.1	486.6	1 876.8	513.7	486.6	1 126.1	770.5		750.7
	70 000	37.5	161.2	60.2	160.8	64.5	60.2	96.5	96.7		64.3
		15	173.0	65.2	225.6	69.2	65.2	135.4	103.8		90.2

露肩后追施 1 次。

表 11-4-12　胡萝卜专用肥配方

土壤养分分级	产量（kg/hm²）	有机肥（t/hm²）	总养分需求量（kg/hm²）			基肥用量（kg/hm²）			追肥用量（kg/hm²）		
			N	P₂O₅	K₂O	N	P₂O₅	K₂O	N	P₂O₅	K₂O
缺乏	25 000	37.5	69.1	25.3	24.0	34.6	25.3	12.0	34.6	—	12.0
		15	81.0	30.3	88.8	40.5	30.3	44.4	40.5	—	44.4
	35 958	37.5	108.1	40.0	81.9	54.0	40.0	40.9	54.0	—	40.9
		15	119.9	45.1	146.7	59.9	45.1	73.3	59.9	—	73.3
	80 000	37.5	264.6	99.4	314.4	132.3	99.4	157.2	132.3	—	157.2
		15	276.4	104.4	379.2	138.2	104.4	189.6	138.2	—	189.6
中等	25 000	37.5	61.1	22.2	12.0	30.5	22.2	6.0	30.5	—	6.0
		15	72.9	27.3	76.8	36.4	27.3	38.4	36.4	—	38.4
	35 958	37.5	116.1	35.6	64.6	58.1	35.6	32.3	58.1	—	32.3
		15	108.3	40.7	129.4	54.1	40.7	64.7	54.1	—	64.7
	80 000	37.5	238.7	89.6	276.0	119.4	89.6	138.0	119.4	—	138.0
		15	250.5	94.6	340.8	125.3	94.6	170.4	125.3	—	170.4
丰富	25 000	37.5	53.0	19.1	0.0	26.5	19.1	0.0	26.5	—	0.0
		15	64.8	24.2	64.8	32.4	24.2	32.4	32.4	—	32.4
	35 958	37.5	84.8	31.2	47.3	42.4	31.2	23.7	42.4	—	23.7
		15	96.7	36.3	112.1	48.3	36.3	56.1	48.3	—	56.1
	80 000	37.5	212.9	79.8	237.6	106.4	79.8	118.8	106.4	—	118.8
		15	224.7	84.8	302.4	112.3	84.8	151.2	112.3	—	151.2
极丰富	25 000	37.5	44.9	16.1	−12.0	22.5	16.1	−6.0	22.5	—	−6.0
		15	56.7	21.1	52.8	28.4	21.1	26.4	28.4	—	26.4
	35 958	37.5	73.2	26.8	30.1	36.6	26.8	15.0	36.6	—	15.0
		15	85.0	31.9	94.9	42.5	31.9	47.4	42.5	—	47.4
	80 000	37.5	187.0	70.0	199.2	93.5	70.0	99.6	93.5	—	99.6
		15	198.8	75.0	264.0	99.4	75.0	132.0	99.4	—	132.0

分定苗后、根系膨大期两次追施。

表 11-4-13　架豆专用肥配方

土壤养分分级	产量（kg/hm²）	有机肥（t/hm²）	总养分需求量（kg/hm²）			基肥用量（kg/hm²）			追肥用量（kg/hm²）		
			N	P₂O₅	K₂O	N	P₂O₅	K₂O	N	P₂O₅	K₂O
缺乏	20 000	45	64.6	42.6	31.9	19.4	42.6	9.6	45.2	—	22.3
		15	80.3	49.3	118.3	24.1	49.3	35.5	56.2	—	82.8
	26 148	45	91.7	58.8	81.5	27.5	58.8	24.5	64.2	—	57.1
		15	107.5	65.5	167.9	32.2	65.5	50.4	75.2	—	117.5
	45 000	45	174.9	108.4	233.7	52.5	108.4	70.1	122.4	—	163.6
		15	190.6	115.2	320.1	57.2	115.2	96.0	133.4	—	224.1

（续）

土壤养分分级	产量 (kg/hm²)	有机肥 (t/hm²)	总养分需求量 (kg/hm²)			基肥用量 (kg/hm²)			追肥用量 (kg/hm²)		
			N	P₂O₅	K₂O	N	P₂O₅	K₂O	N	P₂O₅	K₂O
中等	20 000	45	56.6	37.8	17.2	17.0	37.8	5.2	39.6	—	12.0
		15	72.3	44.5	103.6	21.7	44.5	31.1	50.6	—	72.5
	26 148	45	104.9	52.5	62.3	31.5	52.5	18.7	73.4	—	43.6
		15	97.0	59.2	148.7	29.1	59.2	44.6	67.9	—	104.1
	45 000	45	156.8	97.7	200.7	47.0	97.7	60.2	109.8	—	140.5
		15	172.6	104.4	287.1	51.8	104.4	86.1	120.8	—	201.0
丰富	20 000	45	48.6	33.0	2.5	14.6	33.0	0.8	34.0	—	1.8
		15	64.3	39.7	88.9	19.3	39.7	26.7	45.0	—	62.2
	26 148	45	70.7	46.2	43.1	21.2	46.2	12.9	49.5	—	30.2
		15	86.5	53.0	129.5	25.9	53.0	38.9	60.5	—	90.7
	45 000	45	138.8	86.9	167.7	41.6	86.9	50.3	97.1	—	117.4
		15	154.5	93.6	254.1	46.4	93.6	76.2	108.2	—	177.8
极丰富	20 000	45	40.5	28.2	−12.2	12.2	28.2	−3.6	28.4	—	−8.5
		15	56.3	34.9	74.2	16.9	34.9	22.3	39.4	—	52.0
	26 148	45	60.3	40.0	23.9	18.1	40.0	7.2	42.2	—	16.8
		15	76.0	46.7	110.3	22.8	46.7	33.1	53.2	—	77.2
	45 000	45	120.7	76.1	134.6	36.2	76.1	40.4	84.5	—	94.2
		15	136.5	82.8	221.0	40.9	82.8	66.3	95.5	—	154.7

出苗 20d 起，每隔 20d 追施 1 次，共追施 3 次。

表 11-4-14　冬瓜、丝瓜、苦瓜等瓜类蔬菜专用肥配方

土壤养分分级	产量 (kg/hm²)	有机肥 (t/hm²)	总养分需求量 (kg/hm²)			基肥用量 (kg/hm²)			追肥用量 (kg/hm²)		
			N	P₂O₅	K₂O	N	P₂O₅	K₂O	N	P₂O₅	K₂O
缺乏	40 000	45	336.7	99.4	130.4	101.0	99.4	39.1	235.7	—	91.3
		15	352.5	106.2	216.8	105.7	106.2	65.1	246.7	—	151.8
	50 400	45	787.2	236.4	455.5	236.2	236.4	136.6	551.0	—	318.8
		15	802.9	243.1	541.9	240.9	243.1	162.6	562.1	—	379.3
	60 000	45	1507.9	455.5	975.6	452.4	455.5	292.7	1 055.5	—	682.9
		15	1 523.7	462.3	1 062.0	457.1	462.3	318.6	1 066.6	—	743.4
中等	40 000	45	304.0	89.5	106.8	91.2	89.5	32.0	212.8	—	74.8
		15	319.7	96.2	193.2	95.9	96.2	58.0	223.8	—	135.2
	50 400	45	713.5	214.0	402.3	214.0	214.0	120.7	499.4	—	281.6
		15	729.2	220.7	488.7	218.8	220.7	146.6	510.5	—	342.1
	60 000	45	1 368.7	413.2	875.1	410.6	413.2	262.5	958.1	—	612.6
		15	1 384.4	419.9	961.5	415.3	419.9	288.5	969.1	—	673.1

（续）

土壤养分分级	产量 (kg/hm²)	有机肥 (t/hm²)	总养分需求量 (kg/hm²)			基肥用量 (kg/hm²)			追肥用量 (kg/hm²)		
			N	P_2O_5	K_2O	N	P_2O_5	K_2O	N	P_2O_5	K_2O
丰富	40 000	45	271.2	79.5	83.2	81.4	79.5	24.9	189.9	—	58.2
		15	287.0	86.3	169.6	86.1	86.3	50.9	200.9	—	118.7
	50 400	45	639.8	191.6	349.1	191.9	191.6	104.7	447.8	—	244.4
		15	655.5	198.3	435.5	196.7	198.3	130.7	458.9	—	304.9
	60 000	45	1 229.4	370.8	774.6	368.8	370.8	232.4	860.6	—	542.2
		15	1 245.2	377.6	861.0	373.6	377.6	258.3	871.6	—	602.7
极丰富	40 000	45	238.5	69.6	59.5	71.5	69.6	17.9	166.9	—	41.7
		15	254.2	76.3	145.9	76.3	76.3	43.8	177.9	—	102.1
	50 400	45	566.1	169.2	295.9	169.8	169.2	88.8	396.2	—	207.1
		15	581.8	175.9	382.3	174.5	175.9	114.7	407.3	—	267.6
	60 000	45	1 090.2	328.5	674.2	327.1	328.5	202.2	763.2	—	471.9
		15	1 106.0	335.3	760.6	331.8	335.3	228.2	774.2	—	532.4

分 3 次追施。

表 11-4-15 菠菜专用肥配方

土壤养分分级	产量 (kg/hm²)	有机肥 (t/hm²)	总养分需求量 (kg/hm²)			基肥用量 (kg/hm²)			追肥用量 (kg/hm²)		
			N	P_2O_5	K_2O	N	P_2O_5	K_2O	N	P_2O_5	K_2O
缺乏	16 000	30	31.8	12.6	−10.7	6.4	12.6	−2.1	25.4	—	
		7.5	43.6	17.7	54.1	8.7	17.7	10.8	34.9	—	43.3
	28 000	30	67.4	27.1	46.0	13.5	27.1	9.2	53.9	—	36.8
		7.5	79.2	32.2	110.8	15.8	32.2	22.2	63.4	—	88.7
	40 000	30	103.1	41.7	102.8	20.6	41.7	20.6	82.4	—	82.2
		7.5	114.9	46.7	167.6	23.0	46.7	33.5	91.9	—	134.1
中等	16 000	30	27.5	10.9	−17.6	5.5	10.9		22.0	—	
		7.5	39.3	15.9	47.2	7.9	15.9	9.4	31.4	—	37.8
	28 000	30	73.6	24.1	34.0	14.7	24.1	6.8	58.9	—	27.2
		7.5	71.7	29.1	98.8	14.3	29.1	19.8	57.3	—	79.0
	40 000	30	92.3	37.3	85.6	18.5	37.3	17.1	73.8	—	68.5
		7.5	104.1	42.3	150.4	20.8	42.3	30.1	83.3	—	120.3
丰富	16 000	30	23.1	9.1		4.6	9.1		18.5	—	
		7.5	34.9	14.2	40.3	7.0	14.2	8.1	28.0	—	32.3
	28 000	30	52.3	21.0	22.0	10.5	21.0	4.4	41.8	—	17.6
		7.5	64.1	26.0	86.8	12.8	26.0	17.4	51.3	—	69.4
	40 000	30	81.5	32.9	68.4	16.3	32.9	13.7	65.2	—	54.7
		7.5	93.3	37.9	133.2	18.7	37.9	26.6	74.6	—	106.6

（续）

土壤养分分级	产量(kg/hm²)	有机肥(t/hm²)	总养分需求量(kg/hm²)			基肥用量(kg/hm²)			追肥用量(kg/hm²)		
			N	P₂O₅	K₂O	N	P₂O₅	K₂O	N	P₂O₅	K₂O
极丰富	16 000	30	18.8	7.3	—	3.8	7.3	—	15.0	—	—
		7.5	30.6	12.4	33.4	6.1	12.4	6.7	24.5	—	26.8
	28 000	30	44.7	17.9	9.9	8.9	17.9	2.0	35.8	—	7.9
		7.5	56.5	23.0	74.7	11.3	23.0	14.9	45.2	—	59.8
	40 000	30	70.7	28.5	51.2	14.1	28.5	10.2	56.5	—	41.0
		7.5	82.5	33.5	116.0	16.5	33.5	23.2	66.0	—	92.8

出苗后10、16、32d追施3次。

表 11-4-16 大葱专用肥配方

土壤养分分级	产量(kg/hm²)	有机肥(t/hm²)	总养分需求量(kg/hm²)			基肥用量(kg/hm²)			追肥用量(kg/hm²)		
			N	P₂O₅	K₂O	N	P₂O₅	K₂O	N	P₂O₅	K₂O
缺乏	30 000	30	102.1	23.3	—	20.4	23.3	—	81.6	—	—
		15	109.9	26.7	31.7	22.0	26.7	31.7	87.9	—	—
	38 018	30	133.5	31.3	8.5	26.7	31.3	8.5	106.8	—	—
		15	141.4	34.7	51.7	28.3	34.7	51.7	113.1	—	—
	75 000	30	278.8	68.3	100.9	55.8	68.3	100.9	223.0	—	—
		15	286.7	71.7	144.1	57.3	71.7	144.1	229.3	—	—
中等	30 000	30	91.4	20.6	—	18.3	20.6	—	73.1	—	—
		15	99.2	23.9	24.9	19.8	23.9	24.9	79.4	—	—
	38 018	30	135.7	27.8	—	27.1	27.8	—	108.6	—	—
		15	127.8	31.2	43.1	25.6	31.2	43.1	102.3	—	—
	75 000	30	252.0	61.5	83.9	50.4	61.5	83.9	201.6	—	—
		15	259.9	64.9	127.1	52.0	64.9	127.1	207.9	—	—
丰富	30 000	30	80.6	17.8	—	16.1	17.8	—	64.5	—	—
		15	88.5	21.2	18.1	17.7	21.2	18.1	70.8	—	—
	38 018	30	106.4	24.4	—	21.3	24.4	—	85.1	—	—
		15	114.3	27.8	34.5	22.9	27.8	34.5	91.4	—	—
	75 000	30	225.2	54.7	66.8	45.0	54.7	66.8	180.2	—	—
		15	233.1	58.1	110.0	46.6	58.1	110.0	186.5	—	—
极丰富	30 000	30	69.9	15.1	—	14.0	15.1	—	55.9	—	—
		15	77.8	18.5	11.3	15.6	18.5	11.3	62.2	—	—
	38 018	30	92.8	20.9	—	18.6	20.9	—	74.3	—	—
		15	100.7	24.3	25.8	20.1	24.3	25.8	80.6	—	—
	75 000	30	198.5	47.9	49.8	39.7	47.9	49.8	158.8	—	—
		15	206.3	51.2	93.0	41.3	51.2	93.0	165.1	—	—

返青后每10~15d追施1次，共追施4次。

表 11-4-17　莴笋专用肥配方

土壤养分分级	产量 (kg/hm²)	有机肥 (t/hm²)	总养分需求量 (kg/hm²)			基肥用量 (kg/hm²)			追肥用量 (kg/hm²)		
			N	P₂O₅	K₂O	N	P₂O₅	K₂O	N	P₂O₅	K₂O
缺乏	30 000	30	45.0	13.3	—	22.5	13.3	—	22.5	—	—
		15	60.8	20.1	61.7	30.4	20.1	30.9	30.4	—	30.9
	40 000	30	67.9	21.1	10.3	33.9	21.1	5.2	33.9	—	5.2
		15	83.6	27.9	96.7	41.8	27.9	48.4	41.8	—	48.4
	50 000	30	90.8	28.9	45.3	45.4	28.9	22.7	45.4	—	22.7
		15	106.5	35.7	131.7	53.3	35.7	65.9	53.3	—	65.9
中等	30 000	30	38.8	11.2	—	19.4	11.2	—	19.4	—	—
		15	54.5	17.9	52.2	27.3	17.9	26.1	27.3	—	26.1
	40 000	30	80.7	18.3	—	40.3	18.3	—	40.3	—	—
		15	75.3	25.0	84.0	37.7	25.0	42.0	37.7	—	42.0
	50 000	30	80.4	25.4	29.4	40.2	25.4	14.7	40.2	—	14.7
		15	96.1	32.1	115.8	48.1	32.1	57.9	48.1	—	57.9
丰富	30 000	30	32.5	9.0	—	16.3	9.0	—	16.3	—	—
		15	48.3	15.8	42.7	24.1	15.8	21.3	24.1	—	21.3
	40 000	30	51.3	15.4	—	25.6	15.4	—	25.6	—	—
		15	67.0	22.2	71.3	33.5	22.2	35.6	33.5	—	35.6
	50 000	30	70.0	21.8	13.5	35.0	21.8	6.8	35.0	—	6.8
		15	85.7	28.6	99.9	42.9	28.6	50.0	42.9	—	50.0
极丰富	30 000	30	26.3	6.9	—	13.1	6.9	—	13.1	—	—
		15	42.0	13.7	33.1	21.0	13.7	16.6	21.0	—	16.6
	40 000	30	42.9	12.6	—	21.5	12.6	—	21.5	—	—
		15	58.7	19.3	58.6	29.3	19.3	29.3	29.3	—	29.3
	50 000	30	59.6	18.3	—	29.8	18.3	—	29.8	—	—
		15	75.3	25.0	84.0	37.7	25.0	42.0	37.7	—	42.0

长出 3～4 片叶时，开始追施。

表 11-4-18　大蒜专用肥配方

土壤养分分级	产量 (kg/hm²)	有机肥 (t/hm²)	总养分需求量 (kg/hm²)			基肥用量 (kg/hm²)			追肥用量 (kg/hm²)		
			N	P₂O₅	K₂O	N	P₂O₅	K₂O	N	P₂O₅	K₂O
缺乏	20 000	30	54.9	9.9	—	11.0	9.9	−31.9	43.9	—	—
		15	70.7	16.6	6.7	14.1	16.6	2.7	56.5	—	4.0
	23 173	30	67.4	13.1	—	13.5	13.1	—	53.9	—	—
		15	83.1	19.8	14.7	16.6	19.8	5.9	66.5	—	8.8
	49 000	30	168.8	38.9	—	33.8	38.9	—	135.0	—	—
		15	184.5	45.7	79.2	36.9	45.7	31.7	147.6	—	47.5

（续）

土壤养分分级	产量 (kg/hm²)	有机肥 (t/hm²)	总养分需求量 (kg/hm²)			基肥用量 (kg/hm²)			追肥用量 (kg/hm²)		
			N	P_2O_5	K_2O	N	P_2O_5	K_2O	N	P_2O_5	K_2O
中等	20 000	30	47.8	8.1	—	9.6	8.1	—	38.2	—	—
		15	63.5	14.8	2.2	12.7	14.8	0.9	50.8	—	1.3
	23 173	30	82.7	11.0	—	16.5	11.0	—	66.2	—	—
		15	74.9	17.7	9.4	15.0	17.7	3.8	59.9	—	5.6
	49 000	30	151.3	34.5	—	30.3	34.5	—	121.0	—	—
		15	167.1	41.2	68.0	33.4	41.2	27.2	133.6	—	40.8
丰富	20 000	30	40.6	6.3	—	8.1	6.3	—	32.5	—	—
		15	56.4	13.0	—	11.3	13.0	—	45.1	—	—
	23 173	30	50.8	8.9	—	10.2	8.9	—	40.7	—	—
		15	66.6	15.6	4.1	13.3	15.6	1.7	53.3	—	2.5
	49 000	30	133.8	30.0	—	26.8	30.0	—	107.0	—	—
		15	149.6	36.8	56.9	29.9	36.8	22.8	119.6	—	34.1
极丰富	20 000	30	33.5	4.4	—	6.7	4.4	—	26.8	—	—
		15	49.2	11.2	—	9.8	11.2	—	39.4	—	—
	23 173	30	42.6	6.7	—	8.5	6.7	—	34.0	—	—
		15	58.3	13.5	—	11.7	13.5	—	46.6	—	—
	49 000	30	116.3	25.5	—	23.3	25.5	—	93.1	—	—
		15	132.1	32.3	45.8	26.4	32.3	18.3	105.7	—	27.5

定植 30d、50d、80d 追 30%N、30%N60%K、20%N。

参 考 文 献

陈茂春.2012.各类蔬菜的需肥特性及平衡施肥要点 [J].北京农业（13）：17.

陈永兴.2011.芋头高产施肥技术 [J].蔬菜（2）：36-37.

樊治成，郭洪芸，张曙东，王秀峰.2005.大蒜不同品种干物质生产与氮、磷、钾和硫的吸收特性 [J].植物营养与肥料学报，11（2）：248-253.

郭冬花.2007.温室蔬菜平衡施肥技术 [J].现代农业科技（6）：21.

林岚，胡国学，姜雪峰，等.2015.果菜类的需肥规律和施肥技术 [J].吉林蔬菜（7）：42.

刘枫，叶舒娅，王文军，等.1997.茄果类蔬菜营养特性及施肥效应研究 [J].安徽农业科学，25（4）：56-68，61.

唐国昌，1997.蔬菜专用肥的配方设计 [J].磷肥与复肥（6）：66-72.

王文军，张辛未，刘枫，等.1996.蔬菜的营养特点和施肥配方的研究 [J].安徽农业科学，24（2）：175-178.

王小波.2010.莴苣的需肥特点及施肥技术 [J].蔬菜（7）：27.

尹孝萍.2005.甘蓝的科学施肥技术 [J].青海农技推广（3）：42-43.

优丽吐孜·阿布都热合曼.2009.白菜吸肥规律和施肥技术 [J].农村科技（7）：36.

张丁娜.2004.试论白菜、萝卜需肥规律和施肥方法 [J].农民致富之友（4）：35.

张贵生，张小康，熊秋芳，等 .2011. 萝卜的需肥规律及施肥技巧 [J]. 长江蔬菜（15）：40-41.

赵泽英，彭志良，李莉婕 .2008. 茄果类蔬菜专家系统中推荐施肥模型与参数的确定 [J]. 贵州农业科学，36（4）：189-191.

中国农业科学院蔬菜花卉研究所 .1997. 中国蔬菜 [M]. 北京：中国农业出版社 .

第十二章　我国南方主要果树阶段营养与施肥配方

以果树大类和大的自然气候植被带为基础，中国果树区（带）可分为 6 个（图 12-0-1，张光伦，2009）。Ⅰ. 热带常绿果树带。主要包括雷州半岛、海南省、滇南河谷以及台湾省南端，处于中国热带雨林、季雨林地带，为中国热量最高、降水量最多的湿热地区，并包括了部分"干热河谷"区。Ⅱ. 亚热带常绿果树带。主要包括长江中下游南部，四川盆地，闽、粤、桂三省（自治区）大部，滇中南和台湾省中北部，为中国亚热带常绿果树主产区，同时有大量的落叶果树和部分热带常绿果树。Ⅲ. 温带落叶果树带。主要包括辽东、山东半岛、黄淮海平原、河北、山西等省山地，黄土高原、内蒙古自治区南缘、南疆和东疆等地区，为中国温带落叶果树最大主产区。Ⅳ. 耐寒落叶果树带。主要包括黑龙江、吉林等省全部，内蒙古和辽宁省（自治区）大部，河北、山西、宁夏、甘肃等省（自治区）小部分和北疆等地区。Ⅴ. 西南高原常绿落叶果树混交带。主要包括贵州高原、滇东高原和川滇横断山脉中北段。Ⅵ. 青藏高原果树带。主要包括西藏、青海省（自治区）全部和新疆、甘肃、四川省（自治区）的一部分。果树分布主要在藏东、藏南及柴达木盆地、青海盆地等地区。本章内容主要涉及热带常绿果树、亚热带常绿果树两大类，有关落叶果树的内容参考相关章节。

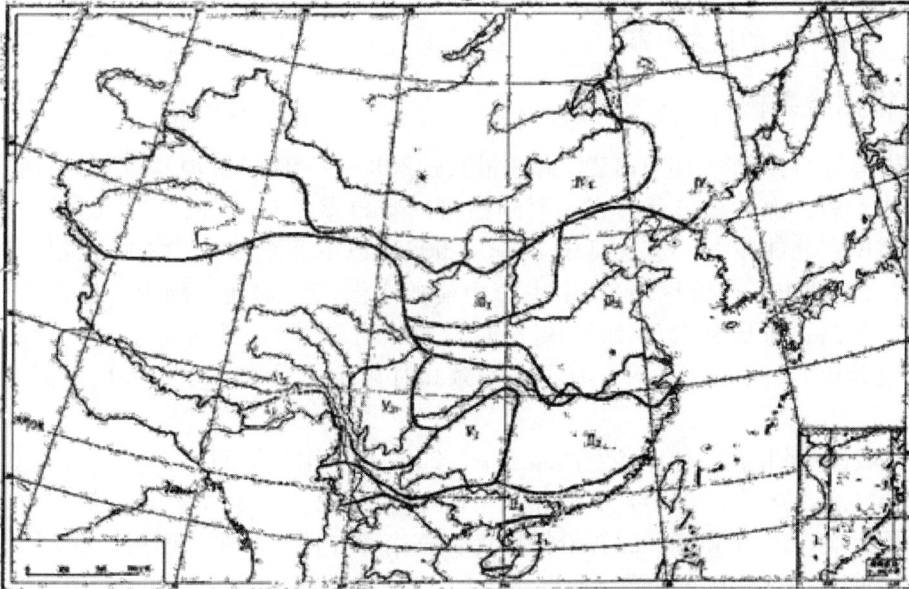

图 12-0-1　中国果树气候带分布图

Ⅰ. 热带常绿果树带　Ⅱ. 亚热带常绿果树带　Ⅲ. 温带落叶果树带　Ⅳ. 耐寒落叶果树带
Ⅴ. 西南高原常绿落叶果树混交带　Ⅵ. 青藏高原落叶果树带（张光伦，1988）

第一节　南方主要果树类型与分布

我国南方果树种植区的果树种类繁多。以广东省为例，全省种植的水果约有270多种，作为经济栽培的主要果树品种有20多种（任海等，1998）。柑橘、荔枝、菠萝和香蕉被誉为"岭南四大名果"，还有龙眼、杨桃、木瓜、芒果、西瓜、番石榴、板栗、白果、木菠萝、杏、橄榄、人面子、大蕉、青梅、三华李、黄皮、枇杷、柑橙、柚、柠檬、沙梨、柿、石榴、仁面等。广东的水果生产具有区域特色，粤北以板栗、青梅、李、梨、柿为主，还有枇杷、枣、沙田柚、柑橘、年橘、银杏、猕猴桃、杨梅等；粤东以沙田柚、柑橘、青梅、龙眼为主，其次是荔枝、李、柿、酸枣、余甘子、枇杷、橄榄、杨梅等；粤西以荔枝、龙眼、芒果为主，其次是枣、菠萝、橄榄、人面子、山楂等；珠三角以荔枝、龙眼、三华李、菠萝、橄榄为主。

南方果树种植区包括热带常绿果树带和亚热带常绿果树带。热带常绿果树带为我国热带、亚热带果树主产区，主要栽培的热带果树有香蕉、菠萝、椰子、芒果、番木瓜等；亚热带果树带有柑橘、荔枝、龙眼、橄榄、乌榄等，还有树菠萝、棕枣、桃、李、梨、枇杷、黄皮、番石榴、番荔枝、梅、柿、板栗、腰果、蒲桃、杨桃、杨梅、余甘等。亚热带常绿果树带为我国亚热带常绿果树主要产区，种类多，品质好，同时还有大量落叶果树栽培，主要有柑橘、枇杷、杨梅、黄皮、杨桃等，其次有柿（南方品种群）、砂梨、板栗（南方品种群）、桃（华南系）、李、梅、枣（南方品种群）、龙眼、荔枝、葡萄、核桃、中国樱桃、石榴、香榧、长山核桃、花红（沙果）、锥栗、无花果、草莓等。

考虑不同水果的种植面积和总产量，本章将重点介绍柑橘类果树（柑、橘、橙、柚）、香蕉、荔枝、龙眼等南方代表性大宗水果，并涉及部分具有地方特色的特产水果（菠萝、芒果、枇杷、杨梅等）的相关内容。

一、柑橘类果树

我国柑橘分布在北纬16°～37°，海拔最高达2 600m（四川巴塘），南起海南省的三亚市，北至陕、橘、豫，东起台湾省，西到西藏的雅鲁藏布江河谷。但我国柑橘的经济栽培区主要集中在北纬20°～33°，海拔700～1 000m以下。全国生产柑橘包括台湾省在内有19个省（直辖市、自治区）。其中主产柑橘的有浙江、福建、湖南、四川、广西、湖北、广东、江西、重庆和台湾10个省（直辖市、自治区），其次是上海、贵州、云南、江苏省（直辖市），陕西、河南、海南、安徽和甘肃也有种植，全国种植柑橘的县（区）有985个。

柑橘是我国规划的11种优势农产品之一，2009年全国栽培面积216万hm²（国家统计局农村社会经济调查司，2010），居世界第一位，年产量1 426万t，居世界第三位。2009年种植面积较大（>10万hm²）的省份排序为：湖南、江西、广东、四川、湖北、广西、福建、浙江、重庆，2010年这9省（直辖市、自治区）柑橘产量占全国的95.15%，面积占全国的93%。这些优势产区优质果率达35%，平均单产10.5t/hm²，早熟和晚熟产品占20%，形成了"四带一基地"（长江上中游柑橘带、赣南—湘南—桂北柑橘带、浙—闽—粤柑橘带、鄂西—湘西柑橘带，以及特色柑橘生产基地——南丰蜜橘基地、岭南晚熟宽皮橘基地、云南特早熟柑橘基地、丹江库区北缘柑橘基地和柠檬基地）。各省均具有特色、有影响、栽培面积较大的橙类品种有：改良橙（红江橙）、冰糖橙、锦橙、大红甜橙、哈姆林甜橙、伏令夏橙、脐橙、血橙；宽皮柑橘类有沙糖橘、卢柑、椪柑、马水橘、春甜橘、本地早、南丰蜜橘、蕉柑、贡柑、温州蜜柑、金柑；柚类有琯溪蜜柚、沙田柚、玉环柚、四季柚、垫江白柚、梁平柚。从品种产量看，我国柑橘比例为：宽皮橘占73.1%、甜橙类占13.5%、柚类占12.2%、其他占1.2%。就成熟期而言，早熟、中熟、晚熟品种比例约1:8:1。中国台湾种植的柑橘类水果有椪柑、桶柑、柳橙、柠檬、文旦柚等。其中柳橙的面积和产量最大、其次是椪柑、文旦柚、桶柑，柠檬的面积和产量最少。中国台湾柳橙产地分布在云林、台南、嘉义及南投等地，2007年收获面积为9 739hm²，产量为20.2万t。

根据我国柑橘区划材料（沈兆敏，1988），我国柑橘种植可划分为六大分区：Ⅰ.华南丘陵平原甜橙、宽皮柑橘主产区。位于南岭以南，包括广东、广西、福建和台湾等省（自治区），其中沿海丘陵平原是甜橙和蕉柑、椪柑的最适区，沙田柚、晚白柚、文旦柚和坪山柚驰名中外，夏橙果实也可挂树越冬，均属最适。华南中北部丘陵是甜橙、新会橙、暗柳橙、雪柑、椪柑、温州蜜柑、沙田柚、金柑的发展地区。Ⅱ.南岭和闽浙沿海低山丘陵甜橙、宽皮柑橘主产区：包括广西桂林、广东韶关、江西寻乌、福建龙岩和莆田以北，湖南道县、广东乐昌、江西广昌、浙江温州以南区域，为橙、柑、橘类、脐橙、夏橙、福橘的适宜发展区。Ⅲ.江南丘陵宽皮柑橘主产区：位于长江中下游平原以南丘陵、南岭以北，包括湖北、湖南、江西、浙江4省，属中亚热带季风湿润气候类型，主要栽培温州蜜柑、南丰蜜橘、金柑。Ⅳ.四川盆地甜橙、宽皮柑橘主产区：包括四川盆地和湖北西陵峡区，属中亚热带山间盆地亚热带季风湿润气候类型，适宜种植温州蜜柑、椪柑、红橘、柠檬、葡萄柚、柚等。Ⅴ.云贵高原中低山和干热河谷柑橘混合区。位于我国西南高原，包括云南、贵州及四川凉山州和攀枝花市，本区随着海拔高低不同，生态条件各异，柑橘各种类品种都可栽培，但只能小面积集中。Ⅵ.亚热带边缘柑橘混合区。北缘地区如甘肃武都、文县；陕西汉中平原（直达安康地区），河南伏牛山以南的淅川、西峡；安徽黄山南麓和大别山南麓，江苏太湖东、西二山和拖山，上海长兴岛，以及湖南沅江和安徽歙县新安江河谷等地，属生态次适或可能种植区，作自给性栽培。边缘热带地区如广东雷州半岛和海南省等，是甜橙适宜或次适区，宽皮柑橘次适区，可作自给性生产。

二、香蕉

香蕉原产热带地区，适应热带和亚热带气候条件，对热量条件要求较高，表现为喜湿热、怕寒害和霜冻。日平均气温16～30℃适宜香蕉生长，24～30℃为生长最适宜温度，温度高，生长快，温度低生长缓慢甚至停止生长；适当的低温对香蕉生长和提高果实风味有利，20～25℃的适当低温，日夜温差大，利于花芽分化，但温度过高或过低，生长均受到抑制，甚至出现热害或寒冻害。当温度达38℃时生长停止，至40℃时出现日灼现象。温度在12℃以下，香蕉的乳液会在果皮凝固而留下一些暗褐色斑纹，影响果实外观品质和商品价值；降到10℃时几乎停止生长，3～5℃时叶片出现冻害症状，1～2℃时叶片枯萎，温度降到0℃以下易导致整株死亡。香蕉生长全生育期要求充足水分，其需水最多是营养生长旺盛期和花芽分化果实膨胀期。一般要求平均月降水量100mm才能满足香蕉的生理需要，较理想的年降水量为1 500～2 000mm。

2010 年我国香蕉收获面积为 35.73 万 hm²，产量 956.05 万 t。广东是全国香蕉最大的产区，2010 年广东、广西、海南、云南、福建 5 个主产区的香蕉产量分别为 371.27 万 t、186.49 万 t、172.29 万 t、133.58 万 t、88.21 万 t。广东省近年来香蕉种植面积相对稳定、产量略有增加。2010 年，广东省香蕉种植面积 12.55 万 hm²，比 2009 年减少 0.19 万 hm²，产量 371.27 万 t，比 2009 年增加 13.39 万 t。全省香蕉主要分布在粤西沿海，占全省产量的 69.46%。广东香蕉产量显示粤西沿海多、珠江三角洲其次、粤北山区少的趋势。2010 年广东珠三角、粤东沿海、粤西沿海与粤北山区香蕉产量分别为 80.02 万 t、20.11 万 t、257.87 万 t、13.26 万 t，分别占全省香蕉总产量的 21.55%、5.42%、69.46%、3.57%。粤西沿海是香蕉主产区，香蕉年末面积与产量在广东四大经济区域中位居首位。珠三角地区是广东省香蕉次要的传统产区，年末该区域香蕉总种植面积与总产量在全省四大区域中仍位居第二。粤西沿海区是广东香蕉的补充产区，位居全省四大区域的第三位。山区五市是香蕉次适宜区，重点发展抗寒香蕉品种，由于受自然条件的限制，山区五市只有少数地区发展香蕉种植。生产上推广的优良品种就有巴西蕉、威廉斯、矮脚遁地雷、天宝蕉、广东 1 号、广东 2 号、北蕉、漳州 2 号、巴贝多、那坡高把、龙州中把、河口高把、河口中把、红河矮把、西贡蕉和华蕉等，面积最大的三个品种分别是巴西蕉、威廉斯和广东 2 号。广西香蕉在中国各主产省区面积仅次于广东省列第二位，产量排在广东和海南之后列第三位，2007 年广西香蕉种植面积占全国种植面积的 22.5%，产量占 18%，2009 年广西香蕉面积达到历史最高的 8.19 万 hm²，产量达到 173.47 万 t，分别占当年广西区水果面积和产量的 11.34% 和 21.35%（郑文武等，2010）。中国台湾香蕉主要分布于中南部和东部地区，高雄、屏东等地一般为春夏蕉，南投、台中等县种植秋冬蕉。中国台湾传统的香蕉栽培种有北蕉，此后推广的品种有台蕉 2 号、台蕉 3 号，最近则在大力推广抗病品种宝岛蕉，又称新北蕉。2007 年收获面积增为 1.12 万 hm²，产量 22.7 万 t（杨连珍等，2008）。从全国各香蕉主产区生产特点来看，近年云南和广西两省区香蕉生产的优势开始显现。首先，滇、桂两省区是全国少有的未大面积暴发香蕉枯萎病的安全生产区域；其次，该两省区的台风、寒害风险较福建、广东乃至海南要低；其三，由于与香蕉产业发展更具潜力的越南、老挝、缅甸等东盟国家接壤，滇、桂两省区香蕉产业发展区位优势突显。因此，近年来中国香蕉种植重点区域有从粤、琼、闽向滇、桂两省区转移的趋势。

三、荔枝

荔枝是典型的南亚热带果树，年平均气温 21℃ 以上，年降水量大于 1 300mm，年日照时数 1 600h 以上的地域可栽培成活荔枝果树，当气温在 0～3℃ 时，荔枝植株会遭受不同程度的冻害，在 −4℃ 时，植株会被冻害致死。因此，冬季最低气温高于一定值才能保证荔枝的安全越冬，但荔枝的结果与否、产量高低及品质好坏主要受制于其花芽分化期和开花授粉期气候生态条件。荔枝花芽分化期若温度较高，则花芽分化过程被抑制，开花授粉期降水过多或过少，则开花授粉不良。

荔枝原产于我国，我国也是世界上栽培荔枝最早的国家。目前，我国是世界荔枝品种最丰富的国家和主要的栽培地区，全国荔枝种植面积达 60 万 hm² 以上。我国荔枝分布在北纬 18°～31° 的范围，其主产区在北纬 22°～24°30′。集中在广东、广西、福建、台湾和海南，另外，四川、云南、浙江、贵州也有少量栽培。

我国荔枝栽培地带从属两个气候带，一是北热带地区，包括广东的雷州半岛，海南省和台湾南部，适合种植早中熟品种，北热带地区的地带性土壤为砖红壤。另一区域是南亚热带地区，包括广东、广西中南部、福建东南沿海、台湾中南部和西海岸，地带性土壤为赤红壤和红壤，适宜栽培中迟熟品种。

广东是荔枝的原产地之一，已有两千多年的栽培历史。2010 年广东省荔枝种植面积为 27.58 万 hm²，产量为 91.72 万 t。分别占全国荔枝总面积和总产量的 46.0% 和 71.1%。除粤北部分市县外，其他 80 多个县市都有栽培，主要栽培品种有黑叶、糯米糍、桂味、白糖罂、白蜡、淮枝、妃子笑、三月红、大造、增城挂绿等。荔枝早、中、迟熟品种的整个鲜果供应覆盖期长达 3 个多月，大致可分早熟荔枝产区、中迟熟荔枝产区。早熟荔枝产区主要集中在茂名市及雷州半岛，这一地区近年来发展很快，栽培面积和产量不断增加，种植品种主要有白蜡、黑叶、白糖罂、妃子笑、三月红等。中迟熟荔枝产区是广东省传统的荔枝产区，栽培历史悠久。这一区域包括广东中部及东部沿海地区，栽培品种以中迟熟品种为主，包括黑叶、妃子笑、怀枝、糯米糍、桂味等。此外，还有许多有特色和有发展前途的品种和单株。东莞、增城、高州、从化、电白、广州市郊、深圳、中山、惠来、饶平、新兴等县（市）是最著名的产区。

台湾省是我国荔枝发展最快的地区，荔枝种植主要分布在台湾西南部和西部，以高雄最多，台中、南投次之，新竹、苗栗、彰化、嘉义、台南等县都有大面积栽培，主栽品种有黑叶、红荔、糯米糍、桂味、小品园、三月红、玉荷包等品种。2007 年台湾荔枝种植面积为 1.22 万 hm²，收获面积为 1.16 万 hm²。

广西除桂林高寒山区的 9 个县市外，其余 77 个市县均有荔枝栽培，东南地区是荔枝主产区，主栽品种有淮枝、大造、黑叶、水荔、玉荷包、灵山香荔、糖驳等。西南地区以南宁、隆安、横县为主要地区，主栽品种有妃子笑、糯米糍、桂味、淮枝、黑叶、尚书怀等。2010 年广西壮族自治区荔枝种植面积 21.3 万 hm²，总产量 47.61 万 t，分别占我国荔枝种植面积和总产量的 37.1% 和 27.1%，均排在我国荔枝生产的第二位。

福建荔枝主要栽培区分布在闽东南沿海，有 37 个县市栽培，2010 年福建省荔枝种植面积 4 万 hm²，以闽南和闽东南的漳州、泉州、莆田、福州为主产区，主栽品种有兰竹、陈紫、乌叶（黑叶）、元红、下番枝、宋家香、金钟、绿荷包等。

海南荔枝主要分布在北部和中部，20 个县市均有荔枝栽培，2010 年海南省荔枝种植面积 2 万 hm²，品种有妃子笑、鹅蛋、紫娘鞋、大丁香、蜜荔，为发展早熟荔枝的理想地区。

四、龙眼

我国龙眼分布在华南、华东和西南亚热带地区，其范围西起东经 100°44′ 的四川省雅碧江河谷的盐边县，东至东经 122° 的台湾省东部，南起北纬 18° 的海南岛南端，北至北纬 31°6′ 的四川省奉节县。其中主要产区集中在福建省东南部、广东、广西、四川南部和台湾省西南部（杨玉映等，2012）。此外，云南南部、贵州西北部和南部、浙江南部也有少量栽培。福建为我国历史上龙眼栽培最多的省份，主要集中在东南沿海丘陵坡地，其中泉州、莆田、厦门、福州占全省栽培面积的 90% 以上，主栽品种有福眼、乌龙岭、油潭本、水涨、扁核针等。2008 年我国龙眼种植面积为 46 万 hm²，产量 94 万 t，分别占世界的 57.5% 和 59.8%，其中广东产量占全国总产量的 45.24%，广西占 31.36%，福建占 19.73%，海南占 2.34%，其他省份仅占 2.34%。广东龙眼栽培区主要集中在广州、潮州、湛江和高州，主栽品种有石硖、广眼、草铺本、储良、大乌圆等。广西龙眼栽培主要集中在南宁、玉林、梧州和钦州地区，主栽品种有大乌圆、广眼、石硖等。福建省龙眼主栽品种有福眼、乌龙岭等加工品种，还有油潭本、赤壳、水涨等品种。台湾省龙眼分布亦甚广，早在 20 世纪末台湾就解决了龙眼隔年结果的问题，产量达 8 812kg/hm²，是单产最高的地区，可周年生产，基本不受大小年结果的影响，产量较为稳定，产地主要分布在台湾中南部，尤以台南、台中、高雄、南投最多。2008 年龙眼产量 10.63 万 t，以 8 月中下旬成熟的粉壳为主，其次是青壳和红壳，其他（如 10 月种）为特晚熟种，采收期可延至 12 月，因此价格昂贵。四川龙眼主要集中在泸州、泸县栽培，绝大多数是实生树。此外，云南龙眼主要分布在北纬 25°以南的盈江、瑞丽、潞西等地，都是实生树。贵州的赤水和习水、浙江温州地区的平阳、瑞安也有少量龙眼栽培，海南省由于气温偏高经济栽培不多。

五、优稀水果

（一）菠萝

菠萝在我国的种植历史已有 400 多年，生产区域主要集中于广东、海南、广西、云南、福建等省区，尤其是广东、海南两省，其产量分别占全国的 62.78% 和 27.64%，是我国南方最具特色和竞争优势的热带水果之一。2010 年广东、海南两省菠萝种植面积达 4.17 万 hm²、产量合计为 97.29 万 t，分别占全国的 79.6% 和 90.4%（于深浩等，2012）。2010 年广东省省菠萝种植面积达 27 513hm²，产量为 67.55 万 t。广东菠萝种植主要分布在珠江三角洲、潮汕地区、雷州半岛，仅湛江和揭阳两市种植面积就占全省的 75%（张金鸽等，2012）。中国台湾菠萝主要产区分布在中南部，以及高屏、嘉南等地，一般常年生产，但产期主要集中在 6～8 月。台湾经过多年菠萝品种选育研究，目前选育出了多种优良品种，如台农系列新品种现已选育排序至台农 21。2007 年栽培面积增为 1.14 万 hm²，产量为 47.7 万 t。

广东省菠萝种植区划分为气候最适宜区、适宜区、次适宜区和不适宜区，南部最适宜区在惠来、陆丰、海丰、惠东、宝安、珠海、阳江一线以南至雷州半岛南端以北的所有地区，该区域冬季没有寒害，菠萝生育良好，果大质优，充分表现各品种的优良种性，优质、高产、稳产；广东中南部为菠萝适宜区，在最适宜区以北至饶平、潮安、揭东、惠阳、增城、广州、鹤山、开平、阳春、信宜一线以南的所有地区，冬季有轻寒害，束叶防寒即可安全越冬，果实品质良好；次适宜区在广东中部，适宜区以北至丰顺、揭西、陆河的南部、博罗、增城的北部、从化、清新的南部、三水、高要、云浮、罗定一线以南所有的地区，冬季有霜冻，需认真防寒才能越冬，果实品质正常；其余地区为不适宜区。

（二）芒果

我国的台湾、广东、广西、海南和福建南部，云南南部、东南部和西南部有芒果种植。除台湾省外约有 100 个县（市）有芒果分布和生产。我国大陆芒果面积 6.7 万 hm²左右，产量 60 万～70 万 t。台湾芒果面积 2 万 hm²左右，产量 21 万 t 左右。广东以湛江、吴川、高州、信宜为主产区；广西以南宁、龙州至百色一带及邕宁、博白和平南等为主产区；海南以儋州、昌江、白沙、东方、乐东、三亚、陵水等县（市）为主产区；云南主要分布在文山、红河、玉溪、丽江、昭通、思茅和西双版纳等地（市、州），以景谷、景东、新平、永德、双江、河口和景洪等县（市）为主产区。广东省芒果种植面积 1.92 万 hm²，总产 18.92 万 t，海南省 2008 年为 4.7 万 hm²，总产 30.55 万 t（高爱平等，2010）。台湾种植的芒果为本地种芒果和改良种芒果，主产区分布在屏东、台南及高雄等地。2007 年台湾本地种芒果种植面积 5 391 hm²，收获面积为 5 112 hm²，改种芒果收获面积 1.3 万 hm²，产量 16.9 万 t。

（三）枇杷

枇杷原产中国福建、四川、陕西、湖南、湖北、浙江等省，现分布于中南及陕西、甘肃、江苏、安徽、浙江、江西、福建、台湾、四川、贵州、云南等地。长江以南各省多作果树栽培，江苏苏州吴中区（吴县）洞庭山（东山照种白沙枇杷），浙江杭州市余杭区的塘栖（软条白沙）宁海、三门白枇杷，福建莆田的宝坑（大钟、解放钟），安徽省歙县为中国主要的枇杷产地，全国 2009 年种植面积近 8.7 万 hm²，总产 30 万 t。

（四）杨梅

杨梅为中国特产，全球杨梅现有经济栽培面积约 40 万 hm²，年产量 100 万 t，98% 以上产自中国。中国杨梅分布在东经 97°～122° 和北纬 18°～33°，经济栽培集中在东经 103° 以东和北纬 31° 以南地区（缪松林等，1995），主要分布在浙、闽、苏、粤、滇、渝、川、黔、桂等省（自治区、直辖市），经济栽培则集中在东南沿海的浙、苏、闽、粤、赣、皖、湘、黔等省，其中浙江省杨梅栽培面积和产量均居全国之首，来自浙江的东魁杨梅、荸荠种杨梅、丁岙梅和晚稻梅等 4 个品种占全国杨梅栽培总面积和总产量的 60% 以上（陈方永，2012a）。其中，东魁杨梅面积和产量分别约有 8.5 万 hm² 和 28 万 t，占全国杨梅总面积的 20%，总产量的 28%（陈方永，2012b）。杨梅最适宜栽培生态区位于苏南、浙、闽、粤等东南沿海及桂西南、黔中西及滇中南；适宜栽培生态区包括赣、湘、鄂、川及粤北、桂北及桂西和雷州半岛等地（李兴军等，1999）。

第二节　南方不同类型果树土壤养分状况

南方果树主要种植在土壤肥力贫瘠的地带性酸性土壤（棕黄壤、黄壤、红壤、赤红壤和砖红壤等）和紫色土的坡、旱地，只有极少部分种植在灌溉方便的水田、旱地和水浇地上，其中多年生木本果树的种植制度为连作，香蕉、菠萝、番木瓜等果树的种植制度为有限连作基础上的轮作，土壤类型主要有黄壤、红壤、赤红壤、砖红壤、水稻土。由于施肥方式与其他大田作物不同，土壤肥力和养分发生了显著的变化。

一、坡、旱地果园土壤养分状况

南方坡、旱地果树施肥和土壤改良多采用扩穴方式，通常在定植前进行种植穴土壤改良，定植后再扩穴至全园改良。在果树种植期一般采用每个种植穴施用腐熟有机肥、磷肥（过磷酸钙或钙镁磷肥）、石灰。定植穴的上部表土与部分石灰混匀后回填，在回填土上种植果苗。幼年树扩穴改土次数一般每年 3～4 次，可在植株不同方向挖沟（深度 0.5m，长度 0.5m），每株每次施腐熟有机肥、石灰、磷肥。按扩穴同样方法分层施用。果树挂果后每年扩穴一般在采果结束或冬至前后，每年各在两个方向挖环沟，方法与幼龄树同。施肥方式有撒施、开沟施肥，使用部位为树冠滴水线内外 10～20 cm 范围。沟施以树干为中心弧状沟或环状沟，宽 20～30 cm，深 20～40 cm，肥料与土壤混合施入。这种施肥方式加剧土壤肥力的不均匀性，体现在水平方向上树冠内和树冠外的土壤肥力有明显差别，垂直方向上存在着不同层次土壤肥力有明显差别。另外，坡地有一定的坡度，导致坡顶和坡脚土壤肥力也有一定的差别。据彭智平等（1999）未发表的成果材料研究，种植 6～10 年芒果园树冠内土壤表层（0～20 cm）与树冠外土壤比较：土壤有机质、碱解氮和速效钾分别增加 3.3g/kg、15.6 mg/kg 和 51.3 mg/kg，成对比较达显著或极显著水平，但土壤 pH、代换钙、代换镁含量显著降低，分别达 0.81 cmol/kg 和 0.55 cmol/kg。树冠内表层 0～20 cm 土壤与 20～40 cm 土壤（芒果根密集部位）比较 pH 提高 0.24，有机质提高 7g/kg，有效氮磷钾养分值分别提高 7.3 mg/kg、13.4 mg/kg 和 37.1 mg/kg，代换钙、镁分别提高 0.72 cmol/kg 和 0.08 cmol/kg。

（一）柑橘类果园土壤养分状况

目前广东对柑橘类果园土壤养分状况进行了大量研究。姚丽贤等（2006b）采集了广东省柑橘主产区果园土壤样本 70 个，进行测定显示柑橘园土壤主要障碍因素是低镁缺硼及钾、钙、镁养分不平衡；与 20 世纪 80 年代末相比，土壤有效磷、锌、钾和氮含量有较大提高，有效钙含量降低，其余养分变化不大。土壤钙、镁含量在低水平上渐趋于相对平衡，而钾、镁不平衡状态仍然存在，甚至有所加剧。黄建昌等（2011）对广东沙糖橘产区 15 个丘陵山地果园土壤肥力测定结果显示：土壤 pH 平均为 4.68，在酸性和强酸性水平的分别占 60.0% 和 40.0%；土壤有机质含量平均为 12.5g/kg，在偏低水平以下的有 9 个，占 60.0%；有效氮含量平均为 90 mg/kg，6.67% 显示不足；有效磷含量平均 26 mg/kg，含量在 12 mg/kg 以下的占 13.73%；有效钾含量平均为 62 mg/kg，含量在 80 mg/kg 以下的占 80%；有效钙、有效镁和有效硫含量平均值分别为 371 mg/kg、64 mg/kg 和 18 mg/kg，分别有 60%、93.33% 和 6.66% 处于低量水平。有效硼、锌平均值分别为 0.26 mg/kg 和 0.57 mg/kg，分别有 40% 和 66.7% 处于低量水平；有效铁、锰、铜平均值分别为 226 mg/kg、101 mg/kg 和 1.58 mg/kg，全部处于丰富水平。广东沙糖橘主产区内丘陵山地沙糖橘园土壤 pH 基本上为酸性和强酸性，有效铁、锰含量为高量或过量水平，有效氮、磷含量为中量至高量水平，反映出偏施氮肥比较明显；有机质、有效硫、钾、钙、镁、硼缺乏。李淑仪等（2012b）对广东郁南沙糖橘果园土壤测定结果显示：土壤有机质含量总体处于中等偏低水平。土壤全氮主要在中等至偏低水平之间；坡地果园的有效磷大多偏低，水田果园有效磷处于适量至高量水平，缺磷和缺钾的主要是坡地果园，而高磷和高钾的主要是水田果园；土壤交换钙、交换镁和有效硼普遍缺乏，有效铜、有效锌个别缺乏，部分果园缺有效铁，有效锰、有效硫含量普遍较高。涂常青等（2009）对梅州市沙田柚产区 40 个土壤样品分析显示：全磷处于极缺状况，全氮和缓效钾处于适宜水平，速效养分中表现为土壤碱解氮缺乏。从所收集的研究结果，柑橘园土壤存在着不同程度的土壤酸化、有机质、钾、钙、镁、硼缺乏，磷、硫、锌元素部分缺乏的问题，而铁、锰处于丰富甚至毒害水平。

黄玉溢等（2006）对广西柑橘主产区果园 0～30 cm 的 56 个土壤样品进行测试结果显示：广西柑橘园土壤有机质含量比较丰富，高于 15g/kg 占 89.28%，土壤有效 N、P、K 缺乏的比例分别占全区柑橘园的 30.36%、32.14% 和 28.57%；土壤有效 Ca、Mg、B 缺乏程度比较严重，而有效 Fe 和 Cu 含量过高。范西宁等（2007）对广西红壤柑橘园 7 个土壤剖面的 26 个土样样品有效微量元素含量进行分析，结果表明有效 B、Zn、Mo 严重缺乏；由于长期使用含 Cu 杀菌剂，导致部分果园土壤剖面中有效 Cu 含量过高；此外，有效 B、Cu 含量在土壤剖面中分布自上而下存在明显的递减性，而有效 Zn、Mn、Mo 的分布则无明显规律。杨彬文等（1999）调查分析了福建琯溪蜜柚主产区果园 150 个土壤样品，pH 范围为 3.92～5.96，处于极强酸性至酸性，有机质含量大于 15g/kg 的样品有 76 个，占调查样品总数的 57%，速效钾有 68 个样品低于 100 mg/kg、138 个样品土壤有效磷含量高于指标，占总数的 92%。交换态钙有 99 个样品低于 500 mg/kg，交换态镁有 92 个样品低于 80 mg/kg，分别占调查点数的 45%，66%，61%，代换态锰含量有 104 个样品低于 3 mg/kg（平均为 1.27 mg/kg），易还原态锰含量有 147 个样品低于 100 mg/kg（平均为 17.7 mg/kg），两种形态的锰处于缺乏水平的样品分别占调查总数的 69%、98%。章明清等（2003）对 10 个土样（0～30 cm 土层）分析测试结果表明，平和琯溪蜜袖果园土壤酸性较强，有机质含量偏低；有效氮磷钾含量较丰富，水解性氮大于 120 mg/kg，有效磷大于 30 mg/kg、速效钾高于 100 mg/kg 的土样分别占 42%、7% 和 57%；钙镁及微量元素含量以中等到丰富水平的样品居多。

王富华等（2001）在湖北省柑橘主产区选择 118 个代表性果园土壤测定其主要营养元素含量表明：全省柑橘园土壤 pH 为 4.15～8.19，均值 6.13，土壤 pH 绝大部分适宜柑橘生长，只是鄂西北郧县土壤 pH 偏高，土壤有机质含量平均值为 14.8g/kg，有机质分布也是从鄂西北向鄂东南逐渐增加，从整体看土壤有机质缺乏，鄂西北更甚。土壤有效氮、有效磷、速效钾含量平均值分别为 80.4 mg/kg、24.1 mg/kg、97.9 mg/kg，处于低量级以下样本分别占 80.6%、98.3%、78.0%，呈现从西北向东南和东部增加的趋势；土壤有效钙、镁含量低量级各占 1/3，土壤有效锌、有效铜、有效锰、有效铁、有效钼平均值分别为 1.04 mg/kg、0.89 mg/kg、17.50 mg/kg、20.20 mg/kg、0.15 mg/kg，低于临界值样本分别占 91.5%、2.5%、11.0%、98.3% 和 62.3%。鲁剑巍等（2002）对湖北省柑橘主产区的 143 个柑橘园的 0～30cm 土壤样品进行了测试分析，结果表明，全省有 89.5% 的柑橘园土壤 pH 适合柑橘生长；有 59.4% 的柑橘园土壤有机质含量偏低，土壤速效 N、P、K 为缺乏级别的分别为 78.3%、44.1% 和 77.6%；中量元素养分 Ca、Mg 缺乏级别分别为 39.1% 和 37.1%；有 34.3%、20.3%、16%、8%、63.6%、35.5% 和 77.4% 的柑橘园缺乏有效 Fe、Mn、Cu、Zn、Mo 和 B。土壤有效 Ca、Mg、Fe、Mn、Cu、Mo 含量在部分柑橘园存在过量现象，分别占调查柑橘园的 9.8%、4.9%、7.7%、4.9%、3.5% 和 4.0%。

湖南省各地对 2005—2007 年不同区域的土壤养分状况研究表明，湘北地区柑橘园土壤有机质为 19.5g/kg，含量中等；全氮为 1.32g/kg，碱解氮 113.5 mg/kg，氮素也处于中等水平；有效磷为 43.3 mg/kg，较为丰富；速效钾为 169.3 mg/kg，该区柑橘园是湖南省柑橘土壤速效钾最高的区域，pH 为 5.6，适合柑橘生长；湘中地区土壤有机质为 29.7 g/kg，较为丰富；全氮为 1.70g/kg，碱解氮 133.6 mg/kg，氮素为中等偏上水平，该区柑橘园是湖南省柑橘土壤速效氮最高的区域；有效磷为 15.8 mg/kg，磷素有所欠缺；速效钾为 79.1 mg/kg，钾素不足。pH 为 5.5，适合柑橘生长；湘南地区土壤有机质为 23.4g/kg，处于中等水平；碱解氮 119.9 mg/kg，氮素略显不足；有效磷为 29.6 mg/kg；速效钾为 135.7 mg/kg，为中等水平。pH 为 6.1，适合柑橘生长；湘西地区土壤有机质为 31.7g/kg，处于丰富水平；该区碱解氮 122.9 mg/kg，处于中等水平；有效磷为 24.4 mg/kg；速效钾为 86.7 mg/kg，略微不足，pH 为 6.2，适合柑橘生长。

王男麒等（2012）对江西赣南 16 个县（市）223 个代表性柑橘园的背景土壤样品（5～35 cm）进行了测试分析。表明赣南地区有 65.0%的果园背景土壤 pH 适宜或较适宜柑橘生长，95.5%的果园土壤有机质含量偏低，有效氮（碱解氮）、有效磷、有效钾缺乏的果园比例分别为 40.8%、91.0%和 29.6%，中量元素养分有效钙和有效镁缺乏的果园比例分别为 44.8%和 89.2%，分别有 5.8%、14.4%、44.6%、26.0%和 67.3%的果园缺乏有效铁、有效锰、有效锌、有效铜和有效硼。另外，土壤有效钙、有效铁、有效锰、有效锌和有效铜在部分柑橘果园背景土壤中存在过量现象，出现比例分别为 3.6%、4.5%、9.9%、2.2%和 4.5%。赣南地区柑橘园在目前栽培管理基础上需重视调节土壤 pH 及补充有机质、钙、镁和锌肥。梁梅青等（2010）采集赣南脐橙园土壤 1 405 个农化样和 229 个背景样品表明，与背景土壤相比，赣南脐橙园农化土壤 pH 平均下降了 0.46 个单位，pH<4.5 的强酸性农化土壤占样本总数的 45.7%，比背景样增加了近 15 个百分点，脐橙园土壤普遍酸化；不同种植年限脐橙园前 4 年土壤酸化趋势比较明显；不同土壤类型 pH 下降最大的是紫色土，为 1.36 个单位。

刁莉华等（2012）研究了脐橙园土壤有效镁，结果表明，全部背景样和全部农化样的有效镁含量平均值仅分别为 35.19 mg/kg 和 46.81 mg/kg，背景样和农化样有效镁缺乏的果园比例分别达到了 89.52%和 87.65%，只有 6.11%背景样和 5.29%农化样有效镁含量达到适量水平；土壤农化样有效镁含量最高的是赣南 3 个脐橙大县之一的信丰，但也仅为 65.30 mg/kg，而另 2 个脐橙大县安远和寻乌的土壤农化样有效镁含量仅分别为 33.51 mg/kg 和 31.35 mg/kg，这两县缺镁果园比例也分别高达 99.09%和 94.07%。

浙江柑橘主产区土壤 pH 在 4.8～8.5，pH 适宜柑橘生长的土壤占 75.0%，其中最适范围（pH5.5～6.5）的占 5.0%，偏酸的（pH<4.8）占 25.0%。山地土壤酸化现象较严重，土壤有机质状况存在不平衡，有 60.0%的土壤有机质含量大于 15g/kg，但其中含量大于 30g/kg 有机质为丰富的只占 5.0%；而有机质小于 10g/kg 的占 5.0%，偏低范围（10～15g/kg）的占 35.0%；碱解氮属适量范围的占 65.0%，缺乏的占 30%，高量的占 5.0%；土壤有效磷属适量范围的占 50.0%，极缺和缺乏的均占 10.0%，高量和过量的各占 30.0%和 15.0%；钾素总体比较缺乏，土壤速效钾适量的较少，仅占 25.0%，其中极缺的占 5.0%，缺乏的占 40.0%，高量和过量的分别占 20.0%和 10.0%，对缺钾的柑橘园应增施钾肥以达到稳产优质的目的。有效钙适宜和高量分别占总样的 25.0%和 5.0%，极缺和缺乏的却占 50.0%和 10.0%，过量的占 10.0%；有效镁极缺和缺乏的各占 40.0%、20.0%，适量和高量的分别占 10.0%和 30.0%。总体而言，台州柑橘主产区有效钙、镁缺乏现象较严重，有效硼缺乏和极缺的分别占 60.0%和 10.0%，适量的仅占 20.0%；土壤有效铜、有效钼存在过量问题，其中有效铜高量和过量的分别占 25.0%和 55.0%，而适量的仅占 15.0%，不存在缺乏现象；土壤有效铁高量和过量的分别占 35.0%和 45.0%，适量和缺乏的均占 10.0%；土壤有效锌适量和缺乏的分别占 40.0%和 5.0%，而高量和过量却占 55.0%；土壤有效钼既存在缺乏现象又有过量问题，其中极缺和缺乏的分别占 10.0%和 30.0%，高量和过量的各占 15.0%，适量的占 30.0%。潘兰贵等（2013）对千岛湖库区柑橘园 78 个样点 0～40 cm 土壤营养现状进行了取样分析，结果显示：58.97%土壤是 pH<4.8 的偏酸性土，只有 19.74%的土壤有机质含量丰富，90.79%土壤碱解氮、32.05%土壤有效磷、65.79%的土壤速效钾含量呈极缺和缺乏状态，44.87%土壤有效磷、5.26%土壤速

效钾含量呈超量状态。

重庆柑橘产区集中在三峡重庆库区，三峡重庆库区柑橘园土壤有机质总体含量较低，鲜食橙园土壤有机质含量高于加工橙园；库区橘园土壤氮含量较低，土壤有机质含量平均为14.8g/kg，土壤碱解氮含量变幅大，为21.2～401.2 mg/kg，平均为82.5 mg/kg，有效磷含量平均值为17.6 mg/kg，有效钾含量平均值为136.2 mg/kg，有一部分橘园土壤有效磷含量还是偏低。紫色土橘园土壤钾素含量并不缺乏，但是也有部分橘园钾含量偏低。三峡重庆库区柑橘园均不同程度地存在缺乏土壤微量元素 B、Zn、Fe、Mn、Cu 现象，同时有效Fe、Mn、Cu 在一些地区还存在一定比例的过量。有效硼含量平均值为 0.25 mg/kg，含量不足。有效锌含量平均值为 1.31 mg/kg，有效铁含量平均值为 34.50 mg/kg，有效锰含量平均值为 20.83 mg/kg，有效铁、锰含量充足（温明霞等，2011；周鑫斌等，2010）。韩庆忠等（2008）的研究显示：三峡库区紫色砂岩分布区脐橙园土壤有机质含量分布不均，多数处于较低水平，且具有缺 N、低 P、富 K 的特点；土壤速效态 N、P、K 含量差异较大，65％土壤有效态 N 缺乏，45％左右土壤速效 P、K 含量偏低；有效 Zn 缺乏的土壤占有较高比例。

（二）荔枝、龙眼土壤养分状况

广东省农业科学院土壤肥料研究所对全省 8 个市荔枝产区的 64 个土壤样本（深度 0～30 cm）的测试结果表明（李国良等，2009），有机质含量在5.1～68.8g/kg，平均值为15.6g/kg，处于低水平的占 47.8％；碱解氮在5.3～152.9 mg/kg，有 58.3％处于较低水平；有效磷的范围为 2.1～337.8 mg/kg，有 10.5％的土壤样本处于较低的水平；有效钾为8.3～598.2 mg/kg，有 31.4％的土壤处于较低水平，表明荔枝园土壤氮最为缺乏，其次为钾，磷在大多果园已经充足。中量元素钙的养分值为 15.6～1 576 mg/kg，有 79.1％的土壤钙含量小于 500 mg/kg，镁的养分值为 14.6～207.4 mg/kg，有 98.5％的土壤镁含量少于100 mg/kg，硫的养分值为 9.3～124.0 mg/mg，有 15％的土壤硫含量小于 16 mg/kg，表明广东省荔枝园土壤中钙和镁的缺乏成为普遍性的问题，加强钙和镁的补充，调节钾与钙镁的平衡，成为土壤养分管理的重要内容。微量元素中，有效铁最为丰富，平均值达 71.4 mg/kg，没有出现低铁的土壤；有效锰平均值为 113.3 mg/kg，处于较低水平的有 23.4％；有效硼平均值为 0.16 mg/kg，处于较低水平的占 98.4％；有效锌平均值为 2.1 mg/kg，有26.6％的土壤处于较低水平。因此，荔枝栽培中要注重硼、锌、钼、锰等微量元素的合理使用，使其能在果树的花果发育中发挥真正的作用。根据庄伊美等（1994）的研究材料，福建的乡城、龙海、漳浦、南进、长泰等 6 个生产县区进行的 120 个土壤样本中微量元素测定表明，土壤有效锌平均值为 4.4 mg/kg，有 20％处于较低的水平；土壤活性锰平均值为 2.4 mg/kg，有 60％样本的锰含量较低；有效铜平均值为 1.3 mg/kg，有 80％的样本铜含量较低；有效硼的平均值为 0.3 mg/kg，有 79.2％的样本硼含量较低；有效钼平均值为 0.28 mg/kg，有 10％处于较低的水平；大部分样本有效铁含量较高，土壤酸度（pH）7.6～8.7的土壤铁处于较低水平。从整体来看，福建省荔枝园土壤铁、锌、钼较为充足，而锰、硼和铜较为缺乏，与广东省土壤养分分析结果有一定的差别。土壤不同深度的养分测定结果（黄锡栋等，1996），随着土壤深度的增加土壤酸度增加，而有机质、有效氮磷钾则有所下降，与广东土壤的情况基本一致。根据江泽普等（2003）对广西红壤荔枝园 37 个样本测定结果显示，有机质平均含量为 19.1g/kg，全氮、有效磷和有效钾的平均值为 1.26g/kg、17.4 和

97.0 mg/kg，按贫瘠化指数评价，有机质有 27％的样本达到中度或重度贫瘠，全氮有 32％的样本达到中度或重度贫瘠，有效磷和有效钾分别有 75％和 67％的样本达到中度或重度贫瘠的水平。因此，氮、磷、钾的平衡供应是广西红壤荔枝园的重要措施。

海南荔枝园土壤氮、磷、钾养分有特别之处，据陈明智等（2001）报道，48 个土壤测定结果，土壤有机质平均值为 20.58g/kg，属严重缺乏的仅有 8％，土壤有效氮、有效磷和有效钾分别有 2％、100％和 100％的样本处于缺乏水平，一方面说明海南省荔枝园土壤磷和钾的有效性低，这与砖红壤对磷的高度固定有关。另一方面，说明氮肥过多使用，有必要采用平衡施肥并提高磷肥的施用，如使用钙镁磷肥和部分酸化磷肥。

张发宝等（1998）采集了广东龙眼 24 个产区的代表性土壤，采用 ASI 方法测定显示土壤有机质含量平均为 10.9g/kg，土壤速效态氮含量平均为 33 mg/L，低于临界值（50 mg/L），占全部被调查果园的 96％；土壤有效态磷含量平均为 11.1 mg/L，低于临界值（12 mg/L）的有 20 个土样，占 83％；土壤速效态钾含量平均为 55.2 mg/L，低于临界值（78 mg/L）的有 18 个土样，占 75％；速效态钙含量平均为 585 mg/L，低于临界值（400 mg/L）的有 16 个土样，占 67％；速效态镁含量平均为 50.4 mg/L，低于临界值的有 23 个土样，占 96％；速效态硫含量平均为 24.8 mg/L，低于临界值的有 8 个土样，占 33％。速效态硼、铜、锌、铁、锰平均含量分别为 0.19 mg/L、0.99 mg/L、1.67 mg/L、151 mg/L、8.0 mg/L，低于临界值的百分率分别为 63％、88％、86％、0％和 46％。表明龙眼立地土壤养分含量尚不平衡，养分障碍因子较多，除氮、磷、钾含量普遍偏低外，中微量元素如钙、镁、锌、铜等易淋溶的二价阳离子养分含量也处于较低水平，特别是镁，其缺乏范围已接近氮。

受施肥习惯和自然因素的影响，会出现土壤养分依深度而变化的现象。据罗薇（1994）对广东东莞、增城荔枝园 5 个土壤剖面的研究，土壤有机质含量为 0.5～31.0g/kg，土壤酸度（pH）为 4.1～5.3，土壤盐基代换量为 2.5～10.2 cmol/kg，表层盐基饱和度小于 20％，土壤表层酸度大于次表层，保肥和供肥能力以次表层较低，各种有效养分含量均以表层较高，而次表层多数营养元素达到缺乏的水平。因此，荔枝园应重视土壤酸性的改良，增加有机肥的使用，以提高土壤的保肥能力，改善深层土壤的营养水平。因为荔枝根系往往在20～40 cm 处最为密集，这样荔枝园土壤和树体的养分才会得到真正的改善。

（三）优稀水果果园土壤养分状况

据彭智平等（1999）未发表的成果材料研究：采集广东省芒果产区树冠内土壤分析显示：0～20 cm 土壤有机质平均含量为 15.8g/kg，处于缺乏的样本占总样本的 54.5％，氮、磷、钾有效养分值分别为 76 mg/kg、19.4 mg/kg 和 97.5 mg/kg，处于缺乏的百分率分别为 36.3％、27.2％和 54.4％，土壤 pH 平均值为 4.93，阳离子代换量、代换性钾、钙、镁含量平均值分别为 8.12 cmol/kg、0.3 cmol/kg、2.57 cmol/kg、0.62 cmol/kg，土壤活性铝、交换性铁、锰平均含量分别为 851 mg/kg、174 mg/kg、51 mg/kg，反映出现有施肥措施忽视了土壤 pH 和保肥供肥能力的改良。微量元素铁、锰、铜、锌、硼有效养分值分别为 76 mg/kg、100 mg/kg、1.68 mg/kg、1.61 mg/kg 和 0.18 mg/kg，低于临界值的土样占 0％、31.5％、31.5％、26.3％和 52.6％。芒果园土壤中存在着土壤酸化、氮、钾、钙、镁、硼缺乏，磷、锰、铜、锌部分缺乏，土壤保肥能力低的现象。姚宝全等（2008）通过对莆田代表性枇杷园土壤测定表明：莆田绝大部分枇杷园土壤呈强酸性或极强酸性，有机质含量中等，供磷能力较强，供钾能力中上，但供氮能力多有不足，土壤的供钙、供镁能力属中上水平，土壤的锌、铁和锰较丰富，铜、钼含量属中下水平，但硼则普遍较缺乏。吴惠姗等（2005）采集广东部分橄榄园土壤测定显示：土壤 pH 平均为 4.73，属于强酸性，土壤有机质平均含量为 16.59g/kg，速效钾平均含量为 42.70 mg/kg，有效磷含量极低，平均只有 0.78 mg/kg，交换钙亦偏低，有效硼的平均含量为 0.208 mg/kg，养分十分贫乏，橄榄园土壤中钾、钙含量低对产量影响大。孟赐福等（2006a）对浙江杨梅产区土壤研究显示：有机质含量较适中，一般在 17.7～24.3g/kg，平均 20.5g/kg；全钾含量为 1.81～2.41g/kg。有效氮的含量比较低，碱解氮一般为 71～135 mg/kg，超过 120 mg/kg 的只有 9.1％。土壤有效磷（Bray-1 法）的含量非常低，平均只有 4.51 mg/kg，处于严重缺磷状态；速效钾（K）含量为 83～121 mg/kg，平均 97.6 mg/kg。姜丽娜等（2008）对浙江省荸荠种、丁岙、东魁、晚稻等四大主要杨梅品种原产地土壤的调查和分析表明，杨梅产地土壤 pH 为 4.25～6.25，有机质 16.17g/kg、全氮 0.97g/kg、碱解氮 114.9 mg/kg、有效磷 14.7 mg/kg、速效钾 104.7 mg/kg、有效硼 0.44 mg/kg、有效铜 2.45 mg/kg。浙江省杨梅主产区的主要养分限制因子是氮、磷、钾和硼。

（四）木本果树土壤养分诊断标准

目前我国的土壤养分分级标准是以土壤养分测定值与作物养分吸收量或产量的关系制订的，在果树应用上其科学性和适用性值得探讨。我国果树产区科学工作中对果园土壤养分诊断标准进行了一系列研究，福建庄伊美等（1995，1996）总结了南方果园土壤不同作物养分营养元素适宜指标（表 12-2-1）。

表 12-2-1　南方果园土壤养分营养元素适宜指标

项目	荔枝	柑橘	龙眼
有机质（g/kg）	10～15	15～30	1～2
全氮（g/kg）	＞0.7	1.0～1.5	＞0.5
水解氮（mg/kg）	7～15	10～20	7～15
速效磷（mg/kg）	＞15	10～40	10～30
速效钾（mg/kg）	40～100	100～300	50～120
代换钙（mg/kg）	150～1 000	500～2 000	150～1 000
镁（mg/kg）	40～100	80～125	40～100
铜（mg/kg）	1.0～5.0	2.0～6.0	1.2～5.0
锌（mg/kg）	1.5～5.0	2.0～8.0	2.0～8.0
锰（mg/kg）	1.5～5.0	3.0～7.0	1.5～5.0
硼（mg/kg）	0.4～1.0	0.5～1.0	0.4～1.10
铁（mg/kg）	20～26	20～100	20～60
钼（mg/kg）	0.15～0.32	0.15～0.30	0.15～0.32

二、水田、园地果树土壤养分状况

种植于水田、园地的果树主要为对水肥要求较高的香蕉、番木瓜，部分木本果树如荔枝、龙眼、柑橘种植于水田、园地的面积较少。姚丽贤等（2005）对广东省茂名、广州、中山、东莞、肇庆、惠州等香蕉主产区的 110 个土壤样本测定结果显示土壤有机质平均为 17.6g/kg，碱解氮、有效磷、速效钾和缓效钾分别为 98.0 mg/kg、189.7 mg/kg、240.5 mg/kg 和 596.6 mg/kg；有效钙、有效镁、有效硫含量平均值分别为 1 225.4 mg/kg、172.9 mg/kg 和 109.3 mg/kg。微量元素有效铁、有效锰、有效硼和有效锌含量平均值分别为 168.4 mg/kg、73.0 mg/kg、0.6 mg/kg 和 5.2 mg/kg。有机质含量为三、四级水平的占 88.5%，碱解氮三、四级水平的占 67.9%，整体上为中下水平；有效磷含量丰富，一、二级水平的占 92.9%；速效钾含量一、二级水平的占 62.9%，三、四级水平的占 32.8%，整体上含量较高；缓效钾含量也较高，一、二级水平的占 82.7%；有效钙含量一级水平的占 35.7%，三、四级水平的各占 27.4%，整体上为中上水平；有效镁四级水平的占 40.5%，一、三级水平的分别为 25.0% 和 26.2%，整体上为中下水平；有效硫含量高，一级水平的占 85.7%。土壤微量元素中，有效铁含量丰富，一、二级的占 95.6%；有效锰含量一级水平的占 53.6%，但五级水平的占 25.9%，含量丰富及严重缺乏情况同时存在；有效硼含量普遍较低，四、五级水平的共占 71.7%；有效锌则含量丰富，一、二级水平的共占 98.8%。香蕉园土壤有机质、有效镁含量中下，有效磷、有效铁、有效锌含量丰富，有效钙含量中上，速效钾、缓效钾、有效硫含量较高，而有效锰则丰富与缺乏情况均存在，有效硼普遍较缺乏，整体上香蕉园土壤养分含量较高。杨苞梅等（2012）应用土壤养分状况系统研究法，对广东省雷州半岛和粤西地区典型蕉园土壤进行养分吸附特性研究表明：雷州半岛砖红壤对磷、钾、硼和锌的平均吸附率分别为 69.2%、24.3%、52.9% 和 26.7%，粤西地区蕉园土壤对磷、钾、硼和锌的平均吸附率则分别为 43.9%、17.0%、39.8% 和 22.5%。蕉园土壤对磷、硼的吸附能力较强，对钾和锌的吸附较弱。雷州半岛蕉园砖红壤对磷、钾、硼和锌的吸附能力要强于粤西蕉园土壤。

庄绍东（2003）对漳州地区南靖、芗城、平和、长泰 4 个县（区）0～40 cm土层的 122 个蕉园土壤样品分析结果显示土壤 pH 偏低，90.98% 的土壤 pH<5.51，部分土壤氮、钾、钙、镁、硼含量较低，其中 55.74% 的土壤碱解氮、20.49% 土样速效钾、52.46% 土壤交换性钙和 38.52% 土壤交换性镁含量分别低于 100 mg/kg、80 mg/kg、2.5 cmol/kg 和 0.4 cmol/kg 的临界水平。所有土壤的有效硼含量均低于 0.5 mg/kg。

廖志气等（2006）对海南岛 5 大香蕉种植区（乐东、东方、昌江、临高、儋州）的 57 个蕉园土壤样本与 20 个未植蕉的对照样本测定结果比较显示：蕉园土壤较对照土壤 pH 下降 0.27～0.91 个单位，有机质下降 0.009～0.063 g/kg，碱解氮下降 0.72～22.75 mg/kg；有效磷大量积累，上升 17.4%～1 552.4%。中量元素交换性钙、速效硫含量有一定幅度的增加，其中钙上升 0.39～3.94 cmol/kg，硫上升 1.52～43.00 mg/kg；交换性镁下降0.01～0.15 mg/kg。微量元素有效铜上升 0.16～1.49 mg/kg，速效锌、速效硼分别下降 0.10～2.04 mg/kg 和 0.01～004 mg/kg。

第三节　不同类型果树阶段营养规律与施肥技术

土壤肥力是果树优质高产的物质基础，由于南方果树多数种植在丘陵坡地，土壤养分肥力水平较低，出现缺素和营养不平衡的机会较大。过去的果树科研和技术推广，乃至农户的田间管理都过分强调品种、树冠管理、农药和植物生长调节剂的使用，往往把土壤养分管理和科学施肥放到配角的位置，在目前的果树生产中，普遍存在偏施氮肥，不注重补充中微量元素的现象，施肥比例严重失调，造成产量低而不稳，导致经营成本上升，种植效益下降。因土施肥和平衡施肥技术的研究与推广使用成为南方果树科研和栽培的薄弱环节。

与大田作物相比，果树作物在栽培和营养特性等方面具有特殊性，体现在如下方面。

一是果树作物具有深根性。根系密集深度可达 60 cm，有的根系到达地下水位才不再伸展。采集土壤样本时，要根据根系消耗营养的主要部位来决定采样方法。

二是果树作物尤其是多年生木本果树在栽培上对生长控制有特别的要求，如荔枝的结果梢必须在规定的时间内生长并老熟，这样才能为花芽分化创造条件。因此，在施肥技术上必须结合生长调控措施，与生长调控要求同步。另外，中微量元素的使用必须土施与喷施相结合，以保证关键生产期有充足的养分供应。

三是果树作物具有养分储存性，树干为储存养分的重要部位。

四是果树作物对营养元素之间的平衡较一般大田作物更敏感，如使用过多的钾肥会产生缺镁症。

在国际上，一般土壤测定与叶片分析相结合，并根据试验结果制订出施肥措施，即把土壤和叶片诊断的半定性与肥料配方区域试验相结合。根据土壤和叶片分析结果提出矫正缺素的方案，使作物的纠正缺素肥效得到体现，根据养分元素的不同配比试验得出在不同产量水平条件下的营养配比，使作物的平衡肥效得到体现。

一、不同类型果树阶段营养规律

（一）柑橘类果树

柑橘类果树年带走的氮、磷、钾量受土壤、品种、树龄、产量和施肥等条件的影响。根据广东省杨村华侨柑橘研究所的材料：6 年树龄雪柑每 667m² 产 1.91t，每吨鲜果带走 N 1.93kg，P_2O_5 0.22kg，K_2O 2.36kg；19 年树龄甜橙每 667m² 产 2.35 t，每吨鲜果带走 N 1.62kg，P_2O_5 0.23kg，K_2O 2.10kg；6 年树龄夏橙每 667m² 产 0.93 t，每吨鲜果带走 N 1.79kg，P_2O_5 0.24kg，K_2O 2.36kg；15 年树龄椪柑，每吨鲜果带走 N 1.74kg，P_2O_5 0.22kg，K_2O 2.03kg；4 年树龄蕉柑，每吨鲜果带走 N 2.10kg，P_2O_5 0.22kg，K_2O 2.18kg。李淑仪等（2012a）对沙糖橘的研究显示：生产 1 t 沙糖橘鲜果，需 N 1.242kg、P 0.138kg、K 1.366kg、Ca 0.476kg、Mg 0.126kg、Fe 0.72g、Mn 0.97g、Cu 2.47g、Zn 1.58g、B 1.34g。

每生产 1 000kg 柑橘鲜果带走氮 1.1～2.0kg（表 12-3-1），不同品种差异较大，但 N：P_2O_5：K_2O 比例基本一致，为 3：1：5。

表 12-3-1　我国不同栽培品种每生产 1 000kg 柑橘鲜果养分带走量（kg）

品种	N	P_2O_5	K_2O	CaO	MgO
温州蜜柑	1.96	0.40	2.06	0.92	0.33
椪柑	1.70	0.50	2.80	0.30	0.10
蕉柑	1.90	0.40	1.60	0.30	0.20
甜橙	1.46	0.53	3.22	0.78	0.38

（续）

品种	N	P₂O₅	K₂O	CaO	MgO
脐橙	1.78	0.54	2.98	0.34	0.30
金柑	1.36	0.52	2.74	0.35	0.33
柠檬	1.63	0.84	2.23	1.58	0.23
葡萄柚	1.10	0.50	2.40	0.50	0.30
平均	1.58	0.53	2.50	0.63	0.27

柑橘类果实挂果期长，根据农业部科学技术司（1991）主编的《中国南方农业中的钾》一材料，从谢花后一个月起至收获，果实氮、磷、钾的积累有所不同，坐果期（从子房受精开始到夏初），果实的纵横径开始增长，速度由慢变快，幼果体内水分含量低，干物质中的氮、磷、钾含量高，但是因果实增重不大，积累的氮、磷、钾不多，自果实形成至夏初，果实所积累的氮、磷、钾占果实成熟时积累总量情况为：橙类氮占 22.1%～40.2%，磷占 15.0%～33.2%，钾占 8.4%～20.7%；柑类氮占 21.0%～40.8%，磷占 19.9%～35.6%，钾占 10.0%～22.1%。这期间，氮、磷积累较多，而钾则少一些。发育前期果实的纵横径、鲜重、体积增长量较大，此时体积比坐果期增大了 2～3 倍，干物质和氮、磷、钾积累急剧增加，特别是钾的积累量增加更快。果实发育后期，果个增长缓慢，干物质内氮、磷、钾含量的比例相对下降，积累量变小。成熟期果实再度膨大，但是纵横径的增长不明显，果实增重占整个生长期的 30% 左右，果实中氮、磷、钾积累量占整个生长期的比例最高，橙类氮占 20.3%～41.8%，磷占 22.7%～36.0%，钾占 27.0%～42.1%；柑类氮占 24.7%～43.4%，磷占 27.1%～36.4%，钾占 21.7%～55.7%。这个时期柑橘对氮、磷、钾需求量较大，特别是对钾素营养的积累更多。李淑仪等（2000，2001，2012a）对沙田柚、沙糖橘的研究表明 N、P 在开花期需求量最高，K 在开花期至幼果期需求量最高，果实膨大期叶片各元素含量比幼果期升高，大、中量元素 N、P、K、Ca、Mg 含量均呈升高趋势，尤其是 N、Ca、Mg 含量的升高趋势明显，升幅较大。Ca 和 Cu 在开花期最低，之后逐渐升高，成熟期达到最高；而 Mg、Zn、Fe、Mn、B 需求量均为开花期稍低，但是各生育期需求较为稳定。沙田柚果实发育期，N、P、Fe、Cu、Mo 均是果实膨大期吸收最多，果实成熟期吸收 K 最多，Ca、Mg、Zn、Mn、B 均是幼果期吸收最大。叶片 K、Mg、Zn 含量则是随叶龄增大而逐渐下降，中间有波动；全年变化幅度较少的是 N、Ca、P、Mn 和 Mo。

柚的树体养分含量在 7～9 月对果品品质影响最大。郭秀珠等（2011，2012）研究表明：四季柚氮含量在嫩叶期最高，随叶龄增大而下降；磷含量在低叶龄期较高，也随叶龄增大而下降，8 月过后变化不稳定；钾含量随叶龄增大而升高，8 月后呈下降趋势。果实发育过程中，氮、磷、钾含量以幼果期最高，随果龄增大而呈持续下降趋势。根据 Martínez 等（2011）对成年柑橘氮素吸收研究显示：枝干和枝条中的氮约占全株总吸收氮量的 40%，根约占 20% 左右，柑橘叶片贮存大量氮素，约占全株总氮的 25%，果实约占 15%。休眠—开花期吸收的氮占 14%；开花—坐果期吸收的氮占 27%，坐果—果实成熟吸收的氮占 59%。

根据我国柑橘产区多年叶片营养诊断研究资料总结出不同柑橘品种营养诊断标准（表 12-3-2），采样时间为 8～9 月，采集当年生营养性春梢顶部第 3 叶，测定结果可指导柑橘施肥。

表 12-3-2　柑橘叶片营养元素的适宜指标（综合材料）

品种	营养元素含量					引用文献
	N	P	K	Ca	Mg	
芦柑椪柑	2.9～3.5	0.12～0.16	1.0～1.7	2.5～3.7	0.25～0.50	庄伊美等（1984） 王仁玑等（1993a）
馆溪蜜柚	2.5～3.1	0.14～0.18	1.4～2.2	2.0～3.8	0.32～0.47	庄伊美等（1991b）
沙田柚	2.3～2.8	0.10～0.14	1.0～2.0	2.5～5.8	0.20～0.38	陈腾土等（1993b）
本地早	2.8～3.2	0.14～0.18	1.0～1.7	3.0～5.2	0.30～0.55	俞立达等（1995）
南丰蜜橘	2.7～3.0	0.13～0.18	0.9～1.3	2.4～3.6	0.29～0.49	曾朗（2006）
甜橙	2.5～3.3	0.17～0.18	1.0～2.0	2.0～3.5	0.22～0.40	王仁玑等（1992b）
脐橙	2.7～3.0	0.12～0.16	0.70～1.30	3.00～5.50	0.30～0.69	淳长品等（2010）
锦橙	2.75～3.25	0.14～0.17	0.7～1.5	3.2～5.5	0.2～0.5	周学伍等（1991a） 庄伊美等（1997）
柳橙、改良橙伏令夏橙	2.5～3.8	0.12～0.18	1.0～2.0	2.0～3.5	0.22～0.40	王仁玑等（1992a）

柑橘类果树经常发生的营养障碍有如下几种。

1. 裂果　在我国柑橘产区易发生裂果的品种有广东的春甜橘、马水橘、红江橙（李荣等，2005；朱庆竖等，2006；陈德严，2004 等；许建楷等，1994），重庆的锦橙（秦煊南等，1996；温明霞等，2012）。玉环柚研究结果表明（陈玳清等，1995）裂果与缺钙、缺硼或钾、钙、镁养分不平衡有关。严重裂果的锦橙叶片和裂果果皮 K、Ca、Mg 元素处于不适宜的平衡状态。低 K 水平出现在低 K/（Ca＋Mg），K/Ca 或低 K/Mg 比值。叶片 K/Ca，K/Mg，K/（Ca＋Mg）比值和果皮 K/Mg 比值与裂果率呈极显著或显著负相关和高度线性回归关系。叶片和果皮的 Ca/B 比值与裂果率呈显著或极显著正相关及高度线性回归关系。Ca/B 比值比单纯的 Ca、B 营养强度指标能更好地反映与裂果发生的关系（秦煊南等，1996）。果皮中钙含量不足导致细胞壁水解酶和多酚氧化酶活性提高、维持果皮强度和延展性的原果胶含量降低是锦橙裂果发生的主要原因，外源喷钙能显著降低果实膨大期的裂果率，喷施钙肥是减少锦橙裂果的重要措施（温明霞等，2012）。

2. 柑橘皱皮果　与果实缺钙有关，陈杰忠等（2002）对柑橘皱皮果的研究显示，果皮 N、P 含量与柑橘皱皮果的形成没有相关性，K 在皱皮果中的含量比正常果高，而在阳面果皮比阴面果皮高；Mg 在皱皮果和阴面果皮及其细胞壁的含量都比在正常果和阳面果皮稍低，但 Mg 的含量与皱皮果率的相关性不显著；Ca 在正常果和阳面果皮及其细胞壁的含量都明显高于皱皮果和阴面果皮，皱皮果率与 Ca 的含量呈显著负相关。

3. 柚果实粒化、裂瓣症　对琯溪蜜柚粒化、裂瓣症的研究（谢志南等，1998；庄伊美等，2000；黄宗育，2002）表明果实粒化细胞矿质成分（尤其是 N、P、K）明显增加，裂瓣汁液矿质成分亦呈增加趋势，叶片 N、K、B、Zn 含量高，Ca 含量低，明显加剧果实粒化程度，果实裂瓣程度随叶片 B 含量的增加而减轻，随土壤有效 Cu 含量增加，果实粒化程度加重，裂瓣程度减轻。

4. 叶脉开裂症　缺 Mg 或缺 B 均可导致发病。福建柑橘产区普查结果显示由缺 Mg 引起叶脉开裂症占 86.2%，其次为 B 与 Mg 共同缺乏，缺 B 仅占 2.3%。不同品种缺 Mg 叶脉开裂的感病情况为纽荷尔脐橙＞琯溪蜜柚，其他发病品种还有金柑、早熟温州蜜柑、瓯柑。采用易感品种纽荷尔脐橙与抗性品种椪柑互为中间砧高接比对发现，纽荷尔脐橙对 Mg 和 B 的吸收能力低于椪柑，对 K 的吸收高于椪柑，这可能是纽荷尔脐橙易患叶脉开裂症的原因。缺 Mg 和缺 B 病症最显著的区别为缺 Mg 叶脉开裂多位于叶片顶部"∧"形化部位；缺 B 叶脉开裂症病叶呈绿色不黄化；Mg、B 缺乏症的病叶主脉和侧脉明显开裂与全叶黄化，或叶脉开裂达基部"∧"形绿色区域（李健等，2011）。

5. 叶片黄化 叶片黄化在我国柑橘产区普遍发生，其原因复杂，除了病虫害因素（如黄龙病、炭疽病、树脂病、脚腐病、碎叶病，钻蛀类害虫及根结线虫、根茎线虫、根部害虫等）、树体作业因素（如砧木选择不当，过度环割、过度修剪等）、药剂危害（除草剂、生长调节剂不当使用）以及气候因素（旱、涝、冷、热害）外，营养障碍因素（立地营养条件、施肥措施）在我国不同产区也已引起重视。

凌丽俐等（2010a，b）对赣南纽荷尔脐橙缺素黄化的研究显示：赣南产区黄化果园叶片无 N、P、K、S、Fe、Mo、B 的缺失，叶片普遍存在的黄化现象也绝非缺 Ca、Mn 和 Cu 所致，而主要与 Mg、Zn 有关。彭良志等（2010）以纽荷尔脐橙为材料，研究叶片黄化和叶脉肿裂过程中的镁和硼元素丰缺变化，认为缺镁是导致纽荷尔脐橙叶片黄化和叶脉肿裂的原因。四川盆地柑橘园大多分布在由遂宁层组紫色页岩风化而成的钙质紫色土壤上，枳砧柑橘树常发生不同程度的缺铁黄化，产量和品质受到极大影响，成为四川和重庆地区柑橘生产的严重障碍，采用 EDDHA-Fe 在高钙、高 pH 土壤柑橘园进行连续两年试验表明（何绍兰等，1998），土壤施用 EDDHA-Fe 可以矫治钙质紫色土枳砧柑橘树的缺铁黄化症，成倍地提高叶绿素含量，一般连续两年较大剂量处理后，黄化症状可基本消失，明显增加单株果实产量，对甜橙果实品质有良好的影响趋势。在 HA-Fe 的两种剂型中，叶绿灵的效果优于绿喜旺，较大剂量施用的效果优于低剂量，土壤施用 EDDHA-Fe 是目前矫治缺柑橘铁黄化症效果的最理想选择（何绍兰等，1999）。

（二）荔枝

不同荔枝品种果实养分带走量有所不同，综合广东省农业科学院土壤肥料研究所和其他研究材料（表 12-3-3）表明，每生产 1 000kg 荔枝果实的氮带走量为 1.35～2.29kg，其中以桂味、淮枝和三月红最高；磷带走量为 0.28～0.90kg，以桂味最高，其他品种差异不大；钾带走量为 2.08～2.94kg，品种间的差异相对较小。钙和镁则以桂味和淮枝带走量较高。

表 12-3-3 每1 000kg 荔枝果实养分带走量（kg，综合材料）

品种	氮（N）	磷（P₂O₅）	钾（K₂O）	钙（Ca）	镁（Mg）	硫（S）
三月红	1.35～1.88	0.31～0.49	2.08～2.52	—	—	—
妃子笑	1.61	0.28	2.32	0.25	0.19	0.14
淮枝	1.76	0.28	2.32	0.25	0.19	0.14
糯米糍	1.61	0.27	2.32	0.25	0.19	0.14
桂味	2.29	0.90	2.94	0.52	0.28	0.16

荔枝不同生长器官养分元素含量有一定差异。据澳大利亚学者研究（Menzel等，1992），黑叶、淮枝、大造叶片和枝条的矿质营养元素含量从高到低的排列顺序为氮、钙、钾、镁、磷、铁、硼、锌、铜。广东省农业科学院土壤肥料研究所对桂味荔枝叶片和枝条的分析结果表明叶片的矿质元素含量排列顺序为：氮＞钙＞钾＞镁＞磷＞硼＞锌，枝条的矿质营养排列顺序为：氮＞钾＞钙＞镁＞磷＞硼＞锌。郑煜基等（2001）研究显示，在荔枝不同生长期养分元素的排列顺序均保持这一规律。因此，在荔枝重剪或回缩的条件下（如妃子笑每年修剪量较大），必须补充氮、钾、镁元素，以促进树体营养的恢复。

荔枝花序的矿质营养含量均高于其他部位。广东省土壤研究研究结果（郑煜基等，2001）表示，荔枝花序中磷、钾含量均高于同时期的叶片含量。氮磷钾比例为 N∶P∶K＝1∶0.11∶0.56，开花所消耗的养分顺序为：氮＞钾＞钙＞磷＞镁。因此，为了减少营养消耗，应防止花序过度生长对花性和坐果产生不良影响。花期施肥必须与控花措施紧密结合，例如，妃子笑的花穗较长，消耗营养多，并且会大量产生雄花，对坐果相当不利。花期氮磷肥的使用必须谨慎，一是要防止混合花芽，二是要防止花穗的过度生长，常常把施肥与花穗生长的调控相结合，以保证有花又有果。

另外，开花需要较多的氨基酸，澳大利亚的研究结果表明（Menzel等，1988），荔枝花穗中，赖氨酸、精氨酸、蛋氨酸、天门冬氨酸是影响雌雄率的主要营养成分，有利于开花坐果，开花期不良的气候条件会影响氨基酸向花穗的运转和合成，在花穗生长前期补充氨基酸和硼、钙元素有利于提高花的质量。民间荔枝有"惜花不惜子（果）"的说法，经常出现多花无果的现象，花期养分管理必须慎之又慎。

荔枝根系的矿质养分含量很低，而铁和锌的含量高于其他器官。土壤 pH 达到 7 以上时首先影响的是根系对铁和锌的吸收。另外，荔枝常会感染共生菌根，感染后菌丝具有吸收养分的功能，从而增加根系对养分的吸收和利用。据杨晓红等（2002）报道，荔枝播种 30d 后，可观察到根系感染到菌根。增加有机肥的使用可增加荔枝根系感染形成共生菌根的机会，提高荔枝对土壤养分和肥料的利用。

综合三月红（何永群等，1999）、黑叶（樊小林等，2005）、白蜡（郑煜基等，2001）、妃子笑（邱燕萍等，2005）和糯米糍（林雄等，2001）等有关荔枝叶片养分动态变化研究测定结果，荔枝氮磷钾含量在秋梢老熟期最高，盛花期有较大幅度的下降，幼果期（并粒期）氮和磷有所回升，而钾继续下降，到果实成熟期后，氮磷钾又下降。表明在秋梢生长和花穗发育期间，必须加强氮磷钾的补充，而果实生长后期，主要是加强磷和钾的使用。

根据荔枝叶片养分变化规律，常选择养分含量相对稳定的时期进行叶片诊断，目前国内外对荔枝叶片诊断的采样部位有 3 种方法。

（1）3～5 月龄秋梢顶部倒数第二复叶的第 2～3 对小叶（时间为北半球的 12 月），我国大陆多采用这种方法。

（2）秋梢成熟至花穗出现 1～2 周时花穗下面的叶片，以澳大利亚和我国台湾省采用较多。

（3）坐果后 8～10 周挂果枝的叶片，以南非和新西兰采用较多。表 12-3-4 和表 12-3-5 列出了国内外荔枝叶片诊断的适宜值，可作为解释叶片分析结果时使用。

表 12-3-4　荔枝叶片花芽分化期营养元素适宜指标

［综合材料，参考戴良昭的材料（1999）并补充］

品种	营养元素含量					引用文献
	N	P	K	Ca	Mg	
糯米糍	1.50～1.80	0.13～0.18	0.70～1.20	—	—	倪耀源等（1986）
糯米糍	1.64～2.06	0.18～0.22	0.88～1.18	0.18～0.32	0.10～0.16	伏广农等（2007）
淮枝	1.40～1.60	0.11～0.15	0.60～1.0	—	—	倪耀源等（1986）
兰竹	1.50～2.20	0.12～0.18	0.70～1.40	0.30～0.80	0.18～0.38	王仁玑等（1988）
陈紫	1.40～1.80	0.12～0.17	0.80～1.20	—	—	注1
大造	1.50～2.0	0.11～0.16	0.7～1.20	0.30～0.50	0.12～0.25	注1
禾荔	1.6～2.3	0.12～0.16	0.80～1.40	0.50～1.35	0.20～0.40	注1
桂味	1.56～1.92	0.12～0.16	0.87～1.26	0.36～0.68	0.18～0.28	注2
大红袍	1.60～2.00	0.10～0.20	0.70～0.14	—	—	李荣昌（1994）
三月红	1.91～2.28	0.20～0.26	1.08～1.37	—	—	何永勤等（1999）

注：戴良昭（1999）报道的材料；注2：2004年广东农业科学院土壤肥料研究所成果材料。

表 12-3-5　我国台湾和国外荔枝叶片诊断标准

	中国台湾	新西兰	南非	以色列	澳大利亚
N（%）	1.60～1.90	1.5～2.0	1.30～1.40	1.50～1.70	1.50～1.80
P（%）	0.12～0.27	0.1～0.3	0.08～0.10	0.15～0.30	0.14～0.22
K（%）	—	0.7～1.4	1.00	0.70～0.80	0.70～1.10
Ca（%）	0.60～1.11	0.5～1.0	1.5～2.50	2.00～3.00	0.60～1.00
Mg（%）	0.30～0.50	0.25～0.60	0.40～0.70	0.35～0.45	0.30～0.50
Cl（mg/kg）	—	<0.1%	—	0.30～0.35	<0.25
Na（mg/kg）	—	—	—	300～500	<500
Mn（mg/kg）	100～250	40～400	50～200	40～80	100～250
Fe（mg/kg）	50～100	25～200	50～200	40～70	50～100
Zn（mg/kg）	15～30	15～25	15	12～16	15～30
B（mg/kg）	25～60	15～50	25～75	45～75	25～60
Cu（mg/kg）	10～25	5～20	10	—	10～25
引用文献	Huang（1998）	注1	Call（1977）注2	Galan Sauco（1987）注2	Menzel（1992）注2

注1：材料引自"Fertiliser Recommendations for Horticultural Crops"，The Horticulture and Food Research Institute of New Zealand Ltd.（1995）。

注2：材料引自王仁玑等（1993b）报道的材料。

荔枝叶片钙和硼含量在采果后开始下降，至花穗发育初期降至最小值，以后从花穗发育中期起逐步升高，到果实成熟期达最大值。叶片镁含量除采果后有所升高外，其余时期的变化与钙和硼相同。叶片锌含量一般结果梢生长期、开花坐果期和成熟期较高。中微量元素的补充要参考叶片养分在不同时期的变化，这样才具有针对性。

有关荔枝开花期和结果期养分的动态变化，邱燕萍等（2005）的研究结果显示：荔枝开花当天的子房氮磷钾含量较高，其比例为 6.36：1：2.94，氮＞钾＞磷，谢花后，由于开花消耗幼果的氮、磷、钾有所下降，授粉后 12d 和 22d，幼果的氮含量高于钾 1 倍多，授粉后 30～50d，氮、磷、钾处于较低的水平。50d 达到最低，50d 后，果肉迅速生长，氮磷钾含量急剧上升，比 50d 时分别提高 44.4%、35.3% 和 61.5%，氮与钾的比例接近 1∶1，可见果实发育后期需要大量的钾。荔枝果实钙含量有两个高峰，一是雌花刚开至幼果子房分大小这一时期，二是果肉迅速生长至成熟期。因此，在雌花开放前的花穗抽生期到果肉迅速生长（果实膨大），应补充钙素，防止裂果。

程发良等（1996）对三月红荔枝果实不同生长期的分析测定结果表明，幼果期、中果期和成熟果的微量元素含量比较顺序为铁、锌、铜：熟果＞幼果＞中果；锰：中果＞幼果＞熟果；钼：幼果＞熟果＞中果，即在果实生长中期微量元素含量有一下降，后又上升。和钙的结果相似，微量元素的补充应在花穗期至果实膨大期。

荔枝存在明显的大小年结果现象，并与营养有一定的关系，碳水化合物和氮是花芽分化的前提与重要的营养和能源，淀粉的累积对花芽的发育起重要作用。碳与氮的比值较大时有利于花芽分化和开花，反之，碳与氮的比值低，则不利于花芽分化，秋梢不能开花，或花穗出现冲梢。据彭坚等（2004）对糯米糍、桂味、妃子笑、黑叶和淮枝的研究表明：各品种小年叶片淀粉和总糖含量显著小于大年同期叶片淀粉、总糖含量和碳氮比值，秋梢叶片中的碳水化合物不足，且含量过高和碳氮比例过低会给下年树体的生殖生长带来影响。花芽分化期和坐果期大年树叶片硝态氮含量高于小年树，而在开花期侧低于小年树，叶片磷钾含量基本上是以大年树高，极易裂果的品种如糯米糍、桂味，大年树叶片钙含量较低，而小年树钙含量较高。促进结果梢生长、按时成熟并有充足的碳水化合物贮存，是提高秋梢成花率的必要条件。

荔枝裂果常在一些迟熟品种上发生，如糯米糍、桂味、新兴香荔等，裂果和品种、果皮结构、水分有关，也与营养有很密切的关系（李建国等，1996；邱燕萍等，2001）。据林兰稳（2001）的报道，糯米糍裂果与叶片和果实中的钾、钙、镁和硼有关，裂果率越低，叶片中的钙、镁和硼含量越高。裂果率与果皮的氮钾比有关，裂果率越高，氮钾比越高。正常果实中果皮钙含量明显高于裂果果皮中的钙含量。综合荔枝裂果的研究，荔枝裂果与钙含量、钙与氮的比例、钙与硼的比例、钾与钙和镁 [K/（Ca＋Mg）] 的比例有关。

由于影响荔枝结果和产量的因素相当复杂，在一般条件下难以反映营养与产量的关系，通过大范围叶片养分含量和产量调查与比较才能看出产量与养分的关系。广东省农业科学院土壤肥料研究所对桂味荔枝氮、磷、钾、钙和镁的叶片分析表明（表 12-3-6）：高产组（每 667m² 产量 1 000～1 333 kg）的桂味荔枝平均含量分别为 1.74%、0.140%、1.07%、0.523%、0.229% 和 0.139%，低产组（每 667m² 产量小于 333.3kg）养分含量分别为 1.47%、0.110%、0.865%、0.339%、0.200% 和 0.104%，高产组比低产组养分含量增加值分别为 0.27%、0.03%、0.206%、0.184%、0.029% 和 0.35%，增加值明显，并且高产组养分值稳定性远高于低产组。

对于一些挂果稳定的品种，在一般条件下可以看出叶片养分含量与果实产量的相关性。我国台湾省的研究结果表明（Huang 等，1998）：黑叶与开花期叶片氮含量成显著相关关系（二次方程），产量最高时氮的养分值为 1.71%，果实产量与叶片磷、镁、钙和硼有高度的正相关，即产量越高，养分含量越高。因此，在其他栽培措施到位的条件下，荔枝产量与叶片养分是密切相关的。

表 12-3-6　不同产量水平荔枝叶片养分含量比较

组别	每 667m² 产量范围（kg）	N（%）	P（%）	K（%）	Ca（%）	Mg（%）	S（%）
高产组（n=36）	1 000～1 333	1.74	0.140	1.071	0.523	0.229	0.139
CV%	—	10.0	12.5	18.3	31.1	22.5	34.3
低产组（n=25）	105～333	1.47	0.110	0.856	0.339	0.200	0.104
CV%	—	11.3	56.0	16.6	36.2	31.2	63.4
t 值	—	6.8**	3.15**	4.73**	5.02**	1.91**	2.27**

在高产条件下，荔枝养分元素含量之间有密切的相关。据广东省农业科学院土壤肥料研究所的研究材料：高产荔枝叶片氮与磷、氮与钙、钾与镁、钙与镁、钙与磷、钾与钙含量之间的相关性明显，而低产组只有氮与磷、氮于钙的相关性显著。可看出荔枝在养分达到较高水平的条件下，养分间的相互作用（即养分平衡）成为高产的重要因素。因此，在补充养分、纠正缺素的同时，要注意养分间的平衡，发挥养分的平衡肥效才是荔枝高产的必要条件。

（三）龙眼

据戴良昭（1999）综合材料表明，龙眼 100kg 果实养分带走量为 N 0.74～1.372kg，P_2O_5 0.169～0.482kg，K_2O 1.738～2.652kg，氮磷钾比例为10∶（6～8）∶（19～24）。刘星辉（1986）对福建主栽品种乌龙岭、福眼、东壁的夏梢叶片养分分析显示：叶片含 N 为 1.419% ～ 1.701%，P 0.121% ～ 0.188%，K 0.629% ～ 0.678%，含 Ca 1.50% ～ 3.25%，Mg 0.162% ～ 0.276%，Fe 28.0～85.8 mg/kg，Mn 29.5～145.8 mg/kg，Zn 17.6～72.5 mg/kg，B 10.1～43.3 mg/kg，各元素的排列顺序为：Ca>N>K>Mg>P>Mn>Fe>B>Cu，且不同品种叶片养分含量有所差异。戴良昭（1991）的研究表明福眼的花器含 N 2.366%，P 0.270%，K 3.579%，分别比叶片的 N、P、K 高 57.8%、81.0%和 493.7%，花器的 N、P、K 比值为 1∶0.11∶1.51。龙眼开花需消耗大量的 N、P、K，尤其是 K。龙眼果实中含 N 0.740%，比叶片低 50.7%，含 P 0.169%、K 1.738%，分别比叶片的 P、K 高 13.4%和 239.7%，花果实的 N、P、K 比值为 1∶0.23∶2.35。龙眼枝条含 N 0.656%，P 0.147%，K 0.467%，分别比叶片的 N、P、K 低 56.2%、1.3%和 35.4%；根系养分含量最低，含 N 0.518%、P 0.103%、K 0.234%，分别比叶片的 N、P、K 低 65.4%、30.9%和 55.3%。

综合福眼、赤壳、东壁、油潭本、立冬本等品种（戴良昭，1991；庄伊美等，1984；刘星辉，1986；许奇志等，2010）有关荔枝叶片养分动态变化研究测定结果，龙眼氮、磷、钾含量从 1 月到翌年 3 月呈两头高中间低的趋势，呈现较一致的季节性差异，其变异幅度和含量高低受大小年制约而不同。挂果期间，营养含量都较低。对广东主栽品种石硖（黄武杰等，2000）的研究显示龙眼叶片氮含量 8 月施采果肥后迅速提高，达到最高值，并一直保持到 12 月至翌年 1 月进入形态分化期，2～4 月下降至低峰，5 月花期结束后有所回升，但由于 6～7 月幼果膨大期消耗大量的养分，因而又开始下降，并达到 1 年中的最低点；叶片磷素含量的变化有两个较明显的低峰期，1 个是 7 月的果实成熟期，1

个是 4 月的幼果期；高峰期在 9～10 月。龙眼对磷素的消耗主要在花期与果实生长期，在保花保果肥中增施磷肥对提高龙眼的产量和品质有一定的促进作用；石硖龙眼叶片含钾量以 12 月至翌年 1 月最高，7 月含钾量最低，全年基本上只有 1 个低峰期，其中从 8 月开始至冬季，叶片钾素处于养分积累阶段，一直至翌年 1 月仍处在较高水平；从 2 月结果母枝进入形态分化后至果实成熟，叶片钾素含量急剧下降，以供应开花和果实生长发育需要为主，说明钾素营养与结果的关系最大，在花期和结果期的需要量也最大。

王仁玑（1987b）和刘星辉（1986）根据福建龙眼品种养分的变化特点，制订了福眼的叶片（采样部位为当年生夏梢第 2 复叶的第 2～3 对小叶，采样时间为 12 月）营养诊断标准（表 12-3-7），可指导龙眼生殖生长期施肥，龙眼叶片营养元素适宜指标如表 12-3-7。

表 12-3-7　龙眼叶片营养元素的适宜指标（综合材料）

品种	营养元素含量（%）					引用文献
	N	P	K	Ca	Mg	
福眼	1.5～2.0	0.10～0.17	0.4～0.8	0.7～1.7	0.14～0.30	王仁玑（1987a）
乌龙岭、福眼	≥1.70	0.12～0.20	0.6～0.8	1.5～2.5	0.20～0.30	刘星辉（1986）
水涨	1.4～1.9	0.10～0.18	0.5～0.9	0.9～2.0	0.13～0.30	庄伊美（1995）

（四）香蕉

据周修冲等（1991，1993）对广东传统香蕉品种中把、矮脚遁地雷、矮香蕉养分吸收的综合材料，每生产 1 t 果实中把和矮脚遁地雷需吸收 N 5.9kg，P_2O_5 1.1kg，K_2O 22kg，矮香蕉需吸收 N 4.8kg，P_2O_5 1.0kg，K_2O 18kg，平均氮、磷、钾比例 1∶0.19∶3.72。对广东主栽品种巴西蕉的研究显示（姚丽贤等，2004b，2005），平均生产每吨果实需要吸收 N 4.59kg、P 0.41kg、K 15.0kg、Ca 2.52kg、Mg 1.22kg、S 0.40kg；Fe 34.86g、Mn 48.51g、B 3.81g、Zn 7.26g。

对香蕉不同器官 N、P、K 含量及养分累积研究结果（周修冲等，1993；刘芳等，2011；杨苞梅等，2007）表明：同一器官中，N、P、K 含量均表现为 K＞N＞P。香蕉抽蕾前，N 分布为叶＞球茎＞假茎＞根系，P 为假茎＞叶＞球茎＞根系，K 为假茎＞根系＞叶＞球茎；抽蕾后，N、P 和 K 在香蕉体内重新分配，表现为，N：叶＞果轴＞球茎＞根系＞果实＞假茎，P：果轴＞果实＞叶＞球茎＞根系＞假茎，K：果轴＞假茎＞根系＞球茎＞叶＞果实。但是，同一器官中，N、P、K 含量均表现为 K＞N＞P。

香蕉全生育期可分为初期的营养生长期、中期的花芽分化期至抽蕾期（孕蕾期）和后期的抽蕾至果实发育期（果实发育期）。两造宿根矮香蕉 N、P、K 累积量研究结果（周修冲等，1999）显示：第一造以孕蕾期（分别占全生育期 40.5%、45.5%、52.6%）＞果实发育成熟期（分别占全生育期 40.2%、37.2%、31.0%）＞营养生长期（分别占全生育期 19.3%、17.8%、16.4%）；第二造宿根蕉以果实发育成熟期（分别占全生育期 42.0%、43.0%、37.0%）＞孕蕾期（分别占全生育 31.9%、32.1%、35.9%）＞营养生长期（分别占全出生育期 26.1%、24.3%、27.1%）。香蕉不同生育阶段及不同品种的 N、P、K 营养特性相一致，吸收量大小顺序为 K＞N＞P。

国际上香蕉叶片分析采样方法统一为 3 种：即顶部第三片叶、第三叶中肋和第七叶叶柄，以第一种方法较普遍。采叶时取叶片中部靠近中肋部分 10～20 cm 宽的叶片。每个蕉园采样 25～30 株。

澳大利亚推荐的适宜标准为：N 2.8%～4%，P 0.2‰～0.25%，K 3.1%～4.0%，我国台湾省的叶片适宜标准（抽穗第三新叶）为：N 2.6%～3.0%，P 0.15%～0.24%，K 3.0%～3.6%，Ca 0.8%～1.2%，Mg 0.2%～0.4%。广东省农业科学院土壤肥料研究所对香蕉 K 肥研究分析后认为：K 的适宜值为 5%～5.8%，K、N 比 1.4～1.7；K 的缺乏值为 4% 以下，K、N 比 1.1 以下。各地应根据当地的土壤、气候、品种及生长期，通过试验定出标准来指导施肥。

(五) 优稀水果

1. 菠萝 周柳强等 (1994) 对巴厘的测定显示：收获期 N、P、K 积累量以叶片最多，分别占总积累量的 63.1%、47.7%、64.2%，其次是果实，分别为 14.5%、28.2%、19.7%，其他为茎、芽苗、果柄，总计每生产 1t 菠萝果实，需吸收 N 7.22kg，P_2O_5 1.55kg，K_2O 14.21kg，CaO 3.49kg，MgO 0.38kg。菠萝从第一年春定植到第二年底收果，整个生长过程吸收 N、P、K 出现 3 个高峰期。第一高峰期在 10～20 叶期，第二高峰期为 27 叶至催花前期（45 叶），该期也是全生育期中菠萝吸收氮、钾最多的时期，分别占总吸收量的 42.6%、34.6%，第三高峰期 N、K 出现在现红至小果期，而小果至收获期为吸 P 最高峰，占总吸 P 量的 25.0%。N 吸收强度最高量出现在催花期和小果期；P 出现在小果期，K 出现在催花期和小果期。何应对等 (2008) 对菠萝果实发育期间主要营养元素含量变化研究表明：N、P 含量在叶片中变化不大，而在果实和顶芽中则随着果实的成熟而减少。在果实膨大期，叶片中 K 的含量较高且随后缓慢减少，而果实中 K 的含量也出现递减趋势。叶片中的 Ca 含量在菠萝现红后呈上升趋势，随后下降，在现红后 57～87d 有 1 个上升的过程，果实成熟后期略有下降，但是果实采收后又有所增加；叶片中的 Mg 含量在果实发育期间的变化与 Ca 含量的变化相似；叶片中的 Mn 含量比 Cu、Fe、Zn 等其他微量元素高，且在果实成熟时有降低的趋势，采收后含量又有所上升；果实采收后，除 Fe 含量下降外，叶片中的 Cu、Mn、Zn 含量均略有上升。

2. 芒果 周修冲等 (2000) 对紫花芒果的研究显示：当芒果产量为 18 668kg/hm² 时，果实养分吸收量为 N 22.4kg/hm²，P_2O_5 9.0kg/hm²，K_2O 44.7kg/hm²，Ca 3.2 kg/hm²，Mg 3.0kg/hm²，S 2.3kg/hm²，养分吸收比例为 1∶0.40∶2.00∶0.14∶0.13∶0.10。芒果果实养分吸收量大小顺序为 K_2O＞N＞P_2O_5＞Ca＞Mg＞S。

程宁宁等 (2011) 研究了海南金煌芒果 11 种营养元素的累积量，大小顺序为 N＞K＞Ca＞P＞Mg＞S＞Mn＞Fe＞Zn＞B＞Cu，得出每生产 1 t 金煌芒果树体养分需求为：N 5.46kg、P 0.57kg、K 4.62kg、Ca 2.69kg、Mg 0.40kg、S 0.33kg、Fe 51.62g、Mn 158.84g、Cu 2.90g、Zn 9.43g、B 7.26g。

牛治宇等 (2002) 对海南主栽品种鸡蛋芒和秋芒叶片养分动态研究显示：采果后秋梢生长至秋梢老熟，叶片的养分含量在逐渐上升，进入营养积累阶段，营养积累达到高峰，N、P、K 含量达到最大值。开花期由于需要消耗大量养分，叶片 N、P、K 含量迅速下降，到幼果期降至最低值。果实膨大至成熟期，由于树体对氮的吸收降低，而磷钾吸收提高，这时叶片 N、P、K 含量回升。与程宁宁等 (2010) 在海南金煌芒果、黄国弟等 (2008) 在桂热芒以及张惠群等 (1994) 在紫花芒果的研究得出的规律相似。

以花芽分化期成熟秋梢的中部叶片作为取样部位，彭智平等 (2006) 提出了紫花芒果营养诊断值为 N 1.60%～1.88%、P 0.140%～0.180%、K 0.72%～0.98%、Ca 1.43%～2.15%、Mg 0.147%～0.280%。林悹等（1998）以秋芒、椰香芒、青皮芒花芽分化期叶片养分含量数据，总结出芒果树叶片养分的适宜范围为 N 1.60%～1.75%，P 0.13%～0.15%，K 0.86%～1.02%，Ca 1.60%～1.80%，Mg 0.25%～0.28%。

据广东省农业科学院土壤肥料研究所成果材料所示，对 6 年树龄紫花芒果新发秋梢枝条部位的养分累积量测定显示：从秋梢萌动至秋梢老熟，N、P、K、Ca 和 Mg 分别占全生育期的 46%、34.4%、34.1%、55.9%和 47.8%；从秋梢老熟至盛花期，分别占全生育期的 32.9%、52.7%、15.3%、20.6%和 23.6%，从盛花期至收获期，分别占全生育期的 21.1%、12.9%、50.6%、23.5%和 28.6%。可见 N、Ca、Mg 和 P 在秋梢老熟前吸收最多，P 在秋梢老熟至盛花期吸收最多，K 在盛花期至结果收获期吸收最多。

3. 枇杷 张晓玲等（2013）分析了 30 年生枇杷不同部位的养分累积量，整株累积量为 N 1 456.77g，P 119.88g，K 736.97g，Ca 3 100.16g，Mg 263.87g，N 累积量的顺序为：多年生枝＞侧根＞叶＞主干＞果实＞三年生枝＞一年生枝＞二年生枝＞须根；P 累积量的顺序为：多年生枝＞叶＞侧根＞果实＞主干＞一年生枝＞三年生枝＞二年生枝＞须根；K 累积量的顺序为：多年生枝＞叶＞侧根＞果实＞一年生枝＞主干＞三年生枝＞二年生枝＞须根，Ca 累积量的顺序为：多年生枝＞侧根＞叶＞主干＞三年生枝＞二年生枝＞一年生枝＞果实＞须根；Mg 累积量的顺序为：多年生枝＞叶＞侧根＞主干＞果实＞一年生枝＞三年生枝＞二年生枝＞须根。陆修闽等（2000）对早钟 6 号枇杷的研究显示：叶片中养分的含量顺序为 Ca＞N＞K＞Mg＞P，花穗中为 K＞N＞Ca＞Mg＞P，果实中为 K＞N＞Ca＞P＞Mg。K 在花穗和果实中含量均最高，在叶片中也较高；Ca 在体内移动性小，叶片中的 Ca 有累积现象，花穗和果实中 Ca 含量也较高，花芽分化和花穗形成需要较充足的 N、P 营养，叶片中较高的 N、P 水平对花穗产生的时间有影响。随着果实发育的推进，至 2 月幼果迅速生长期，叶片 N、P 的含量显著下降，这与果实发育消耗 N、P 营养有关。早钟 6 号枇杷在花芽分化、花序孕育和果实生长发育 3 个时期均是营养元素需求旺盛时期。森尾早生枇杷 5 种主要营养成分变化过程中水分含量初期呈增长趋势，接近成熟时开始下降；可溶性总糖一直保持增长趋势，到果实成熟时达到最大值；总酸含量、纤维素含量先增后减，在 4 月达到最高值后逐渐降低；维生素 C 含量一直保持下降趋势（张忠良等，2006）。

4. 杨梅 杨梅适宜微酸性土壤，要求 pH 4.0～6.5，最适宜为 4.5～5.5，土壤碱性过重，不利于根系生长，植株矮化，影响杨梅的正常生长。其中以土质松软、排水良好、含有石砾的沙质红壤或黄壤最为适宜。杨梅根系较浅，主根不明显，侧根与须根发达，细根多分布在 50 cm 土层范围内，30cm 内根系占总根量的 60%，根系的水平分布大于树冠直径 1 倍以上。杨梅在贫瘠的山地上，很少施肥也能获得一定产量，其主要原因在于杨梅根部的菌根。由弗氏放线菌与杨梅根系共生形成菌根，弗氏放线菌有很强的固氮能力又有一定的解磷功能（吴晓丽等，1993，1994；李志真等，1993），能将土壤中作物不能利用的有机磷降解为有效磷，该放线菌的固氮效能较自生固氮菌高 1.5 倍。杨梅所需要的氮素和磷素可以通过菌根中放线菌的共生固氮和提高土壤中磷的有效性而得到基本满足。因此，杨梅的自营养能力很强，有"肥料木"之称。杨梅的坐果率与其叶片的氮素含量成反比，而与磷素含量成正比，故偏施氮肥会导致营养生长过旺而影响结果；偏施磷肥会造成结果过多，导致树体过早衰败。

杨梅根可与放线菌共生形成根瘤，菌根呈灰黄色、肉质，瘤状突起，杨梅菌根中弗氏放线菌有较强固氮活性，通常可满足杨梅营养生长 20%～25% 的氮量。将土壤中的有机磷降解为有效磷供根系吸收，一般可满足营养生长对磷需求的 30%。杨梅根系活动高峰期与地上部几乎同步，据浙江余姚对荸荠种杨梅观察，杨梅根系活动有 3 个高峰，即 5 月中下旬、7 月中旬和 10 月上旬。根系除了 7 月中旬至 8 月因高温干旱生长量略有减少，以及 12 月底至翌年 1 月中下旬生长停止外，其余时间都在陆续生长。因此，施肥必须考虑与根系的活动相协调。

杨梅对钾肥需求量大，而钾完全要靠施肥补充土壤中的不足。杨梅对 N、P、K 的反应，以 K 对生长和结果影响最大。通过对杨梅鲜果实的分析测试表明 K 含量为 1.5 mg/kg，高于 N 含量 1.4 mg/kg。K 能够促进新梢生长，并提高杨梅抗病抗寒能力，增进果实膨大与成熟，提高果实糖与维生素 C 含量。满足杨梅对钾的需求，是杨梅正常生长与高产的重要条件。杨梅吸收 K 高于 N，远高于 P。研究表明，杨梅对 N、P_2O_5、K_2O 的需要比例分别为 1∶0.5∶2.69，株产 100kg 果实需肥量为 0.24kg N、0.126kg P_2O_5 和 0.70kgK_2O（吴益伟等，1995）。由此可见，杨梅是对 K 需要量较大的果树之一，与需 K 较大的香蕉需 K 比例相仿（N∶P_2O_5∶K_2O＝1∶0.28∶3.0（林继雄，2002）。

杨梅叶片钙含量仅次于氮，属于含钙较多的植物之一。钙能调节树体生理活动的平衡，山地土壤由于长期遭受淋溶，钙元素已无法满足其需求，只有靠施肥来不断补充。镁是叶绿素形成的重要组成元素，而硼是授粉花粉管发育的重要元素。

杨梅对硫有较强的吸收能力，何新华等（2004）研究表明：三年生东魁杨梅定植一年后，在未施任何肥料的情况下，土壤含硫量下降了 37.7%，杨梅吸收硫主要积累在叶片和根瘤中，叶片和根瘤中的含硫量是根的 2 倍左右。根瘤和叶片含硫量分别是根系含硫量的 3.38～4.58 倍和 2.75～3.72 倍，根瘤含硫量又是叶片含硫量的 1.23 倍，硫元素与放线菌的共生固氮有关，有利于根瘤形成和固氮。

杨梅是对硼最敏感的果树，因为杨梅缺硼不但严重抑制其生长，甚至还可导致体树的死亡。杨梅缺硼的典型症状是叶片狭小、叶色灰暗、叶质脆硬、易脱落；不发或迟发春梢，新发枝条短，梢顶节间缩短，顶芽枯萎，此后侧芽大量发生，形成丛状枝和顶枯现象；花量少，花色暗淡，花器发育不良；坐果率低，果实小，果汁少；产量低甚至绝收。缺硼会抑制杨梅菌根固氮能力和对磷钾的吸收，从而导致以小叶、枝条簇生、枯梢为主要特征的梢枯病（孟赐福等，1988；郑纪慈等，1989）。杨梅缺硼与种植杨梅树的土壤主要发育于缺硼的凝灰岩、流纹岩、花岗岩等母质有关（孟赐福等，1988，1994）。何新华等（2008）的研究显示：1 年生盆栽东魁杨梅嫁接苗喷施硼酸，年施肥量为每株 19.8 mg 时，杨梅植株生长量、株高、根瘤结瘤量和固氮酶活性分别比对照提高 30.28%、64.63%、62.02% 和 31.62%，施用适量的硼能提高杨梅结瘤固氮能力，促进植株生长发育。

二、不同类型果树施肥技术

（一）柑橘类果树

柑橘对土壤的适应范围较广，在海涂、沙滩、潮土、紫色土、红壤、黄壤和棕壤上均可以栽植。柑橘的适栽土壤有以下特点：土层深厚、富含有机质，土质沙壤—黏壤均可，土体疏松、没有障碍层，排水良好，土壤 pH 4.5～8.5，最适 pH 5.5～6.5，地下水位在 1 m 以下，保水保肥。

柑橘对土壤酸度的适应范围较广，根据现有资料，柑橘园耕作层土壤适宜指标为 pH 5.5～6.5，有机质 10～30g/kg，全氮 0.1～0.15g/kg，水解氮 10～20 mg/kg，硝态氮 5～10 mg/kg，氨态氮 20～25 mg/kg，有效磷 10～40 mg/kg，速效钾 100～300 mg/kg，代换性钙 500～2 000 mg/kg，代换性镁 80～125 mg/kg，有效态铁 20～100 mg/kg。

1. 柑橘类果树适宜施肥量和养分配比

（1）柑、橘：戴韩柳等（2011）、杨周祺等（2012）对广东龙门县 4 个村 4～6 年生年橘进行不同配方施肥试验，按 20∶10∶45∶25 分春梢肥、谢花保果肥、秋梢壮果肥及采果肥 4 次施入。结果表明，N、P、K 最优配方比为 1∶0.3∶0.8，N 0.5kg/株，配合 1kg/667m² 的 $MgSO_4$ 效果最好，Mo、Mg、B 增产显著。沈方科等（2009）对 3 年生沙糖橘配方施肥研究结果显示，株施有机肥料 6kg、化肥 N 0.3kg、P_2O_5 0.1kg、K_2O 0.55kg 可显著提高沙糖橘的产量；株施有机肥料 6kg、化肥 N 0.45kg、P_2O_5 0.2kg、K_2O 0.4kg 可显著提高沙糖橘的产量、极显著提高沙糖橘果实的蔗糖含量和糖酸比，最佳施肥方案为：株施有机肥料 6kg、无机肥料 N 0.45kg、P_2O_5 0.2kg、K_2O 0.4kg。陈守一等（1999，2001）在贵州红壤、黄壤、紫色土 3 种成年柑橘平衡施肥研究表明：红壤最佳施肥为每株年施肥量 N 0.2kg＋P_2O_5 0.2kg＋K_2O 0.2kg，黄壤为：N 0.2kg＋P_2O_5＋0.3kg K_2O 0.4kg，紫色土为：N 0.2kg＋P_2O_5 0.4kg＋K_2O 0.3kg；成年雪柑以株施 N 300g＋P_2O_5 400g＋K_2O 200g 增产率最高，达 34.8%；以株施 N 300g＋P_2O_5 200g＋K_2O 400g 的单果重、可食率和果汁率含量最高，分别为 199.5g/个、62.16% 和 75.93%，显著高于对照的 125.5g/个、49.40% 和 67.33%；株施 N 200g＋P_2O_5 400g＋K_2O 300g 能同时提高含糖量、固形物含量，并降低酸含量。其总体表现最佳处理为：每年株施 N 300g＋P_2O_5 200g＋K_2O 400g，N∶P_2O_5∶K_2O 为 1∶07∶1.2。程湘东等（1994）对幼年温州蜜柑园平衡施肥研究表明重施氮肥不仅不能显著改善土壤及植株中氮素营养和提高产量及品质，相反对钾素的吸收具有极显著的拮抗效应；增施磷肥虽能改善土壤和植株磷素的营养状况、促进营养生长、提高产量和果实固酸比，但也可能造成柑橘 Mn 中毒；B 缺乏会造成柑橘果实维生素 C 降低和果皮增厚等不利影响。在湖南酸性红壤幼年温州蜜柑园中，推荐每株每年施用 300g N、100g P_2O_5、200g K_2O 和 2kg 石灰。王成秋等（1994）研究了等量不同时期重施肥对温州蜜柑叶片营养及果实品质的效应，每年每株树施 N 230g、P_2O_5 280g、K_2O 270g，春梢叶片中氮、磷含量以春肥重施为最高，钾、钙含量以秋肥重施最高；冬季重施 N、P、K 混配肥对植株的营养效果不太理想；春肥重施果实全糖、糖酸比、果汁率及可食率均为最高；秋肥重施则相反，其全糖、糖酸比、果汁率及可食率均最低，仅高于对照即不施肥处理。林咸永等（2006）对椪柑连续 4 年研究施用 P、K 肥对果实产量、品质和贮藏性的效应，表明施用 P、K 肥，尤其是 P、K 肥配施可显著提高柑橘果实的单果重和产量，以及采收时果实的可溶性固形物含量、可溶性糖含量、还原糖含量、糖/酸比和维生素 C 含量，降低可滴定酸含量，并且可以有效地降低柑橘果实在贮藏过程中的失重率和烂果率，减缓糖分、酸度和维生素 C 含量的下降。孙玉桃等（2008）研究了使用不同钾源的效果，显示 $MgSO_4$＞等量养分单质肥料＞KCl＞K_2SO_4，与施 KCl 相比较，施用氯化钾的柑橘果实维生素 C 含量略有下降，可滴定酸含量略有提高。鲁剑巍等（2004）通过盆栽试验研究了 N、P、K 肥对红壤地区幼龄柑橘生长发育、果实产量及品质的效应，不施 N 或不施 K 处理果实脱落严重，缺 N 落果现象可能与该处理叶片数较少且叶片较小有关，果实保存时间长短与果皮厚度密切相关；不施 N 或 K 处理的果实果皮厚度减小，其保存期也缩短；不施 N、P、K 肥处理的柑橘树三梢生长量分别为 OPT 处理（施足各种养分）的 14.5％、74.5％和 91.6％；不施氮、磷、钾肥处理的柑橘树开花数分别为 OPT 处理的 28.9％、89.8％和 91.9％；成果率分别为 24.3％、83.3％和 93.0％；不施 N、P、K 肥柑橘果实产量分别下降 22.2％、16.8％和 21.2％。刘运武（1998）连续 6 年的试验表明施用不同量的氮肥后，土壤 pH 随着施 N 量的增加而下降，呈线性负相关（$r = -0.905$），不同施氮量对柑橘产量的影响具有极显著的差异，施氮后，土壤有效 N、P、K 和叶片 N、P、K 含量与产量呈显著或极显著线性相关。土壤有效 N、P、K 和叶片 N、P、K 含量也呈显著或极显著的线性相关，以每株施 N1.15kg 产量最高。李玲等（1996）采用三因素二次回归通用旋转组合设计试验，研究温州蜜柑高产配方施肥，N、P、K 三要素配比为 10∶（5.4～5.7）∶（4.6～4.7）。李祖章等（2005）对南丰蜜橘的研究表明：8 年以上丰产树每株宜施 N 0.7kg、P_2O_5 0.3kg、K_2O 0.6kg；7 年以下挂果树每株宜施 N 0.5kg、P_2O_5 0.25kg、K_2O 0.45kg。吴益伟等（1994）研究了红壤温州蜜柑园适宜的 $CaCO_3$ 用量，以每公顷 1.50～3.00 t 处理效果较好，贮藏 103d，两年平均腐烂率比对照（14.7％）低 9.2～10.0 个百分点，出库率比对照（74.2％）高 9.5～13.1 个百分点。陈燕等（2001）提出了温州蜜柑高产的最佳施肥量：果园土壤较瘠薄、树龄较大的（13 年生以上），年株施 N 0.4kg，适宜的 N、P、K 比例为 1∶0.7∶1；中等肥力水平、树龄较小（5～10 年生），年株施 N 0.3kg，其适宜的 N、P、K 比例为 1∶0.5∶0.7。温州蜜柑高产、稳产的 7 月叶营养指标为：N 2.843％～3.488％，P 0.160％～0.203％，K 1.426％～1.493％。徐培智等（2008）研究了广东省坡地柑橘园有机无机肥料配施的效应，表明有机肥配施化肥（20％有机肥＋80％化肥、40％有机肥＋60％化肥）处理沙糖橘和年橘产量均优于单施化肥处理（CK）。其中，沙糖橘增产率为 16.3％～18.4％，增产效果显著，年橘增产率为 7.8％～16.4％，40％有机肥＋60％化肥处理增产效果显著。

（2）橙。在橙类施肥配方研究方面，近年来的报道集中在甜橙、脐橙、锦橙，周学伍等（1991b，1996）研究显示，中性紫色土 N、K 配施能促进植株生长发育良好，显著提高产量，对改善果实品质、提高果实的贮藏性亦有一定的作用。7 年生枳砧锦橙、锦橙按 N、K 1∶0.75，其中 N 用量为每株 400g。单施 N 降低了对 P、K 及 B 等元素的吸收，单施 K 抑制了 Mg、Mn 元素的吸收，配施 P 肥效果不显著。锦橙春季展叶增施适量氮肥（每株 100～200g）能显著提高展叶转绿期叶片氮和叶绿素含量，促进坐果。10～12 月的叶片养分含量较稳定，为养分的贮备时期，秋季当单株施 N 量由 100g 提高到 350g，树体的贮藏营养增加，叶片含 N 量从 2.737％增至 2.913％，可溶性糖由 83.43g/kg 上升到 87.17g/kg。李仕培等（2012）制订了甜橙不同目标产量水平的施肥水平，高产果园 37.5 t/hm²，施 N 375～450kg/hm²、P_2O_5 195～225kg/hm²、K_2O 270kg/hm²；中产果园 18.0 t/hm²，施 N 180～225kg/hm²、P_2O_5 90～105kg/hm²、K_2O 135kg/hm²；低产果园 9.0 t/hm²，N 90～120 kg/hm²、P_2O_5 45～75kg/hm²、K_2O 75kg/hm²。鲁剑巍等（2001）1996—1999 年连续 4 年在湖北省秭归县进行了脐橙钾肥施用量田间试验，4 年施钾平均增产 26.3％～41.8％，施钾（K_2O）250kg/hm² 增产效果最好。樊卫国等（2006）在贵州都柳江河谷研究 11 年树龄纽荷尔脐橙不同施肥水平对产量、品质、树体营养水平和经济效益的影响，用 NPK 质量比为 8∶6∶6、有效含量为 25％的有机复合肥料，每年每株 1.5kg 的施肥水平不能满足脐橙对养分的需求，产量和品质及经济效益较低；每年每株 3kg 的施肥水平，树体叶片的多数营养元素含量值低于叶分析营养诊断适宜值，增产的潜力没有得到应有的发挥；每年每株 5kg 施肥水平，树体叶片的元素含量值达到叶分析营养诊断适宜值范围，脐橙产量较高，品质和经济效益较好。

（3）柚。陈大超等（2011）研究了测土配方施肥对长寿沙田柚产量和品质的影响，N、P、K 三要素中对沙田柚产量的影响趋势是 N＞K＞P，对品质的影响趋势是 P＞K＞N。大致确定了沙田柚的适宜施肥量，即每株 N 1.6～2.0kg、P_2O_5 0.8～1.0kg、K_2O 1.5～1.8kg。熊森基等（2009）通过 3414 试验确定广东梅县沙壤土种植沙田柚每 $667m^2$ N、P、K 肥的最佳施用量分别为 50.4kg、25.2kg、35.3kg，N：P_2O_5：K_2O 为 1：0.5：0.7。廖新荣等（2001a）根据梅州土壤肥力状况、树体的营养特性和肥料的性质，通过 3 年土壤作物营养与平衡施肥试验研究，研制出了适合沙田柚各生长时期施用的沙田柚专用肥。对广东梅州沙田柚高产施肥进行了长期研究表明（廖新荣等 2001b），幼年树施肥以勤施薄施为原则，重点在新梢期施氮肥。总 N、P、K 比例有 1：0.2：0.6，1：0.3：0.5，1：0.6：0.8 等，应因树因土施肥；第二年在第一年的基础上增加 40％～60％。结果树总的 N、P、K 比例有 1：0.5：0.9，1：0.45：0.49，1：0.6：0.8，1：0.5：0.8，1：0.5：0.7，1：0.5：0.47 等多种。聂磊等（2001）研究了有机肥对沙田柚果实品质的效应，表明有机肥处理能提高柚果总糖、总酸和可溶性固形物含量，明显增加柚果内抗坏血酸、β-胡萝卜素、硫胺素、烟酸以及氨基酸含量，其中花生麸＋人粪尿对提高抗坏血酸、总氨基酸和必需氨基酸含量效果最显著，有机肥处理明显增加了与柚果特有品味构成有关的萜品烯醇、香茅醛、牻牛儿醇乙酯和诺卡酮含量。

章明清等（2003，2005）对福建琯溪蜜柚 3～5 年平衡施肥定位试验表明，平衡施肥比常规施肥平均增产 15.4％～20.6％，适宜的 N、P、K 比例和用量使蜜柚裂果率平均下降 46.4％～53％。提出在单株产量 40～50kg 的生产水平下，每株适宜施 N 量为 0.9kg，适宜的施肥比例为 N：P_2O_5：K_2O：CaO：MgO＝1：0.5：1：1.1：0.4。许文宝等（1999）研究了琯溪蜜柚园有机—无机肥不同配比的效应，与单施无机肥相比，配施有机肥可有效地降低果实粒化程度，较大幅度提高土壤有机质含量，并有助于改善果实品质，其中，配施 50％有机肥处理还可明显提高产量，推荐株产 100kg 的红壤柚园，年株施 N 1.5kg 左右（有机氮占全氮量 30％～50％），石灰 1.0～1.5kg，其元素比例 N：P_2O_5：K_2O：CaO：MgO 为 1.00：（0.50～0.60）：（1.00～1.05）：（1.00～1.30）：0.28。

郭秀珠等（2011）在四季柚上的研究显示在施肥量相同的情况下，以 N：P_2O_5：K_2O 为 2.15：1：1.56 对四季柚的品质形成最为有利。李月娥等（2008）提出了杭晚蜜柚初结果树（每 $667m^2$ 产量水平 1 407kg）N：P：K 为 10：5：8，每 $667m^2$ 施 N 17kg。

表 12-3-8 为我国部分柑橘产区制订的柑橘类地方标准栽培规程有关施肥量的信息汇总。可见与上述研究报道结果有一定的相似性。

2. 柑橘类果树不同生长期养分使用分配　幼年树（1～3 年）全年每株施 N100～450g，按比例 N：P_2O_5：K_2O＝1：0.25～0.50：0.50 使用 P、K 肥。一般每年施 3 次梢肥，每次梢肥分 2～3 次施用（即一梢二肥或一梢三肥）。通常在每次梢放梢前 15～20d 将肥料施入，待新梢抽出 4～5 片小叶施第二次肥，新梢生长停止开始转绿施第三次肥，总施肥量可逐年增加至最高量。

表12-3-8 部分柑橘类产区果树标准推荐施肥量（综合材料）

地区	品种（品系）	推荐施肥量（年）	N:P₂O₅:K₂O	资料来源
浙江	胡柚（结果树）	每生产100kg果实需N、P、K有效成分总量3~4kg	1:0.6:0.8	DB33/T 197.2—2004
浙江	脐橙（幼树）	1~3年生幼树单株以年施N 120~400g，施肥量应逐年增加	1:0.3:0.5	DB33/T 250.2—2006
浙江	脐橙（结果树）	每产果1 000kg施N 11~14kg	1:(0.7~0.8):(0.8~0.9)	DB33/T 250.2—2006
浙江	早香柚（幼树）	1~3年生幼树单株以年施N 120~400g，施肥量应逐年增加	1:0.3:0.3	DB33/T 716.2—2008
浙江	早香柚（结果树）	每产果1 000kg施N 11~14kg	1:(0.7~0.8):(0.8~0.9)	DB33/T 716.2—2008
福建	永春芦柑（幼树）	1~5年生幼树单株以年施N 200~400g，P₂O₅ 50~140g，K₂O 50~140g 施肥量应逐年增加	1:0.2~0.35:0.2~0.35	DB35/T 105.4—2005
福建	永春芦柑（结果树）	每产果100kg施N 1.08kg	1:0.33~0.40:0.55~0.60	DB35/T 105.4—2005
江西	赣南脐橙（幼树）		1:(0.25~0.3):0.5	DB36/T 390—2003
江西	赣南脐橙（结果树）	追肥占施肥量的40%，基肥占总施肥量的60%。结果树施肥氮、磷、钾比例以1:1.6:0.8~1为宜		DB36/T 390—2003
四川	蜜奈夏橙（幼树）	1~3年生幼树年施N 0.1~0.5kg	1:(0.2~0.3):(0.4~0.5)	DB51/T 1213—2011
四川	蜜奈夏橙（结果树）	初果期每株年施N 0.3~0.6kg，盛果期每株100kg产果计，年施N 0.8~1.2kg	初果期1:(0.4~0.6):(0.5~0.8) 盛果期1:(0.6~0.8):(0.8~1)	DB51/T 1213—2011
四川	柚（幼树）	1~3年生幼树单株年施N 100~300g	1:0.5:0.8	DB51/T 1349—2011
四川	柚（结果树）	盛果期产果100kg计，年施N 1.0~1.2kg	盛果期1:0.8:(0.8~0.9)	DB51/T 1349—2011
四川	锦橙	1~3年生幼树单株年施N 100~300g	1:(0.3~0.5):0.5	DB51/T 839—2008
四川	锦橙	产果100kg计，年施N 0.8~1.0kg	1:(0.6~0.8):(0.8~0.9)	DB51/T 839—2008
四川	甜橙	1~3年生幼树单株施N 120~400g	1:0.3:0.5左右	DB510524/T 01.02—2011
四川	甜橙	每产果1 000kg施N 11~14kg	1:(0.7~0.8):(0.8~0.9)	DB510524/T 01.02—2011

（续）

地区	品种（品系）	推荐施肥量（年）	N：P_2O_5：K_2O	资料来源
四川	广汉柚	1～3年生幼树单株年施 N 100～400g	1：（0.25～0.3）：0.5	DB51681/T 03—2010
四川	广汉柚	以产果 100kg 施 N 0.6～0.8kg	1：（0.6～0.8）：1	DB51681/T 03—2010
广西	甜橙类、宽皮柑橘类（幼树）	每株年施用量：第一年 N90g，$P_2O_5$20g，K_2O 25g；第二年 N 140g，$P_2O_5$40g，K_2O 50g；第三年 N 280g，P_2O_5 80g，K_2O 100g	1：（0.22～0.28）：（0.27～0.35）	DB45/T 65—2003
广西	甜橙类、宽皮柑橘类（结果树）	以22 500kg/hm^2产量为基准。1hm^2施 N 225kg，$P_2O_5$30kg，K_2O 112.5kg	1：0.13：0.5	DB 45/T 65—2003
广西	沙田柚（幼树）	1～3年生树株年施 N 150～450g，施肥量逐年增加。	1：0.4：0.5	DB 45/T 201—2004
广西	沙田柚（结果树）	株产 50kg 全年株施 N 1.5kg，$P_2O_5$0.6kg，K_2O 0.9kg	1：0.4：0.6	DB 45/T 201—2004
广东	红江橙（幼树）	1～2年生幼树单年株施 N 100～300g	1：（0.2～0.3）：0.5	DB 44/T 357—2006
广东	红江橙（结果树）	产果 100kg 施 N 0.6～0.8kg	1：（0.4～0.5）：（0.8～0.9）	DB 44/T 357—2006
广东	沙田柚（幼树）	每年株施 N 1.5～1.7kg	1：0.3：0.7	DB 44/T 133—2003
广东	沙田柚（结果树）	株产 100kg，全年施 N 3.0kg	1：0.5：0.8	DB 44/T 133—2003
广东	沙糖橘（结果树）	株产 50kg，施 N 0.5～1.0kg	1：（0.3～0.5）：0.8	DB 44/T 134—2003
广东	年橘（幼树）	每年株施 N 50～250g	1：（0.3～0.4）：（0.6～0.8）	DB 44/T 303—2006
广东	年橘（结果树）	株产 100kg，施 N 1.0～1.1kg	1：（0.4～0.5）：（0.8～1.0）	DB 44/T 303—2006
广东	椪柑（幼树）	每年株施 N 50～250g	1：（0.3～0.4）：（0.6～0.8）	DB 44/T 227—2005
广东	椪柑（结果树）	株产 100kg，施 N 1.0～1.2kg	1：（0.4～0.5）：（0.8～1.0）	DB 44/T 227—2005
广东	蕉柑（结果树）	产 1 000kg，施 N 8～10kg	1：0.5：0.8	DB 44/T 275—2005
广东	贡柑（结果树）	产 100kg，施 N 0.8～1.2kg	1：（0.3～0.4）：（0.8～1.0）	DB 44/T 217—2004

结果树施肥量因品种、栽培地区而存在差异。原则上柑橘挂果树每年施肥 3～4 次，第一次为春季施肥（萌芽肥或花前肥）：以速效 N 肥为主，配施 P、K 肥，N 肥施用量占全年的 30%～40%。第二次为夏季施肥（壮果肥）：以 N、K 肥为主，配合施用 P 肥。N、K 施用量各占全年的 30%～40% 和 40%～50%，P 肥施用量占全年的 20%～30%。第三次为秋冬季施肥（采果肥）：20%～30% 的 N 肥、40%～50% 的 P 肥、20%～30% K 肥、全部有机肥和微量元素（B、Zn）在 11～12 月采果前后施用。

根据各地制订栽培地方标准的相关内容，不同地区、不同品种结果树的 N、P、K 不同生长期的养分使用分配有所差异。

（1）柑、橘。福建永春芦柑幼年树冬季施用基肥，春、夏、秋梢每次梢前施一次肥，在新梢转绿期给予追肥或根外追肥。成年树结果多、树势弱，可在采前施些速效肥。结果树采后重施基肥；其中 N 占全部施 N 量的 20%～25%，P 占 60%，K 占 30%，树势好，结果适中集中在采后施用。全年的有机肥可集中在采后施用。萌芽肥在春梢萌发前约半个月施用，N 占 25%。生长强旺的初结果树可少施或不施萌芽肥，萌芽肥以 N 为主。稳果肥在花谢后施用，N、P、K 各占 20%。初结果树和树势旺、花果量少的树应少施或不施。切忌施用过量 N，以免促发夏梢加剧落果。除施适量 N 外，结合施 P、K、Mg，壮果肥于 7 月上中旬施用，以 N、K 为主，其中 N 占 30%～35%，P 占 20%，K 占 50%；依结果量调整 N 用量；广东贡柑结果树春梢肥在春芽萌发前 20d 使用，占全年施肥量的 15%～20%，谢花小果肥占全年施肥量的 10% 左右，秋梢肥占全年施肥量的 30%～40%，在放梢前 10～20d 施。花芽分化肥在 11 月施，占全年施肥量的 15%～20%，采果肥占全年施肥量的 10%，配合使用有机肥；广东蕉柑春季施肥以速效氮肥为主，占全年施肥量的 20%，夏季施肥占全年施肥量的 5%～10%，秋季施肥占全年施肥量的 40%～45%，冬季施肥占全年施肥量的 30%；广东椪柑 2～3 月春芽前 15～20d，占全年施肥量的 15%，4～5 月施谢花肥占全年施肥量的 5%～15%，7～8 月施秋梢肥，占全年施肥量的 35%～40%，9～11 月施壮果肥，以磷钾为主，占全年施肥量的 15%～20%，12 月至翌年 1 月施采果后肥占全年施肥量的 20%，以腐熟有机肥为主；广东年橘 2～3 月春芽前 15～20d，N 占全年施肥量的 15%～20%，P 占全年施肥量的 40%～45%，K 占全年施肥量的 10%～15%，谢花肥 N 占全年施肥量的 10%，P 占全年施肥量的 20%，K 占全年施肥量的 15%，8～9 月施秋梢肥，N 占全年施肥量的 50%～55%，P 占全年施肥量的 15%～20%，K 占全年施肥量的 45%～50%，12 月至翌年 1 月施采果后肥 N 占全年施肥量的 20%～25%，P 占全年施肥量的 25%～35%，K 占全年施肥量的 20%～25%，以腐熟有机肥为主；四川蜜奈夏橙初果期年施肥次数减至 3～4 次，在 2 月、6～7 月、10～11 月施入，每株年施 N0.3～0.6kg，增施 P、K 肥，N、P、K 比例为 1:（0.4～0.6）:（0.5～0.8）。盛果期 2 月中下旬施春季追肥，以 N、P 肥为主，施肥量占全年施肥量的 30%～40%；10 月下旬至 11 月上旬施秋季肥，重施有机肥，配施 P、K 肥，施肥量占全年的 60%。

（2）橙。四川锦橙年施肥 3～4 次。第一次为花前肥，在 2 月下旬至 3 月上旬使用，以 N、P 为主，N、K 占全年施肥量的 20%，P 占全年施肥量的 40%～45%；第二次为壮果肥，在 7 月中下旬使用，以 N、K 为主，配合 P，N 占全年施肥量的 40%～60%，P 占全年施肥量的 35%，K 占全年的 50%；第三次为采果肥，在 10 月至 11 月上旬使用，重施有机肥，N 占全年施肥量的 20%～40%，P 占全年施肥量的 20%～25%，K 占全年的 30%。四川甜橙采果肥（10 月下旬至 11 月中旬），施足量的有机肥（基肥），施用量占全年的 50％。以株产 60kg 树为例，每株宜施菜饼 2～3kg，腐熟有机肥 50kg 或厩肥 10kg，人粪尿 40kg，尿素 0.2kg，复合肥料 0.6kg。结合病虫害防治增施适量叶面肥料。芽前肥（2 月下旬至 3 月中旬），以 N、P 为主，施用量占全年的 15％，每株施人粪尿 40kg，复合肥料 0.5kg，结合病虫害防治增施适量的叶面肥料。保果肥（5 月上中旬），施用量占全年的 15％，视树冠大小和叶色，每株施磷酸二氢钾 0.2～0.4kg，复合肥料 0.5～1kg。定果壮果肥（6 月下旬至 8 月下旬），施用量占全年的 20％，分 3 次施：看树施肥，多花弱树每株施复合肥料 1kg，少花旺树控制 N 用量，每株施 KH_2PO_4 0.5kg。赣南脐橙催芽肥于春芽萌发前的 2 月上旬施入，追肥量占全年的 15％～20％；稳果肥于 5 月中下旬施入，追肥量占全年追肥量的 10％左右；壮果促梢肥于 7 月中旬施入，追肥量占全年追肥量的 35％～40％；采果肥在 11 月上中旬施入，追肥量占全年追肥量的 30％～35％；基肥以迟效性有机肥为主，于 8 月下旬至 11 月下旬施入，结合深翻改土进行，基肥施肥量占全年总施肥量的 60％。四川脐橙结果树采果肥（10 月下旬至 11 月中旬）：施足量的有机肥（基肥），施用量占全年的 50％。以株产 60kg 树为例，每株宜施菜饼 2～3kg，栏肥 50kg 或厩肥 10kg，人粪 40kg，尿素 0.2kg，复合肥料 0.6kg，结合病虫害防治增施适量的叶面肥料；芽前肥（2 月下旬至 3 月中旬）以 N、P 为主，施用量占全年的 15％，每株施人粪尿 40kg，复合肥料 0.5kg，结合病虫害防治增施适量的叶面肥料；保果肥（5 月上中旬）施用量占全年的 15％，视树冠大小和叶色，每株施 KH_2PO_4 0.2～0.4kg，尿素 0.25kg 或复合肥料 0.5～1kg；定果壮果肥（6 月下旬至 8 月下旬）施用量占全年的 20％，分 3 次施，看树施肥，多花弱树每株施复合肥料 1kg，少花旺树控制 N 用量，每株施 $KHPO_4$ 0.5kg。

（3）柚：浙江胡柚结果树一年施肥 2～3 次：芽前肥 2 月下旬至 3 月下旬施；定（壮）果肥 6 月下旬至 8 月上旬施；采果肥于采果后 3～7d 内施。芽前肥以速效肥为主，施肥量占全年的 30％～40％；定（壮）果肥 N、P、K 配合，有机肥与化肥配合，施肥量占全年的 30％～40％；采果肥速效 N、P、K 和有机肥配合，施肥量占全年的 25％～30％。浙江早香柚春肥（芽前肥）（2 月下旬至 3 月中旬），看树施肥，树势壮的，可以不施或少施。以 N、P 为主，施用量占全年的 15％，每株施人粪尿 40kg，复合肥料 0.5kg，结合病虫害防治增施适量的叶面肥料。夏肥（保果肥）（6 月中旬）看树施肥，树势壮的，可以不施或少施，施用量占全年的 15％～30％，视树冠大小和叶色，每株施 KH_2PO_4 0.2～0.4kg，尿素 0.25kg 或复合肥料 0.5～1kg。秋肥（壮果肥）（8 月上旬）施用量占全年的 20％，看树施肥，多果弱树每株施复合肥料 1kg，少果旺树控制 N 用量，每株施 K_2SO_4 0.5kg。广东沙田柚采果前后肥，丰产树和弱树应在采前 15～20d 适当施腐熟麸肥，采后施速效 N 或复合肥料，干旱季节应以水肥为主。树势恢复后重施腐熟有机质肥和 P、火烧土等，约占全年施 N 量的 50％左右。春梢肥春梢萌芽的 1 月下旬至 3 月，施以 N 肥为主的速效肥，用 N 量占全年的 15％左右。稳果肥谢花后至 5 月施速效 N、P、K 肥，用 N 量占全年的 20％左右。壮果肥 6 月至 8 月上旬施优质 N、P、K 肥，以 P、K 肥为主，配合充分腐熟的有机液肥，用 N 量占全年的 15％左右。6 月埋施适量充分腐熟的优质有机肥干肥。8 月底始不得用 N 肥，适当补施 P、K 肥。施肥数量以有机肥为主，加适量 N、P、K 三元化学肥料或柚类专用复合肥料。四川广汉柚 2 月下旬至 3 月初施萌芽肥，以 N、P、K 为主，N 施用量占全年的 10％～15％，P 施用量占全年的 40％～45％，K 施用量占全年的 20％；7 月底施稳（壮）

果肥，以 N、K 为主，配合施用 P 肥，N 施用量占全年的 $40\%\sim60\%$，P 施用量占全年的 35%，K 施用量占全年的 50%；采果后，10 月下旬至 11 月上旬施足量的有机肥（基肥），N 施用量占全年的 $20\%\sim40\%$，P 肥施用量占全年的 $20\%\sim25\%$，K 施用量占全年的 30%。福建琯溪蜜柚采后肥在 10 月下旬至 11 月下旬使用，施肥量占全年的 35%；促梢壮花肥在 1 月下旬使用，施肥量占全年的 20%；稳果肥在 5 月中旬至 6 月上旬使用，施肥量占全年的 10%；壮果肥在 6 月下旬至 7 月中旬使用，施肥量占全年的 35%。

（二）荔枝

荔枝多数种在丘陵山地，土壤存在着旱、酸、瘠、黏（沙）、水土流失等严重问题，在果树定植前需要进行土壤改良，促进土壤熟化，创造疏松肥沃、透水通风的土壤环境，为果树壮根茂叶、高产稳产奠定物质基础。通常在定植前进行种植穴土壤改良，定植后再扩穴至全园改良。一般每个种植穴（1 m 见方）施用腐熟有机肥 $100\sim200kg$，磷肥（过磷酸钙或钙镁磷肥）$2\sim3kg$，石灰粉 $3.0\sim5.0kg$。采用分层施用，即采用有机肥（磷肥）—回填土（石灰）—有机肥（磷肥）—回填土（石灰）的层状结构，定植穴的上部表土与部分石灰混匀后回填，在回填土上种植果苗。回填土应高出植株基部 $10\sim15$ cm，以保持新植果苗逐渐适应环境，使根系向肥沃部位伸展。幼年树扩穴改土次数一般每年 $3\sim4$ 次，可在植株不同方向挖沟（深度 0.5 m，长度 0.5 m），每株每次施腐熟有机肥 $30\sim50kg$，石灰 $0.5\sim0.7kg$，磷肥 $1\sim2kg$，按扩穴同样方法分层施用。果树挂果后每年扩穴一般于采果结束后和冬至前后两次进行，每年各在两个方向挖环沟，方法与幼龄树相同。

由于果树的特殊性，目前氮、磷、钾施用量主要通过养分配比试验决定用量和比例。表 12-3-9 和表 12-3-10 分别为我国荔枝主产区荔枝施肥量研究的报道和已制订的地方标准涉及的荔枝肥料使用量。在制订施肥方案时，可根据土壤结果对施肥量作出调整。其原则是：以当地同一品种相近树龄的中上产量作为目标，根据土壤测试结果缺乏或较低的元素按上表定量。若有的元素养分含量较高，达到丰富的水平，则按上表减少 1/3。

幼年树施肥采用少量多次的方法，通常在每次梢萌动前施用，年施肥 $4\sim6$ 次。第一年每次每株施用氮肥（尿素）$0.1\sim0.15kg$，磷肥（过磷酸钙）$0.05\sim0.1kg$，并在秋梢萌动前加施氯化钾 $0.2\sim0.3kg$ 一次；第二、第三年施氮肥量增加 $1\sim2$ 倍，施用钾肥次数增加 $2\sim3$ 次。

表 12-3-9　我国荔枝主要品种氮、磷、钾等养分施用量（综合材料）

品种	施肥量（kg/株）					目标产量（kg/株）	资料来源
	氮（N）	磷（P_2O_5）	钾（K_2O）	镁（Mg）	硫（S）		
妃子笑	$1.2\sim3.5$	$0.7\sim1.9$	$1.5\sim3.5$			50.0	华敏（2004）
淮枝	$0.8\sim1.0$	$0.4\sim0.5$	$0.9\sim1.2$			50.0	注
糯米糍	$0.52\sim0.85$	$0.21\sim0.34$	$0.52\sim1.07$	$0.52\sim0.55$	$0.10\sim0.17$	100.0	注
桂味	$0.64\sim0.85$	$0.26\sim0.34$	$0.68\sim1.07$	$0.11\sim0.85$	$0.10\sim0.17$	100.0	注
陈紫	$0.25\sim0.5$	$0.25\sim0.5$	$0.75\sim1.5$			$23.4\sim30.1$	戴良昭（1999）
兰竹	0.8	$0.5\sim0.8$	$1.0\sim1.6$			50.0	戴良昭（1999）
三月红	$0.4\sim0.54$	$0.24\sim0.32$	$0.43\sim0.65$			$7\sim10$	何永勤（1999）

注：来自广东土壤肥料研究所的成果资料。

表 12-3-10 华南荔枝广东产区果树标准推荐施肥量（综合材料）

品种	推荐施肥量（/株·年）	N：P_2O_5：K_2O	资料来源
荔枝（幼树）	每产 100kg 果实全年株施 1～3 年树龄单株施 N 150～400g，施肥量逐年增加 20%～30%	1：0.3：0.5	DB44/T209—2004
荔枝（结果树）	1～3 年树龄单株施 N 1.6～2.0kg、P_2O_5 0.7～0.8kg、K_2O 1.4～2.2kg	1：（0.35～0.5）：（0.7～1.38）	DB44/T209—2004
双肩玉荷包（幼树）	N 230～345g，P_2O_5 50～75g、K_2O 114～174g，施肥量逐年增加 20%～30%	1：0.21：（0.50～0.94）	DB44/T276—2005
双肩玉荷包（结果树）	每产 100kg 果实全年株施 N 1.6～2.0kg，P_2O_5 0.7～0.8kg、K_2O 1.4～2.2kg	1：（0.35～0.5）：（0.7～1.38）	DB44/T276—2005
绿色食品荔枝（结果树）	每产 100kg 果实全年株施 N 1.6～2.0kg、P_2O_5 0.7～0.8kg、K_2O 1.4～2.2kg	1：（0.35～0.5）：（0.7～1.38）	DB/T223—2005

成年树施肥每年一般 3～4 次，施用时要做到施肥效果与生长控制同步。攻梢肥以施用速效肥料为主，每株施用尿素 0.8～1.0kg，磷肥 0.2～0.4kg，氯化钾 0.3～0.5kg，可分二次施用，一次在采果前 7～10d，采果后迅速修剪。在第一次梢成熟时施第二次肥。施用肥料的深度以 20～40 cm 为佳，即施用时把肥料与土混匀或对水 50 倍淋土，后盖土。若要施用有机肥最好在采果前 7～10d 与化肥一同施用，每株施花生麸 3kg。另外，在秋梢老熟后，可结合清园施用石灰。有机肥的施用最好在温度较低而且比较稳定时进行，如广州地区可选冬至时进行。速效有机肥应选花生麸等，人畜尿最好不要在这个时期施用，以免引发冬梢。建议以施用迟效的有机肥，如草料，牛粪，并每 100kg 有机物料加磷肥 1.0～1.5kg，石灰 0.5kg 加水 10kg 埋沟。

花肥在花芽分化期（结果梢起红点时）使用，每株施尿素 0.3～0.5kg，磷肥 0.4～0.6kg，钾肥 0.3～0.5kg，撒施或穴施均可。另外，在花穗长至 10～15 cm，每株施硼砂 50g，硫酸镁 200g，硫酸锌 80g，磷肥 0.2～0.25kg，钾肥 0.3～0.5kg。施用方法同上。

果肥在谢花后 7～10d 和果实膨大期使用，以重施磷、钾肥为主，第一次施用时要看叶色，若叶色淡绿老叶浅黄时，每株施尿素 0.1kg，磷肥 0.1～0.2kg，钾肥 0.2～0.3kg；当叶色浓绿时，不施氮肥，磷肥减半。第二次施肥，要注意氮源的选择，每株施用硝酸钙 0.2～0.3kg，磷肥 0.2～0.3kg，氯化钾 0.3～0.5kg，方法同上。也可以结合施用有机速效肥料，如花生麸、粪、牛尿等。

（三）龙眼

戴良昭（1999）总结出福建龙眼产区不同树龄施肥量（表 12-3-11），总体上 N：P_2O_5：K_2O 以 1：（0.4～0.6）：（1.3～1.5）为宜。李晓河等（2009）以潮州主栽品种草铺（九年生）为材料进行 3 年龙眼配方施肥试验，结果表明，每株树施 N 1kg、N：P_2O_5：K_2O＝1：0.4：0.9，平均株产 64.53kg，比不施肥处理增产 28.2kg，增产率77.6%。梁子俊（1987）研究了不同 N、P、K 配比对龙眼产量和品质的效应，结果表明：

N、P、K 配合比例以 2：1：2 和 1：1：2 效果较好，增产显著。苏明华等（1990）连续 4 年（1983—1986）研究了不同施肥水平对龙眼秋梢数量、质量及产量的影响，推荐红壤丘陵地水涨龙眼适宜的年株施肥量为 N 1.24kg、P_2O_5 0.63kg、K_2O 1.15kg。庄伊美（1997）根据成年龙眼（水涨）园平衡施肥示范试验结果，推荐闽南丘陵地成年龙眼园目标产量为 15 t/hm^2 时的年施肥方案为：N 300～375kg/hm^2（有机肥 N 约占全年施 N 量的 40%）；N：P_2O_5：K_2O 为 1：0.5～0.6：1.0～1.1（表 12-3-11）。

表 12-3-11　福建龙眼产区不同树龄施肥量（综合材料，戴良昭，1999）

树龄（年）	N [g/（株·年）]	P_2O_5 [g/（株·年）]	K_2O [g/（株·年）]	N：P_2O_5：K_2O [g/（株·年）]
1	0.015～0.025	0.01～0.013	0.016～0.020	1：0.52～0.67：0.8～1.07
2～3	0.04～0.08	0.015～0.04	0.04～0.08	1：0.38～0.50：1.0
4～5	0.24～0.40	0.12～0.20	0.24～0.40	1：0.50：1.0
6～7	0.50～0.64	0.21～0.32	0.40～0.64	1：0.42～0.50：0.8～1.0
8～10	0.65～0.80	0.35～0.40	0.60～0.80	1：0.50～0.54：0.92～1.0
10～25	1.0～1.2	0.50～0.60	1.2～1.5	1：0.50：1.2～1.25
25～50	1.2～1.8	0.60～0.70	1.5～2.0	1：0.44～0.50：1.11～1.25
50 以上	>1.8	0.8～1.0	2.0～2.50	1：0.44～0.56：1.11～1.39

龙眼幼年树施肥以促梢、促根、壮梢为原则，定植后第一年第一次萌发的新梢老熟后开始施肥，以后每 1～2 个月施 1 次。要求施薄肥，每次每株施浓度为 1：5 的腐熟人畜粪尿 10kg 左右，每 50kg 人畜粪尿加入尿素 150～300g 或复合肥料 200～500g 混合施用，或每株每次施复合肥料 50～100g。定植后第二、三年施肥要求每萌发 1 次新梢需施两次肥，当次梢有一、两片复叶展开红叶时施第一次，当次梢出梢临近结束，最后一片复叶展开未转绿时施第二次。第一次以氮肥为主，第二次以磷、钾肥为主。每次梢施肥的 N、P、K 使用比例为 6：（1～2）：（2～3）。第二年开始逐渐增加肥料施用量，第三年后要适当增施磷、钾肥，防止偏施氮肥，确保投产期到来前每年有 4～5 次新梢。使用方法为兑水淋施和直接使用固体肥料，肥液切忌淋在树茎、树头处，固体肥料可撒施、穴施或沟施。化肥宜浅施（开沟 5 cm），有机肥宜深施（开沟约 30 cm），施后覆土。植后第二年开始，每年 10～11 月在原植穴外围挖长 1 m、深和宽各 0.6 m 的深沟，每年轮换位置，分 3～4 年完成。扩穴改土时每株果树压杂草、落叶等绿肥 20～30kg，人畜粪尿 15～20kg，饼肥 2～3kg，石灰、磷肥各 0.5～1kg，土杂肥 20～25kg，回填时分层压实，表土和杂草、落叶、人畜粪尿放在底层，心土混合石灰、磷肥、饼肥土杂肥回填表层。

结果树施肥围绕培育成熟期适当、营养均衡的秋梢结果母枝，促进花芽分化、适当的花穗发育和适量果实的壮大为目标，一般适宜施 3 次肥：采果前后肥、花前肥和果肥。以每生产 50kg 果为目标计算，需施 N 0.8～1kg、P_2O_5 0.5～0.6kg 和 K_2O 0.75～1kg，其比例为 1：0.5：1。

采果前后肥：目的是使龙眼迅速恢复树势，促进秋梢形成充足的营养源，一般以速效氮肥为主，配施磷、钾肥，其中氮占全年的 45%～50%，磷占 30%～35%，钾占 25%～40%，其中一半的氮磷钾肥料可在果实采收前 7～10d 使用，剩余肥料根据不同地区对末次结果梢安全成熟期的要求决定使用时期。一般 15 年树龄以下的幼龄结果树一般需培养 2 次秋梢，15 年树龄以上的成年结果树培养 1～2 次秋梢，每次秋梢从抽出至成熟需 30～40d，剩余肥料一般最迟在末次梢抽出前使用，可配合优质有机肥如花生麸、豆饼使用，天旱时施后应淋水。如末次结果梢安全成熟期临近结果梢仍未成熟，可喷施 0.5% 的磷酸二氢钾促进秋梢成熟。末次秋梢老熟后，如气温偏高，应控制水分、养分，防止冬梢萌发。可选用深翻断根、环扎、环割、使用药物等方法抑制冬梢。

花前肥：分两次进行，第一次在冬至、小雪结合改土扩穴进行，方法与荔枝相同，以使用磷肥、有机肥、石灰为主。第二次在花芽分化（结果梢起白点时）后至现蕾开花，疏花疏穗前使用，如结果梢叶色浓绿，应推迟至现蕾开花，疏花疏穗时使用。如结果梢叶色偏黄，可在花芽分化时使用。对于树势过旺，特别是有春梢抽出的龙眼树，应停止使用速效氮肥，待药物控制后出现花穗时减量施肥。该时期氮、钾占全年施肥量的 20%～25%，磷占 25%～30%。

果肥：龙眼一般挂果较多，为生产符合消费要求的果品需要人工疏果，以促进果实的发育和膨大。一般在果实黄豆粒大小时疏除徒长、果粒稀疏或过密细弱果穗，剪除果穗内部过密的小支穗和过长的支穗、畸形果、病虫果和正常果穗过密的果实。在人工疏果前，需使用壮果肥，其中氮占全年施肥量的 25%～30%，磷占 40%，钾占 40%～50%。果实收获前 15～20d 可配合喷施 0.5% 磷酸二氢钾促进果实膨大。

中微量元素的使用，可参考荔枝、柑橘的使用方法。

（四）香蕉

香蕉产量高，生长快，植株高大，需肥量大，需要钾素高。香蕉施肥与气候、土壤肥力、品种、种植密度等措施有密切关系，以下介绍的内容为广东省农业科学院土壤肥料研究所多年研究结果总结的香蕉施肥技术（周修冲，1999；姚丽贤等，2004a，2004b）。

氮使用量矮秆香蕉以每 667m² 纯氮 40kg 为宜（尿素每株 650g）；中把香蕉以每 667m² 纯氮 50～60kg（尿素每株 820～980g），磷肥用量以每 667m² 8～14 kg P_2O_5（每株过磷酸钙 460～820g）为宜；多年种植蕉园减半或隔年使用；高产香蕉（每 667m² 产 4 t）适宜每 667m² 施钾（K_2O）量 90kg（每株氯化钾 1 130g），一般产量水平每 667m² 施钾量为 60～80kg（每株 Kcl 750～1 000g）。第二造可酌情减少 20%～30% 钾肥用量。

施肥分配原则是香蕉生长前期应勤施薄施肥料，在花芽分化始期前后 45d 左右重施肥料；在抽蕾至果实成熟应轻施肥料。

苗期施肥从蕉苗成活至抽出 10 片大叶，每月施 2 次，每次追肥量占总施肥量的 3%～5%。新植组培苗蕉园，蕉苗成活后每隔 7d 淋 0.2% 氮磷钾复肥水 1 次，共淋 4～6 次，随后在抽出 10 片大叶前，每隔 15d 施肥 1 次，每次施肥量占总施肥量的 3%～5%，在香蕉抽出 10 片大叶前，把磷肥分 3 次施完。

香蕉抽出 10～16 片大叶期间，每月施肥两次，每次施肥量占总量的 10% 左右；16～23 片大叶期间，再施 2 次，每次施肥量占总量的 15% 左右；抽蕾前施肥量累计占施肥总量的 75%。

果肥分二次施用，在抽蕾期间施用肥料 1 次，施肥量占总量的 15%；在幼果期（断蕾前后），施肥量占总量的 10%，使蕉株后期有利于叶片同化物的形成和向果实转移，增大果形和果实重量。施肥可在冬、春季开沟施肥并淋水，5~9 月可兑水施用或撒施后淋水。

目前有关香蕉氮、磷、钾适宜施肥量和养分配比的报道较多，匡石滋等（2011）在广东中山珠江三角洲冲积物发育的水稻土采用 3414 试验研究香蕉氮、磷、钾适宜用量和比例，结果表明香蕉最佳产量为 44.193~45.904 t/hm² 时，对应的氮、磷（P₂O₅）、钾（K₂O）最佳经济施用量分别为 795.1kg/hm²、262.3kg/hm²、1 236.9kg/hm²，其氮、磷、钾施肥比例为 1：0.33：1.55。施氮增产 21.9%，施磷增产 12.3%，施钾增产 44.1%，肥效反应顺序为钾＞氮＞磷。李瑞民等（2011）在广东雷州半岛玄武岩发育的砖红壤进行的香蕉肥效反应显示：与氮、磷、钾处理相比较，缺氮、缺磷和缺钾处理分别减产 11.1%、21.8% 和26.8%，肥效反应顺序为钾＞磷＞氮。杨苞梅等（2010a，2010b）研究钾钙镁营养对香蕉生长、产量、品质等指标的影响，得出钾钙镁适宜用量为 K₂O 990kg/hm²、镁 37.5kg/hm²、钙 90.0kg/hm²。李国良等（2007）在粤西蕉园土壤有效钾中等及有效镁缺乏的情况下，在施钾肥（K₂O）990kg/hm² 的基础上，配施镁肥（Mg）36kg/hm² 可增产 4.8%，在施钾肥（K₂O）1 170kg/hm² 的基础上配施镁肥（Mg）72kg/hm² 可增产 9.1%。刘逊忠等（2012）在广西钦州市赤红壤土壤肥力较高的老蕉园进行的平衡施肥研究表明，当 N 用量 900kg/hm² 且氮钾施肥比例氮：K₂O 为 1：1.2 时，香蕉抽蕾提前，蕉果农艺性状及品质得到明显改善，产量超过 52 t/hm² 以上的水平，经济效益较好；随着施钾比例的递增，香蕉的营养生长受到一定的抑制，农艺性状变差、品质变劣，产量及效益有所下降；当土壤镁/钾＝1.36 的情况下增施镁肥，香蕉营养生长受到一定的限制，农艺性状变差，但固形物及可溶糖含量有所提高，产量与效益明显下降。陈鸿洁等（2011）在云南河口测算香蕉 N、P、K 当季平均利用率分别为 18.25%、2.52%、26.73%。

（五）优稀水果

1. 菠萝

菠萝是 1 次种植，收获 2~3 造的多年生草本果树，只要光温适宜，一年四季均可种植，在制订菠萝施肥方案时要考虑种植季节、品种、果苗质量，预计催花、采收期等因素。

菠萝定植时，一定要施足基肥。基肥一般是土杂肥、猪牛粪、植株残体、草皮灰等与过磷酸钙沤制后施用，数量大时可条施在定植行内，数量不足，也可点施在定植部位下。磷肥若用钙镁磷肥，不必与有机肥沤制施用，可条施或点施在定植部位上；硫酸镁、氯化镁每667m² 施用 10~20kg，一般随基肥施下，然后盖上一层薄土，这有利于根系及早吸收养分，促进根系生长。

菠萝的营养生长期长达 6~8 个月，占整个生育期的 60% 以上，是形成产量的关键时期，施肥量可占总施肥量的 80% 以上。攻苗肥可在小苗期、中苗期、大苗期进行。从定植到新抽生叶片 10 片左右，主要是构建完整根系，此期的抗旱能力弱，根系吸收能力差，在施足基肥的基础上，主要是通过叶面施肥促进根系早生快发，施肥上以氮为主，适当配施钾肥（在基肥中要施足磷肥），施肥量占总施肥量的 10% 左右。根外追肥次数1~3 次。从 10 叶期到基本封行期间，菠萝已形成完整根系，根系吸收能力加强，若气候适宜，生长迅速，此时施肥以氮为主，配施钾肥，施肥量占总施肥量的 30% 左右。根际追肥 1~3 次，并结合松土、培土，根外追肥 1~2 次，若有锌、硼、钼等微量元素肥料，也可一同施下。从封行到催花抽蕾期间，抽生速度减缓，但叶片伸长、加厚、变宽，田间非常密蔽，形成一定的自荫环境，施肥操作困难。在封行前，进行大肥（9月以前进行），大培土，施肥以钾为主，配施氮、磷肥；施肥量占施肥总量的40%左右。有条件可进行1~2次根外追肥。

花芽分化肥以钾、磷为主，配施氮肥，此次肥有助于花芽分化，可促进小花形成，小果增多，从而提高单果重，施肥量占总施肥量的10%左右。可用1：1：1的尿素、磷酸二氢钾、硝酸钾进行根外追施1~2次，灌心淋肥1~2次。若进行催花，在乙烯利中加入1%~2%的硝酸钾溶液，可提高抽蕾齐整率。

菠萝谢花后转入果实迅速生长和各类芽体抽生盛期，需要养分多，植株进入一个养分吸收高峰，可进行1~2次的叶面追肥，以保持叶色浓绿，施肥量占总施肥量的5%左右。氮、钾按1：1平衡施用。也可用50~70 mg/kg赤霉素喷果，可提高果实的单果重。

果实采收前后10d内，在秋冬季，若日平均气温在18℃以上，把余下的5%左右氮钾肥兑水淋施1~2次，以促进吸芽及托芽生长，为下造果提供健壮的母株。若是在春、夏季收果，收果后迅速清园，割叶盖土，选定接班母株，把下一造果追肥总量的30%~50%进行根际追肥，并进行大培土，促进吸芽迅速生长封行，还可在当年进行催花、收获第二造果。

周柳强等（1994）报道：在广西浅海沉积物母质发育的红沙土上种植"菲律宾"品种菠萝，第一造每公顷宜施N 240~480kg、P_2O_5 75~150kg、K_2O 300~600kg，养分可基本平衡，并可获得较高的产量与经济效益。冯奕玺（1997）把广东徐闻县菠萝产区土壤肥力划分为丰富、中等、缺乏，提出了每667m² 产1 500~2 000kg的施肥量，其中土壤养分分级为丰富时每667m² 施N 12.5kg、P_2O_5 7.5kg、K_2O 10kg；中等时每667m² 施N 15kg、P_2O_5 10kg、K_2O 15kg；缺乏时每667m² 施N 20kg、P_2O_5 17.5kg、K_2O 20kg。

2. 芒果　我国芒果产区土壤多为贫瘠的坡地赤红壤或砖红壤。结果树土壤中较为缺乏的矿质元素有钾、钙、镁、硼和锌。在坡地垦殖芒果初期，氮和磷也较低。

芒果定植时，一般1 m深种植坑施有机肥100~200kg，石灰1.5~2.0kg，分3~4层施用。芒果活棵后，应加以速效氮和磷肥为主，并注意培肥地力，第一年用量为每株氮75g（折合尿素0.16kg）、P_2O_5 75g（折合过磷酸钙0.56kg）、氯化钾10g（折合硫酸镁0.1kg），以少量多次为原则，可结合灌水使用。沙质土一梢两肥，黏质土则一梢一肥即可。为使芒果幼树形成强大的根群，每年可施用3次有机肥，2次石灰，分别在春梢、夏梢和秋梢萌动前使用，可开环沟或结合扩穴使用，每株每次施有机肥20kg，石灰0.5kg（分别在春梢和秋梢萌动前施用）。第二、三年氮施用量可增至每株150~200g（折合尿素0.33~0.43kg）、P_2O_5 200g（折合过磷酸钙1.5kg）、K_2O 200g（折合氯化钾0.33kg/株）、镁20g（折合硫酸镁0.2kg），施用方法除对水淋施外，亦可开半环沟施用，有机肥和石灰施用方法与第一年树相同。

广东省农业科学院土壤肥料研究所多年研究表明（彭智平，2014），沙质土和黏质土芒果结果树氮肥施用量有所不同，一般沙质土每株施氮量以400g为宜（折合尿素0.87kg），修剪程度轻或叶片氮素在适宜值上限时可酌情减少。秋梢肥氮肥用量约占总氮量的2/5（折合尿素每株0.35kg），分2次施用，其中1/5（折合尿素0.18kg）用于修剪后施肥，另1/5用于第一次施肥后20~30d。由于氮素在沙质土中易流失，同时其肥效快而不稳，因此，秋梢肥常采用一梢两肥。花前肥施氮量占总氮量的 3/10（折合尿素每株 0.27kg），壮果肥在 4～5 月施氮量占总氮量的 3/10（折合尿素每株 0.27kg）。黏质土对氮素的固定和吸持能力较强，氮素释放和供应较缓。低肥力土壤施氮量为每株 600g（折合尿素 1.3kg），秋梢肥要及早施用，一般在修剪后 5～10d 1 次施用，分两次施用（即"一梢两肥"）易引起冬梢萌发影响花芽分化或造成早花。秋梢肥施氮量一般占全育期用氮量的 4/10（折合尿素每株 0.52kg），花前肥占 3/10（尿素每株 0.39kg），壮果肥占 3/10（尿素每株 0.39kg）。

无论是黏质土还是沙质土，芒果年施 P_2O_5 量以每株 150g 为宜（折合过磷酸钙 1.1kg），磷肥施用量高，增产效果不明显，易造成冬梢萌发及夏梢大量生长，对坐果产生不良影响。磷肥使用时期主要在秋梢萌动前和冬季清园时施用，各占总施磷量的 2/5（折合过磷酸钙每株 0.44kg），可结合有机肥一同施用。其余 1/5（折合过磷酸钙每株 0.22kg）在幼果期施用。

在土壤严重缺钾（土壤速效钾小于 45 mg/kg），每株果树施 K_2O 600g（折合氯化钾 1kg），较不施钾果实产量每株增加 7.6kg，增产率达 118.7%。钾肥施用量与土壤质地有关。沙质土芒果园施 K_2O 以每株 500～600g 为宜（折合氯化钾 0.8～1.0kg）。施钾量过高易引起树体营养不平衡，使叶片钙和镁含量降低，增产效果反而降低。同时，沙质土对钾的吸附能力较弱，施钾过高易造成钾的流失。钾肥施用分 3 次进行，秋梢萌动前施钾量占全生育期的 2/5（折合氯化钾每株 0.36kg），花前肥施钾占生育期的 3/10（折合氯化钾每株 0.25kg），壮果肥施钾量占生育期的 3/10（折合氯化钾每株 0.25kg）。黏质土施钾以每株 600～700g K_2O 为宜（折合氯化钾 1.1kg），分 3 次施用，秋梢肥施用量占全生育期的施钾量的 2/5（折合氯化钾每株 0.44kg），花前肥施用量占 3/10（折合氯化钾每株 0.33kg），壮果肥施用量占 3/10（折合氯化钾每株 0.33kg）。

据广东省农业科学院土壤肥料研究所研究，在施用氮磷钾肥的基础上增施镁肥，在黏质土上最高单株增产量可达 4.3kg，相对增产 38.7%；在沙质土上最高单株增产量可达 5.4kg，相对增产 36.9%。镁肥施用量为每株硫酸镁 1kg 左右。分两次施用，秋梢肥施用量占全生育期的 2/5（硫酸镁每株 0.4kg），花前肥及壮果肥施用量各占 3/10（硫酸镁每株 0.3kg）。

氮、磷、钾及镁肥可采用半环沟施肥，即在滴水线外开 20 cm 深施肥沟，施肥后覆土。气候干燥时，可结合灌水，在滴水线范围内撒施肥料及淋水。

我国芒果产区养分水平较低的微量元素有硼和锌、铜，但由于芒果病虫害防治中铜剂（如波尔多液、氧氯化铜等）使用频繁，往往不再需要施铜。锌和硼的施用可喷施 0.2% 硫酸锌溶液，或 0.2% 硼砂溶液。土施为每株 100g 硫酸锌和 50g 硼砂，一般在秋梢萌发前与氮、磷、钾肥料配合施用。

芒果结果树施用有机肥一般每年施两次，一次在修剪后秋梢萌动前，每株施用猪粪（腐熟）25～50kg，可在树盘范围内距树干 20 cm 区域施用，并结合淋水，然后覆土。另一次在清园时，可结合施用石灰，每株施腐熟有机肥 25～60kg，施用方法以深施为好。

据周修冲等（2000）的材料表示：紫花芒果产量18 000kg/hm² 左右，适宜施肥量为 N 400kg/hm²，P_2O_5 125kg/hm²，K_2O 320kg/hm²，Mg 40kg/hm²。海南省结合当地品种进行的芒果氮、磷、钾配比研究（麦全法等，2011），采用 3414 试验得出台农 1 号株产 30～

40kg 目标产量所需的氮、磷、钾用量为：高肥力果园 N 174～713g，P_2O_5 0～250g，K_2O 335～760g；低肥力果园为 N 570～947g，P_2O_5 180～309g，K_2O 822～1 320g。提出芒果树施肥配方 5 个，N、P、K 比例为（1.00～2.06）∶（1.00～2.06）∶（1.20～2.20），林建明等（2012）提出海南东方株产 60kg 红金龙芒果的适宜用肥量为每株 N 190g、K_2O 756g。广西亚热带作物研究所起草的农业部标准 NY/T 880—2004 提出目标产量 100kg 需施 N 2.58kg，N、P、K、Ca、Mg 比例为 1∶0.4∶1.2∶0.5∶1.2。

3. 枇杷　有关枇杷施肥技术已有部分报道（王华忠等，2012；陈永兴，2009；邱继水等，2012），但目前有关适宜 N、P、K 配比的研究报道较少，李碧琼等（2004）、王飞等（2005）报道了福建枇杷产区专用肥料配方为 N∶P_2O_5∶K_2O＝10∶5∶11，其效果与进口复合肥料相当，枇杷可溶性固形物、糖酸比、固酸比施用进口复合肥料提高，配方肥全年株施 N 0.6kg。四川省地方标准（DB51/T1191—2011）规定，枇杷幼龄树在各次梢抽发前后施好促梢肥和壮梢肥，每年 6～8 次，速效化肥和腐熟人畜粪配合施用。每 667m² 施 N 3～3.5kg，P_2O_5 2～2.5kg，K_2O 3～3.5kg。中等肥力枇杷园，全年参考施肥量为：每 667m² 施 N 15～20kg，P_2O_5 8～12kg，K_2O 15～20kg。全年施有机肥每 667m² 不少于 2 500kg。施肥方案为 2～3 月施保果肥，施肥量占全年总施肥量的 10%，以速效肥为主。挂果少、春梢抽发多而旺的树可以不施；3 月下旬至 4 月上旬施壮果肥，施肥量占全年总施肥量的 20%，以优质速效 N、P、K 复合（混）肥为主；8 月下旬至 9 月中下旬开花前施花前肥，以有机肥为主，施肥量占全年总施肥量的 10%。福建厦门市制订的地方标准（DB3502/T 012—2005）规定，枇杷幼龄树施肥以有机肥为主，化肥为辅，氮磷钾比例为 1∶0.4∶0.8，每次新梢抽生前使用，每株每年施 N 0.2～0.4kg。结果树施肥 N、P、K 比例为 1∶0.6∶（1.0～1.2），每株每年施 N 0.4～0.8kg，其中采果后肥占 40%，以有机肥为主，抽穗肥占 20%，以农家肥为主配合化肥，幼果肥占 40%，有机肥与化肥相结合，有机肥占全年养分投入量的 60%。浙江省制订的地方标准（DB33/T 468.3—22004）规定，枇杷幼龄树以施有机肥为主，2 月至 10 月隔月 1 次，10%～30% 腐熟畜粪每株 10～20kg；10 月至次年 2 月间施冬肥 1 次，每株厩肥 10～20kg。结果树，N、P、K 比例 1∶0.8∶0.9，春肥 3 月下旬至 4 月初，多施 P、K 肥等速效肥，每株施畜粪 40kg 加尿素 0.5kg。夏肥采收结束前 1 星期施下，施速效肥，以 N 为主，配合 P、K 肥，每株畜粪 35～40kg、尿素 1kg，或饼肥 4～5kg、尿素 0.5kg。花前肥，每株施畜厩肥 50～80kg 或饼肥 10kg。

4. 杨梅　吴益伟等（1995）根据美国土壤学家 Stanford 提出的作物需肥量计算公式，分析了杨梅果实和枝梢的养分含量，假定杨梅树每公顷平均共生固氮 1 510kg，N、P、K 的肥料利用率分别为 40%、20%、30%，粗略计算出株产 50kg 果实的需肥量分别为 N 0.12kg，P_2O_5 0.06kg 和 K_2O 0.35kg。杨梅吸收的 N、P、K 比例，钾高于氮，远高于磷。研究表明，杨梅对 N、P_2O_5、K_2O 的需要比例为 1∶0.15∶2.69（吴益伟等，1995；孟赐福等，1995a）。根据孟赐福等（2006a）的研究材料，株产 50 kg 果实的杨梅树以施用 1.0～1.5kg KCl 并配施 50g 硼砂效果较好，杨梅进行叶面施 K 时以喷施 0.15% KCl 或 0.5% KH_2PO_4 效果较佳。

孟赐福等（1995a，2006a）对 18 年生荸荠种杨梅的硼肥需求量进行了研究，认为土施和喷施混用效果最好。土施用量为每年每株硼砂 50g，每隔 2～3 年施用 1 次；叶面喷施

2.0g/L 硼砂溶液，以花芽萌动或花期喷布的增产效果为最大。

部分杨梅产区制订了地方标准和栽培规程，广东杨梅产区规定幼年树每次梢前 10～15d 和嫩梢展叶期各施肥 1 次，方法是将肥料溶于水后施入或开环形浅沟施入，也可与腐熟人畜粪尿或沼气液渣配合施用。每年每株施腐熟稀人畜粪尿（浓度为 15%～25%）或沼液 25～30kg、尿素 0.2～0.4kg、KCl 0.3～0.6kg。梢前以氮为主，展叶后以钾为主。根外追肥在每次梢期喷药保梢时，加入复合肥料 0.3%～0.4%、硼砂 0.1%～0.2% 喷施。结果树花前肥在 1～2 月开花前施入，以每株 50kg 目标产量为基准，每株施火烧土 30～50kg、硼砂 20～30g。壮果肥在 4 月中下旬果实硬核期施入，以每株 50kg 田间产量为基准，株施腐熟厩肥 5～10kg、草木灰 10kg。采果肥在采果结束后 10d 内施入，以株产 50kg 田间产量为基准，每株施 KCl 0.6～0.8kg，方法是在树冠滴水线开环形浅沟或放射沟，施入肥料后覆土。根外追肥可结合病虫防治，在喷药时加入叶面肥，使用的叶面肥种类及浓度为 K_2HPO_4 0.2%～0.3%、硼砂 0.1%～0.2%（邱继水等，2011）；浙江省地方标准（DB33/T372.2—2008）规定，幼龄树 N、P、K 用量之比为 4∶1∶3.5，结果后减少氮肥，增施钾肥。每年施速效性肥 1～2 次，分别在 3 月和 6 月上旬，株施尿素或复合肥料 0.1～0.3kg，随树龄逐年增加。4～5 年生树每株增施过磷酸钙 0.05～0.1kg。成年结果树 N、P、K 用量之比为 4∶1∶5，全年施肥 2 次，分别在 2 月上中旬和 6 月下旬至 7 月上中旬采果后施用，第一次株施尿素 0.1～0.3kg、K_2SO_4 0.5kg 或焦泥灰 15～20kg，第二次株施尿素 0.2kg，K_2SO_4 0.2～0.5kg。P 隔 1～2 年施用一次，用量每株 0.1～0.15kg，小年树可不施或少施。不要单施 N、P 及过量施 P，在果实膨大期喷施 0.2%～0.3% $K_2H_2PO_4$ 或 0.3% K_2SO_4 等。果实采摘前 40d 应停止叶面施肥。缺 B 树株施硼砂 50～100g，施后隔 2～3 年再施用；也可叶面喷洒 0.2% 硼砂溶液，在花芽萌动至开花期，喷洒 1～2 次，需连年喷施。

参考我国台湾当地专业部门的推荐施肥材料（罗秋雄，2005），以上果树的氮磷钾用量与比例见表 12-3-12。

表 12-3-12　我国台湾省主要果树推荐施肥量与比例

作物及施肥量	树龄及目标产量	N	P_2O_5	K_2O	N∶P_2O_5∶K_2O
柑橘（g/株）	幼树 1～3 年	75	75	75	1∶01∶01
	幼树 4 年	150	150	150	1∶01∶01
	成年树（40kg/株）	500	250	375	1∶0.5∶0.75
	成年树（60kg/株）	600	300	450	1∶0.5∶0.75
	成年树（90kg/株）	800	400	600	1∶0.5∶0.75
	成年树（120kg/株）	1 000	500	750	1∶0.5∶0.75
	成年树（150kg/株）	1 200	600	900	1∶0.5∶0.75
香蕉（g/株）	组培苗	165～220	80～110	330～440	1∶（0.48～0.50）∶2.0
	吸芽苗	165～220	80～110	330～440	1∶（0.48～0.50）∶2.0
	宿根苗	110～165	55～80	220～330	1∶（0.48～0.50）∶2.0
荔枝（g/株）		250～350	350～450	350～450	1∶（1.28～1.4）∶（1.28～1.4）

（续）

作物及施肥量	树龄及目标产量	N	P₂O₅	K₂O	N∶P₂O₅∶K₂O
芒果（g/株）	幼树 1～2 年	150	50	120	1∶0.33∶0.8
	幼树 3～4 年	225	75	225	1∶0.33∶1.0
	成年树 5～7 年	300	200	360	1∶0.66∶1.20
	成年树 8～10 年	400	250	450	1∶0.62∶1.12
	11 年以上	500	300	540	1∶0.60∶1.08
枇杷（g/株）	幼树 1 年	400	200	300	1∶0.50∶0.75
	幼树 2 年	500	250	375	1∶0.50∶0.75
	3 年以上	600	300	450	1∶0.50∶0.75
菠萝（kg/hm²）	正造	450～500	110～120	450～500	1∶0.24∶1.0
	宿根连造	225～250	55～60	225～250	1∶0.24∶1.0

第四节　南方果树专用复混肥料施肥配方制订

一、果树专用复混肥料农艺配方制订的依据、原理与方法

结合本章各部分介绍的内容，南方不同生态区果树专用复混肥料农艺配方制订依据如下因素。

1. 果树的种类和营养特性　根据柑橘、荔枝、龙眼、香蕉、菠萝、芒果、枇杷、杨梅等不同类型果树的营养特性，不同树龄每形成 100kg 目标产量带走的氮磷钾养分有所差异。

2. 果树的阶段营养特性　果树周年生长发育可粗分为营养生长期、营养生长向生殖生长过渡期、果实生长期，其中营养生长期是营养体矿质营养和光合产物累积的时期，矿质营养和光合产物累积需达到一定的水平，要求培育适时成熟、营养均衡的结果母枝，为生殖生长建好构架；营养生长向生殖生长过渡期要求营养体矿质营养和光合产物达到生殖生长所需要的适宜水平，使营养体适时进入花芽分化和花器发育，并控制营养体的生长。该时期是决定果实产量高低的关键时期。果实生长期以促进果实碳水化合物积累，保果、壮果为目标，要求通过施肥促进结果梢光合产物积累和果实的生长发育，促进光合产物向果实运转。

3. 土壤养分状况　根据南方主要果树的土壤测定结果：种植柑橘类果树、枇杷、杨梅的大部分地区，荔枝、龙眼、香蕉、菠萝所有种植区存在着不同程度的土壤酸化，有机质、钾、钙、镁、硼缺乏，磷、硫、锌元素部分缺乏的问题，而铁、锰处于丰富甚至毒害水平。处于常绿果树带北缘的四川盆地等土壤中性偏碱地区，还存在着柑橘类果树、枇杷、杨梅缺铁的风险。

4. 氮磷钾的肥效反应　根据南方多省多年的果树平衡施肥研究和高产施肥实践，氮磷钾的肥效反应顺序为钾＞氮＞磷。

5. 各地开展的测土配方研究、果树栽培标准化研究和养分配方产业化情况　参考果树研究的历史材料，重点结合多年来肥料生产企业在果树专用肥料方面出现的较为成熟的配方。

二、南方果树专用复混肥料农艺配方的制订

由于我国南方果树种类很多，各区域在品种选择、树龄、栽培措施、土壤、气候等方面的差异性较大，考虑配方的覆盖面，拟初步制订南方主要果树复混肥料农艺配方。由于木本果树个体差异大，应按目标产量制订氮磷钾施肥量。

（一）柑橘类果树施肥配方

柑橘类果树整个生长期施肥配方为 N：P_2O_5：$K_2O=1$：（$0.30\sim0.80$）：（$0.6\sim1.0$），其中树龄在 15 年以上的选择低磷、低钾比例，树龄在 15 年以下或结果梢（秋梢）生长期处于较低温阶段的选择高磷、高钾比例，根据不同品种的挂果潜力、目标产量、生长期长短，灵活采用不同的施氮量（表 12-4-1）。由于土壤、气候、品种、栽培习惯等差异，参考南方部分地区柑橘类果树施肥配方区划材料，各地制订的施肥配方见表 12-4-2 至表 12-4-6。

表 12-4-1　柑橘类果树氮磷钾配比和施氮量

品种	氮磷钾比例	氮用量
柑、橘、橙（结果树，大配方）	1：（$0.30\sim0.60$）：（$0.7\sim1.0$）	每 100kg 目标产量施 N $0.6\sim1.2$kg。其中温州蜜柑、红江橙、沙糖橘、贡柑用偏低量，脐橙、甜橙、锦橙、蜜奈夏橙、椪柑、年橘、芦柑、蕉柑 N 用量偏高；长江中下游南部、四川盆地磷比例偏高、钾比例偏低，闽、粤、桂三省，滇中南磷比例偏高、钾比例偏低
柚（结果树，大配方）	1：（$0.40\sim0.80$）：（$0.6\sim1.0$）	每 100kg 目标产量施 N $1.0\sim3.0$kg。其中小果形品种用 N 偏低量，大果形品种用 N 偏高量。闽、粤、桂三省地方品种用 N 偏高量，长江中下游南部、四川盆地当地品种用 N 偏低量；长江中下游南部、四川盆地磷比例偏高，钾比例偏低，闽、粤、桂三省，滇中南磷比例偏高，钾比例偏低

表 12-4-2　浙江省柑橘不同树龄施肥配方

果树类型	施肥方法	施肥配方
幼龄树	施肥要勤施薄肥，幼树一般可抽生 3～4 次新梢，通常每年施肥 8～10 次为宜。一般 2 月底至 3 月初施春梢肥，5 月上中旬施夏梢肥，7 月上中旬施早秋梢肥。此外，11 月上中旬再施冬肥，越冬肥以有机肥为主，配施适量钾肥和少量速效氮肥，结合深翻扩穴改良土壤。幼龄树可结合病虫害防治，适当进行根外追肥，喷施 0.2%～0.3%尿素和 0.1%～0.2%KH_2PO_4溶液，促进树体健壮生长	幼树施肥以氮肥为主、磷肥次之、钾肥适量，氮、磷、钾比例为 5：3：2，一年生柑树全年每株施氮约 0.1kg，以后每增加一年增施氮 0.05kg
生长结果期树	施肥需从保持营养生长与不断增加结果量的角度来考虑，一般的施肥期分为花前肥、壮果促梢肥、晚秋或采后肥。对于弱树可于 5～6 月再增施一次稳果肥	对氮肥、磷肥、钾肥需求高，氮、磷、钾比例为 1：0.6：0.8 为宜。一般丰产柑园，每 $667m^2$ 施 N 25～30kg，P_2O_5 13～15kg，K_2O 18kg
成龄结果树	以氮肥为主，配合钾肥，少施磷肥。一年中施肥量大体掌握前期以氮、磷为主，促进枝梢生长；中期氮、磷、钾均需，以促树体养分平衡，后期以钾为主，磷次之，以促进果实膨大	在施足有机肥的基础上，每 $667m^2$ 施 N 22.5～27.5kg，P_2O_5 12.5kg，K_2O 11.0～13.5kg，氮、磷、钾比例大致为 2：1：1

表 12-4-3　江西省柑橘不同树龄施肥配方

果树类型	施肥方法	施肥配方
幼龄树	施肥要勤施薄肥，新梢萌发前后，每 15d 施 1 次，梢老熟后可每月施 1 次；两年生树每月施 1 次。一般从开春开始施肥，先稀后浓，至 7 月底重施 1 次追肥，推迟施追肥不利于秋梢生长，容易抽发晚秋梢或冬梢，不仅消耗养分，而且容易招致病虫害，11 月中下旬施越冬肥，以有机肥为主，配施适量钾肥和少量速效氮肥，结合深翻扩穴改良土壤，幼龄树可结合病虫害防治。适当进行根外追肥，喷施 0.2%～0.3% 尿素和 0.1%～0.2%KH_2PO_4 溶液，促进树体健壮生长	幼树施肥以氮肥为主、磷肥次之、钾肥适量，氮、磷、钾比例为 5∶3∶2，一年生橘树，全年每株施氮约 0.1kg，以后每增加一年增施氮肥 0.05kg
成年树	施肥应主要以稳定树势，保证稳产高产，提高果实品质为目的。根据成龄柑橘的发育情况，可适当增加施肥次数和调节施肥比例	中年树氮肥、磷肥、钾肥均需要，氮、磷、钾比例为 1∶0.6∶0.8。进入丰产期后可根据结果量施肥。一般丰产橘园，每 667m^2 施 N 25～30kg、P_2O_5 13～5kg、K_2O 18kg，相当于尿素 62～75kg、过磷酸钙 90～100kg、K_2SO_4 36kg
老龄树	以氮肥为主，配合钾肥，少施磷肥。一年中施肥量大体掌握，前期以氮、磷为主，促进枝梢生长；中期氮、磷、钾均需，以促树体养分平衡，后期以钾为主磷次之，以促进果实膨大	氮、磷、钾比例为 1∶0.4∶0.8

表 12-4-4　湖南省不同柑橘施肥配方

品种	产量水平（kg/hm²）	施肥量（kg/hm²）			
		腐熟有机肥	N	P_2O_5	K_2O
柑橘	幼年树（1～3 年生）	15 000	90～105	37.5～45.0	45～60
	≤22 500	30 000	180～195	75.0～82.5	90.0～97.5
	22 500～30 000	30 000	195～210	82.5～90.0	97.5～105.0
	≥30 000	30 000	210～225	90～105	105.0～112.5
椪柑	幼年树（1～3 年生）	15 000	105～120	45～60	52.5～67.5
	≤30 000	30 000	187.5～202.5	75～90	120～135
	30 000～37 500	30 000	210～225	105～120	135～150
	≥37 500	30 000	225～240	120～135	150～165
脐橙	幼年树（1～3 年生）	15 000	150～210	45～75	60～90
	≤7 500	30 000	180～240	75～105	75～105
	7 500～15 000	30 000	210～260	90～120	90～120
	15 000～30 000	30 000	225～270	105～135	120～150
	≥30 000	30 000	240～300	120～150	135～165

表 12-4-5　重庆市加工柑橘（橙汁加工）专用配方设计

目标产量（kg/667m²）	施肥量（kg/667m²） （N—P₂O₅—K₂O）	施肥时期	施肥分配
1 500～2 000	春肥 20-10-10	春肥施用	2～3 月春季 30% 的氮肥、30% 的磷肥、30% 的钾肥；6～7 月夏季 40% 的氮肥、40% 的磷肥、50% 的钾肥；11～12 月秋季 30% 的氮肥、30% 的磷肥、20% 的钾肥
	夏肥 16-8-16	夏肥施用	
	秋肥 16-8-16	秋基肥施用	
2 000～3 000	春肥 20-10-10	春肥施用	
	夏肥 16-8-16	夏肥施用	
	秋肥 16-8-16	秋基肥施用	

施肥量（kg/667m²）中为 $N—P_2O_5—K_2O$。

表 12-4-6　重庆市鲜食柑橘（鲜食）专用配方设计

目标产量（kg/667m²）	施肥量（kg/667m²） （N-P₂O₅-K₂O）	施肥时期	施肥分配
<1 500	春肥 20-10-10	春肥施用	2～3 月春季 40% 的氮肥、30% 的磷肥、30% 的钾肥；6～7 月夏季 30% 的氮肥、20% 的磷肥、50% 的钾肥；11～12 月秋冬季 30% 的氮肥、50% 的磷肥、20% 的钾肥
	夏肥 16-8-16	夏肥施用	
	秋肥 16-8-16	秋基肥施用	
1 500～3 000	春肥 20-10-10	春肥施用	
	夏肥 16-8-16	夏肥施用	
	秋肥 16-8-16	秋基肥施用	
>3 000	春肥 20-10-10	春肥施用	
	夏肥 16-8-16	夏肥施用	
	秋肥 16-8-16	秋基肥施用	

（二）荔枝施肥配方

挂果树大配方为 N：P₂O₅：K₂O＝1：（0.3～0.5）：（0.8～1.2），其中树龄在 15 年以上选择低磷、低钾比例，树龄在 15 年以下选择高磷、高钾比例，根据不同品种挂果潜力、目标产量、成熟期灵活采用不同施氮量（表 12-4-7）。

表 12-4-7　荔枝氮磷钾配比和施氮量

品种	氮磷钾比例	氮用量 [kg/（株·年）]
挂果能力弱品种 （三月红、糯米糍、水晶球、挂绿等）	1：（0.3～0.5）： （0.8～1.0）	正常挂果树每 100kg 目标产量施 N 1.0～1.4kg
挂果能力中等品种 （新兴香荔、双肩玉荷包、桂味等）	1：（0.3～0.5）： （0.8～1.0）	正常挂果树每 100kg 目标产量施 N 1.4～1.7kg，双肩玉荷包使用量偏高
挂果能力强品种 （黑叶、妃子笑、淮枝等）	1：（0.3～0.5）： （1.0～1.2）	正常挂果树每 100kg 目标产量施 N 1.8～2.0kg，妃子笑使用量偏高

（三）龙眼施肥配方

挂果树大配方为 $N：P_2O_5：K_2O＝1：（0.4～0.6）：（1.0～1.4）$，其中树龄在 15 年以上选择低 P、低 K 比例，树龄在 15 年以下或结果梢（秋梢）生长期处于较低温阶段选择高 P、高 K 比例，根据不同品种的挂果潜力、目标产量、成熟期灵活采用不同的施 N 量，正常挂果树每 100kg 目标产量施 N $1.6～2.2kg$，果形大、产量高的品种选择高用量，果形偏小、产量中等的品种选择低用量。

（四）香蕉施肥配方

大配方为 $N：P_2O_5：K_2O＝1：（0.3～0.5）：（1.1～1.5）$，其中水田种植选择低 P、低 K 比例，园地、坡地选择高 P、高 K 比例，根据不同品种的单株挂果重、目标产量、成熟期灵活采用不同的施 N 量，吸芽蕉、试管苗正造蕉每 $667m^2$ 施 N $40～60kg$，果形大、产量高的品种选择高用量，果形偏小、产量中等的品种选择低用量，宿根蕉（第二造蕉）比正造蕉肥料使用量减少 20%～30%，宿根蕉（第三造蕉）比正造蕉肥料使用量减少 30%～40%。

（五）芒果施肥配方

挂果树大配方为 $N：P_2O_5：K_2O＝1：（0.3～0.6）：（0.9～1.1）$，其中树龄在 10 年以上选择低磷、低钾比例，树龄在 10 年以下选择高磷、高钾比例，根据不同品种的挂果潜力、目标产量、成熟期灵活采用不同的施氮量，正常挂果树每 100kg 目标产量施 N $1.6～2.5kg$，果形大、产量高的品种选择高用量，果形偏小、产量中等的品种选择低用量。

（六）菠萝施肥配方

大配方为 $N：P_2O_5：K_2O＝1：（0.2～0.5）：（1.1～1.2）$，其中园地种植选择低 P、低 K 比例，坡地选择高 P、高 K 比例，根据不同品种目标产量、成熟期灵活采用不同的施 N 量，正造菠萝每 $667m^2$ 施 N $25～30kg$，果形大、产量高的品种选择高用量，果形偏小、产量中等的品种选择低用量，宿根菠萝（连作第二造）比正造肥料使用量减少 40%～50%。

（七）枇杷施肥配方

大配方为 $N：P_2O_5：K_2O＝1：（0.4～0.6）：（0.8～1.1）$，其中树龄在 10 年以上选择低 P、低 K 比例，树龄在 10 年以下选择高 P、高 K 比例，根据不同品种的挂果潜力、目标产量、成熟期灵活采用不同的施 N 量，单株施 N $0.4～0.8kg$，果形大、产量高的品种选择高用量，果形偏小、产量中等的品种选择低用量。

（八）杨梅施肥

大配方为 $N：P_2O_5：K_2O＝1：（0.40～0.6）：（2.0～2.5）$，其中土壤有效 P 和（或）K 含量低的选择高 P 和（或）高 K 比例，并在树龄在 10 年后降低 P、K 比例，土壤有效 P 和（或）K 含量高的选择低 P 和（或）低 K 比例，根据不同品种的挂果潜力、目标产量、成熟期灵活采用不同的施 N 量，正常挂果树每 50kg 目标产量施 N $0.1～0.2kg$，果形大、产量高的品种选择高用量，果形偏小、产量中等的品种选择低用量。

第五节　果树阶段营养施肥配方分类表

根据上节制订的 N、P、K 比例，列出南方主要果树专用复混肥料配方（表 12-5-1）。

表 12-5-1 南方主要果树专用复混肥料配方

果树种类	种植面积（万 hm²）	施肥计量单位及 N-P₂O₅-K₂O总量	其中：		备注
			营养生长期用量 N-P₂O₅-K₂O	生殖生长期用量 N-P₂O₅-K₂O	
柑、橘、橙	216（总面积）	每100kg 目标产量 1.0-0.4-0.9kg	春梢萌发-秋梢成熟 0.8-0.2-0.35kg	秋梢成熟-收获 0.2-0.2-0.4kg	小果型品种用偏低 20%、大果型品种用量偏高 20%
柚		每100kg 目标产量 2.0-1.2-1.6kg	春梢萌发-秋梢成熟 1.7-0.6-0.8kg	秋梢成熟-收获 0.3-0.6-0.8kg	小果型品种用偏低 20%、大果型品种用量偏高 20%
荔枝	60	每100kg 目标产量 1.50-0.6-1.50kg	收获-秋梢成熟 0.9-0.3-0.6kg	花芽分化-结果 0.6-0.3-0.9kg	挂果能力强品种用量偏高 20%、挂果能力弱品种用量偏低 20%
龙眼	46	每100kg 目标产量 1.80-0.9-2.1kg	收获-秋梢成熟 1.0-0.4-0.8kg	花芽分化-结果 0.8-0.5-1.3kg	大果型、产量高的品种偏高 20%、偏小果型、产量中等的品种偏低 20%
芒果	6.7	每100kg 目标产量 2.0-0.8-2.0kg	收获-秋梢成熟 1.1-0.4-0.8kg	花芽分化-结果 0.9-0.4-1.2kg	大果型、产量高的品种偏高 20%、偏小果型、产量中等的品种偏低 20%
香蕉	35.3	每公顷 750-300-975kg	525-210-525kg	225-90-450kg	大果型、产量中等的品种偏高 20%、偏小果型、产量高的品种偏低 20%、宿根蕉（第二造蕉）比正造蕉肥料使用量减少 20%～30%
枇杷	8.7	每株 0.6-0.3-0.55kg	采果后肥 0.35-0.10-0.15kg	抽花穗-幼果期 0.25-0.20-0.4kg	小果型品种用偏低 20%、大果型品种用量偏高 20%
杨梅	40	每100kg 目标产量 0.4-0.2-0.90	开花前期 0.15-0.1-0.6kg	采果后肥 0.25-0.1-0.3kg	小年可不施或少施、大果型、产量高品种偏高 20%、偏小果型、产量中等品种偏低 20%
菠萝	5.2	每公顷 420-150-450kg	定植（或连作留茬）- 花芽分化 330-120-300kg	花芽分化-果实采收前 90-30-150kg	大果型、产量高品种偏高 20%、宿根菠萝（连作第一造）、产量中等品种偏低 20%、比正造肥料使用量减少 40%～50%

参 考 文 献

陈大超，张兴伦，甘涛，等.2011.测土配方施肥对长寿沙田柚产量和品质的影响［J］.南方农业，5
　（9）：11-14.

陈玳清，章春泉，周今华.1995.玉环柚的裂果机制与防治［J］.果树科学，12（2）：139-140.

陈德严.2004.马水橘生理落果和裂果的原因及防止对策［J］.中国南方果树，33（1）：5-6.

陈方永.2012a.我国杨梅研究现状与发展趋势［J］.中国南方果树，41（5）：31-35.

陈方永.2012b.中国杨梅产业发展现状、问题与对策浅析［J］.中国果业信息，29（7）：20-22.

陈鸿洁，王树明，周敏，等.2011.香蕉不同施肥试验研究初报［J］.热带农业科技，34（2）：7-10.

陈杰忠，吕雪娟，叶自行，等.2002.柑橘皱皮果与果皮及其细胞壁矿质元素关系的研究［J］.植物营养
　与肥料学报，8（3）：367-371.

陈明智，林彬，谢国干，等.2001.海南荔枝园土壤基本养分状况分析［J］.海南师范学院学报：自然科
　学版，14（2）：57-59.

陈守一，彭玉基，杨再英.1999.氮磷钾配合追施对雪柑产量和品质的影响［J］.浙江柑橘，16（4）：
　8-9.4.

陈守一，彭玉基，杨再英.2001.提高柑橘果实品质的NPK平衡施肥研究［J］.耕作与栽培（2）：51-52.

陈腾土，卢运胜，区善汉，等.1993.沙田柚叶片营养元素适宜含量的研究［J］.广西柑橘（1）：3-5.

陈燕，杨碧光.2001.山地温州蜜柑高产的最佳施肥量与叶营养指标［J］.福建果树（118）：29-30.

陈永兴.2009.丘陵山地枇杷不同阶段施肥技术［J］.果农之友（12）：26，33.

程发良，张子强，蔡俊华.1996.不同生长时期荔枝果实中微量元素测定的研究［J］.东莞理工学院学报，
　3（2）：28-30.

程宁宁，林电，廖志气，等.2010.海南金煌芒果叶片营养规律研究［J］.中国农学通报，26（8）：
　305-309.

程宁宁，林电，黄鹤丽，等.2011.海南'金煌'芒干物质及养分年积累量研究［J］.中国农学通报，27
　（22）：243-246.

程湘东，黄秋林，成映波.1994.红壤幼年温州蜜柑园平衡施肥研究［J］.中国柑橘，23（4）：20-23.

淳长品，彭良志，凌丽俐，等.2010.赣南产区脐橙叶片大量和中量元素营养状况研究［J］.果树学报，27
　（5）：678-682.

戴韩柳，姜小文.2011.不同配方施肥对年橘秋梢生长和果实产量、品质的影响［J］.湖南农业科学
　（13）：134-136.

戴良昭.1991.龙眼大小年矿质营养需求规律研究［J］.福建省农业科学院学报，6（1）：60-65.

戴良昭.1999.荔枝、龙眼施肥新技术［M］.北京：中国农业出版社.

刁莉华，彭良志，淳长品，等.2012.赣南脐橙园土壤有效镁含量状况研究［J］.果树学报，30（2）：
　241-247.

樊卫国，杨胜安，刘国琴，等.2006.不同施肥水平对脐橙产量、品质和经济效益的影响［J］.山地农业
　生物学报，25（3）：194-196.

樊小林，戴建军，林灿开.2005.分次施用复合肥料对荔枝结果母枝叶片氮磷钾含量的影响［J］.福建果
　树（2）：1-3.

范西宁，黄玉溢，刘斌，等.2007.广西红壤柑橘园土壤剖面有效微量元素含量研究［J］.广西农业科学，
　38（3）：285-287.

冯奕玺.1997.应用因土配方施肥技术提高菠萝产量和质量［J］.热带农业科技（4）：42-43.

伏广农，张新明，曾亚妮，等.2007.糯米糍荔枝叶片矿质养分含量充足范围的确定［J］.土壤通报，38
　（2）：291-295.

高爱平，陈业渊，许树培，等．2010．海南芒果发展和研究历程述评［J］．中国热带农业（4）：25-27.

郭秀珠，陈巍，黄天建，等．2011．四季柚氮磷钾含量年变化及不同配比效应［J］．浙江农业科学（1）：47-48，52.

郭秀珠，陈巍，潘君慧，等．2012．四季柚果实发育过程中可溶性糖及矿质元素变化［J］．福建农业学报，27（11）：1227-1230.

国家统计局农村社会经济调查司．2010．中国农村统计年鉴［M］．北京：中国统计出版社．

韩庆忠，夏立忠，向琳，等．2008．三峡库区脐橙园土壤养分、酸度变化特征与施肥管理对策——以秭归县水田坝乡为例［J］．土壤，40（4）：602-607.

何绍兰，邓烈，黄明亨，等．1999．EDDHA-Fe矫治柑橘缺铁黄化试验［J］．中国南方果树，28（3）：3-6.

何绍兰，邓烈，谭志友，等．1998．用EDDHA-Fe矫治钙质紫色土柑橘园缺铁黄化症试验初报［J］．中国南方果树，27（3）：18-19.

何新华，陈力耕，郭长禄．2004．硫和钴在杨梅植株体内的分布及对生长的影响［J］．园艺学报，31（5）：641-643.

何新华，潘鸿，李峰，等．2008．喷硼对杨梅植株生长及结瘤固氮的影响［J］．浙江林学院学报，25（6）：689-691.

何应对，藏小平，魏长宾，等．2008．菠萝果实发育期间主要营养元素含量变化研究［J］．广东农业科学（1）：18-20.

何永群，龙淑珍，韦昌比．1999．早熟荔枝氮磷钾营养诊断研究［J］．广西农业科学（4）：178-180.

华敏，何凡，王祥和，等．2004．海南妃子笑荔枝标准化生产技术［J］．中国南方果树，33（6）：58-61.

黄国弟，周俊岸，莫永龙，等．2008．桂热杧120号叶片主要营养元素含量变化研究［J］．福建果树（1）：5-7.

黄建昌，肖艳，李娟，等．2011．广东丘陵山地沙糖橘果园土壤肥力调查与分析［J］．北方园艺（24）：193-196.

黄武杰，李少泉，张丽明，等．2000．龙眼施肥水平与叶片营养变化规律初探［J］．广西农业科学（3）：128-131.

黄锡栋，李志伟，林切，等．1996．提高土壤肥力对荔枝增产的作用［J］．福建热作科技，21（3）：10-14.

黄玉溢，刘斌，陈桂芬．2006．广西柑橘园土壤有效养分含量研究［J］．西南农业学报，19（5）：863-866.

黄宗育．2002．琯溪蜜柚果实粒化、裂瓣症的矫治研究［J］．福建热作科技，27（2）：14-16.

江泽普，韦广泼，蒙炎成．2003．广西红壤果园土壤肥力退化研究［J］．土壤，35（6）：510-517.

姜丽娜，符建荣，马军伟，等．2008．浙江杨梅原产地土壤环境及主产区土壤养分空间分布研究［M］．农业持续发展中的植物养分管理．江西：江西人民出版社．

匡石滋，田世尧，李春雨，等．2011．香蕉氮、磷、钾施肥效应模型探析［J］．安徽农业科学，39（1）：147-150，175.

李碧琼，林文高，陈海岭．2004．枇杷专用肥对枇杷产量和果实品质的影响［J］．福建农业科技（3）：42.

李国良，姚丽贤，付长营，等．2007．香蕉钾镁配施效应研究［J］．广东农业科学（1）：45-47.

李国良，姚丽贤，何兆桓，等．2009．广东省荔枝园土壤养分肥力现状评价［J］．土壤通报，40（4）：800-804.

李建国，黄辉白．1996．荔枝裂果研究进展［J］．果树科学，13（4）：257-261.

李健，谢钟琛，谢文龙，等．2011．柑橘叶脉开裂症与矿质营养的关系［J］．园艺学报，38（3）：425-433.

李玲，肖润林．1996．南方红壤丘陵区温州蜜柑优化施肥参数研究［J］．农业现代化研究，17（3）：176-179.

李荣，李建光，潘学文．2005．春甜橘夏秋季裂果原因及防裂措施研究［J］．中国南方果树，34（3）：9-10.

李荣昌 . 1994. 荔枝的主要矿质营养生理与施肥技术 [J] . 广西热作科技 (1)：14-17.

李瑞民，杨苞梅，梁华赐，等 . 2011. 氮磷钾缺素对香蕉生长、抽蕾及产量的影响 [J] . 广东农业科学 (4)：72-73.

李仕培，刘庆普，邓相秋 . 2012. 紫色土丘陵区甜橙施肥技术 [J] . 现代农业科技 (14)：80-81.

李淑仪，黄宁生，廖新荣，等 . 2012a. '沙糖橘' 结果树的营养需求特点研究 [J] . 中国农学通报，28 (19)：279-285.

李淑仪，黄宁生，廖新荣，等 . 2012b. 郁南沙糖橘果园土壤营养状况及结果树叶片营养动态变化 [J] . 中国南方果树，41 (3)：20-25.

李淑仪，廖新荣，陈碧深，等 . 2001. 沙田柚树体营养特性研究 [J] . 生态科学，20 (3)：70-76.

李淑仪，廖新荣，廖观荣，等 . 2000. 梅州沙田柚结果树的叶片营养特点研究 [J] . 热带亚热带植物学报，8 (2)：113-117.

李晓河，陈盛文，赖汉龙 . 2009. 龙眼配方施肥试验研究 [J] . 广东农业科学 (10)：95-96.

李兴军，吕均良，李三玉 . 1999. 中国杨梅研究进展 [J] . 四川农业大学学报，17 (2)：224-229.

李月娥，刘福喜，谢天永，等 . 2008. 施肥量对杭晚蜜柚初结果树产量与果实品质的影响 [J] . 福建果树 (2)：24-26.

李志真，黄家彬，杨林聪，等 . 1993. 杨梅根瘤固氮活性和固氮量的评价 [J] . 福建林业科技 (1)：36-38.

李祖章，刘光荣，袁福生，等 . 2005. 平衡施肥改善南丰蜜橘品质效应研究 [J] . 江西农业学报，17 (2)：1-7.

梁梅青，薛珺，范玉兰，等 . 2010. 赣南脐橙园土壤酸化特征研究 [J] . 中国南方果树，39 (4)：6-8.

梁子俊 . 1987. 龙眼施用氮磷钾化肥配比效应的研究 [J] . 福建果树 (2)：13-15.

廖新荣，李淑仪，陈碧深，等 . 2001a. 梅州沙田柚平衡施肥研究 [J] . 生态科学，20 (3)：51-56.

廖新荣，李淑仪，蓝佩玲，等 . 2001b. 梅州金柚高产优质的土壤与施肥管理技术 [J] . 土壤与环境，10 (3)：253-255.

廖志气，林电，郑丽燕，等 . 2006. 海南岛香蕉园土壤肥力现状及变化趋势分析 [J] . 安全与环境学报，6 (1)：107-111.

林愁，张秀娟，洪丽娥，等 . 1998. 高产芒果树的叶片营养指标研究 [J] . 热带作物研究 (2)：12-15.

林继雄 . 2002. 我国主要农作物养分配比和施肥技术 [J] . 磷肥与复肥，13 (1)：69-71.

林建明，林电，许杰 . 2012. 不同氮钾配比对芒果产量与品质的影响 [J] . 广东农业科学 (10)：92-93，97.

林兰稳 . 2001. 矿质营养对荔枝裂果率的影响 [J] . 土壤与环境，10 (1)：55-56.

林咸永，章永松，蔡妙珍，等 . 2006. 磷、钾营养对柑橘果实产量、品质和贮藏性的影响 [J] . 植物营养与肥料学报，12 (1)：82 – 88.

林雄，张孝祺，李崇阳 . 2001. 荔枝秋梢的营养状况研究 [J] . 华南师范大学学报 (自然科学版) (4)：98-100.

凌丽俐，彭良志，淳长品，等 . 2010a. 赣南纽荷尔脐橙叶片黄化与营养元素丰缺的相关性 [J] . 中国农业科学，43 (17)：3602-3607.

凌丽俐，彭良志，淳长品，等 . 2010b. 赣南纽荷尔脐橙叶片微量元素含量状况 [J] . 园艺学报，37 (9)：1388-1394.

刘芳，喻建刚，樊小林，等 . 2011. 香蕉不同器官中 NPK 含量及其积累规律 [J] . 果树学报，28 (2)：340-343.

刘星辉 . 1986. 龙眼叶片营养诊断的研究 [J] . 福建农学院学报，15 (3)：237-245.

刘逊忠，陆一平，黎国安 . 2012. 赤红壤老蕉园平衡施肥效应研究 [J] . 农业科技通讯 (1)：49-52.

刘运武 . 1998. 施用氮肥对温州蜜柑产量和品质的影响 [J] . 土壤学报，35 (1)：124-128.

鲁剑巍，陈防，万运帆，等.2001.钾肥施用量对脐橙产量和品质的影响［J］.果树学报，18（5）：272-275.

鲁剑巍，陈防，王富华，等.2002.湖北省柑橘园土壤养分分级研究［J］.植物营养与肥料学报，8（4）：390-394.

鲁剑巍，陈防，王运华，等.2004.氮磷钾肥对红壤地区幼龄柑橘生长发育和果实产量及品质的影响［J］.植物营养与肥料学报，10（4）：413-418.

陆修闽，郑少泉，蒋际谋，等.2000.'早钟6号'枇杷主要营养元素含量的年周期变化［J］.园艺学报，27（4）：240-244.

罗秋雄.2005.作物施肥手册［M］.台北：中华肥料学会.

罗薇.1994.东莞、增城荔枝园土壤基本性质的研究［J］.热带亚热带土壤科学，7（1）：47-52.

麦全法，林宁，吴能义，等.2011.三亚芒果园土壤养分丰缺指标及化肥适宜配方初探［J］.中国热带农业（5）：78-81.

孟赐福，郑纪慈，吴益伟.1988.杨梅梢枯病与硼素营养［J］.农业科技通讯（8）：25-26.

孟赐福，吴益伟.1994.杨梅硼素营养与产量和品质的关系［M］.中国名特优农产品的土宜.长春：吉林人民出版社：211-213.

孟赐福，吴益伟，郑纪慈，等.1995a.杨梅施硼技术的研究［J］.上海农业科技（5）：10-12.

孟赐福，吴益伟.1995b.浙江省杨梅施肥若干问题的探讨［J］.浙江农业科学（5）：266-267.

孟赐福，曹志洪，姜培坤，等.2006a.杨梅的需钾特性及其施钾对杨梅的增产效应［J］.中国土壤与肥料（5）46-48.

孟赐福，姜培坤，曹志洪，等.2006b.杨梅的硼素营养及施硼技术［J］.浙江林学院学报，23（6）：684-688.

缪松林，黄寿波，梁森苗，等.1995.中国杨梅生态区划研究［J］.浙江农业大学学报，21（4）：366-372.

倪耀源.1986.荔枝果实发育期间的矿质营养研究［J］.华南农业大学学报，（4）：5-10.

聂磊，刘鸿先.2001.有机肥对沙田柚果实品质的影响初探［J］.广东农业科学（2）：31-34.

牛治宇，茶正早，何鹏，等.2002.海南2种芒果树的叶片营养规律［J］.热带农业科学，22（4）：16-21.

农业部科学技术司.1991.中国南方农业中的钾［M］.北京：中国农业出版社.

潘兰贵，余启新，汪末根，等.2013.千岛湖库区柑橘园土壤养分现状分析报告［J］.中国林副特产（2）：16-18.

彭坚，李永红，席嘉宾，等.2004.荔枝大小年叶片营养比较研究［J］.中国果树（3）：30-34.

彭良志，张广越，淳长品.2010.纽荷尔脐橙叶片黄化和叶脉肿裂与镁硼丰缺关系研究［J］.中国南方果树，39（4）：1-5.

彭智平，杨少海，操君喜，等.2006.芒果叶片主要养分含量及营养诊断适宜值研究［J］.广东农业科学（6）：47-49.

彭智平，赵秉强，等.2014.广东省作物专用复混肥料农艺配方［M］.北京：中国农业出版社.

秦煊南，王宁.1996.营养平衡与代谢对锦橙裂果的影响［J］.西南农业大学学报，18（1）34-39.

邱燕萍，陈洁珍，欧良喜，等.2001.矿质营养变化对荔枝裂果的影响［J］.广东农业科学（1）25-26.

邱燕萍，李志强，欧良喜，等.2005.妃子笑荔枝不同花期果实发育特点及叶、果营养差异研究［J］.广东农业科学（1）：46-47.

邱继水，曾杨，潘建平，等.2011.广东杨梅栽培技术规程［J］.广东农业科学（21）：57-5.

邱继水，曾杨，潘建平，等.2012.广东枇杷标准化生产技术［J］.广东农业科学（17）：35-37.

沈方科，李柳霞，黄剑平，等.2009.沙糖橘配方施肥研究［J］.安徽农业科学，37（23）：10965-10966.

沈兆敏，等.1988.中国柑橘区划与柑橘良种［M］.北京：中国农业科学技术出版社.

苏明华.1990.不同施肥水平对龙眼秋梢结果母枝和产量的影响［J］.亚热带植物通讯（1）：17-22.

孙玉桃，廖育林，郑圣先，等 .2008. 连续施用硫酸钾镁肥对柑橘的效应［J］. 中国土壤与肥料（2）：
　　40-43.

涂常青，王开峰，温欣荣，等 .2009. 沙田柚主产区土壤养分状况与果实品质关系初探［J］. 中国生态农业
　　学报，17（6）：1128-1131.

王成秋，李银国，王树良，等 .1994. 等量不同时期重施肥对温州蜜柑叶片营养及果实品质的影响［J］.
　　中国柑橘，23（4）：23-24.

王飞，李清华，何春梅，等 .2005. "早钟 6 号"枇杷幼年结果树施用配方肥效应初探［J］. 福建热作科技，
　　30（1）：15-16.

王富华，胡芳林，陈防，等 .2001. 湖北省柑橘园土壤养分植物营养与平衡施肥技术研究 I. 湖北省柑橘园
　　土壤养分含量分布［J］. 湖北农业科学（1）：34-38.

王华忠，余平华，王建欣，等 .2012. 浙江省淳安县枇杷优质丰产栽培管理技术［J］. 中国南方果树，41
　　（5）：100-102.

王男麒，彭良志，淳长品，等 .2012. 赣南柑橘园背景土壤营养状况分析［J］. 中国南方果树，41（5）：
　　1-4.

王仁玑 .1987a. 福眼龙眼叶片营养元素适宜含量的研究［J］. 福建省农业科学院学报，2（2）：54-59.

王仁玑 .1987b. 龙眼秋梢叶片常量元素含量动态的研究［J］. 果树科学，4（3）：17-21.

王仁玑，庄伊美，陈丽璇，等 .1988. 福建主要亚热带果树叶片营养元素适宜含量的研究［J］. 亚热带植
　　物通讯，17（2）：1-5.

王仁玑，庄伊美，陈丽璇，等 .1992a. 柑橘叶片营养元素适宜含量的研究［J］. 浙江柑橘（4）：3-6.

王仁玑，庄伊美，陈丽璇，等 .1992b. 甜橙叶片营养元素适宜含量的研究［J］. 亚热带植物通讯（1）：
　　11-19.

王仁玑，庄伊美，陈丽璇，等 .1993a. 枳砧椪柑叶片营养元素适宜含量的研究［J］. 果树科学，10（1）：
　　11-15.

王仁玑，庄伊美 .1993b. 国内外荔枝营养与施肥研究进展［J］. 四川果树（2）：31-34.

温明霞，聂振朋，周鑫斌，等 .2011. 三峡重庆库区柑橘园土壤养分变异特征研究［J］. 中国农学通报，
　　27（17）：218-222.

温明霞，石孝均 .2012. 锦橙裂果的钙素营养生理及施钙效果研究［J］. 中国农业科学，45（6）：
　　1127-1134.

吴惠姗，胡德活，吴祖强，等 .2005. 广东省橄榄主要栽培区土壤肥力调查与分析［J］. 广东林业科技，
　　21（3）：11-13，18.

吴晓丽，顾小平 .1993. 不同肥料对杨梅生长和结瘤固氮的影响［J］. 林业科学研究，6（6）：707-710.

吴晓丽，顾小平 .1994. 杨梅结瘤固氮特性研究［J］. 林业科学研究，7（3）：306-310.

吴益伟，孟赐福，傅庆林，等 .1994. 红壤温州蜜柑园施用石灰对果实耐贮性的影响［J］. 中国柑橘，23
　　（2）：11-13.

吴益伟，孟赐福，傅庆林，等 .1995. 成龄木叶杨梅需肥量的初步探讨［J］. 浙江农业学报，7（4）：
　　301-303.

谢志南，庄伊美，王仁玑，等 .1998. 琯溪蜜柚果实粒化、裂瓣症与矿质营养关系的探讨［J］. 福建农业
　　大学学报，27（1）：42-46.

熊森基，吴海波，黄霖 .2009. 梅县沙田柚测土配方施肥试验初报［J］. 广东农业科学（4）：43-44.

徐培智，杨少海，解开治，等 .2008. 广东省坡地柑橘园有机无机肥料配施的效应研究［J］. 广东农业科学
　　（7）：65-67.

许建楷，陈杰忠，邹河清，等 .1994. 钙与红江橙裂果的关系研究［J］. 华南农业大学学报，15（3）：
　　77-81.

许奇志，许家辉，许玲，等．2010.龙眼'立冬本'花、果及营养枝主要矿质营养需求量［J］.热带作物学报，31（3）：345-348.

许文宝，庄伊美，谢志南，等．1999.琯溪蜜柚园有机—无机肥不同配比试验［J］.亚热带植物通讯，28（1）：9-13.

杨苞梅，林电，李家军，等．2007.香蕉营养规律的研究［J］.云南农业大学学报，22（1）：117-121.

杨苞梅，李进权，姚丽贤，等．2010a.钾钙镁营养对香蕉产量、品质及贮藏性的影响［J］.中国生态农业学报，18（2）：290-294.

杨苞梅，李进权，姚丽贤，等．2010b.钾钙镁营养对香蕉生长和叶片生理特性的影响［J］.中国土壤与肥料（1）29-32，36.

杨苞梅，姚丽贤，张政勤，等．2012.广东不同产地香蕉园土壤养分吸附特性研究［J］.中国土壤与肥料（3）：26-29.

杨彬文，黄育宗，谢志南．1999.琯溪蜜柚主产区果园土壤肥力调查报告［J］.福建果树（3）：16-17.

杨连珍，张慧坚．2008.中国台湾热带、亚热带水果生产与发展概况［J］.世界农业（9）：52-54.

杨晓红，罗安才，李道高，等．2002.荔枝根尖发育生物学和VA菌根调查研究［J］.西南园艺，30（增刊）：1-3.

杨玉映，庄丽娟．2012.中国龙眼生产和贸易格局特征［J］.中国热带农业（1）：22-24.

杨周祺，郑醒群，曾志文，等．2012.龙门年橘测土配方施肥肥效试验［J］.广东农业科学（15）：60-61，67.

姚宝全，黄梅卿，郑福磷，等．2008.福建莆田枇杷营养状况的调查与评价初探［J］.江西农业学报，20（3）：33-35.

姚丽贤，周修冲，蔡永发，等．2004a.高产香蕉平衡施肥技术研究［J］.土壤肥料（2）：26-29.

姚丽贤，周修冲，陈婉珍．2004b.高产巴西蕉平衡施肥技术研究［J］.中国农学通报，20（3）：149-151，156.

姚丽贤，周修冲，彭智平，等．2005.巴西蕉的营养特性及钾镁肥配施技术研究［J］.植物营养与肥料学报，11（1）：116-121.

姚丽贤，周修冲，李国良，等．2006a.香蕉园土壤养分肥力时空变化研究［J］.土壤通报，37（2）：226-230.

姚丽贤，周修冲，彭智平，等．2006b.广东省柑橘园土壤养分肥力研究［J］.土壤通报，37（1）：41-44.

俞立达，等．1995橘柑橙柚施肥技术［M］.北京：金盾出版社.

于深浩，周灿芳，刘序，等．2012.2011年广东优稀水果产业发展现状分析［J］.广东农业科学（6）：12-14.

张发宝，陈建生，刘国坚．1998.广东龙眼立地土壤基本养分状况分析［J］.热带亚热带土壤科学，7（1）：31-35.

张光伦，等．2009.园艺生态学［M］.北京：中国农业出版社.

张惠群，罗金棠，卢笛，等．1994.紫花芒果营养特性研究［J］.广东农业科学（5）：19-22.

张金鸽，周灿芳，徐一菲，等．2012.2011年广东菠萝产业发展现状分析［J］.广东农业科学（5）：15-17.

张晓玲，徐义流，齐永杰，等．2013.枇杷树体矿质营养积累及分布特性［J］.安徽农业大学学报，40（2）：283-289.

张忠良，吴万兴，杨东升，等．2006.枇杷果实生长过程中营养成分变化研究初报［J］.中国南方果树，35（1）：31-32.

章明清，林凉，杨杰，等．2003.平和馆溪蜜抽果园养分状况与平衡施肥研究［J］.福建农业学报，18（3）：163-167.

章明清，林琼，颜明娟，等．2005.平衡施肥对琯溪蜜柚产量和品质的影响［J］.高效施肥（2）：11-13.

曾朗.2006. 南丰蜜橘营养诊断与施肥 [J]. 现代园艺（6）：27-29.

郑纪慈，孟赐福，傅志坚，等.1989. 杨梅缺硼研究 [J]. 科技通报，5（5）：5-10.

郑文武，尧金燕，彭宏祥，等.2010. 广西香蕉产业可持续发展之战略探讨 [J]. 中国农学通报，26（17）：434-438.

郑煜基，林兰稳，罗薇.2001. 荔枝营养需求特点及其施肥技术研究 [J]. 土壤与环境，10（3）：204-206.

周柳强，张肇元，黄美福，等.1994. 菠萝的营养特性及平衡施肥研究 [J]. 土壤（1）：43-47.

周鑫斌，石孝均，孙彭寿，等.2010. 三峡重庆库区柑橘园土壤养分丰缺状况研究 [J]. 植物营养与肥料学报，16（4）：817-823.

周修冲，徐培智，姚建武，等.1991. 高产矮香蕉需肥规律及施肥研究 [J]. 土壤肥料（2）：10-12.

周修冲，梁孝衍，徐培智，等.1993. 香蕉的氮磷钾营养特性及其平衡施肥研究 [J]. 广东农业科学（6）：25-28.

周修冲，刘国坚，徐培智.1999. 香蕉、菠萝、芒果施肥新技术 [M]. 北京：中国农业出版社.

周修冲，刘国坚，姚建武，等.2000. 芒果营养特性及平衡施肥效应研究 [J]. 土壤肥料（4）：13-16.

周学伍，程昌凤，吕斌，等.1991a. 锦橙叶片矿质营养元素含量指标的研究 [J]. 西南农业大学学报，13（1）：15-20.

周学伍，李质怡，陈学年，等.1991b. 紫色土甜橙矿质营养的研究 [J]. 西南农业大学学报，13（1）：2-7.

周学伍，吕斌，李质怡，等.1996. 锦橙的营养特性与施肥技术 [J]. 果树科学，23（3）：162-166.

朱庆竖，李华，廖伟平.2006. 改良橙的果实发育与裂果防止试验 [J]. 中国南方果树，35（4）：6-7.

庄绍东.2003. 漳州香蕉园土壤肥力状况分析 [J]. 福建农业学报，18（3）：168-172.

庄伊美，李来荣，江由，等.1984. 赤壳龙眼叶片与土壤常量元素含量周期变化的研究 [J]. 园艺学报，11（3）：165-170.

庄伊美，王仁玑，陈丽璇，等.1991. 琯溪蜜柚叶片营养元素适宜含量的研究 [J]. 福建农业科学院学报（2）：52-58.

庄伊美，王仁玑，谢志南，等.1994. 福建丰产荔枝园土壤微量元素含量的研究 [J]. 热带亚热带土壤科学，3（4）：199-205.

庄伊美.1995. 水涨龙眼叶片营养元素的适宜含量 [J]. 福建农业大学学报，24（3）：281-286.

庄伊美，王仁玑，谢志南，等.1995. 柑橘、龙眼、荔枝营养诊断标准研究 [J]. 福建果树（1）：6-9.

庄伊美，王仁玑，谢志南，等.1996. 龙眼、荔枝营养诊断指导营养失调症的矫治 [J]. 亚热带植物通讯，25（1）：1-7.

庄伊美.1997. 成年龙眼园平衡施肥示范试验 [J]. 亚热带植物通讯，26（1）：1-5.

庄伊美，王仁玑，谢志南，等.1997. 巴林脐橙叶片元素含量适宜指标研究 [J]. 亚热带植物通讯，26（2）：1-6.

庄伊美，潘东明，李健，等.2000. 琯溪蜜柚果实粒化症矫治研究 [J]. 亚热带植物科学，29（4）：1-4.

HUANG W T, HUANG Y M, HSIANG W M, et al. 1998. Nutrition studies on lychee (*Litchi chinensis* Sonn.) orchards in central Taiwan [J]. Journal of Agricultural Research of China, 47（4）：388-407.

MARTiNEZ-ALCÁNTARA B, Quiñones, Primo-Millo E, Legaz F. 2011. Nitrogen remobilization response to current supply in young citrus trees [J]. Plant and soil, 342：433-443.

MENZEL C M, CARSELDINE M L, Haydon G F, et al. 1992. Review of existing and proposed new leaf newtrient stards for lychee [J]. Scientia Hort., 49：33-53.

MENZEL C M, CARSELDINE M L, Simpson D R. 1988. The effect of fruiting status on nutrient composition of litchi during the flowering and fruiting season [J]. Hor. Sci, 63（3）：547-556.

第十三章　北方主要果树阶段营养与施肥配方

第一节　我国北方主要果树类型与分布

我国北方果树类型极为丰富。以山东为例，山东地处暖温带季风气候区，东部濒临渤海、黄海，沿海地区具有海洋性气候特点，地形复杂，山地、丘陵面积占全省总面积的 34.9%，泰山、蒙山、沂山、崂山、昆嵛山、鲁山、大泽山、艾山、牙山等山系构成了多样的气候和地理环境，有丰富的植物资源。据《山东果树志》记载，山东果树资源有 17 科，33 属，92 种，34 变种，共 2 319 个品种和类型，包括银杏属科（银杏属）、核桃科（核桃属和山核桃属）、桦木科（榛属）、山毛榉科（栗属）、桑科（榕属和桑属）、木通科（木通属）、茶藨子科（茶藨子属）、蔷薇科（梨属、苹果属、木瓜属、榅桲属、山楂属、草莓属、树莓属、李属和蔷薇属）、芸香科（枳属、金柑属、柑橘属和花椒属）、无患子科（文冠果属）、鼠李科（枣属和枳椇属）、葡萄科（葡萄属和蛇葡萄属）、猕猴桃科（猕猴桃属）、胡颓子科（沙棘属和胡颓子属）、安石榴科（石榴属）、杜鹃科（越橘属）和柿科（柿属）等。张毅在《山东果树志》的基础上进行了进一步统计整理，增加了木兰科（五味子属）、蒺藜科（白刺属）、漆树科（黄连木属）、椴树科（扁担杆属）、山茱萸科（四照花属、山茱萸属和梾木属）、茄科（枸杞属和酸浆属）、忍冬科（忍冬属）；核桃科中增加了枫杨属，桑科中增加了构属和拓属，蔷薇科中增加了枸子属、欧楂属和花楸属，葡萄科中增加了爬山虎属；将茶藨子科（茶藨子属）改为虎耳草科（茶藨子属）、安石榴科（石榴属）改为石榴科（石榴属）、芸香科种枳属和金柑属改为枸橘属和金橘属；现有果树种植资源 24 科，50 属，168 种（变种），其中原始分布 21 科，39 属，111 种（变种），从其他省区引进 2 科，7 属，33 种（变种），从国外引进 1 科，4 属，22 种（变种）。

山东省是北方落叶果树适宜栽培区域，是全国水果主要产区之一。生产各种水果 20 多种，品种达数百个，其中苹果产量占全国的 1/4 以上，桃、梨、葡萄等在全国也占有重要地位。2010 年，山东省果园面积达到 58.10 万 hm²，产量 1 438.91 万 t。其中苹果园面积 26.46 万 hm²，产量 798.84 万 t；其次是桃园 10.12 万 hm²，产量 243.56 万 t；梨园 4.25 万 hm²，产量 111.21 万 t；葡萄园 3.59 万 hm²，产量 95.78 万 t。2012 年，山东省果园面积达到 59.10 万 hm²，其中苹果园面积 27.96 万 hm²，其次是桃园 10.02 万 hm²、梨园 4.25 万 hm²、葡萄园 3.75 万 hm²。

考虑不同水果的种植面积和总产量，本章将重点介绍苹果、桃、梨、葡萄等北方代表性大宗水果，并涉及部分具有地方特色的特产水果相关内容。

一、苹果

苹果（*Malus domestica* Brokh），蔷薇科（Rosaceae）苹果属（*Malus*），是世界四大水果（苹果、柑橘、香蕉和葡萄）之一，也是我国目前的优势农产品之一，种植分布范围广，栽培面积和产量均居世界首位。2010 年，中国苹果种植面积 214 万 hm²，产量 3 326 万 t，平均单产 15.5t/hm²，种植面积和产量均占世界的 40% 以上。我国苹果栽培主要集中在环渤海、黄土高原、黄河故道和西南冷凉高地四大产区。其中，以山东半岛、辽宁南部、河北东部为代表的环渤海产区，陕西北部、甘肃东部、山西南部、河南西部、河北西部为代表的黄土高原产区，为我国两大优势产区。按省份划分，我国苹果栽培主要集中于陕西、山东、河北、甘肃、河南、山西和辽宁。其中山东、陕西、山西、河北、甘肃、河南和辽宁省的苹果栽培面积依次为 26.46 万 hm²、60.15 万 hm²、13.76 万 hm²、26.54 万 hm²、26.86 万 hm²、17.76 万 hm² 和 12.59 万 hm²，产量分别为 798.84 万 t、856.01 万 t、256.65 万 t、272.46 万 t、201.66 万 t、408.96 万 t 和 209.47 万 t。

（一）渤海湾产区

该区域包括胶东半岛、泰沂山区、辽南及辽西部分地区、河北大部和北京、天津两市是我国苹果栽培最早、产量和面积最大、生产水平最高的产区。辽南以大连、营口为集中产区，辽西以葫芦岛、凌海等地为主产区，热量充足，光照好，降水适量；泰沂山区苹果生长季节气温较高，有利于中早熟品种提早成熟上市；沿海地区夏季冷凉、秋季长，光照充足，是我国中、晚熟品种的最大商品生产区，出口条件优越，交通运输方便，吸引外资较多，企业发展较快，产业化优势明显；鲁中山区、鲁西北平原主要栽培着色系富士及新红星品种。河北产区主要集中在北部，以唐山和张家口等地为佳；北京以密云、昌平和延庆为主产区；天津是苹果新区，主要产区集中在郊区，主要发展着色系富士、短枝型元帅、乔纳金、金矮生等品种。

（二）西北黄土高原产区

该区域包括陕西渭北地区、山西南部和中部、河南三门峡地区和甘肃陇东地区，本区有27 个优先扶持县，栽培面积、产量为 48.42 万 hm² 和 573.76 万 t，分别占全区的 57.13% 和 74.25%。这一产区大部分属于黄土高原，光照充足，昼夜温差大（11.8～16.6℃），土层深厚，是苹果优质产区。陕西铜川、白水、洛川和甘肃天水等地，已经成为我国外销苹果的重要基地。该地区苹果栽培品种主要是着色系富士、新红星、乔纳金等。

（三）黄河故道和秦岭北麓产区

该区包括豫东、鲁西南、苏北和皖北，面积和产量分别约占全国的 11% 和 14%。黄河故道产区地势低平，年平均气温 13～15℃，1 月平均气温 −1.6～1℃，7 月平均气温 27～28℃，年降水量 700mm 左右，日照时数 2 300～2 500h，土壤为冲积沙土，土壤有机质少，偏碱性，pH7～8，宜采用海棠做苹果嫁接砧木。果树生长季节较长，幼树结果较早，果实成熟也偏早。该地区优势品种主要为红富士。

（四）西南冷凉高地产区

该区包括四川阿坝、甘孜两个藏族自治州的川西地区，云南东北部的昭通、宜威地区，贵州西北部的威宁、毕节地区，西藏昌都以南和雅鲁藏布江中下游地带。面积和产量分别占全国的 3% 和 2%。西南冷凉高地产区纬度低，海拔高，垂直分布差异明显，年平均温度在

10～13.5℃，年降水量为800～1 000mm，多生产早熟苹果。这一地区主栽品种为金冠、元帅、红星等。

二、桃

桃原产于我国西北部和西部的陕西、甘肃、西藏海拔1 200～2 000m冷凉干燥的高原地带，已有3 000多年的栽培历史。桃（*Amygdalus persica* L.），蔷薇科（Rosaceae）桃属（*Amygdalus*），主要种有普通桃、山桃、甘肃桃、光核桃、新疆桃等。生产上栽培的桃均属普通桃，它还有3个变种，即蟠桃、油桃、寿星桃。普通桃按其生态适应性可分为以下品种群。

（一）南方品种群

主要分布在长江流域，比较适应温暖湿润气候，以江苏、浙江、云南等地栽培最多。该品种群根据果实肉质性状又可分为硬肉桃和水蜜桃两大亚群。硬肉桃，树势强健，树冠较直立，以单花芽为主；果肉硬脆致密，汁少，不易剥皮，多为离核，比较耐贮运；主要品种有广东白饭桃、三华蜜桃、鹰嘴桃、湖南小满桃、象牙白桃、贵州白花桃、云南二早桃、四川泸定香桃等。水蜜桃，树势中等，树冠较开张，多复芽；果肉柔软多汁，易剥皮，多粘核，不耐贮运；日本品种多属此类，如大久保等。蟠桃，生态适应性和树性与水蜜桃相似；果实扁圆形，两端凹陷；粘核，果皮易剥，果肉柔软多汁，品质优，但产量较低；主要品种有陈圃蟠桃、白芝蟠桃等。

（二）北方品种群

主要分布在黄河以北地区，江苏、安徽北部也有少量栽培。耐寒、旱，不耐高温潮湿，在南方暖湿气候引种表现较差。主要品种有肥城桃、深州蜜桃等。

（三）黄肉桃品种群

该品种群喜干冷气候，主要分布在西北部的西南地区，果肉、果皮呈黄色至橙黄色，肉质紧密，最适于制罐头。主要品种有黄甘桃、丰黄、连黄等。

江苏无锡、浙江奉化、山东肥城、河北深州被誉为近代中国四大桃产区。桃果实外观艳丽，肉质细腻，营养丰富，风味独特，无论是鲜食还是加工，都不失为很好的水果。世界各国桃的品种均直接或间接由我国引种，主要分布在北纬50°至南纬35°～40°的地带。我国桃的分布比较广，北至黑龙江的齐齐哈尔，南至广州的广大地区。但作为主要经济栽培区域，基本分成两大桃区：一是长江流域桃区，位于长江两岸，包括上海、江苏、安徽南部、浙江、江西以及湖南北部、湖北大部、成都平原、汉中盆地，是我国南方桃（水蜜桃）分布最多的地方，成熟期集中在每年的5～7月；二是华北平原桃区，位于淮河、秦岭以北，包括北京、天津、河北大部、辽南、山东、山西、河南大部、江苏和安徽北部等地，以北方桃品种为主；成熟期集中在每年的7～8月。

我国是世界桃生产大国，面积和产量均居世界首位，2010年我国桃栽培面积和产量约为71.94万hm²和1 045.60万t。桃的主产区集中在山东、河北、河南、湖北、四川、江苏等省。山东省是我国桃的重要产区之一，中国农业年鉴统计显示，2010年山东全省桃树栽培面积为10.12万hm²，产量达到243.56万t，均居全国首位，山东省桃树栽培面积和产量仅次于苹果，是全省第二大水果树种。

三、梨

梨为蔷薇科（Rosaceae）梨属（*Pyrus*），约有 35 个种。我国是世界栽培梨的三大起源中心（中国中心、中亚中心和近东中心）之一，有 13 个种原产我国，栽培历史约达 3 000 年。世界主要栽培的梨品种有秋子梨、白梨、砂梨和西洋梨 4 个种。目前，我国梨栽培也涵盖了这 4 个种，大量栽培的品种有 100 多个，如秋子梨系统的南果梨、京白梨、花盖梨等，白梨系统的鸭梨、雪花梨、慈梨、库尔勒香梨、金花梨等，砂梨系统的苍溪雪梨、云南宝珠梨、黄花梨、中梨 1 号、翠冠和从日、韩引进的丰水、新高、黄金梨等，西洋梨系统的品种多为引进，如巴梨、康佛伦斯、红安久等品种表现也较好。

2010 年，我国梨栽培面积为 106.31 万 hm^2，产量达 1 505.71 万 t，分别占全国水果总面积的 10.2%、占世界梨果收获总面积（152.66 万 hm^2）和总产量（2 264.48 万 t）的 68.2% 和 67.3%，占我国水果总产量的 11.7%，可谓是世界梨果生产第一大国。河北省是我国产梨第一大省，2010 年，河北省梨产量达到 375.83 万 t，约占我国梨总产量的 24.96%，其次为辽宁（126.14 万 t、9.86 万 hm^2）、山东（111.21 万 t、4.25 万 hm^2）、新疆（105.29 万 t、6.88 万 hm^2）、安徽（96.63 万 t、3.81 万 hm^2）、河南（94.66 万 t、4.73 万 hm^2）、四川（87.34 万 t、8.27 万 hm^2）、陕西（79.99 万 t、4.90 万 hm^2）等省区。

梨在我国种植范围较广，在长期的自然选择和生产发展过程中，逐渐形成了四大产区：环渤海（辽、冀、京、津、鲁）秋子梨、白梨产区，西部地区（新、甘、陕、滇）白梨产区，黄河故道（豫、皖、苏）白梨、砂梨产区和长江流域（川、渝、鄂、浙）砂梨产区。

我国的梨资源非常丰富，全国各地均有梨树的分布和栽培。根据《中国果树志·第三卷（梨）》和梨的分布实况，我国的梨分布划分为 7 个区：Ⅰ为寒地梨区，为沈阳以北，呼和浩特以东的蒙古地区。主要是冬季低温，易发生冻害；秋子梨适宜干燥寒冷的气候，是秋子梨分布区。Ⅱ为干寒梨区，为内蒙古西南部分、甘肃、陕北、宁夏、青海西南及新疆等地。本区气温虽比寒地梨区略高，但干寒并行，以寒为主导，常带来冻害与抽条；这里季节与昼夜温差都很大，日照丰富，果实品质很高；本区主栽秋子梨、白梨和部分西洋梨及新疆梨等。Ⅲ为温带梨区，为我国的主要梨区，产量占全国梨产量的 70% 左右。含淮河秦岭以北，寒地梨区以南，干寒梨区东南的大片地区。著名的鸭梨、雪花梨、茌梨、酥梨、秋白梨、红梨、蜜梨等均原产本区。白梨在本区内的西北、中北部较好，东南部稍差。Ⅳ为暖温带梨区，是指长江流域，钱塘江流域，包括上饶以北，福建西北部地区。气候温暖多雨，主要栽培砂梨、日本梨，白梨也有栽培。Ⅴ为热带和亚热带梨区，为闽南、赣南、湖南以南地区。本区多雨炎热潮湿，白梨很少，主产砂梨。Ⅵ为云贵高原梨区，是指云、贵及四川西部大小金川以南地区。此区雨量多，气候温凉，栽培品种以砂梨为主，也有少数白梨和川梨品种，著名的有宝珠梨、威宁黄梨和金川雪梨等。Ⅶ为青藏高原梨区，以西藏为主，包括青海西南高原地区，多数地区海拔在 4 000m 以上，气候寒冷，春迟冬早，生长季 200 天左右，砂梨、白梨都可生长。

四、葡萄

葡萄在我国栽培广泛，是重要的果树经济作物，在农业经济中占有重要地位。据世界葡萄、葡萄酒协会（OIV）统计，2010 年，在世界 58 个葡萄生产国中，我国葡萄栽培面积约占世界总面积的 5.7％，跃居第五位，仅次于西班牙、法国、意大利和土耳其。尤其是鲜食葡萄，我国已成为鲜食葡萄世界第一大生产国。据中国农业年鉴统计显示，2010 年，我国葡萄栽培面积已达 55.20 万 hm^2，总产量 854.89 万 t，平均单产为 15.49t/hm^2。

根据我国葡萄栽培现状、适栽葡萄种群、品种的生态表现以及温度、降水等气候指标，可将全国划分为 7 个主要的葡萄栽培区：Ⅰ为东北中北部葡萄栽培区，包括吉林、黑龙江两省，属于寒冷半湿润气候区。Ⅱ为西北部葡萄栽培区，包括新疆、甘肃、青海、宁夏、内蒙古省（自治区），属干旱和半干旱气候区。Ⅲ为黄土高原葡萄栽培区，包括山西、陕西两省，除汉中地区属亚热带湿润区外，大部分地区气候温暖湿润，少数地区属半干旱地区。Ⅳ为环渤海湾葡萄栽培区，包括辽宁、河北、山东、北京和天津，是我国最大的葡萄产区。Ⅴ为黄河故道葡萄栽培区，包括河南、山东省鲁西南地区、江苏北部和安徽北部，除河南南阳盆地属亚热带湿润区外，均属暖温带半湿润区。Ⅵ为南方葡萄栽培区，包括安徽、江苏、浙江、上海、重庆、湖北、湖南、江西、福建、广西、云南、贵州、四川等省（直辖市）的大部分地区，为亚热带、热带湿润区。Ⅶ为云、贵、川高原葡萄栽培区，包括云南、贵州西北部河谷地区和四川西部等西部高原河谷地区。

按葡萄面积和产量统计，新疆一直居葡萄生产首位。2005 年，其栽培面积和产量约占全国总量的 22.3％和 21.19％。新疆、河北、山东、辽宁、河南 5 省的葡萄栽培面积占全国总面积的 60％，产量占总产的 66.2％。南方的葡萄面积和年产量分别占全国的 23.8％和 21.5％。新疆属于干旱和半干旱气候区，主要栽培品种是制干葡萄无核白（占 80％），还有无核白鸡心、蜜丽莎无核、黎明无核、里扎马特、红提、秋黑、红高等鲜食葡萄，和赤霞珠、品丽珠、梅鹿特、黑比诺、霞多丽、雷司令、贵人香等酿酒葡萄，鄯善县和吐鲁番县的葡萄酿酒业发展迅速。南疆产区包括和田、喀什、阿克苏、阿图什等地区，主栽品种有和田红、秋黑、红高、圣诞玫瑰等。北疆产区包括石河子、奎屯、乌苏、精河、乌鲁木齐、昌吉、克拉玛依及伊犁地区，适宜发展早、中熟品种，鲜食葡萄有喀什喀尔、香葡萄、玫瑰香、粉红太妃、里扎马特、巨峰等，酿酒葡萄有味霞赤、品丽珠、梅鹿特、黑比诺、贵人香、雷司令、霞多丽等。甘肃、青海、宁夏、内蒙古（自治区）的葡萄栽培面积和产量约占全国总量的 5.01％和 2.2％，除陇东高原和陇南地区有温带到亚热带气候特点外，其他地区的葡萄栽培均采用抗寒砧木，冬季需要埋土防寒，主要品种有乍娜、里扎马特、京超、红提、巨峰、龙眼、马奶、无核白、瑞必尔、无核白鸡心、宝石无核等鲜食葡萄和贵人香、雷司令、黑比诺、法国兰、佳里酿等酿酒葡萄。

五、其他水果

（一）樱桃

樱桃为蔷薇科（Rosaceae）樱属（Cerasus）植物。我国生产上应用的主要有樱桃（*P. pseudocerasus* L.）、甜樱桃（*P. avium* L.）、酸樱桃（*P. cerasus* L.）和毛樱桃（*P. tomontosa* Thunb.）。甜樱桃原产亚洲西部及黑海海岸，我国的甜樱桃栽培始于 19 世纪 70 年代，截至 2010 年年底，我国甜樱桃栽培面积约 11 万 hm^2，产量约 35 万 t（表13-1-1）。

表 13-1-1 2010 年我国各省（自治区、直辖市）甜樱桃面积与产量

省（市）	面积（万 hm²）	比例（%）	产量（万 t）	比例（%）
山东	5.0	45.6	22.0	62.9
辽宁	2.8	25.5	5.0	14.3
陕西	1.3	11.8	3.0	8.6
四川	0.4	3.6	1.0	2.9
河南	0.3	2.7	1.0	2.9
甘肃	0.3	2.7	0.5	1.4
北京	0.4	3.6	0.5	1.4
河北	0.2	1.8	0.5	1.4
山西	0.1	0.9	—	—
新疆	0.1	0.9	—	—
其他	0.1	0.9	0.5	1.4
全国	11.0	100.0	35.0	100.0

目前，我国甜樱桃栽培区域东起胶东半岛，西至新疆、西藏，南起云南、贵州、四川，北至黑龙江、内蒙古，遍布全国 23 个省份，可分为 4 个区域：Ⅰ为环渤海湾区域，主要包括山东、辽宁、北京和河北等，是我国甜樱桃主产区，面积约为 8.4 万 hm²，产量约 28 万 t，分别占全国的 76.4% 和 80.0%。Ⅱ为陇海铁路东段沿线产区，包括陕西、河南、甘肃、江苏、山西、安徽等地区，面积约 2.1 万 hm²，产量约 4.5 万 t。Ⅲ为西南、西北高海拔产区，包括四川、云南、贵州、新疆、青海、西藏、宁夏、福建等地区，面积约 0.47 万 hm²。Ⅳ为分散栽培区，包括黑龙江、吉林等寒冷省区保护地栽培，以及上海、浙江等南方零星栽培区。

（二）枣

枣（*Ziziphus jujuba* Mill.）原产我国，是我国最古老的栽培果树之一。主要用嫁接繁殖方式，部分用根蘖苗繁殖，一般第 2～3 年开始结果，有的品种部分植株当年就能少量结果，而且进入盛果期较早，民间早有"桃三、杏四、梨五年，枣树当年就换钱"的农谚。山西省交城县林业科学研究所选用梨枣资源，进行密植早果丰产试验，当年栽树当年结果，2 年生树单产 6.852t/hm²，3 年生树单产 20.87t/hm²，创全国和世界高产水平。中国枣的品种现有 704 个，品质较好的不超过 20 个，其中干制品种 224 个（干制红枣、黑枣、焦枣、蜜枣等 10 多个品种），鲜食品种 159 个，加工品种 56 个，观赏品种 4 个。

枣树适应力很强，山区、平原、沙滩及宅旁、路旁均可栽培，是治山、治坡、治沙及绿化的适宜树种。因此，枣在全国的分布范围很广，目前除黑龙江外，北纬 19°～43°，东经 76°～124° 的各省、市、自治区均有分布，其中河北、河南、山东、山西、陕西是全国著名的产枣区，约占全国总产量的 90%。各省的代表品种为：河北的金丝小枣、赞皇大枣、冬枣、婆枣；山东的金丝小枣、长红、圆铃、沾化冬枣；河南的骏枣、扁核酸、圆枣、鸡心枣；山西的板枣、目枣、骏枣、壹瓶枣等；甘肃的鸡山大枣；江苏的泗洪大枣；安徽的尖枣、圆枣；浙江的义乌大枣；湖南的鸡蛋枣；新疆的赞新大枣等。

（三）核桃

核桃为核桃属（*Juglans*）植物，共有 5 个种原产于我国：核桃（*J. regia* L.）、核桃楸（*J. manshurica* Maxim.）、野核桃（*J. cathayensis* Dode）、泡核桃（*J. sigillata* Dode）和河北核桃（*J. hopeiensis* Hu）。我国核桃树栽培品种分实生核桃和品种核桃两大类。实生核桃比例较大，约占全国总面积的 60% 左右和总产量的 95%；品种核桃主要是在近年来新栽植的，面积虽然约占 40%，但产量还比较少。中国核桃栽培至少有 3 000 多年的历史，分布广泛，除黑龙江、上海、广东和海南外，其他省、自治区、直辖市均有栽培。我国有 3 个核桃栽培中心，一是西北，包括新疆、甘肃、西藏、青海和陕西；二是华北，包括山西、河北、河南及华东区的山东；三是云南和贵州。截至 2007 年，我国核桃栽培面积约 120 万 hm²，有核桃树 2 亿株，其中结果树约 1.1 亿株。

（四）板栗

板栗（*Castanea mollissima* Bl.）为壳斗科（Fagaceae）栗属（*Castanea*）植物，我国原产树种，是我国重要的经济树种。我国板栗栽培历史悠久，品种资源丰富，分布区域广阔，北起北纬 41°20′，南到北纬 18°30′，主要集中产区有 21 个省（自治区、直辖市）。年产量超过 1 万 t 的省（自治区）有山东、湖北、河北、河南、辽宁、广西和湖南；年产量在 8 000～10 000t 的省份有浙江、云南和陕西。我国板栗集中产地主要在北方，年产 1 000t 的重点县有河北的迁西、遵化、兴隆、青龙、宽城、邢台、迁安，山东的泰安、五莲、莒南、郯城、费县，辽宁的宽甸、东沟、丹东，河南的新县、信阳，北京的怀柔、密云和陕西镇安。产量最高的河北迁西县丰产超过 12 000t。板栗垂直分布由海拔高度不足 50m 到 2 800m，分布高度差达 2 750m。中国板栗很早就传入日本，美国和法国曾多次引入中国板栗，用实生和杂交培育出适于当地环境条件的新品种，欧洲如意大利、西班牙、法国、南斯拉夫、波兰以及美洲、北美洲等都有中国板栗分布。2010 年，我国已有栗园约 165 万 hm²，年产栗实近 60 万 t，平均年出口量为 38 591t，居世界第一位，栽培面积和栗实产量呈逐年增加趋势。

（五）柿

柿（*Diospyros kaki* Thunb.）为柿树科（Ebenaceae）柿属（*Diospyros*）植物，是柿属植物中作为果树利用的代表种。中国是栽培柿树最早的国家，已有 3 000 多年的历史，也是柿属植物的分布中心和原产中心之一。2005 年，我国柿树栽培面积约 20 万 hm²，年产柿 50 万 t，超过世界总产量的 50%，面积和产量均居世界首位。品种资源丰富，既有原产涩柿，又有原产甜柿，原产甜柿仅分布于湖北、河南、安徽三省交界处的大别山一带。据各地调查不完全统计，中国柿品种资源 1 058 个（包含同物异名品种），分布在山东、陕西、河南、河北、浙江、湖北、山西、福建、安徽、江西、云南、贵州、甘肃、广东、广西、江苏、湖南、北京和天津等省、直辖市和自治区。其中，山东、陕西、山西、河南、河北和北京等地的品种数约占全国柿树品种总量的 80%～90%。

第二节　不同类型果园土壤养分状况

土壤是果树生长的基础，它是树体必需营养元素和水分的主要库源。因此，土壤类型、土壤质地、土壤温度、土壤湿度、土壤酸碱度以及土壤清洁度等诸多因素都影响着果树根系的生长和分布。北方果园土壤多是在温带、暖温带的湿润、半湿润和干旱、半干旱气候条件下形成的地带性土壤类型。其分布的主要土壤类型有棕壤、褐土、栗钙土和潮土等。

一、苹果园土壤养分状况

白勇龙，王远东，张正军等（2012）采集了甘肃省正宁县12个代表性苹果园土壤样本进行测定显示：正宁县苹果主产区果园0～40cm土层pH在7.5～8.3，91.7％的果园pH＞8.0，属微碱性土壤；有机质含量为9.2～12.0g/kg，平均值为11.0g/kg，果园间差异较小，所有果园中有机质缺乏（＜10g/kg）的占17％，处于低等水平（10～15g/kg）的占83％，没有能达到中等水平（15～20g/kg）和丰富水平（＞20g/kg）的果园；土壤全氮含量为0.66～0.89g/kg，平均为0.75g/kg，全部处于低水平（0.5～1.0g/kg）状态，水解氮的含量为40.95～143.85 mg/kg，平均为70.85 mg/kg，58.3％的果园水解氮含量低，16.7％的果园水解氮含量较高（＜60 mg/kg为低，60～90 mg/kg为中等，＞90 mg/kg为高），变异系数为0.45，果园之间差异较大；果园土壤有效磷含量为66.9～214.4 mg/kg，平均值为113.5 mg/kg，均处于丰富水平（有效磷含量＜10 mg/kg为低，10～20 mg/kg为中等，＞20 mg/kg为高）；果园土壤速效钾的含量为102.02～349.65 mg/kg，平均为178.05 mg/kg，有25％的果园超过丰富水平（＞200 mg/kg），其余均处中等水平（＜100 mg/kg为缺乏）。土壤有效锌含量为0.24～0.54 mg/kg，平均含量为0.39 mg/kg，均为极缺乏水平（＜1.0 mg/kg为低，＜0.5 mg/kg为极缺）；土壤有效锰含量为3.30～8.64 mg/kg，平均值5.95 mg/kg，有33.3％的果园低于临界值，其余果园含量适中（＜5 mg/kg为极缺乏，5～15 mg/kg为中等）；土壤有效铜含量为0.34～1.24 mg/kg，平均为0.85 mg/kg，含量适中（0.2～1.0 mg/kg为中等）；土壤有效铁含量为5.69～9.20 mg/kg，平均为7.70 mg/kg，平均含量适中（4.6～10 mg/kg为中等含量）；土壤有效硼含量为0.28～0.67 mg/kg，平均为0.44 mg/kg，66.7％的果园处于缺乏状态，其余适中（0.51～1.0 mg/kg为中等含量）；土壤有效钙含量为120～280 mg/kg，平均为181 mg/kg，66.7％的果园低于优质果园含量要求（优质果园含量范围为200～300 mg/kg）；土壤有效镁含量为10～35 mg/kg，平均为17 mg/kg，均处于低含量水平（中等含量为50～250 mg/kg）。

同一区域的不同果园养分含量差异较大。刘子龙，张广军，赵政阳等（2006）在陕西苹果主产区27个优质苹果基地县中的15个县，选取10年生左右的丰产果园采集48个土壤样品，测定了土壤中有机质、全N、全P、全K、速效养分及阳离子交换量的含量。结果表明：陕西苹果主产区丰产园土壤有机质含量相对较高，在调查的48户果园中，有机质含量≥10g/kg的果园占96％；除宝塔和白水县的2个果园土壤全N含量偏低外，其余果园土壤全N含量较高，平均值为0.76g/kg；土壤速效N含量＞50 mg/kg的果园仅占29％，其余果园土壤中的速效N含量偏低；土壤全P全K含量丰富，速效P、速效K和阳离子交换量含量均达到绿色果品产地土壤肥力标准。刘汝亮（2007）采集了渭北旱塬苹果优生产区的果园土壤样本进行测定显示：渭北旱塬苹果园土壤速效N、K、Zn和Mn含量低于临界值的土样占全部土样的比例分别为36.1％、41.7％、80.6％和77.8％，速效P、S和Fe含量低于临界值的土样占全部土样的比例分别为13.9％、11.1％和16.7％，表明该区苹果园土壤速效N、K、Zn和Mn含量较低，属于亏缺元素，有效P、S和Fe较丰富，但存在亏缺的风险。王留好（2009）采集了陕西省渭北苹果主产区（渭南合阳、白水，延安洛川，咸阳礼泉、旬邑，宝鸡扶风）的 56 个果园土壤（0～60cm）有机质、速效氮磷钾和微量元素的测定显示：土壤有机质含量总体处于中等偏低水平，变幅在 8.6～21.7g/kg；土壤速效氮大多属于中等偏高水平，且变化幅度较大；土壤有效磷含量很高，变幅很大，其中高水平果园占调查果园的 66%；27% 的果园土壤速效钾为高水平，36% 为较高水平，说明渭北苹果园土壤速效钾含量大部分属于较高水平；土壤无缺铜和缺锌现象，有近 1/4 的果园缺乏有效铁和有效锰，缺铁和缺锰果园主要分布在合阳和白水地区。

连序海、崔晓华、王建敏等（2011）调查了烟台市牟平区 25 个代表性苹果园的土壤样品，结果显示：烟台市牟平区苹果园中 0～60cm 土层碱解氮含量大于 50.00 mg/kg 的样本有 17 个，比例达 68%；小于 50.00 mg/kg 的样本有 8 个，比例达 32%，含量平均为 53.49 mg/kg，这表明调查范围内苹果园土壤碱解氮含量总体偏低；有效磷含量全部大于 50.00 mg/kg，表明调查范围内苹果园土壤有效磷含量偏高；土壤速效钾含量大于 200.00 mg/kg 的样本有 8 个，比例 32%；200.00～150.00 mg/kg 的样本有 10 个，比例为 40%；150.00～100.00 mg/kg 的样本有 2 个，比例达 8%；100.00～50.00 mg/kg 的样本有 5 个，比例 20%；小于 50.00 mg/kg 的样品数为 0，表明该地区苹果园土壤速效钾含量较高。据陈宏坤、陈剑秋、范玲超等（2012）的报道，山东省烟台市莱山区苹果园土壤养分状况为：土壤有机质含量 11.6g/kg，速效氮含量 52.7 mg/kg，有效磷含量 40.5 mg/kg，速效钾含量 112.3 mg/kg，土壤 pH5.8。

张强、魏钦平、刘惠平等（2011）调查了北京市昌平区 34 个优质苹果园（北京市果品评优连续三等奖、产量稳定在 [（3.75～4.50）×10^4kg/hm²]）的土壤样品，结果显示：这些果园土壤 0～40cm 土层，平均有机质含量为 23.03g/kg；土壤中全氮、碱解氮、有效磷和速效钾平均含量分别为 1.529g/kg、141.94 mg/kg、249.08 mg/kg 和 327.84 mg/kg。

二、梨园土壤养分状况

魏树伟、王宏伟、张勇等（2012）对山东中西部阳信、冠县、费县、历城、滕州 5 个县（市、区）的梨园土壤养分状况进行了调查分析。结果表明：山东中西部地区梨园土壤 pH 为 4.55～7.33，土壤养分中的有机质含量普遍在 10g/kg 以上；碱解氮 63.27～90.26 mg/kg，有效磷 45.04～104.69 mg/kg，含量极丰富；速效钾含量 119.88～237.75 mg/kg，相对较丰富；交换性钙、镁含量较丰富；有效铜含量历城、费县较适宜，阳信、冠县、滕州较高；有效铁含量冠县、滕州较低，阳信、费县、历城适宜；有效锰含量费县、历城适宜，阳信、冠县、滕州较低；有效锌含量比较适宜；有效硼含量费县、滕州较低，阳信、冠县、历城较适宜。

张爽（2004）对吉林省延吉市 11 个代表性苹果梨园 0～40cm 土层土壤养分状况进行调查，结果显示：土壤 pH 平均 5.03，有机质平均含量 14.71g/kg，全氮平均含量 0.64g/kg，全磷平均含量 0.35g/kg，全钾平均含量 32.48g/kg，碱解氮平均含量 91.94 mg/kg，有效磷平均含量 35.25 mg/kg，速效钾平均含量 129.82 mg/kg。

据齐宝利、王学密、江中文等（2007）报道，辽宁省鞍山市千山区南果梨园土壤养分状况如下：约有 50% 的梨园 0～60cm 土层有机质和氮素营养水平较低或太低，约 60% 的梨园 0～60cm 的土层速效钾含量超过 200 mg/kg；磷素营养水平高低相差悬殊，0～60cm 土层有效磷超过 100 mg/kg 和低于 10 mg/kg 的梨园各 4 个，各占 23.5%；约 50% 的梨园有效硼含量在 0.5 mg/kg 以下，表明硼素营养不足；其他所测营养含量丰富，有效钙 697～3112 mg/kg，有效镁 192～1230 mg/kg，有效铁 50～148 mg/kg，有效锌 14～42 mg/kg。而据康喜存（2012）报道，辽宁省朝阳市双塔区南果梨园 0～20cm 土层土壤养分状况为：pH7.79，有机质 19.2g/kg、全氮含量 0.38g/kg、碱解氮含量 46 mg/kg、有效磷含量 11.1 mg/kg、速效钾 152.7 mg/kg、有效硫 17.98 mg/kg、有效硼 0.24 mg/kg、有效锰 18.59 mg/kg、有效铜 0.88 mg/kg、有效铁 0.97 mg/kg、有效锌 3.02 mg/kg。

据赵春恋、李利平、孙俊杰等（2003）报道，山西省同川梨园土壤中各种养分含量如下：有机质含量为 7.38g/kg、全氮为 0.48g/kg、有效磷为 12.1 mg/kg、速效钾为 104 mg/kg；有效锌为 0.77 mg/kg、有效铜为 1.09 mg/kg、有效铁为 5.77 mg/kg、有效锰为 7.39 mg/kg、有效硼为 0.41 mg/kg，pH 为 8.3。与肥沃土壤养分指标相比，同川梨园土壤有机质、全氮含量普遍偏低，仅有 12.5％的梨园土壤有机质达 4 级较肥沃指标，氮全部未达肥沃指标；而有 48.7％的梨园土壤速效磷含量和 50.9％的梨园土壤速效钾含量达肥沃指标，即有效磷、钾含量相对较高。因此，同川梨园在适量增施磷钾的基础上，要多施氮肥，尤其是有机肥。对同川梨园土壤微量元素含量分析表明，同川梨园有效锌、有效铁、有效铜、有效锰含量分别有 80％、70％、90％、50％的样本达临界值以上，100％的样本有效硼含量较低，因此要根据具体情况，适量增施锌、铁、铜、锰等微肥，尤其要注意增施硼肥。

据李艳丽、董彩霞、徐阳春（2012）报道，江苏省睢宁县示范梨园土壤为沙壤土，0～30cm 土层基本养分：全氮含量 0.94g/kg，有效磷含量 18.79 mg/kg，速效钾含量 183.31 mg/kg，有机质含量 12.36g/kg，pH 为 7.25。

三、桃园土壤养分状况

李贵美、彭福田、肖元松等（2011）采集了山东省肥城、蒙阴、兰山三县（市、区）86 个代表性桃园土壤，分析结果显示：山东桃园土壤 pH 平均为 6.57，总体变幅在 4.85～8.83，基本适合桃树生长发育的要求；肥城桃园 0～20cm 土层有机质含量为 17.83g/kg，稍低于蒙阴的 19.51g/kg 和兰山的 19.26g/kg，变异系数都在 30％左右；蒙阴桃园土壤碱解氮含量平均为 62.32 mg/kg，比肥城和兰山分别低 38.0％和 39.3％，且变异系数较高，达到 65％；桃园速效磷钾含量以肥城最高，兰山次之，蒙阴最低。肥城桃园土壤有效磷含量为 108.31 mg/kg，比蒙阴高 230.4％，比兰山高 79.05％；肥城桃园土壤速效钾含量为 122.95 mg/kg，比蒙阴高 100.4％，比兰山高 67.1％。山东省桃园土壤养分水平不均衡，除有效磷含量丰富外，其他均属于中等偏下状态。高梅（2010）报道，山东省中部山区中华寿桃桃园土壤碱解氮含量为 47 mg/kg，硝态氮含量为 38 mg/kg。

据许胜、何健、杜红岩等（2012）报道，新疆南疆喀什地区桃园土壤属灌淤土，土壤质地为粉沙，pH7.81，有机质含量 9g/kg，耕作层（0～30cm）土壤含盐量为 1.2g/kg，碱解氮含量 67 mg/kg，有机磷含量平均为 6.4 mg/kg，速效钾含量 203 mg/kg，有效锌含量 0.79 mg/kg，有效铜含量 0.68 mg/kg，有效铁含量 14.3 mg/kg，有效锰含量 5.11 mg/kg。

蜜桃是甘肃省秦安县的一大支柱产业，据周志勇，孙旺态（2010）报道，秦安县蜜桃园多为黄绵土，质地为中壤；土壤有机质含量为 12.2g/kg，速效氮含量为 70.36 mg/kg，有效磷含量为 14.80 mg/kg，速效钾含量为 223.10 mg/kg，属中等肥力土地。

四、葡萄园土壤养分状况

高义民，同延安，马文娟等（2006）采集了陕西省扶风县 64 个代表性葡萄园的土壤样品，测定结果显示葡萄园土壤平均 pH 为 7.9，有机质含量为 2.7～6.5g/kg，处于较低水平；速效氮、有效磷、速效钾含量分别为 5.8～35.6 mg/kg、10.2～115.2 mg/kg、70.4～172.0 mg. kg。葡萄园土壤有效氮、铁和锌含量低于临界值的土样占全部土样的比例分别为 100%、97.8%和 58.7%，有效磷、钾和硫含量低于临界值的土样占全部土样的比例分别为 4.3%、4.3%和 2.2%。由此可知，扶风县葡萄园土壤有效氮和有效铁、锌含量较低，有效磷、钾和硫存在亏缺风险。而据崔亚胜、张颖、边应萍（2010）报道，陕西省户县葡萄园土壤有机质含量为 16.8g/kg、碱解氮 73.8 mg/kg、有效磷 23.3 mg/kg、速效钾 126 mg/kg。

据赵翠芳（2011）报道，辽宁省抚顺市葡萄种植园土壤为耕型壤质坡洪积潮棕壤，有机质含量 21.37g/kg，碱解氮含量 121.51 mg/kg，有效磷含量 68.8 mg/kg，速效钾含量 58.41 mg/kg，pH5.95。

五、樱桃园土壤养分状况

于忠范、张振英、姜雪玲等（2010）调查了山东省胶东地区樱桃种植区的土壤养分状况，结果显示，该地区樱桃园土壤 pH 为 4.0～7.0，其中适宜大樱桃栽培（pH6.0～7.5）的仅占 46.2%，多数果园土壤 pH 偏低；土壤有机质含量为 4.0%～13.8g/kg，其中低于 8.0g/kg 的大樱桃园占 7.7%，8.0～10.0g/kg 的大樱桃园占 38.5%，高于 10.0g/kg 的果园占 53.8%；土壤有效磷含量为 14.67～23.5 mg/kg，，其中低于 40 mg/kg 的果园占 30.1%，40～80 mg/kg 的占 46.2%，高于 80 mg/kg 的占 23.1%，说明胶东大樱桃园土壤有效磷含量适宜的不足一半，多数果园土壤有效磷含量或高或低；大樱桃园土壤速效钾含量为 36～555 mg/kg，其中低于 100 mg/kg 的占 34.6%，100～200 mg/kg 的占 34.6%，高于 200 mg/kg 的占 30.8%，说明大樱桃园土壤速效钾含量适宜的仅占 1/3 左右；土壤交换性钙含量为 0.86～3.96g/kg、交换性镁为 0.06～0.74g/kg；有效硼含量为 0.11～2.21 mg/kg，其中低于 0.5 mg/kg 的占 50%，0.5～0.8 mg/kg 的占 42.3%，高于 0.8 mg/kg 的占 7.7%，所以缺硼仍然是烟台大樱桃园施肥的主要问题；有效锌含量为 0.45～4.70 mg/kg，其中低于 0.5 mg/kg 临界值的为 3.8%，含量 0.5～1.0 mg/kg 的为 19.2%，1.1～2.0 mg/kg中等含量的为 23.1%，2.1～5.0 mg/kg 高含量的为 53.8%，胶东大多数樱桃园锌含量适宜。

据周春玉、林文忠、王敏华等（2006）报道，辽宁省普兰店市棚室大樱桃主产区土壤养分状况为：土壤碱解氮含量为 52.3 mg/kg，有效磷含量 24.0 mg/kg，有效钾含量 30.9 mg/kg。

六、核桃园土壤养分状况

陈虹、董玉芝、朱小虎等（2010）报道，新疆阿克苏市库木巴什乡核桃园土壤基本属于潮土性灌淤土，土壤有机质含量平均为 9.37g/kg，速效氮含量为 37.94 mg/kg，有效磷含量 13.25 mg/kg，速效钾含量 121.94 mg/kg。据肖良俊，王曼，宁德鲁等（2012）报道，云南省新平彝族傣族自治县核桃园土壤类型为红棕壤土，土层厚度为 0～30cm，pH 为

6.28，有机质含量 16.43g/kg，全氮含量 0.45g/kg，全磷含量 1.07g/kg，全钾含量 1.70g/kg，速效氮含量 14.00 mg/kg，有效磷含量 217.55 mg/kg，速效钾含量 69.85 mg/kg。

都婷（2010）调查了山西省左权、孟县、平顺等 9 个核桃种植县的土壤养分状况，结果显示：56％的核桃园有机质处于 10.1～30.0g/kg，88％核桃园的速效钾处于 60～160 mg/kg，45％的核桃园氮处于中等偏上供应水平，67％的核桃园磷处于极低供应水平（＜5 mg/kg），33％的磷处于低供应水平（5～10 mg/kg）。

七、其他果园土壤养分状况

据张睿、张国桢、魏安智等（2012）报道，陕西省眉县板栗种植园土壤为半干润硅铝土，质地中壤，pH 为 7.0，有机质含量 52.9g/kg，全氮含量 3.04g/kg，全磷含量 0.79g/kg，全钾含量 36.4g/kg。

解淑英（2007）调查了山东省沾化县冬枣园的土壤养分水平，结果显示，土壤有机质平均含量 10.25g/kg、碱解氮 38.74 mg/kg、有效磷 8.46 mg/kg、速效钾 185.3 mg/kg。耕层养分丰缺是土壤肥力高低的重要标志，从稳产高产要求来讲，全县枣园土壤养分除速效钾含量较高外，其他养分含量均较低，氮、磷、钾的比例为 4.6：1：21.9，从供肥角度来看，比例失调，严重缺磷。

第三节　不同类型果树阶段营养规律与施肥技术

一、果树施肥特点和现实问题

我国多数果园分布在山地、丘陵地和沙滩地上，有着土层薄、有机质含量低、养分不均衡、保水保肥能力低等不利因素，而生产中存在重视化肥施用，轻视有机肥施用的倾向，且土壤管理以清耕为主，导致化肥利用率低，果园土壤肥力下降，制约了果树产量与品质的提高。因此，只有对果园土壤进行培肥，才能保证果树持续优质丰产。

果树为多年生木本植物，果树施肥应以生产优质果实为目标。其目的是及时补充果树生育各阶段中营养不足的需要，并调节各种营养元素间的平衡。由于大部分营养元素是通过施入土壤来供给果树根系吸收的，因而果树施肥就存在着三种动态变化过程：养分在土壤中的迁移与转化；根系对营养元素的吸收利用；养分在树体的运转分配与同化过程。施肥营养根系促进树体的成长，而且培肥土壤，为果树生长创造良好的生态环境。因此，在果树施肥上要突出以下几个特点。

（一）果树生命周期中的施肥特点

果树的施肥与大田作物有很大差别，大多数果树是多年生的。在整个生命周期中既要保证树体的正常生长与结果，又要保证贮藏的营养物质有利于次年新梢生长和开花坐果，同时还要维持树体连年持续健壮，才能实现年年优质丰产。

果树的生命周期，即年龄时期通常可划分为营养生长期、生长结果期、盛果期、结果后期和衰老期。处于营养生长期的幼树，以长树为主，对贮藏营养的要求是促进地下部和地上部旺盛生长，即扩大树冠，长好骨架大枝，准备结果部位和促进根系发育，扩大吸收面积。因此在施肥与营养上，须以有效氮肥为主，并配施一定量的磷、钾肥，按勤施少施的原则，充分积累更多的贮藏营养物质，及时满足幼树树体健壮生长和新梢抽发的需求，使其尽快形成树冠骨架，为以后的开花结果奠定良好的物质基础。进入结果期以后，从营养生长占优势，逐渐转为生殖生长与营养生长趋于平衡。在结果初期，仍然生长旺盛，树冠内的骨干枝继续形成，树冠逐渐扩大，产量逐年提高。

苹果和梨以腋花芽较多，着生在枝梢上部，以长、中果枝结果为主。因此，在施肥与营养上既要促进树体贮藏养分、健壮生长、提高坐果率，又要控制无效新梢的抽发和徒长，此期既要注重氮、磷、钾肥的合理配比，又要控制氮肥的用量，以协调树体营养生长和生殖生长之间的平衡关系。随着树龄的增长，营养生长减弱，树冠的扩大已基本稳定，枝叶生长量也逐渐减少，而结果枝却大量增加，逐渐进入盛果期，产量也达到高峰。苹果、梨、桃由以中短枝结果为主逐渐转变为以短果枝结果为主，长果枝逐年减少，结果部位也逐渐外移。此期常因结果量过大、树体营养物质消耗过多、营养生长受到抑制而造成大小结果年、树势变弱、过早进入衰老期。所以处在盛果期的果树，对营养元素需求量很大，并且要有适宜比例适时供应。根据土壤中速效养分供应强度，因地制宜配制和施用果树专用肥，特别注重磷、钾和微量元素以及有益元素肥料的施用，是成年树施肥的主要目标。

（二）果树年周期中各物候期的施肥特点

果树在一年中随季节的变化要经历抽梢、长叶、开花、果实生长与成熟，花芽分化等生长发育阶段（物候期）。果树的年周期大致可分为营养生长期和相对休眠期两个时期。在不同的物候期中，果树需肥特性也大不相同，表现出了明显的营养阶段性。多年生果树在1年中各生育期的相继与交替，因树种、品种及气候等不同而存在差异，但各生育期的进行具有一定的顺序性，并且在1年中，一定条件下具有重演性。

果树在上年进行花芽分化、第二年春开花结果，于秋季果实成熟，挂果时间长，对养分需求量大。同时在果实的生长发育过程中，还要进行多次抽梢、长叶、长根等，因而易出现树体内营养物质分配失调或缺乏，影响生长与结果。

针对果树年周期中各物候期的需肥特性，应特别注意调节营养生长与生殖生长，营养生长与果实发育之间的养分平衡。一般在新梢抽发期，注意以施氮肥为主，在花期、幼果期和花芽分化期以施氮、磷肥为主，果实膨大期应配施较多的钾肥。果树各物候期，对各种营养元素的缺乏与过剩的敏感性表现不一。在我国石灰性土壤上，大面积发生苹果、山楂、柑橘缺铁失绿症、缺锌小叶病等，多发生在春梢、夏梢抽发期。缺氮和硼多发生在开花期和生理落果期。有时还见到大面积并发几种缺素症。如缺氮、磷、钾、钙、硼、铁等。所以，考虑果树各物候期施肥时，要同时注意几种营养元素的供求状况，进行合理搭配。

（三）果树不同砧穗组合的施肥特点

果树通常以嫁接繁殖为主，即将优良品种的枝或芽（称接穗）嫁接到其他植株（称砧木）的枝或干等适宜部位上，生长成新的树体。接穗是采自性状稳定的成熟阶段植株，所以能保持接穗品种的优良遗传性状，生长快、结果早。因嫁接树是由砧木与接穗组成的，它既兼有发挥二者特点的作用，又促使二者存在着密切的影响，并以砧木对地上部的影响最明显。由于砧木对树体生长，结果能力，果实品质，对干旱、寒冷、盐碱、酸害及病虫等的抵抗力均有很大影响。因此，不同砧穗组合对养分的吸收、运转和分配差异甚大，相同品种的接穗嫁接在不同砧木上，植株的营养状况差异也很明显。对柑橘类果树的观察表明，接穗的养分含量受砧木的影响要比接穗自身的大。砧木对接穗营养状况起着重要的作用。

不耐盐碱的东北山定子砧木，叶片铁含量低，易发生严重的黄叶病，较耐盐碱的八楞海棠砧木含铁量丰富，钾、铜及锰含量低。对山东不同砧木红星苹果的观察表明，矮化砧根系中硝态氮含量高于乔化砧，在花芽分化期碳水化合物与铵态氮含量高而比例协调，促进了花芽分化，但是乔砧红星苹果碳、氮两类物质往往比例失调，树势旺长而不结果。湖北通过对矮化中间砧的试验指出，苹果的氮、磷、钾含量均是 M9＞M7＞M4 砧，祝光苹果叶钾量也表明这一趋势。

不同类型砧穗组合有不同的营养特性，它们对于生态条件的适应能力也不同。因此，根据区域条件要因地制宜，选择当地适宜的砧木和接穗组合。并在此基础上合理施肥，协调嫁接苗的营养平衡，充分发挥其优良遗传特性，提高其丰产性能。

（四）果树营养物质的贮藏与施肥关系

多年生果树入秋后，随气温降低，树体内的营养物质积累大于消耗，这时落叶果树地上部分已停止生长，进入养分贮备时期，这是多年生果树不同于一年生作物的重要营养特性。贮备营养是果树安全越冬、次年前期生长发育的物质基础，它直接影响叶、花原基分化、萌芽抽梢、开花坐果及果实生长。

国内许多研究资料表明，苹果幼树秋季碳素营养物质运向枝、干、根，贮藏营养对次年新生器官形成的影响以旺盛生长的前期为主。秋施基肥（9～10 月）的贮藏养分明显高于 2 月施肥。国外研究也表明，苹果树在落叶以前，叶片中的蛋白质水解氨基酸类物质，主要运输到枝和树干的皮层，部分运转到根系，主要供给花芽分化的需要和转化成蛋白质成为树体的氮素贮藏营养。翌年春，贮藏的氮素再水解，供给初期新梢旺盛生长的需氮来源。这时苹果树体生长的优劣主要依赖于贮藏营养水平。贮藏营养水平的高低，直接影响着次年果树的生长和结果。因此，在果树生产上，应适时施足秋肥，以维持健壮树势，提高树体贮藏营养的总体水平，为保证果树持续丰产奠定丰富的物质基础。

（五）果树施肥中存在的问题

目前，我国果树生产养分投入比例相对较低，且农户之间差别较大。果园施肥由于缺乏针对性和科学性，存在许多急需解决的问题，突出表现在以下几个方面。

（1）不重视有机肥料的施用及有机肥的科学施用方法。20 世纪 70 年代以前，我国农村普遍施用的是有机肥料。由于有机肥料中的某些元素（氮、磷、钾等）含量不能充分满足作物需要，因此产量水平一直较低。为了提高产量，就必须适量增加化肥的施用。有机肥料施用量逐年减少，主要靠施用化肥来维持产量，造成果园土壤板结，果品质量下降。对于某一种特定的土壤，通常存在着与之相适应的生物类群及其组成比例，而且不同的土壤生物完成着不同的生物化学功能。有机肥料在果树生产中的作用是不可代替的。一是所含营养成分丰富、全面，是任何一种化肥种类所不具备的，有延长和提高化肥肥效的功能，有机肥与化肥所含养分、种类各不相同，配合施用能长短互补。二是能改良土壤，有利于土壤的可持续利用及农业的可持续发展。三是有利于促进土壤中微生物的活动，加速土壤中养分转换循环的过程，有利于果树的生长发育；四是有机肥料在分解过程中能够产生大量的有机酸，可以使一些难溶性养分变为可溶性养分，从而提高土壤养分的利用效率，充分发挥土壤的潜在肥力。Ndayeyamiye 和 Cote（1989）的研究结果表明，长期施用有机肥或有机无机肥配合施用可以提高土壤细菌、真菌和放线菌的数量，氨化细菌、硝化细菌、自生固氮菌等也有显著增加。有机和无机肥料的配合施用是一种合理的施肥制度，可增加土壤养分的有效性和供应能力，并可保持良好健康的土壤结构，增强土壤肥力。有机和无机肥料的配合施用还可以增加土壤微生物磷的含量从而减少土壤对磷的固定和锰、铝的毒害，使果树根深苗壮，提高抗旱耐盐能力。

有机肥养分主要以有机状态存在，要经过腐熟分解后才能被果树吸收利用，应避免直接施用鲜物，但目前施用有机肥多随运随施，如人畜粪尿、堆肥等，往往未经腐熟分解就直接施入。直接施入未腐熟的肥料，不但未能及时提供果树所需养分，影响其正常生长发育，还会因腐熟分解过程中产生的有害物质伤害果树根系，而且经腐熟分解的肥效发挥与果树的需肥时间又很难一致，常常造成肥效流失或浪费。

（2）过多依赖化肥，偏重施用氮肥。化肥具有养分含量高、肥效快等特点，但养分单纯，且不含有机物，肥效期短，长期单独使用易使土壤板结，果园土壤质量下降，土壤酸化严重，根际病害增加，污染地下水源，成为精品果生产的限制因素。在化肥中，往往偏重使用氮肥，如尿素、碳酸氢铵等，这些过多的氮肥会影响果树对钙、钾等元素的吸收，使树体营养失调，造成芽体不饱满，叶片大而薄，枝条不能及时停长，花芽形成难，果实着色差，风味淡且有异味，且普遍发生痘斑病、水心病等缺钙生理病害，果实贮藏性下降。

（3）施肥时不注意元素间的平衡。果树的生长发育需要吸收多种矿质营养元素，除大量元素外，微量元素的作用也很重要，若缺乏则易患缺素症。同时，各种元素间还存在着协同或拮抗作用。如苹果施氮肥后，树体内含氮量增加的同时，对镁的吸收也增多；反之当含氮量低时，对镁的吸收也减少。而氮与钾、硼、铜、锌、磷等元素间存在拮抗作用，如过量施用氮肥，而不相应地施用上述元素，树体内的钾、硼、铜、锌、磷等元素含量就相应减少。微肥可以增产提质和增加抗逆性，近年来，人们对果品的要求逐渐从数量向质量转移，合理施用微肥不仅可提高产量，还对提高果品质量效果明显，同时可有效增强果树对病害、低温、高温和干旱的抗逆性。微量元素具有典型的"木桶效应"，缺则减产甚至绝产，丰则贮存于根部，但过多会产生中毒。由于生产中盲目施肥导致果树生长营养障碍问题发生相当普遍，不仅造成了果树的非正常减产，产量变幅大，还导致树势、果实品质下降，在一定意义上制约了果树生产的持续发展，科学合理的施肥方案、提高土壤肥力是果树树体正常生长及生产优质果品的重要基础，必要时还需配合根外施肥等辅助措施。

（4）施肥存在盲目性和随意性。果树需肥时期与果树的生长节奏密切相关，施肥应尽力做到养分供应与果树需求同步。而多数果农传统施肥不是以果树养分需要为前提，并结合树种、品种、树龄、树势、产量水平、管理水平和土壤条件等综合考虑的，而是以资金、劳动力等人为因素确定施肥时期和用量，果树施肥"一炮轰"现象在生产中很常见，因而达不到施肥的预期目的，有时还会适得其反。必须通过缓控释肥、水肥一体化、测土配方施肥等新技术，协调简化生产管理与同步养分供应和需求的矛盾，提高果树养分利用效率。

（5）施肥方法不当，造成肥料浪费。一是施肥深度把握不适。化肥过浅，造成养分挥发浪费；有机肥过深，未施在根系集中分布层，不利于根系吸收，降低了肥料利用率。二是施肥点偏少或未与土壤充分搅拌，肥料过于集中，造成土壤局部养分浓度过高，常易产生肥害，特别是磷肥因移动性差，不利于其肥效发挥。适宜的根层养分浓度能够促进根系的生长，而根系的健康生长反过来又促进养分生物有效性的提高，因此，通过根层养分调控发挥生物学潜力是提高果树养分生物有效性的重要途径。针对目前肥料利用率低、土壤酸化、生产力下降等问题，应注重研究果树根际环境优化，提高果树施肥区吸收根密度的根型优化技术，积极推广袋控缓释肥或包膜控释肥技术。

土肥水管理的精确化是果树生产综合管理（IFP）的重要内容之一，即以土壤营养分析为基础，以叶片营养分析为主要依据，建立计算机推荐施肥技术体系、减少化肥施用量、提高化肥使用效率，施肥、灌溉管理实行机械化、自动化、精准化。因此，针对我国北方果园土壤有机质含量低等问题，应进一步研发果园生草等土壤肥力提升技术；探讨生产中主栽品种年生长周期及不同发育阶段养分需求特性以及不同立地条件与施肥模式下果园土壤理化性质与养分供应特征的变化，建立树种品种叶分析标准值、树体营养动态评价指标与土壤养分评价指标，研究果园养分循环特征与平衡管理关键技术。

二、不同类型果树阶段营养规律

（一）苹果和梨

苹果和梨都是仁果类果树，生长习性和施肥技术有相似之处。根系主要分布在与树冠相对应的范围，距主干 $1\sim1.5m$ 的根量占总根量的 $75\%\sim80\%$，垂直分布可达 $3\sim4m$，但大部分根系集中在 $0\sim40cm$ 的土层内。苹果和梨对土壤的要求均为微酸性或中性。

苹果树、梨树都是头一年进行花芽分化、翌年开花结果。在年周期中，首先新梢生长，然后开花结果，在果实继续发育期又开始进行花芽分化与发育，为翌年开花结果打基础。不同时期施肥常会既影响生长，又影响开花结果和花芽分化。现以结果果树为例，介绍年周期内所吸收主要营养元素的季节性变化。

苹果所吸收的矿质元素，除了形成当年的产量，还要形成足够的营养生长和贮藏养分，以备今后生长发育的需要。为了科学地指导施肥，早在 20 世纪初就开始研究果树植物各部分器官的营养元素含量。至今，各国就各树种发表了不少数据，表 13-3-1 是 Batjer L. P.，Rogers B. L. 和 Thompson A. H.（1952）在美国华盛顿州的研究结果。

表 13-3-1　年生元帅苹果（产量：44.8t/hm²）的常量元素年吸收量

元素进入的器官	元素（kg/hm²）				
	N	P	K	Ca	Mg
果实（包括种子）	20.8	6.3	56.6	4.4	2.2
营养器官（根、茎、枝）	18.4	4.2	14.3	45.8	2.3
合计（A）=净吸收量	39.2	10.5	70.9	50.2	4.5
叶	47.6	3.3	52.4	85.8	18.1
落花及落果（包括疏除果）	11.9	1.7	14.8	3.7	1.1
修剪下的枝	11.8	2.3	3.6	28.0	1.7
合计（B）=归还到土壤的量	71.3	7.3	70.8	117.5	20.9
总计（A+B）=粗略估计的吸收量	110.5	17.8	141.7	167.7	25.4

由表 13-3-1 可见，元素年吸收量的顺序为 Ca>K>N>Mg>P，N 在果树各器官内分布较为均衡，18% 在果实内，43% 在叶中；Ca 在果实内含量仅占全株总 Ca 量的 2.5%，实际上是以元素形式存在，在枝干和根中占 44%，叶中占 51%；K 在叶、果中含量几乎相等，而在木质部分仅占 13%；P 多存在于果实中，而 Mg 则主要存在于叶内，占 71%。根据养

分的分配情况，若增加果实负载量，就要考虑相应地增加 P、K 的供应，以保证果实的消耗、贮藏营养的补充以及花芽分化的需要，而无需从总体的土壤养分供应上去考虑补充 Ca，但在营养生长过旺时，则会过度消耗 N 和 Ca，冲淡各类元素的相对浓度。养分的供应还要考虑其吸收、需要和分配的季节规律。

从表 13-3-2 可看出，苹果各主要矿质元素均以叶片含量最高，其次是结果枝和果实，而以根中养分含量最低。然而，各器官中养分含量不是一成不变的，它随着生长季节的不同而发生动态变化。

表 13-3-2　苹果树各器官主要营养元素含量（%）

（刘熙，1986）

营养元素	果实	叶	营养枝	结果枝	树干和多年生枝	根（粗、细）
N	0.40～0.80	2.30	0.54	0.88	0.49	0.32
P_2O_5	0.09～0.20	0.45	0.14	0.28	0.12	0.11
K_2O	1.20	1.60	0.29	0.52	0.27	0.23
Ca	0.10	3.00	1.42	2.73	1.28	0.54

早春，叶片中 N、P、K 含量最高，随物候期进展而逐渐减少，至果实膨大高峰期，叶片中各种养分最少，晚秋以后，各种养分含量又有所回升。枝条中的养分含量，尤其 N 含量以萌芽期、开花期最多，随生长期推进而逐渐减少，在 6 月底全树含 N 量呈最低，但落叶期，枝条中 N、P、K 含量回升。同样，果实内的养分含量也是变化的，幼果养分含量高，成熟时树体内碳水化合物比例高，因而矿质养分的百分含量下降。

树体这种养分含量的变化反映了不同生长发育阶段对养分需求的变化。对氮素而言，苹果需氮可分 3 个时期：一是从萌芽到新梢加速生长时期，此期为大量需氮期，此时充足的氮素供应对保证开花坐果、新梢及其叶片生长非常重要，前半段时间氮主要来源于树体内贮藏的氮素，后期逐渐过渡为利用当年吸收的氮素。二是从新梢旺长高潮后到果实采收前，此期为氮素营养的稳定供应期，稳定供应少量氮肥，对提高叶片光合作用的活性起重要作用。三是从采收至落叶期，此期为氮素营养贮备期，此期含量高低对翌年分化优质器官、创高产优质起重要作用。对磷而言，一年中苹果树对其需求量基本上没有高峰和低谷，而是平稳需求。对钾而言，以果实迅速膨大期需钾最多。

苹果植株的正常生长发育和产量品质的形成，需要保证其碳素营养和矿质营养供应充足。一方面，营养元素可在秋冬贮藏于根系或主干等部位，供翌年春夏季新生器官建造需要；另一方面，苹果根系无自然休眠过程，即使冬季也在进行微弱的养分吸收和转化，所以矿质元素在苹果体内的分布运动规律要比一年生植物复杂得多。苹果植株对矿质营养元素吸收量的顺序为钙＞钾＞氮＞镁＞磷。氮、磷和钾是苹果生长必需的、也是构成果实的主要矿质营养，消耗量大，土壤供给不足，需要持续周期性补充。钙和镁主要存在于果树根茎叶等器官中，果实中含量很少，一般情况下钙镁肥料不需要每年施用。微量元素硼、锌、铁、锰、铜、钼等也是苹果生长必需的营养元素。当土壤中某种元素缺乏时，会影响植株的正常生长发育而出现生理病变，影响果实的产量、品质。例如，当果实缺钙时，会产生许多生理病害，如苦痘病、水心病、虎皮病和裂果等，并且果实耐贮性下降；严重缺硼时，出现"梢枯""簇叶""缩果"等现象。但是，施肥过多对苹果树的生长发育和果实品质、产量的形成也会带来负面影响，如钾过剩，表现为植株长势弱，果皮厚、硬度小，不耐贮藏等。

树龄不同，苹果植株吸收矿质营养的分配利用方式也不同，幼龄树吸收的矿质营养多用于营养生长，因而对氮的需求量大，全年中叶片氮含量低，而年内不同时期变化较大；成龄树的生长分配中心是开花结实和花芽分化，因而需要多种矿质营养的平衡，对氮的需求量相对较小，全年中叶片氮含量较高，且变化幅度小（顾曼如，张若杼，束怀瑞等，1981）。束怀瑞、顾曼如、曲贵敏等（1988）通过对代表性果园的主要物候期进行矿质营养元素调查、测定发现，健壮树的氮含量显著高于弱树。丁平海、郗荣庭、张玉星等（1994）研究结果表明，元帅苹果高产园叶片中氮、磷含量均显著高于低产园，锌含量极显著高于低产园；金冠苹果高产园叶片中氮含量和锌含量分别显著和极显著高于低产园；国光苹果高产园叶片中 N、P、K 含量和 Zn 含量均显著高于低产园；管理水平较高的园片，生长健壮的植株，营养枝中部叶的 N 含量高于基部叶的 N 含量；管理水平较差的园片，生长较弱的植株，则表现为营养枝两端叶片 N 含量高于中间叶片 N 含量。

不同品种叶片矿质营养的含量不同，比如金冠、红星、国光 3 个品种叶内 N、Ca、Fe、Mn、B 含量差异明显，N 含量国光最高，金冠最低；Ca 含量金冠高，红星低；Fe、Mn、B 含量红星高（李港丽，苏润宇，沈隽，1987）。另有研究报道，金冠苹果叶片 Ca 含量比元帅和旭苹果叶片含量高。孟月娥、张绍玲、杨庆山等（1994）测定了不同苹果品种叶片的主要矿质元素含量，结果表明，新红星叶片 N、P、Zn 的年平均含量高于红星，Fe 含量基本相同，K 含量低于红星；金矮生叶片内各元素的含量均低于新红星。王有年、于宝琨、欧阳永樱等（1992）认为，年周期内不同中间砧红星苹果树叶片中矿质营养的季节性变化很大，对于同种元素，各砧木之间在同一季节也不同。张绍铃（1989）认为，矮化中间砧树和乔化砧树叶片中营养元素含量的周年变化有一定的规律性，叶片中 Ca、Mg、Cu 的含量，矮化中间砧树显著高于乔化砧树，P、K、Fe 含量差异不显著，而叶片中 N 含量乔砧树显著高于矮化中间砧树。

叶片是整个树体上对土壤矿质营养反应最敏感的器官，它既是地下运输来的矿质营养的贮存库，又是果实生长发育所需矿质营养的供给源，通过叶片矿质营养状况可以对果树潜的营养状况进行诊断，进而指导施肥，使果园管理科学化。影响苹果叶营养元素含量的主要因素有采样时期、品种、砧木等，由于叶片中各营养元素的含量随生长发育进程的动态变化而导致不同时期的含量不完全一致，不同采样时期的叶样分析结果差异悬殊，因此分析时应参照标准值所采用的采样时期，才能保证叶分析结果和诊断标准值具有可比性。

表 13-3-3 为陕西苹果叶营养元素含量标准值。有研究表明，当苹果春梢停止生长后，叶营养元素含量变化趋于缓和时是采集叶样的适宜时期（李港丽，苏润宇，沈隽，1987；仝月澳，周厚基，1982）。我国各地普遍开展了以叶片分析营养诊断指导施肥的试验和实践，并取得了一定的成果。品种间叶营养元素含量存在的显著差异表明，制订标准值时应以主栽品种为主，进一步研究制订不同品种的标准值才能使叶营养诊断更加准确。比如富士品种 N、Mn、Zn 含量明显高，而 Ca 含量显著低的特点是叶分析营养诊断时应考虑的因素。各地可结合当地土壤、主栽品种等情况制订地方标准，表 13-3-4、13-3-5、13-3-6 分别为世界各地、陕西和甘肃苹果叶营养元素含量标准值。

表 13-3-3　陕西不同苹果品种叶营养元素含量标准值（正常范围值）

元素	金冠	红星	秦观	富士
N（%）	2.26～2.48	2.30～2.48	2.30～2.50	2.52～2.66
P（%）	0.131～0.160	0.147～0.177	0.130～0.160	0.155～0.165
K（%）	0.81～1.07	0.82～1.02	0.70～0.94	0.77～0.97
Ca（%）	1.64～2.26	1.82～2.32	1.57～2.25	1.70～2.00
Mg（%）	0.36～0.44	0.36～0.44	0.36～0.42	0.36～0.40
B（mg/kg）	31.5～35.4	34.8～40.6	31.3～36.2	31.5～35.4
Cu（mg/kg）	22～54	37～74	13～68	36～58
Fe（mg/kg）	122～172	132～151	123～157	121～136
Mn（mg/kg）	50～71	61～76	53～73	67～86
Zn（mg/kg）	23～41	23～34	27～41	37～56

表 13-3-4　不同国家苹果叶片矿质元素含量标准值比较

地区	N（%）	P（%）	K（%）	Ca（%）	Mg（%）	Fe（mg/kg）	Mn（mg/kg）	Zn（mg/kg）
澳大利亚	2.0～2.4	0.15～0.20	1.2～1.5	1.1～2.0	0.21～0.25	＞100	50～100	6～20
加拿大	2.0～2.7	0.15～0.30	1.4～2.2	0.8～1.5	0.25～0.40	25～200	20～200	—
意大利	2.0～2.6	0.16～0.24	1.3～1.9	1.4～2.0	0.24～0.36	40～150	＞8	＞1
日本	3.4～3.6	0.17～0.19	1.3～1.5	0.8～1.3	0.27～0.40	—	50～200	10～30
美国	1.8～3.0	0.15～0.40	1.3～2.5	1.5～2.0	0.24～0.40	100～300	—	5～20
中国	2.0～2.6	0.15～0.23	1.0～2.0	1.0～2.0	0.22～0.35	150～290	25～150	5～15

表 13-3-5　陕西苹果叶营养元素含量标准值

元素	缺乏	低值	正常值	高值	过高
N（%）	＜2.15	2.15～2.30	2.31～2.50	2.51～2.66	＞2.66
P（%）	＜0.118	0.118～0.137	0.138～0.166	0.167～0.186	＞0.186
K（%）	＜0.55	0.55～0.72	0.73～0.98	0.99～1.16	＞1.16
Ca（%）	＜1.36	1.36～1.72	1.73～2.24	2.25～2.61	＞2.61
Mg（%）	＜0.32	0.32～0.36	0.37～0.43	0.44～0.48	＞0.48
B（mg/kg）	＜28	28～32	33～37	38～41	＞41
Cu（mg/kg）	＜10	11～19	20～50	51～100	＞100
Fe（mg/kg）	＜100	100～119	120～150	151～180	＞180
Mn（mg/kg）	＜40	40～51	52～80	81～100	＞100
Zn（mg/kg）	＜15	15～23	24～45	46～75	＞75

表 13-3-6 甘肃省元帅系苹果叶营养元素含量标准值范围

元素	缺乏	低值	正常值	高值	过高
N (g/kg)	<23.1	23.1~24.0	24.1~25.2	25.3~26.1	>26.1
P (g/kg)	<1.80	1.81~1.95	1.96~2.14	2.15~2.28	>2.28
K (g/kg)	<13.2	13.3~15.4	15.5~18.5	18.6~20.7	>20.7
Ca (g/kg)	<22.9	22.9~27.4	27.5~33.6	33.7~38.1	>38.1
Mg (g/kg)	<5.3	5.3~5.8	5.9~6.5	6.6~7.0	>7.0
B (mg/kg)	<19	19~24	25~31	32~37	>37
Cu (mg/kg)	<7	8~18	19~33	34~44	>44
Fe (mg/kg)	<255	256~356	357~495	496~596	>596
Mn (mg/kg)	<38	38~77	78~132	133~172	>172
Zn (mg/kg)	<7	7~29	30~59	60~80	>80

Fallahi E，Conway W S，Hickey K D（1997）认为，尽管叶片分析是诊断果树矿质营养的有效方法，但叶片矿质营养与果实品质的相关性非常弱，应用果实分析更加可靠。苹果果实发育的不同阶段，果实内矿质营养元素的含量不同。从果实内 N 含量的变化来看，以幼果期含量最高，随着果实的发育、膨大而逐渐下降（王中英，古润泽，杨佩芳等，1989）。不同砧木类型对果实中矿质营养元素的含量有不同的影响。红星苹果 M9 砧木果实发育初期和后期果实中 N 含量和山定子砧木基本接近，发育中期 M9 果实 N 含量高于山定子砧木，因此有利于果肉细胞的膨大、内含物的充实、细胞体积的增大和品质的提高。国光、富士和红星苹果果实中 Ca 含量以花后第五周为最高；之后随着果实的增大，Ca 被稀释，相对含量迅速下降，至采收前 Ca 的相对含量最低；杨成恒、弈本荣、高艳梅等（1987）指出，这可能是由于果实生长初期细胞分裂迅速，大量的 Ca 流入果实，而当果实由细胞分裂进入膨大期时，正值新梢旺长时期，与果实间对 Ca 竞争吸收，从而导致果实中 Ca 累积速度变缓，相对含量降低。李宝江、林桂荣、刘凤君等（1995）对 22 个苹果品种的果实矿质营养含量进行分析表明，Ca、K 含量高，Mn、Cu 含量低的品种果实肉质好、耐贮藏、具有良好的风味，Ca、K 含量高的品种果实硬脆度高、比重大、果肉致密、细胞间隙率低、肉质好、耐贮藏。有研究指出苹果中 Ca、Mg、K、P 等元素的含量及其比例与果实大小、风味和耐贮性有关，可以作为果实采收期、风味、耐贮性预测的重要参考指标。施用 N 肥可促进花芽分化，提高坐果率，从而提高产量，同时提高果实含糖量，但会降低果实硬度和含酸量。彭福田、姜远茂（2006）认为，果实作为优势库时，钾可能成为果实产量品质的限制因子。

除了施用肥料，还可以通过深翻扩穴、改土施肥、广种绿肥、人工生草、增施有机肥等措施提高土壤肥力，充分满足苹果植株对土、肥、水的需求。覆盖可增加土壤营养物质的含量，一方面是覆盖物本身含有营养物质，另外，覆盖提高了土壤的有机质含量，改善了土壤水分和微生物活性，使物质矿化过程加快。研究发现，干草、松针、干树叶、粪肥等多种有机覆盖材料都能增加土壤营养，而塑料膜等无机覆盖材料也有类似作用。如干树叶覆盖土壤有机质含量较清耕增加了 63%，干草覆盖土壤可利用 N、P、K 含量分别显著增加了 23.3%，15.3% 和 10.7%，包括塑膜覆盖在内的所有覆盖处理土壤营养含量都高于清耕（Pande K K，Dimri D C，Singh S C，2006）。覆盖秸秆增加了土壤有机质及速效 N、P、K 含量，土壤有机质含量增加最明显（赵长增，陆璐，陈佰鸿等，2004；于洪欣，柳建军，李寿春，1993）。粪肥和稻草覆盖会提高土壤硝态氮和钾的含量。稻草覆盖土壤生物碳和呼吸速率值最高，粪肥覆盖下的土壤磷含量超过了其他处理（Hipps N A，Davies M J，Johnson D S，2004；Walsh B D，Mackenzie A F，Buszard D J，1996）。苹果园覆盖干麦草，显著提高了土壤的腐殖质含量，同时提高了土壤多酚氧化酶、蔗糖酶、碱性磷酸酶、脲酶、纤维素酶活性（刘建新，王鑫，杨建霞，2005）。

人们重视 N、P、K 等大量元素的施用，往往忽略锌、硼、锰等微量元素的施用。微量元素在农业生产上表现出越来越重要的作用，它们在植物体内多为酶或辅酶的组成成分，影响着植物光合作用、呼吸作用的过程，同时，还可以提高作物对病害和不良环境的抗性。微量元素在植物体内的作用具有很强的专一性，既不可缺少也不能代替。实践证明，严重缺乏微量元素可以使许多植物产生病害症状而导致减产甚至颗粒无收，苹果主要缺素症见表 13-3-7。

表 13-3-7　苹果微量元素缺乏症

元素	叶片	枝梢	果实	其他
Mg	叶片薄、颜色淡，叶脉间失绿，叶尖、叶基绿色，失绿由老叶延伸至嫩叶，黄花	枝条细弱易弯曲，冬季会发生枯梢	果实不能正常成熟，果小、有色差、无香气	
Cu	出现坏死斑和褐色区域	反复枯梢，形成丛状枝		
Fe	嫩叶先变黄白色，仅叶脉为绿色的细网状，叶片上无斑点	生长受阻，树势衰弱	坐果少	花芽分化不良
Mn	叶片失绿黄花，自边缘始，沿叶脉形成一条宽度不等的界限，严重时叶片全部变黄，由老叶延伸到嫩叶			缺 Mn 叶片呈等腰三角形
Zn	叶片小，新梢顶部轮生、簇生小而硬的叶片	中下部光秃	病枝花、果少、小、畸形	小叶病
B	叶片变色、畸形	枯梢、簇叶、扫帚枝	缩果病，表面凹凸不平，干枯、开裂	受精不良，落花落果严重

梨树需肥规律与苹果树类似，幼树以扩大树冠为主，以后逐步过渡到以结果为主。由于各时期的要求不同，因此对养分的需求也各有不同。梨幼树需要的主要养分是氮和磷，特别是磷素，其对植物根系的生长发育具有重要的作用。建立良好的根系结构是梨树树冠结构良好、健壮生长的前提。一般幼树需磷较少，需钾与氮相当，但幼树适量多施一些磷肥可明显促进果树的生长，其适宜的氮、磷、钾比例为 1∶0.5∶1 或 1∶1∶1。进入结果期之后，需适量增加氮钾肥的比例，其适宜的氮、磷、钾比例为 2∶1∶3 或 1∶0.5∶1。施用植物源有机肥能够有效提高土壤有机质的含量，降低土壤失水率，改善土壤养分含量及其平衡关系，提高土壤供肥能力，改善梨幼树的生长状况，优化叶片养分含量及其相互关系（赵玲玲，张杰，刘艳，2011）。

梨树树体内前一年贮藏营养的多少直接关系到树体当年的营养状况，不仅影响其萌芽开花的整齐一致性，还影响坐果率的高低及果实的生长发育。而当年贮藏营养物质的多少又直接影响梨树下一年的生长和开花结果，管理不当极易形成大小年结果。成年果树对营养的需求主要是氮和钾，特别是由于果实的采收带走了大量的氮、钾和磷等营养元素，若不能及时补充则将严重影响梨树来年的生长及产量。梨盛花后到成熟期对钙较敏感，缺钙易发生相关的生理病害。在梨树的生长过程中，随树龄的增加结果部位有一个不断更替的过程，其对养分需求的数量和比例也随之发生一定的变化（表13-3-8）。

表 13-3-8　每产 100kg 梨果与养分吸收量（kg）比较

品种	N	P_2O_5	K_2O	CaO	MgO
长十郎	0.43	0.16	0.41	—	—
二十世纪	0.47	0.23	0.48	0.43	0.13
鸭梨	0.70	0.35	0.70	—	—

六年生库尔勒香梨单株树体生物干物质积累量从萌芽前期的 4 952.12g 增至成熟期的 10 757.04g，增幅达 117.22%。年生长周期内果实膨大期是香梨干物质积累量最大的时期，积累速率也最大，不同器官干物质的日积累速率表现为果实＞主枝＞叶＞主干＞根＞侧枝。单株树体从土壤中吸收 N 素总量为 75.71g，开花期、坐果期和膨果期吸 N 量较大，分别吸收 N 素 20.05g、26.84g 和 17.36g，占吸收总量的 26.48%、35.45% 和 22.93%，说明开花期、坐果期和膨果期是香梨树体氮素营养的三个关键时期。每形成 1000kg 香梨需要吸收 N7.52kg、P4.29kg、K6.05kg（柴仲平，王雪梅，陈波浪，2013）。

不同树龄和树势，叶片中的矿质营养含量是不同的。田真（2008）研究结果表明，幼龄梨园叶片的 P、Fe、B 含量高于成龄树叶片；N、K、Mn 元素含量成龄树叶片高于幼龄树叶片；叶片中的 Cu 含量在生长前期成龄树和幼树含量差别不大，9 月中旬以后，幼龄树的 Cu 含量显著高于成龄树；Ca 含量在生长前期成龄树和幼龄树也无明显差别，后期成龄树 Ca 含量高于幼龄树；叶片 Mg 含量在成长初期幼龄树高于成龄树，后期则相反。袁怀波（2001）对苹果梨树体营养和土壤营养的研究结果表明：好、中、差果园土壤的 N、P、K、有机质含量和叶片营养元素（Ca 除外）均表现为好果园高于中等果园，中等果园高于差果园的规律。好、中、差果园的叶片营养中钾是含量最小元素，因此，K 对树体的营养水平和果树产量、质量影响很大。树体不缺 K 则果实的品质优、产量高，缺 K 时果实品质差、产量低。叶片中 Ca 的含量在好、中、差果园中表现为差果园高于中等果园，中等果园高于好果园。叶片中的 Ca 与其他元素呈负相关关系。

用于叶片营养诊断的单元素适宜采样时期，经综合分析得出，鸭梨树体营养诊断取样最佳时期为落花后 65～75d，表 13-3-9 为河北省鸭梨和黄冠梨丰产叶片主要营养元素含量标准值，可供梨叶分析参考。

苹果和梨经常发生的营养障碍如下。

裂果病：苹果裂果是一种生理病害，表现为果实上产生裂纹或裂缝。裂果形式有多种：有的从果实侧面纵裂，有的从梗洼裂口向果实侧面延伸，还有的从萼部裂口向侧面延伸，裂纹不规则，有深有浅，有的裂缝可深达 1cm。裂缝易感染病害，导致果实腐烂，严重影响苹果的品质和产量。果实发育期内若水分变化幅度较大，易发生裂果，红富士苹果从 8 月下旬至采收前陆续有裂果现象发生。土壤中钙、硼元素含量不足或氮含量过高会加重裂果，由于钙的缺失导致果皮韧性降低，极易裂果。在我国苹果产区易发生裂果的品种有国光、富士；乔纳金和元帅系不易裂果。

表 13-3-9　河北省鸭梨和黄冠梨盛果期优质丰产叶片主要
营养元素含量标准值（DB13/T 1401-2011）

元素种类	品种标准值	
	鸭梨	黄冠梨
N（%）	1.75～1.92	1.11～1.37
P（%）	0.10～0.12	0.10～0.13
K（%）	1.07～1.49	0.91～1.43
Ca（%）	1.65～1.99	1.46～2.16
Mg（%）	0.30～0.39	0.29～0.51
Fe（mg/kg）	107.54～148.21	133.26～220.30
Mn（mg/kg）	64.50～82.58	52.80～86.88
Cu（mg/kg）	15.20～64.82	7.55～12.25
Zn（mg/kg）	17.75～27.88	13.10～34.57
B（mg/kg）	17.15～26.49	19.36～33.78

缩果病：苹果缩果病主要表现在果实上，严重时也危害新梢和叶片。通常见到的主要是果面干斑型和果肉木栓型。果面干斑型果实感病的症状一般表现较早，多在落花后 20d 左右的幼果上开始发生。起初果面上有暗绿色或暗红色水渍状圆斑，并随着病害不断扩展，病部表面分泌出黄褐色黏液，皮下果肉呈半透明水渍状，之后果肉变褐至暗褐色，逐渐坏死、病部干缩、硬化、下陷、畸形，重病果变小或在干斑处产生龟裂。果肉木栓型缩果病的发生，是在小幼果至果实成熟期陆续发病，通常沿果心线扩展，呈条状分布，果肉变褐呈海绵状。病果外观变化不大，仅果面略显凹凸不平。用手压时有松软感，红色品种着色早，容易落果。早熟品种藤牧 1 号、美国 8 号、红津轻、嘎拉及晚熟品种秦冠等均表现较为敏感。目前我国主要苹果产区的果树多有缺硼现象，苹果缩果病的发生与果园质地、气候及品种等因素密切相关。土壤瘠薄的山地和河滩沙地，硼元素极易淋溶流失，会使树体表现缺硼症状；在盐碱土壤中，硼元素呈不溶性状态，植株根系不易吸收，树体也会表现缺硼症状；钙质含量很高的土壤，硼也不易被吸收；虽然黏质土壤含硼量较多，但有机肥（农家肥）用量少、商品肥施用过量的果园，极易造成营养元素之间的拮抗作用，同样会使缩果病发生。另外，土壤干旱、品种之间对硼元素的敏感程度也有所差异。

苹果小叶病：症状主要表现在新梢和叶片上。病树呈点片或成行分布，春季发芽晚于健树。展叶后，顶梢叶片簇生，枝中下部光秃。叶片边缘上卷、脆硬，呈柳叶状。有的叶脉呈绿色，但脉间黄色。新梢节间短，病枝易枯死。花少而小，果小畸形。老病树几乎全是小叶，树冠空膛，产量很低。红富士苹果小叶病发病率高达 14%，每年因小叶病减产 10% 以上，严重制约红富士苹果果实品质和产量的提高。而苹果小叶病是由土壤缺 Zn 及树体内 Zn 和 P 营养比例失调所致。秋季采果后和春季萌芽前喷施高浓度 $ZnSO_4 \cdot 7H_2O$ 对防治红富士苹果树小叶病效果显著，新梢发病率显著下降，新梢节间长度极显著增加，叶面积显著增大，叶片中叶绿素和 Zn 含量显著提高（王衍安，范伟国，李玲等，2001；范伟国，王衍安，张方爱等，2002；齐国辉，李保国，郭素萍等，2004）。

苹果苦痘病：该病是由果实缺钙引起的生理病害，发病症状主要发生在果实上。发病初期，先从果皮下的果肉发生病变，果面出现稍凹陷、色较暗的病斑，斑下果肉坏死、干缩，深及果肉内 1cm，味微苦。随后病斑变褐并凹陷，轮廓不整，范围也较大。诱发和加重苹果苦痘病发生的因素是多方面的，既与品种和砧木的特性有关，也受生态条件和栽培技术等因素影响。在目前栽培的苹果品种中，以元帅系发病较重，尤以新红星更为突出。树龄和树势对苦痘病的发生也有重要影响，一般幼树比大树发病重，旺树比弱树发病重。果园土壤的理化性状与苹果苦痘病的发生也有密切的关系，在土壤含 N 水平高，尤其是地下水位高，渍水土层中出现铵态氮的多量积累时，往往会加重果实苦痘病的发生。生产中偏施和多施 N 肥，或 N 肥施用时期不当，也是诱发和加重苦痘病发生的重要原因。其他栽培技术，如重修剪，强疏果及过多灌溉，均会造成树体旺长、果实过大，影响果实内的氮钙比，加重苦痘病的发生。苹果苦痘病与叶和果实中的 Ca 含量、K/Ca、（K＋Mg）/Ca、N/Ca 有相关关系。苦痘病果实中 Ca 和 B 含量低，而 N、K、P 和 Mg 的含量都高于正常果实。对 Idared 苹果钙的组分进行分析，结果表明，健康果实中水溶性钙含量显著高于苦痘病果实。通过主成分分析发现，水溶性钙含量是与苦痘病发病率相关性最显著的因素（PavičičN，JemričT，Kurtanj Z et al. ，2004）。

叶片黄化：叶片黄化在我国苹果产区普遍发生，其原因复杂，除了病虫害因素（如花叶病毒病，枝干害虫及根结线虫、根朽病等根部病虫害）、树体作业因素（如砧木选择不当、过度环割、修剪等），药剂危害（除草剂、生长调节剂施用不当），气候因素（旱、涝、冷）外，营养障碍因素（立地营养条件、施肥措施）在我国不同产区均有发生。

北方土壤多为石灰性土壤，pH 多在 8.0 以上，所以土壤中的铁多以不溶态存在，不能被果树根系所吸收。苹果缺铁症是在盐碱地区常发生的一种生理病害，多表现在叶片上，尤其是新梢顶端叶片。初期叶色变黄，叶脉仍保持绿色，致叶片呈绿色网纹状，旺盛生长期症状明显，新梢顶部新生叶除主脉、中脉外，全部变成黄白色或黄绿色。严重缺铁时，顶梢至枝条下部叶片全部变黄失绿，新梢顶端枯死，呈枯梢现象，影响树木正常生长发育，导致早衰，致树体抵抗不良环境能力减弱。苹果品种中以金冠系和红富士发病最重，营养系矮化砧木（M 系）、山定子发病较重，西府海棠、楸子等发病较轻。随着树龄的增长和结果量的增加，发病程度显著加重。目前矫治苹果缺铁黄化的常规方法主要有叶面喷施、土壤浇施和树体埋植无机铁肥（如氯化铁、硫酸亚铁等）、螯合铁肥（Fe-EDTA，Fe-EDDHA）和生物有机铁肥。李小萌，戚亚平，王荣娟（2012）研究发现，根施稀释 300 倍果实发酵液＋$FeSO_4$ 混合液，可显著提高苹果幼树叶片的叶绿素含量、活性铁含量和干鲜重比，黄化叶片显著复绿。

水心病：苹果水心病，又称苹果蜜病，俗称糖化。其症状在采收前出现，使果心周围的果肉呈放射状半透明的水渍状，有甜味，故亦称蜜病。发病轻的果实，在室温下贮藏后症状可以消失，而发病重的，贮藏后内部很快腐烂，尤其采用塑料袋小包装的气调贮藏病变更快。一般树势过弱、结果过多、钙素营养不良、施肥不当、环剥、修剪不当、套袋等会引起果实缺钙，而果实缺钙是水心病发生的一个主要原因。

梨黑心病：黑心病是一种生理性病害，病因比较复杂，归纳起来有以下四点：一是冷害；二是缺素；三是果实衰老；四是贮藏环境中气体成分不适宜。据报道鸭梨的钙含量为 0.06％～0.064％、氮钙比为 6.8：1，而严重的病果钙含量比健康果低 25.5％～42.9％，随着钙含量的降低和氮钙比加大，黑心病也愈加严重。此外，有人认为，果实成熟过度，或采收期过晚，或果肉多酚氧化酶活跃，或果肉未经预冷直接进入 0℃冷库而造成急剧降温，以及贮藏温度过高或贮藏期低氧、高二氧化碳等条件，均可加重发病。

（二）桃

桃树具有结果早，丰产稳定性好，栽培管理容易，但果实不耐贮藏等特点。桃树在沙土、壤土、黏土及沙石含量极高的山前冲积岩上都能生长，但最适宜的是透气性和排水性良好，土层深厚的沙质壤土。一般要求 pH6.5～7.5 的沙壤土或壤土以及不积水的地块为宜；pH 低于 4 或高于 8 时会影响树体正常生长发育。pH 7.5～8.0 时，桃树叶片就会表现缺铁性黄化，特别是在排水不良的土壤上，黄化现象更为严重。透水性差的黏重壤土以及地下水位高于 1m 的低洼地不宜建园。桃树具有一定的耐盐性，在含盐量 1～0.2g/kg 的盐碱土上也能生长。另外，也不要选择在重茬桃、苹果、梨园地重新建园。桃喜光性强，定植后 2～3 年开始结果，6～7 年进入盛果期，10～15 年时产量最高，之后进入衰老期。桃树对养分的吸收能力较强，因为桃树根系较浅，侧根和须根较多。

桃树的花芽分化和开花结果是在两年内完成的，前一年营养状况的高低不仅影响当年桃的产量，而且对翌年的开花结果有直接影响。桃树在早春萌动的最初几周内，主要利用体内贮藏的营养，因此，前一年秋天树体内积累的营养对花芽分化和翌年开花质量影响很大。因此，采收桃子之后仍要加强对桃园的肥水管理。

桃树对氮反应较敏感，氮过剩则新梢旺长，氮不足则叶片黄化。钾对桃产量及果实大小、色泽和风味等都有显著影响。钾充足时，果实个大、果面丰满、着色面积大、色泽鲜艳，风味浓郁；钾不足则果实个小、色差、味淡。桃树对磷的需要量较小，不足需钾量的 30%，但缺磷会使桃果果面晦暗，肉质松软，味酸，果皮上时有斑点或裂纹出现。

桃树的营养状况常用叶片所含矿质营养元素的水平来衡量。早春时桃的生长主要依赖于树体贮藏营养；新梢开始生长后主要依赖于根系吸收的土壤营养，并逐渐增加，初夏时达到最大值，然后逐渐下降直至晚秋。开花期、硬核期及果实采收后的养分回流期是土壤养分管理与施肥的关键期，而施肥不足或过量都会带来产量和品质的问题。

桃树对中、微量元素都比较敏感，尤其缺 Fe 时反应更为突出。桃树缺 Fe 时，首先幼叶失绿，呈淡黄色甚至变成白色，同时叶脉失绿，往往伴有叶缘、叶面出现斑状坏死；严重缺 Fe 时还会引起新梢干枯。在含 Ca 丰富和偏碱土壤上，积水后很容易引起桃树叶片失绿，所以桃园必须避免积水。桃园积水后应尽快排出，然后浅耕松土，增加土壤的透气性。土壤缺 Mn 时也会引起叶片失绿发黄，但叶脉及其附近叶肉仍然保持绿色（与缺 Fe 不同）；严重缺 Mn 时，叶面会出现黑褐色细小斑点。缺 Zn 引起的小叶病和缺 B 引起的果实近核处木栓化褐色区及沿果实缝合线开裂等，也是桃树容易出现的营养病害。

与苹果、梨、葡萄等其他落叶果树相似，桃树营养年生长周期可以分为四个时期，即利用贮藏养分期、贮藏养分和当年养分交替期、利用当年营养期、营养转化积累贮藏期。营养生长和生殖生长对养分竞争的矛盾同样贯穿于桃树的各个营养时期。利用贮藏养分期发生在早春，萌芽、枝叶生长和根系生长与开花坐果对养分竞争激烈，开花坐果期对养分竞争力最强；贮藏养分和当年养分交替期又称青黄不接期，是衡量树体养分状况的临界期，若养分贮藏不足或分配不合理，就会出现"断粮"现象，影响桃树的正常生长发育；利用当年营养期养分主要是枝叶生长和果实发育，造成养分失衡的主要原因是新梢持续旺长和坐果过多；营养转化积累贮藏期叶片中各种养分回流到枝干和根系。早中熟品种从采果后开始积累，晚熟品种从采果前开始积累，均持续到落叶前结束。

目前桃树 N 素营养方面的研究较多，主要包括施氮对桃树生长、产量和品质的影响等，而对磷、钾及微量元素的研究则很少。Huett D O 和 Stewart G R（1999）研究表明，不同时期施用氮肥后两年同一生长季节，桃树氮肥利用效率各为 14.9% 和 18%。Munoz N，Guerri J，Legaz F 等（1993）施用 ^{15}N 标记的 KNO_3 肥料研究结果表明，在开花和坐果季节，生长所需 N 的 7% 来自肥料，其余来自老器官中贮藏的 N。一年内的 N 吸收最大值在营养生长高峰期和果实成熟期。Rufat J，DeJong T M（2001）研究表明，在桃树生长的前 30d 内所利用的 N 来源于贮藏器官，当季树体从贮藏器官中释放的 N 能持续到开花后约 75d 为止。当年树体累积的干物质与 N 肥施用量呈正相关，施 N 肥树体的总 N 含量是不施肥的 2 倍。施肥桃园的 N 日利用量大约是 $1.0kg/hm^2$，而不施肥的桃园仅 $0.5kg/hm^2$。Saenz J L，Delon T M，Weinbaum S A（1997）的研究表明，施用 N 肥能延长果实的发育期，从而增加果实的同化积累（库容量），增加果实个体干重达 15%，总干重增加 40%。Sotiropoulos T E，Therios I N，Dimassi K N（2002）发现，施 N 肥能显著增加桃树叶内 K 含量和桃果实内 Ca 含量。李付国，孟月华，贾小红（2006）认为，桃树叶内 N 含量同土壤 N 水平呈二次函数关系，土壤 N 素的增加能降低桃树叶内 P、K、Ca 和 Mg 的含量水平。表 13-3-10 为桃叶片主要营养元素的适宜含量指标。Mirabdulbaghi M.，Pishbeen M.（2012）研究了硫酸铵和尿素对两种桃砧木营养生长的影响，结果表明，第一年，$600kg/hm^2$ 的处理中两种砧木的干物质重量及叶片中氮素含量最高，而第二年嫁接接穗后的两种砧木新梢长度和粗度以 $200kg/hm^2$ 的处理最高。

根据果实成熟期的早晚，可将桃分为早熟品种和中晚熟品种，不同品种间产量水平差异较大，一般中晚熟品种的产量水平高于早熟品种。早熟品种每生产 1 000kg 果实需要分别吸收氮素、磷素和钾素 2.10kg、0.33kg 和 2.40kg，晚熟品种每生产 1 000kg 果实需要吸收氮素、磷素和钾素分别为 2.20kg、0.37kg 和 2.80kg（孟月华，李付国，贾小红等，2006）。从果实硬核期开始，对主要元素的吸收量迅速增加，大约至采收前 20d 达最高峰。在这段时期以磷、钾的吸收量增长较快，尤其是钾，缺钾最先反应在果实的大小上。轻度缺钾对果实生长的影响一般要到第三期才表现出来，及时供应钾是增产的关键之一。桃需磷量稍少，氮素的吸收量仅次于钾，其吸收量上升较平稳，但对氮素较为敏感。幼树和初果期树易出现因氮素过多而徒长和延迟结果的现象，应注意适当控制。随树龄及产量的增加，需氮量也增加。轻度缺钾时，在硬核期以前不易发现，而到果实第二次膨大期时，才表现出果实不能迅速膨大的症状（李艳萍，贾小红，陈清，2008）。

表 13-3-10 部分国家和地区桃树叶片主要营养元素的适宜含量指标

营养元素	澳大利亚	美国宾州	中国华北	巴西	德国	匈牙利	意大利	南非
N（%）	3.0～3.5	2.5～3.4	2.8～4.0	3.26～4.53	2.20～3.20	2.60～3.60	3.00～3.60	2.20～3.80
P（%）	0.14～0.25	0.15～0.30	0.15～0.29	0.15～0.28	0.18～0.35	0.18～0.26	0.16～0.22	0.12～0.20
K（%）	2.00～3.00	2.10～3.00	1.50～2.70	1.31～2.06	1.50～3.00	2.00～3.00	1.50～2.80	0.80～3.20
Ca（%）	1.80～2.70	1.90～3.50	1.50～2.20	1.64～2.61	1.50～2.50	1.70～2.40	1.40～2.40	1.20～3.50
Mg（%）	0.30～0.80	0.20～0.40	0.30～0.70	0.52～0.83	0.30～0.60	0.40～0.60	0.40～1.00	0.35～1.10
B（mg/kg）	20～60	25～50	25～60	—	—	—	—	—
Cu（mg/kg）	5～15	6～25	7～25	—	—	—	—	—

（续）

营养元素	澳大利亚	美国宾州	中国华北	巴西	德国	匈牙利	意大利	南非
Fe（mg/kg）	100～250	51～200	100～250	—	—	—	—	—
Mn（mg/kg）	40～160	19～150	35～280	—	—	—	—	—
Zn（mg/kg）	20～50	20～200	20～60	—	—	—	—	—

（三）葡萄

葡萄对土壤适应性较广，一般的沙土、壤土、黏土地均能种植，但宜选择排灌方便、地势相对高燥、土壤 pH6.5～7.5 的地块。较黏重的土壤、沼泽地和重盐碱土不适宜于葡萄种植，需要掺沙、煤渣灰或排盐处理，施用有机肥料逐步改良土壤。葡萄一般栽后 2～3 年就开始结果，3～4 年可达到丰产期，经济结果时期较长，盛果期在正常管理条件下可维持 20～30 年。葡萄是深根系果树，根系发达，为肉质根，通常在土壤中的垂直分布最密集的是 20～80cm 土层，水平分布主要在距根干 90cm 区域内。

葡萄在生长发育过程中，需要 N、P、K、Ca、B、Mg、Fe、Zn 等多种元素。一般认为每生产 1 000kg 葡萄果实需要吸收 N 3.8kg，P_2O_5 2.0～2.5kg，K_2O 4.0～5.0kg，N、P、K 的吸收比例为 1∶0.6∶1.2，可见葡萄是一种喜 K 的浆果。葡萄生长前期需要较多的 N，生长后期需要较多的 P 和 K。N 能够促进枝蔓生长，叶色增绿，果实膨大，花芽分化，对提高果实产量有重要作用。需 N 量最大时期是从萌芽、展叶、开花期前后直至幼果膨大期。氮肥不足时，植株枝蔓细弱、叶色变淡、果实发育不良，产量下降；氮肥过多时，枝蔓徒长，果实着色差，香味不浓，枝条成熟晚，抗寒力降低。P 对葡萄开花、受精和坐果起着重要作用，施 P 对促进浆果成熟、提高果实品质效果明显，还有助于枝蔓充实和提高葡萄的抗寒力。缺 P 时，葡萄易落花，果实发育不良，产量低，抗寒力差。需 P 量最大时期是幼果膨大期至浆果着色成熟期。P 的吸收量是缓慢增加的，P 在葡萄体内是一种可再利用的元素，因此葡萄吸收 P 的时期越早，对葡萄生长所发挥的作用越大。K 能够促进根系生长和枝条充实，提高和增加浆果含糖量、风味、色泽、成熟度和耐贮性。缺 K 时，叶色淡、叶缘枯焦，浆果含糖低、着色不良、枝条不充实、抗逆性差。葡萄需钾量最大期是幼果膨大至浆果着色成熟期，且在整个生长期内都吸收 K，随着浆果膨大、着色直至成熟，对 K 的吸收量明显增加。因此，在整个果实膨大期应增施钾肥。

有关葡萄氮素吸收利用与累积年周期的变化规律，马文娟、同延安、高义民（2010）的研究结果显示：葡萄树新梢旺长期和果实膨大期吸氮量大，分别吸收氮素 38kg/hm² 和 29.6kg/hm²，占整个生长周期吸收总量的 39% 和 30.5%，因此葡萄树氮素营养的最大效率期在新梢旺长到果实膨大期。生长季节内葡萄树从土壤中吸收氮素总量为 97.13kg/hm²，其中果实与叶片年携走氮 65.36kg/hm²，新梢最终吸氮量为 23kg/hm²，而枝、主干、根系年吸收氮素总量分别为 2.57kg/hm²、1.56kg/hm²、2.64kg/hm²。叶片、果实与修剪枝条年带走的氮素量分别为 35.09kg/hm²、32.27kg/hm² 和 5.11kg/hm²，占氮素吸收总量的 36%、33% 和 5%，带走的氮素需要施肥予以补偿。史祥宾等（2011）利用[15]N 示踪结果表明，萌芽期至坐果期巨峰葡萄吸收的氮素主要供给新生器官的生长，尤其是新梢（叶片和当年生枝）的生长，新梢旺长期至坐果期更为显著，此阶段新梢（叶片和当年生枝）的 Ndff（肥料 N 占总氮量百分数，下同）、^{15}N 分配率和利用率均显著高于其他器官。在坐果期和果实膨大中期进行的 ^{15}N 处理表明，植株各器官的 Ndff 与前一时期相比均有所增长，虽然此期地上部新生器官对植株吸收的 ^{15}N 竞争优势减弱，但是其 ^{15}N 分配率却要高于萌芽期处理，利用率占总植株利用率的 3/4 以上，这是因为此期果实迅速生长膨大，其干物质增加量接近植株干物质总增加量的一半；而根和多年生器官对 ^{15}N 的竞争能力自此期开始明显增强，特别是转色—成熟期处理的植株，根系的 ^{15}N 分配率和利用率均显著高于其他器官，多年生器官（主干、多年生枝）次之，表明此期吸收的氮素主要分配在贮藏器官中，以保证有充足的营养越冬和供给来年的生长。Williams LE（1987）研究表明，汤姆逊无核葡萄的枝蔓、叶片与果实的生长约需氮 84kg/hm^2，其中果实带走约 35kg/hm^2，其余的参与果园氮素循环。

蒋万峰，崔永峰，张卫东等（2005）研究表明，无核白葡萄叶片及叶柄中 N、K 含量在葡萄年生长季内的变化呈下降趋势，其中叶片 N 含量在初花期至盛花后第六周下降最为明显；叶片及叶柄中 P 含量呈上升趋势；叶片中 N 含量显著高于叶柄；而叶柄中 P、K 含量明显高于叶片；平均来看，叶片中 N、P、K 含量的变异明显高于叶柄。随着葡萄年生长进程的推进，叶柄 Ca、Mn 含量显著增加，Cu 含量呈缓升趋势，Mg、Zn 含量基本保持稳定，Fe 含量波动较大。因此，综合考虑认为，无核白葡萄叶进行 N、P、K 等养分诊断时，适宜的采样时期是盛花后 5 周左右，即葡萄果实膨大进入浆果期前。而且以叶柄为诊断部位更为合适。

从生长周期内氮素总吸收量来看，由于品种、树龄和管理方式不同，试验的结果存在较大差异。四年生巨峰葡萄每形成 1 000kg 果实需要吸收氮素 3.76kg（史祥宾等，2011），低于红地球（马文娟，同延安，高义民，2010）5.4kg、赤霞珠 5.95kg（张志勇，马文奇，2006）、双优山葡萄 8.44kg（秦嗣军，王铭，郭太君等，2001），而杨成栖（1993）对六年生巨峰葡萄的研究结果为 3.91kg。巨峰葡萄各器官氮素分配上表现为果实＞叶片＞根＞当年生枝＞主干＞多年生枝，与马文娟，同延安，高义民（2010）在红地球葡萄上的研究（叶片＞果实＞新梢＞根系＞枝条＞主干）不同，这可能与葡萄品种的生长势及管理不同有关。

氮素也间接和直接地影响葡萄浆果、果汁和葡萄酒的生产和产品质量。实际生产证明，降低氮水平，减少水供应，都会加剧浆果中氨基酸的不完全积累。若葡萄园施氮量过少，葡萄果实中的氨基酸浓度下降，特别是精氨酸和谷氨酸的浓度明显下降，而脯氨酸的浓度保持恒定，这种氨基酸数量的变化影响葡萄的收获期。氮的施用也降低葡萄果皮总花青素含量，但可增加总酸度（Motosugi H.，Lin R.，Sugiura A.，1990）。适量增加氮施用量可以使葡萄保持果枝绿色，延长贮藏期，但过高反而降低果色及糖分。

马建军，王同坤，齐永顺（2007）研究了酿酒葡萄品种赤霞珠的花、果实中 7 种矿质营养元素含量季节变化及其与叶片、叶柄中矿质营养元素含量间的相关性。结果表明，开花期阶段 Cu、Fe、Mn 元素的含量呈先降后升。Zn、Ca、Mg、K 元素的含量呈现先升后降的变化趋势；进入果实发育期，Cu 含量呈现先升后降的变化趋势，其他 6 种矿质营养元素含量终花期至盛花后 20d 均呈极显著下降，盛花后 20～60d，含量变化相对平稳，盛花后 80～100d，含量呈显著或极显著下降；果实中矿质营养元素除 Cu 与其他元素间无相关性外，其他 6 种矿质营养元素间均达极显著正相关；叶片与果实间的 Ca 含量、Mn 含量均存在显著负相关；而 K 含量存在显著正相关；叶柄与果实间的 Mn 含量存在显著负相关。张志勇，马文奇（2006）研究结果表明，赤霞珠葡萄叶片中 N 和 P 浓度变化较大，浆果膨大期至着色期，叶中 N 和 P 的浓度相对稳定；果实中 K 浓度变化最大，浆果始熟期至采收期果实中 K 浓度较稳定；整个生育期内，赤霞珠葡萄 N、P、K 的累积量整体上均呈上升趋势，且在采收期达到最大值。建议浆果膨大期至着色期作为 N 和 P 营养诊断的最适宜时期；N 肥应重点施于葡萄花期之前；浆果膨大期至着色期可再适当补施；P 重点施于浆果膨大期之前；浆果膨大期至着色期的糖分快速累积时期重施 K 肥。

（四）枣

枣树对地势和土壤的要求不很严格，对土壤适应性强，具有耐瘠薄、耐高温、耐寒等特性，一般平地均可种植，但以通透性较好的沙壤土，灌、排水条件比较方便的地块较为适宜，重黏土、透气性差的土壤不宜栽植枣树。

枣树生长期较短，从发芽开始的整个生长期，生长活动极为活跃，许多生长过程一个接一个重叠进行。如 5 月枝叶生长和花芽分化同时进行；6 月开花坐果和幼果生长同时进行；7～8 月果实生长和根系快速生长又同时并进。各个时期都要消耗大量的营养。树体内营养物质的贮备和各个时期土壤营养元素的供应状况都会影响树体生长发育和开花结果，养分不足时果实生长受到抑制，会发生严重落果。因此，要通过科学施肥给枣树提供充足而必需的养分，以保证其健壮生长，提高果实的产量和品质。

枣树营养研究方面主要集中在叶片矿质营养含量动态，施肥配比与产量、品质的关系，氮素的吸收、分配及利用特性等方面。张进、姜远茂、束怀瑞（2005）研究结果表明，生长季前期（萌芽前和花前）施用 ^{15}N—尿素，经根系吸收后，^{15}N 优先分配到贮藏器官（包括主干、多年生枝和粗根）中，然后外运用于树体新生器官（包括枣吊及其叶片、新生营养枝、细根及果实）的形成，果实采收后 ^{15}N 开始向贮藏器官回流；果实硬核期 ^{15}N 直接用于树体营养生长和生殖生长，而不是先贮藏再利用；果实速长期 ^{15}N 优先向贮藏器官中积累；萌芽前 ^{15}N 在树体内的运转规律符合落叶果树贮藏 N 的营养分配规律，优先转运到生长中心。随着施肥时期的后延，植株对 ^{15}N—尿素的当季利用率逐渐下降。冬枣 ^{15}N—尿素施用时期影响贮藏氮的积累，不同施肥时期贮藏 ^{15}N 的水平不同，后期（果实发育期）施肥更利于贮藏氮的积累，尤其是根部的贮藏 N 积累（赵登超，姜远茂，彭福田等，2006）。

不同品种枣树对 N、P、K 等养分的需求差别较大。梁智、张计峰（2011）研究结果表明骏枣树总干质量为 2 694.3g/株，其中营养器官占 68.0%，分别比灰枣高 27.6% 和 21.9%。其 N、P、K、Ca、Mg 总累积量为 33.91g/株、3.43g/株、22.20g/株、31.25g/株和 5.53g/株，分别比灰枣树高出 50.1%、22.5%、24.7%、50.1% 和 88.7%。其中，N 主要分配到叶片和果实，P、K 主要分配到果实和叶片，Ca、Mg 主要分配到叶片和主干；新生营养器官 N、P、K 的吸收比例为 1:（0.063～0.083）:（0.41～0.46），果实中 N、P、K 的吸收比例为 1:（0.19～0.20）:（1.34～1.48）。每生产 1 000kg 干质量骏枣需吸收 N 32.83kg、P 3.41kg、K 23.14kg、Ca 29.06kg、Mg 5.32kg；灰枣需吸收 N 20.53kg、P 2.66kg、K 17.71kg、Ca 18.01kg、Mg 2.49kg。骏枣生产单位干质量果实需吸收的养分比灰枣多，养分利用效率比灰枣低。骏枣树养分在叶片中的分配率显著高于灰枣树，在果实中的分配率则显著低于灰枣树。陈波浪、盛建东、李建贵（2011）研究认为，6年树龄的红枣每形成1 000kg果实需要吸收氮素、磷素和钾素分别为14.1kg、4.5kg和19.9kg。氮素和磷素的需要量均低于冯守清（2007）和高小军（2009）对陕西和山西红枣的研究结果（14～16kg、10～12kg和16～20kg、9～12kg）；而钾素却高于他们的研究结果（12～14kg和13～16kg）。

张彤彤、徐福利、汪有科（2012）以山地梨枣为试验材料，采用野外试验与室内分析，研究了黄土丘陵区山地滴灌下施用氮磷钾对矮化密植梨枣生长、产量及品质的影响，以及施肥对梨枣叶片8种营养元素季节动态变化规律。结果表明：施氮肥可促进前期枣树新枝生长和枣果膨大；施磷肥可提高产量，达到33 210kg/hm^2；施钾肥可明显提高枣果品质。不同生育期梨枣叶片养分含量变化也具有一定的规律性。开花坐果期（5月上旬至7月上旬），叶片N、P、K含量处于较高水平，Mg、Fe、Cu、Zn含量处于较低水平。果实膨大期（7月中下旬到8月下旬），叶片N、P有一个相对稳定的含量，K快速下降，而Mg、Fe、Cu、Zn含量上升。果实成熟期（9月初至10月初），叶片N、P、K含量下降，Mg、Fe、Cu、Zn则缓慢上升并趋于稳定。叶片N、P、K、Mn含量之间呈正相关，Ca、Mg、Fe、Zn含量之间也呈正相关，叶片N、P、K之间达极显著正相关，而Ca、Mg、Fe、Zn含量之间呈负相关。

三、不同类型果树施肥技术

（一）苹果

苹果幼树以长树（扩大树冠、搭好骨架为主），以后逐步过渡到以结果为主。幼树期营养生长旺盛，枝梢生长量大，生长次数多，秋梢比例高；根系扩大迅速，常出现3次生长高峰，第三次生长高峰出现在秋梢停长以后。苹果幼树需要的主要养分是氮和磷，特别是磷素对苹果根系生长发育具有良好的作用。在氮、磷、钾的比例上，幼树氮：磷（P$_2$O$_5$）：钾（K$_2$O）宜为2：2：1或1：2：1。长势强旺的幼树，追施氮肥宜在春梢缓慢生长期和秋梢停长后进行。因此，苹果施肥一般分作基肥和追肥两种，但具体施肥时间因品种、树体生长结果状况以及施肥方法的不同而有变化。不同时期、施肥种类、数量和方法也有所不同。

基肥：以施用有机肥为主的基肥，最宜秋施。秋施基肥的时间，以中熟品种采收后、晚熟品种采收前最佳。在施入土粪的同时，混入一定数量的化肥，更有利于土壤微生物的活动，有充分的时间使有机肥分解，较早地为苹果树提供其所需的养分。秋施基肥的作用是使肥料在土壤中缓慢分解，长期发生肥效；同时秋季落叶前后，正是果树根系生长旺盛时期，根系活动机能强，此时施肥有利于根系的吸收和营养物质的贮存，对来年的丰产有重要意义。施用基肥后，要及时进行灌水，充分发挥基肥的效果。

追肥：追肥应根据苹果品种、树龄、树体大小、生长结果状况以及各器官在不同时期生长发育的动态来进行，这样才能使追施的肥料获得较大的经济效益。主要追肥时期为萌芽前、开花前后、幼果膨大期、花芽分化期及果实膨大期。

在不同物候期采样测定矿质元素的含量来衡量树体养分的丰缺效果较佳，束怀瑞，顾曼如，曲贵敏等（1988）研究了苹果主要器官在各主要物候期氮、磷、钾三要素的含量（表13-3-11）。

表 13-3-11 苹果主要器官及主要物候期氮、磷、钾三要素含量

(束怀瑞，顾曼如，曲贵敏等，1988)

元素	部位	采样时间（月/旬）	适量范围	生产现状
			干物质（%）	含量范围（%）
氮	细根	萌动期（4/上）	0.65～0.75	0.37～0.95
		新梢旺长期（5/上）	0.75～0.90	0.65～0.98
		停长期（7/上）	0.50～0.70	0.35～1.20
		贮备期（10/下）	0.60～0.70	0.35～1.20
	营养枝	萌动期（4/上）	0.60～0.75	0.45～0.93
		新梢旺长期（5/上）	0.50～0.65	0.31～0.78
		停长期（7/上）	0.75～1.00	0.32～1.60
		贮备期（10/下）	0.60～0.70	0.35～1.05
	营养枝基部大叶	停长期（7/上）	1.80～2.10	1.30～2.10
		新梢旺长期（5/上）	1.25～1.40	0.90～2.00
	营养枝中部叶	停长期（7/上）	2.00～2.25	1.50～2.48
		采前（9/上）	1.50～1.70	1.30～1.90
	营养枝顶部叶	新梢旺长期（5/上）	1.10～1.50	0.90～1.80
		停长期（7/上）	2.10～2.20	1.50～2.50
	短枝叶（外部）	停长期（7/上）	1.80～2.10	1.50～2.40
	短枝叶（内部）	停长期（7/上）	1.70～2.00	1.40～2.60
磷	细根	萌动期（4/上）	0.05～0.07	0.02～0.09
		新梢旺长期（5/上）	0.08～0.11	0.03～0.14
		停长期（7/上）	0.09～0.10	0.03～0.13
		贮备期（10/下）	0.25～0.35	0.21～0.47
	营养枝	萌动期（4/上）	0.11～0.12	0.13～0.75
		新梢旺长期（5/上）	0.12～0.14	0.03～0.14
		停长期（7/上）	0.09～0.10	0.03～0.13
		贮备期（10/下）	0.35	0.22～0.47
磷	营养枝基部大叶	停长期（7/上）	0.12～0.18	0.09～0.15
		新梢旺长期（5/上）	0.35～0.45	0.33～0.56
	营养枝中部叶	停长期（7/上）	0.12～0.13	0.09～0.15
		采前（9/上）	0.12～0.13	0.11～0.14
	营养枝顶部叶	新梢旺长期（5/上）	0.25～0.33	0.15～0.37
		停长期（7/上）	0.13	0.03～0.16
		采前（9/上）	0.12～0.14	0.08～0.18
	短枝叶（外部）	停长期（7/上）	0.11～0.12	0.08～0.12
	短枝叶（内部）	停长期（7/上）	0.10～0.13	0.09～0.16

（续）

元素	部位	采样时间（月/旬）	适量范围	生产现状
			干物质（%）	含量范围（%）
钾	细根	萌动期（4/上）	0.45	0.22～0.66
		新梢旺长期（5/上）	0.25	0.15～0.33
		停长期（7/上）	0.50	0.30～0.75
		贮备期（10/下）	0.27	0.17～0.30
	营养枝	萌动期（4/上）	0.44	0.24～0.56
		停长期（7/上）	0.60	0.20～0.95
		贮备期（10/下）	0.22	0.13～0.38
	营养枝基部大叶	停长期（7/上）	0.50～0.70	0.25～0.80
	营养枝中部叶	停长期（7/上）	0.60～0.70	0.30～1.30
	营养枝顶部叶	停长期（7/上）	0.60～0.70	0.40～0.82
	短枝叶（外部）	停长期（7/上）	0.60～0.70	0.30～0.90
	短枝叶（内部）	停长期（7/上）	0.60～0.70	0.40～1.10

在一年中不同的季节，苹果树对氮、磷、钾的吸收量是不同的（表 13-3-12）。萌芽、开花、幼果生长发育期以吸收氮素为主，中后期以钾为主，对磷的吸收全年比较平稳。因此，前期以氮肥为主。中后期以钾肥为主，磷肥随基肥施入，以保证全年供应。根据对单产 $75t/hm^2$ 以上果园的调查，施用的苹果专用肥中氮磷钾比例为 1.5∶1.0∶1.2。这种比例无论是对树体生长，还是对花芽分化都比较合适。高义民、同延安、路永莉等（2012）对连续 9 年施用氮、磷、钾肥的黄土高原地区红富士苹果园的产量及土壤养分变化进行了研究，结果表明，施用氮、磷、钾化肥显著增加了苹果产量，增产率为 12.8%～128.3%，增产率随施肥年限的增加有增加趋势。

苹果树年带走的氮、磷、钾量受土壤、品种、树龄、产量和施肥等条件影响。在中等肥力土壤上，每 1 000kg 苹果产量推荐施用 N 7～10kg，N、P_2O_5、K_2O 施用比例为 1.0∶0.5∶1.0。在土壤某一养分含量过高或者过低（根据已有土壤养分数据与养分分级指标比较，表 13-3-13）的情况下，应适当调整 N、P_2O_5、K_2O 三者的施用比例。对于矮化砧木苹果树，N 用量可采用推荐量的下限。

表 13-3-12　不同产量水平下苹果氮、磷、钾的吸收量

产量水平（t/hm²）	养分吸收量（kg/hm²）		
	N	P_2O_5	K_2O
30	100～120	15～17	110～130
45	110～130	16～18	130～150
60	120～140	17～19	150～170
75	130～150	18～20	170～190

表 13-3-13　果园土壤有机质和养分含量分级指标

养分种类	极低	低	中等	适宜	较高
有机质（g/kg）	<6	6～10	10～15	15～20	>20
全氮（N g/kg）	<0.4	0.4～0.6	0.6～0.8	0.8～1.0	>1.0
速效氮（N mg/kg）	<50	50～75	75～95	95～110	>110
有效磷（P mg/kg）	<10	10～20	20～40	40～50	>50
速效钾（K mg/kg）	<50	50～80	80～100	100～150	>150
有效锌（Zn mg/kg）	<0.3	0.3～0.5	0.5～1.0	1.0～3.0	>3.0
有效硼（B mg/kg）	<0.2	0.2～0.5	0.5～1.0	1.0～1.5	>1.5
有效铁（Fe mg/kg）	<2	2～5	5～10	10～20	>20

结果树的施肥分为 4 次，要根据长势调整每次施 N、P_2O_5、K_2O 养分的比例。树势弱或花芽过多，在秋季和早春应增加 N 肥施用量；花芽分化不良，要促进花芽分化，则花芽分化前应多施 N 肥。四次施肥中 N、P_2O_5、K_2O 大体施用比例如下。

第一次施肥：秋季果实采收后立即施用基肥，施用全年 N 的 40％，P_2O_5 的 40％，K_2O 的 30％，微肥可以与基肥一起施入（微肥一次施用可以持续 2～3 年有效）。

第二次施肥（次年春季萌芽前）：全年 N 的 30％，P_2O_5 的 10％，K_2O 的 10％。

第三次施肥（花芽分化前）：（5 月底）全年 N 的 30％，P_2O_5 的 30％，K_2O 的 20％。

第四次施肥（果实膨大期）：（7 月初）全年 P_2O_5 的 20％，K_2O 的 40％。

目前在根据叶分析指导施肥时，一般按照叶分析值每低于标准值 10％，增施 N 10％、增施 P 15％～20％、增施 K 10％～15％的标准进行施肥矫正。微量元素推荐主要以叶面施肥的方式补充，可根据土壤条件及苹果需求情况进行。

据梁俊、赵政阳、杨朝选（2006）报道，西北黄土高原是我国苹果优势产业带，该地区苹果园土层深厚、土质疏松；土壤有机质含量较低，多在 10 g/kg 左右；土壤 pH 7.2～8.5，呈中性至弱碱性；光照足、气温高、蒸发量大，降水量少而分布不匀。要实现苹果优质高产的目标，单产 30t/hm² 以上的果园，有机肥施用量应达到"斤果斤肥"的标准，即每生产 1kg 苹果需施入有机肥 1kg；单产 37.5～60t/hm² 的丰产园，有机肥施用量应达到"1 斤* 果 1.5 斤肥"的标准。有机肥包括农家肥料（一般含有机质 5％～30％，含 N、P、K 0.1％～2.5％，并含有大量的有益微生物）和商品有机肥料（一般都有固定的有机质和氮磷钾等养分含量，且含量高于农家肥）两大类。

以目前的生产水平，依据产量的施肥标准如下：苹果单产 30t/hm² 以下为低产园，单产 30～60t/hm² 为丰产园，单产 60t/hm² 以上为高产园。根据国内外多年研究，不同产量水平对矿质营养的需求量见表 13-3-14。

　＊　斤为非法定计量单位，1 斤为 500g。余同。——编者注

表 13-3-14　不同产量水平果园对 N、P、K 的需求量

公顷产量水平（t）	N（kg）	P_2O_5（kg）	K_2O（kg）
30	66	18	69～96
45	99	27	103.5～144
60	132	32	138～192

在使用有机肥的基础上，推荐施肥量按苹果单产 30～60t/hm² 计算，全年追施 N 18～23kg、P_2O_5 13～16kg、K_2O 25～30kg。灌溉施肥总量可减少一半。P 肥可随基肥一次施入，N 肥分秋季和萌芽期两次施入，K 肥分秋季和夏季果实膨大期两次施入，量不足时，按果树需要时期及时补充。不同果园可参考这一标准，根据各自果园的产量和树的长势进行施肥量调整。具体方法为如下。

（1）以当年实际产量和树体生长发育情况确定下年产量目标，以上述推荐的施肥标准为基础，公顷产量每增加或减少 15 000kg，N、P、K 施用量相应增加或减少 4～6kg、1～2kg 和 6～8kg。

（2）以产量指标确定的施肥量还要根据树势进行调整，树势评价可在施基肥前或幼果膨大期追膨果肥时进行。树势一般划分为 3 个级别：健壮（冬季长枝比例 5%～10%，粗壮优质短枝多，皮色鲜亮，芽眼大而饱满，叶痕明显突出）、偏弱（冬季树上枝条细弱、色暗淡、芽秕小、芽鳞松软、没有长枝或长枝数量较少、叶痕小而不明显）、偏旺（冬季树上长枝比例 10% 以上，平均长度 40cm 以上）。上述推荐的施肥标准适于中等健壮树，对于偏弱和偏旺的树，N 肥施用量应增加或减少 4～6kg，P、K 肥用量也应有适当调整。

表 13-3-15　苹果中微量元素的施用

时期	种类、浓度	作用	备注
萌芽前	1%～2%硫酸锌	矫正小叶病	主要用于缺锌的果园
萌芽后	0.3%～0.5%硫酸锌	矫正小叶病	出现小叶时施用
花期	0.3%～0.4%硼砂	提高坐果率	可连续喷 2 次
新梢旺长期	0.1%～0.2%柠檬酸铁	矫正缺铁黄病	可连续喷 2～3 次
5～6 月	0.3%～0.4%硼砂	防治缩果病	
	0.3%～0.5%硝酸钙	防治苦痘病，改善品质	在果实套袋前连续喷 3～4 次
落叶前	0.3%～1%硫酸锌	矫正小叶病	主要用于易缺锌的果园
	0.3%～1%硼砂	矫正缺硼症	主要用于易缺硼的果园

根据土壤养分含量以及目前果园的施肥现状，苹果养分管理措施应以提高果园土壤缓冲能力为核心，在保证有机肥料施用的基础上，采用根系施肥与根外施肥相配合的方式。N 肥推荐采用总量控制分期调控技术，P、K 肥推荐采取恒量监控技术，而苹果中微量元素的施肥管理尤为重要，必须做到"因缺补缺"（表 13-3-15）。增施有机肥既是提高果园土壤缓冲能力的重要措施，也是保证苹果优质丰产的重要手段，确定有机肥的数量应考虑到果园土壤有机质水平、产量水平和有机肥料的种类。

（二）梨

在 N、P、K 三要素中，梨树的幼树需要的 N 相对较多，其次是 K，吸收的 P 素较少，

为 N 量的 1/5 左右。结果后，梨树吸收 N、K 的比例与幼树基本相似，但 P 的吸收量有所增加，为 N 量的 1/3 左右，因此在施肥上应有所区别。一般梨树在幼树时期，依据树体的大小，N 肥的施用量为每年公顷施 N 肥量 75～150kg（以纯 N 计），进入结果期后逐步增加至 15～20kg，个别需肥较多的品种可增加至 25kg。

梨幼树施肥应采用少施勤施的原则。第一年以腐熟农家肥为主，主要增加树体发枝量和枝梢生长量，一般定植后第一次施肥在 8 月底进行，用肥量根据树体生长情况而定。但多以有机肥为主，并适当增加根外追肥的次数（叶面喷肥一般结合每次喷药进行）。可在 10～11 月施入基肥，施肥量每株一般在 15～25kg。另外在生长季节的 5～7 月，可以结合喷药增加叶面喷肥的次数，5～6 月必须增施一次追肥。

成龄果园施肥量应增大。每年在 11 月底前可按"斤果斤肥"（基肥、农家肥）的标准，采用半环状沟或放射状沟一次施入。第二次施肥在 5 月中旬至 6 月底前施用（壮果肥）；此时正值梨树叶片大量形成期（亮叶期），且幼果开始膨大，并为 6～7 月果实迅速膨大和 6～9 月的花芽分化提供足够养分，必须补充大量消耗所需的营养，需肥量较大且迅速，一般每株按照 1.5kg 的标准施入。据中国农业科学院果树研究所研究，鸭梨在 7 月中下旬、8 月中旬和 10 月上旬，有三次膨大高峰，并持续到采收。这个时期的农业技术措施就是要供应充足的肥水，尤其是钾肥的施用量要充足，至少要和氮的施用量相等，以促使叶片光合作用旺盛，为果实的生长发育提供充足的有机物。在树体大量生长的 5～7 月是及时补充树体所需营养的最关键时期，对调节树体正常生长效果明显。

氮是梨树需要量较大的营养元素之一，每生产 100kg 果实约吸收 0.4～0.6kg 的氮素。Mitcham E. J. ，Elkins R.（2007）指出，梨树吸收氮素的活跃期为其旺盛生长期，从春季营养生长开始，到夏末叶片功能下降结束，休眠期氮素吸收量极少，因此，美国加利福尼亚地区不建议梨农在 10 月与来年 3 月之间追肥。在整个生长季节中，氮肥少量、多次施用，有利于树体高效吸收和利用。梨树对氮素的吸收以新梢生长期及幼果膨大期最多，其次为果实的第二个膨大期，果实采摘后吸收相对较少。氮肥的施用主要有三个时期，第一施肥期是萌芽后开花前追施一定量的氮肥，可提高坐果率、促进枝叶的生长，有助于维持营养生长和生殖生长平衡。第二施肥期是新梢生长旺期后，果实的第二个膨大期前，适当追施氮肥并配合磷、钾肥的施用，有助于提高产量、改善品质；但不要追施过早，以防梨树营养生长过旺，影响梨果糖分含量及品质；此期施肥量约为全年氮肥施用量的 1/5。第三施肥期是梨果采收前及时追肥，可为来年春天的萌芽和开花结果做好准备，一般此期的施用量约为全年氮肥用量的 1/5。对于树势较弱和结果较多的梨树，若采收后不能及时追施基肥，可适当再施用一定量的氮肥，并配施磷、钾肥，以恢复树势，缓和树体的养分亏缺，为翌年梨树的生长发育做好准备。在一定范围内适当多施氮肥，有增加梨树枝叶数量、增强树势和提高产量的作用。但施用氮肥过量，则会引起枝梢徒长，不仅引起坐果率下降，产量降低，而且品质及耐贮性均变差，容易引发梨树营养失调，诱发缺钙等生理病害发生，如鸭梨的梨果黑心病就与梨树氮钙比较大、钙含量偏低有关。

对结果梨树所做的试验表明，配施磷钾肥较单施氮肥增产幅度在 50%～85%。施用磷、钾肥不仅能提高梨树产量，还能促进根系生长发育，增加叶片中光合产物向茎、根、果等部位协同运输，同时磷肥有十分显著的诱根作用，将磷肥适度深施可促进根系向土壤深层伸展，能显著提高果树抗旱能力，减少病害发生。研究表明：梨幼树和成树对磷、钾肥的需求量不同，一般幼树需磷较少，需钾与氮相当，但幼树适量多施用一些磷肥可明显促进果树生长。进入结果期之后，需适量增加氮、钾肥的比例。在具体应用时，还需要考虑土壤性质，对于西北黄土高原地区、山东、河北、河南等黄河冲积主产区，土壤中的钙含量较多，而磷低一些，因此实际应用时，磷肥和钾肥主要在秋季果实采收后做基肥（或秋追肥）施用，应占总施肥量的一半以上，其余部分可作为梨的两个果实快速膨大期促果肥及果实采收前的补充营养肥。

何为华、黄显淦、赵天才等（1998）在酥梨上的研究表明：酥梨生长的中、后期（6、7月）追施钾肥（硫酸钾或氯化钾），使酥梨果实 N、P、K 含量、总吸收量及梨果产量明显增加，果实固形物、可溶性糖含量、单果平均重和维生素 C 含量等明显提高。何忠俊、同延安、张国武等（2002）的研究也得到了相似的结论。据许咏梅、付明鑫、覃本民等（2001）研究，适宜的氮磷钾配施比施用尿素香梨单果重和单株产量有所提高，可溶性固形物提高了 0.9%，总糖提高了 20%，总酸降低了 0.02%，糖酸比也有所提高。综合日本相关资料，梨树每形成 100kg 产量，吸收氮 0.45kg，五氧化二磷 0.195kg，氧化钾 0.445kg。将吸收量换算为供应量，需要考虑两个因素，即土壤自然供给量和肥料利用率。考虑我国果树上山下滩的实际情况，对自然供给量暂未做考虑，只考虑肥料利用率。在肥料利用率上化肥和有机肥不同，因此计算的供应量也不同。单一施用化肥每生产 100kg 梨果三要素的供应量氮为 0.9kg，五氧化二磷为 0.65kg，氧化钾为 1.1kg。若考虑有机肥与化肥搭配施用，即以氮为标准，有机肥与化肥各半施，三要素的供应量氮为 1.00kg，磷为 0.65kg，钾为 1.00kg。李宝林、邓长平（2012）对南果梨的推荐施肥量为每生产 100kg 果实，氮以不超过 1kg 为宜，钾以不低于 1kg 为宜，磷应降至 0.3~0.4kg，土壤有效磷超过 40 mg/kg 的，特别是达到 100~300 mg/kg 的，磷肥可在 1~2 年、2~3 年或更长时间内不施。从长期角度打算，氮磷钾的施用比例以 1:0.3~0.4:1 为宜。由此可见，计算施肥量时不考虑氮、钾的土壤供应量是对的，但必须考虑磷的土壤供应量（占 1/2）。梨树的参考施肥量见表 13-3-16。

表 13-3-16　梨树施肥参考量

树龄	基肥 （kg/株）	硝铵 （kg/株）	过石 （kg/株）	硫酸钾 （kg/株）	草木灰 （kg/株）
1 年	25~50	—	—	—	—
2~4 年	25	0.25~0.50	—	—	0.5~1.0
5~7 年	40~50	0.75~1.50	0.75~1.50	0.5~1.0	1.5~2.5
8~12 年	100~125	2.0~3.0	2.0~3.0	1.0~2.0	2.0~4.0
15~20 年	200~250	3.5~4.0	3.5~4.0	2.5~3.5	5.0
25 年以上	250 以上	5.0 左右	5.0 左右	2.5~3.5	5.0~7.5

（三）桃

桃对土壤的适应性强，根据现有资料，丰产优质桃园耕作层土壤适宜指标为 pH 6.5~7.5，有机质 15~20 g/kg，全 N 1.5~2.5g/kg，水解 N 50 mg/kg，有效磷 10~30 mg/kg，速效钾 150~200 mg/kg。

桃树生长的不同时期对营养需求在种类和数量、时间和空间上存在差异，幼龄期对施肥敏感，初果期是由营养生长向生殖生长转化的关键时期，盛果期需肥量大，而在衰老期需促其更新复壮，因此协调好营养生长和生殖生长是桃树施肥的主要目标。桃树比较耐瘠薄，对氮、磷、钾三要素的吸收比例大体为 $100 : 30 \sim 40 : 60 \sim 160$（贾小红，陈清，2007）。桃树各器官对氮、磷、钾的吸收量不同，以氮为准，其吸收量比值分别为：根 $10 : 6.3 : 5.4$；叶 $10 : 2.6 : 13.7$；果 $10 : 5.2 : 24$。

桃树对氮肥比较敏感，氮素过多则营养生长过旺，不足又容易引起叶片黄化；对钾肥的需求量较大，如果缺乏，就会造成果实发育不良、导致果个小、糖度低、着色不良等情况。在桃园中种植有机绿肥能提供桃树在最大 N 需求期的 N 素供应，也是减少土壤污染的有效途径。叶面喷施和土壤施肥混用的方法能在维持桃树正常生产，抑制过度营养生长和降低土壤污染风险三者之间有效地找到平衡。研究表明，叶面施肥能为根、茎和果芽等不同器官提供足够数量的 N，但平均果重小于土壤施肥处理。如果 50% 的 N 采用叶面喷施（秋季初），另外 50% 的 N 采用土壤施用（夏季末），则可获得与单纯土壤施肥相同的产量和果重。土壤和叶面施 K 能增加果实酚类物质含量（Hernandez-Fuentes A. D.，Colinas M. T. L.，Cortes J. F.，et al.，2002）。中国桃树营养研究的报道主要来自华北地区，其他地区相对较少，因而研究结果对全国的桃园养分管理指导意义有限。

桃基肥以农家肥为主，每株成龄桃树施农家肥 $30 \sim 50kg$，并应结合深翻改土，采用沟施或环状沟施的方法，沟深 $40 \sim 50cm$、宽 $50cm$，沟长依树体大小和肥料多少而定。施入农家肥后填入表土，将表土与肥料混合，再将底土覆盖其上，略压实。施基肥后最好结合灌水。桃树基肥通常秋季施用（最佳时期以秋季落叶前 1 个月施入），若早春施基肥应尽量提早。土壤温度稳定在 $4 \sim 5℃$ 时，桃树根系即开始活动；土温上升，根系活动加快。如果挖施肥沟时不注意保护根系，大量伤根会影响根系的吸收能力。

确定桃树的施肥量，首先必须了解在正常情况下，不同年龄的桃树由于生长结果的需要，需从土壤中吸收营养元素的数量；其次要了解土壤现有养分状况和肥料利用率；再根据生产实际经验，以及桃树外部形态表现，综合加以判断。

一般每株桃树施 N $0.23 \sim 0.45kg$，相当于尿素 $0.5 \sim 1.0kg$。幼树施用量宜减少，然后每年递增 N $0.056kg$，相当于尿素 $0.12kg$，直至增加到施 N 量为 $0.45kg$ 后不再增加。用全生育期氮肥用量的 $1/2$ 与农家肥混合作基肥，另 $1/2$ 作追肥。P、K 化肥均与农家肥混合后作基肥。P、K 化肥的用量以 N 肥为基础，按 N : P : K 为 $1 : 0.6 : 1$ 的比例进行计算可得出：即每株施磷 $0.14 \sim 0.27kg$，相当于含 16% 的过磷酸钙 $0.9 \sim 1.7kg$；每株施钾 $0.23 \sim 0.45kg$，相当于硫酸钾 $0.46 \sim 0.90kg$。如果不用单质化肥而用复合肥料（NPK 复合肥料），则将用量的 $1/3$ 作基肥，另外的 $2/3$ 作追肥。

追肥是为促进果实膨大而施用的肥料，但必须注意以确保品质为重点。对于火山灰土壤深厚的果园早熟品种，不进行追肥就可得到良好结果。在着花坐果过多、延迟果实膨大的情况下，为促进果实膨大、恢复树势，需施一定数量的 N。但随着果实的膨大，吸收量多的是 K，最好将 K 肥的 $30\% \sim 50\%$ 于 5 月底之前作追肥施用。如果过于延迟，则助长无效枝叶的生长。在果实膨大期，如膨大过快，则品质明显变劣，这点必须多加注意。

追肥以速效肥为主。桃树追肥的时间和次数要根据其物候期、树体树势、产量、果实成熟期等具体情况确定。通常有萌芽肥、开花肥、硬核肥、采前肥、采后肥，以萌芽肥、硬核肥、采前肥三次追肥比较重要。萌芽肥以氮肥为主；硬核肥与采前肥应氮、磷、钾肥配合施用，同时以钾、磷肥为主。硬核肥与采前肥（特别是硬核肥）对于桃园产量与果实品质是非常重要的，是一次关键性的追肥。

（四）葡萄

葡萄年生育周期公顷施肥量为商品有机肥 6 000～7 500kg，N 240～270kg、P_2O_5 105～120kg、K_2O 120～150kg。有机肥做基肥，氮、钾分基施和追施，磷肥全部做基施，化肥和有机肥混合施用（表 13-3-17、表 13-3-18、表 13-3-19）。

表 13-3-17　葡萄 N、P、K 推荐施肥量（单位：kg/hm^2）

肥力等级	N	P_2O_5	K_2O
低肥力	255～300	240～270	150～165
中肥力	240～270	105～120	120～150
高肥力	210～240	90～120	105～135

基肥以有机肥为主，配施一定量的化肥。一般每公顷施商品有机肥 6 000～6 750kg，尿素 90kg、磷酸二铵 225～255kg、硫酸钾 75～90kg，施肥时间一般在秋季或早春。

表 13-3-18　葡萄基肥推荐施用量（单位：kg/hm^2）

肥力等级	商品有机肥	农家肥	尿素	硫铵	碳铵	磷酸二铵	硫酸钾
低肥力	7 500～9 000	52 500～60 000	90～105	210～240	240～285	255～300	90～105
中肥力	6 000～7 500	45 000～52 500	90	210～240	240～285	225～255	75～90
高肥力	4 500～6 000	37 500～45 000	75～90	180～210	210～240	195～255	60～75

葡萄早春施基肥，易造成伤根，不能很快愈合，发生新根延迟，肥效发挥慢，并且土壤散墒比较严重，在不能及时灌水的条件下最好秋施基肥。一般在秋季果实采收后立即进行，此时正处于根系第二次生长高峰，在施肥中被切断的伤根容易愈合，并能促发新根；此时施肥还可以迅速恢复树势，充足的营养元素供应可促使新梢充分成熟和花芽深度分化，增强越冬能力；有利于来年萌芽、开花及新梢早期生长，提高树体营养水平、花芽质量和坐果率，并促进幼果细胞分裂，这是果实肥硕和丰产的基础。另外，秋施基肥，有机质腐烂分解时间长，矿质化程度高，可及时供给来年春天根系的吸收利用，并有利于保墒防冻。

葡萄追肥次数和时期应根据其生长发育情况及土壤肥力等因素确定。高温多雨或沙质土追肥次数可多些，幼树追肥次数宜少，随树龄增长，结果量增多长势减缓时，追肥次数要逐渐增多，以调节生长和结果间的矛盾。

生产上对成年葡萄结果树一般每年追肥 2～4 次，即开花前、幼苗膨大期、果实着色初期和采果后追肥。开花前追肥的主要作用是促使葡萄花芽继续分化，使芽内迅速形成第二、第三花穗，肥料以 N 为主，配施 P、K，一般每公顷施尿素 195～210kg、硫酸钾 60～90kg。幼苗膨大期追肥促使果实迅速膨大，应以 N 为主，配施 P、K。一般每公顷施尿素 150～165kg、硫酸钾 105～120kg。果实着色初期追肥对提高果实糖分含量、改善浆果品质、促进成熟有良好效果，追肥以 P、K 为主，添加少量 N 肥，若植株长势良好，枝叶繁茂，可以不施 N 肥。采果后追肥主要作用是迅速恢复树势，促进同化作用和根系生长，增加树体和根系的养分贮备；应 N、P、K 肥配合施用，此次追肥对早中熟品种的效果好，但对晚熟品种易诱发副梢，效果不佳。

表 13-3-19　葡萄追肥推荐施用量（单位：kg/hm²）

施肥时期	低肥力		中肥力		高肥力	
	尿素	硫酸钾	尿素	硫酸钾	尿素	硫酸钾
开花前	210～240	75～90	195～210	60～90	165～195	60～75
幼果膨大期	165～195	120～135	150～165	105～120	135～150	90～120

葡萄叶面喷施微量元素水溶性肥料对提高产量和品质有较好的效果。开花前喷0.2%～0.5%硼砂溶液能提高坐果率。坐果后到成熟前喷0.3%磷酸二氢钾+0.2%尿素，10～15天1次，有提高产量、增进品质的效果。坐果期与果实生长期喷施0.05%～0.1%硫酸锰溶液能增加浆果产量和含糖量。对缺Fe失绿的葡萄重复喷施硫酸亚铁和柠檬酸铁、尿酸铁等均有良好效果。当植株移栽根系尚未完全恢复时，喷施0.2%～0.3%尿素可提高幼树成活率，缩短缓苗期。根外追肥常用的肥料和浓度见表13-3-20。

表 13-3-20　各种葡萄根外追施肥料常用浓度（%）

肥料名称	常用浓度	最高浓度	肥料名称	常用浓度	最高浓度
尿素	0.1～0.3	0.5	硫酸镁	0.2～0.3	0.5
腐熟人尿	0.5～2.0	3.0	硼砂	0.1～0.2	0.3
硝酸铵	0.05～0.1	0.3	硫酸锰	0.05～0.1	0.2
过磷酸钙浸出液	1.5～3.0	4.0	高锰酸钾	0.05～0.1	0.2
磷酸铵	0.4～0.5	1.0	硫酸锌	0.1	0.2
硝酸钾、硫酸钾	0.1～0.3	0.5	钼酸铵	0.01～0.02	0.0
磷酸二氢钾	0.1～0.2	0.4	硫酸钴	0.01	

根外追肥在晴朗的早上或傍晚进行较好。因为这时气温较低，溶液蒸发较慢，肥液可充分被植株地上部枝、叶、果吸收。在炎热干燥的中午或阴雾天喷肥容易发生肥害。

（五）樱桃

樱桃吸收N、P、K的适宜比例为10∶（1.5～10）∶12，对中量元素Ca、Mg、S的需求比例为（1.4～2.4）∶（0.3～0.8）∶（0.2～0.4）。据研究测定，每生产100kg樱桃果实约需吸收纯N 1.04kg、纯P 0.14kg、纯K 1.37kg，加上根系枝叶生长需要、雨水淋失和土壤固定，土壤肥力中等的樱桃园，每年的施肥量应为果实产量的2～3倍。樱桃生长正常树的叶片干物质中主要元素含量为：氮2.33%～3.27%、磷0.23%～0.32%、钾1.25%～1.92%、钙1.62%～2.60%、镁0.49%～0.74%，中微量元素含量为：硫124～150 mg/kg、铁119～203 mg/kg、锰44～60 mg/kg、硼38～54 mg/kg、锌20～50 mg/kg、铜8～28 mg/kg、钼0.5～1 mg/kg。

樱桃施肥以有机肥为主，尽量少施化肥，施肥量应严格掌握。过多施肥将导致产量和品质降低。基肥宜在9～11月施入，丰产樱桃园每公顷施优质农家肥37 500kg即可，施肥方法为刨树盘深5～7cm，将肥料均匀撒施，覆土浇水后划锄保墒。

樱桃生长期短，追肥1次即可。一般在初花期追施，应多追氮肥和少量磷、钾肥，追施方法为将肥料撒施在树盘中，并立即轻轻划锄，使肥土混匀，然后浇水。沙地樱桃园追肥次数宜多，每次用量应少，即勤追少追，而且追后浇水应使水渗到根系集中层。

根外追肥是一项辅助性施肥措施，在调节樱桃树长势、促进成花结果上有明显效果。在缺磷土壤上，喷施浓度为0.2%～0.5%的磷酸二氢钾溶液，对花芽分化作用明显。喷洒时应以叶背面为主，因叶背面吸收能力较强。

（六）枣

枣树施基肥要根据根系分布的特点，将肥料施在根系分布层内，以便于根系吸收，发挥肥料最大效果。枣树的根系一般集中分布于树冠外围较远处，因此基肥应施在距根系集中分布层稍深稍远处，诱导根系向深广处生长，形成强大根系，扩大吸收面积，提高根系吸收能力和树体营养水平，故施肥方法不同，效果不同。穴施，即在树冠外围均匀地挖3～5个长、宽、深各40～50cm的施肥穴，然后施入有机肥，最好掺入少量速效化肥，然后覆土，稍压即可，主要用于成片枣树或密植园、根系已布满全园的园片。撒施，即在树盘下或全园地表撒施有机肥，然后进行树下或全园深翻，此项作业可结合修整树盘统一进行。沟施，可根据施肥沟的形状和位置分条状、环状和辐射状沟施3种。条状沟施：即在树冠外围挖1～4条宽40cm、深50～60cm的沟，长度根据施肥量而定，施肥沟挖好后，施入有机肥和少量的速效化肥，然后回填土壤。如果肥量不足，可先施树的一侧，第二年再施另一侧，两年1个周期，交替施入。此法便于机械化操作。环状沟施又叫轮状施肥，在树冠外围稍靠内侧，挖一宽40cm、深50～60cm的闭合环状施肥沟，然后施入有机肥。具体方法同条状沟，也可结合修树盘来进行。此法具有操作简便、经济用肥等特点，但易伤水平根，且施肥范围小，多用于幼树。辐射状沟施，即在树冠下距树干1m左右的地方，以树干为中心，向外挖3～5个宽40cm、深50～60cm的沟，沟的长度视施肥量而定。

基肥施用的最佳时期是秋季。1～3年生枣树每年每株施农家肥10～20kg，铡碎的作物秸秆2～3kg，过磷酸钙0.3～0.5kg，尿素0.10～0.15kg。4～8年的幼龄结果树，每年每株施农家肥20～50kg，秸秆3～5kg，过磷酸钙1～2kg，尿素0.2～0.5kg。8～15年生结果树施肥量标准为：每生产100kg鲜枣，全年施用纯氮1.6～2.0kg，磷0.9～1.2kg，钾1.3～1.6kg。

枣树全年追肥次数和施肥量因树龄和土质（土壤的保肥力）而有不同，并且与枝叶或果实的生长有密切关系。一般说来，枣树一年追肥3～4次。第一次在萌芽前施入，萌芽前追肥能够使萌芽整齐，枝叶生长健壮，同时能促进花芽分化，提高花的质量。萌芽前追肥以氮肥为主，兼施磷肥。第二次追肥在开花前，花前追肥可以明显提高坐果率，减少落花。花前追肥同萌芽前一样，也是以氮肥为主，兼施磷肥。第三次追肥在幼果膨大期，此时追肥可减少落果，并有利于促进幼果的生长发育，从而提高产量。此次追肥也以氮肥为主，兼施磷、钾肥。第四次追肥在果实迅速生长期，此时有利于果实生长和提高产量，以磷、钾肥为主，氮、磷、钾相互配合施用。在整个生长季都可根据枣生长发育的需要，以叶面追肥的方式随时补充各种营养元素。

（七）板栗

板栗对N、P、K的需求量较大，吸收时期各不相同。在年周期中，从初春的雄花分化至开花坐果这段时间，需N最多、K次之、P较少；开花后至果实膨大期需P最多，N、K次之；果实膨大期至采收期，需K最多，N次之，P较少。板栗除需要充足的N、P、K外，对中量元素Mg和微量元素Mn、B也特别敏感，若缺乏或不足，就会导致严重的生理障碍而影响生长发育。据测定，板栗是需 Mn 量较高的果树，生长发育正常的叶片含 Mn 量为 1 000～2 500 mg/kg，若低于 1 000 mg/kg，就会出现叶片黄花，生长受阻；土壤有效 B 含量为 0.56～0.87 mg/kg 的栗园，结果正常，空苞率只有3.0％～6.9％；B 含量为 0.2～0.4 mg/kg 的栗园，产量很低，空苞率可高达 44％～81％。因此，板栗施肥应根据不同元素的吸收规律，掌握肥料吸收的最大临界期，适时地加以补充，才能发挥肥料的最大效益。

聂振朋、温明霞（2009）指出，应正确掌握板栗施肥时期，板栗的生长周期分为萌芽期、新梢生长期、开花期和果实发育期。适时施肥有利于根系吸收，充分发挥肥效，对新梢生长、花芽分化、果实膨大、提高产量和品质以及抗逆性都有密切关系。所以，确定施肥时期是极其重要的一环。板栗根系的活动比地上部开始早、结束晚，所以在不引起再次生长的前提下，目前认为秋施基肥越早越好。通常结合深翻施入基肥，施肥量依据板栗树的大小而定，正常情况下投影面积在 $10m^2$/株，每株需施腐熟稀释人畜粪或优质饼肥 15kg。根据我国板栗产区的土壤管理制度（清耕法、栗粮间作或间种绿肥）以及土壤和树体营养状况等，追肥有以下几个关键时期：若 1 次追肥，可于 7 月下旬或 8 月上中旬果实膨大期进行；如管理精细，肥料较足，或间作栗园，可进行 2 次追肥，即于新梢迅速生长期施氮肥，果实膨大期施复合肥料；高产或基肥不足的栗园，还应于萌动期补追 1 次氮肥。

根据国家标准 GB 9982-88《板栗丰产林》，板栗树每生产 100kg 坚果需吸收氮 3.20kg、磷 0.76kg、钾 1.28kg。按不同树龄和不同产量指标，板栗的施肥量见表 13-3-21、表 13-3-22。

表 13-3-21　板栗 N、P、K 施肥量

树龄	产量指标（kg/株）	施肥种类	全年施肥（kg/hm²）	其中（kg/hm²）	
				基肥	追肥
1～5 年	30～100	N、P_2O_5、K_2O	90、22.5、300	30、15、30	30、75、0
5～10 年	100～150	N、P_2O_5、K_2O	90、30、37.5	45、15、22.5	45、15、15
11 年以上	150～200	N、P_2O_5、K_2O	120、37.5、45	60、22.5、30	60、15、15

表 13-3-22　山东省板栗种植区推荐施肥时期和施肥量

施肥类型	施肥量
基肥	每公顷施肥量一般 45 000～60 000kg，并配施磷酸二铵 450kg，硫酸钾 750kg，硼砂 135kg
追肥	第一次在新梢开始生长期，即雌花分化期，以氮肥为主； 第二次在果实膨大期，以复合肥料为主，施肥量以树体大小确定； 另外为防止板栗空苞，按照树冠大小每平方米增施硼 10～20g 为宜，即每株0.15～0.3kg
叶面喷肥	根外喷施的一般浓度为，尿素 0.2％～0.5％，硫酸铵 0.1％～0.3％，硫酸钾 0.4％～0.7％，磷酸二氢钾 0.2％～0.3％，硼酸 0.3％，硫酸镁 0.2％～0.3％，硫酸锌 0.1％～0.4％，过磷酸钙 1％～3％

（八）核桃

核桃植株高大，根系发达，产高寿长，需肥量尤其是需 N 量要比其他果树大 1～2 倍。据法国和美国研究，每生产 100kg 核桃坚果需从土中带走纯氮 1.456kg，纯磷 0.187kg，纯钾 0.47kg，纯钙 0.155kg，纯镁 0.039kg。再加上根干枝叶的生长、花芽分化、淋洗流失和土壤固定，每年应补充的纯元素应比上述数据大 2 倍以上。核桃在生长过程中除对大量元素和中量元素需要量大外，对微量元素也有全面需要。据叶片分析测定，正常核桃叶所含纯元素为：氮 2.5%～3.25%、磷 0.12%～0.30%、钾 1.20%～3.00%、钙 1.25%～2.50%、镁 0.30%～1.00%、硫 170～400 mg/kg、锰 35～65 mg/kg、硼 44～212 mg/kg、锌 16～30 mg/kg、铜 4～20 mg/kg、钡 450～500 mg/kg。若供应量不足，就会产生生理障碍而出现缺素症，影响正常生长和产量品质。

核桃展叶期是需 N 量最多的时期，此时核桃树对 N 素的吸收量超过全年 N 素吸收量的 1/2。核桃生长硬核期是果仁养分积累期，果仁中磷的积累量超过了植株全年吸 P 量的 1/2。P 肥一般作基肥施入，其当年利用率不高，因而在果实形成期，尤其是核桃硬核期一定要及时有效地供应 P 肥。核桃果实膨大期是需 K 最为旺盛的时期，K 素吸收主要供应到果皮中，其有"品质元素"之称，K 丰缺是后期果实形成的关键因素。

表 13-3-23　核桃推荐施肥方法

施肥类型	施肥方法
基肥	以采果后的 9～10 月施用为宜，按 25～30 年生的结果大树每株施纯氮 1.5～1.8kg 计，若用厩肥作基肥，每株施肥量幼树不应低于 25～50kg，初果期树 50～100kg，盛果期树 200～250kg，更大的树可达 400kg，并加适量化学 P、K 肥，使 N、P、K 比例保持在 3∶1∶1.5 为宜
追肥	第一次为萌芽肥，在芽萌动时施用，大树每株施用腐熟稀释人畜粪尿 150～200kg 或尿素 0.3～1.0kg
	第二次为花后肥，在谢花后施用，大树每株施用腐熟稀释人畜粪尿 150～200kg 或尿素 0.3～1.0kg
	第三次为硬核肥，在 6 月施用，大树每株施用磷铵钾复合肥料 1～1.5kg
根外追肥	根外追肥常用的肥料种类和浓度是：硼砂、硫酸铵 0.3%～0.4%，尿素、磷铵、硝铵 0.4%～0.5%，磷酸铵 0.5%～0.6%，过磷酸钙浸出液 1%～2%，硫酸钾 0.3%，氯化钾 0.4%，硝酸钾 0.5%，磷酸钾 0.2%～0.3%，草木灰浸出液 3%～4%，硫酸锰、硫酸锌 0.2%～0.3%，钼酸铵 0.02%～0.05%，硫酸铜 0.1%～0.2%，硫酸亚铁 0.04%～0.05%，氯化钙 0.3%～0.5%，稀土 0.03%

表 13-3-24　果树标准推荐施肥量（综合材料）

树种（状态）	推荐施肥量（年）	N∶P_2O_5∶K_2O	资料来源
苹果（结果树）	一般每生产 100kg 果实需 N1.0kg、P_2O_5 0.5kg、K_2O 1.0kg	1∶0.5∶1	NY/T5012-2002
苹果（幼树）	1～4 年生幼树单株以年施 N 350g，P_2O_5 350g，K_2O 80g，强旺幼树追施氮肥宜在春梢缓慢生长期和秋梢停长后进行；生长偏弱的幼树氮肥应在早春生长开始前追施，要少量多次	1∶1∶0.23	陈瑞芳 2010
桃	每产果 1 000kg 施 N4.8～10kg，P_2O_5 2～5kg，K_2O 7.6～10kg	1∶0.42∶1.58	张洪昌等 2011
桃（幼树）	1～3 年生幼树单株年施 N 120g～400g，施肥量应逐年增加	1∶1.11∶0.71	周志勇 2010
枣（结果树）	每产果 100kg 施 N1.5kg，P_2O_5 1.0kg，K_2O 1.3kg	1.5∶1.0∶1.0～1.3	王永惠等 1992
枣（幼树）	1～5 年生幼树单株以年施 N40g，P_2O_5 20g，K_2O 40g 施肥量应逐年增加	1～1.5∶0.5～0.7∶2	王斌等 2007

（续）

树种（状态）	推荐施肥量（年）	N∶P₂O₅∶K₂O	资料来源
梨（白梨系统）（结果树）	每产 100kg 梨果需施氮 400～450g，磷 200～300g，钾 400～500g	0.4～0.45∶0.2～0.3∶0.4～0.5	梨标准园生产技术
梨（沙梨系统）（结果树）	每产 100kg 梨果实需施氮 650～1000g，磷 300～500g，钾 550～900g	0.65～1∶0.3～0.5∶0.55～0.9	梨标准园生产技术
梨（幼树）	1～5 年生幼树单株以年施 N 70～140g，P₂O₅ 120g，K₂O 80～160g，施肥量应逐年增加	1∶0.4∶0.6	张洪昌等 2011
葡萄（结果树）	每产 100kg 葡萄果实需施纯氮 800g，纯磷 200g，纯钾 900g。年施肥量追肥占总施肥量的 40%～50%，基肥占 50%～60%，依据地力、树势和产量的不同，进行平衡施肥。酿酒葡萄施肥量低于鲜食葡萄	1∶0.25∶1.1	王探魁等 2011
葡萄（幼树）	葡萄早期丰产性能好，幼树生长前期适量施用氮肥，后期控氮肥，定植当年每公顷施 N 244.5kg，P₂O₅ 408kg，K₂O 81kg，结果后施肥量应逐年增加	3∶5∶1	王泽浩 2009

在制订施肥方案时，可根据土壤测试结果对施肥量作出调整。其原则是：以当地同一品种相近树龄的中上产量作为目标，根据土壤测试结果缺乏或较低的元素按上表定量。若有的元素养分含量较高，达到丰富的水平，则按上表减少 1/3。

第四节 果树阶段营养施肥配方制订

一、果树专用复混肥料农艺配方制订的依据、原理与方法

结合本章各部分介绍的内容，北方不同生态区果树专用复混肥料农艺配方制订依据如下。

1. 果树种类和营养特性 根据苹果、桃、葡萄等不同树种的营养特性，不同树龄每形成 100kg 目标产量带走的 N、P、K 养分的差异来制订北方不同生态区果树专用复混肥料农艺配方。

2. 果树的阶段营养特性 在果树生命周期中，不同树龄的果树对营养的需求是有区别的。幼龄期（开花结果前）果树主要是发育树冠和扩大根系，在树体中贮备各种养分，为开花结果打好基础。此时虽然生长量不大，需肥量不多，但对肥料反应敏感，在肥料选择上应以有机肥为主，保持养分种类齐全，同时施足 N、P 肥，这样有利于满足营养生长的需求，为果树早开花结果打下基础。进入结果期后，果树的骨架与树冠已经形成，此时要求提高果实的商品价值，合理调节开花结果的负载，防止树体衰老，注意施肥对果实品质的影响，强调 N、P、K 配合，尤其要提高 K 肥的比例。果树衰老期应多施 N 肥，以促进树体更新复壮，维持更长时间的盛果期。

北方落叶果树周年生长发育可分为利用贮藏养分期、贮藏养分和当年养分交替期、利用当年营养期、营养转化积累贮藏期。利用贮藏养分期萌芽、枝叶生长和根系生长与开花坐果对养分竞争激烈，开花坐果对养分竞争力最强；贮藏养分和当年养分交替期又称青黄不接期，是衡量树体养分状况的临界期。若养分贮藏不足或分配不合理，就会

出现"断粮"现象,影响果树的正常生长发育;利用当年营养期养分主要用于枝叶生长和果实发育,造成养分失衡的主要原因是新梢持续旺长或坐果过多;营养转化积累贮藏期叶片中各种养分回流到枝干和根系,贮藏营养对第二年新生器官的生长非常有利。

3. 土壤养分状况 我国北方多数果园分布在山地、丘陵地和沙滩地上,存在土层薄、有机质含量低等突出问题,制约了果树产量与品质的提高。非石灰性土壤老果园存在着不同程度的土壤酸化、有机质含量低,钾、钙、镁、硼缺乏,磷、硫、锌元素部分缺乏的问题,而锰处于丰富甚至毒害水平;石灰性土壤地区果园铁、锌和硼缺乏问题普遍存在。西北黄土高原区还存在不同程度的土壤干旱及养分利用率不高等问题。因此,只有科学地对果园土壤进行培肥,才能保证果树持续优质丰产。

4. 各地开展的测土配方研究、果树栽培标准化研究和养分配方产业化情况 参考果树研究的历史材料,重点结合多年来肥料生产企业在果树专用肥方面出现的较为成熟的配方。

二、北方果树专用复混肥料农艺配方的制订

由于北方果树种植种类多,且不同种植区在土壤条件、环境因素、栽培措施、品种选择和栽培条件等的差异性,为了扩大肥料配方的适用覆盖区,应按目标产量制订各元素施肥量。

(一) 苹果

苹果树生长和结果需要通过根系从土壤中吸收氮、磷、钾、镁、硫、锌、铜、锰、铁、硼等多种营养元素。在一般情况下,每生产 100kg 苹果需氮 $1.0\sim1.1$kg,磷 $0.6\sim0.8$kg,钾 $0.8\sim1.0$kg,三者的大约比例为 $1:0.6:1$。整个生长期配方为 $N:P_2O_5:K_2O=1:0.40\sim0.80:0.60\sim1.2$,主要养分(特别是氮肥)要根据树势分期施用,其中树龄在 10 年以上选择低磷、高钾比例,树龄在 10 年以下或生长较旺树体适当控制氮肥用量,根据不同品种目标产量、生长期长短及土壤肥力基础等采用不同施氮量。

由于土壤、气候、品种、栽培习惯等差异,参考北方部分省苹果树施肥配方区划材料,各地制订的施肥配方见表 13-4-1、表 13-4-2 和表 13-4-3。

表 13-4-1 陕西省不同树龄苹果配方施肥技术

树龄	施肥时期和施肥量
幼龄树	每公顷施用纯 N450kg,P_2O_5 300kg,K_2O 450kg,N:P:K 为 $1:0.7:1$,折合尿素 975kg,过磷酸钙 2490kg;氯化钾 750kg。按每生产 1kg 苹果应施 $1.5\sim2.0$kg 优质农家肥进行计算,幼龄果园每年每株施农家肥 $50\sim100$kg
成龄树	每公顷施用纯 N300kg,P_2O_5 $135\sim225$kg,K_2O 300kg,N:P:K 为 $1:0.5:1$,折合尿素 645kg,过磷酸钙 $1\,125\sim1\,875$kg;氯化钾 495kg。按每生产 1kg 苹果应施 $1.5\sim2.0$kg 优质农家肥进行计算,每公顷产量 30 000kg 以上的果园公顷施农家肥要达到"斤果斤肥"的要求,每公顷产 $30\,000\sim45\,000$kg 的丰产园,要达到"斤果斤半肥"的要求;配合尿素 450kg,过磷酸钙 1 200kg。萌芽前追肥一般以氮肥为主,可每公顷施 450kg 磷酸二铵。果实膨大期追肥时以钾肥为主,每公顷施氯化钾 600kg,磷酸二铵 75kg。一般每公顷产量 $30\,000\sim37\,500$kg 的苹果园,全年应追施纯氮 $240\sim345$kg,纯磷 $300\sim375$kg,纯钾 $375\sim450$kg

表 13-4-2　甘肃省苹果不同树龄施肥配方

树龄	施肥时期和施肥量
幼年树	每株施用氮肥量（以纯 N 计）0.25～0.50kg；一般每公顷施有机肥 67 500kg，掺和过磷酸钙 1125kg，碳酸氢铵 750kg 和硫酸钾 300kg，方法是在树行间开沟，沟呈条状、环状或放射状，沟深 40～50cm，沟宽 30～40cm，将所施肥料混合均匀，覆土后灌水。每公顷施肥量：一般每年每公顷施氮（以纯 N 计）90～180kg 磷（P$_2$O$_5$）150～210kg，钾（K$_2$O）45～90kg；适当多施用一些磷肥，适宜氮磷钾配比为 1∶1∶0.5 或者 1∶2∶1。一般每年施肥 2～3 次，对于 1～3 年的幼年树，每株可施磷酸二铵 0.2～0.3kg
成龄树	初果期，每株施用氮肥（纯 N）0.50～1.00kg；盛果期，每株施用氮肥（纯 N）1.00～2.00kg；每公顷每年施氮（纯 N）180～270kg，磷（P$_2$O$_5$）135～225kg，钾（K$_2$O）90～180kg；适当增加氮肥的比例，适宜氮、磷、钾比例为 1∶0.5∶1.5 或 1∶0.5∶1；高产稳产典型果园一般每产 100kg 苹果应施优质猪圈粪或土粪（含氮量为 2%～2.5%）100kg，硫酸铵 1kg 或尿素 0.50kg，即纯氮 0.40～0.45kg；每产 100kg 苹果施 K 肥和 P 肥用量为：1～3kg 过磷酸钙，与猪圈粪混合做基肥用；草木灰 4～5kg，在 7～8 月间果实迅速膨大期施用

表 13-4-3　山东省烟台市苹果不同树龄施肥配方

树龄		施肥量
幼树		经多年研究认为，在胶东多数果园 1～3 年的幼树 N∶P 适宜为 1∶1，肥料选尿素和磷酸二铵即可，施肥量第一年各 250g，第二年各 500g，第三年各 750g
成龄树	初果期	经多年研究认为，在胶东多数果园，初果期苹果树 N∶P∶K 适宜为 1∶0.5∶1，肥料选尿素和磷酸二铵。4～5 年生的果树，一般每株需要施用精制有机肥 2～3kg、纯氮 400～500g、五氧化二磷 200～250g，氧化钾 400～500g，硅钙镁 2～3kg；6～10 年生果树一般按产量施肥，每 100kg 果实需要精制有机肥 6～8kg，在此基础上按 N∶P∶K 为 1∶0.5∶1 施肥，即每株需要纯氮 0.8kg，每公顷施硅钙镁肥 1 500kg
	盛果期	经多年研究认为，在胶东多数果园，盛果期（＞10 年）苹果树 N∶P∶K 适宜比为 1∶0.4∶0.8，肥料选尿素和磷酸二铵。盛果期果树，每生产 100kg 果实施精制有机肥 4～6kg，在此基础上按照 N∶P∶K 为 1∶0.4∶0.8 进行，即每株需施纯氮 0.6～0.7kg，每公顷施硅钙镁肥 1 125～1 500kg

（二）梨

梨园测土配方的施肥原则：Ⅰ 为多施有机肥，培肥改良果园土壤。Ⅱ 为科学合理施入化肥，幼树适宜的 N、P、K 施入比例应为 1∶1∶1，进入结果期以后，适宜的 N、P、K 施入比例应为 2∶1∶2。Ⅲ 为配合施用中、微量元素肥料。Ⅳ 为坚持果园土地利用和护养相结合。

表 13-4-4　辽宁省海城市南果梨施肥时期和施肥量

施肥时期	施肥方法和施肥量
基肥	腐熟鸡粪，一般每生产 100kg 梨果施用 50kg，再配以 2kg 高氮复合肥料为宜；牛粪肥力较小，每生产 100kg 梨果需 200～300kg，再追加 2kg 高氮复合肥料为宜；猪粪比较平和，每生产 100kg 梨果需施用 100～150kg，再加以 2kg 高氮复合肥料为宜。羊粪、兔粪和鹿粪等与猪粪大致相同，绿肥、山坡土等数量不是越多越好，这一时期也可在有机肥中加施 3.0kg 过磷酸钙
花前追肥	挖 30～40cm 沟施有机肥加 N∶P∶K 为 1∶0.5∶1，复合肥料加硝酸钙、饼肥（50kg＋1kg＋0.5kg＋1kg）；若单一施用化肥，N、P、K 为 1∶0.5∶1，复合肥料 2.5kg 加硝酸钙 0.5kg、豆粕肥 1kg 施用。已经秋施基肥的果园，此次肥可不追肥

（续）

施肥时期	施肥方法和施肥量
5月末 6月初	有机肥加 N、P、K 比为 1∶0.5∶1，复合肥料加硝酸钙、饼肥（50kg＋1kg＋0.5kg＋1kg）；若单一施用化肥，可用 N、P、K 为 1∶0.5∶1，复合肥料 2.5kg 加硝酸钙 0.5kg、豆粕肥 1kg 施用。如花前追过肥此次可不施肥 施肥方法：挖 20～25cm 条状沟施（注意不要挖过深以免伤根太重）
果实膨大 前期追肥	每 100kg 梨果，可选用尿素 1kg 或碳酸氢铵 2kg 加 50％硫酸钾 2kg，若以前未加硝酸钙和豆粕肥的可补施；结果量小的可适当少施或不施 施肥方法：挖 20～25cm 沟施入，挖沟不宜过深，以免伤根不易愈合

表 13-4-5　不同区域梨树施肥量

地区	施肥量	试验者
辽西北 地区	N、P、K 适宜比例，幼树为 1∶1∶1，结果树为 2∶1∶2；按每生产 100kg 梨果需吸收 0.4～0.6kg 氮素的标准施入氮肥，可分萌芽后开花前、新梢旺长后期和梨采收前追施；按每生产 100kg 梨果吸收五氧化二磷 0.15～0.25kg、氧化钾 0.4～0.6kg 的标准施入磷钾肥	任宝君 （2009）
新疆塔里 木河流域	香梨结果树适宜氮磷钾比例为 1∶0.49∶0.35，建议香梨 N、P、K 肥的适宜用量为：纯氮 380～395kg/hm²，五氧化二磷 185～190kg/hm²，氧化钾 134～138kg/hm²	梁智 （2008）
江苏省 宝应县	以株产 100kg 果实的梨树，每株基肥量应不少于 100kg，并加尿素和过磷酸钙各 2kg；1～4 年生梨幼树，每年每株施入纯氮 0.1～0.2kg（施肥量逐年增加），同时以 N∶P∶K 为 1∶0.4∶0.6 的比例配合施入磷钾肥；五年生的结果梨树，一般每生产 100kg 果实应施纯氮 0.40～0.45kg，以 N∶P∶K 为 1∶0.5∶1 的比例配合施入磷钾肥	陈芳 （2008）
甘肃省 平凉市	黄金梨生产的高效施肥良方为：每株施用有机肥 75kg、尿素 2.0～3.0kg、过磷酸钙 4.0～5.0kg 和钾肥 0.75kg	陈涛 （2010）

（三）桃

桃树结果早，寿命短，较苹果、梨等果树更耐土壤瘠薄。桃树对钾的需求量最大，对氮的需求量仅次于钾，对磷的需求量较少（张福锁等，2009）。桃树吸收 N、P、K 的比例大致为 10∶4.5∶15。但桃不同成熟期品种间 N、P、K 养分的吸收水平有所差异如表 13-4-6，表 13-4-7。

表 13-4-6　每 1 000kg 桃果吸收的养分量（kg）

营养元素	N	P	K
早熟品种	2.1	0.33	2.4
中晚熟品种	2.2	0.37	2.8

表 13-4-7　桃树不同产量水平下 N、P、K 养分吸收量

品种类型	产量水平	养分吸收量（kg/hm²）		
	t/hm²	N	P	K
早熟品种	20	42	7	48
	30	63	10	72
	40	84	13	96

（续）

品种类型	产量水平	养分吸收量（kg/hm²）		
	t/hm²	N	P	K
中晚熟品种	20	44	7	56
	30	66	11	84
	40	88	15	112
	50	110	19	140
	60	132	22	168

优质丰产桃园要求土壤有机质含量高，保水保肥能力强，养分供应稳定。桃树有机肥施用最适宜时期是秋季落叶前 1 个月，施用量根据土壤中有机质含量水平确定（表 13-4-8）。

表 13-4-8　桃园有机肥推荐用量（t/hm²）

产量水平	土壤有机质水平（g/kg）				
（t/hm²）	极高（＞25）	高（25～15）	中（15～10）	低（10～6）	极低（＜6）
20	10	15.0	20	25	30
30	15	22.5	30	37.5	45
40	20	30.0	40	50	60
50	25	37.5	50	62.5	—
60	30	45.0	60	75	—

目标产量、土壤、品种、树龄及树势的不同，要求桃园施肥推荐量和施肥时期不同。根据桃树品种等的差异，结合所制定目标产量的不同，确定推荐施肥量，如表 13-4-9 至表 13-4-11。

表 13-4-9　根据土壤有机质水平和目标产量推荐桃树 N 肥用量（kg/hm²）

品种类型	产量水平（t/hm²）	土壤有机质水平（g/kg）				
		极高（＞25）	高（25～15）	中（15～10）	低（10～6）	极低（＜6）
早熟品种	20	34	42	67	101	126
	30	50	63	101	151	189
	40	67	84	134	202	252
中晚熟品种	20	35	44	70	106	132
	30	53	66	106	158	198
	40	70	88	141	211	264
	50	88	110	176	264	—
	60	106	132	211	317	—

桃树对氮素较为敏感，幼年树和初果期应该注意适当控制，进入盛果期应增加氮肥施用量，更新衰老期应偏施氮肥。一年中氮肥施肥次数和施肥时期应根据品种差异和生长结实情况灵活掌握。一般早熟品种硬核期和养分回流期分两次施入，施用量分别占全年总施氮量的 40% 和 60%；中晚熟品种可在花芽生理分化期、果实膨大期和养分回流期分 3 次施入，分配比例分别为 40%、20% 和 40%。养分回流期作为基肥施入的氮肥可

与有机肥混合施用，追肥可采用放射沟法。若采用水肥一体化技术可减少 30% 的施用量。

桃树一生中，幼龄期应施足磷肥，促进根系生长；初果期应以磷肥为主；盛果期 N、P、K 配施。周年管理中，早熟品种硬核期和养分回流期分 2 次施肥，施用量分别占全年总施氮量的 40% 和 60%；中晚熟品种可在花芽生理分化期、果实膨大期和养分回流期分 3 次施入，分配比例分别为 40%、30% 和 30%。

表 13-4-10　根据土壤速效磷含量和目标养分带走量推荐桃树 P 肥用量（P_2O_5，kg/hm^2）

品种类型	产量水平（t/hm^2）	土壤有效磷供应指标（mg/kg）				
		极高（>60）	高（60~40）	中（40~20）	低（20~10）	极低（<10）
早熟品种	20	15	23	30	45	60
	30	23	35	46	69	92
	40	30	45	60	90	120
中晚熟品种	20	17	26	34	51	68
	30	25	38	50	75	100
	40	34	51	68	102	136
	50	42	63	84	126	—
	60	51	77	102	153	—

桃树进入盛果期后应增加钾肥用量。一年中，春夏多施钾肥，一般在萌芽期、硬核期和养分回流期 3 次施入，分配比例为 10%、40% 和 50%。

表 13-4-11　根据土壤交换性钾含量和桃目标养分带走量推荐钾肥用量（K_2O，kg/hm^2）

品种类型	产量水平（t/hm^2）	土壤交换性钾供应指标（mg/kg）				
		极高（>200）	高（200~150）	中（150~100）	低（100~50）	极低（<50）
早熟品种	20	46	58	92	138	173
	30	69	86	138	207	259
	40	92	115	184	276	346
中晚熟品种	20	54	67	108	161	202
	30	81	101	161	242	302
	40	108	134	215	323	403
	50	134	168	269	403	—
	60	161	202	323	484	—

王孝娣等（2011）报道，针对桃树不同物候期对肥料的需求，一般年施肥 5 次，以重施基肥、巧施追肥为原则，根据品种、树势、结果量、土壤肥力等因素，合理选择肥料种类和用肥量，生产出既丰产优质，又安全的鲜桃。秋季果实采收后施入基肥，以农家肥为主，混加少量化肥。施肥量按 1kg 桃果施 1.5~2.0kg 优质农家肥计算。基肥肥效发挥较慢而持续时间较长，基肥应占全年施肥量的 60%~80%。追肥的次数、时间、用量等根据品种、树龄、栽培管理方式、生长发育时期以及外界条件等而有所不同。一般分萌芽肥、硬核肥、采果肥 3 次施入。追肥每次株施氮肥 0.15~0.25kg、磷肥 1.0~1.5kg、钾肥 0.15~0.25kg。幼龄树和结果树果实发育前期，追肥以 N、P 肥为主；果实发育后期以 P、K 肥为主。高温干旱期应按使用范围的下限施用，果实采收期前 20 天内应停止叶面追肥。硬核肥以 K 肥为

主，P、N 配合，早熟品种 N、P 可以不施，中晚熟品种施 N 量占全年的 20％左右，树势旺可少施或不施，P 为 20％～30％，K 为 40％。采果肥是追肥中最重要的 1 次，占全年施肥量的 15％～20％。采收前 2～3 周果实迅速膨大，需补施 1 次以 N 肥为主的速效肥，同时配施 P 肥，以提高果实品质。采果肥 N 肥用量不宜过多，否则刺激新梢生长，反而造成质量下降。另外，发芽前枝干喷 1％～2％硼砂或开花前后喷 0.2％～0.3％硼砂，可防止缺硼，提高坐果率；生长期喷施 0.1％～0.4％硫酸亚铁防止缺铁黄叶症，发芽前喷施 1％～3％硫酸锌防止小叶病，生长期喷 0.3％～0.5％果树多元微肥或 0.1％稀土微肥，可提高光合作用和坐果率、产量和品质，促进着色、早熟。

（四）葡萄

葡萄的施肥量因各地土壤、肥料种类、树龄、植株发育状况等不同而不同。大约每产 100kg 葡萄在 1 年中需施入纯氮 0.5～1.0kg、磷 0.2～1.0kg 和钾 1.0～1.5kg。氮磷钾比例为 1.0：1.0：0.5～1.5 较合适，不同地区葡萄园施肥配方如表 13-4-12，表 13-4-13。

表 13-4-12　河南省沈丘县葡萄园施肥配方

葡萄树龄与施肥时期		施肥方法和施肥量
	定植时	结合开挖定植沟或栽植穴施用农家肥，每公顷施用 30～45t
定植当年	幼苗 3～5 片叶	每株施用尿素 15g，在植株东侧距植株 15cm 处挖深、宽各 10cm 的半环状沟，及时覆土浇水
	第一次追肥后 10d	每株施用尿素 25g，在植株西侧距植株 20cm 处挖深、宽各 10cm 的半环状沟，及时覆土浇水
	第二次追肥后 10d	每株施用尿素 50g，在植株南侧距植株 25cm 处挖深、宽各 10cm 的半环状沟，及时覆土浇水
	第三次追肥后 10d	每株施用尿素 50g，在植株北侧距植株 30cm 处挖深、宽各 10cm 的半环状沟，及时覆土浇水
	第四次追肥后 10d	每株施用硫酸钾 25g、磷酸二铵 50g，在植株北侧距植株 30cm 处挖深、宽各 10cm 的半环状沟，及时覆土浇水
结果树	萌芽肥	一般每公顷施用尿素 225kg 或磷酸二铵 300kg
	催果肥	一般每公顷施用尿素 150kg、过磷酸钙 300kg 或磷酸二铵 225kg
	催熟肥	一般每公顷施用硫酸钾 225kg 左右、过磷酸钙 225kg

表 13-4-13　不同地区葡萄园施肥配方

地区	施肥量	试验者
吉林省通化县	产量为 50kg/株左右的葡萄，每株可施用土粪 100～125kg，草木灰 5kg，追肥每株应施硫酸铵 1kg 或人粪尿 30～60kg	吕海舰 2012
吉林省集安市	山葡萄园较优的 N、P、K 比例为 1：0.5：1，秋施腐熟有机肥（20m³/hm²）；植株萌芽期每公顷施尿素 225kg、过磷酸钙 112.5kg、硫酸钾 225kg；开花前 7～10d 每公顷施尿素 300kg、过磷酸钙 150kg、硫酸钾 300kg；果实着色期每公顷施磷酸二铵 112.5kg、硫酸钾 225kg	宋润刚 2011
辽宁省抚顺市	春季每公顷葡萄深施（条施）优质鸡粪 45t；萌动期每公顷施用尿素 210kg；膨大期每公顷施尿素 435kg、磷酸二铵 75kg；着色期每公顷施磷酸二铵 75kg、硫酸钾 300kg	赵翠芳 2011

（续）

地区	施肥量	试验者
陕西省户县	目标产量每公顷产量 15 000～22 500kg 的葡萄园，施有机肥 45 000～52 500kg、氮肥 195～270kg、磷肥 105～165kg 和钾肥 150～225kg。秋冬季（采果后）施入 40%～60% 的氮肥、60%～70% 的磷肥、30%～40% 的钾肥及全部有机肥；春季（花肥）施入 20%～30% 的氮肥、10%～20% 的磷肥、20%～30% 的钾肥；夏季（壮果肥）施入 20%～30% 的氮肥、20% 的磷肥和 30%～40% 的钾肥	崔亚胜 2010

（五）樱桃

据研究测定，每生产 100kg 樱桃果实约需吸收纯氮 1.04kg、纯磷 0.14kg、纯钾 1.37kg。加上根系枝叶生长的需要、雨水淋失和土壤固定等，土壤肥力中等的甜樱桃园，每年的施肥量应为果实吸收量的 2～3 倍。各地樱桃园施肥配方如表 13-4-14 至表 13-4-16。

表 13-4-14　陕西省商洛市甜樱桃果园配方技术

树龄	施肥时期	施肥配方
幼龄树	秋施基肥	每公顷施用 15 000～30 000kg 有机肥，一般不追肥
初果期树	秋施基肥	每公顷施用 15 000～30 000kg 有机肥，一般不追肥
结果期树	秋施基肥	每产 1kg 鲜果施有机肥 1.5～2.0kg。按优质农家肥计算，一般盛果期果园每公顷施 30 000～45 000kg 有机肥
	花期追肥	人粪尿多放射状沟施，一般每株 30kg 左右；盛花期喷施 0.3% 尿素＋0.1%～0.2% 硼砂＋0.2%～0.5% 磷酸二氢钾液，能有效提高坐果率，增加产量
	果后追肥	甜樱桃采果后 10d 左右，应补施人粪尿、复合肥料等养分全的速效肥料每公顷 450kg，利于增加营养积累，促进花芽分化

表 13-4-15　山东省东平市甜樱桃园施肥配方

施肥时期	施肥配方
基肥	一般在 9～10 月施基肥，以施腐熟圈肥、人粪尿、堆沤肥、厩肥和鸡粪等为主，每公顷施 45 000～60 000kg，复合肥料 750kg
追肥	第一次　开花前，株施人粪尿 10kg 或磷酸二铵 0.5kg
	第二次　开花后 2 周，株施尿素 0.5kg
	第三次　6 月中下旬，株施人粪尿 30kg 或豆饼水 3～5kg 或磷酸二铵 0.5kg
	第四次　8 月中下旬，株施复合肥料 1kg，加豆饼水 2.5kg
叶面肥	萌芽前 15 天喷 3% 硫酸锌溶液；坐果后 2 周喷 0.2% 硫酸锌加 0.3% 尿素溶液，防治小叶病；萌芽前喷 0.3% 硫酸亚铁溶液，在生长季节连喷 2～3 次 0.1% 硫酸亚铁溶液，防治黄化病；花期可喷 0.3% 硼砂水溶液，防治缺硼症；生长季节连喷 3～5 次 0.3% 尿素溶液、0.3% 磷酸二氢钾液和 1.5%～2.0% 草木灰浸出液

表 13-4-16　不同地区樱桃园施肥配方

地区	品种	施肥配方	试验者
辽宁省大连市	大樱桃	每公顷施用氮素 150kg，五氧化二磷 60kg，氧化钾 120kg 为宜。结果大树每 667m² 施腐熟鸡粪 150～300kg，或腐熟人粪尿 750～900kg，或猪圈粪 750～900kg。另外，在大樱桃盛花期，每隔 10 天连喷磷酸二氢钾 600 倍液 2～3 次，增产显著	王居才（2010）

（续）

地区	品种	施肥配方	试验者
辽宁省普兰店市	大樱桃	棚室大樱桃，每产果100kg，需施用纯氮1.4～1.6kg，五氧化二磷0.8～1.2kg，氧化钾1.0～1.2kg，氮、磷、钾比例以1：（0.57～0.71）：（0.71～0.75）为宜。高产大樱桃棚室一般每株施用有机肥150～200kg（猪、鸡粪必须发酵）	周春玉等（2006）
山东省胶东地区	大樱桃	若每公顷使用发酵有机肥30 000kg，则不需要使用化肥；若有机肥施用不足，氮、磷、钾化肥的使用比例应为1：1：1，每100kg果需使用纯氮2.5kg，一般缺硼每公顷使用硼砂75～112.5kg，缺锌每公顷使用硫酸锌150～225g，微量元素一般2～3年补充一次即可	于忠范等（2010）

（六）板栗

根据中国国家标准GB9982-88《板栗丰产林》，板栗树生产100kg栗实需氮3.20kg、P_2O_5 0.76kg、K_2O 1.28kg。按不同地区、不同树龄和不同产量指标，板栗的施肥量见表13-4-17至表13-4-19。

表13-4-17　不同地区板栗园施肥配方

地区	施肥配方	试验者
北京市怀柔区	N：P：K施用比例为N：P_2O_5：K_2O＝25：20：10，Mg：B：Zn＝1：1：1	曹庆昌等（2011）
河北省沙河市	一般盛果期树每产100kg栗实，N、P、K施用量分别为3kg、2kg和3kg	林丽萍等（2011）
陕西省眉县	目标产量为4.61kg/株，建议最大施肥量为每株N1.543kg，P_2O_5 1.349kg，K_2O 1.288kg	张睿等（2012）
山东省费县	基肥以每产出1kg栗实施10kg有机圈肥为宜，另外每年还应追施3～4次无机肥，以磷酸二铵、氮磷钾复合肥料为主，每年每公顷要追施N60kg、P_2O_5 75kg和K_2O 90kg，硼砂15kg；对山岭薄地的弱树，应适当提高N肥施用量	徐明举（2005）

表13-4-18　贵州省黄平县板栗园施肥方法

生长时期	施肥配方
初果期树	株施基肥（有机肥）35～50kg，每株可追施尿素0.15～0.25kg。每年追肥3次：春肥（12月至翌年2月）占全年追施氮肥的60%～65%；夏肥（7～8月），占全年追施氮肥的15%～20%；秋肥（9～10月），占全年追施氮肥的15%～20%
盛果期树	株施基肥（有机肥）150～250kg，且可追施尿素1.5～2.5kg、过磷酸钙0.5～1.0kg、氯化钾0.5～0.7kg。每年追肥3次：春肥（12月至翌年2月），N肥占全年追施氮肥的60%～65%、P肥占全年追施P肥的80%～90%、K肥占全年追施K肥的50%～60%；夏肥（7～8月），占全年追施氮肥的15%～20%、P肥占全年追施P肥的5%～10%、K肥占全年追施K肥的25%～30%；秋肥（9～10月），占全年追施N肥的15%～20%、P肥占全年追施P肥的10%～15%、K肥占全年追施K肥的15%～20%

表 13-4-19　河北省迁西市板栗园施肥方法

施肥方式		施肥方法
基肥		一般以经过充分腐熟分解的农家肥为主，最佳施肥期为采收后，结合深翻施肥，十年生左右栗树每株施基肥 100～150kg
追肥	第一次	一般在 4 月下旬至 5 月中旬进行，十年生栗树每株施用碳酸氢铵 3～5kg
	第二次	一般在 6 月进行，十年生栗树每株施用碳酸氢铵 3～5kg
	第三次	一般在 7 月下旬至 8 月中旬进行，此时正是板栗果实开始迅速生长时期，也是增加干物质和提高果实品质的关键时期；每株施用过磷酸钙 1.5～2.5kg、复合肥料 0.5～1.0kg 和碳酸氢铵 0.25～0.50kg
叶面喷肥		N 肥以尿素为好，施用浓度为 0.2%～0.3%，6 月前，可与农药混喷 1～2 次；P、K 肥可以是磷酸铵、过磷酸钙、硝酸钾、磷酸二氢钾等，施用浓度为 0.1%～0.4%，多于采前半月喷 1 次或者采前 1 月喷 1～2 次

（七）核桃

核桃幼树期施肥量按树冠垂直投影面积每年每平方米施 N 肥 50g，P、K 各 10g（均为有效成分），密植丰产园 1～5 年树每平方米施肥量为：N 50g，P、K 各 20g，有机肥 5kg。

在不同核桃产区，施肥技术因核桃园土壤和气候条件不同而有所差别。几个不同地区适宜的核桃施肥技术见表 13-4-20 至表 13-4-22。

表 13-4-20　河北省衡水市适宜的核桃施肥技术

施肥期		施肥方法
基肥		以有机肥为主，如腐殖酸肥料、堆肥、厩肥、圈肥、粪肥等。1～10 年生小树每平方米施用有机肥 5kg，20～30 年生树每株有机肥的施用量一般不低于 200kg。若土壤条件较差、树势较弱，但产量较高时，应增加基肥的施用量
追肥	第一次	进入盛果期的核桃树，一定要在春季萌芽前追施速效性 N 肥和 P 肥，且施肥量应占全年追肥量的 50% 以上，即每平方米树冠投影面积年施纯氮 30g，P_2O_5 和 K_2O 各 12g，核桃树进入盛果期后，追肥量应随树龄和产量的增加而增加
	第二次	早实核桃在雌花开花以后、晚熟核桃在展叶末期施入，此期追肥以 N 肥为主，配合适量的 P、K 肥，施肥量占全年追肥量的 30%，即每平方米树冠投影面积施纯氮 15g，P_2O_5 和 K_2O 各 4g
	第三次	结果期核桃树在 6 月下旬硬核后进行，以 P、K 肥为主，配合少量 N 肥，本期追肥量占全年追肥量的 20%，即每平方米树冠投影面积施纯氮 20g，P_2O_5 和 K_2O 各 4g

据陈虹、董玉芝、朱小虎等（2010）对新疆阿克苏市库木巴什乡核桃种植园的试验结果显示，N 肥是促进六年生早实核桃树高、枝条生长的主要因素；N、P、K 对六年生及八年生核桃鲜果、干果重及核仁重的影响极大，表现为 P 肥＞K 肥＞N 肥。且初步建议六年生和八年生核桃的施肥量：六年生株施 N 肥 1 468g、P 肥 685g 和 K 肥 562g；八年生株施 N 肥 2 348g、P 肥 1 095g 和 K 肥 450g。

表 13-4-21　陕西省铜川市核桃产区施肥方法

施肥类型		施肥方法
基肥		采果后至落叶前要多施农家肥和有机肥，并且 N、P、K 比例要适合。由于铜川适于发展核桃的土壤 P、K 含量不足，应该增施 P、K 肥，少施 N 肥。每公顷施腐熟圈肥、厩肥、饼肥、人粪尿沤肥、鸡粪等有机肥 60 000～75 000kg，并混施磷钾肥或果树专用肥 50kg。环状沟或放射状条沟施入，每年轮换方向
追肥	幼树	N 肥追施 3 次，分别于 3 月下旬、4 月下旬和 6 月下旬各追 1 次尿素，每株 0.14～0.16kg；P、K 肥追施 2 次，分别于 7 月、8 月下旬进行，每株 1kg
	结果树	每年追肥 3 次：第一次于 3 月上中旬发芽前，每公顷追施尿素 300～450kg，人畜粪尿等有机肥 22 500kg；第二次于 6 月下旬进行，每公顷施尿素 60～75kg、硫酸钾 450kg、过磷酸钙 225kg；第三次于 7 月下旬进行，每公顷施复合肥料或果树专用肥 600～750kg
叶面喷肥		一般萌芽前喷 0.3%～0.5% 硫酸亚铁液，花期喷 0.2%～0.3% 硼沙水溶液，花后结合喷药每隔 15～20 天喷 1 次 0.13% 尿素液、0.13% 磷酸二氢钾液，连喷 3～4 次，生长后期可加喷 4%～7% 草木灰浸出液

薄皮核桃，不同树龄所需养分比例不同，特别是 N：P_2O_5：K_2O 差异较大，1～6 年生幼树期以 2.5：1：1 为宜，6 年以上的成龄树以 1：0.5：1 为宜；中老龄树以 1：1：1 为宜。

表 13-4-22　河北省邢台市薄皮核桃施肥技术

施肥类型		施肥方法
基肥		基肥施用时间以秋季最佳，通常在 9～10 月；每产 10kg 坚果施复合肥料 1kg
追肥	萌芽肥	萌芽时进行，每株大树施用腐熟人畜粪尿 150～200kg 或尿素 800～1 000g
	花后肥	花谢后施入，每株大树施用腐熟人畜粪尿 150～200kg 或尿素 800～1 000g
	硬核肥	6 月进行，每株结果大树施用磷铵复合肥 1.0～1.5kg
	施微肥	Ca、Mg 和 S、Fe、Cu、Zn、Mn、B 等微量元素，因需要量少，可在 4～8 月的薄皮核桃树生长期把应施元素溶于水中，用喷雾器喷在叶、枝、花、果上，进行根外追施。喷施浓度：氯化钙 300～400 倍液，硫酸锌、硫酸锰 300～500 倍液，硫酸亚铁 2 000～2 500 倍液，钼酸铵、硫酸钡 2 000～5 000 倍液，硼砂 300～350 倍液

第五节　果树阶段营养施肥配方分类表

根据上节制订的氮磷钾比例，列出北方主要果树专用复混肥料配方（表 13-5-1）。

表 13-5-1　北方主要果树专用复混肥料配方

果树种类	种植面积（万 hm²）	施肥量（每 100kg 目标产量）	备注
苹果	214.00（2010）	N：P_2O_5：K_2O，幼树 2：2：1，结果树 2：1：2；保证每生产 100kg 苹果施用 200kg 优质有机肥，同时配合少量化肥；幼树每公顷施有机肥 30 000kg、尿素 225～300kg；成龄树每公顷施有机肥 60 000～75 000kg，尿素 225～300kg	对偏弱和偏旺的树，N 肥施用量应增加或减少 4～6kg。以化肥为主的梨园，其每 100kg 梨果所施纯 N 在上述基础上再加 0.2kg
梨	106.31（2010）	N：P_2O_5：K_2O，幼树 1：0.5：1 或 1：1：1；结果树 1：0.5：1.5 或 1：0.5：1；每 100kg 梨果施用纯氮 0.4～0.7kg，N：P_2O_5：K_2O 为 1：0.7～1：1	

（续）

果树种类	种植面积（万 hm²）	施肥量（每100kg目标产量）	备注
桃	71.94（2010）	N：P_2O_5：K_2O 为 1：0.6：1；秋季施入基肥 150～200kg 优质农家肥，生长季 3～4 次追肥，N：P_2O_5：K_2O 为 0.45～0.75：3.0～4.5：0.45～0.75	高温干旱期应按适用范围下限施肥
葡萄	55.20（2010）	N：P_2O_5：K_2O 为 1：0.5：1.2；每公顷施有机肥 6 000～7 500kg，氮肥（N） 240～270kg、磷肥（P_2O_5） 105～120kg、钾肥（K_2O） 120～150kg	N、K 分基施和追施，P 肥全部基施
樱桃	11.00（2010）	N：P_2O_5：K_2O 为 10：1.5～10：12；每生产 100kg 果实约需施用纯 N2.5kg、纯 P0.3kg、纯 K3.4kg	沙地樱桃园应勤追少追，且追后要浇水
核桃	120.00（2007）	N：P_2O_5：K_2O 为 3：1：1.5；每产 100kg 坚果要从土中带走纯 N 1.456kg、纯 P 0.187kg、纯 K 0.47kg、纯 Ca 0.155kg、纯 Mg 0.039kg	核桃果实膨大期是需 K 最旺盛的时期
板栗	165.00（2008）	N：P_2O_5：K_2O 为 14：8：11；板栗树每生产 100kg 坚果需吸收氮 3.20kg、磷 0.76kg、钾 1.28kg	板栗需 Mn 量较高，可施 78.9kg/hm² 硫酸锰

根据上节制订的氮磷钾比例，列出北方主要果树专用复混肥料配方（表 13-5-2）。

表 13-5-2　北方主要果树不同时期追施专用复混肥料配方

果树种类	种植面积（万 hm²）	施肥总量（kg）N-P_2O_5-K_2O	秋季落叶前用量（kg）N-P_2O_5-K_2O	春季开花期前后用量（kg）N-P_2O_5-K_2O	花芽分化期用量（kg）N-P_2O_5-K_2O	备注
苹果	223.13	每100kg目标产量：0.9-0.45-0.9	采果—落叶前 0.40-0.20-0.30	萌芽—春梢成熟 0.2-0.05-0.2	花芽分化—收获 0.30-0.15-0.4	大果、中晚熟品总用量偏高 20%，小果、早熟品种用量偏低 20%
桃	70.33	每100kg目标产量：1.0-0.7-0.9kg	采果—落叶前 0.45-0.10-0.15	萌芽—春梢成熟 0.35-0.4-0.25	花芽分化—收获 0.2-0.3-0.5	果型大、产量高的晚熟品种偏高 20%，果型偏小、产量中等的早熟品种偏低 20%
葡萄	57.33	每100kg目标产量：0.8-0.4-0.9	采果—落叶前 0.35-0.10-0.15	萌芽—春梢成熟 0.25-0.1-0.45	花芽分化—收获 0.2-0.2-0.3	大穗、大粒品种偏高 20%，果穗偏小、产量中等的品种偏低 20%
梨	116.67	每100kg目标产量：1.0-0.5-1.0	采果—落叶前 0.45-0.2-0.15	萌芽—春梢成熟 0.25-0.10-0.35	花芽分化—收获 0.3-0.20-0.5	大果型、产量高的品种偏高 20%，偏小果型、产量中等的品种偏低 20%
枣	66.67	每株施肥：1.2-0.75-0.9	采果—落叶前 0.55-0.35-0.25	萌芽—幼果期 0.35-0.20-0.4	幼果—成熟期 0.3-0.20-0.25	低产型品种用量偏低 20%，高产型品种用量偏高 20%

参 考 文 献

白勇龙，王远东，张正军，等．2012．甘肃正宁苹果园土壤养分测定分析 [J]．现代园艺（19）：14-15.

曹庆昌，王乐乐，曹均，等．2011．燕山板栗钙、镁、硼、锌施肥效果的研究 [J]．北方园艺（9）：37-40.

柴仲平，王雪梅，陈波浪，等．2013．库尔勒香梨年生长期生物量及养分积累变化规律 [J]．植物营养与肥料学报，19（3）：656-663.

陈波浪，盛建东，李建贵，等．2011．红枣树氮、磷、钾吸收与累积年周期变化规律 [J]．植物营养与肥料学报，17（2）：445-450.

陈芳，华增剑，冯桂林．2008．梨树施肥技术 [J]．安徽农学通报（16）：172.

陈宏坤，陈剑秋，范玲超，等．2012．苹果树施用控释肥试验研究 [J]．中国果树（5）：12-15.

陈虹，董玉芝，朱小虎，等．2010．新疆早实核桃品种测土配方施肥肥效试验初报 [J]．新疆农业科学，47（8）：1584-1589.

陈涛，巩小玲．2010．配方施肥对黄金梨生长结果的影响 [J]．农业科技通讯（6）：91-93.

崔亚胜，张颖，边应萍，等．2010．葡萄测土配方施肥技术 [J]．西北园艺（6）：43-44.

丁平海，郗荣庭，张玉星，等．1994．河北省主要苹果营养状况及施肥设计 [J]．河北农业大学学报，17（3）：5-10.

都婷．2010．山西省核桃种植情况调查与养分需求规律初探 [D]．太原：山西大学．

范伟国，王衍安，张方爱，等．2002．苹果缺锌小叶病防治技术研究 [J]．河北农业大学学报，25（2）：42-45.

冯守清．2007．陕北红枣丰产栽培技术要点 [J]．西北园艺（12）：16-171.

高梅．2010．鲁中山区桃园施肥现状及施肥模式优化研究 [D]．泰安：山东农业大学．

高小军．2009．黄土丘陵区枣树平衡施肥技术 [J]．山西农业科学，37（12）：861.

高义民，同延安，马文娟．2006．陕西关中葡萄园土壤养分状况分析与平衡施肥研究 [J]．西北农林科技大学学报：自然科学版（9）：41-44.

高义民，同延安，路永莉，等．2012．长期施用氮磷钾肥对黄土高原地区苹果产量及土壤养分累积与分布的影响 [J]．果树学报，29（3）：322-327.

顾曼如，张若杵，束怀瑞，等．1981．苹果氮素营养研究初报-植株中氮素营养的年周期变化特性 [J]．园艺学报，8（4）：21-28.

何为华，黄显淦，赵天才，等．1998．施钾对提高酥梨产量及品质的试验 [J]．土壤肥料（6）：27-28.

何忠俊，同延安，张国武，等．2002．钾对黄土区场砀山酥梨产量及品质的影响 [J]．果树学报，19（1）：8-11.

贾小红，陈清．2007．桃园施肥灌溉新技术 [M]．北京：化学工业出版社．

蒋万峰，崔永峰，张卫东，等．2005．无核白葡萄叶内矿质元素含量年生长季内的变化 [J]．西北农林科技大学学报，33（8）：91-95.

康喜存．2012．配方施肥对南果梨产量和品质的影响 [J]．现代农业（4）：8-10.

李宝江，林桂荣，刘凤君．1995．矿质元素含量与苹果风味品质及耐贮性的关系 [J]．果树科学，12（3）：141-145.

李宝林，邓长平．2012．'南果梨'施肥的三要素配比 [J]．北方果树（4）：46-47.

李付国，孟月华，贾小红，等．2006．供氮水平对'八月脆'桃产量、品质和叶片养分含量的影响 [J]．植物营养与肥料学报，12（6）：918-921.

李港丽，苏润宇，沈隽．1987．几种落叶果树叶内矿质元素含量标准值的研究 [J]．园艺学报，14（2）：81-89.

李贵美，彭福田，肖元松，等．2011．鲁中山区桃园土壤养分状况评价与氮磷负荷风险研究［J］．山东农业大学学报，42（3）：392-400．

李小萌，戚亚平，王荣娟，等．2012．苹果发酵液对缺铁苹果树叶片铁含量及光合特性的影响［J］．中国农业科学，45（3）：489-495．

李艳丽，董彩霞，徐阳春．2012．土壤管理方式对梨园土壤性状及树体生长的影响［J］．南京农业大学学报，35（6）：75-81．

李艳萍，贾小红，陈清．2008．不同追肥措施对有机桃产量及品质的影响［J］．北方园艺（11）：46-48．

连序海，崔晓华，王建敏，等．2011．苹果园化肥投入及土壤养分状况研究［J］．安徽农业科学，39（13）：7670-7671，7848．

梁俊，赵政阳，杨朝选．2006．西北黄土高原苹果施肥技术（上）［J］．西北园艺（果树）（4）：39-40．

梁智，张计峰．2011．两种枣树矿质营养元素累积特性研究［J］．植物营养与肥料学报，17（3）：688-692．

梁智，周勃．2008．新疆库尔勒香梨 NPK 肥料效应研究［J］．中国土壤与肥料（3）：48-51．

林丽萍，张秋林．2011．干旱板栗土肥水管理技术［J］．河北果树（1）：45-46．

刘建新，王鑫，杨建霞．2005．覆草对果园土壤腐殖质组成和生物学特性的影响［J］．水土保持学报，19（4）：93-95．

刘汝亮．2007．苹果园养分资源综合管理技术研究［D］．杨凌：西北农林科技大学．

刘熙．1986．果树园艺栽培法［M］．台湾：五洲出版社

刘子龙，张广军，赵政阳，等．2006．陕西苹果主产区丰产果园土壤养分状况的调查［J］．西北林学院学报，21（2）：50-53．

吕海舰，马英龙，郑吉侠，等．2012．葡萄营养需求特性及施肥技术［J］．现代农业科技（7）：158，160．

马建军，王同坤，齐永顺，等．2007．赤霞珠葡萄生长期矿质营养元素的含量变化［J］．河北科技师范学院学报，21（1）：8-12．

马文娟，同延安，高义民．2010．葡萄氮素吸收利用与累积年周期变化规律［J］．植物营养与肥料学报，16（2）：504-509．

孟月娥，张绍玲，杨庆山，等．1994．短枝型苹果树主要营养元素含量的季节性变化［J］．果树科学，11（3）：166-168．

孟月华，李付国，贾小红，等．2006．平谷桃园养分管理现状及其问题分析［J］．中国土壤与肥料（6）：55-57．

聂振朋，温明霞．2009．浅谈板栗的施肥［J］．现代园艺（2）：33-34．

农业部种植业管理司，全国农业技术推广服务中心，国家梨产业技术体系．2010．梨标准园生产技术［M］．北京：中国农业出版社．

农业部种植业管理司，全国农业技术推广服务中心，国家葡萄产业技术体系组编．2010．葡萄标准园生产技术［M］．北京：中国农业出版社．

彭福田，姜远茂．2006．不同产量水平苹果园氮磷钾营养特点研究［J］．中国农业科学（2）：361-367．

齐宝利，王学密，江中文，等．2007．千山区'南果梨'园营养状况的粗浅分析［J］．北方果树（4）：10-11．

齐国辉，李保国，郭素萍，等．2004．红富士苹果小叶病防治研究［J］．中国生态农业学报，12（3）：165-168．

秦嗣军，王铭，郭太君等．2001．双优山葡萄叶柄内矿质营养动态变化的研究［J］．吉林农业大学学报，23（4）：47-50．

任宝君，丁殿新．2009．辽西北地区梨园测土配方施肥的原则及技术［J］．果农之友（5）：32-38．

山东省果树研究所．1996．山东果树志［M］．济南：山东科学技术出版社．

束怀瑞，顾曼如，曲贵敏，等．1988. 山东省苹果园氮、磷、钾三要素的营养状况 ［J］．山东农业大学学报，19（2）：1-10.

宋润刚，郭振贵，路文鹏，等．2011. 山葡萄不同时期施肥和不同施肥量对增产效果的研究 ［J］．特产研究 （3）：24-26.

田真．2008. 鸭梨土壤和叶片矿质元素年周期变化规律的研究 ［D］．保定：河北农业大学．

仝月澳，周厚基．1982. 果树营养诊断法 ［M］．北京：农业出版社．

王斌，张月华，王玉奎，等．2007. 氮磷钾施肥比例对枣幼树生长和结果的影响 ［J］．园艺学报，34（2）：473-476.

王居才．2010. 大樱桃园的土壤改良与施肥技术 ［J］．农技服务，27（5）：577.

王留好．2009. 陕西省渭北苹果主产区苹果园土壤养分现状评价 ［D］．杨凌：西北农林科技大学．

王探魁，张丽娟，冯万忠，等．2011. 河北省葡萄主产区施肥现状调查分析与研究 ［J］．北方园艺 （13）：5-9.

王孝娣，王海波，刘凤之．2011. 无公害仙桃施肥要点 ［J］．栽培技术 （4）：23.

王衍安，范伟国，李玲，等．2001. 落叶前喷锌防治苹果小叶病研究 ［J］．果树学报，18（4）：246-247.

王永惠，彭士琪，李树林，等．1992. 枣树栽培 ［M］．北京：农业出版社．

王有年，于宝琨，欧阳永樱，等．1992. 矮化中间砧红星苹果树叶片内矿质营养元素含量动态的研究 ［J］．山西农业大学学报，12（1）：46-50.

王泽浩．2009. 葡萄新建园高效生产技术要点 ［J］．新疆农垦科技 （3）：29-30.

王中英，古润泽，杨佩芳，等．1989. 矮砧苹果树氮素含量变化的研究 ［J］．果树科学，6（3）：147-152.

魏树伟，王宏伟，张勇，等．2012. 山东中西部梨主产区施肥状况调查与分析 ［J］．山东农业科学，44（5）：75-78.

肖良俊，王曼，宁德鲁，等．2012. 配方施肥对美国山核桃树体生长的影响 ［J］．西部林业科学，41（3）：98-101.

解淑英．2007. 冬枣园土壤养分状况及施肥技术 ［J］．现代农业 （1）：5.

徐明举．2005. 板栗良种丰产栽培技术规程 ［J］．中国农技推广 （5）：34-35.

许胜，何健，杜红岩，等．2012. 氮磷钾配方施肥对南疆扁桃产量的影响 ［J］．塔里木大学学报 （2）：19-24.

许咏梅，付明鑫，覃本民，等．2001. 新疆库尔勒香梨氮磷钾适宜用量研究初报 ［J］．新疆农业科学，38（5）：257-259.

杨成恒，弈本荣，高艳梅．1987. 苹果树钙素营养及其诊断指标的研究 ［J］．北方果树 （1）：15-20.

杨成桓．1993. 葡萄营养特性及施肥技术研究 ［J］．辽宁农业科学 （5）：4-8.

于洪欣，柳建军，李寿春．1993. 丘陵地苹果园秸秆覆盖试验 ［J］．山东林业科技 （3）：13-15.

于忠范，张振英，姜学玲，等．2010. 胶东大樱桃土壤养分现状及施肥对策 ［J］．烟台果树 （1）：8-9.

张福锁，陈新平，陈清，等．2009. 中国主要作物施肥指南 ［M］．北京：中国农业大学出版社．

张洪昌，段继贤，李翼．2011. 北方果树专用肥配方与施肥 ［M］．北京：中国农业出版社．

张进，姜远茂，束怀瑞，等．2005. 不同施肥期沾化冬枣对^{15}N 的吸收、分配及利用特性 ［J］．园艺学报，32（2）：228-231.

张强，魏钦平，刘惠平，等．2011. 苹果园土壤养分与果实品质关系的多元分析及优化方案 ［J］．中国农业科学，44（8）：1654-1661.

张睿，张国桢，魏安智，等．2012. 氮磷钾养分对板栗产量的影响 ［J］．北方园艺 （21）：155-157.

张绍铃．1989. 矮化中间砧对红星苹果叶片营养元素含量变化的影响 ［J］．落叶果树 （3）：31-33.

张爽．2004. 苹果梨园土壤肥力特征及其对树体养分状况的影响 ［D］．延边：延边大学农学院．

张彤彤，徐福利，汪有科，等．2012. 施用氮磷钾对密植梨枣生长与叶片养分季节动态的影响 ［J］．植物营养与肥料学报, 18 (1): 241-248.

张毅. 2006. 山东野生果树种质资源研究 [J]. 中国农学通报, 7 (7): 516-520.

张志勇, 马文奇. 2006. 酿酒葡萄'赤霞珠'养分累积动态及养分需求量的研究 [J]. 园艺学报, 33 (3): 466-470.

赵春恋, 李利平, 孙俊杰. 2003. 原平市同川梨区土壤养分调查分析及建议 [J]. 山西果树 (4): 27-28.

赵翠芳. 2011. 葡萄测土配方施肥校正对比试验初报 [J]. 安徽农学通报, 17 (6): 34-38.

赵登超, 姜远茂, 彭福田, 等. 2006. 不同施肥时期对冬枣贮藏及翌年分配利用的影响 [J]. 中国农业科学, 39 (8): 1626-1631.

赵玲玲, 张杰, 刘艳, 等. 2011. 植物源有机肥配方设计及对梨幼树的营养效应 [J]. 中国农业科学, 44 (12): 2504-2514.

赵长增, 陆璐, 陈佰鸿. 2004. 干旱荒漠地区苹果园地膜及秸秆覆盖的农业生态效应研究 [J]. 中国生态农业学报 (1): 155-158.

中国农业科学院果树研究所. 1963. 中国果树志: 第三卷 [M]. 上海: 上海科学技术出版社.

周春玉, 林文忠, 王敏华, 等. 2006. 棚室大樱桃配方施肥技术 [J]. 果树栽培 (3): 29-30.

周志勇, 孙旺态. 2010. 秦安蜜桃幼树配方施肥试验初报 [J]. 农业科技与信息 (17): 41-42.

Batjer L P, Rogers B L, Thompson A H. 1952. Fertilizer applications as related to nitrogen, phosphorus, potassium, calcium, and magnesium utilization by apple trees [J]. Proc. Amer. Soc. Hort. Sci. (60): 1-6.

Fallahi E, Conway W S, Hickey K D. 1997. The role of calcium and nitrogen in post harvest quality and disease resistance of apples [J]. HortScience, 32 (5): 831-835.

Hernandez-Fuentes A D, Colinas M T L, Cortes J F, SaucedoC V, Sánchez P G, Alcázar J R. 2002. Effect of fertilization and storage conditions on postharvest quality of ZACATECAS-TYPE peach (Prunus persica (L.) BATSCH) [J]. Acta Horticulturae, 594: 507-515.

Hipps N A, Davies M J, Johnson D S. 2004. Effects of different ground vegetation management systems on soil quality [J]. Growth and Fruit Quality of Culinary Apple Trees, 79 (4): 610-618.

Huett D O, Stewart G R. 1999. Timing of 15N fertiliser application, partitioning to reproductive and vegetative tissue, and nutrient removal by field-grown low-chill peaches in the subtropics [J]. Australian Journal of Agricultural Research, 50: 211 – 216.

Mirabdulbaghi M, Pishbeen M. 2012. Effect of different forms and levels of nitrogen on vegetative growth and leaf nutrient status of nursery seedling rootstocks of peach [J]. American Journal of Plant Nutrition and Fertilization Technology (2): 32-44.

Mitcham E J, Elkins R. 2007. Pear production and handling manual [M]. UCANR Publications.

Motosugi H, Lin R, Sugiura A. 1990. Secondary growth and flowering of summer-pruned 'KYOHO' grapevines as affected by different levels of nitrogen [J]. Acta Horticulturae, 279: 585-597.

MUÑOZ N, GUERRI J, LEGAZ F, PRIMO-MILLO E. 1993. Seasonal uptake of ^{15}N-nitrate and distribution of absorbed nitrogen in peach trees [J]. Plant and Soil, 150 (2): 263-269.

Ndayeyamiye A, Cote D. 1989. Effect of long-term pig slurry and solid cattle manure application on soil chemical and biological properties [J]. Canada Journal of Soil Science, 69 (1): 39-47.

Pande K K, Dimri D C, Singh S C. 2006. Effect of mulching on soiland leaf nutrient status of apple (malus domestica borkh) [J]. Progressive Horticulture, 38 (1): 91-95.

Pavičič N, Jemrić T, Kurtanj Z, Cosic T, Pavlovi I, Blaškovi D. 2004. Relationship between water-soluble Ca and other elements and bitter pit occurrence in 'Idared' apples: a multivariate approach [J]. Annals of Applied Biology, 145 (2): 193-196.

Rufat J，DeJong T M. 2001. Estimating seasonal nitrogen dynamics in peach trees in response tonitrogen availability [J]．Tree Physiology (21)：1133-1140.

Saenz J L，Delon T M，Weinbaum S A. 1997. Nitrogen stimulated increases on peach yields are associated with extended fruit development period and increased fruit sink capacity. J．Am．Soc．Hort．Sci.，122：772-777.

Sotiropoulos T E，Therios I N，Dimassi K N. 2002．Effects of application of hydrocomplex and-Norway nitrate. fertilizers on leaf and fruit nutrient concentrations and seasonal accumulation of nutrients in three peach cultivars [J]．Agrochemica (6)：280-290.

Walsh B D，Mackenzie A F，Buszard D J. 1996．Soil nitrate levels as influenced by apple orchard floor management systems [J]．Canadian Journal of Soil Science，76 (3)：343-349.

Williams LE. 1987. Growth of Thompson Seedless Grapevines：Ⅱ. Nitrogen Distribution．[J]．Am．Soc．Hort．Sci. (112)：325-330.

图书在版编目（CIP）数据

中国作物专用复混肥料农艺配方区划/赵秉强等编
著.—北京：中国农业出版社，2015.12
（作物专用复混肥料农艺配方系列丛书）
ISBN 978-7-109-21294-7

Ⅰ.①中…　Ⅱ.①赵…　Ⅲ.①复合肥料－配制　Ⅳ.
①TQ444

中国版本图书馆 CIP 数据核字（2015）第 295209 号

中国农业出版社出版
（北京市朝阳区麦子店街 18 号楼）
（邮政编码 100125）
责任编辑　黄　宇　王黎黎
文字编辑　曾琬淋

北京通州皇家印刷厂印刷　　新华书店北京发行所发行
2015 年 12 月第 1 版　　2015 年 12 月北京第 1 次印刷

开本：787mm×1092mm 1/16　印张：35.5
字数：800 千字
定价：180.00 元
（凡本版图书出现印刷、装订错误，请向出版社发行部调换）